摄动方法与理论

（上 册）

Perturbation Methods and Theory

雷汉伦　编著

南京大学出版社

简 介

摄动方法与理论是天体力学与航天动力学的核心内容，是研究近可积系统的分析理论，在对太阳系、系外行星、恒星系统等动力学的研究中都有着非常重要的应用。本书着重介绍求解动力学方程的各种摄动分析方法以及基于正则变换的摄动理论，具体包括摄动分析方法、摄动函数展开、正则变换理论、平均化理论、冯·蔡佩尔(von Zeipel)变换理论、李(Lie)级数变换理论、一般摄动理论、威兹德姆(Wisdom)摄动理论以及亨拉德(Henrard)摄动理论。结合具体的非线性振动系统以及天体力学问题，如达芬(Duffing)自由(或受迫)振动方程、三角平动点稳定性曲线、平动点轨道分析解、平运动共振、长期动力学、平动点非线性稳定性、卫星主问题、轨旋共振、偏心蔡佩尔-利多夫-古在效应(eccentric von Zeipel-Lidov-Kozai effect)等主题，介绍摄动理论的具体应用和最新的研究进展。每章后面给出适量的习题，供读者思考。

本书可作为我国高等学校天文类、数学类和物理类专业高年级本科生或研究生在摄动理论课程中的教材或参考书，也可供有关科研人员参考。

图书在版编目(CIP)数据

摄动方法与理论：上下册 / 雷汉伦编著. — 南京 ：
南京大学出版社，2024. 12. — ISBN 978 - 7 - 305 - 28433
- 5

Ⅰ. P133

中国国家版本馆 CIP 数据核字第 2024TS8403 号

出版发行　南京大学出版社
社　　址　南京市汉口路 22 号　　　邮　编　210093
书　　名　摄动方法与理论：上下册
　　　　　　SHEDONG FANGFA YU LILUN：SHANGXIACE
编　　著　雷汉伦
责任编辑　吴　汀　　　　　　　编辑热线　025 - 83595840
照　　排　南京南琳图文制作有限公司
印　　刷　南京凯德印刷有限公司
开　　本　787 mm×1092 mm　1/16　印张 49　字数 1132 千
版　　次　2024 年 12 月第 1 版　2024 年 12 月第 1 次印刷
ISBN 978 - 7 - 305 - 28433 - 5
定　　价　148.00 元

网址：http://www.njupco.com
官方微博：http://weibo.com/njupco
官方微信号：njupress
销售咨询热线：(025) 83594756

序　言

摄动理论是伴随着天体力学的发展而诞生的一门非常重要的分支学科,主要是用分析方法研究各种摄动力学环境下天体的运动问题。天体力学家拉普拉斯(Laplace)、高斯(Gauss)、拉格朗日(Lagrange)、勒威耶(Le Verrier)等是早期摄动理论的奠基人。19 世纪中后期,德洛勒(Delaunay)、希尔(Hill)、汉森(Hansen)等在研究月球、大行星、小行星以及自然卫星等天体的运动过程中,创立了各种形式的摄动理论。数学家庞加莱(Poincaré)总结了这一时期的摄动理论研究成果,指出了新摄动理论的发展方向,进而奠定了天体力学定性理论的基础。

随后,一系列摄动分析方法得以发展,例如重正规化方法、林德斯泰特-庞加莱(Lindstedt-Poincaré)方法、多尺度方法、常数变易法、平均化方法、推广平均化方法以及渐近法(KBM 方法) 等,为分析求解非线性扰动方程提供了强大的理论工具。同时,基于哈密顿系统的隐式变换方法[例如林德斯泰特(Lindstedt)变换、冯·蔡佩尔(von Zeipel)变换]被提出来。进入 20 世纪中期,出于对显式变换理论的迫切需求,基于 Lie 级数的正则变换理论应运而生,并在非线性稳定性、太阳系天体长期动力学、卫星轨道分析理论等方面得到广泛而深刻的应用。作为 20 世纪最伟大数学成就之一的 KAM(Kolmogorov-Arnold-Moser)理论,在太阳系天体的轨道稳定性研究中有着非常重要的应用。

1981 年,我作为合作者出版了专著《摄动理论》(由科学出版社出版,合作者为易照华先生),详细地总结了摄动分析的理论基础。40 多年过去,摄动理论得到了进一步的发展和补充,并且在不同尺度的天体物理系统中得到了广泛的应用。因此,系统地介绍摄动理论的最新发展是非常有必要的。

我很高兴地看到雷汉伦在摄动理论这一经典且基础的领域中开展系统的研究工作,并将他近些年的研究成果整理成一本著作。本书内容方面具有如下特点。**首先是物理图像直观**。作者尝试将晦涩难懂的摄动方法所蕴含的内涵通过直观的物理图像揭示出来,帮助读者更好地理解基础理论。**第二是涵盖内容系统**。本书非常系统全面地论述了如下几个专题:Lindstedt-Poincaré 方法、李(Lie)级数变换理论、摄动函数展开、平运动共振、长期动力学(平均化原理)、威兹德姆(Wisdom)摄动理论、亨拉德(Henrard)摄动理论以及蔡佩尔-利多夫-古在(von Zeipel-Lidov-Kozai,ZLK)效应。**第三是研究实例丰富**。作者为 Lie 级数变换理论、Wisdom 摄动理论、Henrard 摄动理论等应用提供了丰富的实例(部分实例来自作者的研究工作),能够有效地帮助读者理解这些理论的内涵,同时为读者在实际问题中应用这些理论提供参考范式。**第四是主体内容前沿**。本书的内容大部分来自作者自己或他人近些年的研究工作,内容选取方面紧跟前沿。

本书作为摄动方法与理论方面的著作,对于读者系统地了解摄动理论及其在具体问题中的应用具有重要的参考价值。我期待该书的出版能够得到天体力学、航天动力学、飞行力学等相关学科研究人员的关注,并推动摄动理论及应用研究不断深入。

南京大学教授
中国科学院院士

2024 年 3 月于南京

前　言

　　摄动分析理论和共振动力学是天体力学的两大核心内容。从宏观角度来看,摄动分析对于认识、理解并解决实际问题具有非常重要的指导意义。首先,它是一种普适且有效的分析方法,无论是非线性代数方程、微分方程还是积分方程,几乎都可以通过摄动分析,获得扰动系统的摄动解。其次,从求解问题的范式而言,摄动分析提供了一种解决复杂问题的思维模式,即可从退化问题的解出发,逐次逼近至原问题的解。最后,摄动分析是一种研究复杂问题的方法论,蕴含了主与次、简单与复杂的关系。

　　笔者从 2018 年开始关注天体力学与航天动力学问题中的摄动分析理论。在意大利罗马大学做访问学者期间(2017.12—2018.12),合作者 Christian 教授和 Emiliano 助理教授正在开展太阳系自然卫星或小行星附近科学轨道设计(design of science orbits)方面的工作,笔者因此接触到了双平均①(double averaging technique)的概念,打开了关注摄动理论的窗口。笔者随后开展了半长轴之比任意阶的长期演化模型、双星系统高精度长期演化模型以及强摄动等级式系统下的高精度长期演化模型等研究工作(见本书第八章内容)。2018 年底,笔者注意到 Namouni 和 Morais 开展了适用于任意倾角行星摄动函数展开的工作,被其深深吸引。在此基础上,为解决三维平运动共振的分析和数值结果不一致的问题,笔者建立了统一的哈密顿模型,准确描述了任意倾角构型下的共振动力学特征。2019 年,笔者进一步开展了平面顺行和平面逆行平运动共振的相关工作(见第七章)。在 2020—2021 年,笔者提出了一种适用于任意半长轴之比、任意倾角构型的行星摄动函数展开,并建立了描述内共振、共轨共振以及外共振的统一哈密顿模型。2021—2022 年,笔者带领研究生一起系统研究了偏心蔡佩尔-利多夫-古在(eccentric von Zeipel-Lidov-Kozai, eccentric ZLK)效应,从 Wisdom 摄动理论以及 Henrard 摄动理论等角度,揭示了 eccentric ZLK 效应引起轨道翻转的动力学本质(见本书第十一章)。最近(2023—2024),笔者又与研究生一起系统地研究了 Lie 级数变换理论,在统一符号框架下,详细推导了 Lie 级数变换的摄动分析方程组,对比了不同变换方式之间的异同。

　　以上系列研究工作撑起了笔者脑海中构思的摄动分析理论的基本框架,于是笔者萌生了开设一门系统介绍摄动方法与理论课程的想法。在 2023 年的秋季学期,这一想法终于得

---

　　①　平均化为最低阶摄动处理。

以实现。然而,授课和编写讲义的过程充满了极大的挑战:没有现成的教材,没有可参考的内容框架,摄动理论的大量数学语言描述使得内容艰深、晦涩。无论是上课还是编写讲义,笔者都试图站在高处看待具体的摄动方法,即首先建立直观的物理图像,然后再慢慢进入细节。在讲义的基础上,进一步扩充摄动分析理论的基础知识,进行了大量的公式推导,使得本书结构独立、严谨并完整。在内容安排上尽量遵循从简单到复杂的思维逻辑,期望做到循序渐进。在介绍方法部分,选择的例题力求简单且具有代表性。

笔者不仅仅期望这是一本内容厚重的书,更希望它是一本启迪读者思考与进一步探索的书,是一本引领读者看到摄动分析"内涵美"的书。写作过程中,笔者多次感叹摄动分析方法在理论层面的优雅以及在解决实际问题能力方面的强大。因此,在书中读者时常会看到笔者的思考与评论。

全书含上、下两册,共十一章,第一章至第五章为上册,第六章至第十一章为下册。第一章介绍摄动分析的概念、摄动分析与天体力学(乃至天文学)的发展、摄动分析的数学基础以及从摄动分析角度求解代数方程、积分方程、微分方程等。本章力求使读者对摄动分析有一个整体的把握。第二章和第三章分别以两个经典的非线性系统为例(均为奇异摄动问题),着重介绍各种摄动分析方法的基本思想,包括直接展开法、重正规化方法、Lindstedt-Poincaré方法、常数变易法、多尺度方法、平均化方法、推广的平均化方法以及KBM方法(渐近法)。第四章将摄动分析方法应用于天体力学或航天动力学中的几个经典问题上,这些问题包括编队构型、晕(Halo)轨道、中心流形和不变流形、椭圆型限制性三体系统下三角平动点的稳定曲线以及受摄二体问题等。第五章则系统介绍哈密顿动力学以及摄动理论,包括哈密顿模型的建立、正则变换基础、阿诺作用量-角变量(Arnold's action-angle variables)的引入、平均化理论、Lindstedt变换、von Zeipel变换、Lie级数变换(包括四种不同的Lie级数变换的实现方法)以及一般摄动理论。本章同时配以简单且经典的例子,介绍不同变换方法在实际求解问题中的应用。最后以卫星主问题为专题,分别介绍von Zeipel变换和Lie级数变换的应用。第六章系统介绍摄动函数展开,包括第三体摄动函数展开(包括平面圆型顺行构型、平面圆型逆行构型、平面椭圆型构型、低倾角椭圆型构型、任意倾角摄动函数展开、任意半长轴之比摄动函数展开、等级式系统摄动函数展开)、非球形摄动函数展开、轨-旋耦合摄动函数展开等,为哈密顿模型的建立以及摄动理论的应用奠定理论基础。第七章以摄动函数展开为基础进一步介绍平面顺行、平面逆行以及三维平运动共振动力学的研究。第八章介绍限制性和非限制性等级式系统的长期演化模型,包括限制性和非限制性等级式系统下八极矩模型的建立、限制性和非限制性系统双平均摄动函数之间的过渡、(半长轴之比)任意高阶长期演化模型的建立、双星系统高精度长期演化模型以及强摄动系统高精度长期演化模型。第九章和第十章分别介绍Wisdom摄动理论(绝热不变近似理论)和Henrard摄动理论,并以笔者近期的研究工作为例介绍其应用。第十一章以专题形式介绍天体力学中非常重要的动力学现象——von Zeipel-Lidov-Kozai（ZLK）效应,着重介绍 Henrard 摄动分析方法在 eccentric ZLK 效应中的应用。

本书的第二章和第三章,在写作思路方面借鉴了国外教材《摄动方法导引》(Nayfeh 著,宋家骕编译),并融入国内学者的部分工作以及笔者对相关问题的深入理解。尤其是推广平均化方法,可以用来直观理解人造卫星轨道理论中的小参数幂级数解、平均根数理论以及拟平均根数理论等。需说明的是,毕竟本书的重点不在人造卫星轨道理论方面,因此在这些问题上尽量做到点到为止,以免喧宾夺主。书中公式和推导非常多,读者可能会遇到阅读方面的困难。这里引用一句笔者在课堂上常说的话"理解演绎的思路(或理论背后的物理图像)是关键,适当忽略公式推导的具体细节"。

在本书完稿过程中,笔者得到了很多前辈、同行和朋友的关心与支持。感谢南京大学教授、中国科学院院士孙义燧长期以来对笔者生活与事业的关心与引导,并在百忙中为本书作序。感谢徐波教授多年的科研引导。感谢泰山学院宫衍香教授,他非常耐心地通读初稿全部内容并提出非常多的建设性修改意见(细致到标点符号方面的意见)。感谢南京大学侯锡云教授的鼓励与支持,感谢上海天文台廖新浩研究员的肯定与建议。感谢研究生赵舜景在我备课过程中提供的帮助以及提供的中心流形统一分析理论这部分的计算结果,感谢高豪同学在三角平动点稳定性曲线部分(见第四章)提供的帮助及对初稿文字部分提供的修改建议,感谢谢天怡同学帮忙绘制了第三章的部分示意图,感谢王雪峰和冷筱妍同学阅读初稿并提供建议。感谢 2024 年夏天毕业的研究生黄秀敏,笔者与她一起在偏心 ZLK 效应方面开展了很好的工作。感谢天文与空间科学学院各位领导的关心与支持。感谢南京大学出版社吴汀与姜男编辑的辛勤付出。感谢 2023 年秋季学期选修"摄动方法与理论"课程的同学们,你们的学习热情是笔者撰写这本书的原初动力。最后,特别感谢笔者的妻子明慧及家人给予的强大支持和鼓励。

感谢南京大学天文与空间科学学院本科教学经费对本书出版的大力支持。同时,本书得到了国家自然科学基金(12073011,12233003)以及国家重点研发计划(2019YFA0706601)的经费支持。

这是一本承载了笔者科研与教学理想的书,尽管撰写过程充满困难,但收获了喜悦与充实。笔者深知一本教材或专著的分量,其对于初学者抑或深造者的重要性不言而喻。因此,笔者怀着极大的使命感战战兢兢地完成这本书的写作,总希望写得更完美一些。然而,限于笔者学识水平,书中难免存在错误和疏漏之处,敬请读者批评指正。

2024 年 2 月于南京

目　录

上　册

下 册

第一章

摄动分析基础

摄动分析法也被称作小参数方法,是将非线性因素看作对线性系统的一种扰动,从而在线性化解的基础上逐步寻求非线性系统近似解的一种分析方法。摄动分析方法包括:直接展开、重正规化方法、Lindstedt-Poincaré 方法、多尺度法、常数变易法、(推广)平均法、渐近法(KBM)、Lindstedt 变换理论、von Zeipel 变换理论以及 Lie 级数变换理论等。每一种摄动方法都有自己的特点。本章首先对摄动分析方法进行概述,然后在 1.2 节中给出摄动分析方法在天体力学乃至天文学中的应用;1.3 节给出摄动分析的数学基础,包括二项式展开、泰勒(Taylor)展开、勒让德(Legendre)多项式展开、盖根堡尔(Gegenbauer)多项式展开以及傅里叶(Fourier)级数展开;1.4 节介绍摄动分析在非线性代数方程求解中的应用;1.5 节介绍摄动分析在积分方程求解中的应用;1.6 节介绍摄动分析方法在微分方程求解中的应用;最后一节是笔者对于同伦方法的延伸思考与讨论。

1.1 摄动分析概述

在天体力学中,一个天体围绕另一个天体作开普勒(Kepler)轨道运动时,若受到其他天体的摄动或其他力学因素的影响,天体的轨道会偏离原来的二体轨道,这种偏离现象被称为轨道摄动,相应的动力学问题被称为受摄二体问题。研究轨道摄动,可以从运动方程角度,也可以从哈密顿动力学角度进行。摄动理论,亦被称作微扰理论,是在研究扰动问题过程中发展起来的一套分析方法,在天体力学的发展中具有非常重要的应用[1]。可以这样说,早期的天体力学本身就是摄动分析理论。

摄动处理的本质是消除短周期角坐标,从而降低动力学系统的自由度,使得摄动处理后的问题变得相对简单。消除短周期角坐标的基础为平均化原理。从运动方程角度,消除短周期变量的方法有(推广的)平均化方法以及 KBM 方法(Krylov-Bogoliubov-Mitropol'skii method,渐近方法)。从哈密顿动力学角度,消除短周期变量的方法有林德斯泰特(Lindstedt)变换、von Zeipel 变换以及李(Lie)级数变换理论等。对于摄动理论而言,无论是基于运动方程还是基于哈密顿函数,变换理论的数学基础均为恒等变换,即要求变换前后运动方程或者哈密顿函数恒等。一般而言,摄动理论包含三个基本要素(见图 1-1):变换前系统、变换后系统以及实现变换的路径(即变换前后变量之间的关系)。将恒等变换中的非线性扰动项进行 Taylor 展开,可建立摄动分析方程组,通过求解摄动分析方程组可确定变换后系统以及具体的变换路径。

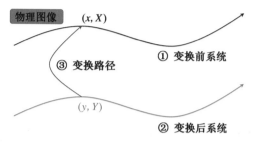

图 1-1 摄动分析理论的三个基本要素:变换前系统、变换后系统以及变换路径

1.2 摄动分析在天体力学中的应用

本节通过海王星的发现、冥王星的发现、水星近日点进动、太阳系第九行星以及 von Zeipel-Lidov-Kozai (ZLK)效应这 5 个经典案例,来阐述摄动分析在天体力学乃至天文学中的应用。

1.2.1 天王星轨道异常

在太阳系行星中,究竟是谁发现了水星、金星、火星、木星、土星这五颗行星已经无从考证。天王星与太阳之间的平均距离大约为 30 亿千米,其亮度只有地球的 1/400。另外,天王星每 84 个地球年环绕太阳公转一周,因其缓慢的绕行速度而未被古代的观测者认为是一颗行星(在 1781 年之前被当作恒星)。直到 1781 年 3 月 13 日,英国天文学家威廉·赫歇尔爵士用他自己设计的望远镜作了一系列视差观测,发现天王星在移动,因此才认定天王星是一颗行星(图 1-2)。

图 1-2 旅行者 2 号拍摄到的天王星①以及它的发现者——威廉·赫歇尔(William Herschel, 1738—1822)

---

① https://zh. wikipedia. org/wiki

天王星的姿态非常特殊,它的自转轴几乎"躺"在轨道平面上(图 1-3),倾斜角(obliquity)约为 97.8°,这使得它的季节变化完全不同于地球。倾斜角指的是轨道角动量与自转角动量之间的夹角,几何图像见图 1-4。太阳系行星中,除了天王星,金星的自转轴指向也是非常特殊的,它的倾斜角约为 177.3°,相当于倒着转(图 1-5)。倾斜角直接决定着行星上的四季变化,从而深刻影响着行星表面的热物理环境。太阳系天体(包括地球)倾斜角的起源与演化是太阳系动力学方面的重要研究课题。

图 1-3 天王星"躺"着转,倾斜角约为 97.8°

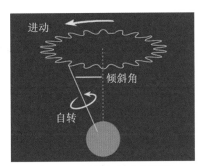

图 1-4 倾斜角的几何图像

图 1-5 太阳系主要天体的倾斜角①

天王星被发现后的两年(1783 年),它的轨道参数被数学家拉普拉斯(Laplace)计算出来。此后的几十年,天文学家持续对天王星的轨道进行观测,对其轨道演化进行确定。天体力学家在牛顿引力框架下考虑已知大行星对天王星轨道产生的引力摄动,从理论上计算天王星的位置历表。通过对比观测和数值历表,发现天王星的实际轨道与理论计算轨道之间存在差异,体现

---

① 图源:Calvin J. Hamilton。

在平经度角速率存在约 2″/年的偏差。该偏差的产生根源是当时非常重要的理论问题。

1.2.2　海王星的发现

为了解释天王星观测轨道和理论计算轨道之间的偏差,天文学家猜测太阳系中存在当时尚未被观测到的行星。在 19 世纪 40 年代,勒维耶(Le Verrier,1846 年提出预言)与亚当斯(Adams,1844 年提交运算结果)(图 1-6)独立开展理论计算工作:根据理论计算和观测轨道的近点经度角速度存在的差异,通过摄动分析定量计算神秘行星的位置和质量(图 1-7)。1846 年 9 月 23 日,伽勒(Galle)在 Le Verrier(图 1-6)预测位置的附近发现了一颗新的行星①,将其命名为海王星(图 1-7)。表 1-1 给出了海王星的理论预测轨道和实际观测轨道参数以及海

图 1-6　从左到右分别为:勒维耶(Le Verrier,1811—1877)、约翰·柯西·亚当斯(John Couch Adams,1819—1892),以及约翰·戈特弗里德·伽勒(Johann Gottfried Galle,1812—1910)

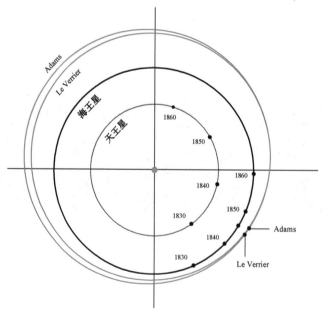

图 1-7　Le Verrier 和 Adams 计算得到的海王星的预测轨道和实际观测轨道对比[2]

---

　　①　Galle 在 Le Verrier 预测的位置发现了海王星。后来有档案揭示,Adams 在海王星的轨道计算方面也做了重要的工作。

王星的质量。毫无疑问,这是一次理论与观测的奇妙邂逅,彰显了摄动分析的强大能力,开启了基于摄动分析方法寻找未知行星的时代。

表 1 - 1 海王星的理论计算轨道和观测轨道参数以及质量对比[2]

	半长轴(AU①)	偏心率	质量($m_\oplus$②)
Le Verrier	36	0.11	36
Adams	37	0.12	50
观测值	30	0.008	17

海王星的发现是摄动分析理论在天体力学领域的伟大成就。尽管海王星的发现能够将天王星轨道异常大幅度缩小,但依然存在难以弥补的微小差异③。为了精确解释天王星理论与实际轨道差异,天文学家期望继续通过 Le Verrier 发展的方法进一步预测海王星轨道外的未知天体。例如,Jacques Babinet 于 1848 年预测在海王星外存在质量为 12 $m_\oplus$ 的大行星,David P. Todd 于 1877 年预测在 52 AU 的位置存在一颗行星,George Forbes 于 1880 年预测在 100 AU 和 300 AU 的地方分别存在一颗行星,Camille Flammarion 于 1884 年预测在 48 AU 的地方存在一颗行星,等等[2]。后来这些行星预言都被否定了。

1.2.3 冥王星的发现

在寻找未知行星的浪潮中,美国天文学家洛厄尔(Lowell)在亚利桑那州建立了私人天文台(洛厄尔天文台)(图 1 - 8),开始专门针对未知行星(Planet X)的搜寻计划。然而,直到 1916 年 Lowell 去世,也没能观测到他期望的 Planet X。但是,搜寻计划仍在继续。洛厄尔天文台的继任者维斯托·斯莱弗(Vesto Slipher)将 Planet X 的搜寻任务交给了当时仅有 20 多岁的科学家克莱德·汤博(Clyde Tombaugh)(图 1 - 9)。

图 1 - 8 帕西瓦尔·洛厄尔(Percival Lowell, 1855—1916)和他的私人天文台——洛厄尔天文台

① 天文单位:AU。
② 地球质量,$m_\oplus$ 或 $M_\oplus$。
③ 后来人们意识到当观测精度提高时该微小偏差可被弥补。

图 1-9 克莱德·汤博(Clyde Tombaugh, 1906—1997)以及冥王星

在 1930 年,Tombaugh 仔细核查并对比了包含数百万个点源的照相底片,最终发现了一个移动的天体,看到了 Planet X 的曙光。然而,人们很快就意识到,新发现的太阳系成员并不是 Planet X,因为它的质量太小,不足以引起对天王星轨道的有效摄动从而弥补观测与理论计算之间的偏差。该天体被命名为冥王星(Pluto)。随着观测技术进步,人类对于冥王星参数的测量越来越准确(图 1-10),目前公认的冥王星质量是当初理论预测的 1/3200 (Buie et al. 2006)[2]。

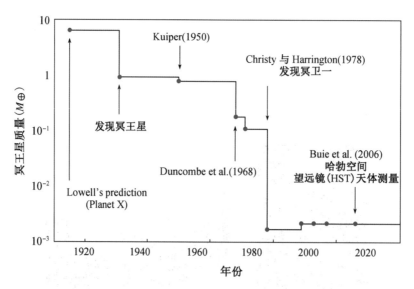

图 1-10 冥王星的质量测量结果逐渐准确,现在测得的质量是当初预测质量的 1/3200[2]

考虑到冥王星质量太小,不满足行星的定义,在 2006 年召开的国际天文学联合会(IAU)上天文学家把它移出行星家族,将它归为一颗矮行星。冥王星的轨道非常特殊,它与海王星轨道存在交叉。在这种特殊(恶劣)环境下,冥王星轨道的长期稳定主要归因于多重共振构型的保护[3]:1) 平运动共振(Mean motion resonance,MMR)——冥王星与海王星构成 2 : 3 平运动共振;2) 古在共振(Kozai resonance)——冥王星轨道的近点经度和升交点经度构成

1：1 共振;3) 超级共振(Super resonance)——冥王星近点角距 ω 振动频率和升交点经度差 $\Omega-\Omega_N$ 的角频率构成 1：1 共振(1：1 超级共振)[11]。此外,冥王星的轨道偏心率高达 0.25。按照行星形成理论,行星诞生于近共面、近圆轨道上,那么如此高的偏心率是如何被激发起来的? 这是 20 世纪 90 年代非常重要的基本问题。

后来,美国行星科学家 Malhotra 提出了海王星共振俘获机制,成功回答了冥王星的偏心率激发问题。Malhotra 等为了解释冥王星轨道的形成,提出太阳系大行星形成后,行星在与星子盘作用下经历了显著的径向迁移。迁移过程中,海王星的 2：3 共振扫过星子盘,俘获了星子盘的冥王星并将它约束在共振中直至到达目前的轨道(共振锁定)。此外,该模型也可以成功解释柯伊伯(Kuiper)带天体在空间分布中的一些重要特征。后来的一系列的工作对这一"轨道迁移、共振俘获"的机制进行了深入的分析与模拟,给出了大行星的初始轨道、原星子盘的质量与空间分布范围等限制条件。

关于冥王星轨道起源与演化方面的探索,依然是很有意思的前沿研究课题。

1.2.4　水星近日点进动问题

由于受到各种引力摄动,水星绕太阳公转的近点经度存在角速度,该值可根据拉格朗日行星运动方程计算出来,此即水星近日点进动(图 1-11)。观测得到的水星近日点进动速率为 5600.73″/世纪。然而,在太阳系 N 体模型下,基于牛顿引力理论,分析计算得到的进动速率值为 5557.62″/世纪。观测和理论计算结果的偏差为 43.11″/世纪。1859 年,法国数学家兼天文学家勒威耶报告称,水星绕太阳轨道的缓慢进动不能用完全基于牛顿力学考虑已知太阳系大行星的扰动来解释。毫无疑问,水星近日点进动问题是 19 世纪末、20 世纪初的一个非常重要且基本的问题。同时代的天文学家、物理学家都在试图为其提供合理的解释。

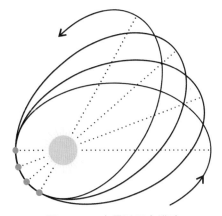

图 1-11　水星近日点进动

勒威耶于 1859 年沿用预测海王星轨道的摄动分析思路,提出两种可能的解释:1) 水星轨道内部存在另一颗行星,称作"火神星"(Vulcan),使水星产生了额外的近日点进动;2) 太阳的非球形带谐项系数 J_2 存在偏差,适当增大 J_2 的值即可弥补观测与理论的偏差。随着观测技术的进步,这两个解释均被否定。直到 1915 年,爱因斯坦(图 1-12)提出广义相对论,成功解释了水星近日点进动,理论计算值(广义相对论修正项)为

$$\left(\frac{\mathrm{d}\bar{\omega}}{\mathrm{d}t}\right)_{\mathrm{GR}}=3\sqrt{\frac{\mathcal{G}M_\odot}{a^3}}\frac{\mathcal{G}M_\odot}{c^2a(1-e^2)}=\frac{3\mathcal{G}M_\odot n}{c^2p}\approx43''/100\ \mathrm{yr}^{①} \qquad (1-1)$$

---

①　单位年,用符号 yr 表示。

完美填补了牛顿力学的理论结果与实际观测之间的偏差。式(1-1)中,a 和 e 为水星的轨道半长轴和偏心率,$M_\odot$ 是太阳质量,$n=\sqrt{\dfrac{\mathcal{G}M_\odot}{a^3}}$ 为水星的平运动,$p=a(1-e^2)$ 为水星轨道的半通径(semi-latus rectum),c 为光速。

图 1-12　阿尔伯特·爱因斯坦(1879—1955)

　　针对太阳系天体,离太阳越遥远,偏心率越小,相对论修正项越小,即牛顿力学近似越好。这也是外太阳系天体不需要考虑广义相对论修正的缘由。特别地,对于金星,广义相对论修正为 $8.6247''/100$ yr,地球的修正为 $3.8387''/100$ yr,火星的修正为 $1.351''/100$ yr。

1.2.5　太阳系第九行星(Planet 9)

　　来到今天,依然存在诸多未解之谜,其中一个异常观测现象是:统计发现柯伊伯带极遥远天体(Extreme trans-Neptunian objects,ETNOs)的轨道指向在空间中不是均匀分布,而是呈现近心点(即拱点)的指向聚集,倾向于在一个扇形区域靠近太阳(图 1-13)。根据摄动分析理论,对于足够遥远的 ETNOs,太阳系现有行星已无能为力①。若无别的长期摄动来源,它们理应呈现空间均匀分布。那么,是什么外部摄动因素导致 ETNOs 的空间指向分布呈现聚集现象呢?

　　针对 ETNOs 近日点指向聚集现象,Batygin 和 Brown 在 2016 年提出第 9 行星假设[6],认为在海王星轨道外存在一颗目前尚未观测到的大行星(Planet 9)。由于该行星对 ETNOs

---

　　①　此时的大行星对 ETNOs 的长期效应等价于太阳额外的 J_2 项摄动。

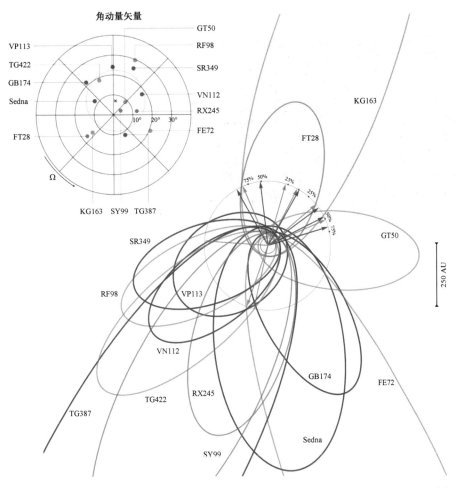

图 1 - 13 柯伊伯带极遥远天体(ETNOs)的轨道分布。轨道拱点指向在空间存在聚集[2]

产生第三体长期摄动(图 1 - 14),小天体近点经度和第九行星的近点经度构成 1:1 共振(拱线共振,apsidal resonance),使得小天体近点经度呈现空间聚集现象。通过摄动分析方法,他们给出第 9 行星可能的参数空间为

$$m_9 \sim (5-10) M_\oplus$$
$$a_9 \sim 400-800 \text{ AU}$$
$$e_9 \sim 0.2-0.5$$
$$i_9 \sim 15°-25°$$

第 9 行星存在的另一可能证据为:Planet 9 对太阳系已知大天体的轨道角动量产生长期摄动(第 9 行星与太阳系大行星存在轨道角动量交换),导致太阳自转角动量与大天体总的轨道角动量(不变平面法向)之间的倾斜角从近零的值演化至当前约 7°(图 1 - 15)。

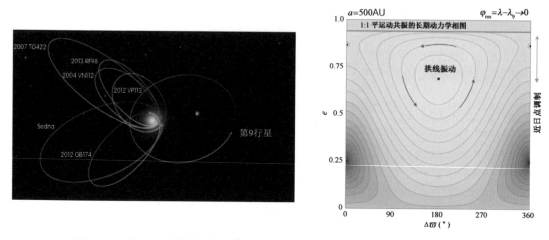

图 1-14 第 9 行星轨道示意图①(左)以及第三体摄动的长期动力学相图[6](右)

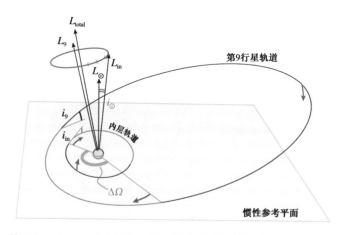

图 1-15 第 9 行星产生的引力摄动使得太阳形成 7°倾斜角(相对于太阳系不变平面)[7]

受启发于观测现象的第 9 行星预言,是否会带来新的突破? 这值得一探。

1.2.6 von Zeipel-Lidov-Kozai (ZLK)效应

Lidov 于 1961 年注意到,苏联 1959 年发射的航天器"月球 3 号"在绕地球运行大约 11 圈后,其近地点高度与初始设计值相比显著降低,最终进入地球大气层。近地点高度降低意味着航天器的轨道偏心率在增加。那么,是什么机制激发了航天器的轨道偏心率呢? 为此,Lidov 研究了第三体摄动的长期动力学效应,成功解释了偏心率激发现象,即 ZLK 效应[8]。同时期,Kozai 于 1962 年[9]在研究高倾角、大偏心率主带小天体的长期动力学时也独立发现该效应。本书将在第十一章具体介绍该动力学机制。

① https://blogofthecosmos.com/2016/10/23/planet-nine-and-the-obliquity-of-the-solar-system/

1.3　摄动分析的数学基础

摄动分析的数学基础是将非线性函数展开为小参数的幂级数形式。通常采用的展开方法有二项式定理展开、Taylor 展开、Legendre 多项式展开、盖根保尔（Gegenbauer）多项式展开以及 Fourier 级数展开等。为使读者更容易理解后续章节内容，这里对这些展开方式分别作简单介绍。

1.3.1　二项式定理展开

两个实数之和的 $n(n \in \mathbb{N})$ 次方，可通过二项式定理展开为如下形式

$$(a+b)^n = a^n + na^{n-1}b + \frac{n(n-1)}{2!}a^{n-2}b^2 + \frac{n(n-1)(n-2)}{3!}a^{n-3}b^3 + \cdots + nab^{n-1} + b^n$$

$$(1-2)$$

利用排列组合符号，二项式展开可简记为

$$(a+b)^n = \sum_{m=0}^{n} C_n^m a^{n-m} b^m \qquad (1-3)$$

其中二项式系数为

$$C_n^m = \frac{n!}{m!\,(n-m)!} \qquad (1-4)$$

在文献中，排列组合常采用如下符号来表示

$$C_n^m \Rightarrow \begin{bmatrix} n \\ m \end{bmatrix} \qquad (1-5)$$

当 $n \in \mathbb{R}$ 时，同样可以将 $(a+b)^n$ 进行类似二项式展开

$$(a+b)^n = a^n \left(1 + \frac{b}{a}\right)^n = b^n \left(1 + \frac{a}{b}\right)^n \qquad (1-6)$$

当 $\left| \dfrac{b}{a} \right| < 1$ 时，式（1-6）可展开为 $\dfrac{b}{a}$ 的幂级数形式

$$(a+b)^n = a^n \left[1 + n\frac{b}{a} + \frac{n(n-1)}{2!}\left(\frac{b}{a}\right)^2 + \frac{n(n-1)(n-2)}{3!}\left(\frac{b}{a}\right)^3 + \cdots \right]$$

$$= a^n + na^{n-1}b + \frac{n(n-1)}{2!}a^{n-2}b^2 + \frac{n(n-1)(n-2)}{3!}a^{n-3}b^3 + \cdots \qquad (1-7)$$

记符号（区别于排列组合符号）

$$C_{n,m} = \frac{n(n-1)\cdots(n-m+1)}{m!} \qquad (1-8)$$

那么式(1-7)可简化为

$$(a+b)^n = \sum_{m=0}^{\infty} C_{n,m} a^{n-m} b^m \tag{1-9}$$

这是一个无穷级数。当 $\left|\dfrac{a}{b}\right| < 1$ 时,式(1-6)可展开为

$$(a+b)^n = \sum_{m=0}^{\infty} C_{n,m} b^{n-m} a^m \tag{1-10}$$

同样为无穷级数。通过对比不难发现,展开式(1-9)和(1-10)与二项式展开非常类似。推广的二项式展开(1-9)需要满足条件 $\left|\dfrac{b}{a}\right| < 1$,展开式(1-10)需满足条件 $\left|\dfrac{a}{b}\right| < 1$,并且最终的展开式是一个无穷级数,其本质为 Taylor 展开(后面介绍)。下面先看几个简单例子。

例 1-1 展开 $(a+b)^5$。

$$\begin{aligned}(a+b)^5 &= \sum_{m=0}^{5} C_5^m a^{5-m} b^m = \sum_{m=0}^{5} C_5^m a^m b^{5-m} \\ &= a^5 + 5a^4 b + 10a^3 b^2 + 10a^2 b^3 + 5ab^4 + b^5\end{aligned} \tag{1-11}$$

这是一个二项式展开,是有限级数形式,对 a 和 b 的大小无任何要求。

例 1-2 展开 $(a+b)^{\frac{1}{2}}$。

当 $\left|\dfrac{b}{a}\right| < 1$ 时,可展开为

$$(a+b)^{\frac{1}{2}} = \sum_{n=0}^{\infty} C_{\frac{1}{2},n} a^{\frac{1}{2}-n} b^n \tag{1-12}$$

前几项为

$$\begin{aligned}(a+b)^{\frac{1}{2}} =\; & a^{\frac{1}{2}} + \frac{1}{2} a^{-\frac{1}{2}} b + \frac{\frac{1}{2}\left(\frac{1}{2}-1\right)}{2!} a^{-\frac{3}{2}} b^2 + \frac{\frac{1}{2}\left(\frac{1}{2}-1\right)\left(\frac{1}{2}-2\right)}{3!} a^{-\frac{5}{2}} b^3 + \\ & \frac{\frac{1}{2}\left(\frac{1}{2}-1\right)\left(\frac{1}{2}-2\right)\left(\frac{1}{2}-3\right)}{4!} a^{-\frac{7}{2}} b^4 + \cdots\end{aligned} \tag{1-13}$$

这是一个无穷级数。

当 $\left|\dfrac{a}{b}\right| < 1$ 时,展开式为

$$(a+b)^{\frac{1}{2}} = \sum_{n=0}^{\infty} C_{\frac{1}{2},n} b^{\frac{1}{2}-n} a^n \tag{1-14}$$

同样是一个无穷级数。

例 1-3 展开 $(a+b)^{-\frac{1}{2}}$。

当 $\left|\dfrac{b}{a}\right| < 1$ 时,可展开为

$$(a+b)^{-\frac{1}{2}} = \sum_{n=0}^{\infty} C_{-\frac{1}{2},n} a^{-\frac{1}{2}-n} b^n \tag{1-15}$$

这是一个无穷级数。

当 $\left|\dfrac{a}{b}\right| < 1$ 时，可展开为

$$(a+b)^{-\frac{1}{2}} = \sum_{n=0}^{\infty} C_{-\frac{1}{2},n} b^{-\frac{1}{2}-n} a^n \tag{1-16}$$

同样是一个无穷级数。

接下来介绍推广到三个甚至更多实数之和的情况。当 $n \in \mathbb{N}$ 时，有

$$(a+b+c)^n = \sum_{m=0}^{n} C_n^m a^{n-m} (b+c)^m = \sum_{m=0}^{n} C_n^m a^{n-m} \sum_{q=0}^{m} C_m^q b^{m-q} c^q$$

$$= \sum_{m=0}^{n} \sum_{q=0}^{m} C_n^m C_m^q a^{n-m} b^{m-q} c^q \tag{1-17}$$

进一步推广到四个实数的情形

$$(a+b+c+d)^n = \sum_{i=0}^{n} \sum_{j=0}^{i} \sum_{k=0}^{j} C_n^i C_i^j C_j^k a^{n-i} b^{i-j} c^{j-k} d^k \tag{1-18}$$

该过程可以类似推广下去。

1.3.2　Taylor 级数展开

若函数 $f(x)$ 在 $x=x_0$ 处连续可微，那么可将函数 $f(x)$ 在参考点 $x=x_0$ 的邻域内进行 Taylor 展开

$$f(x) = f(x_0) + f^{(1)}(x_0) \cdot (x-x_0) + \frac{f^{(2)}(x_0)}{2!} (x-x_0)^2 + \frac{f^{(3)}(x_0)}{3!} (x-x_0)^3 + \cdots \tag{1-19}$$

将其简记为紧凑形式，可得

$$f(x) = \sum_{n=0}^{\infty} \frac{f^{(n)}(x_0)}{n!} (x-x_0)^n \tag{1-20}$$

同理，若二元函数 $f(x,y)$ 在点 (x_0,y_0) 处连续可微，则相应的 Taylor 展开式为

$$f(x,y) = \sum_{n=0}^{\infty} \frac{1}{n!} \sum_{m=0}^{n} C_n^m (x-x_0)^{n-m} (y-y_0)^m \frac{\partial^n}{\partial x_0^{n-m} \partial y_0^m} f(x_0,y_0) \tag{1-21}$$

类似地，三元函数的 Taylor 展开为

$$f(x,y,z) = \sum_{n=0}^{\infty} \frac{1}{n!} \sum_{m=0}^{n} \sum_{l=0}^{m} C_n^m C_m^l (x-x_0)^{n-m} (y-y_0)^{m-l} (z-z_0)^l \times$$

$$\frac{\partial^n}{\partial x_0^{n-m} \partial y_0^{m-l} \partial z_0^l} f(x_0,y_0,z_0) \tag{1-22}$$

以此类推。

Taylor 展开在摄动分析以及变换理论方面非常重要,理解了 Taylor 展开的内涵,几乎就理解了变换理论的本质。总体而言,Taylor 展开具有以下几方面的意义:

1) 选定参考点,可将任意形式的连续可微函数转化为多项式形式,因此基于多项式的相关理论均可应用,使得问题变得统一且简单;

2) 各种复杂数学函数转化为多项式形式以后,求微分、积分变得相对容易;

3) Taylor 展开可将任意非线性函数表达为零阶项、一阶项、二阶项等形式,特别适合于摄动分析处理;

4) 若将时间函数 $x(t)$ 在 $y(t)$ 附近进行 Taylor 展开,实际上展开式(1-20)已经完成了变量之间的变换:$x \leftrightarrow y$。**这一点可在后面的变换方法中得到更深刻的理解。**

1.3.3 Legendre 多项式展开

某函数形式为

$$f(x,z) = \frac{1}{\sqrt{1-2xz+z^2}} \qquad |x|<1,\ |z| \leqslant 1 \tag{1-23}$$

可将其进行 Legendre 多项式展开

$$f(x,z) = \frac{1}{\sqrt{1-2xz+z^2}} = \sum_{n=0}^{\infty} P_n(x) z^n \tag{1-24}$$

其中 $P_n(x)$ 为 Legendre 多项式,是变量 x 的 n 次多项式。称 $f(x,z)$ 为 Legendre 多项式的母函数。Legendre 多项式满足如下递推关系

$$\begin{aligned} &P_0(x)=1 \\ &P_1(x)=x \\ &(n+1)P_{n+1}(x)=(2n+1)xP_n(x)-nP_{n-1}(x),\ n=1,2,3,\cdots \end{aligned} \tag{1-25}$$

相邻项的导数满足如下递推关系

$$\begin{aligned} &P_n(x)=P'_{n+1}(x)-2xP'_n(x)+P'_{n-1}(x) \\ &(2n+1)P_n(x)=P'_{n+1}(x)-P'_{n-1}(x) \end{aligned} \tag{1-26}$$

另外,Legendre 多项式 $P_n(x)$ 的微分形式为

$$P_n(x)=\frac{1}{2^n n!} \frac{\mathrm{d}^n}{\mathrm{d}x^n}(x^2-1)^n \tag{1-27}$$

利用二项式定理对右侧函数展开,可得 Legendre 多项式的级数形式为

$$P_n(x) = \sum_{k \geqslant 0}^{\left[\frac{n}{2}\right]} \frac{(-1)^k}{2^n} \frac{(2n-2k)!}{k!(n-k)!(n-2k)!} x^{n-2k} \tag{1-28}$$

这里的符号 $\left[\dfrac{n}{2}\right]$ 表示对 $\dfrac{n}{2}$ 取整。利用 Legendre 多项式(1-28)，展开式(1-24)变为

$$f(x,z) = \frac{1}{\sqrt{1-2xz+z^2}} = \sum_{n=0}^{\infty}\sum_{k\geqslant 0}^{\left[\frac{n}{2}\right]} \frac{(-1)^k}{2^n}\frac{(2n-2k)!}{k!(n-k)!(n-2k)!}x^{n-2k}z^n \quad (1-29)$$

下面提供 Legendre 多项式的前几项供读者参考(依据递推关系可获得更高次多项式形式)：

$$P_0(x)=1$$
$$P_1(x)=x$$
$$P_2(x)=\frac{1}{2}(3x^2-1)$$
$$P_3(x)=\frac{1}{2}(5x^3-3x)$$
$$P_4(x)=\frac{1}{8}(35x^4-30x^2+3)$$
$$P_5(x)=\frac{1}{8}(63x^5-70x^3+15x)$$
$$P_6(x)=\frac{1}{16}(231x^6-315x^4+105x^2-5)$$

另一方面，我们可以直接将 $f(x,z)$ 在 $z=0$ 附近进行 Taylor 展开，可得

$$f(x,z)=\frac{1}{\sqrt{1-2xz+z^2}}$$
$$=1+xz+\frac{1}{2}(3x^2-1)z^2+\frac{1}{2}(5x^3-3x)z^3+\frac{1}{8}(35x^4-30x^2+3)z^4+\mathcal{O}(z^5)$$
$$(1-30)$$

通过对比不难发现，Taylor 展开式和 Legendre 多项式展开完全一致。可以得出 Legendre 多项式与 n 阶导数的关系为

$$P_n(x)=\frac{1}{n!}\frac{\partial^n}{\partial z^n}f(x,z)\bigg|_{z=0} \quad (1-31)$$

例 1-4　平动点 $\boldsymbol{r}_0$ 附近的运动。

在限制性三体系统中(见图 1-16)，记航天器相对于平动点的位置偏离状态量为 $\delta\boldsymbol{r}=\boldsymbol{r}-\boldsymbol{r}_0=(\delta x,\delta y,\delta z)$。研究平动点附近的运动，需对如下形式函数进行展开

$$\frac{1}{r}=\frac{1}{\sqrt{(x_0+\delta x)^2+(y_0+\delta y)^2+(z_0+\delta z)^2}} \quad (1-32)$$

将根号里的函数项展开可得

$$\frac{1}{r}=\frac{1}{\sqrt{x_0{}^2+y_0{}^2+z_0{}^2-2x_0\delta x-2y_0\delta y-2z_0\delta z+(\delta x)^2+(\delta y)^2+(\delta z)^2}} \quad (1-33)$$

进一步整理为

$$\frac{1}{r}=\frac{1}{\sqrt{x_0{}^2+y_0{}^2+z_0{}^2}}\frac{1}{\sqrt{1-2\dfrac{\delta xx_0+\delta yy_0+\delta zz_0}{x_0{}^2+y_0{}^2+z_0{}^2}+\dfrac{(\delta x)^2+(\delta y)^2+(\delta z)^2}{x_0{}^2+y_0{}^2+z_0{}^2}}} \quad (1-34)$$

令 $r_0=\sqrt{x_0{}^2+y_0{}^2+z_0{}^2}$ 和 $\delta r=\sqrt{(\delta x)^2+(\delta y)^2+(\delta z)^2}$，那么有

$$\frac{1}{r}=\frac{1}{r_0}\frac{1}{\sqrt{1-2\left(\dfrac{\delta\boldsymbol{r}}{\delta r}\cdot\dfrac{\boldsymbol{r}_0}{r_0}\right)\left(\dfrac{\delta r}{r_0}\right)+\left(\dfrac{\delta r}{r_0}\right)^2}} \quad (1-35)$$

由于 $\delta r\ll r_0$，利用 Legendre 多项式展开，有

$$\frac{1}{r}=\frac{1}{r_0}\sum_{n=0}^{\infty}\left(\frac{\delta r}{r_0}\right)^n P_n\left(\frac{\delta\boldsymbol{r}}{\delta r}\cdot\frac{\boldsymbol{r}_0}{r_0}\right) \quad (1-36)$$

该展开式在很多地方都会用到。

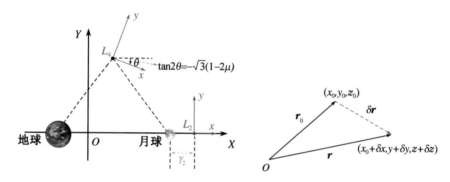

图 1‑16 平动点附近运动。矢量 r_0 代表参考点，如某个感兴趣的平动点

1.3.4 盖根保尔多项式展开

接下来考虑更加一般的情况，即 $\dfrac{1}{r^p}(p\in\mathbb{R})$ 的展开，需要用到盖根保尔（Gegenbauer）多项式（也称为超球多项式，具有带权正交性）展开

$$f(x,t)=\frac{1}{(1-2xt+t^2)^{\alpha}}=\sum_{n=0}^{\infty}C_n^{\alpha}(x)t^n \qquad |x|<1,\ |t|<1 \quad (1-37)$$

其中 $f(x,t)$ 被称为母函数。$C_n^{\alpha}(x)$ 为 Gegenbauer 多项式，满足如下递推关系

$$C_0^{\alpha}(x)=1$$

$$C_1^{\alpha}(x)=2\alpha x$$

$$C_n^{\alpha}(x)=\frac{1}{n}\big[2x(n+\alpha-1)C_{n-1}^{\alpha}(x)-(n+2\alpha-2)C_{n-2}^{\alpha}(x)\big] \quad (1-38)$$

前几项为

$$C_2^\alpha(x) = \alpha \left[2x^2(1+\alpha) - 1 \right]$$

$$C_3^\alpha(x) = \frac{2}{3} x\alpha(1+\alpha) \left[2x^2(2+\alpha) - 3 \right]$$

$$C_4^\alpha(x) = \frac{1}{6} \alpha \left[3(1+\alpha) - 12x^2(2+3\alpha+\alpha^2) + 4x^4(6+11\alpha+6\alpha^2+\alpha^3) \right] \quad (1-39)$$

Gegenbauer 多项式的级数形式为

$$C_n^\alpha(x) = \sum_{k=0}^{\left[\frac{n}{2}\right]} \frac{(-1)^k (\alpha)_{(n-k)}}{k!(n-2k)!} (2x)^{n-2k} \quad (1-40)$$

其中符号 $(\alpha)_{(n)}$ 的定义为

$$(\alpha)_{(n)} = \alpha(\alpha+1)(\alpha+2)\cdots(\alpha+n-1) \quad (1-41)$$

同样符号 $\left[\dfrac{n}{2}\right]$ 表示对 $\dfrac{n}{2}$ 取整。

同理,我们可直接将 $f(x,t)$ 在 $t=0$ 点附近进行 Taylor 展开,可得

$$f(x,t) = 1 + 2\alpha xt + \alpha \left[2x^2(1+\alpha) - 1 \right] t^2 + \frac{2}{3} \alpha x(1+\alpha) \left[2x^2(2+\alpha) - 3 \right] t^3 +$$

$$\frac{1}{6} \alpha \left[3(1+\alpha) - 12x^2(2+3\alpha+\alpha^2) + 4x^4(6+11\alpha+6\alpha^2+\alpha^3) \right] t^4 + \mathcal{O}(t^5) \quad (1-42)$$

对比 $(1-39)$ 不难看出,Taylor 展开式与 Gegenbauer 多项式展开是一致的。于是,Gegenbauer 多项式与导数之间的关系为

$$C_n^\alpha(x) = \frac{1}{n!} \frac{\partial^n}{\partial t^n} f(x,t) \bigg|_{t=0} \quad (1-43)$$

特别地,当展开式 $(1-37)$ 中取 $\alpha = \dfrac{1}{2}$ 时,Gegenbauer 多项式展开 $(1-37)$ 退化为 Legendre 多项式展开 $(1-24)$。下面采用相同的符号系统来表示 Legendre 多项式展开和 Gegenbauer 多项式展开,便于对比和分析。

1) Legendre 展开

$$f(x,\alpha) = \frac{1}{(1-2\alpha x+x^2)^{\frac{1}{2}}} = \sum_{n=0}^{\infty} P_n(\alpha) x^n \qquad |x| < 1, \ |\alpha| < 1 \quad (1-44)$$

其中 Legendre 多项式为

$$P_n(\alpha) = \sum_{k \geqslant 0}^{\left[\frac{n}{2}\right]} \frac{(-1)^k}{2^n} \frac{(2n-2k)!}{k!(n-k)!(n-2k)!} \alpha^{n-2k} \quad (1-45)$$

2) Gegenbauer 多项式展开

$$f(x,\alpha) = \frac{1}{(1-2\alpha x+x^2)^s} = \sum_{n=0}^{\infty} C_n^{(s)}(\alpha) x^n \qquad |x| < 1, \ |\alpha| < 1 \quad (1-46)$$

其中盖根鲍尔多项式为

$$C_n^s(\alpha) = \sum_{k=0}^{\left[\frac{n}{2}\right]} \frac{(-1)^k (s)_{(n-k)}}{k!(n-2k)!}(2\alpha)^{n-2k} \tag{1-47}$$

其中 $(s)_{(n-k)} = s(s+1)(s+2)\cdots(s+n-k-1)$。当 $s=\frac{1}{2}$ 时,两种展开式完全一致。

1.3.5 Fourier 级数展开

若函数 $f(x)$ 是自变量 x 的 2π 周期函数,则可将其展开为 Fourier 级数形式

$$f(x) = a_0 + 2\sum_{p=1}^{\infty}(a_p \cos px + b_p \sin px) \tag{1-48}$$

其中

$$a_0 = \frac{1}{2\pi}\int_0^{2\pi} f(x)\mathrm{d}x$$

$$a_p = \frac{1}{2\pi}\int_0^{2\pi} f(x)\cos px\,\mathrm{d}x$$

$$b_p = \frac{1}{2\pi}\int_0^{2\pi} f(x)\sin px\,\mathrm{d}x \qquad p \geqslant 1$$

特别地,若 $f(x)$ 是偶函数,那么

$$f(x) = a_0 + 2\sum_{p=1}^{\infty} a_p \cos px \tag{1-49}$$

其中

$$a_0 = \frac{1}{\pi}\int_0^{\pi} f(x)\mathrm{d}x$$

$$a_p = \frac{1}{\pi}\int_0^{\pi} f(x)\cos px\,\mathrm{d}x \qquad p \geqslant 1$$

若 $f(x)$ 是奇函数,那么

$$f(x) = 2\sum_{p=1}^{\infty} b_p \sin px \tag{1-50}$$

其中

$$b_p = \frac{1}{\pi}\int_0^{\pi} f(x)\sin px\,\mathrm{d}x \qquad p \geqslant 1 \tag{1-51}$$

将 Fourier 级数表示为自然常数(自然对数的底)的指数形式,有

$$f(x) = \sum_{p=-\infty}^{\infty} A_p \exp(\mathrm{i}px) \tag{1-52}$$

其中

$$A_p = \frac{1}{2\pi}\int_0^{2\pi} f(x)\exp(-\mathrm{i}px)\mathrm{d}x \qquad \mathrm{i} = \sqrt{-1} \tag{1-53}$$

结合欧拉公式,可得

$$A_p = \frac{1}{2\pi}\int_0^{2\pi} f(x)(\cos px - \mathrm{i}\sin px)\mathrm{d}x \tag{1-54}$$

因此

$$\begin{aligned} A_0 &= a_0 \\ A_p &= a_p - \mathrm{i}b_p \\ A_{-p} &= a_p + \mathrm{i}b_p \end{aligned} \tag{1-55}$$

例 1-5 开普勒方程为

$$E - e\sin E = M$$

利用 Fourier 展开求解 $E(e, M)$。该示例参考了文献[16]。

考虑到 $E - M = e\sin E$ 是偏近点角 E 的奇函数,因此同时也是平近点角 M 的奇函数。将 $e\sin E$ 展开为平近点角 M 的 Fourier 级数形式

$$e\sin E = 2\sum_{s=1}^{\infty} b_s \sin sM \tag{1-56}$$

其中 Fourier 系数为

$$b_s = \frac{1}{\pi}\int_0^\pi e\sin E\sin sM\mathrm{d}M \tag{1-57}$$

对其进行分部积分可得

$$b_s = \left[-\frac{1}{s\pi}e\sin E\cos sM + \frac{1}{s\pi}\int\cos sM\mathrm{d}(e\sin E)\right]_{E=0}^\pi \tag{1-58}$$

第一部分为零,改写第二部分,可得

$$b_s = \frac{1}{s\pi}\int_0^\pi \cos sM\mathrm{d}(E-M) = -\frac{1}{s\pi}\int_0^\pi\cos sM\mathrm{d}M + \frac{1}{s\pi}\int_0^\pi\cos sM\mathrm{d}E \tag{1-59}$$

上式的第一部分等于零,于是

$$b_s = \frac{1}{s\pi}\int_0^\pi\cos sM\mathrm{d}E = \frac{1}{s\pi}\int_0^\pi\cos(sE - se\sin E)\mathrm{d}E \tag{1-60}$$

注意到该积分与贝塞尔(Bessel)函数的定义相关。注:Bessel 函数定义为

$$J_s(x) = \frac{1}{\pi}\int_0^\pi\cos(s\varphi - x\sin\varphi)\mathrm{d}\varphi = \frac{1}{2\pi}\int_0^{2\pi}\exp[\mathrm{i}(s\varphi - x\sin\varphi)]\mathrm{d}\varphi \tag{1-61}$$

于是可得 Fourier 系数 b_s 与 Bessel 函数 $J_s(x)$ 的关系为

$$b_s = \frac{1}{s}J_s(se) \tag{1-62}$$

因此有

$$e\sin E = 2\sum_{s=1}^{\infty} \frac{1}{s} J_s(se)\sin sM \tag{1-63}$$

进而可得

$$E = M + 2\sum_{s=1}^{\infty} \frac{1}{s} J_s(se)\sin sM \tag{1-64}$$

其中 Bessel 函数 $J_s(x)$ 的级数形式为[11]

$$J_s(x) = \sum_{k=0}^{\infty} \frac{(-1)^k}{(s+k)!k!} \left(\frac{x}{2}\right)^{s+2k} \tag{1-65}$$

下面给出低阶 Bessel 函数的表达式

$$J_0(x) = 1 - \frac{x^2}{4} + \frac{x^4}{64} - \frac{x^6}{2304} + \frac{x^8}{147456} + \cdots$$

$$J_1(x) = \frac{x}{2}\left(1 - \frac{x^2}{8} + \frac{x^4}{192} - \frac{x^6}{9216} + \cdots\right)$$

$$J_2(x) = \frac{x^2}{8}\left(1 - \frac{x^2}{12} + \frac{x^4}{384} - \frac{x^6}{23040} + \cdots\right)$$

$$J_3(x) = \frac{x^3}{48}\left(1 - \frac{x^2}{16} + \frac{x^4}{640} - \cdots\right)$$

$$J_4(x) = \frac{x^4}{384}\left(1 - \frac{x^2}{20} + \frac{x^4}{960} - \cdots\right)$$

$$J_5(x) = \frac{x^5}{3840}\left(1 - \frac{x^2}{24} + \cdots\right)$$

$$J_6(x) = \frac{x^6}{46080}\left(1 - \frac{x^2}{28} + \cdots\right)$$

$$J_7(x) = \frac{x^7}{645120}(1 - \cdots)$$

将 Bessel 函数代入(1-64),可得偏近点角的级数解

$$E = M + 2\sum_{s=1}^{\infty}\sum_{k=0}^{\infty} \frac{1}{s} \frac{(-1)^k}{(s+k)!k!} \left(\frac{s}{2}e\right)^{s+2k} \sin sM \tag{1-66}$$

截断到偏心率的低阶,可得 $E(e,M)$ 的显式表达式为

$$E(e,M) = M + \left(e - \frac{1}{8}e^3 + \frac{1}{192}e^5 - \frac{1}{9216}e^7\right)\sin M + \left(\frac{1}{2}e^2 - \frac{1}{6}e^4 + \frac{1}{48}e^6\right)\sin 2M +$$

$$\left(\frac{3}{8}e^3 - \frac{27}{128}e^5 + \frac{243}{5120}e^7\right)\sin 3M + \left(\frac{1}{3}e^4 - \frac{4}{15}e^6\right)\sin 4M +$$

$$\left(\frac{125}{384}e^5 - \frac{3125}{9216}e^7\right)\sin 5M + \frac{27}{80}e^6\sin 6M + \frac{16807}{46080}e^7\sin 7M + \cdots \tag{1-67}$$

在不同偏心率情况下开普勒方程级数解(1-67)的误差曲线见图 1-17。可见,偏心率越高,级数解与精确解之间的偏差越大。

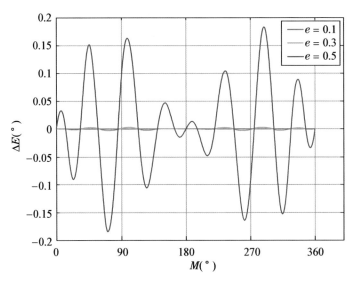

图 1-17 不同偏心率情况下级数解(1-67)的误差曲线

补充:第一类 Bessel 函数 $J_s(x)$ 是下列二阶微分方程(Bessel 方程)的一个级数解[10]

$$x^2 \frac{\mathrm{d}^2 y}{\mathrm{d}x^2} + x \frac{\mathrm{d}y}{\mathrm{d}x} + (x^2 - s^2) y = 0 \qquad (1-68)$$

下面给出 Bessel 函数的三种定义:

1) Bessel 函数的积分定义

$$J_s(x) = \frac{1}{\pi} \int_0^\pi \cos(s\varphi - x\sin\varphi)\mathrm{d}\varphi \qquad (1-69)$$

2) 通过洛朗(Laurent)级数定义 Bessel 函数

$$\exp\left[\frac{x}{2}\left(t - \frac{1}{t}\right)\right] = \sum_{s=-\infty}^{\infty} J_s(x) t^s \qquad (1-70)$$

3) Bessel 函数的级数表达式

$$J_s(x) = \sum_{k=0}^{\infty} \frac{(-1)^k}{(s+k)!k!}\left(\frac{x}{2}\right)^{s+2k} \qquad (1-71)$$

其中 s 为 Bessel 函数的阶数。

根据定义可得:Bessel 函数满足下列性质[11]

$$J_{-s}(x) = (-1)^s J_s(x)$$
$$J_s(-x) = (-1)^s J_s(x)$$
$$J_{-s}(-x) = J_s(x) \qquad (1-72)$$

$$J_s(x) = \frac{x}{2s}[J_{s-1}(x) + J_{s+1}(x)]$$

$$\frac{\mathrm{d}}{\mathrm{d}x}J_s(x) = \frac{1}{2}[J_{s-1}(x) - J_{s+1}(x)]$$

1.4 摄动分析求解代数方程

本节以求解含有小参数的非线性代数方程为例,帮助读者领会摄动分析方法的基本思想。

例 1-6 求解如下含小参数的二次方程(扰动方程)[12]

$$x^2 - (3+2\varepsilon)x + 2 + \varepsilon = 0, \quad \varepsilon \ll 1 \tag{1-73}$$

的根。

当小参数 ε 为零时,二次方程退化为未扰方程

$$x^2 - 3x + 2 = (x-2)(x-1) = 0 \tag{1-74}$$

根为 $x_0 = 1$ 和 $x_0 = 2$。

令扰动方程具有如下小参数幂级数形式的解

$$x = x_0 + \varepsilon x_1 + \varepsilon^2 x_2 + \cdots \tag{1-75}$$

其中 $x_1, x_2, \cdots$ 是待定系数。将幂级数解(1-75)代入扰动方程(1-73),可得如下恒等方程

$$(x_0 + \varepsilon x_1 + \varepsilon^2 x_2 + \cdots)^2 - (3+2\varepsilon)(x_0 + \varepsilon x_1 + \varepsilon^2 x_2 + \cdots) + 2 + \varepsilon = 0 \tag{1-76}$$

将其展开并按照 ε 的幂次进行排列,可得如下恒等式

$$(x_0{}^2 - 3x_0 + 2) + \varepsilon(2x_0 x_1 - 3x_1 - 2x_0 + 1) + \varepsilon^2(2x_0 x_2 + x_1{}^2 - 3x_2 - 2x_1) + \cdots = 0$$

$$\tag{1-77}$$

方程(1-77)对于任意 ε 都成立,因此要求每一阶的系数均为零,可得摄动分析方程组①。

零阶项

$$x_0{}^2 - 3x_0 + 2 = 0 \Rightarrow x_0 = 1, 2 \tag{1-78}$$

一阶项

$$2x_0 x_1 - 3x_1 - 2x_0 + 1 = 0 \Rightarrow x_1 = \frac{2x_0 - 1}{2x_0 - 3} = -1, 3 \tag{1-79}$$

二阶项

$$2x_0 x_2 + x_1{}^2 - 3x_2 - 2x_1 = 0 \Rightarrow x_2 = \frac{2x_1 - x_1{}^2}{2x_0 - 3} = 3, -3 \tag{1-80}$$

等等。

---

① 请读者留意,这一摄动分析思想会贯穿本书所有的摄动分析理论。

综上,扰动非线性方程(1-73)的小参数幂级数解为

$$x=\begin{cases} 1-\varepsilon+3\varepsilon^2+\cdots \\ 2+3\varepsilon-3\varepsilon^2+\cdots \end{cases} \tag{1-81}$$

另一方面,可直接求解原方程并获得精确解

$$x=\frac{1}{2}(3+2\varepsilon\mp\sqrt{1+8\varepsilon+4\varepsilon^2})=\frac{3}{2}+\varepsilon\mp\frac{1}{2}\sqrt{1+8\varepsilon+4\varepsilon^2} \tag{1-82}$$

对精确解在 $\varepsilon=0$ 附近进行 Taylor 展开,可得近似解为

$$x=\begin{cases} 1-\varepsilon+3\varepsilon^2+\cdots \\ 2+3\varepsilon-3\varepsilon^2+\cdots \end{cases} \tag{1-83}$$

可见,幂级数解(1-81)与精确解的 Taylor 展开(1-83)是完全一致的。需要说明的是,幂级数解(1-81)在参数 $\varepsilon\rightarrow0$ 时是原扰动方程的摄动解,然而精确解(1-82)对 ε 的大小无任何要求。精确解与摄动解的关系见图1-18。可见,随着小参数 ε 的增大,级数解的误差越来越大。

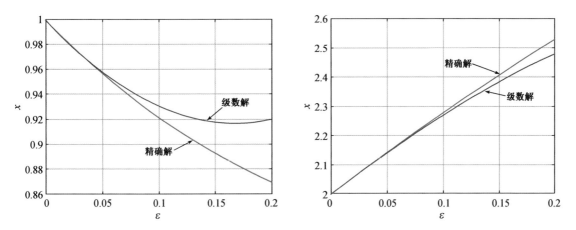

图 1-18 精确解与级数解(摄动解)的对比。可见,级数解是精确解在 $\varepsilon=0$ 附近的 Taylor 展开

例 1-7 利用摄动分析方法,推导开普勒方程

$$E-e\sin E=M,\ e<1$$

的摄动解 $E(e,M)$。

将偏近点角表示为偏心率的级数解形式

$$E=E_0+eE_1+e^2E_2+e^3E_3+e^4E_4+\mathcal{O}(e^5) \tag{1-84}$$

将其代入开普勒方程,可得

$$E_0+eE_1+e^2E_2+e^3E_3+e^4E_4+\cdots-$$
$$e\sin(E_0+eE_1+e^2E_2+e^3E_3+e^4E_4+\cdots)=M \tag{1-85}$$

将上式在 $e=0$ 附近进行 Taylor 展开,可得

$$\begin{aligned} &E_0 - M + \\ &e(E_1 - \sin E_0) + \\ &e^2(E_2 - E_1 \cos E_0) + \\ &e^3\left(E_3 - E_2 \cos E_0 + \frac{1}{2}E_1{}^2 \sin E_0\right) + \\ &e^4\left(E_4 + \frac{1}{6}E_1{}^3 \cos E_0 - E_3 \cos E_0 + E_1 E_2 \sin E_0\right) + \mathcal{O}(e^5) = 0 \end{aligned} \tag{1-86}$$

零阶项

$$E_0 - M = 0 \Rightarrow E_0 = M \tag{1-87}$$

一阶项

$$E_1 - \sin E_0 = 0 \Rightarrow E_1 = \sin M \tag{1-88}$$

二阶项

$$E_2 - E_1 \cos E_0 = 0 \Rightarrow E_2 = \frac{1}{2}\sin 2M \tag{1-89}$$

三阶项

$$E_3 - E_2 \cos E_0 + \frac{1}{2}E_1{}^2 \sin E_0 = 0 \tag{1-90}$$

将 E_0, E_1, E_2 的表达式代入上式,可解得

$$E_3 = \frac{1}{8}(-\sin M + 3\sin 3M) \tag{1-91}$$

四阶项

$$E_4 + \frac{1}{6}E_1{}^3 \cos E_0 - E_3 \cos E_0 + E_1 E_2 \sin E_0 = 0 \tag{1-92}$$

将 E_0, E_1, E_2, E_3 的表达式代入上式,可解得

$$E_4 = \frac{1}{6}(-\sin 2M + 2\sin 4M) \tag{1-93}$$

同理可得五阶项系数为

$$E_5 = \frac{1}{384}(2\sin M - 81\sin 3M + 125\sin 5M) \tag{1-94}$$

六阶项系数为

$$E_6 = \frac{1}{240}(5\sin 2M - 64\sin 4M + 81\sin 6M) \tag{1-95}$$

七阶项系数为

$$E_7 = \frac{1}{46080}(-5\sin M + 2187\sin 3M - 15625\sin 5M + 16807\sin 7M) \tag{1-96}$$

综上,开普勒方程的摄动解为

$$E = M + e\sin M + \frac{1}{2}e^2\sin 2M + \frac{1}{8}e^3(3\sin 3M - \sin M) +$$

$$\frac{1}{6}e^4(2\sin 4M - \sin 2M) + \frac{1}{384}e^5(2\sin M - 81\sin 3M + 125\sin 5M) +$$

$$\frac{1}{240}e^6(5\sin 2M - 64\sin 4M + 81\sin 6M) +$$

$$\frac{1}{46080}e^7(-5\sin M + 2187\sin 3M - 15625\sin 5M + 16807\sin 7M) + \mathcal{O}(e^8) \qquad (1-97)$$

不难发现,这里的级数解与上一节基于 Fourier 展开的表达式(1-67)是完全一致的。截断到偏心率不同阶数的幂级数解的误差曲线见图 1-19。可见,阶数越高,级数解的精度越高。

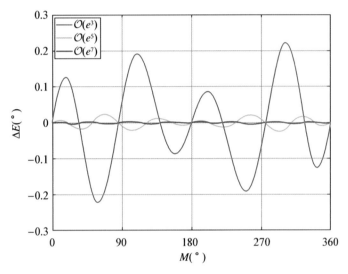

图 1-19　截断到偏心率不同阶数的幂级数解的误差曲线,计算中偏心率取为 $e = 0.3$

例 1-8　利用摄动分析方法推导经典的椭圆展开。

根据(1-97),将 $\cos E$ 在 $e = 0$ 附近进行 Taylor 展开,可得

$$\cos E = \cos M + \frac{1}{2}e(\cos 2M - 1) + \frac{3}{8}e^2(\cos 3M - \cos M) +$$

$$\frac{1}{3}e^3(\cos 4M - \cos 2M) + \mathcal{O}(e^4) \qquad (1-98)$$

考虑到 $\sin E = \frac{1}{e}(E - M)$,将(1-97)代入可得

$$\sin E = \sin M + \frac{1}{2}e\sin 2M + \frac{1}{8}e^2(3\sin 3M - \sin M) +$$

$$\frac{1}{6}e^3(2\sin 4M - \sin 2M) + \mathcal{O}(e^4) \qquad (1-99)$$

考虑到二体关系 $r = a(1 - e\cos E)$,可得

$$\frac{r}{a} = 1 - e\cos E$$

$$= 1 - e\cos M + \frac{1}{2}e^2(1 - \cos 2M) + \frac{3}{8}e^3(\cos M - \cos 3M) +$$

$$\frac{1}{3}e^4(\cos 2M - \cos 4M) + \mathcal{O}(e^5) \tag{1-100}$$

考虑到如下微分关系

$$E - e\sin E = M \Rightarrow dE(1 - e\cos E) = dM \Rightarrow dE\left(\frac{r}{a}\right) = dM \tag{1-101}$$

可得

$$\frac{a}{r} = \frac{dE}{dM}$$

$$= 1 + e\cos M + e^2\cos 2M + \frac{1}{8}e^3(9\cos 3M - \cos M) + \tag{1-102}$$

$$\frac{1}{3}e^4(4\cos 4M - \cos 2M) + \mathcal{O}(e^5)$$

考虑到

$$\frac{\partial}{\partial M}\left(\frac{r}{a}\right) = \frac{e}{\sqrt{1-e^2}}\sin f \tag{1-103}$$

将(1-100)代入上式,可得

$$\sin f = \frac{\sqrt{1-e^2}}{e}\frac{\partial}{\partial M}\left(\frac{r}{a}\right)$$

$$= \sqrt{1-e^2}\left[\sin M + e\sin 2M + \frac{3}{8}e^2(3\sin 3M - \sin M) +\right.$$

$$\left.\frac{2}{3}e^3(2\sin 4M - \sin 2M) + \mathcal{O}(e^4)\right] \tag{1-104}$$

将(1-104)的右边函数在 $e=0$ 附近进行 Taylor 展开,可得

$$\sin f = \sin M + e\sin 2M + \frac{1}{8}e^2(9\sin 3M - 7\sin M) +$$

$$\frac{1}{6}e^3(8\sin 4M - 7\sin 2M) + \mathcal{O}(e^4) \tag{1-105}$$

考虑到二体轨道方程

$$r = \frac{a(1-e^2)}{1+e\cos f} \Rightarrow \cos f = \frac{1}{e}\left[(1-e^2)\frac{a}{r} - 1\right] \tag{1-106}$$

将(1-102)代入上式,可得

$$\cos f = -e + (1-e^2)\left[\cos M + e\cos 2M -\right.$$

$$\left.\frac{1}{8}e^2(\cos M - 9\cos 3M) - \frac{1}{3}e^3(\cos 2M - 4\cos 4M) + \mathcal{O}(e^4)\right] \tag{1-107}$$

将右边函数进行整理可得

$$\cos f = \cos M + e(\cos 2M - 1) + \frac{9}{8}e^2(\cos 3M - \cos M) +$$

$$\frac{4}{3}e^3(\cos 4M - \cos 2M) + \mathcal{O}(e^4) \qquad (1-108)$$

下面我们基于表达式(1-107),利用摄动分析方法求解 $f(e, M)$ 和 $M(e, f)$ 的级数解。

1) 求 $f(e, M)$ 的级数解

基于摄动分析方法,将真近点角 f 表示为

$$f = f_0 + ef_1 + e^2 f_2 + e^3 f_3 + \mathcal{O}(e^4) \qquad (1-109)$$

将(1-109)代入(1-107),并在 $e=0$ 附近进行 Taylor 展开,可得

$$\cos f_0 - \cos M +$$

$$e(1 - \cos 2M - f_1 \sin f_0) +$$

$$e^2 \left[-\frac{1}{2} f_1^2 \cos f_0 + \cos M + \frac{1}{8}(\cos M - 9\cos 3M) - f_2 \sin f_0 \right] + \qquad (1-110)$$

$$e^3 \left[-f_1 f_2 \cos f_0 + \cos 2M + \frac{1}{3}(\cos 2M - 4\cos 4M) + \frac{1}{6} f_1^3 \sin f_0 - f_3 \sin f_0 \right] +$$

$$\mathcal{O}(e^4) = 0$$

分别求解各阶次摄动分析方程组,可得

$$f_0 = M$$

$$f_1 = 2\sin M$$

$$f_2 = \frac{5}{4}\sin 2M$$

$$f_3 = \frac{1}{12}(-3\sin M + 13\sin 3M)$$

综上可得,用平近点角表示的真近点角为

$$f = M + 2e\sin M + \frac{5}{4}e^2\sin 2M + \frac{1}{12}e^3(13\sin 3M - 3\sin M) + \mathcal{O}(e^4) \qquad (1-111)$$

此式被称为中心差 f-M 公式。偏心率取 $e=0.3$ 时,级数解(1-111)的误差曲线见图 1-20。

2) 求 $M(e, f)$ 的级数解

同样,令 $M(e, f)$ 为如下级数解形式

$$M = M_0 + eM_1 + e^2 M_2 + e^3 M_3 + \mathcal{O}(e^4) \qquad (1-112)$$

将(1-112)代入(1-111),并在 $e=0$ 点附近进行 Taylor 展开,可得

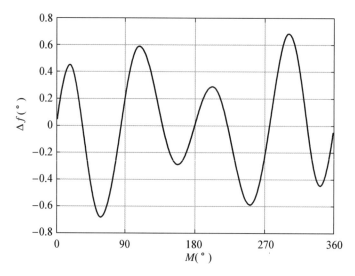

图 1‑20   级数解(1‑111)的误差曲线,计算中偏心率取为 $e=0.3$

$$M_0 - f + e(M_1 + 2\sin M_0) + e^2\left(M_2 + 2M_1\cos M_0 + \frac{5}{4}\sin 2M_0\right) +$$
$$\frac{1}{12}e^3(12M_3 + 24M_2\cos M_0 + 30M_1\cos 2M_0 - 3\sin M_0 - \tag{1-113}$$
$$12M_1{}^2\sin M_0 + 13\sin 3M_0) + \mathcal{O}(e^4) = 0$$

分别求解各阶次对应的摄动分析方程,可得

$$M_0 = f$$

$$M_1 = -2\sin f$$

$$M_2 = \frac{3}{4}\sin 2f$$

$$M_3 = -\frac{1}{3}\sin 3f$$

综上可得,用真近点角表示的平近点角为

$$M = f - 2e\sin f + \frac{3}{4}e^2\sin 2f - \frac{1}{3}e^3\sin 3f + \mathcal{O}(e^4) \tag{1-114}$$

3) 利用摄动分析方法推导 $E(e,f)$ 的级数解

考虑到二体轨道方程

$$r = a(1 - e\cos E) = \frac{a(1-e^2)}{1+e\cos f} \tag{1-115}$$

可得真近点角和偏心点角满足的代数方程为

$$\cos E(1 + e\cos f) - e = \cos f \tag{1-116}$$

令 $E(e,f)$ 具有如下形式的级数解

$$E(e,f)=E_0+eE_1+e^2E_2+e^3E_3+e^4E_4+\mathcal{O}(e^5) \tag{1-117}$$

将(1-117)代入非线性方程(1-116)，并将其在 $e=0$ 点附近进行 Taylor 展开，可得

$$\cos E_0-\cos f+(-1+\cos E_0\cos f-E_1\sin E_0)e+$$

$$\left(-\frac{1}{2}E_1{}^2\cos E_0-E_2\sin E_0-E_1\cos f\sin E_0\right)e^2+$$

$$\frac{1}{6}(-6E_1E_2\cos E_0-3E_1{}^2\cos E_0\cos f+E_1{}^3\sin E_0-6E_3\sin E_0-6E_2\cos f\sin E_0)e^3+$$

$$\frac{1}{24}(E_1{}^4\cos E_0-12E_2{}^2\cos E_0-24E_1E_3\cos E_0-24E_1E_2\cos E_0\cos f+12E_1{}^2E_2\sin E_0-$$

$$24E_4\sin E_0+4E_1{}^3\cos f\sin E_0-24E_3\cos f\sin E_0)e^4+\mathcal{O}(e^5)=0 \tag{1-118}$$

求解摄动分析方程组，可得

$$E_0=f$$

$$E_1=-\sin f$$

$$E_2=\frac{1}{4}\sin 2f$$

$$E_3=-\frac{1}{12}(3\sin f+\sin 3f)$$

$$E_4=\frac{1}{32}(4\sin 2f+\sin 4f)$$

综上，用真近点角表示的偏近点角 $E(e,f)$ 的级数解为

$$E=f-e\sin f+\frac{1}{4}e^2\sin 2f-\frac{1}{12}e^3(3\sin f+\sin 3f)+$$

$$\frac{1}{32}e^4(4\sin 2f+\sin 4f)+\mathcal{O}(e^5) \tag{1-119}$$

4）推导更一般的椭圆展开式

$$\left(\frac{r}{a}\right)^n\cos mf=\sum_{p=-\infty}^{\infty}X_p^{n,m}(e)\cos pM \tag{1-120}$$

其中 $X_p^{n,m}(e)$ 为汉森系数，其定义为

$$X_p^{n,m}(e)=\frac{1}{2\pi}\int_0^{2\pi}\left(\frac{r}{a}\right)^n\cos(mf-pM)\mathrm{d}M \tag{1-121}$$

将上面推导的用平近点角表示的 $\left(\dfrac{r}{a}\right)$ 以及 f 的级数解代入(1-121)，并且将被积函数在 $e=$ 0 点附近进行 Taylor 展开，然后求积分，很容易得到汉森系数的级数解。考虑到 $X_p^{n,m}(e)\sim$

$\mathcal{O}(e^{|m-p|})$，下面针对不同的 $|p-m|$ 给出汉森系数的级数解[①]。

1）当 $|p-m|=0$ 时（偏心率最低阶数为 0），有

$$X_m^{n,m}(e)=1-\frac{1}{4}e^2\left[4m^2-n(1+n)\right]+$$
$$\frac{1}{64}e^4\left[16m^4-m^2(9+8n^2)+(n^2-2n)(n^2-1)\right]+\cdots \qquad (1-122)$$

2）当 $|p-m|=1$ 时（偏心率最低阶数为 1），有

$$X_{m+1}^{n,m}(e)=\frac{1}{2}e(2m-n)-$$
$$\frac{1}{16}e^3\left[8m^3+2m^2(5-2n)+m(2-5n-2n^2)+n(-3-n+n^2)\right]+\cdots \qquad (1-123)$$

$$X_{m-1}^{n,m}(e)=-\frac{1}{2}e(2m+n)+$$
$$\frac{1}{16}e^3\left[8m^3+2m^2(2n-5)+m(2-5n-2n^2)+n(3+n-n^2)\right]+\cdots \qquad (1-124)$$

3）当 $|p-m|=2$ 时（偏心率最低阶数为 2），有

$$X_{m+2}^{n,m}(e)=\frac{1}{8}e^2\left[4m^2+m(5-4n)+(n-3)n\right]-\frac{1}{96}e^4\left[16m^4+4m^3(15-4n)+\right.$$
$$\left.16m^2(4-3n)+mn(-47-3n+4n^2)+n(-22+n+6n^2-n^3)\right]+\cdots \qquad (1-125)$$

$$X_{m-2}^{n,m}(e)=\frac{1}{8}e^2\left[4m^2+m(4n-5)+(n-3)n\right]+\frac{1}{96}e^4\left[-16m^4-4m^3(4n-15)-\right.$$
$$\left.16m^2(4-3n)-mn(47+3n-4n^2)-n(-22+n+6n^2-n^3)\right]+\cdots \qquad (1-126)$$

4）当 $|p-m|=3$ 时（偏心率最低阶数为 3），有

$$X_{m+3}^{n,m}(e)=\frac{1}{48}e^3\left[8m^3-6m^2(2n-5)+m(26-33n+6n^2)-n(17-9n+n^2)\right] \qquad (1-127)$$

$$X_{m-3}^{n,m}(e)=-\frac{1}{48}e^3\left[8m^3+6m^2(2n-5)+m(26-33n+6n^2)+n(17-9n+n^2)\right] \qquad (1-128)$$

5）当 $|p-m|=4$ 时（偏心率最低阶数为 4），有

$$X_{m+4}^{n,m}(e)=\frac{1}{384}e^4\left[16m^4-8m^3(4n-15)+m^2(283-192n+24n^2)-\right.$$
$$\left.2mn(165-51n+4n^2)+n(-142+95n-18n^2+n^3)\right] \qquad (1-129)$$

$$X_{m-4}^{n,m}(e)=\frac{1}{384}e^4\left[16m^4+8m^3(4n-15)+m^2(283-192n+24n^2)+\right.$$
$$\left.2mn(165-51n+4n^2)+n(-142+95n-18n^2+n^3)\right] \qquad (1-130)$$

---

① 笔者利用符号软件 Mathematica 进行了实际推导。

上面的推导结果与文献[11]给出的汉森系数表达式完全一致。读者可根据需要着手去推导偏心率任意阶次的汉森系数级数形式。

需注意的是，以上展开式均为偏心率 e 的级数，研究发现它们仅在 $0 < e < e_c \approx 0.6627$ 范围内收敛，这里的 $e_c \approx 0.6627$ 为椭圆展开的拉普拉斯（Laplace）极限。注：当偏心率大于 Laplace 极限时，椭圆展开不再收敛。

例 1-9　某多项式方程如下

$$y = ax + bx^2 + cx^3 + dx^4 + ex^5 + fx^6 + \cdots$$

其中 x 为小量。利用摄动分析方法推导反函数

$$x = Ay + By^2 + Cy^3 + Dy^4 + Ey^5 + Fy^6 + \cdots$$

中的系数 A, B, C, D, E, F。

将级数解

$$x = Ay + By^2 + Cy^3 + Dy^4 + Ey^5 + Fy^6 + \cdots \tag{1-131}$$

代入原方程可得如下恒等式

$$
\begin{aligned}
& (-1 + aA)y + (A^2 b + aB)y^2 + (2AbB + A^3 c + aC)y^3 + \\
& (bB^2 + 3A^2 Bc + 2AbC + A^4 d + aD)y^4 + \\
& (3AB^2 c + 2bBC + 3A^2 cC + 4A^3 Bd + 2AbD + A^5 e + aE)y^5 + \\
& (B^3 c + 6ABcC + bC^2 + 6A^2 B^2 d + 4A^3 Cd + 2bBD + 3A^2 cD + \\
& 5A^4 Be + 2AbE + A^6 f + aF)y^6 + \cdots = 0
\end{aligned}
\tag{1-132}
$$

根据各幂次系数等于零建立摄动分析方程组。依次可求得待定系数为

$$A = \frac{1}{a}$$

$$B = -\frac{b}{a^3}$$

$$C = \frac{2b^2 - ac}{a^5}$$

$$D = \frac{-5b^3 + 5abc - a^2 d}{a^7}$$

$$E = \frac{14b^4 - 21ab^2 c + 3a^2 c^2 + 6a^2 bd - a^3 e}{a^9}$$

$$F = \frac{-42b^5 + 84ab^3 c - 28a^2 bc^2 - 28a^2 b^2 d + 7a^3 cd + 7a^3 be - a^4 f}{a^{11}}$$

特别地，若 $a = 1$ 时（做变量替换很容易使得第一项系数为 1），可得

$$A = 1$$

$$B = -b$$

$$C = 2b^2 - c$$

$$D = -5b^3 + 5bc - d$$

$$E = 14b^4 - 21b^2c + 3c^2 + 6bd - e$$

$$F = -42b^5 + 84b^3c - 28bc^2 - 28b^2d + 7cd + 7be - f$$

例 1-10 利用摄动分析方法求解圆型限制性三体系统(CRTBP)共线平动点的位置。

在质心旋转坐标系下,圆型限制性三体系统的运动方程为

$$\ddot{x} - 2\dot{y} = \frac{\partial \Omega}{\partial x}, \ddot{y} + 2\dot{x} = \frac{\partial \Omega}{\partial y}, \ddot{z} = \frac{\partial \Omega}{\partial z} \tag{1-133}$$

其中 Ω 为有效势函数,表达式为

$$\Omega = \frac{1}{2}(x^2 + y^2) + \frac{1-\mu}{r_1} + \frac{\mu}{r_2} + \frac{1}{2}\mu(1-\mu) \tag{1-134}$$

这里 $\mu = m_2/(m_1 + m_2)$ 为系统的质量参数。圆型限制性三体系统存在 Jacobi 积分

$$C = 2\Omega - v^2 = 2\Omega - (\dot{x}^2 + \dot{y}^2 + \dot{z}^2) \tag{1-135}$$

该积分对应于系统的哈密顿函数 $\mathcal{H} = -\frac{1}{2}C$。平动点对应的是限制性三体系统下速度和加速度均为零的特殊点,满足如下条件

$$\frac{\partial \Omega}{\partial x} = 0, \frac{\partial \Omega}{\partial y} = 0, \frac{\partial \Omega}{\partial z} = 0 \tag{1-136}$$

将有效势函数代入上式,可得平衡点满足的非线性方程为

$$\begin{cases} x - \frac{1-\mu}{r_1^3}(x+\mu) - \frac{\mu}{r_2^3}(x+\mu-1) = 0 \\ y\left(1 - \frac{1-\mu}{r_1^3} - \frac{\mu}{r_2^3}\right) = 0 \\ -z\left(\frac{1-\mu}{r_1^3} + \frac{\mu}{r_2^3}\right) = 0 \end{cases} \tag{1-137}$$

第三个方程要求 $z=0$,表明平动点位于 x-y 平面。第二个方程对应两种情况。

1) 当 $y \neq 0$ 时,有

$$\left. \begin{matrix} 1 - \frac{1-\mu}{r_1^3} - \frac{\mu}{r_2^3} = 0 \\ x - \frac{1-\mu}{r_1^3}(x+\mu) - \frac{\mu}{r_2^3}(x+\mu-1) = 0 \end{matrix} \right\} \Rightarrow r_1 = r_2 = 1 \tag{1-138}$$

此即三角平动点,它们与两个主天体构成等边三角形。进一步可得三角平动点的位置为$\left(\frac{1}{2} - \mu,\right.$

$\dfrac{\sqrt{3}}{2}, 0 \Big)$ 和 $\Big(\dfrac{1}{2}-\mu,-\dfrac{\sqrt{3}}{2}, 0\Big)$，分别记为 L_4 和 L_5（见图 1-21）。

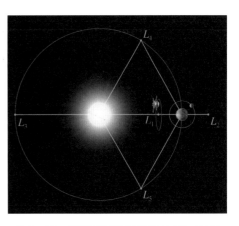

图 1-21　圆型限制性三体系统（日-地系）以及平动点分布

2）当 $y=0$ 时，有

$$f(x)=x-\frac{1-\mu}{r_1{}^3}(x+\mu)-\frac{\mu}{r_2{}^3}(x+\mu-1)=0 \tag{1-139}$$

此为共线平动点满足的约束，是一个非线性方程。

下面采用摄动分析法，求解共线平动点的位置。

令共线平动点与邻近主天体的距离为 $\gamma_i(i=1,2,3)$，因此有

$$\text{共线平动点 } L_1: \gamma_1=1-\mu-x_1 \tag{1-140}$$

$$\text{共线平动点 } L_2: \gamma_2=x_2-(1-\mu) \tag{1-141}$$

$$\text{共线平动点 } L_3: \gamma_3=-\mu-x_3 \tag{1-142}$$

对于共线平动点 L_1，将（1-140）代入（1-139），可得

$$1-\mu-\gamma_1-\frac{1-\mu}{(1-\gamma_1)^2}+\frac{\mu}{\gamma_1{}^2}=0 \tag{1-143}$$

整理后有

$$(1-\mu-\gamma_1)\gamma_1{}^2(1-\gamma_1)^2-(1-\mu)\gamma_1{}^2+\mu(1-\gamma_1)^2=0 \tag{1-144}$$

按 γ_1 的幂次从高到低排列，可得共线平动点 L_1 与次主天体的距离 γ_1 满足如下 5 次方程

$$\gamma_1{}^5-(3-\mu)\gamma_1{}^4+(3-2\mu)\gamma_1{}^3-\mu\gamma_1{}^2+2\mu\gamma_1-\mu=0 \tag{1-145}$$

同理，可得 L_2 与次主天体的距离 γ_2 满足如下方程

$$\gamma_2{}^5+(3-\mu)\gamma_2{}^4+(3-2\mu)\gamma_2{}^3-\mu\gamma_2{}^2-2\mu\gamma_2-\mu=0 \tag{1-146}$$

L_3 与主天体的距离 γ_3 满足如下方程

$$\gamma_3{}^5+(2+\mu)\gamma_3{}^4+(1+2\mu)\gamma_3{}^3-(1-\mu)\gamma_3{}^2-2(1-\mu)\gamma_3-(1-\mu)=0 \tag{1-147}$$

共线平动点的五次方程曲线见图 1-22，与零值线的交点即为平动点的位置。

首先，求解代数方程（1-145），获得平动点 L_1 的位置。对（1-145）作适当变换，可得

$$\Big(\frac{\mu}{3}\Big)^{\frac{1}{3}}=\gamma_1\left[\frac{1-\gamma_1+\frac{1}{3}\gamma_1{}^2}{1-2\gamma_1+\gamma_1{}^2+2\gamma_1{}^3-\gamma_1{}^4}\right]^{\frac{1}{3}} \Rightarrow \gamma_1 \sim \Big(\frac{\mu}{3}\Big)^{\frac{1}{3}} \tag{1-148}$$

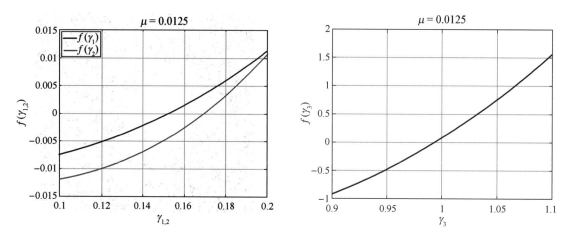

图 1-22　五次方程曲线与零线的交点即为共线平动点的位置

上式表明 L_1 与次主天体的距离 γ_1 与次主天体的 Hill 半径 $\left(\dfrac{\mu}{3}\right)^{\frac{1}{3}}$ 为同一量级。因此,记小参量为

$$\varepsilon=\left(\frac{\mu}{3}\right)^{\frac{1}{3}} \Rightarrow \mu=3\varepsilon^3 \tag{1-149}$$

将其代入方程(1-145),可得关于 ε 和 γ_1 的代数方程

$$\gamma_1{}^5-(3-3\varepsilon^3)\gamma_1{}^4+(3-6\varepsilon^3)\gamma_1{}^3-3\varepsilon^3\gamma_1{}^2+6\varepsilon^3\gamma_1-3\varepsilon^3=0 \tag{1-150}$$

根据摄动分析方法,令代数方程(1-150)存在如下形式的幂级数解

$$\gamma_1=\sum_{n\geqslant1}c_n\varepsilon^n=c_1\varepsilon+c_2\varepsilon^2+c_3\varepsilon^3+c_4\varepsilon^4+\mathcal{O}(\varepsilon^5) \tag{1-151}$$

其中 c_i 为待定系数。将幂级数解(1-151)代入方程(1-150),并按照 ε 同类项进行合并,可整理为

$$\begin{aligned}
&\varepsilon^3(-3+3c_1{}^3)+\varepsilon^4(6c_1-3c_1{}^4+9c_1{}^2c_2)+\\
&\varepsilon^5(-3c_1{}^2+c_1{}^5+6c_2-12c_1{}^3c_2+9c_1c_2{}^2+9c_1{}^2c_3)+\\
&\varepsilon^6(-6c_1{}^3-6c_1c_2+5c_1{}^4c_2-18c_1{}^2c_2{}^2+3c_2{}^3+6c_3-12c_1{}^3c_3+18c_1c_2c_3+9c_1{}^2c_4)+\\
&\varepsilon^7(3c_1{}^4-18c_1{}^2c_2-3c_2{}^2+10c_1{}^3c_2{}^2-12c_1c_2{}^3-6c_1c_3+5c_1{}^4c_3-36c_1{}^2c_2c_3+9c_2{}^2c_3+\\
&9c_1c_3{}^2+6c_4-12c_1{}^3c_4+18c_1c_2c_4+9c_1{}^2c_5)+\mathcal{O}(\varepsilon^8)=0
\end{aligned} \tag{1-152}$$

上式对任意参数 ε 都成立,要求各幂次项的系数均为零,可得摄动分析方程组。

三阶项

$$-3+3c_1{}^3=0 \Rightarrow c_1=1 \tag{1-153}$$

四阶项

$$6c_1-3c_1{}^4+9c_1{}^2c_2=0 \Rightarrow c_2=-\frac{1}{3} \tag{1-154}$$

五阶项

$$-3c_1{}^2+c_1{}^5+6c_2-12c_1{}^3c_2+9c_1c_2{}^2+9c_1{}^2c_3=0 \Rightarrow c_3=-\frac{1}{9} \tag{1-155}$$

六阶项

$$-6c_1{}^3-6c_1c_2+5c_1{}^4c_2-18c_1{}^2c_2{}^2+3c_2{}^3+6c_3-12c_1{}^3c_3+18c_1c_2c_3+9c_1{}^2c_4=0$$

$$\tag{1-156}$$

解得

$$c_4=\frac{58}{81} \tag{1-157}$$

七阶项

$$3c_1{}^4-18c_1{}^2c_2-3c_2{}^2+10c_1{}^3c_2{}^2-12c_1c_2{}^3-6c_1c_3+5c_1{}^4c_3-36c_1{}^2c_2c_3+9c_2{}^2c_3+$$

$$9c_1c_3{}^2+6c_4-12c_1{}^3c_4+18c_1c_2c_4+9c_1{}^2c_5=0 \tag{1-158}$$

解得

$$c_5=-\frac{11}{243} \tag{1-159}$$

等等。

综上,可得 γ_1 的幂级数解为

$$\gamma_1=\varepsilon-\frac{1}{3}\varepsilon^2-\frac{1}{9}\varepsilon^3+\frac{58}{81}\varepsilon^4-\frac{11}{243}\varepsilon^5+\mathcal{O}(\varepsilon^6) \tag{1-160}$$

其中小参数为 $\varepsilon=\left(\frac{\mu}{3}\right)^{\frac{1}{3}}$。

其次,求解代数方程(1-146),获得 L_2 的位置。整理可得

$$\left(\frac{\mu}{3}\right)^{\frac{1}{3}}=\gamma_2\left[\frac{\frac{1}{3}\gamma_2{}^2+\gamma_2+1}{\gamma_2{}^4+2\gamma_2{}^3+\gamma_2{}^2+2\gamma_2+1}\right]^{\frac{1}{3}} \Rightarrow \gamma_2\sim\left(\frac{\mu}{3}\right)^{\frac{1}{3}} \tag{1-161}$$

这同样表明 γ_2 和次主天体的 Hill 半径 $\left(\frac{\mu}{3}\right)^{\frac{1}{3}}$ 同量级。记小参数为

$$\varepsilon=\left(\frac{\mu}{3}\right)^{\frac{1}{3}} \Rightarrow \mu=3\varepsilon^3 \tag{1-162}$$

那么代数方程(1-146)变为

$$\gamma_2{}^5+(3-3\varepsilon^3)\gamma_2{}^4+(3-6\varepsilon^3)\gamma_2{}^3-3\varepsilon^3\gamma_2{}^2-6\varepsilon^3\gamma_2-3\varepsilon^3=0 \tag{1-163}$$

类似于求解 γ_1,令 γ_2 存在如下形式的幂级数解

$$\gamma_2=\sum_{n\geqslant1}c_n\varepsilon^n \tag{1-164}$$

将其代入非线性方程(1-163),对 ε 合并同类项,可得

$$\varepsilon^3(-3+3c_1{}^3)+\varepsilon^4(-6c_1+3c_1{}^4+9c_1{}^2c_2)+$$

$$\varepsilon^5(-3c_1{}^2+c_1{}^5-6c_2+12c_1{}^3c_2+9c_1c_2{}^2+9c_1{}^2c_3)+$$

$$\varepsilon^6(-6c_1{}^3-6c_1c_2+5c_1{}^4c_2+18c_1{}^2c_2{}^2+3c_2{}^3-6c_3+12c_1{}^3c_3+18c_1c_2c_3+9c_1{}^2c_4)+$$

$$\varepsilon^7(-3c_1{}^4-18c_1{}^2c_2-3c_2{}^2+10c_1{}^3c_2{}^2+12c_1c_2{}^3-6c_1c_3+5c_1{}^4c_3+36c_1{}^2c_2c_3+9c_2{}^2c_3+$$

$$9c_1c_3{}^2-6c_4+12c_1{}^3c_4+18c_1c_2c_4+9c_1{}^2c_5)+\mathcal{O}(\varepsilon^8)=0 \qquad (1-165)$$

根据各幂次项系数为零的原则,建立摄动分析方程组,依次求得系数为

$$c_1=1,\ c_2=\frac{1}{3},\ c_3=-\frac{1}{9},\ c_4=\frac{50}{81},\ c_5=\frac{43}{243} \qquad (1-166)$$

可得 γ_2 关于小参数 ε 的幂级数解

$$\gamma_2=\varepsilon+\frac{1}{3}\varepsilon^2-\frac{1}{9}\varepsilon^3+\frac{50}{81}\varepsilon^4+\frac{43}{243}\varepsilon^5+\mathcal{O}(\varepsilon^6) \qquad (1-167)$$

其中 $\varepsilon=\left(\dfrac{\mu}{3}\right)^{\frac{1}{3}}$。

最后,求解关于 L_3 点的代数方程(1-147)。为了知道 γ_3 的量级,对代数方程做调整

$$\mu=\frac{1+2\gamma_3+\gamma_3{}^2-\gamma_3{}^3-2\gamma_3{}^4-\gamma_3{}^5}{1+2\gamma_3+\gamma_3{}^2+2\gamma_3{}^3+\gamma_3{}^4}=-\frac{12}{7}(\gamma_3-1)+\frac{23}{49}(\gamma_3-1)^3-\frac{23}{49}(\gamma_3-1)^4+\cdots$$

$$(1-168)$$

该式说明 γ_3 和 $1+\mu$ 同量级。因此记小参数为 $\varepsilon=\mu$,代数方程变为

$$\gamma_3{}^5+(2+\varepsilon)\gamma_3{}^4+(1+2\varepsilon)\gamma_3{}^3-(1-\varepsilon)\gamma_3{}^2-2(1-\varepsilon)\gamma_3-(1-\varepsilon)=0 \qquad (1-169)$$

令 γ_3 具有如下形式的幂级数解

$$\gamma_3=1+\sum_{n\geqslant1}c_n\varepsilon^n \qquad (1-170)$$

将其代入方程(1-169),可得如下恒等式

$$\varepsilon(7+12c_1)+\varepsilon^2(14c_1+24c_1{}^2+12c_2)+$$

$$\varepsilon^3(13c_1{}^2+19c_1{}^3+14c_2+48c_1c_2+12c_3)+$$

$$\varepsilon^4(6c_1{}^3+7c_1{}^4+26c_1c_2+57c_1{}^2c_2+24c_2{}^2+14c_3+48c_1c_3+12c_4)+$$

$$\varepsilon^5(c_1{}^4+c_1{}^5+18c_1{}^2c_2+28c_1{}^3c_2+13c_2{}^2+57c_1c_2{}^2+26c_1c_3+57c_1{}^2c_3+$$

$$48c_2c_3+14c_4+48c_1c_4+12c_5)+\mathcal{O}(\varepsilon^6)=0 \qquad (1-171)$$

根据各幂次项系数等于零的原则,建立摄动分析方程组,依次求得待定系数为

$$c_1=-\frac{7}{12},\ c_2=0,\ c_3=-\frac{1127}{20736},\ c_4=-\frac{7889}{248832},\ c_5=-\frac{261023}{11943936} \qquad (1-172)$$

综上可得 γ_3 关于小参数 $\varepsilon=\mu$ 的幂级数解为

$$\gamma_3=1-\frac{7}{12}\mu-\frac{1127}{20736}\mu^3-\frac{7889}{248832}\mu^4-\frac{261023}{11943936}\mu^5+\mathcal{O}(\mu^6) \qquad (1-173)$$

下面进行简单归纳:

1) 对于 L_1 点,有

$$\gamma_1 = \left(\frac{\mu}{3}\right)^{\frac{1}{3}} - \frac{1}{3}\left(\frac{\mu}{3}\right)^{\frac{2}{3}} - \frac{1}{9}\left(\frac{\mu}{3}\right)^{\frac{3}{3}} + \frac{58}{81}\left(\frac{\mu}{3}\right)^{\frac{4}{3}} - \frac{11}{243}\left(\frac{\mu}{3}\right)^{\frac{5}{3}} + \mathcal{O}(6) \quad (1-174)$$

$$\begin{aligned} x_1 &= 1 - \mu - \gamma_1 \\ &= 1 - \mu - \left(\frac{\mu}{3}\right)^{\frac{1}{3}} + \frac{1}{3}\left(\frac{\mu}{3}\right)^{\frac{2}{3}} + \frac{1}{9}\left(\frac{\mu}{3}\right)^{\frac{3}{3}} - \frac{58}{81}\left(\frac{\mu}{3}\right)^{\frac{4}{3}} + \frac{11}{243}\left(\frac{\mu}{3}\right)^{\frac{5}{3}} + \mathcal{O}(6) \end{aligned} \quad (1-175)$$

2) 对于 L_2 点,有

$$\gamma_2 = \left(\frac{\mu}{3}\right)^{\frac{1}{3}} + \frac{1}{3}\left(\frac{\mu}{3}\right)^{\frac{2}{3}} - \frac{1}{9}\left(\frac{\mu}{3}\right)^{\frac{3}{3}} + \frac{50}{81}\left(\frac{\mu}{3}\right)^{\frac{4}{3}} + \frac{43}{243}\left(\frac{\mu}{3}\right)^{\frac{5}{3}} + \mathcal{O}(6) \quad (1-176)$$

$$\begin{aligned} x_2 &= 1 - \mu + \gamma_2 \\ &= 1 - \mu + \left(\frac{\mu}{3}\right)^{\frac{1}{3}} + \frac{1}{3}\left(\frac{\mu}{3}\right)^{\frac{2}{3}} - \frac{1}{9}\left(\frac{\mu}{3}\right)^{\frac{3}{3}} + \frac{50}{81}\left(\frac{\mu}{3}\right)^{\frac{4}{3}} + \frac{43}{243}\left(\frac{\mu}{3}\right)^{\frac{5}{3}} + \mathcal{O}(6) \end{aligned} \quad (1-177)$$

3) 对于 L_3 点,有

$$\gamma_3 = 1 - \frac{7}{12}\mu - \frac{1127}{20736}\mu^3 - \frac{7889}{248832}\mu^4 - \frac{261023}{11943936}\mu^5 + \mathcal{O}(6) \quad (1-178)$$

$$\begin{aligned} x_3 &= -\mu - \gamma_3 \\ &= -1 - \frac{5}{12}\mu + \frac{1127}{20736}\mu^3 + \frac{7889}{248832}\mu^4 + \frac{261023}{11943936}\mu^5 + \mathcal{O}(6) \end{aligned} \quad (1-179)$$

以上表达式和文献[13]、[14]以及[15]给出的表达式完全一致(注:文献中给出的是低阶情况)。级数解的误差曲线见图 1-23。

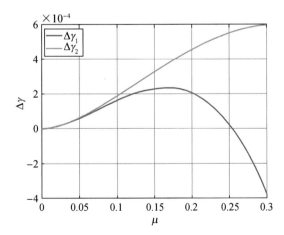
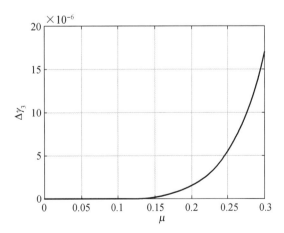

图 1-23 共线平动点与邻近主天体距离的幂级数解的误差曲线。

左图对应 L_1 和 L_2 点,右图对应 L_3 点

另外,Murray 与 Dermott 的专著《太阳系动力学》(*Solar system dynamics*)[15]提供了一

种不同的推导共线平动点位置的幂级数方法——拉格朗日反演法（Lagrange inversion method）。考虑到该方法是一种非常有效的求解非线性方程级数解的近似方法[①]，这里简要叙述该方法，并利用该方法给出共线平动点位置的高阶近似解。

拉格朗日反演法：用 y 表示的 x 的方程如下

$$x=y-\varepsilon f(y), \quad \varepsilon<1 \tag{1-180}$$

可得 y 关于 x 的显形式幂级数解（求逆）

$$y(x,\varepsilon)=x+\sum_{n=1}^{\infty}\frac{\varepsilon^n}{n!}\frac{\mathrm{d}^{n-1}}{\mathrm{d}x^{n-1}}\left[f(x)\right]^n \tag{1-181}$$

实际问题中，只需要将非线性代数方程转化成类似于(1-180)的形式，就可以直接利用拉格朗日反演法获得幂级数解 $y(x,\varepsilon)$。

这里简要介绍拉格朗日级数展开式(1-181)的推导[16]。对方程(1-180)求逆，表明 y 是 x 和 $\varepsilon<1$ 的函数。于是，可将 $y(x,\varepsilon)$ 在 $\varepsilon=0$ 附近进行 Taylor 展开，即

$$y(x,\varepsilon)=y(x,0)+\varepsilon\frac{\partial y}{\partial \varepsilon}\bigg|_{\varepsilon=0}+\frac{1}{2!}\varepsilon^2\frac{\partial^2 y}{\partial \varepsilon^2}\bigg|_{\varepsilon=0}+\frac{1}{3!}\varepsilon^3\frac{\partial^3 y}{\partial \varepsilon^3}\bigg|_{\varepsilon=0}+\cdots \tag{1-182}$$

其中

$$y(x,0)=x \tag{1-183}$$

一阶导数为

$$\frac{\partial}{\partial \varepsilon}y(x,\varepsilon)=f(y)+\varepsilon\frac{\mathrm{d}f}{\mathrm{d}y}\frac{\partial y}{\partial \varepsilon} \tag{1-184}$$

在 $\varepsilon=0$ 点的值为

$$\frac{\partial}{\partial \varepsilon}y(x,\varepsilon)\bigg|_{\varepsilon=0}=f(x) \tag{1-185}$$

二阶导数为

$$\frac{\partial^2}{\partial \varepsilon^2}y(x,\varepsilon)=\frac{\mathrm{d}f}{\mathrm{d}y}\frac{\partial y}{\partial \varepsilon}+\frac{\mathrm{d}f}{\mathrm{d}y}\frac{\partial y}{\partial \varepsilon}+\varepsilon\left[\frac{\mathrm{d}^2 f}{\mathrm{d}y^2}\left(\frac{\partial y}{\partial \varepsilon}\right)^2+\frac{\mathrm{d}f}{\mathrm{d}y}\frac{\partial^2 y}{\partial \varepsilon^2}\right] \tag{1-186}$$

在 $\varepsilon=0$ 点的值为

$$\frac{\partial^2}{\partial \varepsilon^2}y(x,\varepsilon)\bigg|_{\varepsilon=0}=2\frac{\mathrm{d}f}{\mathrm{d}y}\frac{\partial y}{\partial \varepsilon}\bigg|_{\varepsilon=0}=2f(y)\frac{\mathrm{d}f}{\mathrm{d}y}\bigg|_{\zeta=x}=2f(x)\frac{\mathrm{d}f}{\mathrm{d}x}=\frac{\mathrm{d}}{\mathrm{d}x}\left[f(x)\right]^2 \tag{1-187}$$

对于三阶导数，类似可得

$$\frac{\partial^3}{\partial \varepsilon^3}y(x,\varepsilon)\bigg|_{\varepsilon=0}=\frac{\mathrm{d}^2}{\mathrm{d}x^2}\left[f(x)\right]^3 \tag{1-188}$$

---

① 读者在遇到相似问题时，不妨采用拉格朗日反演法给出分析表达式。

依次类推,可得高阶导数为

$$\left.\frac{\partial^n}{\partial \varepsilon^n}y(x,\varepsilon)\right|_{\varepsilon=0}=\frac{\mathrm{d}^{n-1}}{\mathrm{d}x^{n-1}}\left[f(x)\right]^n \tag{1-189}$$

代入 Taylor 展开式(1-182),可得

$$y=x+\sum_{n=1}^{\infty}\frac{\varepsilon^n}{n!}\frac{\mathrm{d}^{n-1}}{\mathrm{d}x^{n-1}}\left[f(x)\right]^n \tag{1-190}$$

此即拉格朗日反演法对应的幂级数展开公式。下面将该方法应用于共线平动点位置的计算。

对于 L_1 点,代数方程(1-145)可整理为

$$\left(\frac{\mu}{3}\right)^{\frac{1}{3}}=\gamma_1\left[\frac{1-\gamma_1+\frac{1}{3}\gamma_1^2}{1-2\gamma_1+\gamma_1^2+2\gamma_1^3-\gamma_1^4}\right]^{\frac{1}{3}} \tag{1-191}$$

记 $\alpha=\left(\frac{\mu}{3}\right)^{\frac{1}{3}}$,那么

$$\alpha=\gamma_1\left[\frac{1-\gamma_1+\frac{1}{3}\gamma_1^2}{1-2\gamma_1+\gamma_1^2+2\gamma_1^3-\gamma_1^4}\right]^{\frac{1}{3}} \tag{1-192}$$

将右边在 $\gamma_1=0$ 附近进行 Taylor 展开,可得

$$\alpha=\gamma_1+\frac{\gamma_1^2}{3}+\frac{\gamma_1^3}{3}-\frac{28\gamma_1^4}{81}-\frac{223\gamma_1^5}{243}-\frac{389\gamma_1^6}{243}-\frac{9817\gamma_1^7}{6561}-\frac{5914\gamma_1^8}{19683}+\mathcal{O}(\gamma_1^9) \tag{1-193}$$

根据(1-180)的形式,将(1-193)整理为

$$\gamma_1=\alpha+\left(-\frac{1}{3}\right)\left(\gamma_1^2+\gamma_1^3-\frac{28\gamma_1^4}{27}-\frac{223\gamma_1^5}{81}-\frac{389\gamma_1^6}{81}-\frac{9817\gamma_1^7}{2187}-\frac{5914\gamma_1^8}{6561}\right)$$
$$=\alpha+\left(-\frac{1}{3}\right)f(\gamma_1) \tag{1-194}$$

其中

$$f(\gamma_1)=\gamma_1^2+\gamma_1^3-\frac{28\gamma_1^4}{27}-\frac{223\gamma_1^5}{81}-\frac{389\gamma_1^6}{81}-\frac{9817\gamma_1^7}{2187}-\frac{5914\gamma_1^8}{6561}+\mathcal{O}(\gamma_1^9) \tag{1-195}$$

根据拉格朗日反演法,可得

$$\gamma_1=\alpha+\sum_{j=1}^{\infty}\frac{\left(-\frac{1}{3}\right)^j}{j!}\frac{\mathrm{d}^{j-1}}{\mathrm{d}\alpha^{j-1}}\left[f(\alpha)\right]^j \tag{1-196}$$

将 $f(\alpha)$ 代入上式,可得到

$$\gamma_1=\alpha-\frac{\alpha^2}{3}-\frac{\alpha^3}{9}+\frac{58\alpha^4}{81}-\frac{11\alpha^5}{243}-\frac{4\alpha^6}{9}+\frac{4979\alpha^7}{6561}+\mathcal{O}(\alpha^8) \tag{1-197}$$

其中 $\alpha=\left(\frac{\mu}{3}\right)^{\frac{1}{3}}$。对比不难发现,该幂级数解和(1-160)完全一致。

对于 L_2 点,类似可得

$$\gamma_2 = \alpha + \left(\frac{1}{3}\right)\left(\gamma_2^2 - \gamma_2^3 + \frac{80\gamma_2^4}{27} - \frac{371\gamma_2^5}{81} + \frac{529\gamma_2^6}{81} - \frac{25067\gamma_2^7}{2187} + \frac{132812\gamma_2^8}{6561} + \mathcal{O}(\gamma_2^9)\right)$$

$$= \alpha + \left(\frac{1}{3}\right)f(\gamma_2) \tag{1-198}$$

根据拉格朗日反演法,可得

$$\gamma_2 = \alpha + \sum_{j=1}^{\infty} \frac{\left(\frac{1}{3}\right)^j}{j!} \frac{\mathrm{d}^{j-1}}{\mathrm{d}\alpha^{j-1}}\left[f(\alpha)\right]^j \tag{1-199}$$

代入得

$$\gamma_2 = \alpha + \frac{\alpha^2}{3} - \frac{\alpha^3}{9} + \frac{50\alpha^4}{81} + \frac{43\alpha^5}{243} - \frac{4\alpha^6}{9} + \frac{6167\alpha^7}{6561} + \mathcal{O}(\alpha^8) \tag{1-200}$$

其中 $\alpha = \left(\frac{\mu}{3}\right)^{\frac{1}{3}}$。与摄动分析获得的级数解(1-167)完全一致。

对于 L_3 点,将代数方程(1-147)整理为

$$\mu = -\frac{\gamma_3^5 + 2\gamma_3^4 + \gamma_3^3 - \gamma_3^2 - 2\gamma_3 - 1}{\gamma_3^4 + 2\gamma_3^3 + \gamma_3^2 + 2\gamma_3 + 1} \tag{1-201}$$

进一步整理为

$$1 - \gamma_3 = \frac{7}{12}\mu + \frac{1}{2}\left[\frac{23}{42}(1-\gamma_3)^3 + \frac{23}{42}(1-\gamma_3)^4 + \frac{29}{147}(1-\gamma_3)^5 - \right.$$

$$\left. \frac{15}{98}(1-\gamma_3)^6 - \frac{193(1-\gamma_3)^7}{686} - \frac{193(1-\gamma_3)^8}{1029}\right]$$

$$= \alpha + \frac{1}{2}f(1-\gamma_3) \tag{1-202}$$

根据拉格朗日反演法,可得

$$1 - \gamma_3 = \alpha + \sum_{j=1}^{\infty} \frac{\left(\frac{1}{2}\right)^j}{j!} \frac{\mathrm{d}^{j-1}}{\mathrm{d}\alpha^{j-1}}\left[f(\alpha)\right]^j \tag{1-203}$$

进而得到

$$\gamma_3 = 1 - \alpha - \frac{23\alpha^3}{84} - \frac{23\alpha^4}{84} - \frac{761\alpha^5}{2352} - \frac{3163\alpha^6}{7056} + \mathcal{O}(\alpha^7) \tag{1-204}$$

其中小参数为 $\alpha = \frac{7}{12}\mu$。进行对比不难发现,通过拉格朗日反演法获得的近似解与摄动分析解(1-173)完全一致。

根据平动点位置的幂级数解,接下来还可以进一步将平动点处的 Jacobi 常数表达为系统质量参数 μ 的幂级数形式。在圆型限制性三体系统下,Jacobi 常数的表达式为

$$C = 2\Omega - v^2 \tag{1-205}$$

其中有效势函数为

$$\Omega = \frac{1}{2}(x^2 + y^2) + \frac{1-\mu}{r_1} + \frac{\mu}{r_2} + \frac{1}{2}\mu(1-\mu) \tag{1-206}$$

首先，关于三角平动点，它们的位置分别为 $\left(\frac{1}{2} - \mu, \frac{\sqrt{3}}{2}, 0\right)$ 和 $\left(\frac{1}{2} - \mu, -\frac{\sqrt{3}}{2}, 0\right)$，将其代入

Jacobi 常数的表达式，可得

$$C(L_{4,5}) = 3 \tag{1-207}$$

共线平动点的位置记为 $(x_{1,2,3}, 0, 0)$，将其代入 Jacobi 常数的表达式可得

$$C(L_1) = (1-\mu-\gamma_1)^2 + \frac{2(1-\mu)}{1-\mu-\gamma_1} + \frac{2\mu}{\gamma_1} + \mu(1-\mu) \tag{1-208}$$

$$C(L_2) = (1-\mu+\gamma_2)^2 + \frac{2(1-\mu)}{1-\mu+\gamma_2} + \frac{2\mu}{\gamma_2} + \mu(1-\mu) \tag{1-209}$$

$$C(L_3) = (-\mu-\gamma_3)^2 + \frac{2(1-\mu)}{\gamma_3} + \frac{2\mu}{1+\gamma_3} + \mu(1-\mu) \tag{1-210}$$

将 $\gamma_{1,2,3}$ 的幂级数解代入上述方程，并将其进行 Taylor 展开，可得

$$C(L_1) = 3 + 9\left(\frac{\mu}{3}\right)^{\frac{2}{3}} - \left(\frac{\mu}{3}\right)^{\frac{3}{3}} + 13\left(\frac{\mu}{3}\right)^{\frac{4}{3}} + \frac{74}{9}\left(\frac{\mu}{3}\right)^{\frac{5}{3}} + \frac{77}{9}\left(\frac{\mu}{3}\right)^{\frac{6}{3}} + \cdots \tag{1-211}$$

$$C(L_2) = 3 + 9\left(\frac{\mu}{3}\right)^{\frac{2}{3}} - 5\left(\frac{\mu}{3}\right)^{\frac{3}{3}} - 11\left(\frac{\mu}{3}\right)^{\frac{4}{3}} + \frac{70}{9}\left(\frac{\mu}{3}\right)^{\frac{5}{3}} - \frac{79}{9}\left(\frac{\mu}{3}\right)^{\frac{6}{3}} + \cdots \tag{1-212}$$

$$C(L_3) = 3 + 2\mu - 3\left(\frac{7\mu}{12}\right)^2 - \left(\frac{7\mu}{12}\right)^3 - \frac{17}{14}\left(\frac{7\mu}{12}\right)^4 - \frac{37}{28}\left(\frac{7\mu}{12}\right)^5 - \frac{3763}{2352}\left(\frac{7\mu}{12}\right)^6 + \cdots \tag{1-213}$$

可见，平动点处的 Jacobi 常数（与能量对应）满足如下关系（图 1-24）

$$C(L_1) > C(L_2) > C(L_3) > C(L_{4,5}) = 3 \tag{1-214}$$

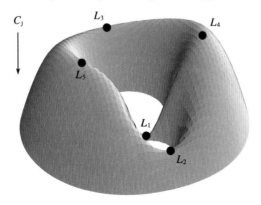

图 1-24　平动点处的 Jacobi 常数。Jacobi 常数值越大，能量越低[15]

到这里,读者可以清晰地看出,摄动分析方法的本质是一种典型的待定系数法:**先假定方程解的形式——小参数幂级数解,然后将其代入原方程,从而构造待定系数需要满足的方程组——摄动分析方程组;最后求解摄动分析方程组,得到待定系数的值。**

1.5 摄动分析求解积分方程

通常很多积分方程都难以获得准确的分析解。但是,如果能够将被积函数表示为幂级数形式的话,求积分就变得相对容易了。下面通过几个具体例子来说明如何通过幂级数展开求积分。

例 1 - 11 利用摄动分析法求如下积分方程[12]

$$I(\varepsilon) = \int_0^1 \sin \varepsilon x^2 \mathrm{d}x,\ 其中\ \varepsilon \ll 1$$

将被积函数展开为多项式形式

$$\sin(\varepsilon x^2) = \sum_{n=1}^{\infty} \frac{(-1)^{n+1} (\varepsilon x^2)^{2n-1}}{(2n-1)!} \qquad (1\text{-}215)$$

积分表达式变为

$$I(\varepsilon) = \sum_{n=1}^{\infty} \frac{(-1)^{n+1} \varepsilon^{2n-1}}{(2n-1)!} \int_0^1 x^{4n-2} \mathrm{d}x \qquad (1\text{-}216)$$

对上式进行积分,可得

$$I(\varepsilon) = \sum_{n=1}^{\infty} \frac{(-1)^{n+1} \varepsilon^{2n-1}}{(2n-1)!(4n-1)} = \frac{1}{3}\varepsilon - \frac{1}{42}\varepsilon^3 + \frac{1}{1320}\varepsilon^5 + \mathcal{O}(\varepsilon^7) \qquad (1\text{-}217)$$

级数解的误差曲线见图 1 - 25。

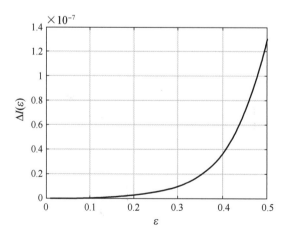

图 1 - 25 级数解(1 - 217)的误差曲线

例 1 - 12 利用摄动分析法求解如下积分方程[12]

$$K(m) = \int_0^{\pi/2} \frac{\mathrm{d}\theta}{\sqrt{1 - m\sin^2\theta}}$$

其中 m 为小参量。该表达式为第一类完全椭圆积分。

首先,利用二项式定理对被积函数进行二项式展开(同 Taylor 展开)

$$\frac{1}{\sqrt{1 - m\sin^2\theta}} = (1 - m\sin^2\theta)^{-\frac{1}{2}} = \sum_{q \geqslant 0} C_{-\frac{1}{2}, q}(-m\sin^2\theta)^q \tag{1-218}$$

可得

$$\frac{1}{\sqrt{1 - m\sin^2\theta}} = 1 + \frac{1}{2}m\sin^2\theta + \frac{3}{8}(-m\sin^2\theta)^2 - \frac{5}{16}(-m\sin^2\theta)^3 + \mathcal{O}(m^5) \tag{1-219}$$

积分为

$$K(m) = \int_0^{\pi/2} \mathrm{d}\theta + \frac{1}{2}m\int_0^{\pi/2}\sin^2\theta\mathrm{d}\theta + \frac{3}{8}m^2\int_0^{\pi/2}\sin^4\theta\mathrm{d}\theta + \frac{5}{16}m^3\int_0^{\pi/2}\sin^6\theta\mathrm{d}\theta + \mathcal{O}(m^4)$$

$$\tag{1-220}$$

可得定积分近似解为

$$K(m) = \frac{1}{2}\pi\left[1 + \frac{1}{4}m + \frac{9}{64}m^2 + \frac{25}{256}m^3 + \mathcal{O}(m^4)\right] \tag{1-221}$$

级数解(1-221)的误差曲线见图 1-26。可见,参数 m 越小,级数解的精度越高。

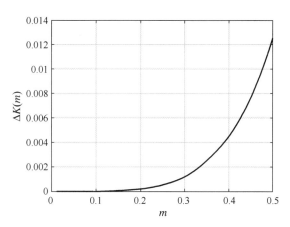

图 1-26　第一类椭圆积分级数解的误差曲线

例 1-13　利用摄动分析方法求如下积分方程[12]

$$I(m) = \int_0^{\pi/2} \sqrt{1 - m\sin^2\theta}\,\mathrm{d}\theta$$

其中 m 为一个小量。该积分表达式为第二类完全椭圆积分。

对被积函数进行二项式展开

$$\sqrt{1-m\sin^2\theta} = \sum_{q \geqslant 0} C_{\frac{1}{2},q} \left(-m\sin^2\theta\right)^q \tag{1-222}$$

积分表达式变为

$$I(m) = \int_0^{\pi/2} \sum_{q \geqslant 0} C_{\frac{1}{2},q} \left(-m\right)^q \sin^{2q}\theta \,\mathrm{d}\theta \tag{1-223}$$

$$I(m) = \sum_{q \geqslant 0} C_{\frac{1}{2},q} \left(-m\right)^q \int_0^{\pi/2} \sin^{2q}\theta \,\mathrm{d}\theta \tag{1-224}$$

定积分的近似解为

$$I(m) = \frac{\pi}{2} \left[-\frac{1}{4}m - \frac{3}{64}m^2 - \frac{5}{256}m^3 + \mathcal{O}(m^4) \right] \tag{1-225}$$

该级数解的误差曲线见图 1-27。同样，参数 m 越小，级数解的精度越高。

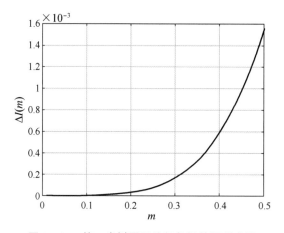

图 1-27　第二类椭圆积分级数解的误差曲线

1.6　摄动分析求解微分方程

1.6.1　摄动分析求解微分方程的范式

将实际问题对应的微分方程和边界条件表示如下

$$L(y,x,\varepsilon)=0, \text{边界条件为} B(x,\varepsilon)=0 \tag{1-226}$$

其中 L 和 B 为微分算子，ε 为正的小参量。需要求解的是满足(1-226)的因变量 $y(x,\varepsilon)$ 的表达式。

通常而言，满足边界条件的微分方程(1-226)的精确解很难获得。然而，当参数 ε 比较小时，存在如下形式的摄动解[12]

$$y(x,\varepsilon) = y_0(x) + \varepsilon y_1(x) + \varepsilon^2 y_2(x) + \varepsilon^3 y_3(x) + \cdots \tag{1-227}$$

将幂级数形式解(1-227)代入微分方程和边界条件(1-226),合并小参数 ε 的同类项。各阶次的方程和边界条件对所有 ε 都适用,因此要求 ε^n 的各项系数均为零。从零阶项开始,逐次求解 $y_n(x)$。以上近似求得幂级数解的方法被称为直接展开法或普通展开法。

针对小参数幂级数解(1-227),作如下讨论:

第一,幂级数解的内涵是在未扰系统解 $y_0(x)$ 基础上考虑高阶扰动,因此对于小参数扰动系统而言,未扰系统的解 $y_0(x)$ 无疑是最主要的部分。

第二,摄动分析方法要求原系统存在物理小参数,从而系统可以划分为未扰系统以及扰动项的形式。

第三,对于未扰系统的选择特别关键,如果将非线性系统中尽可能多的项涵盖在未扰项里面,那么代表扰动的参数 ε 就会变得更小,从而更有利于建立小参数幂级数解(即摄动分析解)。

第四,可以将因变量 $y(x,\varepsilon)$ 在 $\varepsilon=0$ 处进行 Taylor 展开

$$y(x,\varepsilon)=y(x,0)+\varepsilon y'(x,0)+\frac{1}{2!}\varepsilon^2 y''(x,0)+\frac{1}{3!}\varepsilon^3 y'''(x,0)+\cdots \tag{1-228}$$

对比直接展开式(1-227)和 Taylor 展开式(1-228),可以将直接展开的小参数幂级数解等价为解 $y(x,\varepsilon)$ 在 $\varepsilon=0$ 附近的 Taylor 展开,从而可建立如下联系

$$\begin{aligned}
&y_0(x)=y(x,0)\\
&y_1(x)=y'(x,0)\\
&y_2(x)=\frac{1}{2!}\varepsilon^2 y''(x,0)\\
&y_3(x)=\frac{1}{3!}\varepsilon^3 y'''(x,0)\\
&\cdots
\end{aligned} \tag{1-229}$$

根据 $\varepsilon=0$ 处的导数信息,除了 Taylor 展开这一种选择以外,还可以构造满足(1-229)的不同的函数形式 $y(x,\varepsilon)$。关于这一点,在第二章林德斯泰特-庞加莱(Lindstedt-Poincaré,L-P)方法改进方案中还会详细介绍。

下面以一个简单例子来介绍摄动分析法求解常微分方程摄动解的范式。

例 1-14 某一阶微分方程如下

$$\frac{\mathrm{d}y}{\mathrm{d}x}+y=\varepsilon y^2$$

边界条件为

$$y(0)=1$$

请用摄动分析法求摄动解。

根据直接展开法,当 ε 为小参数时,微分方程具有如下形式的幂级数解

$$y(x,\varepsilon) = \sum_{n\geq 0} \varepsilon^n y_n(x) = y_0(x) + \varepsilon y_1(x) + \varepsilon^2 y_2(x) + \varepsilon^3 y_3(x) + \cdots \qquad (1-230)$$

将幂级数解代入微分方程可得

$$\sum_{n\geq 0} \varepsilon^n \frac{\mathrm{d}}{\mathrm{d}x} y_n(x) + \sum_{n\geq 0} \varepsilon^n y_n(x) = \varepsilon \Big[\sum_{n\geq 0} \varepsilon^n y_n(x) \Big]^2 \qquad (1-231)$$

边界条件为

$$y(0,\varepsilon) - \sum_{n\geq 0} \varepsilon^n y_n(0) = 1 \qquad (1-232)$$

按参数 ε 进行同类项合并,可得微分方程为

$$(y_0' + y_0) + \varepsilon(y_1' + y_1 - y_0^2) + \varepsilon^2(y_2' + y_2 - 2y_0 y_1) + \varepsilon^3(y_3' + y_3 - 2y_0 y_2 - y_1^2) + \cdots +$$
$$\varepsilon^{2n}(y_{2n}' + y_{2n} - 2y_0 y_{2n-1} - 2y_1 y_{2n-2} - \cdots - 2y_n y_{n-1}) = 0 \qquad (1-233)$$

边界条件为

$$y_0(0) + \varepsilon y_1(0) + \varepsilon^2 y_2(0) + \varepsilon^3 y_3(0) + \cdots + \varepsilon^{2n} y_{2n}(0) + \cdots = 1 \qquad (1-234)$$

根据各幂次项系数均等于零的原则,可得如下摄动分析方程组

$$\begin{aligned}
&\varepsilon^0: y_0' + y_0 = 0, &&y_0(0) = 1 \\
&\varepsilon^1: y_1' + y_1 - y_0^2 = 0, &&y_1(0) = 0 \\
&\varepsilon^2: y_2' + y_2 - 2y_0 y_1 = 0, &&y_2(0) = 0 \\
&\varepsilon^3: y_3' + y_3 - 2y_0 y_2 - y_1^2 = 0, &&y_3(0) = 0 \\
&\cdots \\
&\varepsilon^{2n}: y_{2n}' + y_{2n} - 2y_0 y_{2n-1} - 2y_1 y_{2n-2} - \cdots - 2y_n y_{n-1} = 0, &&y_{2n}(0) = 0
\end{aligned} \qquad (1-235)$$

零阶项

$$y_0' + y_0 = 0, \ y_0(0) = 1 \Rightarrow y_0(x) = e^{-x} \qquad (1-236)$$

一阶项

$$y_1' + y_1 - y_0^2 = 0, \ y_1(0) = 0 \qquad (1-237)$$

将零阶项表达式代入上式,可得

$$y_1' + y_1 = e^{-2x}, \ y_1(0) = 0 \Rightarrow y_1(x) = e^{-x}(1 - e^{-x}) \qquad (1-238)$$

二阶项

$$y_2' + y_2 - 2y_0 y_1 = 0, y_2(0) = 0 \qquad (1-239)$$

将零阶和一阶项代入上式,可得

$$y_2' + y_2 = 2e^{-2x}(1 - e^{-x}), \ y_2(0) = 0 \Rightarrow y_2(x) = e^{-x}(1 - e^{-x})^2 \qquad (1-240)$$

三阶项

$$y_3' + y_3 = 3e^{-2x}(1-e^{-x})^2, \quad y_2(0)=0 \Rightarrow y_3(x)=e^{-x}(1-e^{-x})^3 \qquad (1-241)$$

通过归纳可得 n 阶解为

$$y_n(x) = e^{-x}(1-e^{-x})^n \qquad (1-242)$$

因此,微分方程的近似解为

$$y(x,\varepsilon) = e^{-x} + \varepsilon e^{-x}(1-e^{-x}) + \varepsilon^2 e^{-x}(1-e^{-x})^2 +$$
$$\varepsilon^3 e^{-x}(1-e^{-x})^3 + \cdots + \varepsilon^n e^{-x}(1-e^{-x})^n + \cdots \qquad (1-243)$$

归纳为求和形式,可得

$$y(x,\varepsilon) = e^{-x} \sum_{n \geqslant 0} \varepsilon^n (1-e^{-x})^n \qquad (1-244)$$

当 $|\varepsilon(1-e^{-x})| < 1$ 时,上式对应如下函数在 $x=0$ 点附近的 Taylor 展开

$$y(x,\varepsilon) = \frac{e^{-x}}{1-\varepsilon(1-e^{-x})} \qquad (1-245)$$

该表达式是微分方程的精确解。

需要说明的是,近似解(1-244)仅在 $\varepsilon \to 0$ 时有效,而精确解(1-245)对于任意 ε 都成立。因此,幂级数解(1-244)是原微分方程在 $\varepsilon \to 0$ 处的 摄动解。

1.6.2 利用摄动分析法求解常微分方程

当方程中没有出现明显的物理小参数时,可引入同伦参数,将同伦参数作为小参数[17]。一般而言,将常微分方程的线性项当成未扰系统,将非线性项当成扰动。同伦参数 ε 从 0 过渡至 1,可实现从线性系统过渡至原非线性系统,即同伦摄动方法(homotopy perturbation method,HPM)。

例 1-15 微分方程和边界条件如下[18]

$$y'' + \frac{1}{2x}y' = e^y\left(\frac{1}{2} - e^y\right) \qquad y(0)=\ln 2, y'(0)=0$$

采用摄动分析方法求微分方程的解。

这是一个非线性微分方程,同时该方程中没有出现任何物理小参数。对此,可以根据方程的线性项和非线性项划分,将非线性项当作对线性系统的扰动。引入参数 ε 度量非线性项的大小。这里的 ε 是一个形式参数,并不代表具体的物理小量。

含参数的微分方程为

$$y'' + \frac{1}{2x}y' = \varepsilon e^y\left(\frac{1}{2} - e^y\right) \qquad (1-246)$$

易见,当参数 $\varepsilon=0$ 时,对应线性系统,当 $\varepsilon=1$ 时,对应原非线性系统。请读者注意,这里的具体的小量实际隐含在非线性项里面,故参数 ε 仅是形式变量。这在后面 Lie 级数变换里面会再次见到。

令含参数的微分方程(1-246)具有如下幂级数形式的摄动解

$$y = y_0 + \varepsilon y_1 + \varepsilon^2 y_2 + \varepsilon^3 y_3 + \cdots \tag{1-247}$$

将它代入含参数的微分方程(1-246)中,可得

$$y_0'' + \varepsilon y_1'' + \varepsilon^2 y_2'' + \varepsilon^3 y_3'' + \cdots + \frac{1}{2x}(y_0' + \varepsilon y_1' + \varepsilon^2 y_2' + \varepsilon^3 y_3' + \cdots)$$

$$= \varepsilon e^{(y_0 + \varepsilon y_1 + \varepsilon^2 y_2 + \cdots)} \left[\frac{1}{2} - e^{(y_0 + \varepsilon y_1 + \varepsilon^2 y_2 + \cdots)} \right] \tag{1-248}$$

将右边函数在 $\varepsilon = 0$ 附近进行 Taylor 展开,可得

$$y_0'' + \varepsilon y_1'' + \varepsilon^2 y_2'' + \varepsilon^3 y_3'' + \cdots + \frac{1}{2x}(y_0' + \varepsilon y_1' + \varepsilon^2 y_2' + \varepsilon^3 y_3' + \cdots)$$

$$= \varepsilon \left\{ e^{y_0} \left(\frac{1}{2} - e^{y_0} \right) - \frac{1}{2} e^{y_0} (-1 + 4e^{y_0}) \varepsilon y_1 + \varepsilon^2 \left[\frac{1}{4} e^{y_0} (y_1{}^2 + 2y_2) - 2e^{2y_0}(y_1{}^2 + y_2) \right] + \right.$$

$$\left. \varepsilon^3 \left[\frac{1}{2} e^{y_0} \left(\frac{y_1{}^3}{6} + y_1 y_2 + y_3 \right) - 2e^{2y_0} \left(\frac{2y_1{}^3}{3} + 2y_1 y_2 + y_3 \right) \right] + \cdots \right\} \tag{1-249}$$

零阶项

$$y_0'' + \frac{1}{2x} y_0' = 0 \tag{1-250}$$

$$y_0(0) = \ln 2, \qquad y_0'(0) = 0$$

零阶项对应微分方程的解为

$$y_0(x) = \ln 2 \tag{1-251}$$

一阶项

$$y_1'' + \frac{1}{2x} y_1' = \frac{1}{2} e^{y_0} - e^{2y_0} \tag{1-252}$$

$$y_1(0) = 0, \qquad y_1'(0) = 0$$

将 $y_0(x)$ 代入上式,有

$$y_1'' + \frac{1}{2x} y_1' = -3 \tag{1-253}$$

$$y_1(0) = 0, \qquad y_1'(0) = 0$$

一阶解为

$$y_1(x) = -x^2 \tag{1-254}$$

二阶项

$$y_2'' + \frac{1}{2x} y_2' = \frac{1}{2} y_1 e^{y_0} - 2y_1 e^{2y_0} \tag{1-255}$$

$$y_2(0) = 0, \qquad y_2'(0) = 0$$

二阶解为

$$y_2(x) = \frac{1}{2}x^4 \tag{1-256}$$

类似地,三阶解为

$$y_3(x) = -\frac{1}{3}x^6 \tag{1-257}$$

四阶解为

$$y_4(x) = \frac{1}{4}x^8 \tag{1-258}$$

通过归纳,可得 n 阶解为

$$y_n(x) = (-1)^n \frac{1}{n}x^{2n} \tag{1-259}$$

因此,微分方程的近似解为(取 $\varepsilon=1$ 对应于原问题)

$$y = \ln 2 - x^2 + \frac{1}{2}x^4 - \frac{1}{3}x^6 + \frac{1}{4}x^8 - \frac{1}{5}x^{10} + \frac{1}{6}x^{12} + \cdots \tag{1-260}$$

写为求和形式可得

$$y = \ln 2 + \sum_{n \geqslant 1} \frac{(-1)^n}{n}x^{2n} \tag{1-261}$$

该解为如下函数的 Taylor 展开

$$y(x) = \ln\left(\frac{2}{1+x^2}\right) \tag{1-262}$$

不难验证,该表达式是原微分方程的精确解。

例 1-16 微分方程和边界条件如下[18]

$$y'' + \frac{2}{x}y' - y + \ln y = 0$$

$$y(0) = 1, \qquad y'(0) = 0$$

利用同伦摄动分析方法求方程的近似解。

类似上一例子,引入小参数 ε 衡量非线性项扰动的大小,从而有

$$y'' + \frac{2}{x}y' + \varepsilon(-y + \ln y) = 0 \tag{1-263}$$

无疑,当 $\varepsilon=1$ 时对应原系统。

令微分方程具有幂级数形式的解

$$y = y_0 + \varepsilon y_1 + \varepsilon^2 y_2 + \varepsilon^3 y_3 + \cdots \tag{1-264}$$

代入含参数 ε 的微分方程(1-263),可得

$$y_0'' + \varepsilon y_1'' + \varepsilon^2 y_2'' + \varepsilon^3 y_3'' + \cdots + \frac{2}{x}(y_0' + \varepsilon y_1' + \varepsilon^2 y_2' + \varepsilon^3 y_3' + \cdots) +$$

$$\varepsilon[-(y_0 + \varepsilon y_1 + \varepsilon^2 y_2 + \varepsilon^3 y_3 + \cdots) + \ln(y_0 + \varepsilon y_1 + \varepsilon^2 y_2 + \varepsilon^3 y_3 + \cdots)] = 0 \qquad (1-265)$$

将其在 $\varepsilon = 0$ 附近进行 Taylor 展开,得

$$y_0'' + \varepsilon y_1'' + \varepsilon^2 y_2'' + \varepsilon^3 y_3'' + \cdots + \frac{2}{x}(y_0' + \varepsilon y_1' + \varepsilon^2 y_2' + \varepsilon^3 y_3' + \cdots) -$$

$$(\varepsilon y_0 + \varepsilon^2 y_1 + \varepsilon^3 y_2 + \varepsilon^4 y_3 + \cdots) + \varepsilon \ln y_0 + \varepsilon^2 \frac{y_1}{y_0} +$$

$$\varepsilon^3 \left(-\frac{y_1^2}{2y_0^2} + \frac{y_2}{y_0}\right) + \varepsilon^4 \left(\frac{y_1^3}{3y_0^3} - \frac{y_1 y_2}{y_0^2} + \frac{y_3}{y_0}\right) + \cdots = 0 \qquad (1-266)$$

零阶项

$$y_0'' + \frac{2}{x} y_0' = 0, y(0) = 1, y'(0) = 0 \Rightarrow y_0(x) = 1 \qquad (1-267)$$

一阶项

$$y_1'' + \frac{2}{x} y_1' - y_0 + \ln y_0 = 0 \Rightarrow y_1'' + \frac{2}{x} y_1' = 1, y_1(0) = 0, y_1'(0) = 0 \qquad (1-268)$$

解为

$$y_1(x) = \frac{1}{6} x^2 \qquad (1-269)$$

二阶项

$$y_2'' + \frac{2}{x} y_2' - y_1 + \frac{y_1}{y_0} = 0 \Rightarrow y_2'' + \frac{2}{x} y_2' = 0, y_2(0) = 0, y_2'(0) = 0 \qquad (1-270)$$

解为

$$y_2(x) = 0 \qquad (1-271)$$

三阶项

$$y_3'' + \frac{2}{x} y_3' - y_2 + \left(-\frac{y_1^2}{2y_0^2} + \frac{y_2}{y_0}\right) = 0 \Rightarrow y_3'' + \frac{2}{x} y_3' = \frac{1}{72} x^4 \qquad (1-272)$$

解为

$$y_3(x) = \frac{1}{3024} x^6 \qquad (1-273)$$

四阶项

$$y_4(x) = -\frac{1}{46656} x^8 \qquad (1-274)$$

五阶项

$$y_5(x) = \frac{1}{443520} x^{10} \qquad (1-275)$$

等等。

综上，微分方程（取 $\varepsilon=1$）的近似解为

$$y=1+\frac{1}{6}x^2+\frac{1}{3024}x^6-\frac{1}{46656}x^8+\frac{1}{443520}x^{10}\cdots \tag{1-276}$$

1.6.3　摄动分析求解偏微分方程

例 1 - 17　亥姆霍兹（Helmholtz）方程如下[19]

$$\frac{\partial^2 u}{\partial x^2}+\frac{\partial^2 u}{\partial y^2}-u(x,y)=0$$

边界条件为

$$u(0,y)=y,u_x(0,y)=y+\cosh y$$

注：双曲余弦函数为 $\cosh x=\dfrac{e^x+e^{-x}}{2}$。

引入含参数 ε 的偏微分方程

$$\frac{\partial^2 u}{\partial x^2}+\varepsilon\left[\frac{\partial^2 u}{\partial y^2}-u(x,y)\right]=0 \tag{1-277}$$

当 $\varepsilon=1$ 时对应于原方程。令方程（1 - 277）具有幂级数形式的解

$$u=u_0+\varepsilon u_1+\varepsilon^2 u_2+\varepsilon^3 u_3+\cdots \tag{1-278}$$

将幂级数解代入含参数的偏微分方程（1 - 277），可得

$$\frac{\partial^2}{\partial x^2}(u_0+\varepsilon u_1+\varepsilon^2 u_2+\varepsilon^3 u_3+\cdots)=\varepsilon\left(1-\frac{\partial^2}{\partial y^2}\right)(u_0+\varepsilon u_1+\varepsilon^2 u_2+\varepsilon^3 u_3+\cdots) \tag{1-279}$$

零阶项

$$\frac{\partial^2}{\partial x^2}u_0=0$$
$$u_0(0,y)=y,\qquad \frac{\partial}{\partial x}u_0(0,y)=y+\cosh y \tag{1-280}$$

解为

$$u_0(x,y)=y(1+x)+x\cosh y \tag{1-281}$$

一阶项

$$\frac{\partial^2}{\partial x^2}u_1=\left(1-\frac{\partial^2}{\partial y^2}\right)u_0$$
$$u_1(0,y)=0,\qquad \frac{\partial}{\partial x}u_1(0,y)=0 \tag{1-282}$$

将零阶解代入有

$$\frac{\partial^2}{\partial x^2}u_1 = y(1+x) \tag{1-283}$$

$$u_1(0,y)=0, \qquad \frac{\partial}{\partial x}u_1(0,y)=0$$

解为

$$u_1(x,y) = y\left(\frac{1}{2!}x^2 + \frac{1}{3!}x^3\right) \tag{1-284}$$

二阶项

$$\frac{\partial^2}{\partial x^2}u_2 = \left(1 - \frac{\partial^2}{\partial y^2}\right)u_1 \tag{1-285}$$

$$u_2(0,y)=0, \qquad \frac{\partial}{\partial x}u_2(0,y)=0$$

将一阶解代入有

$$\frac{\partial^2}{\partial x^2}u_2 = y\left(\frac{1}{2!}x^2 + \frac{1}{3!}x^3\right) \tag{1-286}$$

$$u_2(0,y)=0, \qquad \frac{\partial}{\partial x}u_2(0,y)=0$$

解为

$$u_2(x,y) = y\left(\frac{1}{4!}x^4 + \frac{1}{5!}x^5\right) \tag{1-287}$$

类似地，三阶解为

$$u_3(x,y) = y\left(\frac{1}{6!}x^6 + \frac{1}{7!}x^7\right) \tag{1-288}$$

四阶解为

$$u_4(x,y) = y\left(\frac{1}{8!}x^8 + \frac{1}{9!}x^9\right) \tag{1-289}$$

等等。

综上，偏微分方程的解为

$$u(x,y) = x\cosh y + y\left(1 + x + \frac{1}{2!}x^2 + \frac{1}{3!}x^3 + \frac{1}{4!}x^4 + \frac{1}{5!}x^5 + \frac{1}{6!}x^6 + \frac{1}{7!}x^7 + \cdots\right) \tag{1-290}$$

求和形式为

$$u(x,y) = x\cosh y + y\sum_{n=0}^{\infty}\frac{1}{n!}x^n \tag{1-291}$$

可见，近似解实为如下函数在 $x=0$ 附近的 Taylor 展开

$$u(x,y) = x\cosh y + y\exp(x) \tag{1-292}$$

此为原偏微分方程的精确解。

例 1-18 费希尔(Fisher)方程[19]

$$\frac{\partial}{\partial t}u(x,t)-\frac{\partial^2}{\partial x^2}u(x,t)-u(1-u)=0$$

边界初值为

$$u(x,0)=\beta$$

Fisher 方程可转化为对时间的积分

$$u(x,t)=\beta+\int\left[\frac{\partial^2}{\partial x^2}u+u(1-u)\right]\mathrm{d}t \tag{1-293}$$

引入参数方程

$$u(x,t)=\beta+\varepsilon\int\left[\frac{\partial^2}{\partial x^2}u+u(1-u)\right]\mathrm{d}t \tag{1-294}$$

当 $\varepsilon=1$ 时,对应原偏微分方程。

构造如下形式的幂级数解

$$u=u_0+\varepsilon u_1+\varepsilon^2 u_2+\varepsilon^3 u_3+\cdots \tag{1-295}$$

将幂级数解代入参数方程,可得

$$u_0+\varepsilon u_1+\varepsilon^2 u_2+\cdots=\beta+\varepsilon\int\left[\frac{\partial^2}{\partial x^2}(u_0+\varepsilon u_1+\varepsilon^2 u_2+\cdots)+\right.$$
$$\left.(u_0+\varepsilon u_1+\varepsilon^2 u_2+\cdots)(1-u_0-\varepsilon u_1-\varepsilon^2 u_2-\cdots)\right]\mathrm{d}t \tag{1-296}$$

零阶项

$$u_0(x,t)=\beta$$

一阶项

$$u_1=\int u_0(1-u_0)\mathrm{d}t \tag{1-298}$$

一阶解为

$$u_1(x,t)=\beta(1-\beta)t \tag{1-299}$$

二阶项

$$u_2=\int u_1(1-2u_0)\mathrm{d}t \tag{1-300}$$

二阶解为

$$u_2(x,t)=\frac{1}{2!}\beta(1-\beta)(1-2\beta)t^2 \tag{1-301}$$

三阶项

$$u_3=\int\left[u_2(1-2u_0)-u_1^2\right]\mathrm{d}t \tag{1-302}$$

三阶解为

$$u_3(x,t) = \frac{1}{3!}t^3\beta(1-7\beta+12\beta^2-6\beta^3) \tag{1-303}$$

等等。

综上，近似解为

$$u(x,t) = \beta+\beta(1-\beta)t+\frac{1}{2!}\beta(1-\beta)(1-2\beta)t^2+\frac{1}{3!}\beta(1-\beta)(1-6\beta+6\beta^2)t^3+$$

$$\frac{1}{4!}\beta(1-\beta)(1-2\beta)(1-12\beta+12\beta^2)t^4+\cdots \tag{1-304}$$

该近似解对应于如下函数在 $x=0$ 邻域内的 Taylor 展开

$$u(x,t) = \frac{\beta\exp(t)}{1-\beta+\beta\exp(t)} \tag{1-305}$$

此为 Fisher 方程的精确解。

1.6.4　正则摄动与奇异摄动

如果摄动问题 P_ε 的解可以将退化问题 P_0 的解 u_0 作为首项表示为如下渐进级数形式

$$u(x,\varepsilon) \sim \sum_{n\geq 0}\varepsilon^n u_i(x) \tag{1-306}$$

并且这样的表达式在 $\varepsilon\to 0$ 时关于 $x\in\Omega$（定义域）一致有效，则称此摄动问题为区域 Ω 内的正则摄动问题，否则称其为**奇异摄动问题**。

本章给出的示例都属于正则摄动问题。后面章节会遇到各种各样的奇异摄动问题，因此需要采用不同的摄动分析方法求解近似解，例如：Lindstedt-Poincaré 方法、多尺度方法、常数变易法、平均化方法、推广的平均化方法以及 KBM 方法等。

1.7　延伸与思考

上一节中给出的常微分方程和偏微分方程求解过程中蕴含了同伦思想，基于此，国内相关学者在 2000 年左右提出了同伦摄动方法（homotopy perturbation method，HPM），感兴趣的读者可参考文献[17]。20 世纪 90 年代初，国内学者[22]提出了同伦分析方法（homotopy analysis method，HAM）。关于同伦分析和同伦摄动方法之间的对比与争论，感兴趣的读者可参考文献[20]和[21]。笔者在此不做评论。

同伦思想在很多领域都有非常重要的应用，是一种求解非线性问题的思想和方法论。根据笔者的理解，同伦方法的关键是寻找到一条路径，从简单问题过渡至原问题，同伦参数架起了简单问题与原问题之间的桥梁。具体求解思路是：从求解简单问题出发，变化同伦参数，最终获得原问题的解。因此，同伦方法体现的是一种求解问题的方法论（从简单到复杂),与摄动分析方法的思想非常相似。

在笔者的工作和认识中,有如下问题与同伦思想紧密相关:

1. 小推力问题求解(从能量最优过渡至燃耗最优)

在不同的动力学模型下求解小推力最优转移轨道,都是典型的最优控制问题。采用庞德里亚金极值原理,可将最优控制问题转化为两点边值问题。根据优化目标的不同,可以分为时间最优、能量最优以及燃料最优等具有不同求解复杂度的最优控制问题。一般而言,能量最优对应的小推力是连续的,因此对应的两点边值问题的初值收敛域相对较大,而燃料消耗问题存在开关控制,收敛域较小。同伦思想体现在:引入同伦参数,使得小推力最优控制问题从容易求解的能量最优问题逐步过渡至燃料最优问题。

2. 从线性系统过渡至非线性系统

在研究平动点附近的运动形态时,通常是首先进行线性化,获得线性化解,得出初步的解。当存在非线性项时,可采用常数变易法或其他摄动方法(如 L-P 方法),建立非线性系统的摄动分析解。

3. 从二体问题过渡至受摄二体问题

受摄二体问题在太阳系天体、人造卫星等方面是最主要的动力学模型。如对于主带小天体的运动来说,木星是主要的摄动源。再比如地球低轨卫星,地球非球形引力是它主要受到的摄动的来源。在实际研究中,将摄动从零增加至实际的摄动值,即可实现从二体问题过渡至实际受摄二体问题系统。

4. 周期轨道求解

在多体系统下求解周期轨道,初值是最重要的一步。一般而言,可把二体问题或线性系统的解作为周期轨道的初值,通过控制模型中摄动项参数逐步过渡至实际的多体系统。

5. 从相对运动模型到限制性三体系统模型

通常在相对运动模型下进行编队飞行和星座构型设计。通过变化系统的质量参数 μ,系统可从相对运动模型过渡至实际的限制性三体系统。

6. 从圆型至椭圆型限制性三体问题

若我们需要构造或设计椭圆型限制性三体系统下的周期或拟周期轨道,可以从圆型限制性三体系统下的轨道出发,通过控制摄动天体轨道偏心率,逐步使其过渡至最终需要的椭圆型限制性三体系统下的解(偏心率为同伦参数)。

同伦思想为解决实际问题提供了一种思维模式。当研究某个较为复杂问题的时候,同伦思想指导我们尝试找到该问题对应的简单问题作为出发点,引入某一个控制问题复杂度的参数(同伦参数),将简单问题和复杂问题联系起来。当然,有些时候一个复杂问题,不止对应一个可以作为出发点的简单问题,从而使得同伦方法非常灵活。例如,以椭圆型限制性三体问题为例,可建立如下不同的同伦路径:

1)以摄动天体轨道偏心率 e_p 为同伦参数,以圆型限制性三体问题为出发点逐步过渡至实际椭圆型限制性三体问题;

2) 以系统质量参数 $\mu = m_2/(m_1 + m_2)$ 为同伦参数,以椭圆参考轨道的相对运动模型 ($\mu = 0$)为出发点逐步过渡至实际椭圆型限制性三体问题;

3) 以非线性项的值作为同伦参数,以线性系统的解为出发点逐步过渡至实际的椭圆型限制性三体问题。

习 题

1. 利用二项式定理或 Taylor 展开方法,展开如下表达式(以轨道偏心率 $e < 1$ 为小参数)

$$f_0 = \sqrt{1-e}, \quad f_1 = \frac{1}{\sqrt{1-e}}, \quad f_2 = \frac{a(1-e^2)}{1+e\cos f}$$

2. 推导如下形式的关于 L_1 和 L_2 位置的高阶幂级数解,并比较不同阶次的幂级数解与数值解的差别(变化 μ 画图比较)

$$\gamma_1 = \varepsilon - \frac{1}{3}\varepsilon^2 - \frac{1}{9}\varepsilon^3 + \frac{58}{81}\varepsilon^4 - \frac{11}{243}\varepsilon^5 - \frac{4}{9}\varepsilon^6 + \frac{4979}{6561}\varepsilon^7 + \frac{13393}{19683}\varepsilon^8 + \mathcal{O}(\varepsilon^9)$$

$$\gamma_2 = \varepsilon + \frac{1}{3}\varepsilon^2 - \frac{1}{9}\varepsilon^3 + \frac{50}{81}\varepsilon^4 + \frac{43}{243}\varepsilon^5 - \frac{4}{9}\varepsilon^6 + \frac{6167}{6561}\varepsilon^7 - \frac{541}{19683}\varepsilon^8 + \mathcal{O}(\varepsilon^9)$$

其中 $\varepsilon = \left(\frac{\mu}{3}\right)^{\frac{1}{3}}$ 为次主天体的希尔(Hill)半径。

3. 推导如下 Jacobi 常数 C 的幂级数解,并比较与真值的差别(变化 μ 画图比较)

$$C(L_1) = 3 + 9\left(\frac{\mu}{3}\right)^{\frac{2}{3}} - \left(\frac{\mu}{3}\right)^{\frac{3}{3}} + 13\left(\frac{\mu}{3}\right)^{\frac{4}{3}} + \frac{74}{9}\left(\frac{\mu}{3}\right)^{\frac{5}{3}} + \frac{77}{9}\left(\frac{\mu}{3}\right)^{\frac{6}{3}}$$

$$C(L_2) = 3 + 9\left(\frac{\mu}{3}\right)^{\frac{2}{3}} - 5\left(\frac{\mu}{3}\right)^{\frac{3}{3}} - 11\left(\frac{\mu}{3}\right)^{\frac{4}{3}} + \frac{70}{9}\left(\frac{\mu}{3}\right)^{\frac{5}{3}} - \frac{79}{9}\left(\frac{\mu}{3}\right)^{\frac{6}{3}}$$

4. 请利用二项式展开推导如下不定积分表达式。

$$I_1 = \int \sin^{2n}\theta \, \mathrm{d}\theta$$

$$I_2 = \int \cos^{2n}\theta \, \mathrm{d}\theta$$

$$I_3 = \int \sin^q\theta \, \cos^p\theta \, \mathrm{d}\theta$$

5. 利用摄动分析方法求解如下积分

$$I = \int_0^1 \frac{\sin\varepsilon t}{t} \mathrm{d}t$$

其中 $\varepsilon \ll 1$。

6. 利用摄动分析方法求如下微分方程的近似解

$$y'' + \frac{1}{x} y' = (4 + 4x^2) y$$

初值为

$$y(0) = 1, \qquad y'(0) = 0$$

7. 利用摄动分析方法，推导开普勒方程（椭圆轨道）

$$E - e \sin E = M$$

的高阶摄动解 $E(e, M)$，并比较不同阶数的摄动解与数值解之间的偏差（给定轨道偏心率）。

8. 请利用拉格朗日反演法求解第 7 题的幂级数解。

9. 基于如下方程

$$\cos f = -e + (1 - e^2) \left[\cos M + e \cos 2M - \frac{1}{8} e^2 (\cos M - 9 \cos 3M) - \right.$$

$$\left. \frac{1}{3} e^3 (\cos 2M - 4 \cos 4M) \right] + \mathcal{O}(e^4)$$

利用摄动分析方法，推导 $M(e, f)$ 的级数解（到偏心率的 3 阶即可）。

10. 真近点角的摄动解形式为

$$f = M + 2e \sin M + \frac{5}{4} e^2 \sin 2M + \frac{1}{12} e^3 (-3 \sin M + 13 \sin 3M) + \mathcal{O}(e^4)$$

请利用拉格朗日反演法推导 $M(e, f)$ 的级数解（到偏心率的 3 阶即可）。

11. 二体椭圆轨道的真近点角 f 和偏近点角 E 关系如下

$$\cos E (1 + e \cos f) - e = \cos f$$

请利用摄动分析方法，推导 $f(e, E)$ 的级数解。

12. 某多项式如下

$$y = x + 3x^2 + 5x^3 + 2x^4 + 4x^5 + 6x^6$$

其中 x 为小参量。请利用摄动分析方法，推导级数反演表达式

$$x = Ay + By^2 + Cy^3 + Dy^4 + Ey^5 + Fy^6$$

中 A, B, C, D, E, F 的值。

13. 试用拉格朗日反演法求解 12 题中的系数 A, B, C, D, E, F 的值，并与摄动分析的结果进行对比。

14. 变换前相空间变量为 (I, φ)，变换后的相空间变量为 (J, ψ)。通过 von Zeipel 变换（隐式变换，第五章介绍）给出达芬（Duffing）方程的隐式变换如下

$$\psi = \varphi + \frac{1}{2} \varepsilon J \left(\frac{1}{8} \sin 4\varphi - \sin 2\varphi \right) -$$

$$\frac{1}{4} \varepsilon^2 J^2 \left(3 \sin 2\varphi - \frac{33}{32} \sin 4\varphi + \frac{1}{4} \sin 6\varphi - \frac{3}{128} \sin 8\varphi \right)$$

$$I=J+\frac{1}{2}\varepsilon J^2\left(\frac{1}{4}\cos 4\varphi-\cos 2\varphi\right)-$$

$$\frac{1}{2}\varepsilon^2 J^3\left(\cos 2\varphi-\frac{11}{16}\cos 4\varphi+\frac{1}{4}\cos 6\varphi-\frac{1}{32}\cos 8\varphi\right)$$

其中 ε 为小参数。试利用摄动分析方法求解显式变换 $\varphi(J,\psi,\varepsilon)$ 以及 $I(J,\psi,\varepsilon)$ 的级数解。

15. 针对 Duffing 方程的摄动解,正向变换 $(J,\psi)\Rightarrow(I,\varphi)$ 的显式表达式为

$$I=J-\frac{1}{8}\varepsilon J^2(4\cos 2\psi-\cos 4\psi)-$$

$$\frac{3}{32}\varepsilon^2 J^3\left(7\cos 2\psi-\cos 4\psi-\frac{1}{3}\cos 6\psi\right)$$

$$\varphi=\psi+\frac{1}{2}\varepsilon J\left(\sin 2\psi-\frac{1}{8}\sin 4\psi\right)+$$

$$\frac{1}{64}\varepsilon^2 J^2\left(50\sin 2\psi-\frac{1}{2}\sin 4\psi-2\sin 6\psi+\frac{1}{8}\sin 8\psi\right)$$

其中 ε 为小参数。请利用摄动分析方法,求解逆向变换 $(I,\varphi)\Rightarrow(J,\psi)$ 的摄动解。

16. 平面椭圆型限制性三体系统下三角平动点稳定性的过渡曲线在 (μ,e) 平面内的表达式为[23]

$$1-27\mu(1-\mu)+2e^2+\frac{1}{1-3\mu(1-\mu)}e^4=0$$

其中 $\mu=m_2/(m_1+m_2)$ 为系统参数,e 为次主天体轨道偏心率。请基于摄动分析方法,推导 $\mu(e)$ 的显式表达式。

参考文献

[1] 易照华,孙义燧. 摄动理论[M]. 北京:科学出版社,1981.

[2] Batygin K, Adams F C, Brown M E, et al. The planet nine hypothesis[J]. Physics Reports, 2019, 805: 1-53.

[3] Wan X S, Huang T Y. The orbit evolution of 32plutinos over 100 million year[J]. Astronomy & Astrophysics, 2001, 368(2): 700-705.

[4] Wan X S, Huang T Y, Innanen K A. The 1:1 superresonance in Pluto's motion[J]. The Astronomical Journal, 2001, 121(2): 1155.

[5] Malhotra R. The origin of Pluto's peculiar orbit[J]. Nature, 1993, 365(6449): 819-821.

[6] Batygin K, Brown M E. Evidence for a distant giant planet in the solar system[J]. The Astronomical Journal, 2016, 151(2): 22.

[7] Bailey E, Batygin K, Brown M E. Solar obliquity induced by planet nine[J]. The

Astronomical Journal，2016，152(5)：126.

[8] Lidov M L. The evolution of orbits of artificial satellites of planets under the action of gravitational perturbations of external bodies[J]. Planetary and Space Science，1962，9 (10)：719 - 759.

[9] Kozai Y. Secular perturbations of asteroids with high inclination and eccentricity[J]. Astronomical Journal，Vol. 67，p. 591 - 598，1962，67：591 - 598.

[10] Brouwer D，Clemence G M. Method of Celestial Mechanics[M]. Cambridge：Academic Press，1962.

[11] 刘林，汤靖师.卫星轨道理论与应用[M].北京:机械工业出版社,2015.

[12] Nayfeh H. 摄动方法引论[M].宋家骕,译. 上海:上海翻译出版公司,1981.

[13] 易照华.天体力学基础[M].南京:南京大学出版社,1993.

[14] 周济林.天体力学基础[M].北京:高等教育出版社,2017.

[15] Murray & Dermott，Cambridge，1999. Murray C D，Dermott S F. Solar system dynamics[M]. Cambridge：Cambridge University Press，2000.

[16] Battin R H. An introduction to the mathematics and methods of astrodynamics[M]. Reston：AIAA，1999.

[17] He J H. Homotopy perturbation technique[J]. Computer methods in applied mechanics and engineering，1999，178(3 - 4)：257 - 262.

[18] Yildirim A，Agirseven D. The homotopy perturbation method for solving singular initial value problems[J]. International Journal of Nonlinear Sciences and Numerical Simulation，2009，10(2)：235 - 238.

[19] Mohyud-Din S T，Noor M A. Homotopy perturbation method for solving partial differential equations[J]. Zeitschrift für Naturforschung A，2009，64(3 - 4)：157 - 170.

[20] He J H. Comparison ofhomotopy perturbation method and homotopy analysis method [J]. Applied Mathematics and Computation，2004，156(2)：527 - 539.

[21] Liao S. Comparison between thehomotopy analysis method and homotopy perturbation method[J]. Applied Mathematics and Computation，2005，169(2)：1186 - 1194.

[22] Liao S. Beyond perturbation：introduction to thehomotopy analysis method[M]. London：Chapman and Hall/CRC press，2003.

[23] Meire R. The stability of the triangular points in the elliptic restricted problem[J]. Celestial mechanics，1981，23(1)：89 - 95.

摄动分析方法（一）

——以达芬（Duffing）方程为例

本章以求解达芬（Duffing）自由振动方程为例，着重介绍直接展开法、重正规化方法、Lindstedt-Poincaré 方法、多尺度方法、常数变易法、平均化方法等摄动分析方法的基本思想。2.1 节对 Duffing 方程进行数学建模；2.2 节给出 Duffing 自由振动方程的精确解；2.3 节介绍直接展开法；2.4 节介绍重正规化方法；2.5 节介绍 Lindstedt-Poincaré 方法及相应修改方案；2.6 节介绍多尺度方法；2.7 节介绍常数变易法；最后一节介绍平均化方法。本章部分内容参考了专著[1]。

2.1 问题描述

1918 年，德国工程师 Duffing 在经典力学的研究中引入了一个含有阻尼和驱动的非线性振动方程，被称为 Duffing 方程。Duffing 方程是一个典型的非线性振动系统，是描述共振现象、调和振动、拟周期振动、奇异吸引子和混沌现象的基本模型。

Duffing（图 2-1）研究了含有阻尼和受迫振动的非线性系统，运动方程为

$$\frac{\mathrm{d}^2 x}{\mathrm{d}t^2} + \chi \frac{\mathrm{d}x}{\mathrm{d}t} + \alpha x - \gamma x^3 = k\sin\omega t \qquad (2-1)$$

其中 χ 为阻尼系数，α 为弹簧的弹性系数，k 为受迫振动的振幅，ω 为受迫振动的频率。特别地，在无阻尼、无驱动情况下，自由振动的 Duffing 方程简化为如下形式

$$\frac{\mathrm{d}^2 x}{\mathrm{d}t^2} + \alpha x - \gamma x^3 = 0 \qquad (2-2)$$

图 2-1 德国工程师和发明家格奥尔格·达芬（Georg Duffing，1861—1944）

这代表的是一个单自由度保守系统。第五章将从哈密顿动力学角度来求解 Duffing 方程。

下面以一个简单的机械系统为例，推导自由振动系统的

Duffing 方程。

系统结构示意图见图 2-2,其中质量为 m 的球和弹簧构成的机械系统水平放置。质量球 m 相对某一给定参考点的位移记为 $u(t)$。根据牛顿第二定律,可得运动方程为

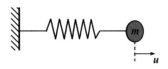

图 2-2　水平放置的自由振动系统

$$\frac{\mathrm{d}^2 u}{\mathrm{d}t^2} + f(u) = 0 \tag{2-3}$$

若弹簧恢复力是位移的弱非线性函数

$$f(u) = k_1 u + k_3 u^3,\text{其中 } k_1 > 0,\ |k_3| \ll k_1 \tag{2-4}$$

那么,运动方程可表示为

$$\frac{\mathrm{d}^2 u}{\mathrm{d}t^2} + k_1 u + k_3 u^3 = 0 \tag{2-5}$$

这是一个含两参数的单自由度系统。为了研究方便,通常需要选择合适的单位系统,将运动方程进行无量纲化。无量纲化是研究动力系统演化的非常基本的处理方法,一般而言具有两个目的:一是减少系统参数的个数;二是使得所关注的变量都在 1 的量级,从而确保计算精度。

记特征长度为 L,特征时间为 T,那么无量纲的坐标和时间变量为

$$u^* = \frac{u}{L}, \qquad t^* = \frac{t}{T} \tag{2-6}$$

以归一化坐标和时间变量描述的运动方程为

$$\ddot{u}^* + k_1 T^2 u^* + k_3 T^2 L^2 u^{*3} = 0 \tag{2-7}$$

进而选取时间单位满足

$$k_1 T^2 = 1 \Rightarrow T = \frac{1}{\sqrt{k_1}} \tag{2-8}$$

这里选定的时间单位 T 实际上是线性系统的固有周期除以 2π,即线性系统固有频率的倒数,进而使得线性系统的频率变为 1。另一系统参数记为

$$\varepsilon = k_3 T^2 L^2 = \frac{k_3}{k_1} L^2 \ll L^2 \tag{2-9}$$

那么,自由振动方程变为单参数的无量纲系统

$$\ddot{u}^* + u^* + \varepsilon u^{*3} = 0 \tag{2-10}$$

为书写方便,去掉星号,将自由振动的 Duffing 方程表示为

$$\ddot{u} + u + \varepsilon u^3 = 0 \tag{2-11}$$

其中 ε 为系统的小参数。微分方程(2-11)代表的是一个单自由度、单参数的非线性保守系

统。从表达式可知,小参数 ε 代表的是非线性扰动项的大小。

需要特别说明的是,本章的目的不在于问题本身,而是希望**通过求解该常微分方程引领读者去理解不同的摄动分析方法**。

2.2　Duffing 方程的精确解

本节推导 Duffing 方程的精确解,为后面几节构造的摄动分析解提供参考标准。

Duffing 方程是一个非线性常微分方程

$$\ddot{u} + u + \varepsilon u^3 = 0 \tag{2-12}$$

初始条件为

$$u(0) = a, \qquad \dot{u}(0) = 0 \tag{2-13}$$

首先,作变量替换

$$\dot{u} = v \tag{2-14}$$

$$\ddot{u} = \dot{v} = \frac{\mathrm{d}v}{\mathrm{d}t} = \frac{\mathrm{d}v}{\mathrm{d}u}\dot{u} = v\frac{\mathrm{d}v}{\mathrm{d}u} \tag{2-15}$$

那么微分方程变为

$$v\frac{\mathrm{d}v}{\mathrm{d}u} + u + \varepsilon u^3 = 0 \tag{2-16}$$

分离变量可得

$$v\mathrm{d}v = -(u + \varepsilon u^3)\,\mathrm{d}u \tag{2-17}$$

两边分别求积分,可得

$$\frac{1}{2}v^2 = h - \left(\frac{1}{2}u^2 + \frac{1}{4}\varepsilon u^4\right) = h - F(u) \tag{2-18}$$

其中 h 为积分常数。表达式(2-18)中,$\frac{1}{2}v^2$ 代表的是系统动能,$\left(\frac{1}{2}u^2 + \frac{1}{4}\varepsilon u^4\right)$ 代表的是系统的势能。因此,h 是系统的总能量(即机械能,与哈密顿函数有关)

$$h = \frac{1}{2}v^2 + \left(\frac{1}{2}u^2 + \frac{1}{4}\varepsilon u^4\right) \tag{2-19}$$

能量积分 h 由初始条件确定

$$h = \left(\frac{1}{2}a^2 + \frac{1}{4}\varepsilon a^4\right) \tag{2-20}$$

因此,该能量积分决定了相空间 (u, v) 中的轨线方程

$$h = \left(\frac{1}{2}a^2 + \frac{1}{4}\varepsilon a^4\right) = \frac{1}{2}v^2 + \left(\frac{1}{2}u^2 + \frac{1}{4}\varepsilon u^4\right) \tag{2-21}$$

图 2-3 给出了不同系统参数 ε 对应的相图:**即能量积分在相空间的等值线(相空间轨线即为运动轨迹),它体现的是相空间结构**。这是一种非常经典的分析方法。对不同的系统参数,相空间的动力学结构是不一样的。

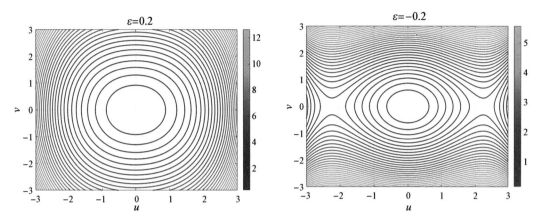

图 2-3 自由振动系统在相空间的轨线(相图)。颜色代表能量积分 h 的大小

进一步,根据能量积分

$$h = \frac{1}{2} v^2 + \left(\frac{1}{2} u^2 + \frac{1}{4} \varepsilon u^4 \right) \tag{2-22}$$

可得速度的平方

$$v^2 = \dot{u}^2 = 2h - u^2 - \frac{1}{2} \varepsilon u^4 \tag{2-23}$$

开方可得

$$\frac{\mathrm{d}u}{\mathrm{d}t} = \pm \sqrt{2h - u^2 - \frac{1}{2} \varepsilon u^4} \tag{2-24}$$

分离时间和坐标变量

$$\mathrm{d}t = \pm \frac{\mathrm{d}u}{\sqrt{2h - u^2 - \frac{1}{2} \varepsilon u^4}} \tag{2-25}$$

两边分别求积分,可得

$$t = \int_0^t \mathrm{d}t = \pm \int_{u_0}^u \frac{\mathrm{d}u}{\sqrt{2h - u^2 - \frac{1}{2} \varepsilon u^4}} \tag{2-26}$$

对于相空间中的闭合轨线(即周期轨线),轨线与 u 轴相交于两点,分别记为 $u = a$ 和 $u = -a$(与初始条件有关)。将被积函数中根号下的函数项作如下整理

$$2h - u^2 - \frac{1}{2} \varepsilon u^4 = a^2 + \frac{1}{2} \varepsilon a^4 - u^2 - \frac{1}{2} \varepsilon u^4 = (a^2 - u^2) \left(1 + \frac{1}{2} \varepsilon a^2 + \frac{1}{2} \varepsilon u^2 \right) \tag{2-27}$$

引入变换 $u=-a\cos\theta$，可得 $\mathrm{d}u=a\sin\theta\mathrm{d}\theta$，从而积分表达式(2-26)变为

$$t=\pm\int_{u_0}^{u}\frac{\mathrm{d}u}{(a^2-u^2)^{\frac{1}{2}}\left(1+\frac{1}{2}\varepsilon a^2+\frac{1}{2}\varepsilon u^2\right)^{\frac{1}{2}}}\Rightarrow t=\pm\int_{0}^{\theta}\frac{\mathrm{d}\theta}{\left(1+\frac{1}{2}\varepsilon a^2+\frac{1}{2}\varepsilon a^2\cos^2\theta\right)^{\frac{1}{2}}}$$

$$(2-28)$$

记符号 $m=\dfrac{\varepsilon a^2}{2(1+\varepsilon a^2)}$，上式可简化为

$$t=\pm\frac{1}{\sqrt{1+\varepsilon a^2}}\int_{0}^{\theta}\frac{\mathrm{d}\theta}{(1-m\sin^2\theta)^{\frac{1}{2}}}\tag{2-29}$$

下面考察相空间闭合轨线的周期。

观察相图，可知闭合轨线关于 u 轴对称，其周期 T 可通过下式进行计算

$$T=\frac{2}{\sqrt{1+\varepsilon a^2}}\int_{0}^{\pi}\frac{\mathrm{d}\theta}{\sqrt{1-m\sin^2\theta}}\tag{2-30}$$

考虑到相空间轨线同时关于 v 轴对称，因此仅需积分 1/4 个圆周即可得到闭合轨线的周期

$$T=\frac{4}{\sqrt{1+\varepsilon a^2}}\int_{0}^{\pi/2}\frac{\mathrm{d}\theta}{\sqrt{1-m\sin^2\theta}}\tag{2-31}$$

结合第一章的介绍可知，积分函数为第一类完全椭圆积分，记为 $K(m)$。因此，轨线周期的表达式为

$$T=\frac{4}{\sqrt{1+\varepsilon x_0^2}}K(m)\tag{2-32}$$

其中

$$K(m)=\int_{0}^{\pi/2}\frac{\mathrm{d}\theta}{\sqrt{1-m\sin^2\theta}}\tag{2-33}$$

当 ε 较小时，m 也较小，可对 $K(m)$ 在 $m=0$ 附近进行 Taylor 展开(参考第一章)

$$K(m)=\frac{1}{2}\pi\left[1+\frac{1}{4}m+\frac{9}{64}m^2+\frac{25}{256}m^3+\mathcal{O}(m^4)\right]\tag{2-34}$$

于是，周期的近似表达式为

$$T=\frac{2\pi}{\sqrt{1+\varepsilon a^2}}\left[1+\frac{1}{4}m+\frac{9}{64}m^2+\frac{25}{256}m^3+\mathcal{O}(m^4)\right]\tag{2-35}$$

将 m 的表达式代入上式，可得周期与小参数 ε 及初始振幅 a 的关系为

$$T=\frac{2\pi}{\sqrt{1+\varepsilon a^2}}\left[1+\frac{1}{8}\frac{\varepsilon a^2}{(1+\varepsilon a^2)}+\frac{9}{256}\frac{\varepsilon^2 a^4}{(1+\varepsilon a^2)^2}+\frac{25}{2048}\frac{\varepsilon^3 a^6}{(1+\varepsilon a^2)^3}+\mathcal{O}(\varepsilon^4)\right]\tag{2-36}$$

图 2-4 给出了周期和频率与初始振幅的关系(小参数 ε 取为 $\varepsilon=-0.2$)：**1)周期与频率是初**

始振幅的非线性函数;2)随着初始振幅的增加,周期增大,频率减小。

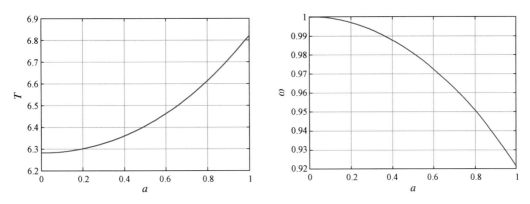

图 2 - 4 周期(左)和频率(右)与初始振幅 a 的函数关系

进一步,将周期 T 的表达式在 $\varepsilon=0$ 附近进行 Taylor 展开,可得 T 关于 εa^2 的多项式形式

$$T=2\pi\left[1-\frac{3}{8}(\varepsilon a^2)+\frac{57}{256}(\varepsilon a^2)^2-\frac{315}{2048}(\varepsilon a^2)^3+\cdots\right] \tag{2-37}$$

可见,周期是振幅参数 a 和小参数 ε 的非线性函数。类似地,将频率 $\omega=\dfrac{2\pi}{T}$ 在 $\varepsilon=0$ 附近进行 Taylor 展开,可得

$$\omega=1+\frac{3}{8}\varepsilon a^2-\frac{21}{256}(\varepsilon a^2)^2+\frac{81}{2048}(\varepsilon a^2)^3+\cdots \tag{2-38}$$

同样,频率是振幅参数 a 和小参数 ε 的非线性函数。这一点对于理解后面的摄动分析非常关键。

2.3 直接展开法(普通展开法)

直接展开法是将因变量表示为某个物理小参数的幂级数形式,将其代入微分方程,构造摄动分析方程组,然后从零阶项开始逐次求解摄动分析解的方法。这个过程类似于利用摄动分析法求解代数方程的摄动解的过程。

令 Duffing 方程的小参数幂级数解为

$$u=u_0(t)+\varepsilon u_1(t)+\varepsilon^2 u_2(t)+\varepsilon^3 u_3(t)+\cdots \tag{2-39}$$

代入运动方程可得

$$\ddot{u}_0+\varepsilon\ddot{u}_1+\cdots+u_0+\varepsilon u_1+\cdots+\varepsilon\,(u_0+\varepsilon u_1+\cdots)^3=0 \tag{2-40}$$

展开上式并根据参数 ε 进行同类项合并,可得

$$\ddot{u}_0 + u_0 + \varepsilon(\ddot{u}_1 + u_1 + u_0{}^3) + \varepsilon^2(\ddot{u}_2 + u_2 + 3u_0{}^2 u_1) + \tag{2-41}$$
$$\varepsilon^3(\ddot{u}_3 + u_3 + 3u_0 u_1{}^2 + 3u_0{}^2 u_2) + \cdots = 0$$

上式对于任意小参数 ε 均成立,因此要求所有阶的系数均为零,由此建立摄动分析方程组,得到:

零阶项

$$\ddot{u}_0 + u_0 = 0 \tag{2-42}$$

零阶解为

$$u_0 = a\cos(t + \beta) \tag{2-43}$$

一阶项

$$\ddot{u}_1 + u_1 + u_0{}^3 = 0 \tag{2-44}$$

将零阶解代入上式并对三角函数作积化和差处理,可得

$$\ddot{u}_1 + u_1 = -a^3\cos^3(t+\beta) = -\frac{1}{4}a^3\cos(3t+3\beta) - \frac{3}{4}a^3\cos(t+\beta) \tag{2-45}$$

一阶特解为

$$u_1 = \frac{1}{32}a^3\cos(3t+3\beta) - \frac{3}{8}a^3 t\sin(t+\beta) \tag{2-46}$$

因此,直到一阶的小参数幂级数解为

$$u = a\cos(t+\beta) + \varepsilon a^3\left[\frac{1}{32}\cos(3t+3\beta) - \frac{3}{8}t\sin(t+\beta)\right] + \mathcal{O}(\varepsilon^2) \tag{2-47}$$

由于摄动解(2-47)中出现了 $t\sin(t+\beta)$ 这样的混合长期项,天体力学家称之为永年项或长期项,使得该摄动解仅在 $\varepsilon t \ll 1$ 时成立。当 $t \to \infty$ 时,该解是发散的,说明摄动解(2-47)非一致有效。因此根据第一章的问题属性划分,Duffing 方程属于奇异摄动问题。回溯整个求解过程,不难发现,幂级数解出现混合长期项的原因在于一阶项微分方程(2-45)中的受迫频率和线性系统固有频率相等,即共振。

2.2 节的精确解表明,Duffing 方程周期解的周期与频率是振幅的非线性函数。然而,在直接展开时,仅对因变量进行了摄动展开,默认系统频率始终等于线性系统的固有频率,相当于存在强行令非线性频率为常数频率的非物理假设,此为直接展开摄动解非一致有效的根本原因。

因此,要获得一致有效解,必须考虑频率的非线性本质(见图 2-4),需对频率项同样进行摄动展开,使得在高阶解构造过程中,能够消除混合长期项对应的受迫共振项,从而得到一致有效解。消除混合长期项(满足一致有效条件),是求解奇异摄动问题的核心。

2.4 Lindstedt-Poincaré 方法

Lindstedt-Poincaré 方法(简称 L-P 方法)是由数学家 Lindstedt 和 Poincaré(见图 2-5)

提出的一种极为有效且应用非常广泛的摄动分析方法,本质上属于变形坐标法或伸缩坐标法(method of strained coordinates)中的一种。它的基本思想是:为求得无限域问题的一致有效渐进解,不仅要将因变量对小参数作渐进展开,同时也要将自变量(空间或时间坐标)对小参数作渐进展开,将坐标加以变形。通过选择空间坐标或时间坐标的待定系数,从而消除相应微分方程中的混合长期项。

图 2-5 数学家 Poincaré(1854—1912)和 Lindstedt(1854—1939)

直接展开法仅对因变量作小参数幂级数展开,待定系数个数较少,没有消去混合长期项的参数自由度。然而,L-P 方法引入了频率修正系数,增加了幂级数解的未知数个数,从而拥有足够的参数自由度去消除混合长期项。因此,无论采取何种摄动方法,目的都是增加幂级数解构造的待定系数个数,从而有能力去消除混合长期项。后面通过经典 L-P 方法的改进方案,读者能够更深刻地理解这一点。

2.4.1 经典 L-P 方法

下面来简单梳理一下经典 L-P 方法的核心思想。非线性系统的二阶微分方程如下

$$\ddot{u} + \omega_0^2 u = \varepsilon f(u, \dot{u}), \quad \varepsilon \ll 1 \tag{2-48}$$

由于非线性扰动项的存在,系统的频率从不依赖于 ε 的线性固有频率 ω_0 变为依赖于小参数 ε 的非线性频率 $\omega(\varepsilon)$。毫无疑问,对于非线性扰动系统,任何不考虑频率非线性特点的摄动方法,都注定是失败的。为此,数学家 Lindstedt 引进新的时间变量 τ,相当于对原时间坐标做伸缩变换

$$\tau = \omega t \tag{2-49}$$

根据链式法则,针对原时间的一阶和二阶导数变为

$$\frac{d}{dt} = \frac{d}{d\tau} \frac{d\tau}{dt} = \omega \frac{d}{d\tau} \tag{2-50}$$

$$\frac{d^2}{dt^2} = \omega \frac{d}{d\tau}\left(\frac{d}{dt}\right) = \omega \frac{d}{d\tau}\left(\omega \frac{d}{d\tau}\right) = \omega^2 \frac{d^2}{d\tau^2} \tag{2-51}$$

以新的变量 τ 为时间坐标,运动方程变为

$$\omega^2 u'' + \omega_0{}^2 u = \varepsilon f(u, \omega u'), \quad \varepsilon \ll 1 \tag{2-52}$$

其中

$$u' = \frac{\mathrm{d}u}{\mathrm{d}\tau}, \quad u'' = \frac{\mathrm{d}^2 u}{\mathrm{d}\tau^2} \tag{2-53}$$

可见新的运动方程(2-52)中明显包含待求的因变量 u 以及频率 ω。考虑到因变量 u 和频率 ω 都为小参数 ε 的非线性函数,将因变量 u 以及频率 ω 同时按小参数 ε 的幂级数形式展开

$$u = u_0(\tau) + \varepsilon u_1(\tau) + \varepsilon^2 u_2(\tau) + \varepsilon^3 u_3(\tau) + \cdots \tag{2-54}$$
$$\omega = 1 + \varepsilon \omega_1 + \varepsilon^2 \omega_2 + \varepsilon^3 \omega_3 + \cdots$$

其中 u_i 和 $\omega_i (i=1,2,3,\cdots)$ 为因变量和频率项的待求系数。将幂级数解(2-54)代入运动方程(2-52),合并同类项,并令两边 ε 的同幂次项相等,建立摄动分析方程组。从零阶项开始,逐次求解因变量待定系数和频率项待定系数。

数学家 Poincaré 于 1892 年证明了这种方法得到的展开式是渐进收敛的,从理论上证明了 Lindstedt 变换的合理性。于是,该摄动分析方法被称为 Lindstedt-Poincaré (L-P) 方法。

不难发现,L-P 方法的核心在于对原系统的时间坐标进行了伸缩变换

$$\tau = \omega t \Rightarrow t = \frac{1}{\omega} \tau \tag{2-55}$$

这也是 L-P 方法被称为变形坐标法的原因(对时间坐标进行变形)。

下面利用 L-P 方法来求解 Duffing 方程,并给出二阶小参数幂级数解[1]。Duffing 方程如下

$$\ddot{u} + u + \varepsilon u^3 = 0 \tag{2-56}$$

初始条件为

$$u(0) = a, \quad \dot{u}(0) = 0 \tag{2-57}$$

根据 L-P 方法,引入时间坐标变换

$$\tau = \omega t \tag{2-58}$$

其中频率 ω 为小参数 ε 的非线性函数。根据链式法则,时间导数变为

$$\frac{\mathrm{d}}{\mathrm{d}t} = \omega \frac{\mathrm{d}}{\mathrm{d}\tau}, \quad \frac{\mathrm{d}^2}{\mathrm{d}t^2} = \omega^2 \frac{\mathrm{d}^2}{\mathrm{d}\tau^2} \tag{2-59}$$

从而 Duffing 方程及边界条件变为

$$\omega^2 u'' + u + \varepsilon u^3 = 0 \tag{2-60}$$
$$u(0) = a, \quad u'(0) = 0$$

将坐标 u 和频率 ω 展开为 ε 的幂级数形式

$$u = u_0(\tau) + \varepsilon u_1(\tau) + \varepsilon^2 u_2(\tau) + \cdots \tag{2-61}$$

$$\omega = 1 + \varepsilon \omega_1 + \cdots$$

将小参数幂级数解代入运动方程及边界条件,可得

$$u_0'' + u_0 + \varepsilon(u_1'' + u_1 + u_0^3 + 2\omega_1 u_0'') + \varepsilon^2(u_2'' + u_2 + 2\omega_2 u_0'' + 2\omega_1 u_1'' + \omega_1^2 u_0'' + 3u_0^2 u_1) + \cdots = 0 \tag{2-62}$$

以及

$$u(0) = u_0(0) + \varepsilon u_1(0) + \varepsilon^2 u_2(0) + \cdots = a \tag{2-63}$$

$$u'(0) = u_0'(0) + \varepsilon u_1'(0) + \varepsilon^2 u_2'(0) + \cdots = 0$$

可得各阶边界条件为

$$u_0(0) = a, \ u_{i \geqslant 1}(0) = 0, \ u_{i \geqslant 0}'(0) = 0 \tag{2-64}$$

然后根据各幂次项系数等于零的原则,建立摄动分析方程组:

零阶项

$$u_0'' + u_0 = 0 \tag{2-65}$$

$$u_0(0) = a, \ \dot{u}_0(0) = 0$$

零阶解为

$$u_0 = a\cos\tau \tag{2-66}$$

一阶项

$$u_1'' + u_1 + u_0^3 + 2\omega_1 u_0'' = 0 \tag{2-67}$$

$$u_1(0) = 0, \ u_1'(0) = 0$$

将零阶解代入上式有

$$u_1'' + u_1 + a^3\cos^3\tau - 2\omega_1 a\cos\tau = 0 \tag{2-68}$$

对三角函数项进行积化和差处理,可得一阶项摄动分析方程为

$$u_1'' + u_1 = \left(2\omega_1 a - \frac{3}{4}a^3\right)\cos\tau - \frac{1}{4}a^3\cos(3\tau) \tag{2-69}$$

根据之前的分析,上式右边的第一项会产生混合长期项(由于受迫振动频率等于线性系统固有频率)。因此,要获得一致有效解,必须消除混合长期项。消除混合长期项的条件被称为一致有效条件,即

$$2\omega_1 a - \frac{3}{4}a^3 = 0 \Rightarrow \omega_1 = \frac{3}{8}a^2 \tag{2-70}$$

从这里可以看出,因为 L-P 方法中允许对频率项进行修正,因此可以通过选择合适的频率修正来消除混合长期项。这一点非常重要。

消除长期项后的微分方程为

$$u_1'' + u_1 = -\frac{1}{4}a^3\cos(3\tau) \tag{2-71}$$

该微分方程的解由齐次方程的通解和非齐次方程的特解构成,即

$$u_1(\tau) = c_1\cos(\tau) + c_2\cos(3\tau) \tag{2-72}$$

其中 c_1 和 c_2 为待定系数。将(2-72)代入微分方程(2-71),并结合初始条件 $u_1(0)=0$ 和 $u_1'(0)=0$,可得

$$c_1 = -\frac{1}{32}a^3, \quad c_2 = \frac{1}{32}a^3 \tag{2-73}$$

因此,满足初始条件的一阶解为

$$u_1 = \frac{1}{32}a^3(\cos 3\tau - \cos\tau) \tag{2-74}$$

二阶项

$$u_2'' + u_2 + 2\omega_2 u_0'' + 2\omega_1 u_1'' + \omega_1{}^2 u_0'' + 3u_0{}^2 u_1 = 0 \tag{2-75}$$
$$u_2(0) = 0, \quad u_2'(0) = 0$$

将零阶和一阶解代入上式,可得

$$u_2'' + u_2 = -\frac{1}{128}(-21a^5 - 256a\omega_2)\cos\tau + \frac{3}{16}a^5\left(\cos 3\tau - \frac{1}{8}\cos 5\tau\right) \tag{2-76}$$

类似地,一致有效条件为

$$\omega_2 = -\frac{21}{256}a^4 \tag{2-77}$$

消除长期项的二阶项微分方程为

$$u_2'' + u_2 = \frac{3}{16}a^5\left(\cos 3\tau - \frac{1}{8}\cos 5\tau\right) \tag{2-78}$$
$$u_2(0) = 0, \quad u_2'(0) = 0$$

该微分方程的解同样由齐次方程的通解和非齐次方程的特解构成,于是将二阶解表达为

$$u_2 = c_1\cos\tau + c_3\cos 3\tau + c_5\cos 5\tau \tag{2-79}$$

其中 c_1, c_3, c_5 为待定系数。将(2-79)代入微分方程(2-78)并考虑初值条件,可得系数如下

$$c_1 = \frac{23}{1024}a^5, \quad c_3 = -\frac{3}{128}a^5, \quad c_5 = \frac{1}{1024}a^5 \tag{2-80}$$

以上过程可以构造到任意阶次。

综上,直到二阶项的小参数幂级数解为

$$u = \left(a - \frac{1}{32}\varepsilon a^3 + \frac{23}{1024}\varepsilon^2 a^5\right)\cos\omega t + \left(\frac{1}{32}\varepsilon a^3 - \frac{3}{128}\varepsilon^2 a^5\right)\cos 3\omega t +$$

$$\frac{1}{1024}\varepsilon^2 a^5 \cos 5\omega t \tag{2-81}$$

其中频率为

$$\omega = 1 + \frac{3}{8}\varepsilon a^2 - \frac{21}{256}\varepsilon^2 a^4 \tag{2-82}$$

可见,小参数幂级数解(2-82)与精确解的 Taylor 展开(2-83)完全一致

$$\omega = 1 + \frac{3}{8}\varepsilon a^2 - \frac{21}{256}(\varepsilon a^2)^2 + \frac{81}{2048}(\varepsilon a^2)^3 + \cdots \tag{2-83}$$

这说明小参数摄动解的本质是 Taylor 展开。图 2-6 给出了初始条件为 $(u=0.2, v=0)$ 对应的数值解与 L-P 级数解的对比。可见,分析解与数值解高度吻合。

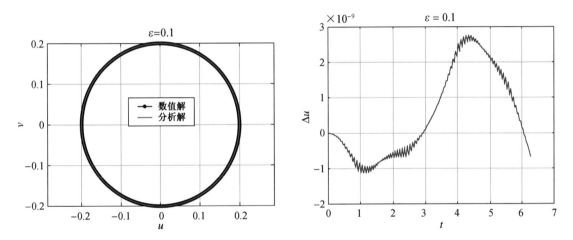

图 2-6 Duffing 方程的数值积分轨道与 L-P 级数解轨道对比。
右图为分析解的误差曲线。振幅取为 $a=0.2$

值得注意的是,在以上 L-P 方法的求解过程中,考虑到了 Duffing 方程的初始条件。当不考虑初始条件时,在各阶次解的构造中,只需求解非齐次方程的特解即可(构造过程稍微简单一些)。

下面简单梳理一下不考虑初始条件时小参数幂级数解的推导过程。

零阶项

$$u_0'' + u_0 = 0 \tag{2-84}$$

零阶解为

$$u_0 = a\cos(\tau + \beta) \tag{2-85}$$

其中 a 为振幅参数,β 为初始相位。

一阶项

$$u_1'' + u_1 + u_0^3 + 2\omega_1 u_0'' = 0 \tag{2-86}$$

将零阶解代入上式,可得

$$u_1'' + u_1 = \left(2\omega_1 a - \frac{3}{4}a^3\right)\cos(\tau + \beta) - \frac{1}{4}a^3\cos(3\tau + 3\beta) \tag{2-87}$$

一致有效条件为

$$\omega_1 = \frac{3}{8}a^2 \tag{2-88}$$

消除长期项的微分方程为

$$u_1'' + u_1 = -\frac{1}{4}a^3\cos(3\tau + 3\beta) \tag{2-89}$$

区别于之前的情况,这里仅取一阶特解即可

$$u_1 = \frac{1}{32}a^3\cos(3\tau + 3\beta) \tag{2-90}$$

二阶项

$$u_2'' + u_2 + 2\omega_2 u_0'' + 2\omega_1 u_1'' + \omega_1^2 u_0'' + 3u_0^2 u_1 = 0 \tag{2-91}$$

将零阶解和一阶解代入上式,可得

$$u_2'' + u_2 = \frac{1}{128}(15a^5 + 256a\omega_2)\cos(\beta + \tau) +$$
$$\frac{21}{128}a^5\cos(3\beta + 3\tau) - \frac{3}{128}a^5\cos(5\beta + 5\tau) \tag{2-92}$$

一致有效条件为

$$\omega_2 = -\frac{15}{256}a^4 \tag{2-93}$$

消除长期项的二阶微分方程特解为

$$u_2 = -\frac{21}{1024}a^5\cos(3\beta + 3\tau) + \frac{1}{1024}a^5\cos(5\beta + 5\tau) \tag{2-94}$$

综上,直到二阶项的小参数幂级数解为

$$u = a\cos(\tau + \beta) + \frac{1}{32}\varepsilon a^3\cos(3\tau + 3\beta) + \frac{1}{1024}\varepsilon^2 a^5[\cos(5\beta + 5\tau) - 21\cos(3\beta + 3\tau)]$$
$$\tag{2-95}$$

新的时间坐标为

$$\tau = \omega t = \left(1 + \frac{3}{8}\varepsilon a^2 - \frac{15}{256}\varepsilon^2 a^4\right)t \tag{2-96}$$

对比考虑初始条件的幂级数解(2-81)~(2-82)和不考虑初始条件的幂级数解(2-95)~(2-96),可以发现两者的二阶项的频率系数不一致,这该如何理解? 这是因为两个幂级数解中出现的 a 的含义是不一样的。考虑初始条件的幂级数解中仅含一个参数 a(不含初始相位),而且它对应的是 $u(0)=a$。然而,不考虑初始条件的幂级数解中出现了两个参数,分别为 a 和 β,这两个参数可通过初始条件完全且唯一确定(因此,这里的 a 并不是初始条件中的 a)。因此,两个表达式(2-81)~(2-82)和(2-95)~(2-96)都是正确的。

下面给出一种与 L-P 方法完全一致但较为直观的摄动分析方法。

具体做法是:不对频率做摄动展开,而是直接引入时间坐标的非线性伸缩变换(这样更直观一些)

$$t=(1+\varepsilon\nu_1+\varepsilon\nu_2+\cdots)\tau \tag{2-97}$$

与之前 L-P 方法的伸缩变换对比的话,很容易发现(2-97)相当于对 $1/\omega$ 进行摄动展开。

通过对时间坐标的伸缩变换(2-97),以 τ 为新的时间坐标,Duffing 方程变为

$$\frac{1}{(1+\varepsilon\nu_1+\varepsilon\nu_2+\cdots)^2}u''+u+\varepsilon u^3=0 \tag{2-98}$$

$$\Rightarrow u''+(1+\varepsilon\nu_1+\varepsilon\nu_2+\cdots)^2(u+\varepsilon u^3)=0$$

带撇的项表示对 τ 求导数。将摄动解

$$u=u_0+\varepsilon u_1+\varepsilon^2 u_2+\varepsilon^3 u_3+\cdots \tag{2-99}$$

代入(2-98),并且按照 ε 的同幂次项合并,可得

$$u_0''+u_0+\varepsilon(u_1''+u_0^3+u_1+2u_0\nu_1)+ \tag{2-100}$$
$$\varepsilon^2(u_2''+3u_0^2u_1+u_2+2u_0^3\nu_1+2u_1\nu_1+u_0\nu_1^2+2u_0\nu_2)+\cdots=0$$

零阶项

$$u_0''+u_0=0 \tag{2-101}$$

通解为

$$u_0=a\cos(\tau+\beta) \tag{2-102}$$

一阶项

$$u_1''+u_1+u_0^3+2u_0\nu_1=0 \tag{2-103}$$

将零阶解代入上式,可得

$$u_1''+u_1=-\frac{1}{4}\cos(\beta+\tau)(3a^3+8a\nu_1)-\frac{1}{4}a^3\cos(3\beta+3\tau) \tag{2-104}$$

一致有效条件为

$$\nu_1=-\frac{3}{8}a^2 \tag{2-105}$$

消除混合长期项后的一阶项微分方程为

$$u''_1 + u_1 = -\frac{1}{4}a^3\cos(3\beta + 3\tau) \tag{2-106}$$

一阶特解为

$$u_1 = \frac{1}{32}a^3\cos(3\beta + 3\tau) \tag{2-107}$$

二阶项

$$u''_2 + u_2 + 3u_0^2 u_1 + 2u_0^3 v_1 + 2u_1 v_1 + u_0 v_1^2 + 2u_0 v_2 = 0 \tag{2-108}$$

将零阶和一阶解代入上式并整理,可得

$$u''_2 + u_2 = -\frac{1}{128}(-51a^5 + 256av_2)\cos(\beta + \tau) +$$
$$\frac{21}{128}a^5\cos(3\beta + 3\tau) - \frac{3}{128}a^5\cos(5\beta + 5\tau) \tag{2-109}$$

一致有效条件为

$$v_2 = \frac{51}{256}a^4 \tag{2-110}$$

消除混合长期项后的二阶项微分方程为

$$u''_2 + u_2 = \frac{21}{128}a^5\cos(3\beta + 3\tau) - \frac{3}{128}a^5\cos(5\beta + 5\tau) \tag{2-111}$$

二阶特解为

$$u_2 = -\frac{21}{1024}a^5\cos(3\beta + 3\tau) + \frac{1}{1024}a^5\cos(5\beta + 5\tau) \tag{2-112}$$

综上,直到二阶项的小参数幂级数解为

$$u = a\cos(\tau + \beta) + \frac{1}{32}\varepsilon a^3\cos(3\beta + 3\tau) -$$
$$\frac{21}{1024}\varepsilon^2 a^5\cos(3\beta + 3\tau) + \frac{1}{1024}\varepsilon^2 a^5\cos(5\beta + 5\tau) \tag{2-113}$$

其中

$$\tau = \frac{1}{1 + \varepsilon v_1 + \varepsilon^2 v_2}t \Rightarrow \tau = \frac{1}{1 - \frac{3}{8}\varepsilon a^2 + \frac{51}{256}\varepsilon^2 a^4}t \tag{2-114}$$

将(2-114)在 $\varepsilon = 0$ 附近进行 Taylor 展开,可得

$$\tau \approx \left(1 + \frac{3}{8}\varepsilon a^2 - \frac{15}{256}\varepsilon^2 a^4\right)t \tag{2-115}$$

与之前经典 L-P 方法获得的摄动解一致。

至此,相信读者已经能够直观地理解 L-P 方法的核心思想:将因变量和频率(或某特征量)同时展开为小参数摄动解,然后通过合理选取频率修正项,从而消除混合长期项。

在经典 L-P 方法的求解范式下,国内相关学者对此做了不少尝试,提出了不同的修改方案[2]。对于这些修改方案的系统理解,不仅可以使我们深刻理解 L-P 方法,同时对于具体科研工作中的创新想法的提出也有一定的启发性。下面分别介绍这些修改方案,并将它们应用于 Duffing 方程求解。

2.4.2 修改方案 I

经典 L-P 方法的核心点在于将频率 ω 展开为小参数 ε 的幂级数,即

$$\omega = 1 + \varepsilon\omega_1 + \varepsilon^2\omega_2 + \cdots \tag{2-116}$$

注意:以 τ 为时间坐标的微分方程(2-60)显含的是 ω^2,而不是 ω。从简化计算的角度,可以直接将 ω^2 表示为 ε 的幂级数形式

$$\omega^2 = 1 + \varepsilon\omega_1 + \varepsilon^2\omega_2 + \cdots \tag{2-117}$$

此为第一种修改方案。原则上,可以选择对频率 ω 的任意次方做摄动展开,从而得到不同的摄动解。

引入时间坐标的变换 $\tau = \omega t$,在新的时间坐标下 Duffing 方程变为

$$\omega^2 u'' + u + \varepsilon u^3 = 0 \tag{2-118}$$

将因变量 $u(\varepsilon, \tau)$ 和频率项 $\omega^2(\varepsilon)$ 同时表示为小参数 ε 的幂级数形式

$$u = u_0 + \varepsilon u_1 + \varepsilon^2 u_2 + \cdots \tag{2-119}$$
$$\omega^2 = 1 + \varepsilon\omega_1 + \varepsilon^2\omega_2 + \cdots$$

接着将(2-119)代入微分方程(2-118),得到

$$u_0 + u_0'' + \varepsilon(u_1 + u_1'' + \omega_1 u_0'' + u_0^3) + \varepsilon^2(u_2 + u_2'' + \omega_1 u_1'' + \omega_2 u_0'' + 3u_0^2 u_1) + \cdots = 0 \tag{2-120}$$

可见,直接对 ω^2 展开比对 ω 展开在这里要显得相对简单一些。

零阶项

$$u_0'' + u_0 = 0 \tag{2-121}$$

零阶解为

$$u_0 = a\cos(\tau + \beta) \tag{2-122}$$

一阶项

$$u_1'' + u_1 + \omega_1 u_0'' + u_0^3 = 0 \tag{2-123}$$

将零阶解代入上式,有

$$u_1'' + u_1 = \left(-\frac{3}{4}a^3 + \omega_1 a\right)\cos(\beta+\tau) - \frac{1}{4}a^3\cos(3\beta+3\tau) \tag{2-124}$$

一致有效条件为

$$-\frac{3}{4}a^3 + \omega_1 a \Rightarrow \omega_1 = \frac{3}{4}a^2 \tag{2-125}$$

消除混合长期项的微分方程为

$$u_1'' + u_1 = -\frac{1}{4}a^3\cos(3\beta+3\tau) \tag{2-126}$$

一阶特解为

$$u_1 = \frac{1}{32}a^3\cos(3\tau+3\beta) \tag{2-127}$$

综上，直到一阶项的小参数幂级数解为

$$u = a\cos(\omega t+\beta) + \frac{1}{32}\varepsilon a^3\cos(3\omega t+3\beta) + \cdots \tag{2-128}$$

其中频率为

$$\omega = \sqrt{1+\frac{3}{4}\varepsilon a^2} \approx 1+\frac{3}{8}\varepsilon a^2 + \cdots \tag{2-129}$$

与经典 L-P 方法的结果一致。

2.4.3 修改方案 Ⅱ

修改方案 Ⅰ 是将频率的平方项 ω^2 展开为小参数 ε 的摄动解，即

$$\omega^2 = 1+\varepsilon\omega_1 + \varepsilon^2\omega_2 + \cdots \tag{2-130}$$

该小参数幂级数形式，同时意味着如下展开式（反过来对线性系统的固有频率进行展开）

$$1 = \omega^2 - \varepsilon\omega_1 - \varepsilon^2\omega_2 - \cdots \tag{2-131}$$

这说明，反过来也可以对线性系统固有频率进行展开。这是一种逆向思维。下面同样以求解 Duffing 方程为例，来看一下该修改方案到底会带来何种变化。

Duffing 方程为

$$\ddot{u} + u + \varepsilon u^3 = 0 \tag{2-132}$$

将因变量 u 和线性系统固有频率的平方 $\omega_0{}^2 = 1$ 展开为 ε 的小参数幂级数形式

$$u = u_0 + \varepsilon u_1 + \varepsilon^2 u_2 + \cdots$$
$$\omega_0{}^2 = 1 = \omega^2 + \varepsilon\omega_1 + \varepsilon^2\omega_2 + \cdots \tag{2-133}$$

将展开式(2-133)代入方程(2-132)，可得

$$\ddot{u}_0 + \varepsilon\ddot{u}_1 + \varepsilon^2\ddot{u}_2 + (\omega^2 + \varepsilon\omega_1 + \varepsilon^2\omega_2)(u_0 + \varepsilon u_1 + \varepsilon^2 u_2) + \varepsilon(u_0 + \varepsilon u_1 + \varepsilon^2 u_2)^3 + \cdots = 0 \tag{2-134}$$

合并同类项可得

$$\ddot{u}_0 + u_0\omega^2 + \varepsilon(\ddot{u}_1 + u_0{}^3 + \omega^2 u_1 + \omega_1 u_0) + \\ \varepsilon^2(\ddot{u}_2 + \omega^2 u_2 + 3u_0{}^2 u_1 + \omega_1 u_1 + \omega_2 u_0) + \cdots = 0 \tag{2-135}$$

零阶项

$$\ddot{u}_0 + \omega^2 u_0 = 0 \tag{2-136}$$

零阶解为

$$u_0 = a\cos(\omega t + \beta) \tag{2-137}$$

一阶项

$$\ddot{u}_1 + \omega^2 u_1 + u_0{}^3 + u_0\omega_1 = 0 \tag{2-138}$$

将零阶解代入上式,可得

$$\ddot{u}_1 + \omega^2 u_1 = -\frac{1}{4}(3a^3 + 4a\omega_1)\cos(\omega t + \beta) - \frac{1}{4}a^3\cos(3\omega t + 3\beta) \tag{2-139}$$

一致有效条件为

$$\omega_1 = -\frac{3}{4}a^2 \tag{2-140}$$

消除混合长期项后的微分方程为

$$\ddot{u}_1 + \omega^2 u_1 = -\frac{1}{4}a^3\cos(3\omega t + 3\beta) \tag{2-141}$$

一阶特解为

$$u_1 = \frac{1}{32\omega^2}a^3\cos(3\omega t + 3\beta) \tag{2-142}$$

综上,直到一阶的小参数幂级数解为

$$u = a\cos(\omega t + \beta) + \frac{1}{32\omega_0{}^2}\varepsilon a^3\cos(3\omega t + 3\beta) + \cdots \tag{2-143}$$

其中频率为

$$\omega = \sqrt{1 + \varepsilon\frac{3}{4}a^2} \approx 1 + \frac{3}{8}\varepsilon a^2 + \cdots \tag{2-144}$$

与经典 L-P 方法的结果一致。

2.4.4 修改方案Ⅲ

经典 L-P 方法或以上两种修改方案的前提条件是系统存在物理小参数。对于 Duffing

方程,若不满足 $\varepsilon \ll 1$ 时,如何求幂级数解呢?

第三个改进方案的目标在于引进人工小参数 $\rho = \dfrac{\varepsilon}{C+\varepsilon}$,其中 $C \gg \varepsilon$,因此

$$\rho \ll 1 \qquad (2-145)$$

将 $\varepsilon = \dfrac{\rho C}{1-\rho}$ 代入 Duffing 方程,可得

$$\omega^2 u'' + u + \varepsilon u^3 = 0 \Rightarrow \omega^2 u'' + u + \frac{\rho C}{1-\rho} u^3 = 0 \qquad (2-146)$$

经整理后有

$$\omega^2 u'' + u - \rho(\omega^2 u'' + u - Cu^3) = 0 \qquad (2-147)$$

这变成一个以 ρ 为小参数的非线性系统。将因变量 u 和频率的平方项 ω^2 展开为 ρ 的幂级数形式(结合了修改方案 I)

$$\begin{aligned} \omega^2 &= 1 + \rho\omega_1 + \rho^2\omega_2 + \cdots \\ u &= u_0 + \rho u_1 + \rho^2 u_2 + \cdots \end{aligned} \qquad (2-148)$$

将展开式(2-148)代入微分方程(2-147),整理可得

$$\begin{aligned} &u_0'' + u_0 + \rho(u_1'' + u_1 + \omega_1 u_0'' - u_0 + Cu_0^3 - u_0'') + \\ &\rho^2(u_2'' + u_2 - u_1 + 3Cu_0^2 u_1 - u_1'' - \omega_1 u_0'' + \omega_1 u_1'' + \omega_2 u_0'') + \cdots = 0 \end{aligned} \qquad (2-149)$$

零阶项

$$u_0'' + u_0 = 0 \qquad (2-150)$$

零阶解为

$$u_0 = a\cos(\tau + \beta) \qquad (2-151)$$

一阶项

$$u_1'' + u_1 - u_0 + Cu_0^3 + u_0''(\omega_1 - 1) = 0 \qquad (2-152)$$

将零阶解代入上式,可得

$$u_1'' + u_1 = -\frac{1}{4}(3Ca^3 - 4a\omega_1)\cos(\tau + \beta) - \frac{1}{4}a^3 C\cos(3\tau + 3\beta) \qquad (2-153)$$

一致有效条件为

$$\omega_1 = \frac{3}{4}Ca^2 \qquad (2-154)$$

一阶项特解为

$$u_1 = \frac{1}{32}a^3 C\cos(3\tau + 3\beta) \qquad (2-155)$$

综上,直到一阶的小参数幂级数解为

$$\omega^2 = 1 + \frac{3}{4}\rho C a^2 + \cdots$$

$$(2-156)$$

$$u = a\cos(\tau + \beta) + \frac{1}{32}a^3\rho C\cos(3\beta + 3\tau) + \cdots$$

摄动解中含有参数 ρC。根据参数 ρ 的定义,可得 $\rho C = \varepsilon(1-\rho)$,于是有

$$\omega = \sqrt{1 + \frac{3}{4}\varepsilon(1-\rho)a^2 + \cdots}$$

$$(2-157)$$

$$u = a\cos(\tau + \beta) + \frac{1}{32}a^3\varepsilon(1-\rho)\cos(3\tau + 3\beta) + \cdots$$

考虑到 $\rho \ll 1$,那么有 $1-\rho \approx 1$,因此

$$u = a\cos(\tau + \beta) + \frac{1}{32}a^3\varepsilon\cos(3\tau + 3\beta) + \cdots$$

$$(2-158)$$

$$\omega = \sqrt{1 + \frac{3}{4}\varepsilon a^2 + \cdots}$$

特别地,当 ε 为小参数时,可对频率作 Taylor 展开

$$\omega \approx 1 + \frac{3}{8}\varepsilon a^2 + \cdots$$

$$(2-159)$$

与经典 L-P 方法的结果一致。

2.4.5 修改方案Ⅳ

第四个修改方案的建立基于如下等价认识:摄动分析解的本质是 Taylor 展开。在经典 L-P 方法中,将频率 $\omega(\varepsilon)$ 展开为

$$\omega = 1 + \varepsilon\omega_1 + \varepsilon^2\omega_2 + \cdots$$

$$(2-160)$$

另一方面,可将 $\omega(\varepsilon)$ 在 $\varepsilon = 0$ 附近进行 Taylor 展开,表达式为

$$\omega(\varepsilon) = \omega(0) + \omega'(0)\varepsilon + \frac{1}{2!}\omega''(0)\varepsilon^2 + \cdots$$

$$(2-161)$$

无疑,两种表达方式是一致的。因此,可得如下对应关系

$$1 = \omega(0)$$
$$\omega_1 = \omega'(0)$$
$$\omega_2 = \frac{1}{2!}\omega''(0)$$

$$(2-162)$$

根据经典 L-P 方法的结果,有

$$\omega(0) = 1$$

$$\omega'(0)=\frac{3}{8}a^2 \tag{2-163}$$

根据关系(2-163),可得 $\omega(\varepsilon)$ 的表达式为(存在无穷多选择,Taylor 展开仅是其中一种)

$$\omega=\sqrt{1+\frac{3}{4}\varepsilon a^2}, \omega=\left(1+\frac{9}{8}\varepsilon a^2\right)^{\frac{1}{3}}, \omega=\left(1+\frac{3}{2}\varepsilon a^2\right)^{\frac{1}{4}}, \omega=1+\frac{3}{8}\varepsilon a^2(\text{Taylor 展开}),$$

$$\omega=\left(1+\frac{3}{16}\varepsilon a^2\right)^2, \omega=\left(1+\frac{1}{8}\varepsilon a^2\right)^3, \cdots$$

对以上各式做 Taylor 展开都有

$$\omega\approx1+\frac{3}{8}\varepsilon a^2+\cdots \tag{2-164}$$

与 L-P 方法结果一致。

另外,当考虑到二阶项时,有

$$\omega(0)=1$$
$$\omega'(0)=\omega_1=\frac{3}{8}a^2 \tag{2-165}$$
$$\frac{1}{2!}\omega''(0)=\omega_2=-\frac{15}{256}a^4$$

可得

$$\omega(0)=1$$
$$\omega'(0)=\frac{3}{8}a^2 \tag{2-166}$$
$$\omega''(0)=-\frac{15}{128}a^4$$

满足该导数关系的频率函数 $\omega(\varepsilon)$ 同样有无穷多选择,例如

$$\omega=1+\frac{3}{8}\varepsilon a^2-\frac{15}{256}\varepsilon^2 a^4(\text{Taylor 展开}), \omega=\left(1+\frac{3}{16}\varepsilon a^2-\frac{1311}{25088}\varepsilon^2 a^4\right)^2,$$

$$\omega=\left(1+\frac{3}{4}\varepsilon a^2+\frac{3}{128}\varepsilon^2 a^4\right)^{\frac{1}{2}}, \omega=\left(1+\frac{3}{2}\varepsilon a^2+\frac{39}{64}\varepsilon^2 a^4\right)^{\frac{1}{4}}, \cdots$$

对以上表达式进行 Taylor 展开都有

$$\omega\approx1+\frac{3}{8}\varepsilon a^2-\frac{15}{256}\varepsilon^2 a^4 \tag{2-167}$$

2.4.6　修改方案 Ⅴ

第五个修改方案是将非线性扰动项中的主要项纳入未扰系统,从而减小扰动项的大小。无疑,未扰系统包含的项数越多,扰动的量级就会越小。这是一种非常重要的摄动思想,以

后在不同的地方还会遇到这一思路。

将扰动项近似线性化(相当于进行 Taylor 展开取线性项)

$$\varepsilon u^3 \approx \alpha_0 u \tag{2-168}$$

其中 α_0 为线性化系数(待定系数)。将线性项归并到未扰系统,有

$$\ddot{u} + (1+\alpha_0)u = 0 \tag{2-169}$$

从而 Duffing 方程可整理为

$$\ddot{u} + (1+\alpha_0)u + \varepsilon(u^3 - \frac{\alpha_0}{\varepsilon}u) = 0 \tag{2-170}$$

记 $\omega_0{}^2 = (1+\alpha_0)$ 和 $\eta = -\frac{\alpha_0}{\varepsilon}$,从而有

$$\ddot{u} + \omega_0{}^2 u + \varepsilon(u^3 + \eta u) = 0 \tag{2-171}$$

其中 η 为待定系数。方程(2-171)具有如下幂级数形式解

$$u = u_0 + \varepsilon u_1 + \varepsilon^2 u_2 + \cdots \tag{2-172}$$

将展开式(2-172)代入新的扰动方程(2-171),可得

$$\ddot{u}_0 + \varepsilon \ddot{u}_1 + \varepsilon^2 \ddot{u}_2 + \omega_0{}^2(u_0 + \varepsilon u_1 + \varepsilon^2 u_2) + \\ \varepsilon[(u_0 + \varepsilon u_1 + \varepsilon^2 u_2)^3 + \eta(u_0 + \varepsilon u_1 + \varepsilon^2 u_2)] + \cdots = 0 \tag{2-173}$$

合并同类项后可得

$$\ddot{u}_0 + \omega_0{}^2 u_0 + \varepsilon(\ddot{u}_1 + \eta u_0 + u_0{}^3 + \omega_0{}^2 u_1) + \varepsilon^2(\ddot{u}_2 + \omega_0{}^2 u_2 + \eta u_1 + 3u_0{}^2 u_1) + \cdots = 0 \tag{2-174}$$

零阶项

$$\ddot{u}_0 + \omega_0{}^2 u_0 = 0 \tag{2-175}$$

通解为

$$u_0 = a\cos(\omega_0 t + \beta) \tag{2-176}$$

一阶项

$$\ddot{u}_1 + \omega_0{}^2 u_1 + \eta u_0 + u_0{}^3 = 0 \tag{2-177}$$

将零阶解代入上式,可得

$$\ddot{u}_1 + \omega_0{}^2 u_1 = -\frac{1}{4}(3a^3 + 4a\eta)\cos(\beta + \omega_0 t) - \frac{1}{4}a^3\cos(3\beta + 3\omega_0 t) \tag{2-178}$$

一致有效条件为

$$\eta = -\frac{3}{4}a^2 \Rightarrow \eta = -\frac{\alpha_0}{\varepsilon} = -\frac{3}{4}a^2 \Rightarrow \alpha_0 = \varepsilon\frac{3}{4}a^2 \tag{2-179}$$

一阶项微分方程的特解为

$$u_1 = \frac{1}{32}a^3\cos(3\omega_0 t + 3\beta) \tag{2-180}$$

综上，直到一阶的小参数幂级数解为

$$u_1 = a\cos(\omega_0 t + \beta) + \frac{1}{32}\varepsilon a^3\cos(3\omega_0 t + 3\beta) \tag{2-181}$$

频率为

$$\omega_0^2 = (1 + \alpha_0) \Rightarrow \omega_0 = \sqrt{1 + \varepsilon\frac{3}{4}a^2} \approx 1 + \varepsilon\frac{3}{8}a^2 + \cdots \tag{2-182}$$

与经典 L-P 方法的结果一致。

但是，上面采用的修改方法，对于二阶以上的解依然会出现混合长期项（因为只引入了一个待定参数，二阶以上的解无法消除混合长期项）。这该如何解决？文献[2]中提供了两种解决办法。

第一种解决办法：在对非线性项线性化时，引入多个参数（n 阶解需要引入 n 个参数）

$$\varepsilon u^3 \approx (\alpha_0 + \varepsilon\alpha_1 + \varepsilon^2\alpha_2 + \cdots)u \tag{2-183}$$

那么 Duffing 方程 $\ddot{u} + u + \varepsilon u^3 = 0$ 变为

$$\ddot{u} + [1 + (\alpha_0 + \varepsilon\alpha_1 + \varepsilon^2\alpha_2 + \cdots)]u + \varepsilon\left[u^3 - \left(\frac{\alpha_0}{\varepsilon} + \alpha_1 + \varepsilon\alpha_2 + \cdots\right)u\right] = 0 \tag{2-184}$$

记符号 $\eta_i = -\dfrac{\alpha_i}{\varepsilon}$，从而有

$$\ddot{u} + [1 - \varepsilon(\eta_0 + \varepsilon\eta_1 + \varepsilon^2\eta_2 + \cdots)]u + \varepsilon[u^3 + (\eta_0 + \varepsilon\eta_1 + \varepsilon^2\eta_2 + \cdots)u] = 0 \tag{2-185}$$

记未扰系统（线性系统）频率平方为

$$\omega_0^2 = 1 - \varepsilon(\eta_0 + \varepsilon\eta_1 + \varepsilon^2\eta_2 + \cdots) \tag{2-186}$$

从而得到新的扰动方程

$$\ddot{u} + \omega_0^2 u + \varepsilon[u^3 + (\eta_0 + \varepsilon\eta_1 + \varepsilon^2\eta_2 + \cdots)u] = 0 \tag{2-187}$$

其中 η_i 为待定系数。将该扰动方程的解表示为如下幂级数形式

$$u = u_0 + \varepsilon u_1 + \varepsilon^2 u_2 + \cdots \tag{2-188}$$

将幂级数解（2-188）代入（2-187），后续步骤类似，不再重复。

第二种解决办法：线性化依然采用单参数形式（只含一个待定系数）

$$\varepsilon u^3 \approx \alpha_0 u \tag{2-189}$$

但是同时对频率项进行展开（在频率部分引入待定系数）

$$\omega_0^2 = \omega^2 + \varepsilon\omega_1 + \varepsilon^2\omega_2 + \cdots \tag{2-190}$$

利用单参数的线性化,Duffing 方程变为

$$\ddot{u}+\omega_0{}^2 u+\varepsilon(u^3+\eta u)=0 \qquad\qquad (2-191)$$

其中 $\omega_0{}^2=(1+\alpha_0)$,$\eta=-\dfrac{\alpha_0}{\varepsilon}$。与 L-P 方法的第二种修改方案类似,将因变量 u 和线性系统频率的平方项展开为小参数 ε 的幂级数形式

$$u=u_0+\varepsilon u_1+\varepsilon^2 u_2+\cdots \qquad\qquad (2-192)$$

$$\omega_0{}^2=\omega^2+\varepsilon\omega_1+\varepsilon^2\omega_2+\cdots \qquad\qquad (2-193)$$

将幂级数解(2-192)和(2-193)代入新的扰动方程(2-191),建立摄动分析方程组。后面的构造过程类似,不再重复。

2.4.7 莱特希尔方法

莱特希尔(Lighthill)引进了多个自变量的非线性变换,对经典 L-P 方法做了推广[3]。考虑如下问题

$$L(\varepsilon,u,x_1,x_2,x_3,\cdots)=0 \qquad\qquad (2-194)$$

其中 L 为微分算子(常微分或偏微分),ε 为物理小参数,u 为因变量,$x_1,x_2,x_3,\cdots$ 为自变量(空间坐标)。

Lighthill 推广了 L-P 方法,引进了如下变换(这里以自变量 x_1 做变换为例)

$$u=u_0(a_0,x_2,x_3,\cdots)+\varepsilon u_1(a_0,x_2,x_3,\cdots)+\varepsilon^2 u_2(a_0,x_2,x_3,\cdots) \qquad (2-195)$$

$$x_1=a_0+\varepsilon\xi_1(a_0,x_2,x_3,\cdots)+\varepsilon^2\xi_2(a_0,x_2,x_3,\cdots) \qquad (2-196)$$

值得注意的是,Lighthill 方法可对任意一个或多个自变量做非线性变换(根据问题属性,选择对一个或多个自变量作摄动展开)。从这个意义来看,经典 L-P 方法是 Lighthil 方法的一个特例(即仅对时间坐标做非线性伸缩变换)。Lighthill 方法在一些偏微分方程问题中应用较为广泛。

2.4.8 分析与讨论

L-P 方法及一系列修改方案的基本思想在于:在对待求因变量作幂级数展开的同时,对频率(时间)、空间坐标、特征值中一个或几个同时做摄动展开,消去混合长期项(一致有效条件)来确定自变量的待定系数,最终得到问题的一致有效解。用一句话总结就是:L-P 方法是对因变量和自变量同时进行摄动展开。

虽然经典的 L-P 方法已经足够有效,甚至各种不同的修正方案不一定比原始经典的 L-P 方法表现更好。但是,学者们提出的任何一种修改方案,都是为解决奇异摄动问题进行的一次独立思考,提供了一条独立的通往问题解的路径。灵活多样的路径,最终使得 L-P 方法的内涵变得非常丰富。

2.5 重正规化（一致化）方法

重正规化方法是针对直接展开摄动解的一种补救方法，使之从非一致有效变为一致有效。Duffing 方程的直接展开解（非一致有效解）为

$$u = a\cos(t+\beta) - \frac{3}{8}a^3\varepsilon t\sin(t+\beta) + \frac{1}{32}a^3\varepsilon\cos(3t+3\beta) + \mathcal{O}(\varepsilon^2) \tag{2-197}$$

为了使得解（2-197）一致有效，引入时间伸缩变换（直接对时间 t 做变换）

$$\tau = \omega t \Rightarrow t = \tau\omega^{-1} \tag{2-198}$$

将频率展开并代入上式，可得

$$t = \tau (1 + \varepsilon\omega_1 + \cdots)^{-1} \tag{2-199}$$

将上式在 $\varepsilon = 0$ 附近进行 Taylor 展开，可得

$$t \approx \tau[1 - \varepsilon\omega_1 + \varepsilon^2(\omega_1^2 - \omega_2) + \varepsilon^3(-\omega_1^3 + 2\omega_1\omega_2 - \omega_3) + \cdots] \tag{2-200}$$

将时间变换（2-200）代入直接展开的非一致有效解（2-197），可得

$$u = a\cos(\tau - \varepsilon\omega_1\tau + \cdots + \beta) - \frac{3}{8}a^3\varepsilon(\tau - \varepsilon\omega_1\tau + \cdots)\sin(\tau - \varepsilon\omega_1\tau + \cdots + \beta) +$$

$$\frac{1}{32}a^3\varepsilon\cos(3\tau - 3\varepsilon\omega_1\tau + \cdots + 3\beta) + \mathcal{O}(\varepsilon^2) \tag{2-201}$$

上式中出现了额外的待定系数，因此有可能使之变成一致有效。将方程（2-201）在 $\varepsilon = 0$ 附近进行 Taylor 展开并保留至一阶项，可得

$$u = a\cos(\tau+\beta) + \varepsilon\left[\left(\omega_1 a - \frac{3}{8}a^3\right)\tau\sin(\tau+\beta) + \frac{1}{32}a^3\cos(3\tau+3\beta)\right] + \cdots \tag{2-202}$$

消除混合长期项的条件（一致有效条件）为

$$\omega_1 a - \frac{3}{8}a^3 = 0 \Rightarrow \omega_1 = \frac{3}{8}a^2 \tag{2-203}$$

可见，频率修正项和 L-P 方法的结果是一致的。消除混合长期项后的小参数幂级数解为

$$u = a\cos(\tau+\beta) + \frac{1}{32}\varepsilon a^3\cos(3\tau+3\beta) + \cdots \tag{2-204}$$

其中

$$\tau = \left(1 + \frac{3}{8}\varepsilon a^2 + \cdots\right)t \tag{2-205}$$

可见，与 L-P 方法的结果是一致的。

评论：在将直接展开获得的非一致有效解变成一致有效解的过程中（该方法也被称为一

致化方法），读者能感觉到，重正规化方法实际上是 L-P 方法的逆过程，是寻找直接展开法在解决奇异摄动问题时失效的根源。虽然在实际求解问题时不太会把重正规化方法作为首选，但是该方法为发现问题(非一致有效)并有针对性地解决问题提供了一种思路和借鉴。

实际上，完全可以通过直接对时间坐标进行非线性伸缩变换，将非一致有效解化为一致有效解。下面我们就此做一个尝试。

直接引入时间坐标的伸缩变换

$$t=(1+\varepsilon\nu_1+\varepsilon^2\nu_2+\cdots)\tau \tag{2-206}$$

将(2-206)代入非一致有效解，可得

$$u=a\cos[(1+\varepsilon\nu_1+\varepsilon^2\nu_2+\cdots)\tau+\beta]-$$
$$\frac{3}{8}a^3\varepsilon(1+\varepsilon\nu_1+\varepsilon^2\nu_2+\cdots)\tau\sin[(1+\varepsilon\nu_1+\varepsilon^2\nu_2+\cdots)\tau+\beta]+ \tag{2-207}$$
$$\frac{1}{32}a^3\varepsilon\cos[3(1+\varepsilon\nu_1+\varepsilon^2\nu_2+\cdots)\tau+3\beta]$$

将上式在 $\varepsilon=0$ 附近进行 Taylor 展开，可得

$$u=a\cos(\beta+\tau)+\frac{1}{32}\varepsilon a^3\cos 3(\beta+\tau)-\frac{1}{32}\varepsilon a(12a^2+32\nu_1)\tau\sin(\beta+\tau) \tag{2-208}$$

一致有效条件为

$$\nu_1=-\frac{3}{8}a^2 \tag{2-209}$$

一致有效摄动解为

$$u=a\cos(\beta+\tau)+\frac{1}{32}\varepsilon a^3\cos 3(\beta+\tau) \tag{2-210}$$

其中

$$\tau=\frac{1}{1-\frac{3}{8}\varepsilon a^2}\approx 1+\frac{3}{8}\varepsilon a^2 \tag{2-211}$$

与之前 L-P 方法得到的摄动解是一致的。

2.6　多尺度方法

多尺度法也被称为多重尺度法、多变量展开法和导数展开法，是在 20 世纪 50 年代末、60 年代初发展起来的一种摄动分析方法。目前它已是奇异摄动理论中应用最广泛的一种方法。它的主要思想是把奇异摄动问题中的各种时间尺度(或空间尺度)都当作原问题的独立变量，从而把对时间(空间)的导数变为对各个时间尺度的多元复合函数的导数(因此将常微分方程转变为偏微分方程)，然后通过消去长期项条件进而确定各阶摄动解。这里隐含着一

个很重要的认识:奇异摄动问题的微分方程可以分解成不同的时间(空间)尺度,问题的因变量同样存在不同时间(空间)尺度的分量。这与人造卫星轨道理论中的平均根数理论何其相似。从思想层面,笔者非常青睐多尺度摄动方法,因为该方法从物理直觉上非常直观,对于认识问题本质以及对于后面理解正则变换理论具有启发意义。

在引入多尺度方法的核心思想之前,先来看看 L-P 方法获得的 Duffing 方程一致有效解

$$u = a\cos\left(\beta + t + \frac{3}{8}a^2\varepsilon t - \frac{15}{256}a^4\varepsilon^2 t + \cdots\right) + \frac{1}{32}\varepsilon a^3\cos 3\left(\beta + t + \frac{3}{8}a^2\varepsilon t - \frac{15}{256}a^4\varepsilon^2 t + \cdots\right) + \cdots$$

$$(2\text{-}212)$$

通过观察可以发现,因变量(空间坐标)$u(\varepsilon, t)$依赖于不同的时间尺度

$$\begin{aligned}
T_0 &= t \\
T_1 &= \varepsilon t \\
T_2 &= \varepsilon^2 t \\
T_3 &= \varepsilon^3 t \\
&\cdots
\end{aligned}$$

$$(2\text{-}213)$$

因此,将待求的因变量表示为

$$u(t;\varepsilon) = \hat{u}(t, \varepsilon t, \varepsilon^2 t, \varepsilon^3 t, \cdots; \varepsilon) \qquad (2\text{-}214)$$

记某一个时间尺度 $T_n = \varepsilon^n t$,从而有

$$u(t;\varepsilon) = \hat{u}(T_0, T_1, T_2, T_3, \cdots; \varepsilon) \qquad (2\text{-}215)$$

可见,$T_0, T_1, T_2, T_3, \cdots$代表的是不同的时间尺度,可以认为它们是不同的时间单位,而且不同时间尺度是相互独立的(独立时间变量)。因此,将因变量 u 视为时间 t 的函数,当然也可将 u 当作不同时间尺度 $T_0, T_1, T_2, \cdots$ 的多元函数。

不同的时间(或空间)尺度可形象地通过图 2-7 来理解。例如:令小参量 $\varepsilon = \frac{1}{60}$,那么 $T_0 = t$ 相当于秒针,$T_1 = \frac{1}{60}t$ 相当于分针,$T_2 = \frac{1}{3600}t$ 相当于时针。因此,因变量形式 $u(t;\varepsilon) = \hat{u}(T_0, T_1, T_2, T_3, \cdots; \varepsilon)$ 可理解为在不同的时间尺度上去观察空间坐标 u 的运动形态(多么深刻的思想)。

 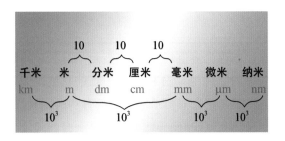

图 2-7　不同时间尺度(左)和空间尺度(右)

多尺度方法,本质上可以理解为将拟周期函数分解成不同频率项的组合。读者以后会发现,多尺度方法蕴含的思想在平均根数理论中体现得非常清晰,根据周期的不同,可将轨道根数的演化划分成:长期项、长周期项以及短周期项。这体现的就是在不同时间尺度上对瞬时根数的观察或度量。

下面仍然以简单的 Duffing 方程作为具体例子,来给出多尺度方法求解非线性扰动系统的具体思路。

首先,将空间坐标 u 表示为不同时间尺度 $T_0, T_1, T_2, \cdots$ 的函数

$$u(t;\varepsilon) \Rightarrow u(T_0, T_1, T_2, T_3, \cdots; \varepsilon), \quad T_n = \varepsilon^n t \tag{2-216}$$

根据链式法则,时间的一阶导数为

$$\frac{\mathrm{d}}{\mathrm{d}t} = \frac{\partial}{\partial T_0} + \varepsilon \frac{\partial}{\partial T_1} + \varepsilon \frac{\partial}{\partial T_2} + \varepsilon^3 \frac{\partial}{\partial T_3} + \cdots \tag{2-217}$$

时间的二阶导数为

$$\frac{\mathrm{d}^2}{\mathrm{d}t^2} = \frac{\partial^2}{\partial T_0^2} + 2\varepsilon \frac{\partial^2}{\partial T_0 \partial T_1} + \varepsilon^2 \left(2 \frac{\partial^2}{\partial T_0 \partial T_2} + \frac{\partial^2}{\partial T_1^2}\right) + \cdots \tag{2-218}$$

定义微分算子 $D_n = \frac{\partial}{\partial T_n}$,从而有

$$\frac{\mathrm{d}}{\mathrm{d}t} = \sum_{n \geq 0} \varepsilon^n D_n, \frac{\mathrm{d}^2}{\mathrm{d}t^2} = D_0^2 + 2\varepsilon D_1 D_0 + \varepsilon^2 (2D_2 D_0 + D_1^2) + \cdots \tag{2-219}$$

那么 Duffing 方程变为

$$D_0^2 u + 2\varepsilon D_1 D_0 u + \varepsilon^2 (2D_2 D_0 + D_1^2) u + u + \varepsilon u^3 + \cdots = 0 \tag{2-220}$$

这是一个偏微分方程。可见,通过多尺度划分过程,Duffing 方程由常微分方程变成偏微分方程,似乎变得复杂了? 其实不然,虽然数学表达式变得复杂了一些,但是思想内涵变得简单了。读者后面将慢慢领会到这点。

摄动分析的目标是寻找如下形式的一致有效解

$$u = u_0(T_0, T_1, T_2, T_3, \cdots) + \varepsilon u_1(T_0, T_1, T_2, T_3, \cdots) + \\ \varepsilon^2 u_2(T_0, T_1, T_2, T_3, \cdots) + \cdots \tag{2-221}$$

将幂级数解(2-221)代入微分方程(2-220),整理可得

$$D_0^2(u_0 + \varepsilon u_1 + \varepsilon^2 u_2) + 2\varepsilon D_1 D_0(u_0 + \varepsilon u_1 + \varepsilon^2 u_2) + \varepsilon^2 (2D_2 D_0 + D_1^2) \times \\ (u_0 + \varepsilon u_1 + \varepsilon^2 u_2) + (u_0 + \varepsilon u_1 + \varepsilon^2 u_2) + \varepsilon (u_0 + \varepsilon u_1 + \varepsilon^2 u_2)^3 + \cdots = 0 \tag{2-222}$$

展开以及合并同类项,可得

$$D_0^2 u_0 + u_0 + \varepsilon(D_0^2 u_1 + u_1 + 2D_1 D_0 u_0 + u_0^3) + \\ \varepsilon^2 [D_0^2 u_2 + u_2 + 2D_1 D_0 u_1 + (2D_2 D_0 + D_1^2) u_0 + 3u_0^2 u_1] + \\ \varepsilon^3 [D_0^2 u_3 + u_3 + 2D_1 D_0 u_2 + (2D_2 D_0 + D_1^2) u_1 + 3u_0 u_1^2] + \cdots = 0 \tag{2-223}$$

零阶项

$$D_0{}^2 u_0 + u_0 = 0 \tag{2-224}$$

零阶解为

$$u_0 = a(T_1, T_2, T_3, \cdots) \cos[T_0 + \beta(T_1, T_2, T_3, \cdots)] \tag{2-225}$$

这里 $a(T_1, T_2, T_3, \cdots)$ 表明振幅不是 T_0 的函数,说明振幅 a 是慢变量,同理可知初始相位 β($T_1, T_2, T_3, \cdots$)也是如此。

一阶项

$$D_0{}^2 u_1 + u_1 + 2D_1 D_0 u_0 + u_0{}^3 = 0 \tag{2-226}$$

将零阶解代入上式,可得

$$
\begin{aligned}
D_0{}^2 u_1 + u_1 &= -2 D_1 D_0 [a \cos(T_0 + \beta)] - a^3 \cos^3(T_0 + \beta) \\
&= 2 \frac{\partial a}{\partial T_1} \sin(T_0 + \beta) + 2a \frac{\partial \beta}{\partial T_1} \cos(T_0 + \beta) - \\
&\quad \frac{3}{4} a^3 \cos(T_0 + \beta) - \frac{1}{4} a^3 \cos(3T_0 + 3\beta)
\end{aligned}
\tag{2-227}
$$

整理可得

$$D_0{}^2 u_1 + u_1 = 2 \frac{\partial a}{\partial T_1} \sin(T_0 + \beta) + \left(2a \frac{\partial \beta}{\partial T_1} - \frac{3}{4} a^3\right) \cos(T_0 + \beta) - \frac{1}{4} a^3 \cos(3T_0 + 3\beta) \tag{2-228}$$

右边第一项和第二项会导致混合长期项。为了使得展开式一致有效,需消除混合长期项。因此,一致有效条件为

$$
\begin{cases}
2 \dfrac{\partial a}{\partial T_1} \sin(T_0 + \beta) = 0 \\
\left(2a \dfrac{\partial \beta}{\partial T_1} - \dfrac{3}{4} a^3\right) \cos(T_0 + \beta) = 0
\end{cases}
\tag{2-229}
$$

第一个条件给出

$$2 \frac{\partial a}{\partial T_1} \sin(T_0 + \beta) = 0 \Rightarrow a = a(T_2, T_3, \cdots) \tag{2-230}$$

表明振幅 a 是 T_2 时间尺度以上的慢变量。第二个条件给出

$$\frac{\partial \beta}{\partial T_1} = \frac{3}{8} a^2 \Rightarrow \beta = \frac{3}{8} a^2 T_1 + \beta_0(T_2, T_3, \cdots) \tag{2-231}$$

消除混合长期项,获得一致有效解

$$D_0{}^2 u_1 + u_1 = -\frac{1}{4} a^3 \cos(3T_0 + 3\beta) \Rightarrow u_1 = \frac{1}{32} a^3 \cos(3T_0 + 3\beta) \tag{2-232}$$

综上,小参数幂级数解为

$$u = u_0(T_0, T_1, T_2, T_3, \cdots) + \varepsilon u_1(T_0, T_1, T_2, T_3, \cdots) + \cdots \tag{2-233}$$

代入零阶和一阶解,可得

$$u = a(T_2, T_3, \cdots)\cos\left[T_0 + \frac{3}{8}T_1 a^2(T_2, T_3, \cdots) + \beta_0(T_2, T_3, \cdots)\right] +$$

$$\frac{1}{32}\varepsilon a^3(T_2, T_3, \cdots)\cos\left[3T_0 + \frac{9}{8}T_1 a^2(T_2, T_3, \cdots) + 3\beta_0(T_2, T_3, \cdots)\right] + \cdots \tag{2-234}$$

到一阶项,$a(T_2, T_3, \cdots)$ 和 $\beta_0(T_2, T_3, \cdots)$ 都可当作常数,因此直到一阶项的摄动解为

$$u = a\cos\left(T_0 + \frac{3}{8}T_1 a^2 + \beta_0\right) + \frac{1}{32}\varepsilon a^3\cos\left(3T_0 + \frac{9}{8}T_1 a^2 + 3\beta_0\right) + \cdots \tag{2-235}$$

考虑到 $T_n = \varepsilon^n t$,从而有

$$u = a\cos\left(t + \frac{3}{8}\varepsilon a^2 t + \beta_0\right) + \frac{1}{32}\varepsilon a^3\cos\left(3t + \frac{9}{8}\varepsilon a^2 t + 3\beta_0\right) + \cdots \tag{2-236}$$

与 L-P 方法的结果完全一致。

另外,可以从复数角度来重新整理利用多尺度方法求解非线性扰动系统的过程。

零阶解为

$$u_0 = a(T_1, T_2, T_3, \cdots)\cos\left[T_0 + \beta(T_1, T_2, T_3, \cdots)\right] \tag{2-237}$$

其复数形式为

$$u_0 = \frac{1}{2}a e^{i\beta} e^{iT_0} + \frac{1}{2}a e^{-i\beta} e^{-iT_0} = A e^{iT_0} + \bar{A} e^{-iT_0} \tag{2-238}$$

其中 $A = \frac{1}{2}a e^{i\beta}$,$\bar{A} = \frac{1}{2}a e^{-i\beta}$。

对于零阶解,有 $A(T_1)$,$\bar{A}(T_1)$。将其代入 Duffing 方程

$$D_0^2 u_1 + 2D_1 D_0 u_0 + u_1 + u_0^3 = 0 \tag{2-239}$$

整理可得

$$D_0^2 u_1 + u_1 = -2D_1 D_0 u_0 - u_0^3$$
$$= -2i(D_1 A)e^{iT_0} + 2i(D_1 \bar{A})e^{-iT_0} - (A e^{iT_0} + \bar{A} e^{-iT_0})^3 \tag{2-240}$$

注意这里的 $i = \sqrt{-1}$ 是虚数符号。展开以及合并上式,可得

$$D_0^2 u_1 + u_1 = -(2iD_1 A + 3A^2\bar{A})e^{iT_0} + (2iD_1\bar{A} - 3\bar{A}^2 A)e^{-iT_0} - A^3 e^{3iT_0} - \bar{A}^3 e^{-3iT_0} \tag{2-241}$$

同样,右边第一和第二项会产生混合长期项。因此一致有效条件为

$$2\mathrm{i}\frac{\partial A}{\partial T_1}+3A^2\bar{A}=0$$

$$2\mathrm{i}\frac{\partial \bar{A}}{\partial T_1}-3\bar{A}^2A=0$$

$$(2-242)$$

由于存在共轭关系,上面的两个条件仅有一个是独立的。选取第一个条件

$$2\mathrm{i}\frac{\partial A}{\partial T_1}+3A^2\bar{A}=0 \Rightarrow 2\mathrm{i}\left(\frac{1}{2}\frac{\partial a}{\partial T_1}e^{\mathrm{i}\beta}+\frac{1}{2}a\mathrm{i}\frac{\partial \beta}{\partial T_1}e^{\mathrm{i}\beta}\right)+3\frac{a^2}{4}e^{2\mathrm{i}\beta}\frac{a}{2}e^{-\mathrm{i}\beta}=0 \quad (2-243)$$

化简得到如下一致有效条件

$$\mathrm{i}\frac{\partial a}{\partial T_1}-a\frac{\partial \beta}{\partial T_1}+\frac{3}{8}a^3=0 \tag{2-244}$$

该式成立,要求实部和虚部分别成立

$$\frac{\partial a}{\partial T_1}=0, \quad \frac{\partial \beta}{\partial T_1}=\frac{3}{8}a^2 \tag{2-245}$$

因此,振幅和相位满足如下条件

$$a=a(T_2,T_3,\cdots)$$

$$\beta=\frac{3}{8}a^2T_1+\beta_0(T_2,T_3,\cdots)$$

$$(2-246)$$

与实数形式的推导结果一致。对比实数和复数的推导过程,复数形式显得更为方便一些。第三章将直接采用复数形式进行推导。

2.7　常数变易法(特殊摄动方法)

常数变易法是 18 世纪天文学家在研究天体力学中的非线性振动问题时,采用的一种"特殊的摄动方法",例如拉格朗日行星运动方程的推导。具体可描述为:通过常数变易法,可将原始的 n 个关于快变量的二阶微分方程(对应于 n 自由度)转化为 $2n$ 个一阶微分方程(关于慢变量)。具体过程是:将非线性系统中的线性化解或未扰系统的解对应的运动积分当成新的变量来表示原始系统的运动方程。因此,常数变易法的本质是一种坐标变换,新坐标变量对应于线性系统的运动积分——振幅和初始相位参数。

非线性系统的微分方程为

$$\ddot{u}+\omega_0^2u=\varepsilon f(u,\dot{u}), \ 0<\varepsilon\ll1 \tag{2-247}$$

当扰动为零($\varepsilon=0$)时,通解为

$$u=a\cos(\omega_0t+\beta) \tag{2-248}$$

其中 a 和 β 为未扰系统的运动积分。对线性系统的通解(2-248)求导可得

$$\dot{u}=-a\omega_0\sin(\omega_0t+\beta) \tag{2-249}$$

当存在扰动时,系统的解依然为(2-248)式,不同的是 a 和 β 不再是常数,表示为

$$u = a(t)\cos[\omega_0 t + \beta(t)] \tag{2-250}$$

常数变易法的核心思想是采用新的变量 (a,β) 去描述扰动系统。这是非常有意义的一步,实际上这就是一种非正则变换:$(u,\dot u) \to (a,\beta)$。意识到这一点对于理解常数变易法非常关键。

对(2-250)求导可得

$$\dot u = \dot a\cos(\omega_0 t + \beta) - a\omega_0\sin(\omega_0 t + \beta) - a\dot\beta\sin(\omega_0 t + \beta) \tag{2-251}$$

考虑到(2-249),可得第一个约束方程

$$\dot a\cos(\omega_0 t + \beta) - \dot\beta a\sin(\omega_0 t + \beta) = 0 \tag{2-252}$$

在约束条件(2-252)下,方程(2-251)变为

$$\dot u = -a\omega_0\sin(\omega_0 t + \beta) \tag{2-253}$$

对其求导可得

$$\ddot u = -\dot a\omega_0\sin(\omega_0 t + \beta) - a\omega_0^2\cos(\omega_0 t + \beta) - a\omega_0\cos(\omega_0 t + \beta)\dot\beta \tag{2-254}$$

代入原运动方程 $\ddot u + \omega_0^2 u = \varepsilon f(u,\dot u)$,可得第二个约束方程

$$\begin{aligned}
&\dot a\omega_0\sin(\omega_0 t + \beta) + a\omega_0\cos(\omega_0 t + \beta)\dot\beta \\
&= -\varepsilon f(a\cos(\omega_0 t + \beta), -a\omega_0\sin(\omega_0 t + \beta))
\end{aligned} \tag{2-255}$$

联立方程(2-252)和(2-255),可得关于慢变量 (a,β) 的运动方程为

$$\dot a = -\frac{\varepsilon}{\omega_0}\sin(\omega_0 + \beta)f(a\cos(\omega_0 + \beta), -a\omega_0\sin(\omega_0 + \beta)) \tag{2-256}$$

$$\dot\beta = -\frac{\varepsilon}{a\omega_0}\cos(\omega_0 + \beta)f(a\cos(\omega_0 + \beta), -a\omega_0\sin(\omega_0 + \beta))$$

因此,常数变易法实现了如下变换过程:由原变量 $(u,\dot u)$ 表示的系统

$$\ddot u + \omega_0^2 u = \varepsilon f(u,\dot u),\ 0 < \varepsilon \ll 1 \tag{2-257}$$

变换到新变量 (α,β) 表示的系统

$$\dot a = -\frac{\varepsilon}{\omega_0}\sin(\omega_0 t + \beta)f(a\cos(\omega_0 t + \beta), -a\omega_0\sin(\omega_0 t + \beta)) \tag{2-258}$$

$$\dot\beta = -\frac{\varepsilon}{a\omega_0}\cos(\omega_0 t + \beta)f(a\cos(\omega_0 t + \beta), -a\omega_0\sin(\omega_0 t + \beta))$$

系统(2-258)为不定常系统,如何使之成为定常系统呢? 具体做法是引入相位变量 $\varphi = \omega_0 t + \beta$,微分方程变为

$$\dot a = -\frac{\varepsilon}{\omega_0}\sin\varphi f(a\cos\varphi, -a\omega_0\sin\varphi) \tag{2-259}$$

$$\dot\varphi = \omega_0 - \frac{\varepsilon}{a\omega_0}\cos\varphi f(a\cos\varphi, -a\omega_0\sin\varphi)$$

在新变量(a,φ)中,a为线性系统的振幅参数,为慢变量,φ为线性系统的相位,为快变量。因此,新的系统(2-259)包含快变量和慢变量,特别适合平均化、摄动处理等。

接下来将常数变易法应用于 Duffing 方程。当$\varepsilon=0$时,未扰系统的解为

$$u=a\cos(t+\beta) \tag{2-260}$$

式中a和β为线性系统的运动积分。未扰系统通解的时间导数为

$$\dot{u}=-a\sin(t+\beta) \tag{2-261}$$

当$\varepsilon\neq0$时,对应扰动系统,解仍然采用(2-260)的形式,此时参数a和β不再是常数(常数变易法的本质)

$$u=a(t)\cos[t+\beta(t)] \tag{2-262}$$

将其对时间求导数

$$\dot{u}=\dot{a}\cos(t+\beta)-a\sin(t+\beta)-a\dot{\beta}\sin(t+\beta) \tag{2-263}$$

与(2-261)对比,可得第一个约束条件为

$$\dot{a}\cos(t+\beta)-a\dot{\beta}\sin(t+\beta)=0 \tag{2-264}$$

进一步对(2-261)求导

$$\ddot{u}=-a\cos(t+\beta)-\dot{a}\sin(t+\beta)-a\dot{\beta}\cos(t+\beta) \tag{2-265}$$

代入 Duffing 方程

$$\dot{a}\sin(t+\beta)+a\dot{\beta}\cos(t+\beta)=\varepsilon a^3\cos^3(t+\beta) \tag{2-266}$$

联立(2-264)和(2-266)可得

$$\begin{cases} \dot{a}=\varepsilon a^3\sin(t+\beta)\cos^3(t+\beta) \\ \dot{\beta}=\varepsilon a^2\cos^4(t+\beta) \end{cases} \tag{2-267}$$

原系统的两个变量$(u,\dot{u})$均为快变量,新系统的两个变量(a,β)均为慢变量。

常数变易法在天体力学中的经典应用是推导受摄二体问题的拉格朗日行星运动方程。很显然,以笛卡尔坐标描述天体的运动和以轨道根数描述天体的运动,不同点非常明确。基于常数变易法的新系统,通常具有如下优势:**1)** 数值积分时可取较长的步长;**2)** 慢变量表示的运动方程适合平均化方法。一般而言,(a,β)并不是正则共轭变量,不适合利用哈密顿动力学进行研究。第五章会进一步介绍如何引入正则变量(作用-角度变量,action-angle variables)描述 Duffing 方程系统,进而可以很方便地利用哈密顿变换理论进行求解。

2.8 平均化方法(KB 方法)

根据上一节的分析,得到基于振幅a和初始相位β描述的 Duffing 方程为

$$\dot{a} = -\frac{\varepsilon}{\omega_0}\sin\varphi f(a\cos\varphi, -a\omega_0\sin\varphi) \tag{2-268}$$

$$\dot{\beta} = -\frac{\varepsilon}{a\omega_0}\cos\varphi f(a\cos\varphi, -a\omega_0\sin\varphi)$$

其中相位角为 $\varphi = \omega_0 t + \beta$。方程（2-268）右边为快变量 φ 的函数。

平均化原理（Averaging principal）：慢变量 a 和 β 在快变量 φ 的一个周期内变化非常小，因此可令方程右边的 a 和 β 在 φ 的一个周期内为常数，将运动方程对快变量 φ 求平均，获得长期演化方程。该平均化方法被称为克雷洛夫-博戈留波夫（Krylov-Bogoliubov，KB）方法。

图 2-8　数学家尼古拉·米特罗法诺维奇·克雷洛夫（Nikolay Mitrofanovich Krylov，1879—1955）

和尼古拉·尼古拉耶维奇·博戈留波夫（Nikolay Nikolayevich Bogoliubov，1909—1992）

对于 Duffing 方程，通过常数变易法得到的关于慢变量的微分方程为

$$\dot{a} = -\varepsilon a^3\sin\phi\cos^3\phi, \ \dot{\beta} = \varepsilon a^2\cos^4\phi \tag{2-269}$$

其中 $\phi = t + \beta$ 为快变量。通过三角函数积化和差可得

$$\dot{a} = \frac{1}{8}\varepsilon a^3(2\sin 2\phi + \sin 4\phi) \tag{2-270}$$

$$\dot{\beta} = \frac{1}{8}\varepsilon a^2(3 + 4\cos 2\phi + \cos 4\phi)$$

在快变量 ϕ 的一个周期内，认为振幅和相位 (a, β) 几乎不变，因此可作如下平均化处理

$$\langle\dot{a}\rangle = \frac{1}{\pi}\int_0^\pi \dot{a}\mathrm{d}t, \ \langle\dot{\beta}\rangle = \frac{1}{\pi}\int_0^\pi \dot{\beta}\mathrm{d}t \tag{2-271}$$

平均化后的方程为

$$\dot{a} = \frac{1}{8\pi}\varepsilon a^3\int_0^\pi (2\sin 2\phi + \sin 4\phi)\mathrm{d}\phi = 0 \tag{2-272}$$

$$\dot{\beta} = \frac{1}{8\pi}\varepsilon a^2\int_0^\pi (3 + 4\cos 2\phi + \cos 4\phi)\mathrm{d}\phi = \frac{3}{8}\varepsilon a^2$$

解为

$$a = a_0$$

$$\beta = \frac{3}{8}\varepsilon a^2 t + \beta_0$$

(2 - 273)

从而得到 Duffing 方程的小参数幂级数解为

$$u = a\cos(t + \beta) = a_0 \cos\left[\left(1 + \frac{3}{8}\varepsilon a_0{}^2\right)t + \beta_0\right]$$

(2 - 274)

与之前方法的结果一致。

平均化的前提是系统存在长期项和周期项(或者频率呈现等级式差异)。运动方程中的长期项决定变量的长期演化,周期项决定变量的周期性振荡。然而,平均化方法存在的问题是:如何获得 Duffing 方程二阶以上的解? 第三章将系统介绍推广的平均化方法,这种方法可以解决这个问题。

评论:平均化,本质上是一种变换方法(文献称之为 KB 变换,第五章会讲到平均化是最低阶摄动处理),变换前的变量含有短周期振荡,变换后的变量不含短周期振荡。此外,平均化是消除短周期变量的一种具体的数学运算,后面会常常用平均化来分离周期项和非周期项。

习　题

1. 利用 L-P 方法的第一和第二修改方案,求解 Duffing 方程的二阶解,并讨论。

2. 利用 L-P 方法的第五修改方案推导 Duffing 方程的二阶解,并讨论。

第一种方式

$$\ddot{u} + \omega_0{}^2 u + \varepsilon[u^3 + (\eta_0 + \varepsilon\eta_1)u] = 0$$

$$\omega_0{}^2 = 1 - \varepsilon(\eta_0 + \varepsilon\eta_1)$$

$$u = u_0 + \varepsilon u_1 + \varepsilon^2 u_2$$

求 $\eta_0, \eta_1, u_0, u_1, u_2$。

第二种方式

$$\ddot{u} + \omega_0{}^2 u + \varepsilon(u^3 + \eta u) = 0$$

$$\omega_0{}^2 = 1 - \varepsilon\eta = \nu_0{}^2 + \varepsilon\nu_1 \Rightarrow \varepsilon\eta = 1 - \nu_0{}^2 - \varepsilon\nu_1$$

$$u = u_0 + \varepsilon u_1 + \varepsilon^2 u_2$$

求 $\eta, \nu_1, u_0, u_1, u_2$。

3. 利用 L-P 方法和多尺度方法,构造如下高阶 Duffing 方程的幂级数解。

$$\ddot{u} + u + \varepsilon u^5 = 0$$

初始条件:$u(0) = 1, \dot{u}(0) = 0$。

4. 请分别利用 L-P 方法和多尺度方法求解范德波尔(van der Pol)振荡器

$$\ddot{u}+u=\varepsilon(1-u^2)\dot{u}, \varepsilon\ll1$$

5. 弹簧摆运动方程如下

$$\ddot{x}+\frac{k}{m}x+g(1-\cos\theta)-(l+x)\dot{\theta}^2=0$$

$$\ddot{\theta}+\frac{g}{l+x}\sin\theta+\frac{2}{l+x}\dot{x}\dot{\theta}=0$$

对小而有限的 x 和 θ 求如下形式的渐进解

$$x(t)=\varepsilon x_1(T_0,T_1)+\varepsilon^2 x_2(T_0,T_1)+\cdots$$

$$\theta(t)=\varepsilon\theta_1(T_0,T_1)+\varepsilon^2\theta_2(T_0,T_1)+\cdots$$

其中 $T_n=\varepsilon^n t$,这里 ε 与振幅 x 和 θ 同量级。

6. 微分方程如下

$$\ddot{\theta}=\omega^2\sin\theta\cos\theta-\frac{g}{R}\sin\theta$$

针对小而有限的 θ,利用 L-P 方法求此方程的二阶一致有效解。

7. 考虑方程

$$m\ddot{x}+\frac{kx}{\sqrt{x^2+l^2}}\left(\sqrt{x^2+l^2}-\frac{1}{2}l\right)=0$$

对小而有限 x,利用 L-P 方法构造二阶一致有效解。

8. 行星围绕太阳的一维运动方程为

$$y''+y=k(1+\varepsilon y^2),\varepsilon\ll1,\text{初始条件}:y(0)=a,y'(0)=0$$

其中 $k\varepsilon y^2$ 为相对论修正项。试用 L-P 方法求解该方程的一致有效近似解(构造到 ε 的三阶项)。

参考文献

[1] Nayfeh H. 摄动方法引论[M]. 宋家骕,译. 上海:上海翻译出版公司,1981.

[2] 何吉欢. 工程与科学计算中的近似非线性分析方法[M]. 郑州:河南科学技术出版社,2002.

[3] 李家春,周显初. 数学物理中的渐进方法[M]. 北京:科学出版社,1998.

第三章

摄动分析方法(二)

——以含平方和立方项的非线性系统为例

本章以求解含平方和立方项的非线性系统为例,介绍各种摄动分析方法的基本思路。3.1 节对非线性系统进行数学建模;3.2 节介绍直接展开法;3.3 节介绍重正规化方法;3.4 节介绍 Lindstedt-Poincaré 方法;3.5 节介绍多尺度方法;3.6 节介绍平均化方法;3.7 节介绍推广的平均化方法;3.8 节介绍 KBM 方法(渐进方法)。本章部分内容参考了著作[1]。

3.1 问题描述

考虑如图 3-1 所示垂直放置的机械系统,质量为 m 的物块在重力和非线性弹簧约束下做自由振动。根据牛顿第二定律,运动方程为

$$m\frac{\mathrm{d}^2 x}{\mathrm{d}t^2}=mg-f(x) \qquad (3-1)$$

其中 mg 为质量块受到的重力,$f(x)$ 为弹簧恢复力。相对于弹簧系统的参考点,弹簧发生的位移记为 x。弹簧的弹力是位移的非线性函数,表示为

$$f(x)=k_1 x+k_3 x^3, \ k_1>0, \ |k_3|\ll k_1 \qquad (3-2)$$

将(3-2)代入(3-1),运动方程可写为

$$m\frac{\mathrm{d}^2 x}{\mathrm{d}t^2}+k_1 x+k_3 x^3=mg \qquad (3-3)$$

令系统的平衡点位置为 x_0,在此处质量块 m 的速度和加速度均为零,满足平衡点条件

$$k_1 x_0+k_3 x_0^3=mg \qquad (3-4)$$

通过求解(3-4),可获得平衡点的位置。记平衡点附近的位置偏移量为 $u=x-x_0$(小量),将其代入运动方程(3-3),可得

$$m\frac{\mathrm{d}^2 u}{\mathrm{d}t^2}+k_1(x_0+u)+k_3 (x_0+u)^3=mg \qquad (3-5)$$

将(3-5)进行二项式展开,并考虑到平衡点条件(3-4),可得关于偏移量的微分方程为

$$\frac{\mathrm{d}^2 u}{\mathrm{d}t^2} + \frac{k_1 + 3k_3 x_0^2}{m} u + \frac{3k_3 x_0}{m} u^2 + \frac{k_3}{m} u^3 = 0 \tag{3-6}$$

这是一个含有三个系统参数(m, k_1, k_3)的非线性系统,其中线性系统的固有频率为

$$\omega = \sqrt{\frac{k_1 + 3k_3 x_0^2}{m}} \tag{3-7}$$

为了研究方便,对运动方程(3-6)进行无量纲化处理:取平衡点位置x_0作为长度单位,线性系统的周期除以2π为时间单位。无量纲化后的位移记为u^*,时间记为t^*,从而有

$$u^* = \frac{u}{x_0}, \ t^* = \omega t \tag{3-8}$$

运动方程变为

$$\ddot{u}^* + u^* + \frac{3k_3 x_0^2}{m\omega^2} u^{*2} + \frac{k_3 x_0^2}{m\omega^2} u^{*3} = 0 \tag{3-9}$$

记系统参数为$\alpha_2 = \frac{3k_3 x_0^2}{m\omega^2}$和$\alpha_3 = \frac{k_3 x_0^2}{m\omega^2}$,仍然采用不带星号的变量来表示归一化的空间和时间坐标,运动方程(3-9)变为如下形式

$$\ddot{u} + u + \alpha_2 u^2 + \alpha_3 u^3 = 0 \tag{3-10}$$

其中α_2和α_3为系统参数。

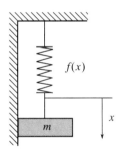

图 3-1 在重力和非线性弹簧约束下质量块 m 的运动

非线性系统(3-10)体现的是自由振荡系统在平衡点附近的运动,它是贯穿本章的主要问题。非线性系统(3-10)与第二章中 Duffing 方程的差异主要体现在:1) 非线性扰动项含有平方项和立方项;2) 这里的空间坐标 u 本身代表的是一阶小量,于是物理小参数隐含在非线性项的因变量之中。

后面几节内容将利用直接展开法、重正规化方法、L-P 方法、多尺度方法、平均化方法、推广的平均化方法以及 KBM 方法分别来求解非线性问题(3-10)的摄动分析解。需要说明的是,本章的目的不在于研究系统(3-10)的动力学性质,而在于通过求解该典型的非线性系统去梳理各种摄动分析方法以及它们在具体问题中的应用。

3.2 直接展开法

针对小而有限振幅的运动,记运动振幅的量纲为小参数 ε,将非线性系统(3-10)的解展开为振幅小参数 ε 的摄动解形式[①]

$$u=\varepsilon u_1(t)+\varepsilon^2 u_2(t)+\varepsilon^3 u_3(t)+\cdots \tag{3-11}$$

将摄动解(3-11)代入运动方程(3-10),可得

$$\begin{aligned}&\varepsilon \ddot{u}_1+\varepsilon^2 \ddot{u}_2+\varepsilon^3 \ddot{u}_3+\cdots+\varepsilon u_1+\varepsilon^2 u_2+\varepsilon^3 u_3+\cdots+\\&\alpha_2 (\varepsilon u_1+\varepsilon^2 u_2+\varepsilon^3 u_3+\cdots)^2+\alpha_3 (\varepsilon u_1+\varepsilon^2 u_2+\varepsilon^3 u_3+\cdots)^3=0\end{aligned} \tag{3-12}$$

利用二项式定理展开(3-12)式,并进行同类项合并,可得

$$\varepsilon(\ddot{u}_1+u_1)+\varepsilon^2 (\ddot{u}_2+u_2+\alpha_2 u_1{}^2)+\varepsilon^3 (\ddot{u}_3+u_3+2\alpha_2 u_1 u_2+\alpha_3 u_1{}^3)+\cdots=0 \tag{3-13}$$

根据各幂次项系数相等的原则,建立摄动分析方程组。

一阶项

$$\ddot{u}_1+u_1=0 \tag{3-14}$$

通解为

$$u_1=a\cos(t+\beta) \tag{3-15}$$

其中 a 为振幅参数,β 为初始相位参数。

二阶项

$$\ddot{u}_2+u_2+\alpha_2 u_1{}^2=0 \tag{3-16}$$

将一阶解代入上式,可得

$$\ddot{u}_2+u_2=-\alpha_2 a^2 \cos^2(t+\beta)=-\frac{1}{2}\alpha_2 a^2-\frac{1}{2}\alpha_2 a^2 \cos(2t+2\beta) \tag{3-17}$$

二阶项特解为

$$u_2=-\frac{1}{2}\alpha_2 a^2+\frac{1}{6}\alpha_2 a^2 \cos(2t+2\beta) \tag{3-18}$$

三阶项

$$\ddot{u}_3+u_3+2\alpha_2 u_1 u_2+\alpha_3 u_1{}^3=0 \tag{3-19}$$

将一阶和二阶解代入上式并化简,可得三阶项满足的微分方程

$$\ddot{u}_3+u_3=\left(\frac{5}{6}\alpha_2{}^2-\frac{3}{4}\alpha_3\right)a^3 \cos(t+\beta)-\left(\frac{1}{4}\alpha_3+\frac{1}{6}\alpha_2{}^2\right)a^3 \cos(3t+3\beta) \tag{3-20}$$

---

① 注意这里线性系统的解本身就是一阶小量。

三阶项特解为

$$u_3 = \left(\frac{5}{12}\alpha_2{}^2 - \frac{3}{8}\alpha_3 \right) a^3 t \sin(t+\beta) + \frac{1}{8}\left(\frac{1}{4}\alpha_3 + \frac{1}{6}\alpha_2{}^2 \right) a^3 \cos(3t+3\beta) \qquad (3-21)$$

可见,三阶解的第一项为混合长期项(或永年项)。

综上,直到三阶项的摄动解为

$$u = \varepsilon a \cos(t+\beta) + \varepsilon^2 a^2 \left[-\frac{1}{2}\alpha_2 + \frac{1}{6}\alpha_2 \cos(2t+2\beta) \right] +$$

$$\varepsilon^3 a^3 \left[\left(\frac{5}{12}\alpha_2{}^2 - \frac{3}{8}\alpha_3 \right) t \sin(t+\beta) + \frac{1}{8}\left(\frac{1}{4}\alpha_3 + \frac{1}{6}\alpha_2{}^2 \right) \cos(3t+3\beta) \right] + \cdots \qquad (3-22)$$

混合长期项的存在,使得直接展开的摄动解非一致有效,这说明含有平方和立方项的非线性系统(3-10)属于奇异摄动问题。类似第二章讨论的 Duffing 方程,直接展开摄动解非一致有效的主要原因在于没有考虑频率的非线性特点。下面讨论的各种摄动分析方法,本质都是考虑频率的非线性特点,对时间坐标进行伸缩变换,从而消除混合长期项,使得摄动分析解一致有效。

3.3 重正规化方法

引入时间坐标的伸缩变换

$$\tau = \omega t \qquad (3-23)$$

其中 ω 为系统频率,是小参数 ε 的非线性函数,将其展开为小参数 ε 的摄动解形式

$$\omega = 1 + \varepsilon\omega_1 + \varepsilon^2\omega_2 + \varepsilon^3\omega_3 + \cdots \qquad (3-24)$$

可得如下新、旧时间坐标之间的转换关系

$$t = \omega^{-1}\tau = (1 + \varepsilon\omega_1 + \varepsilon^2\omega_2 + \varepsilon^3\omega_3 + \cdots)^{-1}\tau \qquad (3-25)$$

将(3-25)在 $\varepsilon=0$ 点附近作 Taylor 展开,可得

$$t = [1 - (\varepsilon\omega_1 + \varepsilon^2\omega_2 + \varepsilon^3\omega_3 + \cdots) + (\varepsilon\omega_1 + \varepsilon^2\omega_2 + \varepsilon^3\omega_3 + \cdots)^2 + \cdots]\tau \qquad (3-26)$$

保留至 ε 的二阶项,有

$$t = [1 - \varepsilon\omega_1 + \varepsilon^2(\omega_1{}^2 - \omega_2) + \cdots]\tau \qquad (3-27)$$

将时间坐标(3-27)代入直接展开的摄动解(3-22)中,并在 $\varepsilon=0$ 点附近进行 Taylor 展开,可得

$$u = \varepsilon a \cos(\tau+\beta) + \varepsilon^2 \left[\omega_1 a\tau\sin(\tau+\beta) + \frac{1}{6}\alpha_2 a^2 \cos(2\tau+2\beta) - \frac{1}{2}\alpha_2 a^2 \right] +$$

$$\varepsilon^3 \left\{ -\frac{1}{2}\omega_1{}^2 a\tau^2\cos(\tau+\beta) + \left[\left(\frac{5}{12}\alpha_2{}^2 - \frac{3}{8}\alpha_3 \right) a^3 - a(\omega_1{}^2 - \omega_2) \right] \tau\sin(\tau+\beta) + \right.$$

$$\frac{1}{3}\alpha_2\omega_1 a^2\tau\sin(2\tau+2\beta)+\frac{1}{8}\left(\frac{1}{4}\alpha_3+\frac{1}{6}\alpha_2{}^2\right)a^3\cos(3\tau+3\beta)\Big\}+\cdots \tag{3-28}$$

消除混合长期项的一致有效条件为

$$\omega_1=0$$
$$\omega_2=\left(-\frac{5}{12}\alpha_2{}^2+\frac{3}{8}\alpha_3\right)a^2 \tag{3-29}$$

消除混合长期项后的一致有效解为

$$u=\varepsilon a\cos(\tau+\beta)+\frac{1}{6}\alpha_2\varepsilon^2 a^2\big[\cos(2\tau+2\beta)-3\big]+$$
$$\frac{1}{8}\left(\frac{1}{4}\alpha_3+\frac{1}{6}\alpha_2{}^2\right)\varepsilon^3 a^3\cos(3\tau+3\beta) \tag{3-30}$$

其中

$$\tau=\omega t=\left[1+\left(-\frac{5}{12}\alpha_2{}^2+\frac{3}{8}\alpha_3\right)\varepsilon^2 a^2+\cdots\right]t \tag{3-31}$$

考虑到重正规化方法的本质是对时间坐标进行伸缩变换。下面我们直接从这个思路出发去推导重正规化解，即一致有效解。

首先，直接引入时间坐标的伸缩变换

$$t=(1+\varepsilon\nu_1+\varepsilon^2\nu_2+\varepsilon^3\nu_3+\cdots)\tau \tag{3-32}$$

将（3-32）代入非一致有效解（3-22）中，可得

$$u=\varepsilon a\cos\big[(1+\varepsilon\nu_1+\varepsilon^2\nu_2+\varepsilon^3\nu_3+\cdots)\tau+\beta\big]+\varepsilon^2 a^2\Big\{-\frac{1}{2}\alpha_2+$$
$$\frac{1}{6}\alpha_2\cos\big[2(1+\varepsilon\nu_1+\varepsilon^2\nu_2+\varepsilon^3\nu_3+\cdots)\tau+2\beta\big]\Big\}+\varepsilon^3 a^3\Big\{\left(\frac{5}{12}\alpha_2{}^2-\frac{3}{8}\alpha_3\right)\times$$
$$(1+\varepsilon\nu_1+\varepsilon^2\nu_2+\varepsilon^3\nu_3+\cdots)\tau\sin\big[(1+\varepsilon\nu_1+\varepsilon^2\nu_2+\varepsilon^3\nu_3+\cdots)\tau+\beta\big]+$$
$$\frac{1}{8}\left(\frac{1}{4}\alpha_3+\frac{1}{6}\alpha_2{}^2\right)\cos(3(1+\varepsilon\nu_1+\varepsilon^2\nu_2+\varepsilon^3\nu_3+\cdots)\tau+3\beta)\Big\}+\cdots \tag{3-33}$$

将上式在 $\varepsilon=0$ 点附近进行 Taylor 展开，可得

$$u=a\varepsilon\cos(\beta+\tau)+\varepsilon^2\Big\{-a\nu_1\tau\sin(\beta+\tau)+\frac{1}{6}\alpha_2 a^2\big[-3+\cos2(\beta+\tau)\big]\Big\}+$$
$$\varepsilon^3 a\Big\{-\frac{1}{2}\nu_1{}^2\tau^2\cos(\beta+\tau)+\Big[-\nu_2+\frac{1}{24}a^2(10\alpha_2{}^2-9\alpha_3)\Big]\tau\sin(\beta+\tau)-$$
$$\frac{1}{3}a\nu_1\alpha_2\tau\sin2(\beta+\tau)+\frac{1}{96}a^2(2\alpha_2{}^2+3\alpha_3)\cos3(\beta+\tau)\Big\} \tag{3-34}$$

消除混合长期项的一致有效条件为

$$v_1 = 0$$

$$v_2 = \frac{1}{24} a^2 (10\alpha_2{}^2 - 9\alpha_3) \tag{3-35}$$

那么时间坐标的伸缩变换为

$$t = \left[1 + \varepsilon^2 \frac{1}{24} a^2 (10\alpha_2{}^2 - 9\alpha_3) \right] \tau \Rightarrow \tau = \frac{1}{1 + \varepsilon^2 \dfrac{1}{24} a^2 (10\alpha_2{}^2 - 9\alpha_3)} t \tag{3-36}$$

将(3-36)在 $\varepsilon = 0$ 点附近作 Taylor 展开,可得

$$\tau \approx \left(1 + \left[-\frac{5}{12}\alpha_2{}^2 + \frac{3}{8}\alpha_3 \right] \varepsilon^2 a^2 + \cdots \right) t \tag{3-37}$$

可见,频率的摄动解与(3-31)完全一致。

消除混合长期项后的一致有效摄动分析解为

$$u = \varepsilon a \cos(\beta + \tau) + \frac{1}{6}\alpha_2 \varepsilon^2 a^2 [\cos 2(\beta + \tau) - 3] +$$
$$\frac{1}{96}(2\alpha_2{}^2 + 3\alpha_3)\varepsilon^3 a^3 \cos 3(\beta + \tau) \tag{3-38}$$

可见,这里得到的重正规化解与(3-30)一致。图 3-2 对比了分析解和数值解。

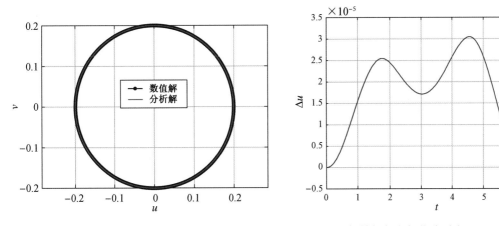

图 3-2 分析解和数值解对比。系统参数为 $\alpha_2 = 0.2, \alpha_3 = 0.1$,初始振幅和相位分别为 $a = 0.2, \beta = 0$

3.4 Lindsedt-Poincaré 方法

引入时间坐标的伸缩变换

$$\tau = \omega t \tag{3-39}$$

其中 ω 为系统频率,是小参数 ε 的非线性函数。在新的时间坐标下,运动方程变为

$$\omega^2 u'' + u + \alpha_2 u^2 + \alpha_3 u^3 = 0 \tag{3-40}$$

将空间坐标 u 和频率 ω 都展开为小参数 ε 的摄动解（L-P 方法的核心）形式

$$u = \varepsilon u_1 + \varepsilon^2 u_2 + \varepsilon^3 u_3 + \cdots \tag{3-41}$$

$$\omega = 1 + \varepsilon \omega_1 + \varepsilon^2 \omega_2 + \cdots$$

将摄动解(3-41)代入运动方程(3-40)，整理可得

$$\varepsilon(u''_1 + u_1) + \varepsilon^2(u''_2 + u_2 + 2\omega_1 u''_1 + \alpha_2 u_1{}^2) + \tag{3-42}$$

$$\varepsilon^3 [u''_3 + u_3 + 2\omega_1 u''_2 + (\omega_1{}^2 + 2\omega_2)u''_1 + 2\alpha_2 u_1 u_2 + \alpha_3 u_1{}^3] + \cdots = 0$$

一阶项

$$u''_1 + u_1 = 0 \tag{3-43}$$

通解为

$$u_1 = a\cos(\tau + \beta) \tag{3-44}$$

二阶项

$$u''_2 + u_2 = -2\omega_1 u''_1 - \alpha_2 u_1{}^2 \tag{3-45}$$

将一阶摄动解代入上式，可得

$$u''_2 + u_2 = 2\omega_1 a\cos(\tau + \beta) - \frac{1}{2}\alpha_2 a^2 - \frac{1}{2}\alpha_2 a^2 \cos 2(\tau + \beta) \tag{3-46}$$

一致有效条件要求

$$\omega_1 = 0 \tag{3-47}$$

消除混合长期项后的二阶项微分方程为

$$u''_2 + u_2 = -\frac{1}{2}\alpha_2 a^2 - \frac{1}{2}\alpha_2 a^2 \cos(2\tau + 2\beta) \tag{3-48}$$

二阶项特解为

$$u_2 = -\frac{1}{2}\alpha_2 a^2 + \frac{1}{6}\alpha_2 a^2 \cos(2\tau + 2\beta) \tag{3-49}$$

三阶项

$$u''_3 + u_3 = -2\omega_1 u''_2 - (\omega_1{}^2 + 2\omega_2)u''_1 - 2\alpha_2 u_1 u_2 - \alpha_3 u_1{}^3 \tag{3-50}$$

将一阶和二阶解代入三阶项微分方程并化简，可得

$$u''_3 + u_3 = \left(2\omega_2 a - \frac{3}{4}\alpha_3 a^3 + \frac{5}{6}\alpha_2{}^2 a^3\right)\cos(\tau + \beta) - \left(\frac{1}{4}\alpha_3 + \frac{1}{6}\alpha_2{}^2\right)a^3 \cos(3\tau + 3\beta) \tag{3-51}$$

上式右边的第一项会产生混合长期项，于是一致有效条件要求

$$\omega_2 = \left(\frac{3}{8}\alpha_3 - \frac{5}{12}\alpha_2{}^2\right)a^2 \tag{3-52}$$

消除混合长期项后的微分方程为

$$u_3'' + u_3 = -\left(\frac{1}{4}\alpha_3 + \frac{1}{6}\alpha_2{}^2\right)a^3\cos(3\tau + 3\beta) \tag{3-53}$$

三阶项特解为

$$u_3 = \frac{1}{8}\left(\frac{1}{4}\alpha_3 + \frac{1}{6}\alpha_2{}^2\right)a^3\cos(3\tau + 3\beta) \tag{3-54}$$

综上,直到三阶项的小参数幂级数解为

$$
\begin{aligned}
u = &\varepsilon a\cos(\tau+\beta) + \frac{1}{6}\alpha_2\varepsilon^2 a^2\big[\cos(2\tau+2\beta)-3\big] + \\
&\frac{1}{8}\left(\frac{1}{4}\alpha_3 + \frac{1}{6}\alpha_2{}^2\right)\varepsilon^3 a^3\cos(3\tau+3\beta)
\end{aligned} \tag{3-55}
$$

其中

$$\tau = \omega t = \left[1 + \left(\frac{3}{8}\alpha_3 - \frac{5}{12}\alpha_2{}^2\right)\varepsilon^2 a^2\right]t + \cdots \tag{3-56}$$

可见,L-P 方法的结果与重正规化方法的结果完全一致。

评论:L-P 方法是将因变量的摄动展开和时间坐标的伸缩变换同时进行,而重正规化方法是将这两步分开处理,首先对因变量作摄动展开,获得非一致有效解,然后再对时间坐标做伸缩变换,使之一致有效。因此,L-P 方法和重正规化方法的本质是一样的。另外,同样可以采用第二章中介绍的各种 L-P 方法的修正方案来构造摄动分析解,这部分内容留给读者练习。

3.5　多尺度方法

想要求得三阶解,需要用到三个时间尺度

$$T_0 = t,\ T_1 = \varepsilon t,\ T_2 = \varepsilon^2 t \tag{3-57}$$

于是,关于时间的一阶和二阶导数为

$$
\begin{aligned}
\frac{\mathrm{d}}{\mathrm{d}t} &= D_0 + \varepsilon D_1 + \varepsilon^2 D_2 + \cdots \\
\frac{\mathrm{d}^2}{\mathrm{d}t^2} &= D_0{}^2 + 2\varepsilon D_0 D_1 + \varepsilon^2(D_1{}^2 + 2D_0 D_2) + \cdots
\end{aligned} \tag{3-58}
$$

其中 $D_n = \partial/\partial T_n$ 为微分算子。因此,微分方程变为

$$D_0{}^2u+2\varepsilon D_0D_1u+\varepsilon^2(D_1{}^2u+2D_0D_2u)+\cdots+u+\alpha_2u^2+\alpha_3u^3=0 \tag{3-59}$$

多尺度摄动分析方法的目的是寻找如下形式的摄动解

$$u=\varepsilon u_1(T_0,T_1,T_2)+\varepsilon^2u_2(T_0,T_1,T_2)+\varepsilon^3u_3(T_0,T_1,T_2)+\cdots \tag{3-60}$$

将摄动解(3-60)代入运动方程(3-59)中,可得

$$
\begin{aligned}
&(D_0{}^2+2\varepsilon D_0D_1)(\varepsilon u_1+\varepsilon^2u_2+\varepsilon^3u_3+\cdots)+\\
&\varepsilon^2(D_1{}^2+2D_0D_2)(\varepsilon u_1+\varepsilon^2u_2+\varepsilon^3u_3+\cdots)+\cdots+\\
&(\varepsilon u_1+\varepsilon^2u_2+\varepsilon^3u_3+\cdots)+\alpha_2\ (\varepsilon u_1+\varepsilon^2u_2+\varepsilon^3u_3+\cdots)^2+\\
&\alpha_3\ (\varepsilon u_1+\varepsilon^2u_2+\varepsilon^3u_3+\cdots)^3=0
\end{aligned}
\tag{3-61}
$$

整理可得

$$
\begin{aligned}
&\varepsilon(D_0{}^2u_1+u_1)+\varepsilon^2(D_0{}^2u_2+u_2+2D_0D_1u_1+\alpha_2u_1{}^2)+\\
&\varepsilon^3(D_0{}^2u_3+u_3+D_1{}^2u_1+2D_0D_2u_1+2D_0D_1u_2+2\alpha_2u_1u_2+\alpha_3u_1{}^3)+\cdots=0
\end{aligned}
\tag{3-62}
$$

根据各幂次项系数等于零的原则,建立摄动分析方程组:

一阶项

$$D_0{}^2u_1+u_1=0 \tag{3-63}$$

通解为

$$u_1=a\cos(T_0+\beta)=A(T_1,T_2)e^{\mathrm{i}T_0}+\bar{A}(T_1,T_2)e^{-\mathrm{i}T_0} \tag{3-64}$$

其中复系数分别为

$$A=\frac{1}{2}ae^{\mathrm{i}\beta},\ \bar{A}=\frac{1}{2}ae^{-\mathrm{i}\beta} \tag{3-65}$$

二阶项

$$D_0{}^2u_2+u_2=-2D_0D_1u_1-\alpha_2u_1{}^2 \tag{3-66}$$

将一阶解代入上式并化简,可得

$$D_0{}^2u_2+u_2=-2\mathrm{i}(D_1A)e^{\mathrm{i}T_0}+2\mathrm{i}(D_1\bar{A})e^{-\mathrm{i}T_0}-\alpha_2(A^2e^{2\mathrm{i}T_0}+2A\bar{A}+\bar{A}^2e^{-2\mathrm{i}T_0}) \tag{3-67}$$

右边第一项和第二项会产生混合长期项,因此一致有效条件为

$$(D_1A)e^{2\mathrm{i}T_0}=(D_1\bar{A})\Rightarrow D_1A=0\Rightarrow A=A(T_2) \tag{3-68}$$

消除长期项后的微分方程变为

$$D_0{}^2u_2+u_2=-\alpha_2(A^2e^{2\mathrm{i}T_0}+2A\bar{A}+\bar{A}^2e^{-2\mathrm{i}T_0}) \tag{3-69}$$

二阶项特解为

$$u_2=\frac{1}{3}\alpha_2A^2e^{2\mathrm{i}T_0}+\frac{1}{3}\alpha_2\bar{A}^2e^{-2\mathrm{i}T_0}-2\alpha_2A\bar{A} \tag{3-70}$$

三阶项

$$D_0{}^2 u_3 + u_3 + D_1{}^2 u_1 + 2D_0 D_2 u_1 + 2D_0 D_1 u_2 + 2\alpha_2 u_1 u_2 + \alpha_3 u_1{}^3 = 0 \qquad (3-71)$$

将一阶和二阶解代入上式可得

$$
\begin{aligned}
D_0{}^2 u_3 + u_3 = & -D_1{}^2 [A(T_2) e^{iT_0} + \bar{A}(T_2) e^{-iT_0}] - 2D_0 D_2 [A(T_2) e^{iT_0} + \bar{A}(T_2) e^{-iT_0}] - \\
& 2D_0 D_1 \left(\frac{1}{3} \alpha_2 A^2 e^{2iT_0} + \frac{1}{3} \alpha_2 \bar{A}^2 e^{-2iT_0} - 2\alpha_2 A\bar{A} \right) - 2\alpha_2 [A(T_2) e^{iT_0} + \\
& \bar{A}(T_2) e^{-iT_0}] \left(\frac{1}{3} \alpha_2 A^2 e^{2iT_0} + \frac{1}{3} \alpha_2 \bar{A}^2 e^{-2iT_0} - 2\alpha_2 A\bar{A} \right) - \\
& \alpha_3 [A(T_2) e^{iT_0} + \bar{A}(T_2) e^{-iT_0}]^3
\end{aligned}
$$

$$(3-72)$$

整理后有

$$
\begin{aligned}
D_0{}^2 u_3 + u_3 = & \left(-2iA' + \frac{10}{3} \alpha_2{}^2 A^2 \bar{A} - 3\alpha_3 A^2 \bar{A} \right) e^{iT_0} + \left(2i\bar{A}' + \frac{10}{3} \alpha_2{}^2 A\bar{A}^2 - 3\alpha_3 A\bar{A}^2 \right) e^{-iT_0} + \\
& \left(-\frac{2}{3} \alpha_2{}^2 A^3 - \alpha_3 A^3 \right) e^{3iT_0} + \left(-\frac{2}{3} \alpha_2{}^2 \bar{A}^3 - \alpha_3 \bar{A}^3 \right) e^{-3iT_0}
\end{aligned}
$$

$$(3-73)$$

右边第一项和第二项对应受迫共振项,会产生混合长期项。那么消除混合长期项的一致有效条件为

$$-2iA' + \left(\frac{10}{3} \alpha_2{}^2 - 3\alpha_3 \right) A^2 \bar{A} = 0 \qquad (3-74)$$

将 A 和 $\bar{A}$ 代入上式并化简,叫得

$$-ia' + a\beta' + \left(\frac{5}{12} \alpha_2{}^2 - \frac{3}{8} \alpha_3 \right) a^3 = 0 \qquad (3-75)$$

对实部和虚部分别求解,可得一致有效条件为

$$
\begin{cases}
a' = 0 \\
\beta' = \left(\frac{3}{8} \alpha_3 - \frac{5}{12} \alpha_2{}^2 \right) a^2
\end{cases}
\Rightarrow
\begin{cases}
a = a_0 \\
\beta = \left(\frac{3}{8} \alpha_3 - \frac{5}{12} \alpha_2{}^2 \right) a_0{}^2 T_2 + \beta_0
\end{cases}
\qquad (3-76)
$$

消除长期项后的微分方程为

$$D_0{}^2 u_3 + u_3 = \left(-\frac{2}{3} \alpha_2{}^2 A^3 - \alpha_3 A^3 \right) e^{3iT_0} + \left(-\frac{2}{3} \alpha_2{}^2 \bar{A}^3 - \alpha_3 \bar{A}^3 \right) e^{-3iT_0} \qquad (3-77)$$

三阶项特解为

$$u_3 = \frac{1}{8} \left(\frac{2}{3} \alpha_2{}^2 A^3 + \alpha_3 A^3 \right) e^{3iT_0} + \frac{1}{8} \left(\frac{2}{3} \alpha_2{}^2 \bar{A}^3 + \alpha_3 \bar{A}^3 \right) e^{-3iT_0} \qquad (3-78)$$

整理可得各阶次的摄动分析解分别为

$$u_1 = A e^{iT_0} + \bar{A} e^{-iT_0} = a\cos(t+\beta)$$

$$u_2 = \frac{1}{3}\alpha_2 (A^2 e^{2iT_0} + \bar{A}^2 e^{-2iT_0}) - 2\alpha_2 A\bar{A} = \frac{1}{6}\alpha_2 a^2 [\cos(2t+2\beta) - 3]$$

$$u_3 = \frac{1}{12}\alpha_2{}^2 (A^3 e^{3iT_0} + \bar{A}^3 e^{-3iT_0}) + \frac{1}{8}\alpha_3 (A^3 e^{3iT_0} + \bar{A}^3 e^{-3iT_0}) \qquad (3-79)$$

$$= \frac{1}{8}\left(\frac{1}{6}\alpha_2{}^2 + \frac{1}{4}\alpha_3\right) a^3 \cos(3t+3\beta)$$

其中

$$\begin{cases} a = a_0 \\ \beta = \left(\frac{3}{8}\alpha_3 - \frac{5}{12}\alpha_2{}^2\right) a_0{}^2 T_2 + \beta_0 = \left(\frac{3}{8}\alpha_3 - \frac{5}{12}\alpha_2{}^2\right) a_0{}^2 \varepsilon^2 t + \beta_0 \end{cases} \qquad (3-80)$$

经整理,可得直到三阶项的摄动解为

$$u = \varepsilon a_0 \cos(\omega t + \beta_0) + \frac{1}{6}\alpha_2 \varepsilon^2 a_0{}^2 [\cos(2\omega t + 2\beta_0) - 3] + $$

$$\frac{1}{8}\left(\frac{1}{6}\alpha_2{}^2 + \frac{1}{4}\alpha_3\right) \varepsilon^3 a_0{}^3 \cos(3\omega t + 3\beta_0) \qquad (3-81)$$

其中

$$\omega = 1 + \left(\frac{3}{8}\alpha_3 - \frac{5}{12}\alpha_2{}^2\right)\varepsilon^2 a_0{}^2 + \cdots \qquad (3-82)$$

结果与重正规化方法及 L-P 方法的结果完全一致。

3.6 平均化方法

平均化方法的出发点是基于常数变易法(特殊摄动方法)获得的关于慢变量的微分方程。因此,首先利用常数变易法,推导以线性系统振幅和初始相位为新变量的微分方程。

未扰方程(或线性系统)的通解为

$$u = \varepsilon a \cos(t+\beta) \qquad (3-83)$$

其中 a 为振幅,β 为初始相位。对(3-83)求导可得

$$\dot{u} = -\varepsilon a \sin(t+\beta) \qquad (3-84)$$

当存在非线性扰动时,系统的解依然为(3-83)和(3-84)的形式,不过此时的振幅 a 和初始相位 β 不再是常数,而是关于时间 t 的慢变函数,即

$$u = \varepsilon a(t) \cos[t+\beta(t)] \qquad (3-85)$$

速度的表达式为

$$\dot{u}=-\varepsilon a(t)\sin[t+\beta(t)] \tag{3-86}$$

若 a 和 β 不再是常数,对(3-85)求导可得

$$\dot{u}=-\varepsilon a\sin(t+\beta)+\varepsilon\dot{a}\cos(t+\beta)-\varepsilon a\dot{\beta}\sin(t+\beta) \tag{3-87}$$

与(3-86)对比可得关于振幅和初始相位的第一个约束方程[①]

$$\dot{a}\cos(t+\beta)-a\dot{\beta}\sin(t+\beta)=0 \tag{3-88}$$

对速度表达式(3-86)求导可得加速度方程

$$\ddot{u}=-\varepsilon a\cos(t+\beta)-\varepsilon\dot{a}\sin(t+\beta)-\varepsilon a\dot{\beta}\cos(t+\beta) \tag{3-89}$$

然后将(3-89)代入原微分方程可得关于振幅和初始相位的第二个约束条件

$$\dot{a}\sin(t+\beta)+a\dot{\beta}\cos(t+\beta)=\alpha_2\varepsilon a^2\cos^2(t+\beta)+\alpha_3\varepsilon^2 a^3\cos^3(t+\beta) \tag{3-90}$$

联立(3-88)和(3-90),可得关于慢变量 a 和 β 的微分方程为

$$\begin{cases}\dot{a}=\alpha_2\varepsilon a^2\sin(t+\beta)\cos^2(t+\beta)+\alpha_3\varepsilon^2 a^3\sin(t+\beta)\cos^3(t+\beta)\\ \dot{\beta}=\alpha_2\varepsilon a\cos^3(t+\beta)+\alpha_3\varepsilon^2 a^2\cos^4(t+\beta)\end{cases} \tag{3-91}$$

对三角函数项进行积化和差处理可得

$$\begin{cases}\dot{a}=\dfrac{1}{4}\alpha_2\varepsilon a^2[\sin(t+\beta)+\sin(3t+3\beta)]+\\ \qquad\dfrac{1}{8}\alpha_3\varepsilon^2 a^3[2\sin(2t+2\beta)+\sin(4t+4\beta)]\\ \dot{\beta}=\dfrac{3}{8}\alpha_3\varepsilon^2 a^2+\dfrac{1}{4}\alpha_2\varepsilon a[3\cos(t+\beta)+\cos(3t+3\beta)]+\\ \qquad\dfrac{1}{8}\alpha_3\varepsilon^2 a^2[\cos(4t+4\beta)+4\cos(2t+2\beta)]\end{cases} \tag{3-92}$$

其中 a 和 β 都是时间 t 的慢变函数,因此在一个线性系统固有周期内可认为 a 和 β 保持不变。依据平均化原理,将运动方程(3-92)在线性系统固有周期内进行平均化处理,可得平均化运动方程为

$$\begin{cases}\dot{a}=0\\ \dot{\beta}=\dfrac{3}{8}\alpha_3\varepsilon^2 a^2\end{cases} \tag{3-93}$$

以上微分方程的解为

$$\begin{cases}a=a_0\\ \beta=\beta_0+\dfrac{3}{8}\alpha_3\varepsilon^2 a^2 t\end{cases} \tag{3-94}$$

---

① 非线性系统与线性系统的相空间解是吻合的,即状态空间变量 $(u,\dot{u})$ 相同。

因此,利用平均化方法获得的摄动解为

$$u = a\cos\left[\left(1 + \frac{3}{8}\alpha_3\varepsilon^2 a^2\right)t + \beta_0\right] \tag{3-95}$$

可见频率为

$$\omega = 1 + \frac{3}{8}\alpha_3\varepsilon^2 a^2 \tag{3-96}$$

对比之前摄动分析方法的结果

$$\omega = 1 + \varepsilon^2\left(\frac{3}{8}\alpha_3 - \frac{5}{12}\alpha_2{}^2\right)a^2 \tag{3-97}$$

不难发现,平均化方法获得的频率表达式少了一项

$$\varepsilon^2\frac{5}{12}\alpha_2{}^2 a^2 \tag{3-98}$$

通过仔细分析可知,在 L-P 方法和多尺度方法里面,该项来源于一阶解和二阶解的耦合项。然而,这里的平均化方法并未考虑不同阶次的耦合,这是经典平均化方法的缺点。

如何在平均化方法中考虑低阶耦合影响? 这是下一节推广平均化方法(generalized method of averaging)要解决的问题。

3.7　推广平均化方法

上一节通过常数变易法获得了慢变量 a 和 β(分别为线性系统的振幅和初始相位)的微分方程。记相位角为 $\phi = t + \beta$,用振幅 a 和相位角 ϕ 表示的微分方程为

$$\begin{cases} \dot{a} = \dfrac{1}{4}\alpha_2\varepsilon a^2(\sin\phi + \sin 3\phi) + \dfrac{1}{8}\alpha_3\varepsilon^2 a^3(2\sin 2\phi + \sin 4\phi) \\[2mm] \dot{\phi} = 1 + \dfrac{3}{8}\alpha_3\varepsilon^2 a^2 + \dfrac{1}{4}\alpha_2\varepsilon a(3\cos\phi + \cos 3\phi) + \dfrac{1}{8}\alpha_3\varepsilon^2 a^2(\cos 4\phi + 4\cos 2\phi) \end{cases} \tag{3-99}$$

其中振幅 a 为时间的慢变量,相位 ϕ 为时间的快变量。

3.7.1　推广平均化方法(理论部分)

下面简要介绍推广平均化方法的核心思想。某非线性系统具有如下形式的微分方程

$$\dot{a} = \varepsilon f(a, \phi) \tag{3-100}$$

$$\dot{\phi} = \omega(a) + \varepsilon g(a, \phi)$$

所谓平均化过程,即要寻找如下形式的变换(被称为 KB 变换)

$$(a, \phi) \Rightarrow (a_0, \phi_0) \tag{3-101}$$

其中 (a, ϕ) 为平均化之前的变量("瞬时"变量),(a_0, ϕ_0) 为平均化后的变量("平均化"变量)。

从摄动分析的角度,将变换(3-101)显式地表示为小参数 ε 的摄动解形式

$$a = a_0 + \varepsilon u_1(a_0,\phi_0) + \varepsilon^2 u_2(a_0,\phi_0) + \cdots \tag{3-102}$$

$$\phi = \phi_0 + \varepsilon v_1(a_0,\phi_0) + \varepsilon^2 v_2(a_0,\phi_0) + \cdots$$

这里 $u_i, v_i(i=1,2,3,\cdots)$ 为待求函数,是快变量 ϕ_0 的 2π 周期函数。平均化的实质就是消除短周期角变量,因此要求平均化后的系统不含快变量 ϕ_0,相应的运动方程形式为

$$\dot{a}_0 = \varepsilon F_1(a_0) + \varepsilon^2 F_2(a_0) + \cdots \tag{3-103}$$

$$\dot{\phi}_0 = \omega(a_0) + \varepsilon G_1(a_0) + \varepsilon^2 G_2(a_0) + \cdots$$

由于 a_0 是慢变函数,因此函数 $F_i(a_0)$ 和 $G_i(a_0)$ 同样为慢变函数。

至此,简单梳理一下推广平均化的过程:引进显式变换 $(a,\phi) \Rightarrow (a_0,\phi_0)$

$$a = a_0 + \varepsilon u_1(a_0,\phi_0) + \varepsilon^2 u_2(a_0,\phi_0) + \cdots \tag{3-104}$$

$$\phi = \phi_0 + \varepsilon v_1(a_0,\phi_0) + \varepsilon^2 v_2(a_0,\phi_0) + \cdots$$

使得平均化前的系统

$$\dot{a} = \varepsilon f(a,\phi) \tag{3-105}$$

$$\dot{\phi} = \omega(a) + \varepsilon g(a,\phi)$$

变成平均化后的系统

$$\dot{a}_0 = \varepsilon F_1(a_0) + \varepsilon^2 F_2(a_0) + \cdots \tag{3-106}$$

$$\dot{\phi}_0 = \omega(a_0) + \varepsilon G_1(a_0) + \varepsilon^2 G_2(a_0) + \cdots$$

易见,变换前的系统较为复杂,变换后的系统变得相对简单①。特别地,变换后系统的分析解很容易给出(运动方程只含 a_0),然后通过显式变换(3-104),自然可获得原系统的摄动分析解。这是推广平均法的核心思想。

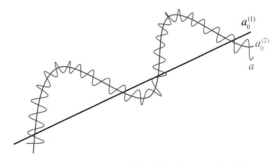

图 3-3 平均化前的变量 a 和平均化后的变量 a_0。图中的 a_0 有两种选择:

1) 仅含长期项 $a_0^{(1)}$;2) 含长期项和长周期项 $a_0^{(2)}$

---

① 请读者思考,如果变换后系统不含快变量 ϕ_0 的话,是否可以证明变换后系统的系数 $F_i(i=1,2,3,\cdots)$ 恒为零? 若如此,整个推导过程可获得简化。

接下来结合摄动分析方法,介绍如何构造待定系数 u_i, v_i $(i=1,2,3,\cdots)$ 以及函数 F_i, G_i $(i=1,2,3,\cdots)$ 的表达式。

首先,将显式变换(3-102)代入原非线性方程(3-100)中,可得

$$\dot{a}_0 + \varepsilon \dot{u}_1 + \varepsilon^2 \dot{u}_2 + \cdots = \varepsilon f(a_0 + \varepsilon u_1 + \varepsilon^2 u_2 + \cdots, \phi_0 + \varepsilon v_1 + \varepsilon^2 v_2 + \cdots)$$

$$\dot{\phi}_0 + \varepsilon \dot{v}_1 + \varepsilon^2 \dot{v}_2 + \cdots = \omega(a_0 + \varepsilon u_1 + \varepsilon^2 u_2 + \cdots) + \qquad\qquad\qquad (3-107)$$

$$\varepsilon g(a_0 + \varepsilon u_1 + \varepsilon^2 u_2 + \cdots, \phi_0 + \varepsilon v_1 + \varepsilon^2 v_2 + \cdots)$$

其中

$$\dot{u}_i(a_0, \phi_0) = \frac{\partial u_i}{\partial a_0} \dot{a}_0 + \frac{\partial u_i}{\partial \phi_0} \dot{\phi}_0$$

$$\dot{v}_i(a_0, \phi_0) = \frac{\partial v_i}{\partial a_0} \dot{a}_0 + \frac{\partial v_i}{\partial \phi_0} \dot{\phi}_0 \qquad\qquad\qquad (3-108)$$

于是有

$$\dot{a}_0 + \left(\varepsilon \frac{\partial u_1}{\partial a_0} + \varepsilon^2 \frac{\partial u_2}{\partial a_0} + \cdots\right) \dot{a}_0 + \left(\varepsilon \frac{\partial u_1}{\partial \phi_0} + \varepsilon^2 \frac{\partial u_2}{\partial \phi_0} + \cdots\right) \dot{\phi}_0$$

$$= \varepsilon f(a_0 + \varepsilon u_1 + \cdots, \phi_0 + \varepsilon v_1 \cdots) \qquad\qquad\qquad (3-109)$$

$$\dot{\phi}_0 + \left(\varepsilon \frac{\partial v_1}{\partial a_0} + \varepsilon^2 \frac{\partial v_2}{\partial a_0} + \cdots\right) \dot{a}_0 + \left(\varepsilon \frac{\partial v_1}{\partial \phi_0} + \varepsilon^2 \frac{\partial v_2}{\partial \phi_0} + \cdots\right) \dot{\phi}_0$$

$$= \omega(a_0 + \varepsilon u_1 + \cdots) + \varepsilon g(a_0 + \varepsilon u_1 + \varepsilon^2 u_2 + \cdots, \phi_0 + \varepsilon v_1 + \cdots)$$

将平均化后的系统微分方程(3-103)代入(3-109)中,可得

$$\left(1 + \varepsilon \frac{\partial u_1}{\partial a_0} + \varepsilon^2 \frac{\partial u_2}{\partial a_0} + \cdots\right)(\varepsilon F_1 + \varepsilon^2 F_2 + \cdots) + \left(\varepsilon \frac{\partial u_1}{\partial \phi_0} + \varepsilon^2 \frac{\partial u_2}{\partial \phi_0} + \cdots\right) \times$$

$$(\omega + \varepsilon G_1 + \varepsilon^2 G_2 + \cdots) = \varepsilon f(a_0 + \varepsilon u_1 + \cdots, \phi_0 + \varepsilon v_1 + \cdots)$$

$$\left(\varepsilon \frac{\partial v_1}{\partial a_0} + \varepsilon^2 \frac{\partial v_2}{\partial a_0} + \cdots\right)(\varepsilon F_1 + \varepsilon^2 F_2 + \cdots) + \left(1 + \varepsilon \frac{\partial v_1}{\partial \phi_0} + \varepsilon^2 \frac{\partial v_2}{\partial \phi_0} + \cdots\right) \times$$

$$(\omega + \varepsilon G_1 + \varepsilon^2 G_2 + \cdots) = \omega(a_0 + \varepsilon u_1 + \cdots) + \varepsilon g(a_0 + \varepsilon u_1 + \cdots, \phi_0 + \varepsilon v_1 + \cdots)$$

$$(3-110)$$

将(3-110)右边的非线性函数在 $\varepsilon=0$ 附近进行 Taylor 展开,可得

$$\left(1 + \varepsilon \frac{\partial u_1}{\partial a_0} + \varepsilon^2 \frac{\partial u_2}{\partial a_0} + \cdots\right)(\varepsilon F_1 + \varepsilon^2 F_2 + \cdots) + \left(\varepsilon \frac{\partial u_1}{\partial \phi_0} + \varepsilon^2 \frac{\partial u_2}{\partial \phi_0} + \cdots\right)(\omega + \varepsilon G_1 + \varepsilon^2 G_2 + \cdots)$$

$$= \varepsilon \left[f(a_0, \phi_0) + \frac{\partial f}{\partial a_0}(\varepsilon u_1 + \varepsilon^2 u_2 + \cdots) + \frac{\partial f}{\partial \phi_0}(\varepsilon v_1 + \varepsilon^2 v_2 + \cdots) + \cdots \right] \qquad (3-111)$$

$$\left(\varepsilon\frac{\partial v_1}{\partial a_0}+\varepsilon^2\frac{\partial v_2}{\partial a_0}+\cdots\right)(\varepsilon F_1+\varepsilon^2 F_2+\cdots)+\left(1+\varepsilon\frac{\partial v_1}{\partial \phi_0}+\varepsilon^2\frac{\partial v_2}{\partial \phi_0}+\cdots\right)(\omega+\varepsilon G_1+\varepsilon^2 G_2+\cdots)$$

$$=\omega(a_0)+\frac{\partial \omega}{\partial a_0}(\varepsilon u_1+\varepsilon^2 u_2+\cdots)+$$

$$\varepsilon\left[g(a_0,\phi_0)+\frac{\partial g}{\partial a_0}(\varepsilon u_1+\varepsilon^2 u_2+\cdots)+\frac{\partial g}{\partial \phi_0}(\varepsilon v_1+\varepsilon^2 v_2+\cdots)+\cdots\right]$$

$$(3-112)$$

根据相同幂次项系数相等的原则,可得摄动分析方程组。

一阶项

$$F_1(a_0)+\frac{\partial u_1}{\partial \phi_0}\omega=f(a_0,\phi_0)$$

$$(3-113)$$

$$G_1(a_0)+\frac{\partial v_1}{\partial \phi_0}\omega=g(a_0,\phi_0)+\frac{\partial \omega}{\partial a_0}u_1$$

二阶项

$$F_2(a_0)+\frac{\partial u_1}{\partial a_0}F_1+\frac{\partial u_1}{\partial \phi_0}G_1+\frac{\partial u_2}{\partial \phi_0}\omega=\left(u_1\frac{\partial}{\partial a_0}+v_1\frac{\partial}{\partial \phi_0}\right)f(a_0,\phi_0)$$

$$(3-114)$$

$$G_2(a_0)+\frac{\partial v_1}{\partial a_0}F_1+\frac{\partial v_1}{\partial \phi_0}G_1+\frac{\partial v_2}{\partial \phi_0}\omega=\frac{\partial \omega}{\partial a_0}u_2+\left(u_1\frac{\partial}{\partial a_0}+v_1\frac{\partial}{\partial \phi_0}\right)g(a_0,\phi_0)$$

三阶项

$$F_3(a_0)+\frac{\partial u_1}{\partial a_0}F_2+\frac{\partial u_2}{\partial a_0}F_1+\frac{\partial u_1}{\partial \phi_0}G_2+\frac{\partial u_2}{\partial \phi_0}G_1+\frac{\partial u_3}{\partial \phi_0}\omega$$

$$=\left(u_2\frac{\partial}{\partial a_0}+v_2\frac{\partial}{\partial \phi_0}+\frac{1}{2}u_1^2\frac{\partial^2}{\partial a_0^2}+\frac{1}{2}v_1^2\frac{\partial^2}{\partial \phi_0^2}\right)f(a_0,\phi_0)$$

$$(3-115)$$

$$G_3(a_0)+\frac{\partial v_1}{\partial a_0}F_2+\frac{\partial v_2}{\partial a_0}F_1+\frac{\partial v_1}{\partial \phi_0}G_2+\frac{\partial v_2}{\partial \phi_0}G_1+\frac{\partial v_3}{\partial \phi_0}\omega$$

$$=\frac{\partial \omega}{\partial a_0}u_3+\left(u_1\frac{\partial}{\partial a_0}+v_1\frac{\partial}{\partial \phi_0}+\frac{1}{2}u_1^2\frac{\partial^2}{\partial a_0^2}+\frac{1}{2}v_1^2\frac{\partial^2}{\partial \phi_0^2}\right)g(a_0,\phi_0)$$

等等。

  将运动方程分离为长期项和周期项[①],很容易求解以上方程组,从而逐次构造高阶摄动分析解。可见,以上过程是非常严谨的。**建立摄动分析方程组的数学基础为:**运动方程的"恒等变换"——将以(a,ϕ)描述的运动方程转变为以(a_0,ϕ_0)描述的运动方程。

3.7.2 推广平均化方法之应用

  下面将推广平均化方法应用于本章讨论的非线性问题。根据常数变易法,已得到如下

---

① 分离长期项、长周期项和短周期项,是平均根数理论的核心思想。

微分方程

$$\begin{cases} \dot{a}=\dfrac{1}{4}\alpha_2\varepsilon a^2(\sin\phi+\sin 3\phi)+\dfrac{1}{8}\alpha_3\varepsilon^2 a^3(2\sin 2\phi+\sin 4\phi) \\ \dot{\phi}=1+\dfrac{3}{8}\alpha_3\varepsilon^2 a^2+\dfrac{1}{4}\alpha_2\varepsilon a(3\cos\phi+\cos 3\phi)+\dfrac{1}{8}\alpha_3\varepsilon^2 a^2(\cos 4\phi+4\cos 2\phi) \end{cases} \tag{3-116}$$

对比表达式(3-100),有如下对应关系

$$f(a,\phi)=\dfrac{1}{4}\alpha_2 a^2(\sin\phi+\sin 3\phi)+\dfrac{1}{8}\alpha_3\varepsilon a^3(2\sin 2\phi+\sin 4\phi)$$

$$g(a,\phi)=\dfrac{1}{4}\alpha_2 a(3\cos\phi+\cos 3\phi)+\dfrac{1}{8}\alpha_3\varepsilon a^2(\cos 4\phi+4\cos 2\phi) \tag{3-117}$$

$$\omega(a)=1+\dfrac{3}{8}\alpha_3\varepsilon^2 a^2$$

推广平均化方法的目的是寻找如下形式的显式变换(KB变换,即摄动解)

$$\begin{cases} a=a_0(t)+\varepsilon u_1(a_0,\phi_0)+\varepsilon^2 u_2(a_0,\phi_0)+\cdots \\ \phi=\phi_0(t)+\varepsilon v_1(a_0,\phi_0)+\varepsilon^2 v_2(a_0,\phi_0)+\cdots \end{cases} \tag{3-118}$$

使得变换后(或平均化后)的变量(a_0,ϕ_0)满足的运动方程(不含角坐标)为

$$\begin{cases} \dot{a}_0=\varepsilon F_1(a_0)+\varepsilon^2 F_2(a_0)+\cdots \\ \dot{\phi}_0=1+\varepsilon G_1(a_0)+\varepsilon^2 G_2(a_0)+\cdots \end{cases} \tag{3-119}$$

通过链式法则,可得(3-118)对时间的导数为

$$\dot{a}=\dot{a}_0+\varepsilon\dfrac{\partial u_1}{\partial a_0}\dot{a}_0+\varepsilon\dfrac{\partial u_1}{\partial\phi_0}\dot{\phi}_0+\varepsilon^2\dfrac{\partial u_2}{\partial a_0}\dot{a}_0+\varepsilon^2\dfrac{\partial u_2}{\partial\phi_0}\dot{\phi}_0+\cdots \tag{3-120}$$

$$\dot{\phi}=\dot{\phi}_0+\varepsilon\dfrac{\partial v_1}{\partial a_0}\dot{a}_0+\varepsilon\dfrac{\partial v_1}{\partial\phi_0}\dot{\phi}_0+\varepsilon^2\dfrac{\partial v_2}{\partial a_0}\dot{a}_0+\varepsilon^2\dfrac{\partial v_2}{\partial\phi_0}\dot{\phi}_0+\cdots$$

将(3-119)代入上式,可得

$$\dot{a}=(\varepsilon F_1+\varepsilon^2 F_2+\cdots)+\varepsilon\dfrac{\partial u_1}{\partial a_0}(\varepsilon F_1+\varepsilon^2 F_2+\cdots)+\varepsilon\dfrac{\partial u_1}{\partial\phi_0}(1+\varepsilon G_1+\varepsilon^2 G_2+\cdots)+$$

$$\varepsilon^2\dfrac{\partial u_2}{\partial a_0}(\varepsilon F_1+\varepsilon^2 F_2+\cdots)+\varepsilon^2\dfrac{\partial u_2}{\partial\phi_0}(1+\varepsilon G_1+\varepsilon^2 G_2+\cdots)+\cdots$$

$$\dot{\phi}=(1+\varepsilon G_1+\varepsilon^2 G_2+\cdots)+\varepsilon\dfrac{\partial v_1}{\partial a_0}(\varepsilon F_1+\varepsilon^2 F_2+\cdots)+\varepsilon\dfrac{\partial v_1}{\partial\phi_0}(1+\varepsilon G_1+\varepsilon^2 G_2+\cdots)+$$

$$\varepsilon^2\dfrac{\partial v_2}{\partial a_0}(\varepsilon F_1+\varepsilon^2 F_2+\cdots)+\varepsilon^2\dfrac{\partial v_2}{\partial\phi_0}(1+\varepsilon G_1+\varepsilon^2 G_2+\cdots)+\cdots \tag{3-121}$$

保留至ε的二阶项,可得

$$\dot{a}=\varepsilon\left(F_1+\dfrac{\partial u_1}{\partial\phi_0}\right)+\varepsilon^2\left(F_2+\dfrac{\partial u_2}{\partial\phi_0}+F_1\dfrac{\partial u_1}{\partial a_0}+G_1\dfrac{\partial u_1}{\partial\phi_0}\right)+\cdots$$

$$\dot{\phi}=1+\varepsilon\left(G_1+\frac{\partial v_1}{\partial \phi_0}\right)+\varepsilon^2\left(G_2+\frac{\partial v_2}{\partial \phi_0}+F_1\frac{\partial v_1}{\partial a_0}+G_1\frac{\partial v_1}{\partial \phi_0}\right)+\cdots \tag{3-122}$$

另一方面,将显式变换(3-118)代入运动方程(3-116),并在 $\varepsilon=0$ 点附近作 Taylor 展开,可得

$$
\begin{cases}
\dot{a}=\dfrac{1}{4}\alpha_2[\varepsilon a_0^{\,2}(\sin\phi_0+\sin3\phi_0)+2\varepsilon^2 a_0 u_1(\sin\phi_0+\sin3\phi_0)+\\[2mm]
\qquad \varepsilon^2 a_0^{\,2}v_1(\cos\phi_0+\cos3\phi_0)]+\dfrac{1}{8}\alpha_3\varepsilon^2 a_0^{\,3}(2\sin2\phi_0+\sin4\phi_0)+\cdots\\[3mm]
\dot{\phi}=1+\dfrac{3}{8}\alpha_3\varepsilon^2 a_0^{\,2}+\dfrac{1}{4}\alpha_2[\varepsilon a_0(3\cos\phi_0+\cos3\phi_0)+\varepsilon^2 u_1(3\cos\phi_0+\cos3\phi_0)-\\[2mm]
\qquad 3\varepsilon^2 a_0 v_1(\sin\phi_0+\sin3\phi_0)]+\dfrac{1}{8}\alpha_3\varepsilon^2 a_0^{\,2}(\cos4\phi_0+4\cos2\phi_0)+\cdots
\end{cases}
$$

$$\tag{3-123}$$

对比(3-122)和(3-123),可得摄动分析方程组。

一阶项

$$F_1+\frac{\partial u_1}{\partial \phi_0}=\frac{1}{4}\alpha_2 a_0^{\,2}(\sin\phi_0+\sin3\phi_0) \tag{3-124}$$

$$G_1+\frac{\partial v_1}{\partial \phi_0}=\frac{1}{4}\alpha_2 a_0(3\cos\phi_0+\cos3\phi_0) \tag{3-125}$$

二阶项

$$F_2+\frac{\partial u_2}{\partial \phi_0}+F_1\frac{\partial u_1}{\partial \phi_0}+G_1\frac{\partial u_1}{\partial \phi_0}=\frac{1}{2}\alpha_2 a_0 u_1(\sin\phi_0+\sin3\phi_0)+$$
$$\frac{1}{4}\alpha_2 a_0^{\,2}v_1(\cos\phi_0+\cos3\phi_0)+\frac{1}{8}\alpha_3 a_0^{\,3}(2\sin2\phi_0+\sin4\phi_0) \tag{3-126}$$

$$G_2+\frac{\partial v_2}{\partial \phi_0}+F_1\frac{\partial v_1}{\partial \phi_0}+G_1\frac{\partial v_1}{\partial \phi_0}=\frac{1}{4}\alpha_2 u_1(3\cos\phi_0+\cos3\phi_0)-$$
$$\frac{3}{4}\alpha_2 a_0 v_1(\sin\phi_0+\sin3\phi_0)+\frac{1}{8}\alpha_3 a_0^{\,2}(\cos4\phi_0+4\cos2\phi_0+3) \tag{3-127}$$

暂时只求解到二阶项。下面通过分离快变量和慢变量的方法来具体求摄动解。

一阶项

$$F_1+\frac{\partial u_1}{\partial \phi_0}=\frac{1}{4}\alpha_2 a_0^{\,2}(\sin\phi_0+\sin3\phi_0) \tag{3-128}$$

因为 F_1 只含 a_0,故对应右边的慢变项,因此有

$$F_1=0$$
$$\frac{\partial u_1}{\partial \phi_0}=\frac{1}{4}\alpha_2 a_0^{\,2}(\sin\phi_0+\sin3\phi_0) \tag{3-129}$$

积分可得

$$F_1 = 0$$

$$u_1 = -\frac{1}{4}\alpha_2 a_0{}^2\left(\cos\phi_0 + \frac{1}{3}\cos 3\phi_0\right)$$

(3 - 130)

另一个一阶项的微分方程为

$$G_1 + \frac{\partial v_1}{\partial \phi_0} = \frac{1}{4}\alpha_2 a_0(3\cos\phi_0 + \cos 3\phi_0)$$

(3 - 131)

同样，G_1 对应慢变项，可得

$$G_1 = 0$$

$$\frac{\partial v_1}{\partial \phi_0} = \frac{1}{4}\alpha_2 a_0(3\cos\phi_0 + \cos 3\phi_0)$$

(3 - 132)

积分可得

$$G_1 = 0$$

$$v_1 = \frac{1}{4}\alpha_2 a_0\left(3\sin\phi_0 + \frac{1}{3}\sin 3\phi_0\right)$$

(3 - 133)

将一阶解(3 - 130)和(1 - 133)代入二阶项微分方程，可得

$$F_2 + \frac{\partial u_2}{\partial \phi_0} = -\frac{1}{8}\alpha_2{}^2 a_0{}^3\left(\cos\phi_0 + \frac{1}{3}\cos 3\phi_0\right)(\sin\phi_0 + \sin 3\phi_0) +$$

$$\frac{1}{16}\alpha_2{}^2 a_0{}^3\left(3\sin\phi_0 + \frac{1}{3}\sin 3\phi_0\right)(\cos\phi_0 + \cos 3\phi_0) +$$

$$\frac{1}{8}\alpha_3 a_0{}^3(2\sin 2\phi_0 + \sin 4\phi_0)$$

(3 - 134)

化简后

$$F_2 + \frac{\partial u_2}{\partial \phi_0} = \frac{1}{16}a_0{}^3\left[\left(4\alpha_3 - \frac{9}{2}\alpha_2{}^2\right)\sin 2\phi_0 + \left(2\alpha_3 + \frac{10}{3}\alpha_2{}^2\right)\sin 4\phi_0 + \frac{1}{6}\alpha_2{}^2\sin 6\phi_0\right]$$

(3 - 135)

F_2 对应慢变项，于是分离长期项和周期项，可得

$$F_2 = 0$$

$$\frac{\partial u_2}{\partial \phi_0} = \frac{1}{16}a_0{}^3\left[\left(4\alpha_3 - \frac{9}{2}\alpha_2{}^2\right)\sin 2\phi_0 + \left(2\alpha_3 + \frac{10}{3}\alpha_2{}^2\right)\sin 4\phi_0 + \frac{1}{6}\alpha_2{}^2\sin 6\phi_0\right]$$

(3 - 136)

积分可得

$$F_2 = 0$$

$$u_2 = -\frac{1}{16}a_0{}^3\left[\frac{1}{2}\left(4\alpha_3 - \frac{9}{2}\alpha_2{}^2\right)\cos 2\phi_0 + \frac{1}{4}\left(2\alpha_3 + \frac{10}{3}\alpha_2{}^2\right)\cos 4\phi_0 + \frac{1}{36}\alpha_2{}^2\cos 6\phi_0\right]$$

(3 - 137)

同样,二阶项的另一方程为

$$G_2 + \frac{\partial v_2}{\partial \phi_0} = -\frac{1}{16}\alpha_2{}^2 a_0{}^2 \left(\cos\phi_0 + \frac{1}{3}\cos 3\phi_0\right)(3\cos\phi_0 + \cos 3\phi_0) -$$
$$\frac{3}{16}\alpha_2{}^2 a_0{}^2 \left(3\sin\phi_0 + \frac{1}{3}\sin 3\phi_0\right)(\sin\phi_0 + \sin 3\phi_0) + \tag{3-138}$$
$$\frac{1}{8}\alpha_3 a_0{}^2 (\cos 4\phi_0 + 4\cos 2\phi_0 + 3)$$

化简后有

$$G_2 + \frac{\partial v_2}{\partial \phi_0} = \left(\frac{3}{8}\alpha_3 - \frac{5}{12}\alpha_2{}^2\right)a_0{}^2 + \left(\frac{1}{2}\alpha_3 - \frac{3}{16}\alpha_2{}^2\right)a_0{}^2 \cos 2\phi_0 + \tag{3-139}$$
$$\left(\frac{1}{8}\alpha_3 + \frac{1}{4}\alpha_2{}^2\right)a_0{}^2 \cos 4\phi_0 + \frac{1}{48}\alpha_2{}^2 a_0{}^2 \cos 6\phi_0$$

其中 G_2 对应慢变项,可得

$$G_2 = \left(\frac{3}{8}\alpha_3 - \frac{5}{12}\alpha_2{}^2\right)a_0{}^2$$
$$\frac{\partial v_2}{\partial \phi_0} = \left(\frac{1}{2}\alpha_3 - \frac{3}{16}\alpha_2{}^2\right)a_0{}^2 \cos 2\phi_0 + \left(\frac{1}{8}\alpha_3 + \frac{1}{4}\alpha_2{}^2\right)a_0{}^2 \cos 4\phi_0 + \frac{1}{48}\alpha_2{}^2 a_0{}^2 \cos 6\phi_0$$

$$\tag{3-140}$$

积分可得

$$G_2 = \left(\frac{3}{8}\alpha_3 - \frac{5}{12}\alpha_2{}^2\right)a_0{}^2$$
$$v_2 = \frac{1}{2}\left(\frac{1}{2}\alpha_3 - \frac{3}{16}\alpha_2{}^2\right)a_0{}^2 \sin 2\phi_0 + \frac{1}{4}\left(\frac{1}{8}\alpha_3 + \frac{1}{4}\alpha_2{}^2\right)a_0{}^2 \sin 4\phi_0 + \frac{1}{288}\alpha_2{}^2 a_0{}^2 \sin 6\phi_0$$

$$\tag{3-141}$$

到二阶项,可得平均化后系统的微分方程为

$$\begin{cases} \dot{a}_0 = \varepsilon F_1(a_0) + \varepsilon^2 F_2(a_0) + \cdots = 0 \\ \dot{\phi}_0 = 1 + \varepsilon G_1(a_0) + \varepsilon^2 G_2(a_0) + \cdots = 1 + \left(\frac{3}{8}\alpha_3 - \frac{5}{12}\alpha_2{}^2\right)\varepsilon^2 a_0{}^2 + \cdots \end{cases} \tag{3-142}$$

分析解为

$$\begin{cases} a_0 = 常数 \\ \phi_0 = \beta_0 + \left[1 + \left(\frac{3}{8}\alpha_3 - \frac{5}{12}\alpha_2{}^2\right)\varepsilon^2 a_0{}^2\right]t \end{cases} \tag{3-143}$$

显式变换为

$$\begin{cases} a = a_0(t) + \varepsilon u_1(a_0, \phi_0) + \varepsilon^2 u_2(a_0, \phi_0) + \cdots \\ \phi = \phi_0(t) + \varepsilon v_1(a_0, \phi_0) + \varepsilon^2 v_2(a_0, \phi_0) + \cdots \end{cases} \tag{3-144}$$

将 $(u_i, v_i)_{i\geqslant 1}$ 代入上式，可得

$$
\begin{aligned}
a = a_0 &- \frac{1}{4}\alpha_2\varepsilon a_0{}^2\left(\cos\phi_0 + \frac{1}{3}\cos 3\phi_0\right) - \frac{1}{16}\varepsilon^2 a_0{}^3\left[\frac{1}{2}\left(4\alpha_3 - \frac{9}{2}\alpha_2{}^2\right)\cos 2\phi_0 +\right. \\
&\left. \frac{1}{4}\left(2\alpha_3 + \frac{10}{3}\alpha_2{}^2\right)\cos 4\phi_0 + \frac{1}{36}\alpha_2{}^2\cos 6\phi_0\right]
\end{aligned}
\tag{3-145}
$$

$$
\begin{aligned}
\phi = \phi_0 &+ \frac{1}{4}\alpha_2\varepsilon a_0\left(3\sin\phi_0 + \frac{1}{3}\sin 3\phi_0\right) + \frac{1}{2}\left(\frac{1}{2}\alpha_3 - \frac{3}{16}\alpha_2{}^2\right)\varepsilon^2 a_0{}^2\sin 2\phi_0 + \\
&\frac{1}{4}\left(\frac{1}{8}\alpha_3 + \frac{1}{4}\alpha_2{}^2\right)\varepsilon^2 a_0{}^2\sin 4\phi_0 + \frac{1}{288}\alpha_2{}^2\varepsilon^2 a_0{}^2\sin 6\phi_0
\end{aligned}
\tag{3-146}
$$

对应本章原问题的解为

$$
u = \varepsilon a\cos\phi
\tag{3-147}
$$

将 (3-146) 中的 a 和 ϕ 代入上式，可得最终的摄动解如下

$$
\begin{aligned}
u = \varepsilon &\left\{a_0 - \frac{1}{4}\alpha_2\varepsilon a_0{}^2\left(\cos\phi_0 + \frac{1}{3}\cos 3\phi_0\right) - \frac{1}{16}\varepsilon^2 a_0{}^3\left[2\left(\alpha_3 - \frac{9}{8}\alpha_2{}^2\right)\cos 2\phi_0 +\right.\right. \\
&\left.\left. \frac{1}{2}\left(\alpha_3 + \frac{5}{3}\alpha_2{}^2\right)\cos 4\phi_0 + \frac{1}{36}\alpha_2{}^2\cos 6\phi_0\right]\right\} \times \cos\left[\phi_0 + \frac{3}{4}\alpha_2\varepsilon a_0\left(\sin\phi_0 + \frac{1}{9}\sin 3\phi_0\right) +\right. \\
&\left. \frac{1}{4}\left(\alpha_3 - \frac{3}{8}\alpha_2{}^2\right)\varepsilon^2 a_0{}^2\sin 2\phi_0 + \frac{1}{32}(\alpha_3 + 2\alpha_2{}^2)\varepsilon^2 a_0{}^2\sin 4\phi_0 + \frac{1}{288}\alpha_2{}^2\varepsilon^2 a_0{}^2\sin 6\phi_0\right]
\end{aligned}
\tag{3-148}
$$

其中

$$
\phi_0 = \beta_0 + t + \left(\frac{3}{8}\alpha_3 - \frac{5}{12}\alpha_2{}^2\right)\varepsilon^2 a_0{}^2 t
\tag{3-149}
$$

将 (3-148) 在 $\varepsilon = 0$ 点附近进行 Taylor 展开并保留前两项，可得

$$
u = \varepsilon a_0\cos(\omega t + \beta_0) + \frac{1}{6}\varepsilon^2 a_0{}^2\alpha_2\left[\cos(2\omega t + 2\beta_0) - 3\right] + \cdots
\tag{3-150}
$$

其中

$$
\omega = 1 + \left(\frac{3}{8}\alpha_3 - \frac{5}{12}\alpha_2{}^2\right)\varepsilon^2 a_0{}^2
\tag{3-151}
$$

与利用重正规化、L-P 方法及多尺度方法得到的摄动解完全一致。

3.7.3 延伸与思考

推广平均化方法的核心思想在于：通过 KB 变换，使得变换后的系统相对简单。所谓的简单，可以理解为相对于原系统，变换后的系统具有更多的循环坐标（消除一个或多个短周期角坐标）。

例如某 3 自由度系统，其状态变量为

$$\boldsymbol{X} = \{ I_1, I_2, I_3, \varphi_1, \varphi_2, \varphi_3 \} \tag{3-152}$$

运动方程(一阶形式)用矢量形式表示为

$$\frac{\mathrm{d}\boldsymbol{X}}{\mathrm{d}t} = \boldsymbol{F}(\boldsymbol{X}) \tag{3-153}$$

推广的平均化方法的目标是寻找如下形式的显式变换

$$\boldsymbol{X} = \{ I_1, I_2, I_3, \varphi_1, \varphi_2, \varphi_3 \} \Rightarrow \boldsymbol{X}^* = \{ I_1^*, I_2^*, I_3^*, \varphi_1^*, \varphi_2^*, \varphi_3^* \} \tag{3-154}$$

带星号的变量为平均化后的变量。将变换(3-154)表示为如下摄动解形式

$$\begin{cases} I_1 = I_1^*(t) + \varepsilon u_{11}(\boldsymbol{X}^*) + \varepsilon^2 u_{12}(\boldsymbol{X}^*) + \cdots \\ I_1 = I_2^*(t) + \varepsilon u_{21}(\boldsymbol{X}^*) + \varepsilon^2 u_{22}(\boldsymbol{X}^*) + \cdots \\ I_2 = I_3^*(t) + \varepsilon u_{31}(\boldsymbol{X}^*) + \varepsilon^2 u_{32}(\boldsymbol{X}^*) + \cdots \\ \varphi_1 = \varphi_1^*(t) + \varepsilon v_{11}(\boldsymbol{X}^*) + \varepsilon^2 v_{12}(\boldsymbol{X}^*) + \cdots \\ \varphi_2 = \varphi_2^*(t) + \varepsilon v_{21}(\boldsymbol{X}^*) + \varepsilon^2 v_{22}(\boldsymbol{X}^*) + \cdots \\ \varphi_3 = \varphi_3^*(t) + \varepsilon v_{31}(\boldsymbol{X}^*) + \varepsilon^2 v_{32}(\boldsymbol{X}^*) + \cdots \end{cases} \tag{3-155}$$

变换后的系统相较原始系统(3-153)具有较少的自由度,即变得相对简单。因为原系统的自由度为3,因此变换后的系统存在不止一种选择。

第一种选择:变换后系统为类似于规范型形式(normal form,即仅含作用量)。物理图像见图 3-4。变换后系统运动方程为

$$\begin{cases} \dot{I}_1^* = \varepsilon F_{11}(I_1^*, I_2^*, I_3^*) + \varepsilon^2 F_{12}(I_1^*, I_2^*, I_3^*) + \cdots \\ \dot{I}_2^* = \varepsilon F_{21}(I_1^*, I_2^*, I_3^*) + \varepsilon^2 F_{22}(I_1^*, I_2^*, I_3^*) + \cdots \\ \dot{I}_3^* = \varepsilon F_{31}(I_1^*, I_2^*, I_3^*) + \varepsilon^2 F_{32}(I_1^*, I_2^*, I_3^*) + \cdots \\ \dot{\varphi}_1^* = \omega_{10} + \varepsilon G_{11}(I_1^*, I_2^*, I_3^*) + \varepsilon^2 G_{12}(I_1^*, I_2^*, I_3^*) + \cdots \\ \dot{\varphi}_2^* = \omega_{20} + \varepsilon G_{21}(I_1^*, I_2^*, I_3^*) + \varepsilon^2 G_{22}(I_1^*, I_2^*, I_3^*) + \cdots \\ \dot{\varphi}_3^* = \omega_{30} + \varepsilon G_{31}(I_1^*, I_2^*, I_3^*) + \varepsilon^2 G_{32}(I_1^*, I_2^*, I_3^*) + \cdots \end{cases} \tag{3-156}$$

该方程的分析解很容易直接给出。该平均化过程相当于同时消除了三个频率的周期项。

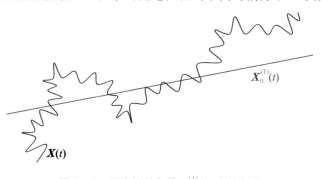

图 3-4 平均化后变量 $\boldsymbol{X}_0^{(1)}$ 仅含长期项

第二种选择:变换后系统出现两个循环变量(或自由度降为1)。物理图像见图 3-5。假定 φ_1 为长周期变量,另两个为短周期角坐标,那么变换后系统的运动方程为

$$\begin{cases} \dot{I}_1^* = \varepsilon F_{11}(I_1^*, I_2^*, I_3^*, \varphi_1^*) + \varepsilon^2 F_{12}(I_1^*, I_2^*, I_3^*, \varphi_1^*) + \cdots \\ \dot{I}_2^* = \varepsilon F_{21}(I_1^*, I_2^*, I_3^*, \varphi_1^*) + \varepsilon^2 F_{22}(I_1^*, I_2^*, I_3^*, \varphi_1^*) + \cdots \\ \dot{I}_3^* = \varepsilon F_{31}(I_1^*, I_2^*, I_3^*, \varphi_1^*) + \varepsilon^2 F_{32}(I_1^*, I_2^*, I_3^*, \varphi_1^*) + \cdots \\ \dot{\varphi}_1^* = \omega_{10} + \varepsilon G_{11}(I_1^*, I_2^*, I_3^*, \varphi_1^*) + \varepsilon^2 G_{12}(I_1^*, I_2^*, I_3^*, \varphi_1^*) + \cdots \\ \dot{\varphi}_2^* = \omega_{20} + \varepsilon G_{21}(I_1^*, I_2^*, I_3^*, \varphi_1^*) + \varepsilon^2 G_{22}(I_1^*, I_2^*, I_3^*, \varphi_1^*) + \cdots \\ \dot{\varphi}_3^* = \omega_{30} + \varepsilon G_{31}(I_1^*, I_2^*, I_3^*, \varphi_1^*) + \varepsilon^2 G_{32}(I_1^*, I_2^*, I_3^*, \varphi_1^*) + \cdots \end{cases} \tag{3-157}$$

平均化系统(3-157)是一个可积系统,存在分析解,但是分析解并不容易直接给出来(涉及椭圆积分)。该平均化过程相当于同时消除了两个频率的短周期项。

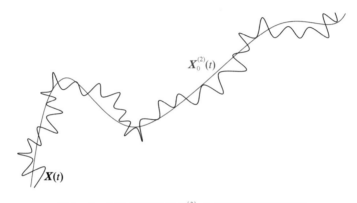

图 3-5　平均化后变量 $X_0^{(2)}$ 含长期项和长周期项

第三种选择:变换后系统出现一个循环变量(即系统自由度降为2,物理图像见图 3-6)。假定 φ_1 和 φ_2 为长周期角坐标,φ_3 为短周期角坐标,于是变换后系统的运动方程为

$$\begin{cases} \dot{I}_1^* = \varepsilon F_{11}(I_1^*, I_2^*, I_3^*, \varphi_1^*, \varphi_2^*) + \varepsilon^2 F_{12}(I_1^*, I_2^*, I_3^*, \varphi_1^*, \varphi_2^*) + \cdots \\ \dot{I}_2^* = \varepsilon F_{21}(I_1^*, I_2^*, I_3^*, \varphi_1^*, \varphi_2^*) + \varepsilon^2 F_{22}(I_1^*, I_2^*, I_3^*, \varphi_1^*, \varphi_2^*) + \cdots \\ \dot{I}_3^* = \varepsilon F_{31}(I_1^*, I_2^*, I_3^*, \varphi_1^*, \varphi_2^*) + \varepsilon^2 F_{32}(I_1^*, I_2^*, I_3^*, \varphi_1^*, \varphi_2^*) + \cdots \\ \dot{\varphi}_1^* = \omega_{10} + \varepsilon G_{11}(I_1^*, I_2^*, I_3^*, \varphi_1^*, \varphi_2^*) + \varepsilon^2 G_{12}(I_1^*, I_2^*, I_3^*, \varphi_1^*, \varphi_2^*) + \cdots \\ \dot{\varphi}_2^* = \omega_{20} + \varepsilon G_{21}(I_1^*, I_2^*, I_3^*, \varphi_1^*, \varphi_2^*) + \varepsilon^2 G_{22}(I_1^*, I_2^*, I_3^*, \varphi_1^*, \varphi_2^*) + \cdots \\ \dot{\varphi}_3^* = \omega_{30} + \varepsilon G_{31}(I_1^*, I_2^*, I_3^*, \varphi_1^*, \varphi_2^*) + \varepsilon^2 G_{32}(I_1^*, I_2^*, I_3^*, \varphi_1^*, \varphi_2^*) + \cdots \end{cases} \tag{3-158}$$

该平均化系统(变换后系统)是一个2自由度系统,因此是不可积系统,其分析解不能直接给出。但是,从理论上,总是可以通过如下过程获得高精度的摄动分析解

$$3\,\mathrm{DOF} \to 2\,\mathrm{DOF} \to 1\,\mathrm{DOF} \to 规范型形式$$

每一次变换(平均)都消除一个角坐标。

这三种选择,第一种变换相当于直接从原始3自由度变成规范型(normal form),第二种

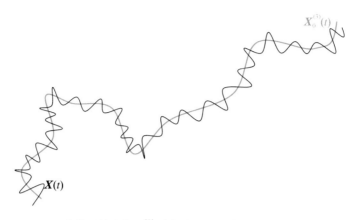

图 3-6 变换后的变量 $X_0^{(3)}$ 含长期项和两个不同频率的周期振荡

变换从 3 自由度变成 1 自由度,第三种变换是从 3 自由度变成 2 自由度。毫无疑问,第三种选择对应的小参数 ε 最小,第二种次之,第一种最大。理解了以上过程,基本上理解了如何选择平均化后的模型。具体如何选择取决于问题自身的性质,特别是各自由度之间基本频率的差异程度。下面我们以人造卫星平均根数理论来探讨这个过程。

3.7.4 人造卫星轨道理论

人造卫星平均根数理论实际上是推广平均化方法在具体问题(受摄二体问题)中的一个应用。描述人造卫星的动力学模型为受摄二体问题,其运动方程为

$$\frac{\mathrm{d}\boldsymbol{X}}{\mathrm{d}t} = \boldsymbol{F}(\boldsymbol{X}) \tag{3-159}$$

其中状态量为根数

$$\boldsymbol{X} = \{a, e, i, \Omega, \omega, M\} \tag{3-160}$$

利用推广平均化方法,寻找如下形式的显式变换

$$\boldsymbol{X} = \{a, e, i, \Omega, \omega, M\} \Rightarrow \boldsymbol{X}^* = \{a^*, e^*, i^*, \Omega^*, \omega^*, M^*\} \tag{3-161}$$

带星号的根数为平均化后的根数,对应的轨道可称为参考轨道。根据上面的分析,参考轨道有多种选择。

第一种选择:变换后系统为理想二体问题轨道(图 3-7),即 t_0 时刻的 Kepler 轨道(参考轨道为固定的椭圆轨道)

$$a^* = \mathrm{const}, \ e^* = \mathrm{const}, \ i^* = \mathrm{const}$$
$$\Omega^* = \mathrm{const}, \ \omega^* = \mathrm{const}, \ M^* = M_0 + nt \tag{3-162}$$

无疑变换后变量的解是完全分析的。变换后系统的运动方程为理想二体问题动力学模型,即

$$\dot{a}^* = \dot{e}^* = \dot{i}^* = \dot{\Omega}^* = \dot{\omega}^* = 0 \tag{3-163}$$

$$\dot{M}^* = n(a^*) = \sqrt{\mu/a^{*3}}$$

显然运动方程右端仅为 a^* 的函数。显式变换可表达为

$$\begin{cases} a = a^*(t) + \varepsilon u_{11}(X^*) + \varepsilon^2 u_{12}(X^*) + \cdots \\ e = e^*(t) + \varepsilon u_{21}(X^*) + \varepsilon^2 u_{22}(X^*) + \cdots \\ i = i^*(t) + \varepsilon u_{31}(X^*) + \varepsilon^2 u_{32}(X^*) + \cdots \\ \Omega = \Omega^*(t) + \varepsilon v_{11}(X^*) + \varepsilon^2 v_{12}(X^*) + \cdots \\ \omega = \omega^*(t) + \varepsilon v_{21}(X^*) + \varepsilon^2 v_{22}(X^*) + \cdots \\ M = M^*(t) + \varepsilon v_{31}(X^*) + \varepsilon^2 v_{32}(X^*) + \cdots \end{cases} \tag{3-164}$$

以上过程即为直接展开法(普通展开法),相当于将瞬时轨道在 $t=0$ 时刻的二体轨道附近进行 Taylor 展开。参考轨道为固定的二体轨道(不包含轨道的长期演化和长周期演化,见图 3‑7),此即为卫星轨道的**小参数幂级数解**。可以想象,由于摄动会使得轨道存在长期或长周期漂移,上述方法得到的摄动解在 $t \to \infty$ 时是发散的,即小参数幂级数解是非一致有效的。

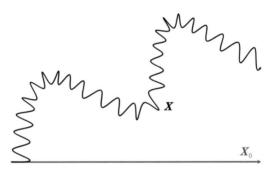

图 3‑7　卫星轨道理论中小参数幂级数解的物理图像。黑色实线为瞬时根数,
红色实线为 t_0 时刻的二体轨道(参考轨道)

第二种选择:将摄动产生的长期效应考虑到平均化模型里面,即参考轨道包含长期项,对应的动力学模型为

$$\begin{cases} \dot{a}^* = \varepsilon F_{11}(a^*, e^*, i^*) + \varepsilon^2 F_{12}(a^*, e^*, i^*) + \cdots \\ \dot{e}^* = \varepsilon F_{21}(a^*, e^*, i^*) + \varepsilon^2 F_{22}(a^*, e^*, i^*) + \cdots \\ \dot{i}^* = \varepsilon F_{31}(a^*, e^*, i^*) + \varepsilon^2 F_{32}(a^*, e^*, i^*) + \cdots \\ \dot{\Omega}^* = \omega_{10} + \varepsilon G_{11}(a^*, e^*, i^*) + \varepsilon^2 G_{12}(a^*, e^*, i^*) + \cdots \\ \dot{\omega}^* = \omega_{20} + \varepsilon G_{21}(a^*, e^*, i^*) + \varepsilon^2 G_{22}(a^*, e^*, i^*) + \cdots \\ \dot{M}^* = \omega_{30} + \varepsilon G_{31}(a^*, e^*, i^*) + \varepsilon^2 G_{32}(a^*, e^*, i^*) + \cdots \end{cases} \tag{3-165}$$

运动方程右边只含半长轴、偏心率以及倾角。该模型对应的根数被称为平均根数(mean

elements)或者正则根数(proper elements)。求解(3-165),可给出平均化变量的分析解

$$\begin{cases} a^* = \text{const}, \; e^* = \text{const}, \; i^* = \text{const} \\ \Omega^* = \Omega^*(t_0) + [\omega_{10} + \varepsilon G_{11}(a^*, e^*, i^*) + \varepsilon^2 G_{12}(a^*, e^*, i^*) + \cdots](t - t_0) \\ \omega^* = \omega^*(t_0) + [\omega_{20} + \varepsilon G_{21}(a^*, e^*, i^*) + \varepsilon^2 G_{22}(a^*, e^*, i^*) + \cdots](t - t_0) \\ M^* = M^*(t_0) + [\omega_{30} + \varepsilon G_{31}(a^*, e^*, i^*) + \varepsilon^2 G_{32}(a^*, e^*, i^*) + \cdots](t - t_0) \end{cases} \quad (3-166)$$

推广平均法的显式变换为

$$\begin{cases} a = a^*(t) + \varepsilon u_{11}(X^*) + \varepsilon^2 u_{12}(X^*) + \cdots \\ e = e^*(t) + \varepsilon u_{21}(X^*) + \varepsilon^2 u_{22}(X^*) + \cdots \\ i = i^*(t) + \varepsilon u_{31}(X^*) + \varepsilon^2 u_{32}(X^*) + \cdots \\ \Omega = \Omega^*(t) + \varepsilon v_{11}(X^*) + \varepsilon^2 v_{12}(X^*) + \cdots \\ \omega = \omega^*(t) + \varepsilon v_{21}(X^*) + \varepsilon^2 v_{22}(X^*) + \cdots \\ M = M^*(t) + \varepsilon v_{31}(X^*) + \varepsilon^2 v_{32}(X^*) + \cdots \end{cases} \quad (3-167)$$

该摄动解可理解为瞬时轨道在平均根数轨道附近进行 Taylor 展开。若求得(3-167)中的待求系数,那么可获得受摄二体问题的摄动分析解。由于长期项已经包含在参考轨道里,因此得到的摄动分析解是一致有效的。物理图像见图 3-8。以上就是卫星轨道理论中平均根数法的基本思想。

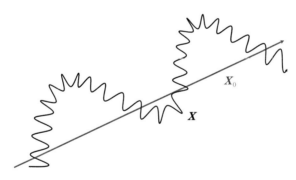

图 3-8 平均根数法的物理图像。黑色实线为瞬时根数,红色实线为平均根数

卫星轨道理论中的平均根数理论最早由日本天体力学家 Kozai 于 1959 年提出[2]。国内相关学者对其做了完备的理论扩充和实际应用[3]~[4]。这里对参考文献[4]中的符号系统进行简要介绍(只给出方法和思想,不做具体的公式推导)。

记 6 个轨道根数为 $\sigma_i (i=1,2,\cdots,6)$,那么受摄二体问题的运动方程为

$$\frac{\mathrm{d}\sigma_j}{\mathrm{d}t} = F_{j0}(n) + F_{j1}(J_2; \sigma) + F_{j2}(J_3, J_4, \cdots; R_D; R_M; R_S; R_R; \sigma), \quad j = 1, 2, \cdots, 6$$

$$(3-168)$$

按照低轨卫星摄动量级的划分:$F_{j0}(n)$ 代表零阶项,对应中心引力项;$F_{j1}(J_2; \sigma)$ 为一阶项,对

应地球 J_2 项摄动；F_{j2} 为二阶项，对应田谐项和高阶带谐项摄动、大气阻力、日月摄动以及太阳辐射压摄动等。

中心引力项对应的加速度方程为

$$F_{j0}(n)=\begin{cases}0,j=1,2,\cdots,5\\n,j=6\end{cases} \tag{3-169}$$

将根数记为矢量形式

$$\boldsymbol{X}=(a,e,i,\Omega,\omega,M) \tag{3-170}$$

那么受摄运动方程可表示为

$$\frac{\mathrm{d}\boldsymbol{X}}{\mathrm{d}t}=\boldsymbol{F}_0(\boldsymbol{X})+\varepsilon\boldsymbol{F}_1(\boldsymbol{X})+\varepsilon^2\boldsymbol{F}_2(\boldsymbol{X})+\cdots \tag{3-171}$$

下标代表阶数。根据所含角坐标的类型，通常将运动方程中的摄动项划分为如下三类：1）不含角坐标，仅与半长轴 a，偏心率 e 和倾角 i 有关的长期项；2）与近点角距 ω 或升交点经度 Ω 有关的长周期项；3）与卫星平近点角有关的短周期项。因此，瞬时轨道根数的变化，同样存在三类：长期项、长周期项和短周期项。

根据推广平均化方法，试图寻找如下形式的显式变换

$$\boldsymbol{X}=(a,e,i,\Omega,\omega,M)\Rightarrow\boldsymbol{X}_{\mathrm{sec}}=(a_{\mathrm{sec}},e_{\mathrm{sec}},i_{\mathrm{sec}},\Omega_{\mathrm{sec}},\omega_{\mathrm{sec}},M_{\mathrm{sec}}) \tag{3-172}$$

变换前为瞬时根数，变换后为仅含长期项的平均根数。将瞬时轨道在平均根数轨道附近进行 Taylor 展开，对应显式变换

$$\boldsymbol{X}=\boldsymbol{X}_{\mathrm{sec}}+\varepsilon\Delta_1\boldsymbol{X}(\boldsymbol{X}_{\mathrm{sec}})+\varepsilon^2\Delta_2\boldsymbol{X}(\boldsymbol{X}_{\mathrm{sec}})+\cdots=\boldsymbol{X}_{\mathrm{sec}}+\sum_{n\geqslant1}\varepsilon^n\Delta_n\boldsymbol{X}(\boldsymbol{X}_{\mathrm{sec}}) \tag{3-173}$$

通过变换（3-173），实现了从原系统

$$\frac{\mathrm{d}\boldsymbol{X}}{\mathrm{d}t}=\sum_{n\geqslant0}\varepsilon^n\boldsymbol{F}_n(\boldsymbol{X}) \tag{3-174}$$

到平均化系统

$$\frac{\mathrm{d}\boldsymbol{X}_{\mathrm{sec}}}{\mathrm{d}t}=\sum_{n\geqslant0}\varepsilon^n\boldsymbol{G}_n(a,e,i) \tag{3-175}$$

的恒等变换。在平均化系统里，可直接给出参考轨道（平均根数）的分析解

$$\begin{aligned}&a_{\mathrm{sec}}=\mathrm{const}\\&e_{\mathrm{sec}}=\mathrm{const}\\&i_{\mathrm{sec}}=\mathrm{const}\\&\Omega_{\mathrm{sec}}=\Omega_{\mathrm{sec}}(t_0)+\dot{\Omega}_{\mathrm{sec}}(t-t_0)\\&\omega_{\mathrm{sec}}=\omega_{\mathrm{sec}}(t_0)+\dot{\omega}_{\mathrm{sec}}(t-t_0)\\&M_{\mathrm{sec}}=M_{\mathrm{sec}}(t_0)+\dot{M}_{\mathrm{sec}}(t-t_0)\end{aligned} \tag{3-176}$$

以上摄动解构造的重点在于确定显式变换(3-173)中的待定函数 $\Delta_n X(a^*, e^*, i^*)$。求解方法很简单,即将原受摄二体运动方程在参考轨道(a^*, e^*, i^*)附近进行 Taylor 展开,然后根据同次幂相等的原则构造摄动分析方程组,逐次求解即可。

$$\dot{\boldsymbol{X}}_{\text{sec}} + \sum_{n \geq 1} \Delta_n \dot{\boldsymbol{X}}(\boldsymbol{X}_{\text{sec}}) = \sum_{n \geq 0} \varepsilon^n \sum_{k \geq 0} \frac{\varepsilon^k}{k!} \boldsymbol{F}_n^{(k)}(\boldsymbol{X}_{\text{sec}}) \tag{3-177}$$

左边对应变换后系统的运动方程,右边对应原系统在参考轨道附近的 Taylor 展开。如果我们从轨道根数角度来看,显式变换对应

$$\begin{aligned}
a &= a_{\text{sec}} + \Delta_1 a(\boldsymbol{X}_{\text{sec}}) + \Delta_2 a(\boldsymbol{X}_{\text{sec}}) + \cdots \\
e &= e_{\text{sec}} + \Delta_1 e(\boldsymbol{X}_{\text{sec}}) + \Delta_2 e(\boldsymbol{X}_{\text{sec}}) + \cdots \\
i &= i_{\text{sec}} + \Delta_1 i(\boldsymbol{X}_{\text{sec}}) + \Delta_2 i(\boldsymbol{X}_{\text{sec}}) + \cdots \\
\Omega &= \Omega_{\text{sec}} + \Delta_1 \Omega(\boldsymbol{X}_{\text{sec}}) + \Delta_2 \Omega(\boldsymbol{X}_{\text{sec}}) + \cdots \\
\omega &= \omega_{\text{sec}} + \Delta_1 \omega(\boldsymbol{X}_{\text{sec}}) + \Delta_2 \omega(\boldsymbol{X}_{\text{sec}}) + \cdots \\
M &= M_{\text{sec}} + \Delta_1 M(\boldsymbol{X}_{\text{sec}}) + \Delta_2 M(\boldsymbol{X}_{\text{sec}}) + \cdots
\end{aligned} \tag{3-178}$$

瞬时轨道根数的演化可划分为长期项、长周期项和短周期项,因此一阶项、二阶项等同样可划分为长期项、长周期项和短周期项

$$\begin{cases}
\text{长期项}: \Delta_1 \sigma_{\text{sec}}, \Delta_2 \sigma_{\text{sec}}, \Delta_3 \sigma_{\text{sec}}, \cdots \\
\text{长周期项}: \Delta_1 \sigma_l, \Delta_2 \sigma_l, \Delta_3 \sigma_l, \cdots \\
\text{短周期项}: \Delta_1 \sigma_s, \Delta_2 \sigma_s, \Delta_3 \sigma_s, \cdots
\end{cases} \tag{3-179}$$

以上划分过程,可理解为多尺度过程,从三个时间尺度观察瞬时根数的变化。结合(3-179),进一步将显式变换表示为

$$\begin{aligned}
a &= a_{\text{sec}} + \sum_{q \in \{l, s\}} \{\Delta_1 a_q(\boldsymbol{X}_{\text{sec}}) + \Delta_2 a_q(\boldsymbol{X}_{\text{sec}}) + \cdots \\
e &= e_{\text{sec}} + \sum_{q \in \{l, s\}} \{\Delta_1 e_q(\boldsymbol{X}_{\text{sec}}) + \Delta_2 e_q(\boldsymbol{X}_{\text{sec}}) + \cdots \\
i &= i_{\text{sec}} + \sum_{q \in \{l, s\}} \{\Delta_1 i_q(\boldsymbol{X}_{\text{sec}}) + \Delta_2 i_q(\boldsymbol{X}_{\text{sec}}) + \cdots \\
\Omega &= \Omega_{\text{sec}} + \sum_{q \in \{l, s\}} \{\Delta_1 \Omega_q(\boldsymbol{X}_{\text{sec}}) + \Delta_2 \Omega_q(\boldsymbol{X}_{\text{sec}}) + \cdots \\
\omega &= \omega_{\text{sec}} + \sum_{q \in \{l, s\}} \{\Delta_1 \omega_q(\boldsymbol{X}_{\text{sec}}) + \Delta_2 \omega_q(\boldsymbol{X}_{\text{sec}}) + \cdots \\
M &= M_{\text{sec}} + \sum_{q \in \{l, s\}} \{\Delta_1 M_q(\boldsymbol{X}_{\text{sec}}) + \Delta_2 M_q(\boldsymbol{X}_{\text{sec}}) + \cdots
\end{aligned} \tag{3-180}$$

这里仅给出从推广平均化方法来理解平均根数理论的思想,对具体计算感兴趣的读者可参考相关的卫星轨道理论专著[3]。

第三种选择:参考轨道同时包含长期项和长周期项(图 3-9)。变换后系统的运动方程为

$$
\begin{cases}
\dot{a}^* = \varepsilon F_{11}(a^*, e^*, i^*, \Omega^*, \omega^*) + \varepsilon^2 F_{12}(a^*, e^*, i^*, \Omega^*, \omega^*) + \cdots \\
\dot{e}^* = \varepsilon F_{21}(a^*, e^*, i^*, \Omega^*, \omega^*) + \varepsilon^2 F_{22}(a^*, e^*, i^*, \Omega^*, \omega^*) + \cdots \\
\dot{i}^* = \varepsilon F_{31}(a^*, e^*, i^*, \Omega^*, \omega^*) + \varepsilon^2 F_{32}(a^*, e^*, i^*, \Omega^*, \omega^*) + \cdots \\
\dot{\Omega}^* = \omega_{10} + \varepsilon G_{11}(a^*, e^*, i^*, \Omega^*, \omega^*) + \varepsilon^2 G_{12}(a^*, e^*, i^*, \Omega^*, \omega^*) + \cdots \\
\dot{\omega}^* = \omega_{20} + \varepsilon G_{21}(a^*, e^*, i^*, \Omega^*, \omega^*) + \varepsilon^2 G_{22}(a^*, e^*, i^*, \Omega^*, \omega^*) + \cdots \\
\dot{M}^* = \omega_{30} + \varepsilon G_{31}(a^*, e^*, i^*, \Omega^*, \omega^*) + \varepsilon^2 G_{32}(a^*, e^*, i^*, \Omega^*, \omega^*) + \cdots
\end{cases}
\tag{3-181}
$$

该动力学模型实际上为 2 自由度系统,对应的根数被称为拟平均根数。相应的显式变换为

$$
\begin{cases}
a = a^*(t) + \varepsilon u_{11}(\boldsymbol{X}^*) + \varepsilon^2 u_{12}(\boldsymbol{X}^*) + \cdots \\
e = e^*(t) + \varepsilon u_{21}(\boldsymbol{X}^*) + \varepsilon^2 u_{22}(\boldsymbol{X}^*) + \cdots \\
i = i^*(t) + \varepsilon u_{31}(\boldsymbol{X}^*) + \varepsilon^2 u_{32}(\boldsymbol{X}^*) + \cdots \\
\Omega = \Omega^*(t) + \varepsilon v_{11}(\boldsymbol{X}^*) + \varepsilon^2 v_{12}(\boldsymbol{X}^*) + \cdots \\
\omega = \omega^*(t) + \varepsilon v_{21}(\boldsymbol{X}^*) + \varepsilon^2 v_{22}(\boldsymbol{X}^*) + \cdots \\
M = M^*(t) + \varepsilon v_{31}(\boldsymbol{X}^*) + \varepsilon^2 v_{32}(\boldsymbol{X}^*) + \cdots
\end{cases}
\tag{3-182}
$$

此即卫星轨道理论中拟平均根数法的基本思想。同样,对具体计算感兴趣的读者请参考相关书籍[3]。

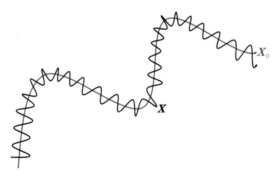

图 3-9   拟平均根数法的物理图像。黑色实线为瞬时根数,
红色实线为拟平均根数(参考轨道)

归纳一下,选择不同的参考轨道,对应不同的卫星轨道理论:

1)第一种选择——小参数幂级数解(图 3-7):参考轨道为 $t = 0$ 时刻的瞬时轨道。

2)第二种选择——平均根数理论(图 3-8):参考轨道为平均根数轨道(含长期项)。

3)第三种选择——拟平均根数理论(图 3-9):参考轨道为拟平均根数轨道(含长期项和长周期项)。

从第一到第三种选择,瞬时轨道与参考轨道之间的偏离会越来越小,说明摄动参数 ε 也越来越小。从摄动分析角度,小参量 ε 越小,摄动分析解越精确。

3.8 Krylov-Bogoliubov-Mitropolsky 方法(渐近方法)

Krylov-Bogoliubov-Mitropolsky 方法,是推广平均化方法的一种变型,也被称为渐近方法,简称 KBM 方法。它是由数学家克雷洛夫(Krylov)、博戈雷波夫(Bogoliubov)以及米特罗波利斯基(Mitropolsky)(图 3-10)提出的一种摄动方法。

图 3-10 从左到右分别为:尼古拉·米特罗凡诺维奇·克雷洛夫(Nikolay Mitrofanovich Krylov, 1879—1955)、尼古拉·尼古拉耶维奇·博戈雷波夫(Nikolay Nikolayevich Bogoliubov, 1909—1992)如尤里·阿列克谢耶维奇·米特罗波利斯基(Yurii Alexeevitch Mitropolsky, 1917—2008)

3.8.1 KBM 摄动分析方法的理论推导

某非线性系统如下

$$\ddot{u} + \omega_0^2 u = \varepsilon f(u, \dot{u}), \ 0 < \varepsilon \ll 1 \tag{3-183}$$

其中未扰系统的分析解如下

$$u_1 = a\cos(\omega_0 t + \beta) \tag{3-184}$$

其中 a 为振幅,β 为初始相位。记相位为 $\phi = \omega_0 t + \beta$,因此一阶解为

$$u_1 = a\cos\phi \tag{3-185}$$

这里 ϕ 为快变量。当存在扰动时,振幅 a 和初始相位 β 不再是常数,但相对 ϕ 而言依旧是慢变量。

KBM 摄动方法的核心思想一:以慢变量 a 和快变量 ϕ 为新的独立变量(**等价于两个时间尺度**),寻找非线性方程如下形式的幂级数解

$$u = \varepsilon u_1(a, \phi) + \varepsilon^2 u_2(a, \phi) + \varepsilon^3 u_3(a, \phi) + \cdots \tag{3-186}$$

其中 $u_1 = a\cos\phi$ 为线性系统的通解。

KBM 摄动方法的核心思想二:新变量 a 和 ϕ 表示的微分方程(变换后系统为平均化模型)是

$$\dot{a} = \varepsilon F_1(a) + \varepsilon^2 F_2(a) + \cdots \tag{3-187}$$

$$\dot{\phi} = \omega_0 + \varepsilon G_1(a) + \varepsilon^2 G_2(a) + \cdots$$

该微分方程和推广平均化方法变换后的系统完全一致。毫无疑问,新变量(a, ϕ)对应的系统 $(3-187)$是完全解析的。KBM摄动分析法需要求解的变量包括$u_i(a, \phi)$以及$(3-187)$中的函数$F_i(a)$和$G_i(a)$。下面介绍求解方法。

第一步:推导以(a, ϕ)为变量的非线性微分方程。原始微分方程为

$$\ddot{u} + \omega_0^2 u = \varepsilon f(u, \dot{u}), \quad 0 < \varepsilon \ll 1 \tag{3-188}$$

因变量对时间的二阶导数为

$$\frac{\mathrm{d}^2 u}{\mathrm{d}t^2} = \dot{a}^2 \frac{\partial^2 u}{\partial a^2} + \ddot{a} \frac{\partial u}{\partial a} + 2\dot{a}\dot{\phi} \frac{\partial^2 u}{\partial a \partial \phi} + \dot{\phi}^2 \frac{\partial^2 u}{\partial \phi^2} + \ddot{\phi} \frac{\partial u}{\partial \phi} \tag{3-189}$$

其中

$$u = \varepsilon u_1 + \varepsilon^2 u_2 + \varepsilon^3 u_3 + \cdots \tag{3-190}$$

$$\dot{a} = \varepsilon F_1(a) + \varepsilon^2 F_2(a) + \cdots \tag{3-191}$$

$$\dot{\phi} = 1 + \varepsilon G_1(a) + \varepsilon^2 G_2(a) + \cdots$$

以及

$$\ddot{a} = (\varepsilon F_1' + \varepsilon^2 F_2' + \cdots)(\varepsilon F_1 + \varepsilon^2 F_2 + \cdots) = \varepsilon^2 F_1 F_1' + \varepsilon^3 (F_1' F_2 + F_1 F_2') + \cdots$$

$$\ddot{\phi} = (\varepsilon G_1' + \varepsilon^2 G_2' + \cdots)(\varepsilon F_1 + \varepsilon^2 F_2 + \cdots) = \varepsilon^2 F_1 G_1' + \varepsilon^3 (F_1 G_2' + F_2 G_1') + \cdots \tag{3-192}$$

将以上表达式代入运动方程,可得

$$(\varepsilon F_1 + \varepsilon^2 F_2 + \cdots)^2 \frac{\partial^2}{\partial a^2}(\varepsilon u_1 + \varepsilon^2 u_2 + \varepsilon^3 u_3 + \cdots) +$$

$$[\varepsilon^2 F_1 F_1' + \varepsilon^3(F_1' F_2 + F_1 F_2') + \cdots] \frac{\partial}{\partial a}(\varepsilon u_1 + \varepsilon^2 u_2 + \varepsilon^3 u_3 + \cdots) +$$

$$2(\varepsilon F_1 + \varepsilon^2 F_2 + \cdots)(1 + \varepsilon G_1 + \varepsilon^2 G_2 + \cdots) \frac{\partial^2}{\partial a \partial \phi}(\varepsilon u_1 + \varepsilon^2 u_2 + \varepsilon^3 u_3 + \cdots) +$$

$$(1 + \varepsilon G_1 + \varepsilon^2 G_2 + \cdots)^2 \frac{\partial^2}{\partial \phi^2}(\varepsilon u_1 + \varepsilon^2 u_2 + \varepsilon^3 u_3 + \cdots) +$$

$$[\varepsilon^2 F_1 G_1' + \varepsilon^3(F_1 G_2' + F_2 G_1') + \cdots] \frac{\partial}{\partial \phi}(\varepsilon u_1 + \varepsilon^2 u_2 + \varepsilon^3 u_3 + \cdots) +$$

$$\omega_0^2(\varepsilon u_1 + \varepsilon^2 u_2 + \varepsilon^3 u_3 + \cdots) = \varepsilon f(\varepsilon u_1 + \varepsilon^2 u_2 + \varepsilon^3 u_3 + \cdots, \varepsilon \dot{u}_1 + \varepsilon^2 \dot{u}_2 + \varepsilon^3 \dot{u}_3 + \cdots)$$

$$\tag{3-193}$$

第二步:将$(3-193)$右边在$\varepsilon = 0$附近作Taylor展开,然后根据相同幂次项系数相等的原则,构造摄动分析方程组。

第三步:逐次求解待定函数$u_i(a, \phi)$以及$F_i(a)$和$G_i(a)$。

3.8.2 KBM 摄动方法的应用

下面以本章的示例问题为例,介绍 KBM 方法的具体应用。本章问题为

$$\ddot{u}+u+\alpha_2 u^2+\alpha_3 u^3=0 \tag{3-194}$$

未扰系统的解为

$$u=a\cos(t+\beta) \tag{3-195}$$

其中 a 和 β 是常数。当扰动存在时,我们把(3-195)看作是扰动方程解的首项,并且不再把 a 和 β 看作常数,而是看作关于时间的慢变量。

引入快变量(线性系统相位角)

$$\phi=t+\beta \tag{3-196}$$

目的是寻找如下形式的摄动解

$$u(a,\phi)=\varepsilon u_1(a,\phi)+\varepsilon^2 u_2(a,\phi)+\varepsilon^3 u_3(a,\phi)+\cdots \tag{3-197}$$

其中 a 为线性系统的振幅,是关于时间的慢变量,ϕ 是线性系统的相位,是关于时间的快变量。摄动解(3-197)等价于以慢变量 a 和快变量 ϕ 为时间尺度的多尺度过程。这是非常重要的思想。

由于 a 和 β 是关于时间 t 的慢变函数,它们遵循的微分方程为

$$\begin{aligned}
\dot{a}&=\varepsilon F_1(a)+\varepsilon^2 F_2(a)+\cdots\\
\dot{\phi}&=1+\dot{\beta}=1+\varepsilon G_1(a)+\varepsilon^2 G_2(a)+\cdots
\end{aligned} \tag{3-198}$$

将(3-198)对时间 t 求导数,可得

$$\begin{aligned}
\ddot{a}&=\varepsilon\frac{\mathrm{d}F_1}{\mathrm{d}a}\dot{a}+\varepsilon^2\frac{\mathrm{d}F_2}{\mathrm{d}a}\dot{a}+\cdots=(\varepsilon F_1'+\varepsilon^2 F_2'+\cdots)\dot{a}\\
\ddot{\phi}&=\varepsilon\frac{\mathrm{d}G_1}{\mathrm{d}a}\dot{a}+\varepsilon^2\frac{\mathrm{d}G_2}{\mathrm{d}a}\dot{a}+\cdots=(\varepsilon G_1'+\varepsilon^2 G_2'+\cdots)\dot{a}
\end{aligned} \tag{3-199}$$

再将(3-198)代入上式,可得

$$\begin{aligned}
\ddot{a}&=(\varepsilon F_1'+\varepsilon^2 F_2')\dot{a}+\cdots\\
&=(\varepsilon F_1'+\varepsilon^2 F_2')(\varepsilon F_1+\varepsilon^2 F_2)+\cdots=\varepsilon^2 F_1 F_1'+\mathcal{O}(\varepsilon^3)\\
\ddot{\phi}&=(\varepsilon G_1'+\varepsilon^2 G_2')\dot{a}+\cdots\\
&=(\varepsilon G_1'+\varepsilon^2 G_2')(\varepsilon F_1+\varepsilon^2 F_2)+\cdots=\varepsilon^2 F_1 G_1'+\mathcal{O}(\varepsilon^3)
\end{aligned} \tag{3-200}$$

根据链式法则,把对时间 t 的导数用 a 和 ϕ 来表示

$$\begin{aligned}
\frac{\mathrm{d}}{\mathrm{d}t}&=\dot{a}\frac{\partial}{\partial a}+\dot{\phi}\frac{\partial}{\partial\phi}\\
\frac{\mathrm{d}^2}{\mathrm{d}t^2}&=\dot{a}^2\frac{\partial^2}{\partial a^2}+\ddot{a}\frac{\partial}{\partial a}+2\dot{a}\dot{\phi}\frac{\partial^2}{\partial a\partial\phi}+\dot{\phi}^2\frac{\partial^2}{\partial\phi^2}+\ddot{\phi}\frac{\partial}{\partial\phi}
\end{aligned} \tag{3-201}$$

将 $\dot{a}$、$\dot{\phi}$、$\ddot{a}$ 以及 $\ddot{\phi}$ 的表达式代入 $(3-201)$，可得

$$\frac{\mathrm{d}}{\mathrm{d}t}=(\varepsilon F_1+\varepsilon^2 F_2+\cdots)\frac{\partial}{\partial a}+(1+\varepsilon G_1+\varepsilon^2 G_2+\cdots)\frac{\partial}{\partial\phi}$$

$$\frac{\mathrm{d}^2}{\mathrm{d}t^2}=(\varepsilon F_1+\varepsilon^2 F_2+\cdots)^2\frac{\partial^2}{\partial a^2}+(\varepsilon^2 F_1 F_1'+\cdots)\frac{\partial}{\partial a}+ \qquad (3-202)$$

$$2(\varepsilon F_1+\varepsilon^2 F_2+\cdots)(1+\varepsilon G_1+\varepsilon^2 G_2+\cdots)\frac{\partial^2}{\partial a\partial\phi}+$$

$$(1+\varepsilon G_1+\varepsilon^2 G_2+\cdots)^2\frac{\partial^2}{\partial\phi^2}+(\varepsilon^2 F_1 G_1'+\cdots)\frac{\partial}{\partial\phi}$$

化简后可得

$$\frac{\mathrm{d}}{\mathrm{d}t}=\frac{\partial}{\partial\phi}+\varepsilon\left(F_1\frac{\partial}{\partial a}+G_1\frac{\partial}{\partial\phi}\right)+\varepsilon^2\left(F_2\frac{\partial}{\partial a}+G_2\frac{\partial}{\partial\phi}\right)+\cdots$$

$$\frac{\mathrm{d}^2}{\mathrm{d}t^2}=\frac{\partial^2}{\partial\phi^2}+2\varepsilon\left(F_1\frac{\partial^2}{\partial a\partial\phi}+G_1\frac{\partial^2}{\partial\phi^2}\right)+\varepsilon^2\left[F_1{}^2\frac{\partial^2}{\partial a^2}+F_1 F_1'\frac{\partial}{\partial a}+\right. \qquad (3-203)$$

$$\left.2(F_1 G_1+F_2)\frac{\partial^2}{\partial a\partial\phi}+(G_1{}^2+2G_2)\frac{\partial^2}{\partial\phi^2}+F_1 G_1'\frac{\partial}{\partial\phi}\right]+\cdots$$

将 $(3-203)$ 代入原微分方程，可得

$$\frac{\partial^2 u}{\partial\phi^2}+2\varepsilon\left(F_1\frac{\partial^2 u}{\partial a\partial\phi}+G_1\frac{\partial^2 u}{\partial\phi^2}\right)+\varepsilon^2\left[2(G_1 G_1+F_2)\frac{\partial^2 u}{\partial a\partial\phi}+(G_1{}^2+2G_2)\frac{\partial^2 u}{\partial\phi^2}+\right.$$

$$\left.F_1{}^2\frac{\partial^2 u}{\partial a^2}+F_1 F_1'\frac{\partial u}{\partial a}+F_1 G_1'\frac{\partial u}{\partial\phi}\right]+u+\alpha_2 u^2+\alpha_3 u^3+\cdots=0 \qquad (3-204)$$

进一步将摄动解 $(3-186)$ 代入 $(3-204)$，微分方程变为

$$\varepsilon\frac{\partial^2}{\partial\phi^2}(u_1+\varepsilon u_2+\varepsilon^2 u_3)+2\varepsilon^2\left(F_1\frac{\partial^2}{\partial a\partial\phi}+G_1\frac{\partial^2}{\partial\phi^2}\right)(u_1+\varepsilon u_2+\varepsilon^2 u_3)+\varepsilon^3\left[2(F_1 G_1+F_2)\times\right.$$

$$\frac{\partial^2}{\partial a\partial\phi}+(G_1{}^2+2G_2)\frac{\partial^2}{\partial\phi^2}+F_1{}^2\frac{\partial^2}{\partial a^2}+F_1 F_1'\frac{\partial}{\partial a}+F_1 G_1'\frac{\partial}{\partial\phi}\left](u_1+\varepsilon u_2+\varepsilon^2 u_3)+\right.$$

$$\varepsilon(u_1+\varepsilon u_2+\varepsilon^2 u_3)+\alpha_2\varepsilon^2\ (u_1+\varepsilon u_2+\varepsilon^2 u_3)^2+\alpha_3\varepsilon^3\ (u_1+\varepsilon u_2+\varepsilon^2 u_3)^3+\cdots=0$$

$$(3-205)$$

一阶项

$$\frac{\partial^2}{\partial\phi^2}u_1+u_1=0 \qquad (3-206)$$

通解为

$$u_1=a\cos\phi \qquad (3-207)$$

二阶项

$$\frac{\partial^2 u_2}{\partial\phi^2}+u_2=2F_1\sin\phi+2aG_1\cos\phi-\frac{1}{2}\alpha_2 a^2-\frac{1}{2}\alpha_2 a^2\cos 2\phi \qquad (3-208)$$

一致有效条件为

$$F_1 = 0, G_1 = 0 \tag{3-209}$$

考虑一致有效条件后的微分方程为

$$\frac{\partial^2 u_2}{\partial \phi^2} + u_2 = -\frac{1}{2}\alpha_2 a^2 - \frac{1}{2}\alpha_2 a^2 \cos 2\phi \tag{3-210}$$

特解为

$$u_2 = -\frac{1}{2}\alpha_2 a^2 + \frac{1}{6}\alpha_2 a^2 \cos 2\phi \tag{3-211}$$

三阶项

$$\frac{\partial^2 u_3}{\partial \phi^2} + u_3 + 2G_1\frac{\partial^2 u_2}{\partial \phi^2} + 2F_1\frac{\partial^2 u_2}{\partial a \partial \phi} - (G_1^2 + 2G_2)a\cos\phi - 2(F_2 + F_1 G_1)\sin\phi +$$

$$F_1 F_1'\cos\phi - F_1 G_1' a\sin\phi + 2\alpha_2 u_2 a\cos\phi + \alpha_3 a^3\cos^3\phi = 0$$

$$\tag{3-212}$$

考虑到 $F_1 = G_1 = 0$，因此可得

$$\frac{\partial^2 u_3}{\partial \phi^2} + u_3 - 2G_2 a\cos\phi - 2F_2\sin\phi + 2\alpha_2 u_2 a\cos\phi + \alpha_3 a^3\cos^3\phi = 0 \tag{3-213}$$

再结合二阶特解(3-211)，可得

$$\frac{\partial^2 u_3}{\partial \phi^2} + u_3 = 2G_2 a\cos\phi + 2F_2\sin\phi - $$

$$2\alpha_2 a\left(-\frac{1}{2}\alpha_2 a^2 + \frac{1}{6}\alpha_2 a^2 \cos 2\phi\right)\cos\phi - \alpha_3 a^3\cos^3\phi \tag{3-214}$$

考虑三角函数项的积化和差，有

$$\frac{\partial^2 u_3}{\partial \phi^2} + u_3 = \left(2G_2 - \frac{3}{4}\alpha_3 a^2 + \frac{5}{6}\alpha_2^2 a^2\right)a\cos\phi + 2F_2\sin\phi - \left(\frac{1}{4}\alpha_3 + \frac{1}{6}\alpha_2^2\right)a^3\cos 3\phi \tag{3-215}$$

一致有效条件为

$$G_2 = \left(\frac{3}{8}\alpha_3 - \frac{5}{12}\alpha_2^2\right)a^2 \tag{3-216}$$

$$F_2 = 0$$

消除长期项的三阶运动方程变为

$$\frac{\partial^2 u_3}{\partial \phi^2} + u_3 = -\left(\frac{1}{4}\alpha_3 + \frac{1}{6}\alpha_2^2\right)a^3\cos 3\phi \tag{3-217}$$

特解为

$$u_3 = \frac{1}{8}\left(\frac{1}{4}\alpha_3 + \frac{1}{6}\alpha_2^2\right)a^3\cos 3\phi \tag{3-218}$$

将以上求得的系数代入如下方程

$$\dot{a} = \varepsilon F_1(a) + \varepsilon^2 F_2(a) + \cdots$$
$$\dot{\phi} = 1 + \varepsilon G_1(a) + \varepsilon^2 G_2(a) + \cdots \tag{3-219}$$

可得

$$\dot{a} = 0$$
$$\dot{\phi} = 1 + \left(\frac{3}{8}\alpha_3 - \frac{5}{12}\alpha_2^2\right)\varepsilon^2 a^2 + \cdots \tag{3-220}$$

其分析解为

$$a = a_0$$
$$\phi = \beta_0 + t + \left(\frac{3}{8}\alpha_3 - \frac{5}{12}\alpha_2^2\right)\varepsilon^2 a_0^2 t + \cdots \tag{3-221}$$

频率项为

$$\omega = 1 + \left(\frac{3}{8}\alpha_3 - \frac{5}{12}\alpha_2^2\right)\varepsilon^2 a_0^2 + \cdots \tag{3-222}$$

最终的摄动解为

$$u = \varepsilon a\cos\phi + \varepsilon^2 u_2(a,\phi) + \varepsilon^3 u_3(a,\phi) + \cdots \tag{3-223}$$

将 u_2 和 u_3 的表达式代入上式,可得摄动解

$$u = \varepsilon a_0\cos(\omega t + \beta_0) + \frac{1}{6}\alpha_2\varepsilon^2 a_0^2[\cos(2\omega t + 2\beta_0) - 3] +$$
$$\frac{1}{8}\left(\frac{1}{4}\alpha_3 + \frac{1}{6}\alpha_2^2\right)\varepsilon^3 a_0^3\cos(3\omega t + 3\beta_0) + \cdots \tag{3-224}$$

与之前摄动方法获得的结果完全一致。

3.9   延伸与讨论

考察 3 自由度微扰系统,比如

$$\frac{\mathrm{d}\boldsymbol{X}}{\mathrm{d}t} = \boldsymbol{F}(\boldsymbol{X}) \tag{3-225}$$

其中状态变量为

$$\boldsymbol{X} = \{I_1, I_2, I_3, \varphi_1, \varphi_2, \varphi_3\} \tag{3-226}$$

在当前模型下进行显式变换

$$\begin{cases}
I_1 = I_1^*(t) + \varepsilon u_{11}(\boldsymbol{X}^*) + \varepsilon^2 u_{12}(\boldsymbol{X}^*) + \cdots \\
I_1 = I_2^*(t) + \varepsilon u_{21}(\boldsymbol{X}^*) + \varepsilon^2 u_{22}(\boldsymbol{X}^*) + \cdots \\
I_2 = I_3^*(t) + \varepsilon u_{31}(\boldsymbol{X}^*) + \varepsilon^2 u_{32}(\boldsymbol{X}^*) + \cdots \\
\varphi_1 = \varphi_1^*(t) + \varepsilon v_{11}(\boldsymbol{X}^*) + \varepsilon^2 v_{12}(\boldsymbol{X}^*) + \cdots \\
\varphi_2 = \varphi_2^*(t) + \varepsilon v_{21}(\boldsymbol{X}^*) + \varepsilon^2 v_{22}(\boldsymbol{X}^*) + \cdots \\
\varphi_3 = \varphi_3^*(t) + \varepsilon v_{31}(\boldsymbol{X}^*) + \varepsilon^2 v_{32}(\boldsymbol{X}^*) + \cdots
\end{cases} \tag{3-227}$$

构造 n 阶解，显式变换需要求解 $6n$ 个待定函数以及变换后的运动方程中的 $6n$ 个待定函数。此即推广平均化方法。

若该系统(3-225)可用二阶微分方程表示，例如

$$\frac{\mathrm{d}^2 \boldsymbol{Y}}{\mathrm{d}t^2} = G(\boldsymbol{Y}, \dot{\boldsymbol{Y}}) \tag{3-228}$$

其中位置矢量记为

$$\boldsymbol{Y} = \{y_1, y_2, y_3\} \tag{3-229}$$

在该二阶模型下作显式变换，可得

$$\begin{cases}
y_1 = y_1^*(t) + \varepsilon w_{11}(\boldsymbol{X}^*) + \varepsilon^2 w_{12}(\boldsymbol{X}^*) + \cdots \\
y_2 = y_2^*(t) + \varepsilon w_{21}(\boldsymbol{X}^*) + \varepsilon^2 w_{22}(\boldsymbol{X}^*) + \cdots \\
y_3 = y_3^*(t) + \varepsilon w_{31}(\boldsymbol{X}^*) + \varepsilon^2 w_{32}(\boldsymbol{X}^*) + \cdots
\end{cases} \tag{3-230}$$

显然，构造 n 阶解，显式变换需要求解 $3n$ 个待定函数，变换后运动方程需要求解 $6n$ 个待定函数，此即 **KBM** 方法。

进一步，若当前系统可表示为哈密顿正则方程

$$\mathcal{H}(\boldsymbol{X}) \Rightarrow \dot{\varphi}_i = \frac{\partial \mathcal{H}}{\partial I_i}, \dot{I}_i = -\frac{\partial \mathcal{H}}{\partial \varphi_i} \tag{3-231}$$

变换后系统可用卡密顿(Kamiltonian)函数表示

$$\mathcal{K}(\boldsymbol{X}^*) = \mathcal{K}_0(\boldsymbol{X}^*) + \varepsilon \mathcal{K}_1(\boldsymbol{X}^*) + \mathcal{K}_2(\boldsymbol{X}^*) + \cdots \tag{3-232}$$

变换后系统为

$$\dot{\varphi}_i^* = \frac{\partial \mathcal{K}}{\partial I_i^*}, \ \dot{I}_i^* = -\frac{\partial \mathcal{K}}{\partial \varphi_i^*} \tag{3-233}$$

具体的变换可通过生成函数实现

$$W = W_1 + \varepsilon W_2 + \varepsilon^2 W_3 + \cdots \tag{3-234}$$

因此，构造 n 阶解，需要求解生成函数中的 n 个待定函数以及变换后 Kamiltonian 函数中的 n 个待定函数。此为第五章中讨论的 Lie 级数变换(显式变换)。

针对同一个系统，当参考轨道一定时，各种方法对应变换的待定系数个数不同(以 3 自由

度系统为例）：

    1）推广的平均化方法（最复杂）：一阶微分方程（求解 $12n$ 个待定系数）；

    2）KBM 方法（复杂度次之）：二阶微分方程（求解 $9n$ 个待定系数）；

    3）Lie 级数变换等（最简单）：Kamiltonian 函数（求解 $2n$ 个待定系数）。

    推广的平均化方法、KBM 方法以及哈密顿正则变换方法（Lie 级数变换）的复杂程度不一样，但它们都是等价的。考虑到推广平均化方法并不要求系统是哈密顿系统，也不要求系统的变量是正则变量，因此推广的平均化方法是一种通用的变换方法，蕴含了一切变换（正则与非正则）方法的本质，是变换理论的思想源头。理解了推广平均化方法，基本上就理解了在后续章节中要介绍的各种变换理论。

习　题

    1. 利用第二章介绍的 L-P 方法的第一与二修改方案，构造本章讨论问题的三阶摄动解，并进行分析比较。

    2. 分别基于推广的平均化方法和 KBM 方法求解第二章讨论的 Duffing 方程的二阶解。

    3. 基于推广平均化方法求解 van der Pol 方程

$$\ddot{u} + u = \varepsilon(1 - u^2)\dot{u}, \ \varepsilon \ll 1$$

    4. 基于推广平均化法求解如下方程

$$\ddot{u} + u + \varepsilon(u^2 + \dot{u}^2) = 0, \ \varepsilon \ll 1$$

    5. 单摆模型如下

$$\mathcal{H} = \frac{1}{2}I^2 - \cos\varphi$$

请1）利用 L-P 方法构造稳定平衡点附近的二阶解；

    2）利用推广的平均化方法构造稳定平衡点附近的二阶解。

    6. 请分别利用推广平均化方法和 KBM 方法求解马蒂厄（Mathieu）方程的二阶展开

$$\ddot{u} + (\omega_0^2 + \varepsilon\cos 2t)u = 0, \ \varepsilon \ll 1$$

    7. 请分别利用推广平均化方法和 KBM 方法求解如下方程的二阶解

$$\ddot{u} + u = \varepsilon(1 - u^2)\dot{u} + \varepsilon u^3, \varepsilon \ll 1$$

参考文献

［1］Nayfeh H. 摄动方法引论［M］. 宋家骕，译. 上海：上海翻译出版公司，1981.

［2］Kozai Y. The motion of a close earth satellite［J］. Astronomical Journal, Vol. 64,

p. 367 (1959)，1959，64：367.

［3］刘林,汤靖师. 卫星轨道理论与应用［M］. 北京：电子工业出版社,2017.

［4］高峰. 人造地球卫星轨道摄动理论［M］.长沙：国防科大出版社,1999.

第四章

摄动分析方法的应用

本章在不同动力学模型下考虑摄动分析方法的具体应用。4.1 节介绍相对运动的数学模型，以及如何基于摄动分析方法构造相对运动方程的三阶和高阶解；4.2 节以圆型限制性三体系统下共线平动点附近晕(Halo)轨道的三阶解构造为例，介绍 Lindstedt-Poincaré 方法的具体应用；4.3 节进一步介绍平动点附近的中心流形和不变流形(半分析方法)；4.4 节介绍平动点附近中心流形的统一分析理论；4.5 节基于摄动分析方法讨论椭圆型限制性三体系统下三角平动点在(μ,e)平面上的稳定性曲线；4.6 节讨论天体力学中非常重要的受摄二体问题对应的高斯运动方程和拉格朗日行星运动方程的推导。

4.1 相对运动模型及分析解

这里的相对运动模型描述的是在二体系统下航天器与航天器之间的相对运动(图 4 – 1)。相对运动方程的分析解对于编队飞行及星座构型的设计非常重要。本节主要讨论圆参考轨道和椭圆参考轨道两种情况对应的相对运动模型，并利用前面章节介绍的摄动分析方法，包括直接展开法和 L-P 方法，构造相对运动方程的三阶和高阶解。

图 4 – 1 卫星编队飞行的示意图。当主星绕地球做圆轨道运动时，对应圆参考轨道的相对运动；当主星做椭圆运动时，对应椭圆参考轨道的相对运动

4.1.1　圆参考轨道的相对运动模型

在建立运动方程之前,有必要简单交代一下坐标系的设置和基本单位系统的选取。这里从圆型限制性三体问题角度来描述。坐标系选择为质心旋转坐标系,原点位于系统的质心,X 轴由主天体指向次主天体并随次主天体一起旋转,Z 轴指向轨道角动量方向,Y 轴的指向由右手系法则确定(见图 4-2)。此外,为了推导和计算的方便,需要选择合适的单位系统:**主天体和次主天体的质量之和为质量单位,主天体和次主天体的瞬时距离为长度单位,次主天体绕中心天体的轨道周期除以 2π 为时间单位**。在此单位系统下,次主天体的无量纲质量为 $\mu = \dfrac{m_2}{m_1 + m_2}$,对应限制性三体系统的质量参数,主天体的质量则为 $1-\mu$,次主天体的轨道周期为 2π(平运动频率为1),万有引力常数变为 $\mathcal{G}=1$。在质心旋转坐标系下,主天体和次主天体的位置是固定的,分别位于 x 轴上的 $(-\mu,0,0)$ 和 $(1-\mu,0,0)$。

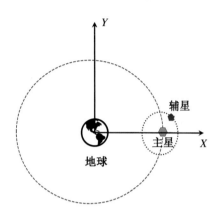

图 4-2　当系统的质量参数 $\mu \to 0$ 时,整个单位圆周都退化为平动点

主卫星围绕中心天体(地球)做圆轨道运动时,质心旋转坐标系下卫星的运动方程类似于圆型限制性三体问题的运动方程

$$\ddot{X} - 2\dot{Y} = \frac{\partial \Omega}{\partial X},\ \ddot{Y} + 2\dot{X} = \frac{\partial \Omega}{\partial Y},\ \ddot{Z} = \frac{\partial \Omega}{\partial Z} \tag{4-1}$$

其中有效势函数为

$$\Omega = \frac{1}{2}(X^2 + Y^2) + \frac{1-\mu}{R_1} + \frac{\mu}{R_2} + \frac{1}{2}\mu(1-\mu) \tag{4-2}$$

μ 为系统的质量参数。当次主天体为人造卫星时,有 $\mu \to 0$,从而可得相对运动模型的有效势函数为

$$\Omega = \frac{1}{2}(X^2 + Y^2) + \frac{1}{R_1} = \frac{1}{2}(X^2 + Y^2) + \frac{1}{\sqrt{X^2 + Y^2 + Z^2}} \tag{4-3}$$

卫星速度和加速度等于零的点对应平动点,即

$$X - \frac{X}{R_1^3} = 0,\ Y - \frac{Y}{R_1^3} = 0,\ \frac{Z}{R_1^3} = 0 \tag{4-4}$$

第三个条件表明,平动点位于 X-Y 平面上,前两个条件进一步表明,平动点位于 $R_1 = 1$ 的单位圆上,即主卫星所在的整个圆周都是相对运动模型的平动点(见图 4-2)。

因此,研究主卫星附近的编队构型,相当于研究平动点(主卫星所在位置为平动点)附近的相对运动。为了方便,将坐标系的原点由地球质心移至主卫星所在的位置,坐标系的指向保持不变。以$(x=X-1,y=Y,z=Z)$表示辅星相对于主卫星的位置坐标,可得相对运动方程为

$$\ddot{x}-2\dot{y}=\frac{\partial\Omega}{\partial x},\;\ddot{y}+2\dot{x}=\frac{\partial\Omega}{\partial y},\;\ddot{z}=\frac{\partial\Omega}{\partial z} \qquad (4-5)$$

其中有效势函数为

$$\Omega=\frac{1}{2}\big[(x+1)^2+y^2\big]+\frac{1}{\sqrt{(x+1)^2+y^2+z^2}} \qquad (4-6)$$

根据第一章介绍的 Legendre 多项式展开,可得

$$\frac{1}{\sqrt{(x-A)^2+(y-B)^2+(z-C)^2}}=\frac{1}{D}\sum_{n\geqslant0}\Big(\frac{\rho}{D}\Big)^nP_n\Big(\frac{Ax+By+Cz}{D\rho}\Big) \qquad (4-7)$$

其中 $D^2=A^2+B^2+C^2$ 以及 $\rho^2=x^2+y^2+z^2$。将有效势函数(4-6)展开为 Legendre 多项式的形式

$$\Omega=\frac{1}{2}\big[(x+1)^2+y^2\big]+\sum_{n\geqslant0}\rho^nP_n\Big(\frac{-x}{\rho}\Big) \qquad (4-8)$$

将上式中 Legendre 多项式的前两项展开并整理,可得

$$\Omega=\frac{3}{2}(1+x^2)-\frac{1}{2}z^2+\sum_{n\geqslant3}\rho^nP_n\Big(\frac{-x}{\rho}\Big) \qquad (4-9)$$

将有效势函数(4-9)代入运动方程(4-5),可得

$$\begin{cases}\ddot{x}-2\dot{y}-3x=\dfrac{\partial}{\partial x}\displaystyle\sum_{n\geqslant3}\rho^nP_n\Big(-\dfrac{x}{\rho}\Big)\\[2mm]\ddot{y}+2\dot{x}=\dfrac{\partial}{\partial y}\displaystyle\sum_{n\geqslant3}\rho^nP_n\Big(-\dfrac{x}{\rho}\Big)\\[2mm]\ddot{z}+z=\dfrac{\partial}{\partial z}\displaystyle\sum_{n\geqslant3}\rho^nP_n\Big(-\dfrac{x}{\rho}\Big)\end{cases} \qquad (4-10)$$

为了方便,记 $T_n(x,y,z)=\rho^nP_n\Big(-\dfrac{x}{\rho}\Big)$ 和 $R_{n-1}(x,y,z)=\dfrac{1}{y}\dfrac{\partial T_{n+1}}{\partial y}=\dfrac{1}{z}\dfrac{\partial T_{n+1}}{\partial z}$,这里 T_n 为坐标变量(x,y,z)的 n 次多项式,R_{n-1} 为(x,y,z)的 $n-1$ 次多项式。下面我们继续推导关于 T_n 和 R_n 的递推关系。

Legendre 多项式的递推关系为(见第一章)

$$P_{n+1}(x)=\frac{2n+1}{n+1}xP_n(x)-\frac{n}{n+1}P_{n-1}(x),\;n=1,2,3,\cdots \qquad (4-11)$$

该递推关系起始于 $P_0(x)=1$ 和 $P_1(x)=x$。因此

$$T_{n+1}=\rho^{n+1}P_{n+1}\Big(-\frac{x}{\rho}\Big)=\frac{2n+1}{n+1}\rho^{n+1}\Big(-\frac{x}{\rho}\Big)P_n\Big(-\frac{x}{\rho}\Big)-\frac{n}{n+1}\rho^{n+1}P_{n-1}\Big(-\frac{x}{\rho}\Big)\quad(4-12)$$

将上式整理为

$$T_{n+1} = -\frac{2n+1}{n+1} x \rho^n P_n \left(-\frac{x}{\rho}\right) - \frac{n}{n+1} \rho^2 \rho^{n-1} P_{n-1} \left(-\frac{x}{\rho}\right) \qquad (4-13)$$

于是

$$T_{n+1} = -\frac{2n+1}{n+1} x T_n - \frac{n}{n+1} \rho^2 T_{n-1} \qquad (4-14)$$

可得关于 T_n 的递推关系

$$T_n = -\frac{2n-1}{n} x T_{n-1} - \frac{n-1}{n} \rho^2 T_{n-2} \qquad (4-15)$$

根据(4-14),求 T_{n+1} 对 y 的偏导数,可得

$$\frac{1}{y} \frac{\partial T_{n+1}}{\partial y} = -\frac{2n+1}{n+1} x \frac{1}{y} \frac{\partial T_n}{\partial y} - \frac{2n}{n+1} T_{n-1} - \frac{n}{n+1} \rho^2 \frac{1}{y} \frac{\partial T_{n-1}}{\partial y} \qquad (4-16)$$

根据定义有

$$R_{n-1} = -\frac{2n+1}{n+1} x R_{n-2} - \frac{2n}{n+1} T_{n-1} - \frac{n}{n+1} \rho^2 R_{n-3} \qquad (4-17)$$

得到 R_n 的递推关系为

$$R_n = -\frac{2n+3}{n+2} x R_{n-1} - \frac{2n+2}{n+2} T_n - \frac{n+1}{n+2} \rho^2 R_{n-2} \qquad (4-18)$$

至此,相对运动方程(4-10)变为如下形式

$$\begin{cases} \ddot{x} - 2\dot{y} - 3x = \dfrac{\partial}{\partial x} \sum_{n \geqslant 3} T_n \\[2mm] \ddot{y} + 2\dot{x} = y \sum_{n \geqslant 2} R_{n-1} \\[2mm] \ddot{z} + z = z \sum_{n \geqslant 2} R_{n-1} \end{cases} \qquad (4-19)$$

为了进一步推导运动方程的递推关系,仍需继续推导 $\dfrac{\partial}{\partial x} T_n$ 的表达式。考虑到方程(4-14),可得如下偏微分关系

$$\frac{\partial T_{n+1}}{\partial x} = \frac{\partial}{\partial x} (\rho^{n+1} P_{n+1}) = (n+1) \rho^n \frac{x}{\rho} P_{n+1} + \rho^{n+1} \left(\frac{\partial}{\partial x} P_{n+1}\right) \qquad (4-20)$$

化简上式可得

$$\frac{\partial T_{n+1}}{\partial x} = (n+1) \rho^{n-1} x P_{n+1} + \rho^{n+1} P'_{n+1} \frac{\partial}{\partial x} \left(-\frac{x}{\rho}\right) \qquad (4-21)$$

$$= (n+1) \rho^{n-1} x P_{n+1} + \rho^{n+1} \frac{x^2 - \rho^2}{\rho^3} P'_{n+1}$$

考虑到 Legendre 多项式的导数存在如下递推关系(参考第一章)

$$(1-x^2)P_n'(x)=nP_{n-1}(x)-nxP_n(x) \tag{4-22}$$

从而有

$$P_{n+1}'=\frac{1}{1-\left(-\dfrac{x}{\rho}\right)^2}\left[(n+1)P_n-(n+1)\left(-\frac{x}{\rho}\right)P_{n+1}\right]$$

$$=\frac{(n+1)\rho^2}{\rho^2-x^2}P_n+\frac{(n+1)\rho x}{\rho^2-x^2}P_{n+1} \tag{4-23}$$

将其代入(4-21)可得

$$\frac{\partial T_{n+1}}{\partial x}=(n+1)\rho^{n-1}xP_{n+1}+\rho^{n-2}(x^2-\rho^2)\left[\frac{(n+1)\rho^2}{\rho^2-x^2}P_n+\frac{(n+1)\rho x}{\rho^2-x^2}P_{n+1}\right] \tag{4-24}$$

整理并化简后可得

$$\frac{\partial T_{n+1}}{\partial x}=(n+1)\rho^{n-1}xP_{n+1}-(n+1)\rho^nP_n-(n+1)\rho^{n-1}xP_{n+1} \tag{4-25}$$

因此有

$$\frac{\partial}{\partial x}T_{n+1}=-(n+1)\rho^nP_n=-(n+1)T_n \tag{4-26}$$

将(4-26)代入(4-19),相对运动方程变为如下形式

$$\begin{cases}\ddot{x}-2\dot{y}-3x=-\displaystyle\sum_{n\geqslant 2}(n+1)T_n\\[2mm]\ddot{y}+2\dot{x}=y\displaystyle\sum_{n\geqslant 2}R_{n-1}\\[2mm]\ddot{z}+z=z\displaystyle\sum_{n\geqslant 2}R_{n-1}\end{cases} \tag{4-27}$$

其中 T_n 和 R_n 的递推关系为

$$T_n=-\frac{2n-1}{n}xT_{n-1}-\frac{n-1}{n}\rho^2T_{n-2} \tag{4-28}$$

$$R_n=-\frac{2n+3}{n+2}xR_{n-1}-\frac{2n+2}{n+2}T_n-\frac{n+1}{n+2}\rho^2R_{n-2} \tag{4-29}$$

递推的起始值为 $T_0=1,T_1=-x$ 和 $R_0=-1,R_1=3x$。

相对运动模型是一个不含任何系统参数的动力学模型,因此只要是在无量纲单位系统下,任何中心天体的动力学环境下相对运动模型都是一致的。下面几节内容将以(4-27)为基础构造相对运动方程的三阶和高阶解。

4.1.2 相对运动方程的三阶解(L-P 方法)

Richardson[1]基于 L-P 方法推导了圆参考轨道相对运动方程的三阶解。这里依据文献

介绍相对运动方程三阶分析解构造的细节。

截断到三阶项的运动方程为

$$\begin{cases} \ddot{x} - 2\dot{y} - 3x = -\dfrac{3}{2}(2x^2 - y^2 - z^2) + 2x(2x^2 - 3y^2 - 3z^2) \\[2mm] \ddot{y} + 2\dot{x} = 3xy - \dfrac{3}{2}y(4x^2 - y^2 - z^2) \\[2mm] \ddot{z} + z = 3xz - \dfrac{3}{2}z(4x^2 - y^2 - z^2) \end{cases} \qquad (4\text{-}30)$$

引入时间坐标的伸缩变换

$$\tau = \omega t \qquad (4\text{-}31)$$

时间导数变为

$$\frac{\mathrm{d}}{\mathrm{d}t} = \omega\frac{\mathrm{d}}{\mathrm{d}\tau}, \ \frac{\mathrm{d}^2}{\mathrm{d}t^2} = \omega^2\frac{\mathrm{d}^2}{\mathrm{d}\tau^2} \qquad (4\text{-}32)$$

利用第二和第三章介绍的 L-P 摄动分析方法,对空间变量(x,y,z)以及频率项ω都进行摄动展开(此为 L-P 方法的核心)

$$x(\tau) = \varepsilon x_1 + \varepsilon^2 x_2 + \varepsilon^3 x_3 + \mathcal{O}(\varepsilon^4)$$
$$y(\tau) = \varepsilon y_1 + \varepsilon^2 y_2 + \varepsilon^3 y_3 + \mathcal{O}(\varepsilon^4) \qquad (4\text{-}33)$$
$$z(\tau) = \varepsilon z_1 + \varepsilon^2 z_2 + \varepsilon^3 z_3 + \mathcal{O}(\varepsilon^4)$$
$$\omega = 1 + \varepsilon\omega_1 + \varepsilon^2\omega_2 + \mathcal{O}(\varepsilon^3) \qquad (4\text{-}34)$$

将幂级数解代入三阶运动方程(4-30),有

$$\begin{cases} (1+\varepsilon\omega_1+\varepsilon^2\omega_2)^2 x'' - 2(1+\varepsilon\omega_1+\varepsilon^2\omega_2)y' - 3x = -\dfrac{3}{2}(2x^2-y^2-z^2) + \\[2mm] \qquad\qquad\qquad\qquad\qquad\qquad\qquad\qquad\qquad 2x(2x^2-3y^2-3z^2) \\[2mm] (1+\varepsilon\omega_1+\varepsilon^2\omega_2)^2 y'' + 2(1+\varepsilon\omega_1+\varepsilon^2\omega_2)x' = 3xy - \dfrac{3}{2}y(4x^2-y^2-z^2) \\[2mm] (1+\varepsilon\omega_1+\varepsilon^2\omega_2)^2 z'' + z = 3xz - \dfrac{3}{2}z(4x^2-y^2-z^2) \end{cases} \qquad (4\text{-}35)$$

一阶项(线性系统)

$$\begin{cases} x_1'' - 2y_1' - 3x_1 = 0 \\ y_1'' + 2x_1' = 0 \\ z_1'' + z_1 = 0 \end{cases} \qquad (4\text{-}36)$$

一阶解为

$$\begin{cases} x_1 = -\alpha\cos\theta_1 \\ y_1 = 2\alpha\sin\theta_1 \\ z_1 = \beta\cos\theta_2 \end{cases} \qquad (4\text{-}37)$$

其中 α 为平面内振幅，β 为垂直平面振幅。平面内和垂直平面运动的相位分别为

$$\theta_1 = \tau + \theta_{10}$$
$$\theta_2 = \tau + \theta_{20} \tag{4-38}$$

θ_{10} 和 θ_{20} 分别为平面内和垂直平面运动的初始相位角。

二阶项

$$\begin{cases} x_2'' - 2y_2' - 3x_2 = -2\omega_1(x_1'' - y_1') - \dfrac{3}{2}(2x_1{}^2 - y_1{}^2 - z_1{}^2) \\ y_2'' + 2x_2' = -2\omega_1(y_1'' + x_1') + 3x_1 y_1 \\ z_2'' + z_2 = -2\omega_1 z_1'' + 3x_1 z_1 \end{cases} \tag{4-39}$$

将一阶解(4-37)代入上式，可得

$$\begin{cases} x_2'' - 2y_2' - 3x_2 = -2\omega_1(\alpha\cos\theta_1 - 2\alpha\cos\theta_1) - \\ \qquad\qquad \dfrac{3}{2}(2\alpha^2\cos^2\theta_1 - 4\alpha^2\sin^2\theta_1 - \beta^2\cos^2\theta_2) \\ y_2'' + 2x_2' = -2\omega_1(-2\alpha\sin\theta_1 + \alpha\sin\theta_1) - 6\alpha^2\sin\theta_1\cos\theta_1 \\ z_2'' + z_2 = 2\omega_1\beta\cos\theta_2 - 3\alpha\beta\cos\theta_1\cos\theta_2 \end{cases} \tag{4-40}$$

其中第三个方程的右边第一项($2\omega_1\beta\cos\theta_2$)会导致摄动解出现混合长期项。因此，一致有效条件为①

$$\omega_1 = 0 \tag{4-41}$$

消除混合长期项后的微分方程组(考虑三角函数的积化和差)为

$$\begin{cases} x_2'' - 2y_2' - 3x_2 = \dfrac{3}{4}(2\alpha^2 + \beta^2) - \dfrac{9}{2}\alpha^2\cos 2\theta_1 + \dfrac{3}{4}\beta^2\cos 2\theta_2 \\ y_2'' + 2x_2' = -3\alpha^2\sin 2\theta_1 \\ z_2'' + z_2 = -\dfrac{3}{2}\alpha\beta[\cos(\theta_1 - \theta_2) + \cos(\theta_1 + \theta_2)] \end{cases} \tag{4-42}$$

利用待定系数法可求得二阶项的特解为

$$\begin{cases} x_2 = -\dfrac{1}{4}(2\alpha^2 + \beta^2) + \dfrac{1}{2}\alpha^2\cos 2\theta_1 - \dfrac{1}{4}\beta^2\cos 2\theta_2 \\ y_2 = \dfrac{1}{4}\alpha^2\sin 2\theta_1 + \dfrac{1}{4}\beta^2\sin 2\theta_2 \\ z_2 = \dfrac{1}{2}\alpha\beta[\cos(\theta_1 + \theta_2) - 3\cos(\theta_1 - \theta_2)] \end{cases} \tag{4-43}$$

---

① 这里只能根据第三个方程得到一致有效条件，而第一、二方程是耦合的，不能直接得到一致有效条件。

三阶项

$$
\begin{cases}
x_3'' + 2\omega_2 x_1'' - 2(y_3' + \omega_2 y_1') - 3x_3 = -\dfrac{3}{2}(4x_1 x_2 - 2y_1 y_2 - 2z_1 z_2) + \\
\qquad\qquad\qquad\qquad\qquad 2x_1(2x_1{}^2 - 3y_1{}^2 - 3z_1{}^2) \\
y_3'' + 2\omega_2 y_1'' + 2(x_3' + \omega_2 x_1') = 3(x_1 y_2 + x_2 y_1) - \dfrac{3}{2}y_1(4x_1{}^2 - y_1{}^2 - z_1{}^2) \\
z_3'' + 2\omega_2 z_1'' + z_3 = 3(x_1 z_2 + x_2 z_1) - \dfrac{3}{2}z_1(4x_1{}^2 - y_1{}^2 - z_1{}^2)
\end{cases}
\tag{4-44}
$$

通过整理，可得

$$
\begin{cases}
x_3'' - 2y_3' - 3x_3 = -2\omega_2(x_1'' - y_1') - \dfrac{3}{2}(4x_1 x_2 - 2y_1 y_2 - 2z_1 z_2) + \\
\qquad\qquad\qquad 2x_1(2x_1{}^2 - 3y_1{}^2 - 3z_1{}^2) \\
y_3'' + 2x_3' = -2\omega_2(y_1'' + x_1') + 3(x_1 y_2 + x_2 y_1) - \dfrac{3}{2}y_1(4x_1{}^2 - y_1{}^2 - z_1{}^2) \\
z_3'' + z_3 = -2\omega_2 z_1'' + 3(x_1 z_2 + x_2 z_1) - \dfrac{3}{2}z_1(4x_1{}^2 - y_1{}^2 - z_1{}^2)
\end{cases}
\tag{4-45}
$$

不难发现，第三个方程右边的第一项 $(-2\omega_2 z_1'')$ 会导致混合长期项。因此，一致有效条件为

$$
\omega_2 = 0 \tag{4-46}
$$

将一阶和二阶解代入 $(4-45)$ 并消除长期项，微分方程变为

$$
\begin{cases}
x_3'' - 2y_3' - 3x_3 = -\dfrac{3}{4}\alpha\beta^2 \cos(\theta_1 - 2\theta_2) + \dfrac{9}{4}\alpha^3 \cos\theta_1 + \\
\qquad\qquad\qquad \dfrac{3}{4}\alpha\beta^2 \cos(\theta_1 + 2\theta_2) - \dfrac{25}{4}\alpha^3 \cos 3\theta_1 \\
y_3'' + 2x_3' = \dfrac{3}{8}\alpha\beta^2 \sin(\theta_1 - 2\theta_2) + \dfrac{9}{8}\alpha^3 \sin\theta_1 - \\
\qquad\qquad\qquad \dfrac{3}{8}\alpha\beta^2 \sin(\theta_1 + 2\theta_2) - \dfrac{39}{8}\alpha^3 \sin 3\theta_1 \\
z_3'' + z_3 = -3\alpha^2\beta\cos(2\theta_1 + \theta_2)
\end{cases}
\tag{4-47}
$$

积分第二个方程并代入第一个方程，三阶项方程的特解为

$$
\begin{cases}
x_3 = -\dfrac{1}{8}\alpha\beta^2 \cos(\theta_1 + 2\theta_2) + \dfrac{3}{8}\alpha^3 \cos 3\theta_1 \\
y_3 = \dfrac{1}{8}\alpha\beta^2 \sin(\theta_1 + 2\theta_2) + \dfrac{7}{24}\alpha^3 \sin 3\theta_1 - \dfrac{3}{8}\alpha\beta^2 \sin(\theta_1 - 2\theta_2) - \dfrac{9}{8}\alpha^3 \sin\theta_1 \\
z_3 = \dfrac{3}{8}\alpha^2\beta\cos(2\theta_1 + \theta_2)
\end{cases}
\tag{4-48}
$$

综上，直到三阶项的相对运动方程的摄动分析解为

$$\begin{cases} x = -\alpha\cos\theta_1 - \dfrac{1}{4}(2\alpha^2+\beta^2) + \dfrac{1}{2}\alpha^2\cos 2\theta_1 - \dfrac{1}{4}\beta^2\cos 2\theta_2 - \\ \qquad \dfrac{1}{8}\alpha\beta^2\cos(\theta_1+2\theta_2) + \dfrac{3}{8}\alpha^3\cos 3\theta_1 \\ y = 2\alpha\sin\theta_1 + \dfrac{1}{4}\alpha^2\sin 2\theta_1 + \dfrac{1}{4}\beta^2\sin 2\theta_2 + \dfrac{1}{8}\alpha\beta^2\sin(\theta_1+2\theta_2) + \\ \qquad \dfrac{7}{24}\alpha^3\sin 3\theta_1 - \dfrac{3}{8}\alpha\beta^2\sin(\theta_1-2\theta_2) - \dfrac{9}{8}\alpha^3\sin\theta_1 \\ z = \beta\cos\theta_2 + \dfrac{1}{2}\alpha\beta[\cos(\theta_1+\theta_2) - 3\cos(\theta_1-\theta_2)] + \dfrac{3}{8}\alpha^2\beta\cos(2\theta_1+\theta_2) \end{cases} \tag{4-49}$$

其中相位角为

$$\begin{aligned} \theta_1 &= \tau + \theta_{10} = t + \theta_{10} \\ \theta_2 &= \tau + \theta_{20} = t + \theta_{20} \end{aligned} \tag{4-50}$$

4.1.3 相对运动的三阶摄动解(直接展开法[①])

从 4.1.2 节的结果可以看出,各阶次的频率修正均为零,这是否意味着相对运动问题是一个正则摄动问题? 因此,这里尝试用求解正则摄动问题的直接展开法求解相对运动方程。

三阶运动方程为

$$\begin{cases} \ddot{x} - 2\dot{y} - 3x = -\dfrac{3}{2}(2x^2 - y^2 - z^2) + 2x(2x^2 - 3y^2 - 3z^2) \\ \ddot{y} + 2\dot{x} = 3xy - \dfrac{3}{2}y(4x^2 - y^2 - z^2) \\ \ddot{z} + z = 3xz - \dfrac{3}{2}z(4x^2 - y^2 - z^2) \end{cases} \tag{4-51}$$

寻找如下形式的摄动解

$$\begin{aligned} x(t) &= x_1 + x_2 + x_3 \\ y(t) &= y_1 + y_2 + y_3 \\ z(t) &= z_1 + z_2 + z_3 \end{aligned} \tag{4-52}$$

将摄动解(4-52)代入截断到三阶项的运动方程(4-51)中,然后根据各阶次项系数等于零的原则,建立摄动分析方程组。

一阶项

$$\begin{cases} \ddot{x}_1 - 2\dot{y}_1 - 3x_1 = 0 \\ \ddot{y}_1 + 2\dot{x}_1 = 0 \\ \ddot{z}_1 + z_1 = 0 \end{cases} \tag{4-53}$$

---

① 直接展开法,亦被称为普通展开法,仅对问题的因变量做摄动展开,并不对自变量进行任何变换。该方法一般为求解正则摄动问题的有效方法,具体见第一章。

通解为①

$$
\begin{cases}
x_1 = -\alpha\cos\theta_1 \\
y_1 = 2\alpha\sin\theta_1 \\
z_1 = \beta\cos\theta_2
\end{cases}
\tag{4-54}
$$

同样 α 和 β 分别为平面和垂直平面运动的振幅，相位角为

$$
\theta_1 = t + \phi_1 \tag{4-55}
$$
$$
\theta_2 = t + \phi_2
$$

ϕ_1 和 ϕ_2 为初始相位角。

二阶项

$$
\begin{cases}
\ddot{x}_2 - 2\dot{y}_2 - 3x_2 = -\dfrac{3}{2}(2x_1{}^2 - y_1{}^2 - z_1{}^2) \\
\ddot{y}_2 + 2\dot{x}_2 = 3x_1 y_1 \\
\ddot{z}_2 + z_2 = 3x_1 z_1
\end{cases}
\tag{4-56}
$$

将一阶解(4-54)代入(4-56)中，可得

$$
\begin{cases}
\ddot{x}_2 - 2\dot{y}_2 - 3x_2 = \dfrac{3}{4}(2\alpha^2 + \beta^2) - \dfrac{9}{2}\alpha^2\cos 2\theta_1 + \dfrac{3}{4}\beta^2\cos 2\theta_2 \\
\ddot{y}_2 + 2\dot{x}_2 = -3\alpha^2\sin 2\theta_1 \\
\ddot{z}_2 + z_2 = -\dfrac{3}{2}\alpha\beta\cos(\theta_1 - \theta_2) - \dfrac{3}{2}\alpha\beta\cos(\theta_1 + \theta_2)
\end{cases}
\tag{4-57}
$$

令特解具有如下形式：

$$
\begin{aligned}
x_2 &= a_{20} + a_{21}\cos 2\theta_1 + a_{22}\cos 2\theta_2 \\
y_2 &= b_{21}\sin 2\theta_1 + b_{22}\sin 2\theta_2 \\
z_2 &= c_{21}\cos(\theta_1 - \theta_2) + c_{22}\cos(\theta_1 + \theta_2)
\end{aligned}
\tag{4-58}
$$

其中 $a_{20}, a_{21}, a_{22}, b_{21}, b_{22}, c_{21}, c_{22}$ 为待定系数。为求这些系数，将(4-58)代入方程(4-57)中，可得待定系数需要满足的代数方程组为

$$
\begin{cases}
-3a_{20} + (-7a_{21} - 4b_{21})\cos 2\theta_1 + (-7a_{22} - 4b_{22})\cos 2\theta_2 = \dfrac{3}{4}(2\alpha^2 + \beta^2) - \\
\qquad\qquad\qquad\qquad\qquad\qquad\qquad\quad \dfrac{9}{2}\alpha^2\cos(2\theta_1) + \dfrac{3}{4}\beta^2\cos(2\theta_2) \\
(-4a_{21} - 4b_{21})\sin 2\theta_1 + (-4a_{22} - 4b_{22})\sin 2\theta_2 = -3\alpha^2\sin 2\theta_1 \\
-3c_{22}\cos(\theta_1 + \theta_2) + c_{21}\cos(\theta_1 - \theta_2) = -\dfrac{3}{2}\alpha\beta\cos(\theta_1 - \theta_2) - \dfrac{3}{2}\alpha\beta\cos(\theta_1 + \theta_2)
\end{cases}
$$

$$
\tag{4-59}
$$

---

① 对于线性微分方程，通过待定系数法进行求解。

以上方程组对于任意的 θ_1 和 θ_2 都成立,因此要求方程两边相同三角函数项的系数相等,从而可得待定系数需满足如下线性方程组

$$-3a_{20}=\frac{3}{4}(2\alpha^2+\beta^2)\,, \qquad -7a_{21}-4b_{21}=-\frac{9}{2}\alpha^2$$

$$-7a_{22}-4b_{22}=\frac{3}{4}\beta^2\,, \qquad -4a_{21}-4b_{21}=-3\alpha^2 \tag{4-60}$$

$$-4a_{22}-4b_{22}=0\,, \quad -3c_{22}=-\frac{3}{2}\alpha\beta\,, \quad c_{21}=-\frac{3}{2}\alpha\beta$$

很容易求得系数的表达式为

$$a_{20}=-\frac{1}{4}(2\alpha^2+\beta^2)\,, \quad a_{21}=\frac{1}{2}\alpha^2\,, \quad a_{22}=-\frac{1}{4}\beta^2$$

$$b_{21}=\frac{1}{4}\alpha^2\,, \quad b_{22}=\frac{1}{4}\beta^2 \tag{4-61}$$

$$c_{21}=-\frac{3}{2}\alpha\beta\,, \quad c_{22}=\frac{1}{2}\alpha\beta$$

因此二阶解为

$$\begin{cases} x_2=-\dfrac{1}{4}(2\alpha^2+\beta^2)+\dfrac{1}{2}\alpha^2\cos2\theta_1-\dfrac{1}{4}\beta^2\cos2\theta_2 \\[2mm] y_2=\dfrac{1}{4}\alpha^2\sin2\theta_1+\dfrac{1}{4}\beta^2\sin2\theta_2 \\[2mm] z_2=\dfrac{1}{2}\alpha\beta\cos(\theta_1+\theta_2)-\dfrac{3}{2}\alpha\beta\cos(\theta_1-\theta_2) \end{cases} \tag{4-62}$$

三阶项

$$\begin{cases} \ddot{x}_3-2\dot{y}_3-3x_3=-\dfrac{3}{2}(4x_1x_2-2y_1y_2-2z_1z_2)+2x_1(2x_1^2-3y_1^2-3z_1^2) \\[2mm] \ddot{y}_3+2\dot{x}_3=3(x_1y_2+x_2y_1)-\dfrac{3}{2}y_1(4x_1^2-y_1^2-z_1^2) \\[2mm] \ddot{z}_3+z_3=3(x_1z_2+x_2z_1)-\dfrac{3}{2}z_1(4x_1^2-y_1^2-z_1^2) \end{cases} \tag{4-63}$$

将一阶解(4-54)和二阶解(4-62)代入三阶项的微分方程(4-63),可得

$$\begin{cases} \ddot{x}_3-2\dot{y}_3-3x_3=\dfrac{1}{4}\left[9\alpha^3\cos\theta_1-25\alpha^3\cos3\theta_1-3\alpha\beta^2\cos(\theta_1-2\theta_2)+3\alpha\beta^2\cos(\theta_1+2\theta_2)\right] \\[2mm] \ddot{y}_3+2\dot{x}_3=\dfrac{3}{8}\left[3\alpha^3\sin\theta_1-13\alpha^3\sin3\theta_1+\alpha\beta^2\sin(\theta_1-2\theta_2)-\alpha\beta^2\sin(\theta_1+2\theta_2)\right] \\[2mm] \ddot{z}_3+z_3=-3\alpha^2\beta\cos(2\theta_1+\theta_2) \end{cases}$$

$$\tag{4-64}$$

类似,令微分方程(4-64)的特解为

$$\begin{cases} x_3 = a_{31}\cos\theta_1 + a_{32}\cos 3\theta_1 + a_{33}\cos(\theta_1-2\theta_2) + a_{34}\cos(\theta_1+2\theta_2) \\ y_3 = b_{31}\sin\theta_1 + b_{32}\sin 3\theta_1 + b_{33}\sin(\theta_1-2\theta_2) + b_{34}\sin(\theta_1+2\theta_2) \\ z_3 = c_{31}\cos(2\theta_1+\theta_2) \end{cases} \quad (4-65)$$

其中 $a_{31}, a_{32}, a_{33}, a_{34}, b_{31}, b_{32}, b_{33}, b_{34}, c_{31}$ 为待定系数。为求解待定系数,需要将(4-65)代入微分方程(4-64)中,建立如下代数方程(恒等方程)

$$-a_{31}\cos\theta_1 - 9a_{32}\cos 3\theta_1 - a_{33}\cos(\theta_1-2\theta_2) - 9a_{34}\cos(\theta_1+2\theta_2) -$$
$$2b_{31}\cos\theta_1 - 6b_{32}\cos 3\theta_1 + 2b_{33}\cos(\theta_1-2\theta_2) - 6b_{34}\cos(\theta_1+2\theta_2) -$$
$$3a_{31}\cos\theta_1 - 3a_{32}\cos 3\theta_1 - 3a_{33}\cos(\theta_1-2\theta_2) - 3a_{34}\cos(\theta_1+2\theta_2)$$
$$= \frac{1}{4}\left[9\alpha^3\cos\theta_1 - 25\alpha^3\cos 3\theta_1 - 3\alpha\beta^2\cos(\theta_1-2\theta_2) + 3\alpha\beta^2\cos(\theta_1+2\theta_2)\right] \quad (4-66)$$

$$-b_{31}\sin\theta_1 - 9b_{32}\sin 3\theta_1 - b_{33}\sin(\theta_1-2\theta_2) - 9b_{34}\sin(\theta_1+2\theta_2) -$$
$$2a_{31}\sin\theta_1 - 6a_{32}\sin 3\theta_1 + 2a_{33}\sin(\theta_1-2\theta_2) - 6a_{34}\sin(\theta_1+2\theta_2)$$
$$= \frac{3}{8}\left[3\alpha^3\sin\theta_1 - 13\alpha^3\sin 3\theta_1 + \alpha\beta^2\sin(\theta_1-2\theta_2) - \alpha\beta^2\sin(\theta_1+2\theta_2)\right] \quad (4-67)$$

$$-9c_{31}\cos(2\theta_1+\theta_2) + c_{31}\cos(2\theta_1+\theta_2) = -3\alpha^2\beta\cos(2\theta_1+\theta_2) \quad (4-68)$$

根据正余弦项系数分别相等的原则,建立如下线性方程组:

$$b_{31} + 2a_{31} = -\frac{9}{8}\alpha^3, \quad 2a_{32} + b_{32} = \frac{25}{24}\alpha^3$$

$$2a_{33} - b_{33} = \frac{3}{8}\alpha\beta^2, \quad 2a_{34} + b_{34} = -\frac{1}{8}\alpha\beta^2$$

$$b_{31} + 2a_{31} = -\frac{9}{8}\alpha^3, \quad 3b_{32} + 2a_{32} = \frac{13}{8}\alpha^3 \quad (4-69)$$

$$2a_{33} - b_{33} = \frac{3}{8}\alpha\beta^2, \quad 3b_{34} + 2a_{34} = \frac{1}{8}\alpha\beta^2$$

$$c_{31} = \frac{3}{8}\alpha^2\beta$$

从而求得系数的表达式

$$a_{31} = 0, \quad a_{32} = \frac{3}{8}\alpha^3, \quad a_{33} = 0, \quad a_{34} = -\frac{1}{8}\alpha\beta^2$$

$$b_{31} = -\frac{9}{8}\alpha^3, \quad b_{32} = \frac{7}{24}\alpha^3, \quad b_{33} = -\frac{3}{8}\alpha\beta^2, \quad b_{34} = \frac{1}{8}\alpha\beta^2 \quad (4-70)$$

$$c_{31} = \frac{3}{8}\alpha^2\beta$$

因此,三阶解为

$$\begin{cases} x_3 = -\dfrac{1}{8}\alpha\beta^2\cos(\theta_1+2\theta_2)+\dfrac{3}{8}\alpha^3\cos 3\theta_1 \\[2mm] y_3 = \dfrac{1}{8}\alpha\beta^2\sin(\theta_1+2\theta_2)+\dfrac{7}{24}\alpha^3\sin 3\theta_1-\dfrac{3}{8}\alpha\beta^2\sin(\theta_1-2\theta_2)-\dfrac{9}{8}\alpha^3\sin\theta_1 \\[2mm] z_3 = \dfrac{3}{8}\alpha^2\beta\cos(2\theta_1+\theta_2) \end{cases} \quad (4-71)$$

综上，直到三阶项的摄动分析解为

$$\begin{cases} x = -\alpha\cos\theta_1-\dfrac{1}{4}(2\alpha^2+\beta^2)+\dfrac{1}{2}\alpha^2\cos 2\theta_1-\dfrac{1}{4}\beta^2\cos 2\theta_2- \\[2mm] \qquad \dfrac{1}{8}\alpha\beta^2\cos(\theta_1+2\theta_2)+\dfrac{3}{8}\alpha^3\cos 3\theta_1 \\[4mm] y = 2\alpha\sin\theta_1+\dfrac{1}{4}\alpha^2\sin 2\theta_1+\dfrac{1}{4}\beta^2\sin 2\theta_2+\dfrac{1}{8}\alpha\beta^2\sin(\theta_1+2\theta_2)+ \\[2mm] \qquad \dfrac{7}{24}\alpha^3\sin 3\theta_1-\dfrac{3}{8}\alpha\beta^2\sin(\theta_1-2\theta_2)-\dfrac{9}{8}\alpha^3\sin\theta_1 \\[4mm] z = \beta\cos\theta_2+\dfrac{1}{2}\alpha\beta[\cos(\theta_1+\theta_2)-3\cos(\theta_1-\theta_2)]+\dfrac{3}{8}\alpha^2\beta\cos(2\theta_1+\theta_2) \end{cases} \quad (4-72)$$

其中相位角为

$$\begin{aligned} \theta_1 &= t+\phi_1 \\ \theta_2 &= t+\phi_2 \end{aligned} \qquad (4-73)$$

可见，这里通过直接展开法获得的三阶分析解与上一节通过 L-P 方法所得结果完全一致。因此，直接展开法同样适用，说明相对运动方程是一个正则摄动问题，无需 L-P 方法等求解奇异摄动问题的方法就可以求解该问题。

选取不同的振幅参数，利用级数解(4-72)可生成相对运动构型，如图 4-3 所示。

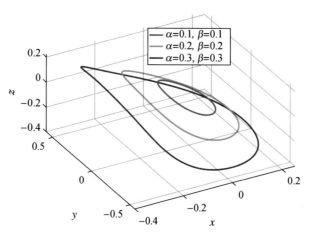

图 4-3 不同振幅的相对运动周期解

4.1.4 圆参考轨道相对运动方程的高阶解[2]

2006年,西班牙学者 Gomez 和 Marcote[2] 在 Richardson[1] 构造的三阶解基础上,通过半分析方法,将圆参考轨道相对运动的分析解推广到了任意高阶。本节给出高阶解构造的细节。

截断到任意高阶的运动方程为

$$\begin{cases} \ddot{x} - 2\dot{y} - 3x = -\sum_{n \geqslant 2}(n+1)T_n \\ \ddot{y} + 2\dot{x} = y\sum_{n \geqslant 2}R_{n-1} \\ \ddot{z} + z = z\sum_{n \geqslant 2}R_{n-1} \end{cases} \tag{4-74}$$

其中 T_n 和 R_n 的递推关系见 1.1 节。线性化解为

$$\begin{aligned} x &= \alpha\cos(t+\phi_1) \\ y &= -2\alpha\sin(t+\phi_1) \\ z &= \beta\cos(t+\phi_2) \end{aligned} \tag{4-75}$$

相对运动高阶解具有如下形式的表达式

$$\begin{Bmatrix} x \\ y \\ z \end{Bmatrix} = \sum_{i+j=1}^{\infty}\left[\sum_{|k|\leqslant i,|m|\leqslant j}\begin{Bmatrix} x \\ y \\ z \end{Bmatrix}_{ijkm}\begin{Bmatrix} \cos \\ \sin \\ \cos \end{Bmatrix}(k\theta_1+m\theta_2)\right]\alpha^i\beta^j \tag{4-76}$$

其中相位角为

$$\theta_1 = \omega t + \phi_1, \ \theta_2 = \omega t + \phi_2 \tag{4-77}$$

根据 L-P 方法,将频率项展开为①

$$\omega = 1 + \sum_{i+j\geqslant 1}\omega_{ij}\alpha^i\beta^j \tag{4-78}$$

根据线性化解的表达式(4-75),可得一阶解的系数和频率项系数如下(一阶解是构造高阶解的起点)

$$\begin{aligned} &x_{1010}=1, \ y_{1010}=-2, \ z_{0101}=1 \\ &\omega_{00}=1 \end{aligned} \tag{4-79}$$

构造高阶解,实际上是求解关于坐标和频率的待定系数的过程,即待定系数如下

---

① 这里使用与文献中相同的方式来推导整个过程。实际上,对于该问题我们完全可以采用直接展开法去构造任意的高阶解。从上面对三阶解的推导可以看出,直接展开法(普通摄动方法)相对于 L-P 方法而言要简单不少,此方法留给读者去尝试。

$$\text{坐标系数:} x_{ijkm}, \ y_{ijkm}, \ z_{ijkm}, \ 1 \leqslant i+j \leqslant N \tag{4-80}$$
$$\text{频率系数:} \omega_{ij}, \ 0 \leqslant i+j \leqslant N-1$$

根据 L-P 方法,引入时间坐标的伸缩变换,有

$$\tau = \omega t \tag{4-81}$$

那么,坐标变量 x 相对于时间 t 的一阶和二阶导数分别变为

$$\dot{x} = \omega \frac{\partial x}{\partial \theta_1} + \omega \frac{\partial x}{\partial \theta_2} \tag{4-82}$$
$$\ddot{x} = \omega^2 \frac{\partial^2 x}{\partial \theta_1{}^2} + 2\omega^2 \frac{\partial^2 x}{\partial \theta_1 \partial \theta_2} + \omega^2 \frac{\partial^2 x}{\partial \theta_2{}^2}$$

高阶解的构造过程是从一阶项开始,逐阶进行构造。比方说,当需要构造第 n 阶项时,坐标系数的 $n-1$ 阶以及频率系数的 $n-2$ 阶已经确定,需要将运动方程两边的已知项和未知项区分开。以 x 分量的方程为例,已知项来源于三个部分:1) 运动方程右边项;2) 左边的 $\ddot{x}$ 项;3) 左边的 $\dot{y}$ 项。关于另两个运动方程的分析与此类似。将运动方程的 n 阶已知项分别记为

$$X_{ijkm}, \ Y_{ijkm}, \ Z_{ijkm} \tag{4-83}$$

其中 $i+j=n$。而 n 阶未知项来源于 n 阶坐标系数和 $n-1$ 阶频率项系数,分别为(注:这里所谓的 n 阶解,对应 $i+j=n$)

$$\ddot{x} = \omega^2 \frac{\partial^2 x}{\partial \theta_1{}^2} + 2\omega^2 \frac{\partial^2 x}{\partial \theta_1 \partial \theta_2} + \omega^2 \frac{\partial^2 x}{\partial \theta_2{}^2}$$
$$\rightarrow -(k^2\omega_{00}{}^2 + 2km\omega_{00}{}^2 + m^2\omega_{00}{}^2)x_{ijkm}\cos(k\theta_1 + m\theta_2) + 2\omega_{i-1,j}\frac{\partial^2 x_1}{\partial \theta_1{}^2}$$
$$\rightarrow -(k^2\omega_{00}{}^2 + 2km\omega_{00}{}^2 + m^2\omega_{00}{}^2)x_{ijkm}\cos(k\theta_1 + m\theta_2) - 2\omega_{i-1,j}\delta_{k1}\delta_{m0}\cos\theta_1 \tag{4-84}$$
$$\dot{x} = \omega \frac{\partial x}{\partial \theta_1} + \omega \frac{\partial x}{\partial \theta_2} \rightarrow -(k\omega_{00} + m\omega_{00})x_{ijkm}\cos(k\theta_1 + m\theta_2) + \omega_{i-1,j}\frac{\partial x_1}{\partial \theta_1}$$
$$\rightarrow -(k\omega_{00} + m\omega_{00})x_{ijkm}\sin(k\theta_1 + m\theta_2) - \omega_{i-1,j}\delta_{k1}\delta_{m0}\sin\theta_1 \tag{4-85}$$
$$\ddot{y} = \omega^2 \frac{\partial^2 y}{\partial \theta_1{}^2} + 2\omega^2 \frac{\partial^2 y}{\partial \theta_1 \partial \theta_2} + \omega^2 \frac{\partial^2 y}{\partial \theta_2{}^2}$$
$$\rightarrow -(k^2\omega_{00}{}^2 + 2km\omega_{00}{}^2 + m^2\omega_{00}{}^2)y_{ijkm}\sin(k\theta_1 + m\theta_2) + 2\omega_{i-1,j}\frac{\partial^2 y_1}{\partial \theta_1{}^2}$$
$$\rightarrow -(k^2\omega_{00}{}^2 + 2km\omega_{00}{}^2 + m^2\omega_{00}{}^2)y_{ijkm}\sin(k\theta_1 + m\theta_2) + 4\omega_{i-1,j}\delta_{k1}\delta_{m0}\sin\theta_1 \tag{4-86}$$
$$\dot{y} = \omega \frac{\partial y}{\partial \theta_1} + \omega \frac{\partial y}{\partial \theta_2} \rightarrow (k\omega_{00} + m\omega_{00})y_{ijkm}\cos(k\theta_1 + m\theta_2) + \omega_{i-1,j}\frac{\partial y_1}{\partial \theta_1}$$
$$\rightarrow (k\omega_{00} + m\omega_{00})y_{ijkm}\cos(k\theta_1 + m\theta_2) - 2\omega_{i-1,j}\delta_{k1}\delta_{m0}\cos\theta_1 \tag{4-87}$$

以及

$$\ddot{z} = \omega^2 \frac{\partial^2 z}{\partial \theta_1{}^2} + 2\omega^2 \frac{\partial^2 z}{\partial \theta_1 \partial \theta_2} + \omega^2 \frac{\partial^2 z}{\partial \theta_2{}^2}$$

$$\rightarrow -(k^2\omega_{00}{}^2+2km\omega_{00}{}^2+m^2\omega_{00}{}^2)z_{ijkm}\cos(k\theta_1+m\theta_2)+2\omega_{i,j-1}\frac{\partial^2 z_1}{\partial\theta_1{}^2}$$

$$\rightarrow -(k^2\omega_{00}{}^2+2km\omega_{00}{}^2+m^2\omega_{00}{}^2)z_{ijkm}\cos(k\theta_1+m\theta_2)-2\omega_{i,j-1}\delta_{k0}\delta_{m1}\cos(\theta_2) \qquad (4-88)$$

其中 $\omega_{00}=1$。将未知项归纳为

1）x 分量的未知项

$$\begin{cases} \ddot{x}\rightarrow -(k+m)^2 x_{ijkm}-2\omega_{i-1,j}\delta_{k1}\delta_{m0} \\ \dot{y}\rightarrow (k+m)y_{ijkm}-2\omega_{i-1,j}\delta_{k1}\delta_{m0} \\ x\rightarrow x_{ijkm} \end{cases} \qquad (4-89)$$

2）y 分量的未知项

$$\begin{cases} \ddot{y}\rightarrow -(k+m)^2 y_{ijkm}+4\omega_{i-1,j}\delta_{k1}\delta_{m0} \\ \dot{x}\rightarrow -(k+m)x_{ijkm}-\omega_{i-1,j}\delta_{k1}\delta_{m0} \end{cases} \qquad (4-90)$$

3）z 分量的未知项

$$\begin{cases} \ddot{z}\rightarrow -(k+m)^2 z_{ijkm}-2\omega_{i,j-1}\delta_{k0}\delta_{m1} \\ z\rightarrow z_{ijkm} \end{cases} \qquad (4-91)$$

于是,运动方程中的 n 阶未知项和已知项满足如下摄动分析方程组

$$\begin{cases} -[3+(k+m)^2]x_{ijkm}-2(k+m)y_{ijkm}+2\omega_{i-1,j}\delta_{k1}\delta_{m0}=X_{ijkm} \\ -2(k+m)x_{ijkm}-(k+m)^2 y_{ijkm}+2\omega_{i-1,j}\delta_{k1}\delta_{m0}=Y_{ijkm} \\ [1-(k+m)^2]z_{ijkm}-2\omega_{i,j-1}\delta_{k0}\delta_{m1}=Z_{ijkm} \end{cases} \qquad (4-92)$$

未知项放在左边,已知项放在右边。求解(4-92)即可得到待求的坐标和频率系数。

首先,求解 4-92 中的第三个方程。分两种情况。

第一种情况:当 $(k,m)=(0,1)$ 时

$$[1-(k+m)^2]z_{ijkm}-2\omega_{i,j-1}=Z_{ijkm} \qquad (4-93)$$

此时方程有两个未知数,可令其中一个为零去求解另一个。不失一般性,令 $z_{ij01}=0$,可求得

$$\omega_{i,j-1}=-\frac{1}{2}Z_{ijkm} \qquad (4-94)$$

第二种情况:当 $(k,m)\neq(0,1)$ 时

$$[1-(k+m)^2]z_{ijkm}=Z_{ijkm} \qquad (4-95)$$

求得

$$z_{ijkm}=\begin{cases} \dfrac{1}{[1-(k+m)^2]}Z_{ijkm}, & |k+m|\neq 1 \\ 0, & |k+m|=1 \end{cases} \qquad (4-96)$$

可见,通过求解(4-92)中的最后一个方程,所有的 $n-1$ 阶频率项系数均已知。

其次,求解(4-92)中的前两个方程。由于 $n-1$ 阶的频率项系数已经知道,所以(4-97)中的未知系数仅有 (x_{ijkm}, y_{ijkm}),其中 $i+j=n$

$$\begin{cases} -[3+(k+m)^2]x_{ijkm}-2(k+m)y_{ijkm}=X_{ijkm}-2\omega_{i-1,j}\delta_{k1}\delta_{m0} \\ -2(k+m)x_{ijkm}-(k+m)^2y_{ijkm}=Y_{ijkm}-2\omega_{i-1,j}\delta_{k1}\delta_{m0} \end{cases} \quad (4-97)$$

右边均为已知项。显然,两个方程,两个未知数,很容易求解。特别地,若(4-97)出现亏秩情况(此时解并不唯一),求得某一特解即可:令其中一个未知数为零,求解另一个未知数。重复以上流程,可构造任意高阶解。基于高阶摄动解计算的相对运动轨道见图4-4。

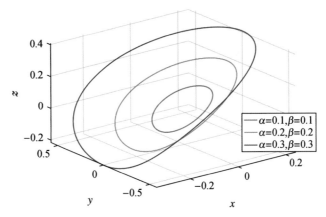

图 4-4　圆参考轨道相对运动模型下 15 阶分析解对应的不同振幅的编队构型

4.1.5　椭圆参考轨道相对运动方程的高阶解

当主卫星绕中心天体(地球)做椭圆运动时(如图4-5),我们从椭圆型限制性三体系统(ERTBP)的角度来推导相关的动力学模型。质心会合系下的运动方程为[3]

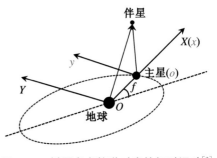

图 4-5　椭圆参考轨道对应的相对运动[3]

$$\begin{cases} X''-2Y'=\dfrac{1}{1+e\cos f}\dfrac{\partial\Omega}{\partial X} \\[2mm] Y''+2X'=\dfrac{1}{1+e\cos f}\dfrac{\partial\Omega}{\partial Y} \\[2mm] Z''+Z=\dfrac{1}{1+e\cos f}\dfrac{\partial\Omega}{\partial Z} \end{cases} \quad (4-98)$$

其中有效势函数为

$$\Omega=\frac{1}{2}(X^2+Y^2+Z^2)+\frac{1-\mu}{R_1}+\frac{\mu}{R_2} \quad (4-99)$$

运动方程(4-98)中 X' 表示坐标变量 X 对真近点角 f 的导数,长度单位取为两主天体之间的瞬时距离。R_1 和 R_2 分别为航天器与两主天体之间的距离

$$R_1{}^2 = (X+\mu)^2 + Y^2 + Z^2$$
$$R_2{}^2 = (X-1+\mu)^2 + Y^2 + Z^2 \tag{4-100}$$

当 $\mu \to 0$ 时，次主天体退化为主卫星，并且此时主卫星所在位置 $(1,0,0)$ 为相对运动模型的平衡点（同圆参考轨道相对运动模型）。在以主卫星为原点的坐标系下，位置矢量为

$$x = X-1, \ y = Y, \ z = Z \tag{4-101}$$

那么相对运动方程变为

$$\begin{cases} x'' - 2y' = \dfrac{1}{1+e\cos f}\dfrac{\partial \Omega}{\partial x} \\[2mm] y'' + 2x' = \dfrac{1}{1+e\cos f}\dfrac{\partial \Omega}{\partial y} \\[2mm] z'' + z = \dfrac{1}{1+e\cos f}\dfrac{\partial \Omega}{\partial z} \end{cases} \tag{4-102}$$

有效势函数为

$$\Omega = \frac{1}{2}\big[(x+1)^2 + y^2 + z^2\big] + \frac{1}{R_1} \tag{4-103}$$

与中心天体的距离 R_1 满足 $R_1{}^2 = (x+1)^2 + y^2 + z^2$。对有效势函数进行 Legendre 多项式展开，并考虑到（见第一章）

$$\frac{1}{1+e\cos f} = \sum_{i \geqslant 0} (-e)^i \cos^i f \tag{4-104}$$

相对运动方程可表示为

$$\begin{cases} x'' - 2y' - 3x = \displaystyle\sum_{i \geqslant 1} 3x\,(-e)^i \cos^i f - \sum_{i \geqslant 0} (-e)^i \cos^i f\Big[\sum_{n \geqslant 2}(n+1)T_n\Big] \\[3mm] y'' + 2x' = \displaystyle\sum_{i \geqslant 0}(-e)^i \cos^i f\Big(y\sum_{n \geqslant 2}R_{n-1}\Big) \\[3mm] z'' + z = \displaystyle\sum_{i \geqslant 0}(-e)^i \cos^i f\Big(z\sum_{n \geqslant 2}R_{n-1}\Big) \end{cases} \tag{4-105}$$

其中 T_n 和 R_n 的递推关系同 4.1.1 节，即（4-28）式和（4-29）式。椭圆参考轨道相对运动问题的线性化方程被称为劳登（Lawden）方程，条件稳定解（Lawden 解）为

$$\begin{cases} x(f) = \alpha\cos\theta_1 + \dfrac{1}{2}\alpha e\cos(f-\theta_1) + \dfrac{1}{2}\alpha e\cos(f+\theta_1) \\[2mm] y(f) = -2\alpha\sin\theta_1 - \dfrac{1}{2}\alpha e\sin(f+\theta_1) \\[2mm] z(f) = \beta\cos\theta_2 \end{cases} \tag{4-106}$$

α 和 β 分别为平面内振幅和垂直平面振幅。θ_1 和 θ_2 分别为平面内和垂直平面运动的相位角

$$\theta_1 = f + \theta_{10}, \ \theta_2 = f + \theta_{20} \tag{4-107}$$

将坐标分量展开为偏心率 e、平面振幅 α 和垂直平面振幅 β 的幂级数形式

$$\begin{cases} x(f) = \sum_{i,j,k,l,m,n} x_{ijk}^{lmn} \cos(lf + m\theta_1 + n\theta_2) e^i \alpha^j \beta^k \\[2mm] y(f) = \sum_{i,j,k,l,m,n} y_{ijk}^{lmn} \sin(lf + m\theta_1 + n\theta_2) e^i \alpha^j \beta^k \\[2mm] z(f) = \sum_{i,j,k,l,m,n} z_{ijk}^{lmn} \cos(lf + m\theta_1 + n\theta_2) e^i \alpha^j \beta^k \end{cases} \qquad (4-108)$$

其中 $i,j,k \in \mathbb{N}$ 且 $l,m,n \in \mathbb{Z}$。相位角为

$$\theta_1 = \omega f + \theta_{10}, \quad \theta_2 = \omega f + \theta_{20} \qquad (4-109)$$

同时,将频率项展开为

$$\omega = \sum_{i,j,k} \omega_{ijk} e^i \alpha^j \beta^k \qquad (4-110)$$

构造高阶分析解,其目的是求解坐标和频率项的待定系数

$$x_{ijk}^{lmn}, y_{ijk}^{lmn}, z_{ijk}^{lmn}, \omega_{ijk}$$

线性化解(4 - 106)作为构造高阶解的起点,

$$\begin{cases} x_{010}^{010} = 1, \ x_{110}^{1-10} = 0.5, \ x_{110}^{110} = 0.5 \\[1mm] y_{010}^{010} = -2, \ y_{110}^{110} = -0.5 \\[1mm] z_{001}^{001} = 1, \ \omega_{000} = 1 \end{cases} \qquad (4-111)$$

根据链式法则,将一阶和二阶导数写为

$$x' = \frac{\partial x}{\partial f} + \omega \frac{\partial x}{\partial \theta_1} + \frac{\partial x}{\partial \theta_2} \qquad (4-112)$$

$$x'' = \frac{\partial^2 x}{\partial f^2} + \omega^2 \frac{\partial^2 x}{\partial \theta_1^2} + \omega^2 \frac{\partial^2 x}{\partial \theta_2^2} + 2\omega \frac{\partial^2 x}{\partial f \partial \theta_1} + 2\omega \frac{\partial^2 x}{\partial f \partial \theta_2} + 2\omega^2 \frac{\partial^2 x}{\partial \theta_2 \partial \theta_1}$$

将已知项和未知项分开,建立 n 阶解对应的摄动分析方程

$$\begin{cases} A_1 x_{ijk}^{lmn} + B_1 y_{ijk}^{lmn} + C_1 \omega_{i,j-1,k} \delta_{l0} \delta_{m1} \delta_{n0} = X_{ijk}^{lmn} \\[1mm] A_2 x_{ijk}^{lmn} + B_2 y_{ijk}^{lmn} + C_2 \omega_{i,j-1,k} \delta_{l0} \delta_{m1} \delta_{n0} = Y_{ijk}^{lmn} \\[1mm] (-\Psi^2 + 1) z_{ijk}^{lmn} - 2\omega_{000} \omega_{i,j,k-1} \delta_{l0} \delta_{m0} \delta_{n1} = Z_{ijk}^{lmn} \end{cases} \qquad (4-113)$$

右边为 n 阶已知项。记 $\Psi = l + (m+m)\omega_{000}$,有

$$\begin{cases} A_1 = -(\Psi^2 + 3), B_1 = -2\Psi, C_1 = 4 - 2\omega_0 \\[1mm] A_2 = -2\Psi, B_2 = -\Psi^2, C_2 = 4\omega_0 - 2 \end{cases} \qquad (4-114)$$

求解线性方程组(4 - 113),可得坐标和频率系数(注:计算表明频率修正系数均为零[①])。图

---

① 这说明我们同样可以用直接展开法(只对因变量做摄动展开,不对自变量展开)从而获得椭圆参考轨道相对运动模型下的小参数幂级数解。

4-6 为由(7,10)阶分析解确定的周期构型。该分析解为椭圆参考轨道对应的大尺度编队构型提供了较为精确的数学表达式,可直接应用到编队飞行的构型捕获、保持与重构等问题研究中。

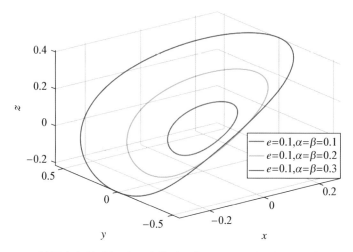

图 4-6　椭圆参考轨道相对运动模型下由(7,10)阶分析解确定的周期构型

4.2　CRTBP 下 Halo 轨道的三阶解

日地系平动点及附近的 Halo 轨道族见图 4-7。地-月空间部分轨道见图 4-8。地-月空间定义为地球同步轨道以外主要受地球或月球引力影响的三维空间,这包括地月拉格朗日点、利用这些区域的航天器轨道以及月球表面。本节主要参考了文献[1]。

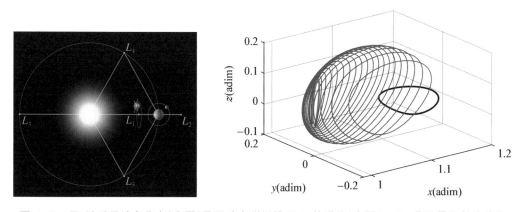

图 4-7　日-地系平动点分布(左图)及平动点附近的 Halo 轨道族(右图),adim 指无量纲长度单位

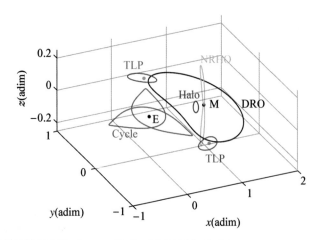

图 4-8　地-月空间的部分周期轨道：Halo 轨道、大幅值逆行轨道(distant retrograde orbit，ORO)、近直线晕轨道(near-rectilinear nalo orbit，NRHO)、三角平动点轨道(triangular libration point orbit，TLP orbit)以及共振轨道(resonant cycle，图中标注为 Cycle)，adim 指无量纲长度单位

4.2.1　动力学模型

在质心旋转坐标系下（图 4-7），圆型限制性三体系统的运动方程为

$$\ddot{X}-2\dot{Y}=\frac{\partial\Omega}{\partial X},\ddot{Y}+2\dot{X}=\frac{\partial\Omega}{\partial Y},\ddot{Z}=\frac{\partial\Omega}{\partial Z} \tag{4-115}$$

其中有效势函数为

$$\Omega=\frac{1}{2}(X^2+Y^2)+\frac{1-\mu}{R_1}+\frac{\mu}{R_2} \tag{4-116}$$

μ 为限制性三体系统的质量参数。在质心旋转坐标系下，共线平动点的位置记为 $(X_i,0,0)$，其中 $i=1,2,3$ 分别对应 L_1、L_2 和 L_3（见图 4-7）。令平动点与邻近主天体的距离为 $\gamma_i(i=1,2,3)$，那么有

$$\begin{aligned}\gamma_1&=(1-\mu)-X_1\\\gamma_2&=X_2-(1-\mu)\\\gamma_3&=-\mu-X_3\end{aligned} \tag{4-117}$$

第一章已经给出 $\gamma_i(i=1,2,3)$ 满足的非线性方程分别为

$$\gamma_1{}^5-(3-\mu)\gamma_1{}^4+(3-2\mu)\gamma_1{}^3-\mu\gamma_1{}^2+2\mu\gamma_1-\mu=0 \tag{4-118}$$

$$\gamma_2{}^5+(3-\mu)\gamma_2{}^4+(3-2\mu)\gamma_2{}^3-\mu\gamma_2{}^2-2\mu\gamma_2-\mu=0 \tag{4-119}$$

$$\gamma_3{}^5+(2+\mu)\gamma_3{}^4+(1+2\mu\gamma_3{}^3-(1-\mu)\gamma_3{}^2-2(1-\mu)\gamma_3-(1-\mu)=0 \tag{4-120}$$

为了研究平动点附近的运动，将坐标系的原点移至感兴趣的平动点位置 $(X_i,0,0)$，并且选取 γ_i 作为新的长度单位。在新的坐标系下，位置矢量记为

$$\begin{bmatrix} x \\ y \\ z \end{bmatrix} = \frac{1}{\gamma_i} \left[\begin{bmatrix} X \\ Y \\ Z \end{bmatrix} - \begin{bmatrix} X_i \\ 0 \\ 0 \end{bmatrix} \right], \ i=1,2,3 \tag{4-121}$$

运动方程(4-115)变为

$$\begin{cases} \ddot{x} - 2\dot{y} = \dfrac{1}{\gamma_i^2} \dfrac{\partial \Omega}{\partial x} \\[2mm] \ddot{y} + 2\dot{x} = \dfrac{1}{\gamma_i^2} \dfrac{\partial \Omega}{\partial y} \\[2mm] \ddot{z} = \dfrac{1}{\gamma_i^2} \dfrac{\partial \Omega}{\partial z} \end{cases} \Rightarrow \begin{cases} \ddot{x} - 2\dot{y} = \dfrac{\partial}{\partial x} \left(\dfrac{1}{\gamma_i^2} \Omega \right) \\[2mm] \ddot{y} + 2\dot{x} = \dfrac{\partial}{\partial y} \left(\dfrac{1}{\gamma_i^2} \Omega \right) \\[2mm] \ddot{z} = \dfrac{\partial}{\partial z} \left(\dfrac{1}{\gamma_i^2} \Omega \right) \end{cases} \tag{4-122}$$

有效势函数为

$$\Omega = \frac{1}{2} \left[(\gamma_i x + X_i)^2 + (\gamma_i y)^2 \right] + \frac{1-\mu}{r_1} + \frac{\mu}{r_2} + \frac{1}{2}\mu(1-\mu) \tag{4-123}$$

下面推导有效势函数 Ω 在平动点附近的展开式。

首先,对于 L_1 和 L_2,有

$$\begin{aligned} \frac{1}{r_1} &= \frac{1}{\sqrt{(1+\gamma_i x \mp \gamma_i)^2 + \gamma_i^2 y^2 + \gamma_i^2 z^2}} \\[2mm] &= \frac{1}{\sqrt{(1\mp\gamma_i)^2 + 2(1\mp\gamma_i)\gamma_i x + \gamma_i^2 x^2 + \gamma_i^2 y^2 + \gamma_i^2 z^2}} \end{aligned} \tag{4-124}$$

其中上符号"-"对应 L_1,下符号"+"对应 L_2。将上式进一步整理,可得

$$\frac{1}{r_1} = \frac{1}{1\mp\gamma_i} \frac{1}{\sqrt{1 + 2\dfrac{x}{\rho}\dfrac{\rho\gamma_i}{1\mp\gamma_i} + \left(\dfrac{\rho\gamma_i}{1\mp\gamma_i}\right)^2}} \tag{4-125}$$

其中 $\rho^2 = x^2 + y^2 + z^3$。对(4-125)进行 Legendre 多项式展开,可得

$$\frac{1}{r_1} = \frac{1}{1\mp\gamma_i} \sum_{n=0}^{\infty} (-1)^n \left(\frac{\rho\gamma_i}{1\mp\gamma_i}\right)^n P_n\left(\frac{x}{\rho}\right) \tag{4-126}$$

同理可得

$$\frac{1}{r_2} = \frac{1}{\gamma_i} \sum_{n=0}^{\infty} (\pm 1)^n \rho^n P_n\left(\frac{x}{\rho}\right) \tag{4-127}$$

将(4-126)和(4-127)代入(4-123),可得

$$\begin{aligned} \Omega &= \frac{1}{2}(\gamma_i x + 1 - \mu \mp \gamma_i)^2 + \frac{1}{2}\gamma_i^2 y^2 + \\[2mm] & \frac{1-\mu}{1\mp\gamma_i} \sum_{n=0}^{\infty} (-1)^n \left(\frac{\rho\gamma_i}{1\mp\gamma_i}\right)^n P_n\left(\frac{x}{\rho}\right) + \frac{\mu}{\gamma_i} \sum_{n=0}^{\infty} (\pm 1)^n \rho^n P_n\left(\frac{x}{\rho}\right) \end{aligned} \tag{4-128}$$

将上式进一步整理为

$$\Omega = (1-\mu\mp\gamma_i)^2 + \left(\frac{1-\mu}{1\mp\gamma_i}+\frac{\mu}{\gamma_i}\right) + \left[(1-\mu\mp\gamma_i)\gamma_i-(1-\mu)\frac{\gamma_i}{(1\mp\gamma_i)^2}\pm\frac{\mu}{\gamma_i}\right]x +$$
$$\frac{1}{2}\gamma_i^2 x^2 + \frac{1}{2}\gamma_i^2 y^2 + \left[(1-\mu)\frac{\gamma_i^2}{(1\mp\gamma_i)^3}+\frac{\mu}{\gamma_i}\right]\left(x^2-\frac{1}{2}y^2-\frac{1}{2}z^2\right)+$$
$$\sum_{n=3}^{\infty}\left[(-1)^n\frac{1-\mu}{1\mp\gamma_i}\left(\frac{\rho\gamma_i}{1\mp\gamma_i}\right)^n+(\pm1)^n\frac{\mu}{\gamma_i}\rho^n\right]P_n\left(\frac{x}{\rho}\right) \tag{4-129}$$

因此有

$$\frac{1}{\gamma_i^2}\Omega = \frac{1}{\gamma_i^2}(1-\mu\mp\gamma_i)^2 + \frac{1}{\gamma_i^2}\left(\frac{1-\mu}{1\mp\gamma_i}+\frac{\mu}{\gamma_i}\right)+$$
$$\frac{1}{\gamma_i^2}\left[(1-\mu\mp\gamma_i)\gamma_i-(1-\mu)\frac{\gamma_i}{(1\mp\gamma_i)^2}\pm\frac{\mu}{\gamma_i}\right]x + \frac{1}{2}x^2 + \frac{1}{2}y^2 +$$
$$\frac{1}{\gamma_i^2}\left[(1-\mu)\frac{\gamma_i^2}{(1\mp\gamma_i)^3}+\frac{\mu}{\gamma_i}\right]\left(x^2-\frac{1}{2}y^2-\frac{1}{2}z^2\right)+$$
$$\sum_{n=3}^{\infty}\frac{1}{\gamma_i^2}\left[(-1)^n\frac{1-\mu}{1\mp\gamma_i}\left(\frac{\rho\gamma_i}{1\mp\gamma_i}\right)^n+(\pm1)^n\frac{\mu}{\gamma_i}\rho^n\right]P_n\left(\frac{x}{\rho}\right) \tag{4-130}$$

可进一步将其化简为

$$\frac{1}{\gamma_i^2}\Omega = \frac{1}{\gamma_i^2}(1-\mu\mp\gamma_i)^2 + \frac{1}{\gamma_i^2}\left(\frac{1-\mu}{1\mp\gamma_i}+\frac{\mu}{\gamma_i}\right)+$$
$$\frac{1}{\gamma_i^3(1\mp\gamma_i)^2}\left[\pm\mu-2\mu\gamma_i\pm\mu\gamma_i^2\mp(3-2\mu)\gamma_i^3+(3-\mu)\gamma_i^4\mp\gamma_i^5\right]x +$$
$$\frac{1}{2}x^2 + \frac{1}{2}y^2 + \frac{1}{\gamma_i^3}\left[\mu+(1-\mu)\left(\frac{\gamma_i}{1\mp\gamma_i}\right)^3\right]\left(x^2-\frac{1}{2}y^2-\frac{1}{2}z^2\right)+$$
$$\sum_{n=3}^{\infty}\frac{1}{\gamma_i^3}\left[(\pm1)^n\mu+(-1)^n(1-\mu)\left(\frac{\gamma_i}{1\mp\gamma_i}\right)^{n+1}\right]\rho^n P_n\left(\frac{x}{\rho}\right) \tag{4-131}$$

其中 x 的系数项为零(根据之前 γ_i 满足的多项式方程)。因此(4-131)可简化为(去掉常数项)

$$\frac{1}{\gamma_i^2}\Omega = \frac{1}{2}x^2 + \frac{1}{2}y^2 + \frac{1}{\gamma_i^3}\left[\mu+(1-\mu)\left(\frac{\gamma_i}{1\mp\gamma_i}\right)^3\right]\left(x^2-\frac{1}{2}y^2-\frac{1}{2}z^2\right)+$$
$$\sum_{n=3}^{\infty}\frac{1}{\gamma_i^3}\left[(\pm1)^n\mu+(-1)^n(1-\mu)\left(\frac{\gamma_i}{1\mp\gamma_i}\right)^{n+1}\right]\rho^n P_n\left(\frac{x}{\rho}\right) \tag{4-132}$$

记符号

$$c_n(\mu)=\frac{1}{\gamma_i^3}\left[(\pm1)^n\mu+(-1)^n(1-\mu)\left(\frac{\gamma_i}{1\mp\gamma_i}\right)^{n+1}\right],n\geqslant2 \tag{4-133}$$

上符号代表 L_1,下符号代表 L_2。因此(4-132)可进一步简化为

$$\frac{1}{\gamma_i^2}\Omega = \frac{1}{2}x^2 + \frac{1}{2}y^2 + c_2\left(x^2-\frac{1}{2}y^2-\frac{1}{2}z^2\right) + \sum_{n=3}^{\infty}c_n\rho^n P_n\left(\frac{x}{\rho}\right) \tag{4-134}$$

其次,对于 L_3 的推导过程以及结果类似,唯一不同点在于 $c_n(\mu)$ 的表达式不一样,为

$$c_n(\mu) = \left[\frac{(1-\mu)}{(1+\gamma_3)^{n+1}} + \frac{\mu}{\gamma_3^{n+1}} \right], n \geqslant 2 \qquad (4-135)$$

将(4-134)代入运动方程(4-122),可得

$$
\begin{cases}
\ddot{x} - 2\dot{y} - (1+2c_2)x = \dfrac{\partial}{\partial x} \displaystyle\sum_{n=3}^{\infty} c_n \rho^n P_n \left(\dfrac{x}{\rho} \right) \\[2ex]
\ddot{y} + 2\dot{x} - (1-c_2)y = \dfrac{\partial}{\partial y} \displaystyle\sum_{n=3}^{\infty} c_n \rho^n P_n \left(\dfrac{x}{\rho} \right) \\[2ex]
\ddot{z} + c_2 z = \dfrac{\partial}{\partial z} \displaystyle\sum_{n=3}^{\infty} c_n \rho^n P_n \left(\dfrac{x}{\rho} \right)
\end{cases}
\qquad (4-136)
$$

其中

$$
\begin{cases}
c_n(\mu) = \left[\dfrac{(-1)^n(1-\mu)}{(1\mp\gamma_i)^{n+1}} + \dfrac{(\pm 1)^n \mu}{\gamma_i^{n+1}} \right] & i=1 \text{ 对应 } L_1, i=2 \text{ 对应 } L_2 \\[2ex]
c_n(\mu) = \left[\dfrac{(1-\mu)}{(1+\gamma_3)^{n+1}} + \dfrac{\mu}{\gamma_i^{n+1}} \right] & \text{对应 } L_3
\end{cases}
\qquad (4-137)
$$

类似 4.1.1 节,定义符号

$$T_n \left(\frac{x}{\rho} \right) = \rho^n P_n \left(\frac{x}{\rho} \right)$$

$$R_{n-1} \left(\frac{x}{\rho} \right) = \frac{1}{y} \frac{\partial T_{n+1}}{\partial y} = \frac{1}{z} \frac{\partial T_{n+1}}{\partial z} \qquad (4-138)$$

递推关系为

$$T_n = \frac{2n-1}{n} x T_{n-1} - \frac{n-1}{n} (x^2+y^2+z^2) T_{n-2}$$

$$R_n = \frac{2n+3}{n+2} x R_{n-1} - \frac{2n+2}{n+2} T_n - \frac{n+1}{n+2} (x^2+y^2+z^2) R_{n-2} \qquad (4-139)$$

迭代初值为 $T_0=1, T_1=x$ 和 $R_0=-1, R_1=-3x$。

将运动方程(4-136)进一步简化之后可得

$$
\begin{cases}
\ddot{x} - 2\dot{y} - (1+2c_2)x = \displaystyle\sum_{n \geqslant 2} c_{n+1}(n+1) T_n \left(\dfrac{x}{\rho} \right) \\[2ex]
\ddot{y} + 2\dot{x} - (1-c_2)y = y \displaystyle\sum_{n \geqslant 2} c_{n+1} R_{n-1} \left(\dfrac{x}{\rho} \right) \\[2ex]
\ddot{z} + c_2 z = z \displaystyle\sum_{n \geqslant 2} c_{n+1} R_{n-1} \left(\dfrac{x}{\rho} \right)
\end{cases}
\qquad (4-140)
$$

方程(4-140)对于 L_1, L_2, L_3 都适用,差别在于 c_n 表达式不一样。下面我们基于(4-140)构造 Halo 轨道的三阶摄动分析解。

4.2.2 Halo 轨道的三阶解（Richardson 方法）

本节按照经典文献[4]介绍的方法，给出 Halo 轨道三阶解的构造过程。将运动方程 (4-140)截断到三阶项，可得

$$\begin{cases} \ddot{x} - 2\dot{y} - (1+2c_2)x = \dfrac{3}{2}c_3(2x^2 - y^2 - z^2) + 2c_4 x(2x^2 - 3y^2 - 3z^2) \\[2mm] \ddot{y} + 2\dot{x} + (c_2 - 1)y = -3c_3 xy - \dfrac{3}{2}c_4 y(4x^2 - y^2 - z^2) \\[2mm] \ddot{z} + c_2 z = -3c_3 xz - \dfrac{3}{2}c_4 z(4x^2 - y^2 - z^2) \end{cases} \tag{4-141}$$

根据 L-P 方法，引入时间坐标的伸缩变换

$$\tau = \omega t \tag{4-142}$$

坐标变量对时间的导数变为

$$\begin{aligned} \dot{x} &= \frac{\mathrm{d}x}{\mathrm{d}t} = \omega\,\frac{\mathrm{d}x}{\mathrm{d}\tau} = \omega x' \\[2mm] \ddot{x} &= \frac{\mathrm{d}^2 x}{\mathrm{d}t^2} = \omega^2\,\frac{\mathrm{d}^2 x}{\mathrm{d}\tau^2} = \omega^2 x'' \end{aligned} \tag{4-143}$$

以新的时间坐标 τ 为自变量的三阶运动方程为

$$\begin{cases} \omega^2 x'' - 2\omega y' - (1+2c_2)x = \dfrac{3}{2}c_3(2x^2 - y^2 - z^2) + 2c_4 x(2x^2 - 3y^2 - 3z^2) \\[2mm] \omega^2 y'' + 2\omega x' + (c_2 - 1)y = -3c_3 xy - \dfrac{3}{2}c_4 y(4x^2 - y^2 - z^2) \\[2mm] \omega^2 z'' + c_2 z = -3c_3 xz - \dfrac{3}{2}c_4 z(4x^2 - y^2 - z^2) \end{cases} \tag{4-144}$$

根据 L-P 方法，将位置坐标 (x, y, z) 以及频率 ω 都展开为摄动解形式：

$$\begin{aligned} x &= x_1 + x_2 + x_3 + \cdots \\ y &= y_1 + y_2 + y_3 + \cdots \\ z &= z_1 + z_2 + z_3 + \cdots \end{aligned} \tag{4-145}$$

$$\omega = 1 + \omega_1 + \omega_2 + \cdots \tag{4-146}$$

构造 Halo 轨道的三阶解，目的就是求解频率项系数 ω_1 和 ω_2 以及坐标项系数 x_i、y_i 和 z_i（$i = 1,2,3$）。将摄动解(4-145)和(4-146)代入运动方程(4-144)，可构造摄动分析方程组。

首先来看线性化运动方程

$$\begin{cases} x_1'' - 2y_1' - (1+2c_2)x_1 = 0 \\ y_1'' + 2x' + (c_2 - 1)y_1 = 0 \\ z_1'' + c_2 z_1 = 0 \end{cases} \tag{4-147}$$

由前两个微分方程(x-y 平面)确定的线性系统固有频率为

$$\omega_0 = \sqrt{\frac{2 - c_2 + \sqrt{9c_2^2 - 8c_2}}{2}} \qquad (4-148)$$

将第三个方程整理为

$$\begin{cases} x_1'' - 2y_1' - (1 + 2c_2)x_1 = 0 \\ y_1'' + 2x_1' + (c_2 - 1)y_1 = 0 \\ z_1'' + \omega_0^2 z_1 + (c_2 - \omega_0^2)z_1 = 0 \end{cases} \qquad (4-149)$$

记 $\Delta = \omega_0^2 - c_2 \equiv \mathcal{O}(\alpha^2, \beta^2) \Rightarrow \Delta z = \mathcal{O}(3)$，那么

$$\begin{cases} x_1'' - 2y_1' - (1 + 2c_2)x_1 = 0 \\ y_1'' + 2x_1' + (c_2 - 1)y_1 = 0 \\ z_1'' + \omega_0^2 z_1 = \Delta z_1 \end{cases} \qquad (4-150)$$

因为 Δz 为三阶项，因此在线性化部分可以忽略掉。于是线性化方程变为

$$\begin{cases} x_1'' - 2y_1' - (1 + 2c_2)x_1 = 0 \\ y_1'' + 2x_1' + (c_2 - 1)y_1 = 0 \\ z_1'' + \omega_0^2 z_1 = 0 \end{cases} \qquad (4-151)$$

含修正项的一阶方程的周期解为

$$\begin{cases} x_1(\tau) = \alpha\cos(\omega_0\tau + \phi_1) = \alpha\cos\theta_1 \\ y_1(\tau) = \kappa\alpha\sin(\omega_0\tau + \phi_1) = \kappa\alpha\sin\theta_1 \\ z_1(\tau) = \beta\cos(\omega_0\tau + \phi_2) = \beta\cos\theta_2 \end{cases} \qquad (4-152)$$

其中 $\theta_1 = \omega_0\tau + \phi_1$，$\theta_2 = \omega_0\tau + \phi_2$，$\phi_1$ 和 ϕ_2 分别为初始相位角。将(4-152)代入(4-151)，很容易求出线性系统的频率为[①]

$$\omega_0 = \sqrt{\frac{2 - c_2 + \sqrt{9c_2^2 - 8c_2}}{2}} \qquad (4-153)$$

系数 κ 为

$$\kappa = -\frac{\omega_0^2 + 2c_2 + 1}{2\omega_0} \qquad (4-154)$$

对于某个给定的系统(质量参数 μ 给定)以及特定的平动点，线性系统固有频率 ω_0 和系数 κ 都是常数。

对于二阶项有

---

① 用待定系数法求解基本频率和系数。

$$\begin{cases} x''_2 - 2y'_2 + 2\omega_1 x''_1 - 2\omega_1 y'_1 - (1+2c_2)x_2 = \dfrac{3}{2}c_3(2x_1{}^2 - y_1{}^2 - z_1{}^2) \\[2mm] y''_2 + 2x'_2 + 2\omega_1 y''_1 + 2\omega_1 x'_1 + (c_2-1)y_2 = -3c_3 x_1 y_1 \\[2mm] z''_2 + 2\omega_1 z''_1 + \omega_0{}^2 z_2 = -3c_3 x_1 z_1 \end{cases} \tag{4-155}$$

将一阶解代入上式并整理，可得

$$\begin{cases} x''_2 - 2y'_2 - (1+2c_2)x_2 = \dfrac{3}{4}c_3(2\alpha^2 - \beta^2 - \alpha^2\kappa^2) + 2\omega_0\omega_1(\kappa+\omega_0)\alpha\cos\theta_1 + \\[3mm] \qquad\qquad\qquad\qquad \dfrac{1}{4}(6c_3\alpha^2 + 3c_3\alpha^2\kappa^2)\cos 2\theta_1 - \dfrac{3}{4}c_3\beta^2\cos 2\theta_2 \\[3mm] y''_2 + 2x'_2 + (c_2-1)y_2 = 2\alpha\omega_0\omega_1(1+\kappa\omega_0)\sin\theta_1 - \dfrac{3}{2}c_3\alpha^2\kappa\sin 2\theta_1 \\[3mm] z''_2 + \omega_0{}^2 z_2 = 2\omega_0{}^2\omega_1\beta\cos\theta_2 - \dfrac{3}{2}c_3\alpha\beta[\cos(\theta_1+\theta_2) + \cos(\theta_1-\theta_2)] \end{cases} \tag{4-156}$$

消除混合长期项的条件(一致有效条件)为

$$\omega_1 = 0 \tag{4-157}$$

消除长期项后的二阶微分方程为

$$\begin{cases} x''_2 - 2y'_2 - (1+2c_2)x_2 = \dfrac{3}{4}c_3(2\alpha^2 - \kappa^2\alpha^2 - \beta^2) + \\[3mm] \qquad\qquad\qquad\qquad \dfrac{3}{4}c_3(2+\kappa^2)\alpha^2\cos 2\theta_1 - \dfrac{3}{4}c_3\beta^2\cos 2\theta_2 \\[3mm] y''_2 + 2x'_2 + (c_2-1)y_2 = -\dfrac{3}{2}c_3\alpha^2\kappa\sin 2\theta_1 \\[3mm] z''_2 + \omega_0{}^2 z_2 = -\dfrac{3}{2}c_3\alpha\beta[\cos(\theta_1+\theta_2) + \cos(\theta_1-\theta_2)] \end{cases} \tag{4-158}$$

基于待定系数法，将二阶微分方程的特解表示为

$$\begin{cases} x_2 = a_{20} + a_{21}\cos 2\theta_1 + a_{22}\cos 2\theta_2 \\ y_2 = b_{21}\sin 2\theta_1 + b_{22}\sin 2\theta_2 \\ z_2 = d_{21}\cos(\theta_1-\theta_2) + d_{22}\cos(\theta_1+\theta_2) \end{cases} \tag{4-159}$$

将(4-159)代入(4-158)，可解得待定系数为

$$a_{20} = -\frac{3c_3}{4(1+2c_2)}(2\alpha^2 - \kappa^2\alpha^2 - \beta^2)$$

$$a_{21} = \frac{-3c_3(2+\kappa^2)\alpha^2}{4(4\omega_0{}^2+1+2c_2)} - \frac{6c_3\omega_0\alpha^2}{(4\omega_0{}^2+1+2c_2)}\frac{[(4\omega_0{}^2+1+2c_2)\kappa + 2(2+\kappa^2)\omega_0]}{(4\omega_0{}^2+1+2c_2)(4\omega_0{}^2-c_2+1)-16\omega_0{}^2}$$

$$a_{22} = \frac{3c_3(4\omega_0{}^2-c_2+1)\beta^2}{4(4\omega_0{}^2+1+2c_2)(4\omega_0{}^2-c_2+1)-16\omega_0{}^2}$$

$$b_{21} = \frac{3c_3\alpha^2[(4\omega_0{}^2+1+2c_2)\kappa + 2(2+\kappa^2)\omega_0]}{2(4\omega_0{}^2+1+2c_2)(4\omega_0{}^2-c_2+1)-32\omega_0{}^2}$$

$$b_{22} = -\frac{3c_3\omega_0\beta^2}{(4\omega_0{}^2+1+2c_2)(4\omega_0{}^2-c_2+1)-16\omega_0{}^2}$$

$$d_{21} = -\frac{3c_3\alpha\beta}{2\omega_0{}^2}$$

$$d_{22} = \frac{c_3}{2\omega_0{}^2}\alpha\beta \tag{4-160}$$

对于三阶项,先米看原方程的形式

$$\begin{cases}
\omega^2 x'' - 2\omega y' - (1+2c_2)x = \dfrac{3}{2}c_3(2x^2-y^2-z^2)+2c_4x(2x^2-3y^2-3z^2) \\[2mm]
\omega^2 y'' + 2\omega x' + (c_2-1)y = -3c_3xy - \dfrac{3}{2}c_4y(4x^2-y^2-z^2) \\[2mm]
\omega^2 z'' + \omega_0{}^2 z = -3c_3xz - \dfrac{3}{2}c_4z(4x^2-y^2-z^2)+\Delta z
\end{cases} \tag{4-161}$$

这里 Δz 为三阶量,因此需将其包含在三阶项的运动方程中。请注意:这里引入二阶小量 $\Delta = \omega_0{}^2 - c_2 \equiv \mathcal{O}(\alpha^2,\beta^2)$ 是一种非常重要的方法。

考虑到 $\omega_1 = 0$,三阶项的微分方程简化为

$$\begin{cases}
x''_3 - 2y'_3 - (1+2c_2)x_3 + 2\omega_2 x''_1 - 2\omega_2 y'_1 = \dfrac{3}{2}c_3(4x_1x_2-2y_1y_2-2z_1z_2)+ \\[2mm]
\qquad\qquad\qquad\qquad\qquad\qquad\qquad 2c_4x_1(2x_1{}^2-3y_1{}^2-3z_1{}^2) \\[2mm]
y''_3 + 2x'_3 + (c_2-1)y_3 + 2\omega_2 y''_1 + 2\omega_2 x'_1 = -3c_3(x_1y_2+x_2y_1)- \\[2mm]
\qquad\qquad\qquad\qquad\qquad\qquad\qquad \dfrac{3}{2}c_4y_1(4x_1{}^2-y_1{}^2-z_1{}^2) \\[2mm]
z''_3 + \omega_0{}^2 z_3 + 2\omega_2 z''_1 = -3c_3(x_1z_2+x_2z_1)-\dfrac{3}{2}c_4z_1(4x_1{}^2-y_1{}^2-z_1{}^2)+\Delta z_1
\end{cases} \tag{4-162}$$

将一阶解(4-152)和二阶解(4-159)代入三阶项微分方程(4-162),整理后有

$$\begin{aligned}
x''_3 - 2y'_3 - (1+2c_2)x_3 = &\left[3\alpha\left(2a_{20}c_3+a_{21}c_3-\frac{1}{2}\kappa b_{21}c_3-\beta^2 c_4\right)+\right. \\[2mm]
&\left. 3\alpha^3 c_4\left(1-\frac{\kappa^2}{2}\right)-\frac{3}{2}\beta c_3(d_{21}+d_{22})+2\alpha\omega_0(\kappa+\omega_0)\omega_2\right]\cos\theta_1+ \\[2mm]
&\left[3\alpha c_3\left(a_{21}+\frac{1}{2}\kappa b_{21}\right)+c_4\alpha^3\left(1+\frac{3}{2}\kappa^2\right)\right]\cos 3\theta_1+ \\[2mm]
&\left[3\alpha\left(a_{22}c_3-\frac{1}{2}\kappa b_{22}c_3-\frac{\beta^2 c_4}{2}\right)-\frac{3}{2}c_3 d_{21}\beta\right]\cos(\theta_1-2\theta_2)+ \\[2mm]
&\left[3\alpha\left(a_{22}c_3+\frac{1}{2}\kappa b_{22}c_3-\frac{\beta^2 c_4}{2}\right)-\frac{3}{2}c_3 d_{22}\beta\right]\cos(\theta_1+2\theta_2) \quad (4-163)
\end{aligned}$$

$$\begin{aligned}
y''_3 + 2x'_3 + (c_2-1)y_3 = &\left[3\alpha\left(-\kappa a_{20}c_3+\frac{1}{2}\kappa a_{21}c_3-\frac{1}{2}b_{21}c_3+\frac{1}{4}\beta^2\kappa c_4\right)+\right. \\[2mm]
&\left. \frac{3}{2}c_4\alpha^3\left(-\kappa+\frac{3}{4}\kappa^3\right)+2\alpha\omega_0(1+\kappa\omega_0)\omega_2\right]\sin\theta_1+
\end{aligned}$$

$$\left[-\frac{3}{2}c_3\alpha(\kappa a_{21}+b_{21})-\frac{3}{2}c_4\alpha^3\left(\kappa+\frac{\kappa^3}{4}\right)\right]\sin 3\theta_1+$$

$$\left[\frac{3}{2}\alpha\left(-\kappa a_{22}c_3+b_{22}c_3+\frac{1}{4}\beta^2\kappa c_4\right)\right]\sin(\theta_1-2\theta_2)+$$

$$\left[\frac{3}{2}\alpha\left(-\kappa a_{22}c_3-b_{22}c_3+\frac{1}{4}\beta^2\kappa c_4\right)\right]\sin(\theta_1+2\theta_2) \tag{4-164}$$

$$z_3''+\omega_0^2 z_3=\left[\Delta\beta-3a_{20}c_3\beta-\frac{3}{2}a_{22}c_3\beta+\frac{9}{8}c_4\beta^3+3c_4\alpha^2\beta\left(-1+\frac{1}{4}\kappa^2\right)-\right.$$

$$\left.\frac{3}{2}c_3\alpha(d_{21}+d_{22})+2\beta\omega_0^2\omega_2\right]\cos\theta_2+\frac{3}{2}\left[-\beta a_{22}c_3+\frac{c_4}{4}\beta^3\right]\cos 3\theta_2-$$

$$\frac{3}{2}\left[\beta a_{21}c_3+c_4\alpha^2\beta\left(1+\frac{1}{4}\kappa^2\right)+\alpha c_3 d_{21}\right]\cos(2\theta_1-\theta_2)-$$

$$\frac{3}{2}\left[a_{21}c_3\beta+c_4\alpha^2\beta\left(1+\frac{1}{4}\kappa^2\right)+c_3 d_{22}\alpha\right]\cos(2\theta_1+\theta_2) \tag{4-165}$$

根据 Richardson[4] 的方法，引入特殊的相位角约束条件①（Halo 轨道是周期轨道，故相位并不独立）

$$\theta_2-\theta_1=\frac{\pi}{2} \tag{4-166}$$

微分方程变为

$$x_3''-2y_3'-(1+2c_2)x_3=\left[3\alpha\left(2a_{20}c_3+a_{21}c_3-\frac{1}{2}\kappa b_{21}c_3-\beta^2c_4\right)+3c_4\alpha^3\left(1-\frac{\kappa^2}{2}\right)-\right.$$

$$\frac{3}{2}c_3\beta(d_{21}+d_{22})+2\alpha\omega_0(\kappa+\omega_0)\omega_2-$$

$$3\alpha\left(a_{22}c_3-\frac{1}{2}\kappa b_{22}c_3-\frac{\beta^2c_4}{2}\right)+\frac{3}{2}c_3 d_{21}\beta\right]\cos\theta_1+$$

$$\left[3c_3\alpha\left(a_{21}+\frac{1}{2}\kappa b_{21}\right)+c_4\alpha^3\left(1+\frac{3}{2}\kappa^2\right)-\right.$$

$$3\alpha\left(a_{22}c_3+\frac{1}{2}\kappa b_{22}c_3-\frac{\beta^2c_4}{2}\right)+\frac{3}{2}c_3 d_{22}\beta\right]\cos 3\theta_1 \tag{4-167}$$

$$y_3''+2x_3'+(c_2-1)y_3=\left[3\alpha\left(-\kappa a_{20}c_3+\frac{1}{2}\kappa a_{21}c_3-\frac{1}{2}b_{21}c_3+\frac{1}{4}\beta^2\kappa c_4\right)+\right.$$

$$\frac{3}{2}c_4\alpha^3\left(-\kappa+\frac{3}{4}\kappa^3\right)+2\alpha\omega_0(1+\kappa\omega_0)\omega_2-$$

$$\frac{3}{2}\alpha\left(-\kappa a_{22}c_3+b_{22}c_3+\frac{1}{4}\beta^2\kappa c_4\right)\right]\sin\theta_1+$$

---

① 请读者思考，为什么引入相位约束条件？是否可引入别的相位约束条件？如果从一般角度来看，不引入特定的约束条件，如何导出一致有效条件？如何构造三阶解。

$$\left[-\frac{3}{2}c_3\alpha(\kappa a_{21}+b_{21})-\frac{3}{2}c_4\alpha^3\left(\kappa+\frac{\kappa^3}{4}\right)+\right.$$

$$\left.\frac{3}{2}\alpha\left(\kappa a_{22}c_3+b_{22}c_3-\frac{1}{4}\beta^2\kappa c_4\right)\right]\sin 3\theta_1 \tag{4-168}$$

$$z''_3+\omega_0{}^2z_3=\left[\Delta\beta-3a_{20}c_3\beta-\frac{3}{2}a_{22}c_3\beta+\frac{9}{8}c_4\beta^3+3c_4\alpha^2\beta\left(\frac{1}{4}\kappa^2-1\right)-\right.$$

$$\frac{3}{2}c_3\alpha(d_{21}+d_{22})+2\beta\omega_0{}^2\omega_2+\frac{3}{2}c_3\beta a_{21}+\frac{3}{2}c_4\alpha^2\beta\left(1+\frac{1}{4}\kappa^2\right)+$$

$$\left.\frac{3}{2}c_3\alpha d_{21}\right]\cos\theta_2+\frac{3}{2}\left[-c_3\beta a_{22}+\frac{1}{4}c_4\beta^3+c_3a_{21}\beta+c_4\alpha^2\beta\left(1+\frac{1}{4}\kappa^2\right)+\right.$$

$$\left.c_3d_{22}\alpha\right]\cos 3\theta_2 \tag{4-169}$$

将方程右边的系数项简记为

$$C_{x1}=\left[3\alpha\left(2a_{20}c_3+a_{21}c_3-\frac{1}{2}\kappa b_{21}c_3-\beta^2c_4\right)+3c_4\alpha^3\left(1-\frac{\kappa^2}{2}\right)-\right.$$

$$\left.\frac{3}{2}c_3\beta(d_{21}+d_{22})-3\alpha\left(a_{22}c_3-\frac{1}{2}\kappa b_{22}c_3-\frac{\beta^2c_4}{2}\right)+\frac{3}{2}c_3d_{21}\beta\right]$$

$$C_{x3}=3c_3\alpha\left(a_{21}+\frac{1}{2}\kappa b_{21}\right)+c_4\alpha^3\left(1+\frac{3}{2}\kappa^2\right)-3\alpha\left(a_{22}c_3+\frac{1}{2}\kappa b_{22}c_3-\frac{\beta^2c_4}{2}\right)+\frac{3}{2}c_3d_{22}\beta$$

$$S_{y1}=\left[3\alpha\left(-\kappa a_{20}c_3+\frac{1}{2}\kappa a_{21}c_3-\frac{1}{2}b_{21}c_3+\frac{1}{4}\beta^2\kappa c_4\right)+\right.$$

$$\left.\frac{3}{2}c_4\alpha^3\left(-\kappa+\frac{3}{4}\kappa^3\right)-\frac{3}{2}\alpha\left(-\kappa a_{22}c_3+b_{22}c_3+\frac{1}{4}\beta^2\kappa c_4\right)\right]$$

$$S_{y3}=-\frac{3}{2}c_3\alpha(\kappa a_{21}+b_{21})-\frac{3}{2}c_4\alpha^3\left(\kappa+\frac{\kappa^3}{4}\right)+\frac{3}{2}\alpha\left(\kappa a_{22}c_3+b_{22}c_3-\frac{1}{4}\beta^2\kappa c_4\right)$$

$$C_{z1}=\left[\Delta\beta-3a_{20}c_3\beta-\frac{3}{2}a_{22}c_3\beta+\frac{9}{8}c_4\beta^3+3c_4\alpha^2\beta\left(\frac{1}{4}\kappa^2-1\right)-\right.$$

$$\left.\frac{3}{2}c_3\alpha(d_{21}+d_{22})+2\beta\omega_0{}^2\omega_2+\frac{3}{2}c_3\beta a_{21}+\frac{3}{2}c_4\alpha^2\beta\left(1+\frac{1}{4}\kappa^2\right)+\frac{3}{2}c_3\alpha d_{21}\right]$$

$$C_{z3}=\frac{3}{2}\left[-c_3\beta a_{22}+\frac{1}{4}c_4\beta^3+c_3a_{21}\beta+c_4\alpha^2\beta\left(1+\frac{1}{4}\kappa^2\right)+c_3d_{22}\alpha\right]$$

注意,这里的 C_{x1} 和 S_{y1} 并不包含运动方程右边与 ω_2(该频率修正项是待求量)相关的系数项。那么,三阶项运动方程可简化为

$$\begin{cases}x''_3-2y'_3-(1+2c_2)x_3=\left[C_{x1}+2\alpha\omega_0(\kappa+\omega_0)\omega_2\right]\cos\theta_1+C_{x3}\cos 3\theta_1\\ y''_3+2x'_3+(c_2-1)y_3=\left[S_{y1}+2\alpha\omega_0(1+\kappa\omega_0)\omega_2\right]\sin\theta_1+S_{y3}\sin 3\theta_1\\ z''_3+\omega_0{}^2z_3=C_{z1}\cos\theta_2+C_{z3}\cos 3\theta_2\end{cases} \tag{4-170}$$

根据(4-170)的第三个方程可得[①]消除混合长期项的条件为

———————————

① 请读者思考,为什么只能从第三个方程引出一致有效条件?

$$C_{z1} = \Delta\beta - 3c_3 a_{20}\beta + \frac{9}{8}c_4\beta^3 + 2\beta\omega_0{}^2\omega_2 + \tag{4-171}$$

$$\frac{3}{2}\left[c_3\beta a_{21} - c_3\alpha d_{22} - c_3 a_{22}\beta + c_4\alpha^2\beta\left(\frac{3}{4}\kappa^2 - 1\right)\right] = 0$$

考虑到 $\Delta = \omega_0{}^2 - c_2$，因此一致有效条件为

$$(\omega_0{}^2 - c_2)\beta - 3c_3 a_{20}\beta + \frac{9}{8}c_4\beta^3 + 2\beta\omega_0{}^2\omega_2 + \tag{4-172}$$

$$\frac{3}{2}\left[c_3\beta a_{21} - c_3\alpha d_{22} - c_3 a_{22}\beta + c_4\alpha^2\beta\left(\frac{3}{4}\kappa^2 - 1\right)\right] = 0$$

满足一致有效条件(4-172)的三阶项微分方程为

$$\begin{cases} x_3'' - 2y_3' - (1+2c_2)x_3 = [C_{x1} + 2\alpha\omega_0(\kappa+\omega_0)\omega_2]\cos\theta_1 + C_{x3}\cos 3\theta_1 \\ y_3'' + 2x_3' + (c_2-1)y_3 = [S_{y1} + 2\alpha\omega_0(1+\kappa\omega_0)\omega_2]\sin\theta_1 + S_{y3}\sin 3\theta_1 \\ z_3'' + \omega_0{}^2 z_3 = C_{z3}\cos 3\theta_2 \end{cases} \tag{4-173}$$

基于待定系数法，将三阶特解记为[①]

$$\begin{cases} x_3(\tau) = a_{31}\cos\theta_1 + a_{32}\cos 3\theta_1 \\ y_3(\tau) = b_{31}\sin\theta_1 + b_{32}\sin 3\theta_1 \\ z_3(\tau) = d_{31}\cos 3\theta_2 \end{cases} \tag{4-174}$$

将(4-174)代入(4-173)，建立如下待定系数满足的方程组

$$\begin{cases} [-\omega_0{}^2 - (1+2c_2)]a_{31} - 2\omega_0 b_{31} = C_{x1} + 2\alpha\omega_0(\kappa+\omega_0)\omega_2 \\ [-9\omega_0{}^2 - (1+2c_2)]a_{32} - 6\omega_0 b_{32} = C_{x3} \\ -2\omega_0 a_{31} + [-\omega_0{}^2 + (c_2-1)]b_{31} = S_{y1} + 2\alpha\omega_0(1+\kappa\omega_0)\omega_2 \\ -6\omega_0 a_{32} + [(c_2-1) - 9\omega_0{}^2]b_{32} = S_{y3} \\ d_{31} = -\frac{1}{8\omega_0{}^2}C_{z3} \end{cases} \tag{4-175}$$

直接求解方程组(4-175)的第二、四和五方程，可得

$$a_{32} = \frac{[(c_2-1) - 9\omega_0{}^2]C_{x3} + 6\omega_0 S_{y3}}{[-9\omega_0{}^2 - (1+2c_2)][(c_2-1) - 9\omega_0{}^2] - 36\omega_0{}^2} \tag{4-176}$$

$$b_{32} = \frac{1}{6\omega_0}\{[-9\omega_0{}^2 - (1+2c_2)]a_{32} - C_{x3}\} \tag{4-177}$$

$$d_{31} = -\frac{1}{8\omega_0{}^2}C_{z3} \tag{4-178}$$

$$= -\frac{3}{16\omega_0{}^2}\left[-c_3\beta a_{22} + \frac{1}{4}c_4\beta^3 + c_3 a_{21}\beta + c_4\alpha^2\beta\left(1 + \frac{1}{4}\kappa^2\right) + c_3 d_{22}\alpha\right]$$

---

① 利用待定系数法求解线性定常微分方程的解。

方程组(4-175)的第一、三方程构成如下线性方程组

$$\begin{bmatrix} -\omega_0{}^2-(1+2c_2) & -2\omega_0 \\ -2\omega_0 & -\omega_0{}^2+(c_2-1) \end{bmatrix} \begin{bmatrix} a_{31} \\ b_{31} \end{bmatrix} = \begin{bmatrix} C_{x1}+2\alpha\omega_0(\kappa+\omega_0)\omega_2 \\ S_{y1}+2\alpha\omega_0(1+\kappa\omega_0)\omega_2 \end{bmatrix} \quad (4-179)$$

这里有两个方程,但是有三个未知数,分别为 a_{31},b_{31} 和 ω_2。很容易证明(4-179)左边的系数矩阵是亏秩的(系数矩阵的行列式为零)。为不失一般性,令待求系数 $a_{31}=0$,于是方程组(4-179)变为两个线性方程(求解两个未知数)

$$\begin{cases} b_{31}+\alpha(\kappa+\omega_0)\omega_2=-\dfrac{1}{2\omega_0}C_{x1} \\ (-\omega_0{}^2+c_2-1)b_{31}-2\alpha\omega_0(1+\kappa\omega_0)\omega_2=S_{y1} \end{cases} \quad (4-180)$$

很容易解得

$$\omega_2=-\frac{(-\omega_0{}^2+c_2-1)C_{x1}+2\omega_0 S_{y1}}{2\omega_0(\kappa+\omega_0)(-\omega_0{}^2+c_2-1)\alpha+4\omega_0{}^2(1+\kappa\omega_0)\alpha} \quad (4-181)$$

$$b_{31}=-\frac{1}{2\omega_0}C_{x1}-\alpha(\kappa+\omega_0)\omega_2 \quad (4-182)$$

根据 Richardon[4]的符号系统,将频率修正项记为

$$\omega_2=s_1\alpha^2+s_2\beta^2 \quad (4-183)$$

其中 s_1 和 s_2 的表达式很容易获得(不再具体列出)。为此,一致有效条件(4-172)变为

$$(\omega_0{}^2-c_2)\beta-3c_3a_{20}\beta+\frac{9}{8}c_4\beta^3+2\beta\omega_0{}^2(s_1\alpha^2+s_2\beta^2)+ \quad (4-184)$$
$$\frac{3}{2}\Big[c_3\beta a_{21}-c_3\alpha d_{22}-c_3a_{22}\beta+c_4\alpha^2\beta\Big(\frac{3}{4}\kappa^2-1\Big)\Big]=0$$

表明平面内振幅 α 和垂直平面振幅 β 并不独立。同样,根据 Richardson 在文献[4]中的符号系统,将振幅满足的约束条件(4-184)简记为

$$l_1\alpha^2+l_2\beta^2+\Delta=0 \Rightarrow l_1\alpha^2+l_2\beta^2+(\omega_0{}^2-c_2)=0 \quad (4-185)$$

其中 l_1 和 l_2 的表达式很容易获得(不再具体列出)。

综上,Halo 轨道的三阶解为

$$\begin{cases} x(\tau)=\alpha\cos\theta_1+a_{20}+a_{21}\cos 2\theta_1+a_{22}\cos 2\theta_2+a_{32}\cos 3\theta_1 \\ y(\tau)=\kappa\alpha\sin\theta_1+b_{21}\sin 2\theta_1+b_{22}\sin 2\theta_2+b_{31}\sin\theta_1+b_{32}\sin 3\theta_1 \\ z(\tau)=\beta\cos\theta_2+d_{21}\cos(\theta_1-\theta_2)+d_{22}\cos(\theta_1+\theta_2)+d_{31}\cos 3\theta_2 \end{cases} \quad (4-186)$$

其中 $\theta_1=\omega_0\tau+\phi_1=\omega_0(\omega t)+\phi_1=\omega_0(1+\omega_2)t+\phi_1$,考虑到相位约束 $\theta_2-\theta_1=\dfrac{\pi}{2}$,Halo 轨道的三阶解为

$$
\begin{cases}
x(\tau)=\alpha\cos\theta_1+a_{20}+a_{21}\cos2\theta_1+a_{22}\cos2\theta_2+a_{32}\cos3\theta_1 \\
y(\tau)=\kappa\sin\theta_1+b_{21}\sin2\theta_1-b_{22}\sin2\theta_1+b_{31}\sin\theta_1+b_{32}\sin3\theta_1 \\
z(\tau)=-\beta\sin\theta_1-d_{22}\sin(2\theta_1)+d_{31}\sin3\theta_1
\end{cases}
\tag{4-187}
$$

以上结果和 Richardson[4] 给出的表达式略有差异。具体而言,在 Richardson[4] 的结果中, $y(\tau)$ 的三阶表达式中缺少一项 $b_{31}\sin\theta_1$。国内学者在文献[5]中指出了该差异。

4.2.3 Halo 轨道的三阶解(另一思路)

我们注意到,Halo 轨道是周期轨道,因此可以在分析解构造的整个过程中仅考虑一个频率和一个相位(无需在一开始引入两个相位角,然后通过相位约束来消除一个)。基于此,这里重新给出较为简洁的三阶解推导流程。

一阶项①

$$
\begin{cases}
x_1''-2y_1'-(1+2c_2)x_1=0 \\
y_1''+2x_1'+(c_2-1)y_1=0 \\
z_1''+\omega_0{}^2z_1=0
\end{cases}
\tag{4-188}
$$

此时, x-y 平面内的频率和 z 方向的频率均为 $\omega_0=\sqrt{\dfrac{2-c_2+\sqrt{9c_2{}^2-8c_2}}{2}}$,即线性系统(4-188)对应的解是三维周期轨道。

记一阶解为

$$
\begin{aligned}
x_1(\tau)&=\alpha\cos\theta \\
y_1(\tau)&=\kappa\alpha\sin\theta \\
z_1(\tau)&=\beta\cos\theta
\end{aligned}
\tag{4-189}
$$

其中 α 为平面内振幅, β 为垂直平面振幅,相位角为 $\theta=\omega_0\tau+\phi$,系数为 $\kappa=-\dfrac{\omega_0{}^2+2c_2+1}{2\omega_0}$。

Halo 轨道的三阶幂级数解为

$$
\begin{aligned}
x&=x_1+x_2+x_3 \\
y&=y_1+y_2+y_3 \\
z&=z_1+z_2+z_3
\end{aligned}
\tag{4-190}
$$

频率项同样展开为(频率修正仅到 2 阶即可)

$$
\omega=1+\omega_1+\omega_2
\tag{4-191}
$$

二阶项

---

① 这里的线性系统和原线性系统存在三阶小量的差异,即第三个方程中忽略了 Δz 这一项。

$$\begin{cases} x_2'' - 2y_2' - (1+2c_2)x_2 = -2\omega_1 x_1'' + 2\omega_1 y_1' + \dfrac{3}{2}c_3(2x_1{}^2 - y_1{}^2 - z_1{}^2) \\ y_2'' + 2x_2' + (c_2-1)y_2 = -2\omega_1 y_1'' - 2\omega_1 x_1' - 3c_3 x_1 y_1 \\ z_2'' + \omega_0{}^2 z_2 = -2\omega_1 z_1'' - 3c_3 x_1 z_1 \end{cases} \tag{4-192}$$

将一阶解代入上式,可得

$$\begin{cases} x_2'' - 2y_2' - (1+2c_2)x_2 = \dfrac{3c_3}{4}(2\alpha^2 - \beta^2 - \alpha^2\kappa^2) + 2\alpha\omega_0\omega_1(\kappa+\omega_0)\cos\theta + \\ \qquad\qquad\qquad\qquad \dfrac{3c_3}{4}(2\alpha^2 - \beta^2 + \alpha^2\kappa^2)\cos 2\theta \\ y_2'' + 2x_2' + (c_2-1)y_2 = 2\alpha\omega_0\omega_1(1+\kappa\omega_0)\sin\theta - \dfrac{3}{2}c_3\alpha^2\kappa\sin 2\theta \\ z_2'' + \omega_0{}^2 z_2 = -\dfrac{3}{2}\alpha\beta c_3 + 2\beta\omega_0{}^2\omega_1\cos\theta - \dfrac{3}{2}\alpha\beta c_3\cos 2\theta \end{cases} \tag{4-193}$$

根据(4-193)中的第三个方程可得一致有效条件为

$$\omega_1 = 0 \tag{4-194}$$

消除长期项后的二阶项微分方程为

$$\begin{cases} x_2'' - 2y_2' - (1+2c_2)x_2 = \dfrac{3}{4}c_3(2\alpha^2 - \beta^2 - \alpha^2\kappa^2) + \dfrac{3}{4}c_3(2\alpha^2 - \beta^2 + \alpha^2\kappa^2)\cos 2\theta \\ y_2'' + 2x_2' + (c_2-1)y_2 = -\dfrac{3}{2}c_3\alpha^2\kappa\sin 2\theta \\ z_2'' + \omega_0{}^2 z_2 = -\dfrac{3}{2}c_3\alpha\beta - \dfrac{3}{2}c_3\alpha\beta\cos 2\theta \end{cases} \tag{4-195}$$

二阶特解为

$$\begin{cases} x_2(\tau) = a_{20} + a_{21}\cos 2\theta \\ y_2(\tau) = b_{21}\sin 2\theta \\ z_2(\tau) = d_{20} + d_{21}\cos(2\theta) \end{cases} \tag{4-196}$$

利用待定系数法可求得系数为

$$a_{20} = -\frac{3c_3}{4(1+2c_2)}(2\alpha^2 - \beta^2 - \alpha^2\kappa^2)$$

$$b_{21} = \frac{3c_3\kappa(4\omega_0{}^2 + 1 + 2c_2)\alpha^2 + 6c_3\omega_0(2\alpha^2 - \beta^2 + \alpha^2\kappa^2)}{2(4\omega_0{}^2 + 1 + 2c_2)(4\omega_0{}^2 - c_2 + 1) - 32\omega_0{}^2}$$

$$a_{21} = \frac{3c_3}{8\omega_0}\kappa\alpha^2 - \frac{1}{4\omega_0}(4\omega_0{}^2 - c_2 + 1)b_{21}$$

$$d_{20} = -\frac{3c_3}{2\omega_0{}^2}\alpha\beta$$

$$d_{21} = \frac{c_3}{2\omega_0{}^2}\alpha\beta \tag{4-197}$$

三阶项(考虑到 $\omega_1 = 0$)

$$
\begin{cases}
x_3'' - 2y_3' - (1 + 2c_2)x_3 = -2\omega_2(x_1'' - y_1') + \dfrac{3}{2}c_3(4x_1x_2 - 2y_1y_2 - 2z_1z_2) + \\
\qquad\qquad 2c_4x_1(2x_1{}^2 - 3y_1{}^2 - 3z_1{}^2) \\[4pt]
y_3'' + 2x_3' + (c_2 - 1)y_3 = -2\omega_2(y_1'' + x_1') - 3c_3(x_1y_2 + x_2y_1) - \\
\qquad\qquad \dfrac{3}{2}c_4y_1(4x_1{}^2 - y_1{}^2 - z_1{}^2) \\[4pt]
z_3'' + \omega_0{}^2 z_3 = -2\omega_2 z_1'' - 3c_3(x_1z_2 + x_2z_1) - \dfrac{3}{2}c_4z_1(4x_1{}^2 - y_1{}^2 - z_1{}^2) + \Delta z_1
\end{cases}
$$

$$(4-198)$$

将一阶解(4-189)和二阶解(4-196)代入微分方程(4-198),可得

$$
\begin{aligned}
x_3'' - 2y_3' - (1 + 2c_2)x_3 = {}& \Big[\frac{3}{2}c_4\alpha^3(2 - \kappa^2) + \frac{3}{2}c_3\alpha(4a_{20} + 2a_{21} - \kappa b_{21}) - \frac{9}{2}c_4\alpha\beta^2 - \\
& \frac{3}{2}\beta c_3(2d_{20} + d_{21}) + 2\alpha(\kappa\omega_0 + \omega_0{}^2)\omega_2 \Big]\cos\theta + \frac{1}{2}\Big[c_4\alpha^3(2 + 3\kappa^2) + \\
& 3c_3\alpha(2a_{21} + \kappa b_{21}) - 3c_4\alpha\beta^2 - 3c_3\beta d_{21} \Big]\cos 3\theta
\end{aligned}
$$

$$(4-199)$$

$$
\begin{aligned}
y_3'' + 2x_3' + (c_2 - 1)y_3 = {}& \Big[\frac{3}{8}c_4\alpha^3(-4\kappa + 3\kappa^3) + \frac{3}{2}c_3\alpha(-2\kappa a_{20} + \kappa a_{21} - b_{21}) + \\
& \frac{3}{8}c_4\alpha\beta^2\kappa + 2\alpha(\omega_0 + \kappa\omega_0{}^2)\omega_2 \Big]\sin\theta + \\
& \frac{3}{8}\Big[-\alpha^3(4\kappa + \kappa^3)c_4 - 4c_3\alpha(\kappa a_{21} + b_{21}) + c_4\alpha\beta^2\kappa \Big]\sin 3\theta
\end{aligned}
$$

$$(4-200)$$

$$
\begin{aligned}
z_3'' + \omega_0{}^2 z_3 = {}& \Big[\beta\Delta - \frac{3}{2}c_3\beta(2a_{20} + a_{21}) + \frac{9}{8}c_4\beta^3 + \frac{3}{8}c_4\alpha^2\beta(-12 + \kappa^2) - \\
& \frac{3}{2}c_3\alpha(2d_{20} + d_{21}) + 2\beta\omega_0{}^2\omega_2 \Big]\cos\theta + \frac{3}{8}\Big[-4c_3\beta a_{21} + c_4\beta^3 - \\
& c_4\alpha^2\beta(4 + \kappa^2) - 4c_3\alpha d_{21} \Big]\cos 3\theta
\end{aligned}
$$

$$(4-201)$$

根据(4-201),可得一致有效条件为

$$
\begin{aligned}
& \Delta\beta - \frac{3}{2}c_3\beta(2a_{20} + a_{21}) + \frac{9}{8}c_4\beta^3 + \frac{3}{8}c_4\alpha^2\beta(-12 + \kappa^2) - \\
& \frac{3}{2}c_3\alpha(2d_{20} + d_{21}) + 2\beta\omega_0{}^2\omega_2 = 0
\end{aligned}
$$

$$(4-202)$$

这里 $\Delta = \omega_0{}^2 - c_2$ 是与 μ 相关的常数。为了简化符号系统,将三阶微分方程右边简记为

$$
C_{x1} = \frac{3}{2}c_4\alpha^3(2 - \kappa^2) + \frac{3}{2}c_3\alpha(4a_{20} + 2a_{21} - \kappa b_{21}) - \frac{9}{2}c_4\alpha\beta^2 - \frac{3}{2}c_3\beta(2d_{20} + d_{21})
$$

$$
C_{x3} = \frac{1}{2}c_4\alpha^3(2 + 3\kappa^2) + \frac{3}{2}c_3\alpha(2a_{21} + \kappa b_{21}) - \frac{3}{2}c_4\alpha\beta^2 - \frac{3}{2}c_3\beta d_{21}
$$

$$S_{y1}=\frac{3}{8}c_4\alpha^3(-4\kappa+3\kappa^3)+\frac{3}{2}c_3\alpha(-2\kappa a_{20}+\kappa a_{21}-b_{21})+\frac{3}{8}c_4\alpha\beta^2\kappa$$

$$S_{y3}=-\frac{3}{8}c_4\alpha^3(4\kappa+\kappa^3)-\frac{3}{2}c_3\alpha(\kappa a_{21}+b_{21})+\frac{3}{8}c_4\alpha\beta^2\kappa$$

$$C_{z3}=-\frac{3}{2}c_3a_{21}\beta+\frac{3}{8}c_4\beta^3-\frac{3}{8}c_4\alpha^2\beta(4+\kappa^2)-\frac{3}{2}c_3\alpha d_{21} \tag{4-203}$$

可得考虑一致有效条件的三阶项微分方程为

$$\begin{cases} x''_3-2y'_3-(1+2c_2)x_3=[C_{x1}+2\alpha(\kappa+\omega_0)\omega_0\omega_2]\cos\theta+C_{x3}\cos3\theta \\ y''_3+2x'_3+(c_2-1)y_3=[S_{y1}+2\alpha(1+\kappa\omega_0)\omega_0\omega_2]\sin\theta+S_{y3}\sin3\theta \\ z''_3+\omega_0^2z_3=C_{z3}\cos3\theta \end{cases} \tag{4-204}$$

特解为

$$\begin{cases} x_3(\tau)=a_{31}\cos\theta+a_{32}\cos3\theta \\ y_3(\tau)=b_{31}\sin\theta+b_{32}\sin3\theta \\ z_3(\tau)=d_{31}\cos3\theta \end{cases} \tag{4-205}$$

利用**待定系数法**,可求得系数如下(类似地,关于待定系数 a_{31} 和 b_{31} 的线性方程组亏秩,为不失一般性,我们令 $a_{31}=0$,求出 b_{31} 和 ω_2)

$$a_{31}=0$$

$$b_{31}=\frac{\chi_2C_{x1}-S_{y1}}{\chi_1(\omega_0^2-c_2+1)-2\omega_0\chi_2}$$

$$\omega_2=-\frac{C_{x1}}{\chi_1}-\frac{2\omega_0(\chi_2C_{x1}-S_{y1})}{\chi_1^2(\omega_0^2-c_2+1)-2\omega_0\chi_1\chi_2} \tag{4-206}$$

$$b_{32}=\frac{-(9\omega_0^2+1+2c_2)S_{y3}+6\omega_0C_{x3}}{(9\omega_0^2-c_2+1)(9\omega_0^2+1+2c_2)-36\omega_0^2}$$

$$a_{32}=-\frac{1}{6\omega_0}S_{y3}-\frac{(9\omega_0^2-c_2+1)}{6\omega_0}b_{32}$$

$$d_{31}=-\frac{1}{8\omega_0^2}C_{z3} \tag{4-207}$$

其中

$$\chi_1=2\alpha(\kappa+\omega_0)\omega_0 \tag{4-208}$$

$$\chi_2=2\alpha(1+\kappa\omega_0)\omega_0$$

综上,Halo 轨道的三阶摄动解为

$$\begin{cases} x(\tau)=\alpha\cos\theta+a_{20}+a_{21}\cos2\theta+a_{32}\cos3\theta \\ y(\tau)=\kappa\alpha\sin\theta+b_{21}\sin2\theta+b_{31}\sin\theta+b_{32}\sin3\theta \\ z(\tau)=\beta\cos\theta+d_{21}\cos2\theta+d_{31}\cos3\theta \end{cases} \tag{4-209}$$

其中 $\theta=\omega\tau+\phi=\omega_0(1+\omega_2)t+\phi$,频率修正项为

$$\omega_2 = -\frac{C_{x1}}{\chi_1} - \frac{2\omega_0(\chi_2 C_{x1} - S_{y1})}{{\chi_1}^2({\omega_0}^2 - c_2 + 1) - 2\omega_0 \chi_1 \chi_2} \equiv s_1 \alpha^2 + s_2 \beta^2 \qquad (4-210)$$

另外振幅 α 和 β 并不独立，需满足振幅约束条件

$$({\omega_0}^2 - c_2)\beta - \frac{3}{2}\beta(2a_{20} + a_{21})c_3 + \frac{9}{8}\beta^3 c_4 + \frac{3}{8}\alpha^2\beta(-12 + \kappa^2)c_4 -$$
$$\frac{3}{2}\alpha c_3(2d_{20} + d_{21}) + 2\beta{\omega_0}^2 \omega_2 = 0 \qquad (4-211)$$

记为

$$l_1 \alpha^2 + l_2 \beta^2 + \Delta = 0 \qquad (4-212)$$

读者可以很容易地按照上述流程进行系数推导（具体表达式不再给出）。

4.3 CRTBP 下的中心流形和不变流形（半分析方法）

西班牙学者 Jorba 和 Masdemont（图 4-9）在 1999 年将 CRTBP 下的利萨茹（Lissajous）轨道和 Halo 轨道构造到任意高阶[6]。随后，Masdemont 在 2005 年系统研究了 CRTBP 下 Lissajous 和 Halo 轨道的不变流形分析解以及其深空应用[7]。此外，国内学者[5][8]在平动点动力学方面也开展了非常深入的理论和应用研究工作。

图 4-9 西班牙数学家 Angel Jorba(左)和 Josep J. Masdemont(右)

4.3.1 Lissajous 轨道高阶解

Jorba 和 Masdemont[6] 给出了 CRTBP 下共线平动点附近 Lissajous 轨道的高阶分析解

$$\begin{cases} x(t) = \sum_{\substack{i+j \geqslant 1 \\ i \geqslant 0, j \geqslant 0}} \Big[\sum_{|k| \leqslant i, |m| \leqslant j} x_{ijkm} \cos(k\theta_1 + m\theta_2) \Big] \alpha^i \beta^j \\[2mm] y(t) = \sum_{\substack{i+j \geqslant 1 \\ i \geqslant 0, j \geqslant 0}} \Big[\sum_{|k| \leqslant i, |m| \leqslant j} y_{ijkm} \sin(k\theta_1 + m\theta_2) \Big] \alpha^i \beta^j \\[2mm] z(t) = \sum_{\substack{i+j \geqslant 1 \\ i \geqslant 0, j \geqslant 0}} \Big[\sum_{|k| \leqslant i, |m| \leqslant j} z_{ijkm} \cos(k\theta_1 + m\theta_2) \Big] \alpha^i \beta^j \end{cases} \qquad (4-213)$$

其中 α 为 Lissajous 轨道平面内振幅，β 为垂直平面振幅，相位角为

$$\theta_1 = \omega t + \phi_1 , \ \theta_2 = \upsilon t + \phi_2 \tag{4-214}$$

其中 ω 和 υ 为平面内运动和垂直平面运动的频率，ϕ_1 和 ϕ_2 为相应的初始相位角。考虑到非线性项扰动，频率 ω 和 υ 均为振幅的非线性函数。根据 L-P 方法，将频率同样展开为振幅 α 和 β 的幂级数形式

$$\omega = \sum_{i \geqslant 0, j \geqslant 0} \omega_{ij} \alpha^i \beta^j , \ \upsilon = \sum_{i \geqslant 0, j \geqslant 0} \upsilon_{ij} \alpha^i \beta^j \tag{4-215}$$

一般而言，振幅 α 和 β 越小，阶数越高，分析方法获得的 Lissajous 轨道与数值方法获得的 Lissajous 轨道越接近。当 $\alpha \neq 0, \beta = 0$ 时，级数解退化为平面李雅普诺夫（Lyapunov）轨道；当 $\alpha = 0, \beta \neq 0$ 时，级数解退化为垂直 Lyapunov 轨道。文献[8]构造了日-地系 L_1 点和 L_2 点附近 Lissajous 轨道的 20 阶级数解。利用该级数解，计算了振幅为 $\alpha = \beta = 0.05$ 的 Lissajous 轨道，见图 4-10 和图 4-11。

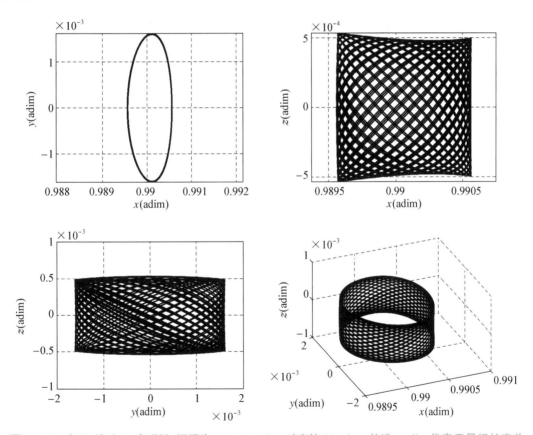

图 4-10　在日-地系 L_1 点附近，振幅为 $\alpha = \beta = 0.05\gamma_1$ 对应的 Lissajous 轨道。adim 代表无量纲长度单位（即日地平均距离，在下图中也是如此）[8]

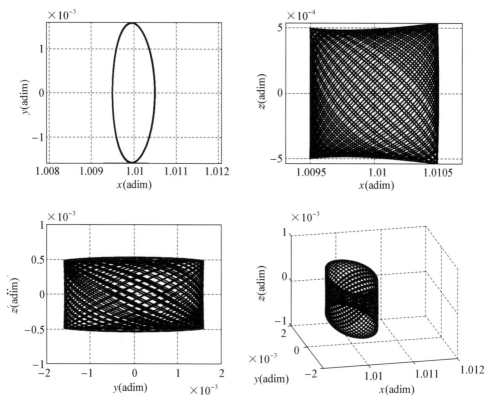

图 4-11　在日-地系 L_2 点附近,振幅为 $\alpha=\beta=0.05\gamma_2$ 对应的 Lissajous 轨道[8]

4.3.2　Halo 轨道高阶解

Lissajous 轨道存在平面内和垂直平面的运动频率,一般而言满足 $\omega\neq\upsilon$,因此 Lissajous 轨道是拟周期轨道。然而,当垂直平面振幅大于某个临界值时,在某些条件下可以使得平面内频率和垂直平面运动频率相等,即 $\omega=\upsilon$,发生共振,此时 Lissajous 轨道变为 Halo 轨道,并且为三维周期轨道。另一方面,Halo 轨道是平面 Lyapunov 轨道垂直分岔形成的周期轨道。由于运动方程的对称性,存在北族 Halo 轨道(z 方向振幅 $\beta>0$)和南族 Halo 轨道(z 方向振幅 $\beta<0$)。

类似于 Lissajous 轨道高阶解,可以构造 Halo 轨道的高阶摄动解。Jorba 和 Masdemont[6] 将 Halo 轨道展开为如下形式:

$$
\begin{cases}
x(t) = \displaystyle\sum_{\substack{i+j\geqslant 1 \\ i\geqslant 0,j\geqslant 0}} \Big[\sum_{|k|\leqslant i+j} x_{ijkm}\cos(k\theta) \Big]\alpha^i\beta^j \\[2ex]
y(t) = \displaystyle\sum_{\substack{i+j\geqslant 1 \\ i\geqslant 0,j\geqslant 0}} \Big[\sum_{|k|\leqslant i+j} y_{ijkm}\sin(k\theta) \Big]\alpha^i\beta^j \\[2ex]
z(t) = \displaystyle\sum_{\substack{i+j\geqslant 1 \\ i\geqslant 0,j\geqslant 0}} \Big[\sum_{|k|\leqslant i+j} z_{ijkm}\cos(k\theta) \Big]\alpha^i\beta^j
\end{cases}
\tag{4-216}
$$

其中相位角为

$$\theta = \omega t + \phi \tag{4-217}$$

频率项 ω 和约束 Δ 需同时展开为振幅 α 和 β 的级数形式

$$\omega = \sum_{i \geqslant 0, j \geqslant 0} \omega_{ij} \alpha^i \beta^j , \ \Delta = \sum_{i \geqslant 0, j \geqslant 0} d_{ij} \alpha^i \beta^j \tag{4-218}$$

对于 Halo 轨道而言,平面内振幅 α 和垂直平面振幅 β 不再独立,需满足的约束条件为

$$\Delta = \sum_{i \geqslant 0, j \geqslant 0} d_{ij} \alpha^i \beta^j = 0 \tag{4-219}$$

笔者在文献[8]中构造了日-地系平动点附近 Halo 轨道的 20 阶解,并计算了 L_1 和 L_2 附近的 Halo 轨道,见图 4-12 和图 4-13。

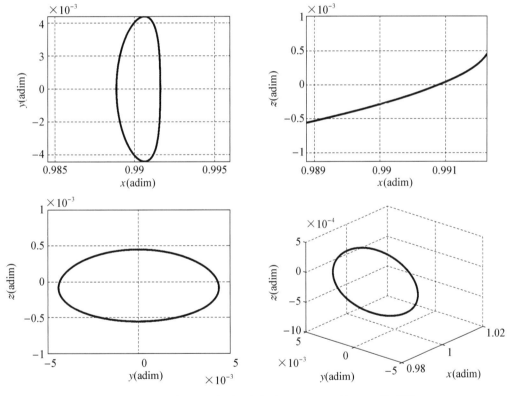

图 4-12　日-地系 L_1 点附近振幅为 $\beta = 0.05\gamma_1$ 的 Halo 轨道[8]

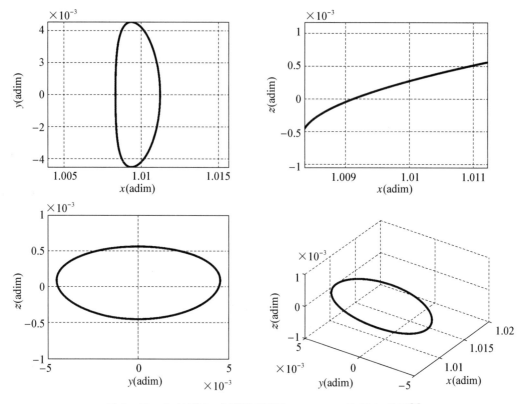

图 4 - 13　日-地系 L_2 点附近振幅为 $\beta=0.05\gamma_2$ 的 Halo 轨道[8]

4.3.3　不变流形高阶解

　　共线平动点的线性动力学性质表现为中心×中心×鞍点的运动形态,因此共线平动点附近存在中心流形和双曲流形(图 4 - 14)。中心流形包括 Lissajous 轨道、Halo 轨道、平面 Lyapunov 轨道和垂直 Lyapunov 轨道以及准晕轨道(quasihalo orbit)。双曲流形包括稳定流形、不稳定流形以及穿越和非穿越轨道。稳定和不稳定流形统称为不变流形。一般而言,不变流形是生发于 Lissajous 轨道或 Halo 轨道的具有相同 Jacobi 积分的轨道集合。不变流形具有如下性质:1) 具有几乎相同的 Jacobi 积分;2) 具有指数发散和收敛性质(即运动具有方向性);3) 不变流形轨道在相空间构成等能量管道,管道内和外分别对应不同的轨道类型;4) 由不变流形实现的不同区域之间的转移具有低能特点。

　　图 4 - 14 给出了共线平动点附近的运动形态,主要由四个振幅参数 $\alpha_1,\alpha_2,\alpha_3,\alpha_4$ 确定,其中 α_1,α_2 为稳定流形和不稳定流形振幅参数,α_3,α_4 为对应中心流形的平面内振幅和垂直平面振幅。运动形态和参数对应关系如下[9]:

　　1) 当 $\alpha_1 * \alpha_2=0$ 时(即其中一个等于零),对应稳定流形或不稳定流形。特别地,当 $\alpha_1>0,\alpha_2=0$ 时,对应稳定流形左支;当 $\alpha_1<0,\alpha_2=0$ 时,对应稳定流形右支。当 $\alpha_1=0,\alpha_2>0$ 时,对应不稳定流形左支;当 $\alpha_1=0,\alpha_2<0$ 时,对应不稳定流形右支。分析解生成的不变流形见

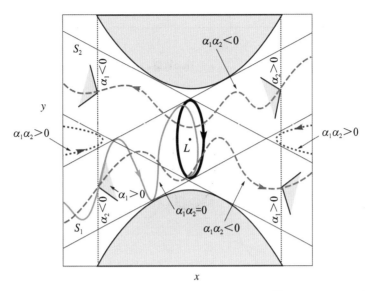

图 4 - 14　平动点附近的运动学形态[9]

图 4 - 15 和图 4 - 16。

　　2）当 $\alpha_1 * \alpha_2 > 0$ 时，对应**非穿越轨道**；当 $\alpha_1 * \alpha_2 < 0$ 时，对应**穿越轨道**。

　　3）当 $\alpha_1 = 0, \alpha_2 = 0$ 时，对应**中心流形**。

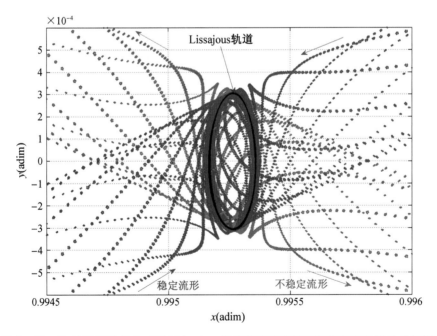

图 4 - 15　日-地系平动点 L_1 附近 Lissajous 轨道的稳定流形和不稳定流形（9 阶分析解）

　　2005 年，Masdemont[7] 将 CRTBP 下 Lissajous 轨道的不变流形展开为如下幂级数形式

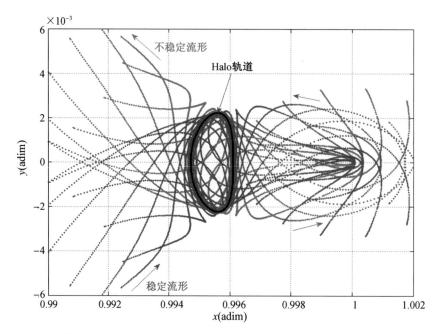

图 4 - 16　日-地系平动点 L_1 附近 Halo 轨道的稳定流形和不稳定流形(15 阶分析解)

$$
\begin{cases}
x(t) = \sum_{i \geqslant 0, j \geqslant 0} \exp[(i-j)\theta_3] \sum_{\substack{k+m \geqslant 1 \\ k \geqslant 0, m \geqslant 0}} \sum_{\substack{|p| \leqslant k \\ |q| \leqslant m}} [x_{ijkm}^{pq} \cos(p\theta_1 + q\theta_2) + \\
\qquad \bar{x}_{ijkm}^{pq} \sin(p\theta_1 + q\theta_2)] \alpha_1^i \alpha_2^j \alpha_3^k \alpha_4^m \\
y(t) = \sum_{i \geqslant 0, j \geqslant 0} \exp[(i-j)\theta_3] \sum_{\substack{k+m \geqslant 1 \\ k \geqslant 0, m \geqslant 0}} \sum_{\substack{|p| \leqslant k \\ |q| \leqslant m}} [y_{ijkm}^{pq} \cos(p\theta_1 + q\theta_2) + \\
\qquad \bar{y}_{ijkm}^{pq} \sin(p\theta_1 + q\theta_2)] \alpha_1^i \alpha_2^j \alpha_3^k \alpha_4^m \\
z(t) = \sum_{i \geqslant 0, j \geqslant 0} \exp[(i-j)\theta_3] \sum_{\substack{k+m \geqslant 1 \\ k \geqslant 0, m \geqslant 0}} \sum_{\substack{|p| \leqslant k \\ |q| \leqslant m}} [z_{ijkm}^{pq} \cos(p\theta_1 + q\theta_2) + \\
\qquad \bar{z}_{ijkm}^{pq} \sin(p\theta_1 + q\theta_2)] \alpha_1^i \alpha_2^j \alpha_3^k \alpha_4^m
\end{cases}
\tag{4-220}
$$

其中 α_1, α_2 为稳定和不稳定流形振幅，α_3, α_4 分别为平面内和垂直平面振幅。相位角为

$$
\theta_1 = \omega t + \phi_1, \ \theta_2 = \upsilon t + \phi_2, \ \theta_3 = \lambda t
\tag{4-221}
$$

其中 ϕ_1 和 ϕ_2 为初始相位角。ω 为平面内运动的频率，υ 为垂直平面运动频率，λ 为双曲运动频率。基于 L-P 方法，将频率分别展开为振幅 α_1, α_2 和 α_3, α_4 的摄动解形式

$$
\begin{cases}
\omega = \sum \omega_{ijkm} \alpha_1^i \alpha_2^j \alpha_3^k \alpha_4^m \\
\upsilon = \sum \upsilon_{ijkm} \alpha_1^i \alpha_2^j \alpha_3^k \alpha_4^m \\
\lambda = \sum \lambda_{ijkm} \alpha_1^i \alpha_2^j \alpha_3^k \alpha_4^m
\end{cases}
\tag{4-222}
$$

当且仅当 $i = j$ 且 k, m 均为偶数时，频率系数才不为零。

类似地，Masdemont[7] 将 CRTBP 下共线平动点附近 Halo 轨道对应的不变流形展开为振幅 α_1,α_2 和 α_3,α_4 的幂级数形式

$$\begin{cases} x(t)=\sum_{i\geqslant 0,j\geqslant 0}\exp\big[(i-j)\theta_3\big]\sum_{\substack{k+m\geqslant 1\\k\geqslant 0,m\geqslant 0}}\sum_{0\leqslant p\leqslant k+m}\big[x_{ijkm}^p\cos(p\theta_1)+\bar{x}_{ijkm}^p\sin(p\theta_1)\big]\alpha_1^i\alpha_2^j\alpha_3^k\alpha_4^m \\[2mm] y(t)=\sum_{i\geqslant 0,j\geqslant 0}\exp\big[(i-j)\theta_3\big]\sum_{\substack{k+m\geqslant 1\\k\geqslant 0,m\geqslant 0}}\sum_{0\leqslant p\leqslant k+m}\big[y_{ijkm}^p\cos(p\theta_1)+\bar{y}_{ijkm}^p\sin(p\theta_1)\big]\alpha_1^i\alpha_2^j\alpha_3^k\alpha_4^m \\[2mm] z(t)=\sum_{i\geqslant 0,j\geqslant 0}\exp\big[(i-j)\theta_3\big]\sum_{\substack{k+m\geqslant 1\\k\geqslant 0,m\geqslant 0}}\sum_{0\leqslant p\leqslant k+m}\big[z_{ijkm}^p\cos(p\theta_1)+\bar{z}_{ijkm}^p\sin(p\theta_1)\big]\alpha_1^i\alpha_2^j\alpha_3^k\alpha_4^m \end{cases}$$

$$(4-223)$$

其中 p 和 $k+m$ 具有相同的奇偶性。相位角为

$$\theta_1=\omega t+\phi_1,\theta_3=\lambda t \tag{4-224}$$

根据 L-P 方法，频率展开为振幅的摄动解形式

$$\begin{cases} \omega=\sum\omega_{ijkm}\alpha_1^i\alpha_2^j\alpha_3^k\alpha_4^m \\[2mm] \lambda=\sum\lambda_{ijkm}\alpha_1^i\alpha_2^j\alpha_3^k\alpha_4^m \\[2mm] \Delta=\sum d_{ijkm}\alpha_1^i\alpha_2^j\alpha_3^k\alpha_4^m \end{cases} \tag{4-225}$$

其中 Δ 对应的是振幅的约束函数，需满足

$$\Delta(\alpha_1,\alpha_2,\alpha_3,\alpha_4)=0 \tag{4-226}$$

笔者在文献[8]中构造了不变流形的高阶分析解。当 $\alpha_1\cdot\alpha_2=0$ 时，分析解对应不变流形，计算结果见图 4-17 和图 4-18。当 $\alpha_1\cdot\alpha_2<0$，分析解对应穿越轨道；当 $\alpha_1\cdot\alpha_2>0$，对应非穿越轨道，计算结果见图 4-19。

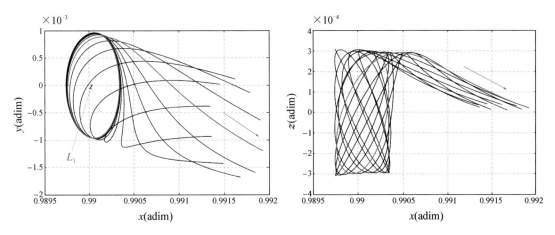

图 4-17　日-地圆型限制性三体系统下共线平动点 L_1 附近 Lissajous 轨道对应的不变流形，分析解阶数为 $(7,9)$[8]

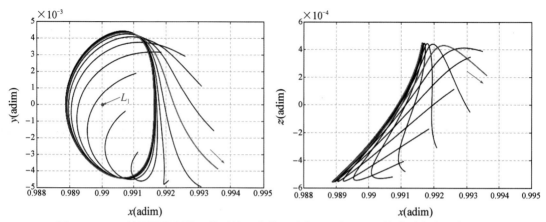

图 4 - 18　日-地圆型限制性三体系统下共线平动点 L_1 附近 Halo 轨道对应的不变流形。
分析解阶数为 $(9，12)$[8]

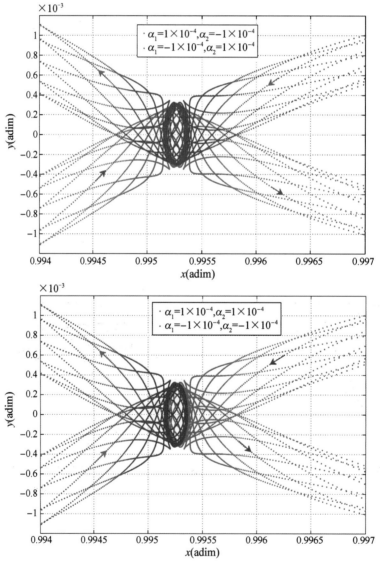

图 4 - 19　日-地圆型限制性三体系统下共线平动点 L_1 附近穿越轨道和非穿越轨道,分析解阶数为 $(9，12)$

月球附近的不变流形结构以及基于不变流形的行星际高速公路（Interplanetary Superhighway，IPS）技术艺术想象图如图 4 - 20 所示。对椭圆型限制性三体系统共线平动点附近中心流形和双曲流形摄动解的构造以及三角平动点附近的级数解构造感兴趣的读者可进一步参考文献［10］～［13］。

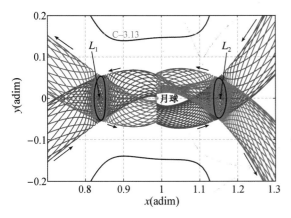

图 4 - 20　月球附近的不变流形结构（左）以及基于空间流形的行星际高速公路技术（IPS 轨道设计技术）

4.4　中心流形的统一分析理论

中心流形包括平面 Lyapunov 轨道、垂直 Lyapunov 轨道、Lissajous 轨道、Halo 轨道以及 Quasihalo 轨道，其庞加莱截面如图 4 - 21 所示。在以往的研究工作中，将 Lissajous 轨道和 Halo 轨道分开构造分析解（见 4.3 节）[6]。对于 Quasihalo 轨道，没有类似 Lissajous 轨道和 Halo 轨道的分析解。文献［15］以 Halo 轨道为基础，通过弗洛凯（Floquet）变换，然后基于 L-P 方法构造了 Quasihalo 轨道的半分析解（该方法较为复杂）。

之前的研究认为，Halo 轨道的平面内频率和垂直运动频率相等（共振），是平面 Lyapunov 轨道分岔形成的周期轨道。最近的工作不再从周期轨道分岔角度考虑中心流形，而是认为 Halo 轨道和 Quasihalo 轨道是因为圆型限制性三体系统下平面内运动和垂直平面运动模态的非线性耦合（coupling interactions）而产生的[16]。特别地，从耦合角度得到的分析解可以统一描述所有中心流形：Lissajous 轨道、Halo 轨道以及 Quasihalo 轨道（见图 4 - 21）。从这个角度，本节把文献［16］中的分析理论称为中心流形的统一分析理论。

4.4.1　运动方程

根据 4.2 节中的推导，共线平动点附近的运动方程为

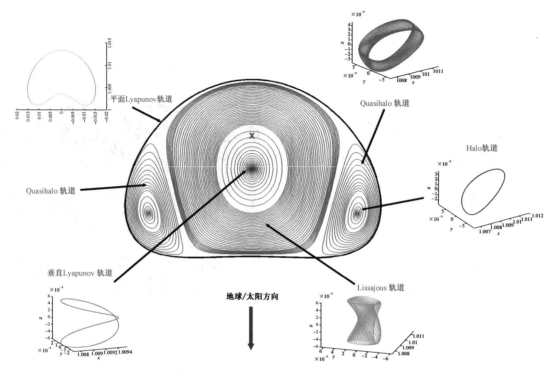

图 4-21 圆型限制性三体系统下共线平动点附近的中心流形：平面 Lyapunov 轨道、垂直 Lyapunov 轨道、Lissajous 轨道、Halo 轨道以及 Quasihalo 轨道[14]

$$\begin{cases} \ddot{x} - 2\dot{y} - (1 + 2c_2)x = \sum_{n \geqslant 2} c_{n+1}(n+1)T_n\left(\dfrac{x}{\rho}\right) \\ \ddot{y} + 2\dot{x} - (1 - c_2)y = y\sum_{n \geqslant 2} c_{n+1}R_{n-1}\left(\dfrac{x}{\rho}\right) \\ \ddot{z} + c_2 z = z\sum_{n \geqslant 2} c_{n+1}R_{n-1}\left(\dfrac{x}{\rho}\right) \end{cases} \qquad (4\text{-}227)$$

其中 $\rho^2 = x^2 + y^2 + z^2$，T_n 和 R_n 的递推关系式以及系数 $c_n(\mu)$ 的表达式见 4.2 节，此处不再赘述。

4.4.2　中心流形的统一分析理论

只保留线性项，运动方程为

$$\begin{cases} \ddot{x} - 2\dot{y} - (1 + 2c_2)x = 0 \\ \ddot{y} + 2\dot{x} + (c_2 - 1)y = 0 \\ \ddot{z} + c_2 z = 0 \end{cases} \qquad (4\text{-}228)$$

很容易得到 Lissajous 轨道的线性化解为

$$\begin{cases} x = \alpha\cos(\omega_0 t + \varphi_1) \\ y = \kappa\alpha\sin(\omega_0 t + \varphi_1) \\ z = \beta\cos(\upsilon_0 t + \varphi_2) \end{cases} \tag{4-229}$$

其中线性化频率为

$$\omega_0 = \sqrt{\frac{2 - c_2 + \sqrt{9c_2^2 - 8c_2}}{2}}, \quad \upsilon_0 = \sqrt{c_2} \tag{4-230}$$

系数为

$$\kappa = -\frac{\omega_0^2 + 1 + c_2}{2_0} \tag{4-231}$$

α 和 β 为平面内和垂直平面内运动的振幅,φ_1 和 φ_2 分别为初始相位角。由于 $\omega_0 \neq \upsilon_0$,故在线性情况下不存在 Halo 轨道(1∶1 共振轨道)。

　　文献[16]认为 Halo 轨道和 Quasihalo 轨道是因为圆型限制性三体系统下平面内运动和非平面内运动的非线性耦合而产生的。因此一个很重要的想法是在线性系统基础上引入平面内运动和垂直平面运动的耦合系数 η。于是,含耦合作用的线性化解为

$$\begin{cases} x = \alpha\cos(\omega_0 t + \varphi_1) \\ y = \kappa\alpha\sin(\omega_0 t + \varphi_1) \\ z = \eta\alpha\cos(\omega_0 t + \varphi_1) + \beta\cos(\upsilon_0 t + \varphi_2) \end{cases} \tag{4-232}$$

不难得到,线性化解(4-232)对应的线性化微分方程为

$$\begin{cases} \ddot{x} - 2\dot{y} - (1 + 2c_2)x = 0 \\ \ddot{y} + 2\dot{x} + (c_2 - 1)y = 0 \\ \ddot{z} + c_2 z = \eta(c_2 - \omega_0^2)x \end{cases} \tag{4-233}$$

从线性化解(4-232)中不难看出:1) 当 $\eta = 0$,$\alpha \neq 0$,$\beta \neq 0$ 时,线性化解对应 Lissajous 轨道;2) 当$\eta \neq 0$,$\alpha \neq 0$,$\beta = 0$ 时,对应 Halo 轨道;3) 当 $\eta \neq 0$,$\alpha \neq 0$,$\beta \neq 0$ 时,对应 Quasihalo 轨道;4) 耦合系数 η 的含义是 Halo 轨道垂直平面振幅和平面内振幅的比例系数;5) 耦合系数 η 也反映 Quasihalo 轨道与 Lissajous 轨道的偏离程度。

　　于是,在非线性运动方程中同样引入耦合修正项

$$\begin{cases} \ddot{x} - 2\dot{y} - (1 + 2c_2)x = \sum_{n \geqslant 2} c_{n+1}(n+1)T_n \\ \ddot{y} + 2\dot{x} - (1 - c_2)y = y\sum_{n \geqslant 2} c_{n+1}R_{n-1} \\ \ddot{z} + c_2 z = z\sum_{n \geqslant 2} c_{n+1}R_{n-1} + \eta\Delta x \end{cases} \tag{4-234}$$

截断到三阶的运动方程为

$$\begin{cases} \ddot{x} - 2\dot{y} - (1+2c_2)x = \dfrac{3}{2}c_3(2x^2 - y^2 - z^2) + 2c_4 x(2x^2 - 3y^2 - 3z^2) \\[2mm] \ddot{y} + 2\dot{x} + (c_2 - 1)y = -3c_3 xy - \dfrac{3}{2}c_4 y(4x^2 - y^2 - z^2) \\[2mm] \ddot{z} + c_2 z = -3c_3 xz - \dfrac{3}{2}c_4 z(4x^2 - y^2 - z^2) + \eta \Delta x \end{cases} \tag{4-235}$$

为了保持运动方程不变,修正项需要满足如下条件

$$\eta \Delta = 0 \tag{4-236}$$

当 $\eta = 0$ 时,该约束条件自然满足,整个过程完全类似 Lissajous 轨道分析解的构造过程。当 $\eta \neq 0$ 时,(4-236)等价于要求 $\Delta = 0$,此为 Halo 轨道和 Quasihalo 轨道需满足的约束条件。

考虑运动方程(4-234)的非线性项,中心流形的统一分析解可表示为

$$\begin{cases} x(t) = \sum\limits_{\substack{i+j \geqslant 1 \\ i \geqslant 0, j \geqslant 0}} \Big[\sum\limits_{|k| \leqslant i, |m| \leqslant j} x_{ijkm} \cos(k\theta_1 + m\theta_2) \Big] \alpha^i \beta^j \\[2mm] y(t) = \sum\limits_{\substack{i+j \geqslant 1 \\ i \geqslant 0, j \geqslant 0}} \Big[\sum\limits_{|k| \leqslant i, |m| \leqslant j} y_{ijkm} \sin(k\theta_1 + m\theta_2) \Big] \alpha^i \beta^j \\[2mm] z(t) = \sum\limits_{\substack{i+j \geqslant 1 \\ i \geqslant 0, j \geqslant 0}} \Big[\sum\limits_{|k| \leqslant i, |m| \leqslant j} z_{ijkm} \cos(k\theta_1 + m\theta_2) \Big] \alpha^i \beta^j \end{cases} \tag{4-237}$$

其中相位角为

$$\theta_1 = \omega t + \varphi_1, \theta_2 = \upsilon t + \varphi_2 \tag{4-238}$$

考虑非线性项,依然将平面内运动频率和垂直平面运动频率展开为振幅参数 α 和 β 的幂级数形式

$$\omega = \sum\limits_{i \geqslant 0, j \geqslant 0} \omega_{ij} \alpha^i \beta^j, \upsilon = \sum\limits_{i \geqslant 0, j \geqslant 0} \upsilon_{ij} \alpha^i \beta^j \tag{4-239}$$

同时将修正项展开为

$$\Delta = \sum\limits_{i \geqslant 0, j \geqslant 0} d_{ij} \alpha^i \beta^j \tag{4-240}$$

根据(4-233)可得零阶修正项为 $d_{00} = c_2 - \omega_0^2$。于是耦合项需要满足的约束条件为

$$\eta \Delta = \eta \sum\limits_{i \geqslant 0, j \geqslant 0} d_{ij} \alpha^i \beta^j = 0 \tag{4-241}$$

该表达式表明:1) 当 $\eta = 0$ 时,该式恒成立,此时(α, β)是独立的;2) 当 $\eta \neq 0$ 时,中心流形的振幅(α, β)与耦合系数 η 不再独立,需要满足该等式约束。

对以上分析做如下几点说明:

第一,分析解可统一描述中心流形。当耦合系数为 $\eta = 0$ 时(无线性化解的耦合),幂级数解(4-237)对应经典的 Lissajous 轨道(进一步退化描述平面 Lyapunov 轨道和垂直 Lyapunov 轨道);当 $\eta \neq 0$ 时,幂级数解代表 Quasihalo 轨道。特别地,当 $\beta = 0$ 时对应的是

Halo 轨道($\eta > 0$ 对应北族，$\eta < 0$ 对应南族）。

第二，对于分析表达式的系数及下标，有 $i, j \in \mathbb{N}, k, m \in \mathbb{Z}$，其中 k 和 i 具有相同的奇偶性，m 和 j 具有相同的奇偶性。考虑到圆型限制性三体问题的对称性，于是对于中心流形而言，x, z 仅包含余弦，y 仅包含正弦。根据三角函数的性质，进一步要求 $k \geqslant 0$。并且当 $k = 0$ 时，可要求 $m \geqslant 0$。以上性质可有效减少非零系数的个数，提高计算效率和节省存储空间。

按照 L-P 方法构造任意阶解的坐标、频率和修正项的系数，最核心的一步是建立第 n 阶摄动分析方程。这里的 n 阶指的是 $i + j = n$。将三个运动方程左右两边的 n 阶已知项归并到右边，分别记为 X_{ijkm}, Y_{ijkm} 以及 Z_{ijkm}。未知系数满足的摄动分析方程组为

$$\begin{cases} -(\bar{\omega}^2 + 1 + 2c_2)x_{ijkm} - 2\bar{\omega}y_{ijkm} - 2(\omega_0 + \kappa)\omega_{i-1j}\delta_{k1}\delta_{m0} = X_{ijkm} \\ -2\bar{\omega}x_{ijkm} + (c_2 - 1 - \bar{\omega}^2)y_{ijkm} - 2(\kappa\omega_0 + 1)\omega_{i-1j}\delta_{k1}\delta_{m0} = Y_{ijkm} \\ (c_2 - \bar{\omega}^2)z_{ijkm} - \eta d_{00}x_{ijkm} - \eta(2\omega_0\omega_{i-1j} + d_{i-1j})\delta_{k1}\delta_{m0} - 2\upsilon_0\upsilon_{ij-1}\delta_{k0}\delta_{m1} = Z_{ijkm} \end{cases} \tag{4-242}$$

其中 $n = i + j, \bar{\omega} = k\omega_0 + m\upsilon_0$。下面分三种情况来求解以上线性方程组。

情况 I. 当 $(k, m) \neq (1, 0)$ 或者 $(k, m) \neq (0, 1)$ 时，求解如下方程组

$$\begin{cases} -(\bar{\omega}^2 + 1 + 2c_2)x_{ijkm} - 2\bar{\omega}y_{ijkm} = X_{ijkm} \\ -2\bar{\omega}x_{ijkm} + (c_2 - 1 - \bar{\omega}^2)y_{ijkm} = Y_{ijkm} \end{cases} \tag{4-243}$$

可得坐标系数 x_{ijkm} 和 y_{ijkm}。第三个方程为

$$(c_2 - \bar{\omega}^2)z_{ijkm} - \eta d_{00}x_{ijkm} = Z_{ijkm} \tag{4-244}$$

将 x_{ijkm} 代入上式，即可得 z_{ijkm}。注意，当 $m = -1$ 时，系数 $c_2 - \bar{\omega}^2 = 0$。不难验证，此时右边 $Z_{ijkm} = 0$，故此时令 $z_{ijkm} = 0(m = -1)$。

情况 II. 当 $(k, m) = (1, 0)$ 时，x-y 的方程组为

$$\begin{cases} -(\bar{\omega}^2 + 1 + 2c_2)x_{ij10} - 2\bar{\omega}y_{ij10} - 2(\omega_0 + \kappa)\omega_{i-1j} = X_{ij10} \\ -2\bar{\omega}x_{ij10} + (c_2 - 1 - \bar{\omega}^2)y_{ij10} - 2(\kappa\omega_0 + 1)\omega_{i-1j} = Y_{ij10} \end{cases} \tag{4-245}$$

不难发现此时 x_{ij10} 和 y_{ij10} 的系数矩阵

$$\begin{bmatrix} -(\bar{\omega}^2 + 1 + 2c_2) & -2\bar{\omega} \\ -2\bar{\omega} & (c_2 - 1 - \bar{\omega}^2) \end{bmatrix}$$

亏秩。不失一般性，令 $x_{ij10} = 0$，通过求解

$$\begin{cases} -2\bar{\omega}y_{ij10} - 2(\omega_0 + \kappa)\omega_{i-1,j} = X_{ij10} \\ (c_2 - 1 - \bar{\omega}^2)y_{ij10} - 2(\kappa\omega_0 + 1)\omega_{i-1,j} = Y_{ij10} \end{cases} \tag{4-246}$$

可得到坐标系数 y_{ij10} 和频率项系数 $\omega_{i-1,j}$。此时 z 方向的方程为

$$(c_2 - \bar{\omega}^2)z_{ij10} - \eta d_{00}x_{ij10} - \eta(2\omega_0\omega_{i-1,j} + d_{i-1,j}) = Z_{ij10} \tag{4-247}$$

由于已令 $x_{ij10} = 0$，并且 $\omega_{i-1,j}$ 已经求出，于是上式变为

$$(c_2 - \bar{\omega}^2) z_{ij10} - \eta d_{i-1,j} = Z_{ij10} + 2\eta\omega_0\omega_{i-1,j} \tag{4-248}$$

这个方程有两个未知数，分两种情况求解。

1）当 $\eta=0$（无耦合）时，直接求得

$$z_{ij10} = \frac{Z_{ij10}}{c_2 - \bar{\omega}^2} \tag{4-249}$$

2）当 $\eta\neq0$（存在两个运动模态的耦合）时，令 $z_{ij10}=0$，于是可得修正项系数为

$$d_{i-1,j} = -\frac{Z_{ij10}}{\eta} - 2\omega_0\omega_{i-1,j} \tag{4-250}$$

情况Ⅲ. 当 $(k,m)=(0,1)$ 时，x-y 的方程组为

$$\begin{cases} -(\bar{\omega}^2 + 1 + 2c_2)x_{ijkm} - 2\bar{\omega}y_{ijkm} = X_{ijkm} \\ -2\bar{\omega}x_{ijkm} + (c_2 - 1 - \bar{\omega}^2)y_{ijkm} = Y_{ijkm} \end{cases} \tag{4-251}$$

可求得坐标项系数 x_{ijkm} 和 y_{ijkm}。z 方向的方程为

$$(c_2 - \bar{\omega}^2)z_{ij01} - \eta d_{00}x_{ij01} - 2v_0 v_{i,j-1} = Z_{ij01} \tag{4-252}$$

其中 z_{ij01} 的系数 $c_2 - \bar{\omega}^2 = 0$，于是可令 $z_{ij01}=0$。坐标系数 x_{ij01} 已经求出，于是方程仅有一个未知数 v_{ij-1}，可求得

$$v_{ij-1} = -\frac{Z_{ij01}}{2v_0} - \frac{\eta d_{00}x_{ij01}}{2v_0} \tag{4-253}$$

从一阶开始，逐次求解摄动分析方程组，可构造出直到任意高阶的级数解。结果在 4.4.4 节中给出。

4.4.3 中心流形的三阶分析解

为方便读者，本节给出中心流形的显式三阶解。圆型限制性三体系统下共线平动点附近中心流形的三阶解为[16]

$$\begin{aligned}
x = {} & \alpha\cos\theta_1 + (a_{21} + a_{22}\eta^2)\alpha^2 + (a_{23} + a_{24}\eta^2)\alpha^2\cos 2\theta_1 + a_{25}\eta\alpha\beta\cos(\theta_1 + \theta_2) + \\
& a_{26}\eta\alpha\beta\cos(\theta_1 - \theta_2) + a_{27}\beta^2 + a_{28}\beta^2\cos 2\theta_2 + (a_{31}\eta^4 + a_{32}\eta^2 + a_{33})\alpha^3\cos 3\theta_1 + \\
& (a_{34}\eta^3 + a_{35}\eta)\alpha^2\beta\cos\theta_2 + (a_{36}\eta^3 + a_{37}\eta)\alpha^2\beta\cos(2\theta_1 + \theta_2) + \\
& (a_{38}\eta^3 + a_{39}\eta)\alpha^2\beta\cos(2\theta_1 - \theta_2) + (a_{310}\eta^2 + a_{311})\alpha\beta^2\cos(\theta_1 + 2\theta_2) + \\
& (a_{312}\eta^2 + a_{313})\alpha\beta^2\cos(\theta_1 - 2\theta_2) + a_{314}\eta\beta^3\cos\theta_2 + a_{315}\eta\beta^3\cos 3\theta_2
\end{aligned} \tag{4-254}$$

$$\begin{aligned}
y = {} & \kappa\alpha\sin\theta_1 + (b_{21} + b_{22}\eta^2)\alpha^2\sin 2\theta_1 + b_{23}\eta\alpha\beta\sin(\theta_1 + \theta_2) + b_{24}\eta\alpha\beta\sin(\theta_1 - \theta_2) + \\
& b_{25}\beta^2\sin 2\theta_2 + (b_{31}\eta^4 + b_{32}\eta^2 + b_{33})\alpha^3\sin\theta_1 + (b_{34}\eta^4 + b_{35}\eta^2 + b_{36})\alpha^3\sin 3\theta_1 + \\
& (b_{37}\eta^3 + b_{38}\eta)\alpha^2\beta\sin\theta_2 + (b_{39}\eta^3 + b_{310}\eta)\alpha^2\beta\sin(2\theta_1 + \theta_2) + \\
& (b_{311}\eta^3 + b_{312}\eta)\alpha^2\beta\sin(2\theta_1 - \theta_2) + (b_{313}\eta^2 + b_{314})\alpha\beta^2\theta_1 + (b_{315}\eta^2 + b_{316})\alpha\beta^2\sin(\theta_1 + 2\theta_2) + \\
& (b_{317}\eta^2 + b_{318})\alpha\beta^2\sin(\theta_1 - 2\theta_2) + b_{319}\eta\beta^3\sin\theta_2 + b_{320}\eta\beta^3\sin 3\theta_2
\end{aligned} \tag{4-255}$$

$$z = \eta\alpha\cos\theta_1 + (d_{21}+d_{22}\eta^2)\eta\alpha^2 + (d_{23}+d_{24}\eta^2)\eta\alpha^2\cos 2\theta_1 + (d_{25}+d_{26}\eta^2)\alpha\beta\cos(\theta_1+\theta_2) +$$
$$(d_{27}+d_{28}\eta^2)\alpha\beta\cos(\theta_1-\theta_2) + d_{29}\eta\beta^2 + d_{210}\eta\beta^2\cos 2\theta_2 + (d_{31}\eta^5 + d_{32}\eta^3 +$$
$$d_{33}\eta)\alpha^3\cos 3\theta_1 + (d_{34}\eta^4 + d_{35}\eta^2 + d_{36})\alpha^2\beta\cos(2\theta_1+\theta_2) +$$
$$(d_{37}\eta^4 + d_{38}\eta^2 + d_{39})\alpha^2\beta\cos(2\theta_1-\theta_2) + (d_{310}\eta^3 + d_{311}\eta)\alpha\beta^2\cos(\theta_1+2\theta_2) +$$
$$(d_{312}\eta^3 + d_{313}\eta)\alpha\beta^2\cos(\theta_1-2\theta_2) + (d_{314}\eta^2 + d_{315})\beta^3\cos 3\theta_2 \quad (4-256)$$

相位角为

$$\theta_1 = \theta_{10} + \omega t, \; \theta_2 = \theta_{20} + \upsilon t \quad (4-257)$$

其中频率项为

$$\omega = \omega_{00} + \omega_{20}\alpha^2 + \omega_{02}\beta^2 \quad (4-258)$$
$$= e_{31}\alpha^2\eta^4 + (e_{32}\alpha^2 + e_{33}\beta^2)\eta^2 + e_{34}\alpha^2 + e_{35}\beta^2 + \omega_0$$

$$\upsilon = \upsilon_{00} + \upsilon_{20}\alpha^2 + \upsilon_{02}\beta^2 \quad (4-259)$$
$$= e_{36}\alpha^2\eta^4 + (e_{37}\alpha^2 + e_{38}\beta^2)\eta^2 + e_{39}\alpha^2 + e_{310}\beta^2 + \upsilon_0$$

修正项为

$$\Delta = d_{00} + d_{20}\alpha^2 + d_{02}\beta^2 = l_1\alpha^2\eta^4 + (l_2\alpha^2 + l_3\beta^2)\eta^2 + l_4\alpha^2 + l_5\beta^2 - (\omega_0^2 - \upsilon_0^2) \quad (4-260)$$

因此约束条件为

$$\eta\Delta = \eta[l_1\alpha^2\eta^4 + (l_2\alpha^2 + l_3\beta^2)\eta^2 + l_4\alpha^2 + l_5\beta^2 - (\omega_0^2 - \upsilon_0^2)] = 0 \quad (4-261)$$

以上三阶解的系数表达式见附录 4.1。

可见，(4-261)提供了(η,α,β)的显式约束。特别地，对于 Halo 和 Quasihalo 轨道，要求 $\eta\neq 0$，那么等式约束变为

$$\Delta = l_1\alpha^2\eta^4 + (l_2\alpha^2 + l_3\beta^2)\eta^2 + l_4\alpha^2 + l_5\beta^2 - (\omega_0^2 - \upsilon_0^2) = 0 \quad (4-262)$$

进一步，当 $\beta=0$ 时，对应 Halo 轨道，满足的等式约束为

$$l_1\eta^4 + l_2\eta^2 + l_4 - \frac{\omega_0^2 - \upsilon_0^2}{\alpha^2} = 0 \quad (4-263)$$

当 $\eta=0$ 时，可解得生成 Halo 轨道的最小平面内振幅为

$$\alpha_{min} = \sqrt{\frac{\omega_0^2 - \upsilon_0^2}{l_4}} \quad (4-264)$$

当 $\alpha > \alpha_{min}$ 并取 $\beta=0$（Halo 轨道）时，求解方程(4-263)可得 Halo 轨道对应的耦合系数 η 的表达式为

$$\eta^2 = \frac{-l_2 \pm \sqrt{l_2^2 - 4l_1\left(l_4 - \frac{\omega_0^2 - \upsilon_0^2}{\alpha^2}\right)}}{2l_1} \quad (4-265)$$

实际情况下，需要考虑舍弃非物理解。

从另一个角度，可将 Quasihalo 轨道理解为从 Lissajous 轨道耦合演化而来，将 Halo 轨道理解由平面 Lyapunov 轨道演化而来。那么当 $\eta \to 0$，可获得临界分岔条件：

$$\Delta_c = l_4 \alpha^2 + l_5 \beta^2 - (\omega_0{}^2 - \upsilon_0{}^2) = 0 \tag{4-266}$$

该等式对应的是 (α, β) 平面的双曲线。临界分岔曲线如图 4-22 所示。

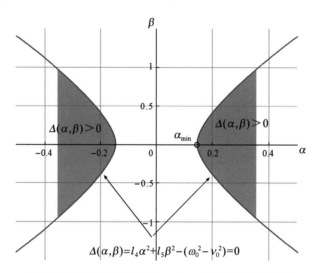

图 4-22　三阶解对应的 Quasihalo 轨道的临界分岔[16]

下面讨论几个典型的退化情况。

退化情况一：Halo 轨道（$\beta = 0$）的三阶分析解

$$
\begin{aligned}
x =&\ \alpha \cos \theta_1 + (a_{21} + a_{22} \eta^2) \alpha^2 + (a_{23} + a_{24} \eta^2) \alpha^2 \cos 2\theta_1 + \\
&\ (a_{31} \eta^4 + a_{32} \eta^2 + a_{33}) \alpha^3 \cos 3\theta_1 \\
y =&\ \kappa \alpha \sin \theta_1 + (b_{21} + b_{22} \eta^2) \alpha^2 \sin 2\theta_1 + \\
&\ (b_{31} \eta^4 + b_{32} \eta^2 + b_{33}) \alpha^3 \sin \theta_1 + (b_{34} \eta^4 + b_{35} \eta^2 + b_{36}) \alpha^3 \sin 3\theta_1 \\
z =&\ \eta \alpha \cos \theta_1 + (d_{21} + d_{22} \eta^2) \eta \alpha^2 + (d_{23} + d_{24} \eta^2) \eta \alpha^2 \cos 2\theta_1 + \\
&\ (d_{31} \eta^5 + d_{32} \eta^3 + d_{33} \eta) \alpha^3 \cos 3\theta_1
\end{aligned} \tag{4-267}
$$

不难对比发现，这里的 Halo 轨道三阶解与 4.2 节讨论的分析解完全一致。

退化情况二：Lissajous 轨道（$\eta = 0$）的三阶分析解

$$
\begin{aligned}
x =&\ \alpha \cos \theta_1 + a_{21} \alpha^2 + a_{23} \alpha^2 \cos 2\theta_1 + a_{27} \beta^2 + a_{28} \beta^2 \cos 2\theta_2 + \\
&\ a_{33} \alpha^3 \cos 3\theta_1 + a_{311} \alpha \beta^2 \cos(\theta_1 + 2\theta_2) + a_{313} \alpha \beta^2 \cos(\theta_1 - 2\theta_2) \\
y =&\ \kappa \alpha \sin \theta_1 + b_{21} \alpha^2 \sin 2\theta_1 + b_{25} \beta^2 \sin 2\theta_2 + b_{33} \alpha^3 \sin \theta_1 + b_{36} \alpha^3 \sin 3\theta_1 + \\
&\ b_{314} \alpha \beta^2 \theta_1 + b_{316} \alpha \beta^2 \sin(\theta_1 + 2\theta_2) + b_{318} \alpha \beta^2 \sin(\theta_1 - 2\theta_2) \\
z =&\ d_{25} \alpha \beta \cos(\theta_1 + \theta_2) + d_{27} \alpha \beta \cos(\theta_1 - \theta_2) + d_{36} \alpha^2 \beta \cos(2\theta_1 + \theta_2) + \\
&\ d_{39} \alpha^2 \beta \cos(2\theta_1 - \theta_2) + d_{315} \beta^3 \cos 3\theta_2
\end{aligned} \tag{4-268}
$$

退化情况三：平面 Lyapunov 轨道三阶解

$$x = \alpha\cos\theta_1 + a_{21}\alpha^2 + a_{23}\alpha^2\cos 2\theta_1 + a_{33}\alpha^3\cos 3\theta_1$$

$$y = \kappa\alpha\sin\theta_1 + b_{21}\alpha^2\sin 2\theta_1 + b_{33}\alpha^3\sin\theta_1 + b_{36}\alpha^3\sin 3\theta_1$$

$(4-269)$

退化情况四：垂直 Lyapunov 轨道三阶解

$$x = a_{27}\beta^2 + a_{28}\beta^2\cos 2\theta_2$$

$$y = b_{25}\beta^2\sin 2\theta_2$$

$$z = d_{315}\beta^3\cos 3\theta_2$$

$(4-270)$

日-地系（系统参数为 $\mu = 3.040423398444176\times 10^{-6}$）共线平动点 L_1 附近中心流形三阶解的频率及修正项系数见表 4-1，坐标系数见表 4-2。

表 4-1 三阶解频率和修正项系数（日地系 L_1 点）[16]

i	j	ω_{ij}	ν_{ij}	d_{ij}
0	0	$+2.0864535642231$	$+2.01521066299663$	-0.292214459403954
2	0	-1.72061652811836 $+0.190350147100190\eta^2$ $-0.00435734903357697\eta^4$	$+0.222743075098847$ $-0.787717968928588\eta^2$ $+0.00713914812459876\eta^4$	$+13.7987585114454$ $-1.63237220178359\eta^2$ $+0.0181828128433413\eta^4$
0	2	$+0.0258184143757671$ $-0.00866849848354153\eta^2$	-0.163191575817707 $+0.00354869445928051\eta^2$	-1.61744593710231 $+0.0361728391148951\eta^2$

表 4-2 三阶解的坐标系数（日地系 L_1 点）[16]

i	j	k	m	x_{ijkm}	y_{ijkm}	z_{ijkm}
1	0	1	0	$+1$	-3.22926825193629	$+\eta$
0	1	0	1	$+1$		
2	0	0	0	$+2.09269572450663$ $+0.248297657691632\eta^2$		-1.26605225820339η $-0.017866250534515\eta^3$
2	0	2	0	-0.905964830191359 $+0.104464108531470\eta^2$	-0.492445878382662 $-0.0607464599707783\eta^2$	$+0.319446857147281\eta$ $+0.00228622980549827\eta^3$
0	2	0	0	$+0.248297657691632$		-0.0178662505345158η
0	2	0	2	$+0.110825182204290$	-0.0677637342617734	$+0.00265814089052512\eta$
1	1	1	-1	$+0.495958173029419\eta$	$+0.0231240293704513\eta$	-1.11686826756838 $-0.0357313126864700\eta^2$
1	1	1	1	$+0.215140142107999\eta$	-0.128236554280252η	$+0.354945285830462$ $+0.00492589138712682\eta^2$

（续表）

i	j	k	m	x_{ijkm}	y_{ijkm}	z_{ijkm}
3	0	1	0		$+2.84508162474333$ $-0.121704813945821\eta^2$	
3	0	3	0	-0.793820244082386 $+0.0798601114091475\eta^2$ $+0.000235578066745959\eta^4$	-0.885700891209062 $+0.0239990788365673\eta^2$ $-8.16516290582984\times10^{-5}\eta^4$	$+0.384640956092706\eta$ $-0.0179260040244910\eta^3$ $+1.96019971748180\times10^{-6}\eta^5$
1	2	1	-2	-1.49999489157672 $+0.0183747626073067\eta^2$	-4.84196804175048 $+0.0995072378868759\eta^2$	$+3.85337485129577\eta$ $-0.0190360469734282\eta^3$
1	2	1	0		$+0.287553231581211$ $-0.0769801043821544\eta^2$	
1	2	1	2	$+0.0838777765981095$ $+0.000814467474446631\eta^2$	$+0.0208288184463949$ $-0.000290029597041327\eta^2$	-0.0568481703360723η $+7.13531915699632\times10^{-6}\eta^3$
2	1	2	-1	$+0.386666472970278\eta$ $-0.0721768185057328\eta^3$	-0.927668808967796η $+0.195331264846977\eta^3$	$+12.1656581373461$ $-1.24172810236909\eta^2$ $-0.0354722817195465\eta^4$
2	1	2	1	$+0.163761849329643\eta$ $+0.000758601954199828\eta^3$	$+0.0449861418103874\eta$ $-0.000266482431864747\eta^3$	$+0.406079303697784$ $-0.0552521061769830\eta^2$
2	1	0	1	-5.77468672378054η $+0.0984680050039235\eta^3$	$+18.4807696836236\eta$ $-0.396867547295820\eta^3$	
0	3	0	1	$+0.0489460167621145\eta$	-0.197273069780448η	
0	3	0	3	$+0.000291516143361502\eta$	$-0.000105253712354915\eta$	-0.0195272217510433 $+2.62200442231958\times10^{-6}\eta^2$

4.4.4 结果与讨论

根据经典 L-P 方法，可将中心流形的统一分析解构造到振幅参数的任意高阶。图 4－23 给出的是振幅参数相同但是耦合系数不同的两条 Quasihalo 轨道。可见，当耦合系数 η 较小时，相应的 Quasihalo 轨道类似于 Lissajous 轨道；当耦合系数较大时，Quasihalo 轨道更明显地偏离 Lissajous 轨道。因此，耦合系数度量的是 Quasihalo 轨道与 Lissajous 轨道的偏离程度。在图 4－24 中考虑的是 35 阶分析解的收敛域，分别展示了 Lissajous 轨道的收敛域和 Quasihalo 轨道的收敛域。可见，Quasihalo 轨道分析解的收敛域远小于 Lissajous 轨道的。

根据中心流形的幂级数解，还可以计算中心流形在给定 Jacobi 常数（能量）下的庞加莱截面，如图 4－25 所示。可见，当能量较低时（Jacobi 常数较大），仅存在 Lissajous 轨道，Halo 轨道和 Quasihalo 轨道不存在。当能量高于临界值时，庞加莱截面结构发生分岔，形成以 Halo 轨道为中心点的共振岛（充满 Quasihalo 轨道）。

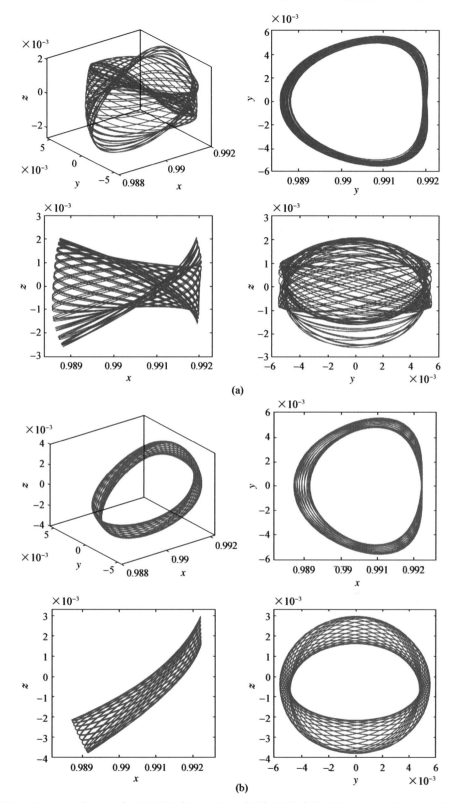

图 4-23 日-地系 L_1 点附近的两条 Quasihalo 轨道,振幅参数均为 $\alpha=0.167, \beta=0.055$。
(a) 图的耦合系数为 $\eta=0.04677$,(b) 图的耦合系数为 $\eta=1.55270$[16]

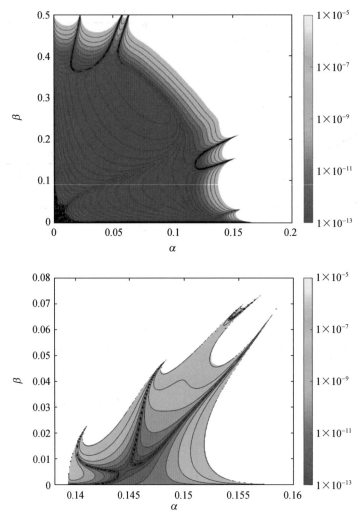

图 4-24　以日-地系为例,35 阶分析解的收敛域。颜色值为半周期处分析解和数值解的位置偏离。上图对应 Lissajous 轨道($\eta=0$),下图对应 Quasihalo 轨道($\eta\neq0$)[16]

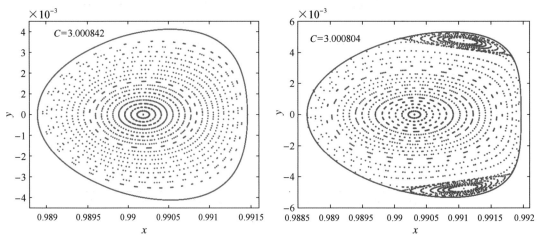

图 4-25　日-地系 L_1 点附近的中心流形的庞加莱截面,左图对应的 Jacobi 常数为 $C=3.000842$,右图的 Jacobi 常数为 $C=3.000804$[16]

更多的日-地系平动点 L_1 附近中心流形轨道见图 4-26 至图 4-29 所示①。通过这些示例轨道,可以进一步体会各参数的物理含义。

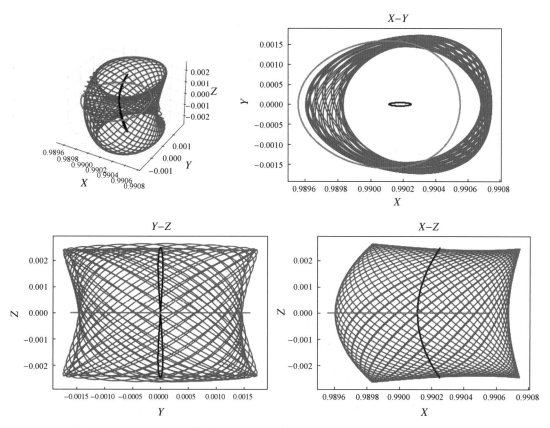

图 4-26　非耦合情况($\eta=0$)。蓝线表示 Lissajous 轨道:$\alpha=0.05,\beta=0.25$;红线表示平面 Lyapunov 轨道:$\alpha=0.05,\beta=0$;黑色实线表示垂直 Lyapunov 轨道:$\alpha=0,\beta=0.25$。长度单位为日地平均距离

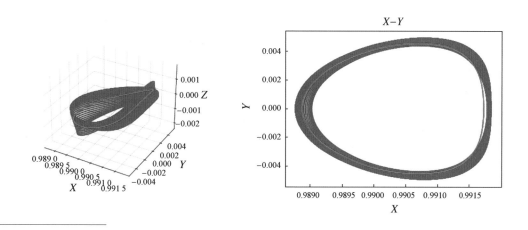

①　这些示例轨道是根据 L-P 方法实际编写程序进行计算的结果。

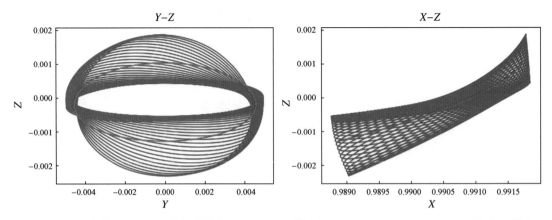

图 4-27　耦合情况($\eta\neq0$)。蓝色实线表示 Quasi-halo 轨道:$\eta=0.8,\alpha=0.14949,\beta=0.05$;红色实线表示 Halo 轨道:$\eta=0.8,\alpha=0.14439,\beta=0$。长度单位为日地平均距离

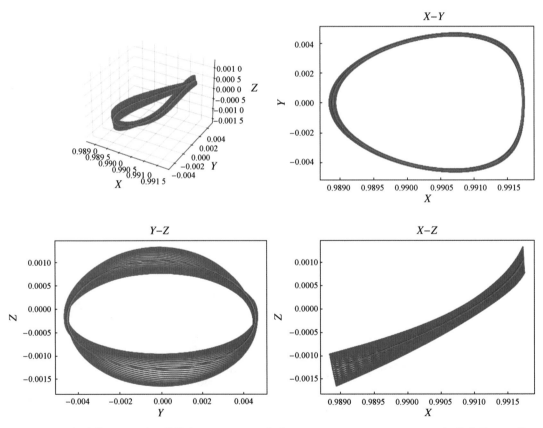

图 4-28　耦合情况($\eta\neq0$)。蓝线表示 Quasi-halo 轨道:$\eta=0.8,\alpha=0.14515,\beta=0.02$;红线表示 Halo 轨道:$\eta=0.8,\alpha=0.14439,\beta=0$。长度单位为日地平均距离

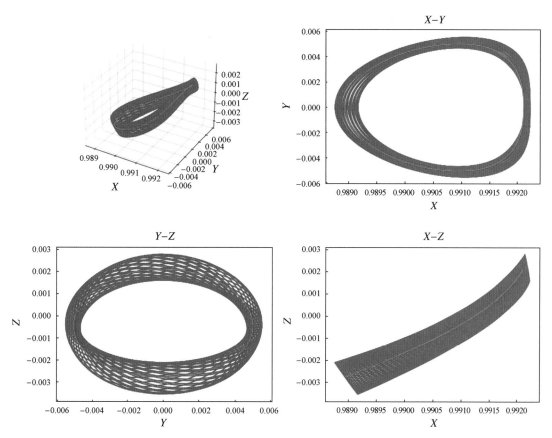

图 4 - 29　耦合情况($\eta \neq 0$)。蓝色实线表示 Quasi-halo 轨道:$\eta = 1.5, \alpha = 0.16425, \beta = 0.05$;红色实线表示 Halo 轨道:$\eta = 1.5, \alpha = 0.16118, \beta = 0$。长度单位为日地平均距离

4.5　椭圆型限制性三体系统三角平动点的稳定性曲线

椭圆型限制性三体系统下三角平动点的稳定性依赖于系统的质量参数 μ 以及次主天体绕中心天体的轨道偏心率 e。定义轨道的寿命(lifetime)为动力学指标,图 4 - 30 给出了该指标在(μ, e)平面内的分布。轨道寿命越长,代表三角平动点越稳定。从图 4 - 30 可见,参数平面(μ, e)内存在临界稳定曲线,将整个参数平面划分为稳定区域和不稳定区域。如何理解临界稳定曲线?

4.5.1　线性化运动方程

根据文献[18],仅考虑平面情形,在椭圆型限制性三体系统下,以三角平动点为原点,在旋转 θ 角度后的坐标系下(见图 4 - 31),三角平动点附近的线性化运动方程为

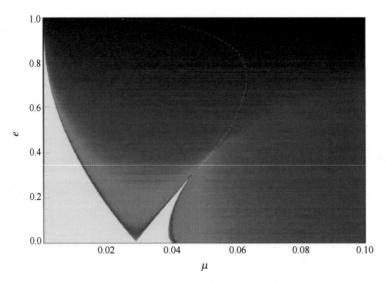

图 4-30   椭圆型限制性三体系统下三角平动点稳定性地图(颜色指标代表逃逸时间,颜色越偏蓝代表逃逸时间越短,颜色越偏黄代表逃逸时间越长),逃逸时间越长表明三角平动点越稳定[17]

$$x'' - 2y' = \frac{h_2 x}{1 + e \cos f}$$
$$y'' + 2x' = \frac{h_1 y}{1 + e \cos f}$$
(4-271)

其中

$$h_1 = h_2 = \frac{3}{2} \left[1 \pm \sqrt{1 - 3\mu(1-\mu)} \right]$$
(4-272)

当次主天体轨道偏心率 $e=0$ 时,该系统退化为圆型限制性三体系统,此时我们知道系统参数存在两个临界值,使得三角平动点不稳定

$$\mu_a = 0.03852$$
$$\mu_b = 0.02859$$
(4-273)

在 $\mu = \mu_a = 0.03852$ 处,三角平动点附近线性化方程特征值出现正实部;在 $\mu = \mu_b = 0.02859$ 处,线性系统的**平运动频率** $n=1$,是**长周期频率** ω_l 的 2 倍(即 2∶1 共振,对应周期为 4π 的轨道)。因此,椭圆型限制性三体系统的稳定曲线在偏心率 $e=0$ 时与 μ 轴相交于两点,分别为 μ_a 和 μ_b。根据 Floquet 理论,在椭圆型限制性三体系统下,稳定性过渡曲线(transition curve)上的点(共振中心)对应于时变系统(4-271)的周期解(周期为 4π)。因此,只要能够构造稳定曲线上的周期摄动解,即可获得 (μ, e) 平面稳定曲线(这是非常重要的出发点)。采用变形参数摄动方法(与 L-P 方法几乎一致),求解位于稳定曲线上的周期解。

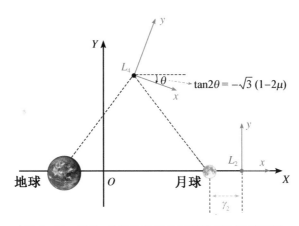

图 4 − 31　以地-月系为代表的限制性三体系统构型

4.5.2　变形参数摄动法

根据文献[18],将 x,y,μ 展开为关于偏心率 e 的幂级数形式

$$
\begin{aligned}
x &= \sum_{n=0}^{\infty} e^n x_n(f) \\
y &= \sum_{n=0}^{\infty} e^n y_n(f) \\
\mu &= \sum_{n=0}^{\infty} e^n \mu_n
\end{aligned}
\tag{4-274}
$$

其中 μ_0 对应于 μ_a 或 μ_b。将 μ 的幂级数形式代入(4−272),可得

$$
\begin{aligned}
h_1 &= \sum_{n=0}^{\infty} a_n(\mu_0,\mu_1,\cdots,\mu_n)e^n \\
h_2 &= \sum_{n=0}^{\infty} b_n(\mu_0,\mu_1,\cdots,\mu_n)e^n
\end{aligned}
\tag{4-275}
$$

其中 $b_n = -a_n, n>1$。将表达式(4−274)和(4−275)代入运动方程(4−271)中,截断到偏心率的 4 阶项,可得

$$
\begin{aligned}
x''-2y' ={}& b_0 x_0 + (b_1 x_0 + b_0 x_1 - b_0 x_0 \cos f)e + [b_2 x_0 + b_1 x_1 + b_0 x_2 - \\
& (b_1 x_0 + b_0 x_1)\cos f + b_0 x_0 \cos^2 f]e^2 + [b_3 x_0 + b_2 x_1 + b_1 x_2 + b_0 x_3 - \\
& (b_2 x_0 + b_1 x_1 + b_0 x_2)\cos f + (b_1 x_0 + b_0 x_1)\cos^2 f - b_0 x_0 \cos^3 f]e^3 + \\
& [b_4 x_0 + b_3 x_1 + b_2 x_2 + b_1 x_3 + b_0 x_4 - (b_3 x_0 + b_2 x_1 + b_1 x_2 + b_0 x_3)\cos f + \\
& (b_2 x_0 + b_1 x_1 + b_0 x_2)\cos^2 f - (b_1 x_0 + b_0 x_1)\cos^3 f + b_0 x_0 \cos^4 f]e^4 + \mathcal{O}(e^5)
\end{aligned}
$$

$$
\begin{aligned}
y''+2x' ={}& a_0 y_0 + (a_1 y_0 + a_0 y_1 - a_0 y_0 \cos f)e + [a_2 y_0 + a_1 y_1 + a_0 y_2 - \\
& (a_1 x_0 + a_0 x_1)\cos f + a_0 y_0 \cos^2 f]e^2 + [a_3 y_0 + a_2 y_1 + a_1 y_2 + a_0 y_3 -
\end{aligned}
$$

$$(a_2 y_0 + a_1 y_1 + a_0 y_2)\cos f + (a_1 x_0 + a_0 x_1)\cos^2 f - a_0 y_0 \cos^3 f]e^3 +$$

$$[a_4 y_0 + a_3 y_1 + a_2 y_2 + a_1 y_3 + a_0 y_4 - (a_3 y_0 + a_2 y_1 + a_1 y_2 + a_0 y_3)\cos f +$$

$$(a_2 y_0 + a_1 y_1 + a_0 y_2)\cos^2 f - (a_1 y_0 + a_0 y_1)\cos^3 f + a_0 y_0 \cos^4 f]e^4 + \mathcal{O}(e^5)$$

情况 I. 考虑与 μ 轴相交于 $\mu_0 = \mu_b$ 的稳定性曲线（2∶1 共振曲线）[①]。

零阶项

$$\begin{cases} x_0'' - 2y_0' = b_0 x_0 \\ y_0'' + 2x_0' = a_0 y_0 \end{cases} \tag{4-276}$$

周期解为

$$\begin{cases} x_0 = \cos\tau \\ y_0 = -\alpha\sin\tau \end{cases} \tag{4-277}$$

或者

$$\begin{cases} x_0 = \sin\tau \\ y_0 = \alpha\cos\tau \end{cases} \tag{4-278}$$

分别对应 2∶1 共振曲线的两支。这里参数 α 和 τ 分别为

$$\alpha = b_0 + \frac{1}{4} = 0.3138, \; \tau = \frac{f}{2} \tag{4-279}$$

考虑到

$$h_2 = \sum_{n=0}^{\infty} b_n e^n = \frac{3}{2}\left[1 - \sqrt{1 - 3\mu(1-\mu)}\right] \tag{4-280}$$

$$\mu = \sum_{n=0}^{\infty} \mu_n e^n$$

可得 b_0 与 μ_0 满足的方程以及 b_n 与 a_n 的关系为

$$\begin{cases} b_0 = \frac{3}{2}\left[1 - \sqrt{1 - 3\mu_0(1-\mu_0)}\right] \\ b_n = -a_n, \; n \geqslant 1 \end{cases} \tag{4-281}$$

其中 $\mu_0 = \mu_b = 0.02859$，于是解得

$$b_0 = 0.0638, \; a_0 = 3 - b_0 = 2.9362 \tag{4-282}$$

一阶项

$$\begin{cases} x_1'' - 2y_1' - b_0 x_1 = b_1 x_0 - b_0 x_0 \cos f \\ y_1'' + 2x_1' - a_0 y_1 = a_1 y_0 - a_0 y_0 \cos f \end{cases} \tag{4-283}$$

---

① 本节借助符号软件 Mathematica 进行公式推导。

将(4 - 277)对应的 x_0 和 y_0 代入上式,可得

$$
\begin{cases}
x''_1 - 2y'_1 - b_0 x_1 = \left(b_1 - \dfrac{b_0}{2}\right)\cos\tau - \dfrac{1}{2}b_0\cos 3\tau \\[2mm]
y''_1 + 2x'_1 - a_0 y_1 = -\alpha\left(a_1 + \dfrac{a_0}{2}\right)\sin\tau + \dfrac{1}{2}\alpha a_0\sin 3\tau
\end{cases}
\tag{4-284}
$$

利用待定系数法求解该方程。设一阶项微分方程解的形式为

$$
x_1 = m_{11}\cos\tau + m_{12}\cos 3\tau
$$
$$
y_1 = n_{11}\sin\tau + n_{12}\sin 3\tau
\tag{4-285}
$$

将通解代入一阶项微分方程,可得待定系数满足如下线性方程组

$$
\begin{cases}
\left(b_0 + \dfrac{1}{4}\right)m_{11} + n_{11} = \dfrac{b_0}{2} - b_1 \\[2mm]
m_{11} + \left(a_0 + \dfrac{1}{4}\right)n_{11} = \alpha\left(a_1 + \dfrac{a_0}{2}\right)
\end{cases},
\begin{cases}
\left(\dfrac{9}{4} + b_0\right)m_{12} + 3n_{12} = \dfrac{b_0}{2} \\[2mm]
3m_{12} + \left(\dfrac{9}{4} + a_0\right)n_{12} = -\dfrac{1}{2}\alpha a_0
\end{cases}
\tag{4-286}
$$

由于第一个线性方程组的系数矩阵亏秩,不失一般性,令 $m_{11}=0$,可解得其余系数

$$
b_1 = -0.125, \ m_{12} = 0.5159, \ n_{11} = 0.1569, \ n_{12} = -0.3873
\tag{4-287}
$$

由式(4 - 280)可得

$$
-\frac{4}{3}b_1 + \frac{8}{9}b_0 b_1 = 6\mu_0\mu_1 - 3\mu_1
\tag{4-288}
$$

代入 b_1 得 $\mu_1 = -0.05642$。

二阶项

$$
\begin{cases}
x''_2 - 2y'_2 - b_0 x_2 = b_2 x_0 + b_1 x_1 - (b_1 x_0 + b_0 x_1)\cos f + b_0 x_0\cos^2 f \\
y''_2 + 2x'_2 - a_0 y_2 = a_2 y_0 + a_1 y_1 - (a_1 y_0 + a_0 y_1)\cos f + a_0 y_0\cos^2 f
\end{cases}
\tag{4-289}
$$

将 x_0, x_1, y_0, y_1 代入上式并化简,可得

$$
\begin{cases}
\begin{aligned}
x''_2 - 2y'_2 - b_0 x_2 = & [(2b_0 - 2b_1 + 4b_2 - 2b_0 m_{12})\cos\tau + (b_0 - 2b_1 + 4b_1 m_{12})\cos 3\tau + \\
& (b_0 - 2b_0 m_{12})\cos 5\tau]/4
\end{aligned} \\[2mm]
\begin{aligned}
y''_2 + 2x'_2 - a_0 y_2 = & -\left[\frac{1}{2}(\alpha a_0 + \alpha a_1 - n_{11}a_0 + n_{12}a_0) + \alpha a_2 - n_{11}a_1\right]\sin\tau + \\
& \left[\frac{1}{4}\alpha a_0 + \frac{1}{2}(\alpha a_1 - n_{11}a_0) + n_{12}a_1\right]\sin 3\tau - \left(\frac{1}{4}\alpha a_0 + \frac{1}{2}n_{12}a_0\right)\sin 5\tau
\end{aligned}
\end{cases}
\tag{4-290}
$$

设二阶项微分方程解的形式为

$$
x_2 = m_{21}\cos\tau + m_{22}\cos 3\tau + m_{23}\cos 5\tau
\tag{4-291}
$$
$$
y_2 = n_{21}\sin\tau + n_{22}\sin 3\tau + n_{23}\sin 5\tau
$$

待定系数满足如下方程组

$$\begin{cases} \left(b_0+\dfrac{1}{4}\right)m_{21}+n_{21}=-\dfrac{1}{2}(b_0-b_1+2b_2-b_0m_{12}) \\ m_{21}+\left(a_0+\dfrac{1}{4}\right)n_{21}=\dfrac{1}{2}\left[\alpha(a_0+a_1+2a_2)-n_{11}(a_0+2a_1)+n_{12}a_0\right] \end{cases} \quad (4-292)$$

$$\begin{cases} \left(b_0+\dfrac{9}{4}\right)m_{22}+3n_{22}=-\dfrac{1}{4}(b_0-2b_1+4m_{12}b_1) \\ 3m_{22}+\left(a_0+\dfrac{9}{4}\right)n_{22}=-\dfrac{1}{4}\left[\alpha(a_0+2a_1)-2n_{11}a_0+4n_{12}a_1\right] \end{cases} \quad (4-293)$$

$$\begin{cases} \left(b_0+\dfrac{25}{4}\right)m_{23}+5n_{23}=-\dfrac{1}{4}(b_0-2b_0n_1) \\ 5m_{23}+\left(a_0+\dfrac{25}{4}\right)n_{23}=\dfrac{1}{4}(\alpha a_0+2n_{12}a_0) \end{cases} \quad (4-294)$$

同前,令 $m_{21}=0$,可解得各未知系数分别为

$$b_2=0.0313,\ m_{22}=-0.0529,\ m_{23}=0.0514 \\ n_{21}=-0.10924,\ n_{22}=0.0362,\ n_{23}=-0.0648 \quad (4-295)$$

由式(4-280)可得如下关系

$$\left(\dfrac{8}{9}b_0-\dfrac{4}{3}\right)b_2+\dfrac{4}{9}b_1{}^2=3\mu_1{}^2+6\mu_2\mu_1-3\mu_2 \quad (4-296)$$

求解该方程,可得 $\mu_2=0.01505$。

三阶项

$$\begin{cases} x''-2y'-b_0x_3=b_3x_0+b_2x_1+b_1x_2-(b_2x_0+b_1x_1+b_0x_2)\cos f+ \\ \qquad\qquad (b_1x_0+b_0x_1)\cos^2 f-b_0x_0\cos^3 f \\ y''+2x'-a_0y_3=a_3y_0+a_2y_1+a_1y_2-(a_2y_0+a_1y_1+a_0y_2)\cos f+ \\ \qquad\qquad (a_1x_0+a_0x_1)\cos^2 f-a_0y_0\cos^3 f \end{cases} \quad (4-297)$$

将 x_0,x_1,x_2,y_0,y_1,y_2 代入并化简,可得

$$x''_3-2y'_3-b_0x_3=\dfrac{1}{8}(-3b_0+4b_1-4b_2+8b_3-4b_0m_{22}+2b_0m_{12}-4b_1m_{12})\cos\tau+$$

$$\dfrac{1}{8}(-3b_0+2b_1-4b_2+8b_1m_{22}-4b_0m_{23}+4b_0m_1+8b_2m_{12})\cos 3\tau+$$

$$\dfrac{1}{8}(-b_0+2b_1-4b_0m_{22}+8b_1m_{23}-4b_1m_{12})\cos 5\tau+$$

$$\dfrac{1}{8}(-b_0-4b_0m_{23}+2b_0m_{12})\cos 7\tau$$

$$(4-298)$$

$$y''_3 + 2x'_3 - a_0 y_0 = \frac{1}{8}(-3\alpha a_0 - 4\alpha a_1 - 4\alpha a_2 - 8\alpha a_3 + 4n_{11}a_0 + 4n_{11}a_1 + 8n_{11}a_2 - 2n_{12}a_0 - $$

$$4n_{12}a_1 + 4n_{21}a_0 + 8n_{21}a_1 - 4n_{22}a_0)\sin\tau + \frac{1}{8}(3\alpha a_0 + 2\alpha a_1 + 4\alpha a_2 - $$

$$2n_{11}a_0 - 4n_{11}a_1 + 4n_{12}a_0 + 8n_{12}a_2 - 4n_{21}a_0 + 8n_{22}a_1 - 4n_{23}a_0)\sin 3\tau + $$

$$\frac{1}{8}(-\alpha a_0 - 2\alpha a_1 + 2n_{11}a_0 - 4n_{12}a_1 - 4n_{22}a_0 + 8n_{23}a_1)\sin 5\tau + $$

$$\frac{1}{8}(\alpha a_0 + 2n_{12}a_0 - 4n_{23}a_0)\sin 7\tau$$

$$(4-299)$$

利用待定系数法求解微分方程。设三阶项微分方程解的形式为

$$\begin{cases} x_3 = m_{31}\cos\tau + m_{32}\cos 3\tau + m_{33}\cos 5\tau + m_{34}\cos 7\tau \\ y_3 = n_{31}\sin\tau + n_{32}\sin 3\tau + n_{33}\sin 5\tau + n_{34}\sin 7\tau \end{cases} \quad (4-300)$$

系数满足如下线性方程组

$$\begin{cases} \left(b_0 + \dfrac{1}{4}\right)m_{31} + n_{31} = -\dfrac{1}{8}(-3b_0 + 4b_1 - 4b_2 + 8b_3 - 4b_0 m_{22} + 2b_0 m_{12} - 4b_1 m_{12}) \\ m_{31} + \left(a_0 + \dfrac{1}{4}\right)n_{31} = -\dfrac{1}{8}(-3\alpha a_0 - 4\alpha a_1 - 4\alpha a_2 - 8\alpha a_3 + 4n_{11}a_0 + 4n_{11}a_1 + \\ \qquad\qquad\qquad\qquad 8n_{11}a_2 - 2n_{12}a_0 - 4n_{12}a_1 + 4n_{21}a_0 + 8n_{21}a_1 - 4n_{22}a_0) \end{cases}$$

$$(4-301)$$

$$\begin{cases} \left(b_0 + \dfrac{9}{4}\right)m_{32} + 3n_{32} = -\dfrac{1}{8}(-3b_0 + 2b_1 - 4b_2 + 8b_1 m_{22} - 4b_0 m_{23} + 4b_0 m_1 + 8b_2 m_{12}) \\ 3m_{32} + \left(a_0 + \dfrac{9}{4}\right)n_{32} = -\dfrac{1}{8}(3\alpha a_0 + 2\alpha a_1 + 4\alpha a_2 - 2n_{11}a_0 - 4n_{11}a_1 + 4n_{12}a_0 + 8n_{12}a_2 - \\ \qquad\qquad\qquad\qquad 4n_{21}a_0 + 8n_{22}a_1 - 4n_{23}a_0) \end{cases}$$

$$(4-302)$$

$$\begin{cases} \left(b_0 + \dfrac{25}{4}\right)m_{33} + 5n_{33} = -\dfrac{1}{8}(-b_0 + 2b_1 - 4b_0 m_{22} + 8b_1 m_{23} - 4b_1 m_{12}) \\ 5m_{33} + \left(a_0 + \dfrac{25}{4}\right)n_{33} = -\dfrac{1}{8}(-\alpha a_0 - 2\alpha a_1 + 2n_{11}a_0 - 4n_{12}a_1 - 4n_{22}a_0 + 8n_{23}a_1) \end{cases}$$

$$(4-303)$$

$$\begin{cases} \left(b_0 + \dfrac{49}{4}\right)m_{34} + 7n_{34} = -\dfrac{1}{8}(-b_0 - 4b_0 m_{23} + 2b_0 m_{12}) \\ 7m_{34} + \left(a_0 + \dfrac{49}{4}\right)n_{34} = -\dfrac{1}{8}(\alpha a_0 + 2n_{12}a_0 - 4n_{23}a_0) \end{cases}$$

$$(4-304)$$

由于系数矩阵亏秩,不失一般性,令 $m_{31} = 0$,解得其余未知系数为

$$\begin{cases} b_3 = 0.05126 \\ m_{32} = -0.01353 \\ m_{33} = -0.00384 \\ m_{34} = -0.0036 \end{cases}, \quad \begin{cases} n_{31} = 0.00865 \\ n_{32} = 0.02152 \\ n_{33} = 0.00719 \\ n_{34} = 0.00653 \end{cases} \tag{4-305}$$

由式(4-280)可得

$$\frac{8}{9}b_1 b_2 + \frac{8}{9}b_0 b_3 - \frac{4}{3}b_3 = 6\mu_0\mu_3 + 6\mu_1\mu_2 - 3\mu_3 \tag{4-306}$$

求解该方程可得 $\mu_3 = 0.02256$。

四阶项

$$\begin{cases} x'' - 2y' - b_0 x_4 = b_4 x_0 + b_3 x_1 + b_2 x_2 + b_1 x_3 - (b_3 x_0 + b_2 x_1 + b_1 x_2 + b_0 x_3)\cos f + \\ \qquad (b_2 x_0 + b_1 x_1 + b_0 x_2)\cos^2 f - (b_1 x_0 + b_0 x_1)\cos^3 f + b_0 x_0 \cos^4 f \\ y'' + 2x' - a_0 y_4 = a_4 y_0 + a_3 y_1 + a_2 y_2 + a_1 y_3 - (a_3 y_0 + a_2 y_1 + a_1 y_2 + a_0 y_3)\cos f + \\ \qquad (a_2 y_0 + a_1 y_1 + a_0 y_2)\cos^2 f - (a_1 y_0 + a_0 y_1)\cos^3 f + a_0 y_0 \cos^4 f \end{cases} \tag{4-307}$$

将 $x_0, x_1, x_2, x_3, y_0, y_1, y_2, y_3$ 代入上式并化简,可得

$$\begin{cases} x_4'' - 2y_4' - b_0 x_4 = A_1 \cos \tau + A_2 \cos 3\tau + A_3 \cos 5\tau + A_4 \cos 7\tau + A_5 \cos 9\tau \\ y_4'' + 2x_4' - a_0 y_4 = B_1 \sin \tau + B_2 \sin 3\tau + B_3 \sin 5\tau + B_4 \sin 7\tau + B_5 \sin 9\tau \end{cases} \tag{4-308}$$

其中右函数中的系数项表达式为

$$\begin{cases} A_1 = [3b_0 - 3b_1 + 4b_2 - 4b_3 + 8b_4 + (-3b_0 + 2b_1 - 4b_2)m_{12} + (4b_0 - 4b_1 + 8b_2)m_{21} + \\ \qquad (2b_0 - 4b_1)m_{22} + 2b_0 m_{23} - (4b_0 - 8b_1)m_{31} - 4b_0 m_{32}]/8 \\ A_2 = [2b_0 - 3b_1 + 2b_2 - 4b_3 + (-b_0 + 4b_1 + 8b_3)m_{12} + (2b_0 - 4b_1)m_{21} + (4b_0 + 8b_2)m_{22} - \\ \qquad 4b_1 m_{23} - 4b_0 m_{31} + 8b_1 m_{32} - 4b_0 m_{33}]/8 \\ A_3 = [2b_0 - b_1 + 2b_2 + (-3b_0 - 4b_2)m_{12} + 2b_0 m_{21} - 4b_1 m_{22} + (4b_0 + 8b_2)m_{23} - 4b_0 m_{32} + \\ \qquad 8b_1 m_{33} - 4b_0 m_{34}]/8 \\ A_4 = (b_0 - 2b_1 + 4b_1 m_{12} + 4b_0 m_{22} - 8b_1 m_{23} - 8b_0 m_{33} + 16b_1 m_{34})/16 \\ A_5 = (b_0 - 2b_0 m_{12} + 4b_0 m_{23} - 8b_0 m_{34})/16 \end{cases} \tag{4-309}$$

$$\begin{cases} B_1 = [-(3a_0+3a_1+4a_2+4a_3+8a_4)\alpha+(3a_0+4a_1+4a_2+8a_3)n_{11}-(3a_0+2a_1+4a_2)n_{12}+ \\ \quad (4a_0+4a_1+8a_2)n_{21}-(2a_0+4a_1)n_{22}+2a_0n_{23}+4a_0n_{31}+8a_1n_{31}-4a_0n_{32}]/8 \\ B_2 = [(2a_0+3a_1+2a_2+4a_3)\alpha-(3a_0+2a_1+4a_2)n_{11}+(a_0+4a_1+8a_3)n_{12}- \\ \quad (2a_0+4a_1)n_{21}+(4a_0+8a_2)n_{22}-4a_1n_{23}-4a_0n_{31}+8a_1n_{32}-4a_0n_{33}]/8 \\ B_3 = [-(2a_0+a_1+2a_2)\alpha+(a_0+2a_1)n_{11}-(3a_0+4a_2)n_{12}+2a_0n_{21}-4a_1n_{22}+4a_0n_{23}+ \\ \quad 8a_2n_{23}-4a_0n_{32}+8a_1n_{33}-4a_0n_{34}]/8 \\ B_4 = [(a_0+2a_1)\alpha-2a_0n_{11}+4a_1n_{12}+4a_0n_{22}-8a_1n_{23}-8a_0n_{33}+16a_1n_{34}]/16 \\ B_5 = (-a_0\alpha+2a_0n_{12}+4a_0n_{23}-8a_0n_{34})/16 \end{cases}$$

$$(4-310)$$

依据待定系数法，同样令四阶项微分方程解的形式为

$$\begin{cases} x_4 = m_{41}\cos\tau+m_{42}\cos3\tau+m_{43}\cos5\tau+m_{44}\cos7\tau+m_{45}\cos9\tau \\ y_4 = n_{41}\sin\tau+n_{42}\sin3\tau+n_{43}\sin5\tau+n_{44}\sin7\tau+n_{45}\sin9\tau \end{cases} \quad (4-311)$$

将(4-311)代入微分方程可得待定系数满足的方程组为

$$\begin{cases} \left(b_0+\dfrac{1}{4}\right)m_{41}+n_{41}=-A_1 \\ m_{41}+\left(a_0+\dfrac{1}{4}\right)n_{41}=-B_1 \end{cases}, \quad \begin{cases} \left(b_0+\dfrac{9}{4}\right)m_{42}+3n_{42}=-A_2 \\ 3m_{42}+\left(a_0+\dfrac{9}{4}\right)n_{42}=-B_2 \end{cases} \quad (4-312)$$

$$\begin{cases} \left(b_0+\dfrac{25}{4}\right)m_{43}+5n_{43}=-A_3 \\ 5m_{43}+\left(a_0+\dfrac{25}{4}\right)n_{43}=-B_3 \end{cases}, \quad \begin{cases} \left(b_0+\dfrac{49}{4}\right)m_{44}+7n_{44}=-A_4 \\ 7m_{44}+\left(a_0+\dfrac{49}{4}\right)n_{44}=-B_4 \end{cases} \quad (4-313)$$

$$\begin{cases} \left(b_0+\dfrac{81}{4}\right)m_{45}+9n_{45}=-A_5 \\ 9m_{45}+\left(a_0+\dfrac{81}{4}\right)n_{45}=-B_5 \end{cases} \quad (4-314)$$

同样系数矩阵亏秩，不失一般性，令 $m_{41}=0$，解得其余待定系数分别为

$$\begin{cases} b_4=-0.02397 \\ m_{42}=-0.02824 \\ m_{43}=-0.00037, \\ m_{44}=-0.00001 \\ m_{45}=0.0005 \end{cases} \begin{cases} n_{41}=0.00259 \\ n_{42}=0.00952 \\ n_{43}=-0.00353 \\ n_{44}=-0.00089 \\ n_{45}=-0.00134 \end{cases} \quad (4-315)$$

由式(4-280)可得

$$\frac{4}{9}b_2^2+\frac{8}{9}b_1b_3+\frac{8}{9}b_0b_4-\frac{4}{3}b_4=(6\mu_0-3)\mu_4+6\mu_1\mu_3+3\mu_2^2 \quad (4-316)$$

求解该方程,可得 $\mu_4=-0.01142$。该过程可以一直继续下去,直到任意高阶。感兴趣读者可以尝试推导其余稳定性过渡曲线的表达式(**留作练习**)。

4.5.3 稳定性过渡曲线分析解

综上,截断到四阶项的第一支稳定曲线为

$$\mu^{(1)}(e)=0.02859-0.05642e+0.01505e^2+0.02256e^3-0.01142e^4+\mathcal{O}(e^5)$$

$$(4-317)$$

表达式与文献[18]的结果一致。若将零阶解取为(4-278),可得另一支稳定性过渡曲线的表达式为

$$\mu^{(2)}(e)=\mu^{(1)}(-e)$$
$$=0.02859+0.05642e+0.01505e^2-0.02256e^3-0.01142e^4+\mathcal{O}(e^5)$$

$$(4-318)$$

即将(4-317)中的偏心率由 e 改为 $-e$ 即可。表达式(4-317)和(4-318)给出的稳定性曲线见图4-32。可见,稳定性曲线与数值结果在定性上是吻合的。若期望稳定曲线与数值结果更好地吻合,需要构造更高阶稳定性曲线。

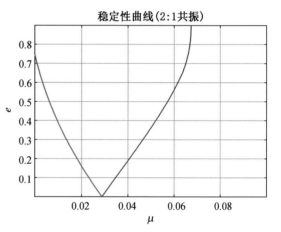

图4-32 椭圆型限制性三体系统三角平动点的稳定性曲线。红色实线为 $\mu^{(1)}(e)$ 曲线,蓝色实线为 $\mu^{(2)}(e)$ 曲线

情况 II. 考虑与 μ 轴相交于 $\mu_0=\mu_a$ 的稳定性过渡曲线。留给读者思考(可参考文献[18])。

4.6 受摄二体问题及摄动分析[①]

二体问题下的运动被称为无摄运动或未扰运动,所有使得天体偏离二体问题的作用力统称为摄动。某质量为 m 的天体 P 绕质量为 M 的中心天体做开普勒运动的运动方程为

$$\ddot{\boldsymbol{r}}=-\frac{\mathcal{G}(M+m)}{r^3}\boldsymbol{r}$$

$$(4-319)$$

若天体 P 除了受到中心天体的引力作用外,还受到其他力的作用,这时它相对于中心天体的运动不再是开普勒运动,称其为受摄运动,对应问题被称为受摄二体问题。

若摄动力是保守力(有势力),那么受摄二体问题的运动方程可用直角坐标表示为

---

① 本小节的部分内容参考文献[19]和[20]。

$$\ddot{\boldsymbol{r}} = -\frac{\mathcal{G}(M+m)}{r^3}\boldsymbol{r} + \sum_{k=1}^{n}\frac{\partial \mathcal{R}_k}{\partial \boldsymbol{r}} \tag{4-320}$$

右端第一项为来自中心天体的引力加速度,第二项为来自其他天体的引力加速度。一般而言,第二项与第一项相比在数值上是一个小量,因而把它看作是其他天体对 P 的一种摄动。

摄动函数 $\mathcal{R}_k$ 是一个标量函数(本书会在第六章专门介绍摄动函数的展开),那么$\frac{\partial \mathcal{R}_k}{\partial \boldsymbol{r}}$表示摄动加速度。

　　然而,有些摄动力并非保守力,例如大气阻力是耗散力。于是,更一般的基于直角坐标表示的受摄运动方程可写为如下形式:

$$\ddot{\boldsymbol{r}} = -\frac{\mathcal{G}(M+m)}{r^3}\boldsymbol{r} + \boldsymbol{f} \tag{4-321}$$

其中矢量 $\boldsymbol{f}$ 表示摄动加速度,它既可以对应保守力,也可以对应非保守力。

4.6.1　常数变易法

　　若摄动加速度 $\boldsymbol{f}=0$,那么(4-321)退化为二体问题对应的运动方程(无摄运动方程)。我们知道,二体问题是完全可积的,存在分析解。二体问题中,天体 P 的位置和速度矢量可表示为 6 个轨道根数的形式,即

$$\boldsymbol{r} = \boldsymbol{r}(t, \boldsymbol{\sigma}) \tag{4-322}$$
$$\boldsymbol{v} = \boldsymbol{v}(t, \boldsymbol{\sigma})$$

由轨道根数构成的矢量记为 $\boldsymbol{\sigma} = (a, e, i, \Omega, \omega, M_0)$,分别为半长轴、偏心率、倾角、升交点经度、近点角距以及初始历元 t_0 的平近点角(对于二体问题,这 6 个轨道根数都为常数)。那么 t 时刻的平近点角为 $M = M_0 + n(t - t_0)$。

　　根据根数转矢量的计算,(4-322)的具体表达式为

$$\boldsymbol{r} = a(\cos E - e)\boldsymbol{P} + a\sqrt{1-e^2}(\sin E)\boldsymbol{Q} \tag{4-323}$$
$$\boldsymbol{v} = -\frac{a^2 n}{r}(\sin E)\boldsymbol{P} + \frac{a^2 n}{r}\sqrt{1-e^2}(\cos E)\boldsymbol{Q}$$

其中 $\boldsymbol{P}$ 和 $\boldsymbol{Q}$ 分别为

$$\boldsymbol{P} = \begin{pmatrix} \cos\Omega\cos\omega - \sin\Omega\sin\omega\cos i \\ \sin\Omega\cos\omega + \cos\Omega\sin\omega\cos i \\ \sin\omega\sin i \end{pmatrix} \tag{4-324}$$

$$\boldsymbol{Q} = \begin{pmatrix} -\cos\Omega\sin\omega - \sin\Omega\cos\omega\cos i \\ -\sin\Omega\sin\omega + \cos\Omega\cos\omega\cos i \\ \cos\omega\sin i \end{pmatrix} \tag{4-325}$$

　　当摄动加速度 $\boldsymbol{f}\neq 0$ 时,受摄运动方程的解变得非常复杂,不再存在精确的分析解。本

节采用第二章介绍的常数变易法来进行讨论。

　　根据常数变易法,假定受摄运动方程(4-321)具有如二体问题解(4-322)的形式,其差别在于轨道根数不再是常数,而是时间的函数,即

$$r = r(t, \boldsymbol{\sigma}(t))$$
$$v = v(t, \boldsymbol{\sigma}(t))$$

(4-326)

这意味着,无摄运动对应的是一个固定不变的圆锥曲线,而受摄运动对应的是一个随时间变化的圆锥曲线。因此,求解受摄运动方程的问题,便转化为确定随时间变化的圆锥曲线的问题。根据常数变易法,可以将由直角坐标表示的受摄运动方程转化为由轨道根数 $\boldsymbol{\sigma}(t)$ 表示的运动方程。

　　根据(4-326)可得初始历元 t_0 处,天体 P 的位置和速度矢量为

$$r(t_0) = r(t_0, \boldsymbol{\sigma}(t_0))$$
$$v(t_0) = v(t_0, \boldsymbol{\sigma}(t_0))$$

(4-327)

可见,t_0 时刻的位置 $r(t_0)$ 和速度 $v(t_0)$ 确定了这一时刻的轨道根数 $\boldsymbol{\sigma}(t_0)$,该轨道被称为 t_0 时刻的瞬时轨道。瞬时轨道面必然与 $r(t_0)$ 和 $v(t_0)$ 共面,轨道曲线必然相切于速度矢量 $v(t_0)$,故瞬时轨道又被称为吻切轨道(在受摄二体问题中,吻切轨道随时间变化)。根据吻切轨道的定义,可知任意时刻 t 的实际位置 $r(t)$ 和速度 $v(t)$ 必然与此时吻切轨道对应的位置 $r_0(t)$ 和速度 $v_0(t)$ 相等,即

$$r(t) = r_0(t), \quad v(t) = v_0(t)$$

(4-328)

这意味着实际轨道与吻切轨道时刻相切(见图 4-33)。假设在某一时刻 t_i,所有的摄动消失,那么天体 P 将沿对应的吻切轨道运动。

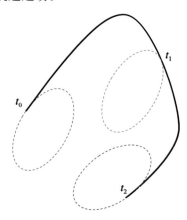

图 4-33　实际轨道与吻切轨道

4.6.2　轨道根数的摄动运动方程

　　根据上一节讨论,天体 P 的瞬时轨道为随时间变化的吻切轨道。因此,对于某一个时刻

而言,吻切轨道根数满足二体关系。

定义算符 $\dfrac{\mathrm{d}A}{\mathrm{d}t}$ 为变量 A 总的变率,$\dfrac{\partial A}{\partial t}$ 表示中心天体引力摄动引起的变率,$\dfrac{\delta A}{\delta t}$ 表示摄动力引起的变率[①]。于是

$$\frac{\mathrm{d}A}{\mathrm{d}t}=\frac{\partial A}{\partial t}+\frac{\delta A}{\delta t} \tag{4-329}$$

根据吻切轨道的定义,可知 $\dfrac{\partial \boldsymbol{r}}{\partial t}=0$ 以及 $\dfrac{\partial \boldsymbol{v}}{\partial t}=\boldsymbol{f}$。下面推导根数满足的运动方程。

1. $\dfrac{\mathrm{d}a}{\mathrm{d}t}$ 和 $\dfrac{\mathrm{d}\boldsymbol{h}}{\mathrm{d}t}$ 的计算

考虑到二体运动的活力公式

$$v^2=\mu\left(\frac{2}{r}-\frac{1}{a}\right) \tag{4-330}$$

对两边求微分,可得

$$2\boldsymbol{v}\cdot\frac{\delta\boldsymbol{v}}{\delta t}=\mu\,\frac{1}{a^2}\frac{\delta a}{\delta t} \tag{4-331}$$

其中 $\dfrac{\delta\boldsymbol{v}}{\delta t}=\boldsymbol{f}$,故

$$\frac{\mathrm{d}a}{\mathrm{d}t}=\frac{\delta a}{\delta t}=\frac{2a^2}{\mu}\boldsymbol{v}\cdot\boldsymbol{f} \tag{4-332}$$

对轨道角动量矢量 $\boldsymbol{h}=\boldsymbol{r}\times\boldsymbol{v}$ 两端分别求微分,可得

$$\frac{\mathrm{d}\boldsymbol{h}}{\mathrm{d}t}=\frac{\delta\boldsymbol{h}}{\delta t}=\boldsymbol{r}\times\frac{\delta\boldsymbol{v}}{\delta t}=\boldsymbol{r}\times\boldsymbol{f} \tag{4-333}$$

2. $\dfrac{\mathrm{d}h}{\mathrm{d}t},\dfrac{\mathrm{d}i}{\mathrm{d}t}$ 和 $\dfrac{\mathrm{d}\Omega}{\mathrm{d}t}$ 的计算

轨道角动量矢量为

$$\boldsymbol{h}=\boldsymbol{r}\times\boldsymbol{v}=h\begin{bmatrix}\sin\Omega\sin i\\-\cos\Omega\sin i\\\cos i\end{bmatrix}=h\hat{\boldsymbol{h}} \tag{4-334}$$

那么(4-333)变成

---

① 区别于全微分和偏微分,这里定义的算符仅代表总的时间导数来自两个部分而已(二体项和摄动项)。

$$\boldsymbol{r} \times \boldsymbol{f} = \frac{\mathrm{d}\boldsymbol{h}}{\mathrm{d}t} = \frac{\mathrm{d}h}{\mathrm{d}t}\hat{\boldsymbol{h}} + h\,\frac{\mathrm{d}\hat{\boldsymbol{h}}}{\mathrm{d}t}$$

$$= \frac{\mathrm{d}h}{\mathrm{d}t}\begin{pmatrix} \sin\Omega\sin i \\ -\cos\Omega\sin i \\ \cos i \end{pmatrix} + h\begin{pmatrix} \cos\Omega\sin i\,\dfrac{\mathrm{d}\Omega}{\mathrm{d}t} + \sin\Omega\cos i\,\dfrac{\mathrm{d}i}{\mathrm{d}t} \\ \sin\Omega\sin i\,\dfrac{\mathrm{d}\Omega}{\mathrm{d}t} - \cos\Omega\cos i\,\dfrac{\mathrm{d}i}{\mathrm{d}t} \\ -\sin i\,\dfrac{\mathrm{d}i}{\mathrm{d}t} \end{pmatrix} \qquad (4-335)$$

整理为

$$\boldsymbol{r} \times \boldsymbol{f} = \mathcal{M}\begin{pmatrix} h\sin i\,\dfrac{\mathrm{d}\Omega}{\mathrm{d}t} \\ -h\,\dfrac{\mathrm{d}i}{\mathrm{d}t} \\ \dfrac{\mathrm{d}h}{\mathrm{d}t} \end{pmatrix} = \begin{pmatrix} \cos\Omega & -\sin\Omega\cos i & \sin\Omega\sin i \\ \sin\Omega & \cos\Omega\cos i & -\cos\Omega\sin i \\ 0 & \sin i & \cos i \end{pmatrix}\begin{pmatrix} h\sin i\,\dfrac{\mathrm{d}\Omega}{\mathrm{d}t} \\ -h\,\dfrac{\mathrm{d}i}{\mathrm{d}t} \\ \dfrac{\mathrm{d}h}{\mathrm{d}t} \end{pmatrix} \qquad (4-336)$$

不难证明,系数矩阵 $\mathcal{M}$ 为正交阵,满足 $\mathcal{M}^{-1} = \mathcal{M}^{\mathrm{T}}$。于是可得

$$\begin{pmatrix} h\sin i\,\dfrac{\mathrm{d}\Omega}{\mathrm{d}t} \\ -h\,\dfrac{\mathrm{d}i}{\mathrm{d}t} \\ \dfrac{\mathrm{d}h}{\mathrm{d}t} \end{pmatrix} = \mathcal{M}^{\mathrm{T}}(\boldsymbol{r} \times \boldsymbol{f}) = \begin{pmatrix} \cos\Omega & \sin\Omega & 0 \\ -\sin\Omega\cos i & \cos\Omega\cos i & \sin i \\ \sin\Omega\sin i & -\cos\Omega\sin i & \cos i \end{pmatrix}(\boldsymbol{r} \times \boldsymbol{f}) \qquad (4-337)$$

记升交点方向的单位矢量为 $\overrightarrow{ON}$,在轨道面上且与 $\overrightarrow{ON}$ 成直角的单位矢量为 $\overrightarrow{OM}$(见图 $4-34$)

$$\overrightarrow{ON} = \begin{pmatrix} \cos\Omega \\ \sin\Omega \\ 0 \end{pmatrix}, \quad \overrightarrow{OM} = \begin{pmatrix} \sin\Omega\cos i \\ -\cos\Omega\cos i \\ -\sin i \end{pmatrix} \qquad (4-338)$$

以及轨道角动量单位矢量方向为

$$\hat{\boldsymbol{h}} = \begin{pmatrix} \sin\Omega\sin i \\ -\cos\Omega\sin i \\ \cos i \end{pmatrix} \qquad (4-339)$$

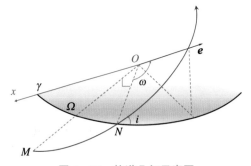

图 4 - 34　轨道几何示意图

根据(4-337)可得

$$h\sin i\frac{\mathrm{d}\Omega}{\mathrm{d}t}=(\cos\Omega\quad\sin\Omega\quad 0)\cdot(\boldsymbol{r}\times\boldsymbol{f}) \tag{4-340}$$

$$=\overrightarrow{ON}\cdot(\boldsymbol{r}\times\boldsymbol{f})=(\overrightarrow{ON}\times\boldsymbol{r})\cdot\boldsymbol{f}=r\sin(f+\omega)\hat{\boldsymbol{h}}\cdot\boldsymbol{f}$$

于是有

$$\frac{\mathrm{d}\Omega}{\mathrm{d}t}=\frac{r\sin(f+\omega)}{h\sin i}(\hat{\boldsymbol{h}}\cdot\boldsymbol{f}) \tag{4-341}$$

根据(4-337)可得

$$h\frac{\mathrm{d}i}{\mathrm{d}t}=(\sin\Omega\cos i\quad-\cos\Omega\cos i\quad-\sin i)\cdot(\boldsymbol{r}\times\boldsymbol{f}) \tag{4-342}$$

$$=\overrightarrow{OM}\cdot(\boldsymbol{r}\times\boldsymbol{f})=(\overrightarrow{OM}\times\boldsymbol{r})\cdot\boldsymbol{f}=r\cos(f+\omega)(\hat{\boldsymbol{h}}\cdot\boldsymbol{f})$$

因此

$$\frac{\mathrm{d}i}{\mathrm{d}t}=\frac{r\cos(f+\omega)}{h}(\hat{\boldsymbol{h}}\cdot\boldsymbol{f}) \tag{4-343}$$

同样根据(4-337)可得

$$\frac{\mathrm{d}h}{\mathrm{d}t}=(\sin\Omega\sin i\quad-\cos\Omega\sin i\quad\cos i)\cdot(\boldsymbol{r}\times\boldsymbol{f})$$

$$=\hat{\boldsymbol{h}}\cdot(\boldsymbol{r}\times\boldsymbol{f})=\frac{1}{h}\boldsymbol{h}\cdot(\boldsymbol{r}\times\boldsymbol{f})=\frac{1}{h}\boldsymbol{r}\cdot(\boldsymbol{f}\times\boldsymbol{h})=\frac{1}{h}\boldsymbol{r}\cdot[\boldsymbol{f}\times(\boldsymbol{r}\times\boldsymbol{v})]$$

$$=\frac{\boldsymbol{r}}{h}\cdot[\boldsymbol{r}\cdot(\boldsymbol{f}\cdot\boldsymbol{v})-\boldsymbol{v}\cdot(\boldsymbol{f}\cdot\boldsymbol{r})] \tag{4-344}$$

因此有

$$\frac{\mathrm{d}h}{\mathrm{d}t}=\frac{1}{h}[r^2(\boldsymbol{f}\cdot\boldsymbol{v})-(\boldsymbol{r}\cdot\boldsymbol{v})\cdot(\boldsymbol{f}\cdot\boldsymbol{r})] \tag{4-345}$$

3. $\dfrac{\mathrm{d}e}{\mathrm{d}t}$ 的计算

考虑到轨道角动量为

$$h^2=\mu a(1-e^2) \tag{4-346}$$

所以有

$$\mu(1-e^2)\frac{\mathrm{d}a}{\mathrm{d}t}-2\mu ae\frac{\mathrm{d}e}{\mathrm{d}t}=2h\frac{\mathrm{d}h}{\mathrm{d}t} \tag{4-347}$$

将 $\dfrac{\mathrm{d}a}{\mathrm{d}t}$ 和 $\dfrac{\mathrm{d}h}{\mathrm{d}t}$ 的表达式代入上式可得

$$\frac{\mathrm{d}e}{\mathrm{d}t}=\frac{1}{\mu ae}\{[a^2(1-e^2)-r^2](\boldsymbol{f}\cdot\boldsymbol{v})+(\boldsymbol{r}\cdot\boldsymbol{v})\cdot(\boldsymbol{f}\cdot\boldsymbol{r})\} \tag{4-348}$$

4. $\dfrac{\mathrm{d}E}{\mathrm{d}t}$，$\dfrac{\mathrm{d}f}{\mathrm{d}t}$ 以及 $\dfrac{\mathrm{d}M}{\mathrm{d}t}$ 的计算

考虑到

$$r = a(1 - e\cos E) \tag{4-349}$$

可得

$$(1 - e\cos E)\frac{\delta a}{\delta t} + ae\sin E\frac{\delta E}{\delta t} - a\cos E\frac{\delta e}{\delta t} = 0 \tag{4-350}$$

考虑到

$$\boldsymbol{r} \cdot \boldsymbol{v} = \sqrt{\mu a}\, e\sin E \tag{4-351}$$

求微分运算可得

$$e\sqrt{\mu a}\cos E\frac{\delta E}{\delta t} + \sqrt{\mu a}\sin E\frac{\delta e}{\delta t} + \frac{\sqrt{\mu}}{2}\frac{e}{\sqrt{a}}\sin E\frac{\delta a}{\delta t} = \boldsymbol{r} \cdot \boldsymbol{f} \tag{4-352}$$

联立(4-350)以及(4-352)，消去 $\dfrac{\delta e}{\delta t}$ 可得

$$\frac{\delta E}{\delta t} = \frac{1}{ae\sqrt{\mu}}\left[\sqrt{a}\cos E(\boldsymbol{r} \cdot \boldsymbol{f}) - \sqrt{\mu}\left(1 - \frac{1}{2}e\cos E\right)\sin E\frac{\delta a}{\delta t}\right] \tag{4-353}$$

将 $\dfrac{\delta a}{\delta t}$ 的表达式(4-332)代入上式可得

$$\frac{\delta E}{\delta t} = \frac{1}{ae\sqrt{\mu}}\left[\sqrt{a}\cos E(\boldsymbol{r} \cdot \boldsymbol{f}) - \frac{a}{\sqrt{\mu}}(a+r)\sin E(\boldsymbol{v} \cdot \boldsymbol{f})\right] \tag{4-354}$$

于是

$$\begin{aligned}
\frac{\mathrm{d}E}{\mathrm{d}t} &= \frac{\partial E}{\partial t} + \frac{\delta E}{\delta t} \\
&= \frac{an}{r} + \frac{1}{ae\sqrt{\mu}}\left[\sqrt{a}\cos E(\boldsymbol{r} \cdot \boldsymbol{f}) - \frac{a}{\sqrt{\mu}}(a+r)\sin E(\boldsymbol{v} \cdot \boldsymbol{f})\right]
\end{aligned} \tag{4-355}$$

进一步，考虑到

$$p = a(1 - e^2) = r(1 + e\cos f) \tag{4-356}$$

可得

$$r\cos f\frac{\delta e}{\delta t} - re\sin f\frac{\delta f}{\delta t} = \frac{\delta p}{\delta t} \tag{4-357}$$

又因为

$$\sqrt{p}\,(\boldsymbol{r} \cdot \boldsymbol{v}) = \sqrt{\mu}\, re\sin f \tag{4-358}$$

所以

$$\sqrt{\mu}re\cos f\frac{\delta f}{\delta t}=\frac{1}{2\sqrt{p}}(\boldsymbol{r}\cdot\boldsymbol{v})\frac{\delta p}{\delta t}-\sqrt{\mu}r\sin f\frac{\delta e}{\delta t}+\sqrt{p}\,(\boldsymbol{r}\cdot\boldsymbol{f}) \tag{4-359}$$

联立(4-357)和(4-359)消去$\dfrac{\delta e}{\delta t}$可得

$$\frac{\delta f}{\delta t}=\frac{1}{re}\Big[\frac{p}{h}\cos f(\boldsymbol{r}\cdot\boldsymbol{f})-\frac{p+r}{h}\sin f\frac{\delta h}{\delta t}\Big] \tag{4-360}$$

将$\dfrac{\delta h}{\delta t}$的表达式(4-345)代入上式可得

$$\frac{\delta f}{\delta t}=\frac{1}{re\sqrt{\mu p}}\Big[p\cos f+\frac{p+r}{\sqrt{\mu p}}\sin f(\boldsymbol{r}\cdot\boldsymbol{v})\Big](\boldsymbol{r}\cdot\boldsymbol{f})-\frac{r}{\mu e}\Big(1+\frac{r}{p}\Big)\sin f(\boldsymbol{f}\cdot\boldsymbol{v}) \tag{4-361}$$

考虑到

$$(\boldsymbol{r}\cdot\boldsymbol{v})=\frac{\sqrt{\mu}re\sin f}{\sqrt{a(1-e^2)}} \tag{4-362}$$

于是

$$\frac{\delta f}{\delta t}=\frac{1}{re\sqrt{\mu p}}\Big[p\cos f+\Big(1+\frac{r}{p}\Big)re\sin^2 f\Big](\boldsymbol{r}\cdot\boldsymbol{f})-\frac{r}{\mu e}\Big(1+\frac{r}{p}\Big)\sin f(\boldsymbol{f}\cdot\boldsymbol{v}) \tag{4-363}$$

因此

$$\frac{\mathrm{d}f}{\mathrm{d}t}=\frac{\partial f}{\partial t}+\frac{\delta f}{\delta t}$$

$$=\frac{\sqrt{\mu p}}{r^2}+\frac{1}{re\sqrt{\mu p}}\Big[p\cos f+\Big(1+\frac{r}{p}\Big)re\sin^2 f\Big](\boldsymbol{r}\cdot\boldsymbol{f})-\frac{r}{\mu e}\Big(1+\frac{r}{p}\Big)\sin f(\boldsymbol{f}\cdot\boldsymbol{v})$$

$$\tag{4-364}$$

最后，根据开普勒方程

$$E-e\sin E=M \tag{4-365}$$

可得

$$\frac{\delta M}{\delta t}=(1-e\cos E)\frac{\delta E}{\delta t}-\sin E\frac{\delta e}{\delta t} \tag{4-366}$$

将$\dfrac{\delta E}{\delta t}$和$\dfrac{\delta e}{\delta t}$的表达式代入上式可得

$$\frac{\delta M}{\delta t}=\frac{\cos E-e}{e\sqrt{\mu a}}(\boldsymbol{r}\cdot\boldsymbol{f})-\frac{\sin E}{e\mu}(r+p)(\boldsymbol{f}\cdot\boldsymbol{v}) \tag{4-367}$$

于是

$$\frac{\mathrm{d}M}{\mathrm{d}t}=\frac{\partial M}{\partial t}+\frac{\delta M}{\delta t}=n+\frac{\cos E-e}{e\sqrt{\mu a}}(\boldsymbol{r}\cdot\boldsymbol{f})-\frac{\sin E}{e\mu}(r+p)(\boldsymbol{f}\cdot\boldsymbol{v}) \tag{4-368}$$

5. $\dfrac{\mathrm{d}M_0}{\mathrm{d}t}$ 的计算

对于无摄运动,定义

$$M=n(t-t_0)+M_0 \tag{4-369}$$

M_0 为初始时刻 t_0 的平近点角。可得

$$\frac{\mathrm{d}M_0}{\mathrm{d}t}=\frac{\cos E-e}{e\sqrt{\mu a}}(\boldsymbol{r}\cdot\boldsymbol{f})-\frac{\sin E}{e\mu}(r+p)(\boldsymbol{f}\cdot\boldsymbol{v}) \tag{4-370}$$

6. $\dfrac{\mathrm{d}\omega}{\mathrm{d}t}$ 的计算

这里直接给出结果

$$
\begin{aligned}
\frac{\mathrm{d}\omega}{\mathrm{d}t}&=-\cos i\frac{\mathrm{d}\Omega}{\mathrm{d}t}-\frac{\delta f}{\delta t}\\
&=-\frac{r\cos i}{h\sin i}\sin(f+\omega)(\hat{\boldsymbol{h}}\cdot\boldsymbol{f})-\\
&\quad\frac{1}{re\sqrt{\mu p}}\Big[p\cos f+\Big(1+\frac{r}{p}\Big)re\sin^2 f\Big](\boldsymbol{r}\cdot\boldsymbol{f})+\frac{r}{\mu e}\Big(1+\frac{r}{p}\Big)\sin f(\boldsymbol{f}\cdot\boldsymbol{v})
\end{aligned}
$$

$$\tag{4-371}$$

综上可得,受摄二体问题的运动方程为

$$
\left\{
\begin{aligned}
&\frac{\mathrm{d}a}{\mathrm{d}t}=\frac{2a^2}{\mu}(\boldsymbol{v}\cdot\boldsymbol{f})\\
&\frac{\mathrm{d}e}{\mathrm{d}t}=\frac{1}{\mu ae}\big[(ap-r^2)(\boldsymbol{v}\cdot\boldsymbol{f})+(\boldsymbol{r}\cdot\boldsymbol{v})\cdot(\boldsymbol{r}\cdot\boldsymbol{f})\big]\\
&\frac{\mathrm{d}i}{\mathrm{d}t}=\frac{r}{h}\cos(f+\omega)(\hat{\boldsymbol{h}}\cdot\boldsymbol{f})\\
&\frac{\mathrm{d}\Omega}{\mathrm{d}t}=\frac{r}{h}\frac{\sin(f+\omega)}{\sin i}(\hat{\boldsymbol{h}}\cdot\boldsymbol{f})\\
&\frac{\mathrm{d}\omega}{\mathrm{d}t}=-\frac{r}{h}\cot i\sin(f+\omega)(\hat{\boldsymbol{h}}\cdot\boldsymbol{f})-\\
&\qquad\frac{1}{re\sqrt{\mu p}}\Big[p\cos f+\Big(1+\frac{r}{p}\Big)re\sin^2 f\Big](\boldsymbol{r}\cdot\boldsymbol{f})+\frac{r}{\mu e}\Big(1+\frac{r}{p}\Big)\sin f(\boldsymbol{v}\cdot\boldsymbol{f})\\
&\frac{\mathrm{d}M_0}{\mathrm{d}t}=\frac{\cos E-e}{e\sqrt{\mu a}}(\boldsymbol{r}\cdot\boldsymbol{f})-\frac{\sin E}{e\mu}(r+p)(\boldsymbol{v}\cdot\boldsymbol{f})
\end{aligned}
\right.
\tag{4-372}
$$

4.6.3 高斯型受摄运动方程

特别地,将摄动加速度 $\boldsymbol{f}$ 分解为径向(radial)分量 R、横向(transversal)分量 T 以及轨道

面法向(normal)分量 N(见图 4-35),即

$$f = Re_r + Te_t + Ne_n \tag{4-373}$$

e_r、e_t 和 e_n 分别为径向、横向以及轨道面法向的(正交)单位矢量。根据矢量运算,有

$$(r \cdot f) = rR$$

$$(v \cdot f) = \dot{r}R + rfT = \frac{\sqrt{\mu}e\sin f}{\sqrt{p}}R + \frac{\sqrt{\mu p}}{r}T$$

$$(\hat{h} \cdot f) = N \tag{4-374}$$

$$(r \cdot v) = \frac{re\sqrt{\mu}}{\sqrt{p}}\sin f$$

将(4-374)代入上一节的摄动运动方程(4-372)中,可得以(R, T, N)表示的摄动运动方程如下

$$\begin{cases} \dfrac{\mathrm{d}a}{\mathrm{d}t} = \dfrac{2}{n\eta}\big[Re\sin f + T(1 + e\cos f)\big] \\[2mm] \dfrac{\mathrm{d}e}{\mathrm{d}t} = \dfrac{\eta}{na}\Big[R\sin f + T\Big(\cos f + \dfrac{\cos f + e}{1 + e\cos f}\Big)\Big] \\[2mm] \dfrac{\mathrm{d}i}{\mathrm{d}t} = N\dfrac{\eta}{na}\dfrac{\cos(f + \omega)}{1 + e\cos f} \\[2mm] \dfrac{\mathrm{d}\Omega}{\mathrm{d}t} = N\dfrac{\eta}{na}\dfrac{\sin(f + \omega)}{1 + e\cos f}\dfrac{1}{\sin i} \\[2mm] \dfrac{\mathrm{d}\omega}{\mathrm{d}t} = \dfrac{\eta}{nae}\Big[-R\cos f + T\Big(1 + \dfrac{1}{1 + e\cos f}\Big)\sin f\Big] - \cos i\dfrac{\mathrm{d}\Omega}{\mathrm{d}t} \\[2mm] \dfrac{\mathrm{d}M_0}{\mathrm{d}t} = \dfrac{\eta^2}{nae}\Big[R\Big(\cos f - \dfrac{2e}{1 + e\cos f}\Big) - T\Big(1 + \dfrac{1}{1 + e\cos f}\Big)\sin f\Big] \end{cases} \tag{4-375}$$

其中 $\eta = \sqrt{1 - e^2}$。该运动方程为高斯型摄动方程。

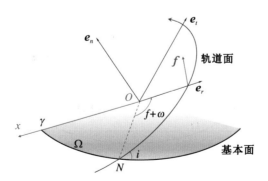

图 4-35　径向、横向以及轨道面法向分解示意图

若将摄动加速度 f 分解成切向分量 V、(轨道面内)与切向方向垂直向内的分量 W 以及轨道面法向分量 N 的形式(见图 4-36),即

$$\boldsymbol{f} = V\boldsymbol{e}_v + W\boldsymbol{e}_w + N\boldsymbol{e}_n \tag{4-376}$$

$\boldsymbol{e}_v$ 和 $\boldsymbol{e}_w$ 分别表示(轨道面内)切向和法向的单位矢量。设径向 $\hat{r}$ 与切向 $\hat{v}$ 的夹角为 α(见图 4-36),满足如下关系

$$\cos\alpha = \frac{\boldsymbol{r}}{|\boldsymbol{r}|} \cdot \frac{\boldsymbol{v}}{|\boldsymbol{v}|} = \frac{e\sin f}{\sqrt{1+2e\cos f+e^2}} \tag{4-377}$$

$$\sin\alpha = \frac{\boldsymbol{r}}{|\boldsymbol{r}|} \times \frac{\boldsymbol{v}}{|\boldsymbol{v}|} = \frac{1+e\cos f}{\sqrt{1+2e\cos f+e^2}}$$

结合坐标旋转可得

$$R = V\cos\alpha - W\sin\alpha \tag{4-378}$$

$$T = V\sin\alpha + W\cos\alpha$$

将(4-378)代入(4-375)可得

$$
\begin{cases}
\dfrac{\mathrm{d}a}{\mathrm{d}t} = \dfrac{2}{n\Gamma}V \\[2mm]
\dfrac{\mathrm{d}e}{\mathrm{d}t} = \dfrac{\Gamma}{na}\left[2V(e+\cos f) - W(1-e^2)\dfrac{\sin f}{1+e\cos f}\right] \\[2mm]
\dfrac{\mathrm{d}i}{\mathrm{d}t} = N\dfrac{\eta}{na}\dfrac{\cos(f+\omega)}{1+e\cos f} \\[2mm]
\dfrac{\mathrm{d}\Omega}{\mathrm{d}t} = N\dfrac{\eta}{na}\dfrac{\sin(f+\omega)}{1+e\cos f}\dfrac{1}{\sin i} \\[2mm]
\dfrac{\mathrm{d}\omega}{\mathrm{d}t} = \dfrac{1}{nae}\Gamma\left[2V\sin f + W\left(e+\dfrac{e+\cos f}{1+e\cos f}\right)\right] - \cos i\dfrac{\mathrm{d}\Omega}{\mathrm{d}t} \\[2mm]
\dfrac{\mathrm{d}M_0}{\mathrm{d}t} = \dfrac{\eta}{nae}\Gamma\left[2V\sin f\left(1+\dfrac{e^2}{1+e\cos f}\right) - W\left(e-\dfrac{e+\cos f}{1+e\cos f}\right)\right]
\end{cases} \tag{4-379}
$$

其中 $\eta = \sqrt{1-e^2}$,$\Gamma = \dfrac{\eta}{\sqrt{1+2e\cos f+e^2}}$。

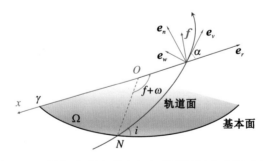

图 4-36 切向、与切向垂直向内、轨道面法向分解示意图

4.6.4 拉格朗日行星运动方程

特别地,若摄动力是保守力,那么摄动加速度可以用摄动函数对坐标的偏导数来表示,即

$$f = \frac{\partial \mathcal{R}}{\partial \boldsymbol{r}} \tag{4-380}$$

而这里位置矢量是轨道根数的函数 $\boldsymbol{r}(t,\boldsymbol{\sigma})$，因此摄动函数对坐标的偏导数可转化为对轨道根数的偏导数 $\frac{\partial \mathcal{R}}{\partial \sigma_i}(i=1,2,3,4,5,6)$，由此得到的摄动运动方程即为拉格朗日行星运动方程。

轨道根数的变化 $\delta\sigma_i$ 引起摄动函数的变化 $\delta\mathcal{R}$，它们之间的变分关系为

$$\delta\mathcal{R} = \sum_{k=1}^{6} \frac{\partial \mathcal{R}}{\partial \sigma_i} \delta\sigma_i \tag{4-381}$$

另一方面，轨道根数的变化 $\delta\sigma_i$ 会引起坐标的变化 $\delta\boldsymbol{r}$，进而引起摄动函数的变化 $\delta\mathcal{R}$，即

$$\delta\mathcal{R} = \frac{\partial \mathcal{R}}{\partial \boldsymbol{r}} \cdot \delta\boldsymbol{r} = \boldsymbol{f} \cdot \delta\boldsymbol{r} \tag{4-382}$$

将 $\boldsymbol{f}$ 按径向、横向和法向分解（见图 4-35），表示为

$$\boldsymbol{f} = R\boldsymbol{e}_r + T\boldsymbol{e}_t + N\boldsymbol{e}_n \tag{4-383}$$

同样将 $\delta\boldsymbol{r}$ 也按照径向、横向和法向进行分解，可得

$$\delta\boldsymbol{r} = \delta r\boldsymbol{e}_r + r\delta\theta\boldsymbol{e}_t + r\delta\phi\boldsymbol{e}_n \tag{4-384}$$

这里角度 θ 和 φ 是以轨道面为基本平面的经度角和纬度角（见图 4-37）。根据（4-383）和（4-384）可得

$$\boldsymbol{f} \cdot \delta\boldsymbol{r} = R\delta r + Tr\delta\theta + Nr\delta\varphi \tag{4-385}$$

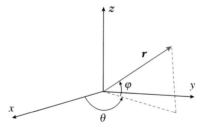

图 4-37　经度角和纬度角示意图

根据二体关系以及几何关系，可得

$$\delta\varphi = \sin(f+\omega)\delta i - \cos(f+\omega)\sin i\delta\Omega \tag{4-386}$$

$$\delta\theta = \cos i\delta\Omega + \delta\omega + \frac{\sin f}{1-e^2}\left(1+\frac{p}{r}\right)\delta e + \frac{a^2\sqrt{1-e^2}}{r^2}\delta M \tag{4-387}$$

$$\delta r = \frac{r}{a}\delta a + \frac{a^2 e}{r}\sin E\delta M - a\cos f\delta e \tag{4-388}$$

用根数表示（4-385）可得

$$\delta\mathcal{R} = R\delta r + Tr\delta\theta + Nr\delta\varphi$$

$$= R\frac{r}{a}\delta a + \left[T\frac{r\sin f}{1-e^2}\left(1+\frac{p}{r}\right) - Ra\cos f\right]\delta e +$$

$$Nr\sin(f+\omega)\delta i + \left[Tr\cos i - Nr\sin i\cos(f+\omega)\right]\delta\Omega +$$

$$Tr\delta\omega + \left[\frac{ae\sin f}{\sqrt{1-e^2}}R + \frac{a^2\sqrt{1-e^2}}{r}T\right]\delta M \tag{4-389}$$

因此

$$\frac{\partial\mathcal{R}}{\partial a} = R\frac{r}{a}$$

$$\frac{\partial\mathcal{R}}{\partial e} = T\frac{r\sin f}{1-e^2}\left(1+\frac{p}{r}\right) - Ra\cos f$$

$$\frac{\partial\mathcal{R}}{\partial i} = Nr\sin(f+\omega)$$

$$\frac{\partial\mathcal{R}}{\partial\Omega} = Tr\cos i - Nr\sin i\cos(f+\omega)$$

$$\frac{\partial\mathcal{R}}{\partial\omega} = Tr$$

$$\frac{\partial\mathcal{R}}{\partial M} = \frac{ae\sin f}{\sqrt{1-e^2}}R + \frac{a^2\sqrt{1-e^2}}{r}T \tag{4-390}$$

将(4-390)代入(4-375)可得拉格朗日行星运动方程

$$\begin{cases} \dfrac{\mathrm{d}a}{\mathrm{d}t} = \dfrac{2}{na}\dfrac{\partial\mathcal{R}}{\partial M} \\[2mm] \dfrac{\mathrm{d}e}{\mathrm{d}t} = \dfrac{\eta}{na^2 e}\left(\eta\dfrac{\partial\mathcal{R}}{\partial M} - \dfrac{\partial\mathcal{R}}{\partial\omega}\right) \\[2mm] \dfrac{\mathrm{d}i}{\mathrm{d}t} = \dfrac{1}{na^2\eta}\left(\cot i\dfrac{\partial\mathcal{R}}{\partial\omega} - \dfrac{1}{\sin i}\dfrac{\partial\mathcal{R}}{\partial\Omega}\right) \\[2mm] \dfrac{\mathrm{d}\Omega}{\mathrm{d}t} = \dfrac{1}{na^2\eta}\dfrac{1}{\sin i}\dfrac{\partial\mathcal{R}}{\partial i} \\[2mm] \dfrac{\mathrm{d}\omega}{\mathrm{d}t} = \dfrac{\eta}{na^2}\left(\dfrac{1}{e}\dfrac{\partial\mathcal{R}}{\partial e} - \dfrac{\cot i}{\eta^2}\dfrac{\partial\mathcal{R}}{\partial i}\right) \\[2mm] \dfrac{\mathrm{d}M}{\mathrm{d}t} = n - \dfrac{2}{na}\dfrac{\partial\mathcal{R}}{\partial a} - \dfrac{\eta^2}{na^2 e}\dfrac{\partial\mathcal{R}}{\partial e} \end{cases} \tag{4-391}$$

实际问题中,经常会将摄动函数展开为经度角对应的轨道根数$(a,e,i,\Omega,\bar{\omega}=\Omega+\omega,\lambda=M+\bar{\omega})$形式,此时的拉格朗日行星运动方程为

$$
\begin{cases}
\dfrac{\mathrm{d}a}{\mathrm{d}t}=\dfrac{2}{na}\dfrac{\partial\mathcal{R}}{\partial\lambda}\\[2mm]
\dfrac{\mathrm{d}e}{\mathrm{d}t}=-\dfrac{\eta}{na^2e}\Big[(1-\eta)\dfrac{\partial\mathcal{R}}{\partial\lambda}+\dfrac{\partial\mathcal{R}}{\partial\bar\omega}\Big]\\[2mm]
\dfrac{\mathrm{d}i}{\mathrm{d}t}=-\dfrac{1}{na^2\eta}\Big[\tan\dfrac{i}{2}\Big(\dfrac{\partial\mathcal{R}}{\partial\lambda}+\dfrac{\partial\mathcal{R}}{\partial\bar\omega}\Big)+\dfrac{1}{\sin i}\dfrac{\partial\mathcal{R}}{\partial\Omega}\Big]\\[2mm]
\dfrac{\mathrm{d}\Omega}{\mathrm{d}t}=\dfrac{1}{na^2}\dfrac{1}{\eta\sin i}\dfrac{\partial\mathcal{R}}{\partial i}\\[2mm]
\dfrac{\mathrm{d}\bar\omega}{\mathrm{d}t}=\dfrac{\eta}{na^2}\Big(\dfrac{1}{e}\dfrac{\partial\mathcal{R}}{\partial e}+\dfrac{1}{\eta^2}\tan\dfrac{i}{2}\dfrac{\partial\mathcal{R}}{\partial i}\Big)\\[2mm]
\dfrac{\mathrm{d}\lambda}{\mathrm{d}t}=n-\dfrac{2}{na}\dfrac{\partial\mathcal{R}}{\partial a}+\dfrac{\eta}{na^2}\Big(\dfrac{1-\eta}{e}\dfrac{\partial\mathcal{R}}{\partial e}+\dfrac{1}{\eta^2}\tan\dfrac{i}{2}\dfrac{\partial\mathcal{R}}{\partial i}\Big)
\end{cases}
\tag{4-392}
$$

注意:由于(4-391)和(4-392)中的右函数项中存在 $\dfrac{1}{e}$ 以及 $\dfrac{1}{\sin i}$,故相应拉格朗日行星运动方程在 $e=0$ 或 $i=0,\pi$ 时是不适用的,此即奇点问题。为了解决该问题,需要引入消除奇点的轨道根数。

1. 第一类无奇点根数(消除奇点 $e=0$)

轨道偏心率为零时,此时近点角距以及平近点角无定义。引入第一类无奇点轨道根数

$$a,\lambda,\xi=e\cos\bar\omega,\zeta=e\sin\bar\omega,i,\Omega \tag{4-393}$$

相应的拉格朗日行星运动方程为

$$
\begin{cases}
\dfrac{\mathrm{d}a}{\mathrm{d}t}=\dfrac{2}{na}\dfrac{\partial\mathcal{R}}{\partial\lambda}\\[2mm]
\dfrac{\mathrm{d}\lambda}{\mathrm{d}t}=n-\dfrac{2}{na}\dfrac{\partial\mathcal{R}}{\partial a}+\dfrac{\eta}{na^2}\Big[\dfrac{1}{1+\eta}\Big(\xi\dfrac{\partial\mathcal{R}}{\partial\xi}+\zeta\dfrac{\partial\mathcal{R}}{\partial\zeta}\Big)+\dfrac{1}{\eta^2}\tan\dfrac{i}{2}\dfrac{\partial\mathcal{R}}{\partial i}\Big]\\[2mm]
\dfrac{\mathrm{d}\xi}{\mathrm{d}t}=-\dfrac{\eta}{na^2}\Big(\dfrac{\xi}{1+\eta}\dfrac{\partial\mathcal{R}}{\partial\lambda}+\dfrac{\partial\mathcal{R}}{\partial\zeta}+\dfrac{\zeta}{\eta^2}\tan\dfrac{i}{2}\dfrac{\partial\mathcal{R}}{\partial i}\Big)\\[2mm]
\dfrac{\mathrm{d}\zeta}{\mathrm{d}t}=-\dfrac{\eta}{na^2}\Big(\dfrac{\zeta}{1+\eta}\dfrac{\partial\mathcal{R}}{\partial\lambda}-\dfrac{\partial\mathcal{R}}{\partial\xi}-\dfrac{\xi}{\eta^2}\tan\dfrac{i}{2}\dfrac{\partial\mathcal{R}}{\partial i}\Big)\\[2mm]
\dfrac{\mathrm{d}i}{\mathrm{d}t}=-\dfrac{1}{na^2\eta}\Big[\tan\dfrac{i}{2}\Big(\dfrac{\partial\mathcal{R}}{\partial\lambda}-\zeta\dfrac{\partial\mathcal{R}}{\partial\xi}+\xi\dfrac{\partial\mathcal{R}}{\partial\zeta}\Big)+\dfrac{1}{\sin i}\dfrac{\partial\mathcal{R}}{\partial\Omega}\Big]\\[2mm]
\dfrac{\mathrm{d}\Omega}{\mathrm{d}t}=\dfrac{1}{na^2}\dfrac{1}{\eta\sin i}\dfrac{\partial\mathcal{R}}{\partial i}
\end{cases}
\tag{4-394}
$$

其中 $\eta=\sqrt{1-\xi^2-\zeta^2}$。此时运动方程右边不再出现 $\dfrac{1}{e}$ 这样的因子,故消除了奇点 $e=0$。

2. 第二类无奇点根数(同时消除奇点 $e=0$ 和 $i=0$)

为了消除奇点 $e=0$ 和 $i=0$,引入第二类无奇点轨道根数

$$a,\lambda,\xi=e\cos\bar\omega,\zeta=e\sin\bar\omega,h=\sin i\cos\Omega,k=\sin i\sin\Omega \tag{4-395}$$

相应的拉格朗日行星运动方程为

$$\begin{cases} \dfrac{\mathrm{d}a}{\mathrm{d}t}=\dfrac{2}{na}\dfrac{\partial\mathcal{R}}{\partial\lambda} \\[2mm] \dfrac{\mathrm{d}\lambda}{\mathrm{d}t}=n-\dfrac{2}{na}\dfrac{\partial\mathcal{R}}{\partial a}+\dfrac{1}{na^2}\left[\dfrac{\eta}{1+\eta}\left(\xi\dfrac{\partial\mathcal{R}}{\partial\xi}+\zeta\dfrac{\partial\mathcal{R}}{\partial\zeta}\right)+\dfrac{1}{\eta}\dfrac{\cos i}{1+\cos i}\left(h\dfrac{\partial\mathcal{R}}{\partial h}+k\dfrac{\partial\mathcal{R}}{\partial k}\right)\right] \\[2mm] \dfrac{\mathrm{d}\xi}{\mathrm{d}t}=-\dfrac{\eta}{na^2}\left[\dfrac{\xi}{1+\eta}\dfrac{\partial\mathcal{R}}{\partial\lambda}+\dfrac{\partial\mathcal{R}}{\partial\zeta}+\dfrac{\zeta}{\eta^2}\dfrac{\cos i}{1+\cos i}\left(h\dfrac{\partial\mathcal{R}}{\partial h}+k\dfrac{\partial\mathcal{R}}{\partial k}\right)\right] \\[2mm] \dfrac{\mathrm{d}\zeta}{\mathrm{d}t}=-\dfrac{\eta}{na^2}\left[\dfrac{\zeta}{1+\eta}\dfrac{\partial\mathcal{R}}{\partial\lambda}-\dfrac{\partial\mathcal{R}}{\partial\xi}-\dfrac{\xi}{\eta^2}\dfrac{\cos i}{1+\cos i}\left(h\dfrac{\partial\mathcal{R}}{\partial h}+k\dfrac{\partial\mathcal{R}}{\partial k}\right)\right] \\[2mm] \dfrac{\mathrm{d}h}{\mathrm{d}t}=-\dfrac{\cos i}{na^2\eta}\left[\dfrac{h}{1+\cos i}\left(\dfrac{\partial\mathcal{R}}{\partial\lambda}-\zeta\dfrac{\partial\mathcal{R}}{\partial\xi}+\xi\dfrac{\partial\mathcal{R}}{\partial\zeta}\right)+\dfrac{\partial\mathcal{R}}{\partial k}\right] \\[2mm] \dfrac{\mathrm{d}k}{\mathrm{d}t}=-\dfrac{\cos i}{na^2\eta}\left[\dfrac{k}{1+\cos i}\left(\dfrac{\partial\mathcal{R}}{\partial\lambda}-\zeta\dfrac{\partial\mathcal{R}}{\partial\xi}+\xi\dfrac{\partial\mathcal{R}}{\partial\zeta}\right)-\dfrac{\partial\mathcal{R}}{\partial h}\right] \end{cases} \tag{4-396}$$

其中 $\eta=\sqrt{1-\xi^2-\zeta^2}$。以上运动方程同时消除了 $e=0$ 和 $i=0$ 两个奇点。

4.6.5 摄动分析解构造

以上两小节给出的受摄二体问题的摄动方程可以简要写为如下形式

$$\frac{\mathrm{d}\sigma_i}{\mathrm{d}t}=\varepsilon F_i(\boldsymbol{\sigma},t) \tag{4-397}$$

其中 ε 为小参数(摄动因子)。当 $\varepsilon=0$ 时,对应理想的二体问题,轨道根数 σ_i 为常数。可见,摄动方程(4-397)的解 σ_i 是 ε 的函数,那么运动方程的右函数必然也是 ε 的函数。为了获得(4-397)的级数解,将 $F_i(\boldsymbol{\sigma},t)$ 在 $\varepsilon=0$ 点附近进行 Taylor 展开,可得

$$F_i(\boldsymbol{\sigma},t)=F_{i0}+\left(\frac{\partial F_i}{\partial\varepsilon}\right)_0\varepsilon+\frac{1}{2!}\left(\frac{\partial^2 F_i}{\partial\varepsilon^2}\right)_0\varepsilon^2+\frac{1}{3!}\left(\frac{\partial^3 F_i}{\partial\varepsilon^3}\right)_0\varepsilon^3+\cdots \tag{4-398}$$

将(4-398)代入摄动运动方程,可得

$$\frac{\mathrm{d}\sigma_i}{\mathrm{d}t}=\varepsilon F_{i0}+\left(\frac{\partial F_i}{\partial\varepsilon}\right)_0\varepsilon^2+\frac{1}{2!}\left(\frac{\partial^2 F_i}{\partial\varepsilon^2}\right)_0\varepsilon^3+\frac{1}{3!}\left(\frac{\partial^3 F_i}{\partial\varepsilon^3}\right)_0\varepsilon^4+\cdots \tag{4-399}$$

上式中 F_{i0} 以及 $\left(\frac{\partial^n F_i}{\partial\varepsilon^n}\right)_0$ 表示 F_i 中的轨道根数 $\boldsymbol{\sigma}$ 代入为无摄运动的轨道根数 $\boldsymbol{\sigma}^{(0)}$。解方程(4-399)时,若只取到 ε 的一次幂,得到的解被称为一阶摄动解,此时摄动方程为

$$\frac{\mathrm{d}\sigma_i}{\mathrm{d}t}=\varepsilon F_{i0} \tag{4-400}$$

积分该表达式可得

$$\sigma_i=\sigma_i^{(0)}+\varepsilon\int_{t_0}^{t}F_{i0}\,\mathrm{d}t \tag{4-401}$$

其中 $\sigma_i^{(0)}$ 为 t_0 时刻的瞬时轨道根数。在积分时,将 F_{i0} 中的轨道根数当作常数,取为 t_0 时刻的瞬时轨道根数。

若右端函数取到 ε 的二次幂项，积分可得到二阶摄动解

$$\sigma_i = \sigma_i^{(0)} + \varepsilon \int_{t_0}^{t} F_{i0} \, \mathrm{d}t + \varepsilon^2 \int_{t_0}^{t} \left(\frac{\partial F_i}{\partial \varepsilon} \right)_0 \mathrm{d}t \qquad (4\text{-}402)$$

类似地可得到高阶摄动解。若把 ε^k 的系数记为 $\sigma_i^{(k)}$，那么

$$\sigma_i^{(1)} = \int_{t_0}^{t} F_{i0} \, \mathrm{d}t$$

$$\sigma_i^{(2)} = \int_{t_0}^{t} \left(\frac{\partial F_i}{\partial \varepsilon} \right)_0 \mathrm{d}t$$

$$\sigma_i^{(3)} = \frac{1}{2!} \int_{t_0}^{t} \left(\frac{\partial^2 F_i}{\partial \varepsilon^2} \right)_0 \mathrm{d}t$$

$$\cdots \qquad (4\text{-}403)$$

摄动方程的级数解形式为

$$\sigma_i = \sigma_i^{(0)} + \varepsilon \sigma_i^{(1)} + \varepsilon^2 \sigma_i^{(2)} + \varepsilon^3 \sigma_i^{(3)} + \cdots \qquad (4\text{-}404)$$

根据已知的右函数形式 $F_i(t, \boldsymbol{\sigma})$，总是可以求得幂级数解。以上小参数幂级数解实际上是以 t_0 时刻的二体轨道作为参考轨道的摄动解，该解在时间 $t \sim \dfrac{1}{\varepsilon}$ 较长时是发散的（非一致收敛）。

4.6.6　大行星运动理论

本节根据大行星运动特点确定行星运动方程的近似解。拉格朗日最先建立了大行星的运动理论。行星的质量相对于太阳而言是一个小量，因此考察某一行星的运动时，可将太阳作为中心天体，其余行星引力作为摄动，摄动行星的质量作为摄动小参数（或摄动因子）。

以三体系统为例，如太阳、木星、土星构成的三体系统，太阳的质量记为 $M_{\odot}$，木星和土星的质量分别记为 m_J 和 m_S。木星和土星在日心惯性系下的轨道根数分别记为 $u_1, u_2, u_3, \cdots, u_6$ 以及 $v_1, v_2, v_3, \cdots, v_6$。根据拉格朗日行星运动方程，两个行星的运动方程可写为

$$\frac{\mathrm{d}u_i}{\mathrm{d}t} = m_S F_i(u, v, t)$$

$$\frac{\mathrm{d}v_i}{\mathrm{d}t} = m_J G_i(u, v, t) \qquad (4\text{-}405)$$

其中 $i = 1, 2, \cdots, 6$。函数 $F_i(u, v, t)$，$G_i(u, v, t)$ 为拉格朗日行星运动方程的右函数。考虑到 $m_J, m_S \ll M_{\odot}$，那么来自摄动行星的引力相对中心天体太阳的引力而言是一个小量，故 m_J, m_S 是小参数。可见 $F_i(u, v, t)$ 和 $G_i(u, v, t)$ 是 m_J, m_S 的函数，于是基于二元函数的 Taylor 展开，将 F_i 和 G_i 在 $(m_J = 0, m_S = 0)$ 附近进行 Taylor 展开，可得

$$F_i = F_{i0} + m_J \left(\frac{\partial F_i}{\partial m_J} \right)_0 + m_S \left(\frac{\partial F_i}{\partial m_S} \right)_0 + \frac{1}{2} m_J^2 \left(\frac{\partial^2 F_i}{\partial m_J^2} \right)_0 +$$

$$\frac{1}{2} m_S^2 \left(\frac{\partial^2 F_i}{\partial m_S^2} \right)_0 + m_J m_S \left(\frac{\partial^2 F_i}{\partial m_S \partial m_J} \right)_0 + \cdots \tag{4-406}$$

$$G_i = G_{i0} + m_J \left(\frac{\partial G_i}{\partial m_J} \right)_0 + m_S \left(\frac{\partial G_i}{\partial m_S} \right)_0 + \frac{1}{2} m_J^2 \left(\frac{\partial^2 G_i}{\partial m_J^2} \right)_0 +$$

$$\frac{1}{2} m_S^2 \left(\frac{\partial^2 G_i}{\partial m_S^2} \right)_0 + m_J m_S \left(\frac{\partial^2 G_i}{\partial m_S \partial m_J} \right)_0 + \cdots$$

将(4-406)对时间积分可得小参数幂级数解

$$u_i = u_i^{(0)} + m_S \int_{t_0}^{t} F_{i0} \mathrm{d}t + m_S m_J \int_{t_0}^{t} \left(\frac{\partial F_i}{\partial m_J} \right)_0 \mathrm{d}t + m_S^2 \int_{t_0}^{t} \left(\frac{\partial F_i}{\partial m_S} \right)_0 \mathrm{d}t + \cdots$$

$$v_i = v_i^{(0)} + m_J \int_{t_0}^{t} G_{i0} \mathrm{d}t + m_S m_J \int_{t_0}^{t} \left(\frac{\partial G_i}{\partial m_S} \right)_0 \mathrm{d}t + m_J^2 \int_{t_0}^{t} \left(\frac{\partial G_i}{\partial m_J} \right)_0 \mathrm{d}t + \cdots \tag{4-407}$$

这里 $u_i^{(0)}$ 和 $v_i^{(0)}$ 为木星和土星在 t_0 时刻的轨道根数(无摄运动的根数)。对于由多个行星构成的系统,同样可以构造小参数幂级数解。

通过第六章介绍的第三体摄动函数展开,可以获得 F_i 和 G_i 关于轨道根数的显式表达式。根据这里的分析解构造范式,获得大行星的小参数幂级数解是没有任何理论困难的。

4.6.7 月球运动理论

月球是距离我们最近的自然卫星,是人类最早进行观测的天体,观测精度也最高。18 世纪以来,许多数学家和天体力学家,包括拉普拉斯(Laplace)、德洛勒(Delaunay)、汉森(Hansen)、希尔(Hill)和布朗(Brown)等,对月球的运动理论开展了很多研究工作,编制了月球运动的历表。本小节介绍月球运动的主要问题,即月球受到太阳摄动时的运动问题。

月球围绕地球运动时,受到来自太阳的引力摄动,摄动函数为(本书会在第六章中详细介绍第三体摄动函数展开)

$$\mathcal{R} = \mathcal{G} m_\odot \left(\frac{1}{\Delta} - \frac{\boldsymbol{r} \cdot \boldsymbol{r}_\odot}{r_\odot^3} \right) \tag{4-408}$$

其中 $m_\odot$ 为太阳质量,$\Delta = \| \boldsymbol{r} - \boldsymbol{r}_\odot \|$ 为月球和太阳之间的距离,$\boldsymbol{r}$ 为月球的地心矢量,$\boldsymbol{r}_\odot$ 为太阳的地心矢量(见图 4-38)。

令月球和太阳的地心张角为 ψ,那么有

$$\Delta = \| \boldsymbol{r} - \boldsymbol{r}_\odot \| = \sqrt{r^2 + r_\odot^2 - 2 r r_\odot \cos \psi} \tag{4-409}$$

由于 $r \ll r_\odot$(等级式构型),于是可将摄动函数进行 Legendre 展开,保留四极矩项,可得

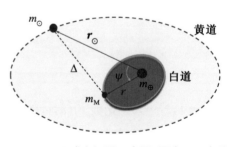

图 4-38　月球主问题示意图,图中 m_M 为月球质量,$m_\oplus$ 为地球质量

$$\mathcal{R} = \frac{\mathcal{G}m_\odot}{r_\odot} \left(\frac{r}{r_\odot}\right)^2 \left(-\frac{1}{2} + \frac{3}{2}\cos^2\psi\right) \tag{4-410}$$

令 $\alpha = a/a_\odot \ll 1$ 为月球和太阳的轨道半长轴之比,其中 a 为月球轨道半长轴,$a_\odot$ 为太阳轨道半长轴。在黄道坐标系下,利用几何关系,可得(见第六章)

$$\cos\psi = \cos(\theta-\Omega)\cos(\theta_\odot-\Omega) + \sin(\theta-\Omega)\sin(\theta_\odot-\Omega)\cos i \tag{4-411}$$

其中 $\theta = f + \bar\omega$ 为月球的真经度角,$\theta_\odot = f_\odot + \bar\omega_\odot$ 为太阳的真经度角。将(4-411)进一步整理为

$$\cos\psi = \cos^2\left(\frac{i}{2}\right)\cos(\theta-\theta_\odot) + \sin^2\left(\frac{i}{2}\right)\cos(\theta+\theta_\odot-2\Omega) \tag{4-412}$$

于是摄动函数变为

$$\mathcal{R} = \frac{\mathcal{G}m_\odot}{r_\odot}\left(\frac{r}{r_\odot}\right)^2 \left\{-\frac{1}{2} + \frac{3}{4}\cos^4\frac{i}{2} + \frac{3}{4}\cos^4\frac{i}{2}\cos 2(f+\bar\omega-f_\odot-\bar\omega_\odot) + \right.$$

$$\frac{3}{8}\sin^2 i\left[\cos 2(f+\omega) + \cos 2(f_\odot+\bar\omega_\odot-\Omega)\right] +$$

$$\left. \frac{3}{4}\sin^4\frac{i}{2} + \frac{3}{4}\sin^4\frac{i}{2}\cos 2(f+\bar\omega+f_\odot+\bar\omega_\odot-2\Omega)\right\} \tag{4-413}$$

为了简化,做如下近似:

1) 由于月球轨道相对黄道的倾角 $i \sim 5°8'$,于是将 $\sin^4 i$ 以上的项忽略;

2) 忽略太阳绕地球运动的轨道偏心率,那么 $r_\odot \approx a_\odot$;

3) 由于月球轨道偏心率较小,于是忽略 e^2 以上的项。

基于以上简化条件,摄动函数近似为

$$\mathcal{R} = n_\odot{}^2 a^2 \left(\frac{r}{a}\right)^2 \left\{\frac{1}{4} - \frac{3}{8}i^2 + \frac{3}{4}\left(1-\frac{i^2}{2}\right)\cos 2(f+\bar\omega-\lambda_\odot) + \right.$$

$$\left. \frac{3}{8}i^2\left[\cos 2(f+\omega) + \cos 2(\lambda_\odot-\Omega)\right]\right\} \tag{4-414}$$

可见,摄动函数由两部分组成。一部分为与平运动无关的长期项 $\mathcal{R}_c$,另一部分是与月球的平近点角 M 或太阳的平经度角 $\lambda_\odot$ 有关的短周期项 $\mathcal{R}_s$。于是有

$$\mathcal{R} = \mathcal{R}_c + \mathcal{R}_s \tag{4-415}$$

1. 月球轨道的长期演化

利用简化条件 3)以及如下平均化

$$\left\langle\left(\frac{r}{a}\right)^2\right\rangle = 1 + \frac{3}{2}e^2 \tag{4-416}$$

可得摄动函数的长期项为

$$\mathcal{R}_c = n_\odot{}^2 a^2 \left(\frac{1}{4} + \frac{3}{8}e^2 - \frac{3}{8}i^2\right) \tag{4-417}$$

将(4-417)代入拉格朗日行星运动方程,可得月球长期运动方程为

$$\frac{\mathrm{d}a}{\mathrm{d}t}=\frac{\mathrm{d}e}{\mathrm{d}t}=\frac{\mathrm{d}i}{\mathrm{d}t}=0$$

$$\frac{\mathrm{d}\Omega}{\mathrm{d}t}=-\frac{3}{4}\frac{n_\odot{}^2}{n}\left(1+\frac{e^2}{2}\right)$$

$$\frac{\mathrm{d}\bar{\omega}}{\mathrm{d}t}=\frac{3}{4}\frac{n_\odot{}^2}{n}\left(1-\frac{e^2}{2}\right) \qquad (4-418)$$

$$\frac{\mathrm{d}\lambda}{\mathrm{d}t}=n-\frac{n_\odot{}^2}{n}\left(1+\frac{9}{8}e^2-\frac{3}{2}i^2\right)$$

积分可得长期摄动解为

$$a=a_0,e=e_0,i=i_0$$

$$\Omega=\Omega_0-\frac{3}{4}\frac{n_\odot{}^2}{n}\left(1+\frac{e^2}{2}\right)(t-t_0)$$

$$\bar{\omega}=\bar{\omega}_0+\frac{3}{4}\frac{n_\odot{}^2}{n}\left(1-\frac{e^2}{2}\right)(t-t_0) \qquad (4-419)$$

$$\lambda=\lambda_0+\left[n-\frac{n_\odot{}^2}{n}\left(1+\frac{9}{8}e^2-\frac{3}{2}i^2\right)\right](t-t_0)$$

其中$(a_0,e_0,i_0,\Omega_0,\bar{\omega}_0,\lambda_0)$为$t_0$时刻的月球轨道根数。

讨论:1) 月球长期运动的$\frac{\mathrm{d}\Omega}{\mathrm{d}t}<0$,表明在太阳引力摄动下月球轨道的升交点在西退,西退的周期约为18.6135年;2) 月球长期运动的$\frac{\mathrm{d}\bar{\omega}}{\mathrm{d}t}>0$,表明在太阳摄动下月球轨道的近地点在进动,进动周期为8.8475年。

2. 月球轨道的短周期演化

将摄动函数的周期项代入拉格朗日行星运动方程,可得月球轨道根数的周期振荡。月球轨道的周期项被称为月行差。由于月球轨道根数存在周期变化,因此它的经度和纬度也存在周期变化。月球的真经度和纬度分别为

$$\theta=f+\bar{\omega} \qquad (4-420)$$

以及

$$\varphi=\arcsin[\sin i\sin(f+\omega)] \qquad (4-421)$$

根据月行差变化周期的不同,存在如下几个主要的月行差:1) 纬度差:月球黄纬以32.279915天的周期变化;2) 出差(evection):月球黄经以31.80747天的周期变化;3) 二均差:引起月球黄经的周期性变化,周期为半个朔望月;4) 周年差:引起月球黄经以一个近点年为周期变化;5) 月角差:月球黄经以一个朔望月为周期变化。更多细节请参考文献[21]。

附录 4.1 分析解系数

圆型限制性三体系统下共线平动点附近中心流形的三阶解系数为[16]

$$a_{21}=\frac{3c_3(\kappa^2-2)}{4(1+2c_2)},\ a_{22}=\frac{3c_3}{4(1+2c_2)},\ a_{23}=-\frac{3c_3}{4}\frac{(\kappa^2+2)(\bar{\omega}_{20}^{\ 2}-c_2+1)+4\kappa\bar{\omega}_{20}}{s_{20}}$$

$$a_{24}=\frac{3c_3}{4}\frac{(\bar{\omega}_{20}^{\ 2}-c_2+1)}{s_{20}},\ a_{25}=\frac{3c_3}{2}\frac{(\bar{\omega}_{11}^{\ 2}-c_2+1)}{s_{11}},\ a_{26}=\frac{3c_3}{2}\frac{(\bar{\omega}_{1,-1}^{\ 2}-c_2+1)}{s_{1-1}}$$

$$a_{27}=\frac{3c_3}{4(1+2c_2)},\ a_{28}=\frac{3c_3}{4}\frac{(\bar{\omega}_{02}^{\ 2}-c_2+1)}{s_{02}}$$

$$a_{31}=\frac{3c_3(\bar{\omega}_{30}^{\ 2}-c_2+1)d_{24}}{2s_{30}},\ a_{32}=-\frac{(\bar{\omega}_{30}^{\ 2}-c_2+1)t_1-2\bar{\omega}_{30}t_2}{s_{30}}$$

$$a_{33}=-\frac{(\bar{\omega}_{30}^{\ 2}-c_2+1)t_3-3\bar{\omega}_{30}t_4}{s_{30}},\ a_{34}=-\frac{(\upsilon_0^{\ 2}-c_2+1)t_5}{s_{01}}$$

$$a_{35}=-\frac{(\upsilon_0^{\ 2}-c_2+1)t_6-2\upsilon_0t_7}{s_{01}},\ a_{36}=-\frac{(\bar{\omega}_{21}^{\ 2}-c_2+1)t_8}{s_{21}}$$

$$a_{37}=-\frac{(\bar{\omega}_{21}^{\ 2}-c_2+1)t_9-2\bar{\omega}_{21}t_{10}}{s_{21}},\ a_{38}=-\frac{(\bar{\omega}_{2,-1}^{\ 2}-c_2+1)t_{11}}{s_{2-1}}$$

$$a_{39}=-\frac{(\bar{\omega}_{2,-1}^{\ 2}-c_2+1)t_{12}-2\bar{\omega}_{2,-1}t_{13}}{s_{2-1}},\ a_{310}=-\frac{(\bar{\omega}_{12}^{\ 2}-c_2+1)t_{14}}{s_{12}}$$

$$a_{311}=\frac{(\bar{\omega}_{12}^{\ 2}-c_2+1)t_{15}-2\bar{\omega}_{12}t_{16}}{s_{12}},\ a_{312}=-\frac{(\bar{\omega}_{1,-2}^{\ 2}-c_2+1)t_{17}}{s_{1-2}}$$

$$a_{313}=\frac{(\bar{\omega}_{1,-2}^{\ 2}-c_2+1)t_{18}-2\bar{\omega}_{1,-2}t_{19}}{s_{1-2}},\ a_{314}=\frac{3c_3(\bar{\omega}_{01}^{\ 2}-c_2+1)(2d_{29}+d_{210})}{2s_{01}}$$

$$a_{315}=\frac{3c_3(\bar{\omega}_{01}^{\ 2}-c_2+1)d_{210}}{2s_{03}}$$

$$b_{21}=\frac{3c_3}{2}\frac{\kappa\bar{\omega}_{20}^{\ 2}+(\kappa^2+2)\bar{\omega}_{20}+\kappa(2c_2+1)}{s_{20}},\ b_{22}=-\frac{3c_3}{2}\frac{\bar{\omega}_{20}}{s_{20}}$$

$$b_{23}=-\frac{3c_3\bar{\omega}_{11}}{s_{11}},\ b_{24}=-\frac{3c_3\bar{\omega}_{1-1}}{s_{1-1}},\ b_{25}=-\frac{3c_3}{2}\frac{\bar{\omega}_{02}}{s_{02}}$$

$$b_{31}=-\frac{3c_3(\kappa\omega_0+1)(2d_{22}+d_{24})}{2s_1},\ b_{32}=\frac{(\kappa\omega_0+1)t_{20}-(\omega_0+\kappa)t_{21}}{s_1}$$

$$b_{33}=\frac{(\kappa\omega_0+1)t_{22}-(\omega_0+\kappa)t_{23}}{s_1},\ b_{34}=-\frac{3c_3\bar{\omega}_{30}d_{24}}{s_{30}}$$

$$b_{35}=\frac{2\bar{\omega}_{30}t_1-(\bar{\omega}_{30}^{\ 2}+2c_2+1)t_2}{s_{30}},\ b_{36}=\frac{2\bar{\omega}_{30}t_3-(\bar{\omega}_{30}^{\ 2}+2c_2+1)t_4}{s_{30}}$$

$$b_{37}=\frac{2\upsilon_0t_5}{s_{10}},\ b_{38}=\frac{2\upsilon_0t_6-(\upsilon_0^{\ 2}+2c_2+1)t_7}{s_{01}}$$

$$b_{39}=\frac{2\bar{\omega}_{21}t_8}{s_{21}}, \ b_{310}=\frac{2\bar{\omega}_{21}t_9-(\bar{\omega}_{21}{}^2+2c_2+1)t_{10}}{s_{21}}$$

$$b_{311}=\frac{2\bar{\omega}_{2,-1}t_{11}}{s_{2-1}}, \ b_{312}=\frac{2\bar{\omega}_{2,-1}t_{12}-(\bar{\omega}_{2,-1}{}^2+2c_2+1)t_{13}}{s_{2-1}}$$

$$b_{313}=\frac{(\kappa\omega_0+1)t_{24}}{s_1}, \ b_{314}=\frac{(\kappa\omega_0+1)t_{25}-(\omega_0+\kappa)t_{26}}{s_1}$$

$$b_{315}=\frac{2\bar{\omega}_{12}t_{14}}{s_{12}}, \ b_{316}=\frac{2\bar{\omega}_{12}t_{15}-(\bar{\omega}_{12}{}^2+2c_2+1)t_{16}}{s_{12}}$$

$$b_{317}=\frac{2\bar{\omega}_{1,-2}t_{17}}{s_{1-2}}, \ b_{318}=\frac{2\bar{\omega}_{1,-2}t_{18}-(\bar{\omega}_{1,-2}{}^2+2c_2+1)t_{19}}{s_{1-2}}$$

$$b_{319}=-\frac{3c_3\upsilon_0(2d_{29}+d_{210})}{s_{01}}, \ b_{320}=-\frac{3c_3d_{210}\bar{\omega}_{03}}{s_{03}}$$

$$d_{21}=-\frac{3c_3}{2c_2}-\frac{\omega_0{}^2-\upsilon_0{}^2}{c_2}a_{21}, \ d_{22}=-\frac{\omega_0{}^2-\upsilon_0{}^2}{c_2}a_{22}$$

$$d_{23}=-\frac{3c_3}{2(c_2-\bar{\omega}_{20}{}^2)}-\frac{\omega_0{}^2-\upsilon_0{}^2}{c_2-\bar{\omega}_{20}{}^2}a_{23}, \ d_{24}=-\frac{\omega_0{}^2-\upsilon_0{}^2}{c_2-\bar{\omega}_{20}{}^2}a_{24}$$

$$d_{25}=-\frac{3c_3}{2(c_2-\bar{\omega}_{11}{}^2)}, \ d_{26}=-\frac{\omega_0{}^2-\upsilon_0{}^2}{c_2-\bar{\omega}_{11}{}^2}a_{25}$$

$$d_{27}=-\frac{3c_3}{2(c_2-\bar{\omega}_{1,-1}{}^2)}, \ d_{28}=-\frac{\omega_0{}^2-\upsilon_0{}^2}{c_2-\bar{\omega}_{1,-1}{}^2}a_{26}$$

$$d_{29}=-\frac{3c_3(\omega_0{}^2-\upsilon_0{}^2)}{4(1+2c_2)c_2}, \ d_{210}=-\frac{\omega_0{}^2-\upsilon_0{}^2}{c_2-\bar{\omega}_{02}{}^2}a_{28}$$

$$d_{31}=-\frac{\omega_0{}^2-\upsilon_0{}^2}{c_2-\bar{\omega}_{30}{}^2}a_{31}, \ d_{32}=\frac{t_{27}}{c_2-\bar{\omega}_{30}{}^2}-\frac{\omega_0{}^2-\upsilon_0{}^2}{c_2-\bar{\omega}_{30}{}^2}a_{32}$$

$$d_{33}=\frac{t_{28}-(\omega_0{}^2-\upsilon_0{}^2)a_{33}}{c_2-\bar{\omega}_{30}{}^2}, \ d_{34}=-\frac{\omega_0{}^2-\upsilon_0{}^2}{c_2-\bar{\omega}_{21}{}^2}a_{36}$$

$$d_{35}=\frac{t_{29}-(\omega_0{}^2-\upsilon_0{}^2)a_{37}}{c_2-\bar{\omega}_{21}{}^2}, \ d_{36}=\frac{t_{30}}{c_2-\bar{\omega}_{21}{}^2}, \ d_{37}=-\frac{\omega_0{}^2-\upsilon_0{}^2}{c_2-\bar{\omega}_{2,-1}{}^2}a_{38}$$

$$d_{38}=\frac{t_{31}-(\omega_0{}^2-\upsilon_0{}^2)a_{39}}{c_2-\bar{\omega}_{2,-1}{}^2}, \ d_{39}=\frac{t_{32}}{c_2-\bar{\omega}_{2,-1}{}^2}$$

$$d_{310}=-\frac{\omega_0{}^2-\upsilon_0{}^2}{c_2-\bar{\omega}_{12}{}^2}a_{310}, \ d_{311}=\frac{t_{33}-(\omega_0{}^2-\upsilon_0{}^2)a_{311}}{c_2-\bar{\omega}_{12}{}^2}$$

$$d_{312}=-\frac{\omega_0{}^2-\upsilon_0{}^2}{c_2-\bar{\omega}_{1,-2}{}^2}a_{312}, \ d_{313}=\frac{t_{34}-(\omega_0{}^2-\upsilon_0{}^2)a_{313}}{c_2-\bar{\omega}_{1,-2}{}^2}$$

$$d_{314}=-\frac{\omega_0{}^2-\upsilon_0{}^2}{c_2-\bar{\omega}_{03}{}^2}a_{315}, \ d_{315}=\frac{3}{8}\frac{4c_3a_{28}+c_4}{c_2-\bar{\omega}_{03}{}^2}$$

$$e_{31} = \frac{3c_3}{4} \frac{(\omega_0{}^2 - c_2 + 1)(2d_{22} + d_{24})}{s_1}, \quad e_{32} = -\frac{1}{2} \frac{(\omega_0{}^2 - c_2 + 1)t_{20} - 2\omega_0 t_{21}}{s_1}$$

$$e_{33} = -\frac{1}{2} \frac{(\omega_0{}^2 - c_2 + 1)t_{22} - 2\omega_0 t_{23}}{s_1}, \quad e_{34} = \frac{(\omega_0{}^2 - \upsilon_0{}^2)a_{34}}{2\upsilon_0}$$

$$e_{35} = -\frac{t_{38} - (\omega_0{}^2 - \upsilon_0{}^2)a_{35}}{2\upsilon_0}, \quad e_{36} = \frac{6c_3(2a_{21} + d_{25} + d_{27}) + 3(4 - \kappa^2)c_4}{8\upsilon_0}$$

$$e_{37} = -\frac{1}{2} \frac{(\omega_0{}^2 - c_2 + 1)t_{24}}{s_1}, \quad e_{38} = -\frac{1}{2} \frac{(\omega_0{}^2 - c_2 + 1)t_{25} - \omega_0 t_{26}}{s_1}$$

$$e_{35} = \frac{\omega_0{}^2 - \upsilon_0{}^2}{2\upsilon_0} a_{314}, \quad e_{310} = \frac{12c_3(2a_{27} + a_{28}) - 9c_4}{16\upsilon_0}$$

$$l_1 = -2\omega_0 e_{31}, \quad l_2 = -2\omega_0 e_{32} + t_{35}, \quad l_3 = -2\omega_0 e_{34} - t_{36}$$

$$l_4 = -2\omega_0 e_{33}, \quad l_5 = -2\omega_0 e_{35} - t_{37}$$

其中

$$\bar{\omega}_{km} = k\omega_0 + m\upsilon_0$$

$$s_{km} = \bar{\omega}_{km}{}^2(\bar{\omega}_{km}{}^2 - 2 + c_?) - (2c_2 + 1)(c_2 - 1)$$

$$s_1 = \omega_0{}^3 - \kappa\omega_0{}^2 - (c_2 + 1)\omega_0 - \kappa(c_2 - 1)$$

以及

$$t_1 = \frac{3}{2} c_3(2a_{24} + \kappa b_{22} - d_{23}) - \frac{3}{2} c_4$$

$$t_2 = -\frac{3}{2} c_3(\kappa a_{24} + b_{22}) + \frac{3}{8} c_4 \kappa$$

$$t_3 = \frac{3}{2} c_3(2a_{23} + \kappa b_{21}) + \frac{1}{2} c_4(2 + 3\kappa^2)$$

$$t_4 = -\frac{3}{2} c_3(\kappa a_{23} + b_{21}) - \frac{3}{8} c_4 \kappa$$

$$t_5 = -\frac{3}{2} c_3(2d_{22} + d_{26} + d_{28})$$

$$t_6 = \frac{3}{2} c_3(2a_{25} + 2a_{26} - \kappa b_{23} - \kappa b_{24} - 2d_{21} - d_{25} - d_{27}) - 6c_4$$

$$t_7 = \frac{3}{2} c_3(\kappa a_{25} - \kappa a_{26} - b_{23} + b_{24})$$

$$t_8 = -\frac{3}{2} c_3(d_{24} + d_{26})$$

$$t_9 = \frac{3}{2} c_3(2a_{25} + \kappa b_{23} - d_{23} - d_{25}) - 3c_4$$

$$t_{10} = -\frac{3}{2}c_3(\kappa a_{25} + b_{23}) + \frac{3}{4}\kappa c_4$$

$$t_{11} = -\frac{3}{2}c_3(d_{24} + d_{28})$$

$$t_{12} = -\frac{3}{2}c_3(d_{23} + d_{27}) - 3c_4$$

$$t_{13} = -\frac{3}{2}c_3(\kappa a_{26} + b_{24}) - \frac{3}{4}\kappa c_4$$

$$t_{14} = -\frac{3}{2}c_3(d_{26} + d_{30})$$

$$t_{15} = \frac{3}{2}c_3(2a_{28} + \kappa b_{25} - d_{25}) - \frac{3}{2}c_4$$

$$t_{16} = -\frac{3}{2}c_3(\kappa a_{28} + b_{25}) + \frac{3}{8}\kappa c_4$$

$$t_{17} = -\frac{3}{2}c_3(d_{28} + d_{30})$$

$$t_{18} = \frac{3}{2}c_3(2a_{28} - \kappa b_{25} - d_{27}) - \frac{3}{2}c_4$$

$$t_{19} = -\frac{3}{2}c_3(\kappa a_{28} - b_{25}) + \frac{3}{8}\kappa c_4$$

$$t_{20} = \frac{3}{2}c_3(4a_{22} + 2a_{24} - \kappa b_{22} - 2d_{21} - d_{23}) - \frac{9}{2}c_4$$

$$t_{21} = -\frac{3}{2}c_3(2\kappa a_{22} - \kappa a_{24} + b_{22}) + \frac{3}{8}\kappa c_4$$

$$t_{22} = \frac{3}{2}c_3(4a_{21} + 2a_{23} - \kappa b_{21}) + \frac{3}{2}c_4(2 - \kappa^2)$$

$$t_{23} = -\frac{3}{2}c_3(2\kappa a_{21} - \kappa a_{23} + b_{21}) - \frac{3}{8}c_4\kappa(4 - 3\kappa^2)$$

$$t_{24} = -\frac{3}{2}c_3(d_{26} + d_{28} + 2d_{29})$$

$$t_{25} = \frac{3}{2}c_3(4a_{27} - d_{25} - d_{27}) - 3c_4$$

$$t_{26} = -\frac{3}{4}\kappa(4c_3 a_{27} - c_4)$$

$$t_{27} = -\frac{3}{2}c_3(a_{24} + d_{24}) + \frac{3}{8}c_4$$

$$t_{28} = -\frac{3}{2}c_3(a_{23} + d_{23}) - \frac{3}{8}c_4(4 + \kappa^2)$$

$$t_{29} = -\frac{3}{2}c_3(a_{24} + a_{25} + d_{26}) + \frac{9}{8}c_4$$

$$t_{30} = -\frac{3}{2}c_3(a_{23} + d_{25}) - \frac{3}{8}c_4(4 + \kappa^2)$$

$$t_{31} = -\frac{3}{2}c_3(a_{24} + a_{26} + d_{28}) + \frac{9}{8}c_4$$

$$t_{32} = -\frac{3}{2}c_3(a_{23} + d_{27}) - \frac{3}{8}c_4(4 + \kappa^2)$$

$$t_{33} = -\frac{3}{2}c_3(a_{25} + a_{28} + d_{210}) + \frac{9}{8}c_4$$

$$t_{34} = -\frac{3}{2}c_3(a_{26} + a_{28} + d_{210}) + \frac{9}{8}c_4$$

$$t_{35} = -\frac{3}{2}c_3(2a_{22} + a_{24} + 2d_{22} + d_{24}) + \frac{9}{8}c_4$$

$$t_{36} = -\frac{3}{2}c_3(2a_{21} + a_{23} + 2d_{21} + d_{23}) - \frac{3}{8}c_4(12 - \kappa^2)$$

$$t_{37} = -\frac{3}{2}c_3(a_{25} + a_{26} + 2a_{27} + 2d_{29}) + \frac{9}{4}c_4$$

$$t_{38} = -\frac{3}{2}c_3(2a_{22} + a_{25} + a_{26} + d_{26} + d_{28}) + \frac{9}{4}c_4$$

习 题

1. 根据文中介绍的方法，推导圆参考轨道相对运动的三阶解。以地球中轨卫星编队飞行为例，设计数值算法，比较分析解和数值解的精度。

2. 请推导 CRTBP 的共线平动点 L_1 点附近的平面 Lyapunov 轨道三阶分析解。以地-月系为例，设计数值算法分析其精度。

3. 请推导共线平动点 L_1 点附近 Halo 轨道的三阶解（给出系数表达式）。以地-月系为例，设计数值算法分析其精度。

4. 针对 4.4 节中的三阶解。以地-月系为例，设计数值算法分析三阶解的精度。

5. 请思考如何用其他摄动方法求解 4.5 节的稳定性曲线（提示：借助 Halo 轨道三阶解的构造方法）。

6. 根据 4.5 节的方法，推导 3:1 和 4:1 共振曲线的二阶表达式（此时 $\tau = \frac{1}{3}f$ 和 $\tau = \frac{1}{4}f$）。

参考文献

［1］ Richardson D L, Mitchell J W. A third-order analytical solution for relative motion with a circular reference orbit［J］. The Journal of the astronautical sciences, 2003, 51: 1-12.

［2］ Gomez G, Marcote M. High-order analytical solutions of Hill's equations［J］. Celestial Mechanics and Dynamical Astronomy, 2006, 94: 197-211.

［3］ 雷汉伦, 徐波. 椭圆相对运动方程的高阶分析解［J］. 中国科学: 物理学 力学 天文学, 2014, 44(6): 646-655.

［4］ Richardson D L. Analytic construction of periodic orbits about the collinear points［J］. Celestial mechanics, 1980, 22(3): 241-253.

［5］ 侯锡云. 平动点的动力学特征及其应用［D］. 南京: 南京大学, 2008.

［6］ Jorba A, Masdemont J. Dynamics in the center manifold of the collinear points of the restricted three body problem［J］. Physica D: Nonlinear Phenomena, 1999, 132(1-2): 189-213.

［7］ Masdemont J J. High-order expansions of invariant manifolds of libration point orbits with applications to mission design［J］. Dynamical Systems, 2005, 20(1): 59-113.

［8］ 雷汉伦. 平动点、不变流形和低能轨道［D］. 南京: 南京大学, 2015.

［9］ Koon W S, Lo M W, Marsden J E, et al. Dynamical Systems, the Three-Body Problem and Space Mission Design［J］. 2006.

［10］ Hou X Y, Liu L. On motions around the collinear libration points in the elliptic restricted three-body problem［J］. Monthly Notices of the Royal Astronomical Society, 2011, 415(4): 3552-3560.

［11］ Lei H, Xu B, Hou X, et al. High-order solutions of invariant manifolds associated with libration point orbits in the elliptic restricted three-body system［J］. Celestial Mechanics and Dynamical Astronomy, 2013, 117: 349-384.

［12］ Lei H, Xu B. High-order analytical solutions around triangular libration points in the circular restricted three-body problem［J］. Monthly Notices of the Royal Astronomical Society, 2013, 434(2): 1376-1386.

［13］ Lei H, Xu B. High-order solutions around triangular libration points in the elliptic restricted three-body problem and applications to low energy transfers［J］. Communications in nonlinear science and Numerical Simulation, 2014, 19(9): 3374-3398.

［14］ Kolemen E, Kasdin N J, Gurfil P. Quasi-periodic orbits of the restricted three-body problem made easy［C］//New Trends in Astrodynamics and Applications III（AIP Conference Proceedings Volume 886）. 2007，886：68－77.

［15］Gómez G，Masdemont J，Simó C. Quasihalo orbits associated with libration points ［J］. The Journal of the Astronautical Sciences，1998，46：135－176.

［16］Lin M，Chiba H. Bifurcation mechanism of quasihalo orbit from Lissajous orbit in the restricted three-body problem［J］. arXiv preprint arXiv：2401. 14697，2024.

［17］Érdi B，Forgács-Dajka E，Nagy I，et al. A parametric study of stability and resonances around L 4 in the elliptic restricted three-body problem［J］. Celestial Mechanics and Dynamical Astronomy，2009，104：145－158.

［18］Nayfeha A，Kamel A. Stability of the triangular points in the elliptic restricted problem of three bodies［J］. AIAA Journal，1970，8(2)：221－223.

［19］郑学塘，倪彩霞. 天体力学与天文动力学［M］. 北京：北京师范大学出版社，1987.

［20］周济林. 天体力学基础［M］. 北京：高等教育出版社，2017.

［21］Brouwer D，ClemenceG M. Method of Celestial Mechanics［M］. Cambridge，Massachusetts：Academic Press，1962.

第五章

哈密顿动力学与摄动理论

哈密顿(Hamiltonian)动力学及摄动理论是天体力学与航天动力学的核心内容,是研究平动点非线性稳定性、共振动力学、长期动力学等的基础理论。本章 5.1 节介绍哈密顿动力学及正则变换基础;5.2 节介绍摄动理论的基础——平均化原理,以及消除短周期变量的平均化方法;5.3 节着重介绍从哈密顿动力学角度部分消除短周期角坐标的冯·蔡佩尔(von Zeipel)变换理论;5.4 节给出李(Lie)级数变换的物理图景以及四种具体实现 Lie 级数变换的方法:Hori(1966)、Deprit(1969)、Dragt-Finn(1976)以及基于 Taylor 展开的变换方法,并将它们应用于实际问题;5.5 节介绍适用范围更广泛的一般摄动理论;5.6 节以卫星主问题为专题,介绍 von Zeipel 变换以及 Lie 级数变换的具体应用。

5.1 哈密顿动力学与正则变换基础

本节介绍哈密顿动力学以及正则变换的基础理论,部分内容参考了文献[1]和[2]。

5.1.1 哈密顿动力学

系统微分方程如下

$$\frac{\mathrm{d}\boldsymbol{y}}{\mathrm{d}t} = \boldsymbol{F}(\boldsymbol{y}) \tag{5-1}$$

其中状态量空间为 $\boldsymbol{y}=(\boldsymbol{x},\boldsymbol{v})^{\mathrm{T}}$,这里 $\boldsymbol{x}=(x_1,x_2,x_3,\cdots,x_n)$ 为 n 维的坐标矢量,$\boldsymbol{v}=(v_1,v_2,v_3,\cdots,v_n)$ 为 n 维的速度矢量。如果存在一个标量函数 $\mathcal{H}(\boldsymbol{x},\boldsymbol{v})$,可将运动方程(5-1)改写为如下哈密顿正则方程形式

$$\frac{\mathrm{d}\boldsymbol{x}}{\mathrm{d}t} = \frac{\partial \mathcal{H}}{\partial \boldsymbol{v}}, \ \frac{\mathrm{d}\boldsymbol{v}}{\mathrm{d}t} = -\frac{\partial \mathcal{H}}{\partial \boldsymbol{x}} \tag{5-2}$$

称(5-2)为哈密顿正则方程,相应的动力学模型为哈密顿系统。特别地,$\mathcal{H}(\boldsymbol{x},\boldsymbol{v})$ 被称为系统的哈密顿函数,$\boldsymbol{x}=(x_1,x_2,x_3,\cdots,x_n)^{\mathrm{T}}$ 被称为广义坐标(对应构型空间),$\boldsymbol{v}=(v_1,v_2,v_3,\cdots,v_n)^{\mathrm{T}}$ 被称为广义动量(对应动量空间),$\boldsymbol{y}=(\boldsymbol{x},\boldsymbol{v})^{\mathrm{T}}$ 被称为系统的相空间变量,$\boldsymbol{x}$ 或 $\boldsymbol{v}$ 的维数被称为系统的自由度。

在天体力学问题中,常见的运动方程为二阶微分形式

$$\frac{\mathrm{d}^2 \boldsymbol{r}}{\mathrm{d}t^2} = -\nabla_r U(\boldsymbol{r}) \tag{5-3}$$

左边是位置矢量对时间的二阶导数,右边是势函数 $U(\boldsymbol{r})$ 对位置矢量 $\boldsymbol{r}$ 的梯度。记广义坐标和动量分别为

$$\boldsymbol{x} = \boldsymbol{r}, \quad \boldsymbol{v} = \dot{\boldsymbol{r}} \tag{5-4}$$

那么哈密顿函数为

$$\mathcal{H}(\boldsymbol{x}, \boldsymbol{v}) = \frac{1}{2} \parallel \boldsymbol{v} \parallel^2 + U(\boldsymbol{x}) \tag{5-5}$$

下面讨论如何确定广义坐标和动量的形式。

一般而言,系统存在能量函数(机械能),为动能与势能之和

$$K = T(\boldsymbol{r}, \boldsymbol{v}) + U(\boldsymbol{r}) \tag{5-6}$$

其中 $T(\boldsymbol{r}, \boldsymbol{v})$ 为动能,$U(\boldsymbol{r})$ 为势能。定义拉格朗日函数

$$L(\boldsymbol{r}, \boldsymbol{v}) = T(\boldsymbol{r}, \boldsymbol{v}) - U(\boldsymbol{r}) \tag{5-7}$$

从而引入广义坐标和广义动量

$$\boldsymbol{x} = \boldsymbol{r}, \quad \boldsymbol{v} = \frac{\partial L}{\partial \dot{\boldsymbol{r}}} = \frac{\partial T}{\partial \dot{\boldsymbol{r}}} \tag{5-8}$$

基于广义坐标和动量的哈密顿函数为

$$\mathcal{H}(\boldsymbol{x}, \boldsymbol{v}) = \boldsymbol{v} \cdot \dot{\boldsymbol{x}} - L(\boldsymbol{x}, \boldsymbol{v}) = \boldsymbol{v} \cdot \dot{\boldsymbol{x}} - T(\boldsymbol{x}, \boldsymbol{v}) + U(\boldsymbol{x}) \tag{5-9}$$

下面以二体问题为例,讨论如何在不同坐标系下引入广义坐标和动量,以及建立相应的哈密顿函数。

例 5-1　在笛卡尔坐标系下讨论二体问题。

质量为 m_1 的天体绕质量为 m_0 的中心天体作二体运动,这是一个经典的二体问题。在以中心天体质心为原点的惯性坐标系下,单位质量天体的动能和势能分别为

$$T(\boldsymbol{r}, \dot{\boldsymbol{r}}) = \frac{1}{2} \dot{\boldsymbol{r}} \cdot \dot{\boldsymbol{r}} = \frac{1}{2}(\dot{x}^2 + \dot{y}^2 + \dot{z}^2)$$

$$U(\boldsymbol{r}) = -\frac{\mathcal{G}(m_0 + m_1)}{r} = -\frac{\mathcal{G}(m_0 + m_1)}{\sqrt{x^2 + y^2 + z^2}} \tag{5-10}$$

其中 $\boldsymbol{r} = (x, y, z)^{\mathrm{T}}$ 为位置矢量,$\dot{\boldsymbol{r}} = (\dot{x}, \dot{y}, \dot{z})^{\mathrm{T}}$ 为速度矢量。拉格朗日函数为

$$L(\boldsymbol{r}, \dot{\boldsymbol{r}}) = T(\boldsymbol{r}, \dot{\boldsymbol{r}}) - U(\boldsymbol{r}) \tag{5-11}$$

根据(5-8),可得广义坐标和动量分别为

$$x=r, \quad v=\frac{\partial L}{\partial \dot{r}}=\frac{\partial T}{\partial \dot{r}}=\dot{r} \tag{5-12}$$

哈密顿函数为

$$\mathcal{H}(x,v)=\dot{x}\cdot v-L=\frac{v_1{}^2+v_2{}^2+v_3{}^2}{2}-\frac{\mathcal{G}(m_0+m_1)}{\sqrt{x_1{}^2+x_2{}^2+x_3{}^2}} \tag{5-13}$$

其中 $x=(x_1,x_2,x_3)^{\mathrm{T}}$ 以及 $v=(v_1,v_2,v_3)^{\mathrm{T}}$ 分别为广义坐标和广义动量。若考虑质量,则系统的动能和势能分别为

$$T(r,\dot{r})=\frac{1}{2}m_1(\dot{r}_1{}^2+\dot{r}_2{}^2+\dot{r}_3{}^2)$$

$$U(r)=-\frac{\mathcal{G}m_1(m_0+m_1)}{\sqrt{r_1{}^2+r_2{}^2+r_3{}^2}} \tag{5-14}$$

广义坐标和广义动量分别为

$$x=r, \quad v=\frac{\partial L}{\partial \dot{r}}=\frac{\partial T}{\partial \dot{r}}=m_1\dot{r}=p \tag{5-15}$$

若将坐标和共轭动量记为分量形式 $x=(x_1,x_2,x_3)$ 和 $v=(v_1,v_2,v_3)$,那么哈密顿函数为

$$\mathcal{H}(x,v)=\dot{x}\cdot v-L=\frac{v_1{}^2+v_2{}^2+v_3{}^2}{2m_1}-\frac{\mathcal{G}m_1(m_0+m_1)}{\sqrt{x_1{}^2+x_2{}^2+x_3{}^2}} \tag{5-16}$$

可见,笛卡尔坐标系下的二体问题对应的哈密顿函数(5-13)与(5-16)中无任何循环坐标。

例 5-2 在球坐标系(spherical coordinates)下讨论二体问题。

球坐标系如图 5-1 所示。

质量为 m_1 的天体在球坐标系下的坐标记为 (r,θ,φ)。基于球坐标表示的位置矢量为

$$r=\begin{bmatrix} x \\ y \\ z \end{bmatrix}=\begin{bmatrix} r\sin\theta\cos\varphi \\ r\sin\theta\sin\varphi \\ r\cos\theta \end{bmatrix} \tag{5-17}$$

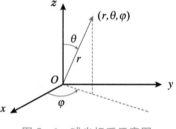

图 5-1 球坐标系示意图

速度矢量为

$$\dot{r}=\begin{bmatrix} \dot{x} \\ \dot{y} \\ \dot{z} \end{bmatrix}=\begin{bmatrix} \dot{r}\sin\theta\cos\varphi+r\dot{\theta}\cos\theta\cos\varphi-r\dot{\varphi}\sin\theta\sin\varphi \\ \dot{r}\sin\theta\sin\varphi+r\dot{\theta}\cos\theta\sin\varphi+r\dot{\varphi}\sin\theta\cos\varphi \\ \dot{r}\cos\theta-r\dot{\theta}\sin\theta \end{bmatrix} \tag{5-18}$$

那么二体问题的动能为

$$T(r,\theta,\varphi,\dot{r},\dot{\theta},\dot{\varphi})=\frac{1}{2}(\dot{x}^2+\dot{y}^2+\dot{z}^2)=\frac{1}{2}(\dot{r}^2+r^2\dot{\theta}^2+r^2\sin^2\theta\,\dot{\varphi}^2) \tag{5-19}$$

势能为

$$U(r,\theta,\varphi)=-\frac{\mathcal{G}(m_0+m_1)}{r} \tag{5-20}$$

根据定义,拉格朗日函数为

$$L=T(r,\theta,\varphi,\dot{r},\dot{\theta},\dot{\varphi})-U(r,\theta,\varphi) \tag{5-21}$$

根据(5-8),广义坐标和动量分别为

$$\boldsymbol{x}=(r,\theta,\varphi) \tag{5-22}$$

$$\boldsymbol{p}=(p_r,p_\theta,p_\varphi)=\frac{\partial L}{\partial(\dot{r},\dot{\theta},\dot{\varphi})}=\frac{\partial T}{\partial(\dot{r},\dot{\theta},\dot{\varphi})}=(\dot{r},r^2\dot{\theta},r^2\sin^2\theta\dot{\varphi}) \tag{5-23}$$

因此,球坐标表示的哈密顿函数为

$$\mathcal{H}(r,\theta,\varphi,p_r,p_\theta,p_\varphi)=\dot{r}\,p_r+\dot{\theta}\,p_\theta+\dot{\varphi}\,p_\varphi-L=\frac{1}{2}\left(p_r^2+\frac{p_\theta^2}{r^2}+\frac{p_\varphi^2}{r^2\sin^2\theta}\right)-\frac{\mathcal{G}(m_0+m_1)}{r}$$

$$\tag{5-24}$$

广义坐标 φ 在哈密顿函数(5-24)中为循环坐标,说明对应的广义动量 $p_\varphi=r^2\sin^2\theta\dot{\varphi}$ 是一个运动积分(**对应 z 方向角动量**),使得哈密顿系统降低 1 个自由度。对于给定运动积分 p_φ,哈密顿函数(5-24)退化为一个 2 自由度系统。

例 5-3　在旋转坐标系(rotating coordinate system)下描述二体问题。

旋转坐标系的定义见图 5-2,绕 z 轴旋转的角速度为 ω,于是坐标系旋转角度为 $\theta=\omega t$。

记惯性系下的位置坐标为 (x,y,z),旋转系下的位置坐标为 (x',y',z')。惯性系和旋转坐标系的坐标之间存在如下转换关系

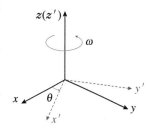

图 5-2　旋转坐标系示意图

$$\begin{aligned}x&=x'\cos\omega t-y'\sin\omega t\\y&=y'\sin\omega t+y'\cos\omega t\\z&=z'\end{aligned} \tag{5-25}$$

将(5-25)对时间求一阶导数可得

$$\begin{aligned}\dot{x}&=\dot{x}'\cos\omega t-\omega x'\sin\omega t-\dot{y}'\sin\omega t-\omega y'\cos\omega t\\\dot{y}&=\dot{y}'\sin\omega t+\omega y'\cos\omega t+\dot{y}'\cos\omega t-\omega y'\sin\omega t\\\dot{z}&=\dot{z}'\end{aligned} \tag{5-26}$$

将其代入动能的具体表达式,可得

$$T=\frac{1}{2}\left[\dot{x}'^2+\dot{y}'^2+\dot{z}'^2+\omega^2(x'^2+y'^2)-2\omega(\dot{x}'y'-x'\dot{y}')\right] \tag{5-27}$$

拉格朗日函数为

$$L = \frac{1}{2}\left[\dot{x}'^2 + \dot{y}'^2 + \dot{z}'^2 + \omega^2(x'^2 + y'^2) - 2\omega(\dot{x}'y' - x'\dot{y}')\right] - U(x', y', z') \tag{5-28}$$

因此,根据(5-8),在旋转坐标系下的广义坐标和动量分别为

$$\boldsymbol{x} = (x', y', z') \tag{5-29}$$

$$\boldsymbol{p} = (p_{x'}, p_{y'}, p_{z'}) = \frac{\partial L}{\partial(\dot{x}', \dot{y}', \dot{z}')} = (\dot{x}' - \omega y', \dot{y}' + \omega x', \dot{z}') \tag{5-30}$$

哈密顿函数为

$$\begin{aligned}
\mathcal{H} &= (\dot{x}'p_x' + \dot{y}'p_y' + \dot{z}'p_z') - L \\
&= \frac{1}{2}(p_{x'}^2 + p_{y'}^2 + p_{z'}^2) + \omega(p_{x'}y' - x'p_{y'}) - \frac{\mathcal{G}(m_0 + m_1)}{\sqrt{x'^2 + y'^2 + z'^2}}
\end{aligned} \tag{5-31}$$

同样可见,哈密顿函数(5-31)中无任何循环坐标。

综上,无论是在笛卡尔坐标系、球坐标系还是旋转坐标系下描述二体问题,其哈密顿函数以及动力学方程必然是完全等价的,即在数学上完全等价。然而在实际应用中到底该选择哪一种表示方法,依赖具体问题的特点。

例 5-4 受摄二体问题。

以上是对二体问题的哈密顿描述。接下来进一步介绍天体力学中应用最为广泛的动力学系统——受摄二体问题,并且从哈密顿动力学的角度引入不同类型的受摄二体问题。

小天体绕中心天体(太阳)作受摄二体运动,摄动天体包括 N 个大行星(见图 5-3),描述小天体运动的哈密顿函数为

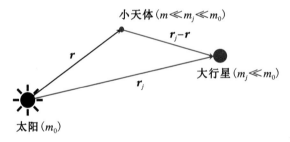

图 5-3 太阳-N 个大行星-小天体构成的系统

$$\mathcal{H} = \frac{1}{2}\|\boldsymbol{v}\|^2 - \frac{\mathcal{G}m_0}{\|\boldsymbol{r}\|} - \mathcal{G}\sum_{j=1}^{N} m_j\left(\frac{1}{\|\boldsymbol{r} - \boldsymbol{r}_j\|} - \frac{\boldsymbol{r} \cdot \boldsymbol{r}_j}{\|\boldsymbol{r}_j\|^3}\right) \tag{5-32}$$

其中,m_0 表示太阳质量,m_j 表示第 j 个大行星质量,位置矢量 $\boldsymbol{r} = (x, y, z)$ 为广义坐标,速度矢量 $\boldsymbol{v} = (\dot{x}, \dot{y}, \dot{z})$ 为广义动量。进一步,根据问题属性将哈密顿函数划分为未扰项和扰动项的求和形式

$$\mathcal{H} = \mathcal{H}_0 + \mathcal{H}_1 \tag{5-33}$$

其中未扰项(二体项)为

$$\mathcal{H}_0 = \frac{1}{2}\|\boldsymbol{v}\|^2 - \frac{\mathcal{G}m_0}{\|\boldsymbol{r}\|} \tag{5-34}$$

摄动项为

$$\mathcal{H}_1 = -\mathcal{G}\sum_{j=1}^{N} m_j \left(\frac{1}{\|\boldsymbol{r}-\boldsymbol{r}_j\|} - \frac{\boldsymbol{r}\cdot\boldsymbol{r}_j}{\|\boldsymbol{r}_j\|^3} \right) \tag{5-35}$$

通常把来自大行星的摄动项称为第三体摄动函数，记为

$$\mathcal{R} = \mathcal{G}\sum_{j=1}^{N} m_j \left(\frac{1}{\|\boldsymbol{r}-\boldsymbol{r}_j\|} - \frac{\boldsymbol{r}\cdot\boldsymbol{r}_j}{\|\boldsymbol{r}_j\|^3} \right) \tag{5-36}$$

哈密顿正则关系给出小天体运动方程

$$\frac{\mathrm{d}\boldsymbol{r}}{\mathrm{d}t} = \frac{\partial\mathcal{H}(\boldsymbol{r},\boldsymbol{v},t)}{\partial\boldsymbol{v}}, \quad \frac{\mathrm{d}\boldsymbol{v}}{\mathrm{d}t} = -\frac{\partial\mathcal{H}(\boldsymbol{r},\boldsymbol{v},t)}{\partial\boldsymbol{r}} \tag{5-37}$$

因为大行星位置与时间相关（由行星历表提供或由二体关系提供），哈密顿函数显含时间 t，因此这是一个不定常哈密顿系统，此时的哈密顿函数并不守恒。

如何将不定常哈密顿系统变为定常系统？解决办法是：将相空间进行扩充，把时间 t 作为新的广义坐标，引入相应的广义动量。相空间扩充为

$$(\boldsymbol{r},\boldsymbol{v}) \Rightarrow (\boldsymbol{r}',\boldsymbol{v}') \Rightarrow \begin{cases} \boldsymbol{r}'=(\boldsymbol{r},\tau=t) \\ \boldsymbol{v}'=(\boldsymbol{v},\mathcal{T}) \end{cases} \tag{5-38}$$

扩充后相空间变量表示的哈密顿函数为

$$\mathcal{H}'(\boldsymbol{r}',\boldsymbol{v}') = \mathcal{T} + \mathcal{H}(\boldsymbol{r},\boldsymbol{v},\tau) \tag{5-39}$$

此时（5-39）变为定常系统，哈密顿函数守恒。因此，广义动量 $\mathcal{T}$ 实际上体现的是原哈密顿函数 $\mathcal{H}(\boldsymbol{r},\boldsymbol{v},t)$。相空间扩充后的系统变为定常哈密顿系统，因此哈密顿函数 $\mathcal{H}'(\boldsymbol{r}',\boldsymbol{v}')$ 为常数。若取 $\mathcal{H}'(\boldsymbol{r}',\boldsymbol{v}')\equiv 0$（系统动力学性质与该值无关），那么

$$\mathcal{T} = -\mathcal{H}(\boldsymbol{r},\boldsymbol{v},t) \tag{5-40}$$

这说明时间坐标 $\tau=t$ 的共轭动量为哈密顿函数，即 $\tau=t$ 与 $\mathcal{T}=-\mathcal{H}$ 为一对共轭变量。简言之，时间和哈密顿函数互为一对共轭坐标和动量。

相空间扩充后的哈密顿正则关系给出运动方程

$$\frac{\mathrm{d}\boldsymbol{r}'}{\mathrm{d}t} = \frac{\partial\mathcal{H}'(\boldsymbol{r}',\boldsymbol{v}')}{\partial\boldsymbol{v}'}, \quad \frac{\mathrm{d}\boldsymbol{v}'}{\mathrm{d}t} = -\frac{\partial\mathcal{H}'(\boldsymbol{r}',\boldsymbol{v}')}{\partial\boldsymbol{r}'} \tag{5-41}$$

这说明时、空坐标是统一的。特别地，空间坐标（平动、转动）的共轭动量为平动或转动动量 $\boldsymbol{p}$，时间坐标的共轭动量为哈密顿函数（取负号）。考虑到时变哈密顿系统总是可以通过相空间扩充变为定常系统，此后主要讨论定常哈密顿系统。

5.1.2　正则变换

在介绍正则变换之前，先要弄明白为什么要进行正则变换。正则变换的目的是：1) 保持

哈密顿正则关系;2) 尽可能多地使得哈密顿系统出现循环坐标,导出运动积分,降低系统自由度;3) 使感兴趣的角变量作为新的角坐标。从天体力学的角度,正则变换有如下几个方面的应用:1) **构造分析解**,例如平动点附近解的构造;2) **共振动力学**,使共振角出现在角坐标中,使得系统呈现频率等级式差异;3) **长期动力学**,通过平均化原理,消除短周期项,得到循环坐标,获得系统的运动积分。明确了正则变换的主要目的之后,接下来进行具体的细节介绍。

某哈密顿系统,相空间变量为 $(\boldsymbol{x},\boldsymbol{v})$,哈密顿正则关系(即运动方程)为

$$\frac{\mathrm{d}\boldsymbol{x}}{\mathrm{d}t}=\frac{\partial\mathcal{H}(\boldsymbol{x},\boldsymbol{v})}{\partial\boldsymbol{v}},\ \frac{\mathrm{d}\boldsymbol{v}}{\mathrm{d}t}=-\frac{\partial\mathcal{H}(\boldsymbol{x},\boldsymbol{v})}{\partial\boldsymbol{x}} \tag{5-42}$$

通过变换

$$(\boldsymbol{x},\boldsymbol{v})\Rightarrow\left[\boldsymbol{x}'(\boldsymbol{x},\boldsymbol{v}),\boldsymbol{v}'(\boldsymbol{x},\boldsymbol{v})\right] \tag{5-43}$$

使得哈密顿函数变为

$$\mathcal{H}(\boldsymbol{x},\boldsymbol{v})\Rightarrow\mathcal{H}'(\boldsymbol{x}',\boldsymbol{v}') \tag{5-44}$$

如果变换后相空间变量 $(\boldsymbol{x}',\boldsymbol{v}')$ 依然存在哈密顿正则关系

$$\frac{\mathrm{d}\boldsymbol{x}'}{\mathrm{d}t}=\frac{\partial\mathcal{H}'(\boldsymbol{x}',\boldsymbol{v}')}{\partial\boldsymbol{v}'},\ \frac{\mathrm{d}\boldsymbol{v}'}{\mathrm{d}t}=-\frac{\partial\mathcal{H}'(\boldsymbol{x}',\boldsymbol{v}')}{\partial\boldsymbol{x}'} \tag{5-45}$$

那么称变换(5-43)为正则变换。

那么问题来了,如何保证一个变换是正则变换? 换句话说,正则变换需要满足的数学条件是什么? 下面给出三个正则变换的判据[1]。

1. 正则变换判据一:泊松(Poisson)括号条件

正则变换 $(\boldsymbol{x},\boldsymbol{v})\Rightarrow\left[\boldsymbol{x}'(\boldsymbol{x},\boldsymbol{v}),\boldsymbol{v}'(\boldsymbol{x},\boldsymbol{v})\right]$ 的充要条件如下

$$\{v'_i,v'_j\}=0,\ \{x'_i,x'_j\}=0,\ \{x'_i,v'_j\}=\delta_{i,j} \tag{5-46}$$

其中 Poisson 括号定义如下

$$\{f,g\}=\sum_{i=1}^{n}\frac{\partial f}{\partial x_i}\frac{\partial g}{\partial v_i}-\frac{\partial f}{\partial v_i}\frac{\partial g}{\partial x_i}=\frac{\partial f}{\partial\boldsymbol{x}}\frac{\partial g}{\partial\boldsymbol{v}}-\frac{\partial f}{\partial\boldsymbol{v}}\frac{\partial g}{\partial\boldsymbol{x}} \tag{5-47}$$

哈密顿正则方程的 Poisson 括号形式为

$$\frac{\mathrm{d}\boldsymbol{x}}{\mathrm{d}t}=\frac{\partial\mathcal{H}(\boldsymbol{x},\boldsymbol{v})}{\partial\boldsymbol{v}},\ \frac{\mathrm{d}\boldsymbol{v}}{\mathrm{d}t}=-\frac{\partial\mathcal{H}(\boldsymbol{x},\boldsymbol{v})}{\partial\boldsymbol{x}}\Rightarrow\frac{\mathrm{d}\boldsymbol{x}}{\mathrm{d}t}=\{\boldsymbol{x},\mathcal{H}\},\ \frac{\mathrm{d}\boldsymbol{v}}{\mathrm{d}t}=\{\boldsymbol{v},\mathcal{H}\} \tag{5-48}$$

Poisson 括号形式的哈密顿正则方程进一步可表明,任何哈密顿相流函数 $f(\boldsymbol{x},\boldsymbol{v})$ 的时间导数都可表示为

$$\frac{\mathrm{d}f}{\mathrm{d}t}=\frac{\partial f}{\partial\boldsymbol{x}}\dot{\boldsymbol{x}}+\frac{\partial f}{\partial\boldsymbol{v}}\dot{\boldsymbol{v}}=\frac{\partial f}{\partial\boldsymbol{x}}\frac{\partial\mathcal{H}}{\partial\boldsymbol{v}}-\frac{\partial f}{\partial\boldsymbol{v}}\frac{\partial\mathcal{H}}{\partial\boldsymbol{x}}=\{f,\mathcal{H}\} \tag{5-49}$$

这是哈密顿相流函数非常重要的性质。

例 5-5　太阳系 N 体系统(一般 N 体问题,见图 5-4)。

中心天体为太阳,质量为 m_0,第 i 个大行星的质量记为 m_i。在质心惯性坐标系下,将第 i 个大行星的位置矢量记为 $\boldsymbol{u}_i$。

系统哈密顿函数为

$$\mathcal{H} = T + U$$
$$= \frac{1}{2} \sum_{j=0}^{N} m_j \parallel \dot{\boldsymbol{u}}_j \parallel^2 - \sum_{j=1}^{N} \sum_{i=0}^{j-1} \frac{\mathcal{G} m_i m_j}{\parallel \boldsymbol{u}_i - \boldsymbol{u}_j \parallel}$$

$$(5-50)$$

根据上一节讨论,存在广义坐标和动量

$$\boldsymbol{u} = (\boldsymbol{u}_0, \boldsymbol{u}_1, \cdots, \boldsymbol{u}_n) \qquad (5-51)$$

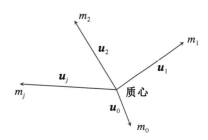

图 5-4　太阳系 N 体系统示意图
(质心惯性系)

$$\tilde{\boldsymbol{u}} = (\tilde{\boldsymbol{u}}_0, \tilde{\boldsymbol{u}}_1, \cdots, \tilde{\boldsymbol{u}}_n) = (m_0 \dot{\boldsymbol{u}}_0, m_1 \dot{\boldsymbol{u}}_1, \cdots, m_n \dot{\boldsymbol{u}}_n)$$

$$(5-52)$$

利用广义坐标和动量表示的哈密顿函数为

$$\mathcal{H} = T + U = \sum_{j=0}^{N} \frac{\parallel \tilde{\boldsymbol{u}}_j \parallel^2}{2 m_j} - \sum_{j=1}^{N} \sum_{i=0}^{j-1} \frac{\mathcal{G} m_i m_j}{\parallel \boldsymbol{u}_i - \boldsymbol{u}_j \parallel} \qquad (5-53)$$

显然,这是一个 $3(N+1)$ 自由度的哈密顿系统。

下面对其做正则变换,使得系统出现循环坐标,从而简化问题。

引入相对于中心天体(太阳)的相对位置坐标(相当于日心坐标系,见图 5-5)

$$\boldsymbol{r}_0 = \boldsymbol{u}_0 \qquad (5-54)$$

$$\boldsymbol{r}_j = \boldsymbol{u}_j - \boldsymbol{u}_0, \ j = 1, 2, \cdots, N \qquad (5-55)$$

正则变换的目的:寻找 $\boldsymbol{r}_j (j = 0, 1, \cdots, N)$ 的共轭动量 $\boldsymbol{v}_j$,使得如下变换为正则变换

$$(\boldsymbol{u}_j, \tilde{\boldsymbol{u}}_j) \rightarrow (\boldsymbol{r}_j, \boldsymbol{v}_j) \qquad (5-56)$$

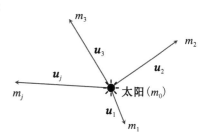

图 5-5　太阳质心为原点为坐标系

对此,构造如下广义动量

$$\boldsymbol{v}_0 = \tilde{\boldsymbol{u}}_0 + \tilde{\boldsymbol{u}}_1 + \cdots + \tilde{\boldsymbol{u}}_n \qquad (5-57)$$

$$\boldsymbol{v}_j = \tilde{\boldsymbol{u}}_j, j = 1, 2, \cdots, N \qquad (5-58)$$

其中 $\boldsymbol{v}_0 = \tilde{\boldsymbol{u}}_0 + \tilde{\boldsymbol{u}}_1 + \cdots + \tilde{\boldsymbol{u}}_n$ 为系统的总动量。很显然,下列新的坐标和动量满足正则变换的 Poisson 括号条件

$$r_0 = u_0, \qquad\qquad v_0 = \widetilde{u}_0 + \widetilde{u}_1 + \cdots + \widetilde{u}_n$$

$$r_1 = u_1 - u_0, \qquad v_1 = \widetilde{u}_1$$

$$r_2 = u_2 - u_0, \qquad v_2 = \widetilde{u}_2 \qquad\qquad (5-59)$$

$$r_3 = u_3 - u_0, \qquad v_3 = \widetilde{u}_3$$

$$\vdots \qquad\qquad\qquad \vdots$$

在新的坐标和动量下,哈密顿函数变为

$$\mathcal{H} = \frac{\left\| v_0 - \sum\limits_{j=1}^{N} v_j \right\|^2}{2m_0} + \sum_{j=1}^{N} \frac{\| v_j \|^2}{2m_j} - \sum_{j=1}^{N}\sum_{i=1}^{j-1} \frac{\mathcal{G}m_i m_j}{\| r_i - r_j \|} - \sum_{j=1}^{N} \frac{\mathcal{G}m_0 m_j}{\| r_0 - (r_j + r_0) \|}$$

$$(5-60)$$

进一步整理为

$$\mathcal{H} = \frac{\| v_0 \|^2}{2m_0} - \sum_{j=1}^{N} \frac{v_0 \cdot v_j}{m_0} + \frac{1}{2} \sum_{j=1}^{N} \| v_j \|^2 \left(\frac{1}{m_j} + \frac{1}{m_0} \right) + \sum_{j=1}^{N}\sum_{i=1}^{j-1} \frac{v_i \cdot v_j}{m_0} -$$

$$\sum_{j=1}^{N}\sum_{i=1}^{j-1} \frac{\mathcal{G}m_i m_j}{\| r_i - r_j \|} - \sum_{j=1}^{N} \frac{\mathcal{G}m_0 m_j}{\| r_j \|} \qquad\qquad (5-61)$$

可见,在新的哈密顿函数(5-61)中坐标 r_0 成为循环坐标,因此 r_0 对应的动量 v_0 为运动积分(v_0 实际为系统的总动量)。

特别地,在质心惯性系下,根据系统质心的定义,有 $v_0 = 0$。于是哈密顿函数进一步简化为

$$\mathcal{H} = \sum_{j=1}^{N} \left(\frac{m_0 + m_j}{2m_0 m_j} \| v_j \|^2 - \frac{\mathcal{G}m_0 m_j}{\| r_j \|} \right) + \sum_{j=1}^{N}\sum_{i=1}^{j-1} \left(\frac{v_i \cdot v_j}{m_0} - \frac{\mathcal{G}m_i m_j}{\| r_i - r_j \|} \right) \quad (5-62)$$

定义第 j 个行星的约化质量为

$$\mu_j = \frac{m_0 m_j}{m_0 + m_j} \qquad\qquad (5-63)$$

那么,哈密顿函数可表示为

$$\mathcal{H} = \sum_{j=1}^{N} \left(\frac{\| v_j \|^2}{2\mu_j} - \frac{\mathcal{G}(m_0 + m_j)\mu_j}{\| r_j \|} \right) + \sum_{j=1}^{N}\sum_{i=1}^{j-1} \left(\frac{v_i \cdot v_j}{m_0} - \frac{\mathcal{G}m_i m_j}{\| r_i - r_j \|} \right) \quad (5-64)$$

哈密顿函数(5-64)对应系统的自由度数为 $3N$,比原系统($3N+3$ 自由度)的自由度数目减少了 3 个。

2. 正则变换判据二:生成函数(隐式变换)

正则变换 $(x, v) \Rightarrow [x'(x, v), v'(x, v)]$ 的必要条件如下:存在标量函数 $S(x, v')$,使得新旧变量满足如下正则关系

$$v = \frac{\partial}{\partial x} S(x, v')$$

$$(5-65)$$

$$x' = \frac{\partial}{\partial v} S(x, v')$$

其中 S 被称为生成函数。后面介绍的 von Zeipel 变换(隐式变换)即属于此类变换。

3. 正则变换判据三:显式变换

正则变换$(\boldsymbol{x},\boldsymbol{v}) \Rightarrow [\boldsymbol{x}'(\boldsymbol{x},\boldsymbol{v}),\boldsymbol{v}'(\boldsymbol{x},\boldsymbol{v})]$的必要条件如下:存在标量函数 $W(\boldsymbol{x}',\boldsymbol{v}')$以及小参量$\varepsilon$,使得

$$
\begin{aligned}
\boldsymbol{x} &= \boldsymbol{x}' + \int_0^\varepsilon \dot{\boldsymbol{x}}' \mathrm{d}t = \boldsymbol{x}' + \int_0^\varepsilon \{\boldsymbol{x}',W\} \mathrm{d}t = \sum_{n \geqslant 0} \frac{\varepsilon^n}{n!} L_W^n \boldsymbol{x}' \\
\boldsymbol{v} &= \boldsymbol{v}' + \int_0^\varepsilon \dot{\boldsymbol{v}}' \mathrm{d}t = \boldsymbol{x}' + \int_0^\varepsilon \{\dot{\boldsymbol{v}}',W\} \mathrm{d}t = \sum_{n \geqslant 0} \frac{\varepsilon^n}{n!} L_W^n \boldsymbol{v}'
\end{aligned}
\tag{5-66}
$$

其中 W 被称为生成函数(类似哈密顿函数)。通过(5-66),相当于把$(\boldsymbol{x}',\boldsymbol{v}') \Rightarrow (\boldsymbol{x},\boldsymbol{v})$变换处理为 W 相流的动力学演化过程(见图 5-6)。后面介绍的 Lie 级数变换(显式变换)即属于此类型变换。

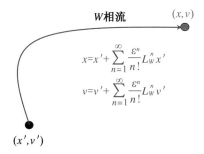

图 5-6 利用哈密顿相流实现正则变量之间的显式变换

例 5-6 基于 Delaunay 变量推导常用的正则变量

$$
\begin{aligned}
l &= M, \ L = \sqrt{\mu a} \\
g &= \omega, \ G = L\sqrt{1-e^2} \\
h &= \Omega, \ H = G\cos i
\end{aligned}
\tag{5-67}
$$

首先,引入生成函数 S_1

$$
S_1 = lL_1 + g(L_1 - G_1) + h(L_1 - G_1 - H_1)
\tag{5-68}
$$

可得如下正则变换

$$
\begin{aligned}
L &= \frac{\partial S_1}{\partial l} = L_1, & l_1 &= \frac{\partial S_1}{\partial L_1} = l + g + h \\
G &= \frac{\partial S_1}{\partial g} = L_1 - G_1, & g_1 &= \frac{\partial S_1}{\partial G_1} = -g - h \\
H &= \frac{\partial S_1}{\partial h} = L_1 - G_1 - H_1, & h_1 &= \frac{\partial S_1}{\partial H_1} = -h
\end{aligned}
\tag{5-69}
$$

整理可得新的正则变量为

$$L_1 = L, \qquad l_1 = l + g + h$$
$$G_1 = L - G, \qquad g_1 = -g - h$$
$$H_1 = G - H, \qquad h_1 = -h \tag{5-70}$$

用根数表示的正则变量为

$$L_1 = \sqrt{\mu a}, \qquad\qquad l_1 = \lambda$$
$$G_1 = \sqrt{\mu a}\,(1 - \sqrt{1 - e^2}), \qquad g_1 = -\bar{\omega} \tag{5-71}$$
$$H_1 = \sqrt{\mu a(1 - e^2)}\,(1 - \cos i), \qquad h_1 = -\Omega$$

此即 Poincaré 根数。

其次,引入生成函数 S_2

$$S_2 = l_1 L_2 + \frac{1}{2} G_2{}^2 \tan g_1 + \frac{1}{2} H_2{}^2 \tan h_1 \tag{5-72}$$

可得如下正则变换

$$L_1 = \frac{\partial S_2}{\partial l_1} = L_2, \qquad\qquad l_2 = \frac{\partial S_2}{\partial L_2} = l_1$$

$$G_1 = \frac{\partial S_2}{\partial g_1} = \frac{1}{2} G_2{}^2 \sec^2 g_1, \quad g_2 = \frac{\partial S_2}{\partial G_2} = G_2 \tan g_1 \tag{5-73}$$

$$H_1 = \frac{\partial S_2}{\partial h_1} = \frac{1}{2} H_2{}^2 \sec^2 h_1, \quad h_2 = \frac{\partial S_2}{\partial H_2} = H_2 \tan h_1$$

新的正则变量即为用直角坐标表示的广义坐标和动量

$$L_2 = L_1, \qquad\qquad l_2 = l_1$$
$$G_2 = \sqrt{2G_1} \cos g_1, \qquad g_2 = \sqrt{2G_1} \sin g_1 \tag{5-74}$$
$$H_2 = \sqrt{2H_1} \cos h_1, \qquad h_2 = \sqrt{2H_1} \sin h_1$$

第三,基于 Delaunay 根数,引入生成函数 S_3

$$S_3 = l L_3 + \frac{1}{2} G_3{}^2 \tan g + \frac{1}{2} H_3{}^2 \tan h \tag{5-75}$$

同样可得正则变换

$$L = \frac{\partial S_3}{\partial l} = L_3, \qquad\qquad l_3 = \frac{\partial S_3}{\partial L_3} = l$$

$$G = \frac{\partial S_3}{\partial g} = \frac{1}{2} G_3{}^2 \sec^2 g, \qquad g_3 = \frac{\partial S_3}{\partial G_3} = G_3 \tan g \tag{5-76}$$

$$H = \frac{\partial S_3}{\partial h} = \frac{1}{2} H_3{}^2 \sec^2 h, \qquad h_3 = \frac{\partial S_2}{\partial H_3} = H_3 \tan h$$

新的正则变量同样为直角坐标形式

$$
\begin{aligned}
L_3 &= L, & l_3 &= l \\
G_3 &= \sqrt{2G}\cos g, & g_3 &= \sqrt{2G}\sin g \\
H_3 &= \sqrt{2H}\cos h, & h_3 &= \sqrt{2H}\sin h
\end{aligned}
\tag{5-77}
$$

正则变量(5-74)和(5-77)在很多地方会用到。

5.1.3　哈密顿相流的性质

哈密顿系统的正则关系给出系统的运动方程

$$
\frac{\mathrm{d}\boldsymbol{x}}{\mathrm{d}t} = \frac{\partial \mathcal{H}(\boldsymbol{x},\boldsymbol{v})}{\partial \boldsymbol{v}}, \quad \frac{\mathrm{d}\boldsymbol{v}}{\mathrm{d}t} = -\frac{\partial \mathcal{H}(\boldsymbol{x},\boldsymbol{v})}{\partial \boldsymbol{x}}
\tag{5-78}
$$

利用 Poisson 括号可将其改写为

$$
\frac{\mathrm{d}\boldsymbol{x}}{\mathrm{d}t} = \{\boldsymbol{x},\mathcal{H}\}, \quad \frac{\mathrm{d}\boldsymbol{v}}{\mathrm{d}t} = \{\boldsymbol{v},\mathcal{H}\}
\tag{5-79}
$$

那么哈密顿相流为

$$
\begin{cases}
\boldsymbol{x}(t) = \boldsymbol{x}(t_0) + \displaystyle\int_{t_0}^{t} \dot{\boldsymbol{x}}(t)\,\mathrm{d}t \\[2mm]
\boldsymbol{v}(t) = \boldsymbol{v}(t_0) + \displaystyle\int_{t_0}^{t} \dot{\boldsymbol{v}}(t)\,\mathrm{d}t
\end{cases}
\tag{5-80}
$$

利用哈密顿正则方程可表示为

$$
\begin{cases}
\boldsymbol{x}(t) = \boldsymbol{x}(t_0) + \displaystyle\int_{t_0}^{t} \frac{\partial \mathcal{H}(\boldsymbol{x},\boldsymbol{v})}{\partial \boldsymbol{v}}\,\mathrm{d}t \\[3mm]
\boldsymbol{v}(t) = \boldsymbol{v}(t_0) + \displaystyle\int_{t_0}^{t} -\frac{\partial \mathcal{H}(\boldsymbol{x},\boldsymbol{v})}{\partial \boldsymbol{x}}\,\mathrm{d}t
\end{cases}
\tag{5-81}
$$

或用 Poisson 括号表示为

$$
\begin{aligned}
\boldsymbol{x}(t) &= \boldsymbol{x}(t_0) + \int_{t_0}^{t} \{\boldsymbol{x},\mathcal{H}\}\,\mathrm{d}t \\[2mm]
\boldsymbol{v}(t) &= \boldsymbol{v}(t_0) + \int_{t_0}^{t} \{\boldsymbol{v},\mathcal{H}\}\,\mathrm{d}t
\end{aligned}
\tag{5-82}
$$

性质一:相空间体积守恒(刘维尔(Liouville)定理)

根据

$$
\frac{1}{\delta V}\frac{\mathrm{d}}{\mathrm{d}t}\delta V = \operatorname{div}\boldsymbol{F}(\boldsymbol{X})
\tag{5-83}
$$

考虑到运动方程形式

$$\frac{\mathrm{d}\boldsymbol{X}}{\mathrm{d}t} = \boldsymbol{F}(\boldsymbol{X}), \ \boldsymbol{X} = \{\boldsymbol{x}, \boldsymbol{v}\} \tag{5-84}$$

可得

$$\frac{1}{\delta V} \frac{\mathrm{d}}{\mathrm{d}t} \delta V = \mathrm{div} \left\{ \frac{\partial \mathcal{H}(\boldsymbol{x}, \boldsymbol{v})}{\partial \boldsymbol{v}}, -\frac{\partial \mathcal{H}(\boldsymbol{x}, \boldsymbol{v})}{\partial \boldsymbol{x}} \right\} = 0 \tag{5-85}$$

因此

$$\frac{\mathrm{d}}{\mathrm{d}t} \delta V = 0 \Rightarrow \delta V = \mathrm{const} \tag{5-86}$$

即哈密顿系统相空间体积守恒,因此哈密顿相流实际为保体积映射。**相空间体积守恒意味着相空间的一簇初始条件随哈密顿相流演化既不会收缩也不会扩张,即哈密顿相流的相空间体积保持不变。**

性质二:哈密顿守恒(conservation of Hamiltonian)

将哈密顿函数对时间求全微分,可得

$$\frac{d\mathcal{H}(\boldsymbol{x}, \boldsymbol{v}, t)}{dt} = \frac{\partial \mathcal{H}}{\partial t} + \frac{\partial \mathcal{H}}{\partial \boldsymbol{x}} \frac{d\boldsymbol{x}}{dt} + \frac{\partial \mathcal{H}}{\partial \boldsymbol{v}} \frac{d\boldsymbol{v}}{dt} = \frac{\partial \mathcal{H}}{\partial t} + \frac{\partial \mathcal{H}}{\partial \boldsymbol{x}} \frac{\partial \mathcal{H}}{\partial \boldsymbol{v}} - \frac{\partial \mathcal{H}}{\partial \boldsymbol{v}} \frac{\partial \mathcal{H}}{\partial \boldsymbol{x}} \tag{5-87}$$

化简为

$$\frac{\mathrm{d}\mathcal{H}}{\mathrm{d}t} = \frac{\partial \mathcal{H}}{\partial t} \tag{5-88}$$

即哈密顿函数对时间的全微分等于对时间求偏微分。因此,对于定常哈密顿系统,哈密顿函数不显含时间,因此哈密顿函数是守恒量。对于非定常哈密顿系统,通过相空间扩充同样可变成定常系统,扩充后的哈密顿函数仍是守恒量。

令 $\tau = t, \mathcal{T} = -\mathcal{H}$,那么(5-88)表示为

$$\frac{\mathrm{d}\mathcal{T}}{\mathrm{d}t} = -\frac{\mathrm{d}\mathcal{H}}{\mathrm{d}t} = -\frac{\partial \mathcal{H}}{\partial t} = -\frac{\partial \mathcal{H}}{\partial \tau} \tag{5-89}$$

表达式(5-89)表明时间 t 和哈密顿函数(取负号)为一对共轭变量,即**时间坐标的共轭动量为哈密顿函数。**

性质三:哈密顿相流函数随时间的演化

某函数 f 是哈密顿相流$(\boldsymbol{x}, \boldsymbol{v})$的函数,记为 $f(\boldsymbol{x}, \boldsymbol{v})$。哈密顿相流$(\boldsymbol{x}, \boldsymbol{v})$满足哈密顿正则方程

$$\frac{\mathrm{d}\boldsymbol{x}}{\mathrm{d}t} = \{\boldsymbol{x}, \mathcal{H}\}, \ \frac{\mathrm{d}\boldsymbol{v}}{\mathrm{d}t} = \{\boldsymbol{v}, \mathcal{H}\} \tag{5-90}$$

哈密顿相流对应运动方程对时间积分

$$\boldsymbol{x}(t) = \boldsymbol{x}(t_0) + \int_{t_0}^{t} \{\boldsymbol{x}, \mathcal{H}\} \mathrm{d}t$$

$$v(t) = v(t_0) + \int_{t_0}^{t} \{v, \mathcal{H}\} dt \qquad (5-91)$$

特别地,相流函数 $f(x, v)$ 的一阶时间导数为

$$\frac{\mathrm{d}}{\mathrm{d}t}f(x, v) = \frac{\partial f}{\partial x}\frac{\partial \mathcal{H}}{\partial v} - \frac{\partial f}{\partial v}\frac{\partial \mathcal{H}}{\partial x} = \{f, \mathcal{H}\} = L_{\mathcal{H}}^1 f \qquad (5-92)$$

类似地,相流函数对时间的二阶导数为

$$\frac{\mathrm{d}^2}{\mathrm{d}t^2}f(x, v) = \{\{f, \mathcal{H}\}, \mathcal{H}\} = L_{\mathcal{H}}^2 f \qquad (5-93)$$

以此类推,相流函数 f 对时间 t 的 n 阶导数为

$$\frac{\mathrm{d}^n}{\mathrm{d}t^n}f(x, v) = L_{\mathcal{H}}^n f \qquad (5-94)$$

对于哈密顿相流函数,其对时间的高阶导数可用哈密顿函数的多重 Poisson 括号来表示,这是哈密顿相流非常重要的性质。因此,在足够短的时间内($t \ll 1$),可将相流函数 $f(x, v)$ 展开为无穷小时间 t 的 Taylor 级数展开

$$\begin{aligned} f(x, v) &= f(x_0, v_0) + \sum_{n=1}^{\infty} \frac{t^n}{n!}\left[\frac{\mathrm{d}^n}{\mathrm{d}t^n}f(t)\right]_{t=0} \\ &= f(x_0, v_0) + \sum_{n=1}^{\infty} \frac{t^n}{n!}\left[L_{\mathcal{H}}^n f\right]_{t=0} \\ &= f(x_0, v_0) + \sum_{n=1}^{\infty} \frac{t^n}{n!}L_{\mathcal{H}}^n f(x_0, v_0) \end{aligned} \qquad (5-95)$$

这是哈密顿相流函数 f 的 Lie 级数展开(Lie series of f under the flow of $\mathcal{H}$)。可见,Lie 级数展开的本质即为 Taylor 展开,只不过它针对的函数 f 是哈密顿相流$(\mathbf{x}, v)$的函数。

哈密顿相流函数的 Lie 级数展开式为

$$f(x, v) = f(x_0, v_0) + \sum_{n=1}^{\infty} \frac{t^n}{n!}L_{\mathcal{H}}^n f(x_0, v_0) \qquad (5-96)$$

该展开式可实现如下正则变换:$(x_0, v_0) \Rightarrow (x, v)$。根据逆向积分,可得逆变换$(x_0, v_0) \Leftarrow (x, v)$展开式如下

$$f(x_0, v_0) = f(x, v) + \sum_{n=1}^{\infty} \frac{t^n}{n!}L_{-\mathcal{H}}^n f(x, v) \qquad (5-97)$$

综上,通过哈密顿相流函数,实现了正则变量$(x_0, v_0) \Leftrightarrow (x, v)$之间的变换,显然这是一个正则变换。因此,构造显式的正则变换,本质是寻找能够实现从(x_0, v_0)到(x, v)相流的哈密顿函数 $\mathcal{H}$。为了区分,该哈密顿函数通常被称为生成函数。在 Lie 级数变换理论中会用到该性质。

5.1.4 可积哈密顿系统

Arnold 在其专著 *Mathematical aspects of classical and celestial mechanics* 中写道[2]：
"An n-degree of freedom Hamiltonian is integrable if it admits n independent constants of motion C_1, C_2, $\cdots$, C_n, such that $\{C_i, C_j\} = 0$ for $i \neq j$"。此即为刘维尔定理（Liouville's theorem）：一个 n 自由度的哈密顿系统，若存在 n 个独立运动积分，那么该系统是一个可积系统。

常见的可积哈密顿系统有如下几类：

1）当哈密顿函数仅为广义动量的函数，即

$$\mathcal{H}(\nu_1, \nu_2, \nu_3, \cdots, \nu_n) \tag{5 - 98}$$

所有角坐标都是循环坐标，那么所有的动量均为运动积分。(5 - 98)式被称为哈密顿函数的规范型形式（normal form），其分析解为：动量为常数，广义坐标是时间的线性函数。

2）当哈密顿函数自由度为 1 时，例如

$$\mathcal{H}(x_1, \nu_1) \tag{5 - 99}$$

此为 1 自由度系统，存在一个守恒量，即哈密顿函数自身。故，该系统是可积的，系统的解对应相空间 (x_1, ν_1) 平面的相图。

3）当哈密顿函数含一个广义坐标时，即

$$\mathcal{H}(x_1, \nu_1; \nu_2, \nu_3, \cdots, \nu_n) \tag{5 - 100}$$

由于 $x_i (i = 2, \cdots, n)$ 为循环坐标，故 $\nu_i (i = 2, \cdots, n)$ 为运动积分（$n-1$ 个）。此外，哈密顿函数自身也为一个运动积分，因此总共存在 n 个运动积分，所以该系统也是可积的。哈密顿系统相流（相轨迹）为相空间 (x_1, ν_1) 中的哈密顿量等值线。相空间哈密顿函数的等值线被称为相图，如图 5 - 7。

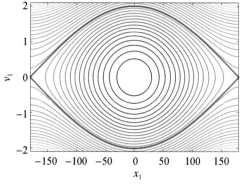

图 5 - 7 单摆的相图

5.1.5 阿诺作用量-角变量（Arnold's action-angle variables）

刘维尔定理表明：一个 n 自由度的哈密顿系统，若存在 n 个独立积分，那么该系统完全可积。**Arnold（1963）**在此基础上进一步证明：对于可积哈密顿系统（存在 n 个运动积分的 n 自由度哈密顿系统），可通过引入作用量-角度（action-angle）变量，使得变换后的哈密顿函数仅为作用量的函数，即为哈密顿函数的规范型形式（**normal form**）。

将可积哈密顿系统原相空间变量记为

$$(v_1, v_2, \cdots, v_n; x_1, x_2, \cdots, x_n) \tag{5-101}$$

引入 action-angle 变量如下

$$(p_1, p_2, \cdots, p_n; q_1, q_2, \cdots, q_n) \tag{5-102}$$

根据阿诺(Arnold)定理，可将哈密顿函数表示为规范型形式，即

$$\mathcal{H}(\boldsymbol{x}, \boldsymbol{v}) \Rightarrow \mathcal{H}(\boldsymbol{p}) \tag{5-103}$$

如何引入作用量-角度(action-angle)变量呢？

该过程基于一个重要的性质：每一个独立的运动积分，决定相空间中一条独立的轨线，其相空间面积即为阿诺作用量(Arnold's action)。根据生成函数可得到角坐标。

引入隐函数形式的生成函数(旧坐标与新动量的函数)

$$S(\boldsymbol{x}, \boldsymbol{p}) = \int \sum_{j=1}^{n} v_j(\boldsymbol{x}, \boldsymbol{p}) \mathrm{d}x_j \tag{5-104}$$

根据 Arnold 定理，作用量为

$$p_1 = \frac{1}{2\pi} \oint_{\gamma_1} \sum_{j=1}^{n} v_j \mathrm{d}x_j$$

$$p_2 = \frac{1}{2\pi} \oint_{\gamma_2} \sum_{j=1}^{n} v_j \mathrm{d}x_j$$

$$p_3 = \frac{1}{2\pi} \oint_{\gamma_3} \sum_{j=1}^{n} v_j \mathrm{d}x_j \tag{5-105}$$

$$\vdots$$

$$p_n = \frac{1}{2\pi} \oint_{\gamma_n} \sum_{j=1}^{n} v_j \mathrm{d}x_j$$

根据正则变换，可得角坐标为

$$q_i = \frac{\partial}{\partial p_i} S(\boldsymbol{x}, \boldsymbol{p}), \ i = 1, 2, \cdots, N \tag{5-106}$$

action-angle 正则变量的思想非常重要，在后面的多个变换理论中都扮演着非常重要的角色。下面通过几个例子来理解如何采用阿诺 action-angle 变量来描述哈密顿系统。

例 5-7　针对第二章讨论的 Duffing 振动方程，在线性系统(未扰系统)下引入 action-angle 变量。

Duffing 振动方程为

$$\ddot{\xi} + \xi - \varepsilon \xi^3 = 0 \tag{5-107}$$

记广义坐标和动量为

$$x = \xi, \ v = \dot{\xi} \tag{5-108}$$

那么(5-107)对应的哈密顿函数为

$$\mathcal{H} = \frac{1}{2}x^2 + \frac{1}{2}v^2 - \frac{1}{4}\varepsilon x^4 \tag{5-109}$$

将哈密顿函数划分为未扰项和扰动项,分别记为

$$\mathcal{H}_0 = \frac{1}{2}x^2 + \frac{1}{2}v^2, \mathcal{H}_1 = -\frac{1}{4}\varepsilon x^4 \tag{5-110}$$

下面在未扰哈密顿系统即哈密顿函数 $\mathcal{H}_0 = \frac{1}{2}x^2 + \frac{1}{2}v^2$ 确定的可积系统下引入 action-angle 变量。

第一步:在未扰哈密顿系统下,确定守恒量。无疑,该守恒量为未扰哈密顿函数自身

$$\mathcal{H}_0 = \frac{1}{2}x^2 + \frac{1}{2}v^2 \tag{5-111}$$

守恒量 $\mathcal{H}_0$ 确定的轨线为相空间 (x, v) 平面内的一条封闭曲线(图5-8),表达式为

$$v = \pm\sqrt{2\mathcal{H}_0 - x^2} \tag{5-112}$$

其中 $x_{\min} = -\sqrt{2\mathcal{H}_0}$,$x_{\max} = \sqrt{2\mathcal{H}_0}$

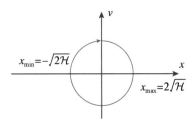

图5-8 运动积分 $\mathcal{H}_0$ 对应的相空间中的轨线

第二步:根据(5-105)确定作用量(action)

$$I = \frac{1}{2\pi}\oint v \mathrm{d}x = \frac{1}{\pi}\int_{x_{\min}}^{x_{\max}} \sqrt{2\mathcal{H}_0 - x^2}\, \mathrm{d}x = \mathcal{H}_0 = \frac{1}{2}x^2 + \frac{1}{2}v^2 \tag{5-113}$$

引入生成函数

$$S(x, I) = \int v \mathrm{d}x = \int \sqrt{2I - x^2}\, \mathrm{d}x \tag{5-114}$$

根据正则变换,可得角坐标为

$$\varphi = \frac{\partial S}{\partial I} = \int \left(\frac{\partial}{\partial I} \sqrt{2I - x^2}\right) \mathrm{d}x = \int \frac{1}{\sqrt{2I - x^2}} \mathrm{d}x = \arctan\left(\frac{x}{\sqrt{2I - x^2}}\right) \tag{5-115}$$

即

$$\varphi = \arctan\left(\frac{x}{v}\right) \tag{5-116}$$

至此,得到可积系统 $\mathcal{H}_0 = \frac{1}{2}x^2 + \frac{1}{2}v^2$ 所确定的 action-angle 变量为

$$\left.\begin{array}{l} I = \frac{1}{2}x^2 + \frac{1}{2}v^2 \\ \varphi = \arctan\left(\frac{x}{v}\right) \end{array}\right\} \Rightarrow \begin{cases} x = \sqrt{2I}\sin\varphi \\ v = \sqrt{2I}\cos\varphi \end{cases} \tag{5-117}$$

请读者思考作用量 I 和角度量 φ 的物理含义。变换(5-117)很常见,在本书中常常用到。

将新的变量 (I, φ) 代入哈密顿函数(5-109),可得 Duffing 方程对应的哈密顿函数为

$$\mathcal{H} = I - \varepsilon I^2 \sin^4\varphi = I + \varepsilon I^2\left(-\frac{3}{8} + \frac{1}{2}\cos 2\varphi - \frac{1}{8}\cos 4\varphi\right) \tag{5-118}$$

后面基于该哈密顿函数,结合 von Zeipel 变换、Lie 级数变换等可进一步构造分析解。

例 5-8 针对第三章讨论的非线性系统,在未扰系统中引入 action-angle 变量。

第三章讨论的非线性问题的微分方程为

$$\ddot{u} + u + \alpha_2 u^2 + \alpha_3 u^3 = 0 \tag{5-119}$$

记广义坐标和动量为

$$x = u, \quad v = \dot{u} \tag{5-120}$$

哈密顿函数为

$$\mathcal{H} = \frac{1}{2}x^2 + \frac{1}{2}v^2 + \frac{1}{3}\alpha_2 x^3 + \frac{1}{4}\alpha_3 x^4 \tag{5-121}$$

未扰系统 $\mathcal{H}_0 = \frac{1}{2}x^2 + \frac{1}{2}v^2$ 下的 action-angle 变量同例 5-7(不再重复推导)

$$\left.\begin{array}{l} I = \frac{1}{2}x^2 + \frac{1}{2}v^2 \\ \varphi = \arctan\left(\frac{x}{v}\right) \end{array}\right\} \Rightarrow \begin{cases} x = \sqrt{2I}\sin\varphi \\ v = \sqrt{2I}\cos\varphi \end{cases} \tag{5-122}$$

因此可得利用 action-angle 变量表示的哈密顿函数为

$$\mathcal{H} = I + \frac{3}{8}\alpha_3 I^2 + \frac{\sqrt{2}}{6}\alpha_2 I^{\frac{3}{2}}(3\sin\varphi - \sin 3\varphi) + \frac{1}{8}\alpha_3 I^2(-4\cos 2\varphi + \cos 4\varphi) \tag{5-123}$$

后面将基于 von Zeipel 变换以及 Lie 级数变换来讨论该哈密顿系统的摄动解。

例 5-9 讨论描述二体问题的基本 action-angle 变量的引入[1],如 Delaunay 变量。

根据之前的讨论,可得二体系统在球坐标系下的哈密顿函数为

$$\mathcal{H} = \frac{1}{2}\left(p_r{}^2 + \frac{p_\theta{}^2}{r^2} + \frac{p_\varphi{}^2}{r^2\sin^2\theta}\right) - \frac{\mu}{r} \tag{5-124}$$

其中 $\mu = \mathcal{G}(m_0 + m_1)$ 为引力参数。广义动量为

$$p_r = \dot{r}, \quad p_\theta = r^2\dot{\theta}, \quad p_\varphi = r^2\sin^2\theta\,\dot{\varphi} \tag{5-125}$$

根据文献[1]的介绍,下面讨论描述二体问题的 action-angle 变量。二体问题是一个 3 自由度系统,存在 3 个独立运动积分,因此是一个完全可积系统。

首先,确定 3 个独立的守恒量[①]。

1) 由于角坐标 φ 是循环坐标,第一个运动积分为

$$H = p_\varphi \tag{5-126}$$

2) 由角动量守恒,可得第二个运动积分为

$$G^2 = p_\theta{}^2 + \frac{H^2}{\sin^2\theta} \tag{5-127}$$

3) 哈密顿函数代表能量,也是一个运动积分

$$\mathcal{H} = \frac{1}{2}\left(p_r{}^2 + \frac{G^2}{r^2}\right) - \frac{\mu}{r} \tag{5-128}$$

其次,确定 3 个守恒量对应的独立轨线。

第一个运动积分 $H = p_\varphi$ 确定的轨线记为 γ_φ,为相空间 (φ, p_φ) 内的一条直线。

第二个运动积分 $G^2 = p_\theta{}^2 + \dfrac{H^2}{\sin^2\theta}$ 确定的轨线记为 γ_θ,为相空间 (θ, p_θ) 内一条封闭曲线

$$p_\theta = \pm\sqrt{G^2 - \frac{H^2}{\sin^2\theta}}, \quad \theta_{\min} = \arcsin\left|\frac{H}{G}\right|, \quad \theta_{\max} = 2\pi - \theta_{\min} \tag{5-129}$$

第三个运动积分 $\mathcal{H} = \dfrac{1}{2}\left(p_r{}^2 + \dfrac{G^2}{r^2}\right) - \dfrac{\mu}{r}$,确定的轨线记为 γ_r,同样为相空间 (r, p_r) 内一条封闭曲线

$$\gamma_r\text{ 曲线}: p_r = \pm\sqrt{2(\mathcal{H} + \mu/r) - G^2/r^2}$$

$$r_{\min} = \frac{-\mu + \sqrt{\mu^2 + 2\mathcal{H}G^2}}{2\mathcal{H}}, \quad r_{\max} = \frac{-\mu - \sqrt{\mu^2 + 2\mathcal{H}G^2}}{2\mathcal{H}} \tag{5-130}$$

第三步:根据 Arnold 定理,引入哈密顿系统的作用量(action)变量

$$p_i = \frac{1}{2\pi}\oint_{\gamma_i}\sum_{j=1}^{n}\nu_j\,\mathrm{d}x_j \tag{5-131}$$

即每一个轨线的相空间面积(除以 2π),即为 Arnold 作用量。根据作用量的定义,有

---

① 运动积分的组合也是守恒量,因此守恒量的选择并不唯一!

$$p_1 = \frac{1}{2\pi}\oint_{\gamma_\varphi} p_\varphi \mathrm{d}\varphi = H \tag{5-132}$$

$$p_2 = \frac{1}{2\pi}\oint_{\gamma_\theta} p_\theta \mathrm{d}\theta = \frac{1}{\pi}\int_{\theta_{\min}}^{\theta_{\max}} \sqrt{G^2 - \frac{H^2}{\sin^2\theta}}\,\mathrm{d}\theta = G - H \tag{5-133}$$

$$p_3 = \frac{1}{2\pi}\oint_{\gamma_r} p_r \mathrm{d}r = \frac{1}{\pi}\int_{r_{\min}}^{r_{\max}} \sqrt{2\left(\mathcal{H} + \frac{\mu}{r}\right) - \frac{G^2}{r^2}}\,\mathrm{d}r = -G + \sqrt{-\frac{\mu^2}{2\mathcal{H}}} \tag{5-134}$$

以上定积分计算稍微有些复杂。

通过方程(5-134)，很容易得到哈密顿函数表达式(进一步可用根数表示)

$$\mathcal{H} = -\frac{\mu^2}{2\,(p_1 + p_2 + p_3)^2} = -\frac{\mu}{2a} \tag{5-135}$$

引入生成函数

$$S(p_1, p_2, p_3, r, \theta, \varphi) = \int p_r \mathrm{d}r + p_\theta \mathrm{d}\theta + p_\varphi \mathrm{d}\varphi \tag{5-136}$$

根据正则变换条件，可得角变量为

$$q_1 = \frac{\partial S}{\partial p_1}, \quad q_2 = \frac{\partial S}{\partial p_2}, \quad q_3 = \frac{\partial S}{\partial p_3} \tag{5-137}$$

至此，描述二体问题的 action 变量为

$$\begin{aligned} p_1 &= H \\ p_2 &= G - H \\ p_3 &= -G + \sqrt{-\frac{\mu^2}{2\mathcal{H}}} \end{aligned} \tag{5-138}$$

考虑到 $\mathcal{H} = -\dfrac{\mu}{2a}$，可得

$$\begin{aligned} p_1 &= H \\ p_2 &= G - H \\ p_3 &= -G + \sqrt{\mu a} \end{aligned} \tag{5-139}$$

记 $L = \sqrt{\mu a}$，进一步化简(5-139)可得

$$\begin{aligned} p_1 &= H = \sqrt{\mu a(1-e^2)}\cos i \\ p_2 &= G - H = \sqrt{\mu a(1-e^2)}\,(1-\cos i) \\ p_3 &= L - G = \sqrt{\mu a}\,(1 - \sqrt{1-e^2}) \end{aligned} \tag{5-140}$$

另一方面，方程(5-137)给出的角变量为(这里仅给出结果，感兴趣的读者可以自行推导)

$$q_1 = \Omega + \omega + M$$
$$q_2 = \omega + M \qquad\qquad (5-141)$$
$$q_3 = M$$

综上,描述二体问题的基础 action-angle 变量为

$$q_1 = \Omega + \omega + M, p_1 = \sqrt{\mu a(1-e^2)}\cos i$$
$$q_2 = \omega + M, \qquad p_2 = \sqrt{\mu a(1-e^2)}(1-\cos i) \qquad (5-142)$$
$$q_3 = M, \qquad\quad p_3 = \sqrt{\mu a}(1-\sqrt{1-e^2})$$

对基础 action-angle 变量(5-142)作正则变换,可得 Delaunay 变量

$$L = p_1 + p_2 + p_3, \qquad l = q_3$$
$$G = p_1 + p_2, \qquad\qquad g = q_2 - q_3 \qquad (5-143)$$
$$H = p_1, \qquad\qquad\quad h = q_1 - q_2$$

用根数表示为

$$L = \sqrt{\mathcal{G}(m_0 + m_1)a}, \qquad l = M$$
$$G = L\sqrt{1-e^2}, \qquad\qquad g = \omega \qquad (5-144)$$
$$H = G\cos i, \qquad\qquad\quad h = \Omega$$

哈密顿函数变为

$$\mathcal{H} = -\frac{\mu}{2a} = -\frac{\mathcal{G}^2(m_0+m_1)^2}{2L^2} \qquad (5-145)$$

注:针对二体问题,引入 action-angle 变量的其他方式请参考天体力学教材[3]和[4]。

讨论:如何理解正则变换? 正则变换会带来什么好处? 下面以二体问题哈密顿函数为例,可以使读者很容易地理解正则变换的作用。

1) 笛卡尔坐标

$$\mathcal{H}(\boldsymbol{x},\boldsymbol{v}) = \frac{v_1^2 + v_2^2 + v_3^2}{2} - \frac{\mathcal{G}(m_0+m_1)}{\sqrt{x_1^2 + x_2^2 + x_3^2}} \qquad (5-146)$$

2) 球坐标

$$\mathcal{H} = \frac{1}{2}\left(p_r^2 + \frac{p_\theta^2}{r^2} + \frac{p_\varphi^2}{r^2\sin^2\theta}\right) - \frac{\mathcal{G}(m_0+m_1)}{r} \qquad (5-147)$$

3) Action-angle 变量

$$\mathcal{H} = -\frac{\mu^2}{2(p_1+p_2+p_3)^2} \text{或} \mathcal{H} = -\frac{\mathcal{G}^2(m_0+m_1)^2}{2L^2} \qquad (5-148)$$

可见,以 action-angle 变量表示的系统哈密顿函数的优势一目了然。

5.2 摄动理论基础

平均化原理(averaging principle)是消除短周期角坐标的基础理论,同时是摄动处理的核心思想。本节将着重理解平均化的基本概念以及如何从运动方程和哈密顿动力学角度进行平均化。理解了平均化,其实就理解了摄动理论,理解了各种变换方法。

一个好的变换理论,无外乎是针对原系统进行平均化处理(即降低自由度),同时保持较高的精度。一个高阶的摄动方法,其目的是将短周期效应推到高阶项,因此原系统和变换后系统之间的哈密顿函数差异体现在高阶项(即近似恒等变换)。本节部分内容参考了文献[2]。

5.2.1 完全平均(fully averaging)

对某一可积系统(例如二体问题),未扰运动方程如下

$$\dot{I} = 0 \tag{5-149}$$

$$\dot{\varphi} = \omega(I)$$

若存在周期性的小扰动,运动方程变为(扰动系统)

$$\dot{I} = \varepsilon f(I, \varphi, \varepsilon)$$

$$\dot{\varphi} = \omega(I) + \varepsilon g(I, \varphi, \varepsilon) \tag{5-150}$$

其中扰动函数 f 和 g 是短周期角坐标 φ 的 2π 周期函数,ε 为小参数。可见,相空间变量 (I, φ) 中,作用量 I 为慢变量,相位角 φ 为快变量。

在非共振情况下[①],若仅关注系统的长期演化,那么根据平均化原理(averaging principle)可得

$$\dot{j} = \varepsilon \left(\frac{1}{2\pi}\right)^n \oint_{T^n} f(J, \varphi, 0) \mathrm{d}\varphi \tag{5-151}$$

$$\dot{\varphi} \approx \omega(J)$$

其中 $\mathrm{d}\varphi = \mathrm{d}\varphi_1 \mathrm{d}\varphi_2 \cdots \mathrm{d}\varphi_n$。

例 5-10 考虑如下 1 自由度扰动系统,其微分方程为

$$\dot{I} = \varepsilon(a + b\cos\varphi)$$

$$\dot{\varphi} = \omega \tag{5-152}$$

该方程存在分析解

---

① 如果不满足非共振条件,是不能完全平均化的。

$$I(t) = I_0 + \varepsilon at + \varepsilon \frac{b}{\omega} \sin(\omega t + \varphi_0) \qquad (5-153)$$

下面从平均化角度来观察该系统。

根据平均化原理,可得平均化系统为

$$\dot{J} = \varepsilon a \qquad (5-154)$$

因此其解为

$$J = I_0 + \varepsilon at \qquad (5-155)$$

平均化变量 $J(t)$ 和瞬时变量 $I(t)$ 的函数关系见图 5-9。

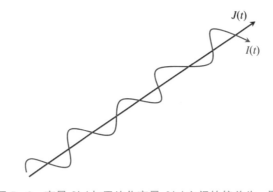

图 5-9 变量 $I(t)$ 与平均化变量 $J(t)$ 之间的偏差为 ε 量级

5.2.2   部分平均(partially averaging)

当系统的基本频率出现等级式差异时,对应角坐标一般不能同时消除,需保留长周期项,故称作部分平均(partially averaging)。例如图 5-10 对应的系统,其轨道演化中存在明显的长周期和短周期振荡。

例 5-11   考虑如下 2 自由度系统

$$\dot{I}_1 = -\varepsilon \sin(\varphi_1 - \varphi_2), \qquad \dot{I}_2 = \varepsilon[\cos(\varphi_1 - \varphi_2) + \sin\varphi_2] \qquad (5-156)$$
$$\dot{\varphi}_1 = 1 + I_1, \qquad\qquad \dot{\varphi}_2 = 1$$

当共振发生时,引入共振角

$$\gamma = \varphi_1 - \varphi_2 \qquad (5-157)$$

从而有

$$\dot{I}_1 = -\varepsilon \sin\gamma, \qquad \dot{I}_2 = \varepsilon(\cos\gamma + \sin\varphi_2) \qquad (5-158)$$
$$\dot{\varphi}_1 = 1 + I_1, \qquad \dot{\varphi}_2 = 1$$

其中 φ_2 为快变量,采用部分平均化可得

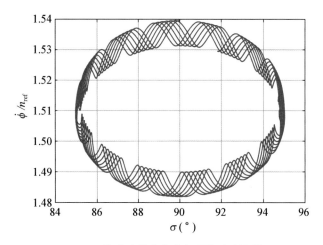

图 5‑10　轨道演化中包含短周期和长周期项

$$\dot{j}_1 = -\varepsilon\sin\gamma, \ \dot{j}_2 = \varepsilon\cos\gamma, \ \dot{\gamma} = J_1 \tag{5-159}$$

可见,部分平均化后的系统自由度降为 1。

以上为经典的平均化,对它们做如下讨论:

1) 平均化处理的前提是系统存在快变量和慢变量(fast and slow variables),并且要求短周期项对应的振幅是小量;

2) 平均化的目的:消除快变量,降低系统自由度,简化问题;

3) 平均化系统是对原系统的近似,两者的偏差随时间延续而增大[①];

4) 在单位 1 时标内,平均系统与原系统的差距在 ε 量级;

5) 当演化时间为 1/ε 时,平均系统与原系统偏差达到 1 的量级。

在平均化方面,许多数学家和天体力学家做了大量的基础性工作,如 Lindstedt、波林(Bohlin)、Delaunay、纽康(Newcomb)、庞加莱(Poincare)、von Zeipel、Krylov、博戈柳博夫(Bogolyubov)等。接下来介绍他们在平均化方面的工作。

5.2.3　平均化——从运动方程的角度消除短周期变量

某一非线性扰动系统的运动方程为

$$\dot{I} = \varepsilon f(I, \varphi, \varepsilon) \tag{5-160}$$
$$\dot{\varphi} = \omega(I) + \varepsilon g(I, \varphi, \varepsilon)$$

现考虑通过平均化方法来消除系统(5‑160)中的短周期项。

平均化的本质为一种变换:$(I, \varphi) \Rightarrow (J, \psi)$,这里 (I, φ) 为变换前的相空间变量,(J, ψ) 为变换后的相空间变量。具体而言,是寻找如下摄动解形式的显式变换

———————————————

① 　这里考虑的平均化是最低阶摄动处理,因此变换前后系统的差异在 ε 量级。

$$I = J + \varepsilon u_1(J, \psi) + \varepsilon^2 u_2(J, \psi) + \cdots \tag{5-161}$$

$$\varphi = \psi + \varepsilon v_1(J, \psi) + \varepsilon^2 v_2(J, \psi) + \cdots$$

其中待定函数 $u_i(J, \psi)$ 和 $v_i(J, \psi)$ 是 ψ 的 2π 周期函数,是 ε 的 i 阶项。平均化的目的,是使得平均化后的系统不含快变量 ψ[①],即平均化系统的运动方程为

$$\dot{J} = \varepsilon F_1(J) + \varepsilon^2 F_2(J) + \cdots \tag{5-162}$$

$$\dot{\psi} = \omega(J) + \varepsilon G_1(J) + \varepsilon^2 G_2(J) + \cdots$$

在平均化过程中,变换(5-161)中的 u_i 和 v_i 是待求函数,(5-162)中的 F_i 和 G_i 为待求函数。下面从摄动分析方法角度分别去构造(5-161)和(5-162)中的未知函数。以下过程同第三章中介绍的推广平均化方法。

将表达式(5-161)代入扰动方程,可得

$$\dot{J} + \varepsilon \dot{u}_1 + \varepsilon^2 \dot{u}_2 + \cdots = \varepsilon f(J + \varepsilon u_1 + \varepsilon^2 u_2 + \cdots, \psi + \varepsilon v_1 + \varepsilon^2 v_2 + \cdots, \varepsilon)$$

$$\dot{\psi} + \varepsilon \dot{v}_1 + \varepsilon^2 \dot{v}_2 + \cdots = \omega(J + \varepsilon u_1 + \varepsilon^2 u_2 + \cdots) + \tag{5-163}$$

$$\varepsilon g(J + \varepsilon u_1 + \varepsilon^2 u_2 + \cdots, \psi + \varepsilon v_1 + \varepsilon^2 v_2 + \cdots, \varepsilon)$$

其中 $\dot{u}_i$ 和 $\dot{v}_i$ 根据链式法则可得

$$\dot{u}_i(J, \psi) = \frac{\partial u_i}{\partial J} \dot{J} + \frac{\partial u_i}{\partial \psi} \dot{\psi} \tag{5-164}$$

$$\dot{v}_i(J, \psi) = \frac{\partial v_i}{\partial J} \dot{J} + \frac{\partial v_i}{\partial \psi} \dot{\psi}$$

从而有

$$\dot{J} + \left(\varepsilon \frac{\partial u_1}{\partial J} + \varepsilon^2 \frac{\partial u_2}{\partial J} + \cdots\right) \dot{J} + \left(\varepsilon \frac{\partial u_1}{\partial \psi} + \varepsilon^2 \frac{\partial u_2}{\partial \psi} + \cdots\right) \dot{\psi} = \varepsilon f(J + \varepsilon u_1 + \cdots, \psi + \varepsilon v_1 \cdots, \varepsilon)$$

$$\dot{\psi} + \left(\varepsilon \frac{\partial v_1}{\partial J} + \varepsilon^2 \frac{\partial v_2}{\partial J} + \cdots\right) \dot{J} + \left(\varepsilon \frac{\partial v_1}{\partial \psi} + \varepsilon^2 \frac{\partial v_2}{\partial \psi} + \cdots\right) \dot{\psi}$$

$$= \omega(J + \varepsilon u_1 + \cdots) + \varepsilon g(J + \varepsilon u_1 + \varepsilon^2 u_2 + \cdots, \psi + \varepsilon v_1 + \cdots, \varepsilon)$$

$$\tag{5-165}$$

将平均化后的系统(5-162)代入上式可得如下微分方程

$$\left(1 + \varepsilon \frac{\partial u_1}{\partial J} + \varepsilon^2 \frac{\partial u_2}{\partial J} + \cdots\right)(\varepsilon F_1 + \varepsilon^2 F_2 + \cdots) + \left(\varepsilon \frac{\partial u_1}{\partial \psi} + \varepsilon^2 \frac{\partial u_2}{\partial \psi} + \cdots\right)(\omega + \varepsilon G_1 + \varepsilon^2 G_2 + \cdots)$$

$$= \varepsilon f(J + \varepsilon u_1 + \cdots, \psi + \varepsilon v_1 + \cdots, \varepsilon)$$

---

① 运动方程不含角坐标,等价于哈密顿函数不含角坐标。因此,可以将只含作用量的运动方程或哈密顿函数都写成 normal form(规范型)形式。

$$\left(\varepsilon\frac{\partial v_1}{\partial J}+\varepsilon^2\frac{\partial v_2}{\partial J}+\cdots\right)(\varepsilon F_1+\varepsilon^2 F_2+\cdots)+\left(1+\varepsilon\frac{\partial v_1}{\partial\psi}+\varepsilon^2\frac{\partial v_2}{\partial\psi}+\cdots\right)(\omega+\varepsilon G_1+\varepsilon^2 G_2+\cdots)$$

$$=\omega(J+\varepsilon u_1+\cdots)+\varepsilon g(J+\varepsilon u_1+\cdots,\psi+\varepsilon v_1+\cdots,\varepsilon) \tag{5-166}$$

将该方程的右边函数项 f 和 g 在 (J,ψ) 处作 Taylor 展开可得

$$\left(1+\varepsilon\frac{\partial u_1}{\partial J}+\varepsilon^2\frac{\partial u_2}{\partial J}+\cdots\right)(\varepsilon F_1+\varepsilon^2 F_2+\cdots)+\left(\varepsilon\frac{\partial u_1}{\partial\psi}+\varepsilon^2\frac{\partial u_2}{\partial\psi}+\cdots\right)(\omega+\varepsilon G_1+\varepsilon^2 G_2+\cdots)$$

$$=\varepsilon\left[f(J,\psi,0)+\frac{\partial f}{\partial J}(\varepsilon u_1+\varepsilon^2 u_2+\cdots)+\frac{\partial f}{\partial\psi}(\varepsilon v_1+\varepsilon^2 v_2+\cdots)+\cdots\right]$$

$$\left(\varepsilon\frac{\partial v_1}{\partial J}+\varepsilon^2\frac{\partial v_2}{\partial J}+\cdots\right)(\varepsilon F_1+\varepsilon^2 F_2+\cdots)+\left(1+\varepsilon\frac{\partial v_1}{\partial\psi}+\varepsilon^2\frac{\partial v_2}{\partial\psi}+\cdots\right)(\omega+\varepsilon G_1+\varepsilon^2 G_2+\cdots)$$

$$=\omega(J)+\frac{\partial\omega}{\partial J}(\varepsilon u_1+\varepsilon^2 u_2+\cdots)+$$

$$\varepsilon\left[g(J,\psi,0)+\frac{\partial g}{\partial J}(\varepsilon u_1+\varepsilon^2 u_2+\cdots)+\frac{\partial g}{\partial\psi}(\varepsilon v_1+\varepsilon^2 v_2+\cdots)+\cdots\right] \tag{5-167}$$

根据 ε 相同幂次项相等的原则，可得摄动分析方程组[①]。

一阶项

$$F_1(J)+\frac{\partial u_1}{\partial\psi}\omega=f(J,\psi,0)$$

$$G_1(J)+\frac{\partial v_1}{\partial\psi}\omega=g(J,\psi,0)+\frac{\partial\omega}{\partial J}u_1 \tag{5-168}$$

二阶项

$$F_2(J)+\frac{\partial u_1}{\partial J}F_1+\frac{\partial u_1}{\partial\psi}G_1+\frac{\partial u_2}{\partial\psi}\omega=\left(u_1\frac{\partial}{\partial J}+v_1\frac{\partial}{\partial\psi}\right)f(J,\psi,0)$$

$$G_2(J)+\frac{\partial v_1}{\partial J}F_1+\frac{\partial v_1}{\partial\psi}G_1+\frac{\partial v_2}{\partial\psi}\omega=\frac{\partial\omega}{\partial J}u_2+\left(u_1\frac{\partial}{\partial J}+v_1\frac{\partial}{\partial\psi}\right)g(J,\psi,0) \tag{5-169}$$

三阶项

$$F_3(J)+\frac{\partial u_1}{\partial J}F_2+\frac{\partial u_2}{\partial J}F_1+\frac{\partial u_1}{\partial\psi}G_2+\frac{\partial u_2}{\partial\psi}G_1+\frac{\partial u_3}{\partial\psi}\omega$$

$$=\left(u_2\frac{\partial}{\partial J}+v_2\frac{\partial}{\partial\psi}+\frac{1}{2}u_1^2\frac{\partial^2}{\partial J^2}+\frac{1}{2}v_1^2\frac{\partial^2}{\partial\psi^2}\right)f(J,\psi,0)$$

$$G_3(J)+\frac{\partial v_1}{\partial J}F_2+\frac{\partial v_2}{\partial J}F_1+\frac{\partial v_1}{\partial\psi}G_2+\frac{\partial v_2}{\partial\psi}G_1+\frac{\partial v_3}{\partial\psi}\omega$$

$$=\frac{\partial\omega}{\partial J}u_3+\left(u_1\frac{\partial}{\partial J}+v_1\frac{\partial}{\partial\psi}+\frac{1}{2}u_1^2\frac{\partial^2}{\partial J^2}+\frac{1}{2}v_1^2\frac{\partial^2}{\partial\psi^2}\right)g(J,\psi,0) \tag{5-170}$$

---

① 这是摄动分析的常规思路，贯穿本书所有章节。

类似地,可构造高阶项等式。通过分离长短周期变量(长期项和周期项)方法,很容易求解以上方程。

例 5 - 12　Duffing 振动方程

$$\ddot{\xi} + \xi - \varepsilon \xi^3 = 0 \tag{5-171}$$

对于未扰运动,引入 action-angle 变量

$$\boldsymbol{x} = (I, \varphi) \tag{5-172}$$

扰动系统的哈密顿函数可表示为(参考 5.1 节)

$$\mathcal{H} = I + \varepsilon I^2 \left(-\frac{3}{8} + \frac{1}{2}\cos 2\varphi - \frac{1}{8}\cos 4\varphi \right) \tag{5-173}$$

运动方程为

$$\dot{I} = \varepsilon I^2 \left(\sin 2\varphi - \frac{1}{2}\sin 4\varphi \right)$$

$$\dot{\varphi} = 1 + \varepsilon I \left(-\frac{3}{4} + \cos 2\varphi - \frac{1}{4}\cos 4\varphi \right) \tag{5-174}$$

类比(5 - 160)可得

$$\omega(I) = 1$$

$$f(I, \varphi) = I^2 \left(\sin 2\varphi - \frac{1}{2}\sin 4\varphi \right) \tag{5-175}$$

$$g(I, \varphi) = I \left(-\frac{3}{4} + \cos 2\varphi - \frac{1}{4}\cos 4\varphi \right)$$

根据平均化理论,可得如下形式的摄动分析方程组。
一阶项

$$F_1(J) + \frac{\partial u_1}{\partial \psi}\omega = f(J, \psi, 0)$$

$$G_1(J) + \frac{\partial v_1}{\partial \psi}\omega = g(J, \psi, 0) + \frac{\partial \omega}{\partial J}u_1 \tag{5-176}$$

将(5 - 175)代入,有

$$F_1(J) + \frac{\partial u_1}{\partial \psi} = J^2 \left(\sin 2\psi - \frac{1}{2}\sin 4\psi \right)$$

$$G_1(J) + \frac{\partial v_1}{\partial \psi} = J \left(-\frac{3}{4} + \cos 2\psi - \frac{1}{4}\cos 4\psi \right) \tag{5-177}$$

可得解为

$$F_1(J)=0, u_1=J^2\left(-\frac{1}{2}\cos 2\psi+\frac{1}{8}\cos 4\psi\right)$$

$$G_1(J)=-\frac{3}{4}J, v_1=J\left(\frac{1}{2}\sin 2\psi-\frac{1}{16}\sin 4\psi\right) \tag{5-178}$$

二阶项

$$F_2(J)+\frac{\partial u_1}{\partial \psi}G_1+\frac{\partial u_2}{\partial \psi}=\left(u_1\frac{\partial}{\partial J}+v_1\frac{\partial}{\partial \psi}\right)f(J,\psi,0)$$

$$G_2(J)+\frac{\partial v_1}{\partial \psi}G_1+\frac{\partial v_2}{\partial \psi}=\left(u_1\frac{\partial}{\partial J}+v_1\frac{\partial}{\partial \psi}\right)g(J,\psi,0) \tag{5-179}$$

进一步整理为

$$F_2(J)+\frac{\partial u_2}{\partial \psi}=\left(u_1\frac{\partial}{\partial J}+v_1\frac{\partial}{\partial \psi}\right)f(J,\psi,0)+\frac{3}{4}J\frac{\partial u_1}{\partial \psi}$$

$$G_2(J)+\frac{\partial v_2}{\partial \psi}=\left(u_1\frac{\partial}{\partial J}+v_1\frac{\partial}{\partial \psi}\right)g(J,\psi,0)+\frac{3}{4}J\frac{\partial v_1}{\partial \psi} \tag{5-180}$$

将一阶解(5-178)代入,可得

$$F_2(J)+\frac{\partial u_2}{\partial \psi}=\frac{3}{16}J^3(7\sin 2\psi-2\sin 4\psi-\sin 6\psi)$$

$$G_2(J)+\frac{\partial v_2}{\partial \psi}=\frac{1}{64}J^2(-51+100\cos 2\psi-2\cos 4\psi-12\cos 6\psi+\cos 8\psi) \tag{5-181}$$

从而可解得

$$F_2(J)=0,\ u_2=\frac{3}{16}J^3\left(-\frac{7}{2}\cos 2\psi+\frac{1}{2}\cos 4\psi+\frac{1}{6}\cos 6\psi\right)$$

$$G_2(J)=-\frac{51}{64}J^2, v_2=\frac{1}{64}J^2\left(50\sin 2\psi-\frac{1}{2}\sin 4\psi-2\sin 6\psi+\frac{1}{8}\sin 8\psi\right) \tag{5-182}$$

至此,得到 Duffing 方程的二阶解如下。首先是变换后的系统为

$$\dot{J}=0$$

$$\dot{\psi}=1-\frac{3}{4}\varepsilon J-\frac{51}{64}\varepsilon^2 J^2+\cdots \tag{5-183}$$

分析解为

$$J=\text{const}$$

$$\psi=\psi_0+\left(1-\frac{3}{4}\varepsilon J-\frac{51}{64}\varepsilon^2 J^2\right)t \tag{5-184}$$

代入变换(5-161)可得显式的二阶分析解为

$$I=J+\frac{1}{8}\varepsilon J^2(-4\cos 2\psi+\cos 4\psi)+\frac{3}{32}\varepsilon^2 J^3\left(-7\cos 2\psi+\cos 4\psi+\frac{1}{3}\cos 6\psi\right)+\cdots$$

$$\varphi = \psi + \frac{1}{2}\varepsilon J \left(\sin 2\psi - \frac{1}{8}\sin 4\psi \right) + \frac{1}{64}\varepsilon^2 J^2 \left(50\sin 2\psi - \frac{1}{2}\sin 4\psi - 2\sin 6\psi + \right.$$
$$\left. \frac{1}{8}\sin 8\psi \right) + \cdots \tag{5-185}$$

请读者思考:如何得到逆变换? 分析解与数值解的对比如图 5-11 所示。可见,分析解与数值解吻合很好。

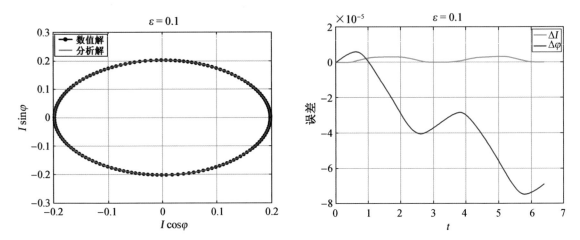

图 5-11   分析解与数值解的对比,振幅和初值相位参数取为($J=0.2, \psi_0 = 0$)

5.2.4   Lindstedt 变换——从哈密顿动力学角度消除短周期变量

在哈密顿框架下,未扰动力学模型对应的哈密顿函数为

$$\mathcal{H}_0(I) \Rightarrow \begin{cases} \dot{I} = \dfrac{\partial}{\partial \varphi}\mathcal{H}_0(I) = 0 \\[2mm] \dot{\varphi} = -\dfrac{\partial}{\partial I}\mathcal{H}_0(I) = \omega(I) \end{cases} \tag{5-186}$$

若存在周期性微扰,对应的哈密顿函数为

$$\mathcal{H}(I, \varphi) = \mathcal{H}_0(I) + \varepsilon \mathcal{H}_1(I, \varphi) \tag{5-187}$$

其中 $\mathcal{H}_1(I, \varphi)$ 为快变量 φ 的 2π 周期函数。相应的运动方程为

$$\dot{I} = -\varepsilon \frac{\partial \mathcal{H}_1}{\partial \varphi}, \quad \dot{\varphi} = \frac{\partial \mathcal{H}_0}{\partial I} + \varepsilon \frac{\partial \mathcal{H}_1}{\partial I} \tag{5-188}$$

如何消除哈密顿系统中的短周期变量 φ? 下面在哈密顿系统下介绍消除快变量的方法——Lindstedt 变换。

Lindstedt 变换如下

$$(I, \varphi) \Rightarrow (J, \psi) \tag{5-189}$$

(I,φ) 为变换前哈密顿系统的相空间变量，(J,ψ) 为变换后 Kamiltonian 系统的相空间变量。通过变换，使得变换后的 Kamiltonian 函数仅为作用量的函数（normal form）[①]，即

$$\mathcal{H}(I,\varphi) \Rightarrow \mathcal{K}(J) \tag{5-190}$$

为了实现变换（5-189）和（5-190），数学家 Lindstedt 引入隐形式[②]的生成函数 $S(J,\varphi)$

$$S(J,\varphi) = \varphi J + \varepsilon S_1(J,\varphi) + \varepsilon^2 S_2(J,\varphi) + \cdots \tag{5-191}$$

通过生成函数定义的 Lindstedt 变换为

$$I = \frac{\partial S}{\partial \varphi} = J + \varepsilon \frac{\partial S_1}{\partial \varphi} + \varepsilon^2 \frac{\partial S_2}{\partial \varphi} + \cdots$$

$$\psi = \frac{\partial S}{\partial J} = \varphi + \varepsilon \frac{\partial S_1}{\partial J} + \varepsilon^2 \frac{\partial S_2}{\partial J} + \cdots \tag{5-192}$$

显然，这是一个隐式变换。变换后的 Kamiltonian 函数为

$$\mathcal{K}(J) = \mathcal{K}_0(J) + \varepsilon \mathcal{K}_1(J) + \varepsilon^2 \mathcal{K}_2(J) + \cdots \tag{5-193}$$

Lindstedt 变换前后，Hamiltonian 函数和 Kamiltonian 函数近似相等（恒等变换），满足等式

$$\mathcal{H}(I,\varphi) = \mathcal{H}_0(I) + \varepsilon \mathcal{H}_1(I,\varphi)$$

$$\equiv \mathcal{K}(J) = \mathcal{K}_0(J) + \varepsilon \mathcal{K}_1(J) + \varepsilon^2 \mathcal{K}_2(J) + \cdots \tag{5-194}$$

将 Hamiltonian 函数在 $(I=J)$ 处（相当于在 $\varepsilon=0$ 点）进行 Taylor 展开，可得

$$\mathcal{H}_0(I) + \varepsilon \mathcal{H}_1(I,\varphi) = \mathcal{H}_0(J) + \frac{\partial \mathcal{H}_0}{\partial J}\left(\varepsilon \frac{\partial S_1}{\partial \varphi} + \varepsilon^2 \frac{\partial S_2}{\partial \varphi} + \cdots\right) +$$

$$\frac{1}{2!}\frac{\partial^2 \mathcal{H}_0}{\partial J^2}\left(\varepsilon \frac{\partial S_1}{\partial \varphi} + \varepsilon^2 \frac{\partial S_2}{\partial \varphi} + \cdots\right)^2 + \cdots + \varepsilon \mathcal{H}_1(J,\varphi) +$$

$$\varepsilon\left[\frac{\partial \mathcal{H}_1}{\partial J}\left(\varepsilon \frac{\partial S_1}{\partial \varphi} + \varepsilon^2 \frac{\partial S_2}{\partial \varphi} + \cdots\right) + \frac{1}{2!}\frac{\partial^2 \mathcal{H}_1}{\partial J^2}\left(\varepsilon \frac{\partial S_1}{\partial \varphi} + \varepsilon^2 \frac{\partial S_2}{\partial \varphi} + \cdots\right)^2 + \cdots\right] \tag{5-195}$$

$$\equiv K_0(J) + \varepsilon K_1(J) + \varepsilon^2 K_2(J) + \cdots$$

根据小参数 ε 相同幂次项相等的原则，可得如下递推方程（即摄动分析方程组）

$$\varepsilon^0 : \mathcal{K}_0(J) = \mathcal{H}_0(J)$$

$$\varepsilon^1 : \mathcal{K}_1(J) = \frac{\partial \mathcal{H}_0}{\partial J}\frac{\partial S_1}{\partial \varphi} + \mathcal{H}_1(J,\varphi)$$

$$\varepsilon^2 : \mathcal{K}_2(J) = \frac{\partial \mathcal{H}_0}{\partial J}\frac{\partial S_2}{\partial \varphi} + \frac{1}{2}\frac{\partial^2 \mathcal{H}_0}{\partial J^2}\left(\frac{\partial S_1}{\partial \varphi}\right)^2 + \frac{\partial \mathcal{H}_1}{\partial J}\frac{\partial S_1}{\partial \varphi}$$

---

① 这和要求变换后系统的运动方程只含作用量是一致的。因此可以将 Lindstedt 变换理解为针对哈密顿系统的推广平均化方法。

② 所谓隐形式函数，意味着它是原坐标和新动量的函数。

$$\varepsilon^3 : \mathcal{K}_3(J) = \frac{\partial \mathcal{H}_0}{\partial J} \frac{\partial S_3}{\partial \varphi} + \frac{\partial^2 \mathcal{H}_0}{\partial J^2} \frac{\partial S_1}{\partial \varphi} \frac{\partial S_2}{\partial \varphi} + \frac{1}{3!} \frac{\partial^3 \mathcal{H}_0}{\partial J^3} \left(\frac{\partial S_1}{\partial \varphi} \right)^3 +$$

$$\frac{\partial \mathcal{H}_1}{\partial J} \frac{\partial S_2}{\partial \varphi} + \frac{1}{2!} \frac{\partial^2 \mathcal{H}_1}{\partial J^2} \left(\frac{\partial S_1}{\partial \varphi} \right)^2$$

$$\cdots \tag{5-196}$$

通过是否含短周期角坐标,将右边函数分离为长期项和周期项,很容易求解(5-196)中的待定函数。针对哈密顿系统,变换前运动方程由 Hamiltonian 函数唯一确定,变换后运动方程由 Kamiltonian 函数唯一确定,新旧相空间变量之间的正则变换由生成函数唯一确定。因此,从哈密顿动力学角度,整个 Lindstedt 变换只需要构造 Kamiltonian 函数和生成函数的表达式,比推广平均化方法要简单很多。

下面针对 Lindstedt 变换做简单总结和讨论。

通过隐形式生成函数

$$S = \varphi J + \varepsilon S_1(J, \varphi) + \varepsilon^2 S_2(J, \varphi) + \cdots \tag{5-197}$$

给出 Lindstedt 变换(隐式变换,新旧变量之间的关系)

$$I = \frac{\partial S}{\partial \varphi} = J + \varepsilon \frac{\partial S_1}{\partial \varphi} + \varepsilon^2 \frac{\partial S_2}{\partial \varphi} + \cdots$$

$$\psi = \frac{\partial S}{\partial J} = \varphi + \varepsilon \frac{\partial S_1}{\partial J} + \varepsilon^2 \frac{\partial S_2}{\partial J} + \cdots \tag{5-198}$$

使得变换后系统仅含作用量,即 normal form 形式

$$\mathcal{H}(I, \varphi) \Rightarrow \mathcal{K}(J) \tag{5-199}$$

可见,Lindstedt 变换将所有的角坐标都消除了,Kamiltonian 函数变为仅含作用量的 normal form 形式。然而,在实际问题中,如研究共振、长期演化等问题时,仅需要部分消除那些短周期角坐标。对这类问题,Lindstedt 变换不再适用。因此,消除所有角坐标(完全平均化)是 Lindstedt 变换的特点,也是其局限。

比方说,如下 2 自由度系统,仅消除快变量 φ_1 的部分平均化

$$\mathcal{H}(I_1, I_2, \varphi_1, \varphi_2) \Rightarrow \mathcal{K}(J_1, J_2, -, \varphi_2) \tag{5-200}$$

若想类似这样,部分消除角坐标,有什么可以利用的变换方法?

后面章节介绍的 von Zeipel 变换(隐式变换)和 Lie 级数变换(显式变换)既可以实现部分平均,也可以实现完全平均。

5.3　von Zeipel 变换理论

von Zeipel(图 5-12)变换方法,是针对哈密顿系统的一种隐形式正则变换,是实现部分

平均化的一种变换方法。具体做法是寻找隐形式生成函数 S，使得变换后的哈密顿函数尽可能多地出现循环坐标，从而出现运动积分，使系统自由度降低，使变换后的问题变得相对简单。下面分别以 1 自由度、2 自由度系统为例来阐述 von Zeipel 变换的基本流程。

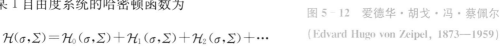

图 5-12　爱德华·胡戈·冯·蔡佩尔
(Edvard Hugo von Zeipel, 1873—1959)

5.3.1　1 自由度系统的 von Zeipel 变换

某 1 自由度系统的哈密顿函数为

$$\mathcal{H}(\sigma,\Sigma)=\mathcal{H}_0(\sigma,\Sigma)+\mathcal{H}_1(\sigma,\Sigma)+\mathcal{H}_2(\sigma,\Sigma)+\cdots$$
$$(5-201)$$

其中 (σ,Σ) 为一对共轭变量，$\mathcal{H}_k(\sigma,\Sigma)=O(\varepsilon^k)$ 代表小参数 ε 的 k 阶项。变换前的变量为 (σ,Σ)，变换后的变量为 (σ^*,Σ^*)。von Zeipel 变换的目的是寻找如下形式的生成函数

$$S(\sigma,\Sigma^*)=S_0(\sigma,\Sigma^*)+S_1(\sigma,\Sigma^*)+S_2(\sigma,\Sigma^*)+\cdots \qquad (5-202)$$

其中 $S_0(\sigma,\Sigma^*)=\sigma\Sigma^*$ 对应零阶项，为恒等变换，以及 $S_k(\sigma,\Sigma^*)=O(\varepsilon^k)$。生成函数确定的 von Zeipel 变换为

$$\Sigma=\frac{\partial S(\sigma,\Sigma^*)}{\partial\sigma},\quad \sigma^*=\frac{\partial S(\sigma,\Sigma^*)}{\partial\Sigma^*} \qquad (5-203)$$

具体表达式为

$$\Sigma=\Sigma^*+\frac{\partial S_1(\sigma,\Sigma^*)}{\partial\sigma}+\frac{\partial S_2(\sigma,\Sigma^*)}{\partial\sigma}+\cdots$$

$$\sigma^*=\sigma+\frac{\partial S_1(\sigma,\Sigma^*)}{\partial\Sigma^*}+\frac{\partial S_2(\sigma,\Sigma^*)}{\partial\Sigma^*}+\cdots \qquad (5-204)$$

使得变换后的哈密顿函数为（消除角坐标 σ^*）

$$\mathcal{H}^*(\Sigma^*)=\mathcal{H}_0^*(\Sigma^*)+\mathcal{H}_1^*(\Sigma^*)+\mathcal{H}_2^*(\Sigma^*)+\cdots \qquad (5-205)$$

von Zeipel 变换是一个恒等变换，即要求变换前后数学模型不变（哈密顿函数相等），建立如下等式

$$\mathcal{H}(\sigma,\Sigma)=\mathcal{H}_0(\sigma,\Sigma)+\mathcal{H}_1(\sigma,\Sigma)+\mathcal{H}_2(\sigma,\Sigma)+\cdots$$
$$\equiv\mathcal{H}^*(\Sigma^*)=\mathcal{H}_0^*(\Sigma^*)+\mathcal{H}_1^*(\Sigma^*)+\mathcal{H}_2^*(\Sigma^*)+\cdots \qquad (5-206)$$

将变换前的哈密顿函数 $\mathcal{H}(\sigma,\Sigma)$ 在 (σ,Σ^*) 处进行 Taylor 展开

$$\mathcal{H}(\sigma,\Sigma)=\mathcal{H}(\sigma,\Sigma^*+\Delta\Sigma)$$
$$=\sum_{k=0}^{\infty}\mathcal{H}_k(\sigma,\Sigma^*+\Delta\Sigma)$$

$$
= \sum_{k=0}^{\infty} \left[\mathcal{H}_k(\sigma, \Sigma^*) + \frac{\partial \mathcal{H}_k}{\partial \Sigma} \bigg|_{\Sigma=\Sigma^*} (\Delta\Sigma) + \frac{1}{2!} \frac{\partial^2 \mathcal{H}_k}{\partial \Sigma^2} \bigg|_{\Sigma=\Sigma^*} (\Delta\Sigma)^2 + \cdots \right]
$$

$$
= \sum_{k=0}^{\infty} \mathcal{H}_k^* (\Sigma^*) \tag{5-207}
$$

其中

$$
\Delta\Sigma = \Sigma - \Sigma^* = \frac{\partial S_1(\sigma, \Sigma^*)}{\partial \sigma} + \frac{\partial S_2(\sigma, \Sigma^*)}{\partial \sigma} + \cdots \tag{5-208}
$$

将(5-208)代入(5-207)并整理可得

$$
\sum_{k=0}^{\infty} \left[\mathcal{H}_k(\sigma, \Sigma^*) + \frac{\partial \mathcal{H}_k}{\partial \Sigma} \bigg|_{\Sigma=\Sigma^*} \left(\frac{\partial S_1}{\partial \sigma} + \frac{\partial S_2}{\partial \sigma} + \cdots \right) + \frac{1}{2!} \frac{\partial^2 \mathcal{H}_k}{\partial \Sigma^2} \bigg|_{\Sigma=\Sigma^*} \left(\frac{\partial S_1}{\partial \sigma} + \frac{\partial S_2}{\partial \sigma} + \cdots \right)^2 + \cdots \right]
$$

$$
= \sum_{k=0}^{\infty} \mathcal{H}_k^* (\Sigma^*)
$$

$$
\tag{5-209}
$$

根据(5-209)两边同次幂相等(摄动分析)的原则,可建立摄动分析方程组

$$
\mathcal{H}_0^* = \mathcal{H}_0
$$

$$
\mathcal{H}_1^* = \mathcal{H}_1 + \frac{\partial \mathcal{H}_0}{\partial \Sigma^*} \frac{\partial S_1}{\partial \sigma}
$$

$$
\mathcal{H}_2^* = \mathcal{H}_2 + \frac{\partial \mathcal{H}_1}{\partial \Sigma^*} \frac{\partial S_1}{\partial \sigma} + \frac{1}{2!} \frac{\partial^2 \mathcal{H}_0}{\partial \Sigma^{*2}} \left(\frac{\partial S_1}{\partial \sigma} \right)^2 + \frac{\partial \mathcal{H}_0}{\partial \Sigma^*} \frac{\partial S_2}{\partial \sigma}
$$

$$
\mathcal{H}_3^* = \mathcal{H}_3 + \frac{\partial \mathcal{H}_2}{\partial \Sigma^*} \frac{\partial S_1}{\partial \sigma} + \frac{1}{2!} \frac{\partial^2 \mathcal{H}_1}{\partial \Sigma^{*2}} \left(\frac{\partial S_1}{\partial \sigma} \right)^2 + \frac{\partial \mathcal{H}_1}{\partial \Sigma^*} \frac{\partial S_2}{\partial \sigma} + \frac{1}{3!} \frac{\partial^3 \mathcal{H}_0}{\partial \Sigma^{*3}} \left(\frac{\partial S_1}{\partial \sigma} \right)^3 +
$$

$$
\frac{\partial^2 \mathcal{H}_0}{\partial \Sigma^{*2}} \left(\frac{\partial S_1}{\partial \sigma} \right) \left(\frac{\partial S_2}{\partial \sigma} \right) + \frac{\partial \mathcal{H}_0}{\partial \Sigma^*} \frac{\partial S_3}{\partial \sigma} \tag{5-210}
$$

$$
\mathcal{H}_4^* = \mathcal{H}_4 + \frac{\partial \mathcal{H}_3}{\partial \Sigma^*} \frac{\partial S_1}{\partial \sigma} + \frac{1}{2!} \frac{\partial^2 \mathcal{H}_2}{\partial \Sigma^{*2}} \left(\frac{\partial S_1}{\partial \sigma} \right)^2 + \frac{\partial \mathcal{H}_2}{\partial \Sigma^*} \frac{\partial S_2}{\partial \sigma} + \frac{1}{3!} \frac{\partial^3 \mathcal{H}_1}{\partial \Sigma^{*3}} \left(\frac{\partial S_1}{\partial \sigma} \right)^3 +
$$

$$
\frac{\partial^2 \mathcal{H}_1}{\partial \Sigma^{*2}} \left(\frac{\partial S_1}{\partial \sigma} \right) \left(\frac{\partial S_2}{\partial \sigma} \right) + \frac{\partial \mathcal{H}_1}{\partial \Sigma^*} \frac{\partial S_3}{\partial \sigma} + \frac{1}{4!} \frac{\partial^4 \mathcal{H}_0}{\partial \Sigma^{*4}} \left(\frac{\partial S_1}{\partial \sigma} \right)^4 +
$$

$$
\frac{1}{3} \frac{\partial^3 \mathcal{H}_0}{\partial \Sigma^{*3}} \left(\frac{\partial S_1}{\partial \sigma} \right)^2 \left(\frac{\partial S_2}{\partial \sigma} \right) + \frac{1}{2} \frac{\partial^2 \mathcal{H}_0}{\partial \Sigma^{*2}} \left(\frac{\partial S_2}{\partial \sigma} \right)^2 + \frac{\partial \mathcal{H}_0}{\partial \Sigma^*} \frac{\partial S_4}{\partial \sigma}
$$

$$
\cdots
$$

通过分离长期项和周期项求解未知系数。下面给出具体的求解思路。

零阶项

$$
\mathcal{H}_0^* = \mathcal{H}_0 \tag{5-211}
$$

一阶项

$$\mathcal{H}_1^*(\Sigma) = \mathcal{H}_1 + \frac{\partial \mathcal{H}_0}{\partial \Sigma^*} \frac{\partial S_1}{\partial \sigma} \qquad (5-212)$$

可得

$$\begin{cases} \mathcal{H}_1^* = \mathcal{H}_{1,c} = \dfrac{1}{2\pi} \displaystyle\int_0^{2\pi} \mathcal{H}_1 \,\mathrm{d}\sigma \\[2mm] \dfrac{\partial \mathcal{H}_0}{\partial \Sigma^*} \dfrac{\partial S_1}{\partial \sigma} \mid \mathcal{H}_{1,s} = 0 \end{cases} \qquad (5-213)$$

下标 'c' 代表长期项, 's' 代表周期项。求解(5-213)可得

$$\frac{\partial S_1}{\partial \sigma} = \left(\frac{\partial \mathcal{H}_0}{\partial \Sigma^*}\right)^{-1}(\mathcal{H}_1^* - \mathcal{H}_1) \Rightarrow S_1 = \left(\frac{\partial \mathcal{H}_0}{\partial \Sigma^*}\right)^{-1}\int(\mathcal{H}_1^* - \mathcal{H}_1)\mathrm{d}\sigma \qquad (5-214)$$

二阶项

$$\mathcal{H}_2^* = \mathcal{H}_2 + \frac{\partial \mathcal{H}_1}{\partial \Sigma^*}\frac{\partial S_1}{\partial \sigma} + \frac{1}{2!}\frac{\partial^2 \mathcal{H}_0}{\partial \Sigma^{*2}}\left(\frac{\partial S_1}{\partial \sigma}\right)^2 + \frac{\partial \mathcal{H}_0}{\partial \Sigma^*}\frac{\partial S_2}{\partial \sigma} \qquad (5-215)$$

分离长期项和周期项可得

$$\begin{cases} \mathcal{H}_2^* = \left[\mathcal{H}_2 + \dfrac{\partial \mathcal{H}_1}{\partial \Sigma^*}\dfrac{\partial S_1}{\partial \sigma} + \dfrac{1}{2!}\dfrac{\partial^2 \mathcal{H}_0}{\partial \Sigma^{*2}}\left(\dfrac{\partial S_1}{\partial \sigma}\right)^2\right]_{\text{长期项}} \\[4mm] \dfrac{\partial S_2}{\partial \sigma} = \left(\dfrac{\partial \mathcal{H}_0}{\partial \Sigma^*}\right)^{-1}\left[\mathcal{H}_2 + \dfrac{\partial \mathcal{H}_1}{\partial \Sigma^*}\dfrac{\partial S_1}{\partial \sigma} + \dfrac{1}{2!}\dfrac{\partial^2 \mathcal{H}_0}{\partial \Sigma^{*2}}\left(\dfrac{\partial S_1}{\partial \sigma}\right)^2\right]_{\text{周期项}} \end{cases} \qquad (5-216)$$

高阶项也用类似方法求解。

通过变换,可实现如下目标

$$\mathcal{H}(\sigma, \Sigma) \Rightarrow \mathcal{H}^*(\Sigma^*) \qquad (5-217)$$

通过对比不难发现,针对 1 自由度的情况, von Zeipel 变换完全等同于 Lindstedt 变换。由于 Von Zeipel 变换的特点在于部分平均化, 2 自由度及以上系统才能体现出其优势。

5.3.2   2 自由度系统的 von Zeipel 变换

某 2 自由度系统的哈密顿函数为

$$\mathcal{H}(\sigma_1, \sigma_2, \Sigma_1, \Sigma_2) = \mathcal{H}_0(\Sigma_1, \Sigma_2) + \mathcal{H}_1(\sigma_1, \sigma_2, \Sigma_1, \Sigma_2) + \mathcal{H}_2(\sigma_1, \sigma_2, \Sigma_1, \Sigma_2) + \cdots$$
$$(5-218)$$

简记为

$$\mathcal{H}(\sigma_1, \sigma_2, \Sigma_1, \Sigma_2) = \mathcal{H}_0(\Sigma_1, \Sigma_2) + \sum_{n \geqslant 1}\mathcal{H}_n(\sigma_1, \sigma_2, \Sigma_1, \Sigma_2) \qquad (5-219)$$

所谓 von Zeipel 变换,目的是寻找如下形式的生成函数

$$S(\sigma_1, \sigma_2, \Sigma_1^*, \Sigma_2^*) = \sigma_1\Sigma_1^* + \sigma_2\Sigma_2^* + S_1(\sigma_1, \sigma_2, \Sigma_1^*, \Sigma_2^*) + S_2(\sigma_1, \sigma_2, \Sigma_1^*, \Sigma_2^*) + \cdots$$
$$(5-220)$$

简记为

$$S(\sigma_1,\sigma_2,\Sigma_1^*,\Sigma_2^*)=\sigma_1\Sigma_1^*+\sigma_2\Sigma_2^*+\sum_{n\geqslant1}S_n(\sigma_1,\sigma_2,\Sigma_1^*,\Sigma_2^*) \qquad (5-221)$$

对应的隐式变换为

$$\Sigma_i=\frac{\partial S}{\partial\sigma_i}=\Sigma_i^*+\frac{\partial S_1(\sigma_1,\sigma_2,\Sigma_1^*,\Sigma_2^*)}{\partial\sigma_i}+\frac{\partial S_2(\sigma_1,\sigma_2,\Sigma_1^*,\Sigma_2^*)}{\partial\sigma_i}+\cdots,\ i=1,2$$
$$\sigma_i^*=\frac{\partial S}{\partial\Sigma_i^*}=\sigma_i+\frac{\partial S_1(\sigma_1,\sigma_2,\Sigma_1^*,\Sigma_2^*)}{\partial\Sigma_i^*}+\frac{\partial S_2(\sigma_1,\sigma_2,\Sigma_1^*,\Sigma_2^*)}{\partial\Sigma_i^*}+\cdots,\ i=1,2 \qquad (5-222)$$

考虑通过 von Zeipel 变换，先消除快变量 σ_1（部分平均化），即

$$\mathcal{H}(\sigma_1,\sigma_2,\Sigma_1,\Sigma_2)\Rightarrow\mathcal{H}^*(-,\sigma_2^*,\Sigma_1^*,\Sigma_2^*) \qquad (5-223)$$

von Zeipel 变换的核心思想是：将变换前、后的哈密顿函数在 $(\sigma_1,\sigma_2,\Sigma_1^*,\Sigma_2^*)$ 处进行 Taylor 展开（相当于在 $\varepsilon=0$ 附近进行 Taylor 展开），然后根据恒等变换关系建立摄动分析方程组。

首先，将变换前哈密顿函数 $\mathcal{H}(\sigma_1,\sigma_2,\Sigma_1,\Sigma_2)$ 在 $(\sigma_1,\sigma_2,\Sigma_1^*,\Sigma_2^*)$ 点附近进行 Taylor 展开，可得

$$\mathcal{H}(\sigma_1,\sigma_2,\Sigma_1,\Sigma_2)=\sum_{n\geqslant0}\mathcal{H}_n(\sigma_1,\sigma_2,\Sigma_1,\Sigma_2)$$

$$=\sum_{n\geqslant0}\left\{\mathcal{H}_n+\frac{\partial\mathcal{H}_n}{\partial\Sigma_1}\bigg|_*(\Sigma_1-\Sigma_1^*)+\frac{\partial\mathcal{H}_n}{\partial\Sigma_2}\bigg|_*(\Sigma_2-\Sigma_2^*)+\right.$$

$$\frac{1}{2!}\frac{\partial^2\mathcal{H}_n}{\partial\Sigma_1^2}\bigg|_*(\Sigma_1-\Sigma_1^*)^2+\frac{1}{2!}\frac{\partial^2\mathcal{H}_n}{\partial\Sigma_2^2}\bigg|_*(\Sigma_2-\Sigma_2^*)^2+$$

$$\frac{\partial^2\mathcal{H}_n}{\partial\Sigma_2\partial\Sigma_1}\bigg|_*(\Sigma_1-\Sigma_1^*)(\Sigma_2-\Sigma_2^*)+\frac{1}{3!}\frac{\partial^3\mathcal{H}_n}{\partial\Sigma_1^3}\bigg|_*(\Sigma_1-\Sigma_1^*)^3+\frac{1}{3!}\frac{\partial^3\mathcal{H}_n}{\partial\Sigma_2^3}\bigg|_*(\Sigma_2-\Sigma_2^*)^3+$$

$$\left.\frac{1}{2}\frac{\partial^3\mathcal{H}_n}{\partial\Sigma_2\partial\Sigma_1^2}\bigg|_*(\Sigma_1-\Sigma_1^*)^2(\Sigma_2-\Sigma_2^*)+\frac{1}{2}\frac{\partial^3\mathcal{H}_n}{\partial\Sigma_1\partial\Sigma_2^2}\bigg|_*(\Sigma_2-\Sigma_2^*)^2(\Sigma_1-\Sigma_1^*)+\cdots\right\}$$

$$(5-224)$$

其次，将变换后哈密顿函数 $\mathcal{H}^*(-,\sigma_2^*,\Sigma_1^*,\Sigma_2^*)$ 在 $(\sigma_1,\sigma_2,\Sigma_1^*,\Sigma_2^*)$ 附近进行 Taylor 展开（与 Lindstedt 变换的差别体现在这里），可得

$$\mathcal{H}^*(-,\sigma_2^*,\Sigma_1^*,\Sigma_2^*)=\sum_{n\geqslant0}\mathcal{H}_n^*(-,\sigma_2^*,\Sigma_1^*,\Sigma_2^*)$$

$$=\sum_{n\geqslant0}\left[\mathcal{H}_n^*+\frac{\partial\mathcal{H}_n^*}{\partial\sigma_2^*}\bigg|_{\sigma_2^*=\sigma_2}(\sigma_2^*-\sigma_2)+\frac{1}{2!}\frac{\partial^2\mathcal{H}_n^*}{\partial\sigma_2^{*2}}\bigg|_{\sigma_2^*=\sigma_2}(\sigma_2^*-\sigma_2)^2+\cdots\right] \qquad (5-225)$$

其中正则变换给出偏差量信息

$$\Delta\Sigma_i=\Sigma_i-\Sigma_i^*=\frac{\partial S_1}{\partial\sigma_i}+\frac{\partial S_2}{\partial\sigma_i}+\cdots$$

$$\Delta\sigma_i^*=\sigma_i^*-\sigma_i=\frac{\partial S_1}{\partial\Sigma_i^*}+\frac{\partial S_2}{\partial\Sigma_i^*}+\cdots,\ i=1,2 \qquad (5-226)$$

将正则变换(5‐226)代入 Taylor 展开式(5‐224)和(5‐225)，依据恒等变换，可得如下恒等式

$$
\begin{aligned}
\sum_{n\geqslant 0}\Bigg[&\mathcal{H}_n + \frac{\partial \mathcal{H}_n}{\partial \Sigma_1^*}\left(\frac{\partial S_1}{\partial \sigma_1}+\frac{\partial S_2}{\partial \sigma_1}+\cdots\right) + \frac{\partial \mathcal{H}_n}{\partial \Sigma_2^*}\left(\frac{\partial S_1}{\partial \sigma_2}+\frac{\partial S_2}{\partial \sigma_2}+\cdots\right) + \frac{1}{2!}\frac{\partial^2 \mathcal{H}_n}{\partial \Sigma_1^{*2}}\left(\frac{\partial S_1}{\partial \sigma_1}+\frac{\partial S_2}{\partial \sigma_1}+\cdots\right)^2 + \\
&\frac{1}{2!}\frac{\partial^2 \mathcal{H}_n}{\partial \Sigma_2^{*2}}\left(\frac{\partial S_1}{\partial \sigma_2}+\frac{\partial S_2}{\partial \sigma_2}+\cdots\right)^2 + \frac{\partial^2 \mathcal{H}_n}{\partial \Sigma_2^* \partial \Sigma_1^*}\left(\frac{\partial S_1}{\partial \sigma_1}+\frac{\partial S_2}{\partial \sigma_1}+\cdots\right)\left(\frac{\partial S_1}{\partial \sigma_2}+\frac{\partial S_2}{\partial \sigma_2}+\cdots\right) + \\
&\frac{1}{3!}\frac{\partial^3 \mathcal{H}_n}{\partial \Sigma_1^{*3}}\left(\frac{\partial S_1}{\partial \sigma_1}+\frac{\partial S_2}{\partial \sigma_1}+\cdots\right)^3 + \frac{1}{3!}\frac{\partial^3 \mathcal{H}_n}{\partial \Sigma_2^{*3}}\left(\frac{\partial S_1}{\partial \sigma_2}+\frac{\partial S_2}{\partial \sigma_2}+\cdots\right)^3 + \\
&\frac{1}{2}\frac{\partial^3 \mathcal{H}_n}{\partial \Sigma_2^* \partial \Sigma_1^{*2}}\left(\frac{\partial S_1}{\partial \sigma_1}+\frac{\partial S_2}{\partial \sigma_1}+\cdots\right)^2\left(\frac{\partial S_1}{\partial \sigma_2}+\frac{\partial S_2}{\partial \sigma_2}+\cdots\right) + \\
&\frac{1}{2}\frac{\partial^3 \mathcal{H}_n}{\partial \Sigma_2^{*2} \partial \Sigma_1^*}\left(\frac{\partial S_1}{\partial \sigma_1}+\frac{\partial S_2}{\partial \sigma_1}+\cdots\right)\left(\frac{\partial S_1}{\partial \sigma_2}+\frac{\partial S_2}{\partial \sigma_2}+\cdots\right)^2 + \cdots \Bigg] \\
= \sum_{n\geqslant 0}\Bigg[&\mathcal{H}_n^* + \frac{\partial \mathcal{H}_n^*}{\partial \sigma_2}\left(\frac{\partial S_1}{\partial \Sigma_2^*}+\frac{\partial S_2}{\partial \Sigma_2^*}+\cdots\right) + \frac{1}{2!}\frac{\partial^2 \mathcal{H}_n^*}{\partial \sigma_2^2}\left(\frac{\partial S_1}{\partial \Sigma_2^*}+\frac{\partial S_2}{\partial \Sigma_2^*}+\cdots\right)^2 + \\
&\frac{1}{3!}\frac{\partial^2 \mathcal{H}_n^*}{\partial \sigma_2^3}\left(\frac{\partial S_1}{\partial \Sigma_2^*}+\frac{\partial S_2}{\partial \Sigma_2^*}+\cdots\right)^3 + \cdots \Bigg]
\end{aligned}
\tag{5-227}
$$

根据摄动分析，左右两边 ε 的相同幂次项分别相等，可得如下摄动分析方程组：

零阶项

$$
\mathcal{H}_0^* = \mathcal{H}_0
\tag{5-228}
$$

一阶项

$$
\mathcal{H}_1^* = \mathcal{H}_1 + \frac{\partial \mathcal{H}_0}{\partial \Sigma_1^*}\frac{\partial S_1}{\partial \sigma_1} + \frac{\partial \mathcal{H}_0}{\partial \Sigma_2^*}\frac{\partial S_1}{\partial \sigma_2}
\tag{5-229}
$$

二阶项

$$
\begin{aligned}
\mathcal{H}_2^* + \frac{\partial \mathcal{H}_1^*}{\partial \sigma_2}\frac{\partial S_1}{\partial \Sigma_2^*} = {} & \mathcal{H}_2 + \frac{\partial \mathcal{H}_0}{\partial \Sigma_1^*}\frac{\partial S_2}{\partial \sigma_1} + \frac{\partial \mathcal{H}_0}{\partial \Sigma_2^*}\frac{\partial S_2}{\partial \sigma_2} + \frac{\partial \mathcal{H}_1}{\partial \Sigma_1^*}\frac{\partial S_1}{\partial \sigma_1} + \frac{\partial \mathcal{H}_1}{\partial \Sigma_2^*}\frac{\partial S_1}{\partial \sigma_2} + \frac{1}{2!}\frac{\partial^2 \mathcal{H}_0}{\partial \Sigma_1^{*2}}\left(\frac{\partial S_1}{\partial \sigma_1}\right)^2 + \\
& \frac{\partial^2 \mathcal{H}_0}{\partial \Sigma_2^* \partial \Sigma_1^*}\left(\frac{\partial S_1}{\partial \sigma_1}\right)\left(\frac{\partial S_1}{\partial \sigma_2}\right) + \frac{1}{2!}\frac{\partial^2 \mathcal{H}_0}{\partial \Sigma_2^{*2}}\left(\frac{\partial S_1}{\partial \sigma_2}\right)^2
\end{aligned}
\tag{5-230}
$$

三阶项

$$
\begin{aligned}
& \mathcal{H}_3^* + \frac{\partial \mathcal{H}_1^*}{\partial \sigma_2}\left(\frac{\partial S_2}{\partial \Sigma_2^*}\right) + \frac{\partial \mathcal{H}_2^*}{\partial \sigma_2}\left(\frac{\partial S_1}{\partial \Sigma_2^*}\right) + \frac{1}{2}\frac{\partial^2 \mathcal{H}_1^*}{\partial \sigma_2^2}\left(\frac{\partial S_1}{\partial \Sigma_2^*}\right)^2 \\
= {} & \mathcal{H}_3 + \frac{\partial \mathcal{H}_0}{\partial \Sigma_1^*}\left(\frac{\partial S_3}{\partial \sigma_1}\right) + \frac{\partial \mathcal{H}_0}{\partial \Sigma_2^*}\left(\frac{\partial S_3}{\partial \sigma_2}\right) + \frac{\partial \mathcal{H}_1}{\partial \Sigma_1^*}\left(\frac{\partial S_2}{\partial \sigma_1}\right) + \frac{\partial \mathcal{H}_1}{\partial \Sigma_2^*}\left(\frac{\partial S_2}{\partial \sigma_2}\right) + \frac{\partial \mathcal{H}_2}{\partial \Sigma_1^*}\left(\frac{\partial S_1}{\partial \sigma_1}\right) + \\
& \frac{\partial \mathcal{H}_2}{\partial \Sigma_2^*}\left(\frac{\partial S_1}{\partial \sigma_2}\right) + \frac{\partial^2 \mathcal{H}_0}{\partial \Sigma_1^{*2}}\left(\frac{\partial S_1}{\partial \sigma_1}\right)\left(\frac{\partial S_2}{\partial \sigma_1}\right) + \frac{1}{2}\frac{\partial^2 \mathcal{H}_1}{\partial \Sigma_1^{*2}}\left(\frac{\partial S_1}{\partial \sigma_1}\right)^2 + \frac{\partial^2 \mathcal{H}_0}{\partial \Sigma_2^{*2}}\left(\frac{\partial S_1}{\partial \sigma_2}\right)\left(\frac{\partial S_2}{\partial \sigma_2}\right) + \\
& \frac{1}{2}\frac{\partial^2 \mathcal{H}_1}{\partial \Sigma_2^{*2}}\left(\frac{\partial S_1}{\partial \sigma_2}\right)^2 + \frac{\partial^2 \mathcal{H}_0}{\partial \Sigma_2^* \partial \Sigma_1^*}\left(\frac{\partial S_1}{\partial \sigma_1}\right)\left(\frac{\partial S_2}{\partial \sigma_2}\right) + \frac{\partial^2 \mathcal{H}_0}{\partial \Sigma_2^* \partial \Sigma_1^*}\left(\frac{\partial S_2}{\partial \sigma_1}\right)\left(\frac{\partial S_1}{\partial \sigma_2}\right) + \frac{1}{6}\frac{\partial^3 \mathcal{H}_0}{\partial \Sigma_1^{*3}}\left(\frac{\partial S_1}{\partial \sigma_1}\right)^3 + \\
& \frac{1}{6}\frac{\partial^3 \mathcal{H}_0}{\partial \Sigma_2^{*3}}\left(\frac{\partial S_1}{\partial \sigma_2}\right)^3 + \frac{1}{2}\frac{\partial^3 \mathcal{H}_0}{\partial \Sigma_2^* \partial \Sigma_1^{*2}}\left(\frac{\partial S_1}{\partial \sigma_1}\right)^2\left(\frac{\partial S_1}{\partial \sigma_2}\right) + \frac{1}{2}\frac{\partial^3 \mathcal{H}_0}{\partial \Sigma_2^{*2} \partial \Sigma_1^*}\left(\frac{\partial S_1}{\partial \sigma_1}\right)\left(\frac{\partial S_1}{\partial \sigma_2}\right)^2
\end{aligned}
\tag{5-231}
$$

高阶项变得复杂。以上递推关系中,通过分离周期项很容易求解未知量。相同过程可消除 σ_2,此处不再重复。类似地,可构造 3 自由度以上哈密顿系统的 von Zeipel 变换。

请读者思考 von Zeipel 变换与 Lindstedt 变换的区别。

5.3.3　延伸思考一:生成函数的物理含义

在 von Zeipel 变换中引入的生成函数为如下形式

$$S(\sigma_1,\sigma_2,\Sigma_1^*,\Sigma_2^*) = \sigma_1\Sigma_1^* + \sigma_2\Sigma_2^* + \sum_{n\geqslant 1}\varepsilon^n S_n(\sigma_1,\sigma_2,\Sigma_1^*,\Sigma_2^*) \tag{5-232}$$

该生成函数给出隐形式的正则变换

$$\begin{cases} \Sigma_i = \Sigma_i^* + \sum_{n\geqslant 1}\varepsilon^n \dfrac{\partial S_n}{\partial \sigma_i} \\ \sigma_i^* = \sigma + \sum_{n\geqslant 1}\varepsilon^n \dfrac{\partial S_n}{\partial \Sigma_i^*} \end{cases} \tag{5-233}$$

将上式改写为

$$\begin{cases} \Sigma_i^* - \Sigma_i = -\sum_{n\geqslant 1}\varepsilon^n \dfrac{\partial S_n}{\partial \sigma_i} \\ \sigma_i^* - \sigma_i = \sum_{n\geqslant 1}\varepsilon^n \dfrac{\partial S_n}{\partial \Sigma_i^*} \end{cases} \tag{5-234}$$

将其整理为差分形式可得

$$\begin{cases} \dfrac{\Sigma_i^* - \Sigma_i}{\varepsilon} = -\sum_{n\geqslant 1}\varepsilon^{n-1} \dfrac{\partial S_n}{\partial \sigma_i} \\ \dfrac{\sigma_i^* - \sigma_i}{\varepsilon} = \sum_{n\geqslant 1}\varepsilon^{n-1} \dfrac{\partial S_n}{\partial \Sigma_i^*} \end{cases} \tag{5-235}$$

当 $\varepsilon\ll 1$ 时,上式可改写为微分形式

$$\begin{cases} \dfrac{\mathrm{d}\Sigma_i^*}{\mathrm{d}\varepsilon} = -\sum_{n\geqslant 1}\varepsilon^{n-1} \dfrac{\partial S_n}{\partial \sigma_i} \approx -\dfrac{\partial W}{\partial \sigma_1^*} \\ \dfrac{\mathrm{d}\sigma_i^*}{\mathrm{d}\varepsilon} = \sum_{n\geqslant 1}\varepsilon^{n-1} \dfrac{\partial S_n}{\partial \Sigma_i^*} = \dfrac{\partial W}{\partial \Sigma_i^*} \end{cases} \tag{5-236}$$

因此,实现该变换的哈密顿函数为 W,与生成函数的关系如下

$$W(\sigma_1,\sigma_2,\Sigma_1^*,\Sigma_2^*) = \sum_{n\geqslant 1}\varepsilon^{n-1} S_n(\sigma_1,\sigma_2,\Sigma_1^*,\Sigma_2^*) \triangleq \sum_{n\geqslant 1}\varepsilon^{n-1} W_n(\sigma_1,\sigma_2,\Sigma_1^*,\Sigma_2^*) \tag{5-237}$$

请注意 W 的形式,在 Lie 级数变换里面会直接用到该形式。可见,von Zeipel 变换的生成函数 S 与实现该正则变换的哈密顿函数 W 有如下关系

$$S = S_0 + \varepsilon S_1 + \varepsilon^2 S_2 + \cdots \tag{5-238}$$

$$W = W_1 + \varepsilon W_2 + \varepsilon^2 W_3 + \cdots$$

其中 $W_{n\geqslant1}=S_{n\geqslant1}$，以生成函数 S 和哈密顿函数 W 给出的正则变换表达式为

$$\begin{cases} \Sigma_i = \sum_{n\geqslant0} \varepsilon^n \dfrac{\partial S_n}{\partial \sigma_i} \\ \sigma_i^* = \sum_{n\geqslant0} \varepsilon^n \dfrac{\partial S_n}{\partial \Sigma_i^*} \end{cases} 和 \begin{cases} \Sigma_i = \Sigma_i^* + \sum_{n\geqslant1} \varepsilon^n \dfrac{\partial W_n}{\partial \sigma_i} \\ \sigma_i^* = \sigma_i + \sum_{n\geqslant1} \varepsilon^n \dfrac{\partial W_n}{\partial \Sigma_i^*} \end{cases} \tag{5-239}$$

5.3.4　延伸思考二：Lindstedt 变换、von Zeipel 变换与推广平均法的关系

变换前的哈密顿函数为

$$\mathcal{H}(\sigma_1,\sigma_2,\Sigma_1,\Sigma_2) = \mathcal{H}_0(\Sigma_1,\Sigma_2) + \sum_{n\geqslant1} \varepsilon^n \mathcal{H}_n(\sigma_1,\sigma_2,\Sigma_1,\Sigma_2) \tag{5-240}$$

相应的运动方程为

$$\begin{cases} \dot{\Sigma}_i = \varepsilon f_i(\sigma_1,\sigma_2,\Sigma_1,\Sigma_2) \\ \dot{\sigma}_i = \omega_i(\Sigma_1,\Sigma_2) + \varepsilon g_i(\sigma_1,\sigma_2,\Sigma_1,\Sigma_2) \end{cases} \tag{5-241}$$

1）对于 Lindstedt 变换，引进如下形式的生成函数

$$S(\sigma_1,\sigma_2,\Sigma_1^*,\Sigma_2^*) = \sigma_1\Sigma_1^* + \sigma_2\Sigma_2^* + \sum_{n\geqslant1} \varepsilon^n S_n(\sigma_1,\sigma_2,\Sigma_1^*,\Sigma_2^*) \tag{5-242}$$

对应隐式正则变换为

$$\begin{cases} \Sigma_i = \Sigma_i^* + \sum_{n\geqslant1} \varepsilon^n \dfrac{\partial S_n}{\partial \sigma_i} \\ \sigma_i^* = \sigma + \sum_{n\geqslant1} \varepsilon^n \dfrac{\partial S_n}{\partial \Sigma_i^*} \end{cases} \tag{5-243}$$

使得变换后的哈密顿系统不含任何角坐标，即完全平均（fully averaging）

$$\mathcal{H}^*(-,-,\Sigma_1^*,\Sigma_2^*) = \mathcal{H}_0^*(\Sigma_1^*,\Sigma_2^*) + \sum_{n\geqslant1} \varepsilon^n \mathcal{H}_n^*(-,-,\Sigma_1^*,\Sigma_2^*) \tag{5-244}$$

与 Lindstedt 变换对应的推广平均法为：引入摄动解形式的变换

$$\begin{cases} \Sigma_i = \Sigma_i^* + \sum_{n\geqslant1} \varepsilon^n u_i^{(n)}(\sigma_1^*,\sigma_2^*,\Sigma_1^*,\Sigma_2^*) \\ \sigma_i = \sigma_i^* + \sum_{n\geqslant1} \varepsilon^n v_i^{(n)}(\sigma_1^*,\sigma_2^*,\Sigma_1^*,\Sigma_2^*) \end{cases} \tag{5-245}$$

使得平均化以后的系统变为只含作用量的形式，即

$$\begin{cases} \dot{\Sigma}_i^* = \sum_{n\geqslant1} \varepsilon^n F_i^{(n)}(-,-,\Sigma_1^*,\Sigma_2^*) \\ \dot{\sigma}_i^* = \omega_i(\Sigma_1^*,\Sigma_2^*) + \sum_{n\geqslant1} \varepsilon^n G_i^{(n)}(-,-,\Sigma_1^*,\Sigma_2^*) \end{cases} \tag{5-246}$$

2）对于 von Zeipel 变换，引进如下形式的生成函数

$$S(\sigma_1,\sigma_2,\Sigma_1^*,\Sigma_2^*) = \sigma_1\Sigma_1^* + \sigma_2\Sigma_2^* + \sum_{n\geqslant 1}\varepsilon^n S_n(\sigma_1,\sigma_2,\Sigma_1^*,\Sigma_2^*) \tag{5-247}$$

给出隐形式的正则变换

$$\begin{cases} \Sigma_i = \Sigma_i^* + \displaystyle\sum_{n\geqslant 1}\varepsilon^n\frac{\partial S_n}{\partial\sigma_i} \\[2mm] \sigma_i^* = \sigma + \displaystyle\sum_{n\geqslant 1}\varepsilon^n\frac{\partial S_n}{\partial\Sigma_i^*} \end{cases} \tag{5-248}$$

使得变换后的哈密顿函数不含角坐标 σ_1^*，即部分平均（partially averaging）

$$\mathcal{H}^*(-,\sigma_2^*,\Sigma_1^*,\Sigma_2^*) = \mathcal{H}_0^*(\Sigma_1^*,\Sigma_2^*) + \sum_{n\geqslant 1}\varepsilon^n\mathcal{H}_n^*(-,\sigma_2^*,\Sigma_1^*,\Sigma_2^*) \tag{5-249}$$

与 von Zeipel 变换对应的推广平均法为：引入摄动形式的变换

$$\begin{cases} \Sigma_i = \Sigma_i^* + \displaystyle\sum_{n\geqslant 1}\varepsilon^n u_i^{(n)}(\sigma_1^*,\sigma_2^*,\Sigma_1^*,\Sigma_2^*) \\[2mm] \sigma_i = \sigma_i^* + \displaystyle\sum_{n\geqslant 1}\varepsilon^n v_i^{(n)}(\sigma_1^*,\sigma_2^*,\Sigma_1^*,\Sigma_2^*) \end{cases} \tag{5-250}$$

使得平均化后的系统不含角坐标 σ_1^*，即

$$\begin{cases} \dot{\Sigma}_i^* = \displaystyle\sum_{n\geqslant 1}\varepsilon^n F_i^{(n)}(-,\sigma_2^*,\Sigma_1^*,\Sigma_2^*) \\[2mm] \dot{\sigma}_i^* = \omega_i(\Sigma_1^*,\Sigma_2^*) + \displaystyle\sum_{n\geqslant 1}\varepsilon^n G_i^{(n)}(-,\sigma_2^*,\Sigma_1^*,\Sigma_2^*) \end{cases} \tag{5-251}$$

关于 Lindstedt 变换、von Zeipel 变换以及推广的平均化方法，做如下几点讨论：

1）Lindstedt 变换和 von Zeipel 变换都针对的是哈密顿系统的隐形式的正则变换，前者实现完全平均，后者可实现部分平均。两者都是基于变换前后哈密顿函数恒等来建立摄动分析方程组。

2）推广平均化方法是在运动方程框架下实现平均化，因此不要求系统为哈密顿系统，不要求变量为正则变量。特别地，在哈密顿系统下，推广平均化方法变换前后的运动方程可用相应的 Hamiltonian 函数以及 Kamiltonian 函数取代，摄动形式的变换可被生成函数取代。因而，Lindstedt 变换和 von Zeipel 变换是推广平均化方法的特例。

3）Lindstedt 变换，一次消除全部快变量（完全平均），从而变换后的哈密顿函数为规范型形式（摄动分析解很容易给出）。这种方法适用范围较小，因为很多系统由长期项、长周期项和短周期项构成。

4）von Zeipel 变换，一次变换仅消除一个快变量（逐步部分平均）。n 自由度系统需经过 n 次 von Zeipel 变换才能变成规范型形式。这种方法在长期动力学演化、共振动力学等的研究中非常有用。隐形式正则变换（新旧变量之间的转换关系）对应的生成函数含旧坐标和新动量的混合形式，使得 von Zeipel 变换为隐式变换，这是它的主要特点，某些情况该特点会限

制其应用范围。因此,显式变换很重要,在下一节中将系统介绍以 Lie 级数变换为代表的显式变换。

5.3.5 von Zeipel 变换之应用

本节将 von Zeipel 变换理论应用于如下两个具体问题:第二章的 Duffing 振动方程以及第三章讨论的含平方和立方项的非线性系统。

例 5 - 13 Duffing 振动方程。

第二章讨论的 Duffing 振动方程为

$$\ddot{\xi} + \xi - \varepsilon\xi^3 = 0 \tag{5-252}$$

对于未扰运动,引入 action-angle 变量

$$x = (I, \varphi) \tag{5-253}$$

扰动系统的哈密顿函数可表示为(见 5.1 节内容)

$$\mathcal{H} = I - \frac{1}{2}\varepsilon I^2\left(\frac{3}{4} - \cos 2\varphi + \frac{1}{4}\cos 4\varphi\right) \tag{5-254}$$

其中未扰项和扰动项分别为

$$\mathcal{H}_0 = I$$
$$\mathcal{H}_1 = -\frac{1}{2}\varepsilon I^2\left(\frac{3}{4} - \cos 2\varphi + \frac{1}{4}\cos 4\varphi\right) \tag{5-255}$$

以 action-angle 变量表示的运动方程为

$$\dot{\varphi} = 1 - \varepsilon I\left(\frac{3}{4} - \cos 2\varphi + \frac{1}{4}\cos 4\varphi\right)$$
$$\dot{I} = \varepsilon I^2\left(\sin 2\varphi - \frac{1}{2}\sin 4\varphi\right) \tag{5-256}$$

引入 von Zeipel 变换

$$(I, \varphi) \Rightarrow (J, \psi) \tag{2-257}$$

(I, φ) 为变换前的变量,(J, ψ) 为变换后的变量。变换的目的是使得变换后的哈密顿函数不含短周期角坐标 ψ,即

$$\mathcal{H}(I, \varphi) \Rightarrow \mathcal{H}^*(J) \tag{5-258}$$

零阶项

$$\mathcal{H}_0^* = J \tag{5-259}$$

一阶项

$$\mathcal{H}_1^* = \mathcal{H}_1 + \frac{\partial \mathcal{H}_0}{\partial J} \frac{\partial S_1}{\partial \varphi} \tag{5-260}$$

解得

$$\mathcal{H}_1^* = -\frac{3}{8} \varepsilon J^2 \tag{5-261}$$

$$S_1 = -\frac{1}{4} \varepsilon J^2 \sin 2\varphi + \frac{1}{32} \varepsilon J^2 \sin 4\varphi$$

二阶项

$$\mathcal{H}_2^* = \mathcal{H}_2 + \frac{\partial \mathcal{H}_0}{\partial J} \frac{\partial S_2}{\partial \varphi} + \frac{1}{2} \frac{\partial^2 \mathcal{H}_0}{\partial J^2} \left(\frac{\partial S_1}{\partial \varphi} \right)^2 + \frac{\partial \mathcal{H}_1}{\partial J} \frac{\partial S_1}{\partial \varphi} \tag{5-262}$$

解得

$$\mathcal{H}_2^* = -\frac{17}{64} \varepsilon^2 J^3 \tag{5-263}$$

和

$$S_2 = -\frac{1}{4} \varepsilon^2 J^3 \sin 2\varphi + \frac{11}{128} \varepsilon^2 J^3 \sin 4\varphi - \frac{1}{48} \varepsilon^2 J^3 \sin 6\varphi + \frac{1}{512} \varepsilon^2 J^3 \sin 8\varphi \tag{5-264}$$

三阶项

$$\mathcal{H}_3^* = \mathcal{H}_3 + \frac{\partial \mathcal{H}_0}{\partial J} \frac{\partial S_3}{\partial \varphi} + \frac{\partial \mathcal{H}_2}{\partial J} \frac{\partial S_1}{\partial \varphi} + \frac{\partial \mathcal{H}_1}{\partial J} \frac{\partial S_2}{\partial \varphi} + \frac{1}{2} \frac{\partial^2 \mathcal{H}_1}{\partial J^2} \left(\frac{\partial S_1}{\partial \varphi} \right)^2 +$$

$$\frac{1}{3!} \frac{\partial^3 \mathcal{H}_0}{\partial J^3} \left(\frac{\partial S_1}{\partial \varphi} \right)^3 + \frac{\partial^2 \mathcal{H}_0}{\partial J^2} \left(\frac{\partial S_1}{\partial \varphi} \right) \left(\frac{\partial S_2}{\partial \varphi} \right) \tag{5-265}$$

解得

$$\mathcal{H}_3^* = -\frac{375}{1024} \varepsilon^3 J^4 \tag{5-266}$$

和

$$S_3 = \frac{1}{2048} \varepsilon^3 J^4 \left(-772 \sin 2\varphi + \frac{1367}{4} \sin 4\varphi - \frac{406}{3} \sin 6\varphi + \frac{147}{4} \sin 8\varphi - 6 \sin 10\varphi + \frac{5}{12} \sin 12\varphi \right) \tag{5-267}$$

直到三阶项,变换后的哈密顿函数为

$$\mathcal{H}^* = J - \frac{3}{8} \varepsilon J^2 - \frac{17}{64} \varepsilon^2 J^3 - \frac{375}{1024} \varepsilon^3 J^4 \tag{5-268}$$

该系统的分析解为

$$J = \text{const}$$

$$\psi = \psi_0 + \left(1 - \frac{3}{4} \varepsilon J - \frac{51}{64} \varepsilon^2 J^2 - \frac{375}{256} \varepsilon^3 J^3 \right) t \tag{5-269}$$

生成函数为

$$
\begin{aligned}
S = & J\varphi + \varepsilon J^2 \left(-\frac{1}{4}\sin 2\varphi + \frac{1}{32}\sin 4\varphi \right) + \\
& \varepsilon^2 J^3 \left(-\frac{1}{4}\sin 2\varphi + \frac{11}{128}\sin 4\varphi - \frac{1}{48}\sin 6\varphi + \frac{1}{512}\sin 8\varphi \right) + \\
& \frac{1}{2048}\varepsilon^3 J^4 \left(-772\sin 2\varphi + \frac{1367}{4}\sin 4\varphi - \frac{406}{3}\sin 6\varphi + \right. \\
& \left. \frac{147}{4}\sin 8\varphi - 6\sin 10\varphi + \frac{5}{12}\sin 12\varphi \right)
\end{aligned}
\tag{5-270}
$$

从而可得隐式变换为

$$
\begin{aligned}
\psi = & \varphi + \varepsilon J \left(-\frac{1}{2}\sin 2\varphi + \frac{1}{16}\sin 4\varphi \right) + \\
& \varepsilon^2 J^2 \left(-\frac{3}{4}\sin 2\varphi + \frac{33}{128}\sin 4\varphi - \frac{1}{16}\sin 6\varphi + \frac{3}{512}\sin 8\varphi \right) + \\
& \frac{1}{512}\varepsilon^3 J^3 \left(-772\sin 2\varphi + \frac{1367}{4}\sin 4\varphi - \frac{406}{3}\sin 6\varphi + \right. \\
& \left. \frac{147}{4}\sin 8\varphi - 6\sin 10\varphi + \frac{5}{12}\sin 12\varphi \right)
\end{aligned}
\tag{5-271}
$$

和

$$
\begin{aligned}
I = & J + \varepsilon J^2 \left(-\frac{1}{2}\cos 2\varphi + \frac{1}{8}\cos 4\varphi \right) + \\
& \varepsilon^2 J^3 \left(-\frac{1}{2}\cos 2\varphi + \frac{11}{32}\cos 4\varphi - \frac{1}{8}\cos 6\varphi + \frac{1}{64}\cos 8\varphi \right) + \\
& \frac{1}{2048}\varepsilon^3 J^4 \left(-1544\cos 2\varphi + 1367\cos 4\varphi - 812\cos 6\varphi + \right. \\
& \left. 294\cos 8\varphi - 60\cos 10\varphi + 5\cos 12\varphi \right)
\end{aligned}
\tag{5-272}
$$

这是一个隐式变换。请读者思考：如何根据（5-271）和（5-272）推导显式变换表达式 $I(J,\psi)$ 以及 $\varphi(J,\psi)$？

例 5-14 含平方和立方项的非线性系统。

含平方和立方项的非线性系统（第三章讨论的问题）

$$
\ddot{u} + u + \alpha_2 u^2 + \alpha_3 u^3 = 0
\tag{5-273}
$$

引入未扰系统的 action-angle 变量

$$
\begin{cases}
u = \sqrt{2I}\sin\varphi \\
\dot{u} = \sqrt{2I}\cos\varphi
\end{cases}
\Rightarrow
\begin{cases}
I = \frac{1}{2}(u^2 + \dot{u}^2) \\
\varphi = \arctan\dfrac{u}{\dot{u}}
\end{cases}
\tag{5-274}
$$

哈密顿函数（见 5.1 节）变为

$$\mathcal{H} = I + \frac{3}{8}\alpha_3 I^2 + \frac{\sqrt{2}}{6}\alpha_2 I^{\frac{3}{2}}(3\sin\varphi - \sin 3\varphi) - \frac{1}{8}\alpha_3 I^2(4\cos 2\varphi - \cos 4\varphi) \quad (5-275)$$

哈密顿函数的阶数划分为

$$\mathcal{H}_0 = I$$

$$\mathcal{H}_1 = \frac{\sqrt{2}}{6}\alpha_2 I^{\frac{3}{2}}(3\sin\varphi - \sin 3\varphi) \quad (5-276)$$

$$\mathcal{H}_2 = \frac{3}{8}\alpha_3 I^2 - \frac{1}{8}\alpha_3 I^2(4\cos 2\varphi - \cos 4\varphi)$$

通过 von Zeipel 变换实现如下变换

$$(I, \varphi) \Rightarrow (J, \psi) \quad (5-277)$$

零阶项

$$\mathcal{H}_0^* = \mathcal{H}_0 \quad (5-278)$$

解得

$$\mathcal{H}_0^*(J) = J \quad (5-279)$$

一阶项

$$\mathcal{H}_1^* = \mathcal{H}_1 + \frac{\partial \mathcal{H}_0}{\partial J}\frac{\partial S_1}{\partial \varphi} \quad (5-280)$$

将零阶解代入可得

$$\mathcal{H}_1^* = \frac{\sqrt{2}}{6}\alpha_2 I^{\frac{3}{2}}(3\sin\varphi - \sin 3\varphi) + \frac{\partial S_1}{\partial \varphi} \quad (5-281)$$

解得

$$\mathcal{H}_1^* = 0 \text{ 和 } S_1 = \frac{\sqrt{2}}{6}\alpha_2 J^{\frac{3}{2}}\left(3\cos\varphi - \frac{1}{3}\cos 3\varphi\right) \quad (5-282)$$

二阶项

$$\mathcal{H}_2^* = \mathcal{H}_2 + \frac{\partial \mathcal{H}_0}{\partial J}\frac{\partial S_2}{\partial \varphi} + \frac{1}{2}\frac{\partial^2 \mathcal{H}_0}{\partial J^2}\left(\frac{\partial S_1}{\partial \varphi}\right)^2 + \frac{\partial \mathcal{H}_1}{\partial J}\frac{\partial S_1}{\partial \varphi} \quad (5-283)$$

将零阶和一阶解分别代入可得

$$\mathcal{H}_2^* = \frac{\partial S_2}{\partial \varphi} + \frac{1}{24}(-10\alpha_2{}^2 + 9\alpha_3)I^2 + \frac{1}{8}(5\alpha_2{}^2 - 4\alpha_3)I^2\cos 2\varphi +$$
$$\frac{1}{8}(-2\alpha_2{}^2 + \alpha_3)I^2\cos 4\varphi + \frac{1}{24}\alpha_2{}^2 I^2\cos 6\varphi \quad (5-284)$$

解得

$$\mathcal{H}_2^* = \frac{1}{24}(-10{\alpha_2}^2 + 9\alpha_3)J^2 \qquad (5-285)$$

和

$$S_2 = -\frac{1}{16}(5{\alpha_2}^2 - 4\alpha_3)J^2\sin 2\varphi -$$
$$\frac{1}{32}(-2{\alpha_2}^2 + \alpha_3)J^2\sin 4\varphi - \frac{1}{144}{\alpha_2}^2 J^2\sin 6\varphi \qquad (5-286)$$

直到二阶的 Kamiltonian 函数为

$$\mathcal{H}^*(J) = J + \left(-\frac{5}{12}{\alpha_2}^2 + \frac{3}{8}\alpha_3\right)J^2 + \cdots \qquad (5-287)$$

基本频率为

$$\omega = 1 + 2\left(\frac{3}{8}\alpha_3 - \frac{5}{12}{\alpha_2}^2\right)J + \cdots \qquad (5-288)$$

其中

$$J = \frac{1}{2}(u^2 + \dot{u}^2) = \frac{1}{2}a^2 \qquad (5-289)$$

于是

$$\omega = 1 + \left(\frac{3}{8}\alpha_3 - \frac{5}{12}{\alpha_2}^2\right)a^2 + \cdots \qquad (5-290)$$

与第三章的结果完全一致。然后根据生成函数可得隐式变换

$$\psi = \frac{\partial S}{\partial J}, \quad I = \frac{\partial S}{\partial \varphi} \qquad (5-291)$$

代入生成函数 S 的表达式可得具体的表达(限于篇幅,此处省略)。

5.4　Lie 级数变换理论

　　Lie 级数变换理论,在文献中常常会看到各种不同的名称,例如德普里特(Deprit)变换,堀-德普里特(Hori-Deprit)变换、德普里特-堀(Deprit-Hori)变换等。Lie 级数变换的最大特点是它为一个显式的正则变换。迄今为止,有多种版本的 Lie 级数变换理论,而且它们都已经被证明是等价的。本节按照时间顺序,首先介绍三种经典且应用广泛的 Lie 级数变换方法,分别为 Hori[5]、Deprit[6] 以及德拉格特-芬恩(Dragt-Finn)[7] 的变换理论。最后,基于 Taylor 展开思想[8],更加直观地给出 Lie 级数变换,从而使读者能够深刻理解 Lie 级数变换的内涵。

图 5 - 13　挪威数学家索菲斯·李(Sophus Lie, 1842—1899)

图 5 - 14　从左到右分别为堀源一郎(Gen-ichiro Hori)、安德烈·德普里特(André Deprit)，

以及亚历克斯·德拉格特(Alex Dragt)

5.4.1　Lie 级数变换的数学基础

将变换前的状态量记为(x,X)，变换后的状态量记为(y,Y)。我们知道，von Zeipel 变换是一个隐式变换，即变换是新、旧变量混合的形式

$$X \equiv X(x,Y;\varepsilon)$$
$$y \equiv y(x,Y;\varepsilon)$$

(5 - 292)

以上隐式变换作为分析解来说是很不方便的。但是，从理论上，根据(5 - 292)总是可以实现（通过数值或者摄动分析方法）变换前、后变量之间的转换（只是比较麻烦而已）

$$x = x(y,Y;\varepsilon)$$
$$X = X(y,Y;\varepsilon)$$

(5 - 293)

即根据变换后的变量求解变换前的变量，或者

$$y = y(x,X;\varepsilon)$$
$$Y = Y(x,X;\varepsilon)$$

(5 - 294)

即根据变换前的变量计算变换后的变量。实际上，如果能够直接提供如下形式的显式变换

$$x = \sum_{n \geq 0} \frac{1}{n!} \varepsilon^n x_n(y, Y)$$

$$X = \sum_{n \geq 0} \frac{1}{n!} \varepsilon^n X_n(y, Y) \tag{5-295}$$

或

$$y = \sum_{n \geq 0} \frac{1}{n!} \varepsilon^n y_n(x, X)$$

$$Y = \sum_{n \geq 0} \frac{1}{n!} \varepsilon^n Y_n(x, X) \tag{5-296}$$

则会让计算过程更顺畅。正如 Deprit 在经典文献[6]中写道："We felt the shortcomings of **von Zeipel's method** when we attempted to apply it to normalize a Hamiltonian system in the neighborhood of an equilibrium."因此，从 20 世纪 60 年代开始，大批天体力学家(例如 Hori、Deprit 等)开始考虑显式的正则变换。幸运的是，哈密顿相流函数的 Lie 级数展开为显式的正则变换理论提供了非常优美的数学基础。

　　下面通过三个抽象示例来说明显式正则变换的重要性。

　　例 5-15　分析解构造。

　　某哈密顿系统，其哈密顿函数为 $\mathcal{H}(\sigma, \Sigma)$，通过完全平均化方法，可以实现如下变换

$$\mathcal{H}(\sigma, \Sigma) \Rightarrow \mathcal{H}^*(\Sigma^*) \tag{5-297}$$

变换后的哈密顿系统仅含作用量，对应规范型形式。因此，针对变换后的哈密顿系统，分析解为

$$\Sigma^* = \text{const}$$

$$\sigma^*(t) = \sigma^*(t_0) + \frac{\partial \mathcal{H}^*(\Sigma^*)}{\partial \Sigma^*}(t - t_0) \tag{5-298}$$

如果能够存在显式变换关系

$$\sigma = \sigma(\sigma^*, \Sigma^*), \Sigma = \Sigma(\sigma^*, \Sigma^*) \tag{5-299}$$

那么很容易获得原系统相空间的分析解

$$\sigma = \sigma\left(\sigma^*(t_0) + \frac{\partial \mathcal{H}^*(\Sigma^*)}{\partial \Sigma^*}(t - t_0), \Sigma^*\right)$$

$$\Sigma = \Sigma\left(\sigma^*(t_0) + \frac{\partial \mathcal{H}^*(\Sigma^*)}{\partial \Sigma^*}(t - t_0), \Sigma^*\right) \tag{5-300}$$

无疑，这是一个完全显式的分析解。

　　例 5-16　偏心古在-利多夫(eccentric Kozai-Lidov)效应(八极矩共振)。

　　针对等级式系统，通过双平均方法(第八章介绍平均化方法)，截断到八极矩的哈密顿函数为

$$\mathcal{H}(g,h,G,H)=\mathcal{H}_0(g,G,H)+\mathcal{H}_1(g,h,G,H) \tag{5-301}$$

其中(g,h,G,H)为 Delaunay 变量，$\mathcal{H}_0(g,G,H)$为四极矩哈密顿函数，$\mathcal{H}_1(g,h,G,H)$为八极矩哈密顿函数（相对四极矩而言，八极矩项是一个小量）。如果不做任何变换，仅在(5-301)对应的哈密顿系统下研究八极矩效应，需要平均掉四极矩中的周期项。因为这种处理不满足摄动处理的前提条件，所以必然导致较大的偏差。因此，需要在四极矩哈密顿系统下引入如下显式变换

$$(g,h,G,H) \Rightarrow (g^*,h^*,G^*,H^*) \tag{5-302}$$

从而使得四极矩项由$\mathcal{H}_0(g,G,H)$变为$K_0(G^*,H^*)$。因此，利用显式正则变换(5-302)，截断到八极矩的哈密顿系统变为如下形式

$$\mathcal{K}=\mathcal{K}_0(G^*,H^*)+\mathcal{K}_1(g^*,h^*,G^*,H^*) \tag{5-303}$$

在 Kamiltonian 系统下研究八极矩效应，完全满足摄动处理的条件。大家可以思考一下，如果变换(5-302)是一个隐式变换，能获得(5-303)形式的哈密顿函数吗？

例 5-17　轨-旋共振(spin-orbit resonance)。

描述轨-旋共振的哈密顿函数为

$$\mathcal{H}(\sigma_1,\sigma_2,\Sigma_1,\Sigma_2)=\mathcal{H}_0(\sigma_1,-,\Sigma_1,\Sigma_2)+\mathcal{H}_1(\sigma_1,\sigma_2,\Sigma_1,\Sigma_2) \tag{5-304}$$

其中$\mathcal{H}_0(\sigma_1,-,\Sigma_1,\Sigma_2)$为 1∶1 轨旋共振项，其余为高阶共振项。同例 5-16，若不做任何处理，在哈密顿系统(5-304)中直接研究高阶共振，那么需要通过平均化消除$\mathcal{H}_0(\sigma_1,-,\Sigma_1,\Sigma_2)$中的零阶周期项，这不满足摄动处理的条件（摄动处理的前提是平均化的周期项是ε量级），必然带来极大的误差。因此，在$\mathcal{H}_0(\sigma_1,-,\Sigma_1,\Sigma_2)$哈密顿系统中引入显式变换

$$(\sigma_1,\sigma_2,\Sigma_1,\Sigma_2) \Rightarrow (\sigma_1^*,\sigma_2^*,\Sigma_1^*,\Sigma_2^*) \tag{5-305}$$

从而可将$\mathcal{H}_0(\sigma_1,-,\Sigma_1,\Sigma_2)$变换为规范型形式。利用显式变换(5-305)，哈密顿函数变为

$$\mathcal{K}=\mathcal{K}_0(\Sigma_1^*,\Sigma_2^*)+\mathcal{K}_1(\sigma_1^*,\sigma_2^*,\Sigma_1^*,\Sigma_2^*) \tag{5-306}$$

该哈密顿形式满足摄动处理的前提条件。无疑，基于哈密顿函数(5-306)研究高阶共振或次级共振比基于哈密顿函数(5-304)更合理。隐式变换不能实现以上过程。

下面来简要介绍 Lie 级数变换（显式变换）的数学基础。将某哈密顿函数$W(x,X;\varepsilon)$的相流函数记为$f(x,X)$，可表示为 Lie 级数展开形式(Lie,1888)

$$f(x,X) = \sum_{n=0}^{\infty} \frac{\varepsilon^n}{n!} L_W^n f(y,Y) \tag{5-307}$$

其中$W(x,X;\varepsilon)$为哈密顿函数，提供了从(y,Y)出发经过足够小ε时间的相流演化（见图5-15）。$L_W^n f$为相流函数$f(x,X;\varepsilon)$和哈密顿函数$W(x,X;\varepsilon)$的n重 Poisson 括号。根据5.1节介绍，我们已经明白 Lie 级数展开(5-307)的本质为 Taylor 级数展开——哈密顿相流

函数对时间参数 ε 的 Taylor 展开。

Lie 级数展开(5-307)已经实现了 $(x,X) \Leftrightarrow (y,Y)$ 的变换,哈密顿函数 $W(x,X)$ 提供了该变换的相流,即具体的变换路径(物理图像见图 5-16)。

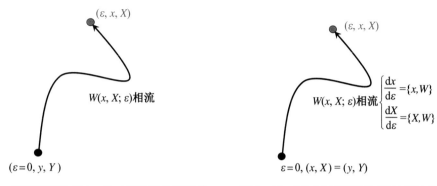

图 5-15　哈密顿函数 $W(x,X;ε)$ 相流的物理图像　　图 5-16　通过哈密顿函数 W 的相流实现从相空间 (y,Y) 到相空间 (x,X) 的变换

基于 Lie 级数展开,我们可以设想:存在一个待构造的哈密顿系统 $W(x,X)$,其类时间变量为小参数 ε(物理图像见图 5-16)。变换路径 $(y,Y) \rightarrow (x,X)$ 对应 W 函数的相流。特别地,当类时间变量 ε=0 时,位于 (y,Y),当 ε=1 时,位于 (x,X)。

从运动方程的演化来看:$(y,Y) \Rightarrow (x,X)$ 对应哈密顿函数 W 相流的正向演化,反过来 $(x,X) \Rightarrow (y,Y)$ 为哈密顿相流的逆向演化(取 $-W$ 即对应逆向演化)。演化方程为①

$$\frac{\mathrm{d}x}{\mathrm{d}ε} = \frac{\partial W(x,X,ε)}{\partial X} = \{x,W\}$$

$$\frac{\mathrm{d}X}{\mathrm{d}ε} = -\frac{\partial W(x,X,ε)}{\partial x} = \{X,W\}$$

$$(5-308)$$

通过运动方程的正向和逆向演化,即可实现变换前后系统相空间变量 $(y,Y) \Leftrightarrow (x,X)$ 之间的正变换和逆变换(见图 5-17)。根据正则变换判据可知,该变换是正则变换。

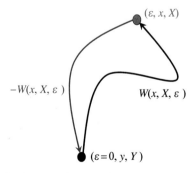

图 5-17　W 相流和 $-W$ 相流分别实现 Lie 级数正变换和逆变换

_____

① 这里的物理图像非常深刻,请读者认真领会。

沿着 W 相流的函数 $f(x,X)$ 可展开为无穷小相流参数 ε 的 Taylor 级数

$$
\begin{aligned}
f(x,X) &= \sum_{n=0}^{\infty} \frac{\varepsilon^n}{n!} \left[\frac{\mathrm{d}^n}{\mathrm{d}\varepsilon^n} f(x,X) \right]_{\varepsilon=0} \\
&= \sum_{n=0}^{\infty} \frac{\varepsilon^n}{n!} \left[f^{(n)}(x,X) \right]_{\varepsilon=0} \\
&= \sum_{n=0}^{\infty} \frac{\varepsilon^n}{n!} f^{(n)}(y,Y)
\end{aligned}
\tag{5-309}
$$

由于相空间变量 $(y,Y) \Rightarrow (x,X)$ 的演化路径对应哈密顿函数 W 的相流,因此,相流函数 $f(x,X)$ 的高阶导数可用 Poisson 括号来表示,即得到哈密顿相流函数的 Lie 级数展开

$$
f(x,X) = \sum_{n=0}^{\infty} \frac{\varepsilon^n}{n!} L_W^n f(y,Y)
\tag{5-310}
$$

特别地,当相流函数取为坐标或动量时,即 $f(x,X)=x$ 或 $f(x,X)=X$,Lie 级数展开给出 (x,X) 与 (y,Y) 之间的显式变换(图 5-18)

$$
x = y + \sum_{n=1}^{\infty} \frac{\varepsilon^n}{n!} y^{(n)}(y,Y)
$$

$$
X = Y + \sum_{n=1}^{\infty} \frac{\varepsilon^n}{n!} Y^{(n)}(y,Y)
\tag{5-311}
$$

其中

$$
y^{(n)} = \left(\frac{\mathrm{d}^n}{\mathrm{d}\varepsilon^n} x \right)_{\varepsilon=0} = L_W^n y
$$

$$
Y^{(n)} = \left(\frac{\mathrm{d}^n}{\mathrm{d}\varepsilon^n} X \right)_{\varepsilon=0} = L_W^n Y
\tag{5-312}
$$

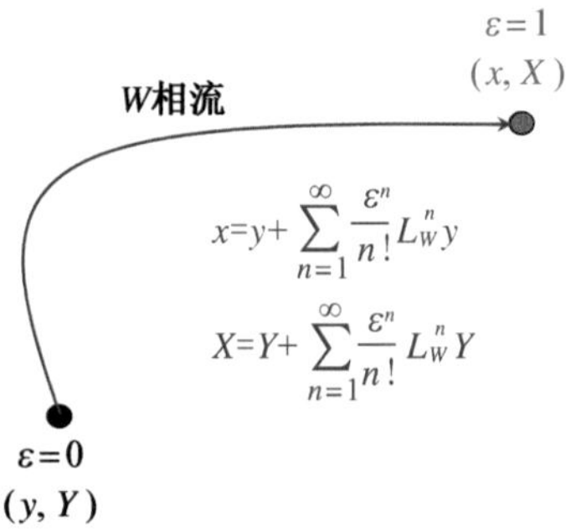

图 5-18　Lie 级数正向变换(沿 W 正向演化的相流实现正则变换)

我们把实现该 Lie 级数变换(相流)的哈密顿函数 W 称为**生成函数**。

Lie 级数变换前的系统为 Hamiltonian 系统,相空间变量记为 (x,X),哈密顿函数记为 $\mathcal{H}(x,X)$。变换后的系统为 Kamiltonian 系统,相空间变量记为 (y,Y),哈密顿函数记为 $\mathcal{K}(y,Y)$。**Hamiltonian 系统和 Kamiltonian 系统**之间的变换通过生成函数 W(W 也为哈密顿函数)来实现。物理图像见图 5-19。

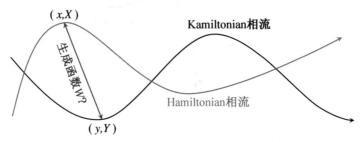

图 5-19　通过生成函数 W 的相流实现 Hamiltonian 系统与 Kamiltonian 系统之间的正向和逆向变换(Lie 级数变换的物理图像)

在理解了 Lie 级数变换的直观物理图像后,读者能够清晰地看到:Lie 级数变换的主要目标是确定生成函数 W(生成函数给出变量的显式变换)以及变换后的 Kamltonian 函数(Kamiltonian 给出变换后系统的动力学模型)。变换后系统的选择依据具体问题而定,例如 1) 研究分析解时,Kamiltonian 函数一般为规范型形式;2) 研究共振动力学时,Kamiltonian 函数为含共振项的哈密顿函数;3) 研究长期演化时,Kamiltonian 函数为不含短周期角坐标的哈密顿函数。

在介绍具体的变换理论之前,有必要对符号系统进行规定。具体而言,Hamiltonian 函数、Kamiltonian 函数以及生成函数采用如下统一形式的符号系统①

$$\mathcal{H} = \sum_{n \geqslant 0} \varepsilon^n \mathcal{H}_n = \mathcal{H}_0 + \varepsilon \mathcal{H}_1 + \varepsilon^2 \mathcal{H}_2 + \varepsilon^3 \mathcal{H}_3 + O(\varepsilon^4) \tag{5-313}$$

$$\mathcal{K} = \sum_{n \geqslant 0} \varepsilon^n \mathcal{K}_n = \mathcal{K}_0 + \varepsilon \mathcal{K}_1 + \varepsilon^2 \mathcal{K}_2 + \varepsilon^3 \mathcal{K}_3 + O(\varepsilon^4) \tag{5-314}$$

$$W = \sum_{n \geqslant 0} \varepsilon^n W_{n+1} = W_1 + \varepsilon W_2 + \varepsilon^2 W_3 + \varepsilon^3 W_4 + O(\varepsilon^4) \tag{5-315}$$

请读者注意,之前已经在 von Zeipel 变换部分阐述了为什么 $W(x, X; \varepsilon)$ 具有(5-315)的形式。

记任意标量函数为 $F(q, p)$,其中 (q, p) 为相空间变量,q 为广义坐标,p 为广义动量。Poisson 算子及多重 Poisson 括号的符号系统记为

$$L_W F = \{F, W\} = \frac{\partial F}{\partial q} \frac{\partial W}{\partial p} - \frac{\partial F}{\partial p} \frac{\partial W}{\partial q} = \sum_{1 \leqslant j \leqslant n} \frac{\partial F}{\partial q_j} \frac{\partial W}{\partial p_j} - \frac{\partial F}{\partial p_j} \frac{\partial W}{\partial q_j} \tag{5-316}$$

$$L_{W_n} F = \{F, W_n\} \equiv L_n F, \quad L_n^k F = L_n(L_n^{k-1} F)$$

变换前的系统为

$$\frac{\mathrm{d}x}{\mathrm{d}t} = \frac{\partial}{\partial X} \mathcal{H}(x, X) = \{x, \mathcal{H}\}$$
$$\frac{\mathrm{d}X}{\mathrm{d}t} = -\frac{\partial}{\partial x} \mathcal{H}(x, X) = \{X, \mathcal{H}\} \tag{5-317}$$

相空间变量为 (x, X)。变换后的系统为

$$\frac{\mathrm{d}y}{\mathrm{d}t} = \frac{\partial}{\partial Y} \mathcal{K}(y, Y) = \{y, \mathcal{K}\}$$
$$\frac{\mathrm{d}Y}{\mathrm{d}t} = -\frac{\partial}{\partial y} \mathcal{K}(y, Y) = \{Y, \mathcal{K}\} \tag{5-318}$$

相空间变量为 (y, Y)。变换路径由生成函数 W 对应的哈密顿系统来确定,即

---

① 本章节的主要目标为:1) 系统地理解 Lie 级数变换思想;2) 推导不同的 Lie 级数变换方法,并比较不同方法的异同。为了对不同方法进行比较,需要在统一的符号系统下进行推导。需特别说明的是,本书采用的符号系统与 Hori(1966)[5] 采用的符号系统一致,和 Deprit[6] 的不一样。

$$\frac{\mathrm{d}x}{\mathrm{d}\varepsilon} = \frac{\partial}{\partial X}W(x,X) = \{x,W\}$$

$$\frac{\mathrm{d}X}{\mathrm{d}\varepsilon} = -\frac{\partial}{\partial x}W(x,X) = \{X,W\}$$

(5-319)

生成函数 W 相流的起始点为[①]:$\varepsilon=0$,$(x,X)=(y,Y)$。基于变换理论,需要明确三个基本要素:1) 变换前系统,2) 变换后系统,3) 实现变换的路径。这三个基本要素分别对应三个哈密顿系统,如图 5-20 所示。这一点无论从数学还是从物理角度来看都非常优雅。

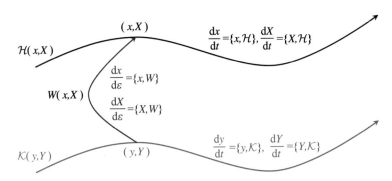

图 5-20　三个哈密顿系统,分别对应变换理论的三个要素:变换前的 Hamiltonian 系统, 变换后的 Kamiltonian 系统以及实现变换路径的 W 系统

如何构造生成函数 W 以及变换后的 Kamiltonian 函数呢?

下面分别介绍四种具体的实现方法:Hori(1966)、Deprit (1969)、Dragt-Finn(1976)以及基于 Taylor 展开的变换理论。

为了从本质上区分各种方法,先介绍两个小参数:一个是动力学模型小参数 ε_1,是出现在哈密顿函数和 Kamiltonian 函数中的小参数;另一个是从相空间变量(y,Y)变换至(x,X)的相流参数 ε_2,是出现在生成函数中的小参数。将动力学模型小参数和相流小参数当成一个参数还是当成两个独立小参数,这是各种 Lie 级数变换理论的区别。请读者记住:**Lie 级数展开针对的是相流小参数**(类似于无穷小时间参数)。

首先,在 Deprit(1969)形式的 Lie 级数变换中,笔者将动力学模型小参数 ε_1 与相流小参数 ε_2 当成完全相同的小参数,都为 ε。那么 W 的相流函数 $\mathcal{H}(x,X;\varepsilon)$ 只能展开为 Taylor 级数(不能得到 Lie 级数展开)

$$\mathcal{H}(x,X;\varepsilon) = \sum_{m=0}^{\infty}\frac{\varepsilon^m}{m!}\left[\frac{\mathrm{d}^m\mathcal{H}(x,X;\varepsilon)}{\mathrm{d}\varepsilon^m}\right]_{\varepsilon=0}$$

(5-320)

由于 $\mathcal{H}(x,X;\varepsilon)$ 显含小参数 ε,因此高阶全微分 $\dfrac{\mathrm{d}^n\mathcal{H}(x,X;\varepsilon)}{\mathrm{d}\varepsilon^n}$ 的计算相当复杂。

其次,在 Hori(1966)、Dragt-Finn(1976)以及基于 Taylor 展开的 Lie 级数变换中,笔者

---

① 以上归纳总结对 Lie 级数变换的物理图像理解非常重要。

将动力学模型小参数 ε_1 与相流小参数 ε_2 当成同量级但相互独立的参数,那么 W 的相流函数 $\mathcal{H}(x,X;\varepsilon_1)$ 可展开为相流小参数 ε_2 的 Lie 级数形式

$$\mathcal{H}(x,X;\varepsilon_1) = \sum_{m=0}^{\infty} \frac{\varepsilon_2^m}{m!} L_W^m \mathcal{H}(y,Y;\varepsilon_1) = \sum_{n=0}^{\infty} \varepsilon_1^n \sum_{m=0}^{\infty} \frac{\varepsilon_2^m}{m!} L_W^m \mathcal{H}_n(y,Y) \quad (5-321)$$

展开以后,不再区分 ε_1 和 ε_2(都记为 ε),那么 Lie 级数展开(5-321)简化为

$$\mathcal{H}(x,X;\varepsilon) = \sum_{n=0}^{\infty} \varepsilon^n \sum_{m=0}^{\infty} \frac{\varepsilon^m}{m!} L_W^m \mathcal{H}_n(y,Y) \quad (5-322)$$

可见,两种完全不同的处理方法,导致对相流函数的 Taylor 展开存在明显的差异。**请读者思考:两种处理方式的数学和物理意义之差别。**从物理直觉而言,笔者更青睐第二种处理方式。

5.4.2　Hori(1966)形式的 Lie 级数变换[5]

哈密顿系统如下

$$\frac{\mathrm{d}x}{\mathrm{d}t} = \frac{\partial \mathcal{H}}{\partial X} = \{x, \mathcal{H}\}$$
$$\frac{\mathrm{d}X}{\mathrm{d}t} = -\frac{\partial \mathcal{H}}{\partial x} = \{X, \mathcal{H}\} \quad (5-323)$$

基于动力学模型小参数的阶数,将哈密顿函数划分为不同阶数的求和形式

$$\mathcal{H}(x,X) = \sum_{n=0}^{\infty} \varepsilon^n \mathcal{H}_n(x,X) \quad (5-324)$$

其中 $\mathcal{H}_n = O(\varepsilon^n)$,$\varepsilon$ 为动力学模型小参数(或扰动参数,取决于具体问题)。哈密顿函数(5-324)是生成函数 W 的相流函数,因此可将(5-324)在相流小参数 $\varepsilon=0$ 附近进行 Taylor 展开。由于 W 是哈密顿相流函数,因此可将其表示为 Lie 级数展开(注意区分动力学模型小参数和相流小参数,它们同量级但相互独立)

$$\mathcal{H}(x,X;\varepsilon) = \sum_{n=0}^{\infty} \varepsilon^n \sum_{m=0}^{\infty} \frac{\varepsilon^m}{m!} L_W^m \mathcal{H}_n(y,Y) \quad (5-325)$$

恒等变换要求变换前后哈密顿函数满足如下等式

$$\mathcal{H}(x,X;\varepsilon) = \sum_{n=0}^{\infty} \varepsilon^n \sum_{m=0}^{\infty} \frac{\varepsilon^m}{m!} L_W^m \mathcal{H}_n(y,Y)$$
$$\equiv K(y,Y;\varepsilon) = \sum_{n=0}^{\infty} \varepsilon^n \mathcal{K}_n(y,Y) \quad (5-326)$$

从而建立数学恒等式

$$\sum_{n=0}^{\infty} \varepsilon^n \sum_{m=0}^{\infty} \frac{\varepsilon^m}{m!} L_W^m \mathcal{H}_n(y,Y) = \sum_{n=0}^{\infty} \varepsilon^n \mathcal{K}_n(y,Y) \quad (5-327)$$

根据同次幂相等的原则,可得 Lie 级数变换的摄动分析方程组。

零阶项

$$\mathcal{K}_0 = \mathcal{H}_0 \tag{5-328}$$

一阶项

$$\mathcal{K}_1 = \mathcal{H}_1 + \{\mathcal{H}_0, W_1\} \tag{5-329}$$

二阶项

$$\mathcal{K}_2 = \mathcal{H}_2 + \{\mathcal{H}_0, W_2\} + \{\mathcal{H}_1, W_1\} + \frac{1}{2!}\{\{\mathcal{H}_0, W_1\}, W_1\} \tag{5-330}$$

三阶项

$$\mathcal{K}_3 = \mathcal{H}_3 + \{\mathcal{H}_0, W_3\} + \{\mathcal{H}_1, W_2\} + \{\mathcal{H}_2, W_1\} + \frac{1}{2!}\{\{\mathcal{H}_0, W_1\}, W_2\} +$$
$$\frac{1}{2!}\{\{\mathcal{H}_0, W_2\}, W_1\} + \frac{1}{2!}\{\{\mathcal{H}_1, W_1\}, W_1\} + \frac{1}{3!}\{\{\{\mathcal{H}_0, W_1\}, W_1\}, W_1\}$$
$$\tag{5-331}$$

四阶项

$$\mathcal{K}_4 = \mathcal{H}_4 + \{\mathcal{H}_0, W_4\} + \{\mathcal{H}_1, W_3\} + \{\mathcal{H}_2, W_2\} + \{\mathcal{H}_3, W_1\} + \frac{1}{2!}\{\{\mathcal{H}_0, W_1\}, W_3\} +$$
$$\frac{1}{2!}\{\{\mathcal{H}_0, W_3\}, W_1\} + \frac{1}{2!}\{\{\mathcal{H}_0, W_2\}, W_2\} + \frac{1}{2!}\{\{\mathcal{H}_1, W_1\}, W_2\} +$$
$$\frac{1}{2!}\{\{\mathcal{H}_1, W_2\}, W_1\} + \frac{1}{2!}\{\{\mathcal{H}_2, W_1\}, W_1\} + \frac{1}{3!}\{\{\{\mathcal{H}_0, W_1\}, W_1\}, W_2\} +$$
$$\frac{1}{3!}\{\{\{\mathcal{H}_0, W_1\}, W_2\}, W_1\} + \frac{1}{3!}\{\{\{\mathcal{H}_0, W_2\}, W_1\}, W_1\} +$$
$$\frac{1}{3!}\{\{\{\mathcal{H}_1, W_1\}, W_1\}, W_1\} + \frac{1}{4!}\{\{\{\{\mathcal{H}_0, W_1\}, W_1\}, W_1\}, W_1\} \tag{5-332}$$

等等①。

以上过程规律性很强,当然可以按照规律写到任意高阶。但是,手动书写终究不方便,尤其是构造到高阶时。能否给出 Hori 形式 Lie 级数变换的递推关系?递推关系适合符号软件自动生成任意高阶的摄动分析方程组。为此,下面给出具体的推导过程。请注意:Hori (1966)原始文献并没有给出 Lie 级数变换的递推关系。

根据哈密顿函数的恒等变换,要求如下恒等式成立

$$\mathcal{H} = \sum_{k \geqslant 0} \frac{\varepsilon^k}{k!} L_W^k \mathcal{H} \equiv \sum_{n \geqslant 0} \varepsilon^n \mathcal{K}_n \tag{5-333}$$

---

① 这个递推关系规律性很强:1) 下标之和对应阶数;2) n 重 Poisson 括号前面的系数为 $1/n!$。读者可以根据这两个规律逐步写出更高阶的递推关系。

记 $\mathcal{H}$ 与 W 的 k 重 Poisson 括号为

$$L_W^k \mathcal{H} = \sum_{n \geqslant 0} \varepsilon^n L_W^k \mathcal{H}_n = \sum_{n \geqslant 0} \varepsilon^n \mathcal{H}_n^{(k)} \tag{5-334}$$

首先讨论 1 重 Poisson 括号($k=1$)的情况

$$L_W \mathcal{H} = \{\mathcal{H}, W\} = \left\{ \sum_{n \geqslant 0} \varepsilon^n \mathcal{H}_n, \sum_{m \geqslant 0} \varepsilon^m W_{m+1} \right\} \tag{5-335}$$

整理为

$$L_W \mathcal{H} = \sum_{n \geqslant 0} \varepsilon^n \sum_{m \geqslant 0} \varepsilon^m \{\mathcal{H}_n, W_{m+1}\} = \sum_{n \geqslant 0} \varepsilon^n \sum_{m \geqslant 0} \varepsilon^m L_{m+1} \mathcal{H}_n = \sum_{n \geqslant 0} \varepsilon^n \sum_{0 \leqslant m \leqslant n} L_{m+1} \mathcal{H}_{n-m} \tag{5-336}$$

其中利用了简化符号 $L_{W_{n+1}} \Rightarrow L_{n+1}$。于是有如下关系

$$L_W \mathcal{H} = \sum_{n \geqslant 0} \varepsilon^n \mathcal{H}_n^{(1)} = \sum_{n \geqslant 0} \varepsilon^n \sum_{0 \leqslant m \leqslant n} L_{m+1} \mathcal{H}_{n-m} \tag{5-337}$$

对应有

$$\mathcal{H}_n^{(1)} = \sum_{0 \leqslant m \leqslant n} L_{m+1} \mathcal{H}_{n-m} \tag{5-338}$$

对于二阶($k=2$)的情况

$$\mathcal{H}_n^{(2)} = \sum_{0 \leqslant m \leqslant n} L_{m+1} \mathcal{H}_{n-m}^{(1)} \tag{5-339}$$

类似地,可归纳如下递推关系

$$\mathcal{H}_n^{(k+1)} = \sum_{0 \leqslant m \leqslant n} L_{m+1} \mathcal{H}_{n-m}^{(k)} \tag{5-340}$$

另外,根据 Lie 级数展开,可得

$$\mathcal{H}(x, X) = \sum_{n \geqslant 0} \frac{\varepsilon^n}{n!} L_W^n \mathcal{H}(y, Y) \equiv \sum_{n \geqslant 0} \varepsilon^n K_n(y, Y) = \sum_{n \geqslant 0} \frac{\varepsilon^n}{n!} \sum_{m \geqslant 0} \varepsilon^m \mathcal{H}_m^{(n)}$$
$$= \sum_{n \geqslant 0} \varepsilon^n \sum_{0 \leqslant m \leqslant n} \frac{1}{m!} \mathcal{H}_{n-m}^{(m)} \tag{5-341}$$

可得恒等变换关系为

$$\sum_{n \geqslant 0} \varepsilon^n K_n = \sum_{n \geqslant 0} \varepsilon^n \sum_{0 \leqslant m \leqslant n} \frac{1}{m!} \mathcal{H}_{n-m}^{(m)} \tag{5-342}$$

综上,Hori 形式 Lie 级数变换的递推关系为

$$\mathcal{K}_n = \sum_{0 \leqslant m \leqslant n} \frac{1}{m!} \mathcal{H}_{n-m}^{(m)}, \quad \mathcal{H}_n^{(k+1)} = \sum_{0 \leqslant m \leqslant n} L_{m+1} \mathcal{H}_{n-m}^{(k)} \tag{5-343}$$

依据递推关系(5-343),很容易建立 Hori 形式 Lie 级数变换的摄动分析方程组。

零阶项($n=0$)

$$\mathcal{K}_0 = \mathcal{H}_0 \tag{5-344}$$

一阶项$(n=1)$

$$\mathcal{K}_1 = \sum_{0 \leqslant m \leqslant 1} \frac{1}{m!} \mathcal{H}_{1-m}^{(m)} = \mathcal{H}_1^{(0)} + \mathcal{H}_0^{(1)} = \mathcal{H}_1 + L_1 \mathcal{H}_0 \tag{5-345}$$

二阶项$(n=2)$

$$\begin{aligned}
\mathcal{K}_2 &= \sum_{0 \leqslant m \leqslant 2} \frac{1}{m!} \mathcal{H}_{2-m}^{(m)} = \mathcal{H}_2^{(0)} + \mathcal{H}_1^{(1)} + \frac{1}{2!} \mathcal{H}_0^{(2)} \\
&= \mathcal{H}_2 + L_1 \mathcal{H}_1 + \frac{1}{2!}(2L_2 + L_1^2)\mathcal{H}_0
\end{aligned} \tag{5-346}$$

三阶项$(n=3)$

$$\begin{aligned}
K_3 = \sum_{0 \leqslant m \leqslant 3} \frac{1}{m!} \mathcal{H}_{3-m}^{(m)} = \mathcal{H}_3 + L_1 \mathcal{H}_2 + \frac{1}{2!}(2L_2 + L_1^2)\mathcal{H}_1 + \\
\frac{1}{3!}(6L_3 + 3L_1 L_2 + 3L_2 L_1 + L_1^3)\mathcal{H}_0
\end{aligned} \tag{5-347}$$

高阶项推导类似(可用符号软件自动生成递推关系)。以上递推关系与 Hori(1966)[5] 给出的递推关系是一致的,基于此可实现由 Hamiltonian 系统到 Kamiltonian 系统的正则变换。

当相流函数为坐标或动量时,可得 Hori(1966)显式正则变换

$$x = y + \varepsilon y^{(1)}(y, Y) + \varepsilon^2 y^{(2)}(y, Y) + \varepsilon^3 y^{(3)}(y, Y) + O(\varepsilon^4) \tag{5-348}$$

其中

$$y^{(1)} = L_1 y$$

$$y^{(2)} = \frac{1}{2!}(2L_2 + L_1^2)y \tag{5-349}$$

$$y^{(3)} = \frac{1}{3!}(6L_3 + 3L_2 L_1 + 3L_1 L_2 + L_1^3)y$$

以及

$$X = Y + \varepsilon Y^{(1)}(y, Y) + \varepsilon^2 Y^{(2)}(y, Y) + \varepsilon^3 Y^{(3)}(y, Y) + O(\varepsilon^4) \tag{5-350}$$

其中

$$Y^{(1)} = L_1 Y$$

$$Y^{(2)} = \frac{1}{2!}(2L_2 + L_1^2)Y \tag{5-351}$$

$$Y^{(3)} = \frac{1}{3!}(6L_3 + 3L_2 L_1 + 3L_1 L_2 + L_1^3)Y$$

根据 Lie 级数变换的物理图像(见图 5-21),可知正向演化(正向变换)对应的哈密顿函数为 W,逆向演化(逆变换)的哈密顿函数变为 $-W$。因此,Hori(1966)形式的 Lie 级数逆变换为

$$y=x+\varepsilon x^{(1)}(x,X)+\varepsilon^2 x^{(2)}(x,X)+\varepsilon^3 x^{(3)}(x,X)+O(\varepsilon^4) \tag{5-352}$$

其中

$$x^{(1)}=-L_1 x$$

$$x^{(2)}=\frac{1}{2!}(-2L_2+L_1{}^2)x \tag{5-353}$$

$$x^{(3)}=\frac{1}{3!}(-6L_3+3L_2L_1+3L_1L_2-L_1{}^3)x$$

以及

$$Y=X+\varepsilon X^{(1)}(x,X)+\varepsilon^2 X^{(2)}(x,X)+\varepsilon^3 X^{(3)}(x,X)+O(\varepsilon^4) \tag{5-354}$$

其中

$$X^{(1)}=-L_1 X$$

$$X^{(2)}=\frac{1}{2!}(-2L_2+L_1{}^2)X \tag{5-355}$$

$$X^{(3)}=\frac{1}{3!}(-6L_3+3L_2L_1+3L_1L_2-L_1{}^3)X$$

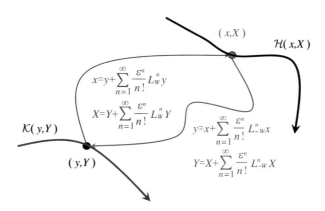

图 5‑21　沿 W 相流实现正变换，沿 $-W$ 相流实现逆变换

5.4.3　Deprit(1969)形式的 Lie 级数变换[6]

区别于 Hori(1966)形式 Lie 级数变换，Deprit(1969)的核心思想是将动力学模型小参数 ε_1 与相流小参数 ε_2 当成同一个小参数 ε（暂且都记为小参数）。因此，将显含 ε 的相流函数 $f(x,X,\varepsilon)$ 在 $\varepsilon=0$ 处做 Taylor 展开不能直接转化为 Lie 级数的形式（这是 Deprit 方法和 Hori 方法的根本区别）。因此，**Deprit(1969)方法不能直接采用 Lie 级数展开**。

沿 W 的相流函数 $f(x,X,\varepsilon)$ 对小参数 ε 全微分，可得

$$\frac{\mathrm{d}f}{\mathrm{d}\varepsilon} = \frac{\partial f}{\partial \varepsilon} + \frac{\partial f}{\partial x}\frac{\mathrm{d}x}{\mathrm{d}\varepsilon} + \frac{\partial f}{\partial X}\frac{\mathrm{d}X}{\mathrm{d}\varepsilon} = \frac{\partial f}{\partial \varepsilon} + \frac{\partial f}{\partial x}\frac{\partial W}{\partial X} - \frac{\partial f}{\partial X}\frac{\partial W}{\partial x} \tag{5-356}$$

利用 Poisson 括号，可将函数 f 对 ε 的全微分简记为

$$\frac{\mathrm{d}f}{\mathrm{d}\varepsilon} = \frac{\partial f}{\partial \varepsilon} + \{f, W\} = \frac{\partial f}{\partial \varepsilon} + L_W f \tag{5-357}$$

记全微分算子为

$$\frac{\mathrm{d}f}{\mathrm{d}\varepsilon} = \Delta_W f$$

$$\frac{\mathrm{d}^2 f}{\mathrm{d}\varepsilon^2} = \Delta_W^2 f = \Delta_W(\Delta_W f) \tag{5-358}$$

$$\frac{\mathrm{d}^3 f}{\mathrm{d}\varepsilon^3} = \Delta_W^3 f = \Delta_W(\Delta_W^2 f)$$

$$\cdots$$

其中零阶和一阶全微分为 $\Delta_W^0 f = f, \Delta_W^1 f = \Delta_W f$。将相流函数 $f(x, X; \varepsilon)$ 在 $\varepsilon = 0$ 处（此时有 $x = y, X = Y$）作 Taylor 展开（此为 Deprit 变换方法之核心）

$$f(x(y, Y; \varepsilon), X(y, Y; \varepsilon); \varepsilon) = \sum_{n \geq 0} \frac{1}{n!} \varepsilon^n (\Delta_W^n f)_{\varepsilon=0} \tag{5-359}$$

令相流函数 $f(x, X; \varepsilon)$ 和生成函数 $W(x, X; \varepsilon)$ 具有如下级数形式

$$W(x, X; \varepsilon) = W_1(x, X) + \varepsilon W_2(x, X) + \varepsilon^2 W_3(x, X) + \cdots = \sum_{n \geq 0} \varepsilon^n W_{n+1}(x, X)$$

$$f(x, X; \varepsilon) = f_0(x, X) + \varepsilon f_1(x, X) + \varepsilon^2 f_2(x, X) + \cdots = \sum_{n \geq 0} \varepsilon^n f_n(x, X) \tag{5-360}$$

为了推导递推关系，先看一阶全微分关系

$$\Delta_W f = \frac{\mathrm{d}f}{\mathrm{d}\varepsilon} = \frac{\partial f}{\partial \varepsilon} + \{f, W\} = \frac{\partial f}{\partial \varepsilon} + L_W f \tag{5-361}$$

其中

$$\frac{\partial}{\partial \varepsilon} f(x, X; \varepsilon) = \sum_{n \geq 0} (n+1)\varepsilon^n f_{n+1}(x, X) \tag{5-362}$$

$$L_W f(x, X; \varepsilon) = \{f(x, X; \varepsilon), W(x, X; \varepsilon)\}$$

进一步可得

$$L_W f(x, X; \varepsilon) = \left\{\sum_{n \geq 0} \varepsilon^n f_n, \sum_{m \geq 0} \varepsilon^m W_{m+1}\right\} = \sum_{n \geq 0} \varepsilon^n \sum_{m \geq 0} \varepsilon^m \{f_n, W_{m+1}\} \tag{5-363}$$

简记 $\{f_n, W_{m+1}\} = L_{W_{m+1}} f_n \Rightarrow L_{m+1} f_n$，从而

$$L_W f(x, X; \varepsilon) = \sum_{n \geqslant 0} \varepsilon^n \sum_{m \geqslant 0} \varepsilon^m L_{m+1} f_n = \sum_{n \geqslant 0} \varepsilon^n \sum_{0 \leqslant m \leqslant n} L_{m+1} f_{n-m} \tag{5-364}$$

那么一阶全微分变为

$$\Delta_W f = \frac{\partial f}{\partial \varepsilon} + L_W f = \sum_{n \geqslant 0} (n+1) \varepsilon^n f_{n+1} + \sum_{n \geqslant 0} \varepsilon^n \sum_{0 \leqslant m \leqslant n} L_{m+1} f_{n-m} \tag{5-365}$$

$$= \sum_{n \geqslant 0} \varepsilon^n \Big[(n+1) f_{n+1} + \sum_{0 \leqslant m \leqslant n} L_{m+1} f_{n-m} \Big]$$

另一方面,可将一阶全微分表示为

$$\Delta_W f = \sum_{n \geqslant 0} \varepsilon^n (\Delta_W f_n) = \sum_{n \geqslant 0} \varepsilon^n f_n^{(1)} \tag{5-366}$$

对比(5-365)和(5-366),可得如下等式

$$\sum_{n \geqslant 0} \varepsilon^n \Big[(n+1) f_{n+1} + \sum_{0 \leqslant m \leqslant n} L_{m+1} f_{n-m} \Big] = \sum_{n \geqslant 0} \varepsilon^n f_n^{(1)} \tag{5-367}$$

于是有

$$f_n^{(1)} = (n+1) f_{n+1} + \sum_{0 \leqslant m \leqslant n} L_{m+1} f_{n-m} = (n+1) f_{n+1}^{(0)} + \sum_{0 \leqslant m \leqslant n} L_{m+1} f_{n-m}^{(0)} \tag{5-368}$$

类似地,可得二阶全微分递推关系为

$$f_n^{(2)} = (n+1) f_{n+1}^{(1)} + \sum_{0 \leqslant m \leqslant n} L_{m+1} f_{n-m}^{(1)} \tag{5-369}$$

甚至 k 阶全微分

$$f_n^{(k)} = (n+1) f_{n+1}^{(k-1)} + \sum_{0 \leqslant m \leqslant n} L_{m+1} f_{n-m}^{(k-1)} \tag{5-370}$$

　　到这里,简单归纳一下。一阶全微分关系

$$f_n^{(1)} = (n+1) f_{n+1} + \sum_{0 \leqslant m \leqslant n} L_{m+1} f_{n-m}, \Delta_W f = \sum_{n \geqslant 0} \varepsilon^n (\Delta_W f_n) = \sum_{n \geqslant 0} \varepsilon^n f_n^{(1)} \tag{5-371}$$

当右边替换为一阶全微分,那么自然可得二阶全微分关系

$$f_n^{(2)} = (n+1) f_{n+1}^{(1)} + \sum_{0 \leqslant m \leqslant n} L_{m+1} f_{n-m}^{(1)}, \Delta_W^2 f = \sum_{n \geqslant 0} \varepsilon^n (\Delta_W^2 f_n) = \sum_{n \geqslant 0} \varepsilon^n f_n^{(2)} \tag{5-372}$$

依次类推,可得如下递推关系(Deprit 递推方程)

$$f_n^{(k)} = (n+1) f_{n+1}^{(k-1)} + \sum_{0 \leqslant m \leqslant n} L_{m+1} f_{n-m}^{(k-1)}, \Delta_W^k f = \sum_{n \geqslant 0} \varepsilon^n (\Delta_W^k f_n) = \sum_{n \geqslant 0} \varepsilon^n f_n^{(k)} \tag{5-373}$$

以上递推关系可实现任意阶次的 Lie 级数变换(相当于任意阶次的 Taylor 展开)。

　　相流函数 $f(x, X; \varepsilon)$ 的正则变换为

$$f(x, X; \varepsilon) = \sum_{n \geqslant 0} \frac{1}{n!} \varepsilon^n (\Delta_W^n f)_{\varepsilon=0} = \sum_{n \geqslant 0} \frac{1}{n!} \varepsilon^n \Big(\sum_{m \geqslant 0} \varepsilon^m f_m^{(n)} \Big)_{\varepsilon=0} \tag{5-374}$$

显然,上式只有在 $m=0$ 时为非零,因此相流函数的 Taylor 展开为

$$f(x,X;\varepsilon) = \sum_{n\geqslant0} \frac{1}{n!}\varepsilon^n f_0^{(n)}(y,Y) \tag{5-375}$$

左边为变换前的相流函数,右边为变换后的相流函数。特别地,当相流函数取为系统的 Hamiltonian 函数时,可得

$$\mathcal{H}(x,X;\varepsilon) = \sum_{n\geqslant0} \frac{1}{n!}\varepsilon^n \mathcal{H}_0^{(n)}(y,Y) \equiv \mathcal{K}(y,Y) = \sum_{n\geqslant0} \varepsilon^n \mathcal{K}_n(y,Y) \tag{5-376}$$

根据恒等变换原则,要求各阶次项分别相等。因此可得

$$\mathcal{K}_n(y,Y) = \frac{1}{n!}\mathcal{H}_0^{(n)}(y,Y) \tag{5-377}$$

以上过程实现了从 Hamiltonian 系统到 Kamiltonian 系统的显式正则变换。

至此,对 Deprit 形式的 Lie 级数变换进行简单总结。Deprit 变换的核心公式是:任意相流函数可展开为如下形式(Taylor 展开)

$$f(x,X;\varepsilon) = \sum_{n\geqslant0} \frac{1}{n!}\varepsilon^n f^{(n)}(y,Y) \tag{5-378}$$

1) 如果相流函数是哈密顿函数,即可实现从 Hamiltonian 到 Kamiltonian 的变换

$$\mathcal{H}(x,X;\varepsilon) = \sum_{n\geqslant0} \frac{1}{n!}\varepsilon^n \mathcal{H}_0^{(n)}(y,Y) \equiv \mathcal{K}(y,Y) = \sum_{n\geqslant0} \varepsilon^n \mathcal{K}_n(y,Y) \tag{5-379}$$

2) 如果相流函数是变量 x 或 X,可实现变量之间的正则变换,其中正变换为

$$x = \sum_{n\geqslant0} \varepsilon^n x_n(y,Y) \tag{5-380}$$

$$X = \sum_{n\geqslant0} \varepsilon^n X_n(y,Y)$$

逆变换为

$$y = \sum_{n\geqslant0} \varepsilon^n y_n(x,X) \tag{5-381}$$

$$Y = \sum_{n\geqslant0} \varepsilon^n Y_n(x,X)$$

下面基于 Deprit 公式,进行具体的公式推导。当相流函数取为哈密顿函数时,Deprit 迭代公式为[①]

$$\mathcal{H}_n^{(k)} = (n+1)\mathcal{H}_{n+1}^{(k-1)} + \sum_{0\leqslant m\leqslant n} L_{m+1}\mathcal{H}_{n-m}^{(k-1)} \tag{5-382}$$

k 阶全微分关系为

---

① 需要说明的是,由于我们采用的符号系统和 Deprit 原始文献中采用的不一致,因此这里的 Deprit 公式与原文献中的是不同的。

$$\Delta_W^k \mathcal{H} = \sum_{n \geqslant 0} \varepsilon^n (\Delta_W^k \mathcal{H}_n) = \sum_{n \geqslant 0} \varepsilon^n \mathcal{H}_n^{(k)} \tag{5-383}$$

因此,对哈密顿函数在 $\varepsilon=0$ 处作 Taylor 展开(或 Lie 级数展开),可得

$$\mathcal{H}(x, X; \varepsilon) = \sum_{n \geqslant 0} \frac{1}{n!} \varepsilon^n \mathcal{H}_0^{(n)}(y, Y) \Rightarrow \mathcal{K}(y, Y) = \sum_{n \geqslant 0} \varepsilon^n \mathcal{K}_n(y, Y) \tag{5-384}$$

恒等变换要求

$$\mathcal{K}_n(y, Y) = \frac{1}{n!} \mathcal{H}_0^{(n)}(y, Y) \tag{5-385}$$

这正是需要的变换关系,其中 $\mathcal{H}_0^{(n)}(y, Y)$ 是需要求解的函数,即 Kamiltoniam 函数。

1) 当 $k=1$ 时,Deprit 方程给出

$$\mathcal{H}_n^{(1)} = (n+1)\mathcal{H}_{n+1} + \sum_{0 \leqslant m \leqslant n} L_{m+1} \mathcal{H}_{n-m} \tag{5-386}$$

下标 n 从 0 开始递增,可得

$$\begin{aligned}
\mathcal{H}_0^{(1)} &= \mathcal{H}_1 + L_1 \mathcal{H}_0 \\
\mathcal{H}_1^{(1)} &= 2\mathcal{H}_2 + L_1 \mathcal{H}_1 + L_2 \mathcal{H}_0 \\
\mathcal{H}_2^{(1)} &= 3\mathcal{H}_3 + L_1 \mathcal{H}_2 + L_2 \mathcal{H}_1 + L_3 \mathcal{H}_0
\end{aligned} \tag{5-387}$$

2) 当 $k=2$ 时,Deprit 方程给出

$$\mathcal{H}_n^{(2)} = (n+1)\mathcal{H}_{n+1}^{(1)} + \sum_{0 \leqslant m \leqslant n} L_{m+1} \mathcal{H}_{n-m}^{(1)} \tag{5-388}$$

下标 n 从 0 开始递增,可得

$$\begin{aligned}
\mathcal{H}_0^{(2)} &= \mathcal{H}_1^{(1)} + L_1 \mathcal{H}_0^{(1)} = 2\mathcal{H}_2 + 2L_1 \mathcal{H}_1 + (L_2 + L_1^2)\mathcal{H}_0 \\
\mathcal{H}_1^{(2)} &= 6\mathcal{H}_3 + 4L_1 \mathcal{H}_2 + (2L_2 + L_1^2 + L_2)\mathcal{H}_1 + (L_1 L_2 + 2L_3 + L_2 L_1)\mathcal{H}_0
\end{aligned} \tag{5-389}$$

3) 当 $k=3$ 时,Deprit 方程给出

$$\mathcal{H}_n^{(3)} = (n+1)\mathcal{H}_{n+1}^{(2)} + \sum_{0 \leqslant m \leqslant n} L_{m+1} \mathcal{H}_{n-m}^{(2)} \tag{5-390}$$

当 $n=0$ 时可得

$$\begin{aligned}
\mathcal{H}_0^{(3)} &= \mathcal{H}_1^{(2)} + L_1 \mathcal{H}_0^{(2)} \\
&= 6\mathcal{H}_3 + 6L_1 \mathcal{H}_2 + (3L_2 + 3L_1^2)\mathcal{H}_1 + (L_1 L_2 + 2L_3 + L_2 L_1 + L_1 L_2 + L_1^3)\mathcal{H}_0
\end{aligned} \tag{5-391}$$

4) 当 $k>3$ 时,与上面类似。

将 $\mathcal{H}_0^{(1)}(y, Y)$,$\mathcal{H}_0^{(2)}(y, Y)$ 和 $\mathcal{H}_0^{(3)}(y, Y)$ 代入 Kamiltonian 函数的表达式可得

$$\mathcal{K}(y, Y) = \mathcal{K}_0(y, Y) + \varepsilon \mathcal{K}_0(y, Y) + \varepsilon^2 \mathcal{K}_2(y, Y) + \varepsilon^3 \mathcal{K}_3(y, Y) + \cdots \tag{5-392}$$

其中

$$\mathcal{K}_n(y,Y)=\frac{1}{n!}\mathcal{H}_0^{(n)}(y,Y) \tag{5-393}$$

整理可得如下 Deprit 递推关系

$$\mathcal{K}_0=\mathcal{H}_0$$

$$\mathcal{K}_1=\mathcal{H}_1+L_1\mathcal{H}_0$$

$$\mathcal{K}_2=\mathcal{H}_2+L_1\mathcal{H}_1+\frac{1}{2!}(L_2+L_1^2)\mathcal{H}_0$$

$$\mathcal{K}_3=\mathcal{H}_3+L_1\mathcal{H}_2+\frac{1}{2!}(L_2+L_1^2)\mathcal{H}_1+\frac{1}{3!}(2L_3+L_2L_1+2L_1L_2+L_1^3)\mathcal{H}_0$$

$$\mathcal{K}_4=\mathcal{H}_4+L_1\mathcal{H}_3+\frac{1}{2!}(L_2+L_1^2)\mathcal{H}_2+\frac{1}{3!}(2L_3+L_2L_1+2L_1L_2+L_1^3)\mathcal{H}_1+$$

$$\frac{1}{4!}(6L_4+2L_3L_1+6L_1L_3+3L_2^2+L_2L_1^2+2L_1L_2L_1+3L_1^2L_2+L_1^4)\mathcal{H}_0$$

$$\cdots$$

$$\tag{5-394}$$

以上递推关系与文献[9]推导的表达式完全一致。

特别地，当相流函数取为坐标变量 $x(X)$ 或 $y(Y)$ 时，可得 Lie 级数正向变换和逆向变换。正向变换为

$$x=x_0(y,Y)+\varepsilon x_1(y,Y)+\varepsilon^2 x_2(y,Y)+\varepsilon^3 x_3(y,Y)+\cdots \tag{5-395}$$

其中

$$x_0=y$$

$$x_1=L_1 y$$

$$x_2=\frac{1}{2!}(L_2+L_1^2)y \tag{5-396}$$

$$x_3=\frac{1}{3!}(2L_3+L_2L_1+2L_1L_2+L_1^3)y$$

$$\cdots$$

以及

$$X=X_0(y,Y)+\varepsilon X_1(y,Y)+\varepsilon^2 X_2(y,Y)+\varepsilon^3 X_3(y,Y)+\cdots \tag{5-397}$$

其中

$$X_0 = Y$$

$$X_1 = L_1 Y$$

$$X_2 = \frac{1}{2!}(L_2 + L_1{}^2)Y \tag{5-398}$$

$$X_3 = \frac{1}{3!}(2L_3 + L_2 L_1 + 2L_1 L_2 + L_1{}^3)Y$$

$$\cdots$$

逆向变换（生成函数 W 取负号时）为

$$y = y_0(x,X) + \varepsilon y_1(x,X) + \varepsilon^2 y_2(x,X) + \varepsilon^3 y_3(x,X) + \cdots \tag{5-399}$$

其中

$$y_0 = x$$

$$y_1 = -L_1 x$$

$$y_2 = \frac{1}{2!}(-L_2 + L_1{}^2)x \tag{5-400}$$

$$y_3 = \frac{1}{3!}(-2L_3 + L_2 L_1 + 2L_1 L_2 - L_1{}^3)x$$

$$\cdots$$

以及

$$Y = Y_0(x,X) + \varepsilon Y_1(x,X) + \varepsilon^2 Y_2(x,X) + \varepsilon^3 Y_3(x,X) + \cdots \tag{5-401}$$

其中

$$Y_0 = X$$

$$Y_1 = -L_1 X$$

$$Y_2 = \frac{1}{2!}(-L_2 + L_1{}^2)X \tag{5-402}$$

$$Y_3 = \frac{1}{3!}(-2L_3 + L_2 L_1 + 2L_1 L_2 - L_1{}^3)X$$

$$\cdots$$

总之，Deprit 形式的 Lie 级数变换的核心为如下恒等变换

$$\sum_{n=0}^{N} \frac{\varepsilon^n}{n!}(\Delta_W^n \mathcal{H})_{\varepsilon=0} \equiv \sum_{n=0}^{N} \varepsilon^n \mathcal{K}_n(y,Y) \tag{5-403}$$

理解了该表达式，即理解了 Deprit 形式 Lie 级数变换的核心。至此，读者不难发现，Deprit(1969) 形式的 Lie 级数变换在整个推导过程中并没有用到 Lie 级数，而真正的核心是 Taylor 展开。

5.4.4 Dragt-Finn(1976)形式的 Lie 级数变换[7]

Dragt-Finn(1976)采用与 Hori(1966)相同的摄动思想,将动力学模型小参数 ε_1 与相流小参数 ε_2 看成同量级但相互独立的小参数。由于量级相同,为避免符号冗余,我们将其都记为 ε。不难得出,Dragt-Finn(1976)正则变换的核心方程与 Hori 变换是一致的

$$\sum_{m=0}^{\infty} \frac{\varepsilon^m}{m!} L_W^m \mathcal{H}(y,Y) \equiv \sum_{n=0}^{N} \varepsilon^n \mathcal{K}_n(y,Y) \tag{5-404}$$

即对哈密顿函数进行 Lie 级数展开,然后根据恒等变换建立等式。该恒等变换可表示为

$$\exp(\varepsilon L_W)\mathcal{H}(y,Y) \equiv \sum_{n=0}^{N} \varepsilon^n \mathcal{K}_n(y,Y) \tag{5-405}$$

其中

$$\varepsilon L_W = \varepsilon L_1 + \varepsilon^2 L_2 + \varepsilon^3 L_3 + \varepsilon^4 L_4 + \cdots \tag{5-406}$$

于是恒等变换可表示为

$$\exp\left(\sum_{n=1}^{N} \varepsilon^n L_n\right)\mathcal{H}(y,Y) \equiv \sum_{n=0}^{N} \varepsilon^n \mathcal{K}_n(y,Y) \tag{5-407}$$

等价于

$$\prod_{n=0}^{N} \exp(\varepsilon^n L_n)\mathcal{H}(y,Y) \equiv \sum_{n=0}^{N} \varepsilon^n \mathcal{K}_n(y,Y) \tag{5-408}$$

基于恒等变换(5-407),Dragt-Finn 方法的核心思想在于:按照生成函数的阶次从低到高的顺序对哈密顿系统依次进行变换(物理图像见图 5-22)。基于第 i 次变换,生成函数记为 W_i,变换前的哈密顿函数为 $\mathcal{H}^{(k-1)}$,变换后的哈密顿函数记为 $\mathcal{H}^{(k)}$。那么,连续执行 n 次变换的恒等变换关系如下

$$\mathcal{H}^{(1)}(y,Y) = \left(\sum_{k=0}^{\infty} \frac{\varepsilon^k}{k!} L_{W_1}^k\right)\mathcal{H}(y,Y) = \exp(\varepsilon L_1)\mathcal{H}(y,Y)$$

$$\mathcal{H}^{(2)}(y,Y) = \left(\sum_{k=0}^{\infty} \frac{\varepsilon^{2k}}{k!} L_{W_2}^k\right)\mathcal{H}^{(1)}(y,Y) = \exp(\varepsilon^2 L_2)\mathcal{H}^{(1)} \tag{5-409}$$

$$\vdots$$

$$\mathcal{H}^{(n)}(y,Y) = \left(\sum_{k=0}^{\infty} \frac{\varepsilon^{nk}}{k!} L_{W_n}^k\right)\mathcal{H}^{(n-1)}(y,Y) = \exp(\varepsilon^n L_n)\mathcal{H}^{(n-1)}$$

根据 Dragt-Finn 方法,变换前的 Hamiltonian 函数与变换后的 Kamiltonian 函数满足恒等变换,即要求

$$\mathcal{K}(y,Y;\varepsilon) \equiv \exp(\varepsilon^n L_n)\exp(\varepsilon^{n-1} L_{n-1})\cdots\exp(\varepsilon^2 L_2)\exp(\varepsilon L_1)\mathcal{H}(y,Y) \tag{5-410}$$

考虑到变换前 Hamiltonian 函数和变换后 Kamiltonian 函数形式如下

$$\mathcal{H} = \mathcal{H}_0(x,X) + \varepsilon\mathcal{H}_1(x,X) + \varepsilon^2\mathcal{H}_2(x,X) + \cdots$$

$$\mathcal{K} = \mathcal{K}_0(y,Y) + \varepsilon\mathcal{K}_1(y,Y) + \varepsilon^2\mathcal{K}_2(y,Y) + \cdots \tag{5-411}$$

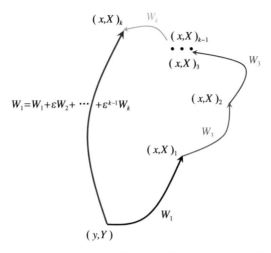

图 5－22　Dragt-Finn 形式 Lie 级数变换的物理图像

首先考虑 W_1 的变换，可得如下摄动分析方程组

$$\varepsilon^0 : \mathcal{K}_0^{(1)} = \mathcal{H}_0$$

$$\varepsilon^1 : \mathcal{K}_1^{(1)} = \mathcal{H}_1 + L_1 \mathcal{H}_0$$

$$\varepsilon^2 : \mathcal{K}_2^{(1)} = \mathcal{H}_2 + L_1 \mathcal{H}_1 + \frac{1}{2!} L_1^{\,2} \mathcal{H}_0$$

$$\varepsilon^3 : \mathcal{K}_3^{(1)} = \mathcal{H}_3 + L_1 \mathcal{H}_2 + \frac{1}{2!} L_1^{\,2} \mathcal{H}_1 + \frac{1}{3!} L_1^{\,3} \mathcal{H}_0$$

$$\varepsilon^4 : \mathcal{K}_4^{(1)} = \mathcal{H}_4 + L_1 \mathcal{H}_3 + \frac{1}{2!} L_1^{\,2} \mathcal{H}_2 + \frac{1}{3!} L_1^{\,3} \mathcal{H}_1 + \frac{1}{4!} L_1^{\,4} \mathcal{H}_0$$

$$\cdots$$

(5－412)

据此，可归纳出递推关系为

$$\mathcal{K}_n^{(1)} = \sum_{m=0}^{n} \frac{L_1^{\,m}}{m!} \mathcal{H}_{n-m}$$

(5－413)

再考虑 W_2 的变换，可得如下摄动分析方程组

$$\varepsilon^0 : \mathcal{K}_0^{(2)} = \mathcal{K}_0^{(1)}$$

$$\varepsilon^1 : \mathcal{K}_1^{(2)} = \mathcal{K}_1^{(1)}$$

$$\varepsilon^2 : \mathcal{K}_2^{(2)} = \mathcal{K}_2^{(1)} + L_2 \mathcal{K}_0^{(1)}$$

$$\varepsilon^3 : \mathcal{K}_3^{(2)} = \mathcal{K}_3^{(1)} + L_2 \mathcal{K}_1^{(1)}$$

$$\varepsilon^4 : \mathcal{K}_4^{(2)} = \mathcal{K}_4^{(1)} + L_2 \mathcal{K}_2^{(1)} + \frac{1}{2!} L_2^{\,2} \mathcal{K}_0^{(1)}$$

$$\cdots$$

(5－414)

据此可以归纳出如下递推关系

$$\mathcal{K}_n^{(2)} = \sum_{m=0}^{\left[\frac{n}{2}\right]} \frac{L_2^m}{m!} \mathcal{K}_{n-2m}^{(1)} \tag{5-415}$$

其中 $\left[\frac{n}{2}\right]$ 代表对 $\frac{n}{2}$ 取整。

接着考虑 W_3 的变换,有如下摄动分析方程组

$$\varepsilon^0 : \mathcal{K}_0^{(3)} = \mathcal{K}_0^{(2)}$$
$$\varepsilon^1 : \mathcal{K}_1^{(3)} = \mathcal{K}_1^{(2)}$$
$$\varepsilon^2 : \mathcal{K}_2^{(3)} = \mathcal{K}_2^{(2)}$$
$$\varepsilon^3 : \mathcal{K}_3^{(3)} = \mathcal{K}_3^{(2)} + L_3 \mathcal{K}_0^{(2)} \tag{5-416}$$
$$\varepsilon^4 : \mathcal{K}_4^{(3)} = \mathcal{K}_4^{(2)} + L_3 \mathcal{K}_1^{(2)}$$
$$\cdots$$

据此可以归纳出如下递推关系

$$\mathcal{K}_n^{(3)} = \sum_{m=0}^{\left[\frac{n}{3}\right]} \frac{L_3^m}{m!} \mathcal{K}_{n-3m}^{(2)} \tag{5-417}$$

依次到 W_4 变换,可得如下摄动分析方程组

$$\varepsilon^0 : \mathcal{K}_0^{(4)} = \mathcal{K}_0^{(3)}$$
$$\varepsilon^1 : \mathcal{K}_1^{(4)} = \mathcal{K}_1^{(3)}$$
$$\varepsilon^2 : \mathcal{K}_2^{(4)} = \mathcal{K}_2^{(3)} \tag{5-418}$$
$$\varepsilon^3 : \mathcal{K}_3^{(4)} = \mathcal{K}_3^{(3)}$$
$$\varepsilon^4 : \mathcal{K}_4^{(4)} = \mathcal{K}_4^{(3)} + L_4 \mathcal{K}_0^{(3)}$$
$$\cdots$$

据此可以归纳出如下递推关系

$$\mathcal{K}_n^{(4)} = \sum_{m=0}^{\left[\frac{n}{4}\right]} \frac{L_4^m}{m!} \mathcal{K}_{n-4m}^{(3)} \tag{5-419}$$

依次类推,可归纳出如下递推关系

$$\mathcal{K}_n^{(q)} = \sum_{m=0}^{\left[\frac{n}{q}\right]} \frac{L_q^m}{m!} \mathcal{K}_{n-qm}^{(q-1)} \tag{5-420}$$

上标 q 代表考虑 W_q 相流的变换,下标 n 对应哈密顿函数的阶数。例如:当 $n=4$ 时,需要依

次执行 W_1,W_2,W_3,W_4 的变换(分别取 $q=1,2,3,4$),利用递推关系(5-420)可得如下表达式

$$q=1 \Rightarrow \mathcal{K}_4^{(1)} = \mathcal{H}_4 + L_1\mathcal{H}_3 + \frac{1}{2!}L_1{}^2\mathcal{H}_2 + \frac{1}{3!}L_1{}^3\mathcal{H}_1 + \frac{1}{4!}L_1{}^4\mathcal{H}_0$$

$$q=2 \Rightarrow \mathcal{K}_4^{(2)} = \mathcal{K}_4^{(1)} + L_2\mathcal{K}_2^{(1)} + \frac{L_2{}^2}{2!}\mathcal{K}_0^{(1)} \qquad (5-421)$$

$$q=3 \Rightarrow \mathcal{K}_4^{(3)} = \mathcal{K}_4^{(2)} + L_3\mathcal{K}_1^{(2)}$$

$$q=4 \Rightarrow \mathcal{K}_4^{(4)} = \mathcal{K}_4^{(3)} + L_4\mathcal{K}_0^{(3)}$$

以上表达式与前面给出的递推关系是完全一致的。

综上可得,Dragt-Finn 形式的递推关系(截断到 4 阶)为

$$\varepsilon^0 : \mathcal{K}_0 = \mathcal{H}_0$$

$$\varepsilon^1 : \mathcal{K}_1 = \mathcal{H}_1 + L_1\mathcal{H}_0$$

$$\varepsilon^2 : \mathcal{K}_2 = \mathcal{H}_2 + L_1\mathcal{H}_1 + \frac{1}{2!}(2L_2 + L_1{}^2)\mathcal{H}_0$$

$$\varepsilon^3 : \mathcal{K}_3 = \mathcal{H}_3 + L_1\mathcal{H}_2 + \frac{1}{2!}(2L_2 + L_1{}^2)\mathcal{H}_1 + \frac{1}{3!}(6L_3 + 6L_2L_1 + L_1{}^3)\mathcal{H}_0$$

$$\varepsilon^4 : \mathcal{K}_4 = \mathcal{H}_4 + L_1\mathcal{H}_3 + \frac{1}{2!}(2L_2 + L_1{}^2)\mathcal{H}_2 + \frac{1}{3!}(6L_3 + 6L_2L_1 + L_1{}^3)\mathcal{H}_1 +$$

$$\frac{1}{4!}(24L_4 + 24L_3L_1 + 12L_2{}^2 + 12L_2L_1{}^2 + L_1{}^4)\mathcal{H}_0$$

$$\cdots \qquad (5-422)$$

由于 Dragt-Finn 变换依据生成函数 W 的阶次从低到高的顺序执行,因此在递推关系(5-422)中,符号 L_iL_j 的下标一定要满足 $i \geqslant j$,下标的大小关系不可能逆转过来。

特别地,当相流函数为坐标或动量时,即得到 Lie 级数正向变换

$$x = x_0(y,Y) + \varepsilon x_1(y,Y) + \varepsilon^2 x_2(y,Y) + \varepsilon^3 x_3(y,Y) + O(\varepsilon^4) \qquad (5-423)$$

其中

$$x_0 = y$$

$$x_1 = L_1 y$$

$$x_2 = \frac{1}{2!}(2L_2 + L_1{}^2)y \qquad (5-424)$$

$$x_3 = \frac{1}{3!}(6L_3 + 6L_1L_2 + L_1{}^3)y$$

以及

$$X = X_0(y,Y) + \varepsilon X_1(y,Y) + \varepsilon^2 X_2(y,Y) + \varepsilon^3 X_3(y,Y) + O(\varepsilon^4) \qquad (5-425)$$

其中

$$X_0 = Y$$

$$X_1 = L_1 Y$$

$$X_2 = \frac{1}{2!}(2L_2 + L_1{}^2)Y \qquad (5-426)$$

$$X_3 = \frac{1}{3!}(6L_3 + 6L_1 L_2 + L_1{}^3)Y$$

当生成函数取负号时,即得到逆向变换

$$y = y_0(x,X) + \varepsilon y_1(x,X) + \varepsilon^2 y_2(x,X) + \varepsilon^3 y_3(x,X) + O(\varepsilon^4) \qquad (5-427)$$

其中

$$y_0 = x$$

$$y_1 = -L_1 x$$

$$y_2 = \frac{1}{2!}(-2L_2 + L_1{}^2)x$$

$$y_3 = \frac{1}{3!}(-6L_3 + 6L_1 L_2 - L_1{}^3)x \qquad (5-428)$$

以及

$$Y = Y_0(x,X) + \varepsilon Y_1(x,X) + \varepsilon^2 Y_2(x,X) + \varepsilon^3 Y_3(x,X) + O(\varepsilon^4) \qquad (5-429)$$

其中

$$Y_0 = X$$

$$Y_1 = -L_1 X$$

$$Y_2 = \frac{1}{2!}(-2L_2 + L_1{}^2)X \qquad (5-430)$$

$$Y_3 = \frac{1}{3!}(-6L_3 + 6L_1 L_2 - L_1{}^3)X$$

总之,Dragt-Finn 变换方法的核心为如下恒等变换(同 Hori 形式的 Lie 级数变换)

$$\sum_{n=0}^{N} \frac{\varepsilon^n}{n!} L_W^n \mathcal{H}(y,Y) = \sum_{n=0}^{N} \varepsilon^n \mathcal{K}_n(y,Y) \qquad (5-431)$$

该等式包含两个核心要素:**1) 相流函数的 Lie 级数展开;2) 恒等变换的数学基础**。

为了方便读者,下面针对 Dragt-Finn 形式的 Lie 级数变换,给出相对紧凑的高阶递推关系。记变换后 Kamiltonian 函数为

$$\mathcal{K}(y,Y;\varepsilon) = \sum_{n\geq 0} \varepsilon^n \mathcal{K}_n(y,Y) \tag{5-432}$$

其中

$$\mathcal{K}_n(y,Y) = C_0\mathcal{H}_n + C_1\mathcal{H}_{n-1} + \frac{1}{2!}C_2\mathcal{H}_{n-2} + \frac{1}{3!}C_3\mathcal{H}_{n-3} + \cdots + \frac{1}{n!}C_n\mathcal{H}_0 \tag{5-433}$$

$$= \sum_{m=0}^{n} \frac{1}{m!}C_m\mathcal{H}_{n-m}$$

Lie 级数变换关系为

$$x = \sum_{n\geq 0} \frac{\varepsilon^n}{n!}C_n y, \ X = \sum_{n\geq 0} \frac{\varepsilon^n}{n!}C_n Y \tag{5-434}$$

其中系数 $C_n(n=0,1,2,\cdots,8)$ 表达式如下[9]

$C_0 = 1$

$C_1 = L_1$

$C_2 = L_1{}^2 + 2L_2$

$C_3 = L_1{}^3 + 6L_2L_1 + 6L_3 \tag{5-435}$

$C_4 = L_1{}^4 + 12L_2L_1{}^2 + 24L_3L_1 + 12L_2{}^2 + 24L_4 \tag{5-436}$

$C_5 = L_1{}^5 + 20L_2L_1{}^3 + 60L_3L_1{}^2 + 60(L_2{}^2L_1 + 2L_4L_1) + 120L_3L_2 + 120L_5 \tag{5-437}$

$C_6 = L_1{}^6 + 30L_2L_1{}^4 + 120L_3L_1{}^3 + 180(L_2{}^2L_1{}^2 + 2L_4L_1{}^2) + 720(L_3L_2L_1 + L_5L_1) +$
$\quad 120(L_2{}^3 + 6L_4L_2 + 3L_3{}^2 + 6L_6) \tag{5-438}$

$C_7 = L_1{}^7 + 42L_2L_1{}^5 + 210L_3L_1{}^4 + 420(L_2{}^2L_1{}^3 + 2L_4L_1{}^3) + 2520(L_3L_2L_1{}^2 + L_5L_1{}^2) +$
$\quad 840(L_2{}^3L_1 + 6L_4L_2L_1 + 3L_3{}^2L_1 + 6L_6L_1) +$
$\quad 2520(L_3L_2{}^2 + 2L_5L_2 + 2L_4L_3 + 2L_7) \tag{5-439}$

$C_8 = L_1{}^8 + 56L_2L_1{}^6 + 336L_3L_1{}^5 + 840(L_2{}^2L_1{}^4 + 2L_4L_1{}^4) + 6720(L_3L_2L_1{}^3 + L_5L_1{}^3) +$
$\quad 3360(L_2{}^3L_1{}^2 + 6L_4L_2L_1{}^2 + 3L_3{}^2L_1{}^2 + 6L_6L_1{}^2) +$
$\quad 20160(L_3L_2{}^2L_1 + 2L_5L_2L_1 + 2L_4L_3L_1 + 2L_7L_1) +$
$\quad 1680(L_2{}^4 + 12L_4L_2{}^2 + 12L_3{}^2 + 24L_6L_2 + 12L_4{}^2 + 24L_5L_3 + 24L_8) \tag{5-440}$

5.4.5　基于 Taylor 展开的 Lie 级数变换[8]

　　本节直接从读者最熟悉的 Taylor 展开出发,逐步去推导 Lie 级数正则变换,从而能够更深刻地理解 Lie 级数变换的本质。本节采用的生成函数 W、Hamiltonian 函数 $\mathcal{H}$、Kamiltonian 函数 $\mathcal{K}$ 以及 Poisson 括号算子的符号系统与前面三种变换方法采用的完全一致。

　　变换前的相空间变量记为 (x,X),Hamiltonian 函数记为 $\mathcal{H}(x,X)$,正则运动方程为

$$\frac{\mathrm{d}x}{\mathrm{d}t} = \frac{\partial \mathcal{H}}{\partial X} = \{x, \mathcal{H}\}, \quad \frac{\mathrm{d}X}{\mathrm{d}t} = -\frac{\partial \mathcal{H}}{\partial x} = \{X, \mathcal{H}\} \tag{5-441}$$

变换后的相空间变量记为 (y, Y)，Kamiltonian 函数记为 $\mathcal{K}(y, Y)$，正则运动方程为

$$\frac{\mathrm{d}y}{\mathrm{d}t} = \frac{\partial \mathcal{K}}{\partial Y} = \{y, \mathcal{K}\}, \quad \frac{\mathrm{d}Y}{\mathrm{d}t} = -\frac{\partial \mathcal{K}}{\partial y} = \{Y, \mathcal{K}\} \tag{5-442}$$

从相空间 (y, Y) 到相空间 (x, X) 的变换是通过生成函数 W 对应的哈密顿相流来确定的[6]，即

$$\frac{\mathrm{d}x}{\mathrm{d}\varepsilon} = \frac{\partial W}{\partial X} = \{x, W\}, \quad \frac{\mathrm{d}X}{\mathrm{d}\varepsilon} = -\frac{\partial W}{\partial x} = \{X, W\} \tag{5-443}$$

当类时间变量 $\varepsilon = 0$ 时，有 $(x, X) = (y, Y)$，即 (y, Y) 对应动力学演化的初值①。三个哈密顿系统对应变换理论的三个基本要素，物理图像见图 5-20。

本节从 Taylor 展开角度来直观理解变换 $(x, X) \Leftrightarrow (y, Y)$。对于正向变换，将变换前的状态量 (x, X) 分别在变换后的状态量 (y, Y) 附近作 Taylor 展开（即在 $\varepsilon = 0$ 处 Taylor 展开），有

$$x(\varepsilon) = x\big|_{\varepsilon=0} + \frac{\mathrm{d}x}{\mathrm{d}\varepsilon}\bigg|_{\varepsilon=0}\varepsilon + \frac{\mathrm{d}^2 x}{\mathrm{d}\varepsilon^2}\bigg|_{\varepsilon=0}\frac{\varepsilon^2}{2!} + \frac{\mathrm{d}^3 x}{\mathrm{d}\varepsilon^3}\bigg|_{\varepsilon=0}\frac{\varepsilon^3}{3!} + \cdots$$
$$X(\varepsilon) = X\big|_{\varepsilon=0} + \frac{\mathrm{d}X}{\mathrm{d}\varepsilon}\bigg|_{\varepsilon=0}\varepsilon + \frac{\mathrm{d}^2 X}{\mathrm{d}\varepsilon^2}\bigg|_{\varepsilon=0}\frac{\varepsilon^2}{2!} + \frac{\mathrm{d}^3 X}{\mathrm{d}\varepsilon^3}\bigg|_{\varepsilon=0}\frac{\varepsilon^3}{3!} + \cdots \tag{5-444}$$

因此该 Taylor 展开式就给出了变换 $(x, X) \Rightarrow (y, Y)$ 的具体形式。

引入微分算子

$$\frac{\mathrm{d}x}{\mathrm{d}\varepsilon} \to Dx, \quad \frac{\mathrm{d}^2 x}{\mathrm{d}\varepsilon^2} \to D^2 x, \quad \cdots, \quad \frac{\mathrm{d}^n x}{\mathrm{d}\varepsilon^n} \to D^n x \tag{5-445}$$

那么显式变换 (5-444) 简记为

$$x(\varepsilon) = x\big|_{\varepsilon=0} + (Dx)_{\varepsilon=0}\varepsilon + (D^2 x)_{\varepsilon=0}\frac{\varepsilon^2}{2!} + (D^3 x)_{\varepsilon=0}\frac{\varepsilon^3}{3!} + \cdots$$
$$X(\varepsilon) = X\big|_{\varepsilon=0} + (DX)_{\varepsilon=0}\varepsilon + (D^2 X)_{\varepsilon=0}\frac{\varepsilon^2}{2!} + (D^3 X)_{\varepsilon=0}\frac{\varepsilon^3}{3!} + \cdots \tag{5-446}$$

其中

$$Dx = \{x, W\} = \frac{\partial W}{\partial X} \tag{5-447}$$

$$D^2 x = \{Dx, W\} + \{x, DW\} = \{\{x, W\}, W\} + \{x, DW\} \tag{5-448}$$

——————

① 基于生成函数 W 的相流来理解正则变换 $(y, Y) \Rightarrow (x, X)$ 是非常重要的核心思想。由于变换沿着哈密顿相流，因此相流函数的高阶导数可通过 Poisson 括号给出，相流函数从而可展开成无穷小时间参数 ε 的 Lie 级数形式。

$$D^3 x = D\{\{x,W\},W\} + D\{x,DW\}$$
$$= \{\{\{x,W\},W\},W\} + \{\{x,DW\},W\} + \{\{x,W\},DW\} + \quad (5-449)$$
$$\{\{x,W\},DW\} + \{x,D^2 W\}$$

对于 X 有类似的表达式。生成函数形式为 $W = W_1 + \varepsilon W_2 + \varepsilon^2 W_3 + \varepsilon^3 W_4 + O(\varepsilon^4)$，因此当 $\varepsilon = 0$ 时有

$$(x)_{\varepsilon=0} = y \quad (5-450)$$

$$(Dx)_{\varepsilon=0} = \{x,W\}_{\varepsilon=0} = L_1 y \quad (5-451)$$

$$(D^2 x)_{\varepsilon=0} = \{\{x,W\},W\}_{\varepsilon=0} + \{x,DW\}_{\varepsilon=0} = (L_1^2 + L_2)y \quad (5-452)$$

$$(D^3 x)_{\varepsilon=0} = \{\{\{x,W\},W\},W\}_{\varepsilon=0} + \{\{x,DW\},W\}_{\varepsilon=0} +$$
$$2\{\{x,W\},DW\}_{\varepsilon=0} + \{x,D^2 W\}_{\varepsilon=0}$$
$$= (L_1^3 + L_1 L_2 + 2L_2 L_1 + 2L_3)y \quad (5-453)$$

类似可得

$$X|_{\varepsilon=0} = Y$$
$$(DX)_{\varepsilon=0} = L_1 Y$$
$$(D^2 X)_{\varepsilon=0} = (L_1^2 + L_2)Y \quad (5-454)$$
$$(D^3 X)_{\varepsilon=0} = (L_1^3 + L_1 L_2 + 2L_2 L_1 + 2L_3)Y$$

因此，根据 Taylor 展开推导的显式变换(5-446)为

$$x = \left[1 + \varepsilon L_1 + \frac{\varepsilon^2}{2!}(L_1^2 + L_2) + \frac{\varepsilon^3}{3!}(L_1^3 + L_1 L_2 + 2L_2 L_1 + 2L_3) + \cdots\right]y \quad (5-455)$$

$$X = \left[1 + \varepsilon L_1 + \frac{\varepsilon^2}{2!}(L_1^2 + L_2) + \frac{\varepsilon^3}{3!}(L_1^3 + L_1 L_2 + 2L_2 L_1 + 2L_3) + \cdots\right]Y$$

将生成函数取负号，即 $W \rightarrow -W$（相当于逆向积分），可得 Lie 级数逆变换为

$$y = \left[1 - \varepsilon L_1 + \frac{\varepsilon^2}{2!}(L_1^2 - L_2) + \frac{\varepsilon^3}{3!}(-L_1^3 + L_1 L_2 + 2L_2 L_1 - 2L_3) + \cdots\right]x \quad (5-456)$$

$$Y = \left[1 - \varepsilon L_1 + \frac{\varepsilon^2}{2!}(L_1^2 - L_2) + \frac{\varepsilon^3}{3!}(-L_1^3 + L_1 L_2 + 2L_2 L_1 - 2L_3) + \cdots\right]X$$

对于 Hamiltonian 函数 $\mathcal{H}(x,X)$，同样将 $\mathcal{H}(x,X)$ 在 $(x=y, X=Y)$ 附近进行 Taylor 展开，获得变换后的 Kamiltonian 函数 $K(y,Y)$。由于变换前、后为恒等变换，那么满足如下恒等变换条件（变换前后哈密顿函数保持不变）

$$\mathcal{H}(x,X) = \sum_{n \geqslant 0} \varepsilon^n \mathcal{H}_n(x,X) \equiv \mathcal{K}(y,Y) = \sum_{n \geqslant 0} \varepsilon^n \mathcal{K}_n(y,Y) \quad (5-457)$$

将左边的每一项 $\mathcal{H}_n(x,X)$ 在 $\varepsilon=0$ 点进行 Taylor 展开可得（**这里蕴含着动力学模型小参数与**

相流小参数相互独立）

$$\mathcal{H}(x,X) = \sum_{n\geqslant 0}\varepsilon^n\mathcal{H}_n(x,X) = \sum_{n\geqslant 0}\varepsilon^n\sum_{m\geqslant 0}\frac{\varepsilon^m}{m!}(D^m\mathcal{H}_n)_{\varepsilon=0}$$

$$= \sum_{n\geqslant 0}\varepsilon^n\sum_{0\leqslant m\leqslant n}\frac{1}{m!}(D^m\mathcal{H}_{n-m})_{\varepsilon=0} \qquad (5-458)$$

恒等变换(5-457)要求

$$\sum_{n\geqslant 0}\varepsilon^n\mathcal{K}_n(y,Y) = \sum_{n\geqslant 0}\varepsilon^n\sum_{0\leqslant m\leqslant n}\frac{1}{m!}(D^m\mathcal{H}_{n-m})_{\varepsilon=0} \qquad (5-459)$$

因此可得到

$$\mathcal{K}_n(y,Y) = \sum_{0\leqslant m\leqslant n}\frac{1}{m!}(D^m\mathcal{H}_{n-m})_{\varepsilon=0} \qquad (5-460)$$

其中 $D^m f = \dfrac{\mathrm{d}^m f}{\mathrm{d}\varepsilon^m}$ 为函数 f 相对于 ε 的 m 阶导数。特别地,有

$$(\mathcal{H}_k)_{\varepsilon=0} = \mathcal{H}_k(y,Y) \qquad (5-461)$$

$$(D\mathcal{H}_k)_{\varepsilon=0} = \{\mathcal{H}_k,W\}_{\varepsilon=0} = \{\mathcal{H}_k,W_1\} = L_1\mathcal{H}_k \qquad (5-462)$$

$$(D^2\mathcal{H}_k)_{\varepsilon=0} = \{\{\mathcal{H}_k,W\},W\}_{\varepsilon=0} + \{\mathcal{H}_k,DW\}_{\varepsilon=0}$$
$$= \{\{\mathcal{H}_k,W_1\},W_1\} + \{\mathcal{H}_k,W_2\} \qquad (5-463)$$
$$= (L_1^2 + L_2)\mathcal{H}_k$$

$$(D^3\mathcal{H}_k)_{\varepsilon=0} = \{\{\{\mathcal{H}_k,W\},W\},W\}_{\varepsilon=0} + \{\{\mathcal{H}_k,DW\},W\}_{\varepsilon=0} +$$
$$2\{\{\mathcal{H}_k,W\},DW\}_{\varepsilon=0} + \{\mathcal{H}_k,D^2W\}_{\varepsilon=0}$$
$$= \{\{\{\mathcal{H}_k,W_1\},W_1\},W_1\} + \{\{\mathcal{H}_k,W_2\},W_1\} + 2\{\{\mathcal{H}_k,W_1\},W_2\} + \{\mathcal{H}_k,2W_3\}$$
$$= (L_1^3 + L_1L_2 + 2L_2L_1 + 2L_3)\mathcal{H}_k$$

$$(5-464)$$

$$(D^4\mathcal{H}_k)_{\varepsilon=0} = (L_1^4 + L_1^2L_2 + 2L_1L_2L_1 + 3L_2L_1^2 + 2L_1L_3 + 3L_2^2 + 6L_3L_1 + 6L_4)\mathcal{H}_k$$

$$(5-465)$$

于是可得如下摄动分析方程组

$$\varepsilon^0:\mathcal{K}_0 = \mathcal{H}_0$$

$$\varepsilon^1:\mathcal{K}_1 = \mathcal{H}_1 + (D\mathcal{H}_0)_{\varepsilon=0} = \mathcal{H}_1 + L_1\mathcal{H}_0$$

$$\varepsilon^2:\mathcal{K}_2 = \mathcal{H}_2 + (D\mathcal{H}_1)_{\varepsilon=0} + \frac{1}{2!}(D^2\mathcal{H}_0)_{\varepsilon=0} = \mathcal{H}_2 + L_1\mathcal{H}_1 + \frac{1}{2!}(L_1^2 + L_2)\mathcal{H}_0$$

$$\varepsilon^3:\mathcal{K}_3 = \mathcal{H}_3 + (D\mathcal{H}_2)_{\varepsilon=0} + \frac{1}{2!}(D^2\mathcal{H}_1)_{\varepsilon=0} + \frac{1}{3!}(D^3\mathcal{H}_0)_{\varepsilon=0}$$

$$= \mathcal{H}_3 + L_1\mathcal{H}_2 + \frac{1}{2!}(L_1^2 + L_2)\mathcal{H}_1 + \frac{1}{3!}(L_1^3 + L_1L_2 + 2L_2L_1 + 2L_3)\mathcal{H}_0$$

$$\varepsilon^4: \mathcal{K}_4 = \mathcal{H}_4 + (D\mathcal{H}_3)_{\varepsilon=0} + \frac{1}{2!}(D^2\mathcal{H}_2)_{\varepsilon=0} + \frac{1}{3!}(D^3\mathcal{H}_1)_{\varepsilon=0} + \frac{1}{4!}(D^4\mathcal{H}_0)_{\varepsilon=0}$$

$$= \mathcal{H}_4 + L_1\mathcal{H}_3 + \frac{1}{2!}(L_1{}^2 + L_2)\mathcal{H}_2 + \frac{1}{3!}(L_1{}^3 + L_1L_2 + 2L_2L_1 + 2L_3)\mathcal{H}_1 +$$

$$\frac{1}{4!}(L_1{}^4 + L_1{}^2L_2 + 2L_1L_2L_1 + 3L_2L_1{}^2 + 2L_1L_3 + 3L_2{}^2 + 6L_3L_1 + 6L_4)\mathcal{H}_0$$

$$\cdots \tag{5-466}$$

通过以上方法逐步去写摄动分析方程组不是很方便。因此，下面期望推导出摄动分析方程组的递推关系（类似前面三种 Lie 级数变换方法），从而方便利用符号软件生成任意高阶的递推关系。

记某相流函数 $f(x,X)$ 对 ε 的 n 阶导数在参考点 $\varepsilon=0$ 处取值的微分算子为

$$\left[D^n f(x,X)\right]_{\varepsilon=0} = S_n f(y,Y) \tag{5-467}$$

特别地，当 $n=0$ 时，有 $S_0=1$；当 $n=1$ 时，有 $S_1=L_1$。根据微分关系，可得

$$D^n f\big|_{\varepsilon=0} = D^{n-1}\left(\frac{\mathrm{d}f}{\mathrm{d}\varepsilon}\right)_{\varepsilon=0} = D^{n-1}\{f,W\}_{\varepsilon=0} \tag{5-468}$$

根据求高阶导数的二项式定理可得

$$S_n f = D^{n-1}\{f,W\}_{\varepsilon=0} = \sum_{m=0}^{n-1} C_{n-1}^m \{D^{n-1-m}f, D^m W\}_{\varepsilon=0}$$

$$= \sum_{m=0}^{n-1} C_{n-1}^m \{S_{n-1-m}f, m!W_{m+1}\} = \sum_{m=0}^{n-1} m! C_{n-1}^m L_{m+1}(S_{n-1-m}f) \tag{5-469}$$

意味着

$$S_n f = \sum_{m=0}^{n-1} m! C_{n-1}^m L_{m+1} S_{n-1-m} f \Rightarrow S_n = \sum_{m=0}^{n-1} m! C_{n-1}^m L_{m+1} S_{n-1-m} \tag{5-470}$$

进一步整理可得微分算子的递推关系为

$$S_n = \sum_{m=1}^{n} (m-1)! C_{n-1}^{m-1} L_m S_{n-m} = \sum_{m=1}^{n} \frac{(n-1)!}{(n-m)!} L_m S_{n-m} \tag{5-471}$$

根据(5-471)可得[1]

---

[1] 这里有一个很有意思的问题，(5-472)给出的表达式与 Deprit 变换方法的递推关系是不一样的。经过计算发现，如果在(5-471)中交换 L_m 和 S_{n-m} 的位置，很意外的是，这样得到的递推关系和 Deprit 变换的递推关系完全一致（为什么如此，留给读者思考）。但是，从 Taylor 展开的角度，交换 L_m 和 S_{n-m} 的位置是不合理的。经过笔者反复验证，确定本书中关于 Deprit 变换方法和这里的 Taylor 展开方法的数学推导都是完全正确的。

$$S_1 = L_1$$

$$S_2 = \sum_{m=1}^{2} \frac{1}{(2-m)!} L_m S_{2-m} = L_1 S_1 + L_2 S_0 = L_1{}^2 + L_2$$

$$S_3 = \sum_{m=1}^{3} \frac{2!}{(3-m)!} L_m S_{3-m} = L_1 S_2 + 2L_2 S_1 + 2L_3 S_0$$

$$= L_1{}^3 + L_1 L_2 + 2L_2 L_1 + 2L_3$$

$$S_4 = \sum_{m=1}^{4} \frac{3!}{(4-m)!} L_m S_{4-m} = L_1 S_3 + 3L_2 S_2 + 6L_3 S_1 + 6L_4 S_0$$

$$= L_1{}^4 + L_1{}^2 L_2 + 2L_1 L_2 L_1 + 2L_1 L_3 + 3L_2 L_1{}^2 + 3L_2{}^2 + 6L_3 L_1 + 6L_4$$

$$\cdots$$

(5 - 472)

可见,通过递推关系获得的表达式与逐步构造的表达式完全一致。

综上,基于 Taylor 展开的 Lie 级数变换如下

$$\mathcal{K}(y, Y) = \sum_{n \geqslant 0} \varepsilon^n \mathcal{K}_n(y, Y)$$

$$= \sum_{n \geqslant 0} \varepsilon^n \sum_{0 \leqslant m \leqslant n} \frac{1}{m!} (D^m \mathcal{H}_{n-m})_{\varepsilon=0} = \sum_{n \geqslant 0} \varepsilon^n \sum_{0 \leqslant m \leqslant n} \frac{1}{m!} S_m \mathcal{H}_{n-m}$$

(5 - 473)

考虑到

$$S_m = \sum_{q=1}^{m} \frac{(m-1)!}{(m-q)!} L_q S_{m-q}$$

(5 - 474)

其中迭代初值为 $S_0 = 1, S_1 = L_1$。于是可得到

$$\mathcal{K}(y, Y) = \sum_{n \geqslant 0} \varepsilon^n \mathcal{K}_n(y, Y) = \sum_{n \geqslant 0} \varepsilon^n \sum_{0 \leqslant m \leqslant n} \frac{1}{m!} S_m \mathcal{H}_{n-m}$$

$$= \sum_{n \geqslant 0} \varepsilon^n \sum_{0 \leqslant m \leqslant n} \sum_{q=1}^{m} \frac{1}{m!} \frac{(m-1)!}{(m-q)!} L_q S_{m-q} \mathcal{H}_{n-m}$$

(5 - 475)

因而

$$\mathcal{K}_n(y, Y) = \sum_{0 \leqslant m \leqslant n} \frac{1}{m!} S_m \mathcal{H}_{n-m} = \sum_{0 \leqslant m \leqslant n} \sum_{q=1}^{m} \frac{1}{m!} \frac{(m-1)!}{(m-q)!} L_q S_{m-q} \mathcal{H}_{n-m}$$

(5 - 476)

可得如下摄动分析方程组

$$\varepsilon^0 : \mathcal{K}_0 = \mathcal{H}_0$$

$$\varepsilon^1 : \mathcal{K}_1 = \mathcal{H}_1 + S_1 \mathcal{H}_0$$

$$\varepsilon^2 : \mathcal{K}_2 = \mathcal{H}_2 + S_1 \mathcal{H}_1 + \frac{1}{2!} S_2 \mathcal{H}_0$$

$$\varepsilon^3 : \mathcal{K}_3 = \mathcal{H}_3 + S_1 \mathcal{H}_2 + \frac{1}{2!} S_2 \mathcal{H}_1 + \frac{1}{3!} S_3 \mathcal{H}_0$$

$$\varepsilon^4 : \mathcal{K}_4 = \mathcal{H}_4 + S_1 \mathcal{H}_3 + \frac{1}{2!} S_2 \mathcal{H}_2 + \frac{1}{3!} S_3 \mathcal{H}_1 + \frac{1}{4!} S_4 \mathcal{H}_0$$

$$\cdots$$

(5 - 477)

将 $S_n(n=0,1,2,3,4)$ 的表达式(5-472)代入可得

$$\varepsilon^0: \mathcal{K}_0 = \mathcal{H}_0$$

$$\varepsilon^1: \mathcal{K}_1 = \mathcal{H}_1 + L_1 \mathcal{H}_0$$

$$\varepsilon^2: \mathcal{K}_2 = \mathcal{H}_2 + L_1 \mathcal{H}_1 + \frac{1}{2!}(L_1{}^2 + L_2)\mathcal{H}_0$$

$$\varepsilon^3: \mathcal{K}_3 = \mathcal{H}_3 + L_1 \mathcal{H}_2 + \frac{1}{2!}(L_1{}^2 + L_2)\mathcal{H}_1 + \frac{1}{3!}(L_1{}^3 + L_1 L_2 + 2L_2 L_1 + 2L_3)\mathcal{H}_0$$

$$\varepsilon^4: \mathcal{K}_4 = \mathcal{H}_4 + L_1 \mathcal{H}_3 + \frac{1}{2!}(L_1{}^2 + L_2)\mathcal{H}_2 + \frac{1}{3!}(L_1{}^3 + L_1 L_2 + 2L_2 L_1 + 2L_3)\mathcal{H}_1 +$$

$$\frac{1}{4!}(L_1{}^4 + L_1{}^2 L_2 + 2L_1 L_2 L_1 + 2L_1 L_3 + 3L_2 L_1{}^2 + 3L_2{}^2 + 6L_3 L_1 + 6L_4)\mathcal{H}_0$$

$$\cdots \tag{5-478}$$

经验证,以上摄动分析表达式与文献[8]中的递推关系是完全一致的。**特别地,当相流函数取为(x,X)时可得 Lie 级数正向变换**[①]

$$x = \Big[1 + \varepsilon L_1 + \frac{\varepsilon^2}{2!}(L_1{}^2 + L_2) + \frac{\varepsilon^3}{3!}(L_1{}^3 + L_1 L_2 + 2L_2 L_1 + 2L_3) +$$

$$\frac{\varepsilon^4}{4!}(L_1{}^4 + L_1{}^2 L_2 + 2L_1 L_2 L_1 + 2L_1 L_3 + 3L_2 L_1{}^2 + 3L_2{}^2 + 6L_3 L_1 + 6L_4) + \cdots \Big] y$$

$$X = \Big[1 + \varepsilon L_1 + \frac{\varepsilon^2}{2!}(L_1{}^2 + L_2) + \frac{\varepsilon^3}{3!}(L_1{}^3 + L_1 L_2 + 2L_2 L_1 + 2L_3) +$$

$$\frac{\varepsilon^4}{4!}(L_1{}^4 + L_1{}^2 L_2 + 2L_1 L_2 L_1 + 2L_1 L_3 + 3L_2 L_1{}^2 + 3L_2{}^2 + 6L_3 L_1 + 6L_4) + \cdots \Big] Y$$

$$\tag{5-479}$$

当生成函数取负号,可得到 Lie 级数逆变换[②]

$$y = \Big[1 - \varepsilon L_1 + \frac{\varepsilon^2}{2!}(L_1{}^2 - L_2) + \frac{\varepsilon^3}{3!}(-L_1{}^3 + L_1 L_2 + 2L_2 L_1 - 2L_3) +$$

$$\frac{\varepsilon^4}{4!}(L_1{}^4 - L_1{}^2 L_2 - 2L_1 L_2 L_1 + 2L_1 L_3 - 3L_2 L_1{}^2 + 3L_2{}^2 + 6L_3 L_1 - 6L_4) + \cdots \Big] x$$

$$Y = \Big[1 - \varepsilon L_1 + \frac{\varepsilon^2}{2!}(L_1{}^2 - L_2) + \frac{\varepsilon^3}{3!}(-L_1{}^3 + L_1 L_2 + 2L_2 L_1 - 2L_3) +$$

$$\frac{\varepsilon^4}{4!}(L_1{}^4 - L_1{}^2 L_2 - 2L_1 L_2 L_1 + 2L_1 L_3 - 3L_2 L_1{}^2 + 3L_2{}^2 + 6L_3 L_1 - 6L_4) + \cdots \Big] X$$

$$\tag{5-480}$$

---

① 所谓正向变换,指的是从 $(y,Y) \Rightarrow (x,X)$ 的变换,即对应 W 相流函数从 $\varepsilon=0$ 的初值点 (y,Y) 演化到 $\varepsilon=1$ 的末端点 (x,X)。

② 相当于将 $W \to -W$ 即可实现逆变换。

以上为从 Taylor 展开角度推导的 Lie 级数变换,其过程非常清晰,内涵非常明确。

5.4.6 不同 Lie 级数变换递推关系之间的差异

对前面介绍的从 Hamiltonian 到 Kamiltonian 系统的四种形式的 Lie 级数变换的摄动分析方程组归纳如下。

首先,Hori(1966)形式的 Lie 级数变换

$$\varepsilon^0 : \mathcal{K}_0 = \mathcal{H}_0$$

$$\varepsilon^1 : \mathcal{K}_1 = \mathcal{H}_1 + L_1 \mathcal{H}_0$$

$$\varepsilon^2 : \mathcal{K}_2 = \mathcal{H}_2 + L_1 \mathcal{H}_1 + \frac{1}{2!}(2L_2 + L_1{}^2)\mathcal{H}_0 \qquad (5-481)$$

$$\varepsilon^3 : \mathcal{K}_3 = \mathcal{H}_3 + L_1 \mathcal{H}_2 + \frac{1}{2!}(2L_2 + L_1{}^2)\mathcal{H}_1 + \frac{1}{3!}(6L_3 + 3L_1 L_2 + 3L_2 L_1 + L_1{}^3)\mathcal{H}_0$$

其次,Deprit(1969)形式的 Lie 级数变换

$$\varepsilon^0 : \mathcal{K}_0 = \mathcal{H}_0$$

$$\varepsilon^1 : \mathcal{K}_1 = \mathcal{H}_1 + L_1 \mathcal{H}_0$$

$$\varepsilon^2 : \mathcal{K}_2 = \mathcal{H}_2 + L_1 \mathcal{H}_1 + \frac{1}{2!}(L_2 + L_1{}^2)\mathcal{H}_0 \qquad (5-482)$$

$$\varepsilon^3 : \mathcal{K}_3 = \mathcal{H}_3 + L_1 \mathcal{H}_2 + \frac{1}{2!}(L_2 + L_1{}^2)\mathcal{H}_1 + \frac{1}{3!}(2L_3 + L_2 L_1 + 2L_1 L_2 + L_1{}^3)\mathcal{H}_0$$

第三,Dragt-Finn(1976)形式的 Lie 级数变换

$$\varepsilon^0 : \mathcal{K}_0 = \mathcal{H}_0$$

$$\varepsilon^1 : \mathcal{K}_1 = \mathcal{H}_1 + L_1 \mathcal{H}_0$$

$$\varepsilon^2 : \mathcal{K}_2 = \mathcal{H}_2 + L_1 \mathcal{H}_1 + \frac{1}{2!}(2L_2 + L_1{}^2)\mathcal{H}_0 \qquad (5-483)$$

$$\varepsilon^3 : \mathcal{K}_3 = \mathcal{H}_3 + L_1 \mathcal{H}_2 + \frac{1}{2!}(2L_2 + L_1{}^2)\mathcal{H}_1 + \frac{1}{3!}(6L_3 + 6L_2 L_1 + L_1{}^3)\mathcal{H}_0$$

第四,基于 Taylor 展开的 Lie 级数变换

$$\varepsilon^0 : \mathcal{K}_0 = \mathcal{H}_0$$

$$\varepsilon^1 : \mathcal{K}_1 = \mathcal{H}_1 + L_1 \mathcal{H}_0$$

$$\varepsilon^2 : \mathcal{K}_2 = \mathcal{H}_2 + L_1 \mathcal{H}_1 + \frac{1}{2!}(L_1{}^2 + L_2)\mathcal{H}_0 \qquad (5-484)$$

$$\varepsilon^3 : \mathcal{K}_3 = \mathcal{H}_3 + L_1 \mathcal{H}_2 + \frac{1}{2!}(L_1{}^2 + L_2)\mathcal{H}_1 + \frac{1}{3!}(L_1{}^3 + L_1 L_2 + 2L_2 L_1 + 2L_3)\mathcal{H}_0$$

以三阶项为例，对比以上四种变换的表达式①，可得：

1) Hori(1966)变换

$$\mathcal{K}_3 = \mathcal{H}_3 + L_1\mathcal{H}_2 + \frac{1}{2!}(2L_2 + L_1{}^2)\mathcal{H}_1 + \frac{1}{3!}(6L_3 + 3L_1L_2 + 3L_2L_1 + L_1{}^3)\mathcal{H}_0 \qquad (5-485)$$

2) Deprit(1969)变换

$$\mathcal{K}_3 = \mathcal{H}_3 + L_1\mathcal{H}_2 + \frac{1}{2!}(L_2 + L_1{}^2)\mathcal{H}_1 + \frac{1}{3!}(2L_3 + 2L_1L_2 + L_2L_1 + L_1{}^3)\mathcal{H}_0 \qquad (5-486)$$

3) Dragt-Finn(1976)变换

$$\mathcal{K}_3 = \mathcal{H}_3 + L_1\mathcal{H}_2 + \frac{1}{2!}(2L_2 + L_1{}^2)\mathcal{H}_1 + \frac{1}{3!}(6L_3 + 6L_2L_1 + L_1{}^3)\mathcal{H}_0 \qquad (5-487)$$

4) 基于 Taylor 展开的变换

$$\mathcal{K}_3 = \mathcal{H}_3 + L_1\mathcal{H}_2 + \frac{1}{2!}(L_2 + L_1{}^2)\mathcal{H}_1 + \frac{1}{3!}(2L_3 + L_1L_2 + 2L_2L_1 + L_1{}^3)\mathcal{H}_0 \qquad (5-488)$$

对比以上四个表达式不难发现：

1) Hori 变换的表达式和 Dragt-Finn 变换的表达式前 3 项是一致的，对于第 4 项，当忽略对易关系（即假定 $L_iL_j = L_jL_i, i \neq j$ 的话），那么 Hori 变换退化为 Dragt-Finn 变换形式②；

2) Deprit 变换和基于 Taylor 展开的变换方法得到的表达式的前 3 项是一致的，第 4 项存在差异；

3) 四种变换的递推关系中，Dragt-Finn 形式的 Lie 级数变换的计算量是最小的，即 Poisson 括号数目最少。

5.4.7　Lie 级数变换的等价性

Lie 级数变换的等价：需证明它们的生成函数存在对应关系。文献[10]证明了 Hori 形式和 Deprit 形式 Lie 级数变换的等价性，文献[11]证明了 Deprit 形式和 Dragt-Finn 形式 Lie 级数变换之间的等价性。综上可得，本节讨论的前三种 Lie 级数变换（Hori、Deprit 和 Dragt-Finn）是等价的。文献[8]提到基于 Taylor 展开的 Lie 级数变换与以上变换方法同样是等价的。

不同的变换方法存在不同的生成函数，即对应不同的变换路径。

如图 5 - 23 和图 5 - 24 所示，变换方法的等价性表明，从某 Hamiltonian 系统相空间出发，经过不同的变换方法，对应不同的生成函数，即对应不同的变换路径，最终到达相同的 Kamiltonian 系统相空间。

---

① 因为本书在同一套符号系统下讨论各种变换，因此可以针对不同的变换的递推关系进行直接的比较。

② 是否意味着对易关系对于变换理论而言可能不重要，这是一个开放问题，感兴趣的读者可以进一步思考具体原因。

图 5 - 23　生成函数代表的是从 Hamiltonian 系统至 Kamiltonian 系统的变换路径。

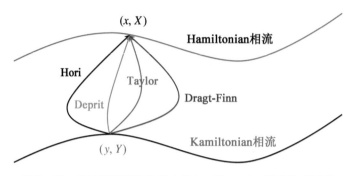

图 5 - 24　通过不同变换路径实现 $(x,X) \Leftrightarrow (y,Y)$ 的物理图像

任意两个数学上等价的 Lie 级数变换，它们的生成函数不一样，代表从 Hamiltonian 系统到 Kamiltonian 系统的路径不一样，该路径代表的是 $(x,X) \Leftrightarrow (y,Y)$ 变换的显式表达式，此即为分析解。这给我们留下一个问题：不同变换对应的分析解是否一致？文献[9]详细地考察了这个问题，结论是不同 Lie 级数显式变换的表达式都是完全一致的。这使得我们在实际问题中可以选用任何一种 Lie 级数变换方法，当然以计算代价最小的 Dragt-Finn 形式优先。

5.4.8　Lie 级数变换理论的应用

本小节以第二章讨论的 Duffing 方程、第三章讨论的含平方和立方的非线性系统、单摆模型的共振轨线、Mathieu 方程、受迫单摆模型、古在（Kozai）共振轨线以及三角平动点非线性稳定性为例，讨论 Lie 级数变换方法的具体应用。

例 5 - 18　Duffing 自由振动方程。

Duffing 振动方程为

$$\ddot{\xi} + \xi - \varepsilon \xi^3 = 0 \qquad (5-489)$$

对于未扰运动，引入 action-angle 变量（见 5.1 节）

$$x = (I, \varphi) \qquad (5-490)$$

扰动系统的哈密顿函数可表示为

$$\mathcal{H} = I + \varepsilon I^2 \left(-\frac{3}{8} + \frac{1}{2}\cos 2\varphi - \frac{1}{8}\cos 4\varphi \right) \qquad (5-491)$$

哈密顿函数的未扰项和扰动项分别为

$$\mathcal{H}_0 = I$$

$$\mathcal{H}_1 = I^2\left(-\frac{3}{8}+\frac{1}{2}\cos 2\varphi-\frac{1}{8}\cos 4\varphi\right)$$
$$\text{(5-492)}$$

哈密顿正则运动方程为

$$\dot{\varphi}=1+\varepsilon I\left(-\frac{3}{4}+\cos 2\varphi-\frac{1}{4}\cos 4\varphi\right)$$

$$\dot{I}=\varepsilon I^2\left(\sin 2\varphi-\frac{1}{2}\sin 4\varphi\right)$$
$$\text{(5-493)}$$

下面选择 Dragt-Finn 形式的 Lie 级数变换

$$\varepsilon^0:\mathcal{K}_0=\mathcal{H}_0$$

$$\varepsilon^1:\mathcal{K}_1=\mathcal{H}_1+L_1\mathcal{H}_0$$

$$\varepsilon^2:\mathcal{K}_2=\mathcal{H}_2+L_1\mathcal{H}_1+\frac{1}{2!}(2L_2+L_1{}^2)\mathcal{H}_0$$

$$\varepsilon^3:\mathcal{K}_3=\mathcal{H}_3+L_1\mathcal{H}_2+\frac{1}{2!}(2L_2+L_1{}^2)\mathcal{H}_1+\frac{1}{3!}(6L_3+6L_2L_1+L_1{}^3)\mathcal{H}_0$$

$$\varepsilon^4:\mathcal{K}_4=\mathcal{H}_4+L_1\mathcal{H}_3+\frac{1}{2!}(2L_2+L_1{}^2)\mathcal{H}_2+\frac{1}{3!}(6L_3+6L_2L_1+L_1{}^3)\mathcal{H}_1+$$

$$\frac{1}{4!}(24L_4+24L_3L_1+12L_2{}^2+12L_2L_1{}^2+L_1{}^4)\mathcal{H}_0$$

$$\cdots$$
$$\text{(5-494)}$$

变换后相空间变量记为 (J,ψ)。根据摄动分析方程组,依次求解即可。

零阶项

$$\mathcal{K}_0=\mathcal{H}_0\Rightarrow\mathcal{K}_0=J$$
$$\text{(5-495)}$$

一阶项

$$\mathcal{K}_1=\mathcal{H}_1+L_1\mathcal{H}_0\Rightarrow\mathcal{K}_1=-\frac{3}{8}J^2$$
$$\text{(5-496)}$$

可得

$$L_1\mathcal{H}_0=\mathcal{K}_1-\mathcal{H}_1=-I^2\left(\frac{1}{2}\cos 2\varphi-\frac{1}{8}\cos 4\varphi\right)$$
$$\text{(5-497)}$$

因为

$$L_1\mathcal{H}_0=\{\mathcal{H}_0,W_1\}=\frac{\partial\mathcal{H}_0}{\partial\varphi}\frac{\partial W_1}{\partial I}-\frac{\partial\mathcal{H}_0}{\partial I}\frac{\partial W_1}{\partial\varphi}=-\frac{\partial W_1}{\partial\varphi}$$
$$\text{(5-498)}$$

因此

$$\frac{\partial W_1}{\partial \varphi} = I^2 \left(\frac{1}{2} \cos 2\varphi - \frac{1}{8} \cos 4\varphi \right) \tag{5-499}$$

积分可得生成函数的表达式为

$$W_1 = \frac{1}{4} I^2 \left(\sin 2\varphi - \frac{1}{8} \sin 4\varphi \right) \tag{5-500}$$

二阶项

$$\mathcal{K}_2 = \mathcal{H}_2 + L_1 \mathcal{H}_1 + \frac{1}{2!}(L_1{}^2 + 2L_2)\mathcal{H}_0 \tag{5-501}$$

可得

$$\mathcal{K}_2 = -\frac{17}{64} J^3 \tag{5-502}$$

$$W_2 = \frac{1}{128} I^3 \left(33\sin 2\varphi - 3\sin 4\varphi - \frac{1}{3}\sin 6\varphi \right) \tag{5-503}$$

三阶项

$$\mathcal{K}_3 = L_1 \mathcal{H}_2 + \frac{1}{2!}(2L_2 + L_1{}^2)\mathcal{H}_1 + \frac{1}{3!}(6L_2 L_1 + L_1{}^3 + 6L_3)\mathcal{H}_0 \tag{5-504}$$

可求得

$$\mathcal{K}_3 = -\frac{375}{1024} J^4 \tag{5-505}$$

$$W_3 = \frac{1}{8192} I^4 (3280\sin 2\varphi - 376\sin 4\varphi + 16\sin 6\varphi - 11\sin 8\varphi) \tag{5-506}$$

因此，截断到三阶项的 Kamiltonian 函数为

$$\mathcal{K} = \mathcal{K}_0 + \varepsilon \mathcal{K}_1 + \varepsilon^2 \mathcal{K}_2 + \varepsilon^3 \mathcal{K}_3 = J - \frac{3}{8}\varepsilon J^2 - \frac{17}{64}\varepsilon^2 J^3 - \frac{375}{1024}\varepsilon^3 J^4 \tag{5-507}$$

通过对比不难发现，此处获得的 Kamiltonian 函数与 von Zeipel 变换得到的结果是一致的。生成函数为

$$
\begin{aligned}
W &= W_1 + \varepsilon W_2 + \varepsilon^2 W_3 \\
&= \frac{1}{4} I^2 \left(\sin 2\varphi - \frac{1}{8}\sin 4\varphi \right) + \frac{1}{128}\varepsilon I^3 \left(33\sin 2\varphi - 3\sin 4\varphi - \frac{1}{3}\sin 6\varphi \right) + \\
&\quad \frac{1}{8192}\varepsilon^2 I^4 (3280\sin 2\varphi - 376\sin 4\varphi + 16\sin 6\varphi - 11\sin 8\varphi)
\end{aligned}
\tag{5-508}
$$

从而可得 Kamiltonian 系统的分析解为

$$
\begin{aligned}
&J = \text{const} \\
&\psi = \psi_0 + \left(1 - \frac{3}{4}\varepsilon J - \frac{51}{64}\varepsilon^2 J^2 - \frac{375}{256}\varepsilon^3 J^3 \right) t
\end{aligned}
\tag{5-509}
$$

通过 Lie 级数变换,可得 Hamiltonian 系统的分析解为

$$\varphi = \psi + \frac{1}{16}\varepsilon J (8\sin 2\psi - \sin 4\psi) +$$

$$\frac{1}{512}\varepsilon^2 J^2 (400\sin 2\psi - 4\sin 4\psi - 16\sin 6\psi + \sin 8\psi) + \tag{5-510}$$

$$\frac{1}{12288}\varepsilon^3 J^3 (19944\sin 2\psi + 1011\sin 4\psi - 928\sin 6\psi -$$

$$90\sin 8\psi + 24\sin 10\psi - \sin 12\psi)$$

$$I = J + \frac{1}{8}\varepsilon J^2 (-4\cos 2\psi + \cos 4\psi) +$$

$$\frac{1}{64}\varepsilon^2 J^3 (17 - 42\cos 2\psi + 6\cos 4\psi + 2\cos 6\psi) + \tag{5-511}$$

$$\frac{1}{1024}\varepsilon^3 J^4 (750 - 1310\cos 2\psi + 78\cos 4\psi + 102\cos 6\psi + 5\cos 8\psi)$$

显然,Lie 级数变换给出的是显式变换(这是 Lie 级数变换的一个极大优点),而 von Zeipel 变换给出的是隐式变换。分析解与数值解的对比见图 5 - 25。可见,分析解与数值解吻合很好。

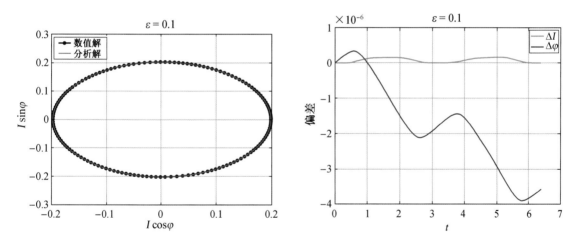

图 5 - 25　分析解与数值解的比较,振幅和初始相位取为($J = 0.2$, $\psi_0 = 0$)

例 5 - 19　求解含平方和立方项的非线性系统。

含平方和立方项的非线性系统微分方程如下(第三章讨论的问题)

$$\ddot{u} + u + \alpha_2 u^2 + \alpha_3 u^3 = 0 \tag{5-512}$$

以未扰系统的 action-angle 变量描述哈密顿函数(见 5.1 节)可得

$$\mathcal{H} = I + \frac{3}{8}\alpha_3 I^2 + \frac{\sqrt{2}}{6}\alpha_2 I^{\frac{3}{2}} (3\sin\varphi - \sin 3\varphi) - \frac{1}{8}\alpha_3 I^2 (4\cos 2\varphi - \cos 4\varphi) \tag{5-513}$$

按照小参数的阶次对哈密顿函数进行划分，可得

$$\mathcal{H}_0 = I$$

$$\mathcal{H}_1 = \frac{\sqrt{2}}{6}\alpha_2 I^{\frac{3}{2}}(3\sin\varphi - \sin 3\varphi)$$

$$\mathcal{H}_2 = \frac{3}{8}\alpha_3 I^2 - \frac{1}{8}\alpha_3 I^2(4\cos 2\varphi - \cos 4\varphi)$$

$$\mathcal{H}_{n\geqslant 3} = 0$$

(5-514)

其中 $\mathcal{H}_0$ 对应线性系统的哈密顿函数。通过 Lie 级数变换实现如下变换

$$(I,\varphi) \Rightarrow (J,\psi)$$

(5-515)

下面同样采用 Dragt-Finn 形式的 Lie 级数变换求解该问题。

零阶项

$$\mathcal{K}_0 = \mathcal{H}_0 \Rightarrow \mathcal{K}_0 = J$$

(5-516)

一阶项

$$\mathcal{K}_1 = \mathcal{H}_1 + L_1\mathcal{H}_0$$

(5-517)

代入 $\mathcal{H}_0$ 和 $\mathcal{H}_1$ 的表达式可得

$$\mathcal{K}_1 = \frac{\sqrt{2}}{6}\alpha_2 I^{\frac{3}{2}}(3\sin\varphi - \sin 3\varphi) - \frac{\partial W_1}{\partial\varphi}$$

(5-518)

求得

$$\mathcal{K}_1 = 0, \quad W_1 = \frac{\sqrt{2}}{18}\alpha_2 I^{\frac{3}{2}}(-9\cos\varphi + \cos 3\varphi)$$

(5-519)

二阶项

$$\mathcal{K}_2 = \mathcal{H}_2 + L_1\mathcal{H}_1 + \frac{1}{2!}(L_1^2 + 2L_2)\mathcal{H}_0$$

(5-520)

将零阶和一阶解代入上式可得

$$\mathcal{K}_2 = \left(-\frac{5}{12}\alpha_2^2 + \frac{3}{8}\alpha_3\right)I^2 + \left(\frac{1}{3}\alpha_2^2 - \frac{1}{2}\alpha_3\right)I^2\cos 2\varphi + \\ \left(\frac{1}{12}\alpha_2^2 + \frac{1}{8}\alpha_3\right)I^2\cos 4\varphi - \frac{\partial W_2}{\partial\varphi}$$

(5-521)

可求得

$$\mathcal{K}_2 = \left(-\frac{5}{12}\alpha_2^2 + \frac{3}{8}\alpha_3\right)J^2$$

$$W_2 = \frac{1}{12}(2\alpha_2^2 - 3\alpha_3)I^2\sin 2\varphi + \frac{1}{96}(2\alpha_2^2 + 3\alpha_3)I^2\sin 4\varphi$$

(5-522)

变换后的 Kamiltonian 函数为

$$\mathcal{K} = J + \left(-\frac{5}{12}\alpha_2{}^2 + \frac{3}{8}\alpha_3 \right)J^2 \tag{5-523}$$

系统的基本频率为

$$\omega = 1 + \left(\frac{3}{4}\alpha_3 - \frac{5}{6}\alpha_2{}^2 \right)J \tag{5-524}$$

其中 $J = \frac{1}{2}a^2$，因此有

$$\omega = 1 + \left(\frac{3}{8}\alpha_3 - \frac{5}{12}\alpha_2{}^2 \right)a^2 \tag{5-525}$$

与第三章的结果完全一致。Lie 级数变换给出显式变换表达式如下

$$I = J + \frac{5}{12}\alpha_2{}^2 J^2 - \frac{1}{\sqrt{2}}\alpha_2 J^{\frac{3}{2}}\sin\psi + \frac{\sqrt{2}}{6}\alpha_2 J^{\frac{3}{2}}\sin 3\psi -$$

$$\left(\frac{2}{3}\alpha_2{}^2 - \frac{1}{2}\alpha_3 \right)J^2\cos 2\psi - \left(\frac{1}{6}\alpha_2{}^2 + \frac{1}{8}\alpha_3 \right)J^2\cos 4\psi$$

$$\varphi = \psi + \left(\frac{3}{16}\alpha_2{}^2 - \frac{1}{2}\alpha_3 \right)J\sin 2\psi + \left(\frac{1}{8}\alpha_2{}^2 + \frac{1}{16}\alpha_3 \right)J\sin 4\psi -$$

$$\frac{1}{144}\alpha_2{}^2 J\sin 6\psi - \frac{3\sqrt{2}}{4}\alpha_2\sqrt{J}\cos\psi + \frac{\sqrt{2}}{12}\alpha_2\sqrt{J}\cos 3\psi \tag{5-526}$$

其中

$$J = \frac{1}{2}a^2 \tag{5-527}$$

$$\psi = \psi_0 + \left[1 + \left(\frac{3}{4}\alpha_3 - \frac{5}{6}\alpha_2{}^2 \right)J \right]t$$

于是分析解为

$$I = \frac{1}{2}a^2 + \frac{5}{48}\alpha_2{}^2 a^4 - \frac{1}{4}\alpha_2 a^3\sin\psi + \frac{1}{12}\alpha_2 a^3\sin 3\psi -$$

$$\left(\frac{1}{6}\alpha_2{}^2 - \frac{1}{8}\alpha_3 \right)a^4\cos 2\psi - \left(\frac{1}{24}\alpha_2{}^2 + \frac{1}{32}\alpha_3 \right)a^4\cos 4\psi$$

$$\varphi = \psi + \left(\frac{3}{32}\alpha_2{}^2 - \frac{1}{4}\alpha_3 \right)a^2\sin 2\psi + \left(\frac{1}{16}\alpha_2{}^2 + \frac{1}{32}\alpha_3 \right)a^2\sin 4\psi -$$

$$\frac{1}{288}\alpha_2{}^2 a^2\sin 6\psi - \frac{3}{4}\alpha_2 a\cos\psi + \frac{1}{12}\alpha_2 a\cos 3\psi \tag{5-528}$$

其中相位角为

$$\psi = \psi_0 + \left[1 + \left(\frac{3}{8}\alpha_3 - \frac{5}{12}\alpha_2{}^2 \right)a^2 \right]t \tag{5-529}$$

代入 $u=\sqrt{2I}\sin\varphi$,即可得到原系统中因变量 u 的分析解形式(具体表达式省略)。分析解和数值解的对比如图 5-26 所示。

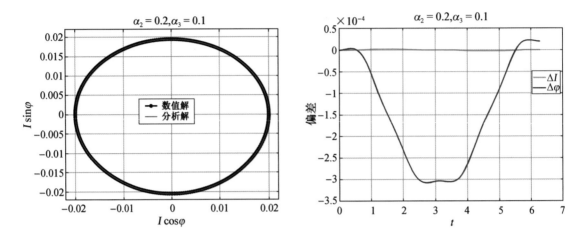

图 5-26 分析解和数值解对比,初始振幅和相位取为($a=0.2$, $\psi_0=0$)

例 5-20 单摆模型的共振轨线。

一阶共振($m=1$)的单摆模型为(见第七章)

$$\mathcal{H}=\frac{1}{2}J^2-\cos\phi \tag{5-530}$$

单摆模型的平衡点位于($J_0=0$, $\phi_0=0$),将哈密顿函数(5-530)在平衡点附近进行 Taylor 展开可得

$$\mathcal{H}=\frac{1}{2}J^2-\cos\phi=\frac{1}{2}J^2-1+\frac{1}{2}\phi^2-\frac{1}{24}\phi^4+\frac{1}{720}\phi^6+\mathcal{O}(\phi^8) \tag{5-531}$$

截断到 6 阶,哈密顿函数为

$$\mathcal{H}\approx\frac{1}{2}J^2+\frac{1}{2}\phi^2-\frac{1}{24}\phi^4+\frac{1}{720}\phi^6 \tag{5-532}$$

针对未扰哈密顿模型 $\mathcal{H}_0=\frac{1}{2}J^2+\frac{1}{2}\phi^2$,引入 action-angle 变量(参考 5.1 节)

$$\phi=\sqrt{2I}\sin\varphi,\ J=\sqrt{2I}\cos\varphi \tag{5-533}$$

因此哈密顿函数(5-532)变为

$$\begin{aligned}\mathcal{H}=&I+I^2\left(-\frac{1}{16}+\frac{1}{12}\cos2\varphi-\frac{5}{240}\cos4\varphi\right)+\\&I^3\left(\frac{1}{288}-\frac{1}{192}\cos2\varphi+\frac{1}{480}\cos4\varphi-\frac{1}{2880}\cos6\varphi\right)+\mathcal{O}(I^4)\end{aligned} \tag{5-534}$$

根据阶数不同,将哈密顿函数划分为

$$\mathcal{H}_0 = I$$

$$\mathcal{H}_1 = I^2\left(-\frac{1}{16}+\frac{1}{12}\cos 2\varphi-\frac{1}{48}\cos 4\varphi\right) \tag{5-535}$$

$$\mathcal{H}_2 = I^3\left(\frac{1}{288}-\frac{1}{192}\cos 2\varphi+\frac{1}{480}\cos 4\varphi-\frac{1}{2880}\cos 6\varphi\right)$$

下面利用 Lie 级数变换$(I,\varphi)\Rightarrow(I^*,\varphi^*)$,构造 Kamiltonian 函数以及分析解,具体计算中采用 Dragt-Finn 形式的摄动分析方程组。

零阶项

$$\mathcal{K}_0 = \mathcal{H}_0 \Rightarrow \mathcal{K}_0 = I^* \tag{5-536}$$

一阶项

$$\mathcal{K}_1 = \mathcal{H}_1 + L_1\mathcal{H}_0 \tag{5-537}$$

解得

$$\begin{cases} \mathcal{K}_1 = -\dfrac{1}{16}I^{*2} \\[3mm] W_1 = I^{*2}\left(\dfrac{1}{24}\sin 2\varphi^* - \dfrac{1}{192}\sin 4\varphi^*\right) \end{cases} \tag{5-538}$$

二阶项

$$\mathcal{K}_2 = \mathcal{H}_2 + L_1\mathcal{H}_1 + \left(L_2+\frac{1}{2}L_1^{\ 2}\right)\mathcal{H}_0 \tag{5-539}$$

解得

$$\begin{cases} \mathcal{K}_2 = -\dfrac{I^{*3}}{256} \\[3mm] W_2 = \dfrac{1}{7680}I^{*3}(35\sin 2\varphi^* - \sin 4\varphi^* - \sin 6\varphi^*) \end{cases} \tag{5-540}$$

三阶项

$$\mathcal{K}_3 = \mathcal{H}_3 + L_1\mathcal{H}_2 + \left(L_2+\frac{1}{2}L_1^{\ 2}\right)\mathcal{H}_1 + \left(L_3+L_2L_1+\frac{1}{6}L_1^{\ 3}\right)\mathcal{H}_0 \tag{5-541}$$

解得

$$\mathcal{K}_3 = \frac{35}{24576}I^{*4}$$

$$W_3 = I^{*4}\left(-\frac{83}{276480}\sin 2\varphi^* - \frac{121}{1105920}\sin 4\varphi^* + \frac{7}{92160}\sin 6\varphi^* - \frac{121}{8847360}\sin 8\varphi^*\right)$$

$$\tag{5-542}$$

变换后系统的 Kamiltonian 函数为

$$\mathcal{K}=I^* -\frac{1}{16}I^{*2}-\frac{1}{256}I^{*3}+\frac{35}{24576}I^{*4} \qquad (5-543)$$

该系统下的分析解为

$$I^* =\text{const}$$

$$\varphi^* =\varphi_0^* +\left(1-\frac{1}{8}I^* -\frac{3}{256}I^{*2}+\frac{35}{6144}I^{*3}\right)t \qquad (5-544)$$

基本频率为

$$\omega=1-\frac{1}{8}I^* -\frac{3}{256}I^{*2}+\frac{35}{6144}I^{*3} \qquad (5-545)$$

显式的正变换（即分析解）为

$$I=I^* +\frac{1}{48}I^{*2}(-4\cos 2\varphi^* +\cos 4\varphi^*)+$$

$$\frac{1}{11520}I^{*3}(85-150\cos 2\varphi^* +6\cos 4\varphi^* +14\cos 6\varphi^*)+$$

$$\frac{1}{122880}I^{*4}(270-106\cos 2\varphi^* +14\cos 4\varphi^* -14\cos 6\varphi^* +11\cos 8\varphi^*)$$

$$\varphi=\varphi^* -\frac{1}{96}I^* (-8\sin 2\varphi^* +\sin 4\varphi^*)+$$

$$\frac{1}{92160}I^{*2}(1280\sin 2\varphi^* +124\sin 4\varphi^* -96\sin 6\varphi^* +5\sin 8\varphi^*)+$$

$$\frac{1}{13271040}I^{*3}(-14184\sin 2\varphi^* +4383\sin 4\varphi^* +1288\sin 6\varphi^* -$$

$$1134\sin 8\varphi^* +144\sin 10\varphi^* -5\sin 12\varphi^*) \qquad (5-546)$$

显式的逆变换为

$$I^* =I-\frac{1}{48}I^2(-4\cos 2\varphi+\cos 4\varphi)+$$

$$\frac{1}{11520}I^3(85+60\cos 2\varphi-6\cos 4\varphi-4\cos 6\varphi)+$$

$$\frac{1}{368640}I^4(610-274\cos 2\varphi-394\cos 4\varphi+314\cos 6\varphi-61\cos 8\varphi)$$

$$\varphi^* =\varphi+\frac{1}{96}I(-8\sin 2\varphi+\sin 4\varphi)+$$

$$\frac{1}{92160}I^2(-1240\sin 2\varphi+196\sin 4\varphi-24\sin 6\varphi+5\sin 8\varphi)+$$

$$\frac{1}{13271040}I^3(21888\sin 2\varphi+14049\sin 4\varphi-7876\sin 6\varphi+$$

$$1278\sin 8\varphi - 36\sin 10\varphi + 5\sin 12\varphi) \tag{5-547}$$

分析解与数值解的对比如图 5 – 27 所示。可见,分析解与数值解吻合。

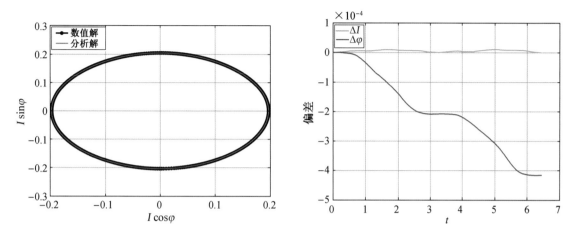

图 5 – 27　分析解与数值解的对比。初始振幅和相位取为 $(I^* = 0.2, \varphi_0^* = 0)$

例 5 – 21　Mathieu 方程如下

$$\ddot{u} + (\omega^2 + \varepsilon \cos 2t)u = 0, \quad \varepsilon \ll 1$$

基于 Lie 级数变换讨论:1) 非共振情况(如 $\omega \gg 1$);2) 共振情况(如 $\omega \sim 1$)。

首先,引入广义坐标和动量

$$x = u, \quad v = \dot{u} \tag{5-548}$$

方程变为

$$\dot{x} = v = \frac{\partial \mathcal{H}}{\partial v} \tag{5-549}$$

$$\dot{v} = -(\omega^2 + \varepsilon \cos 2t)x = -\frac{\partial \mathcal{H}}{\partial x}$$

于是哈密顿函数变为

$$\mathcal{H} = \frac{1}{2}v^2 + \frac{1}{2}(\omega^2 + \varepsilon \cos 2t)x^2 \tag{5-550}$$

$$= \frac{1}{2}\omega^2 x^2 + \frac{1}{2}v^2 + \frac{1}{2}\varepsilon x^2 \cos 2t$$

未扰系统的哈密顿函数为

$$\mathcal{H}_0 = \frac{1}{2}\omega^2 x^2 + \frac{1}{2}v^2 \tag{5-551}$$

引入 Arnold's action-angle 变量

$$x = \sqrt{2I/\omega}\sin \varphi, \quad v = \sqrt{2\omega I}\cos \varphi \tag{5-552}$$

于是

$$\mathcal{H}_0 = \omega I \tag{5-553}$$

哈密顿函数变为

$$\mathcal{H} = \omega I + \varepsilon \frac{I}{4\omega}[2\cos 2t - \cos(2\varphi - 2t) - \cos(2\varphi + 2t)] \tag{5-554}$$

引入时间 t 的共轭动量 T，新的哈密顿函数为

$$\mathcal{H} = T + \omega I + \varepsilon \frac{I}{4\omega}[2\cos 2t - \cos(2\varphi - 2t) - \cos(2\varphi + 2t)] \tag{5-555}$$

变成 2 自由度定常系统。按照 ε 的阶数，将哈密顿函数划分为未扰项和扰动项

$$\mathcal{H}_0 = T + \omega I \tag{5-556}$$

$$\mathcal{H}_1 = \varepsilon \frac{I}{4\omega}[2\cos 2t - \cos(2\varphi - 2t) - \cos(2\varphi + 2t)] \tag{5-557}$$

$$\mathcal{H}_{n \geqslant 2} = 0 \tag{5-558}$$

1）非共振情况（$\omega \gg 1$）

通过 Lie 级数变换 $(I, \varphi, T, t) \rightarrow (J, \psi, T^*, t^*)$，消去短周期项，使得哈密顿函数变成 Kamiltonian 函数，即

$$\mathcal{H}(I, \varphi, T, t) \Rightarrow \mathcal{K}(J, T^*) \tag{5-559}$$

零阶项

$$\mathcal{K}_0 = T^* + \omega J \tag{5-560}$$

一阶项

$$\begin{aligned}
\mathcal{K}_1 &= \mathcal{H}_1 + L_1 \mathcal{H}_0 \\
&= \varepsilon \frac{I}{4\omega}[2\cos 2t - \cos(2\varphi - 2t) - \cos(2\varphi + 2t)] - \frac{\partial W_1}{\partial t} - \omega \frac{\partial W_1}{\partial \varphi}
\end{aligned} \tag{5-561}$$

解得

$$\mathcal{K}_1 = 0 \tag{5-562}$$

$$\frac{\partial W_1}{\partial t} + \omega \frac{\partial W_1}{\partial \varphi} = \varepsilon \frac{I}{4\omega}[2\cos 2t - \cos(2\varphi - 2t) - \cos(2\varphi + 2t)] \tag{5-563}$$

生成函数为

$$W_1 = \varepsilon \frac{I}{4\omega}\left[\sin 2t - \frac{1}{2\omega - 2}\sin(2\varphi - 2t) - \frac{1}{2 + 2\omega}\sin(2\varphi + 2t)\right] \tag{5-564}$$

可见当 $\omega \rightarrow 1$ 时 W_1 是发散的（对应后面讨论的共振情况）。

二阶项

$$\mathcal{K}_2 = \mathcal{H}_2 + L_1 \mathcal{H}_1 + \frac{1}{2!}(L_1{}^2 + 2L_2)\mathcal{H}_0 \tag{5-565}$$

其中 $\mathcal{H}_2 = 0$。将 $\mathcal{H}_0$、$\mathcal{H}_1$ 以及 W_1 代入可得

$$\mathcal{K}_2 = \frac{\varepsilon^2 I}{32\omega(\omega^2-1)}\Big[-2-2\cos 4t+2\cos 2\varphi+(1-\omega)\cos(4t+2\varphi)+$$
$$(1+\omega)\cos(4t-2\varphi)\Big] - \frac{\partial W_2}{\partial t} - \omega\frac{\partial W_2}{\partial \varphi} \tag{5-566}$$

求得

$$\mathcal{K}_2 = -\frac{\varepsilon^2 J}{16\omega(\omega^2-1)} \tag{5-567}$$

以及

$$W_2 = \frac{\varepsilon^2 I}{32\omega(\omega^2-1)}\Big[-\frac{1}{2}\sin 4t+\frac{1}{\omega}\sin 2\varphi+\frac{1-\omega}{2(2+\omega)}\sin(4t+2\varphi)+$$
$$\frac{1+\omega}{2(2-\omega)}\sin(4t-2\varphi)\Big] \tag{5-568}$$

可见当 $\omega\rightarrow 1$ 或 $\omega\rightarrow 2$ 时 W_2 是发散的（对应共振情况）。因此，截断到二阶的 Kamiltonian 函数为

$$\mathcal{K} = T^* + \omega J - \frac{\varepsilon^2 J}{16\omega(\omega^2-1)} \tag{5-569}$$

基本频率为

$$\dot{t}^* = \frac{\partial K}{\partial T^*} = 1$$
$$\dot{\psi} = \frac{\partial K}{\partial J} = \omega - \varepsilon^2\frac{1}{16\omega(\omega^2-1)} \tag{5-570}$$

可得二阶解为

$$\begin{cases} J = \text{cont}, \quad \psi = \psi_0 + \Big[\omega - \varepsilon^2\frac{1}{16\omega(\omega^2-1)}\Big]t \\ T^* = \text{cont}, \quad t^* = t \end{cases} \tag{5-571}$$

同理，Lie 级数变换可给出新、旧坐标之间的变换（具体表达式省略）。

2）共振情况（$\omega \sim 1$）

当共振发生时，哈密顿函数中含有角度 $\varphi - t$ 的函数不再是短周期项，须保留在 Kamiltonian 函数中。通过 Lie 级数变换 $(I, \varphi, T, t) \rightarrow (J, \psi, T^*, t^*)$，消去短周期项，使得哈密顿函数变成 Kamiltonian 函数，即

$$\mathcal{H}(I,\varphi,T,t) \Rightarrow \mathcal{K}(J,T^*,\varphi^*-t^*) \tag{5-572}$$

零阶项

$$\mathcal{K}_0 = T^* + \omega J \tag{5-573}$$

一阶项

$$\begin{aligned}\mathcal{K}_1 &= \mathcal{H}_1 + L_1\mathcal{H}_0 \\ &= \varepsilon\frac{I}{4\omega}\big[2\cos 2t - \cos(2\varphi-2t) - \cos(2\varphi+2t)\big] - \frac{\partial W_1}{\partial t} - \omega\frac{\partial W_1}{\partial\varphi}\end{aligned} \tag{5-574}$$

这里 $\cos(2\varphi-2t)$ 不再是短周期项,于是需要保留在 Kamiltonian 函数中。解得

$$\mathcal{K}_1 = -\frac{\varepsilon J}{4\omega}\cos(2\varphi^*-2t^*) \tag{5-575}$$

$$\frac{\partial W_1}{\partial t} + \omega\frac{\partial W_1}{\partial\varphi} = \varepsilon\frac{I}{4\omega}\big[2\cos 2t - \cos(2\varphi+2t)\big] \tag{5-576}$$

生成函数为

$$W_1 = \varepsilon\frac{I}{4\omega}\Big[\sin 2t - \frac{1}{2(1+\omega)}\sin(2\varphi+2t)\Big] \tag{5-577}$$

二阶项

$$\mathcal{K}_2 = \mathcal{H}_2 + L_1\mathcal{H}_1 + \frac{1}{2!}(L_1{}^2 + 2L_2)\mathcal{H}_0 \tag{5-578}$$

其中 $\mathcal{H}_2 = 0$。将 $\mathcal{H}_1$、$\mathcal{H}_0$ 以及 W_1 代入上式,可得

$$\begin{aligned}\mathcal{K}_2 &= -\frac{\varepsilon^2 I}{32\omega^2(1+\omega)} + \frac{\varepsilon^2 I}{32\omega^2(1+\omega)}\big[-2\cos 4t + 2(1+\omega)\cos(4t-2\varphi) - \\ &\quad \omega\cos 2\varphi - \omega\cos(4t+2\varphi)\big] - \frac{\partial W_2}{\partial t} - \omega\frac{\partial W_2}{\partial\varphi}\end{aligned} \tag{5-579}$$

求得

$$\mathcal{K}_2 = -\frac{\varepsilon^2 J}{32\omega^2(1+\omega)} \tag{5-580}$$

以及

$$W_2 = \frac{\varepsilon^2 I}{32\omega^2(1+\omega)}\Big[-\frac{1}{2}\sin 4t + \frac{\omega+1}{\omega-2}\sin(2\varphi-4t) - \frac{1}{2}\sin 2\varphi - \frac{\omega}{2(\omega+2)}\sin(2\varphi+4t)\Big] \tag{5-581}$$

因此,截断到二阶的 Kamiltonian 函数为

$$\mathcal{K} = T^* + \omega J - \frac{\varepsilon^2 J}{32\omega^2(1+\omega)} - \frac{\varepsilon J}{4\omega}\cos(2\varphi^*-2t^*) \tag{5-582}$$

此即为描述 1∶1 共振的哈密顿函数。新、旧坐标之间的转换可以通过 Lie 级数变换来实现。

　　例 5－22　弹簧摆系统。

　　考虑如图 5－28 所示在垂直平面内摆动的弹簧系统。质量球 m 的动能和势能分别为

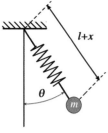

$$T=\frac{1}{2}m[\dot{x}^2+(l+x)^2\dot{\theta}^2] \tag{5-583}$$

$$V=\frac{1}{2}kx^2+mg(l+x)(1-\cos\theta) \tag{5-584}$$

图 5－28　弹簧摆系统

其中 l 为弹簧的自然长度，x 为相对于平衡位置的弹簧伸长量。因此拉格朗日函数为

$$L=T-V=\frac{1}{2}m[\dot{x}^2+(l+x)^2\dot{\theta}^2]-mg(l+x)(1-\cos\theta)-\frac{1}{2}kx^2 \tag{5-585}$$

引入角坐标和共轭动量

$$\begin{cases} x=x, & p_x=\dfrac{\partial L}{\partial \dot{x}}=m\dot{x} \\[2mm] \theta=\theta, & p_\theta=\dfrac{\partial L}{\partial \dot{\theta}}=m(l+x)^2\dot{\theta} \end{cases} \tag{5-586}$$

于是哈密顿函数为

$$\begin{aligned} \mathcal{H}&=\dot{x}p_x+\dot{\theta}p_\theta-L \\[1mm] &=\frac{1}{2}\left[\frac{p_x^2}{m}+\frac{p_\theta^2}{m(l+x)^2}\right]+mg(l+x)(1-\cos\theta)+\frac{1}{2}kx^2 \end{aligned} \tag{5-587}$$

对于小 x 和小 θ 情况，可将哈密顿函数展开为如下 Taylor 级数形式（保留至 4 阶项）

$$\begin{aligned} \mathcal{H}=&\frac{1}{2}\left[\frac{p_x^2}{m}+\frac{p_\theta^2}{ml^2}\right]+\frac{1}{2}mgl\theta^2+\frac{1}{2}kx^2+\frac{1}{2}mgx\theta^2- \\[1mm] &\frac{p_\theta^2}{ml^3}x-\frac{1}{24}mgl\theta^4+\frac{3p_\theta^2}{2ml^4}x^2 \end{aligned} \tag{5-588}$$

按阶数将其划分为未扰项和扰动项的形式

$$\mathcal{H}=\mathcal{H}_0+\mathcal{H}_1+\mathcal{H}_2 \tag{5-589}$$

其中

$$\mathcal{H}_0=\frac{p_x^2}{2m}+\frac{1}{2}kx^2+\frac{p_\theta^2}{2ml^2}+\frac{1}{2}mgl\theta^2 \tag{5-590}$$

$$\mathcal{H}_1=\frac{1}{2}mgx\theta^2-\frac{xp_\theta^2}{ml^3} \tag{5-591}$$

$$\mathcal{H}_2=-\frac{1}{24}mgl\theta^4+\frac{3x^2p_\theta^2}{2ml^4} \tag{5-592}$$

在未扰系统下引入 Arnold's action-angle 变量

$$\begin{cases} x=\sqrt{I_1/\varepsilon_1}\,\sin\theta_1, & p_x=\sqrt{\varepsilon_1 I_1}\,\cos\theta_1 \\ \theta=\sqrt{I_2/\varepsilon_2}\,\sin\theta_2, & p_\theta=\sqrt{\varepsilon_2 I_2}\,\cos\theta_2 \end{cases} \tag{5-593}$$

其中 $\varepsilon_1=\sqrt{km}$，$\varepsilon_2=m\sqrt{gl^3}$。于是，哈密顿函数为

$$\mathcal{H}_0=\frac{1}{2}\sqrt{\frac{k}{m}}\,I_1+\frac{1}{2}\sqrt{\frac{g}{l}}\,I_2 \tag{5-594}$$

$$\mathcal{H}_1=-\frac{1}{8ml^2}\sqrt{\frac{m^2gl}{\sqrt{km}}}\,I_2 I_1^{\frac{1}{2}}\big[2\sin\theta_1+3\sin(\theta_1-2\theta_2)+3\sin(\theta_1+2\theta_2)\big] \tag{5-595}$$

$$\mathcal{H}_2=\frac{1}{8ml^2}\Big\{-\frac{I_2^2}{8}+\frac{1}{6}I_2^2\cos 2\theta_2-\frac{1}{24}I_2^2\cos 4\theta_2+$$

$$3I_1 I_2\sqrt{\frac{mg}{kl}}\Big[1-\cos 2\theta_1-\frac{1}{2}\cos(2\theta_1-2\theta_2)+\cos 2\theta_2-\frac{1}{2}\cos(2\theta_1+2\theta_2)\Big]\Big\} \tag{5-596}$$

将线性系统的固有频率记为

$$\omega_1=\frac{1}{2}\sqrt{\frac{k}{m}}\ ,\quad \omega_2=\frac{1}{2}\sqrt{\frac{g}{l}} \tag{5-597}$$

那么哈密顿函数变为

$$\mathcal{H}_0=\omega_1 I_1+\omega_2 I_2 \tag{5-598}$$

$$\mathcal{H}_1=-\frac{1}{8ml^2}\sqrt{\frac{mgl}{2\omega_1}}\,I_1^{\frac{1}{2}}I_2\big[2\sin\theta_1+3\sin(\theta_1-2\theta_2)+3\sin(\theta_1+2\theta_2)\big] \tag{5-599}$$

$$\mathcal{H}_2=\frac{1}{8ml^2}\Big\{\frac{1}{24}I_2^2(4\cos 2\theta_2-\cos 4\theta_2-3)+$$

$$\frac{3\omega_2}{2\omega_1}I_1 I_2\big[2-2\cos 2\theta_1-\cos(2\theta_1-2\theta_2)+2\cos 2\theta_2-\cos(2\theta_1+2\theta_2)\big]\Big\} \tag{5-600}$$

下面分两种情况讨论：1) 无共振发生；2) 共振 $\omega_1\sim 2\omega_2$ 发生。

1) 无共振发生

此时所有角坐标均为快变量，可采用 Lie 级数变换消去短周期项。Lie 级数变换 $(I_1,I_2,\theta_1,\theta_2)\Rightarrow(I_1^*,I_2^*,\theta_1^*,\theta_2^*)$，使得变换后的 Kamiltonian 函数不含任何快变量，即 $\mathcal{K}(I_1^*,I_2^*,-,-)$。

零阶项：$\mathcal{K}_0=\mathcal{H}_0$

$$\mathcal{K}_0=\omega_1 I_1^*+\omega_2 I_2^* \tag{5-601}$$

一阶项

$$\mathcal{K}_1 = \mathcal{H}_1 + L_1 \mathcal{H}_0 \tag{5-602}$$

代入 $\mathcal{H}_0$ 和 $\mathcal{H}_1$ 可得

$$\mathcal{K}_1 = -\frac{1}{8ml^2}\sqrt{\frac{mgl}{2\omega_1}}\, I_1^{\frac{1}{2}} I_2 \big[2\sin\theta_1 + 3\sin(\theta_1 - 2\theta_2) + 3\sin(\theta_1 + 2\theta_2)\big] - \tag{5-603}$$
$$\omega_1 \frac{\partial W_1}{\partial \theta_1} - \omega_2 \frac{\partial W_1}{\partial \theta_2}$$

解得

$$\mathcal{K}_1 = 0$$

$$W_1 = \frac{1}{8ml^2}\sqrt{\frac{mgl}{2\omega_1}}\, I_1^{\frac{1}{2}} I_2 \left[\frac{2}{\omega_1}\cos\theta_1 + \frac{3}{\omega_1 - 2\omega_2}\cos(\theta_1 - 2\theta_2) + \frac{3}{\omega_1 + 2\omega_2}\cos(\theta_1 + 2\theta_2)\right] \tag{5-604}$$

二阶项

$$\mathcal{K}_2 = \mathcal{H}_2 + L_1 \mathcal{H}_1 + \frac{1}{2!}(L_1^2 + 2L_2)\mathcal{H}_0 \tag{5-605}$$

解得

$$\mathcal{K}_2 = \frac{1}{768ml^3\omega_1^2(\omega_1^2 - 4\omega_2^2)}\big[3I_2^{*2}(11g\omega_1^2 - 4l\omega_1^4 - 8g\omega_2^2 + 16l\omega_1^2\omega_2^2) + \tag{5-606}$$
$$72I_1^* I_2^* \omega_1\omega_2(4l\omega_1^2 - 16l\omega_2^2 - 3g)\big]$$

截断到二阶的 Kamiltonian 函数为

$$\mathcal{K} = \omega_1 I_1^* + \omega_2 I_2^* +$$
$$\frac{1}{768ml^3\omega_1^2(\omega_1^2 - 4\omega_2^2)}\big[3I_2^{*2}(11g\omega_1^2 - 4l\omega_1^4 - 8g\omega_2^2 + 16l\omega_1^2\omega_2^2) + \tag{5-607}$$
$$72I_1^* I_2^* \omega_1\omega_2(-3g + 4l\omega_1^2 - 16l\omega_2^2)\big]$$

2）共振 $\omega_1 \sim 2\omega_2$ 发生

此时角变量 $\theta_1 - 2\theta_2$ 为慢变量，其余角度为快变量，采用 Lie 级数变换消去短周期项。Lie 级数变换 $(I_1, I_2, \theta_1, \theta_2) \Rightarrow (I_1^*, I_2^*, \theta_1^*, \theta_2^*)$，使得变换后的 Kamiltonian 函数不含任何快变量，即 $\mathcal{K}(I_1^*, I_2^*, \theta_1^* - 2\theta_2^*)$。

零阶项

$$\mathcal{K}_0 = \mathcal{H}_0 \tag{5-608}$$

解得

$$\mathcal{K}_0 = \omega_1 I_1^* + \omega_2 I_2^* \tag{5-609}$$

一阶项

$$\mathcal{K}_1 = \mathcal{H}_1 + L_1 \mathcal{H}_0 \tag{5-610}$$

将 $\mathcal{H}_0$ 和 $\mathcal{H}_1$ 代入上式可得

$$\mathcal{K}_1 = -\frac{1}{8ml^2}\sqrt{\frac{mgl}{2\omega_1}}I_1^{\frac{1}{2}}I_2[2\sin\theta_1+3\sin(\theta_1-2\theta_2)+3\sin(\theta_1+2\theta_2)]-\tag{5-611}$$

$$\omega_1\frac{\partial W_1}{\partial \theta_1}-\omega_2\frac{\partial W_1}{\partial \theta_2}$$

解得

$$\mathcal{K}_1 = -\frac{3}{8ml^2}\sqrt{\frac{mgl}{2\omega_1}}I_1^{*\frac{1}{2}}I_2^*\sin(\theta_1^*-2\theta_2^*)\tag{5-612}$$

$$W_1 = \frac{1}{8ml^2}\sqrt{\frac{mgl}{2\omega_1}}I_1^{\frac{1}{2}}I_2\left[\frac{2}{\omega_1}\cos\theta_1+\frac{3}{\omega_1+2\omega_2}\cos(\theta_1+2\theta_2)\right]$$

二阶项

$$\mathcal{K}_2 = \mathcal{H}_2+L_1\mathcal{H}_1+\frac{1}{2!}(L_1^2+2L_2)\mathcal{H}_0\tag{5-613}$$

解得

$$\mathcal{K}_2 = \frac{1}{512ml^3\omega_1^2(\omega_1+2\omega_2)}[I_2^{*2}(13g\omega_1-8l\omega_1^3+8g\omega_2-16l\omega_1^2\omega_2)+\tag{5-614}$$

$$12I_1^*I_2^*\omega_1(3g+16l\omega_1\omega_2+32l\omega_2^2)]$$

截断到二阶的 Kamiltonian 函数为

$$\mathcal{K} = \omega_1 I_1^*+\omega_2 I_2^*-\frac{3}{8ml^2}\sqrt{\frac{mgl}{2\omega_1}}I_1^{*\frac{1}{2}}I_2^*\sin(\theta_1^*-2\theta_2^*)+\tag{5-615}$$

$$\frac{1}{512ml^3\omega_1^2(\omega_1+2\omega_2)}[I_2^{*2}(13g\omega_1-8l\omega_1^3+8g\omega_2-16l\omega_1^2\omega_2)+$$

$$12I_1^*I_2^*\omega_1(3g+16l\omega_1\omega_2+32l\omega_2^2)]$$

此为描述 1∶2 共振的哈密顿函数。

例 5-23 受迫单摆(driven pendulum)模型[12]。

图 5-29 为受迫单摆模型的示意图。系统的哈密顿函数为(将时变系统扩充为 2 自由度的定常系统)

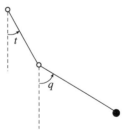

$$\mathcal{H}(p_1,p_2,q_1,q_2)=\frac{p_1^2}{2}+p_2-\alpha\cos q_1-\beta\cos(q_1-q_2)\tag{5-616}$$

其中 $q_1=q,q_2=t$ 以及 $\alpha=\frac{g}{l},\beta=\frac{b}{l}$(内单摆摆长为 b,外单摆摆长为 l)。将哈密顿函数划分为未扰项和扰动项的形式

图 5-29 受迫单摆模型示意图

$$\mathcal{H}_0 = \frac{{p_1}^2}{2} + p_2$$

$$\mathcal{H}_1 = -\alpha\cos q_1 - \beta\cos(q_1 - q_2)$$

$$\mathcal{H}_{n\geqslant 2} = 0 \tag{5-617}$$

下面我们基于 Lie 级数变换讨论三种情况：1) 远离共振；2) 1∶1 共振；3) 2∶1 共振。

1) 远离共振($p_1 \gg 1$)

对于非共振情况，哈密顿函数中的所有三角函数项均为短周期项。通过 Lie 级数变换 $(q_1, q_2, p_1, p_2) \Rightarrow (q_1^*, q_2^*, p_1^*, p_2^*)$，消除哈密顿函数中的短周期项，从而实现如下变换

$$\mathcal{H}(q_1, q_2, p_1, p_2) \Rightarrow \mathcal{K}(-, -, p_1^*, p_2^*) \tag{5-618}$$

零阶项

$$\mathcal{K}_0 = \frac{1}{2}{p_1^*}^2 + p_2^* \tag{5-619}$$

一阶项

$$\mathcal{K}_1 = \mathcal{H}_1 + L_1\mathcal{H}_0 \tag{5-620}$$

将 $\mathcal{H}_0$ 和 $\mathcal{H}_1$ 的表达式代入可得

$$\mathcal{K}_1 = -\alpha\cos q_1 - \beta\cos(q_1 - q_2) - p_1\frac{\partial W_1}{\partial q_1} - \frac{\partial W_1}{\partial q_2} \tag{5-621}$$

解得

$$\mathcal{K}_1 = 0$$

$$W_1 = -\frac{\alpha}{p_1}\sin q_1 - \frac{\beta}{p_1 - 1}\sin(q_1 - q_2) \tag{5-622}$$

二阶项

$$\mathcal{K}_2 = \mathcal{H}_2 + L_1\mathcal{H}_1 + \frac{1}{2!}(L_1^2 + 2L_2)\mathcal{H}_0 \tag{5-623}$$

将 $\mathcal{H}_1$ 和 W_1 代入上式，可得

$$\mathcal{K}_2 = \frac{1}{4}\left\{\frac{\alpha^2}{{p_1}^2}(1 - \cos 2q_1) + \frac{\beta^2}{(p_1 - 1)^2}[1 - \cos(2q_1 - 2q_2)] - \right.$$
$$\left. \left[\frac{1}{{p_1}^2} + \frac{1}{(p_1 - 1)^2}\right]\alpha\beta[\cos(2q_1 - q_2) - \cos q_2]\right\} - p_1\frac{\partial W_2}{\partial q_1} - \frac{\partial W_2}{\partial q_2} \tag{5-624}$$

解得

$$\mathcal{K}_2 = \frac{1}{4}\left[\frac{1}{{p_1^*}^2}\alpha^2 + \frac{1}{(p_1^* - 1)^2}\beta^2\right]$$

$$W_2 = \frac{1}{4}\left\{-\frac{1}{2{p_1}^3}\alpha^2\sin 2q_1 - \frac{\beta}{2(p_1-1)^3}\sin(2q_1 - 2q_2) - \right.$$
$$\left. \left[\frac{1}{{p_1}^2} + \frac{1}{(p_1-1)^2}\right]\alpha\beta\left[\frac{1}{2p_1-1}\sin(2q_1 - q_2) - \sin q_2\right]\right\} \tag{5-625}$$

综上,截断到二阶的 Kamiltonian 函数为

$$\mathcal{K}=\frac{1}{2}p_1^{*\,2}+p_2^*+\frac{1}{4}\left[\frac{1}{p_1^{*\,2}}\alpha^2+\frac{1}{(p_1^*-1)^2}\beta^2\right] \tag{5-626}$$

在消除短周期项的哈密顿模型中,p_1^* 和 p_2^* 为系统的运动积分。

2) 1∶1 共振($p_1 \sim 1$)

当系统位于 1∶1 共振附近时,角变量 q_1-q_2 不再是快变量,相应的哈密顿函数项不再是短周期项,需要保留在 Kamiltonian 函数中。通过 Lie 级数变换$(q_1,q_2,p_1,p_2)\Rightarrow(q_1^*,q_2^*,p_1^*,p_2^*)$,消除哈密顿函数中的短周期项,从而实现

$$\mathcal{H}(q_1,q_2,p_1,p_2)\Rightarrow\mathcal{K}(q_1^*-q_2^*,p_1^*,p_2^*) \tag{5-627}$$

零阶项

$$\mathcal{K}_0=\frac{1}{2}p_1^{*\,2}+p_2^* \tag{5-628}$$

一阶项

$$\mathcal{K}_1=\mathcal{H}_1+L_1\mathcal{H}_0 \tag{5-629}$$

将 $\mathcal{H}_1$ 的表达式代入可得

$$\mathcal{K}_1=-\alpha\cos q_1-\beta\cos(q_1-q_2)-p_1\frac{\partial W_1}{\partial q_1}-\frac{\partial W_1}{\partial q_2} \tag{5-630}$$

解得

$$\mathcal{K}_1=-\beta\cos(q_1^*-q_2^*)$$

$$W_1=-\frac{\alpha}{p_1}\sin q_1 \tag{5-631}$$

二阶项

$$\mathcal{K}_2=\mathcal{H}_2+L_1\mathcal{H}_1+\frac{1}{2!}(L_1^2+2L_2)\mathcal{H}_0 \tag{5-632}$$

将 $\mathcal{H}_0$、$\mathcal{H}_1$ 和 W_1 代入上式,可得

$$\mathcal{K}_2=\frac{\alpha^2}{4p_1^2}(1-\cos 2q_1)+\frac{\alpha\beta}{2p_1^2}\left[\cos q_2-\cos(2q_1-q_2)\right]- \\ p_1\frac{\partial W_2}{\partial q_1}-\frac{\partial W_2}{\partial q_2} \tag{5-633}$$

解得

$$\mathcal{K}_2=\frac{\alpha^2}{4p_1^{*\,2}} \tag{5-634}$$

$$W_2=-\frac{\alpha^2}{8p_1^3}\sin 2q_1+\frac{\alpha\beta}{2p_1^2}\left[\sin q_2-\frac{1}{2p_1-1}\sin(2q_1-q_2)\right]$$

综上，截断到二阶的 Kamiltonian 函数为

$$\mathcal{K} = \frac{1}{2} p_1^{*2} + p_2^* + \frac{\alpha^2}{4 p_1^{*2}} - \beta \cos(q_1^* - q_2^*) \tag{5-635}$$

此为描述 1∶1 共振的哈密顿函数。

3) 2∶1 共振

当系统位于 2∶1 共振附近时，角变量 $2q_1 - q_2$ 不再是快变量，相应的三角函数项不再是短周期项，需要保留在 Kamiltonian 函数中。同样，通过 Lie 级数变换 $(q_1, q_2, p_1, p_2) \Rightarrow (q_1^*, q_2^*, p_1^*, p_2^*)$，消除哈密顿函数中的短周期项，从而实现如下变换

$$\mathcal{H}(q_1, q_2, p_1, p_2) \Rightarrow K(2q_1^* - q_2^*, p_1^*, p_2^*) \tag{5-636}$$

零阶项

$$\mathcal{K}_0 = \frac{1}{2} p_1^{*2} + p_2^* \tag{5-637}$$

一阶项

$$\mathcal{K}_1 = \mathcal{H}_1 + L_1 \mathcal{H}_0 \tag{5-638}$$

将 $\mathcal{H}_1$ 的表达式代入上式可得

$$\mathcal{K}_1 = -\alpha \cos q_1 - \beta \cos(q_1 - q_2) - p_1 \frac{\partial W_1}{\partial q_1} - \frac{\partial W_1}{\partial q_2} \tag{5-639}$$

解得

$$\mathcal{K}_1 = 0$$
$$W_1 = -\frac{\alpha}{p_1} \sin q_1 - \frac{\beta}{p_1 - 1} \sin(q_1 - q_2) \tag{5-640}$$

二阶项

$$\mathcal{K}_2 = \mathcal{H}_2 + L_1 \mathcal{H}_1 + \frac{1}{2!}(L_1^2 + 2L_2)\mathcal{H}_0 \tag{5-641}$$

将 $\mathcal{H}_0$、$\mathcal{H}_1$ 和 W_1 代入上式，可得

$$\mathcal{K}_2 = \frac{1}{4} \left\{ \frac{\alpha^2}{p_1^2}(1 - \cos 2q_1) + \frac{\beta^2}{(p_1-1)^2}[1 - \cos(2q_1 - 2q_2)] - \right.$$
$$\left. \left[\frac{1}{p_1^2} + \frac{1}{(p_1-1)^2}\right] \alpha\beta[\cos(2q_1 - q_2) - \cos q_2] \right\} - p_1 \frac{\partial W_2}{\partial q_1} - \frac{\partial W_2}{\partial q_2} \tag{5-642}$$

解得

$$\mathcal{K}_2 = \frac{1}{4} \left\{ \frac{\alpha^2}{p_1^{*2}} + \frac{\beta^2}{(p_1^*-1)^2} - \left[\frac{1}{p_1^{*2}} + \frac{1}{(p_1^*-1)^2}\right] \alpha\beta \cos(2q_1^* - q_2^*) \right\}$$

$$W_2 = \frac{1}{4(p_1-1)^2 p_1^2} \left[-\frac{(p_1^*-1)^2}{2p_1} \alpha^2 \sin 2q_1 - \frac{p_1^2 \beta^2}{2p_1 - 2} \sin(2q_1 - 2q_2) + \right.$$
$$\left. (1 - 2p_1 + 2p_1^2)\alpha\beta \sin q_2 \right] \tag{5-643}$$

综上,截断到二阶的 Kamiltonian 函数为

$$\mathcal{K}=\frac{1}{2}p_1^{*2}+p_2^*+\frac{1}{4}\left\{\frac{1}{p_1^{*2}}\alpha^2+\frac{1}{(p_1^*-1)^2}\beta^2-\right.$$
$$\left[\frac{1}{p_1^{*2}}+\frac{1}{(p_1^*-1)^2}\right]\alpha\beta\cos(2q_1^*-q_2^*)\right\} \tag{5-644}$$

此为描述 2∶1 共振的哈密顿函数。

例 5 - 24 Kozai 共振轨线的分析解[本书将在第十一章详细介绍古在-利多夫效应(Kozai-Lidov effect)]。

在限制性等级式系统下,截断至四极矩的哈密顿函数(双平均,见第八章)为

$$\mathcal{H}=-\mathcal{C}_0\left[-\frac{1}{2}e^2+\cos^2 i+\frac{3}{2}e^2\cos^2 i+\frac{5}{2}e^2(1-\cos^2 i)\cos 2\omega\right] \tag{5-645}$$

其中 e 为偏心率,i 为轨道倾角,ω 为近点角距,系数 $\mathcal{C}_0$ 为

$$\mathcal{C}_0=\frac{3}{8}\frac{\mathcal{G}m_p}{a_p}\left(\frac{a}{a_p}\right)^2\frac{1}{(1-e_p^2)^{\frac{3}{2}}} \tag{5-646}$$

其中 $\alpha=a/a_p\ll 1$ 为等级式构型的半长轴之比,a_p 为摄动天体的半长轴,m_p 为摄动天体质量,e_p 为摄动天体轨道偏心率。在长期演化中,$\mathcal{C}_0$ 为常系数,因此可对哈密顿函数作归一化处理(相当于对时间坐标做伸缩变换),得到

$$\mathcal{H}=\frac{1}{2}e^2-\cos^2 i-\frac{3}{2}e^2\cos^2 i-\frac{5}{2}e^2(1-\cos^2 i)\cos 2\omega \tag{5-647}$$

引入归一化的 Delaunay 变量(相当于对时间坐标进行伸缩变换)

$$g=\omega,\quad G=\sqrt{1-e^2}$$
$$h=\Omega,\quad H=G\cos i \tag{5-648}$$

因此,截断到四极矩的哈密顿函数变为

$$\mathcal{H}=\frac{1}{2}(1-G^2)-\frac{H^2}{G^2}-\frac{3}{2}(1-G^2)\frac{H^2}{G^2}-\frac{5}{2}(1-G^2)\frac{G^2-H^2}{G^2}\cos 2g \tag{5-649}$$

进一步简化整理可得

$$\mathcal{H}=\frac{1}{2}\left(1-G^2+3H^2-5\frac{H^2}{G^2}\right)-\frac{5}{2}\left(1-G^2+H^2-\frac{H^2}{G^2}\right)\cos 2g \tag{5-650}$$

哈密顿系统(5 - 645)的时间坐标记为 t,哈密顿系统(5 - 650)的时间坐标记为 τ,那么两套时间坐标满足如下关系

$$\tau=\frac{\mathcal{C}_0}{\sqrt{\mu a}}t=\frac{3}{8}\left(\frac{m_p}{m_0}\right)\left(\frac{a}{a_p}\right)^3\frac{1}{(1-e_p^2)^{\frac{3}{2}}}nt \tag{5-651}$$

其中 n 为测试粒子的平运动频率。由于角坐标 h 是哈密顿函数的循环坐标,因此对应的广义

动量 H 为 Kozai 动力学模型的运动积分,即

$$H = \sqrt{1-e^2}\cos i \tag{5-652}$$

该运动积分在 (e,i) 平面分布见图 $5-30$。

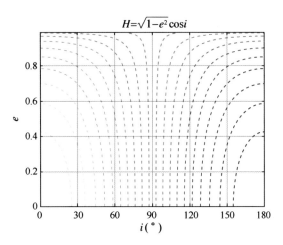

$$H = \sqrt{1-e^2}\cos i$$

图 5 - 30 **Kozai 动力学模型下的运动积分**

为方便起见,采用零偏心率处的倾角(记为 i_*)来表示运动积分 H,即

$$H = \sqrt{1-e^2}\cos i = \cos i_* \tag{5-653}$$

该临界倾角 i_* 通常被称为 Kozai 参数。根据哈密顿正则关系,可得 Kozai 动力学模型的运动方程为

$$\frac{\mathrm{d}g}{\mathrm{d}\tau} = -G + 5\frac{H^2}{G^3} + 5\left(G - \frac{H^2}{G^3}\right)\cos 2g$$

$$\frac{\mathrm{d}G}{\mathrm{d}\tau} = -5\left(1 - G^2 + H^2 - \frac{H^2}{G^2}\right)\sin 2g \tag{5-654}$$

平衡点条件为

$$\frac{\mathrm{d}g}{\mathrm{d}\tau} = 0, \ \frac{\mathrm{d}G}{\mathrm{d}\tau} = 0 \tag{5-655}$$

可解得 Kozai 共振中心的位置如下

$$2g = \pi \Rightarrow 2\omega = \pi$$

$$-3G^2 + 5\cos^2 i = 0 \Rightarrow \cos i = \pm\sqrt{\frac{3}{5}(1-e^2)} \tag{5-656}$$

根据哈密顿函数形式可见:Kozai 动力学模型为 1 自由度系统,因此相空间 (g,G) 内的哈密顿函数等值线(相图)即为相空间轨线(见图 $5-32$)。

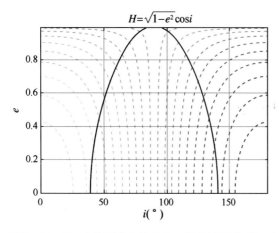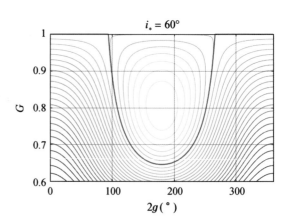

图 5 - 31 Kozai 共振中心的分布。黑色实线为 Kozai 共振中心的分布,虚线为 Kozai 动力学模型的运动积分

图 5 - 32 Kozai 动力学模型相图(运动积分为 $i_* = 60°$)。红色实线为动力学边界,将相空间划分为循环区域和共振区域

下面利用 Lie 级数变换理论,推导当 Kozai 参数为 $i_* = 60°$ 时,Kozai 共振轨线的分析解,即平动点附近的周期运动。当系统为高自由度时,平动点附近的分析解可用同样的方法研究。

当运动积分对应 $i_* = 60°$ 时,共振中心位于 $\left(g_c = \dfrac{\pi}{2}, G_c = \left(\dfrac{5}{12}\right)^{1/4}\right)$,记 Kozai 中心附近的变量为

$$g = g_c + \delta g, \ G = G_c + \delta G \tag{5 - 657}$$

将哈密顿函数在 $\left(g_c = \dfrac{\pi}{2}, G_c = \left(\dfrac{5}{12}\right)^{1/4}\right)$ 附近进行 Taylor 展开并保留至 4 阶项,可得

$$\begin{aligned}
\mathcal{H} \approx {}& 0.127017 - 12\delta G^2 + 14.936\delta G^3 - 23.2379\delta G^4 + \\
& \delta g^2(-1.08602 + 3.21371\delta G + 14\delta G^2 - 14.936\delta G^3 + 23.2379\delta G^4) + \\
& \delta g^4(0.362007 - 1.07124\delta G - 4.66667\delta G^2 + 4.97866\delta G^3 - 7.74597\delta G^4)
\end{aligned}$$

$$\tag{5 - 658}$$

将线性系统的哈密顿函数(二次项)记为未扰项

$$\mathcal{H}_0 = c_1\delta g^2 + c_2\delta G^2 = -1.086\delta g^2 - 12\delta G^2 \tag{5 - 659}$$

为了将线性系统变为标准形式,引进如下正则变换[①]

$$\delta g = \sqrt{\frac{U}{\varepsilon}}\sin u, \ \delta G = \sqrt{\varepsilon U}\cos u \tag{5 - 660}$$

---

① 这里的 (U, u) 实际为线性系统的 action-angle 变量。

其中 $\varepsilon = \sqrt{c_1/c_2} = 0.3008$。将(5-660)代入(5-659)，可得线性系统哈密顿函数为

$$\mathcal{H}_0 = \sqrt{c_1 c_2}\, U = 3.61002 U \tag{5-661}$$

这意味着线性系统固有频率为 3.61002。利用正则共轭变量 (u, U)，将哈密顿函数(5-658)表示为

$$
\begin{aligned}
\mathcal{H} = &-3.61002 U + \\
&U^{3/2}(3.31318\cos u - 0.848693\cos 3u) + \\
&U^2(2.46135 - 3.05154\cos 2u - 1.51288\cos 4u) + \\
&U^{5/2}(-1.83555\cos u + 1.7293\cos 3u + 0.106247\cos 5u) + \\
&U^3(-0.532599 + 0.703223\cos 2u + 0.532599\cos 4u - 0.703223\cos 6u) + \\
&U^{7/2}(0.42549\cos u - 0.42549\cos 3u - 0.14183\cos 5u + 0.14183\cos 7u) + \\
&U^4(-0.181546 + 0.242061\cos 4u - 0.0605154\cos 8u)
\end{aligned}
\tag{5-662}
$$

根据阶数的不同，将哈密顿函数划分为不同阶数项求和的形式

$$\mathcal{H} = \mathcal{H}_0 + \mathcal{H}_1 + \mathcal{H}_2 + \mathcal{H}_3 + \mathcal{H}_4 + \mathcal{H}_5 + \mathcal{H}_6 \tag{5-663}$$

其中

$$
\begin{aligned}
\mathcal{C}_0 &= 0.127017 \\
\mathcal{H}_0 &= -3.61002 U \\
\mathcal{H}_1 &= U^{3/2}(3.31318\cos u - 0.848693\cos 3u) \\
\mathcal{H}_2 &= U^2(2.46135 - 3.05154\cos 2u - 1.51288\cos 4u) \\
\mathcal{H}_3 &= U^{5/2}(-1.83555\cos u + 1.7293\cos 3u + 0.106247\cos 5u) \\
\mathcal{H}_4 &= U^3(-0.532599 + 0.703223\cos 2u + 0.532599\cos 4u - 0.703223\cos 6u) \\
\mathcal{H}_5 &= U^{7/2}(0.42549\cos u - 0.42549\cos 3u - 0.14183\cos 5u + 0.14183\cos 7u) \\
\mathcal{H}_6 &= U^4(-0.181546 + 0.242061\cos 4u - 0.0605154\cos 8u)
\end{aligned}
\tag{5-664}
$$

这里具体采用 Deprit 的递推关系(参考上一节)

$$
\begin{aligned}
\mathcal{K}_0 &= \mathcal{H}_0 \\
\mathcal{K}_1 &= \mathcal{H}_1 + L_1\mathcal{H}_0 \\
\mathcal{K}_2 &= \mathcal{H}_2 + L_1\mathcal{H}_1 + \frac{1}{2!}(L_2 + L_1^2)\mathcal{H}_0
\end{aligned}
$$

$$\mathcal{K}_3 = \mathcal{H}_3 + L_1\mathcal{H}_2 + \frac{1}{2!}(L_2 + L_1{}^2)\mathcal{H}_1 + \frac{1}{3!}(2L_3 + L_2L_1 + 2L_1L_2 + L_1{}^3)\mathcal{H}_0$$

$$\mathcal{K}_4 = \mathcal{H}_4 + L_1\mathcal{H}_3 + \frac{1}{2!}(L_2 + L_1{}^2)\mathcal{H}_2 + \frac{1}{3!}(2L_3 + L_2L_1 + 2L_1L_2 + L_1{}^3)\mathcal{H}_1 +$$

$$\frac{1}{4!}(6L_4 + 2L_3L_1 + 6L_1L_3 + 3L_2{}^2 + L_2L_1{}^2 + 2L_1L_2L_1 + 3L_1{}^2L_2 + L_1{}^4)\mathcal{H}_0$$

$$\cdots \tag{5-665}$$

变换后的变量记为(u^*, U^*)，u^*为变换后的广义坐标，U^*为变换后的广义动量。

零阶项

$$\mathcal{K}_0 = -3.610023U^* \tag{5-666}$$

一阶项

$$\mathcal{K}_1 = 0$$
$$W_1 = -0.917773U^{*3/2}(\sin u^* - 0.0853854\sin 3u^*) \tag{5-667}$$

二阶项

$$\mathcal{K}_2 = 4.89155U^{*2}$$
$$W_2 = U^{*2}(1.27682\sin 2u^* + 0.155599\sin 4u^*) \tag{5-668}$$

三阶项

$$\mathcal{K}_3 = 0$$
$$W_3 = -1.89675U^{*5/2}(\sin u^* - 0.433269\sin 3u^* + 0.0233058\sin 5u^*) \tag{5-669}$$

四阶项

$$\mathcal{K}_4 = 2.58668U^{*3}$$
$$W_4 = \frac{1}{6}U^{*3}(23.9062\sin 2u^* + 2.01591\sin 4u^* + 1.97341\sin 6u^*) \tag{5-670}$$

五阶项

$$\mathcal{K}_5 = 0$$
$$W_5 = -0.335263U^{*7/2}(61.6721\sin u^* - 5.82758\sin 3u^* -$$
$$0.887626\sin 5u^* - 0.602067\sin 7u^*) \tag{5-671}$$

六阶项

$$\mathcal{K}_6 = -0.181546U^{*4}$$
$$W_6 = -0.335263U^{*4}(0.25\sin 4u^* - 0.03125\sin 8u^*) \tag{5-672}$$

综上，截断到六阶的 Kamiltonian 函数为

$$\mathcal{K} = -3.61002U^* + 4.89155U^{*2} + 2.58668U^{*3} - 0.181546U^{*4} \quad (5-673)$$

生成函数为

$$\begin{aligned} W = &U^{*3/2}(-0.917773\sin u^* + 0.0783645\sin 3u^*) + \\ &U^{*2}(1.27682\sin 2u^* + 0.155599\sin 4u^*) + \\ &U^{*5/2}(-1.89675\sin u^* + 0.821803\sin 3u^* - 0.0442053\sin 5u^*) + \\ &U^{*3}(3.98437\sin 2u^* + 0.335985\sin 4u^* + 0.328902\sin 6u^*) + \\ &U^{*7/2}(-20.6764\sin u^* + 1.95377\sin 3u^* + 0.297588\sin 5u^* + 0.201851\sin 7u^*) + \\ &U^{*4}(-0.0838158\sin 4u^* + 0.010477\sin 8u^*) \end{aligned} \quad (5-674)$$

Kamiltonian 系统下的基本频率为

$$\dot{u}^* = \frac{\partial \mathcal{K}}{\partial U^*} = -3.61002 + 9.78311U^* + 7.76003U^{*2} - 0.726184U^{*3} \quad (5-675)$$

基本频率 $\dot{u}^*$ 与振幅参数 U^* 的关系见图 5-33。

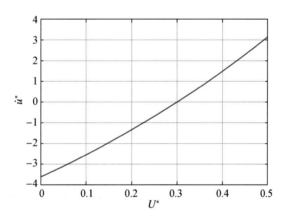

图 5-33 基本频率 $\dot{u}^*$ 与振幅参数 U^* 的函数关系

由于 Kamiltonian 函数为规范型形式，因此该系统的分析解为

$$\begin{cases} U^* = \text{const} \\ u^* = u_0^* + \dot{u}^* \tau \\ \quad = u_0^* + (-3.61002 + 9.78311U^* + 7.76003U^{*2} - 0.726184U^{*3})\tau \end{cases} \quad (5-676)$$

Lie 级数显式变换的摄动分析方程组为

$$\begin{aligned} u = &\left[1 + L_1 + \frac{1}{2!}(L_2 + L_1^2) + \frac{1}{3!}(2L_3 + L_2L_1 + 2L_1L_2 + L_1^3) + \right. \\ &\left. \frac{1}{4!}(6L_4 + 2L_3L_1 + 6L_1L_3 + 3L_2^2 + L_2L_1^2 + 2L_1L_2L_1 + 3L_1^2L_2 + L_1^4) \right] u^* \end{aligned}$$

$$U=\Big[1+L_1+\frac{1}{2!}(L_2+L_1{}^2)+\frac{1}{3!}(2L_3+L_2L_1+2L_1L_2+L_1{}^3)+$$

$$\frac{1}{4!}(6L_4+2L_3L_1+6L_1L_3+3L_2{}^2+L_2L_1{}^2+2L_1L_2L_1+3L_1{}^2L_2+L_1{}^4)\Big]U^*$$

$$(5-677)$$

给出变换前变量(u,U)与变换后变量(u^*,U^*)之间的分析表达式如下

$$u=u^*+\sqrt{U^*}(-1.37666\sin u^*+0.117547\sin 3u^*)+$$

$$U^*(1.64663\sin 2u^*+0.0477176\sin 4u^*+0.00690861\sin 6u^*)+$$

$$U^{*3}(-0.0670526\sin 4u^*+0.00838158\sin 8u^*)+$$

$$U^{*3/2}(-0.101517\sin u^*-0.210784\sin 3u^*-0.119233\sin 5u^*+$$

$$5.60904\times10^{-3}\sin 7u^*+5.4139\times10^{-4}\sin 9u^*)+$$

$$U^{*2}(3.46721\sin 2u^*+0.173056\sin 4u^*+0.58146\sin 6u^*-$$

$$0.012877\sin 8u^*+6.59324\times10^{-4}\sin 10u^*+4.77289\times10^{-5}\sin 12u^*)+$$

$$U^{*5/2}(-8.22019\sin u^*-0.15353\sin 3u^*+1.65656\sin 5u^*-1.01601\sin 7u^*+$$

$$0.0626592\sin 9u^*-1.37982\times10^{-3}\sin 11u^*+7.75014\times10^{-5}\sin 13u^*)$$

$$(5-678)$$

$$U=U^*+U^{*3/2}(0.917773\cos u^*-0.235093\cos 3u^*)+$$

$$U^{*2}(0.673183-1.70835\cos 2u^*-0.203316\cos 4u^*)+$$

$$U^{*5/2}(-1.03397\cos u^*-1.29316\cos 3u^*+0.382801\cos 5u^*)+$$

$$U^{*3}(2.32096-4.66417\cos 2u^*+1.20915\cos 4u^*-0.848483\cos 6u^*)+$$

$$U^{*7/2}(4.10701\cos u^*-1.34538\cos 3u^*-2.99121\cos 5u^*+1.24032\cos 7u^*)+$$

$$U^{*4}(0.0670526\cos 4u^*-0.0167632\cos 8u^*)\qquad(5-679)$$

考虑到变换关系$(5-660)$,可得 Kozai 动力学模型下周期解(g,G)的表达式为

$$g=g_c+\delta g=g_c+\sqrt{\frac{U}{\varepsilon}}\sin u$$

$$G=G_c+\delta G=G_c+\sqrt{\varepsilon U}\cos u$$

$$(5-680)$$

此即为 Kozai 共振轨线的分析解。

对于$i_*=60°$的情况,Kozai 共振轨线的分析解与数值解对比见图 5-34。可见,Kozai 轨线的振幅越小,分析与数值解吻合越好。

例 5-25　三角平动点附近的分析解。
圆型限制性三体系统的坐标系设置以及

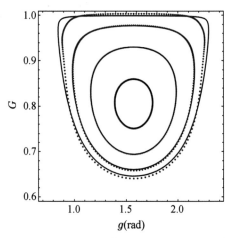

图 5-34　Kozai 共振轨线的分析解和数值解的对比。黑色实线为数值解,其他颜色的点对应分析解

单位系统设定同第四章。在平面构型下，将航天器在质心旋转坐标系下的状态量记为$(X,Y,\dot{X},\dot{Y})$，运动方程为

$$\ddot{X}-2\dot{Y}=\frac{\partial\Omega}{\partial X},\ \ddot{Y}+2\dot{X}=\frac{\partial\Omega}{\partial Y} \tag{5-681}$$

其中有效势函数为

$$\Omega=\frac{1}{2}(X^2+Y^2)+\frac{1-\mu}{R_1}+\frac{\mu}{R_2}+\frac{1}{2}\mu(1-\mu) \tag{5-682}$$

$\mu=m_1/(m_1+m_0)$为系统的质量参数，航天器与主天体和次主天体的距离分别为

$$R_1=\sqrt{(X+\mu)^2+Y^2},\ R_2=\sqrt{(X-1+\mu)^2+Y^2} \tag{5-683}$$

三角平动点的位置为$\left(\frac{1}{2}-\mu,\pm\frac{\sqrt{3}}{2}\right)$。记三角平动点附近的位置坐标为$(x,y)$，那么

$$x=X-\left(\frac{1}{2}-\mu\right),\ y=Y\mp\frac{\sqrt{3}}{2} \tag{5-684}$$

将运动方程在三角平动点附近线性化，可得线性化运动方程为

$$\ddot{x}-2\dot{y}-\frac{3}{4}x-Qy=0$$

$$\ddot{y}+2\dot{x}-\frac{9}{4}y-Qx=0 \tag{5-685}$$

其中$Q=\pm\frac{3\sqrt{3}}{4}(1-2\mu)$，"+"对应$L_4$，"−"对应$L_5$。线性化方程的系数矩阵为

$$\boldsymbol{A}=\begin{bmatrix} 0 & 0 & 1 & 0 \\ 0 & 0 & 0 & 1 \\ \dfrac{3}{4} & Q & 0 & 2 \\ Q & \dfrac{9}{4} & -2 & 0 \end{bmatrix} \tag{5-686}$$

特征方程为

$$\lambda^4+\lambda^2+\frac{27}{4}\mu(1-\mu)=0 \tag{5-687}$$

令$s=\lambda^2$，特征方程变为关于s的二次方程

$$s^2+s+\frac{27}{4}\mu(1-\mu)=0 \tag{5-688}$$

该二次方程的判别式为

$$\Delta=1-27\mu(1-\mu) \tag{5-689}$$

存在如下三种情况:(1) 当 $\Delta=0$,存在重根,此时 $s_1=s_2=-\dfrac{1}{2}$,对应两对相同的纯虚根(临界稳定);(2) 当 $\Delta>0$ 时,存在两对不同的纯虚根,三角平动点线性稳定;(3) 当 $\Delta<0$ 时,存在实部不为零的复根,三角平动点不稳定。

因此,$\Delta=0$ 对应三角平动点线性稳定的临界条件,即

$$\Delta=1-27\mu_0(1-\mu_0)=0 \Rightarrow \mu_0=0.038520896504551\cdots \tag{5-690}$$

此即为劳斯(Routh)临界质量(也称之为加绍(Gascheau)临界质量参数[13])。当 $\mu<\mu_0$ 时(三角平动点是稳定的),方程(5-688)的根为

$$s_{1,2}=\frac{-1\pm\sqrt{1-27\mu(1-\mu)}}{2}<0 \tag{5-691}$$

线性频率为

$$\begin{aligned}
\omega_1&=\frac{\sqrt{2}}{2}\sqrt{1+\sqrt{1-27\mu(1-\mu)}}\\
\omega_2&=\frac{\sqrt{2}}{2}\sqrt{1-\sqrt{1-27\mu(1-\mu)}}
\end{aligned} \tag{5-692}$$

其中 ω_1 为短周期运动频率,ω_2 为长周期运动频率(如图 5-35 所示)。

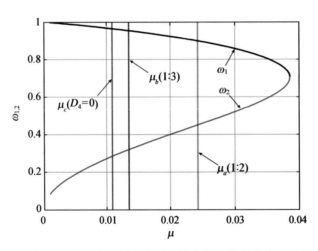

图 5-35　短周期运动频率和长周期运动频率随系统参数 μ 的变化情况。竖线标注的是长短周期频率呈现简单整数比时的系统参数 μ_a,μ_b 以及判别式 $D_4=0$ 的临界参数 μ_c

特别地,当长周期频率与短周期频率呈简单整数比时,共振发生,三角平动点不再稳定[14]。特别地,当 $\omega_1=2\omega_2$(即发生 1∶2 共振)时,有 $\mu_a=0.024293897142052$;当 $\omega_1=3\omega_2$(即发生 1∶3 共振)时,有 $\mu_b=0.013516016022453$。共振位置分布见图 5-35。

下面利用 Lie 级数变换,讨论非共振情况下三角平动点附近分析解的构造。三角平动点附近的运动方程为(以 L_4 为例)

$$\ddot{x} - 2\dot{y} = \frac{\partial \Omega}{\partial x}, \quad \ddot{y} + 2\dot{x} = \frac{\partial \Omega}{\partial y} \tag{5-693}$$

有效势函数为

$$\Omega = \frac{1}{2}\left[\left(x + \frac{1}{2} - \mu\right)^2 + \left(y + \frac{\sqrt{3}}{2}\right)^2\right] + \frac{1-\mu}{r_1} + \frac{\mu}{r_2} + \frac{1}{2}\mu(1-\mu) \tag{5-694}$$

距离函数为

$$r_1{}^2 = \left(x + \frac{1}{2}\right)^2 + \left(y + \frac{\sqrt{3}}{2}\right)^2 = 1 + x^2 + y^2 + x + \sqrt{3}\,y$$

$$r_2{}^2 = \left(x - \frac{1}{2}\right)^2 + \left(y + \frac{\sqrt{3}}{2}\right)^2 = 1 + x^2 + y^2 - x + \sqrt{3}\,y \tag{5-695}$$

将(5-694)进行 Legendre 多项式展开,可得

$$\frac{1-\mu}{r_1} = \frac{1-\mu}{\sqrt{\left(x + \frac{1}{2}\right)^2 + \left(y + \frac{\sqrt{3}}{2}\right)^2}} = (1-\mu)\sum_{n=0}^{\infty}\rho^n P_n\left(\frac{-x-\sqrt{3}\,y}{2\rho}\right) \tag{5-696}$$

$$\frac{\mu}{r_2} = \frac{\mu}{\sqrt{\left(x - \frac{1}{2}\right)^2 + \left(y + \frac{\sqrt{3}}{2}\right)^2}} = \mu\sum_{n=0}^{\infty}\rho^n P_n\left(\frac{x-\sqrt{3}\,y}{2\rho}\right) \tag{5-697}$$

三角平动点附近的运动方程变为(以 L_4 点为例)

$$\dot{x} - 2\dot{y} - \frac{3}{4}x - \frac{3}{4}\sqrt{3}\gamma y = \frac{\partial}{\partial x}\left[(1-\mu)\sum_{n=3}^{\infty}\rho^n P_n\left(\frac{-x-\sqrt{3}\,y}{2\rho}\right) + \mu\sum_{n=0}^{\infty}\rho^n P_n\left(\frac{x-\sqrt{3}\,y}{2\rho}\right)\right]$$

$$\dot{y} + 2\dot{x} - \frac{3}{4}\sqrt{3}\gamma x - \frac{9}{4}y = \frac{\partial}{\partial y}\left[(1-\mu)\sum_{n=3}^{\infty}\rho^n P_n\left(\frac{-x-\sqrt{3}\,y}{2\rho}\right) + \mu\sum_{n=0}^{\infty}\rho^n P_n\left(\frac{x-\sqrt{3}\,y}{2\rho}\right)\right] \tag{5-698}$$

其中 $\gamma = 1 - 2\mu$。引入广义坐标和动量如下

$$(x, y, p_x = \dot{x} - y, p_y = \dot{y} + x) \tag{5-699}$$

那么哈密顿函数为

$$\mathcal{H} = \mathcal{H}_2 + \sum_{n=3}^{6}\mathcal{H}_n$$

$$= \frac{1}{2}(p_x{}^2 + p_y{}^2) + yp_x - xp_y + \frac{1}{8}x^2 - \frac{5}{8}y^2 - \frac{3}{4}\sqrt{3}\gamma xy - \tag{5-700}$$

$$(1-\mu)\sum_{n=3}^{\infty}\rho^n P_n\left(\frac{-x-\sqrt{3}\,y}{2\rho}\right) - \mu\sum_{n=0}^{\infty}\rho^n P_n\left(\frac{x-\sqrt{3}\,y}{2\rho}\right)$$

截断到六阶的哈密顿函数为

$$\mathcal{H}=\frac{1}{2}(p_x{}^2+p_y{}^2)+yp_x-xp_y+\frac{1}{8}x^2-\frac{5}{8}y^2-\frac{3}{4}\sqrt{3}\gamma xy+$$

$$\frac{1}{16}(3\sqrt{3}x^2y+3\sqrt{3}y^3+33\gamma xy^2-7\gamma x^3)+$$

$$\frac{1}{128}(37x^4-246x^2y^2-3y^4+100\sqrt{3}\gamma x^3y-180\sqrt{3}\gamma xy^3)+$$

$$\frac{1}{256}(-285\sqrt{3}x^4y+690\sqrt{3}x^2y^3-33\sqrt{3}y^5+23\gamma x^5-430\gamma x^3y^2+555\gamma xy^4)+$$

$$\frac{1}{1024}(-331x^6+6105x^4y^2-7965x^2y^4+383y^6+294\sqrt{3}\gamma x^5y-$$

$$420\sqrt{3}\gamma x^3y^3-714\sqrt{3}\gamma xy^5) \tag{5-701}$$

引进如下变换[14]

$$\begin{bmatrix} x \\ y \\ p_x \\ p_y \end{bmatrix}=\boldsymbol{M}_{4\times4}\begin{bmatrix} q_1 \\ q_2 \\ p_1 \\ p_2 \end{bmatrix} \tag{5-702}$$

变换矩阵为

$$\boldsymbol{M}_{4\times4}=\begin{bmatrix} 0 & 0 & \dfrac{l_1}{2k\omega_1} & -\dfrac{l_2}{2k\omega_2} \\[2ex] -\dfrac{4\omega_1}{kl_1} & -\dfrac{4\omega_2}{kl_2} & -\dfrac{3\sqrt{3}\gamma}{2kl_1\omega_1} & \dfrac{3\sqrt{3}\gamma}{2kl_2\omega_2} \\[2ex] -\dfrac{m_1\omega_1}{2kl_1} & -\dfrac{m_2\omega_2}{2kl_2} & \dfrac{3\sqrt{3}\gamma}{2kl_1\omega_1} & -\dfrac{3\sqrt{3}\gamma}{2kl_2\omega_2} \\[2ex] \dfrac{3\sqrt{3}\gamma\omega_1}{2kl_1} & \dfrac{3\sqrt{3}\gamma\omega_2}{2kl_2} & \dfrac{n_1}{2kl_1\omega_1} & -\dfrac{n_2}{2kl_2\omega_2} \end{bmatrix} \tag{5-703}$$

其中

$$k=\sqrt{1-2\omega_2{}^2}$$
$$l_i=\sqrt{9+4\omega_i{}^2},(i=1,2) \tag{5-704}$$
$$m_i=1+4\omega_i{}^2,(i=1,2)$$
$$n_i=9-4\omega_i{}^2,(i=1,2)$$

将变换(5-702)代入线性系统哈密顿函数 $\mathcal{H}_2$ 可得

$$\mathcal{H}_2=\frac{1}{2}(p_1{}^2+\omega_1{}^2q_1{}^2)-\frac{1}{2}(p_2{}^2+\omega_2{}^2q_2{}^2) \tag{5-705}$$

再引入 action-angle 变量 $(I_1,\varphi_1,I_2,\varphi_2)$

$$q_1 = \sqrt{\frac{2I_1}{\omega_1}} \sin \varphi_1, \qquad p_1 = \sqrt{2I_1\omega_1} \cos \varphi_1$$

$$q_2 = \sqrt{\frac{2I_2}{\omega_2}} \sin \varphi_2, \qquad p_2 = \sqrt{2I_2\omega_2} \cos \varphi_2 \tag{5-706}$$

从而将 $\mathcal{H}_2$ 变为规范型形式

$$\mathcal{H}_2 = \omega_1 I_1 - \omega_2 I_2 \tag{5-707}$$

下面以地月系为例给出 Lie 级数变换的结果。地-月系的质量参数为 $\mu = 0.012154$，线性系统（未扰系统）的哈密顿函数为 $\mathcal{H}_2 = 0.954487 I_1 - 0.298254 I_2$。

采用 Lie 级数方法可得变换后的 Kamiltonian 函数（消除所有角坐标，使之变为规范型形式），从而构造分析解。

二阶项

$$\mathcal{K}_2 = 0.954487 I_1 - 0.298254 I_2 \tag{5-708}$$

三阶项

$$\mathcal{K}_3 = 0 \tag{5-709}$$

四阶项

$$\mathcal{K}_4 = 0.115739 I_1^2 - 1.7138 I_1 I_2 + 0.338362 I_2^2 \tag{5-710}$$

五阶项

$$\mathcal{K}_5 = 0 \tag{5-711}$$

六阶项

$$\mathcal{K}_6 = -0.295025 I_1^3 + 8.1656 I_1^2 I_2 - 547.704 I_1 I_2^2 - 51.2224 I_2^3 \tag{5-712}$$

综上，截断到六阶的 Kamiltonian 函数为

$$\begin{aligned}
\mathcal{K} &= \mathcal{K}_2 + \mathcal{K}_4 + \mathcal{K}_6 \\
&= 0.954487 I_1 - 0.298254 I_2 + \\
&\quad 0.115739 I_1^2 - 1.7138 I_1 I_2 + 0.338362 I_2^2 - \\
&\quad 0.295025 I_1^3 + 8.1656 I_1^2 I_2 - 547.704 I_1 I_2^2 - 51.2224 I_2^3
\end{aligned} \tag{5-713}$$

变换后动力学模型的运动方程为

$$\begin{cases}
\dot{I}_1 = 0, \qquad \dot{I}_2 = 0 \\
\dot{\varphi}_1 = -0.885076 I_1^2 + 16.3312 I_1 I_2 + 0.231478 I_1 - 547.704 I_2^2 - 1.7138 I_2 + 0.954487 \\
\dot{\varphi}_2 = 8.1656 I_1^2 - 1095.41 I_1 I_2 - 1.7138 I_1 - 153.667 I_2^2 + 0.676723 I_2 - 0.298254
\end{cases} \tag{5-714}$$

分析解为

$$I_1 = \text{const}, \qquad I_2 = \text{const}$$

$$\varphi_1 = \varphi_{10} + (-0.885076 I_1{}^2 + 16.3312 I_1 I_2 + 0.231478 I_1 -$$
$$547.704 I_2{}^2 - 1.7138 I_2 + 0.954487)t \tag{5-715}$$

$$\varphi_2 = \varphi_{20} + (8.1656 I_1{}^2 - 1095.41 I_1 I_2 - 1.7138 I_1 -$$
$$153.667 I_2{}^2 + 0.676723 I_2 - 0.298254)t$$

通过逆变换可得 (x, y, p_x, p_y) 的分析解(表达式较为复杂,此处省略)。

例 5-26　三角平动点的非线性稳定性讨论。

下面进一步利用 Lie 级数变换去讨论圆型限制性三体系统下三角平动点的非线性稳定性。根据例 5-25 的流程,可获得平衡点附近的 Kamiltonian 函数形式(伯克霍夫规范型形式,Birkhoff's normal form)为

$$\mathcal{K} = \mathcal{K}_2(I_1, I_2) + \mathcal{K}_4(I_1, I_2) + \mathcal{K}_6(I_1, I_2) + \cdots \tag{5-716}$$

其中

$$\mathcal{K}_2(I_1, I_2) = \omega_1 I_1 - \omega_2 I_2 \tag{5-717}$$

这里 $\omega_1 > 0, \omega_2 > 0$。**依据伯克霍夫规范型形式的哈密顿函数可进一步确定平衡点的非线性稳定性(Arnold 定理)。**

Arnold 定理[15]:对于线性稳定的平衡点,若某一个 $n(n \geqslant 2)$ 对应的判别式满足条件 $D_{2n} = \mathcal{K}_{2n}(\omega_2, \omega_1) \neq 0$,可保证平衡点的非线性稳定性(即只要有一个判别式不等于零,平衡点便是非线性稳定的)。

特别地,对于三角平动点,当 $D_4 = \mathcal{K}_4(I_1 = \omega_2, I_2 = \omega_1) \neq 0$ 时,平衡点是非线性稳定的;当 $D_4 = \mathcal{K}_4(\omega_2, \omega_1) = 0$ 时,若能确定 $D_6 = \mathcal{K}_6(\omega_2, \omega_1) \neq 0$,平衡点依然是稳定的。以此类推。

基于 Arnold 定理,Deprit 和 Deprit-Bartholome[14] 首次研究了三体系统质量参数在 $0 < \mu < \mu_a$ 范围内三角平动点的非线性稳定性,他们得出 $(n=2)$ 的判别式为(利用 Lie 级数变换流程很容易推导)

$$D_4 = \mathcal{K}_4(\omega_2, \omega_1) = -\frac{36 - 541 \omega_1{}^2 \omega_2{}^2 + 644 \omega_1{}^4 \omega_2{}^4}{8(1 - 4\omega_1{}^2 \omega_2{}^2)(4 - 25\omega_1{}^2 \omega_2{}^2)} \tag{5-718}$$

其中

$$\omega_1 = \frac{\sqrt{2}}{2} \sqrt{1 + \sqrt{1 - 27\mu(1-\mu)}}$$

$$\omega_2 = \frac{\sqrt{2}}{2} \sqrt{1 - \sqrt{1 - 27\mu(1-\mu)}}$$

判别式 $D_4(\mu)$ 的曲线见图 5-36。可见,当 $\mu = \mu_c \approx 0.0109136676772$ 时,判别式 $D_4(\mu) = 0$。因此 Deprit 和 Deprit-Bartholome 得出,除了因共振引起的参数 $\mu = \mu_a$ 和 $\mu = \mu_b$ 处三角平动

点不稳定外,还存在第三个系统参数 $\mu=\mu_c$,对应的三角平动点是不稳定的[①]。然而,根据 Arnold 定理,要确定 $\mu=\mu_c$ 处三角平动点的稳定性,需进一步计算 $n\geqslant 3$ 对应的判别式 $D_{2n}=\mathcal{K}_{2n}(\omega_2,\omega_1)$。Meyer 和 Schmidt[15] 系统研究了这个问题[②],他们得出 $D_6(\mu_c)=-66.6$,表明 $\mu=\mu_c$ 处的三角平动点**仍是非线性稳定的**。

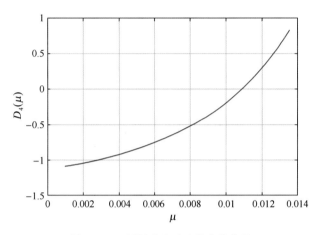

图 5-36 判别式 $D_4(\mu)$ 的变化曲线

基于 Lie 级数变换,我们可以尝试验证以上结论。

取系统参数为 $\mu=\mu_c\approx 0.0109136676772$,根据 Lie 级数变换,计算判别式的值。具体计算结果显示

$$\mathcal{K}_4(I_1,I_2)=0.0978461I_1{}^2-1.38924I_1I_2+0.398814I_2{}^2 \tag{5-719}$$

以及

$$\mathcal{K}_6(I_1,I_2)=-0.219259I_1{}^2+7.79325I_1{}^2I_2-209.934I_1I_2{}^2-14.5264I_2{}^3 \tag{5-720}$$

因而可得判别式为

$$D_4(\mu_c)=\mathcal{K}_4(\omega_2,\omega_1)=0.0978461\omega_2{}^2-1.38924\omega_1\omega_2+0.398814\omega_1{}^2=0 \tag{5-721}$$

$$\begin{aligned}D_6(\mu_c)&=\mathcal{K}_6(\omega_2,\omega_1)\\&=-0.219259\omega_2{}^3+7.79325\omega_2{}^2\omega_1-209.934\omega_2\omega_1{}^2-14.5264\omega_1{}^3\\&=-66.63\neq 0\end{aligned} \tag{5-722}$$

通过对比不难发现,我们在 $\mu=\mu_c$ 处计算得到的判别式与文献中的结果是完全一致的[8][14][15],表明在系统参数为 $\mu=\mu_c\approx 0.0109136676772$ 时,三角平动点是非线性稳定的。

---

① 依据 Arnold 定理,仅仅因为判别式 $D_4(\mu_c)=0$ 还不能得到平衡点的稳定性。

② 对照文献[14]不难发现,文献[15]中的坐标变换矩阵 $\boldsymbol{A}$ 存在笔误。经验证,Meyer 和 Schmidt[15] 的结果 D_6 是正确的。

5.5　一般摄动理论

当实际系统不能写为哈密顿正则方程的形式时，5.4 节介绍的基于哈密顿方程的 Lie 级数变换便不再适用。为此，卡迈勒（Kamel）于 1970 年提出了一种一般摄动理论[16]，从三个运动方程的角度去描述变换前系统、变换后系统以及变换路径（物理图像见图 5 - 37）。因此，可以和 5.4 节基于哈密顿系统的 Lie 级数变换理论等价理解。本节内容主要参考文献[16]～[19]。

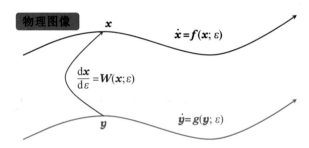

图 5 - 37　一般摄动理论的物理图像。区别于哈密顿方程的 Lie 级数变换理论，一般变换理论的
　　　　　三个要素（变换前系统、变换后系统以及变换路径）都是通过微分方程进行描述的

在统一符号系统下，笔者重新推导了 Kamel 形式的一般摄动理论[16]，并给出了对应的摄动分析方程组。注：原始 Kamel 一般摄动理论遵从 Deprit 思路。

5.5.1　一般摄动理论的物理图像

一般来说，通过常数变易法，可将原扰动系统的运动方程转化为标准形式（以振幅和相位角为变量），其微分方程形式记为

$$\dot{\boldsymbol{x}} = \boldsymbol{f}(\boldsymbol{x};\varepsilon) = \sum_{n=0}^{\infty} \varepsilon^n \boldsymbol{f}_n(\boldsymbol{x}) \tag{5-723}$$

$\boldsymbol{x}$ 和 $\boldsymbol{f}$ 都为具有 $2N$ 个分量的向量（这里 N 代表系统的自由度）。

引入从原变量 $\boldsymbol{x}$ 到新变量 $\boldsymbol{y}$ 的恒等变换

$$\boldsymbol{x} = \boldsymbol{X}(\boldsymbol{y};\varepsilon) = \boldsymbol{y} + \sum_{n=1}^{\infty} \varepsilon^n \boldsymbol{X}_n(\boldsymbol{y}) \tag{5-724}$$

根据与上一节相同的思想，将新、旧变量之间的变换等价为如下动力系统的相流

$$\frac{\mathrm{d}\boldsymbol{x}}{\mathrm{d}\varepsilon} = \boldsymbol{W}(\boldsymbol{x};\varepsilon) = \sum_{n=0}^{\infty} \varepsilon^n \boldsymbol{W}_{n+1}(\boldsymbol{x}), \quad \boldsymbol{x}(\varepsilon=0) = \boldsymbol{y} \tag{5-725}$$

其中向量 $\boldsymbol{W}(\boldsymbol{x};\varepsilon)$ 被称为生成矢量（注：这里的生成函数与上一节中的不一样，这里的生成函数实际代表的是微分方程的右函数项，而上一节的生成函数则是实现正则变换的哈密顿函数）。

变换后系统的微分方程记为

$$\dot{\boldsymbol{y}} = \boldsymbol{g}(\boldsymbol{y};\varepsilon) = \sum_{n=0}^{\infty} \varepsilon^n \boldsymbol{g}_n(\boldsymbol{y}) \tag{5-726}$$

其中 $\boldsymbol{g}_n(\boldsymbol{y})$ 是消除短周期项后的运动方程右函数项(可根据实际情况进行选择)。

微分方程(5-725)的相流产生所谓的 Lie 变换,该变换是可逆的。特别地,正向积分对应的相流代表正向变换

$$\boldsymbol{x} = \boldsymbol{X}(\boldsymbol{y},\varepsilon) = \boldsymbol{y} + \sum_{n=1}^{\infty} \varepsilon^n \boldsymbol{X}_n(\boldsymbol{y}) \tag{5-727}$$

逆向积分对应的相流代表逆变换

$$\boldsymbol{y} = \boldsymbol{Y}(\boldsymbol{x},\varepsilon) = \boldsymbol{x} + \sum_{n=1}^{\infty} \varepsilon^n \boldsymbol{Y}_n(\boldsymbol{x}) \tag{5-728}$$

正变换和逆变换的物理图像见图 5-38。

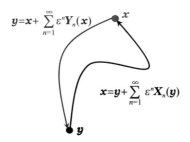

图 5-38　一般摄动理论的正向变换与逆向变换

正变换 $\boldsymbol{x} = \boldsymbol{X}(\boldsymbol{y},\varepsilon)$ 和逆变换 $\boldsymbol{y} = \boldsymbol{Y}(\boldsymbol{x},\varepsilon)$ 对应微分方程(5-725)的相流(**这是 Lie 变换中非常重要的思想**)。特别地,当相流参数 $\varepsilon = 0$ 时,有 $\boldsymbol{x} = \boldsymbol{y}$。从相流角度,变换前、后变量之间存在如下变分关系

$$\mathrm{d}\boldsymbol{x} = \frac{\partial \boldsymbol{X}(\boldsymbol{y},\varepsilon)}{\partial \boldsymbol{Y}} \mathrm{d}\boldsymbol{y}, \mathrm{d}\boldsymbol{y} = \frac{\partial \boldsymbol{Y}(\boldsymbol{x},\varepsilon)}{\partial \boldsymbol{X}} \mathrm{d}\boldsymbol{x} = \boldsymbol{Y}_X \mathrm{d}\boldsymbol{x} \tag{5-729}$$

其中 $\boldsymbol{X}_Y$ 和 $\boldsymbol{Y}_X$ 均为**状态转移矩阵**,满足 $\boldsymbol{X}_Y \boldsymbol{Y}_X = \boldsymbol{I}$。将(5-729)对时间求导,可得

$$\dot{\boldsymbol{y}} = \boldsymbol{Y}_X \dot{\boldsymbol{x}} = \boldsymbol{Y}_X \boldsymbol{f}(\boldsymbol{x},\varepsilon) \tag{5-730}$$

结合变换后的运动方程,可得

$$\dot{\boldsymbol{y}} = \boldsymbol{g}(\boldsymbol{y};\varepsilon) = \sum_{n=0}^{\infty} \varepsilon^n \boldsymbol{g}_n(\boldsymbol{y}) = \boldsymbol{Y}_X \boldsymbol{f} \big|_{\boldsymbol{x}=\boldsymbol{X}(\boldsymbol{y},\varepsilon)} \tag{5-731}$$

将(5-731)右边在 $\varepsilon = 0$ 附近进行 Taylor 展开,可得

$$\dot{\boldsymbol{y}} = \boldsymbol{g}(\boldsymbol{y};\varepsilon) = \sum_{n=0}^{\infty} \frac{\varepsilon^n}{n!} \frac{\mathrm{d}^n \boldsymbol{g}}{\mathrm{d}\varepsilon^n} \bigg|_{\varepsilon=0} \tag{5-732}$$

结合(5-732)和(5-731)可得

$$\frac{\mathrm{d}\boldsymbol{g}}{\mathrm{d}\varepsilon}=\left[\frac{\mathrm{d}}{\mathrm{d}\varepsilon}(\boldsymbol{Y_x}\boldsymbol{f})\Big|_{x=\boldsymbol{X}(y,\varepsilon)}\right]=\left[\frac{\partial}{\partial\boldsymbol{x}}(\boldsymbol{Y_x}\boldsymbol{f})\frac{\mathrm{d}\boldsymbol{x}}{\mathrm{d}\varepsilon}+\frac{\partial}{\partial\varepsilon}(\boldsymbol{Y_x}\boldsymbol{f})\right]_{x=\boldsymbol{X}(y,\varepsilon)} \qquad (5-733)$$

$$=\left[\frac{\partial}{\partial\boldsymbol{x}}(\boldsymbol{Y_x}\boldsymbol{f})\frac{\mathrm{d}\boldsymbol{x}}{\mathrm{d}\varepsilon}+\boldsymbol{Y_x}\frac{\partial}{\partial\varepsilon}\boldsymbol{f}+\frac{\partial}{\partial\boldsymbol{X}}\left(\frac{\partial\boldsymbol{Y}}{\partial\varepsilon}\right)\boldsymbol{f}\right]_{x=\boldsymbol{X}(y,\varepsilon)}$$

考虑到 $\boldsymbol{y}$（对应正向相流的起点）与 ε 无关，故

$$\frac{\mathrm{d}\boldsymbol{y}}{\mathrm{d}\varepsilon}=0=\frac{\partial\boldsymbol{Y}}{\partial\varepsilon}+\frac{\partial\boldsymbol{Y}}{\partial\boldsymbol{X}}\frac{\mathrm{d}\boldsymbol{x}}{\mathrm{d}\varepsilon}=\frac{\partial\boldsymbol{Y}}{\partial\varepsilon}+\boldsymbol{Y_x}\boldsymbol{W}\Rightarrow\frac{\partial\boldsymbol{Y}}{\partial\varepsilon}=-\boldsymbol{Y_x}\boldsymbol{W} \qquad (5-734)$$

于是

$$\frac{\mathrm{d}\boldsymbol{g}}{\mathrm{d}\varepsilon}=\left[\frac{\partial}{\partial\boldsymbol{x}}(\boldsymbol{Y_x}\boldsymbol{f})\boldsymbol{W}+\boldsymbol{Y_x}\frac{\partial}{\partial\varepsilon}\boldsymbol{f}-\frac{\partial}{\partial\boldsymbol{X}}(\boldsymbol{Y_x}\boldsymbol{W})\boldsymbol{f}\right]_{x=\boldsymbol{X}(y,\varepsilon)} \qquad (5-735)$$

将其改写为

$$\frac{\mathrm{d}\boldsymbol{g}}{\mathrm{d}\varepsilon}=\boldsymbol{Y_x}\left[\frac{\partial\boldsymbol{f}}{\partial\varepsilon}+\frac{\partial\boldsymbol{f}}{\partial\boldsymbol{X}}\boldsymbol{W}-\frac{\partial\boldsymbol{W}}{\partial\boldsymbol{X}}\boldsymbol{f}\right]_{x=\boldsymbol{X}(y,\varepsilon)} \qquad (5-736)$$

记如下微分算子

$$D\boldsymbol{f}=\frac{\partial\boldsymbol{f}}{\partial\varepsilon}+\boldsymbol{f_x}\boldsymbol{W}-\boldsymbol{W_x}\boldsymbol{f}=\frac{\partial\boldsymbol{f}}{\partial\varepsilon}+L_{\boldsymbol{W}}\boldsymbol{f} \qquad (5-737)$$

即 Lie 算子为

$$L_{\boldsymbol{W}}\boldsymbol{f}=\boldsymbol{f_x}\boldsymbol{W}-\boldsymbol{W_x}\boldsymbol{f} \qquad (5-738)$$

于是

$$\frac{\mathrm{d}\boldsymbol{g}}{\mathrm{d}\varepsilon}=[\boldsymbol{Y_x}(D\boldsymbol{f})]_{x=\boldsymbol{X}(y,\varepsilon)}\Rightarrow\frac{\mathrm{d}\boldsymbol{g}}{\mathrm{d}\varepsilon}\Big|_{\varepsilon=0}=[\boldsymbol{Y_x}(D\boldsymbol{f})]_{x=y,\varepsilon=0} \qquad (5-739)$$

类似可得

$$\frac{\mathrm{d}^n\boldsymbol{g}}{\mathrm{d}\varepsilon^n}\Big|_{\varepsilon=0}=[\boldsymbol{Y_x}(D^n\boldsymbol{f})]_{x=y,\varepsilon=0} \qquad (5-740)$$

5.5.2　基于 Deprit 思想的一般摄动理论

下面根据 Kamel 于 1970 年发表的文章[16]以及文献[19]的介绍来具体推导一般摄动理论的构造过程①。这里建立变换的思路与 Deprit(1969)的完全一样，因此，读者可以对比着理解摄动方程组的建立过程。

应恒等变换的要求，变换前、后运动方程恒等，即满足如下恒等式

$$\boldsymbol{f}(\boldsymbol{x};\varepsilon)=\sum_{n=0}^{\infty}\varepsilon^n\boldsymbol{f}_n(\boldsymbol{x})\equiv\boldsymbol{g}(\boldsymbol{y};\varepsilon)=\sum_{n=0}^{\infty}\varepsilon^n\boldsymbol{g}_n(\boldsymbol{y}) \qquad (5-741)$$

---

①　我们这里的符号系统与原文献不一致，因此递推关系是不同于原文献的。

左边为变换前的微分方程,右边为变换后的微分方程。考虑到 $\boldsymbol{x}=\boldsymbol{y}+\sum\limits_{n=1}^{\infty}\varepsilon^n\boldsymbol{x}_n(\boldsymbol{y})$,因此可将上式的左边在 $\varepsilon=0$ 处进行 Taylor 展开,可得

$$\boldsymbol{f}(\boldsymbol{x};\varepsilon)=\sum_{n=0}^{\infty}\frac{\varepsilon^n}{n!}\Big[\frac{\mathrm{d}^n}{\mathrm{d}\varepsilon^n}\boldsymbol{f}(\boldsymbol{x};\varepsilon)\Big]_{\varepsilon=0}\equiv\boldsymbol{g}(\boldsymbol{y};\varepsilon)=\sum_{n=0}^{\infty}\varepsilon^n\boldsymbol{g}_n(\boldsymbol{y}) \tag{5-742}$$

为了建立以上恒等变换,需要推导 $\boldsymbol{f}(\boldsymbol{x};\varepsilon)$ 对小参数 ε 的高阶全微分。下面的推导与 Deprit (1969)的思路类似。

首先,考虑一阶微分算子

$$D\boldsymbol{f}(\boldsymbol{x};\varepsilon)=\frac{\partial}{\partial\varepsilon}\boldsymbol{f}(\boldsymbol{x};\varepsilon)+L_W\boldsymbol{f}(\boldsymbol{x};\varepsilon) \tag{5-743}$$

其中第一项为

$$\frac{\partial}{\partial\varepsilon}\boldsymbol{f}=\frac{\partial}{\partial\varepsilon}\sum_{n=0}^{\infty}\varepsilon^n\boldsymbol{f}_n(\boldsymbol{x})=\sum_{n=0}^{\infty}(n+1)\varepsilon^n\boldsymbol{f}_{n+1}(\boldsymbol{x}) \tag{5-744}$$

第二项(Lie 导数 $L_W\boldsymbol{f}$)为

$$
\begin{aligned}
L_W\boldsymbol{f}(\boldsymbol{x};\varepsilon) &= \boldsymbol{f}_X\boldsymbol{W}-\boldsymbol{W}_X\boldsymbol{f} \\
&= \sum_{n=0}^{\infty}\varepsilon^n\sum_{m=0}^{\infty}\varepsilon^m\Big(\frac{\partial\boldsymbol{f}_n}{\partial\boldsymbol{X}}\cdot\boldsymbol{W}_{m+1}-\frac{\partial\boldsymbol{W}_{m+1}}{\partial\boldsymbol{X}}\cdot\boldsymbol{f}_n\Big) \\
&= \sum_{n=0}^{\infty}\varepsilon^n\sum_{m=0}^{n}\Big(\frac{\partial\boldsymbol{f}_{n-m}}{\partial\boldsymbol{X}}\cdot\boldsymbol{W}_{m+1}-\frac{\partial\boldsymbol{W}_{m+1}}{\partial\boldsymbol{X}}\cdot\boldsymbol{f}_{n-m}\Big)
\end{aligned} \tag{5-745}
$$

引入下列简化符号

$$L_{m+1}\boldsymbol{f}_{n-m}=L_{W_{m+1}}\boldsymbol{f}_{n-m}=\frac{\partial\boldsymbol{f}_{n-m}}{\partial\boldsymbol{X}}\cdot\boldsymbol{W}_{m+1}-\frac{\partial\boldsymbol{W}_{m+1}}{\partial\boldsymbol{X}}\cdot\boldsymbol{f}_{n-m} \tag{5-746}$$

于是可得

$$L_W\boldsymbol{f}(\boldsymbol{x};\varepsilon)=\sum_{n=0}^{\infty}\varepsilon^n\sum_{m=0}^{n}L_{m+1}\boldsymbol{f}_{n-m} \tag{5-747}$$

综上,一阶全微分变为

$$D\boldsymbol{f}(\boldsymbol{x};\varepsilon)=\sum_{n=0}^{\infty}(n+1)\varepsilon^n\boldsymbol{f}_{n+1}(\boldsymbol{x})+\sum_{n=0}^{\infty}\varepsilon^n\sum_{m=0}^{n}L_{m+1}\boldsymbol{f}_{n-m} \tag{5-748}$$

考虑到下式

$$D\boldsymbol{f}(\boldsymbol{x};\varepsilon)=\sum_{n=0}^{\infty}\varepsilon^n\boldsymbol{f}_n^{(1)}(\boldsymbol{x}) \tag{5-749}$$

其中

$$\boldsymbol{f}_n^{(1)}(\boldsymbol{x})=(n+1)\boldsymbol{f}_{n+1}(\boldsymbol{x})+\sum_{m=0}^{n}L_{m+1}\boldsymbol{f}_{n-m} \tag{5-750}$$

(5－750)中有 $L_{m+1}\boldsymbol{f}_{n-m}=\dfrac{\partial \boldsymbol{f}_{n-m}}{\partial X}\cdot \boldsymbol{W}_{m+1}-\dfrac{\partial \boldsymbol{W}_{m+1}}{\partial X}\cdot \boldsymbol{f}_{n-m}$。类似地，二阶全微分为

$$\boldsymbol{f}_n^{(2)}(\boldsymbol{x})=(n+1)\boldsymbol{f}_{n+1}^{(1)}(\boldsymbol{x})+\sum_{m=0}^{n}L_{m+1}\boldsymbol{f}_{n-m}^{(1)} \tag{5－751}$$

依此类推，可得 k 阶全微分的递推关系为（暂且将其称为 Kamel 方程①）

$$\boldsymbol{f}_n^{(k)}(\boldsymbol{x})=(n+1)\boldsymbol{f}_{n+1}^{(k-1)}(\boldsymbol{x})+\sum_{m=0}^{n}L_{m+1}\boldsymbol{f}_{n-m}^{(k-1)} \tag{5－752}$$

根据恒等变换关系

$$\boldsymbol{g}(\boldsymbol{y};\varepsilon)=\sum_{n=0}^{\infty}\varepsilon^n\boldsymbol{g}_n(\boldsymbol{y})\equiv\sum_{n=0}^{\infty}\frac{\varepsilon^n}{n!}\Big[\sum_{m=0}^{\infty}\varepsilon^m\boldsymbol{f}_m^{(n)}(\boldsymbol{x})\Big]_{\varepsilon=0}=\sum_{n=0}^{\infty}\frac{\varepsilon^n}{n!}\boldsymbol{f}_0^{(n)}(\boldsymbol{y}) \tag{5－753}$$

于是，摄动分析方程组为

$$\boldsymbol{g}_n(\boldsymbol{y})=\frac{1}{n!}\boldsymbol{f}_0^{(n)}(\boldsymbol{y}) \tag{5－754}$$

通过以上过程可实现从原微分方程系统 $\dot{\boldsymbol{x}}=\boldsymbol{f}(\boldsymbol{x};\varepsilon)$ 到消除短周期角坐标的微分方程系统 $\dot{\boldsymbol{y}}=\boldsymbol{g}(\boldsymbol{y};\varepsilon)$ 的变换，变换路径对应的微分方程系统为 $\dfrac{\mathrm{d}\boldsymbol{x}}{\mathrm{d}\varepsilon}=\boldsymbol{W}(\boldsymbol{x};\varepsilon)$。

下面根据 Kamel 递推方程(5－755)，给出变换的显式递推关系。

$$\boldsymbol{f}_n^{(k)}(\boldsymbol{x})=(n+1)\boldsymbol{f}_{n+1}^{(k-1)}(\boldsymbol{x})+\sum_{m=0}^{n}L_{m+1}\boldsymbol{f}_{n-m}^{(k-1)} \tag{5－755}$$

1) 当 $k=1$ 时，Kamel 方程给出

$$\boldsymbol{f}_n^{(1)}=(n+1)\boldsymbol{f}_{n+1}+\sum_{0\leqslant m\leqslant n}L_{m+1}\boldsymbol{f}_{n-m} \tag{5－756}$$

下标 n 从 0 开始递增，可得

$$\begin{aligned} \boldsymbol{f}_0^{(1)}&=\boldsymbol{f}_1+L_1\boldsymbol{f}_0\\ \boldsymbol{f}_1^{(1)}&=2\boldsymbol{f}_2+L_1\boldsymbol{f}_1+L_2\boldsymbol{f}_0\\ \boldsymbol{f}_2^{(1)}&=3\boldsymbol{f}_3+L_1\boldsymbol{f}_2+L_2\boldsymbol{f}_1+L_3\boldsymbol{f}_0 \end{aligned} \tag{5－757}$$

2) 当 $k=2$ 时，Kamel 方程给出

$$\boldsymbol{f}_n^{(2)}=(n+1)\boldsymbol{f}_{n+1}^{(1)}+\sum_{0\leqslant m\leqslant n}L_{m+1}\boldsymbol{f}_{n-m}^{(1)} \tag{5－758}$$

下标 n 从 0 开始递增，可得

$$\begin{aligned} \boldsymbol{f}_0^{(2)}&=\boldsymbol{f}_1^{(1)}+L_1\boldsymbol{f}_0^{(1)}=2\boldsymbol{f}_2+2L_1\boldsymbol{f}_1+(L_2+L_1{}^2)\boldsymbol{f}_0\\ \boldsymbol{f}_1^{(2)}&=6\boldsymbol{f}_3+4L_1\boldsymbol{f}_2+(2L_2+L_1{}^2+L_2)\boldsymbol{f}_1+(L_1L_2+2L_3+L_2L_1)\boldsymbol{f}_0 \end{aligned} \tag{5－759}$$

---

① 由于符号系统与原文献不一致，故递推关系不同于原文献。

3) 当 $k=3$ 时，Kamel 方程给出

$$\boldsymbol{f}_n^{(3)} = (n+1)\boldsymbol{f}_{n+1}^{(2)} + \sum_{0 \leqslant m \leqslant n} L_{m+1}\boldsymbol{f}_{n-m}^{(2)} \tag{5-760}$$

当 $n=0$ 时可得

$$\begin{aligned}
\boldsymbol{f}_0^{(3)} &= \boldsymbol{f}_1^{(2)} + L_1\boldsymbol{f}_0^{(2)} \\
&= 6\boldsymbol{f}_3 + 6L_1\boldsymbol{f}_2 + (3L_2 + 3L_1{}^2)\boldsymbol{f}_1 + (L_1L_2 + 2L_3 + L_2L_1 + L_1L_2 + L_1{}^3)\boldsymbol{f}_0
\end{aligned} \tag{5-761}$$

4) 当 $k>3$ 时，推导过程与上面类似。

将 $\boldsymbol{f}_0^{(1)}(\boldsymbol{y})$，$\boldsymbol{f}_0^{(2)}(\boldsymbol{y})$ 和 $\boldsymbol{f}_0^{(3)}(\boldsymbol{y})$ 的表达式代入变换后系统，可得

$$\boldsymbol{g}(\boldsymbol{y}) = \boldsymbol{g}_0(\boldsymbol{y}) + \varepsilon\boldsymbol{g}_1(\boldsymbol{y}) + \varepsilon^2\boldsymbol{g}_2(\boldsymbol{y}) + \varepsilon^3\boldsymbol{g}_3(\boldsymbol{y}) + \cdots \tag{5-762}$$

其中

$$\boldsymbol{g}_n(\boldsymbol{y}) = \frac{1}{n!}\boldsymbol{f}_0^{(n)}(\boldsymbol{y}) \tag{5-763}$$

整理可得如下摄动分析方程组（截断到 4 阶）

$$\varepsilon^0 : \boldsymbol{g}_0 = \boldsymbol{f}_0$$

$$\varepsilon^1 : \boldsymbol{g}_1 = \boldsymbol{f}_1 + L_1\boldsymbol{f}_0$$

$$\varepsilon^2 : \boldsymbol{g}_2 = \boldsymbol{f}_2 + L_1\boldsymbol{f}_1 + \frac{1}{2!}(L_2 + L_1{}^2)\boldsymbol{f}_0$$

$$\varepsilon^3 : \boldsymbol{g}_3 = \boldsymbol{f}_3 + L_1\boldsymbol{f}_2 + \frac{1}{2!}(L_2 + L_1{}^2)\boldsymbol{f}_1 + \frac{1}{3!}(2L_3 + L_2L_1 + 2L_1L_2 + L_1{}^3)\boldsymbol{f}_0$$

$$\varepsilon^4 : \boldsymbol{g}_4 = \boldsymbol{f}_4 + L_1\boldsymbol{f}_3 + \frac{1}{2!}(L_2 + L_1{}^2)\boldsymbol{f}_2 + \frac{1}{3!}(2L_3 + L_2L_1 + 2L_1L_2 + L_1{}^3)\boldsymbol{f}_1 +$$

$$\frac{1}{4!}(6L_4 + 2L_3L_1 + 6L_1L_3 + 3L_2{}^2 + L_2L_1{}^2 + 2L_1L_2L_1 + 3L_1{}^2L_2 + L_1{}^4)\boldsymbol{f}_0$$

$$\cdots \tag{5-764}$$

通过求解 (5-764) 所示的摄动分析方程组，可求得变换路径对应的系统 $\dfrac{\mathrm{d}\boldsymbol{x}}{\mathrm{d}\varepsilon} = \displaystyle\sum_{n=0}^{\infty}\varepsilon^n\boldsymbol{W}_{n+1}(\boldsymbol{x})$

以及变换后的系统 $\dot{\boldsymbol{y}} = \displaystyle\sum_{n=0}^{\infty}\varepsilon^n\boldsymbol{g}_n(\boldsymbol{y})$。

为了求得摄动解，我们需要将任意相流函数 $\boldsymbol{h}(\boldsymbol{x};\varepsilon)$ 变换为用新的变量 $\boldsymbol{y}$ 表示的函数。函数 $\boldsymbol{h}(\boldsymbol{x})$ 关于相流小参数 ε 的一阶导数为

$$\frac{\mathrm{d}\boldsymbol{h}(\boldsymbol{x};\varepsilon)}{\mathrm{d}\varepsilon} = \frac{\partial}{\partial\varepsilon}\boldsymbol{h}(\boldsymbol{x};\varepsilon) + \frac{\partial}{\partial\boldsymbol{x}}\boldsymbol{h}(\boldsymbol{x};\varepsilon) \cdot \frac{\mathrm{d}\boldsymbol{x}}{\mathrm{d}\varepsilon} = \frac{\partial}{\partial\varepsilon}\boldsymbol{h}(\boldsymbol{x};\varepsilon) + \frac{\partial}{\partial\boldsymbol{x}}\boldsymbol{h}(\boldsymbol{x}) \cdot \boldsymbol{W} \tag{5-765}$$

记 Lie 算子为

$$\mathcal{L}_w\boldsymbol{h} \triangleq \frac{\partial}{\partial\boldsymbol{x}}\boldsymbol{h}(\boldsymbol{x}) \cdot W, \qquad \mathcal{L}_m\boldsymbol{h} \triangleq \frac{\partial}{\partial\boldsymbol{x}}\boldsymbol{h}(\boldsymbol{x}) \cdot \boldsymbol{W}_m \tag{5-766}$$

那么一阶全微分变为

$$\frac{\mathrm{d}}{\mathrm{d}\varepsilon}\boldsymbol{h}(\boldsymbol{x};\varepsilon)=\frac{\partial}{\partial\varepsilon}\boldsymbol{h}(\boldsymbol{x};\varepsilon)+\mathcal{L}_W\boldsymbol{h}(\boldsymbol{x};\varepsilon) \tag{5-767}$$

其中第一项为

$$\frac{\partial}{\partial\varepsilon}\boldsymbol{h}=\frac{\partial}{\partial\varepsilon}\sum_{n=0}^{\infty}\varepsilon^n\boldsymbol{h}_n(\boldsymbol{x})=\sum_{n=0}^{\infty}(n+1)\varepsilon^n\boldsymbol{h}_{n+1}(\boldsymbol{x}) \tag{5-768}$$

第二项为

$$\mathcal{L}_W\boldsymbol{h}(\boldsymbol{x};\varepsilon)=\left[\sum_{n=0}^{\infty}\varepsilon^n\frac{\partial}{\partial\boldsymbol{x}}\boldsymbol{h}_n(\boldsymbol{x})\right]\cdot\left[\sum_{m=0}^{\infty}\varepsilon^m\boldsymbol{W}_{m+1}(\boldsymbol{x})\right]$$
$$=\sum_{n=0}^{\infty}\varepsilon^n\sum_{m=0}^{n}\frac{\partial}{\partial\boldsymbol{x}}\boldsymbol{h}_{n-m}(\boldsymbol{x})\cdot\boldsymbol{W}_{m+1}(\boldsymbol{x})=\sum_{n=0}^{\infty}\varepsilon^n\sum_{m=0}^{n}\mathcal{L}_{m+1}\boldsymbol{h}_{n-m} \tag{5-769}$$

综上，一阶全微分变为

$$\frac{\mathrm{d}}{\mathrm{d}\varepsilon}\boldsymbol{h}(\boldsymbol{x};\varepsilon)=\sum_{n=0}^{\infty}(n+1)\varepsilon^n\boldsymbol{h}_{n+1}(\boldsymbol{x})+\sum_{n=0}^{\infty}\varepsilon^n\sum_{m=0}^{n}\mathcal{L}_{m+1}\boldsymbol{h}_{n-m} \tag{5-770}$$

考虑到下式

$$\frac{\mathrm{d}}{\mathrm{d}\varepsilon}\boldsymbol{h}(\boldsymbol{x};\varepsilon)=\sum_{n=0}^{\infty}\varepsilon^n\boldsymbol{h}_n^{(1)}(\boldsymbol{x}) \tag{5-771}$$

其中

$$\boldsymbol{h}_n^{(1)}(\boldsymbol{x})=(n+1)\boldsymbol{h}_{n+1}(\boldsymbol{x})+\sum_{m=0}^{n}\mathcal{L}_{m+1}\boldsymbol{h}_{n-m} \tag{5-772}$$

这里 $\mathcal{L}_{m+1}\boldsymbol{f}_{n-m}=\left(\frac{\partial}{\partial\boldsymbol{x}}\boldsymbol{f}_{n-m}\right)\cdot\boldsymbol{W}_{m+1}$。类似地，二阶全微分为

$$\boldsymbol{h}_n^{(2)}(\boldsymbol{x})=(n+1)\boldsymbol{h}_{n+1}^{(1)}(\boldsymbol{x})+\sum_{m=0}^{n}\mathcal{L}_{m+1}\boldsymbol{h}_{n-m}^{(1)} \tag{5-773}$$

依次类推，可得 k 阶全微分的递推关系为

$$\boldsymbol{h}_n^{(k)}=(n+1)\boldsymbol{h}_{n+1}^{(k-1)}+\sum_{m=0}^{n}\mathcal{L}_{m+1}\boldsymbol{h}_{n-m}^{(k-1)} \tag{5-774}$$

根据恒等变换关系

$$\boldsymbol{H}(\boldsymbol{y};\varepsilon)=\sum_{n=0}^{\infty}\frac{\varepsilon^n}{n!}\boldsymbol{H}_n(\boldsymbol{y})\equiv\sum_{n=0}^{\infty}\frac{\varepsilon^n}{n!}\left[\sum_{m=0}^{\infty}\varepsilon^m\boldsymbol{h}_m^{(n)}(\boldsymbol{x})\right]_{\varepsilon=0}=\sum_{n=0}^{\infty}\frac{\varepsilon^n}{n!}\boldsymbol{h}_0^{(n)}(\boldsymbol{y}) \tag{5-775}$$

于是，**摄动分析方程组**为

$$\boldsymbol{H}_n(\boldsymbol{y})=\frac{1}{n!}\boldsymbol{h}_0^{(n)}(\boldsymbol{y}) \tag{5-776}$$

以上过程可实现变换 $\boldsymbol{h}(\boldsymbol{x};\varepsilon)\Rightarrow\boldsymbol{H}(\boldsymbol{y};\varepsilon)$。摄动分析方程组与(5-764)类似，唯一的差别是 Lie 算子由 L 变成 $\mathcal{L}$(不再重复给出)。

特别地，当相流函数取为 $\boldsymbol{h}(\boldsymbol{x};\varepsilon)=\boldsymbol{x}$ 时，可实现正向 Lie 变换

$$\boldsymbol{x} = \left[1 + \varepsilon\mathcal{L}_1 + \frac{\varepsilon^2}{2!}(\mathcal{L}_2 + \mathcal{L}_1{}^2) + \frac{\varepsilon^3}{3!}(2\mathcal{L}_3 + \mathcal{L}_2\mathcal{L}_1 + 2\mathcal{L}_1\mathcal{L}_2 + \mathcal{L}_1{}^3) + \right.$$
$$\left. \frac{\varepsilon^4}{4!}(6\mathcal{L}_4 + 2\mathcal{L}_3\mathcal{L}_1 + 6\mathcal{L}_1\mathcal{L}_3 + 3\mathcal{L}_2{}^2 + \mathcal{L}_2\mathcal{L}_1{}^2 + 2\mathcal{L}_1\mathcal{L}_2\mathcal{L}_1 + 3\mathcal{L}_1{}^2\mathcal{L}_2 + \mathcal{L}_1{}^4) + \cdots \right]\boldsymbol{y}$$

$$(5 - 777)$$

将生成函数变为 $\boldsymbol{W} \to -\boldsymbol{W}$，给出 Lie 级数逆变换

$$\boldsymbol{y} = \left[1 - \varepsilon\mathcal{L}_1 + \frac{\varepsilon^2}{2!}(-\mathcal{L}_2 + \mathcal{L}_1{}^2) + \frac{\varepsilon^3}{3!}(-2\mathcal{L}_3 + \mathcal{L}_2\mathcal{L}_1 + 2\mathcal{L}_1\mathcal{L}_2 - \mathcal{L}_1{}^3) + \right.$$
$$\left. \frac{\varepsilon^4}{4!}(-6\mathcal{L}_4 + 2\mathcal{L}_3\mathcal{L}_1 + 6\mathcal{L}_1\mathcal{L}_3 + 3\mathcal{L}_2{}^2 - \mathcal{L}_2\mathcal{L}_1{}^2 - 2\mathcal{L}_1\mathcal{L}_2\mathcal{L}_1 - 3\mathcal{L}_1{}^2\mathcal{L}_2 + \mathcal{L}_1{}^4) + \cdots \right]\boldsymbol{x}$$

$$(5 - 778)$$

5.5.3 基于 Dragt-Finn 思想的一般摄动理论

根据 5.4 节的讨论得知，基于 Deprit 思想的 Lie 级数变换的计算效率相对较低，而 Dragt-Finn 形式 Lie 级数变换的计算效率较高。因此，本节采用 Dragt-Finn 的摄动思想，重新思考 Kamel 一般摄动理论，从而达到简化计算的目的。所谓 Dragt-Finn 思想，指的是随生成矢量 W_i 的阶数递增，依次执行 W_1, W_2, W_3 等的变换，从而获得摄动分析方程组。

根据 Dragt-Finn 思想，首先考虑 $\boldsymbol{W}_1(\boldsymbol{x})$ 的变换。根据恒等变换要求，变换前、后微分方程恒等，满足如下恒等式

$$\boldsymbol{f}(\boldsymbol{x};\varepsilon) = \sum_{n=0}^{\infty} \varepsilon^n \boldsymbol{f}_n(\boldsymbol{x}) \equiv \boldsymbol{g}(\boldsymbol{y};\varepsilon) = \sum_{n=0}^{\infty} \varepsilon^n \boldsymbol{g}_n(\boldsymbol{y}) \qquad (5 - 779)$$

将左边的相流函数进行 Lie 级数展开可得（**读者需注意这里动力学模型小参数和相流小参数同量级但相互独立**）

$$\boldsymbol{f}(\boldsymbol{x};\varepsilon) = \sum_{n=0}^{\infty} \frac{\varepsilon^n}{n!} L_{W_1}^n \boldsymbol{f}(\boldsymbol{y}) \qquad (5 - 780)$$

因此恒等变换变为

$$\boldsymbol{f}(\boldsymbol{x};\varepsilon) = \sum_{n=0}^{\infty} \frac{\varepsilon^n}{n!} L_{W_1}^n \boldsymbol{f}(\boldsymbol{y}) \equiv \boldsymbol{g}(\boldsymbol{y};\varepsilon) = \sum_{n=0}^{\infty} \varepsilon^n \boldsymbol{g}_n(\boldsymbol{y}) \qquad (5 - 781)$$

记 $\boldsymbol{f}$ 与 $\boldsymbol{W}_1$ 的 k 重 Poisson 括号为

$$L_{W_1}^k \boldsymbol{f} = \sum_{n=0}^{\infty} \varepsilon^n L_{W_1}^k \boldsymbol{f}_n \triangleq \sum_{n=0}^{\infty} \varepsilon^n \boldsymbol{f}_n^{(k)} \qquad (5 - 782)$$

1）当 $k=1$ 时

$$L_{W_1} \boldsymbol{f} = \sum_{n=0}^{\infty} \varepsilon^n L_{W_1} \boldsymbol{f}_n$$
$$L_{W_1} \boldsymbol{f} = \sum_{n=0}^{\infty} \varepsilon^n \boldsymbol{f}_n^{(1)} \qquad (5 - 783)$$

于是

$$\boldsymbol{f}_n^{(1)} = L_{\boldsymbol{W}_1} \boldsymbol{f}_n \tag{5-784}$$

2）当 $k=2$ 时

$$\boldsymbol{f}_n^{(2)} = L_{\boldsymbol{W}_1} \boldsymbol{f}_n^{(1)} \tag{5-785}$$

3）当 $k>2$ 时

$$\boldsymbol{f}_n^{(k)} = L_{\boldsymbol{W}_1} \boldsymbol{f}_n^{(k-1)} \tag{5-786}$$

于是有

$$\boldsymbol{f}_n^{(k)} = L_1^k \boldsymbol{f}_n \tag{5-787}$$

另外，根据 Lie 级数展开可得

$$\boldsymbol{f}(\boldsymbol{x};\varepsilon) = \sum_{n=0}^{\infty} \frac{\varepsilon^n}{n!} L_{\boldsymbol{W}_1}^n \boldsymbol{f}(\boldsymbol{y}) = \sum_{n=0}^{\infty} \frac{\varepsilon^n}{n!} \sum_{m=0}^{\infty} \varepsilon^m L_{\boldsymbol{W}_1}^n \boldsymbol{f}_m(\boldsymbol{y})$$

$$= \sum_{n=0}^{\infty} \frac{\varepsilon^n}{n!} \sum_{m=0}^{\infty} \varepsilon^m \boldsymbol{f}_m^{(n)} = \sum_{n=0}^{\infty} \varepsilon^n \sum_{m=0}^{n} \frac{1}{m!} \boldsymbol{f}_{n-m}^{(m)} \tag{5-788}$$

根据恒等变换

$$\sum_{n=0}^{\infty} \varepsilon^n \boldsymbol{g}_n(\boldsymbol{y}) = \sum_{n=0}^{\infty} \varepsilon^n \sum_{m=0}^{n} \frac{1}{m!} \boldsymbol{f}_{n-m}^{(m)} \tag{5-789}$$

可得摄动分析方程组为

$$\boldsymbol{g}_n(\boldsymbol{y}) = \sum_{m=0}^{n} \frac{1}{m!} \boldsymbol{f}_{n-m}^{(m)} \tag{5-790}$$

其中 $\boldsymbol{f}_n^{(k)} = L_1^k \boldsymbol{f}_n$。进一步将摄动分析方程组写为

$$\boldsymbol{g}_n(\boldsymbol{y}) = \sum_{m=0}^{n} \frac{1}{m!} L_1^m \boldsymbol{f}_{n-m} \tag{5-791}$$

零阶项（$n=0$）

$$\boldsymbol{g}_0(\boldsymbol{y}) = \boldsymbol{f}_0^{(0)} = \boldsymbol{f}_0 \tag{5-792}$$

一阶项（$n=1$）

$$\boldsymbol{g}_1(\boldsymbol{y}) = \sum_{m=0}^{1} \frac{1}{m!} L_1^m \boldsymbol{f}_{1-m} = \boldsymbol{f}_1 + L_1 \boldsymbol{f}_0 \tag{5-793}$$

二阶项（$n=2$）

$$\boldsymbol{g}_2(\boldsymbol{y}) = \sum_{m=0}^{2} \frac{1}{m!} L_1^m \boldsymbol{f}_{2-m} = \boldsymbol{f}_2 + L_1 \boldsymbol{f}_1 + \frac{1}{2!} L_1^2 \boldsymbol{f}_0 \tag{5-794}$$

三阶项（$n=3$）

$$\boldsymbol{g}_3(\boldsymbol{y}) = \boldsymbol{f}_3 + L_1 \boldsymbol{f}_2 + \frac{1}{2!} L_1^2 \boldsymbol{f}_1 + \frac{1}{3!} L_1^3 \boldsymbol{f}_0 \tag{5-795}$$

四阶项$(n=4)$

$$\boldsymbol{g}_4(\boldsymbol{y}) = \boldsymbol{f}_4 + L_1 \boldsymbol{f}_3 + \frac{1}{2!} L_1^2 \boldsymbol{f}_2 + \frac{1}{3!} L_1^3 \boldsymbol{f}_1 + \frac{1}{4!} L_1^4 \boldsymbol{f}_0 \tag{5-796}$$

类似地给出高阶项。

其次，将经过 $W_1(\boldsymbol{x})$ 变换后的 $\boldsymbol{g}_n(\boldsymbol{y})$ 替换为 $\boldsymbol{f}_n(\boldsymbol{y})$，即 $\boldsymbol{g}_n(\boldsymbol{y}) \rightarrow \boldsymbol{f}_n(\boldsymbol{y})$，接着考虑 $W_2(\boldsymbol{x})$ 的变换。推导过程与之前一致。摄动分析方程组为

$$\boldsymbol{g}_n(\boldsymbol{y}) = \sum_{m=0}^{\left[\frac{n}{2}\right]} \frac{1}{m!} L_2^m \boldsymbol{f}_{n-2m} \tag{5-797}$$

这里算子 $\left[\dfrac{n}{2}\right]$ 表示对 $\dfrac{n}{2}$ 取整。具体的摄动分析方程组为

$$\varepsilon^0 : \boldsymbol{g}_0 = \boldsymbol{f}_0$$
$$\varepsilon^1 : \boldsymbol{g}_1 = \boldsymbol{f}_1$$
$$\varepsilon^2 : \boldsymbol{g}_2 = \boldsymbol{f}_2 + L_2 \boldsymbol{f}_0$$
$$\varepsilon^3 : \boldsymbol{g}_3 = \boldsymbol{f}_3 + L_2 \boldsymbol{f}_1$$
$$\varepsilon^4 : \boldsymbol{g}_4 = \boldsymbol{f}_4 + L_2 \boldsymbol{f}_4 + \frac{1}{2!} L_2^2 \boldsymbol{f}_0$$
$$\cdots \tag{5-798}$$

将经过 $W_{k-1}(\boldsymbol{x})$ 变换后的函数 $\boldsymbol{g}_n(\boldsymbol{y})$ 替换为 $\boldsymbol{f}_n(\boldsymbol{y})$，即 $\boldsymbol{g}_n(\boldsymbol{y}) \rightarrow \boldsymbol{f}_n(\boldsymbol{y})$，接着依次考虑 $W_{k\geqslant 3}(\boldsymbol{x})$ 的变换，其摄动分析方程组为

$$\boldsymbol{g}_n(\boldsymbol{y}) = \sum_{m=0}^{\left[\frac{n}{k}\right]} \frac{1}{m!} L_k^m \boldsymbol{f}_{n-km} \tag{5-799}$$

通过观察其中的规律，可以很容易地写出摄动分析方程组。

例如，截断到 6 阶，需考虑直到 $W_6(\boldsymbol{x})$ 的变换，那么相应的 Dragt-Finn 形式的摄动分析方程组为

$$\varepsilon^0 : \boldsymbol{g}_0 = \boldsymbol{f}_0$$
$$\varepsilon^1 : \boldsymbol{g}_1 = \boldsymbol{f}_1 + L_1 \boldsymbol{f}_0$$
$$\varepsilon^2 : \boldsymbol{g}_2 = \boldsymbol{f}_2 + L_1 \boldsymbol{f}_1 + \frac{1}{2!}(2L_2 + L_1^2)\boldsymbol{f}_0$$
$$\varepsilon^3 : \boldsymbol{g}_3 = \boldsymbol{f}_3 + L_1 \boldsymbol{f}_2 + \frac{1}{2!}(2L_2 + L_1^2)\boldsymbol{f}_1 + \frac{1}{3!}(6L_3 + 6L_2 L_1 + L_1^3)\boldsymbol{f}_0$$
$$\varepsilon^4 : \boldsymbol{g}_4 = \boldsymbol{f}_4 + L_1 \boldsymbol{f}_3 + \frac{1}{2!}(2L_2 + L_1^2)\boldsymbol{f}_2 + \frac{1}{3!}(6L_3 + 6L_2 L_1 + L_1^3)\boldsymbol{f}_1 +$$

$$\frac{1}{4!}(24L_4+24L_3L_1+12L_2{}^2+12L_2L_1{}^2+L_1{}^4)\boldsymbol{f}_0 \tag{5-800}$$

$$\varepsilon^5:\boldsymbol{g}_5=\boldsymbol{f}_5+L_1\boldsymbol{f}_4+\frac{1}{2!}(2L_2+L_1{}^2)\boldsymbol{f}_3+\frac{1}{3!}(6L_3+6L_2L_1+L_1{}^3)\boldsymbol{f}_2+$$

$$\frac{1}{4!}(24L_4+24L_3L_1+12L_2{}^2+12L_2L_1{}^2+L_1{}^4)\boldsymbol{f}_1+$$

$$\frac{1}{5!}(120L_5+120L_4L_1+120L_3L_2+60L_3L_1{}^2+60L_2{}^2L_1+$$

$$20L_2L_1{}^3+L_1{}^5)\boldsymbol{f}_0 \tag{5-801}$$

$$\varepsilon^6:\boldsymbol{g}_6=\boldsymbol{f}_6+L_1\boldsymbol{f}_5+\frac{1}{2!}(2L_2+L_1{}^2)\boldsymbol{f}_4+\frac{1}{3!}(6L_3+6L_2L_1+L_1{}^3)\boldsymbol{f}_3+$$

$$\frac{1}{4!}(24L_4+24L_3L_1+12L_2{}^2+12L_2L_1{}^2+L_1{}^4)\boldsymbol{f}_2+\frac{1}{5!}(120L_5+$$

$$120L_4L_1+120L_3L_2+60L_3L_1{}^2+60L_2{}^2L_1+20L_2L_1{}^3+L_1{}^5)\boldsymbol{f}_1+$$

$$\frac{1}{6!}(720L_6+720L_5L_1+720L_4L_2+360L_4L_1{}^2+360L_3{}^2+$$

$$720L_3L_2L_1+120L_3L_1{}^3+120L_2{}^3+180L_2{}^2L_1{}^2+30L_2L_1{}^4+L_1{}^6)\boldsymbol{f}_0 \tag{5-802}$$

读者其实可以很容易地根据规律继续往下写。可见,在 Dragt-Finn 思路下的摄动分析方程组中,L_iL_j 满足 $j\leqslant i$。

为了求得摄动解,需要针对任意相流函数实现坐标变换,即 $\boldsymbol{h}(\boldsymbol{x};\varepsilon)\Rightarrow\boldsymbol{H}(\boldsymbol{y};\varepsilon)$。可用类似方法推导该变换,唯一区别是将 Lie 算子 L 变为 $\mathcal{L}$ 即可。

特别地,当相流函数取为 $\boldsymbol{h}(\boldsymbol{x};\varepsilon)=\boldsymbol{x}$ 时,可得正变换为(仅给出 4 阶形式)

$$\boldsymbol{x}=\Big[1+\varepsilon\mathcal{L}_1+\frac{\varepsilon^2}{2!}(2\mathcal{L}_2+\mathcal{L}_1{}^2)+\frac{\varepsilon^3}{3!}(6\mathcal{L}_3+6\mathcal{L}_2\mathcal{L}_1+\mathcal{L}_1{}^3)+$$

$$\frac{\varepsilon^4}{4!}(24\mathcal{L}_4+24\mathcal{L}_3\mathcal{L}_1+12\mathcal{L}_2{}^2+12\mathcal{L}_2\mathcal{L}_1{}^2+\mathcal{L}_1{}^4)+\cdots\Big]\boldsymbol{y} \tag{5-803}$$

生成函数取负号(对应逆向演化),逆变换为(仅给出 4 阶形式)

$$\boldsymbol{y}=\Big[1-\varepsilon\mathcal{L}_1+\frac{\varepsilon^2}{2!}(-2\mathcal{L}_2+\mathcal{L}_1{}^2)+\frac{\varepsilon^3}{3!}(-6\mathcal{L}_3+6\mathcal{L}_2\mathcal{L}_1-\mathcal{L}_1{}^3)+$$

$$\frac{\varepsilon^4}{4!}(-24\mathcal{L}_4+24\mathcal{L}_3\mathcal{L}_1+12\mathcal{L}_2{}^2-12\mathcal{L}_2\mathcal{L}_1{}^2+\mathcal{L}_1{}^4)+\cdots\Big]\boldsymbol{x} \tag{5-804}$$

5.5.4 分析与讨论

需特别注意的一点是,在一般摄动理论中,动力学模型的 Lie 变换和任意相流函数的 Lie 变换是分开执行的。摄动分析方程组表达式完全一致,唯一区别在于 Lie 算子的定义不同。下面分别进行描述。

1. 动力学模型的 Lie 变换

通过微分方程 $\dfrac{\mathrm{d}\boldsymbol{x}}{\mathrm{d}\varepsilon}=\boldsymbol{W}(\boldsymbol{x};\varepsilon)$ 确定的变换路径，实现了从由变量 $\boldsymbol{x}$ 表示的动力学模型 $\dot{\boldsymbol{x}}=\boldsymbol{f}(\boldsymbol{x};\varepsilon)$ 到由变量 $\boldsymbol{y}$ 表示的动力学模型 $\dot{\boldsymbol{y}}=\boldsymbol{g}(\boldsymbol{y};\varepsilon)$ 的 Lie 变换。简要表示为

$$\dot{\boldsymbol{x}}=\boldsymbol{f}(\boldsymbol{x};\varepsilon)\xrightarrow{\frac{\mathrm{d}\boldsymbol{x}}{\mathrm{d}\varepsilon}=\boldsymbol{W}(\boldsymbol{x};\varepsilon)}\dot{\boldsymbol{y}}=\boldsymbol{g}(\boldsymbol{y};\varepsilon) \tag{5-805}$$

在该变换中，Lie 算子的定义为

$$L_{m+1}\boldsymbol{f}_{n-m}=L_{\boldsymbol{W}_{m+1}}\boldsymbol{f}_{n-m}=\dfrac{\partial \boldsymbol{f}_{n-m}}{\partial \boldsymbol{X}}\cdot \boldsymbol{W}_{m+1}-\dfrac{\partial \boldsymbol{W}_{m+1}}{\partial \boldsymbol{X}}\cdot \boldsymbol{f}_{n-m} \tag{5-806}$$

2. 相流函数的 Lie 变换

通过微分方程 $\dfrac{\mathrm{d}\boldsymbol{x}}{\mathrm{d}\varepsilon}=\boldsymbol{W}(\boldsymbol{x};\varepsilon)$ 确定的变换路径，实现了从由变量 $\boldsymbol{x}$ 表示相流函数 $\boldsymbol{h}(\boldsymbol{x};\varepsilon)$ 到由变量 $\boldsymbol{y}$ 表示的相流函数 $\boldsymbol{H}(\boldsymbol{y};\varepsilon)$ 的 Lie 变换。简要表示为

$$\boldsymbol{h}(\boldsymbol{x};\varepsilon)\xrightarrow{\frac{\mathrm{d}\boldsymbol{x}}{\mathrm{d}\varepsilon}=\boldsymbol{W}(\boldsymbol{x};\varepsilon)}\boldsymbol{H}(\boldsymbol{y};\varepsilon) \tag{5-807}$$

在该坐标变换中，Lie 算子的定义为

$$\mathcal{L}_{m+1}\boldsymbol{h}_{n-m}=\mathcal{L}_{\boldsymbol{W}_{m+1}}\boldsymbol{h}_{n-m}=\dfrac{\partial \boldsymbol{h}_{n-m}}{\partial \boldsymbol{X}}\cdot \boldsymbol{W}_{m+1} \tag{5-808}$$

这里的 $\boldsymbol{h}(\boldsymbol{x};\varepsilon)$ 不需要和 $\boldsymbol{f}(\boldsymbol{x};\varepsilon)$ 的维数一致，甚至 $\boldsymbol{h}(\boldsymbol{x};\varepsilon)$ 可以是某一个标量函数。

甚至读者可以进一步给出 Hori 形式以及基于 Taylor 展开的一般变换理论（这里不再赘述）。读者不难发现，这里给出的一般摄动理论，不要求运动方程满足哈密顿正则关系，同时也不要求采用的变量满足共轭关系。因此，一般摄动理论具有更广泛的应用场景（包括哈密顿系统），特别是对于那些不能写为哈密顿正则方程的系统。

5.5.5　一般摄动理论的应用

下面通过几个实际例子介绍一般摄动理论的应用。第一个例子是哈密顿系统，获得的解可以与哈密顿正则系统的 Lie 级数变换结果进行对比。其余例子均为非哈密顿系统。

例 5-27　Duffing 方程。

Duffing 方程的哈密顿函数如下

$$\mathcal{H}=I-\dfrac{1}{2}\varepsilon I^2\left(\dfrac{3}{4}-\cos 2\varphi+\dfrac{1}{4}\cos 4\varphi\right)$$

记变换前变量为

$$\boldsymbol{x}=(I\quad \varphi)^{\mathrm{T}} \tag{5-809}$$

变换后的变量为

$$\boldsymbol{y}=(J \quad \psi)^{\mathrm{T}} \tag{5-810}$$

变换前运动方程为

$$\dot{\boldsymbol{x}}=\boldsymbol{f}(\boldsymbol{x};\varepsilon)=\begin{bmatrix} \varepsilon I^2\left(\sin 2\varphi-\dfrac{1}{2}\sin 4\varphi\right) \\ 1-\varepsilon I\left(\dfrac{3}{4}-\cos 2\varphi+\dfrac{1}{4}\cos 4\varphi\right) \end{bmatrix} \tag{5-811}$$

根据小参数 ε 的幂次，将运动方程右函数 $\boldsymbol{f}(\boldsymbol{x};\varepsilon)$ 划分为零阶项、一阶项以及高阶项的形式

$$\boldsymbol{f}_0(\boldsymbol{x};\varepsilon)=\begin{bmatrix} 0 \\ 1 \end{bmatrix}$$

$$\boldsymbol{f}_1(\boldsymbol{x};\varepsilon)=\begin{bmatrix} \varepsilon I^2\left(\sin 2\varphi-\dfrac{1}{2}\sin 4\varphi\right) \\ -\varepsilon I\left(\dfrac{3}{4}-\cos 2\varphi+\dfrac{1}{4}\cos 4\varphi\right) \end{bmatrix} \tag{5-812}$$

$$\boldsymbol{f}_{n\geqslant 2}(\boldsymbol{x};\varepsilon)=0$$

具体而言，我们采用 Dragt-Finn 形式的摄动分析方程组（只考虑到 2 阶）

$$\begin{aligned} \varepsilon^0 &: \boldsymbol{g}_0=\boldsymbol{f}_0 \\ \varepsilon^1 &: \boldsymbol{g}_1=\boldsymbol{f}_1+L_1\boldsymbol{f}_0 \\ \varepsilon^2 &: \boldsymbol{g}_2=\boldsymbol{f}_2+L_1\boldsymbol{f}_1+\dfrac{1}{2!}(2L_2+L_1{}^2)\boldsymbol{f}_0 \end{aligned} \tag{5-813}$$

变换后系统 $\dot{\boldsymbol{y}}=\boldsymbol{g}(\boldsymbol{y};\varepsilon)$ 中不含短周期角坐标。

零阶项

$$\boldsymbol{g}_0=\boldsymbol{f}_0=\begin{bmatrix} 0 \\ 1 \end{bmatrix} \tag{5-814}$$

一阶项

$$\boldsymbol{g}_1=\boldsymbol{f}_1+L_1\boldsymbol{f}_0=\begin{bmatrix} \varepsilon I^2\left(\sin 2\varphi-\dfrac{1}{2}\sin 4\varphi\right) \\ -\varepsilon I\left(\dfrac{3}{4}-\cos 2\varphi+\dfrac{1}{4}\cos 4\varphi\right) \end{bmatrix}-\dfrac{\partial \boldsymbol{W}_1}{\partial \varphi} \tag{5-815}$$

解得

$$\boldsymbol{g}_1=\begin{bmatrix} 0 \\ -\dfrac{3}{4}\varepsilon J \end{bmatrix} \tag{5-816}$$

$$\boldsymbol{W}_1=\begin{bmatrix} -\dfrac{1}{2}\varepsilon I^2\left(\cos 2\varphi-\dfrac{1}{4}\cos 4\varphi\right) \\ \dfrac{1}{2}\varepsilon I\left(\sin 2\varphi-\dfrac{1}{8}\sin 4\varphi\right) \end{bmatrix} \tag{5-817}$$

二阶项

$$\boldsymbol{g}_2 = \boldsymbol{f}_2 + L_1 \boldsymbol{f}_1 + \frac{1}{2!}(2L_2 + L_1{}^2)\boldsymbol{f}_0$$

$$= \begin{bmatrix} \dfrac{3}{8}\varepsilon^2 I^3\left(\dfrac{11}{4}\sin 2\varphi - \sin 4\varphi - \dfrac{1}{4}\sin 6\varphi\right) \\ \dfrac{3}{32}\varepsilon^2 I^2\left(-\dfrac{17}{2} + \dfrac{33}{2}\cos 2\varphi - 3\cos 4\varphi - \dfrac{1}{2}\cos 6\varphi\right) \end{bmatrix} - \dfrac{\partial \boldsymbol{W}_2}{\partial \varphi} \tag{5-818}$$

解得

$$\boldsymbol{g}_2 = \begin{bmatrix} 0 \\ -\dfrac{51}{64}\varepsilon^2 J^2 \end{bmatrix}$$

$$\boldsymbol{W}_2 = \begin{bmatrix} \dfrac{3}{32}\varepsilon^2 I^3\left(-\dfrac{11}{2}\cos 2\varphi + \cos 4\varphi + \dfrac{1}{6}\cos 6\varphi\right) \\ \dfrac{3}{128}\varepsilon^2 I^2\left(33\sin 2\varphi - 3\sin 4\varphi - \dfrac{1}{3}\sin 6\varphi\right) \end{bmatrix} \tag{5-819}$$

综上,变换后的微分方程为

$$\dot{\boldsymbol{y}} = \begin{pmatrix} \dot{J} \\ \dot{\psi} \end{pmatrix} = \begin{bmatrix} 0 \\ 1 - \dfrac{3}{4}\varepsilon J - \dfrac{51}{64}\varepsilon^2 J^2 \end{bmatrix} \tag{5-820}$$

与 5.4 节基于正则方程 Lie 级数变换的结果完全一致。

变换后系统的分析解为

$$\begin{cases} J = \mathrm{const} \\ \psi = \psi_0 + \left(1 - \dfrac{3}{4}\varepsilon J - \dfrac{51}{64}\varepsilon^2 J^2\right)t \end{cases} \tag{5-821}$$

坐标变换为[①]

$$\boldsymbol{x} = \left[1 + \varepsilon \mathcal{L}_1 + \frac{\varepsilon^2}{2!}(2\mathcal{L}_2 + \mathcal{L}_1{}^2)\right]\boldsymbol{y} \tag{5-822}$$

将生成向量函数 $\boldsymbol{W}(\boldsymbol{x};\varepsilon)$ 代入上式,可得

$$I = J - \frac{1}{8}\varepsilon J^2(4\cos 2\psi - \cos 4\psi) + \frac{1}{64}\varepsilon^2 J^3(17 - 42\cos 2\psi + 6\cos 4\psi + 2\cos 6\psi)$$

$$\varphi = \psi + \frac{1}{16}\varepsilon J(8\sin 2\psi - \sin 4\psi) + \frac{1}{512}\varepsilon^2 J^2(400\sin 2\psi - 4\sin 4\psi - 16\sin 6\psi + \sin 8\psi)$$

$$\tag{5-823}$$

与 5.4 节给出的结果完全一致。

———————————

① 注意这里的 Lie 算子定义是不一样的。

例 5-28 范德波尔(van der Pol)方程

$$\ddot{u}+u=\varepsilon(1-u^2)\dot{u}\,,\qquad \varepsilon\ll 1$$

该微分方程不能写为哈密顿正则方程的形式,故不能利用正则方程 Lie 级数变换方法。这里使用一般摄动理论求解该问题。

首先利用常数变易法求得用线性方程振幅和初始相位这两个新变量表示的运动方程。

当 $\varepsilon=0$ 时,线性方程的解为

$$u=a\cos\phi \tag{5-824}$$

其中 $\phi=t+\beta$ 为相位角,a 为振幅。速度变量为

$$\dot{u}=-a\sin\phi \tag{5-825}$$

当 $\varepsilon\neq 0$ 时,令扰动系统的解依然为如下形式

$$u=a\cos\phi \tag{5-826}$$
$$\dot{u}=-a\sin\phi$$

不过此时振幅和初始相位不再是常数,而是关于时间的函数,即 $a\rightarrow a(t)$,$\varphi\rightarrow t+\beta(t)$。于是将因变量 u 对时间 t 求导可得

$$\dot{u}=\dot{a}\cos\phi-a(1+\dot{\beta})\sin\phi \tag{5-827}$$

与(5-825)对比,可得第一个约束条件

$$\dot{a}\cos\phi-a\dot{\beta}\sin\phi=0 \tag{5-828}$$

将速度分量 $\dot{u}=-a\sin\phi$ 对时间求导,可得因变量对时间的二阶导数

$$\ddot{u}=-\dot{a}\sin\phi-a(1+\dot{\beta})\cos\phi \tag{5-829}$$

将其代入运动方程,可得

$$\dot{a}\sin\phi+\dot{\beta}a\cos\phi=\varepsilon(1-a^2\cos^2\phi)a\sin\phi \tag{5-830}$$

联立(5-828)和(5-830),可得以振幅和相位 (a,ϕ) 表示的运动方程为

$$\begin{cases} \dot{a}=\varepsilon a(1-a^2\cos^2\phi)\sin^2\phi \\ \dot{\phi}=1+\dfrac{1}{2}\varepsilon(1-a^2\cos^2\phi)\sin 2\phi \end{cases} \tag{5-831}$$

将右函数项进行积化和差处理可得

$$\begin{cases} \dot{a}=\dfrac{1}{8}\varepsilon a(4-a^2-4\cos 2\phi+a^2\cos 4\phi) \\ \dot{\phi}=1+\dfrac{1}{8}\varepsilon[(4-2a^2)\sin 2\phi-a^2\sin 4\phi] \end{cases} \tag{5-832}$$

为了利用一般摄动理论,记由变换前变量构成的矢量为

$$\boldsymbol{x}=\begin{bmatrix} a \\ \phi \end{bmatrix} \tag{5-833}$$

将运动方程的右函数项按 ε 的阶次记为

$$\boldsymbol{f}_0=\begin{bmatrix} 0 \\ 1 \end{bmatrix} \tag{5-834}$$

$$\boldsymbol{f}_1=\begin{bmatrix} \dfrac{1}{8}\varepsilon a(4-a^2)-\dfrac{1}{2}\varepsilon a\cos 2\phi+\dfrac{1}{8}\varepsilon a^3\cos 4\phi \\[3mm] \dfrac{1}{2}\varepsilon\left(1-\dfrac{1}{2}a^2\right)\sin 2\phi-\dfrac{1}{8}\varepsilon a^2\sin 4\phi \end{bmatrix} \tag{5-835}$$

$$\boldsymbol{f}_{n\geqslant 2}=0 \tag{5-836}$$

令变换后的变量构成的向量为

$$\boldsymbol{y}=\begin{bmatrix} a^* \\ \phi^* \end{bmatrix} \tag{5-837}$$

下面我们利用摄动分析方程组

$$\begin{aligned} &\varepsilon^0:\boldsymbol{g}_0=\boldsymbol{f}_0 \\ &\varepsilon^1:\boldsymbol{g}_1=\boldsymbol{f}_1+L_1\boldsymbol{f}_0 \\ &\varepsilon^2:\boldsymbol{g}_2=\boldsymbol{f}_2+L_1\boldsymbol{f}_1+\dfrac{1}{2!}(2L_2+L_1{}^2)\boldsymbol{f}_0 \end{aligned} \tag{5-838}$$

来构造变换后运动方程的右函数项 $\boldsymbol{g}_i(\boldsymbol{y})$, $i=0,1,2$(变换后运动方程中不含快变角坐标)。

零阶项

$$\boldsymbol{g}_0=\boldsymbol{f}_0=\begin{bmatrix} 0 \\ 1 \end{bmatrix} \tag{5-839}$$

一阶项

$$\boldsymbol{g}_1=\boldsymbol{f}_1+L_1\boldsymbol{f}_0=\begin{bmatrix} \dfrac{1}{8}\varepsilon a(4-a^2)-\dfrac{1}{2}\varepsilon a\cos 2\phi+\dfrac{1}{8}\varepsilon a^3\cos 4\phi \\[3mm] \dfrac{1}{2}\varepsilon\left(1-\dfrac{1}{2}a^2\right)\sin 2\phi-\dfrac{1}{8}\varepsilon a^2\sin 4\phi \end{bmatrix}-\dfrac{\partial\boldsymbol{W}_1}{\partial\phi} \tag{5-840}$$

可求得

$$\boldsymbol{g}_1=\begin{bmatrix} \dfrac{1}{8}\varepsilon a^*(4-a^{*2}) \\[3mm] 0 \end{bmatrix} \tag{5-841}$$

$$W_1 = \begin{bmatrix} -\dfrac{1}{4}\varepsilon a^* \sin 2\phi^* + \dfrac{1}{32}\varepsilon a^{*3}\sin 4\phi^* \\[3mm] -\dfrac{1}{4}\varepsilon\left(1-\dfrac{1}{2}a^{*2}\right)\cos 2\phi^* + \dfrac{1}{32}\varepsilon a^{*2}\cos 4\phi^* \end{bmatrix} \tag{5-842}$$

二阶项

$$\boldsymbol{g}_2 = \boldsymbol{f}_2 + L_1\boldsymbol{f}_1 + \frac{1}{2!}(2L_2 + L_1{}^2)\boldsymbol{f}_0$$

$$= \varepsilon^2 \begin{bmatrix} \dfrac{1}{128}(14a^3 - 3a^5)\sin 2\phi - \dfrac{1}{32}a^3\sin 4\phi - \dfrac{1}{128}a^5\sin 6\phi \\[3mm] \dfrac{1}{256}(-32+48a^2-11a^4) - \dfrac{1}{64}(2a^2+a^4)\cos 2\phi + \dfrac{1}{128}(-4a^2+a^4)\cos 4\phi - \dfrac{1}{128}a^4\cos 6\phi \end{bmatrix} - \dfrac{\partial \boldsymbol{W}_2}{\partial \phi} \tag{5-843}$$

可求得

$$\boldsymbol{g}_2 = \begin{bmatrix} 0 \\[3mm] -\dfrac{1}{256}\varepsilon^2(32-48a^{*2}+11a^{*4}) \end{bmatrix} \tag{5-844}$$

以及

$$\boldsymbol{W}_2 = \varepsilon^2 \begin{bmatrix} -\dfrac{1}{256}a^{*3}(14-3a^{*2})\cos 2\phi^* + \dfrac{1}{128}a^{*3}\cos 4\phi^* + \dfrac{1}{768}a^{*5}\cos 6\phi^* \\[3mm] -\dfrac{1}{128}a^{*2}(2+a^{*2})\sin 2\phi^* + \dfrac{1}{512}a^{*2}(a^{*2}-4)\sin 4\phi^* - \dfrac{1}{768}a^{*4}\sin 6\phi^* \end{bmatrix} \tag{5-845}$$

因此，变换后的运动方程为

$$\begin{cases} \dot{a}^* = \dfrac{1}{2}\varepsilon a^*\left(1-\dfrac{1}{4}a^{*2}\right) \\[3mm] \dot{\phi}^* = 1 - \dfrac{1}{8}\varepsilon^2\left(1-\dfrac{3}{2}a^{*2}+\dfrac{11}{32}a^{*4}\right) \end{cases} \tag{5-846}$$

分析解为

$$a^* = \pm\dfrac{2\mathrm{e}^{\frac{\varepsilon t}{2}}}{\sqrt{\mathrm{e}^{\varepsilon t}+\mathrm{e}^{8c_1}}} \tag{5-847}$$

$$\phi^* = c_2 + \dfrac{1}{16}\left[16t - 2\varepsilon^2 t - \dfrac{11\varepsilon\mathrm{e}^{8c_1}}{\mathrm{e}^{\varepsilon t}+\mathrm{e}^{8c_1}} + \varepsilon\log(\mathrm{e}^{\varepsilon t}+\mathrm{e}^{8c_1})\right]$$

其中 c_1 和 c_2 为积分常数。

特别地，当 $a^* = 2$ 时，可得

$$\begin{cases} \dot{a}^* = 0 \\[3mm] \dot{\phi}^* = 1 - \dfrac{1}{16}\varepsilon^2 \end{cases} \tag{5-848}$$

周期解为

$$a^* = 2, \phi^* = \phi_0^* + \left(1 - \frac{1}{16}\varepsilon^2\right)t \tag{5-849}$$

对坐标进行如下 Lie 变换

$$\boldsymbol{x} = \left[1 + \varepsilon\mathcal{L}_1 + \frac{\varepsilon^2}{2!}(2\mathcal{L}_2 + \mathcal{L}_1{}^2)\right]\boldsymbol{y} \tag{5-850}$$

可得如下坐标变换

$$\boldsymbol{x} = (a, \phi)^\mathrm{T} \Rightarrow \boldsymbol{y} = (a^*, \phi^*)^\mathrm{T} \tag{5-851}$$

的二阶显式表达式为

$$a = a^* + \frac{1}{64}\varepsilon^2 a^* \left(3 - a^{*2} + \frac{7}{64}a^{*4}\right) - \frac{1}{4}\varepsilon a^* \sin 2\phi^* + \frac{1}{32}\varepsilon a^{*3}\sin 4\phi^* +$$
$$\frac{1}{64}\varepsilon^2 a^{*3}\left(a^{*2} - \frac{19}{4}\right)\cos 2\phi^* + \frac{1}{64}\varepsilon^2 a^*\left(1 - \frac{1}{2}a^{*2}\right)\cos 4\phi^* + \tag{5-852}$$
$$\frac{1}{256}\varepsilon^2 a^{*3}\left(\frac{253}{189}a^{*2} - 1\right)\cos 6\phi^* + \frac{1}{4096}\varepsilon^2 a^{*5}\cos 8\phi^*$$

$$\phi = \phi^* + \frac{1}{4}\varepsilon\left(\frac{1}{2}a^{*2} - 1\right)\cos 2\phi^* + \frac{1}{32}\varepsilon a^{*2}\cos 4\phi^* -$$
$$\frac{1}{128}\varepsilon^2 a^{*2}(1 + a^{*2})\sin 2\phi^* - \frac{1}{32}\varepsilon^2\left(1 - \frac{1}{4}a^{*2} + \frac{3}{16}a^{*4}\right)\sin 4\phi^* + \tag{5-853}$$
$$\frac{1}{128}\varepsilon^2 a^{*2}\left(1 - \frac{253}{378}a^{*2}\right)\sin 6\phi^* - \frac{1}{2048}\varepsilon^2 a^{*4}\sin 8\phi^*$$

将 $\boldsymbol{W}$ 变成 $-\boldsymbol{W}$ 即可得逆变换(省略)。分析解与数值解的对比如图 5-39 所示。可见,分析解和数值解吻合较好。

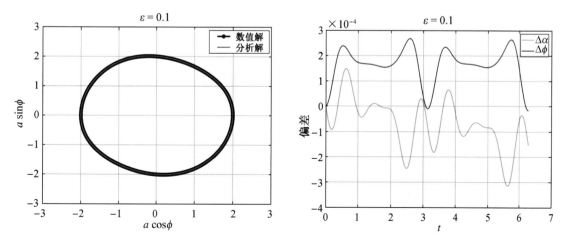

图 5-39　分析解和数值解的对比,初始振幅和相位参数取为 $(a^* = 2, \phi_0^* = 0)$

例 5‑29　求解如下微分方程的摄动分析解

$$\ddot{u}+\omega_0{}^2u=\varepsilon u\dot{u}^2,\qquad\varepsilon\ll1$$

同样,该系统不能写为哈密顿正则方程形式。这里基于一般摄动理论求解该问题。

当 $\varepsilon=0$ 时,非线性系统退化为线性系统,解为

$$u=a\cos\phi\tag{5-854}$$

相位角为 $\phi=\omega_0t+\beta$。因变量的速度为

$$\dot{u}=-a\omega_0\sin\phi\tag{5-855}$$

根据常数变易法,当 $\varepsilon\neq0$ 时,非线性系统的解依然为(5‑854)和(5‑855)的形式,只是振幅和初始相位不再是常数,而是时间 t 的函数,即

$$u=a(t)\cos[\omega_0t+\beta(t)]\tag{5-856}$$
$$\dot{u}=-\omega_0a(t)\sin[\omega_0t+\beta(t)]$$

首先,将 $u(t)$ 对时间 t 求导可得

$$\dot{u}=\dot{a}\cos\phi-(\omega_0+\dot{\beta})a\sin\phi\tag{5-857}$$

与(5‑856)中的速度项对比可得第一个约束条件

$$\dot{a}\cos\phi-\dot{\beta}a\sin\phi=0\tag{5-858}$$

其次,将速度函数 $\dot{u}(t)$ 对时间 t 求导可得加速度,即

$$\ddot{u}=-\omega_0\dot{a}\sin\phi-\omega_0(\omega_0+\dot{\beta})a\cos\phi\tag{5-859}$$

将其代入原非线性方程,可得第二个约束条件

$$\dot{a}\sin\phi+\dot{\beta}a\cos\phi=-\varepsilon\omega_0a^3\sin^2\phi\cos\phi\tag{5-860}$$

联立(5‑858)和(5‑860),可解得以 (a,ϕ) 为变量的运动方程

$$\begin{cases}\dot{a}=-\varepsilon\omega_0a^3\sin^3\phi\cos\phi\\\dot{\phi}=1-\varepsilon\omega_0a^2\sin^2\phi\cos^2\phi\end{cases}\tag{5-861}$$

通过积化和差处理,可整理为

$$\begin{cases}\dot{a}=-\dfrac{1}{8}\varepsilon\omega_0a^3(2\sin2\phi-\sin4\phi)\\[2mm]\dot{\phi}=1-\dfrac{1}{8}\varepsilon\omega_0a^2(1-\cos4\phi)\end{cases}\tag{5-862}$$

为了方便利用一般摄动理论,记变换前变量构成的矢量为

$$\boldsymbol{x}=\begin{bmatrix}a\\\phi\end{bmatrix}\tag{5-863}$$

变换后的变量记为

$$\boldsymbol{y}=\begin{bmatrix} a^* \\ \phi^* \end{bmatrix} \tag{5-864}$$

将运动方程的右函数项按 ε 的阶次记为

$$\boldsymbol{f}_0=\begin{bmatrix} 0 \\ 1 \end{bmatrix} \tag{5-865}$$

$$\boldsymbol{f}_1=\begin{bmatrix} -\dfrac{1}{8}\varepsilon\omega_0 a^3(2\sin 2\phi-\sin 4\phi) \\ -\dfrac{1}{8}\varepsilon\omega_0 a^2(1-\cos 4\phi) \end{bmatrix} \tag{5-866}$$

$$\boldsymbol{f}_{n\geqslant 2}=0 \tag{5-867}$$

一般摄动理论的摄动分析方程组为(这里仅截断到 2 阶项)

$$\begin{aligned} \varepsilon^0 &: \boldsymbol{g}_0=\boldsymbol{f}_0 \\ \varepsilon^1 &: \boldsymbol{g}_1=\boldsymbol{f}_1+L_1\boldsymbol{f}_0 \\ \varepsilon^2 &: \boldsymbol{g}_2=\boldsymbol{f}_2+L_1\boldsymbol{f}_1+\frac{1}{2!}(2L_2+L_1{}^2)\boldsymbol{f}_0 \end{aligned} \tag{5-868}$$

变换后的系统不含快变角坐标(平均化)。

零阶项

$$\boldsymbol{g}_0=\boldsymbol{f}_0=\begin{bmatrix} 0 \\ 1 \end{bmatrix} \tag{5-869}$$

一阶项

$$\boldsymbol{g}_1=\boldsymbol{f}_1+L_1\boldsymbol{f}_0=\begin{bmatrix} -\dfrac{1}{8}\varepsilon\omega_0 a^3(2\sin 2\phi-\sin 4\phi) \\ -\dfrac{1}{8}\varepsilon\omega_0 a^2(1-\cos 4\phi) \end{bmatrix}-\frac{\partial \boldsymbol{W}_1}{\partial \phi} \tag{5-870}$$

解得

$$\boldsymbol{g}_1=\begin{bmatrix} 0 \\ -\dfrac{1}{8}\varepsilon\omega_0 a^{*2} \end{bmatrix} \tag{5-871}$$

生成函数矢量为

$$\boldsymbol{W}_1=\begin{bmatrix} \dfrac{1}{8}\varepsilon\omega_0 a^3\left(\cos 2\phi-\dfrac{1}{4}\cos 4\phi\right) \\ \dfrac{1}{32}\varepsilon\omega_0 a^2\sin 4\phi \end{bmatrix} \tag{5-872}$$

二阶项

$$\boldsymbol{g}_2 = \boldsymbol{f}_2 + L_1 \boldsymbol{f}_1 + \frac{1}{2!}(2L_2 + L_1{}^2)\boldsymbol{f}_0$$

$$= \begin{bmatrix} -\dfrac{1}{64}\varepsilon^2\omega_0{}^2 a^5 \left(\dfrac{11}{4}\sin 2\phi - \sin 4\phi - \dfrac{1}{4}\sin 6\phi\right) \\ -\dfrac{1}{128}\varepsilon^2\omega_0{}^2 a^4 \left(\dfrac{3}{2} + \dfrac{5}{2}\cos 2\phi - 3\cos 4\phi - \dfrac{1}{2}\cos 6\phi\right) \end{bmatrix} - \dfrac{\partial \boldsymbol{W}_2}{\partial \phi} \tag{5-873}$$

求得

$$\boldsymbol{g}_2 = \begin{bmatrix} 0 \\ -\dfrac{3}{256}\varepsilon^2\omega_0{}^2 a^{*4} \end{bmatrix} \tag{5-874}$$

生成函数矢量为

$$\boldsymbol{W}_2 = \begin{bmatrix} \dfrac{1}{256}\varepsilon^2\omega_0{}^2 a^5 \left(\dfrac{11}{2}\cos 2\phi - \cos 4\phi - \dfrac{1}{6}\cos 6\phi\right) \\ \dfrac{1}{512}\varepsilon^2\omega_0{}^2 a^4 \left(-5\sin 2\phi + 3\sin 4\phi + \dfrac{1}{3}\sin 6\phi\right) \end{bmatrix} \tag{5-875}$$

于是，变换后的运动方程为

$$\begin{cases} \dot{a}^* = 0 \\ \dot{\phi}^* = 1 - \dfrac{1}{8}\varepsilon\omega_0 a^{*2} - \dfrac{3}{256}\varepsilon^2\omega_0{}^2 a^{*4} \end{cases} \tag{5-876}$$

分析解为

$$\begin{cases} a^* = \text{const} \\ \phi^* = \phi_0^* + \left(1 - \dfrac{1}{8}\varepsilon\omega_0 a^{*2} - \dfrac{3}{256}\varepsilon^2\omega_0{}^2 a^{*4}\right)t \end{cases} \tag{5-877}$$

可见，分析解是周期解。将生成函数向量 $\boldsymbol{W}$ 代入二阶摄动分析方程

$$\boldsymbol{x} = \left[1 + \varepsilon\mathcal{L}_1 + \dfrac{\varepsilon^2}{2!}(2\mathcal{L}_2 + \mathcal{L}_1{}^2)\right]\boldsymbol{y}$$

可得二阶显式变换 $(a, \phi) \Rightarrow (a^*, \phi^*)$ 为

$$a = a^* + \frac{1}{8}\varepsilon\omega_0 a^{*3}\left(\cos 2\phi^* - \frac{1}{4}\cos 4\phi^*\right) +$$

$$\frac{1}{128}\varepsilon^2\omega_0{}^2 a^{*5}\left(\frac{55}{32} + \frac{7}{4}\cos 2\phi^* + \cos 4\phi^* - \frac{7}{12}\cos 6\phi^* - \frac{1}{32}\cos 8\phi^*\right)$$

$$\phi = \phi^* + \frac{1}{32}\varepsilon\omega_0 a^{*2}\sin 4\phi^* + \tag{5-878}$$

$$\frac{1}{128}\varepsilon^2\omega_0{}^2 a^{*4}\left(-\sin 2\phi^* + \frac{3}{4}\sin 4\phi^* + \frac{1}{3}\sin 6\phi^* + \frac{1}{16}\sin 8\phi^*\right)$$

分析解与数值解的对比如图 5-40 所示。可见，分析解与数值解吻合较好。

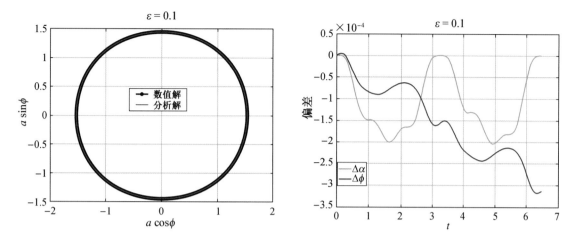

图 5-40　分析解与数值解的对比，初始振幅和相位参数取为 $(a^* = 1.5, \phi_0^* = 0)$

例 5-30　微分方程如下

$$\ddot{\theta} + \omega^2 \sin\theta + \frac{4\sin^2\theta}{1+4(1-\cos\theta)}\dot{\theta} = 0$$

针对小而有限 θ 的运动，利用一般摄动方法求解二阶展开。

对于小而有限的 θ，可将微分方程在 $\theta = 0$ 附近进行 Taylor 展开（保留至三阶项）

$$\ddot{\theta} + \omega^2\theta + 4\theta^2\dot{\theta} - \frac{1}{6}\omega^2\theta^3 = 0 \tag{5-879}$$

线性系统为

$$\ddot{\theta} + \omega^2\theta = 0 \tag{5-880}$$

线性系统的通解为

$$\theta = a\cos\phi \tag{5-881}$$

其中相位角为 $\phi = \omega t + \beta$（β 为初始相位角）。通过常数变易法，可得以 (a, ϕ) 描述的微分方程为

$$\begin{cases} \dot{a} = -4a^3\sin^2\phi\cos^2\phi - \dfrac{1}{6}\omega a^3\sin\phi\cos^3\phi \\[2mm] \dot{\phi} = \omega - 4a^2\sin\phi\cos^3\phi - \dfrac{1}{6}\omega a^2\cos^4\phi \end{cases} \tag{5-882}$$

将右边三角函数做积化和差处理可得

$$\begin{cases} \dot{a} = -\dfrac{1}{2}a^3 + \dfrac{1}{48}a^3(24\cos4\phi - 2\omega\sin2\phi - \omega\sin4\phi) \\[2mm] \dot{\phi} = \omega - \dfrac{1}{16}a^2\omega - \dfrac{1}{48}a^2(4\omega\cos2\phi + \omega\cos4\phi + 48\sin2\phi + 24\sin4\phi) \end{cases} \tag{5-883}$$

为方便使用一般摄动理论,记由变换前变量构成的矢量为

$$\boldsymbol{x}=\begin{bmatrix} a \\ \phi \end{bmatrix} \tag{5-884}$$

由变换后变量构成的矢量为

$$\boldsymbol{y}=\begin{bmatrix} a^{*} \\ \phi^{*} \end{bmatrix} \tag{5-885}$$

将运动方程的右函数项按小参数 ε 的阶次划分为未扰项和扰动项

$$\boldsymbol{f}_{0}=\begin{bmatrix} 0 \\ \omega \end{bmatrix} \tag{5-886}$$

$$\boldsymbol{f}_{1}=\begin{bmatrix} -\dfrac{1}{2}a^{3}+\dfrac{1}{48}a^{3}(24\cos 4\phi-2\omega\sin 2\phi-\omega\sin 4\phi) \\ -\dfrac{1}{16}a^{2}\omega-\dfrac{1}{48}a^{2}(4\omega\cos 2\phi+\omega\cos 4\phi+48\sin 2\phi+24\sin 4\phi) \end{bmatrix} \tag{5-887}$$

$$\boldsymbol{f}_{n\geqslant 2}=0 \tag{5-888}$$

一般摄动理论的摄动分析方程组为(这里仅截断到 2 阶项)

$$\begin{aligned} \varepsilon^{0}&:\boldsymbol{g}_{0}=\boldsymbol{f}_{0} \\ \varepsilon^{1}&:\boldsymbol{g}_{1}=\boldsymbol{f}_{1}+L_{1}\boldsymbol{f}_{0} \\ \varepsilon^{2}&:\boldsymbol{g}_{2}=\boldsymbol{f}_{2}+L_{1}\boldsymbol{f}_{1}+\dfrac{1}{2!}(2L_{2}+L_{1}{}^{2})\boldsymbol{f}_{0} \end{aligned} \tag{5-889}$$

零阶项

$$\boldsymbol{g}_{0}=\boldsymbol{f}_{0}=\begin{bmatrix} 0 \\ \omega \end{bmatrix} \tag{5-890}$$

一阶项

$$\begin{aligned} \boldsymbol{g}_{1}&=\boldsymbol{f}_{1}+L_{1}\boldsymbol{f}_{0}\Rightarrow\boldsymbol{g}_{1} \\ &=\begin{bmatrix} -\dfrac{1}{2}a^{3}+\dfrac{1}{48}a^{3}(24\cos 4\phi-2\omega\sin 2\phi-\omega\sin 4\phi) \\ -\dfrac{1}{16}a^{2}\omega+\dfrac{1}{48}a^{2}(-4\omega\cos 2\phi-\omega\cos 4\phi-48\sin 2\phi-24\sin 4\phi) \end{bmatrix}-\omega\dfrac{\partial\boldsymbol{W}_{1}}{\partial\phi} \end{aligned} \tag{5-891}$$

可求得

$$\boldsymbol{g}_{1}=\begin{bmatrix} -\dfrac{1}{2}a^{*3} \\ -\dfrac{1}{16}\omega a^{*2} \end{bmatrix} \tag{5-892}$$

生成函数向量为

$$W_1 = \frac{1}{48\omega}a^2\left[\begin{array}{c} 6a\sin 4\phi + a\omega\cos 2\phi + \dfrac{1}{4}a\omega\cos 4\phi \\[2mm] -2\omega\sin 2\phi - \dfrac{1}{4}\omega\sin 4\phi + 24\cos 2\phi + 6\cos 4\phi \end{array}\right] \tag{5-893}$$

二阶项

$$g_2 = \left[\begin{array}{c} -\dfrac{1}{48}a^{*5} \\[3mm] -\dfrac{2112+17\omega^2}{3072\omega}a^{*4} \end{array}\right] \tag{5-894}$$

变换后的运动方程为

$$\dot{a}^* = -\frac{1}{2}a^{*3} - \frac{1}{48}a^{*5}$$

$$\dot{\phi}^* = \omega - \frac{1}{16}\omega a^{*2} - \frac{2112+17\omega^2}{3072\omega}a^{*4}$$

类似上题,可给出变量的显式变换(限于篇幅,此处省略)。

5.6 卫星主问题

本节讨论卫星在地球非球形摄动(主要是 J_2 项摄动)下的轨道运动问题,即为卫星主问题。在卫星主问题中,地球带谐项系数 J_2 为小参数。于是,将哈密顿函数表示为

$$\mathcal{H} = \mathcal{H}_0 + \varepsilon\mathcal{H}_1 \tag{5-895}$$

其中 $\mathcal{H}_0$ 为未扰哈密顿函数(对应二体问题),$\mathcal{H}_1$ 对应地球非球形摄动。

基于 von Zeipel 变换方法,摄动分析方程组如下(到 2 阶项,见 5.3 节内容)

$$\varepsilon^0 : \mathcal{H}_0^* = \mathcal{H}_0$$

$$\varepsilon^1 : \mathcal{H}_1^* = \mathcal{H}_1 + \frac{\partial\mathcal{H}_0}{\partial L'}\frac{\partial S_1}{\partial l} \tag{5-896}$$

$$\varepsilon^2 : \mathcal{H}_2^* + \frac{\partial\mathcal{H}_1^*}{\partial g}\frac{\partial S_1}{\partial G'} = \mathcal{H}_2 + \frac{\partial\mathcal{H}_0}{\partial L'}\frac{\partial S_2}{\partial l} + \frac{1}{2}\frac{\partial^2\mathcal{H}_0}{\partial L'^2}\left(\frac{\partial S_1}{\partial l}\right)^2 + \frac{\partial\mathcal{H}_1}{\partial L'}\frac{\partial S_1}{\partial l} + \frac{\partial\mathcal{H}_1}{\partial G'}\frac{\partial S_1}{\partial g}$$

Lie 级数变换的摄动分析方程组为

$$\varepsilon^0 : \mathcal{H}_0^* = \mathcal{H}_0$$

$$\varepsilon^1 : \mathcal{H}_1^* = \mathcal{H}_1 + L_1\mathcal{H}_0 \tag{5-897}$$

$$\varepsilon^2 : \mathcal{H}_2^* = \mathcal{H}_2 + L_1\mathcal{H}_1 + \frac{1}{2!}(2L_2 + L_1^2)\mathcal{H}_0$$

将 Poisson 括号展开可得具体的摄动分析方程组为

$$\varepsilon^0 : \mathcal{H}_0^* = \mathcal{H}_0$$

$$\varepsilon^1 : \mathcal{H}_1^* = \mathcal{H}_1 - \frac{\partial \mathcal{H}_0}{\partial L} \frac{\partial W_1}{\partial l}$$

$$\varepsilon^2 : \mathcal{H}_2^* = \mathcal{H}_2 + \left(\frac{\partial \mathcal{H}_1}{\partial l} \frac{\partial W_1}{\partial L} - \frac{\partial \mathcal{H}_1}{\partial L} \frac{\partial W_1}{\partial l} + \frac{\partial \mathcal{H}_1}{\partial g} \frac{\partial W_1}{\partial G} - \frac{\partial \mathcal{H}_1}{\partial G} \frac{\partial W_1}{\partial g} \right) +$$

$$\frac{1}{2} \left[\frac{\partial^2 \mathcal{H}_0}{\partial L^2} \left(\frac{\partial W_1}{\partial l} \right)^2 + \frac{\partial \mathcal{H}_0}{\partial L} \frac{\partial^2 W_1}{\partial L \partial l} \frac{\partial W_1}{\partial l} - \frac{\partial \mathcal{H}_0}{\partial L} \frac{\partial^2 W_1}{\partial l^2} \frac{\partial W_1}{\partial L} \right] - \frac{\partial \mathcal{H}_0}{\partial L} \frac{\partial W_2}{\partial l} \quad (5-898)$$

从摄动分析方程组可以大致看出,Lie 级数变换求解的项数比 von Zeipel 变换的要多,说明 Lie 级数变换要更加复杂。在后面具体求解过程中,读者会更真切地感受到这一点。

本节内容主要参考布劳威尔(Brouwer,见图 5-41)于 1959 年发表在天文学报(*Astronomical Journal*,AJ)上的文章[20]和专著[21],也参考了专著[22]和[23]中的部分内容。更进一步,Kozai 在文献[24]中基于 von Zeipel 变换推导了卫星主问题的二阶解,Deprit 基于 Lie 级数变换

图 5-41   天体力学家德克·布劳威尔
(Dirk Brouwer, 1902—1966)

在文献[25]中讨论了卫星主问题的高阶摄动解,感兴趣的读者可参考相关文献。

5.6.1   基于 von Zeipel 变换求解卫星主问题[20]

卫星主问题的摄动函数为

$$\mathcal{R} = \frac{\mu a_e^2 C_{20}}{r^3} \left[\frac{3}{2} \sin^2 i \sin^2 (f+\omega) - \frac{1}{2} \right] \quad (5-899)$$

其中 $\mu = \mathcal{G} m_e$ 为地球引力参数,a_e 为地球的平均半径,r 为航天器与地心的距离,i 为航天器在地心赤道坐标系下的轨道倾角,ω 为近点角距,f 为真近点角,C_{20} 为地球带谐项系数。将三角函数做积化和差处理后可得

$$\mathcal{R} = \frac{\mu a_e^2 C_{20}}{2r^3} \left[\frac{1}{2} - \frac{3}{2} \cos^2 i - \frac{3}{2} \sin^2 i \cos 2 (f+\omega) \right] \quad (5-900)$$

引入 J_2 项系数

$$J_2 = -C_{20} \quad (5-901)$$

卫星主问题的哈密顿函数变为

$$\mathcal{H} = -\frac{\mu}{2a} - \mathcal{R} \quad (5-902)$$

从而有

$$\mathcal{H}=-\frac{\mu}{2a}-\frac{\mu a_\mathrm{e}^2 J_2}{2a^3}\Big[\Big(-\frac{1}{2}+\frac{3}{2}\cos^2 i\Big)\Big(\frac{a}{r}\Big)^3+\frac{3}{2}\sin^2 i\Big(\frac{a}{r}\Big)^3\cos 2(f+\omega)\Big] \tag{5-903}$$

利用 Delaunay 变量来描述卫星的运动

$$
\begin{aligned}
l&=M, & L&=\sqrt{\mu a}\\
g&=\omega, & G&=L\sqrt{1-e^2}\\
h&=\Omega, & H&=G\cos i
\end{aligned} \tag{5-904}
$$

那么卫星主问题的哈密顿函数变为

$$\mathcal{H}=-\frac{\mu^2}{2L^2}-\frac{\mu^4 a_\mathrm{e}^2 J_2}{2L^6}\Big[\Big(-\frac{1}{2}+\frac{3}{2}\frac{H^2}{G^2}\Big)\Big(\frac{a}{r}\Big)^3+\frac{3}{2}\Big(1-\frac{H^2}{G^2}\Big)\Big(\frac{a}{r}\Big)^3\cos 2(f+g)\Big] \tag{5-905}$$

易见,变量 h 为哈密顿系统的循环坐标,说明相应的动量 H 为系统的运动积分。根据小参量 (J_2) 的幂次,将哈密顿函数划分为未扰项和扰动项形式

$$\mathcal{H}=\mathcal{H}_0+\varepsilon\mathcal{H}_1 \tag{5-906}$$

其中

$$
\mathcal{H}_0=-\frac{\mu^2}{2L^2} \tag{5-907}
$$
$$
\mathcal{H}_1=-\frac{\mu^4 a_\mathrm{e}^2 J_2}{2L^6}\Big[\Big(-\frac{1}{2}+\frac{3}{2}\frac{H^2}{G^2}\Big)\Big(\frac{a}{r}\Big)^3+\frac{3}{2}\Big(1-\frac{H^2}{G^2}\Big)\Big(\frac{a}{r}\Big)^3\cos 2(f+g)\Big]
$$

根据是否含平近点角 $l(=M)$,将扰动哈密顿函数分离为长期项(不含 l)和周期项(含 l)。

$$
\begin{aligned}
\Big\langle\Big(\frac{a}{r}\Big)^3\Big\rangle&=\frac{1}{2\pi}\int_0^{2\pi}\Big(\frac{a}{r}\Big)^3\mathrm{d}M\\
&=\frac{1}{2\pi}\int_0^{2\pi}\Big(\frac{1+e\cos f}{1-e^2}\Big)^3\frac{(1-e^2)^{\frac{3}{2}}}{(1+e\cos f)^2}\mathrm{d}f\\
&=\frac{1}{2\pi}\int_0^{2\pi}\frac{1+e\cos f}{(1-e^2)^{\frac{3}{2}}}\mathrm{d}f\\
&=\frac{1}{(1-e^2)^{\frac{3}{2}}}
\end{aligned} \tag{5-908}
$$

以及

$$
\begin{aligned}
\Big\langle\Big(\frac{a}{r}\Big)^3\cos 2(f+g)\Big\rangle&=\frac{1}{2\pi}\int_0^{2\pi}\Big(\frac{a}{r}\Big)^3\cos 2(f+g)\mathrm{d}M\\
&=\frac{1}{2\pi}\int_0^{2\pi}\Big(\frac{1+e\cos f}{1-e^2}\Big)^3\frac{(1-e^2)^{\frac{3}{2}}}{(1+e\cos f)^2}\cos 2(f+g)\mathrm{d}f\\
&=\frac{1}{2\pi}\int_0^{2\pi}\frac{1+e\cos f}{(1-e^2)^{\frac{3}{2}}}\cos 2(f+g)\mathrm{d}f\\
&=0
\end{aligned} \tag{5-909}
$$

因此,可将扰动哈密顿函数划分为长期部分和周期部分

$$\mathcal{H}_1 = \mathcal{H}_{1c} + \mathcal{H}_{1s} \tag{5-910}$$

其中

$$\mathcal{H}_{1c} = -\frac{\mu^4 a_e^2 J_2}{2L^6}\left(-\frac{1}{2} + \frac{3}{2}\frac{H^2}{G^2}\right)\left(\frac{L}{G}\right)^3 \tag{5-911}$$

和

$$\begin{aligned}
\mathcal{H}_{1s} &= \mathcal{H}_1 - \mathcal{H}_{1c} \\
&= -\frac{\mu^4 a_e^2 J_2}{2L^6}\left\{\left(-\frac{1}{2} + \frac{3}{2}\frac{H^2}{G^2}\right)\left[\left(\frac{a}{r}\right)^3 - \left(\frac{L}{G}\right)^3\right] + \frac{3}{2}\left(1 - \frac{H^2}{G^2}\right)\left(\frac{a}{r}\right)^3\cos 2(f+g)\right\}
\end{aligned} \tag{5-912}$$

为了简化以上表达式,引入中间变量符号

$$A = \left(-\frac{1}{2} + \frac{3}{2}\frac{H^2}{G^2}\right), \qquad B = \frac{3}{2}\left(1 - \frac{H^2}{G^2}\right) \tag{5-913}$$

$$\sigma_1 = \left(\frac{a}{r}\right)^3 - \left(\frac{L}{G}\right)^3, \qquad \sigma_2 = \left(\frac{a}{r}\right)^3\cos 2(f+g) \tag{5-914}$$

那么长期项为

$$\mathcal{H}_{1c} = -\frac{\mu^4 a_e^2 J_2}{2L^3 G^3}A \tag{5-915}$$

周期项为

$$\mathcal{H}_{1s} = -\frac{\mu^4 a_e^2 J_2}{2L^6}(A\sigma_1 + B\sigma_2) \tag{5-916}$$

第一步:利用 von Zeipel 变换消除快变量 l

变换前哈密顿函数为

$$\begin{aligned}
\mathcal{H}(L,G,H,l,g) &= \mathcal{H}_0(L) + \mathcal{H}_1(L,G,H,l,g) \\
&= \mathcal{H}_0(L) + \mathcal{H}_{1c}(L,G,H,g) + \mathcal{H}_{1s}(L,G,H,l,g)
\end{aligned} \tag{5-917}$$

将变换后的变量记为 (L', G', H', l', g', h')。引入生成函数

$$\begin{aligned}
S(L',G',H',l,g) &= S_0(L',G',H',l,g) + S_1(L',G',H',l,g) + \cdots \\
&= L'l + G'g + H'h + S_1(L',G',H',l,g) + \cdots
\end{aligned} \tag{5-918}$$

其中 S_0 相当于无摄运动,对应的恒等变换为

$$S_0 = L'l + G'g + H'h \tag{5-919}$$

$S_{i \geqslant 1}$ 表示 J_2 的 i 次幂项。生成函数给出新旧变量之间的变换关系为

$$L=\frac{\partial S}{\partial l}=L'+\frac{\partial S_1}{\partial l}+\frac{\partial S_2}{\partial l}+\mathcal{O}(J_2{}^3),\quad l'=\frac{\partial S}{\partial L'}=l+\frac{\partial S_1}{\partial L'}+\frac{\partial S_2}{\partial L'}+\mathcal{O}(J_2{}^3)$$

$$G=\frac{\partial S}{\partial g}=G'+\frac{\partial S_1}{\partial g}+\frac{\partial S_2}{\partial g}+\mathcal{O}(J_2{}^3),\quad g'=\frac{\partial S}{\partial G'}=g+\frac{\partial S_1}{\partial G'}+\frac{\partial S_2}{\partial G'}+\mathcal{O}(J_2{}^3) \tag{5-920}$$

$$H=\frac{\partial S}{\partial h}=H',\qquad\qquad h'=\frac{\partial S}{\partial H'}=h+\frac{\partial S_1}{\partial H'}+\frac{\partial S_2}{\partial H'}+\mathcal{O}(J_2{}^3)$$

同样根据 J_2 的幂次,将变换后哈密顿函数记为如下形式

$$\mathcal{H}^*(L',G',H',-,g')=\sum_{n\geqslant0}\mathcal{H}_n^*(L',G',H',-,g') \tag{5-921}$$

可见通过 von Zeipel 变换消除了角坐标 l'。由于本系统是定常系统,故恒等变换要求变换前后哈密顿函数相等,即

$$\mathcal{H}^*(L',G',H',-,g')=\mathcal{H}(L,G,H,l,g) \tag{5-922}$$

根据 von Zeipel 变换思想,将恒等式(5-922)两边分别在变量(L',G',H',l,g)处进行 Taylor 展开,可得

$$\mathcal{H}_0^*+\frac{\partial\mathcal{H}_0^*}{\partial g}\left(\frac{\partial S_1}{\partial G'}+\frac{\partial S_2}{\partial G'}\right)+\frac{1}{2!}\frac{\partial^2\mathcal{H}_0^*}{\partial g^2}\left(\frac{\partial S_1}{\partial G'}\right)^2+\mathcal{H}_1^*+\frac{\partial\mathcal{H}_1^*}{\partial g}\left(\frac{\partial S_1}{\partial G'}\right)+\mathcal{H}_2^*+\mathcal{O}(J_2{}^3)$$

$$=\mathcal{H}_0+\frac{\partial\mathcal{H}_0}{\partial L'}\left(\frac{\partial S_1}{\partial l}+\frac{\partial S_2}{\partial l}\right)+\frac{1}{2!}\frac{\partial^2\mathcal{H}_0}{\partial L'^2}\left(\frac{\partial S_1}{\partial l}\right)^2+\mathcal{H}_1+\frac{\partial\mathcal{H}_1}{\partial L'}\left(\frac{\partial S_1}{\partial l}\right)+\frac{\partial\mathcal{H}_1}{\partial G'}\left(\frac{\partial S_1}{\partial g}\right)+\mathcal{O}(J_2{}^3) \tag{5-923}$$

其中$\frac{\partial\mathcal{H}_0^*}{\partial g}=\frac{\partial\mathcal{H}_0^*}{\partial g'}\Big|_{g'=g},\frac{\partial\mathcal{H}_0}{\partial L'}=\frac{\partial\mathcal{H}_0}{\partial L}\Big|_{L=L'}$等等。比较(5-923)两边$J_2$的同次幂系数,可得摄动分析方程组为

$$\varepsilon^0:\mathcal{H}_0^*=\mathcal{H}_0$$

$$\varepsilon^1:\mathcal{H}_1^*=\mathcal{H}_1+\frac{\partial\mathcal{H}_0}{\partial L'}\frac{\partial S_1}{\partial l} \tag{5-924}$$

$$\varepsilon^2:\mathcal{H}_2^*+\frac{\partial\mathcal{H}_1^*}{\partial g}\frac{\partial S_1}{\partial G'}=\frac{\partial\mathcal{H}_0}{\partial L'}\frac{\partial S_2}{\partial l}+\frac{1}{2}\frac{\partial^2\mathcal{H}_0}{\partial L'^2}\left(\frac{\partial S_1}{\partial l}\right)^2+\frac{\partial\mathcal{H}_1}{\partial L'}\frac{\partial S_1}{\partial l}+\frac{\partial\mathcal{H}_1}{\partial G'}\frac{\partial S_1}{\partial g}$$

将哈密顿函数(5-910)代入摄动分析方程组,通过分离短周期项和非短周期项,可解得变换后的哈密顿函数以及生成函数表达式。

代入零阶项可得

$$\mathcal{H}_0^*=-\frac{\mu^2}{2L'^2} \tag{5-925}$$

根据一阶项可得

$$\mathcal{H}_1^*=\mathcal{H}_1+\frac{\partial\mathcal{H}_0}{\partial L'}\frac{\partial S_1}{\partial l}=\mathcal{H}_{1c}+\mathcal{H}_{1s}+\frac{\partial\mathcal{H}_0}{\partial L'}\frac{\partial S_1}{\partial l} \tag{5-926}$$

分离上式的长周期项和短周期项,根据左右两边的周期项和长期项分别相等可得

$$
\begin{cases}
\mathcal{H}_1^* = \mathcal{H}_{1c} \\
\dfrac{\partial \mathcal{H}_0}{\partial L'}\dfrac{\partial S_1}{\partial l} = -\mathcal{H}_{1s}
\end{cases}
\tag{5-927}
$$

解得

$$
\mathcal{H}_1^* = -\frac{\mu^4 a_e{}^2 J_2}{2L'^3 G'^3}\left(-\frac{1}{2} + \frac{3}{2}\frac{H'^2}{G'^2}\right)
\tag{5-928}
$$

下面来推导 S_1 的表达式。根据(5-926)可得

$$
\frac{\partial \mathcal{H}_0}{\partial L'}\frac{\partial S_1}{\partial l} = \frac{\mu^4 a_e{}^2 J_2}{2L'^6}(A\sigma_1 + B\sigma_2)
\tag{5-929}
$$

将 $\mathcal{H}_0$ 代入上式并整理后可得

$$
\frac{\partial S_1}{\partial l} = \frac{\mu^2 a_e{}^2 J_2}{2L'^3}(A\sigma_1 + B\sigma_2)
\tag{5-930}
$$

将中间变量 σ_1 和 σ_2 代入上式,可得

$$
\frac{\partial S_1}{\partial l} = \frac{\mu^2 a_e{}^2 J_2}{2L'^3}\left\{A\left[\left(\frac{a}{r}\right)^3 - \left(\frac{L'}{G'}\right)^3\right] + B\left(\frac{a}{r}\right)^3\cos 2(f+g)\right\}
\tag{5-931}
$$

积分上式可得

$$
S_1 = \int \frac{\mu^2 a_e{}^2 J_2}{2L'^3}\left\{A\left[\left(\frac{a}{r}\right)^3 - \left(\frac{L'}{G'}\right)^3\right] + B\left(\frac{a}{r}\right)^3\cos 2(f+g)\right\}\mathrm{d}l
\tag{5-932}
$$

其中积分项为

$$
\int\left(\frac{a}{r}\right)^3\mathrm{d}M = \int\left(\frac{1+e\cos f}{1-e^2}\right)^3\frac{(1-e^2)^{\frac{3}{2}}}{(1+e\cos f)^2}\mathrm{d}f = \int\frac{1+e\cos f}{(1-e^2)^{\frac{3}{2}}}\mathrm{d}f
$$
$$
= \frac{1}{(1-e^2)^{\frac{3}{2}}}(f + e\sin f)
\tag{5-933}
$$

以及

$$
\int\left(\frac{a}{r}\right)^3\cos 2(f+g)\mathrm{d}M = \int\left(\frac{1+e\cos f}{1-e^2}\right)^3\frac{(1-e^2)^{\frac{3}{2}}}{(1+e\cos f)^2}\cos 2(f+g)\mathrm{d}f
$$
$$
= \int\frac{1+e\cos f}{(1-e^2)^{\frac{3}{2}}}\cos 2(f+g)\mathrm{d}f
\tag{5-934}
$$
$$
= \frac{1}{(1-e^2)^{\frac{3}{2}}}\left[\frac{1}{2}\sin(2f+2g) + \frac{1}{2}e\sin(f+2g) + \frac{1}{6}e\sin(3f+2g)\right]
$$

因此可得生成函数为

$$S_1 = \frac{\mu^2 a_e{}^2 J_2}{2L'^3} \left(\frac{L'}{G'}\right)^3 \left\{ A[f - l + e\sin f] + \right.$$

$$\left. B\left[\frac{1}{2}\sin(2f + 2g) + \frac{1}{2}e\sin(f + 2g) + \frac{1}{6}e\sin(3f + 2g)\right]\right\}$$

$$(5 - 935)$$

根据二阶项递推关系

$$\mathcal{H}_2^* + \frac{\partial \mathcal{H}_1^*}{\partial g}\frac{\partial S_1}{\partial G'} = \frac{\partial \mathcal{H}_0}{\partial L'}\frac{\partial S_2}{\partial l} + \frac{1}{2}\frac{\partial^2 \mathcal{H}_0}{\partial L'^2}\left(\frac{\partial S_1}{\partial l}\right)^2 + \frac{\partial \mathcal{H}_1}{\partial L'}\frac{\partial S_1}{\partial l} + \frac{\partial \mathcal{H}_1}{\partial G'}\frac{\partial S_1}{\partial g} \quad (5 - 936)$$

考虑到

$$\frac{\partial \mathcal{H}_1^*}{\partial g}\frac{\partial S_1}{\partial G'} = 0 \tag{5 - 937}$$

因此有

$$\mathcal{H}_2^* = \frac{1}{2\pi}\int_0^{2\pi}\left[\frac{\partial \mathcal{H}_0}{\partial L'}\frac{\partial S_2}{\partial l} + \frac{1}{2}\frac{\partial^2 \mathcal{H}_0}{\partial L'^2}\left(\frac{\partial S_1}{\partial l}\right)^2 + \frac{\partial \mathcal{H}_1}{\partial L'}\frac{\partial S_1}{\partial l} + \frac{\partial \mathcal{H}_1}{\partial G'}\frac{\partial S_1}{\partial g}\right]\mathrm{d}l \tag{5 - 938}$$

化简后得

$$\mathcal{H}_2^* = \frac{1}{2\pi}\int_0^{2\pi}\left[\frac{1}{2}\frac{\partial^2 \mathcal{H}_0}{\partial L'^2}\left(\frac{\partial S_1}{\partial l}\right)^2 + \frac{\partial \mathcal{H}_1}{\partial L'}\frac{\partial S_1}{\partial l} + \frac{\partial \mathcal{H}_1}{\partial G'}\frac{\partial S_1}{\partial g}\right]\mathrm{d}l \tag{5 - 939}$$

计算该定积分,即可得二阶哈密顿函数。在(5 - 939)的被积函数中,有

$$\frac{\partial^2 \mathcal{H}_0}{\partial L'^2} = -3\frac{\mu^2}{L'^4} \tag{5 - 940}$$

$$\frac{\partial S_1}{\partial l} = \frac{\mu^2 a_e{}^2 J_2}{2L'^3}(A\sigma_1 + B\sigma_2) \tag{5 - 941}$$

$$S_1 = \frac{\mu^2 a_e{}^2 J_2}{2G'^3}\left\{A(f - l + e\sin f) + B\left[\frac{1}{2}\sin(2f + 2g) + \frac{e}{2}\sin(f + 2g) + \frac{e}{6}\sin(3f + 2g)\right]\right\}$$

$$(5 - 942)$$

以及

$$\frac{\partial S_1}{\partial g} = \frac{\mu^2 a_e{}^2 J_2 B}{2G'^3}\left[\cos(2f + 2g) + e\cos(f + 2g) + \frac{e}{3}\cos(3f + 2g)\right] \tag{5 - 943}$$

引入中间变量

$$\rho_2 = \frac{L'^3}{G'^3}\left[\cos(2f + 2g) + e\cos(f + 2g) + \frac{e}{3}\cos(3f + 2g)\right] \tag{5 - 944}$$

从而有

$$\frac{\partial S_1}{\partial g} = \frac{\mu^2 a_e{}^2 J_2}{2L'^3}B\rho_2 \tag{5 - 945}$$

此外还需要处理 $\mathcal{H}_1$ 及其偏导数关系(这部分稍微复杂)。将扰动函数 $\mathcal{H}_1$ 划分为长期项和周期项,表达式为

$$\mathcal{H}_1 = \mathcal{H}_{1c} + \mathcal{H}_{1s} \tag{5-946}$$

其中

$$\mathcal{H}_{1c} = -\frac{\mu^4 a_e^2 J_2}{2L^3 G^3} A \tag{5-947}$$

$$\mathcal{H}_{1s} = -\frac{\mu^4 a_e^2 J_2}{2L^6}(A\sigma_1 + B\sigma_2) \tag{5-948}$$

于是有

$$\frac{\partial \mathcal{H}_{1c}}{\partial L'} = \frac{3\mu^4 a_e^2 J_2}{2L'^4 G'^3} A \tag{5-949}$$

$$\frac{\partial \mathcal{H}_{1c}}{\partial G'} = \frac{3\mu^4 a_e^2 J_2}{2L'^3 G'^4}\left(A + \frac{H'^2}{G'^2}\right) \tag{5-950}$$

为了方便后面的推导,需要用到如下偏微分关系

$$\frac{\partial A}{\partial G} = -3\frac{H^2}{G^3}, \qquad \frac{\partial B}{\partial G} = 3\frac{H^2}{G^3} \tag{5-951}$$

$$\frac{\partial}{\partial e}\left(\frac{a}{r}\right) = \frac{a^2}{r^2}\cos f, \qquad \frac{\partial f}{\partial e} = \left(\frac{a}{r} + \frac{L^2}{G^2}\right)\sin f$$

$$\frac{\partial e}{\partial L} = \frac{1}{e}\frac{G^2}{L^3}, \qquad \frac{\partial e}{\partial G} = -\frac{1}{e}\frac{G}{L^2} \tag{5-952}$$

$$\frac{\partial f}{\partial l} = \sqrt{1-e^2}\left(\frac{a}{r}\right)^2 = \frac{(1+e\cos f)^2}{(1-e^2)^{\frac{3}{2}}}$$

求 $\mathcal{H}_{1s}$ 的偏导数时,需推导中间变量 σ_1 和 σ_2 的偏导数。由于

$$\sigma_1 = \left(\frac{a}{r}\right)^3 - \left(\frac{L'}{G'}\right)^3, \qquad \sigma_2 = \left(\frac{a}{r}\right)^3 \cos 2(f+g) \tag{5-953}$$

于是

$$\tau_1 = \frac{1}{e}\frac{\partial \sigma_1}{\partial e} = \frac{3}{e}\left(\frac{a}{r}\right)^4 \cos f - 3\left(\frac{L'}{G'}\right)^5 \tag{5-954}$$

$$\tau_2 = \frac{1}{e}\frac{\partial \sigma_2}{\partial e}$$

$$= \frac{1}{e}\left[\frac{1}{2}\left(\frac{a}{r}\right)^4 - \left(\frac{a}{r}\right)^3 \frac{L'^2}{G'^2}\right]\cos(f+2g) + \frac{1}{e}\left[\frac{5}{2}\left(\frac{a}{r}\right)^4 + \left(\frac{a}{r}\right)^3 \frac{L'^2}{G'^2}\right]\cos(3f+2g)$$

$$\tag{5-955}$$

从而

$$\frac{\partial \mathcal{H}_{1s}}{\partial L'} = -\frac{\mu^4 a_e{}^2 J_2}{2L'^7}\left[-6(A\sigma_1 + B\sigma_2)\right] - \frac{\mu^4 a_e{}^2 J_2}{2L'^6}\left(A\frac{\partial \sigma_1}{\partial e} + B\frac{\partial \sigma_2}{\partial e}\right)\frac{\partial e}{\partial L'}$$

$$= -\frac{\mu^4 a_e{}^2 J_2}{2L'^7}\left[-6(A\sigma_1 + B\sigma_2) + \frac{G'^2}{L'^2}(A\tau_1 + B\tau_2)\right] \tag{5-956}$$

$$\frac{\partial \mathcal{H}_{1s}}{\partial G'} = \frac{\mu^4 a_e{}^2 J_2}{2L'^7}\left[\frac{G'}{L'}(A\tau_1 + B\tau_1) + 3\frac{L'}{G'}\frac{H'^2}{G'^2}(\sigma_1 - \sigma_2)\right] \tag{5-957}$$

将以上关系代入积分表达式

$$\mathcal{H}_2^* = \frac{1}{2\pi}\int_0^{2\pi}\left[\frac{1}{2}\frac{\partial^2 \mathcal{H}_0}{\partial L'^2}\left(\frac{\partial S_1}{\partial l}\right)^2 + \frac{\partial \mathcal{H}_1}{\partial L'}\frac{\partial S_1}{\partial l} + \frac{\partial \mathcal{H}_1}{\partial G'}\frac{\partial S_1}{\partial g}\right]dl \tag{5-958}$$

考虑到

$$\frac{1}{2\pi}\int_0^{2\pi}\frac{\partial \mathcal{H}_{1c}}{\partial L'}\frac{\partial S_1}{\partial l}dl = 0 \tag{5-959}$$

于是

$$\mathcal{H}_2^* = \frac{1}{2\pi}\int_0^{2\pi}\left[\frac{1}{2}\frac{\partial^2 \mathcal{H}_0}{\partial L'^2}\left(\frac{\partial S_1}{\partial l}\right)^2 + \frac{\partial \mathcal{H}_{1s}}{\partial L'}\frac{\partial S_1}{\partial l} + \frac{\partial \mathcal{H}_1}{\partial G'}\frac{\partial S_1}{\partial g}\right]dl \tag{5-960}$$

被积函数可表示为

$$\frac{1}{2}\frac{\partial^2 \mathcal{H}_0}{\partial L'^2}\left(\frac{\partial S_1}{\partial l}\right)^2 + \frac{\partial \mathcal{H}_{1s}}{\partial L'}\frac{\partial S_1}{\partial l} + \frac{\partial \mathcal{H}_1}{\partial G'}\frac{\partial S_1}{\partial g}$$

$$= \frac{\mu^6 a_e{}^4 J_2{}^2}{4L'^{10}}\left\{A^2\left(\frac{9}{2}\sigma_1{}^2 - \frac{G'^2}{L'^2}\sigma_1\tau_1\right) + \right.$$

$$AB\left[3\frac{L'^4}{G'^4}\rho_2 + 9\sigma_1\sigma_2 + \frac{G'}{L'}\rho_2\tau_1 - \frac{G'^2}{L'^2}(\sigma_1\tau_2 + \sigma_2\tau_1)\right] + \tag{5-961}$$

$$B^2\left(\frac{9}{2}\sigma_2{}^2 + \frac{G'}{L'}\rho_2\tau_2 - \frac{G'^2}{L'^2}\sigma_2\tau_2\right) + $$

$$\left.B\frac{H^2}{G^2}\left[3\frac{L^4}{G^4}\rho_2 + \left(3\frac{L}{G}\rho_2\sigma_1 - 3\frac{L}{G}\rho_2\sigma_2\right)\right]\right\}$$

对被积函数的各项分别求平均可得①

$$\frac{1}{2\pi}\int_0^{2\pi}\left(\frac{9}{2}\sigma_1{}^2\right)dl = \frac{27}{16}\frac{L^5}{G^5} - \frac{9}{2}\frac{L^6}{G^6} - \frac{135}{8}\frac{L^7}{G^7} + \frac{315}{16}\frac{L^9}{G^9}$$

$$\frac{1}{2\pi}\int_0^{2\pi}\left(-\frac{G^2}{L^2}\sigma_1\tau_1\right)dl = -\frac{15}{16}\frac{L^5}{G^5} + 3\frac{L^6}{G^6} + \frac{105}{8}\frac{L^7}{G^7} - \frac{315}{16}\frac{L^9}{G^9}$$

$$\frac{1}{2\pi}\int_0^{2\pi}\left(\frac{9}{2}\sigma_2{}^2\right)dl = \frac{27}{32}\frac{L^5}{G^5} - \frac{135}{16}\frac{L^7}{G^7} + \frac{315}{32}\frac{L^9}{G^9} + \left(\frac{9}{64}\frac{L^5}{G^5} - \frac{9}{32}\frac{L^7}{G^7} + \frac{9}{64}\frac{L^9}{G^9}\right)\cos 4g$$

---

① 笔者借助 mathematica 辅助计算并进行验证，积分表达式与文献[20]中的公式一致。

$$\frac{1}{2\pi}\int_0^{2\pi}\left(-\frac{G^2}{L^2}\sigma_2\tau_2\right)\mathrm{d}l=-\frac{15}{32}\frac{L^5}{G^5}+\frac{105}{16}\frac{L^7}{G^7}-\frac{315}{32}\frac{L^9}{G^9}+\left(-\frac{5}{64}\frac{L^5}{G^5}+\frac{7}{32}\frac{L^7}{G^7}-\frac{9}{64}\frac{L^9}{G^9}\right)\cos4g$$

$$\frac{1}{2\pi}\int_0^{2\pi}\left(\frac{G}{L}\rho_2\tau_2\right)\mathrm{d}l=-\frac{2}{3}\frac{L^5}{G^5}+\frac{5}{2}\frac{L^7}{G^7}+\left(-\frac{1}{16}\frac{L^5}{G^5}+\frac{1}{16}\frac{L^7}{G^7}\right)\cos4g$$

$$\frac{1}{2\pi}\int_0^{2\pi}\left(-3\frac{L}{G}\rho_2\sigma_2\right)\mathrm{d}l=\frac{L^5}{G^5}-\frac{5}{2}\frac{L^7}{G^7}$$

$$\frac{1}{2\pi}\int_0^{2\pi}(9\sigma_1\sigma_2)\mathrm{d}l=\left(\frac{9}{4}\frac{L^5}{G^5}-18\frac{L^7}{G^7}+\frac{63}{4}\frac{L^9}{G^9}\right)\cos2g$$

$$\frac{1}{2\pi}\int_0^{2\pi}\left[-\frac{G^2}{L^2}(\sigma_1\tau_2+\sigma_2\tau_1)\right]\mathrm{d}l=\left(-\frac{5}{4}\frac{L^5}{G^5}+14\frac{L^7}{G^7}-\frac{63}{4}\frac{L^9}{G^9}\right)\cos2g$$

$$\frac{1}{2\pi}\int_0^{2\pi}\left(\frac{G}{L}\rho_2\tau_1\right)\mathrm{d}l=\left(-\frac{5}{4}\frac{L^5}{G^5}+\frac{21}{4}\frac{L^7}{G^7}-2\frac{L^5}{G^5}\frac{L}{L+G}\right)\cos2g$$

$$\frac{1}{2\pi}\int_0^{2\pi}\left(3\frac{L^4}{G^4}\rho_2\right)\mathrm{d}l=\left(-\frac{L^7}{G^7}+2\frac{L^5}{G^5}\frac{L}{L+G}\right)\cos2g$$

$$\frac{1}{2\pi}\int_0^{2\pi}\left(3\frac{L}{G}\rho_2\sigma_1\right)\mathrm{d}l=\left(-\frac{3L^5}{2G^5}+\frac{5L^7}{2G^7}-2\frac{L^5}{G^5}\frac{L}{L+G}\right)\cos2g$$

经整理，可得变换后的二阶哈密顿函数为

$$\mathcal{H}_2^*=\frac{\mu^6a_e^{\ 4}J_2^{\ 2}}{4L'^{10}}\left[\frac{3}{32}\frac{L'^5}{G'^5}\left(-5+18\frac{H'^2}{G'^2}-5\frac{H'^4}{G'^4}\right)-\frac{3}{8}\frac{L'^6}{G'^6}\left(1-6\frac{H'^2}{G'^2}+9\frac{H'^4}{G'^4}\right)+\right.$$
$$\left.\frac{15}{32}\frac{L'^7}{G'^7}\left(1-2\frac{H'^2}{G'^2}-7\frac{H'^4}{G'^4}\right)+\frac{3}{16}\left(\frac{L'^5}{G'^5}-\frac{L'^7}{G'^7}\right)\left(1-16\frac{H'^2}{G'^2}+15\frac{H'^4}{G'^4}\right)\cos2g\right]$$

$$(5-962)$$

将 Delaunay 根数转化为经典轨道根数形式

$$\frac{L'}{G'}=\frac{1}{(1-e'^2)^{\frac{1}{2}}},\qquad\frac{H'}{G'}=\cos i'\qquad\qquad(5-963)$$

可得利用根数表达的二阶哈密顿函数为

$$\mathcal{H}_2^*=\frac{\mu J_2^{\ 2}}{4a'}\left(\frac{a_e}{a'}\right)^4\left[\frac{3}{32}(1-e'^2)^{-\frac{5}{2}}(-5+18\cos^2i'-5\cos^4i')-\right.$$
$$\frac{3}{8}(1-e'^2)^{-3}(1-6\cos^2i'+9\cos^4i')+$$
$$\frac{15}{32}(1-e'^2)^{-\frac{7}{2}}(1-2\cos^2i'-7\cos^4i')-$$
$$\left.\frac{3}{16}e'^2(1-e'^2)^{-\frac{7}{2}}(1-16\cos^2i'+15\cos^4i')\cos2g\right]$$

$$(5-964)$$

变换后的哈密顿函数为

$$\mathcal{H}^*(L',G',H',g)=\mathcal{H}_0^*(L')+\mathcal{H}_1^*(L',G',H')+\mathcal{H}_2^*(L',G',H',g)\qquad(5-965)$$

正则变换给出变换前后变量之间的转换关系（隐式转换关系）

$$L = L' + \frac{\partial S_1}{\partial l} + \frac{\partial S_2}{\partial l} + \cdots, \qquad l' = l + \frac{\partial S_1}{\partial L'} + \frac{\partial S_2}{\partial L'} + \cdots$$

$$G = G' + \frac{\partial S_1}{\partial g} + \frac{\partial S_2}{\partial g} + \cdots, \qquad g' = g + \frac{\partial S_1}{\partial G'} + \frac{\partial S_2}{\partial G'} + \cdots \qquad (5-966)$$

$$H = H' + \frac{\partial S_1}{\partial h} + \frac{\partial S_2}{\partial h} + \cdots, \qquad h' = h + \frac{\partial S_1}{\partial H'} + \frac{\partial S_2}{\partial H'} + \cdots$$

若精确到 J_2 的一阶项，可在变换后哈密顿函数中令 $g = g'$（若不做该近似，则不能进行第二步变换消除近点角距），于是可得

$$\mathcal{H}^*(L', G', H', g') = \mathcal{H}_0^*(L') + \mathcal{H}_1^*(L', G', H') + \mathcal{H}_2^*(L', G', H', g') \qquad (5-967)$$

第二步：利用 von Zeipel 变换消除长周期变量 g'

将变换后的变量记为 $(L'', G'', H'', l'', g'', h'')$。寻找如下形式的生成函数

$$S^*(L'', G'', H'', l', g', h') = S_0^*(L'', G'', H'', l', g', h') + S_1^*(L'', G'', H'', g') + S_2^*(L'', G'', H'', g') + \cdots$$

$$(5-968)$$

其中

$$S_0^* = L''l' + G''g' + H''h' \qquad (5-969)$$

使得变换后的哈密顿函数满足

$$\mathcal{H}^{**} = \sum_{j=0}^{k} \mathcal{H}_j^{**}(L'', G'', H'') + O(\varepsilon^{k+1}) \qquad (5-970)$$

消除所有的角坐标。生成函数给出的正则变换为

$$L' = L'', \qquad\qquad l'' = l' + \frac{\partial S_1^*}{\partial L''} + \frac{\partial S_2^*}{\partial L''} + \cdots$$

$$G' = G'' + \frac{\partial S_1^*}{\partial g'} + \frac{\partial S_2^*}{\partial g'} + \cdots, \qquad g'' = g' + \frac{\partial S_1^*}{\partial G''} + \frac{\partial S_2^*}{\partial G''} + \cdots \qquad (5-971)$$

$$H' = H'', \qquad\qquad h'' = h' + \frac{\partial S_1^*}{\partial H''} + \frac{\partial S_2^*}{\partial H''} + \cdots$$

Von Zeipel 变换的递推关系如下：

零阶项

$$\mathcal{H}_0^{**} = \mathcal{H}_0^* \qquad (5-972)$$

一阶项

$$\mathcal{H}_1^{**} = \mathcal{H}_1^* \qquad (5-973)$$

二阶项

$$\mathcal{H}_2^{**} = \mathcal{H}_2^* + \frac{\partial \mathcal{H}_1^*}{\partial G''} \frac{\partial S_1^*}{\partial g'} \tag{5-974}$$

依次可解得（作用量表示为变换后的形式）

$$\mathcal{H}_0^{**} = -\frac{\mu^2}{2L''^2} \tag{5-975}$$

$$\mathcal{H}_1^{**} = -\frac{\mu^4 a_e^{\,2} J_2}{2L''^3 G''^3} \left(-\frac{1}{2} + \frac{3}{2} \frac{H''^2}{G''^2} \right) \tag{5-976}$$

$$\mathcal{H}_2^{**} = \frac{\mu^6 a_e^{\,4} J_2^{\,2}}{4L''^{10}} \left[\frac{3}{32} \frac{L''^5}{G''^5} \left(-5 + 18 \frac{H''^2}{G''^2} - 5 \frac{H''^4}{G''^4} \right) - \right.$$
$$\left. \frac{3}{8} \frac{L''^6}{G''^6} \left(1 - 6 \frac{H''^2}{G''^2} + 9 \frac{H''^4}{G''^4} \right) + \frac{15}{32} \frac{L''^7}{G''^7} \left(1 - 2 \frac{H''^2}{G''^2} - 7 \frac{H''^4}{G''^4} \right) \right] \tag{5-977}$$

生成函数为

$$\frac{\partial S_1^*}{\partial g'} = -\frac{1}{\left(\frac{\partial \mathcal{H}_1^*}{\partial G''} \right)} \mathcal{H}_{2,l}^*$$

$$= -\frac{1}{\left(\frac{\partial \mathcal{H}_1^*}{\partial G''} \right)} \frac{\mu^6 a_e^{\,4} J_2^{\,2}}{4L''^{10}} \frac{3}{16} \left(\frac{L''^5}{G''^5} - \frac{L''^7}{G''^7} \right) \left(1 - 16 \frac{H''^2}{G''^2} + 15 \frac{H''^4}{G''^4} \right) \cos 2g' \tag{5-978}$$

积分可得

$$S_1^* = -\frac{1}{\left(\frac{\partial \mathcal{H}_1^*}{\partial G''} \right)} \frac{\mu^6 a_e^{\,4} J_2^{\,2}}{4L''^{10}} \frac{3}{16} \left(\frac{L''^5}{G''^5} - \frac{L''^7}{G''^7} \right) \left(1 - 16 \frac{H''^2}{G''^2} + 15 \frac{H''^4}{G''^4} \right) \frac{1}{2} \sin 2g' \tag{5-979}$$

其中

$$\mathcal{H}_1^* = -\frac{\mu^4 a_e^{\,2} J_2}{2L''^3 G''^3} \left(-\frac{1}{2} + \frac{3}{2} \frac{H''^2}{G''^2} \right) \tag{5-980}$$

因此

$$\frac{\partial \mathcal{H}_1^*}{\partial G''} = \frac{3\mu^4 a_e^{\,2} J_2}{4L''^3 G''^4} \left(-1 + 5 \frac{H''^2}{G''^2} \right) = \frac{3\mu^4 a_e^{\,2} J_2}{4L''^7} \frac{1}{(1-e''^2)^2} (5\cos^2 i'' - 1) \tag{5-981}$$

从而有

$$S_1^* = \frac{\mu^2 a_e^{\,2} J_2}{32L''^3} \frac{e''^2}{(1-e''^2)^{\frac{3}{2}}} \frac{1}{(5\cos^2 i'' - 1)} (1 - 16\cos^2 i'' + 15\cos^4 i'') \sin 2g' \tag{5-982}$$

正则变换关系为

$$L'=L'', \qquad\qquad l''=l'+\frac{\partial S_1^*}{\partial L''}+\frac{\partial S_2^*}{\partial L''}+\cdots$$

$$G'=G''+\frac{\partial S_1^*}{\partial g'}+\frac{\partial S_2^*}{\partial g'}+\cdots, \qquad g''=g'+\frac{\partial S_1^*}{\partial G''}+\frac{\partial S_2^*}{\partial G''}+\cdots \qquad (5-983)$$

$$H'=H'', \qquad\qquad h''=h'+\frac{\partial S_1^*}{\partial H''}+\frac{\partial S_2^*}{\partial H''}+\cdots$$

当(5-982)的分母为零时,以上变换方法失效,此时

$$5\cos^2 i''-1=0 \Rightarrow i''\approx 63.43° \qquad (5-984)$$

$$\frac{\partial \mathcal{H}_1^*}{\partial G''}=\frac{3\mu^4 a_e^2 J_2}{4L''^7}\frac{1}{(1-e''^2)^2}(5\cos^2 i''-1)=0 \Rightarrow \dot{g}''=\dot{\omega}''=0 \qquad (5-985)$$

此为临界倾角问题,即小分母问题。

经过两次变换后的哈密顿函数为

$$\mathcal{H}^{**}=\mathcal{H}_0^{**}(L')+\mathcal{H}_1^{**}(L'',G'',H')+\mathcal{H}_2^{**}(L'',G'',H'') \qquad (5-986)$$

表达式为

$$\mathcal{H}^{**}=-\frac{\mu^2}{2L''^2}+\frac{\mu^4 a_e^2 J_2}{4L''^6}\frac{L''^3}{G''^3}\left(1-3\frac{H''^2}{G''^2}\right)+$$

$$\frac{3\mu^6 a_e^4 J_2^2}{128L''^{10}}\left[\frac{L''^5}{G''^5}\left(-5+18\frac{H''^2}{G''^2}-5\frac{H''^4}{G''^4}\right)-\right. \qquad (5-987)$$

$$\left.4\frac{L''^6}{G''^6}\left(1-6\frac{H''^2}{G''^2}+9\frac{H''^4}{G''^4}\right)+5\frac{L''^7}{G''^7}\left(1-2\frac{H''^2}{G''^2}-7\frac{H''^4}{G''^4}\right)\right]$$

利用轨道根数可将哈密顿函数表示为只含作用量的形式

$$\mathcal{H}^{**}=-\frac{\mu}{2a''}-\frac{\mu J_2}{4a''}\left(\frac{a_e}{a''}\right)^2\frac{3\cos^2 i''-1}{(1-e''^2)^{3/2}}+$$

$$\frac{3\mu J_2^2}{128a''}\left(\frac{a_e}{a''}\right)^4(1-e''^2)^{-5/2}\left[(-5+18\cos^2 i''-5\cos^4 i'')-\right. \qquad (5-988)$$

$$4(1-e''^2)^{-\frac{1}{2}}(1-6\cos^2 i''+9\cos^4 i'')+$$

$$\left.5(1-e''^2)^{-1}(1-2\cos^2 i''-7\cos^4 i'')\right]$$

其中 l'',g'',h'' 为循环坐标,因而 L'',G'',H'' 为运动积分。因此,系统的基本频率为

$$\dot{l}''=\frac{\partial \mathcal{H}^{**}(L'',G'',H'')}{\partial L''}\Rightarrow \dot{l}''(J_2,J_2^2)=\dot{M}'(J_2,J_2^2)$$

$$\dot{g}''=\frac{\partial \mathcal{H}^{**}(L'',G'',H'')}{\partial G''}\Rightarrow \dot{g}''(J_2,J_2^2)=\dot{\omega}''(J_2,J_2^2) \qquad (5-989)$$

$$\dot{h}''=\frac{\partial \mathcal{H}^{**}(L'',G'',H'')}{\partial H''}\Rightarrow \dot{h}''(J_2,J_2^2)=\dot{\Omega}'(J_2,J_2^2)$$

具体表达式为

$$\dot{l}''=n+\frac{3}{8}nJ_2\left(\frac{a_e}{a''}\right)^2\frac{1}{(1-e''^2)^{3/2}}(1+3\cos 2i'')+$$

$$\frac{3}{1024}nJ_2{}^2\left(\frac{a_e}{a''}\right)^4\frac{1}{(1-e''^2)^{7/2}}\Big[230+85e''^2+176\sqrt{1-e''^2}+$$

$$4(70+65e''^2+48\sqrt{1-e''^2})\cos 2i''+(130-25e''^2+144\sqrt{1-e''^2})\cos 4i''\Big]$$

$$(5-990)$$

$$\dot{g}''=\frac{3}{4}nJ_2\left(\frac{a_e}{a''}\right)^2\frac{(5\cos^2 i''-1)}{(1-e''^2)^2}+$$

$$\frac{3}{1024}nJ_2{}^2\left(\frac{a_e}{a''}\right)^4\frac{1}{(1-e''^2)^4}\Big[1066+169e''^2+504\sqrt{1-e''^2}+$$

$$4(394+81e''^2+168\sqrt{1-e''^2})\cos 2i''+5(86-9e''^2+72\sqrt{1-e''^2})\cos 4i''\Big]$$

$$(5-991)$$

和

$$\dot{h}''=-\frac{3}{2}nJ_2\left(\frac{a_e}{a''}\right)^2\frac{\cos i''}{(1-e''^2)^2}-\frac{3}{64}nJ_2{}^2\left(\frac{a_e}{a''}\right)^4\frac{\cos i''}{(1-e''^2)^4}\Big[32+13e''^2+$$

$$12\sqrt{1-e''^2}+(40-5e''^2+36\sqrt{1-e''^2})\cos 2i''\Big] \qquad (5-992)$$

进一步,若基本频率呈简单整数比(共振发生条件),即满足

$$k_1\dot{\omega}''+k_1\dot{\Omega}''=0 \qquad (5-993)$$

那么长期共振发生,对应卫星主问题中的临界倾角轨道。此外,规范型形式哈密顿系统的摄动解为

$$l''(t)=l''(t_0)+\frac{\partial\mathcal{H}^{**}(L'',G'',H'')}{\partial L''}(t-t_0),\ L''=\text{const}$$

$$g''(t)=g''(t_0)+\frac{\partial\mathcal{H}^{**}(L'',G'',H'')}{\partial G''}(t-t_0),\ G''=\text{const} \qquad (5-994)$$

$$h''(t)=h''(t_0)+\frac{\partial\mathcal{H}^{**}(L'',G'',H'')}{\partial H''}(t-t_0),\ H''=\text{const}$$

通过逆变换可得

$$(l',g',h',L',G',H') \qquad (5-995)$$

再次通过逆变换可得

$$(l,g,h,L,G,H) \qquad (5-996)$$

的摄动解。尽管给出的变换(5-995)和(5-996)是隐式函数关系,但是从理论上总是可实现变换前后变量之间的转换关系(需要数值求解隐式方程组)。

5.6.2　基于 Lie 级数变换求解卫星主问题

同上一小节,卫星主问题的哈密顿函数为(用根数表示)

$$\mathcal{H}=-\frac{\mu}{2a}-\frac{\mu a_e^2 J_2}{2a^3}\left[\left(-\frac{1}{2}+\frac{3}{2}\cos^2 i\right)\left(\frac{a}{r}\right)^3+\frac{3}{2}\sin^2 i\left(\frac{a}{r}\right)^3\cos 2(f+\omega)\right] \quad (5-997)$$

变量含义同上一节。采用 Delaunay 根数

$$\begin{aligned}
l&=M, & L&=\sqrt{\mu a} \\
g&=\omega, & G&=L\sqrt{1-e^2} \\
h&=\Omega, & H&=G\cos i
\end{aligned} \quad (5-998)$$

为了简化表达式,采用中间变量

$$\begin{aligned}
A&=\left(-\frac{1}{2}+\frac{3}{2}\cos^2 i\right)=\left(-\frac{1}{2}+\frac{3}{2}\frac{H^2}{G^2}\right) \\
B&=\frac{3}{2}\sin^2 i=\frac{3}{2}\left(1-\frac{H^2}{G^2}\right)
\end{aligned} \quad (5-999)$$

将哈密顿函数划分为未扰动项和扰动项形式

$$\mathcal{H}=\mathcal{H}_0+\mathcal{H}_1 \quad (5-1000)$$

其中

$$\mathcal{H}_0=-\frac{\mu^2}{2L^2} \quad (5-1001)$$

$$\mathcal{H}_1=\mathcal{H}_{1c}+\mathcal{H}_{1s} \quad (5-1002)$$

一阶长期项为

$$\mathcal{H}_{1c}=-\frac{\mu^4 a_e^2 J_2}{2L^3 G^3}A \quad (5-1003)$$

一阶短周期项为

$$\begin{aligned}
\mathcal{H}_{1s}&=-\frac{\mu^4 a_e^2 J_2}{2L^6}\left\{A\left[\left(\frac{a}{r}\right)^3-\left(\frac{L}{G}\right)^3\right]+B\left(\frac{a}{r}\right)^3\cos 2(f+g)\right\} \\
&=-\frac{\mu^4 a_e^2 J_2}{2L^6}(A\sigma_1+B\sigma_2)
\end{aligned} \quad (5-1004)$$

其中

$$\sigma_1=\left(\frac{a}{r}\right)^3-\left(\frac{L}{G}\right)^3, \qquad \sigma_2=\left(\frac{a}{r}\right)^3\cos 2(f+g) \quad (5-1005)$$

下面从形式上理解利用 Lie 级数变换消除周期变量的过程。第一次变换后(消除 l)哈密顿函数记为

$$\mathcal{H}^* = \mathcal{H}_0^* + \varepsilon \mathcal{H}_1^* + \varepsilon^2 \mathcal{H}_2^* + \cdots \tag{5-1006}$$

生成函数为

$$W^* = W_1^* + \varepsilon W_2^* + \varepsilon^2 W_3^* + \cdots \tag{5-1007}$$

变换前、后相空间变量为

$$(L,G,H,l,g,h) \Rightarrow (L',G',H',l',g',h') \tag{5-1008}$$

显式的正向变换为

$$\begin{bmatrix} l \\ g \\ h \\ L \\ G \\ H \end{bmatrix} = \begin{bmatrix} 1+\varepsilon L_1 + \dfrac{1}{2!}\varepsilon^2(2L_2+L_1{}^2)+\cdots \end{bmatrix} \begin{bmatrix} l' \\ g' \\ h' \\ L' \\ G' \\ H' \end{bmatrix} \tag{5-1009}$$

第二次变换后(消除 g')哈密顿函数记为

$$\mathcal{H}^{**} = \mathcal{H}_0^{**} + \varepsilon \mathcal{H}_1^{**} + \varepsilon^2 \mathcal{H}_2^{**} + \cdots \tag{5-1010}$$

生成函数为

$$W^{**} = W_1^{**} + \varepsilon W_2^{**} + \varepsilon^2 W_3^{**} + \cdots \tag{5-1011}$$

变换前后的相空间变量为

$$(L',G',H',l',g',h') \Rightarrow (L'',G'',H'',l'',g'',h'') \tag{5-1012}$$

显式正向变换为

$$\begin{bmatrix} l' \\ g' \\ h' \\ L' \\ G' \\ H' \end{bmatrix} = \begin{bmatrix} 1+\varepsilon L_1 + \dfrac{1}{2!}\varepsilon^2(2L_2+L_1{}^2)+\cdots \end{bmatrix} \begin{bmatrix} l'' \\ g'' \\ h'' \\ L'' \\ G'' \\ H'' \end{bmatrix} \tag{5-1013}$$

第一步:消除短周期变量 l。

Lie 级数变换(Hori 或 Dragt-Finn 形式)迭代关系为

$$\varepsilon^0 : \mathcal{H}_0^* = \mathcal{H}_0$$

$$\varepsilon^1 : \mathcal{H}_1^* = \mathcal{H}_1 + L_1 \mathcal{H}_0 \tag{5-1014}$$

$$\varepsilon^2 : \mathcal{H}_2^* = \mathcal{H}_2 + L_1 \mathcal{H}_1 + \frac{1}{2!}(2L_2+L_1{}^2)\mathcal{H}_0$$

零阶项

$$\mathcal{H}_0^* = \mathcal{H}_0 = -\frac{\mu^2}{2L'^2} \tag{5-1015}$$

一阶项

$$\mathcal{H}_1^* = L_1 \mathcal{H}_0 + \mathcal{H}_1 \tag{5-1016}$$

解得

$$\mathcal{H}_1^* = \mathcal{H}_{1c} = -\frac{\mu^4 a_e^2 J_2}{2L'^3 G'^3} A \tag{5-1017}$$

以及

$$L_1 \mathcal{H}_0 = -\mathcal{H}_{1s} = \frac{\mu^4 a_e^2 J_2}{2L^6} (A\sigma_1 + B\sigma_2)$$
$$\Rightarrow \frac{\partial W_1}{\partial l} = -\frac{\mu^2 a_e^2 J_2}{2L^3} (A\sigma_1 + B\sigma_2) \tag{5-1018}$$

于是有

$$W_1 = -\frac{\mu^2 a_e^2 J_2}{2L^3} \int (A\sigma_1 + B\sigma_2) \mathrm{d}l \tag{5-1019}$$

其中

$$\int \sigma_1 \mathrm{d}l = \int \left(\frac{a^3}{r^3} - \frac{L^3}{G^3} \right) \mathrm{d}l = \frac{L^3}{G^3} [f - l + e\sin f]$$

$$\int \sigma_2 \mathrm{d}l = \int \frac{a^3}{r^3} \cos(2f + 2g) \mathrm{d}l$$

$$= \frac{L^3}{G^3} \left[\frac{1}{2} \sin(2f + 2g) + \frac{e}{2} \sin(f + 2g) + \frac{e}{6} \sin(3f + 2g) \right] \tag{5-1020}$$

生成函数变为

$$W_1 = -\frac{\mu^2 a_e^2 J_2}{2G^3} \{ A(f - l + e\sin f) +$$
$$B \left[\frac{1}{2} \sin(2f + 2g) + \frac{e}{2} \sin(f + 2g) + \frac{e}{6} \sin(3f + 2g) \right] \} \tag{5-1021}$$

二阶项

$$\mathcal{H}_2^* = \mathcal{H}_2 + L_1 \mathcal{H}_1 + \left(L_2 + \frac{1}{2} L_1^2 \right) \mathcal{H}_0 \Rightarrow \mathcal{H}_2^* = L_2 \mathcal{H}_0 + L_1 \mathcal{H}_1 + \frac{1}{2} L_1^2 \mathcal{H}_0 \tag{5-1022}$$

可得

$$\mathcal{H}_2^* = \left(L_1 \mathcal{H}_1 + \frac{1}{2} L_1^2 \mathcal{H}_0 \right)_c \tag{5-1023}$$

展开后有

$$\mathcal{H}_2^* = \left(\frac{\partial \mathcal{H}_1}{\partial l} \frac{\partial W_1}{\partial L} - \frac{\partial \mathcal{H}_1}{\partial L} \frac{\partial W_1}{\partial l} + \frac{\partial \mathcal{H}_1}{\partial g} \frac{\partial W_1}{\partial G} - \frac{\partial \mathcal{H}_1}{\partial G} \frac{\partial W_1}{\partial g} \right)_c +$$
$$\frac{1}{2} \left[\frac{\partial^2 \mathcal{H}_0}{\partial L^2} \left(\frac{\partial W_1}{\partial l} \right)^2 + \frac{\partial \mathcal{H}_0}{\partial L} \frac{\partial^2 W_1}{\partial L \partial l} \frac{\partial W_1}{\partial l} - \frac{\partial \mathcal{H}_0}{\partial L} \frac{\partial^2 W_1}{\partial l^2} \frac{\partial W_1}{\partial L} \right]_c \tag{5-1024}$$

到这里可以简单看一下 von Zeipel 的二阶项表达式

$$\mathcal{H}_2^* = \frac{1}{2} \frac{\partial^2 \mathcal{H}_0}{\partial L^2} \left(\frac{\partial S_1}{\partial l} \right)^2 + \frac{\partial \mathcal{H}_1}{\partial L} \frac{\partial S_1}{\partial l} + \frac{\partial \mathcal{H}_1}{\partial G} \frac{\partial S_1}{\partial g} \tag{5-1025}$$

显然，von Zeipel 计算的项数明显少很多，这说明 Lie 级数变换的计算量比 von Zeipel 方法的要大，构造过程要复杂。

实际上，可以利用一阶项的摄动方程，将二阶项摄动分析方程变为

$$\mathcal{H}_2^* = \mathcal{H}_2 + L_2 \mathcal{H}_0 + L_1 \mathcal{H}_1 + \frac{1}{2} L_1 (\mathcal{H}_1^* - \mathcal{H}_1) \tag{5-1026}$$

考虑到 $\mathcal{H}_2 = 0$，那么可得

$$\mathcal{H}_2^* = L_2 \mathcal{H}_0 + \frac{1}{2} L_1 (\mathcal{H}_1^* + \mathcal{H}_1) \tag{5-1027}$$

$\mathcal{H}_2^*$ 对应右边的长期项，即

$$\mathcal{H}_2^* = \left[\frac{1}{2} L_1 (2\mathcal{H}_{1c} + \mathcal{H}_{1s}) \right]_c \tag{5-1028}$$

展开可得

$$\mathcal{H}_2^* = \frac{1}{2} \left[\frac{\partial (2\mathcal{H}_{1c} + \mathcal{H}_{1s})}{\partial l} \frac{\partial W_1}{\partial L} - \frac{\partial (2\mathcal{H}_{1c} + \mathcal{H}_{1s})}{\partial L} \frac{\partial W_1}{\partial l} + \right.$$
$$\left. \frac{\partial (2\mathcal{H}_{1c} + \mathcal{H}_{1s})}{\partial g} \frac{\partial W_1}{\partial G} - \frac{\partial (2\mathcal{H}_{1c} + \mathcal{H}_{1s})}{\partial G} \frac{\partial W_1}{\partial g} \right]_c \tag{5-1029}$$

其中 $\frac{\partial \mathcal{H}_{1c}}{\partial L} \frac{\partial W_1}{\partial l}$ 的平均值为零。化简可得

$$\mathcal{H}_2^* = \frac{1}{2} \left(\frac{\partial \mathcal{H}_{1s}}{\partial l} \frac{\partial W_1}{\partial L} - \frac{\partial \mathcal{H}_{1s}}{\partial L} \frac{\partial W_1}{\partial l} + \frac{\partial \mathcal{H}_{1s}}{\partial g} \frac{\partial W_1}{\partial G} - \frac{\partial \mathcal{H}_{1s}}{\partial G} \frac{\partial W_1}{\partial g} - 2 \frac{\partial \mathcal{H}_{1c}}{\partial G} \frac{\partial W_1}{\partial g} \right)_c \tag{5-1030}$$

推导过程同 von Zeipel 变换部分（不再重复）。经计算，得到变换后的二阶哈密顿函数与 von Zeipel 变换的结果完全一致，表达式为

$$\mathcal{H}_2^* = \frac{\mu^6 a_e^4 J_2^2}{4 L'^{10}} \left[\frac{3}{32} \frac{L'^5}{G'^5} \left(-5 + 18 \frac{H'^2}{G'^2} - 5 \frac{H'^4}{G'^4} \right) - \right.$$
$$\frac{3}{8} \frac{L'^6}{G'^6} \left(1 - 6 \frac{H'^2}{G'^2} + 9 \frac{H'^4}{G'^4} \right) + \frac{15}{32} \frac{L'^7}{G'^7} \left(1 - 2 \frac{H'^2}{G'^2} - 7 \frac{H'^4}{G'^4} \right) +$$
$$\left. \frac{3}{16} \left(\frac{L'^5}{G'^5} - \frac{L'^7}{G'^7} \right) \left(1 - 16 \frac{H'^2}{G'^2} + 15 \frac{H'^4}{G'^4} \right) \cos 2g' \right] \tag{5-1031}$$

根数形式的二阶哈密顿函数为

$$
\begin{aligned}
\mathcal{H}_2^* ={}& \frac{\mu J_2^{\,2}}{4a'}\left(\frac{a_{\mathrm{e}}}{a'}\right)^4\left[\frac{3}{32}(1-e'^2)^{-\frac{5}{2}}(-5+18\cos^2 i'-5\cos^4 i')-\right.\\
&\frac{3}{8}(1-e'^2)^{-3}(1-6\cos^2 i'+9\cos^4 i')+\\
&\frac{15}{32}(1-e'^2)^{-\frac{7}{2}}(1-2\cos^2 i'-7\cos^4 i')-\\
&\left.\frac{3}{16}e'^2(1-e'^2)^{-\frac{7}{2}}(1-16\cos^2 i'+15\cos^4 i')\cos 2g'\right]
\end{aligned}
\tag{5-1032}
$$

第二步：消除长周期变量 g'。

Lie 级数变换（Hori 或 Dragt-Finn 形式）的摄动分析方程组为

$$
\begin{aligned}
\mathcal{H}_0^{**} &= \mathcal{H}_0^*\\
\mathcal{H}_1^{**} &= \mathcal{H}_1^* + L_1\mathcal{H}_0^*\\
\mathcal{H}_2^{**} &= \mathcal{H}_2^* + L_1\mathcal{H}_1^* + \left(L_2+\frac{1}{2}L_1^{\,2}\right)\mathcal{H}_0^*
\end{aligned}
\tag{5-1033}
$$

其中

$$
\mathcal{H}_0^* = -\frac{\mu^2}{2L'^2},\quad \mathcal{H}_1^* = -\frac{\mu^4 a_{\mathrm{e}}^{\,2}J_2}{2L'^3 G'^3}A
\tag{5-1034}
$$

于是零阶和一阶项为

$$
\mathcal{H}_0^{**} = -\frac{\mu^2}{2L''^2}\ \text{和}\ \mathcal{H}_1^{**} = -\frac{\mu^4 a_{\mathrm{e}}^{\,2}J_2}{2L''^3 G''^3}A
\tag{5-1035}
$$

二阶项如下

$$
\mathcal{H}_2^{**} = \left[\mathcal{H}_2^* + L_1\mathcal{H}_1^* + \left(L_2+\frac{1}{2}L_1^{\,2}\right)\mathcal{H}_0^*\right]_c = (\mathcal{H}_2^*)_c
\tag{5-1036}
$$

经计算可得二阶哈密顿函数为

$$
\begin{aligned}
\mathcal{H}_2^{**} ={}& \frac{\mu^6 a_{\mathrm{e}}^{\,4}J_2^{\,2}}{4L''^{10}}\left[\frac{3}{32}\frac{L''^5}{G''^5}\left(-5+18\frac{H''^2}{G''^2}-5\frac{H''^4}{G''^4}\right)-\right.\\
&\left.\frac{3}{8}\frac{L''^6}{G''^6}\left(1-6\frac{H''^2}{G''^2}+9\frac{H''^4}{G''^4}\right)+\frac{15}{32}\frac{L''^7}{G''^7}\left(1-2\frac{H''^2}{G''^2}-7\frac{H''^4}{G''^4}\right)\right]
\end{aligned}
\tag{5-1037}
$$

综上，变换后哈密顿函数为

$$
\begin{aligned}
\mathcal{H}^{**} ={}& -\frac{\mu^2}{2L''^2}-\frac{\mu^4 a_{\mathrm{e}}^{\,2}J_2}{2L''^3 G''^3}\left(-\frac{1}{2}+\frac{3}{2}\frac{H''^2}{G''^2}\right)+\frac{\mu^6 a_{\mathrm{e}}^{\,4}J_2^{\,2}}{4L''^{10}}\left[\frac{3}{32}\frac{L''^5}{G''^5}\left(-5+18\frac{H''^2}{G''^2}-5\frac{H''^4}{G''^4}\right)-\right.\\
&\left.\frac{3}{8}\frac{L''^6}{G''^6}\left(1-6\frac{H''^2}{G''^2}+9\frac{H''^4}{G''^4}\right)+\frac{15}{32}\frac{L''^7}{G''^7}\left(1-2\frac{H''^2}{G''^2}-7\frac{H''^4}{G''^4}\right)\right]
\end{aligned}
\tag{5-1038}
$$

根数形式的哈密顿函数如下

$$\mathcal{H}^{**} = -\frac{\mu}{2a''} - \frac{\mu J_2}{4a''}\left(\frac{a_e}{a''}\right)^2 \frac{3\cos^2 i''-1}{(1-e''^2)^{\frac{3}{2}}} + \frac{\mu J_2^2}{4a''}\left(\frac{a_e}{a''}\right)^4 (1-e''^2)^{-\frac{5}{2}}\left[\frac{3}{32}(-5+18\cos^2 i''-5\cos^4 i'') - \right.$$

$$\left. \frac{3}{8}(1-e''^2)^{-\frac{1}{2}}(1-6\cos^2 i''+9\cos^4 i'') + \frac{15}{32}(1-e''^2)^{-1}(1-2\cos^2 i''-7\cos^4 i'')\right]$$

$$(5-1039)$$

关于分析解、本征频率(proper frequency)、临界倾角等的讨论与 von Zeipel 变换过程一样，这里不再重复。

5.6.3　导航卫星长期共振网络

　　截至 2022 年底，北斗导航系统包含 25 个中地球轨道(medium earth orbit，MEO)卫星、7 个地球静止轨道(geostationary earth orbit，GEO)卫星、9 个倾斜地球同步轨道(inclined geo-synchronous orbit，IGSO)卫星，其轨道示意图见图 5 - 42。

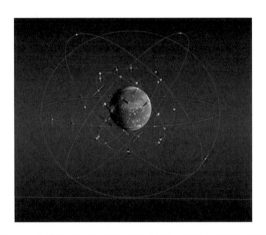

图 5 - 42　北斗导航卫星轨道(MEO 卫星、GEO 卫星和 IGSO 卫星)

　　忽略 $J_2{}^2$ 项，基本频率变为

$$\dot{\Omega} = -\frac{3}{2}nJ_2\left(\frac{a_e}{a}\right)^2\frac{\cos i}{(1-e^2)^2}$$

$$\dot{\omega} = \frac{3}{4}nJ_2\left(\frac{a_e}{a}\right)^2\frac{5\cos^2 i-1}{(1-e^2)^2}$$

$$(5-1040)$$

其中 $n = \sqrt{\mu/a^3}$ 为卫星的平运动加速度。同时考虑月球轨道升交点西退速率 $\dot{\Omega}_{\text{Moon}}$（对应 18.6 年的周期），那么长期共振条件如下

$$\dot{\phi} = k_1\dot{\Omega} + k_2\dot{\omega} + k_3\dot{\Omega}_{\text{Moon}} = 0$$

$$(5-1041)$$

参数空间的共振网络见图 5 - 43 和图 5 - 44。

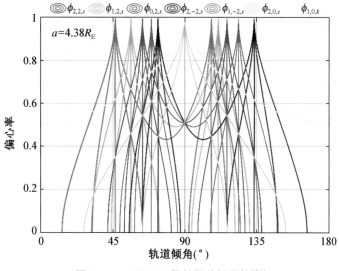

图 5 - 43　MEO 卫星长期共振网络[26]

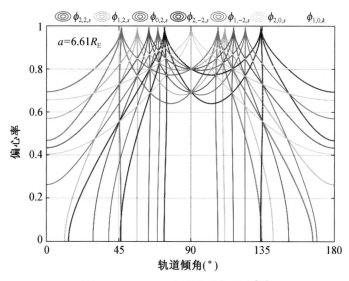

图 5 - 44　GSO 卫星长期共振网络[26]

　　通过数值积分原系统运动方程,获得参数平面的稳定性地图,从而便于与长期共振网络进行对比,结果见图 5 - 45 和图 5 - 46。可见,数值结构与分析确定的共振网络一致。

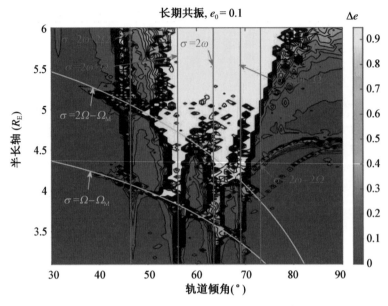

图 5 - 45　倾角-半长轴平面内的动力学地图[26]

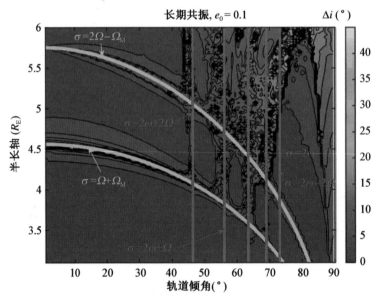

图 5 - 46　倾角-半长轴平面内的动力学地图[26]

附录5.1　二体轨道关系

为了方便,下面提供二体轨道问题中的一些常用的关系

$$v^2=\mu\left(\frac{2}{r}-\frac{1}{a}\right), \quad r=\frac{a(1-e^2)}{1+e\cos f}, \quad r=a(1-e\cos E)$$

$$E - e\sin E = M, \quad \sin E = \frac{1}{e}(E - M)$$

$$r\cos f = a(\cos E - e)， \quad r\sin f = a\sqrt{1-e^2}\sin E$$

$$\tan\frac{f}{2} = \sqrt{\frac{1+e}{1-e}}\tan\frac{E}{2}, \quad \cos E(1 + e\cos f) - e = \cos f$$

$$\sin f = \frac{\sqrt{1-e^2}\sin E}{1 - e\cos E}, \quad \cos f = \frac{\cos E - e}{1 - e\cos E}$$

$$dM = (1 - e\cos E)dE, \quad dM = \frac{(1-e^2)^{\frac{3}{2}}}{(1 + e\cos f)^2}df$$

附录 5.2　平均化关系

本章卫星主问题部分的推导过程中要用到如下平均化表达式(参考文献[20])

$$\langle\cos f\rangle = \frac{1}{2\pi}\int_0^{2\pi}\cos f\,dM = -e$$

$$\langle\cos 2f\rangle = \frac{1}{2\pi}\int_0^{2\pi}\cos 2f\,dM = \frac{1}{e^2}\left[2(1-e^2)^{\frac{3}{2}} - 3(1-e^2) + 1\right]$$

$$\langle\cos 3f\rangle = \frac{1}{2\pi}\int_0^{2\pi}\cos 3f\,dM = -\frac{4}{e^3}\left[2(1-e^2)^{\frac{3}{2}} - 3(1-e^2) + 1\right] + 3e \tag{5-1042}$$

$$\langle\sin nf\rangle = \frac{1}{2\pi}\int_0^{2\pi}\sin nf\,dM = 0$$

1) $\cos f$ 的平均

$$\langle\cos f\rangle = \frac{1}{2\pi}\int_0^{2\pi}\cos f\,dM = \frac{1}{2\pi}\int_0^{2\pi}\frac{\cos E - e}{1 - e\cos E}dM$$

$$= \frac{1}{2\pi}\int_0^{2\pi}\frac{\cos E - e}{1 - e\cos E}(1 - e\cos E)dE = -e \tag{5-1043}$$

2) $\cos 2f$ 的平均

$$\langle\cos 2f\rangle = \frac{1}{2\pi}\int_0^{2\pi}\cos 2f\,dM = \frac{1}{2\pi}\int_0^{2\pi}(1 - 2\sin^2 f)dM = 1 - \frac{1}{\pi}\int_0^{2\pi}\sin^2 f\,dM$$

$$= 1 - (1-e^2)\frac{1}{\pi}\int_0^{2\pi}\frac{\sin^2 E}{1 - e\cos E}dE = 1 - (1-e^2)\frac{1}{\pi}\int_0^{2\pi}\frac{e^2 - 1 + 1 - e^2\cos^2 E}{e^2(1 - e\cos E)}dE$$

$$= 1 - (1-e^2)\frac{1}{\pi}\int_0^{2\pi}\left[\frac{e^2 - 1}{e^2(1 - e\cos E)} + \frac{1 + e\cos E}{e^2}\right]dE$$

$$= 1 - (1-e^2)\frac{1}{\pi}\int_0^{2\pi}\left[\frac{e^2 - 1}{e^2}\frac{1}{(1 - e\cos E)} + \frac{1 + e\cos E}{e^2}\right]dE$$

于是

$$\langle\cos 2f\rangle = 1 - \frac{2(1-e^2)}{e^2} + \frac{(1-e^2)^2}{e^2}\frac{1}{\pi}\int_0^{2\pi}\frac{1}{1 - e\cos E}dE$$

其中

$$\frac{1}{\pi}\int_0^{2\pi}\frac{1}{1-e\cos E}\mathrm{d}E=\frac{2}{\sqrt{1-e^2}}$$

因此

$$\langle\cos 2f\rangle=\frac{1}{e^2}\left[2(1-e^2)^{\frac{3}{2}}-3(1-e^2)+1\right] \qquad (5-1044)$$

另外,文献[22]给出的是另一种形式

$$\langle\cos 2f\rangle=\frac{1}{2\pi}\int_0^{2\pi}\cos 2f\mathrm{d}M=\frac{1+2\sqrt{1-e^2}}{(1+\sqrt{1-e^2})^2}e^2 \qquad (5-1045)$$

不难证明,两个表达式是等价的。

3) $\cos 3f$ 的平均

$$\langle\cos 3f\rangle=\frac{1}{2\pi}\int_0^{2\pi}\cos 3f\mathrm{d}M=\frac{1}{2\pi}\int_0^{2\pi}(\cos^3 f-3\cos f\sin^2 f)\mathrm{d}M$$

其中

$$\frac{1}{2\pi}\int_0^{2\pi}\cos^3 f\mathrm{d}M=\frac{1}{2\pi}\int_0^{2\pi}\frac{(\cos E-e)^3}{(1-e\cos E)^2}\mathrm{d}E=\frac{2-2\sqrt{1-e^2}+e^2(-3+2\sqrt{1-e^2})}{e^3}$$

以及

$$\frac{1}{2\pi}\int_0^{2\pi}(-3\cos f\sin^2 f)\mathrm{d}M=(1-e^2)\frac{1}{2\pi}\int_0^{2\pi}\frac{-3(\cos E-e)\sin^2 E}{(1-e\cos E)^2}\mathrm{d}E$$

$$=\frac{3(2-3e^2+e^4+2\sqrt{1-e^2})}{e^3}$$

因此

$$\langle\cos 3f\rangle=\frac{-4}{e^3}\left[2(1-e^2)^{\frac{3}{2}}-3(1-e^2)+1\right]+3e \qquad (5-1046)$$

不难得到

$$\langle\cos 3f\rangle=-\frac{4}{e}\langle\cos 2f\rangle+3e \qquad (5-1047)$$

同样有

$$\langle\cos 4f\rangle=\frac{2}{e^2}(6-e^2)\langle\cos 2f\rangle-9 \qquad (5-1048)$$

$$\langle\cos 5f\rangle=-\frac{4}{e^3}(8-3e^2)\langle\cos 2f\rangle+\frac{1}{2}(24-5e^2)$$

一般情况为

$$\langle \sin qf \rangle = 0$$

$$\langle \cos qf \rangle = (1 + q\sqrt{1-e^2})\left(\frac{\sqrt{1-e^2}-1}{e}\right)^q \qquad (5-1049)$$

习 题

1. 请分别以 von Zeipel 变换方法和 Lie 级数变换方法,求解如下方程的二阶摄动解

$$\ddot{u} + u + \varepsilon u^5 = 0, \varepsilon \ll 1$$

2. 第 1 题中的系统为 1 自由度系统,存在哈密顿函数为守恒量,因此是可积系统。对于可积系统,可通过绘制相图(哈密顿函数的等值线)的方法分析相空间结构。请就第 1 题中给出的可积系统(具体取小参数为 $\varepsilon = 0.1$)绘制相图,分析相空间结构,并与第 1 题求出的二阶摄动分析解进行分析与比较。

3. 利用一般摄动理论(Kamel 方法)求解如下方程的二阶解

$$\ddot{u} + u + \varepsilon(u^2 + \dot{u}^2) = 0, \qquad \varepsilon \ll 1$$

$$\ddot{u} + u = \varepsilon(1-u^2)\dot{u} + \varepsilon u^3, \qquad \varepsilon \ll 1$$

4. 考虑 $J_2{}^2$ 的基本频率为

$$\dot{\omega} = \frac{3}{4}nJ_2\left(\frac{a_e}{a}\right)^2 \frac{(5\cos^2 i - 1)}{(1-e^2)^2} +$$

$$\frac{3}{1024}nJ_2{}^2\left(\frac{a_e}{a}\right)^4 \frac{1}{(1-e^2)^4}[1066 + 169e^2 + 504\sqrt{1-e^2} +$$

$$4(394 + 81e^2 + 168\sqrt{1-e^2})\cos 2i + 5(86 - 9e^2 + 72\sqrt{1-e^2})\cos 4i]$$

$$\dot{\Omega} = -\frac{3}{2}nJ_2\left(\frac{a_e}{a}\right)^2 \frac{\cos i}{(1-e^2)^2} -$$

$$\frac{3}{64}nJ_2{}^2\left(\frac{a_e}{a}\right)^4 \frac{\cos i}{(1-e^2)^4}[32 + 13e^2 + 12\sqrt{1-e^2} + (40 - 5e^2 + 36\sqrt{1-e^2})\cos 2i]$$

其中 $n = \sqrt{\mathcal{G}m_e/a^3}$ 为卫星的平运动加速度。请分析不同高度(MEO 和 GSO)地球导航卫星的长期共振网络(即在不同轨道高度设置下,确定偏心率和倾角平面的长期共振分布),并具体分析考虑 $J_2{}^2$ 和不考虑 $J_2{}^2$ 的长期共振网络之间的差别。长期共振条件为 $k_1\dot{\omega} + k_2\dot{\Omega} = 0$。使用如下单位系统

$$[M] = m_e, \quad [L] = a_e = 6378.1363\,\text{km}, \quad [T] = \sqrt{a_e{}^3/\mathcal{G}m_e}$$

其中 $\mathcal{G}m_e = 3.986004418 \times 10^{14}\,(\text{m}^3/\text{s}^2)$。在以上单位系统下,地球质量、地球平均半径以及万有引力常数均变为 1。注:地球非球形系数取为 $J_2 = 1.083 \times 10^{-3}$。

5. 根据 5,6 节介绍,消除短周期角坐标 l 后的哈密顿函数如下

$$\mathcal{H}'(a',e',i',\omega') = -\frac{\mu}{2a'} - \frac{\mu J_2}{4a'}\left(\frac{a_e}{a'}\right)^2 (1-e'^2)^{-\frac{3}{2}}(3\cos^2 i'-1) +$$

$$\frac{3\mu J_2{}^2}{128a'}\left(\frac{a_e}{a'}\right)^4 (1-e'^2)^{-\frac{7}{2}}\Big[(1-e'^2)(-5+18\cos^2 i'-5\cos^4 i') -$$

$$4(1-e'^2)^{\frac{1}{2}}(1-6\cos^2 i'+9\cos^4 i')+5(1-2\cos^2 i'-7\cos^4 i') -$$

$$2e'^2(1-16\cos^2 i'+15\cos^4 i')\cos 2\omega'\Big]$$

这是一个典型的完全可积系统,请给出系统存在的两个运动积分。此外,绘制相图(相空间哈密顿函数的等值线),分析相空间结构。注:单位系统及参数设置同上一题。

6. 椭圆型限制性三体系统下三角平动点(以 L_4 为例)附近的线性化运动方程为

$$\begin{cases} x''-2y'=\dfrac{3}{4}\dfrac{x+\sqrt{3}\,\gamma y}{1+e\cos f} \\[2mm] y''+2x'=\dfrac{3}{4}\dfrac{3y+\sqrt{3}\,\gamma x}{1+e\cos f} \end{cases}$$

其中 $\gamma=1-2\mu$。共轭坐标和动量记为 $(x,y,p_x=x'-y,p_y=y'+x)$。

1)试证明系统的哈密顿函数为

$$\mathcal{H}=\frac{1}{2}(p_x{}^2+p_y{}^2)+yp_x-xp_y+\frac{1}{2}(x^2+y^2)-\frac{3}{8}\frac{x^2+3y^2+2\sqrt{3}\,\gamma xy}{1+e\cos f}$$

2)利用 Lie 级数变换求 (μ,e) 平面内的 2:1 共振曲线(稳定性曲线)。

3)利用 Lie 级数变换求稳定性曲线附近区域的二阶解。

7. 球面摆问题的哈密顿函数为[19]

$$\mathcal{H}=\frac{p_1{}^2+p_2{}^2}{2m}-mg\sqrt{l^2-q_1{}^2-q_2{}^2}-\frac{(p_1q_1+p_2q_2)^2}{2ml^2}$$

其中 (q_i,p_i) 为第 i 个质点的坐标和动量,m 为质量,g 为重力加速度,l 为球半径。对于小振幅摆动,利用 Lie 级数方法求二阶展开式。

8. 受迫 Duffing 方程如下

$$\ddot{u}+\omega_0{}^2u=\varepsilon u^3+K\cos\omega t$$

1)证明其哈密顿函数为

$$\mathcal{H}=\frac{1}{2}(p^2+\omega_0{}^2q^2)-\frac{1}{4}\varepsilon q^4-Kq\cos\omega t$$

其中 $q=u,p=\dot{u}$。

2)在非共振情况下,利用 Lie 级数变换求解二阶摄动解。

3)当 ω 靠近 ω_0 时,利用 Lie 级数变换求解二阶展开。

9. 受迫 van der Pol 方程如下

$$\ddot{u}+\omega_0{}^2u=\varepsilon(1-u^2)\dot{u}+K\cos\omega t$$

分别在 1) 非共振及 2) 共振($\omega \sim \omega_0$)两种情况下,基于一般摄动理论求解二阶展开。

参考文献

［1］Morbidelli A. Modern celestial mechanics:aspects of solar system dynamics［M］. Boca Raton, Florida:CRC Press,2002.

［2］Arnold V I, Kozlov V V, Neishtadt A I, et al. Mathematical aspects of classical and celestial mechanics［M］. Berlin:Springer,2006.

［3］周济林. 天体力学基础［M］. 北京:高等教育出版社,2017.

［4］易照华. 天体力学基础［M］. 南京:南京大学出版社,1993.

［5］Hori G. Theory of general perturbation with unspecified canonical variable［J］. Publications of the Astronomical Society of Japan, vol. 18, p. 287 (1966). ,1966,18:287.

［6］Deprit A. Canonical transformations depending on a small parameter［J］. Celestial mechanics,1969,1(1):12 – 30.

［7］Dragt A J, Finn J M. Lie series and invariant functions for analytic symplectic maps ［J］. Journal of Mathematical Physics,1976,17(12):2215 – 2227.

［8］Coppola V T, Rand R H. Computer algebra implementation of Lie transforms for hamiltonian systems:Application to the nonlinear stability of l4［J］. ZAMM-Journal of Applied Mathematics and Mechanics/Zeitschrift für Angewandte Mathematik und Mechanik,1989,69(9):275 – 284.

［9］Zhao S, Lei H. Lie-series transformations and applications to construction of analytical solution［J］. Nonlinear Dynamics,2024:1 – 16.

［10］Campbell J A, Jefferys W H. Equivalence of the perturbation theories of Hori and Deprit［J］. Celestial mechanics,1970,2(4):467 – 473.

［11］Koseleff P V. Comparison between Deprit and Dragt-Finn perturbation methods［J］. Celestial Mechanics and Dynamical Astronomy,1994,58:17 – 36.

［12］Flynn A E, Saha P. Second-order perturbation theory for spin-orbit resonances［J］. The Astronomical Journal,2005,130(1):295.

［13］Sicardy B. Stability of the triangular Lagrange points beyond Gascheau's value［J］. Celestial Mechanics and Dynamical Astronomy,2010,107(1 – 2):145 – 155.

［14］Deprit A, Deprit-Bartholome A. Stability of the triangular Lagrangian points［J］. Astronomical Journal, Vol. 72, p. 173 (1967),1967,72:173.

［15］Meyer K R, Schmidt D S. The stability of the Lagrange triangular point and a theorem of Arnold［J］. Journal of differential equations,1986,62(2):222 – 236.

［16］Aly Kamel A. Perturbation method in the theory of nonlinear oscillations［J］. Celestial Mechanics，1970，3(1)：90 – 106.

［17］Kamel A A. Expansion formulae in canonical transformations depending on a small parameter［J］. Celestial Mechanics，1969，1(2)：190 – 199.

［18］Kamel A A. Lie transforms and the Hamiltonization of non-Hamiltonian systems［J］. Celestial mechanics，1971，4(3 – 4)：397 – 405.

［19］Nayfeh A H. Perturbation Methods［M］. New York：John Wiley and Sons，1973.

［20］Brouwer D. Solution of the problem of artificial satellite theory without drag［J］. Astronomical Journal，Vol. 64，p. 378 (1959)，1959，64：378.

［21］Brouwer D，Clemence G. 天体力学方法［M］. 刘林，丁华，译. 北京：科学出版社，1986.

［22］刘林，汤靖师. 卫星轨道理论与应用［M］. 北京：机械工业出版社，2015.

［23］郑学塘，倪彩霞. 天体力学和天文动力学［M］. 北京：北京师范大学出版社，1987.

［24］Kozai Y. Second-order solution of artificial satellite theory without air drag［J］. Astronomical Journal，Vol. 67，p. 446 (1962)，1962，67：446.

［25］Deprit A，Rom A. The main problem of artificial satellite theory for small and moderate eccentricities［J］. Celestial mechanics，1970，2(2)：166 – 206.

［26］Lei H，Ortore E，Circi C. Secular dynamics of navigation satellites in the MEO and GSO regions［J］. Astrodynamics，2022：1 – 18.

摄动方法与理论

（下 册）

Perturbation Methods and Theory

雷汉伦　编著

南京大学出版社

目　录

上　册

下 册

第六章

摄动函数展开

摄动函数展开(expansion of disturbing function)指的是将摄动函数展开为轨道根数的傅里叶(Fourier)级数形式,在天体力学问题研究中非常重要,是哈密顿动力学、摄动分析、长期动力学、共振动力学等研究的理论基础。本章在 6.1 节介绍摄动函数展开的背景;在 6.2 节介绍经典的拉普拉斯(Laplace)型摄动函数展开;在 6.3 节介绍适用于任意倾角的摄动函数展开;在 6.4 节介绍勒让德(Legendre)形式的摄动函数展开(适用于等级式构型);在 6.5 节介绍笔者提出的适用于任意半长轴之比、任意倾角的摄动函数展开;在 6.6 节介绍地球(或不规则形状天体)非球形摄动函数展开;在 6.7 节介绍不规则(双二体)小行星摄动函数展开;在 6.8 节介绍双小行星系统轨旋耦合摄动函数展开。在附录中给出 Laplace 系数的计算、多元函数的泰勒(Taylor)展开、汉森(Hansen)系数迭代计算以及基于多面体模型的广义惯量积计算。

6.1　摄动函数展开的背景

6.1.1　第三体摄动函数展开的历史

关于摄动函数展开(这里主要指的是第三体摄动函数),有着一百多年的研究历史[1]。早在 1849 年,哈佛大学天体力学家皮尔斯(Peirce)(图 6 - 1)在第一期天文学报(*Astronomical*

图 6 - 1　天体力学家本杰明·皮尔斯(Benjamin Peirce, 1809—1880)和
于尔班·勒威耶(Urbain Le Verrier, 1811—1877)

Journal，AJ）上首次给出了摄动函数关于偏心率 e 和小倾角参数 $s = \sin(I/2)$ 的 6 阶展开式[2]，从此拉开了摄动函数展开研究的序幕。随后（1855 年），法国天体力学家勒威耶（Le Verrier）（图 6-1）利用比较紧凑的符号系统给出了摄动函数的七阶展开形式，博凯（Boquet）于 1889 年纠正了其中的一些小错误并将摄动函数展开推广到了 8 阶，默里（Murray）在 1985 年纠正了 Le Verrier 展开式中的另一错误[3]。同一时期，纽康（Newcomb）于 1895 年进行了 7 阶摄动函数展开的工作，紧接着诺朗（Noren）和瓦尔贝格（Wallberg）在 1899 年给出了用正则根数表示的 2 阶摄动函数展开的表达式。到 20 世纪初，布朗（Brown）和舒克（Shook）于 1933 年提供了对摄动函数展开过程比较清晰的数学描述，并且给出了用轨道根数表示的 2 阶展开式。以上是（第三体）摄动函数展开的早期研究阶段。

20 世纪 60 年代，布劳威尔（Brouwer）（图 6-2）和克莱门斯（Clemence）于 1961 年出版的天体力学经典教材《天体力学方法》（*Method of celestial mechanics*），包含了低阶（3～4 阶）的摄动函数展开的标准形式，是应用较为广泛的摄动函数展开[4]，其中有一些小的错误在后来的版本中得到了更正。考拉（Kaula）于 1961 年以半长轴之比为小参数，给出了等级式构型下摄动函数的展开式（被称为 Legendre 多项式展开）[5]，应用极为广泛。现在我们所说的四极矩（quadrupole order）、八极矩（octupole order）等展开对应的就是半长轴之比（ratio of semimajor axis）的 2 阶和 3 阶项。另外，Kaula 同时给出了地球非球形摄动（non-spherical perturbation）的经典展开式[5]，在人造卫星轨道动力学研究中得到非常广泛的应用①。地球非球形摄动函数展开方式同样适用于其他不规则天体的引力场建模。

图 6-2　天体力学经典教材《天体力学方法》的作者德克·布劳威尔（左）
以及《太阳系动力学》的作者卡尔·默里（右）

---

① 非球形摄动和内摄构型下第三体摄动存在对应关系，因此它们的动力学也有某种对应关系。在研究中关注这样的对应关系，有助于深刻把握摄动力学规律，找出不同动力学环境下的内在联系。例如：1) 在研究外太阳系遥远柯伊伯带（Kuiper belt）天体长期演化时，可将太阳系大行星的摄动近似为太阳的额外 J_2 摄动；2) 若研究在四极矩动力学模型下的等级式内摄构型，读者会发现相应的摄动函数与 J_2 项长期摄动一致。

来到 20 世纪末,默里(Murray)(图 6-2)和德莫特(Dermott)的经典著作《太阳系动力学》(*Solar system dynamics*)[6]清晰地展示了任意惯性坐标系下摄动函数的展开流程,并给出了低阶展开的显式表达式。2000 年,埃利斯(Ellis)和默里(Murray)在 *Icarus* 上的文章给出了截断到偏心率和小倾角参数任意阶次的摄动函数展开式[1]。

以上摄动函数展开主要分为两类:Laplace 型摄动函数展开(基于 Laplace 展开)以及 Legendre 型摄动函数展开(基于 Legendre 多项式展开)。前者仅适用于低偏心率、低倾角构型,一般用来研究平运动共振以及处于平运动共振的长期动力学,适用于太阳系行星或小天体的动力学研究;后者适用于半长轴之比远小于 1 的等级式构型,一般用来研究等级式系统的长期动力学演化。等级式三体系统广泛存在于不同尺度的宇宙系统之中,从行星-卫星体系到超大质量黑洞体系。

在 Laplace 型摄动函数展开方面,2018 年纳穆尼(Namouni)和莫雷斯(Morais)取得了重要进展,他们将经典的仅适用于低倾角构型的 Laplace 型摄动函数展开拓展至任意倾角的行星系统构型[7]。此外,笔者在 2020 年提出了一种新的摄动函数展开方法,获得的展开式适用于任意半长轴之比、任意倾角的行星系统构型[8]。基于新的摄动函数展开式,可建立任意倾角构型下内共振、共轨共振以及外共振的统一哈密顿模型。此外,还有很多重要的工作,此处不再一一介绍。

6.1.2 摄动函数展开的重要时间节点

为了给读者一个清晰的摄动函数展开研究的发展轮廓,下面简要给出相关研究的主要时间线:

1) 1849 年,Peirce 首次给出摄动函数的 6 阶展开。

2) 1855 年,Le Verrier 给出了摄动函数的 7 阶展开。

3) 1889 年,Boquet 将摄动函数展开推广到了 8 阶。

4) 1895 年,Newcomb 开展了对 7 阶摄动函数展开的研究工作。

5) 1899 年,Noren 和 Wallberg 给出了由正则变量表示的 2 阶摄动函数展开。

6) 1933 年,Brown 和 Shook 提供了清晰的展开流程并给出了低阶展开式。

7) 1961 年,Brouwer 和 Clemence 在经典著作《天体力学方法》中给出了摄动函数展开的标准表达式[4]。

8) 1961 年,Kaula 给出了等级式系统的摄动函数展开式以及地球非球形摄动函数[5]。

9) 1999 年,Murray 和 Dermott 在经典专著《太阳系动力学》中严谨清晰地给出了不同形式(Laplace 和 Legendre)摄动函数展开的数学基础和标准展开式[6]。

10) 2000 年,Ellis 和 Murray 给出了任意高阶摄动函数展开的一般表达式[1]。

11) 2018 年,Namouni 和 Morais 给出了适用于任意倾角构型的摄动函数展开[7]。

6.1.3 摄动函数展开的符号设置及数学基础准备

在进入正题之前,有必要规定本章所采用的符号系统。图 6-3 展示了质量为 m 的小天体在质量为 m_p 的大行星(摄动天体)引力摄动下,围绕中心天体(质量为 m_0 的太阳)做受摄二体轨道运动。根据牛顿第二定律,质量为 m 的小天体在图 6-3 所示行星系统下的运动方程如下

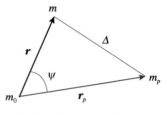

图 6-3　行星系统构型

$$\ddot{\boldsymbol{r}} = \underbrace{-\mathcal{G}(m_0+m)\frac{\boldsymbol{r}}{r^3}}_{\substack{\text{中心引力,}\\ \text{二体运动}}} + \underbrace{\mathcal{G}m_p\frac{\boldsymbol{r}_p-\boldsymbol{r}}{\|\boldsymbol{r}_p-\boldsymbol{r}\|^3}}_{\substack{\text{行星的直接引力}\\ \text{加速度,直接项}}} - \underbrace{\mathcal{G}m_p\frac{\boldsymbol{r}_p}{r_p^3}}_{\substack{\text{行星对中心天体的}\\ \text{加速度,间接项}}} \tag{6-1}$$

其中 $\mathcal{G}$ 为万有引力常数,$\boldsymbol{r}$ 和 $\boldsymbol{r}_p$ 分别为小天体和摄动天体相对于中心天体的位置矢量。

式(6-1)中,第一项为中心天体的二体引力项,第二项为摄动天体(质量为 m_p 的大行星)对小天体的直接引力摄动(直接项),第三项为摄动天体对中心天体的引力摄动(对坐标原点的摄动,因此被称为间接项)。将上式合并、整理后得到

$$\ddot{\boldsymbol{r}} = -\mathcal{G}(m_0+m)\frac{\boldsymbol{r}}{r^3} + \mathcal{G}m_p\left(\frac{\boldsymbol{r}_p-\boldsymbol{r}}{\|\boldsymbol{r}_p-\boldsymbol{r}\|^3} - \frac{\boldsymbol{r}_p}{r_p^3}\right) \equiv \nabla_r(U+\mathcal{R}) \tag{6-2}$$

其中二体引力势函数(中心项)和摄动函数分别为

$$U = \frac{\mathcal{G}(m_0+m)}{r} \Rightarrow \text{中心引力势} \tag{6-3}$$

$$\mathcal{R} = \mathcal{G}m_p\left(\frac{1}{\|\boldsymbol{r}_p-\boldsymbol{r}\|} - \frac{\boldsymbol{r}\cdot\boldsymbol{r}_p}{r_p^3}\right) \Rightarrow \text{第三体摄动势函数(摄动函数)} \tag{6-4}$$

位置矢量的点乘为

$$\boldsymbol{r}\cdot\boldsymbol{r}_p = rr_p\cos\psi \tag{6-5}$$

其中 ψ 为位置矢量 $\boldsymbol{r}$ 和 $\boldsymbol{r}_p$ 之间的夹角。无论小天体 m 是位于摄动天体轨道外面还是轨道里面,摄动函数都具有如下统一的表达式

$$\mathcal{R} = \mathcal{G}m_p\left(\frac{1}{\Delta} - \frac{r}{r_p^2}\cos\psi\right) \tag{6-6}$$

其中 $\Delta = \|\boldsymbol{r}_p-\boldsymbol{r}\|$ 为小天体和摄动天体之间的距离。为了方便,将摄动函数(6-6)进一步整理为

$$\mathcal{R} = \frac{\mathcal{G}m_p}{a_p}\left[\frac{a_p}{\Delta} - \left(\frac{a}{a_p}\right)\left(\frac{r}{a}\right)\left(\frac{a_p}{r_p}\right)^2\cos\psi\right] \tag{6-7}$$

记半长轴之比为 $\alpha = \dfrac{a}{a_p}$,那么(6-7)可简化为如下形式

$$\mathcal{R} = \frac{\mathcal{G}m_p}{a_p}\left[\frac{a_p}{\Delta} - \alpha\left(\frac{r}{a}\right)\left(\frac{a_p}{r_p}\right)^2\cos\psi\right] \tag{6-8}$$

因此,摄动函数(6-8)中的两项具有不同的物理含义[①],第一项代表摄动天体对小天体运动的直接引力摄动,第二项为摄动天体通过对中心天体(坐标原点)的摄动从而引起对小天体轨道演化的间接摄动[②]。于是,可将摄动函数划分为如下形式

$$\mathcal{R} = \frac{\mathcal{G}m_p}{a_p}(\mathcal{R}_{\mathrm{D}} + \alpha\mathcal{R}_{\mathrm{I}}) \tag{6-9}$$

其中直接项(direct term)为

$$\mathcal{R}_{\mathrm{D}} = \frac{a_p}{\Delta} = \frac{a_p}{\|\,\boldsymbol{r}_p - \boldsymbol{r}\,\|} \tag{6-10}$$

间接项(indirect term)为

$$\mathcal{R}_{\mathrm{I}} = -\left(\frac{r}{a}\right)\left(\frac{a_p}{r_p}\right)^2\cos\psi \tag{6-11}$$

无论是外摄(exterior perturbation)构型还是内摄(interior perturbation)构型,如果我们始终关心的是质量为 m 的小天体的运动,那么摄动函数的形式是统一的。因此无需按照《太阳系动力学》书中的习惯去特意区分内摄和外摄构型,进而在接下来的推导过程中简化符号系统。后面会进一步论述统一内摄和外摄构型的数学基础。

根据距离函数 Δ 的定义,直接项可进一步表示为

$$\mathcal{R}_{\mathrm{D}} = \frac{a_p}{\Delta} = \frac{a_p}{\sqrt{r_p^2 + r^2 + 2rr_p\cos\psi}} \tag{6-12}$$

其中位置矢量夹角的余弦为

$$\cos\psi = \frac{\boldsymbol{r}}{r}\cdot\frac{\boldsymbol{r}_p}{r_p} \tag{6-13}$$

对直接项(6-12)进行展开,要用到(6-13)的表达式,因此有必要先给出小天体和摄动天体单位位置矢量的表达式。根据二体轨道关系以及坐标系旋转,在以摄动天体轨道面为基本平面的坐标系(即不变平面坐标系[③])下,单位位置矢量可用轨道根数表示为

$$\frac{\boldsymbol{r}}{r} = \begin{bmatrix} \cos\Omega\cos(f+\omega) - \sin\Omega\sin(f+\omega)\cos i \\ \sin\Omega\cos(f+\omega) + \cos\Omega\sin(f+\omega)\cos i \\ \sin(f+\omega)\sin i \end{bmatrix} \tag{6-14}$$

---

① 直接项对应摄动天体对小天体的直接引力摄动,间接项为摄动天体对坐标原点的摄动,从而体现为对小天体运动的间接摄动。

② 直接项对应于摄动天体对小天体直接的引力摄动,间接项指的是摄动天体通过影响中心天体,从而间接影响小天体的运动。因为中心天体为坐标系的原点,因此间接项可理解为摄动天体对坐标原点的摄动。

③ 在限制性问题下,摄动天体的轨道面是系统的不变平面。

以及

$$\frac{\boldsymbol{r}_p}{r_p}=\begin{bmatrix}\cos(f_p+\bar{\omega}_p)\\\sin(f_p+\bar{\omega}_p)\\0\end{bmatrix}=\begin{bmatrix}\cos\theta_p\\\sin\theta_p\\0\end{bmatrix} \qquad (6-15)$$

其中 $\theta_p=f_p+\bar{\omega}_p$ 为摄动天体的真经度(true longitude)。需要注意的是,单位位置矢量 (6-15) 中不包含摄动天体的倾角和升交点经度,这是因为我们选取的坐标系基本平面位于摄动天体的轨道平面(这也是本章默认的坐标系设置)。若无特别说明,默认变量设定如下:下标为 p 的变量对应摄动天体的根数,不带任何下标的变量为小天体的根数。

将 (6-14) 和 (6-15) 代入 (6-13) 可得位置矢量夹角的余弦为

$$\cos\psi=\cos\Omega\cos\theta_p\cos(f+\omega)-\sin\Omega\cos\theta_p\sin(f+\omega)\cos i+ \qquad (6-16)$$
$$\sin\Omega\sin\theta_p\cos(f+\omega)+\cos\Omega\sin\theta_p\sin(f+\omega)\cos i$$

下面给出位置矢量余弦的三种表达式。进行三角函数合并,可得第一种表达式

$$\cos\psi=\cos(\Omega-\theta_p)\cos(f+\omega)-\sin(\Omega-\theta_p)\sin(f+\omega)\cos i \qquad (6-17)$$

考虑到 $\cos i=1-2\sin^2(i/2)$,因此位置矢量夹角余弦可写为第二种表达式

$$\cos\psi=\cos(\theta-\theta_p)+2\sin(\Omega-\theta_p)\sin(f+\omega)\sin^2(i/2) \qquad (6-18)$$

其中 $\theta=f+\omega+\Omega$ 为小天体的真经度。考虑到三角函数关系 $\cos i=\cos^2(i/2)-\sin^2(i/2)$,于是可得到 $\cos\psi$ 的第三种表达式

$$\cos\psi=\sin^2\frac{i}{2}\cos(f+\omega-\Omega+\theta_p)+\cos^2\frac{i}{2}\cos(f+\omega+\Omega-\theta_p) \qquad (6-19)$$

以上三种 $\cos\psi$ 的表达式在后面会用到。

下面我们在不同的行星系构型下对摄动函数的直接项和间接项分别进行展开。需要说明的是,间接项的展开相对容易,真正的难点在于对直接项的展开,即对 $\frac{1}{\Delta}$ 的展开。展开过程中,选择不同的参考点,对应不同的小参数,存在不同的适用范围。因此,摄动函数展开的关键点在于如何选择参考点以及小参量。沿着该思路,感兴趣读者可以尝试提出不同的展开方式[①]。

6.1.4 摄动函数展开的目标

摄动函数展开的最终目标是将摄动函数表示为关于小天体和摄动天体轨道根数的 Fourier 级数形式

---

① 摄动函数展开是一个非常经典而基础的课题。

$$\mathcal{R} = \sum_{\substack{(k_1,k_2,k_3)\\(k_4,k_5,k_6)}} \mathcal{C}_{k_1,k_2,k_3}^{k_4,k_5,k_6}(a,e,i,a_p,e_p,i_p)\cos(k_1\lambda + k_2\bar{\omega} + k_3\Omega + k_4\lambda_p + k_5\bar{\omega}_p + k_6\Omega_p)$$

$$(6-20)$$

其中 $a(a_p)$ 为轨道半长轴(semimajor axis)，$e(e_p)$ 为轨道偏心率(eccentricity)，$i(i_p)$ 为轨道倾角(inclination)，$\lambda(\lambda_p)$ 为平经度(mean longitude)，$\bar{\omega}(\bar{\omega}_p)$ 为近点经度(longitude of pericenter)，$\Omega(\Omega_p)$ 为升交点经度(longitude of ascending node)。$\mathcal{C}_{k_1,k_2,k_3}^{k_4,k_5,k_6}(a,e,i,a_p,e_p,i_p)$ 为摄动函数展开的系数，代表摄动函数展开式中相应三角函数项的振幅，是半长轴、偏心率和倾角的函数。

6.2　经典的行星摄动函数展开

本节考虑经典的行星摄动函数展开——Laplace 型摄动函数展开。主要考虑如下 5 种情况：首先考虑摄动天体作圆轨道运动的平面顺行构型，即平面圆型限制性三体系统构型(6.2.1 节)；然后考虑平面圆型限制性三体系统的逆行构型(6.2.2 节)；第三，考虑平面椭圆型限制性三体系统构型(6.2.3 节)；第四，考虑低倾角、低偏心率的空间椭圆型限制性三体系统构型(6.2.4 节)；第五，给出摄动函数关于小偏心率和小倾角的二阶显式表达式(6.2.5 节)。

需要注意的是：本章在行星系统不变平面坐标系下进行统一推导并讨论，因此和经典著作《太阳系动力学》存在坐标系选择的差异，故而表达式存在差别，希望读者事先明白这一点。本章讨论的各种力学环境下摄动函数展开是在本书统一符号系统下进行推导的。

6.2.1　平面圆型限制性三体系统构型(顺行)

平面圆型限制性三体系统构型见图 6-4。在平面构型下，行星摄动函数为

$$\mathcal{R} = \mathcal{G}m_p\left(\frac{1}{\Delta} - \frac{r}{r_p{}^2}\cos\psi\right) \tag{6-21}$$

考虑到摄动天体围绕中心天体作圆轨道运动($e_p=0$)，此时存在 $r_p=a_p$，那么第三体摄动函数可简化为

$$\mathcal{R} = \mathcal{G}m_p\left(\frac{1}{\Delta} - \frac{r}{a_p{}^2}\cos\psi\right) \tag{6-22}$$

引入半长轴之比 $\alpha = \dfrac{a}{a_p}$，摄动函数可整理为

$$\mathcal{R} = \frac{\mathcal{G}m_p}{a_p}\left[\frac{a_p}{\Delta} - \alpha\left(\frac{r}{a}\right)\cos\psi\right] \tag{6-23}$$

其中距离函数为

$$\Delta = \sqrt{a_p{}^2 + r^2 - 2a_p r\cos\psi} \tag{6-24}$$

在平面构型下,小天体和行星位置矢量 r 和 r_p 的夹角为(平面构型下的夹角对应于两天体真经度之差,特别地,圆轨道运动的真经度等于平经度)

$$\psi = \theta - \lambda_p = f + \bar{\omega} - \lambda_p \tag{6-25}$$

其中 $\theta = f + \bar{\omega}$ 为小天体的真经度。按照统一符号系统,将行星摄动函数表示为

$$\mathcal{R} = \frac{\mathcal{G}m_p}{a_p}(\mathcal{R}_D + \alpha \mathcal{R}_I) \tag{6-26}$$

其中直接项和间接项分别为

$$\mathcal{R}_D = \frac{a_p}{\Delta}, \mathcal{R}_I = -\left(\frac{r}{a}\right)\cos \psi \tag{6-27}$$

显然,直接项是关于 r 和 ψ 的函数,因此在小偏心率情况下,可以很自然地将直接项在 $r=a$ 点附近进行 Taylor 展开,相当于在圆轨道构型附近进行 Taylor 展开

$$\mathcal{R}_D = a_p \sum_{n=0}^{\infty} \frac{(r-a)^n}{n!}\left[\frac{\mathrm{d}^n}{\mathrm{d}r^n}\left(\frac{1}{\Delta}\right)\right]_{r=a} \tag{6-28}$$

注意到如下关系[①]

$$\left[\frac{\mathrm{d}^n}{\mathrm{d}r^n}\left(\frac{1}{\Delta}\right)\right]_{r=a} = \frac{\mathrm{d}^n}{\mathrm{d}a^n}\left(\frac{1}{\Delta_0}\right) \tag{6-29}$$

其中

$$\frac{1}{\Delta_0} = (a_p{}^2 + a^2 - 2a_p a\cos \psi)^{-\frac{1}{2}} \tag{6-30}$$

同时考虑到半长轴之比以及导数关系

$$\alpha = \frac{a}{a_p} \Rightarrow \frac{\mathrm{d}^n}{\mathrm{d}a^n} = \frac{1}{a_p{}^n}\frac{\mathrm{d}^n}{\mathrm{d}\alpha^n} \tag{6-31}$$

因此有

$$\left[\frac{\mathrm{d}^n}{\mathrm{d}r^n}\left(\frac{1}{\Delta}\right)\right]_{r=a} = \frac{1}{a_p{}^n}\frac{\mathrm{d}^n}{\mathrm{d}\alpha^n}\left(\frac{1}{\Delta_0}\right) \tag{6-32}$$

从而,可将直接项展开式整理为

$$\mathcal{R}_D = a_p \sum_{n=0}^{\infty} \frac{1}{n!}\left(\frac{r}{a}-1\right)^n\left(\frac{a}{a_p}\right)^n\frac{\mathrm{d}^n}{\mathrm{d}\alpha^n}\left(\frac{1}{\Delta_0}\right) \tag{6-33}$$

至此,我们来理解一下这一步展开(6-33)究竟实现了何种目标。不难看出,通过展开式(6-33)实现了 $\frac{1}{\Delta} \Rightarrow \frac{1}{\Delta_0}$ 的转换,其中

---

① 这里相当于将表达式中 r 直接用 a 取代。

$$\frac{1}{\Delta} = (a_p{}^2 + r^2 - 2a_p r \cos \psi)^{-\frac{1}{2}} \Rightarrow 含偏心率 \tag{6-34}$$

$$\frac{1}{\Delta_0} = (a_p{}^2 + a^2 - 2a_p a \cos \psi)^{-\frac{1}{2}} \Rightarrow 不含偏心率 \tag{6-35}$$

这一步相当于"偏心率"展开①,将平面圆与椭圆轨道构型的摄动函数展开,转化为两个平面圆轨道构型之间的摄动函数展开(物理图像见图6-5)。理解这一点非常关键。

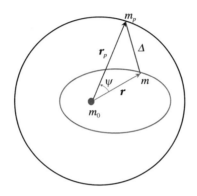

图 6-4 平面圆型限制性构型($e_p = 0, i = 0$)

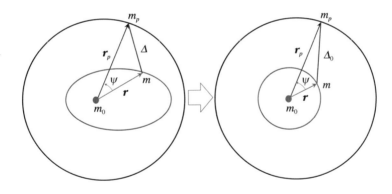

图 6-5 将平面圆和椭圆轨道之间的展开(左图)转化为两平面圆轨道之间的展开(右图)

回到式(6-33),引入小参数 ε(该小参数和偏心率为同阶小参量)

$$\varepsilon = \frac{r}{a} - 1 \sim O(e) \tag{6-36}$$

那么直接项变为

$$\mathcal{R}_{\mathrm{D}} = a_p \sum_{n=0}^{\infty} \frac{\varepsilon^n \alpha^n}{n!} \frac{\mathrm{d}^n}{\mathrm{d}\alpha^n} \left(\frac{1}{\Delta_0} \right) \tag{6-37}$$

---

① 相当于取偏心率为这一步展开的小参数。

其中

$$\frac{1}{\Delta_0} = (a_p{}^2 + a^2 - 2a_p a \cos \psi)^{-\frac{1}{2}} = \frac{1}{a_p}(1 + \alpha^2 - 2\alpha\cos \psi)^{-\frac{1}{2}} \tag{6-38}$$

根据 Laplace 展开

$$(1 + \alpha^2 - 2\alpha\cos \psi)^{-\frac{1}{2}} = \sum_{j=-\infty}^{\infty} \frac{1}{2} b_{1/2}^{(j)}(\alpha)\cos(j\psi) \tag{6-39}$$

其中 $b_{1/2}^{(j)}(\alpha)$ 为 Laplace 系数[①],是半长轴之比 α 的函数

$$\frac{1}{2} b_s^{(j)}(\alpha) = \frac{1}{2\pi}\int_0^{2\pi} \frac{\cos j\psi \, \mathrm{d}\psi}{(1 - 2\alpha\cos \psi + \alpha^2)^s} \tag{6-40}$$

可见 Laplace 展开式(6-39)是典型的 Fourier 展开。

评论:1) Laplace 展开(6-39)以及对应的 Laplace 系数(6-40)对于 $\alpha < 1$(外摄动构型)和 $\alpha > 1$(内摄动构型)都是成立的,这是我们不用特意区分内摄和外摄构型的一个很重要的原因;2) 由于 Laplace 系数(6-40)在 $\alpha = 1$ 时是发散的,因此,基于 Laplace 展开的摄动函数不适用于共轨构型,例如特洛伊天体、拟卫星等。关于 Laplace 系数(6-40)的计算,可以采用不同的方法实现(见附录6.1)。

基于 Laplace 展开,(6-38)式变为

$$\frac{1}{\Delta_0} = \frac{1}{a_p}\sum_{j=-\infty}^{\infty} \frac{1}{2} b_{1/2}^{(j)}(\alpha)\cos(j\psi) \tag{6-41}$$

从而直接项变为

$$\mathcal{R}_{\mathrm{D}} = \sum_{n=0}^{\infty}\sum_{j=-\infty}^{\infty}\left[\frac{\alpha^n}{n!}\frac{\mathrm{d}^n}{\mathrm{d}\alpha^n}\frac{1}{2} b_{1/2}^{(j)}(\alpha)\right]\varepsilon^n\cos(j\psi) \tag{6-42}$$

为了简化推导,引入中间变量(半长轴之比 α 的函数)

$$A_{n,j}(\alpha) = \frac{\alpha^n}{n!}\left[\frac{\mathrm{d}^n}{\mathrm{d}\alpha^n}\frac{1}{2} b_{1/2}^{(j)}(\alpha)\right] \tag{6-43}$$

那么直接项可简化为

$$\mathcal{R}_{\mathrm{D}} = \sum_{n=0}^{\infty}\sum_{j=-\infty}^{\infty} A_{n,j}(\alpha)\varepsilon^n\cos(j\psi) \tag{6-44}$$

考虑到平面构型位置矢量之间的夹角为

$$\psi = \theta - \lambda_p = f + \bar{\omega} - \lambda_p \tag{6-45}$$

以及小参数

$$\varepsilon = \frac{r}{a} - 1 \tag{6-46}$$

---

① Laplace 系数的计算参见本章附录6.1。

从而直接项变为

$$\mathcal{R}_D = \sum_{n=0}^{\infty} \sum_{j=-\infty}^{\infty} A_{n,j}(\alpha) \left(\frac{r}{a}-1\right)^n \cos j(f+\bar{\omega}-\lambda_p) \tag{6-47}$$

对上式中的 $\left(\frac{r}{a}-1\right)^n$ 进行二项式展开,可得

$$\mathcal{R}_D = \sum_{n=0}^{\infty} \sum_{j=-\infty}^{\infty} \sum_{m=0}^{n} (-1)^{n-m} C_n^m A_{n,j}(\alpha) \left(\frac{r}{a}\right)^m \cos j(f+\bar{\omega}-\lambda_p) \tag{6-48}$$

然后借助汉森系数(Hansen coefficients,计算见附录 6.2),进行椭圆展开[①]

$$\left(\frac{r}{a}\right)^m \cos j(f+\bar{\omega}-\lambda_p) = \sum_{s=-\infty}^{\infty} X_s^{m,j}(e) \cos[sM+j(\bar{\omega}-\lambda_p)] \tag{6-49}$$

从而将直接项展开为

$$\mathcal{R}_D = \sum_{n=0}^{\infty} \sum_{j=-\infty}^{\infty} \sum_{m=0}^{n} \sum_{s=-\infty}^{\infty} (-1)^{n-m} C_n^m A_{n,j}(\alpha) X_s^{m,j}(e) \cos[sM+j(\bar{\omega}-\lambda_p)] \tag{6-50}$$

至此,直接项的展开过程结束。下面接着讨论间接项的展开。

间接项的展开要容易很多

$$\mathcal{R}_I = -\left(\frac{r}{a}\right) \cos(f+\bar{\omega}-\lambda_p) \tag{6-51}$$

直接利用汉森系数,对上式进行椭圆展开即可

$$\mathcal{R}_I = -\sum_{s=-\infty}^{\infty} X_s^{1,1}(e) \cos(sM+\bar{\omega}-\lambda_p) \tag{6-52}$$

综上,摄动函数展开的最终形式为

$$\mathcal{R} = \frac{\mathcal{G}m_p}{a_p} \sum_{n=0}^{\infty} \sum_{j=-\infty}^{\infty} \sum_{m=0}^{n} \sum_{s=-\infty}^{\infty} (-1)^{n-m} C_n^m A_{n,j}(\alpha) X_s^{m,j}(e) \cos[sM+j(\bar{\omega}-\lambda_p)] -$$
$$\frac{\mathcal{G}m_p}{a_p} \left(\frac{a}{a_p}\right) \sum_{s=-\infty}^{\infty} X_s^{1,1}(e) \cos(sM+\bar{\omega}-\lambda_p) \tag{6-53}$$

进一步,将平近点角转化为平经度。根据定义

$$\lambda = M + \bar{\omega} \tag{6-54}$$

可得

$$\mathcal{R} = \frac{\mathcal{G}m_p}{a_p} \sum_{n=0}^{\infty} \sum_{j=-\infty}^{\infty} \sum_{m=0}^{n} \sum_{s=-\infty}^{\infty} (-1)^{n-m} C_n^m A_{n,j}(\alpha) X_s^{m,j}(e) \cos[s\lambda - j\lambda_p + (j-s)\bar{\omega}] -$$
$$\frac{\mathcal{G}m_p}{a_p} \left(\frac{a}{a_p}\right) \sum_{s=-\infty}^{\infty} X_s^{1,1}(e) \cos[s\lambda - \lambda_p + (1-s)\bar{\omega}]$$

$$\tag{6-55}$$

---

① 汉森系数的计算,参见本章的附录 6.2。

下面针对展开式(6-55)的性质作简要讨论：

1) 展开式中三角函数项的幅角(argument)记为 $\varphi=k_1\lambda+k_2\bar{\omega}+k_3\lambda_p$，显然展开式(6-55)中的角度项满足达朗贝尔(d'Alembert)关系，即有 $\sum k_i=0$，该关系对应第三体摄动的旋转不变性[①]；

2) 三角函数部分皆为角度 φ 的余弦项；

3) 余弦项 $\cos\varphi=\cos(k_1\lambda+k_2\bar{\omega}+k_3\lambda_p)$ 的振幅系数具有如下形式

$$X_{k_1}^{m,k_3}(e)\sim O(e^{|k_3-k_1|})\sim O(e^{|k_2|}) \qquad (6-56)$$

说明近点经度 $\bar{\omega}$ 的系数 k_2 代表的是偏心率的最低阶数。若只保留偏心率的最低阶，该项可近似为

$$c_0(\alpha)e^{|k_2|}\cos(k_1\lambda+k_2\bar{\omega}+k_3\lambda_p) \qquad (6-57)$$

在摄动函数展开中，偏心率的最低幂次(阶数)取决于近点经度的系数[②]，这是非常重要的 d'Alembert 性质，应该说所有的摄动函数展开都满足此性质。

6.2.2　平面圆型限制性三体系统构型(逆行)

小天体与摄动天体位于同一个轨道平面，并且摄动天体绕中心天体做圆运动，即轨道偏心率为 $e_p=0$。构型同图 6-4，不同于上一节的是，这里小天体在平面内做逆行运动(顺时针)，即倾角为 $i=180°$。在此构型下，摄动函数为

$$\mathcal{R}=\mathcal{G}m_p\left(\frac{1}{\Delta}-\frac{r}{r_p{}^2}\cos\psi\right) \qquad (6-58)$$

由于摄动天体绕中心天体做圆轨道运动，因此

$$\mathcal{R}=\frac{\mathcal{G}m_p}{a_p}\left[\frac{a_p}{\Delta}-\left(\frac{a}{a_p}\right)\left(\frac{r}{a}\right)\cos\psi\right] \qquad (6-59)$$

距离函数同样为

$$\Delta=(a_p{}^2+r^2-2ra_p\cos\psi)^{1/2} \qquad (6-60)$$

其中位置矢量夹角的余弦为

$$\cos\psi=\cos(\Omega-\lambda_p)\cos(f+\omega)-\sin(\Omega-\lambda_p)\sin(f+\omega)\cos i \qquad (6-61)$$

考虑到 $i=180°$，从而有

$$\cos\psi=\cos(f+\omega-\Omega+\lambda_p)\Rightarrow\psi=f+\omega-\Omega+\lambda_p \qquad (6-62)$$

---

① 旋转不变性指的是摄动函数展开与基本平面内坐标系 x 轴的指向无关。

② 对于空间情况，还会有小倾角参数 $s=\sin(i/2)$ 的最低幂次取决于升交点经度的系数的性质。

对于逆行轨道构型,定义近点经度为①

$$\bar{\omega}=\Omega-\omega \tag{6-63}$$

针对顺行、逆行构型(见图 6-6),近点经度的定义为何不同?

近点经度,也被称为拱点经度,指的是拱点(或近心点)相对起量点 γ 的经度。因此,通过图 6-6,可以很自然地得出近点经度对于顺行和逆行构型具有不同的表达式[10]:顺行构型为 $\bar{\omega}=\Omega+\omega$,逆行构型为 $\bar{\omega}=\Omega-\omega$。类似地,平经度同样存在不同的定义:顺行构型为 $\lambda=\bar{\omega}+M$,逆行构型为 $\lambda=\bar{\omega}-M$。

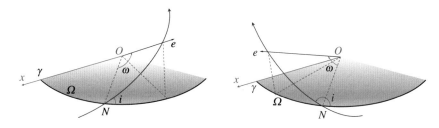

图 6-6　顺行构型(左)和逆行构型(右)下近点经度的定义不同,其中升交点经度为 $\Omega=\widehat{\gamma N}$

若采用逆行构型下近点经度的定义(6-63),那么位置矢量的夹角为

$$\psi=f-\bar{\omega}+\lambda_p \tag{6-64}$$

类似地,将平面逆行构型的摄动函数划分为

$$\mathcal{R}=\frac{\mathcal{G}m_p}{a_p}(\mathcal{R}_D+\alpha\mathcal{R}_I) \tag{6-65}$$

直接项和间接项分别为

$$\mathcal{R}_D=\frac{a_p}{\Delta},\ \mathcal{R}_I=-\left(\frac{r}{a}\right)\cos\psi \tag{6-66}$$

采用与之前完全一样的展开流程(中间过程省略),直接项变为

$$\mathcal{R}_D=\sum_{n=0}^{\infty}\sum_{j=-\infty}^{\infty}\left[\frac{\alpha^n}{n!}\frac{d^n}{d\alpha^n}\frac{1}{2}b_{1/2}^{(j)}(\alpha)\right]\left(\frac{r}{a}-1\right)^n\cos(j\psi) \tag{6-67}$$

引入简化符号

$$A_{n,j}(\alpha)=\frac{\alpha^n}{n!}\left[\frac{d^n}{d\alpha^n}\frac{1}{2}b_{1/2}^{(j)}(\alpha)\right] \tag{6-68}$$

直接项展开为

$$\mathcal{R}_D=\sum_{n=0}^{\infty}\sum_{j=-\infty}^{\infty}A_{n,j}(\alpha)\left(\frac{r}{a}-1\right)^n\cos(j\psi) \tag{6-69}$$

---

①　对于逆行构型,具有不同的近点经度定义,可参考文献[9]。

其中 $\psi = f + \lambda_p - \bar{\omega}$。借助二项式展开，(6-69)变为

$$\mathcal{R}_{\mathrm{D}} = \sum_{n=0}^{\infty} \sum_{j=-\infty}^{\infty} \sum_{m=0}^{n} (-1)^{n-m} C_n^m A_{n,j}(\alpha) \left(\frac{r}{a}\right)^m \cos j(f + \lambda_p - \bar{\omega}) \tag{6-70}$$

利用汉森系数对上式作椭圆展开，可得

$$\mathcal{R}_{\mathrm{D}} = \sum_{n=0}^{\infty} \sum_{j=-\infty}^{\infty} \sum_{m=0}^{n} \sum_{s=-\infty}^{\infty} (-1)^{n-m} C_n^m A_{n,j}(\alpha) X_s^{m,j}(e) \cos[sM + j(\lambda_p - \bar{\omega})] \tag{6-71}$$

间接项展开为

$$\mathcal{R}_{\mathrm{I}} = -\left(\frac{r}{a}\right) \cos(f + \lambda_p - \bar{\omega}) \Rightarrow \mathcal{R}_{\mathrm{I}} = -\sum_{s=-\infty}^{\infty} X_s^{1,1}(e) \cos(sM + \lambda_p - \bar{\omega}) \tag{6-72}$$

综上，摄动函数展开的最终形式为

$$\mathcal{R} = \frac{\mathcal{G}m_p}{a_p} \sum_{n=0}^{\infty} \sum_{j=-\infty}^{\infty} \sum_{m=0}^{n} \sum_{s=-\infty}^{\infty} (-1)^{n-m} C_n^m A_{n,j}(\alpha) X_s^{m,j}(e) \cos[sM + j(\lambda_p - \bar{\omega})] -$$

$$\frac{\mathcal{G}m_p}{a_p} \left(\frac{a}{a_p}\right) \sum_{s=-\infty}^{\infty} X_s^{1,1}(e) \cos(sM + \lambda_p - \bar{\omega}) \tag{6-73}$$

对于逆行构型，平经度定义为 $\lambda = \bar{\omega} - M$（见图 6-6），于是得到摄动函数的展开式为[①]

$$\mathcal{R} = \frac{\mathcal{G}m_p}{a_p} \sum_{n=0}^{\infty} \sum_{j=-\infty}^{\infty} \sum_{m=0}^{n} \sum_{s=-\infty}^{\infty} (-1)^{n-m} C_n^m A_{n,j}(\alpha) X_s^{m,j}(e) \cos[s\lambda - j\lambda_p + (j-s)\bar{\omega}] -$$

$$\frac{\mathcal{G}m_p}{a_p} \left(\frac{a}{a_p}\right) \sum_{s=-\infty}^{\infty} X_s^{1,1}(e) \cos[s\lambda - \lambda_p + (1-s)\bar{\omega}] \tag{6-74}$$

可见，平面逆行构型的摄动函数展开式(6-74)与平面顺行构型的摄动函数展开式(6-75)具有完全一致的表达式。因此，无论顺行还是逆行，我们都可以将其统一到同一个摄动函数模型中。不过要注意，它们的近点经度 $\bar{\omega}$ 和平经度 λ 具有不同的定义。关于(6-74)的性质讨论，类似于平面顺行构型，这里不再重复。

试想，如果我们采用和顺行构型一致的近点经度和平经度定义，即取 $\bar{\omega} = \Omega + \omega$ 和 $\lambda = \bar{\omega} + M$，平面逆行构型下的摄动函数展开表达式如何？此时，矢量夹角为

$$\psi = f + \omega - \Omega + \lambda_p \Rightarrow \psi = f + \bar{\omega} - 2\Omega + \lambda_p \tag{6-75}$$

中间过程与之前的推导完全一致（不再重复），这里仅给出结果

$$\mathcal{R} = \frac{\mathcal{G}m_p}{a_p} \sum_{n=0}^{\infty} \sum_{j=-\infty}^{\infty} \sum_{m=0}^{n} \sum_{s=-\infty}^{\infty} (-1)^{n-m} C_n^m A_{n,j}(\alpha) X_s^{m,j}(e) \times$$

$$\cos[s\lambda + (j-s)\bar{\omega} - 2j\Omega + j\lambda_p] -$$

$$\frac{\mathcal{G}m_p}{a_p} \left(\frac{a}{a_p}\right) \sum_{s=-\infty}^{\infty} X_s^{1,1}(e) \cos[s\lambda + (1-s)\bar{\omega} - 2\Omega + \lambda_p] \tag{6-76}$$

---

① 文献[10]中采用的平经度角为经典定义，因此最后的表达式存在差异。希望读者注意到这一点。

可见,摄动函数展开中出现升交点经度 Ω,然而我们知道对于平面构型升交点经度无定义,这里升交点经度的出现是由于近点经度的引入不自恰引起的(表达式(6-76)本身是正确的)。这进一步说明,对于逆行构型,我们应该采用和顺行构型不一样的近点经度和平经度的定义方式,即

$$\begin{cases} \bar{\omega}=\Omega+\omega, \lambda=\bar{\omega}+M, i<\dfrac{\pi}{2} \\ \bar{\omega}=\Omega-\omega, \lambda=\bar{\omega}-M, i>\dfrac{\pi}{2} \end{cases} \tag{6-77}$$

关于近点经度和平经度在顺、逆行构型下不同(但自洽)的定义,在第十一章介绍偏心蔡佩尔-利多夫-古在效应(eccentricvon Zeipel-Lidov-Kozai effect,eccentric ZLK effect)时还会涉及[11]。

6.2.3 平面椭圆型限制性三体系统构型

小天体和摄动天体位于同一平面内(即平面构型),摄动天体绕中心天体做椭圆运动,此时我们称之为平面椭圆型限制性三体问题(系统构型见图6-7)。

在平面椭圆型限制性三体系统构型下[①],第三体摄动函数为

$$\mathcal{R}=\mathcal{G}m_p\left(\frac{1}{\Delta}-\frac{r}{r_p{}^2}\cos\psi\right) \tag{6-78}$$

进一步整理为

$$\mathcal{R}=\frac{\mathcal{G}m_p}{a_p}\left[\frac{a_p}{\Delta}-\left(\frac{a}{a_p}\right)\left(\frac{r}{a}\right)\left(\frac{a_p}{r_p}\right)^2\cos\psi\right] \tag{6-79}$$

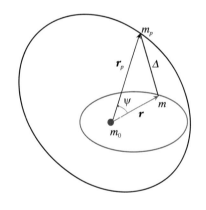

图6-7 平面椭圆型限制性三体系统构型

其中距离函数为

$$\Delta=\sqrt{r_p^2+r^2-2rr_p\cos\psi} \tag{6-80}$$

位置矢量之间的夹角为

$$\psi=\theta-\theta_p=(f+\bar{\omega})-(f_p+\bar{\omega}_p)=f-f_p+\Delta\bar{\omega} \tag{6-81}$$

其中 f 和 f_p 分别为小天体和摄动天体的真近点角(true anomaly)。

将摄动函数表示为

$$\mathcal{R}=\frac{\mathcal{G}m_p}{a_p}(\mathcal{R}_{\mathrm{D}}+\alpha\mathcal{R}_{\mathrm{I}}) \tag{6-82}$$

其中 $\alpha=\dfrac{a}{a_p}$ 为半长轴之比,直接项和间接项分别为

---

① 这里只讨论顺行,逆行构型的讨论与此类似,区别在于近点经度和平经度的定义有所不同。

$$\mathcal{R}_\mathrm{D} = \frac{a_p}{\Delta}, \qquad \mathcal{R}_\mathrm{I} = -\left(\frac{r}{a}\right)\left(\frac{a_p}{r_p}\right)^2 \cos\psi \tag{6-83}$$

显然,直接项是 r 和 r_p 的函数。在小偏心率情况下,将直接项在 $(r=a, r_p=a_p)$ 附近进行 Taylor 展开(为二元函数的 Taylor 展开,见本章附录 6.4)

$$\mathcal{R}_\mathrm{D} = a_p \sum_{n=0}^{\infty} \sum_{m=0}^{n} C_n^m \frac{(r-a)^m (r_p-a_p)^{n-m}}{n!} \left[\frac{\mathrm{d}^n}{\mathrm{d}r^m \mathrm{d}r_p^{\,n-m}}\left(\frac{1}{\Delta}\right)\right]_{r=a, r_p=a_p} \tag{6-84}$$

因此可得

$$\mathcal{R}_\mathrm{D} = a_p \sum_{n=0}^{\infty} \sum_{m=0}^{n} C_n^m \frac{(r-a)^m (r_p-a_p)^{n-m}}{n!} \frac{\mathrm{d}^n}{\mathrm{d}a^m \mathrm{d}a_p^{\,n-m}}\left(\frac{1}{\Delta_0}\right) \tag{6-85}$$

其中

$$\frac{1}{\Delta_0} = \frac{1}{\sqrt{a_p^2 + a^2 - 2aa_p \cos\psi}} \tag{6-86}$$

进一步将(6-85)整理为

$$\mathcal{R}_\mathrm{D} = a_p \sum_{n=0}^{\infty} \sum_{m=0}^{n} C_n^m \frac{1}{n!} \left(\frac{r}{a}-1\right)^m \left(\frac{r_p}{a_p}-1\right)^{n-m} a^m a_p^{\,n-m} \frac{\mathrm{d}^n}{\mathrm{d}a^m \mathrm{d}a_p^{\,n-m}}\left(\frac{1}{\Delta_0}\right) \tag{6-87}$$

引入与偏心率同量级的小参数

$$\varepsilon = \frac{r}{a}-1 \sim O(e), \qquad \varepsilon_p = \frac{r_p}{a_p}-1 \sim O(e_p) \tag{6-88}$$

从而可将(6-87)表示为

$$\mathcal{R}_\mathrm{D} = a_p \sum_{n=0}^{\infty} \sum_{m=0}^{n} C_n^m \frac{\varepsilon^m \varepsilon_p^{\,n-m}}{n!} a^m a_p^{\,n-m} \frac{\mathrm{d}^n}{\mathrm{d}a^m \mathrm{d}a_p^{\,n-m}}\left(\frac{1}{\Delta_0}\right) \tag{6-89}$$

因此,通过展开式(6-89),实现了将两椭圆轨道之间的摄动函数展开转化为两圆轨道之间的摄动函数展开(物理图像见图 6-8)[①]。

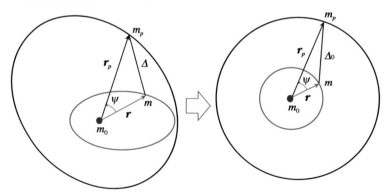

图 6-8　将两椭圆轨道间的摄动展开(左图)转化为两圆轨道间的摄动展开(右图)

---

① 此时,小天体和摄动天体的轨道偏心率为小参数。

接下来我们针对 $\dfrac{1}{\Delta_0}$，进行经典的 Laplace 展开

$$\frac{1}{\Delta_0} = (a^2 + a_p{}^2 - 2aa_p\cos\psi)^{-1/2} = \frac{1}{a_p}(1 + \alpha^2 - 2\alpha\cos\psi)^{-1/2}$$

$$= \frac{1}{a_p}\sum_{j=-\infty}^{\infty}\frac{1}{2}b_{1/2}^{(j)}(\alpha)\cos j\psi \qquad (6-90)$$

其中 $b_{1/2}^{(j)}(\alpha)$ 为 Laplace 系数（Laplace 系数的计算见本章的附录 6.1）。于是，直接项的摄动函数展开为

$$\mathcal{R}_{\mathrm{D}} = a_p\sum_{n=0}^{\infty}\sum_{m=0}^{n}C_n^m\frac{\varepsilon^m\varepsilon_p{}^{n-m}}{n!}\Big\{\sum_{j=-\infty}^{\infty}a^m a_p{}^{n-m}\frac{\mathrm{d}^n}{\mathrm{d}a^m\mathrm{d}a_p{}^{n-m}}\Big[\frac{1}{a_p}\frac{1}{2}b_{1/2}^{(j)}(\alpha)\Big]\cos j\psi\Big\} \qquad (6-91)$$

定义微分算子

$$D_{n,m} = a^n a_p{}^m\frac{\mathrm{d}^{n+m}}{\mathrm{d}a^n\mathrm{d}a_p{}^m} \qquad (6-92)$$

那么直接项摄动函数展开式可简化为

$$\mathcal{R}_{\mathrm{D}} = a_p\sum_{n=0}^{\infty}\sum_{m=0}^{n}C_n^m\frac{\varepsilon^m\varepsilon_p{}^{n-m}}{n!}\Big\{\sum_{j=-\infty}^{\infty}D_{m,n-m}\Big[\frac{1}{a_p}\frac{1}{2}b_{1/2}^{(j)}(\alpha)\Big]\cos j\psi\Big\} \qquad (6-93)$$

进一步引入简化符号

$$A_{m,n}^j(a,a_p) = D_{m,n-m}\Big[\frac{1}{a_p}\frac{1}{2}b_{1/2}^{(j)}(\alpha)\Big] = a^m a_p{}^{n-m}\frac{\mathrm{d}^n}{\mathrm{d}a^m\mathrm{d}a_p{}^{n-m}}\Big[\frac{1}{a_p}\frac{1}{2}b_{1/2}^{(j)}(\alpha)\Big] \qquad (6-94)$$

那么直接项简化为

$$\mathcal{R}_{\mathrm{D}} = a_p\sum_{n=0}^{\infty}\sum_{m=0}^{n}C_n^m\frac{\varepsilon^m\varepsilon_p{}^{n-m}}{n!}\Big[\sum_{j=-\infty}^{\infty}A_{m,n}^j(a,a_p)\cos j\psi\Big] \qquad (6-95)$$

整理后得到

$$\mathcal{R}_{\mathrm{D}} = a_p\sum_{n=0}^{\infty}\sum_{m=0}^{n}C_n^m\frac{1}{n!}\Big[\sum_{j=-\infty}^{\infty}A_{m,n}^j(a,a_p)\varepsilon^m\varepsilon_p{}^{n-m}\cos j\psi\Big] \qquad (6-96)$$

其中

$$\varepsilon^m\varepsilon_p{}^{n-m}\cos j\psi = \Big(\frac{r}{a}-1\Big)^m\Big(\frac{r_p}{a_p}-1\Big)^{n-m}\cos j\psi = \Big(\frac{r}{a}-1\Big)^m\Big(\frac{r_p}{a_p}-1\Big)^{n-m}\cos j(f - f_p + \Delta\bar\omega) \qquad (6-97)$$

对上式进行二项式展开可得

$$\varepsilon^m\varepsilon_p{}^{n-m}\cos j\psi = \sum_{p=0}^{m}\sum_{q=0}^{n-m}C_m^p C_{n-m}^q(-1)^{n-p-q}\Big(\frac{r}{a}\Big)^p\Big(\frac{r_p}{a_p}\Big)^q\cos j(f - f_p + \Delta\bar\omega) \qquad (6-98)$$

借助汉森系数对上式进行椭圆展开可得

$$\left(\frac{r}{a}\right)^p \left(\frac{r_p}{a_p}\right)^q \cos j(f - f_p + \Delta\bar{\omega}) \tag{6-99}$$

$$= \sum_{s_1=-\infty}^{\infty} \sum_{s_2=-\infty}^{\infty} X_{s_1}^{p,j}(e) X_{s_2}^{q,-j}(e_p) \cos(s_1 M + s_2 M_p + j\Delta\bar{\omega})$$

然后将上式代入直接项(6-96),可得

$$\mathcal{R}_D = a_p \sum_{n=0}^{\infty} \sum_{m=0}^{n} \sum_{j=-\infty}^{\infty} \sum_{p=0}^{m} \sum_{q=0}^{n-m} \sum_{s_1=-\infty}^{\infty} \sum_{s_2=-\infty}^{\infty} \frac{1}{n!} C_n^m C_m^p C_{n-m}^q (-1)^{n-p-q} A_{m,n}^j(a, a_p) \times \tag{6-100}$$

$$X_{s_1}^{p,j}(e) X_{s_2}^{q,-j}(e_p) \cos(s_1 M + s_2 M_p + j\Delta\bar{\omega})$$

另外,间接项展开相对容易,可直接采用汉森系数对其进行椭圆展开

$$\mathcal{R}_I = -\frac{r}{a}\left(\frac{a_p}{r_p}\right)^2 \cos(f - f_p + \Delta\bar{\omega}) \tag{6-101}$$

展开式为

$$\mathcal{R}_I = -\sum_{s_1=-\infty}^{\infty} \sum_{s_2=-\infty}^{\infty} X_{s_1}^{1,1}(e) X_{s_2}^{-2,-1}(e_p) \cos(s_1 M + s_2 M_p + \Delta\bar{\omega}) \tag{6-102}$$

综上可得,摄动函数的展开式为

$$\mathcal{R} = \mathcal{G}m_p \sum_{n=0}^{N} \sum_{m=0}^{n} \sum_{j=-\infty}^{\infty} \sum_{p=0}^{m} \sum_{q=0}^{n-m} \sum_{s_1=-\infty}^{\infty} \sum_{s_2=-\infty}^{\infty} \frac{1}{n!} C_n^m C_m^p C_{n-m}^q (-1)^{n-p-q} A_{m,n}^j(a, a_p) \times$$

$$X_{s_1}^{p,j}(e) X_{s_2}^{q,-j}(e_p) \cos(s_1 M + s_2 M_p + j\Delta\bar{\omega}) -$$

$$\frac{\mathcal{G}m_p}{a_p}\left(\frac{a}{a_p}\right) \sum_{s_1=-\infty}^{\infty} \sum_{s_2=-\infty}^{\infty} X_{s_1}^{1,1}(e) X_{s_2}^{-2,-1}(e_p) \cos(s_1 M + s_2 M_p + \Delta\bar{\omega})$$

$$\tag{6-103}$$

引入平经度角

$$\lambda = M + \bar{\omega}, \qquad \lambda_p = M_p + \bar{\omega}_p \tag{6-104}$$

因此以平经度角表示的摄动函数展开式为

$$\mathcal{R} = \mathcal{G}m_p \sum_{n=0}^{N} \sum_{m=0}^{n} \sum_{j=-\infty}^{\infty} \sum_{p=0}^{m} \sum_{q=0}^{n-m} \sum_{s_1=-\infty}^{\infty} \sum_{s_2=-\infty}^{\infty} \frac{1}{n!} C_n^m C_m^p C_{n-m}^q (-1)^{n-p-q} A_{m,n}^j(a, a_p) \times$$

$$X_{s_1}^{p,j}(e) X_{s_2}^{q,-j}(e_p) \cos[s_1\lambda + s_2\lambda_p + (j-s_1)\bar{\omega} - (j+s_2)\bar{\omega}_p] -$$

$$\frac{\mathcal{G}m_p}{a_p}\left(\frac{a}{a_p}\right) \sum_{s_1=-\infty}^{\infty} \sum_{s_2=-\infty}^{\infty} X_{s_1}^{1,1}(e) X_{s_2}^{-2,-1}(e_p) \times$$

$$\cos[s_1\lambda + s_2\lambda_p + (1-s_1)\bar{\omega} - (1+s_2)\bar{\omega}_p] \tag{6-105}$$

观察展开式(6-105),可得如下性质:1) 摄动函数展开中的三角函数项均为余弦形式;2) 展开式中的角度项满足 d'Alembert 关系,即角度的各项系数之和为零,对应旋转不变性,即系统存在对称性(运动积分);3) 系数满足 d'Alembert 性质:系数中偏心率 e 的最低阶次等于三

角函数中近点经度 $\bar{\omega}$ 的系数(绝对值),同样系数中偏心率 e_p 的最低阶等于三角函数中近点经度 $\bar{\omega}_p$ 的系数(绝对值);4) 由于是平面构型,系数中未出现倾角,相应地,三角函数的角度项中也不会出现升交点经度。

6.2.4　空间椭圆型限制性系统构型(低倾角)

在以上三个小节中我们讨论了平面圆型和椭圆型限制性系统构型下的第三体摄动函数展开。本节我们进一步将其推广至三维构型,即空间椭圆型限制性三体系统构型。本节是经典的 Laplace 型摄动函数展开,主要参考的是《太阳系动力学》中摄动函数展开部分的内容。需要说明是,由于倾角自身也是展开式的小参数,因此本小节针对的是低倾角空间构型(图 6‑9)。需要注意的是,当倾角较大时,本

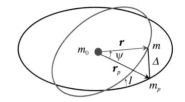

图 6‑9　低倾角空间椭圆型限制性三体系统构型

节介绍的摄动函数展开是不适用的,关于这种情况,本书将在 6.3 节进一步介绍 Namouni 和 Morais(2018)所做的非常重要的拓展——任意倾角构型下的摄动函数展开[7]。

在空间椭圆型限制性三体系统构型下,第三体摄动函数为

$$\mathcal{R} = \mathcal{G} m_p \left(\frac{1}{\Delta} - \frac{r}{r_p{}^2} \cos \psi \right) \tag{6-106}$$

进一步整理为

$$\mathcal{R} = \frac{\mathcal{G} m_p}{a_p} \left[\frac{a_p}{\Delta} - \left(\frac{a}{a_p} \right) \left(\frac{a_p}{r_p} \right)^2 \left(\frac{r}{a} \right) \cos \psi \right] \tag{6-107}$$

直接项和间接项分别记为

$$\mathcal{R}_{\mathrm{D}} = \frac{a_p}{\Delta} = \frac{a_p}{\| \boldsymbol{r} - \boldsymbol{r}_p \|} , \mathcal{R}_{\mathrm{I}} = - \left(\frac{a_p}{r_p} \right)^2 \left(\frac{r}{a} \right) \cos \psi \tag{6-108}$$

因而第三体摄动函数为

$$\mathcal{R} = \frac{\mathcal{G} m_p}{a_p} (\mathcal{R}_{\mathrm{D}} + \alpha \mathcal{R}_{\mathrm{I}}) \tag{6-109}$$

下面按照文献[6]中的基本步骤对摄动函数(6‑109)进行展开。

第一步:摄动函数的"倾角"展开。

将直接项 $\mathcal{R}_{\mathrm{D}}$ 在共面构型(即 $I=0$)附近进行 Taylor 展开,即以 $I=0$ 为参考点,此时倾角函数 $s = \sin(I/2)$ 为小参数。

直接项中

$$\frac{1}{\Delta} = (r_p{}^2 + r^2 - 2 r r_p \cos \psi)^{-1/2} \tag{6-110}$$

与倾角相关的函数为 $\cos \psi$

$$\cos \psi = \cos(\Omega - \theta_p)\cos(f + \omega) - \sin(\Omega - \theta_p)\sin(f + \omega)\cos I \qquad (6-111)$$

特别地,当 $I = 0$ 时(共面构型),位置矢量夹角的余弦为

$$\cos \psi = \cos(\theta - \theta_p) \qquad (6-112)$$

其中 $\theta = f + \bar{\omega}$,$\theta_p = f_p + \bar{\omega}_p$ 分别为小天体和摄动天体的真经度角。于是,(6-111)和(6-112)之间的偏差就是由于小倾角引起的。对此,我们引入关于倾角的小参数(这是一种非常巧妙的引入小参数的方法)

$$\Psi = \cos \psi - \cos(\theta - \theta_p) \qquad (6-113)$$

将 $\cos \psi = \cos(\theta - \theta_p) + \Psi$ 代入(6-110),可得

$$\frac{1}{\Delta} = \{r_p^2 + r^2 - 2rr_p[\cos(\theta - \theta_p) + \Psi]\}^{-1/2} \qquad (6-114)$$
$$= \{r_p^2 + r^2 - 2rr_p\cos(\theta - \theta_p) - 2rr_p\Psi\}^{-1/2}$$

将上式进一步整理为

$$\frac{1}{\Delta} = (2rr_p)^{-1/2}\left[\frac{r_p^2 + r^2 - 2rr_p\cos(\theta - \theta')}{2rr_p} - \Psi\right]^{-1/2} \qquad (6-115)$$

其中 Ψ 是和倾角相关的小参数,因此可将(6-115)作类似二项式展开(见第一章)。为了将(6-115)进行展开,我们记

$$\Psi \to x \ll 1, \qquad \frac{r_p^2 + r^2 - 2rr_p\cos(\theta - \theta')}{2rr_p} \to b \qquad (6-116)$$

那么(6-115)变为

$$\frac{1}{\Delta} = (2rr_p)^{-1/2}(b - x)^{-1/2} = (2rr_p)^{-1/2}f(x) \qquad (6-117)$$

其中

$$f(x) = (b - x)^{-1/2} \qquad (6-118)$$

其中 x 为小参量。将函数 $f(x)$ 在 $x = 0$ 附近进行 Taylor 展开(见本章附录 6.5 中的推导),可得

$$f(x) = \sum_{i=0}^{\infty} \frac{x^i}{i!}\left(f^{(i)}(x)\Big|_{x=0}\right) = \sum_{i=0}^{\infty} \frac{x^i}{i!}\frac{(2i)!}{2^{2i}(i!)}(b)^{-1/2-i} \qquad (6-119)$$

然后将(6-119)代入(6-117),可得

$$\frac{1}{\Delta} = (2rr_p)^{-1/2}\sum_{i=0}^{\infty}\frac{\Psi^i}{i!}\frac{(2i)!}{2^{2i}(i!)}\left[\frac{r_p^2 + r^2 - 2rr_p\cos(\theta - \theta')}{2rr_p}\right]^{-(i+\frac{1}{2})} \qquad (6-120)$$

相当于将 $\frac{1}{\Delta}$ 在 $\Psi = 0$ 附近进行 Taylor 展开。上式可进一步整理为

$$\frac{1}{\Delta} = \sum_{i=0}^{\infty} \frac{(2i)!}{(i!)^2} \left(\frac{1}{2} rr_p \Psi\right)^i \left[r_p^2 + r^2 - 2rr_p \cos(\theta - \theta_p)\right]^{-\left(i + \frac{1}{2}\right)} \tag{6-121}$$

记 $\dfrac{1}{\Delta_0} = \left[r_p^2 + r^2 - 2rr_p \cos(\theta - \theta_p)\right]^{-\frac{1}{2}}$ 为两共面椭圆轨道之间的"直接项",因此可以很容易地得到摄动函数的直接项展开式

$$\frac{1}{\Delta} = \sum_{i=0}^{\infty} \frac{(2i)!}{(i!)^2} \left(\frac{1}{2} rr_p \Psi\right)^i \frac{1}{\Delta_0^{2i+1}} \tag{6-122}$$

展开式(6-122)实现了将两个空间椭圆轨道间的摄动函数展开转化为两共面椭圆轨道之间的摄动函数展开的过程。特别地,$\dfrac{1}{\Delta} = (r_p^2 + r^2 - 2rr_p \cos \psi)^{-1/2}$ 含倾角(空间构型的直接项),而 $\dfrac{1}{\Delta_0} = \left[r_p^2 + r^2 - 2rr_p \cos(\theta - \theta_p)\right]^{-1/2}$ 不含倾角(平面构型的直接项)。

第二步:摄动函数的"偏心率"展开。

考虑到

$$\frac{1}{\Delta_0} = \left[r_p^2 + r^2 - 2rr_p \cos(\theta - \theta_p)\right]^{-\frac{1}{2}} \tag{6-123}$$

为 r 和 r_p 的函数,于是将其在 $(r = a, r_p = a_p)$ 点附近展开为 Taylor 级数形式

$$\frac{1}{\Delta_0} = \sum_{l=0}^{\infty} \sum_{k=0}^{l} C_l^k \frac{1}{l!} (r-a)^k (r_p - a_p)^{l-k} \left[\frac{\partial^l}{\partial r_p^{l-k} \partial r^k} \left(\frac{1}{\Delta_0}\right)\right]_{r=a, r_p=a_p} \tag{6-124}$$

这里有①

$$\left[\frac{\partial^l}{\partial r_p^{l-k} \partial r^k} \left(\frac{1}{\Delta_0}\right)\right]_{r=a, r_p=a_p} = \frac{\partial^l}{\partial a_p^{l-k} \partial a^k} \left(\frac{1}{\rho_0}\right) \tag{6-125}$$

其中

$$\frac{1}{\rho_0} = \left[a_p^2 + a^2 - 2aa_p \cos(\theta - \theta_p)\right]^{-\frac{1}{2}} \tag{6-126}$$

将上式代入(6-124)可得

$$\frac{1}{\Delta_0} = \sum_{l=0}^{\infty} \sum_{k=0}^{l} C_l^k \frac{1}{l!} (r-a)^k (r_p - a_p)^{l-k} \frac{\partial^l}{\partial a^k \partial a_p^{l-k}} \left(\frac{1}{\rho_0}\right) \tag{6-127}$$

类似地可得

$$\frac{1}{\Delta_0^{2i+1}} = \sum_{l=0}^{\infty} \sum_{k=0}^{l} C_l^k \frac{1}{l!} (r-a)^k (r_p - a_p)^{l-k} \frac{\partial^l}{\partial a_p^{l-k} \partial a^k} \left(\frac{1}{\rho_0^{2i+1}}\right) \tag{6-128}$$

这里 $\dfrac{1}{\rho_0} = \left[a_p^2 + a^2 - 2aa_p \cos(\theta - \theta_p)\right]^{-1/2}$ 代表的是两个共面圆轨道之间的摄动函数展开。

---

① 用 a 取代 r,用 a_p 取代 r_p。

然后对 $\dfrac{1}{\rho_0^{2i+1}}$ 进行 Laplace 展开可得

$$
\begin{aligned}
\frac{1}{\rho_0^{2i+1}} &= \left[a_p^{2} + a^2 - 2aa_p\cos(\theta - \theta_p)\right]^{-\left(i+\frac{1}{2}\right)} \\
&= \frac{1}{a_p^{2i+1}}\left[1 + \alpha^2 - 2\alpha\cos(\theta - \theta_p)\right]^{-\left(i+\frac{1}{2}\right)} \\
&= \frac{1}{a_p^{2i+1}}\sum_{j=-\infty}^{\infty}\frac{1}{2}b_{i+\frac{1}{2}}^{(j)}(\alpha)\cos j(\theta - \theta_p)
\end{aligned}
\tag{6-129}
$$

至此，我们简要总结以上两步的展开过程（倾角展开和偏心率展开）

$$
\frac{1}{\Delta}\xrightarrow{\text{第一步}}\frac{1}{\Delta_0}\xrightarrow{\text{第二步}}\frac{1}{\rho_0}
\tag{6-130}
$$

其中

$$
\frac{1}{\Delta} = (r_p^{2} + r^2 - 2rr_p\cos\psi)^{-\frac{1}{2}}\Rightarrow\text{含倾角，含偏心率}
$$

$$
\frac{1}{\Delta_0} = \left[r_p^{2} + r^2 - 2rr_p\cos(\theta - \theta_p)\right]^{-\frac{1}{2}}\Rightarrow\text{不含倾角，含偏心率}
$$

$$
\frac{1}{\rho_0} = \left[a_p^{2} + a^2 - 2aa_p\cos(\theta - \theta_p)\right]^{-\frac{1}{2}}\Rightarrow\text{不含倾角，不含偏心率}
$$

以上两步展开的物理图像见图 6-10。第一步展开实现了 $\dfrac{1}{\Delta}\Rightarrow\dfrac{1}{\Delta_0^{2i+1}}$ 的转换

$$
\frac{1}{\Delta} = \sum_{i=0}^{\infty}\frac{(2i)!}{(i!)^2}\left(\frac{1}{2}rr_p\Psi\right)^{i}\frac{1}{\Delta_0^{2i+1}}
\tag{6-131}
$$

第二步展开实现了 $\dfrac{1}{\Delta_0^{2i+1}}\Rightarrow\dfrac{1}{\rho_0^{2i+1}}$ 的转换

$$
\frac{1}{\Delta_0^{2i+1}} = \sum_{l=0}^{\infty}\sum_{k=0}^{l}C_l^k\frac{1}{l!}(r-a)^k(r_p-a_p)^{l-k}\frac{\partial^l}{\partial a_p^{l-k}\partial a^k}\left(\frac{1}{\rho_0^{2i+1}}\right)
\tag{6-132}
$$

其中

$$
\frac{1}{\rho_0^{2i+1}} = \frac{1}{a_p^{2i+1}}\sum_{j=-\infty}^{\infty}\frac{1}{2}b_{i+\frac{1}{2}}^{(j)}(\alpha)\cos j(\theta - \theta_p)
\tag{6-133}
$$

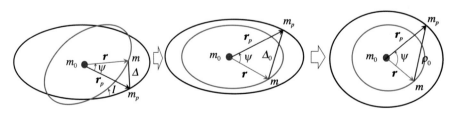

图 6-10　空间椭圆构型（左）⇒共面椭圆构型（中）⇒共面圆构型（右）

将(6-133)代入(6-132)并整理可得

$$\frac{1}{\Delta_0^{2i+1}} = \frac{1}{2} \sum_{j=-\infty}^{\infty} \left\{ \sum_{l=0}^{\infty} \frac{1}{l!} \sum_{k=0}^{l} C_l^k \left(\frac{r}{a} - 1 \right)^k \left(\frac{r_p}{a_p} - 1 \right)^{l-k} \times \right.$$

$$\left. a^k a_p^{l-k} \frac{\partial^l}{\partial a^k \partial a_p^{l-k}} \left[\frac{1}{a_p^{2i+1}} b_{i+\frac{1}{2}}^{(j)}(\alpha) \right] \right\} \cos j(\theta - \theta_p) \tag{6-134}$$

定义微分算子

$$D_{m,n} = a^m a_p^n \frac{\partial^{m+n}}{\partial a^m \partial a_p^n} \tag{6-135}$$

并引入小参量（与偏心率同阶的小量）

$$\varepsilon = \frac{r}{a} - 1 = O(e), \varepsilon_p = \frac{r_p}{a_p} - 1 = O(e_p) \tag{6-136}$$

可得

$$\frac{1}{\Delta_0^{2i+1}} = \frac{1}{2} \sum_{j=-\infty}^{\infty} \left\{ \sum_{l=0}^{\infty} \frac{1}{l!} \sum_{k=0}^{l} C_l^k \varepsilon^k \varepsilon_p^{l-k} D_{k,l-k} \left[\frac{1}{a_p^{2i+1}} b_{i+\frac{1}{2}}^{(j)}(\alpha) \right] \right\} \cos j(\theta - \theta_p) \tag{6-137}$$

为了方便推导，引入简化符号

$$A_{i,j,m,n} = D_{m,n} \left[\frac{1}{a_p^{2i+1}} b_{i+\frac{1}{2}}^{(j)}(\alpha) \right] \tag{6-138}$$

从而有

$$\frac{1}{\Delta_0^{2i+1}} = \frac{1}{2} \sum_{j=-\infty}^{\infty} \left(\sum_{l=0}^{\infty} \frac{1}{l!} \sum_{k=0}^{l} C_l^k \varepsilon^k \varepsilon_p^{l-k} A_{i,j,k,l-k} \right) \cos j(\theta - \theta_p) \tag{6-139}$$

将其代入下式

$$\frac{1}{\Delta} = \sum_{i=0}^{\infty} \frac{(2i)!}{(i!)^2} \left(\frac{1}{2} r r_p \Psi \right)^i \frac{1}{\Delta_0^{2i+1}} \tag{6-140}$$

可得 $\frac{1}{\Delta}$ 的展开式为

$$\frac{1}{\Delta} = \sum_{i=0}^{\infty} \frac{(2i)!}{(i!)^2} \left(\frac{1}{2} \frac{r}{a} \frac{r_p}{a_p} \Psi \right)^i \frac{a^i a_p^i}{2} \sum_{j=-\infty}^{\infty} \left(\sum_{l=0}^{\infty} \frac{1}{l!} \sum_{k=0}^{l} C_l^k \varepsilon^k \varepsilon_p^{l-k} A_{i,j,k,l-k} \right) \cos j(\theta - \theta_p) \tag{6-141}$$

故摄动函数的直接项变成

$$\mathcal{R}_D = \frac{a_p}{\Delta} = \sum_{i=0}^{\infty} \frac{(2i)!}{(i!)^2} \left(\frac{1}{2} \frac{r}{a} \frac{r_p}{a_p} \Psi \right)^i \frac{a^i a_p^{i+1}}{2} \sum_{j=-\infty}^{\infty} \left(\sum_{l=0}^{\infty} \frac{1}{l!} \sum_{k=0}^{l} C_l^k \varepsilon^k \varepsilon_p^{l-k} A_{i,j,k,l-k} \right) \cos j(\theta - \theta_p) \tag{6-142}$$

至此，我们推导的摄动函数展开式(6-142)与 Murray 和 Dermott 于 1999 年给出的摄动函数展开形式完全一致[6]。

不难发现,摄动函数展开式(6-142)并没有彻底展开,即并不是关于轨道根数的最终表达式。Murray 和 Dermott 在《太阳系动力学》一书中没有给出后续的展开过程[6]。另外,虽然 Ellis 与 Murray[1]给出了最终的展开式,但是没有给出具体的推导过程。下面我们给出彻底展开的推导细节。

第三步:摄动函数的椭圆展开。

要彻底展开(6-142),需针对如下两项作进一步展开

$$\left(\frac{1}{2}\frac{r}{a}\frac{r_p}{a_p}\Psi\right)^i \text{和} \varepsilon^k \varepsilon_p^{\,l-k} \cos j(\theta-\theta_p) \tag{6-143}$$

首先,推导第一组关系——与倾角相关的小参量 Ψ

$$\Psi = \cos \psi - \cos(\theta - \theta_p) \tag{6-144}$$

整理为

$$\Psi = \cos(\Omega-\theta_p)\cos(f+\omega) - \sin(\Omega-\theta_p)\sin(f+\omega)\cos I - \\ [\cos(\Omega-\theta_p)\cos(f+\omega) - \sin(\Omega-\theta_p)\sin(f+\omega)] \tag{6-145}$$

其中有两项相等,略去可得

$$\Psi = \sin(\Omega-\theta_p)\sin(f+\omega) - \sin(\Omega-\theta_p)\sin(f+\omega)\cos I \tag{6-146}$$

整理为

$$\Psi = \sin(\Omega-\theta_p)\sin(f+\omega)(1-\cos I) \tag{6-147}$$

根据三角函数关系,上式进一步等价为

$$\Psi = 2\sin(\Omega-\theta_p)\sin(f+\omega)\sin^2\left(\frac{I}{2}\right) \tag{6-148}$$

对小倾角而言,小参数为 $s=\sin\left(\dfrac{I}{2}\right)$。表达式(6-148)说明 $\Psi=O(s^2)$ 是小倾角参数 s 的二阶小量。根据(6-147),可得 Ψ^i 为

$$\Psi^i = \sin^i(\Omega-\theta_p)\sin^i(f+\omega)(1-\cos I)^i \tag{6-149}$$

其次,推导第二组关系。利用二项式定理展开,可得

$$\varepsilon^k = \left(\frac{r}{a}-1\right)^k = \sum_{m=0}^{k} C_k^m (-1)^{k-m}\left(\frac{r}{a}\right)^m \tag{6-150}$$

以及

$$\varepsilon_p^{\,l-k} = \left(\frac{r_p}{a_p}-1\right)^{l-k} = \sum_{n=0}^{l-k} C_{l-k}^n (-1)^{l-k-n}\left(\frac{r_p}{a_p}\right)^n \tag{6-151}$$

将以上两组关系代入直接项表达式,整理得到

$$
\mathcal{R}_{\mathrm{D}} = \sum_{i=0}^{\infty} \sum_{j=-\infty}^{\infty} \sum_{l=0}^{\infty} \sum_{k=0}^{l} \sum_{m=0}^{k} \sum_{n=0}^{l-k} (-1)^{l-m-n} \frac{(2i)!}{2^{i+1}(i!)^2} \frac{1}{l!} C_l^k C_k^m C_{l-k}^n A_{i,j,k,l-k} a^i a_p^{i+1} \times
$$

$$
(1-\cos I)^i \left(\frac{r}{a}\right)^{i+m} \left(\frac{r_p}{a_p}\right)^{i+n} \sin^i(\Omega-\theta_p) \sin^i(f+\omega) \cos j(\theta-\theta_p)
$$

$$(6-152)$$

对三角函数项作积化和差处理,可得

$$
\sin^i(\Omega-\theta_p) \sin^i(f+\omega) \cos j(\theta-\theta_p)
$$

$$
= \left(\frac{1}{2\mathrm{i}}\right)^i \{\exp[\mathrm{i}(\Omega-\theta_p)] - \exp[-\mathrm{i}(\Omega-\theta_p)]\}^i \times
$$

$$
\left(\frac{1}{2\mathrm{i}}\right)^i \{\exp[\mathrm{i}(f+\omega)] - \exp[-\mathrm{i}(f+\omega)]\}^i \cos j(\theta-\theta_p)
$$

$$(6-153)$$

其中 $\mathrm{i}=\sqrt{-1}$ 为虚数单位。对(6-153)进行二项式展开,然后合并整理可得

$$
\sin^i(\Omega-\theta_p) \sin^i(f+\omega) \cos j(\theta-\theta_p)
$$

$$
= \frac{1}{2^{2i}(-1)^i} \sum_{t_1=0}^{i} \sum_{t_2=0}^{i} C_i^{t_1} C_i^{t_2} (-1)^{t_1+t_2} \times
$$

$$
\exp \mathrm{i}\left[(i-2t_2)(f+\omega) + (i-2t_1)(\Omega-\theta_p)\right] \cos j(\theta-\theta_p)
$$

$$
= \frac{1}{2^{2i}(-1)^i} \sum_{t_1=0}^{i} \sum_{t_2=0}^{i} C_i^{t_1} C_i^{t_2} (-1)^{t_1+t_2} \times
$$

$$
\cos\left[(i-2t_2)(f+\omega) + (i-2t_1)(\Omega-\theta_p)\right] \cos j(\theta-\theta_p)
$$

$$(6-154)$$

代入直接项展开式,并整理后可得

$$
\mathcal{R}_{\mathrm{D}} = \sum_{i=0}^{\infty} \sum_{j=-\infty}^{\infty} \sum_{l=0}^{\infty} \sum_{k=0}^{l} \sum_{m=0}^{k} \sum_{n=0}^{l-k} \sum_{t_1=0}^{i} \sum_{t_2=0}^{i} (-1)^{l-m-n+t_1+t_2-i} \frac{(2i)!}{2^{3i+1}(i!)^2} \frac{1}{l!} C_l^k C_k^m C_{l-k}^n C_i^{t_1} C_i^{t_2} \times
$$

$$
A_{i,j,k,l-k} a^i a_p^{i+1} (1-\cos I)^i \left(\frac{r}{a}\right)^{i+m} \left(\frac{r_p}{a_p}\right)^{i+n} \times
$$

$$
\cos\left[(i-2t_2)(f+\omega) + (i-2t_1)(\Omega-\theta_p)\right] \cos j(\theta-\theta_p)
$$

$$(6-155)$$

进一步对三角函数作积化和差处理

$$
\cos\left[(i-2t_2)(f+\omega) + (i-2t_1)(\Omega-\theta_p)\right] \cos j(\theta-\theta_p)
$$

$$
= \frac{1}{2} \{\cos[(i-j-2t_2)(f+\omega) + (i-j-2t_1)\Omega - (i-j-2t_1)\theta_p] +
$$

$$
\cos[(i+j-2t_2)(f+\omega) + (i+j-2t_1)\Omega - (i+j-2t_1)\theta_p]\}
$$

$$(6-156)$$

于是,摄动函数的直接项变为

$$
\mathcal{R}_{\mathrm{D}} = \sum_{i=0}^{\infty} \sum_{j=-\infty}^{\infty} \sum_{l=0}^{\infty} \sum_{k=0}^{l} \sum_{m=0}^{k} \sum_{n=0}^{l-k} \sum_{t_1=0}^{i} \sum_{t_2=0}^{i} (-1)^{l-m-n+t_1+t_2-i} \frac{(2i)!}{2^{3i+2}(i!)^2} \frac{1}{l!} C_l^k C_k^m C_{l-k}^n C_i^{t_1} C_i^{t_2} \times
$$

$$
A_{i,j,k,l-k} a^i a_p^{i+1} (1-\cos I)^i \left(\frac{r}{a}\right)^{i+m} \left(\frac{r_p}{a_p}\right)^{i+n} \times
$$

$$
\{\cos[(i-j-2t_2)(f+\omega)+(i-j-2t_1)\Omega-(i-j-2t_1)\theta_p]+
$$

$$
\cos[(i+j-2t_2)(f+\omega)+(i+j-2t_1)\Omega-(i+j-2t_1)\theta_p]\}
$$

$$
(6-157)
$$

再借助汉森系数对上式进行椭圆展开

$$
\left(\frac{r}{a}\right)^{i+m} \left(\frac{r_p}{a_p}\right)^{i+n} \cos[(i-j-2t_2)f+(i-j-2t_2)\omega+(i-j-2t_1)\Omega-
$$

$$
(i-j-2t_1)\theta_p] = \sum_{s_1=-\infty}^{\infty} \sum_{s_2=-\infty}^{\infty} X_{s_1}^{i+m,(i-j-2t_2)}(e) X_{s_2}^{i+n,-(i-j-2t_1)}(e_p) \times
$$

$$
\cos[s_1 M + s_2 M_p + (i-j-2t_2)\omega + (i-j-2t_1)\Omega - (i-j-2t_1)\bar{\omega}_p]
$$

$$
(6-158)
$$

以及

$$
\left(\frac{r}{a}\right)^{i+m} \left(\frac{r_p}{a_p}\right)^{i+n} \cos[(i+j-2t_2)f+(i+j-2t_2)\omega+(i+j-2t_1)\Omega-
$$

$$
(i+j-2t_1)\theta_p] = \sum_{s_1=-\infty}^{\infty} \sum_{s_2=-\infty}^{\infty} X_{s_1}^{i+m,(i+j-2t_2)}(e) X_{s_2}^{i+n,-(i+j-2t_1)}(e_p) \times
$$

$$
\cos[s_1 M + s_2 M_p + (i+j-2t_2)\omega + (i+j-2t_1)\Omega - (i+j-2t_1)\bar{\omega}_p]
$$

$$
(6-159)
$$

因此，直接项的展开式变为

$$
\mathcal{R}_{\mathrm{D}} = \sum_{i=0}^{\infty} \sum_{j=-\infty}^{\infty} \sum_{l=0}^{\infty} \sum_{k=0}^{l} \sum_{m=0}^{k} \sum_{n=0}^{l-k} \sum_{t_1=0}^{i} \sum_{t_2=0}^{i} (-1)^{l-m-n+t_1+t_2-i} \frac{(2i)!}{2^{3i+2}(i!)^2} \frac{1}{l!} C_l^k C_k^m C_{l-k}^n C_i^{t_1} C_i^{t_2} \times
$$

$$
A_{i,j,k,l-k} a^i a_p^{i+1} (1-\cos I)^i \sum_{s_1=-\infty}^{\infty} \sum_{s_2=-\infty}^{\infty} \{X_{s_1}^{i+m,(i-j-2t_2)}(e) X_{s_2}^{i+n,-(i-j-2t_1)}(e_p) \times
$$

$$
\cos[s_1 M + s_2 M_p + (i-j-2t_2)\omega + (i-j-2t_1)\Omega - (i-j-2t_1)\bar{\omega}_p]+
$$

$$
X_{s_1}^{i+m,(i+j-2t_2)}(e) X_{s_2}^{i+n,-(i+j-2t_1)}(e_p) \times
$$

$$
\cos[s_1 M + s_2 M_p + (i+j-2t_2)\omega + (i+j-2t_1)\Omega - (i+j-2t_1)\bar{\omega}_p]\}
$$

$$
(6-160)
$$

另外，将间接项展开为

$$
\mathcal{R}_{\mathrm{I}} = -\left(\frac{r}{a}\right)\left(\frac{a_p}{r_p}\right)^2 \cos\psi
$$

$$
= -\left(\frac{r}{a}\right)\left(\frac{a_p}{r_p}\right)^2 \left[\sin^2\frac{I}{2}\cos(f+\omega-\Omega+\theta_p)+\cos^2\frac{I}{2}\cos(f+\omega+\Omega-\theta_p)\right]
$$

$$
(6-161)
$$

对间接项进行椭圆展开可得

$$\mathcal{R}_\mathrm{I} = -\sum_{s_1=-\infty}^{\infty}\sum_{s_2=-\infty}^{\infty}\Big[X_{s_1}^{1,1}(e)X_{s_2}^{-2,1}(e_p)\sin^2\frac{I}{2}\cos(s_1 M + s_2 M_p + \omega - \Omega + \bar{\omega}_p) +$$

$$X_{s_1}^{1,1}(e)X_{s_2}^{-2,-1}(e_p)\cos^2\frac{I}{2}\cos(s_1 M + s_2 M_p + \omega + \Omega - \bar{\omega}_p)\Big]$$

$$(6\text{-}162)$$

同时将直接项和间接项代入摄动函数表达式

$$\mathcal{R} = \frac{\mathcal{G}m_p}{a_p}(\mathcal{R}_\mathrm{D} + \alpha\mathcal{R}_\mathrm{I}) \tag{6-163}$$

可得最后的摄动函数展开式为

$$\mathcal{R} = \frac{\mathcal{G}m_p}{a_p}\sum_{i=0}^{\infty}\sum_{j=-\infty}^{\infty}\sum_{l=0}^{\infty}\sum_{k=0}^{l}\sum_{m=0}^{k}\sum_{n=0}^{l-k}\sum_{t_1=0}^{i}\sum_{t_2=0}^{i}(-1)^{l-m-n+t_1+t_2-i}\frac{(2i)!}{2^{3i+2}(i!)^2}\frac{1}{l!}C_l^k C_k^m C_{l-k}^n C_i^{t_1}\times$$

$$C_i^{t_2}A_{i,j,k,l-k}a^i a_p^{i+1}(1-\cos I)^i\sum_{s_1=-\infty}^{\infty}\sum_{s_2=-\infty}^{\infty}\{X_{s_1}^{i+m,(i-j-2t_2)}(e)X_{s_2}^{i+n,-(i-j-2t_1)}(e_p)\times$$

$$\cos[s_1 M + s_2 M_p + (i-j-2t_2)\omega + (i-j-2t_1)\Omega - (i-j-2t_1)\bar{\omega}_p] +$$

$$X_{s_1}^{i+m,(i+j-2t_2)}(e)X_{s_2}^{i+n,-(i+j-2t_1)}(e_p)\times$$

$$\cos[s_1 M + s_2 M_p + (i+j-2t_2)\omega + (i+j-2t_1)\Omega - (i+j-2t_1)\bar{\omega}_p]\} -$$

$$\frac{\mathcal{G}m_p}{a_p}\Big(\frac{a}{a_p}\Big)\sum_{s_1=-\infty}^{\infty}\sum_{s_2=-\infty}^{\infty}\Big[X_{s_1}^{1,1}(e)X_{s_2}^{-2,1}(e_p)\sin^2\frac{I}{2}\cos(s_1 M + s_2 M_p + \omega - \Omega + \bar{\omega}_p) +$$

$$X_{s_1}^{1,1}(e)X_{s_2}^{-2,-1}(e_p)\cos^2\frac{I}{2}\cos(s_1 M + s_2 M_p + \omega + \Omega - \bar{\omega}_p)\Big]$$

$$(6\text{-}164)$$

引入平经度、近点经度和升交点经度

$$\lambda = \bar{\omega} + M, \qquad \lambda_p = \bar{\omega}_p + M_p, \qquad \bar{\omega} = \Omega + \omega \tag{6-165}$$

并引入小倾角参数

$$(1-\cos I)^i = 2^i\sin^{2i}\Big(\frac{I}{2}\Big) = 2^i s^{2i} \tag{6-166}$$

那么摄动函数的最终展开式变为

$$\mathcal{R} = \frac{\mathcal{G}m_p}{a_p}\sum_{i=0}^{\infty}\sum_{j=-\infty}^{\infty}\sum_{l=0}^{\infty}\sum_{k=0}^{l}\sum_{m=0}^{k}\sum_{n=0}^{l-k}\sum_{t_1=0}^{i}\sum_{t_2=0}^{i}(-1)^{l-m-n+t_1+t_2-i}\frac{(2i)!}{2^{2i+2}(i!)^2}\frac{1}{l!}C_l^k C_k^m C_{l-k}^n C_i^{t_1}\times$$

$$C_i^{t_2}A_{i,j,k,l-k}a^i a_p^{i+1}\sum_{s_1=-\infty}^{\infty}\sum_{s_2=-\infty}^{\infty}\Big\{ X_{s_1}^{i+m,(i-j-2t_2)}(e)X_{s_2}^{i+n,-(i-j-2t_1)}(e_p)\sin^{2i}\Big(\frac{I}{2}\Big)\times$$

$$\cos[s_1\lambda + s_2\lambda_p + (i-j-2t_2-s_1)\bar{\omega} - 2(t_1-t_2)\Omega - (i-j-2t_1+s_2)\bar{\omega}_p] +$$

$$X_{s_1}^{i+m,(i+j-2t_2)}(e)X_{s_2}^{i+n,-(i+j-2t_1)}(e_p)\sin^{2i}\Big(\frac{I}{2}\Big)\cos[s_1\lambda + s_2\lambda_p +$$

$$(i+j-2t_2-s_1)\bar{\omega}-2(t_1-t_2)\Omega-(i+j-2t_1+s_2)\bar{\omega}_p]\}-$$

$$\frac{\mathcal{G}m_p}{a_p}\left(\frac{a}{a_p}\right)\sum_{s_1=-\infty}^{\infty}\sum_{s_2=-\infty}^{\infty}\left\{X_{s_1}^{1,1}(e)X_{s_2}^{-2,1}(e_p)\sin^2\left(\frac{I}{2}\right)\cos[s_1\lambda+s_2\lambda_p+\right.$$

$$(1-s_1)\bar{\omega}-2\Omega+(1-s_2)\bar{\omega}_p]+X_{s_1}^{1,1}(e)X_{s_2}^{-2,-1}(e_p)\left[1-\sin^2\left(\frac{I}{2}\right)\right]\times$$

$$\cos[s_1\lambda+s_2\lambda_p+(1-s_1)\bar{\omega}-(1+s_2)\bar{\omega}_p]\} \tag{6-167}$$

将摄动函数展开式(6-167)写为如下紧凑形式

$$\mathcal{R}=\sum\mathcal{C}(a,e,i,a_p,e_p)\cos(k_1\lambda+k_2\bar{\omega}+k_3\Omega+k_4\lambda_p+k_5\bar{\omega}_p) \tag{6-168}$$

空间构型的摄动函数展开式的性质如下:

1)三角函数为余弦形式,并且角度项的系数满足 d'Alembert 关系(系数之和为零)。记角度为 $\varphi=k_1\lambda+k_2\bar{\omega}+k_3\Omega+k_4\lambda_p+k_5\bar{\omega}_p$,系数满足 $k_1+k_2+k_3+k_4+k_5=0$,这一性质对应旋转不变性。

2)升交点经度的系数为偶数,小倾角参数 s 的幂指数同样为偶数。由于 $0\leqslant t_1\leqslant i,0\leqslant t_2\leqslant i\Rightarrow 2i\geqslant 2|t_2-t_1|$,因此 $\sin^{2i}\left(\frac{I}{2}\right)=O(s^{2|t_2-t_1|})$,说明 s 的最低次幂对应升交点经度 Ω 的系数(绝对值),且为偶数。

3)偏心率的最低幂次与近点经度系数关系为

$$X_{s_1}^{i+m,(i-j-2t_2)}(e)X_{s_2}^{i+n,-(i-j-2t_1)}(e_p)\sin^{2i}\left(\frac{I}{2}\right)\times$$

$$\cos[s_1\lambda+s_2\lambda_p+(i-j-2t_2-s_1)\bar{\omega}+2(t_2-t_1)\Omega-(i-j-2t_1+s_2)\bar{\omega}_p]$$

考虑到汉森系数的性质

$$X_{s_1}^{i+m,(i-j-2t_2)}(e)=O(e^{|i-j-2t_2-s_1|})$$

$$X_{s_2}^{i+n,-(i-j-2t_1)}(e_p)=O(e_p^{|-(i-j-2t_1+s_2)|})$$

说明偏心率 e 和 e_p 的最低次幂对应 $\bar{\omega}$ 与 $\bar{\omega}_p$ 的系数(绝对值)。该性质可帮助我们进行摄动函数的量级分析。

4)进行最低阶近似,振幅系数可表示为

$$\mathcal{C}(a,e,i,a_p,e_p)\approx f(\alpha)e^{|k_2|}e_p^{|k_5|}s^{|k_3|} \tag{6-169}$$

因而仅保留偏心率和小倾角参数最低阶的摄动函数为

$$\mathcal{R}\approx\sum f(\alpha)e^{|k_2|}e_p^{|k_5|}s^{|k_3|}\cos(k_1\lambda+k_2\bar{\omega}+k_3\Omega+k_4\lambda_p+k_5\bar{\omega}_p) \tag{6-170}$$

6.2.5 二阶显式展开式

为了方便在第九章讨论威兹德姆(Wisdom)摄动理论,这里顺便给出截断到偏心率 (e,e_p) 和小倾角参数 s 二阶项的显式表达式。

基于如下展开式

$$\mathcal{R}_{\mathrm{D}} = \sum_{i=0}^{\infty} \frac{(2i)!}{(i!)^2} \Big(\frac{1}{2}\, \frac{r}{a}\, \frac{r_p}{a_p}\, \Psi \Big)^i \frac{a^i a_p^{i+1}}{2} \sum_{j=-\infty}^{\infty} \Big(\sum_{l=0}^{\infty} \frac{1}{l!} \sum_{k=0}^{l} C_l^k \varepsilon^k \varepsilon_p^{l-k} A_{i,j,k,l-k} \Big) \cos j(\theta-\theta_p)$$

$$(6\text{-}171)$$

下面我们将以上展开式截断到偏心率 e, e_p 和小倾角参数 s 的二阶项,给出具体的显式表达式。这部分内容主要参考文献[6]和[12]。但是读者需要注意的是:本书是统一在不变平面坐标系下进行推导的,而文献[6]和[12]是在任意惯性系下讨论的,因此实际表达式存在适当差异。

首先推导 $\cos\psi$ 的二阶表达式

$$\cos\psi = \frac{\boldsymbol{r}}{r} \cdot \frac{\boldsymbol{r}_p}{r_p} \tag{6-172}$$

在不变平面坐标系(行星轨道面坐标系)中,单位矢量为

$$\frac{\boldsymbol{r}}{r} = \begin{bmatrix} \cos\Omega\cos(f+\omega) - \sin\Omega\sin(f+\omega)\cos\varGamma \\ \sin\Omega\cos(f+\omega) + \cos\Omega\sin(f+\omega)\cos I \\ \sin(f+\omega)\sin I \end{bmatrix} \tag{6-173}$$

以及

$$\frac{\boldsymbol{r}_p}{r_p} = \begin{bmatrix} \cos(f_p+\bar{\omega}_p) \\ \sin(f_p+\bar{\omega}_p) \\ 0 \end{bmatrix} = \begin{bmatrix} \cos\theta_p \\ \sin\theta_p \\ 0 \end{bmatrix} \tag{6-174}$$

利用如下椭圆展开式(截断到偏心率的二阶项,见第一章的推导)

$$\sin f \approx \sin M + e\sin 2M + \frac{1}{8} e^2 (9\sin 3M - 7\sin M) \tag{6-175}$$

$$\cos f \approx \cos M + e(\cos 2M - 1) + \frac{9}{8} e^2 (\cos 3M - \cos M)$$

因而有

$$\begin{aligned} \cos(\omega+f) &= \cos\omega\cos f - \sin\omega\sin f \\ &\approx \cos(\omega+M) + e[\cos(\omega+2M) - \cos\omega] + \\ &\quad e^2 \Big[-\cos(\omega+M) - \frac{1}{8}\cos(\omega-M) + \frac{9}{8}\cos(\omega+3M) \Big] \end{aligned} \tag{6-176}$$

和

$$\begin{aligned} \sin(\omega+f) &= \sin\omega\cos f + \cos\omega\sin f \\ &\approx \sin(\omega+M) + e[\sin(\omega+2M) - \sin\omega] + \\ &\quad e^2 \Big[-\sin(\omega+M) + \frac{1}{8}\sin(\omega-M) + \frac{9}{8}\sin(\omega+3M) \Big] \end{aligned} \tag{6-177}$$

与倾角相关的函数有

$$\cos I = 1 - 2\sin^2 \frac{I}{2} = 1 - 2s^2 \tag{6-178}$$

$$\sin I = 2\sin \frac{I}{2} \cos \frac{I}{2} = 2s(1-s^2)^{\frac{1}{2}} = 2s + O(s^3)$$

其中 $s = \sin\left(\dfrac{I}{2}\right)$ 为小倾角参数。于是小天体和摄动天体的单位位置矢量的三个分量为

$$\frac{x}{r} \approx \cos\lambda + e[\cos(2\lambda - \bar\omega) - \cos\bar\omega] +$$

$$e^2\left[\frac{9}{8}\cos(3\lambda - 2\bar\omega) - \frac{1}{8}\cos(\lambda - 2\bar\omega) - \cos\lambda\right] + s^2[\cos(\lambda - 2\Omega) - \cos\lambda]$$

$$\frac{y}{r} \approx \sin\lambda + e[\sin(2\lambda - \bar\omega) - \sin\bar\omega] + \tag{6-179}$$

$$e^2\left[\frac{9}{8}\sin(3\lambda - 2\bar\omega) + \frac{1}{8}\sin(\lambda - 2\bar\omega) - \sin\lambda\right] - s^2[\sin(\lambda - 2\Omega) + \sin\lambda]$$

$$\frac{z}{r} \approx 2s\sin(\lambda - \Omega) + 2es[\sin(2\lambda - \bar\omega - \Omega) - \sin(\bar\omega - \Omega)]$$

以及

$$\frac{x_p}{r_p} \approx \cos\lambda_p + e_p[\cos(2\lambda_p - \bar\omega_p) - \cos\bar\omega_p] +$$

$$e_p{}^2\left[\frac{9}{8}\cos(3\lambda_p - 2\bar\omega_p) - \frac{1}{8}\cos(\lambda_p - 2\bar\omega_p) - \cos\lambda_p\right]$$

$$\frac{y_p}{r_p} \approx \sin\lambda_p + e_p[\sin(2\lambda_p - \bar\omega_p) - \sin\bar\omega_p] + \tag{6-180}$$

$$e_p{}^2\left[\frac{9}{8}\sin(3\lambda_p - 2\bar\omega_p) + \frac{1}{8}\sin(\lambda_p - 2\bar\omega_p) - \sin\lambda_p\right]$$

$$\frac{z_p}{r_p} \approx 0$$

代入(6-172)的表达式,可得

$$\cos\psi \approx (1 - e^2 - e_p{}^2)\cos(\lambda - \lambda_p) +$$

$$e[\cos(2\lambda - \lambda_p - \bar\omega) - \cos(\lambda_p - \bar\omega)] +$$

$$e_p[\cos(\lambda - 2\lambda_p + \bar\omega') - \cos(\lambda - \bar\omega_p)] +$$

$$ee_p[\cos(2\lambda - 2\lambda_p - \bar\omega + \bar\omega_p) + \cos(\bar\omega - \bar\omega_p) -$$

$$\cos(2\lambda - \bar\omega - \bar\omega_p) - \cos(2\lambda_p - \bar\omega - \bar\omega_p)] +$$

$$e^2\left[\frac{9}{8}\cos(3\lambda - \lambda_p - 2\bar\omega) - \frac{1}{8}\cos(\lambda + \lambda_p - 2\bar\omega)\right] +$$

$$e_p{}^2\left[\frac{9}{8}\cos(\lambda - 3\lambda_p + 2\bar\omega_p) - \frac{1}{8}\cos(\lambda + \lambda_p - 2\bar\omega_p)\right] +$$

$$s^2\cos(\lambda + \lambda_p - 2\Omega) \tag{6-181}$$

定义真经度角

$$\theta = f + \bar{\omega}, \qquad \theta_p = f_p + \bar{\omega}_p \tag{6-182}$$

当小天体与摄动天体共面时,有如下几何关系

$$\cos\psi = \cos(\theta - \theta_p) \tag{6-183}$$

定义与倾角相关的小量

$$\Psi = \cos\psi - \cos(\theta - \theta_p) \tag{6-184}$$

其中

$$
\begin{aligned}
\cos(\theta - \theta_p) \approx & (1 - e^2 - e_p{}^2)\cos(\lambda - \lambda_p) + \\
& e\left[\cos(2\lambda - \lambda_p - \bar{\omega}) - \cos(\lambda_p - \bar{\omega})\right] + \\
& e_p\left[\cos(\lambda - 2\lambda_p + \bar{\omega}_p) - \cos(\lambda - \bar{\omega}_p)\right] + \\
& ee_p\left[\cos(2\lambda - 2\lambda_p - \bar{\omega} + \bar{\omega}_p) + \cos(\bar{\omega} - \bar{\omega}_p) - \right. \\
& \left. \cos(2\lambda - \bar{\omega} - \bar{\omega}_p) - \cos(2\lambda_p - \bar{\omega} - \bar{\omega}_p)\right] + \\
& e^2\left[\frac{9}{8}\cos(3\lambda - \lambda_p - 2\bar{\omega}) - \frac{1}{8}\cos(\lambda + \lambda_p - 2\bar{\omega})\right] + \\
& e_p{}^2\left[\frac{9}{8}\cos(\lambda - 3\lambda_p + 2\bar{\omega}') - \frac{1}{8}\cos(\lambda + \lambda_p - 2\bar{\omega}_p)\right]
\end{aligned} \tag{6-185}
$$

因此,可得

$$\Psi = s^2\cos(\lambda + \lambda_p - 2\Omega) \tag{6-186}$$

说明 Ψ 是小倾角参数 s 的二阶小量(与上一节的结论一致)。

接下来继续推导 $\cos j(\theta - \theta_p)$ 的表达式

$$\cos j(\theta - \theta_p) = \cos j(f + \bar{\omega})\cos j(f_p + \bar{\omega}_p) + \sin j(f + \bar{\omega})\sin j(f_p + \bar{\omega}_p) \tag{6-187}$$

其中(具体推导见第一章)

$$
\begin{aligned}
f &= M + 2e\sin M + \frac{5}{4}e^2\sin 2M + O(e^3) \\
f_p &= M_p + 2e_p\sin M_p + \frac{5}{4}e_p{}^2\sin 2M_p + O(e_p{}^3)
\end{aligned} \tag{6-188}
$$

代入(6-187)并对其进行 Taylor 展开

$$
\begin{aligned}
\cos j\theta \approx & (1 - j^2 e^2)\cos j\lambda - je\cos[(1-j)\lambda - \bar{\omega}] + je\cos[(1+j)\lambda - \bar{\omega}] - \\
& \left(\frac{5}{8}j - \frac{1}{2}j^2\right)e^2\cos[(2-j)\lambda - 2\bar{\omega}] + \left(\frac{5}{8}j + \frac{1}{2}j^2\right)e^2\cos[(2+j)\lambda - 2\bar{\omega}]
\end{aligned} \tag{6-189}
$$

$$\sin j\theta \approx (1-j^2 e^2)\sin j\lambda + je\sin[(1-j)\lambda - \bar{\omega}] + je\sin[(1+j)\lambda - \bar{\omega}] +$$

$$\left(\frac{5}{8}j - \frac{1}{2}j^2\right)e^2\sin[(2-j)\lambda - 2\bar{\omega}] + \left(\frac{5}{8}j + \frac{1}{2}j^2\right)e^2\cos[(2+j)\lambda - 2\bar{\omega}]$$

$$(6-190)$$

代入(6-187)可得

$$\cos j(\theta - \theta_p) \approx (1 - j^2 e^2 - j^2 e_p^2)\cos j(\lambda - \lambda_p) +$$

$$je\cos[(1+j)\lambda - j\lambda_p - \bar{\omega}] - je\cos[(1-j)\lambda + j\lambda_p - \bar{\omega}] +$$

$$je_p\cos[j\lambda - (1+j)\lambda_p + \bar{\omega}_p] - je_p\cos[j\lambda + (1-j)\lambda_p - \bar{\omega}_p] +$$

$$\left(\frac{5}{8}j + \frac{1}{2}j^2\right)e^2\cos[(2+j)\lambda - j\lambda_p - 2\bar{\omega}] -$$

$$\left(\frac{5}{8}j - \frac{1}{2}j^2\right)e^2\cos[(2-j)\lambda + j\lambda_p - 2\bar{\omega}] -$$

$$\left(\frac{5}{8}j - \frac{1}{2}j^2\right)e_p^2\cos[j\lambda + (2-j)\lambda_p - 2\bar{\omega}'] + \qquad (6-191)$$

$$\left(\frac{5}{8}j + \frac{1}{2}j^2\right)e_p^2\cos[j\lambda - (2+j)\lambda_p + 2\bar{\omega}'] -$$

$$j^2 ee_p\cos[(1+j)\lambda + (1-j)\lambda_p - \bar{\omega} - \bar{\omega}_p] -$$

$$j^2 ee_p\cos[(1-j)\lambda + (1+j)\lambda_p - \bar{\omega} - \bar{\omega}_p] +$$

$$j^2 ee_p\cos[(1+j)\lambda - (1+j)\lambda_p - \bar{\omega} + \bar{\omega}_p] +$$

$$j^2 ee_p\cos[(1-j)\lambda - (1-j)\lambda_p - \bar{\omega} + \bar{\omega}_p]$$

另外，小参数 ε 可展开为(见第一章)

$$\varepsilon = \frac{r}{a} - 1 \approx -e\cos(\lambda - \bar{\omega}) + \frac{1}{2}e^2[1 - \cos 2(\lambda - \bar{\omega})] \qquad (6-192)$$

$$\varepsilon^2 = \left(\frac{r}{a} - 1\right)^2 \approx \frac{1}{2}e^2[1 + \cos 2(\lambda - \bar{\omega})] \qquad (6-193)$$

将以上表达式代入(6-171)，并保留至偏心率和倾角的二阶项，可得

$$\mathcal{R}_D \approx \sum_{j=-\infty}^{\infty} \left\{ \left[\frac{1}{2}b_{1/2}^{(j)} + \frac{1}{8}(e^2 + e_p^2)(-4j^2 + 2\alpha D + \alpha^2 D^2)b_{1/2}^{(j)} + \right. \right.$$

$$\left. \frac{1}{4}s^2(-\alpha b_{3/2}^{(j-1)} - \alpha b_{3/2}^{(j+1)}) \right]\cos j(\lambda_p - \lambda) +$$

$$\frac{1}{4}ee_p(2 + 6j + 4j^2 - 2\alpha D - \alpha^2 D^2)b_{1/2}^{(j+1)}\cos(j\lambda_p - j\lambda + \bar{\omega}_p - \bar{\omega}) +$$

$$\frac{1}{2}e(-2j - \alpha D)b_{1/2}^{(j)}\cos[j\lambda_p + (1-j)\lambda - \bar{\omega}] +$$

$$\frac{1}{2}e_p(-1 + 2j + \alpha D)b_{1/2}^{(j-1)}\cos[j\lambda_p + (1-j)\lambda - \bar{\omega}_p] +$$

$$\frac{1}{8}e^2(-5j + 4j^2 - 2\alpha D + 4j\alpha D + \alpha^2 D^2)b_{1/2}^{(j)}\cos[j\lambda_p + (2-j)\lambda - 2\bar{\omega}] +$$

$$\frac{1}{4}ee_p(-2+6j-4j^2+2\alpha D-4j\alpha D-\alpha^2 D^2)b_{1/2}^{(j-1)}\times$$

$$\cos[j\lambda_p+(2-j)\lambda-\bar{\omega}_p-\bar{\omega}]+$$

$$\frac{1}{8}e_p^2(2-7j+4j^2-2\alpha D+4j\alpha D+\alpha^2 D^2)b_{1/2}^{(j-2)}\cos[j\lambda_p+(2-j)\lambda-2\bar{\omega}_p]+$$

$$\left.\frac{1}{2}s^2\alpha b_{3/2}^{(j-1)}\cos[j\lambda_p+(2-j)\lambda-2\Omega]\right\} \tag{6-194}$$

间接项为

$$\mathcal{R}_1=-\frac{r}{a}\left(\frac{a_p}{r_p}\right)^2\cos\psi$$

$$\approx\left(-1+\frac{1}{2}e^2+\frac{1}{2}e'^2+s^2\right)\cos(\lambda_p-\lambda)-ee_p\cos(2\lambda_p-2\lambda-\bar{\omega}_p-\bar{\omega})-$$

$$\frac{1}{2}e\cos(\lambda_p-2\lambda+\bar{\omega})+\frac{3}{2}e\cos(\lambda_p-\bar{\omega})-2e_p\cos(2\lambda_p-\lambda-\bar{\omega}_p)-$$

$$\frac{3}{8}e^2\cos(\lambda_p-3\lambda+2\bar{\omega})-\frac{1}{8}e^2\cos(\lambda_p+\lambda-2\bar{\omega})+3ee_p\cos(2\lambda_p-\bar{\omega}_p-\bar{\omega})-$$

$$\frac{1}{8}e_p^2\cos(\lambda_p+\lambda-2\bar{\omega}')-\frac{27}{8}e_p^2\cos(3\lambda_p-\lambda-2\bar{\omega}_p)-s^2\cos(\lambda_p+\lambda-2\Omega)$$

$$\tag{6-195}$$

综上,摄动函数的二阶展开式为

$$\mathcal{R}=\frac{\mathcal{G}m_p}{a_p}\sum_{j=-\infty}^{\infty}\left\{\left[\frac{1}{2}b_{1/2}^{(j)}+\frac{1}{8}(e^2+e_p^2)(-4j^2+2\alpha D+\alpha^2 D^2)b_{1/2}^{(j)}+\frac{1}{4}s^2(-\alpha b_{3/2}^{(j-1)}-\alpha b_{3/2}^{(j+1)})\right]\times\right.$$

$$\cos j(\lambda_p-\lambda)+\frac{1}{4}ee_p(2+6j+4j^2-2\alpha D-\alpha^2 D^2)b_{1/2}^{(j+1)}\cos(j\lambda_p-j\lambda+\bar{\omega}_p-\bar{\omega})+$$

$$\frac{1}{2}e(-2j-\alpha D)b_{1/2}^{(j)}\cos[j\lambda_p+(1-j)\lambda-\bar{\omega}]+$$

$$\frac{1}{2}e_p(-1+2j+\alpha D)b_{1/2}^{(j-1)}\cos[j\lambda_p+(1-j)\lambda-\bar{\omega}_p]+$$

$$\frac{1}{8}e^2(-5j+4j^2-2\alpha D+4j\alpha D+\alpha^2 D^2)b_{1/2}^{(j)}\cos[j\lambda_p+(2-j)\lambda-2\bar{\omega}]+$$

$$\frac{1}{4}ee_p(-2+6j-4j^2+2\alpha D-4j\alpha D-\alpha^2 D^2)b_{1/2}^{(j-1)}\cos[j\lambda_p+(2-j)\lambda-\bar{\omega}_p-\bar{\omega}]+$$

$$\frac{1}{8}e_p^2(2-7j+4j^2-2\alpha D+4j\alpha D+\alpha^2 D^2)b_{1/2}^{(j-2)}\cos[j\lambda_p+(2-j)\lambda-2\bar{\omega}_p]+$$

$$\left.\frac{1}{2}s^2\alpha b_{3/2}^{(j-1)}\cos[j\lambda_p+(2-j)\lambda-2\Omega]\right\}+$$

$$\frac{\mathcal{G}m_p}{a_p}\left(\frac{a}{a_p}\right)\left[\left(-1+\frac{1}{2}e^2+\frac{1}{2}e'^2+s^2\right)\cos(\lambda_p-\lambda)-ee_p\cos(2\lambda_p-2\lambda-\bar{\omega}_p-\bar{\omega})-\right.$$

$$\frac{1}{2}e\cos(\lambda_p-2\lambda+\bar{\omega})+\frac{3}{2}e\cos(\lambda_p-\bar{\omega})-2e_p\cos(2\lambda_p-\lambda-\bar{\omega}_p)-$$

$$\frac{3}{8}e^2\cos(\lambda_p - 3\lambda + 2\bar{\omega}) - \frac{1}{8}e^2\cos(\lambda_p + \lambda - 2\bar{\omega}) + 3ee_p\cos(2\lambda_p - \bar{\omega}_p - \bar{\omega}) -$$

$$\left.\frac{1}{8}e_p{}^2\cos(\lambda_p + \lambda - 2\bar{\omega}_p) - \frac{27}{8}e_p{}^2\cos(3\lambda_p - \lambda - 2\bar{\omega}_p) - s^2\cos(\lambda_p + \lambda - 2\Omega)\right] \quad (6\text{-}196)$$

该二阶表达式可以用来研究长期演化、一阶平运动共振以及二阶平运动共振。然而该表达式对于三阶以上的平运动共振并不适用。对于偏心率和小倾角参数高阶的摄动函数展开的推导,留给读者思考。

6.2.6 分析与讨论

本节讨论的是经典 Laplace 型摄动函数展开。该展开形式有如下特点:1) 在圆轨道构型附近作 Taylor 展开,偏心率 e 和 e_p 为小参数,因此本节的摄动函数展开适用于小偏心率构型;2) 在共面构型(倾角 $I=0$)附近作 Taylor 展开,对应倾角参数 $s = \sin\left(\dfrac{I}{2}\right)$ 为小参数,因此本节的摄动函数展开适用于小倾角构型;3) 利用了 Laplace 展开,涉及 Laplace 系数,而 Laplace 系数及其导数在半长轴之比 $\alpha \to 1$ 时是发散的(即 Laplace 型摄动函数展开不适用于共轨构型),因此,本节的摄动函数展开仅适用于非共轨构型;4) 使用了椭圆展开,因此存在 Laplace 收敛极限——临界偏心率随半长轴之比的增大而减小(见图 6-11)。

图 6-11 给出了 Laplace 型摄动函数展开在 (a,e) 平面内的收敛范围。可见,随着半长轴之比的增加,临界偏心率逐渐减小。甚至当半长轴之比大于 0.9 时,Laplace 型摄动函数几乎没有收敛空间(临界偏心率接近零)。总而言之,Laplace 型摄动函数展开存在诸多收敛局限。

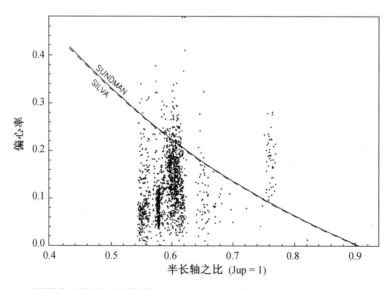

图 6-11　Laplace 型摄动函数展开的收敛极限(展示了松德曼(Sundman)和席尔瓦(Silva)分别给出的收敛临界线,临界线下边的区域为收敛区间),黑色点为实际小天体根数分布[13]

6.3 任意倾角摄动函数展开

6.2 节讨论的是经典 Laplace 型摄动函数展开,适用于低倾角、低偏心率的行星系统构型。然而,近些年越来越多的半人马小天体(Centaur)以及海王星外天体被观测到位于高倾角轨道甚至近极轨的轨道上。那么对于这一类高倾角并且倾角变化范围较大的小天体的动力学演化,上一节讨论的摄动函数展开模型不再适用。因此,针对任意倾角行星摄动函数展开的研究变得非常重要。

另外,将仅适用于低倾角的经典摄动函数展开拓展至任意倾角构型,本身具有非常重要的理论意义。在这方面,Namouni 和 Morais 取得了重要进展[7],他们创新地引入二维 Laplace 展开,直接将倾角含在二维 Laplace 系数里面,因此避免了对倾角进行展开的复杂过程,故而适用于任意倾角。并且该展开式无需对倾角展开,整个展开过程显得简洁而清晰。根据笔者理解,任意倾角的行星摄动函数展开为高倾角天体动力学研究提供了非常重要的数学基础,在太阳系行星动力学、系外行星动力学、恒星动力学等研究中具有极为广泛的应用前景。

在 6.3.1 节,笔者参考了文献[7]并进行了适当的修改,在本书的统一符号系统下,梳理了空间圆型限制性三体问题构型下的摄动函数展开。在 6.3.2 节,笔者将文献[7]讨论的空间圆型限制性三体系统构型推广了到空间椭圆型限制性三体系统构型,以适应更广泛的行星系统。

6.3.1 空间圆型限制性三体系统构型

空间圆型限制性三体系统构型见图 6 - 12。第三体摄动函数为

$$\mathcal{R} = \mathcal{G} m_p \left(\frac{1}{\Delta} - \frac{r}{r_p{}^2} \cos \psi \right) \quad (6 - 197)$$

其中摄动天体绕中心天体做圆轨道运动,即 $e_p = 0$,故 $r_p = a_p$。直接项和间接项分别为

$$\mathcal{R}_{\mathrm{D}} = \frac{a_p}{\Delta}, \qquad \mathcal{R}_{\mathrm{I}} = - \left(\frac{r}{a} \right) \cos \psi \quad (6 - 198)$$

其中位置矢量夹角的余弦为

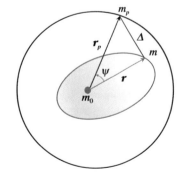

图 6 - 12　空间圆型限制性三体系统构型

$$\cos \psi = \cos(\Omega - \lambda_p) \cos(f + \omega) - \sin(\Omega - \lambda_p) \sin(f + \omega) \cos I \quad (6 - 199)$$

直接项的表达式为

$$\mathcal{R}_{\mathrm{D}} = \frac{a_p}{\Delta} = a_p (r^2 + a_p{}^2 - 2 r a_p \cos \psi)^{-\frac{1}{2}} \quad (6 - 200)$$

可见直接项为 r 和 ψ 的函数。

首先,将直接项在 $r=a$ 点附近作 Taylor 展开(相当于在圆轨道附近作展开,小参数为偏心率),可得

$$\mathcal{R}_D = \frac{a_p}{\Delta} = a_p \sum_{n=0}^{\infty} \frac{(r-a)^n}{n!}\left[\frac{d^n}{dr^n}\left(\frac{1}{\Delta}\right)\right]_{r=a} \tag{6-201}$$

这一步与经典 Laplace 型摄动函数展开的第二步(偏心率展开)类似。注意到

$$\left[\frac{d^n}{dr^n}\left(\frac{1}{\Delta}\right)\right]_{r=a} = \frac{d^n}{da^n}\left(\frac{1}{\Delta_0}\right) \tag{6-202}$$

其中

$$\frac{1}{\Delta_0} = (a^2 + a_p^2 - 2aa_p\cos\psi)^{-\frac{1}{2}} \tag{6-203}$$

那么,直接项可表示为

$$\mathcal{R}_D = a_p \sum_{n=0}^{\infty} \frac{1}{n!}\left(\frac{r}{a}-1\right)^n a^n \frac{d^n}{da^n}\left(\frac{1}{\Delta_0}\right) \tag{6-204}$$

引入小参数

$$\varepsilon = \frac{r}{a} - 1 = O(e) \tag{6-205}$$

那么,展开式(6-204)变为

$$\mathcal{R}_D = a_p \sum_{n=0}^{\infty} \frac{\varepsilon^n a^n}{n!} \frac{d^n}{da^n}\left(\frac{1}{\Delta_0}\right) \tag{6-206}$$

通过这一步展开(6-206),相当于实现了将空间圆和椭圆轨道之间的摄动函数展开转化为两个空间圆轨道之间的摄动函数展开(物理图像很清晰)。

考虑到半长轴之比的定义

$$\alpha = \frac{a}{a_p} \tag{6-207}$$

于是有

$$\frac{d^n}{da^n}\left(\frac{1}{\Delta_0}\right) = \frac{1}{a_p^n}\frac{d^n}{d\alpha^n}\left(\frac{1}{\Delta_0}\right) \tag{6-208}$$

代入(6-206)可得

$$\mathcal{R}_D = a_p \sum_{n=0}^{\infty} \frac{\varepsilon^n \alpha^n}{n!} \frac{d^n}{d\alpha^n}\left(\frac{1}{\Delta_0}\right) \tag{6-209}$$

其中两个空间圆轨道之间的"直接项"为

$$\frac{1}{\Delta_0} = (a^2 + a_p^2 - 2aa_p\cos\psi)^{-\frac{1}{2}}$$

$$= \frac{1}{a_p}(1+\alpha^2-2\alpha\cos\psi)^{-\frac{1}{2}}$$

$$= \frac{1}{a_p}\{1+\alpha^2-2\alpha[\cos(\Omega-\lambda_p)\cos(f+\omega)-\sin(\Omega-\lambda_p)\sin(f+\omega)\cos I]\}^{-\frac{1}{2}} \quad (6-210)$$

将(6-210)进行二维 Laplace 展开,可得

$$\frac{1}{\Delta_0} = \frac{1}{a_p}\sum_{\substack{-\infty < j,k < \infty \\ \mathrm{mod}(j+k,2)=0}} \frac{1}{4}b_{1/2}^{jk}(\alpha,I)\cos[j(\Omega-\lambda_p)+k(f+\omega)] \quad (6-211)$$

其中

$$b_{1/2}^{jk}(\alpha,I) = \frac{1}{\pi^2}\int_0^{2\pi}\int_0^{2\pi} \frac{\cos(ju+kv)\mathrm{d}u\mathrm{d}v}{\sqrt{1+\alpha^2-2\alpha(\cos u\cos v-\sin u\sin v\cos I)}} \quad (6-212)$$

为二维 Laplace 系数,是半长轴之比 α 和倾角 I 的函数。关于二维 Laplace 系数的分析或迭代计算,参见本章的附录 6.6。同样,Laplace 展开(6-211)对于内摄构型($\alpha>1$)和外摄构型($\alpha<1$)都是适用的,因此不用特意区分内摄构型和外摄构型。

Namouni 和 Morais[7]的创新点就在这里,他们引入二维 Laplace 系数,对(6-210)直接进行 Laplace 展开,倾角就自动包含在 Laplace 系数里面,避免了对倾角进行展开的麻烦,最终的展开式适用于任意倾角。这一点非常关键。

将(6-211)代入(6-209),可得

$$\mathcal{R}_\mathrm{D} = \sum_{n=0}^{\infty}\frac{\varepsilon^n}{n!}\sum_{\substack{-\infty < j,k < \infty \\ \mathrm{mod}(j+k,2)=0}}\alpha^n\frac{\mathrm{d}^n}{\mathrm{d}\alpha^n}\frac{1}{4}b_{1/2}^{jk}(\alpha,I)\cos[j(\Omega-\lambda_p)+k(f+\omega)] \quad (6-213)$$

引入微分算子

$$D^n = \frac{\mathrm{d}^n}{\mathrm{d}\alpha^n} \quad (6-214)$$

可将(6-213)简单记为

$$\mathcal{R}_\mathrm{D} = \frac{1}{4}\sum_{n=0}^{\infty}\frac{\varepsilon^n}{n!}\sum_{\substack{-\infty < j,k < \infty \\ \mathrm{mod}(j+k,2)=0}}\alpha^n D^n[b_{1/2}^{jk}(\alpha,I)]\cos[j(\Omega-\lambda_p)+k(f+\omega)] \quad (6-215)$$

为了方便推导,引入辅助符号

$$A_{n,j,k} = \alpha^n D_n[b_{1/2}^{jk}(\alpha,I)] = \alpha^n\frac{\mathrm{d}^n}{\mathrm{d}\alpha^n}[b_{1/2}^{jk}(\alpha,I)] \quad (6-216)$$

直接项展开式(6-215)化简为

$$\mathcal{R}_\mathrm{D} = \frac{1}{4}\sum_{n=0}^{\infty}\sum_{\substack{-\infty < j,k < \infty \\ \mathrm{mod}(j+k,2)=0}}\frac{1}{n!}A_{n,j,k}(\alpha,I)\varepsilon^n\cos[j(\Omega-\lambda_p)+k(f+\omega)] \quad (6-217)$$

基于二项式展开并结合椭圆展开(借助汉森系数),可得

$$\varepsilon^n \cos[j(\Omega - \lambda_p) + k(f + \omega)] = \left(\frac{r}{a} - 1\right)^n \cos[j(\Omega - \lambda_p) + k(f + \omega)]$$

$$= \sum_{q=0}^{n} (-1)^{n-q} C_n^q \left(\frac{r}{a}\right)^q \cos[j(\Omega - \lambda_p) + k(f + \omega)] \tag{6-218}$$

$$= \sum_{q=0}^{n} \sum_{s=-\infty}^{\infty} (-1)^{n-q} C_n^q X_s^{q,k}(e) \cos(sM - j\lambda_p + j\Omega + k\omega)$$

可得

$$\mathcal{R}_{\mathrm{D}} = \frac{1}{4} \sum_{n=0}^{\infty} \sum_{\substack{-\infty < j,k < \infty \\ \mathrm{mod}(j+k,2)=0}} \sum_{q=0}^{n} \sum_{s=-\infty}^{\infty} \frac{(-1)^{n-q}}{n!} C_n^q X_s^{q,k}(e) A_{n,j,k}(\alpha, I) \cos(sM - j\lambda_p + j\Omega + k\omega)$$

$$\tag{6-219}$$

间接项 $\mathcal{R}_{\mathrm{I}} = -\left(\frac{r}{a}\right) \cos \psi$ 展开为

$$\mathcal{R}_{\mathrm{I}} = -\left[\sin^2 \frac{I}{2} \left(\frac{r}{a}\right) \cos(f + \lambda_p + \omega - \Omega) + \cos^2 \frac{I}{2} \left(\frac{r}{a}\right) \cos(f - \lambda_p + \omega + \Omega)\right]$$

$$\tag{6-220}$$

对其进行椭圆展开之后可得

$$\mathcal{R}_{\mathrm{I}} = -\sum_{s=-\infty}^{\infty} X_s^{1,1}(e) \left[\sin^2 \frac{I}{2} \cos(sM + \lambda_p + \omega - \Omega) + \cos^2 \frac{I}{2} \cos(sM - \lambda_p + \omega + \Omega)\right]$$

$$\tag{6-221}$$

综上，任意倾角构型下第三体摄动函数展开的最终表达式为

$$\mathcal{R} = \frac{\mathcal{G}m_p}{4a_p} \sum_{n=0}^{\infty} \sum_{\substack{-\infty < j,k < \infty \\ \mathrm{mod}(j+k,2)=0}} \sum_{q=0}^{n} \sum_{s=-\infty}^{\infty} \frac{(-1)^{n-q}}{n!} C_n^q X_s^{q,k}(e) A_{n,j,k}(\alpha, I) \cos(sM - j\lambda_p + j\Omega + k\omega) -$$

$$\frac{\mathcal{G}m_p}{a_p} \left(\frac{a}{a_p}\right) \sum_{s=-\infty}^{\infty} X_s^{1,1}(e) \left[\sin^2 \frac{I}{2} \cos(sM + \lambda_p + \omega - \Omega) + \right.$$

$$\left. \cos^2 \frac{I}{2} \cos(sM - \lambda_p + \omega + \Omega)\right] \tag{6-222}$$

若用平经度、近点经度和升交点经度表示的话，摄动函数展开为[①]

$$\mathcal{R} = \frac{\mathcal{G}m_p}{4a_p} \sum_{n=0}^{\infty} \sum_{\substack{-\infty < j,k < \infty \\ \mathrm{mod}(j+k,2)=0}} \sum_{q=0}^{n} \sum_{s=-\infty}^{\infty} \frac{(-1)^{n-q}}{n!} C_n^q X_s^{q,k}(e) A_{n,j,k}(\alpha, I) \times$$

$$\cos[s\lambda - j\lambda_p + (j-k)\Omega + (k-s)\bar{\omega}] -$$

$$\frac{\mathcal{G}m_p}{a_p} \left(\frac{a}{a_p}\right) \sum_{s=-\infty}^{\infty} X_s^{1,1}(e) \left\{\sin^2 \frac{I}{2} \cos[s\lambda + \lambda_p + (1-s)\bar{\omega} - 2\Omega] + \right.$$

---

① 文献[19]推导了该摄动函数展开并研究了三维平运动共振。需指出的是，文献[19]中的表达式存在打印错误，表达式的分母中缺少一项 $n!$。

$$\cos^2 \frac{I}{2} \cos[\mathcal{s}\lambda - \lambda_p + (1-s)\bar{\omega}]\bigg\}$$ (6-223)

该摄动函数展开具有如下性质:1) 满足 d'Alembert 关系,即角度的系数之和等于零;2) 近点经度系数对应振幅系数中偏心率的最低阶数(系数满足 d'Alembert 性质);3) 升交点经度的系数为偶数。

6.3.2 空间椭圆型限制性三体系统构型

本节我们将 Namouni 和 Morais(2018)的方法推广到空间椭圆型限制性三体系统构型(图 6-13)中,即摄动天体绕中心天体做椭圆运动。

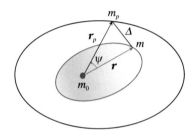

图 6-13 空间椭圆型限制性三体系统构型,摄动天体 m_p 位于椭圆轨道上

在空间椭圆型限制性三体系统构型下,第三体摄动函数为

$$\mathcal{R} = \frac{\mathcal{G}m_p}{a_p}(\mathcal{R}_D + \alpha\mathcal{R}_I)$$ (6-224)

直接项和间接项分别为

$$\mathcal{R}_D = \frac{a_p}{\Delta} \qquad \mathcal{R}_I = -\left(\frac{r}{a}\right)\left(\frac{a_p}{r_p}\right)^2 \cos\psi$$ (6-225)

其中距离函数为

$$\Delta = |\boldsymbol{r} - \boldsymbol{r}_p| = (r^2 + r_p^2 - 2rr_p\cos\psi)^{\frac{1}{2}}$$ (6-226)

位置矢量夹角的余弦为

$$\cos\psi = \cos u\cos(\Omega - \theta_p) - \sin u\sin(\Omega - \theta_p)\cos I$$ (6-227)

其中 $u = f + \omega$ 为纬度幅角(argument of latitude),$\theta_p = f_p + \bar{\omega}_p$ 为摄动天体的真经度(true longitude)。

可见,直接项 $\mathcal{R}_D = \frac{a_p}{\Delta}$ 为 r, r_p 和 ψ 的函数。类似于圆型限制性三体问题构型,将直接项在 $(r=a, r_p=a_p)$ 附近进行 Taylor 展开[①](这是一个二元函数的 Taylor 展开,参考本章附录6.4)

———————————

① 相当于在圆轨道附近进行展开,类似于经典展开的第二步。

$$\mathcal{R}_D = \frac{a_p}{\Delta} = a_p \sum_{n=0}^{\infty} \sum_{m=0}^{n} \frac{1}{n!} C_n^m (r-a)^m (r_p - a_p)^{n-m} \left[\frac{\mathrm{d}^n}{\mathrm{d}r^m \mathrm{d}r_p{}^{n-m}} \left(\frac{1}{\Delta} \right) \right]_{r=a,r_p=a_p}$$

$$(6-228)$$

类似地,存在如下关系

$$\left[\frac{\mathrm{d}^n}{\mathrm{d}r^m \mathrm{d}r_p{}^{n-m}} \left(\frac{1}{\Delta} \right) \right]_{r=a,r_p=a_p} = \frac{\mathrm{d}^n}{\mathrm{d}a^m \mathrm{d}a_p{}^{n-m}} \left(\frac{1}{\Delta_0} \right)$$

$$(6-229)$$

其中

$$\frac{1}{\Delta_0} = (a^2 + a_p{}^2 - 2aa_p \cos\psi)^{-\frac{1}{2}} = \frac{1}{a_p} (1 - 2\alpha \cos\psi + \alpha^2)^{-\frac{1}{2}}$$

$$(6-230)$$

那么直接项变为

$$\mathcal{R}_D = a_p \sum_{n=0}^{\infty} \sum_{m=0}^{n} \frac{1}{n!} C_n^m \left(\frac{r}{a} - 1 \right)^m \left(\frac{r_p}{a_p} - 1 \right)^{n-m} a^m a_p{}^{n-m} \frac{\mathrm{d}^n}{\mathrm{d}a^m \mathrm{d}a_p{}^{n-m}} \left(\frac{1}{\Delta_0} \right) \quad (6-231)$$

引入小参数

$$\varepsilon = \frac{r}{a} - 1, \quad \varepsilon_p = \frac{r_p}{a_p} - 1$$

$$(6-232)$$

因而直接项变为

$$\mathcal{R}_D = a_p \sum_{n=0}^{\infty} \sum_{m=0}^{n} \frac{1}{n!} C_n^m \varepsilon^m \varepsilon_p{}^{n-m} a^m a_p{}^{n-m} \frac{\mathrm{d}^n}{\mathrm{d}a^m \mathrm{d}a_p{}^{n-m}} \left(\frac{1}{\Delta_0} \right)$$

$$(6-233)$$

另外,将 $\cos\psi$ 的表达式代入 $\frac{1}{\Delta_0}$ 可得

$$\frac{1}{\Delta_0} = \frac{1}{a_p} \{ 1 - 2\alpha [\cos(f+\omega)\cos(\Omega-\theta_p) - \sin(f+\omega)\sin(\Omega-\theta_p)\cos I] + \alpha^2 \}^{-\frac{1}{2}}$$

$$(6-234)$$

利用二维 Laplace 展开,可得

$$\frac{1}{\Delta_0} = \frac{1}{a_p} \sum_{\substack{-\infty < j,k < \infty \\ \mathrm{mod}(j+k,2)=0}} \frac{1}{4} b_{1/2}^{jk}(\alpha, I) \cos[j(\Omega - \theta_p) + k(f+\omega)]$$

$$(6-235)$$

其中二维 Laplace 系数为

$$b_{1/2}^{jk}(\alpha, I) = \frac{1}{\pi^2} \int_0^{2\pi} \int_0^{2\pi} \frac{\cos(ju+kv)\,\mathrm{d}u\,\mathrm{d}v}{\sqrt{1+\alpha^2 - 2\alpha(\cos u \cos v - \sin u \sin v \cos I)}}$$

$$(6-236)$$

那么直接项进一步变为

$$\mathcal{R}_D = a_p \sum_{n=0}^{\infty} \sum_{m=0}^{n} \frac{1}{n!} C_n^m \varepsilon^m \varepsilon_p{}^{n-m} \sum_{\substack{-\infty < j,k < \infty \\ \mathrm{mod}(j+k,2)=0}} a^m a_p{}^{n-m} \times$$

$$\frac{\mathrm{d}^n}{\mathrm{d}a^m \mathrm{d}a_p{}^{n-m}} \left[\frac{1}{a_p} \frac{1}{4} b_{1/2}^{jk}(\alpha, I) \right] \cos[j(\Omega - \theta_p) + k(f+\omega)] \quad (6-237)$$

为了简化整个推导的符号系统，我们记

$$A_{n,m}^{j,k}(a,a_p,I)=a^m a_p^{\ n-m}\frac{\mathrm{d}^n}{\mathrm{d}a^m\,\mathrm{d}a_p^{\ n-m}}\Big[\frac{1}{a_p}\frac{1}{4}b_{1/2}^{jk}(\alpha,I)\Big] \tag{6-238}$$

直接项简化为

$$\mathcal{R}_{\mathrm{D}}=a_p\sum_{n=0}^{\infty}\sum_{m=0}^{n}\frac{1}{n!}C_n^m\sum_{\substack{-\infty<j,k<\infty\\ \mathrm{mod}(j+k,2)=0}}A_{n,m}^{j,k}(a,a_p,I)\varepsilon^m\varepsilon_p^{\ n-m}\cos\big[j(\Omega-\theta_p)+k(f+\omega)\big] \tag{6-239}$$

对 $\varepsilon^m\varepsilon_p^{\ n-m}$ 进行二项式定理展开，可得

$$\mathcal{R}_{\mathrm{D}}=a_p\sum_{n=0}^{\infty}\sum_{m=0}^{n}\sum_{\substack{-\infty<j,k<\infty\\ \mathrm{mod}(j+k,2)=0}}\sum_{q=0}^{m}\sum_{p=0}^{n-m}(-1)^{n-p-q}\frac{1}{n!}C_n^m C_m^q C_{n-m}^p A_{n,m}^{j,k}(a,a_p,I)\times$$
$$\Big(\frac{r}{a}\Big)^q\Big(\frac{r_p}{a_p}\Big)^p\cos\big[j(\Omega-\theta_p)+k(f+\omega)\big] \tag{6-240}$$

将 u 和 θ_p 的表达式代入上式可得

$$\mathcal{R}_{\mathrm{D}}=a_p\sum_{n=0}^{\infty}\sum_{m=0}^{n}\sum_{\substack{-\infty<j,k<\infty\\ \mathrm{mod}(j+k,2)=0}}\sum_{q=0}^{m}\sum_{p=0}^{n-m}(-1)^{n-p-q}\frac{1}{n!}C_n^m C_m^q C_{n-m}^p A_{n,m}^{j,k}(a,a_p,I)\times$$
$$\Big(\frac{r}{a}\Big)^q\Big(\frac{r_p}{a_p}\Big)^p\cos\big[kf-jf_p-j\bar{\omega}_p+(j-k)\Omega+k\bar{\omega}\big] \tag{6-241}$$

借助汉森系数，对上式进行椭圆展开，可得

$$\mathcal{R}_{\mathrm{D}}=a_p\sum_{n=0}^{\infty}\sum_{m=0}^{n}\sum_{\substack{-\infty<j,k<\infty\\ \mathrm{mod}(j+k,2)=0}}\sum_{q=0}^{m}\sum_{p=0}^{n-m}\sum_{s_1=-\infty}^{\infty}\sum_{s_2=-\infty}^{\infty}(-1)^{n-p-q}\frac{1}{n!}C_n^m C_m^q C_{n-m}^p A_{n,m}^{j,k}(a,a_p,I)\times$$
$$X_{s_1}^{q,k}(e)X_{s_2}^{p,-j}(e_p)\cos\big[s_1 M+s_2 M_p-j\bar{\omega}_p+(j-k)\Omega+k\bar{\omega}\big] \tag{6-242}$$

引入平经度 $\lambda=\bar{\omega}+M,\lambda_p=\bar{\omega}_p+M_p$，上式可变为

$$\mathcal{R}_{\mathrm{D}}=a_p\sum_{n=0}^{\infty}\sum_{m=0}^{n}\sum_{\substack{-\infty<j,k<\infty\\ \mathrm{mod}(j+k,2)=0}}\sum_{q=0}^{m}\sum_{p=0}^{n-m}\sum_{s_1=-\infty}^{\infty}\sum_{s_2=-\infty}^{\infty}(-1)^{n-p-q}\frac{1}{n!}C_n^m C_m^q C_{n-m}^p A_{n,m}^{j,k}(a,a_p,I)\times$$
$$X_{s_1}^{q,k}(e)X_{s_2}^{p,-j}(e_p)\cos\big[s_1\lambda+s_2\lambda_p-(j+s_2)\bar{\omega}_p+(j-k)\Omega+(k-s_1)\bar{\omega}\big] \tag{6-243}$$

间接项为

$$\mathcal{R}_{\mathrm{I}}=-\Big(\frac{r}{a}\Big)\Big(\frac{a_p}{r_p}\Big)^2\cos\psi \tag{6-244}$$

将 $\cos\psi$ 表达式代入上式可得

$$\mathcal{R}_{\mathrm{I}}=-\Big(\frac{r}{a}\Big)\Big(\frac{a_p}{r_p}\Big)^2\Big[\sin^2\frac{I}{2}\cos(f+f_p+\bar{\omega}-2\Omega+\bar{\omega}_p)+\cos^2\frac{I}{2}\cos(f-f_p-\bar{\omega}_p+\bar{\omega})\Big] \tag{6-245}$$

对上式直接进行椭圆展开,可得

$$
\mathcal{R}_{\mathrm{I}} = -\sum_{s_1=-\infty}^{\infty}\sum_{s_2=-\infty}^{\infty}\Big[X_{s_1}^{1,1}(e)X_{s_2}^{-2,1}(e_p)\sin^2\frac{I}{2}\cos(s_1 M + s_2 M_p + \bar{\omega} - 2\Omega + \bar{\omega}_p) +
$$

$$
X_{s_1}^{1,1}(e)X_{s_2}^{-2,-1}(e_p)\cos^2\frac{I}{2}\cos(s_1 M + s_2 M_p - \bar{\omega}_p + \bar{\omega})\Big]
$$

$$(6-246)$$

利用平经度 λ 和近点经度 $\bar{\omega}$,上式可表示为

$$
\mathcal{R}_{\mathrm{I}} = -\sum_{s_1=-\infty}^{\infty}\sum_{s_2=-\infty}^{\infty}\Big\{ X_{s_1}^{1,1}(e)X_{s_2}^{-2,1}(e_p)\sin^2\frac{I}{2}\cos\big[s_1\lambda + s_2\lambda_p + (1-s_1)\bar{\omega} - 2\Omega + (1-s_2)\bar{\omega}_p\big] +
$$

$$
X_{s_1}^{1,1}(e)X_{s_2}^{-2,-1}(e_p)\cos^2\frac{I}{2}\cos\big[s_1\lambda + s_2\lambda_p - (1+s_2)\bar{\omega}_p + (1-s_1)\bar{\omega}\big]\Big\}
$$

$$(6-247)$$

综上,在椭圆型限制性三体系统构型下,任意倾角的摄动函数展开式为

$$
\mathcal{R} = \mathcal{G}m_p\sum_{n=0}^{\infty}\sum_{m=0}^{n}\sum_{\substack{<j,k<\infty\\ \mathrm{mod}(j+k,2)=0}}\sum_{q=0}^{m}\sum_{p=0}^{n-m}\sum_{s_1=-\infty}^{\infty}\sum_{s_2=-\infty}^{\infty}(-1)^{n-p-q}\frac{1}{n!}C_n^m C_m^q C_{n-m}^p A_{n,m}^{j,k}(a,a_p,I)\times
$$

$$
X_{s_1}^{q,k}(e)X_{s_2}^{p,-j}(e_p)\cos\big[s_1\lambda + s_2\lambda_p - (j+s_2)\bar{\omega}_p + (j-k)\Omega + (k-s_1)\bar{\omega}\big] -
$$

$$
\frac{\mathcal{G}m_p}{a_p}\Big(\frac{a}{a_p}\Big)\sum_{s_1=-\infty}^{\infty}\sum_{s_2=-\infty}^{\infty}\Big\{ X_{s_1}^{1,1}(e)X_{s_2}^{-2,1}(e_p)\sin^2\frac{I}{2}\times
$$

$$
\cos\big[s_1\lambda + s_2\lambda_p + (1-s_1)\bar{\omega} - 2\Omega + (1-s_2)\bar{\omega}_p\big] +
$$

$$
X_{s_1}^{1,1}(e)X_{s_2}^{-2,-1}(e_p)\cos^2\frac{I}{2}\cos\big[s_1\lambda + s_2\lambda_p - (1+s_2)\bar{\omega}_p + (1-s_1)\bar{\omega}\big]\Big\}
$$

$$(6-248)$$

该摄动函数展开的性质分析如下:1) 三角函数均为余弦函数;2) 三角函数的角度项系数之和为零,满足 d'Alembert 关系;3) 近点经度 $\bar{\omega}(\bar{\omega}_p)$ 的系数,对应于振幅系数中偏心率 $e(e_p)$ 的最低次幂;4) 升交点经度 Ω 的系数为偶数。

6.4　等级式行星系统摄动函数展开

多体系统稳定性要求系统构型为如下两种形式:1) 同心近共面行星构型,如太阳系行星系统;2) 等级式系统构型(hierarchical systems),如行星-卫星-恒星系统。利用 6.2 节和 6.3 节中介绍的展开方法可以处理第一类行星系统,本节讨论等级式构型。太阳系中存在众多等级式系统(见图 6-14)。

关于等级式构型,Kaula[5] 以半长轴之比为小参数,对第三体摄动函数进行 Legendre 多项式展开,推导了摄动函数的展开式。本节在统一的符号系统下,重新推导等级式系统摄动函数展开式。

对于等级式系统而言,内摄和外摄需要单独处理(见图 6-15)。当测试粒子 m 位于摄动天体轨道内部时(摄动天体位于外面,对应外摄构型),有 $r_p \gg r$,此时摄动函数为

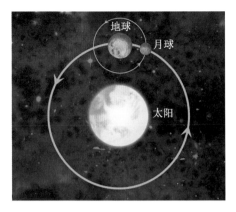

图 6‑14　太阳系中的等级式构型：日‑地‑月系统(左)以及太阳‑木星‑不规则卫星(右)

$$\mathcal{R} = \mathcal{G}m_p \left(\frac{1}{\Delta} - \frac{r}{r_p{}^2} \cos \psi \right) = \frac{\mathcal{G}m_p}{r_p} \sum_{l=0}^{\infty} \left(\frac{r}{r_p} \right)^l P_l(\cos \psi) - \mathcal{G}m_p \frac{r}{r_p{}^2} \cos \psi \quad (6-249)$$

将 $l=0,1$ 的项分别写出来可得

$$\mathcal{R} = \mathcal{G}m_p \frac{1}{r_p} + \mathcal{G}m_p \frac{r}{r_p{}^2} \cos \psi + \frac{\mathcal{G}m_p}{r_p} \sum_{l=2}^{\infty} \left(\frac{r}{r_p} \right)^l P_l(\cos \psi) - \mathcal{G}m_p \frac{r}{r_p{}^2} \cos \psi \quad (6-250)$$

其中第一项与小天体 m 的运动无关(可去掉)，第二项和最后一项抵消(说明对于外摄构型，摄动函数的间接项为零)，化简得到

$$\mathcal{R} = \frac{\mu_p}{r_p} \sum_{l=2}^{\infty} \left(\frac{r}{r_p} \right)^l P_l(\cos \psi) \quad (6-251)$$

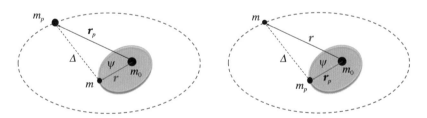

图 6‑15　等级式系统构型示意图。左图对应内限制性等级式构型，测试粒子位于摄动天体轨道内，满足 $r_p \gg r$；右图对应外限制性等级式构型，测试粒子位于摄动天体轨道外，满足 $r_p \ll r$

然而，当测试粒子 m 位于摄动天体轨道之外时(摄动天体位于小天体轨道内，对应内摄构型)，有 $r_p \ll r$，此时摄动函数为

$$\mathcal{R} = \mathcal{G}m_p \left(\frac{1}{\Delta} - \frac{r}{r_p{}^2} \cos \psi \right) \quad (6-252)$$

对其进行 Legendre 多项式展开

$$\mathcal{R} = \frac{\mathcal{G}m_p}{r} \sum_{l=0}^{\infty} \left(\frac{r_p}{r} \right)^l P_l(\cos \psi) - \mathcal{G}m_p \frac{r}{r_p{}^2} \cos \psi \quad (6-253)$$

同样将 $l=0,1$ 对应的前两项分别写出来有

$$\mathcal{R} = \frac{\mathcal{G}m_p}{r} + \frac{\mathcal{G}m_p}{r}\left(\frac{r_p}{r}\right)\cos\psi + \frac{\mathcal{G}m_p}{r}\sum_{l=2}^{\infty}\left(\frac{r_p}{r}\right)^l P_l(\cos\psi) - \mathcal{G}m_p\frac{r}{r_p{}^2}\cos\psi \tag{6-254}$$

其中第一项类似中心引力项,因此可合并到中心二体项中,相当于将中心天体的引力参数由 $\mathcal{G}m_0$ 变为 $\mathcal{G}(m_0+m_p)$。扣除中心项,将摄动函数整理为

$$\mathcal{R} = \frac{\mathcal{G}m_p}{r}\sum_{l=2}^{\infty}\left(\frac{r_p}{r}\right)^l P_l(\cos\psi) + \mathcal{G}m_p\left(\frac{r_p}{r^2} - \frac{r}{r_p{}^2}\right)\cos\psi \tag{6-255}$$

因此,对于内摄构型,间接项不再为零。

下面以外摄构型为例(要求 $r_p \gg r$),给出等级式构型下第三体摄动函数的展开式。内摄情况可用类似方式进行推导,留给读者练习。

测试粒子 m 位于摄动天体轨道内(外摄构型,存在 $a \ll a_p$),摄动函数为

$$\mathcal{R} = \frac{\mathcal{G}m_p}{r_p}\sum_{l=2}^{\infty}\left(\frac{r}{r_p}\right)^l P_l(\cos\psi) \tag{6-256}$$

可整理为

$$\mathcal{R} = \frac{\mathcal{G}m_p}{a_p}\sum_{n=2}^{\infty}\left(\frac{a}{a_p}\right)^n\left(\frac{r}{a}\right)^n\left(\frac{a_p}{r_p}\right)^{n+1}P_n(\cos\psi) \tag{6-257}$$

记半长轴之比为 $\alpha = \dfrac{a}{a_p} \ll 1$,于是

$$\mathcal{R} = \frac{\mathcal{G}m_p}{a_p}\sum_{n=2}^{\infty}\alpha^n\left(\frac{r}{a}\right)^n\left(\frac{a_p}{r_p}\right)^{n+1}P_n(\cos\psi) \tag{6-258}$$

其中位置矢量夹角的余弦为

$$\cos\psi = \frac{\boldsymbol{r}}{r}\cdot\frac{\boldsymbol{r}_p}{r_p} = \cos u\cos(\theta_p - \Omega) + \cos I\sin u\sin(\theta_p - \Omega) \tag{6-259}$$

Legendre 多项式为(见第一章)

$$P_n(\cos\psi) = \sum_{k=0}^{\left[\frac{n}{2}\right]}\frac{(-1)^k}{2^n}\frac{(2n-2k)!}{k!(n-k)!(n-2k)!}(\cos\psi)^{n-2k} \tag{6-260}$$

系数部分简记为

$$Q_{n,k} = \frac{(2n-2k)!}{k!\,(n-k)!\,(n-2k)!} \tag{6-261}$$

那么 Legendre 多项式变为

$$P_n(\cos\psi) = \sum_{k=0}^{\left[\frac{n}{2}\right]}\frac{(-1)^k}{2^n}Q_{n,k}\cos^{n-2k}\psi \tag{6-262}$$

将 $\cos^{n-2k}\psi$ 进行二项式展开可得

$$\cos^{n-2k}\psi = \left[\cos u\cos(\theta_p - \Omega) + \cos I\sin u\sin(\theta_p - \Omega)\right]^{n-2k}$$

$$= \sum_{q=0}^{n-2k} C_{n-2k}^q \cos^q I\sin^q u\cos^{n-2k-q} u\cos^{n-2k-q}(\theta_p - \Omega)\sin^q(\theta_p - \Omega) \tag{6-263}$$

于是第三体摄动函数变为

$$\mathcal{R} = \frac{\mathcal{G}m_p}{a_p}\sum_{n=2}^{\infty}\sum_{k=0}^{\left[\frac{n}{2}\right]}\sum_{q=0}^{n-2k}\frac{(-1)^k}{2^n}C_{n-2k}^q Q_{n,k}\alpha^n\cos^q I \times$$

$$\left(\frac{r}{a}\right)^n\cos^{n-2k-q}u\sin^q u\left(\frac{a_p}{r_p}\right)^{n+1}\cos^{n-2k-q}(\theta_p - \Omega)\sin^q(\theta_p - \Omega) \tag{6-264}$$

利用如下欧拉公式将三角函数转化为指数形式（复数形式）

$$\cos\theta = \frac{1}{2}\left[\exp(\mathrm{i}\theta) + \exp(-\mathrm{i}\theta)\right]$$

$$\sin\theta = -\frac{\mathrm{i}}{2}\left[\exp(\mathrm{i}\theta) - \exp(-\mathrm{i}\theta)\right] \tag{6-265}$$

其中 $\mathrm{i} = \sqrt{-1}$ 为虚数符号。那么

$$\cos^{n-2k-q}u\sin^q u = (\mathrm{i})^q\left(\frac{1}{2}\right)^{n-2k}\sum_{t_1=0}^{n-2k-q}\sum_{t_2=0}^{q}(-1)^{q+t_2}C_{n-2k-q}^{t_1}C_q^{t_2} \times$$

$$\exp\left[\mathrm{i}(n-2k-2t_1-2t_2)u\right]$$

$$\cos^{n-2k-q}(\theta_p - \Omega)\sin^q(\theta_p - \Omega) = (\mathrm{i})^q\left(\frac{1}{2}\right)^{n-2k}\sum_{t_3=0}^{n-2k-q}\sum_{t_4=0}^{q}(-1)^{q+t_4}C_{n-2k-q}^{t_3}C_q^{t_4} \times$$

$$\exp\left[\mathrm{i}(n-2k-2t_3-2t_4)(\theta_p - \Omega)\right] \tag{6-266}$$

摄动函数变为

$$\mathcal{R} = \frac{\mathcal{G}m_p}{a_s}\sum_{n=2}^{\infty}\sum_{k=0}^{\left[\frac{n}{2}\right]}\sum_{q=0}^{n-2k}\sum_{t_1=0}^{n-2k-q}\sum_{t_2=0}^{q}\sum_{t_3=0}^{n-2k-q}\sum_{t_4=0}^{q}\frac{(-1)^{k+3q+t_2+t_4}Q_{n,k}}{2^{3n-4k}}C_{n-2k}^q C_{n-2k-q}^{t_1}C_q^{t_2} \times$$

$$C_{n-2k-q}^{t_3}C_q^{t_4}\alpha^n\cos^q I\left(\frac{r}{a}\right)^n\exp\left[\mathrm{i}(n-2k-2t_1-2t_2)(\omega+f)\right] \times$$

$$\left(\frac{a_p}{r_p}\right)^{n+1}\exp\left[\mathrm{i}(n-2k-2t_3-2t_4)(\theta_p - \Omega)\right] \tag{6-267}$$

接着基于汉森系数对其进行椭圆展开

$$\left(\frac{r}{a}\right)^n\exp\left[\mathrm{i}(n-2k-2t_1-2t_2)(\omega+f)\right]$$

$$= \sum_{s_1=-\infty}^{\infty}X_{s_1}^{n,(n-2k-2t_1-2t_2)}(e)\exp\{\mathrm{i}\left[s_1 M + (n-2k-2t_1-2t_2)\omega\right]\} \times$$

$$\left(\frac{a_p}{r_p}\right)^{n+1}\exp\left[\mathrm{i}(n-2k-2t_3-2t_4)(\theta_p - \Omega)\right]$$

$$
= \sum_{s_2=-\infty}^{\infty} X_{s_2}^{-(n+1),(n-2k-2t_3-2t_4)}(e_p) \exp\{\mathrm{i}[s_2 M_p - (n-2k-2t_3-2t_4)(\Omega-\bar{\omega}_p)]\}
$$

$$(6-268)$$

摄动函数进一步展开为(仅保留实数部分)

$$
\mathcal{R} = \frac{\mathcal{G} m_p}{a_p} \sum_{n=2}^{\infty} \sum_{k=0}^{\left[\frac{n}{2}\right]} \sum_{q=0}^{n-2k} \sum_{t_1=0}^{n-2k-q} \sum_{t_2=0}^{q} \sum_{t_3=0}^{n-2k-q} \sum_{t_4=0}^{q} \sum_{s_1=-\infty}^{\infty} \sum_{s_2=-\infty}^{\infty} \frac{(-1)^{k+3q+t_2+t_4} Q_{n,k}}{2^{3n-4k}} C_{n-2k}^{q} \times
$$
$$
C_{n-2k-q}^{t_1} C_q^{t_2} C_{n-2k-q}^{t_3} C_q^{t_4} \alpha^n X_{s_1}^{n,(n-2k-2t_1-2t_2)}(e) X_{s_2}^{-(n+1),(n-2k-2t_3-2t_4)}(e_p)\cos^q I \times
$$
$$
\cos[s_1 M + s_2 M_p - (n-2k-2t_3-2t_4)(\Omega-\bar{\omega}_p) + (n-2k-2t_1-2t_2)\omega]
$$

$$(6-269)$$

其中系数项为

$$
\kappa = \frac{(-1)^{k+3q+t_2+t_4} Q_{n,k}}{2^{3n-4k}} C_{n-2k}^{q} C_{n-2k-q}^{t_1} C_q^{t_2} C_{n-2k-q}^{t_3} C_q^{t_4}
$$

$$(6-270)$$

$$
f(a,a_p,e,e_p,I) = \frac{\mathcal{G} m_p}{a_p} \alpha^n X_{s_1}^{n,(n-2k-2t_1-2t_2)}(e) X_{s_2}^{-(n+1),(n-2k-2t_3-2t_4)}(e_p)\cos^q I
$$

将其化为平经度和近点经度的形式,可得

$$
\mathcal{R} = \frac{\mathcal{G} m_p}{a_p} \sum_{n=2}^{\infty} \sum_{k=0}^{\left[\frac{n}{2}\right]} \sum_{q=0}^{n-2k} \sum_{t_1=0}^{n-2k-q} \sum_{t_2=0}^{q} \sum_{t_3=0}^{n-2k-q} \sum_{t_4=0}^{q} \sum_{s_1=-\infty}^{\infty} \sum_{s_2=-\infty}^{\infty} \kappa \alpha^n X_{s_1}^{n,(n-2k-2t_1-2t_2)}(e) \times
$$
$$
X_{s_2}^{-(n+1),(n-2k-2t_3-2t_4)}(e_p)\cos^q I \cos[s_1\lambda + s_2\lambda_p - 2(n-2k-t_1-t_2-t_3-t_4)\Omega +
$$
$$
(n-2k-2t_1-2t_2-s_1)\bar{\omega} + (n-2k-2t_3-2t_4-s_2)\bar{\omega}_p]
$$

$$(6-271)$$

另一方面,摄动函数展开式(6-269)可表示为如下紧凑形式

$$
\mathcal{R} = \sum_{l_M=0}^{\infty} \sum_{l_{M_s}=-\infty}^{\infty} \sum_{l_\omega=-N}^{N} \sum_{l_\Omega=-N}^{N} C_{l_M,l_{M_s},l_\omega,l_\Omega}^{\mathcal{R}} \cos[l_M M + l_{M_s} M_s + l_\omega \omega + l_\Omega(\Omega-\bar{\omega}_p)]
$$

$$(6-272)$$

将其代入拉格朗日行星运动方程(见第四章)

$$
\frac{\mathrm{d}a}{\mathrm{d}t} = \frac{2}{na}\frac{\partial \mathcal{R}}{\partial M}, \quad \frac{\mathrm{d}e}{\mathrm{d}t} = -\frac{\eta}{na^2 e}\left(\frac{\partial \mathcal{R}}{\partial \omega} - \eta\frac{\partial \mathcal{R}}{\partial M}\right)
$$
$$
\frac{\mathrm{d}I}{\mathrm{d}t} = -\frac{1}{na^2 \eta \sin I}\left(\frac{\partial \mathcal{R}}{\partial \Omega} - \cos I\frac{\partial \mathcal{R}}{\partial \omega}\right), \quad \frac{\mathrm{d}\Omega}{\mathrm{d}t} = \frac{1}{na^2 \eta \sin I}\frac{\partial \mathcal{R}}{\partial I}
$$
$$
\frac{\mathrm{d}\omega}{\mathrm{d}t} = \frac{\eta}{na^2 e}\frac{\partial \mathcal{R}}{\partial e} - \frac{\cot I}{na^2 \eta}\frac{\partial \mathcal{R}}{\partial I}, \quad \frac{\mathrm{d}M}{\mathrm{d}t} = n - \frac{2}{na}\frac{\partial \mathcal{R}}{\partial a} - \frac{\eta^2}{na^2 e}\frac{\partial \mathcal{R}}{\partial e}
$$

$$(6-273)$$

可得运动方程的展开式如下

$$
\frac{\mathrm{d}a}{\mathrm{d}t} = \sum_{l_M \geqslant 0} \sum_{l_{M_s}=-\infty}^{\infty} \sum_{l_\omega=-N}^{N} \sum_{l_\Omega=-N}^{N} \mathcal{S}_{l_M,l_{M_s},l_\omega,l_\Omega}^{a} \sin[l_M M + l_{M_s} M_s + l_\omega \omega + l_\Omega(\Omega-\bar{\omega}_p)]
$$

$$\frac{\mathrm{d}e}{\mathrm{d}t} = \sum_{l_M \geqslant 0} \sum_{l_{M_s} = -\infty}^{\infty} \sum_{l_\omega = -N}^{N} \sum_{l_\Omega = -N}^{N} \mathcal{S}^e_{l_M, l_{M_s}, l_\omega, l_\Omega} \sin[l_M M + l_{M_s} M_s + l_\omega \omega + l_\Omega (\Omega - \bar{\omega}_p)]$$

$$\frac{\mathrm{d}I}{\mathrm{d}t} = \sum_{l_M \geqslant 0} \sum_{l_{M_s} = -\infty}^{\infty} \sum_{l_\omega = -N}^{N} \sum_{l_\Omega = -N}^{N} \mathcal{S}^I_{l_M, l_{M_s}, l_\omega, l_\Omega} \sin[l_M M + l_{M_s} M_s + l_\omega \omega + l_\Omega (\Omega - \bar{\omega}_p)]$$

$$\frac{\mathrm{d}\Omega}{\mathrm{d}t} = \sum_{l_M \geqslant 0} \sum_{l_{M_s} = -\infty}^{\infty} \sum_{l_\omega = -N}^{N} \sum_{l_\Omega = -N}^{N} \mathcal{C}^\Omega_{l_M, l_{M_s}, l_\omega, l_\Omega} \cos[l_M M + l_{M_s} M_s + l_\omega \omega + l_\Omega (\Omega - \bar{\omega}_p)]$$

$$\frac{\mathrm{d}\omega}{\mathrm{d}t} = \sum_{l_M \geqslant 0} \sum_{l_{M_s} = -\infty}^{\infty} \sum_{l_\omega = -N}^{N} \sum_{l_\Omega = -N}^{N} \mathcal{C}^\omega_{l_M, l_{M_s}, l_\omega, l_\Omega} \cos[l_M M + l_{M_s} M_s + l_\omega \omega + l_\Omega (\Omega - \bar{\omega}_p)]$$

$$\frac{\mathrm{d}M}{\mathrm{d}t} = \sum_{l_M \geqslant 0} \sum_{l_{M_s} = -\infty}^{\infty} \sum_{l_\omega = -N}^{N} \sum_{l_\Omega = -N}^{N} \mathcal{C}^M_{l_M, l_{M_s}, l_\omega, l_\Omega} \cos[l_M M + l_{M_s} M_s + l_\omega \omega + l_\Omega (\Omega - \bar{\omega}_p)] \quad (6-274)$$

运动方程中的长期项、长周期项、短周期项可进行分离(平均根数理论),从而可以构造摄动分析解或建立高精度的长期动力学模型(见第八章)。

6.5　任意半长轴之比的行星摄动函数展开

Laplace 型摄动函数展开基于 Laplace 系数及其导数,然而 Laplace 系数在半长轴之比 α 接近 1 时是发散的。此外,Legendre 型摄动函数展开仅适合于等级式构型。因此,以上两种经典摄动函数对于接近共轨构型的行星系统都是不适用的。为此,本节根据笔者在 2020 年提出的一种展开方法[8],介绍一种新的行星摄动函数展开形式,该展开式适用于任意半长轴之比、任意倾角。在偏心率方面的收敛性,与经典 Laplace 型展开保持一致。

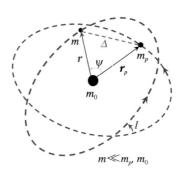

图 6－16　任意半长轴之比的空间行星系统构型

行星摄动函数为

$$\mathcal{R} = \frac{\mathcal{G}m_p}{a_p}(\mathcal{R}_\mathrm{D} + \alpha \mathcal{R}_\mathrm{I}) \quad (6-275)$$

6.5.1　空间圆型限制性三体系统构型

若摄动天体位于圆轨道上($e_p = 0, r_p = a_p$),此时直接项和间接项为

$$\mathcal{R}_\mathrm{D} = \frac{a_p}{\Delta}, \qquad \mathcal{R}_\mathrm{I} = -\left(\frac{r}{a}\right)\cos\psi \quad (6-276)$$

距离函数为

$$\Delta = (r^2 + a_p{}^2 - 2ra_p \cos \psi)^{1/2} \qquad (6\text{-}277)$$

第一步:摄动函数的"偏心率"展开

将直接项在($r=a$)处进行 Taylor 展开

$$\mathcal{R}_D = \frac{a_p}{\Delta} = a_p \sum_{n=0}^{\infty} \frac{(r-a)^n}{n!} \left[\frac{\mathrm{d}^n}{\mathrm{d}r^n}\left(\frac{1}{\Delta}\right)\right]_{r=a} \qquad (6\text{-}278)$$

可得

$$\mathcal{R}_D = a_p \sum_{n=0}^{\infty} \frac{(r-a)^n}{n!} \frac{\mathrm{d}^n}{\mathrm{d}a^n}\left(\frac{1}{\Delta_0}\right) \qquad (6\text{-}279)$$

其中

$$\frac{1}{\Delta_0} = (a^2 + a_p{}^2 - 2aa_p \cos \psi)^{-\frac{1}{2}}$$

$$= \frac{1}{a_p}(1 + \alpha^2 - 2\alpha \cos \psi)^{-\frac{1}{2}} \qquad (6\text{-}280)$$

这里 $\alpha = \dfrac{a}{a_p}$ 为半长轴之比。$\dfrac{1}{\Delta_0}$ 可理解为两空间圆轨道之间的"直接项"。

将(6-280)整理为

$$\frac{1}{\Delta_0} = \frac{1}{a_p}(1 + \alpha^2 + 2\alpha - 2\alpha - 2\alpha \cos \psi)^{-\frac{1}{2}} \qquad (6\text{-}281)$$

从而有

$$\frac{1}{\Delta_0} = \frac{1}{a_p}\left[(1+\alpha)^2 - 2\alpha(1+\cos \psi)\right]^{-\frac{1}{2}}$$

$$= \frac{1}{a_p(1+\alpha)}\left[1 - \frac{2\alpha}{(1+\alpha)^2}(1+\cos \psi)\right]^{-\frac{1}{2}} \qquad (6\text{-}282)$$

记变量为

$$x = \frac{2\alpha}{(1+\alpha)^2}(1+\cos \psi) \qquad (6\text{-}283)$$

于是有

$$0 \leqslant x = \frac{2\alpha}{1+\alpha^2+2\alpha}(1+\cos \psi) \leqslant \frac{1}{2}(1+\cos \psi) \leqslant 1 \qquad (6\text{-}284)$$

即变量 x 的定义域为 $x \in [0,1]$。将方程(6-282)记为

$$\frac{1}{\Delta_0} = \frac{1}{a_p(1+\alpha)}(1-x)^{-\frac{1}{2}} \qquad (6\text{-}285)$$

考虑到变量 x 的定义域,我们完全可以将(6-285)在 $x=0$ 附近进行 Taylor 展开

$$\frac{1}{\Delta_0} = \frac{1}{a_p(1+\alpha)} \sum_{k=0}^{k_{\max}} \frac{(2k-1)!!}{(2k)!!} x^k \qquad (6-286)$$

该展开式对于 x 较大时收敛很慢。

第二步：摄动函数的 Taylor 展开

我们注意到当 α 给定时，变量 x 存在一个中间值，即

$$x_c = \frac{2\alpha}{(1+\alpha)^2} \qquad (6-287)$$

于是将(6-285)在 $x=x_c$ 附近进行 Taylor 展开，可得

$$f(x) = (1-x)^{-1/2} = \sum_{k=0}^{k_{\max}} \frac{(2k-1)!!}{(2k)!!} (1-x_c)^{-1/2-k} (x-x_c)^k \qquad (6-288)$$

此时小偏离量变为

$$\Delta x = \frac{2\alpha}{(1+\alpha)^2}(1+\cos\psi) - \frac{2\alpha}{(1+\alpha)^2} = \frac{2\alpha}{(1+\alpha)^2}\cos\psi \in [-0.5, 0.5] \qquad (6-289)$$

函数 $f(x)$ 在 $x=0$ 和 $x=x_c$ 附近作 Taylor 展开的精度对比见图 6-17。注：这里参考点 x_c 虽然写为了 α 的表达式，但是需记住要将 x_c 视为一个常数值（不参与对 α 的求导计算）。

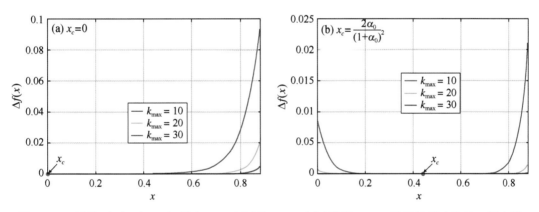

图 6-17　函数 $f(x)=(1-x)^{-1/2}$ 在 $x=0$(左) 和 $x=x_c$ (右) 附近 Taylor 展开的精度比较。纵坐标 $\Delta f(x)$ 为相对误差，定义为 $\Delta f(x)=|f_{\text{true}}-f_{\text{approx}}|/|f_{\text{true}}|$

将(6-288)代入(6-285)可得

$$\begin{aligned}
\frac{1}{\Delta_0} &= \frac{1}{a_p(1+\alpha)}\left[1 - \frac{2\alpha(1+\cos\psi)}{(1+\alpha)^2}\right]^{-\frac{1}{2}} \\
&= \frac{1}{a_p(1+\alpha)} \sum_{k=0}^{k_{\max}} \frac{(2k-1)!!}{(2k)!!}(1-x_c)^{-1/2-k}\left[\frac{2\alpha(1+\cos\psi)}{(1+\alpha)^2} - x_c\right]^k \\
&= \frac{1}{a_p} \sum_{k=0}^{k_{\max}} \sum_{q=0}^{k} \sum_{l=0}^{q} \frac{2^q(2k-1)!!}{(2k)!!}(-1)^{k-q}C_k^q C_q^l \frac{x_c^{k-q}}{(1-x_c)^{1/2+k}} \frac{\alpha^q}{(1+\alpha)^{2q+1}}\cos^l\psi
\end{aligned}$$

$$(6-290)$$

展开式(6-290)是新摄动函数展开的关键思想。通过该展开式,我们能够保证在任意半长轴之比、任意倾角构型下,Δx 均为小量,并且始终有 $\Delta x \in [-0.5, 0.5]$。从而保证新的摄动函数展开任意半长轴之比、任意倾角都一致收敛。

摄动函数的直接项变为

$$\mathcal{R}_D = a_p \sum_{n=0}^{\infty} \frac{(r-a)^n}{n!} \frac{\mathrm{d}^n}{\mathrm{d}a^n} \left(\frac{1}{\Delta_0} \right) \tag{6-291}$$

提取 a^n 项出来,将其整理为

$$\mathcal{R}_D = a_p \sum_{n=0}^{\infty} \frac{\left(\frac{r}{a} - 1 \right)^n}{n!} a^n \frac{\mathrm{d}^n}{\mathrm{d}a^n} \left(\frac{1}{\Delta_0} \right) \tag{6-292}$$

引入小参数

$$\varepsilon = \frac{r}{a} - 1 \tag{6-293}$$

从而直接项变为

$$\mathcal{R}_D = a_p \sum_{n=0}^{\infty} \frac{\varepsilon^n}{n!} a^n \frac{\mathrm{d}^n}{\mathrm{d}a^n} \left(\frac{1}{\Delta_0} \right) \tag{6-294}$$

考虑到如下关系

$$\alpha = \frac{a}{a_p} \Rightarrow \frac{1}{a_p^n} \frac{\mathrm{d}^n}{\mathrm{d}\alpha^n} = \frac{\mathrm{d}^n}{\mathrm{d}a^n} \tag{6-295}$$

于是有

$$\mathcal{R}_D = a_p \sum_{n=0}^{\infty} \frac{\varepsilon^n}{n!} \left(\frac{a}{a_p} \right)^n \frac{\mathrm{d}^n}{\mathrm{d}\alpha^n} \left(\frac{1}{\Delta_0} \right) \tag{6-296}$$

引入半长轴之比 α,上式进一步变为

$$\mathcal{R}_D = a_p \sum_{n=0}^{\infty} \frac{\varepsilon^n \alpha^n}{n!} \frac{\mathrm{d}^n}{\mathrm{d}\alpha^n} \left(\frac{1}{\Delta_0} \right) \tag{6-297}$$

将(6-290)代入(6-297)可得

$$\mathcal{R}_D = \sum_{n=0}^{\infty} \sum_{k=0}^{k_{\max}} \sum_{q=0}^{k} \sum_{l=0}^{q} \frac{2^q (2k-1)!!}{(2k)!!} (-1)^{k-q} C_k^q C_q^l (1-x_c)^{-1/2-k} x_c^{k-q} \times$$

$$\frac{\alpha^n}{n!} \left[\frac{\mathrm{d}^n}{\mathrm{d}\alpha^n} \frac{\alpha^q}{(1+\alpha)^{2q+1}} \right] \varepsilon^n \cos^l \psi \tag{6-298}$$

引入如下符号

$$f_q(\alpha) = \frac{\alpha^q}{(1+\alpha)^{2q+1}}, \quad D_n f_q(\alpha) = \frac{\mathrm{d}^n}{\mathrm{d}\alpha^n} f_q(\alpha) \tag{6-299}$$

代入可得

$$\mathcal{R}_{\mathrm{D}} = \sum_{n=0}^{\infty} \sum_{k=0}^{k_{\max}} \sum_{q=0}^{k} \sum_{l=0}^{q} \frac{2^q (2k-1)!!}{(2k)!!} (-1)^{k-q} C_k^q C_q^l \times$$

$$(1-x_c)^{-1/2-k} x_c^{k-q} \frac{\alpha^n}{n!} [D_n f_q(\alpha)] \varepsilon^n \cos^l \psi \qquad (6-300)$$

其中

$$D_n f_k(\alpha) = \sum_{s=0}^{n} C_n^s (\alpha^k)^{(n-s)} [(1+\alpha)^{-2k-1}]^{(s)} \qquad (6-301)$$

$$(\alpha^k)^{(n-s)} = \begin{cases} \dfrac{k!}{(k-n+s)!} \alpha^{k-n+s}, & k \geqslant n-s \\ 0, & \text{其他情况} \end{cases}$$

$$[(1+\alpha)^{-2k-1}]^{(s)} = (-1)^s \frac{(2k+s)!}{(2k)!} (1+\alpha)^{-2k-1-s} \qquad (6-302)$$

考虑到位置矢量夹角的余弦为

$$\cos \psi = \sin^2 \frac{I}{2} \cos(f+\lambda_p+\omega-\Omega) + \cos^2 \frac{I}{2} \cos(f-\lambda_p+\omega+\Omega) \qquad (6-303)$$

然后将 $\cos^l \psi$ 和 ε^n 分别进行二项式展开,可得

$$\cos^l \psi = \sum_{t=0}^{l} \sum_{t_1=0}^{t} \sum_{t_2=0}^{l-t} \frac{C_t^{t_1} C_{l-t}^{t_2} C_l^t}{2^l} \frac{\sin^{2l}(I/2)}{\tan^{2t}(I/2)} \times$$

$$\cos[(t-2t_1)(f-\lambda_p+\omega+\Omega) + (l-t-2t_2)(f+\lambda_p+\omega-\Omega)] \qquad (6-304)$$

$$\varepsilon^n = \left(\frac{r}{a} - 1\right)^n = \sum_{m=0}^{n} C_n^m (-1)^{n-m} \left(\frac{r}{a}\right)^m \qquad (6-305)$$

从而有

$$\varepsilon^n \cos^l \psi = \sum_{m=0}^{n} \sum_{t=0}^{l} \sum_{t_1=0}^{t} \sum_{t_2=0}^{l-t} (-1)^{n-m} \frac{C_n^m C_t^{t_1} C_{l-t}^{t_2} C_l^t}{2^l} \frac{\sin^{2l}(I/2)}{\tan^{2t}(I/2)} \times$$

$$\left(\frac{r}{a}\right)^m \cos[(t-2t_1)(f-\lambda_p+\omega+\Omega) + (l-t-2t_2)(f+\lambda_p+\omega-\Omega)]$$

$$(6-306)$$

因此,直接项为

$$\mathcal{R}_{\mathrm{D}} = \sum_{n=0}^{\infty} \sum_{k=0}^{k_{\max}} \sum_{q=0}^{k} \sum_{l=0}^{q} \sum_{m=0}^{n} \sum_{t=0}^{l} \sum_{t_1=0}^{t} \sum_{t_2=0}^{l-t} (-1)^{n-m+k-q} \frac{2^{q-l}(2k-1)!!}{(2k)!!} (1-x_c)^{-1/2-k} x_c^{k-q} \times$$

$$C_k^q C_q^l C_n^m C_t^{t_1} C_{l-t}^{t_2} C_l^t \frac{\sin^{2l}(I/2)}{\tan^{2t}(I/2)} \frac{\alpha^n}{n!} [D_n f_q(\alpha)] \times$$

$$\left(\frac{r}{a}\right)^m \cos[(t-2t_1)(f-\lambda_p+\omega+\Omega) + (l-t-2t_2)(f+\lambda_p+\omega-\Omega)]$$

$$(6-307)$$

第三步:椭圆展开

利用汉森系数,将上式进行椭圆展开

$$
\begin{aligned}
\mathcal{R}_{\mathrm{D}} = & \sum_{n=0}^{\infty}\sum_{k=0}^{k_{\max}}\sum_{q=0}^{k}\sum_{l=0}^{q}\sum_{m=0}^{n}\sum_{t=0}^{l}\sum_{t_1=0}^{t}\sum_{t_2=0}^{l-t}\sum_{s=-\infty}^{\infty}\frac{(-1)^{n-m+k-q}2^{q-l}(2k-1)!!}{(2k)!!}C_k^q C_q^l C_n^m C_t^{t_1}\times \\
& C_{l-t}^{t_2}C_l^t(1-x_c)^{-1/2-k}x_c^{k-q}\frac{\alpha^n}{n!}[D_n p_q(\alpha)]\frac{\sin^{2l}(I/2)}{\tan^{2t}(I/2)}X_s^{m,(l-2t_1-2t_2)}(e)\times \\
& \cos[s\lambda+(l-2t+2t_1-2t_2)\lambda_p+(2t-l-2t_1+2t_2-s)\Omega+ \\
& (l-2t_1-2t_2-s)\omega]
\end{aligned}
\tag{6-308}
$$

间接项的展开很容易,这里直接给出结果

$$
\begin{aligned}
\mathcal{R}_{\mathrm{I}} = & -\sum_{s=-\infty}^{\infty}X_s^{1,1}(e)\{\cos^2(I/2)\cos[s\lambda-\lambda_p+(1-s)\bar\omega]+ \\
& \sin^2(I/2)\cos[s\lambda+\lambda_p+(1-s)\bar\omega-2\Omega]\}
\end{aligned}
\tag{6-309}
$$

综上,在圆型限制性三体系统构型下,摄动函数展开式为

$$
\begin{aligned}
\mathcal{R} = & \frac{\mathcal{G}m_p}{a_p}\sum_{n=0}^{\infty}\sum_{k=0}^{k_{\max}}\sum_{q=0}^{k}\sum_{l=0}^{q}\sum_{m=0}^{n}\sum_{t=0}^{l}\sum_{t_1=0}^{t}\sum_{t_2=0}^{l-t}\sum_{s=-\infty}^{\infty}\frac{(-1)^{n-m+k-q}2^{q-l}(2k-1)!!}{(2k)!!}C_k^q C_q^l C_n^m C_t^{t_1}C_{l-t}^{t_2}C_l^t\times \\
& (1-x_c)^{-1/2-k}x_c^{k-q}\frac{\alpha^n}{n!}[D_n p_q(\alpha)]X_s^{m,(l-2t_1-2t_2)}(e)\sin^{2l-2t}(I/2)\cos^{2t}(I/2)\times \\
& \cos[s\lambda+(l-2t+2t_1-2t_2)\lambda_p+2(t-l+2t_2)\Omega+(l-2t_1-2t_2-s)\bar\omega]- \\
& \frac{\mathcal{G}m_p}{a_p}\left(\frac{a}{a_p}\right)\sum_{s=-\infty}^{\infty}X_s^{1,1}(e)\{\cos^2(I/2)\cos[s\lambda-\lambda_p+(1-s)\bar\omega]+ \\
& \sin^2(I/2)\cos[s\lambda+\lambda_p+(1-s)\bar\omega-2\Omega]\}
\end{aligned}
\tag{6-310}
$$

对摄动函数展开(6-310)的性质讨论如下:1) 展开式都为余弦函数;2) 三角函数中的角度项系数之和为零,满足 d'Alembert 关系;3) 三角函数中近点经度的系数(绝对值)对应偏心率的最低幂次;4) 三角函数中升交点经度的系数为偶数,并且升交点经度的系数(绝对值)对应 $s=\sin\left(\dfrac{I}{2}\right)$ 的最低幂次。与之前展开式性质保持一致。

6.5.2 椭圆型限制性三体系统构型

当摄动天体位于椭圆轨道上时,摄动函数的直接项和间接项分别为

$$
\mathcal{R}_{\mathrm{D}}=\frac{a_p}{\Delta}, \qquad \mathcal{R}_{\mathrm{I}}=-\left(\frac{r}{a}\right)\left(\frac{a_p}{r_p}\right)^2\cos\psi
\tag{6-311}
$$

先讨论直接项的展开。直接项为

$$
\mathcal{R}_{\mathrm{D}}=\frac{a_p}{\Delta}=a_p(r^2+r_p{}^2-2rr_p\cos\psi)^{-\frac{1}{2}}
\tag{6-312}
$$

其中

$$\cos \psi = \cos(\Omega-\theta_p)\cos(f+\omega) - \sin(\Omega-\theta_p)\sin(f+\omega)\cos I$$

$$= \sin^2 \frac{I}{2}\cos(f+\theta_p+\omega-\Omega) + \cos^2 \frac{I}{2}\cos(f-\theta_p+\omega+\Omega) \qquad (6-313)$$

这里 $\theta_p = f_p + \bar{\omega}_p$ 为摄动天体的真经度。

第一步:"偏心率"展开

将摄动函数的直接项在 $(r=a, r_p=a_p)$ 附近进行 Taylor 展开(二元函数 Taylor 展开,见本章附录 6.4)

$$\mathcal{R}_{\mathrm{D}} = \frac{a_p}{\Delta} = a_p \sum_{n=0}^{\infty}\sum_{m=0}^{n}\frac{1}{n!}C_n^m (r-a)^m (r_p-a_p)^{n-m}\left[\frac{\mathrm{d}^n}{\mathrm{d}r^m \mathrm{d}r_p{}^{n-m}}\left(\frac{1}{\Delta}\right)\right]_{r=a,r_p=a_p}$$
$$(6-314)$$

考虑到如下关系

$$\left[\frac{\mathrm{d}^n}{\mathrm{d}r^m \mathrm{d}r_p{}^{n-m}}\left(\frac{1}{\Delta}\right)\right]_{r=a,r_p=a_p} = \frac{\mathrm{d}^n}{\mathrm{d}a^m \mathrm{d}a_p{}^{n-m}}\left(\frac{1}{\Delta_0}\right) \qquad (6-315)$$

其中

$$\frac{1}{\Delta_0} = \frac{1}{\sqrt{a^2+a_p{}^2-2aa_p\cos\psi}} \qquad (6-316)$$

因此,直接项变为

$$\mathcal{R}_{\mathrm{D}} = a_p \sum_{n=0}^{\infty}\sum_{m=0}^{n}\frac{1}{n!}C_n^m (r-a)^m (r_p-a_p)^{n-m}\frac{\mathrm{d}^n}{\mathrm{d}a^m \mathrm{d}a_p{}^{n-m}}\left(\frac{1}{\Delta_0}\right) \qquad (6-317)$$

进一步整理为

$$\mathcal{R}_{\mathrm{D}} = a_p \sum_{n=0}^{\infty}\sum_{m=0}^{n}\frac{1}{n!}C_n^m (r-a)^m (r_p-a_p)^{n-m}\frac{\mathrm{d}^n}{\mathrm{d}a^m \mathrm{d}a_p{}^{n-m}}\left(\frac{1}{\Delta_0}\right) \qquad (6-318)$$

提取 $a^m a_p{}^{n-m}$ 项出来,直接项变为

$$\mathcal{R}_{\mathrm{D}} = a_p \sum_{n=0}^{\infty}\sum_{m=0}^{n}\frac{1}{n!}C_n^m \left(\frac{r}{a}-1\right)^m\left(\frac{r_p}{a_p}-1\right)^{n-m}a^m a_p{}^{n-m}\frac{\mathrm{d}^n}{\mathrm{d}a^m \mathrm{d}a_p{}^{n-m}}\left(\frac{1}{\Delta_0}\right) \qquad (6-319)$$

引入小参数

$$\varepsilon = \frac{r}{a}-1 = O(e), \qquad \varepsilon_p = \frac{r_p}{a_p}-1 = O(e_p) \qquad (6-320)$$

那么直接项展开式为

$$\mathcal{R}_{\mathrm{D}} = a_p \sum_{n=0}^{\infty}\sum_{m=0}^{n}\frac{1}{n!}C_n^m \varepsilon^m \varepsilon_p{}^{n-m}a^m a_p{}^{n-m}\frac{\mathrm{d}^n}{\mathrm{d}a^m \mathrm{d}a_p{}^{n-m}}\left(\frac{1}{\Delta_0}\right) \qquad (6-321)$$

其中

$$\frac{1}{\Delta_0} = (a^2+a_p{}^2-2aa_p\cos\psi)^{-\frac{1}{2}} \qquad (6-322)$$

将 $\dfrac{1}{\Delta_0}$ 整理为

$$\frac{1}{\Delta_0} = \frac{1}{a + a_p}\Big[1 - \frac{2aa_p}{(a + a_p)^2}(1 + \cos\psi)\Big]^{-\frac{1}{2}} \tag{6-323}$$

定义变量 x 为

$$x = \frac{2aa_p}{(a + a_p)^2}(1 + \cos\psi) \in [0,1] \tag{6-324}$$

因此有

$$\frac{1}{\Delta_0} = \frac{1}{a + a_p}(1 - x)^{-\frac{1}{2}} \tag{6-325}$$

此即为两个圆轨道之间的"直接项"。

第二步:在参考点附近进行 Taylor 展开

类似于上一小节中的展开思想,将 $\dfrac{1}{\Delta_0}$ 在 $x = x_c = \dfrac{2\alpha}{(1 + \alpha)^2}$ 处进行 Taylor 展开

$$\begin{aligned}
\frac{1}{\Delta_0} &= \frac{1}{a + a_p}\Big[1 - \frac{2aa_p}{(a + a_p)^2}(1 + \cos\psi)\Big]^{-\frac{1}{2}} = \frac{1}{a + a_p}(1 - x)^{-1/2} \\
&= \frac{1}{a + a_p}\sum_{k=0}^{k_{\max}}\frac{(2k - 1)!!}{(2k)!!}\frac{(x - x_c)^k}{(1 - x_c)^{\frac{1}{2} + k}}
\end{aligned} \tag{6-326}$$

从而可得

$$\frac{1}{\Delta_0} = \sum_{k=0}^{k_{\max}}\sum_{q=0}^{k}\sum_{l=0}^{q}\frac{2^q(2k-1)!!}{(2k)!!}(-1)^{k-q}C_k^q C_q^l \frac{x_c^{\,k-q}}{(1 - x_c)^{1/2+k}}\frac{a^q a_p^{\,q}}{(a + a_p)^{2q+1}}\cos^l\psi \tag{6-327}$$

引入符号

$$f_q(a, a_p) = \frac{a^q a_p^{\,q}}{(a + a_p)^{2q+1}} \tag{6-328}$$

引入微分算子

$$D_{k_1,k_2} = \frac{\mathrm{d}^{k_1 + k_2}}{\mathrm{d}a^{k_1}\,\mathrm{d}a_p^{\,k_2}} \tag{6-329}$$

函数(6-328)的高阶导数为

$$\begin{aligned}
D_{k_1,k_2}f_q(a, a_p) &= \frac{\mathrm{d}^{k_1+k_2}}{\mathrm{d}a^{k_1}\,\mathrm{d}a_p^{\,k_2}}\big[(a^q a_p^{\,q})(a + a_p)^{-2q-1}\big] \\
&= \frac{\mathrm{d}^{k_1}}{\mathrm{d}a^{k_1}}\Big\{\sum_{l_2=0}^{k_2}C_{k_2}^{l_2}a^q(a_p^{\,q})^{(k_2-l_2)}\big[(a + a_p)^{-2q-1}\big]^{(l_2)}\Big\}
\end{aligned} \tag{6-330}$$

其中

$$\frac{\mathrm{d}^{k-l}}{\mathrm{d}a^{k-l}}a^q = \begin{cases} \dfrac{q!}{(q-k+l)!}a^{q-k+l}, & q \geqslant k-l \\ 0, & 其他情况 \end{cases} \tag{6-331}$$

因此,直接项变为

$$\mathcal{R}_D = a_p \sum_{n=0}^{\infty} \sum_{m=0}^{n} \sum_{k=0}^{k_{\max}} \sum_{q=0}^{k} \sum_{l=0}^{q} \frac{2^q(2k-1)!!}{(2k)!!}(-1)^{k-q}C_n^m C_k^q C_q^l \frac{x_c^{k-q}}{(1-x_c)^{1/2+k}} \times$$

$$\frac{(r-a)^m(r_p-a_p)^{n-m}}{n!}[D_{m,n-m}f_q(a,a_p)]\cos^l\psi \tag{6-332}$$

考虑到

$$\cos\psi = \sin^2\frac{I}{2}\cos(f+\theta_p+\omega-\Omega) + \cos^2\frac{I}{2}\cos(f-\theta_p+\omega+\Omega)$$

将 $\cos^l\psi$ 进行二项式展开可得

$$\cos^l\psi = \sum_{t=0}^{l} \sum_{t_1=0}^{t} \sum_{t_2=0}^{l-t} \frac{C_l^t C_t^{t_1} C_{l-t}^{t_2}}{2^l} \sin^{2(l-t)}(I/2) \cos^{2t}(I/2) \times$$

$$\cos[(l-2t_1-2t_2)(f+\omega)+(l-2t+2t_1-2t_2)(\theta_p-\Omega)] \tag{6-333}$$

类似,将 $(r-a)^m$ 和 $(r_p-a_p)^{n-m}$ 进行二项式展开后有

$$(r-a)^m = \sum_{t_3=0}^{m} (-1)^{m-t_3} a^m C_m^{t_3} \left(\frac{r}{a}\right)^{t_3}$$

$$(r_p-a_p)^{n-m} = \sum_{t_4=0}^{n-m} (-1)^{n-m-t_4} C_{n-m}^{t_4} a_p^{n-m} \left(\frac{r_p}{a_p}\right)^{t_4} \tag{6-334}$$

因此,直接项变为

$$\mathcal{R}_D = a_p \sum_{n=0}^{\infty} \sum_{m=0}^{n} \sum_{k=0}^{k_{\max}} \sum_{q=0}^{k} \sum_{l=0}^{q} \sum_{t=0}^{l} \sum_{t_1=0}^{t} \sum_{t_2=0}^{l-t} \sum_{t_3=0}^{m} \sum_{t_4=0}^{n-m} \frac{2^{q-l}(2k-1)!!}{n!(2k)!!}(-1)^{n+k-q-t_3-t_4} C_n^m C_k^q C_l^t C_t^{t_1} C_{l-t}^{t_2} \times$$

$$C_l^t C_m^{t_3} C_{n-m}^{t_4} (1-x_c)^{-1/2-k} x_c^{k-q}[D_{m,n-m}f_q(a,a_p)]a^m a_p^{n-m} \sin^{2(l-t)}(I/2)\cos^{2t}(I/2) \times$$

$$\left(\frac{r}{a}\right)^{t_3} \left(\frac{r_p}{a_p}\right)^{t_4} \cos[(l-2t_1-2t_2)(f+\omega)+(l-2t+2t_1-2t_2)(\theta_p-\Omega)] \tag{6-335}$$

第三步:椭圆展开

基于汉森系数,对(6-335)中的函数项进行椭圆展开,可得

$$\left(\frac{r}{a}\right)^{t_3} \left(\frac{r_p}{a_p}\right)^{t_4} \cos[(l-2t_1-2t_2)(f+\omega)+(l-2t+2t_1-2t_2)(\theta_p-\Omega)]$$

$$= \sum_{s_1=-\infty}^{\infty} \sum_{s_2=-\infty}^{\infty} X_{s_1}^{t_3,(l-2t_1-2t_2)}(e) X_{s_2}^{t_4,(l-2t+2t_1-2t_2)}(e_p) \times \tag{6-336}$$

$$\cos[s_1 M + s_2 M_p + (l-2t_1-2t_2)\omega + (l-2t+2t_1-2t_2)(\bar{\omega}_p-\Omega)]$$

因而，直接项展开式为

$$
\begin{aligned}
\mathcal{R}_{\mathrm{D}} = a_p \sum_{n=0}^{N}\sum_{m=0}^{n}\sum_{k=0}^{k_{\max}}\sum_{q=0}^{k}\sum_{l=0}^{q}\sum_{t=0}^{l}\sum_{t_1=0}^{t}\sum_{t_2=0}^{l-t}\sum_{t_3=0}^{m}\sum_{t_4=0}^{n-m}\sum_{s_1=-\infty}^{\infty}\sum_{s_2=-\infty}^{\infty} & \frac{2^{q-l}(2k-1)!!}{n!(2k)!!}(-1)^{n+k-q-t_3-t_4}\times \\
C_n^m C_k^q C_q^l C_l^{t_1} C_{l-t}^{t_2} C_l^t C_m^{t_3} C_{n-m}^{t_4}\ (1-x_c)^{-1/2-k} & x_c^{k-q}[D_{m,n-m}f_q(a,a_p)]a^m a_p^{n-m}\times \\
X_{s_1}^{t_3,(l-2t_1-2t_2)}(e) X_{s_2}^{t_4,(l-2t+2t_1-2t_2)}(e_p) & \sin^{2(l-t)}(I/2)\cos^{2t}(I/2)\times \\
\cos[s_1 M + s_2 M_p + (l-2t_1-2t_2)\omega + & (l-2t+2t_1-2t_2)(\bar{\omega}_p-\Omega)]\qquad(6\text{-}337)
\end{aligned}
$$

间接项为

$$
\mathcal{R}_{\mathrm{I}} = -\left(\frac{r}{a}\right)\left(\frac{a_p}{r_p}\right)^2\cos\psi \qquad(6\text{-}338)
$$

直接将其进行椭圆展开有

$$
\begin{aligned}
\mathcal{R}_{\mathrm{I}} = -\sum_{s_1=-\infty}^{\infty}\sum_{s_2=-\infty}^{\infty}\Big[& \sin^2\frac{I}{2}X_{s_1}^{1,1}(e)X_{s_2}^{-2,1}(e_p)\cos(s_1 M + s_2 M_p + \omega - \Omega + \bar{\omega}_p) + \\
& \cos^2\frac{I}{2}X_{s_1}^{1,1}(e)X_{s_2}^{-2,-1}(e_p)\cos(s_1 M + s_2 M_p + \omega + \Omega - \bar{\omega}_p)\Big]\qquad(6\text{-}339)
\end{aligned}
$$

综上，在椭圆型限制性三体系统构型下，摄动函数展开为①

$$
\begin{aligned}
\mathcal{R} = \mathcal{G}m_p \sum_{n=0}^{N}\sum_{m=0}^{n}\sum_{k=0}^{k_{\max}}\sum_{q=0}^{k}\sum_{l=0}^{q}\sum_{t=0}^{l}\sum_{t_1=0}^{t}\sum_{t_2=0}^{l-t}\sum_{t_3=0}^{m}\sum_{t_4=0}^{n-m}\sum_{s_1=-\infty}^{\infty}\sum_{s_2=-\infty}^{\infty} & \frac{2^{q-l}(2k-1)!!}{n!(2k)!!}(-1)^{n+k-q-t_3-t_4}\times \\
C_n^m C_k^q C_q^l C_l^{t_1} C_{l-t}^{t_2} C_l^t C_m^{t_3} C_{n-m}^{t_4}\ (1-x_c)^{-1/2-k} & x_c^{k-q}[D_{m,n-m}f_q(a,a_p)]a^m a_p^{n-m}\times \\
X_{s_1}^{t_3,(l-2t_1-2t_2)}(e) X_{s_2}^{t_4,(l-2t+2t_1-2t_2)}(e_p) & \sin^{2(l-t)}(I/2)\cos^{2t}(I/2)\times \\
\cos[s_1\lambda + s_2\lambda_p - 2(l-t-2t_2)\Omega + & (l-2t+2t_1-2t_2-s_2)\bar{\omega}_p + \\
(l-2t_1-2t_2-s_1)\bar{\omega}] - \frac{\mathcal{G}m_p}{a_p}\left(\frac{a}{a_p}\right) & \sum_{s_1=-\infty}^{\infty}\sum_{s_2=-\infty}^{\infty}\Big\{\sin^2\frac{I}{2}X_{s_1}^{1,1}(e)X_{s_2}^{-2,1}(e_p)\times \\
\cos[s_1\lambda + s_2\lambda_p + (1-s_1)\bar{\omega} - 2\Omega + & (1-s_2)\bar{\omega}_p] + \\
\cos^2\frac{I}{2}X_{s_1}^{1,1}(e)X_{s_2}^{-2,-1}(e_p)\cos[s_1\lambda & + s_2\lambda_p + (1-s_1)\bar{\omega} - (1+s_2)\bar{\omega}_p]\Big\}\qquad(6\text{-}340)
\end{aligned}
$$

摄动函数展开(6-340)的性质讨论如下：1）只含余弦项；2）满足 d'Alembert 关系，三角函数中经度角系数之和等于零；3）三角函数中近点经度的系数（绝对值）对应偏心率的最低次幂；4）三角函数中升交点经度的系数为偶数，且其绝对值对应倾角参数 $s=\sin\left(\dfrac{I}{2}\right)$ 的最低次幂。

---

① 文献[8]中给出的椭圆型限制性三体系统构型下摄动函数展开式缺少一项 C_n^m，本书予以纠正。

6.6　地球非球形摄动函数展开

6.6.1　非球形摄动函数的多极子展开模型

基于球谐系数，地球的非球形摄动函数表示为

$$\mathcal{R}(r,\psi,\lambda)=\frac{\mu}{r}\sum_{l=2}^{\infty}\sum_{m=0}^{l}\left(\frac{a_{\mathrm{e}}}{r}\right)^{l}P_{lm}(\sin\psi)(C_{lm}\cos m\lambda+S_{lm}\sin m\lambda)\qquad(6\text{-}341)$$

其中 $\mu=\mathcal{G}m_{\mathrm{e}}$ 为地球引力常数，a_{e} 地球平均半径，(r,λ,ψ) 的定义见图 6-18（地固坐标系），$P_{lm}(\sin\psi)$ 为缔结 Legendre 多项式。注：缔结 Legendre 多项式 $P(x)$ 对应如下常微分方程的解

$$(1-x^2)\frac{\mathrm{d}^2P}{\mathrm{d}x^2}-2x\frac{\mathrm{d}P}{\mathrm{d}x}+\left[l(l+1)-\frac{m^2}{1-x^2}\right]P=0\qquad(6\text{-}342)$$

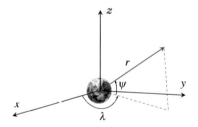

图 6-18　球坐标示意图（地固坐标系），λ 为地理经度，ψ 为地理纬度

其中 $|x|\leqslant1$。因此，$P(x)$ 的解与 l 和 m 是相关的，记为 $P_{lm}(x)$，具体表达式为

$$P_{lm}(x)=(1-x^2)^{m/2}\frac{\mathrm{d}^m}{\mathrm{d}x^m}P_l(x)$$

$$P_l(x)=\frac{1}{2^l l!}\frac{\mathrm{d}^l}{\mathrm{d}x^l}\left[(x^2-1)^l\right]$$

$$(6\text{-}343)$$

这里给出前几项的表达式

$$P_0(x)=1$$

$$P_1(x)=x,\qquad P_{11}(x)=(1-x^2)^{1/2}$$

$$P_2(x)=\frac{3}{2}x^2-\frac{1}{2},\qquad P_{21}(x)=3x(1-x^2)^{1/2},\qquad P_{22}(x)=3(1-x^2)$$

$$P_3(x)=\frac{5}{2}x^3-\frac{3}{2}x,\qquad P_{31}(x)=\left(\frac{15}{2}x^2-\frac{3}{2}\right)(1-x^2)^{1/2}$$

$$P_{32}(x)=15x(1-x^2),\qquad P_{33}(x)=15(1-x^2)^{3/2}$$

$$P_4(x)=\frac{35}{8}x^4-\frac{15}{4}x^2+\frac{3}{8},\qquad P_{41}(x)=\left(\frac{35}{2}x^3-\frac{15}{2}x\right)(1-x^2)^{1/2}$$

$$P_{42}(x) = \left(\frac{105}{2}x^2 - \frac{15}{2}\right)(1-x^2), \qquad P_{43}(x) = 105x(1-x^2)^{3/2}, \qquad P_{44}(x) = 105(1-x^2)^2$$

非球形天体的多极子模型以及取不同阶次的引力场见图 6‑19。本节推导主要参考文献[5]。

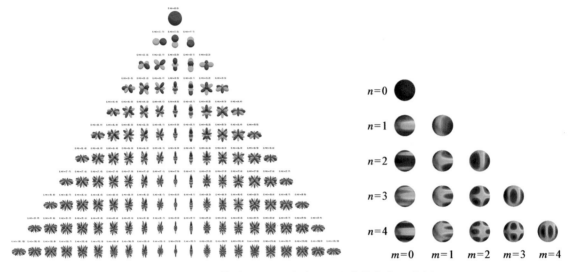

图 6‑19　多极子模型(左)以及考虑不同阶次的非球形引力场

6.6.2　摄动函数展开的推导

将非球形摄动函数中需要展开的子项记为

$$V_{lm} = \frac{\mu a_e^l}{r^{l+1}} P_{lm}(\sin\psi)(C_{lm}\cos m\lambda + S_{lm}\sin m\lambda) \tag{6-344}$$

其中缔结 Legendre 多项式为

$$P_{lm}(\sin\psi) = \cos^m\psi \sum_{t=0}^{k} T_{lmt}\sin^{l-m-2t}\psi \tag{6-345}$$

其中 $T_{lmt} = \dfrac{(-1)^t(2l-2t)!}{2^l t!\,(l-t)!\,(l-m-2t)!}$。地理经度(geographical longitude)可表示为赤经以及格林尼治恒星时的形式 $\lambda = \alpha - S$,这里 α 为赤经,S 为格林尼治恒星时。进一步,将地理经度写为

$$\lambda = (\alpha - \Omega) + (\Omega - S) \tag{6-346}$$

于是可将三角函数项展开为

$$\begin{aligned}
\cos m\lambda &= \cos[m(\alpha-\Omega) + m(\Omega-S)] \\
&= \cos m(\alpha-\Omega)\cos m(\Omega-S) - \sin m(\alpha-\Omega)\sin m(\Omega-S)
\end{aligned}$$

$$\sin m\lambda = \sin[m(\alpha-\Omega)+m(\Omega-S)]$$
$$= \sin m(\alpha-\Omega)\cos m(\Omega-S)+\cos m(\alpha-\Omega)\sin m(\Omega-S) \tag{6-347}$$

根据图 6 - 20,可得如下球面三角函数关系

$$\cos(\alpha-\Omega)=\frac{\cos(f+\omega)}{\cos\psi}$$

$$\sin(\alpha-\Omega)=\frac{\sin(f+\omega)\cos i}{\cos\psi} \tag{6-348}$$

$$\sin\psi=\sin i\sin(f+\omega)$$

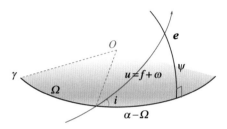

图 6 - 20 地理纬度 ψ、升交点经度 Ω、倾角 i、赤经 α 的定义示意图

因此

$$\cos m(\alpha-\Omega) = \mathrm{Re}[\exp(im(\alpha-\Omega))] = \mathrm{Re}[\exp(im(\alpha-\Omega))]$$
$$= \mathrm{Re}[(\cos(\alpha-\Omega)+i\sin(\alpha-\Omega))^m]$$
$$= \mathrm{Re}\sum_{s=0}^{m}C_m^s i^s \cos^{m-s}(\alpha-\Omega)\sin^s(\alpha-\Omega) \tag{6-349}$$

以及

$$\sin m(\alpha-\Omega) = \mathrm{Re}[-i\exp(im(\alpha-\Omega))]$$
$$= \mathrm{Re}\sum_{s=0}^{m}C_m^s i^{s-1}\cos^{m-s}(\alpha-\Omega)\sin^s(\alpha-\Omega) \tag{6-350}$$

$\mathrm{Re}[x]$ 表示对复数 x 取实部。从而有

$$\cos m\lambda = \cos m(\alpha-\Omega)\cos m(\Omega-S)-\sin m(\alpha-\Omega)\sin m(\Omega-S)$$
$$= \mathrm{Re}\sum_{s=0}^{m}C_m^s i^s \frac{\cos^{m-s}(f+\omega)\sin^s(f+\omega)\cos^s i}{\cos^m\psi}[\cos m(\Omega-S)+$$
$$i\sin m(\Omega-S)] \tag{6-351}$$

以及

$$\sin m\lambda = \sin m(\alpha-\Omega)\cos m(\Omega-S)+\cos m(\alpha-\Omega)\sin m(\Omega-S)$$
$$= \mathrm{Re}\sum_{s=0}^{m}C_m^s i^s \frac{\cos^{m-s}(f+\omega)\sin^s(f+\omega)\cos^s i}{\cos^m\psi}[\sin m(\Omega-S)-i\cos m(\Omega-S)]$$

$$\tag{6-352}$$

代入势函数子项 V_{lm} 可得

$$V_{lm} = \frac{\mu a_e^l}{r^{l+1}} P_{lm}(\sin\psi)(C_{lm}\cos m\lambda + S_{lm}\sin m\lambda)$$

$$= \frac{\mu a_e^l}{r^{l+1}} \sum_{t=0}^{\left[\frac{l-m}{2}\right]} T_{lmt}\sin^{l-m-2t}i\,\mathrm{Re}[(C_{lm}-iS_{lm})\cos m(\Omega-S)+(S_{lm}+iC_{lm})\sin m(\Omega-S)]\times$$

$$\sum_{s=0}^{m} C_m^s i^s \sin^{l-m-2t+s}(f+\omega)\cos^{m-s}(f+\omega)\cos^s i \qquad (6-353)$$

其中

$$\sin^{l-m-2t+s}(f+\omega) = \frac{1}{2^{l-m-2t+s}}(-i)^{l-m-2t+s}[\exp i(f+\omega)-\exp i(-f-\omega)]^{l-m-2t+s}$$

$$= \frac{1}{2^{l-m-2t+s}}(-i)^{l-m-2t+s}\sum_{c=0}^{l-m-2t+s} C_{l-m-2t+s}^c(-1)^c\exp[i(l-m-2t+$$

$$s-2c)(f+\omega)]$$

$$\cos^{m-s}(f+\omega) = \frac{1}{2^{m-s}}[\exp i(f+\omega)+\exp i(-f-\omega)]^{m-s}$$

$$= \frac{1}{2^{m-s}}\sum_{d=0}^{m-s} C_{m-s}^d\exp i(m-s-2d)(f+\omega) \qquad (6-354)$$

将其代入(6-353)可得

$$V_{lm} = \frac{\mu a_e^l}{r^{l+1}} \sum_{t=0}^{\left[\frac{l-m}{2}\right]} T_{lmt}\sin^{l-m-2t}i\,\mathrm{Re}[(C_{lm}-iS_{lm})\cos m(\Omega-S)+(S_{lm}+iC_{lm})\sin m(\Omega-S)]\times$$

$$\sum_{s=0}^{m} C_m^s(i)^s\cos^s i\frac{(-i)^{l-m-2t+s}}{2^{l-2t}}\sum_{c=0}^{l-m-2t+s}\sum_{d=0}^{m-s} C_{l-m-2t+s}^c C_{m-s}^d(-1)^c\times$$

$$\{\cos[(l-2t-2c-2d)(f+\omega)]+i\sin[(l-2t-2c-2d)(f+\omega)]\} \qquad (6-355)$$

通过积化和差，并简记 $k=\left[\frac{l-m}{2}\right]$，可得

$$V_{lm} = \frac{\mu a_e^l}{r^{l+1}} \sum_{t=0}^{k} T_{lmt}\sin^{l-m-2t}i(-1)^{k+t}\sum_{s=0}^{m} C_m^s\frac{\cos^s i}{2^{l-2t}}\sum_{c=0}^{l-m-2t+s}\sum_{d=0}^{m-s} C_{l-m-2t+s}^c C_{m-s}^d(-1)^c\times$$

$$\left\{\begin{bmatrix} C_{lm} \\ -S_{lm} \end{bmatrix}_{l-m\,\mathrm{odd}}^{l-m\,\mathrm{even}}\cos[(l-2t-2c-2d)(f+\omega)+m(\Omega-S)]+\right.$$

$$\left.\begin{bmatrix} S_{lm} \\ C_{lm} \end{bmatrix}_{l-m\,\mathrm{odd}}^{l-m\,\mathrm{even}}\sin[(l-2t-2c-2d)(f+\omega)+m(\Omega-S)]\right\} \qquad (6-356)$$

将倾角相关的函数记为倾角函数

$$F_{lmp}(i) = \sum_{t=0}^{\min[p,k]} \frac{(2l-2t)!}{t!(l-t)!(l-m-2t)!2^{2l-2t}}\sin^{l-2m-2t}i\times$$

$$\sum_{s=0}^{m} C_m^s\cos^s i\sum_c C_{l-m-2t+s}^c C_{m-s}^d(-1)^{c-k} \qquad (6-357)$$

因而(6-356)变为

$$V_{lm} = \frac{\mu a_e^l}{r^{l+1}} \sum_{p=0}^{l} F_{lmp}(i) \left\{ \begin{bmatrix} C_{lm} \\ -S_{lm} \end{bmatrix}_{l-m\ \mathrm{odd}}^{l-m\ \mathrm{even}} \cos[(l-2p)(f+\omega)+m(\Omega-S)] + \right.$$

$$\left. \begin{bmatrix} S_{lm} \\ C_{lm} \end{bmatrix}_{l-m\ \mathrm{odd}}^{l-m\ \mathrm{even}} \sin[(l-2p)(f+\omega)+m(\Omega-S)] \right\} \qquad (6-358)$$

对上式进行椭圆展开

$$\frac{1}{r^{l+1}} \begin{bmatrix} \cos \\ \sin \end{bmatrix} [(l-2p)(f+\omega)+m(\Omega-S)]$$

$$= \frac{1}{a^{l+1}} \sum_{q=-\infty}^{\infty} X_{l-2p+q}^{-(l+1),l-2p}(e) \begin{bmatrix} \cos \\ \sin \end{bmatrix} [(l-2p)\omega+(l-2p+q)M+m(\Omega-S)]$$

$$(6-359)$$

于是，可得

$$V_{lm} = \frac{\mu a_e^l}{a^{l+1}} \sum_{p=0}^{l} F_{lmp}(i) \sum_{q=-\infty}^{\infty} X_{l-2p+q}^{-(l+1),l-2p}(e) \times$$

$$\left\{ \begin{bmatrix} C_{lm} \\ -S_{lm} \end{bmatrix}_{l-m\ \mathrm{odd}}^{l-m\ \mathrm{even}} \cos[(l-2p+q)M+(l-2p)\omega+m(\Omega-S)] + \right. \qquad (6-360)$$

$$\left. \begin{bmatrix} S_{lm} \\ C_{lm} \end{bmatrix}_{l-m\ \mathrm{odd}}^{l-m\ \mathrm{even}} \sin[(l-2p+q)M+(l-2p)\omega+m(\Omega-S)] \right\}$$

将展开式(6-360)代入非球形摄动函数

$$\mathcal{R} = \sum_{l=2}^{\infty} \sum_{m=0}^{l} V_{lm} \qquad (6-361)$$

可得，地球非球形摄动函数展开为

$$\mathcal{R} = \frac{\mu}{a} \sum_{l=2}^{\infty} \sum_{m=0}^{l} \left(\frac{a_e}{a}\right)^l \sum_{p=0}^{l} F_{lmp}(i) \sum_{q=-\infty}^{\infty} X_{l-2p+q}^{-(l+1),l-2p}(e) \times$$

$$\left\{ \begin{bmatrix} C_{lm} \\ -S_{lm} \end{bmatrix}_{l-m\ \mathrm{odd}}^{l-m\ \mathrm{even}} \cos[(l-2p+q)M+(l-2p)\omega+m(\Omega-S)] + \right.$$

$$\left. \begin{bmatrix} S_{lm} \\ C_{lm} \end{bmatrix}_{l-m\ \mathrm{odd}}^{l-m\ \mathrm{even}} \sin[(l-2p+q)M+(l-2p)\omega+m(\Omega-S)] \right\} \qquad (6-362)$$

可根据该摄动函数展开去研究地球同步轨道动力学、地球附近的特殊轨道、不规则小行星附近的长期动力学演化及共振动力学性质等。

6.7 不规则(双)小行星摄动函数展开

6.7.1 全二体问题势函数展开

本节讨论全二体问题摄动函数展开的方法,主要参考文献[14]。系统构型如图 6 – 21 所示。

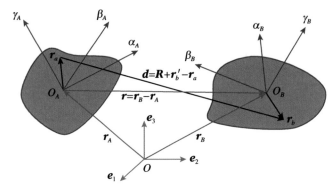

图 6 – 21 全二体问题构型以及惯性系和体固系的定义示意图[14]

为了方便,需定义三个坐标系:

1) 任意惯性系:$(O; e_1, e_2, e_3)$。

2) 小天体 A 的体固系:$(O_A; \alpha_A, \beta_A, \gamma_A)$,原点位于小天体 A 的质心。

3) 小天体 B 的体固系:$(O_B; \alpha_B, \beta_B, \gamma_B)$,原点位于小天体 B 的质心。

体固系$(O_A; \alpha_A, \beta_A, \gamma_A)$ 与$(O_B; \alpha_B, \beta_B, \gamma_B)$ 至惯性系$(O; e_1, e_2, e_3)$ 的旋转矩阵分别记为

$$C_A = [\alpha_A, \beta_A, \gamma_A], \qquad C_B = [\alpha_B, \beta_B, \gamma_B] \tag{6-363}$$

全二体问题的势能函数为(二体项+摄动函数)

$$U = -\mathcal{G} \int_A \int_B \frac{1}{d} \mathrm{d}m_A \mathrm{d}m_M \tag{6-364}$$

其中距离函数为

$$d^2 = R^2 + h^2 - 2\boldsymbol{R} \cdot \boldsymbol{h}, \qquad \boldsymbol{h} = \boldsymbol{r}_a - \boldsymbol{r}_b' \tag{6-365}$$

其中 $\boldsymbol{R}$ 为 O_B 相对 O_A 的矢量(小天体 A 的体固系)。带撇的量表示描述 B 的量在 A 的体固系中的表示(存在坐标系旋转)。

将距离函数的倒数进行 Legendre 展开可得

$$\frac{1}{d} = \frac{1}{R} \sum_{n=0}^{\infty} \left(\frac{h}{R}\right)^n P_n\left(\frac{\boldsymbol{R} \cdot \boldsymbol{h}}{Rh}\right) \tag{6-366}$$

Legendre 多项式可表示为(见第一章)

$$P_n(x) = \sum_{k=0}^{\left[\frac{n}{2}\right]} \frac{(-1)^k}{2^n} \frac{(2n-2k)!}{k!(n-k)!(n-2k)!} x^{n-2k} \tag{6-367}$$

简记

$$\chi_n = \frac{1}{R^{n+1}} \sum_{k(2)=n-2\left[\frac{n}{2}\right]}^{n} t_k^n \left(\frac{\boldsymbol{R}}{R} \cdot \boldsymbol{h}\right)^k (h^2)^{\frac{n-k}{2}} \tag{6-368}$$

其中 $k(2)$ 意味着变量 k 是以步长 2 递增的,算符 $\left[\frac{n}{2}\right]$ 表示对 $\frac{n}{2}$ 取整。系数 t_k^n 的递推关系为

$$t_{k+2}^n = -\frac{(n-k)(n+k+1)}{(k+2)(k+1)} t_k^n \tag{6-369}$$

当 n 为偶数时,迭代初值为

$$t_0^n = (-1)^{\frac{n}{2}} \frac{n!}{2^n \left(\frac{n}{2}!\right)^2}$$

当 n 为奇数时,迭代初值为

$$t_1^n = (-1)^{\frac{n-1}{2}} \frac{n!}{2^{n-1} \left(\frac{n-1}{2}!\right)^2}$$

将(6-366)简记为

$$\frac{1}{d} = \sum_{n=0}^{\infty} \chi_n \tag{6-370}$$

因此,只需要对 χ_n 进行展开即可。为此,引入单位位置矢量

$$\boldsymbol{e} = \frac{\boldsymbol{R}}{R} = (e_x, e_y, e_z)^{\mathrm{T}} \tag{6-371}$$

那么

$$\left(\frac{\boldsymbol{R}}{R} \cdot \boldsymbol{h}\right)^k = \left[e_x(x_a - x_b') + e_y(y_a - y_b') + e_z(z_a - z_b')\right]^k$$
$$= \left[e_x x_a - e_x x_b' + e_y y_a - e_y y_b' + e_z z_a - e_z z_b'\right]^k \tag{6-372}$$

$$(h^2)^{\frac{n-k}{2}} = \left[(x_a - x_b')^2 + (y_a - y_b')^2 + (z_a - z_b')^2\right]^{\frac{n-k}{2}} \tag{6-373}$$

将以上两式分别进行二项式展开,可得

$$\left(\frac{\boldsymbol{R}}{R} \cdot \boldsymbol{h}\right)^k = \sum_{(i_1 i_2 i_3)(i_4 i_5 i_6)} a_{(i_1 i_2 i_3)(i_4 i_5 i_6)}^k (e_x x_a)^{i_1} (e_y y_a)^{i_2} (e_z z_a)^{i_3} (e_x' x_b)^{i_4} (e_y' y_b)^{i_5} (e_z z_b')^{i_6}$$
$$(h^2)^{\frac{n-k}{2}} = \sum_{(j_1 j_2 j_3)(j_4 j_5 j_6)} b_{(j_1 j_2 j_3)(j_4 j_5 j_6)}^{n-k} (x_a)^{j_1} (y_a)^{j_2} (z_a)^{j_3} (x_b')^{j_4} (y_b')^{j_5} (z_b')^{j_6} \tag{6-374}$$

其中

$$k = i_1 + i_2 + i_3 + i_4 + i_5 + i_6$$
$$n - k = j_1 + j_2 + j_3 + j_4 + j_5 + j_6$$

其中 $a^k_{(i_1 i_2 i_3)(i_4 i_5 i_6)}$，$b^{n-k}_{(j_1 j_2 j_3)(j_4 j_5 j_6)}$ 为系数，并且当任何一个下标小于零时均有 $a^k_{(i_1 i_2 i_3)(i_4 i_5 i_6)} = 0$，$b^{n-k}_{(j_1 j_2 j_3)(j_4 j_5 j_6)} = 0$。迭代关系如下[14]

$$a^k_{(i_1 i_2 i_3)(i_4 i_5 i_6)} = a^{k-1}_{(i_1-1,i_2,i_3)(i_4 i_5 i_6)} + a^{k-1}_{(i_1,i_2-1,i_3)(i_4 i_5 i_6)} + a^{k-1}_{(i_1,i_2,i_3-1)(i_4 i_5 i_6)} - \qquad (6-375)$$
$$a^{k-1}_{(i_1 i_2 i_3)(i_4-1,i_5,i_6)} - a^{k-1}_{(i_1 i_2 i_3)(i_4,i_5-1,i_6)} - a^{k-1}_{(i_1 i_2 i_3)(i_4,i_5,i_6-1)}$$

$$b^k_{(j_1 j_2 j_3)(j_4 j_5 j_6)} = b^{k-2}_{(j_1-2,j_2,j_3)(j_4 j_5 j_6)} + b^{k-2}_{(j_1,j_2-2,j_3)(j_4 j_5 j_6)} + b^{k-2}_{(j_1,j_2,j_3-2)(j_4 j_5 j_6)} +$$
$$b^{k-2}_{(j_1 j_2 j_3)(j_4-2,j_5,j_6)} + b^{k-2}_{(j_1 j_2 j_3)(j_4,j_5-2,j_6)} + b^{k-2}_{(j_1 j_2 j_3)(j_4,j_5,j_6-2)} -$$
$$2b^{k-2}_{(j_1-1,j_2,j_3)(j_4-1,j_5,j_6)} - 2b^{k-2}_{(j_1,j_2-1,j_3)(j_4,j_5-1,j_6)} - 2b^{k-2}_{(j_1,j_2,j_3-1)(j_4,j_5,j_6-1)}$$

$$(6-376)$$

迭代初值为

$$a^0_{(000)(000)} = 1$$
$$a^1_{(100)(000)} = 1, \qquad a^1_{(010)(000)} = 1, \qquad a^1_{(001)(000)} = 1$$
$$a^1_{(000)(100)} = -1, \qquad a^1_{(000)(010)} = -1, \qquad a^1_{(000)(001)} = -1$$

以及

$$b^0_{(000)(000)} = 1$$
$$b^2_{(200)(000)} = 1, \qquad b^2_{(020)(000)} = 1, \qquad b^2_{(002)(000)} = 1$$
$$b^2_{(000)(200)} = 1, \qquad b^2_{(000)(020)} = 1, \qquad b^2_{(000)(002)} = 1$$
$$b^2_{(100)(100)} = -2, \qquad b^2_{(010)(010)} = -2, \qquad b^2_{(001)(001)} = -2$$

将展开式代入 χ_n 的表达式可得

$$\chi_n = \frac{1}{R^{n+1}} \sum_{k(2)=n-2\left[\frac{n}{2}\right]}^{n} t^n_k \sum_{(i_1 i_2 i_3)(i_4 i_5 i_6)(j_1 j_2 j_3)(j_4 j_5 j_6)} a^k_{(i_1 i_2 i_3)(i_4 i_5 i_6)} b^{n-k}_{(j_1 j_2 j_3)(j_4 j_5 j_6)} \times$$
$$e_x^{i_1+i_4} e_y^{i_2+i_5} e_z^{i_3+i_6} (x_a)^{i_1+j_1} (y_a)^{i_2+j_2} (z_a)^{i_3+j_3} (x'_b)^{i_4+j_4} (y'_b)^{i_5+j_5} (z'_b)^{i_6+j_6}$$

$$(6-377)$$

因此，势能函数变为

$$U = -\mathcal{G} \sum_{n=0}^{\infty} \int_A \int_B \chi_n \mathrm{d}m_A \mathrm{d}m_M \Rightarrow U = -\mathcal{G} \sum_{n=0}^{\infty} \frac{1}{R^{n+1}} \widetilde{U}_n \qquad (6-378)$$

其中

$$\tilde{U}_n = \sum_{k(2)=n-2}^{n}\left[\frac{n}{2}\right] \sum_{(i_1 i_2 i_3)(i_4 i_5 i_6)(j_1 j_2 j_3)(j_4 j_5 j_6)} a^k_{(i_1 i_2 i_3)(i_4 i_5 i_6)} b^{n-k}_{(j_1 j_2 j_3)(j_4 j_5 j_6)} \times \tag{6-379}$$

$$e_x^{i_1+i_4} e_y^{i_2+i_5} e_z^{i_3+i_6} T_A^{(i_1+j_1)(i_2+j_2)(i_3+j_3)} T_B'^{(i_4+j_4)(i_5+j_5)(i_6+j_6)}$$

这里

$$T_A^{lmn} = \int_A (x_a)^l (y_a)^m (z_a)^n \mathrm{d}m_A, \qquad T_B'^{lmn} = \int_B (x_b')^l (y_b')^m (z_b')^n \mathrm{d}m_B \tag{6-380}$$

明显，T_A^{lmn} 为小天体 A 的广义惯量积，而 $T_B'^{lmn}$ 为小天体 B 的惯量积在小天体 A 的体固系下的表示。该计算相对比较麻烦，下面简要推导一下。

由体固系 B 到体固系 A 的旋转矩阵为

$$\boldsymbol{C} = [\alpha, \beta, \gamma] = \begin{bmatrix} c_{11} & c_{12} & c_{13} \\ c_{21} & c_{22} & c_{23} \\ c_{31} & c_{32} & c_{33} \end{bmatrix} \tag{6-381}$$

坐标变换为

$$\begin{aligned} x_b' &= c_{11} x_b + c_{12} y_b + c_{13} z_b \\ y_b' &= c_{21} x_b + c_{22} y_b + c_{23} z_b \\ z_b' &= c_{31} x_b + c_{32} y_b + c_{33} z_b \end{aligned} \tag{6-382}$$

利用二项式展开可得

$$(x_b')^l (y_b')^m (z_b')^n = \sum_{i_1=0}^{l}\sum_{j_1=0}^{l-i_1}\sum_{i_2=0}^{m}\sum_{j_2=0}^{m-i_2}\sum_{i_3=0}^{n}\sum_{j_3=0}^{n-i_3} \frac{l!}{i_1!j_1!(l-i_1-j_1)!} \frac{m!}{i_2!j_2!(m-i_2-j_2)!} \times$$
$$\frac{n!}{i_3!j_3!(n-i_3-j_3)!} c_{11}^{i_1} c_{12}^{j_1} c_{13}^{l-i_1-j_1} c_{21}^{i_2} c_{22}^{j_2} c_{23}^{m-i_2-j_2} c_{31}^{i_3} c_{32}^{j_3} c_{33}^{n-i_3-j_3} \times$$
$$(x_b)^{i_1+i_2+i_3} (y_b)^{j_1+j_2+j_3} (z_b)^{l+m+n-i_1-i_2-i_3-j_1-j_2-j_3} \tag{6-383}$$

同理定义小行星 B 的惯量积为

$$T_B^{lmn} = \int_B (x_b)^l (y_b)^m (z_b)^n \mathrm{d}m_B \tag{6-384}$$

于是可得

$$T_B'^{lmn} = \sum_{i_1=0}^{l}\sum_{j_1=0}^{l-i_1}\sum_{i_2=0}^{m}\sum_{j_2=0}^{m-i_2}\sum_{i_3=0}^{n}\sum_{j_3=0}^{n-i_3} \frac{l!}{i_1!j_1!(l-i_1-j_1)!} \frac{m!}{i_2!j_2!(m-i_2-j_2)!} \frac{n!}{i_3!j_3!(n-i_3-j_3)!} \times$$
$$c_{11}^{i_1} c_{12}^{j_1} c_{13}^{l-i_1-j_1} c_{21}^{i_2} c_{22}^{j_2} c_{23}^{m-i_2-j_2} c_{31}^{i_3} c_{32}^{j_3} c_{33}^{n-i_3-j_3} T_B^{(i_1+i_2+i_3)(j_1+j_2+j_3)(l+m+n-i_1-i_2-i_3-j_1-j_2-j_3)} \tag{6-385}$$

至此，全二体问题的势能函数可根据各自惯量积来表示

$$U = -\mathcal{G} \sum_{n=0}^{\infty} \frac{1}{R^{n+1}} \tilde{U}_n \tag{6-386}$$

其中

$$\tilde{U}_n = \sum_{k(2)=n-2}^{n} t_k^n \left[\frac{n}{2}\right] \sum_{(i_1 i_2 i_3)(i_4 i_5 i_6)(j_1 j_2 j_3)(j_4 j_5 j_6)} a_{(i_1 i_2 i_3)(i_4 i_5 i_6)}^k b_{(j_1 j_2 j_3)(j_4 j_5 j_6)}^{n-k} \times$$

$$e_x^{i_1+i_4} e_y^{i_2+i_5} e_z^{i_3+i_6} T_A^{(i_1+j_1)(i_2+j_2)(i_3+j_3)} T_B'^{(i_4+j_4)(i_5+j_5)(i_6+j_6)} \tag{6-387}$$

当然,这个表达式没有彻底展开,因为它不是关于轨道根数和欧拉角的最终形式。轨道信息都包含在 $e_x^{i_1+i_4} e_y^{i_2+i_5} e_z^{i_3+i_6}$ 里面,姿态信息都包含在 $T_A^{(i_1+j_1)(i_2+j_2)(i_3+j_3)} T_B'^{(i_4+j_4)(i_5+j_5)(i_6+j_6)}$ 里。继续展开会非常复杂,感兴趣的读者可以尝试。下面在简化系统下进行详细的摄动函数展开。

6.7.2   不规则小行星附近摄动函数展开

当全二体中的一个天体退化为航天器时,6.7.1 节描述的势函数可退化描述不规则小行星附近航天器的运动①。此时问题变得相对简单,和 6.6 节讨论的地球附近非球形摄动函数是同一个问题(不同的是,6.6 节是用球谐系数表示,本节用惯量积来表示)。本节内容主要参考文献[16]。

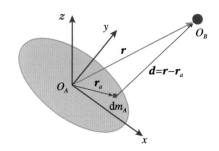

图 6-22   不规则小行星附近的航天器运动示意图[15]

在小行星的体固系下,航天器与小行星构成的系统的势函数为

$$\Phi = -\mathcal{G}m_B \int_A \frac{1}{d} \mathrm{d}m_A \tag{6-388}$$

距离函数为

$$d^2 = r^2 + r_a^2 - 2\boldsymbol{r} \cdot \boldsymbol{r}_a \tag{6-389}$$

将距离函数进行 Legendre 展开

$$\frac{1}{d} = \frac{1}{\sqrt{r^2 + r_a^2 - 2\boldsymbol{r} \cdot \boldsymbol{r}_a}} = \frac{1}{r} \sum_{n=0}^{\infty} \left(\frac{r_a}{r}\right)^n P_n\left(\frac{\boldsymbol{r} \cdot \boldsymbol{r}_a}{r r_a}\right) = \sum_{n=0}^{\infty} \chi_n \tag{6-390}$$

其中

---

① 这里我们从惯量积的角度去描述非球形摄动,实际上 6.7 节介绍的是球谐系数的方法。

$$\chi_n = \frac{1}{r}\left(\frac{r_a}{r}\right)^n P_n\left(\frac{\boldsymbol{r}\cdot\boldsymbol{r}_a}{rr_a}\right) \tag{6-391}$$

将其展开为

$$\chi_n = \frac{1}{r^{n+1}}\sum_{k(2)=n-\left[\frac{n}{2}\right]}^{n} t_k^n \sum_{\substack{i_1+i_2+i_3=k\\ j_1+j_2+j_3=n-k}} a_{i_1i_2i_3}^{k} b_{j_1j_2j_3}^{n-k} e_x^{i_1} e_y^{i_2} e_z^{i_3} x_a^{i_1+j_1} y_a^{i_2+j_2} z_a^{i_3+j_3} \tag{6-392}$$

因此,势函数变为

$$\Phi = -\mathcal{G}m_B\sum_{n=0}^{\infty}\int_A \chi_n \mathrm{d}m_A \tag{6-393}$$

将 χ_n 的表达式代入上式,势函数变为

$$\Phi = -\mathcal{G}m_B\sum_{n=0}^{\infty}\sum_{k(2)=n-\left[\frac{n}{2}\right]}^{n} t_k^n \sum_{\substack{i_1+i_2+i_3=k\\ j_1+j_2+j_3=n-k}} a_{i_1i_2i_3}^{k} b_{j_1j_2j_3}^{n-k} T_A^{(i_1+j_1)(i_2+j_2)(i_3+j_3)}\frac{1}{r^{n+1}} e_x^{i_1} e_y^{i_2} e_z^{i_3}$$

$$\tag{6-394}$$

其中

$$T_A^{lmn} = \int_A (x_a)^l (y_a)^m (z_a)^n \mathrm{d}m_A \tag{6-395}$$

为小天体的惯量积(椭球和多面体小行星的惯量积计算见附录 6.7)。对航天器而言,其质量远小于小天体质量,因此我们考虑单位质量航天器受到的势函数

$$U = -\mathcal{G}\sum_{n=0}^{\infty}\sum_{k(2)=n-\left[\frac{n}{2}\right]}^{n} t_k^n \sum_{\substack{i_1+i_2+i_3=k\\ j_1+j_2+j_3=n-k}} a_{i_1i_2i_3}^{k} b_{j_1j_2j_3}^{n-k} T_A^{(i_1+j_1)(i_2+j_2)(i_3+j_3)}\frac{1}{r^{n+1}} e_x^{i_1} e_y^{i_2} e_z^{i_3}$$

$$\tag{6-396}$$

扣除中心二体势函数项,可得单位质量航天器受到的非球形摄动函数为

$$\mathcal{R} = -\mathcal{G}\sum_{n=2}^{N}\sum_{k(2)=n-2\left[\frac{n}{2}\right]}^{n} \sum_{\substack{i_1+i_2+i_3=k\\ j_1+j_2+j_3=n-k}} t_k^n a_{i_1i_2i_3}^{k} b_{j_1j_2j_3}^{n-k} T_A^{(i_1+j_1)(i_2+j_2)(i_3+j_3)}\frac{1}{r^{n+1}}(e_x)^{i_1}(e_y)^{i_2}(e_z)^{i_3}$$

$$\tag{6-397}$$

其中单位位置矢量为

$$\hat{\boldsymbol{r}} = \begin{bmatrix} e_x \\ e_y \\ e_z \end{bmatrix} = \begin{bmatrix} \cos\Omega_R\cos u - \sin\Omega_R\cos I\sin u \\ \sin\Omega_R\cos u + \cos\Omega_R\cos I\sin u \\ \sin I\sin u \end{bmatrix} \tag{6-398}$$

其中 $\Omega_R = \Omega - \omega_p t$ 为小行星升交点地理经度(geographical longitude of ascending node),ω_p 为小行星自转的角速度(spinning frequency),$u = f + \omega$ 为航天器的纬度幅角(argument of latitude)。将(6-397)进行二项式展开可得

$$\mathcal{R} = -\mathcal{G}\sum_{n=2}^{N}\sum_{k(2)=n-2}^{n}\sum_{\substack{i_1+i_2+i_3=k\\j_1+j_2+j_3=n-k}}^{\left[\frac{n}{2}\right]} t_k^n a_{i_1 i_2 i_3}^k b_{j_1 j_2 j_3}^{n-k} T_A^{(i_1+j_1)(i_2+j_2)(i_3+j_3)} \sum_{r_1\geqslant0}^{i_1}\sum_{r_2\geqslant0}^{i_2}(-1)^{r_1}\begin{bmatrix}i_1\\r_1\end{bmatrix}\times$$

$$\begin{bmatrix}i_2\\r_2\end{bmatrix}\sin^{i_3}I\cos^{r_1+r_2}I\frac{1}{r^{n+1}}\sin^{r_1+r_2+i_3}u\cos^{i_1+i_2-r_1-r_2}u\sin^{i_2+r_1-r_2}\Omega_R\cos^{i_1+r_2-r_1}\Omega_R \qquad (6-399)$$

利用欧拉公式将三角函数化为指数形式(复数形式),并进行二项式展开可得

$$\mathcal{R} = -\mathcal{G}\sum_{n=2}^{N}\sum_{k(2)=n-2}^{n}\sum_{\substack{i_1+i_2+i_3=k\\j_1+j_2+j_3=n-k}}^{\left[\frac{n}{2}\right]}\sum_{r_1\geqslant0}^{i_1}\sum_{r_2\geqslant0}^{i_2}\sum_{t_1\geqslant0}^{i_2+r_1-r_2}\sum_{t_2\geqslant0}^{i_1+r_2-r_1}\sum_{t_3\geqslant0}^{r_1+r_2+i_3}\sum_{t_4\geqslant0}^{i_1+i_2-r_1-r_2} t_k^n a_{i_1 i_2 i_3}^k b_{j_1 j_2 j_3}^{n-k}\times$$

$$T_A^{(i_1+j_1)(i_2+j_2)(i_3+j_3)}\frac{(-1)^{i_2+i_3+3r_1+t_1+t_3}j^{i_2+i_3+2r_1}}{2^{2i_1+2i_2+i_3}}\begin{bmatrix}i_1\\r_1\end{bmatrix}\begin{bmatrix}i_2\\r_2\end{bmatrix}\begin{bmatrix}i_2+r_1-r_2\\t_1\end{bmatrix}\times$$

$$\begin{bmatrix}i_1+r_2-r_1\\t_2\end{bmatrix}\begin{bmatrix}r_1+r_2+i_3\\t_3\end{bmatrix}\begin{bmatrix}i_1+i_2-r_1-r_2\\t_4\end{bmatrix}\sin^{i_3}I\cos^{r_1+r_2}I\times$$

$$\frac{1}{r^{n+1}}\exp\{j[(k-2t_3-2t_4)(\omega+f)+(i_1+i_2-2t_1-2t_2)\Omega_R]\} \qquad (6-400)$$

利用汉森系数对上式进行椭圆展开,即

$$\frac{1}{r^{n+1}}\exp\{j[(k-2t_3-2t_4)(\omega+f)+(i_1+i_2-2t_1-2t_2)\Omega_R]\}$$

$$= \frac{1}{a^{n+1}}\times\sum_{s=-\infty}^{\infty}X_s^{-(n+1),(k-2t_3-2t_4)}(e)\exp\{j[sM+(k-2t_3-2t_4)\omega+$$

$$(i_1+i_2-2t_1-2t_2)\Omega_R]\} \qquad (6-401)$$

代入(6-400)可得

$$\mathcal{R} = -\mathcal{G}\sum_{n=2}^{N}\sum_{k(2)=n-2}^{n}\sum_{\substack{i_1+i_2+i_3=k\\j_1+j_2+j_3=n-k}}^{\left[\frac{n}{2}\right]}\sum_{r_1\geqslant0}^{i_1}\sum_{r_2\geqslant0}^{i_2}\sum_{t_1\geqslant0}^{i_2+r_1-r_2}\sum_{t_2\geqslant0}^{i_1+r_2-r_1}\sum_{t_3\geqslant0}^{r_1+r_2+i_3}\sum_{t_4\geqslant0}^{i_1+i_2-r_1-r_2} t_k^n a_{i_1 i_2 i_3}^k b_{j_1 j_2 j_3}^{n-k}\times$$

$$T_A^{(i_1+j_1)(i_2+j_2)(i_3+j_3)}\begin{bmatrix}i_1\\r_1\end{bmatrix}\begin{bmatrix}i_2\\r_2\end{bmatrix}\begin{bmatrix}i_2+r_1-r_2\\t_1\end{bmatrix}\begin{bmatrix}i_1+r_2-r_1\\t_2\end{bmatrix}\begin{bmatrix}r_1+r_2+i_3\\t_3\end{bmatrix}\times$$

$$\begin{bmatrix}i_1+i_2-r_1-r_2\\t_4\end{bmatrix}\frac{1}{a^{n+1}}\frac{(-1)^{i_2+i_3+3r_1+t_1+t_3}j^{i_2+i_3+2r_1}}{2^{2i_1+2i_2+i_3}}\sin^{i_3}I\cos^{r_1+r_2}I\times$$

$$\sum_{s=-\infty}^{\infty}X_s^{-(n+1),(k-2t_3-2t_4)}(e)\exp\{j[sM+(k-2t_3-2t_4)\omega+$$

$$(i_1+i_2-2t_1-2t_2)\Omega_R]\} \qquad (6-402)$$

摄动函数只能是实数,因此取实部即可

$$\mathcal{R} = -\mathcal{G}\sum_{n=2}^{N}\sum_{k(2)=n-2}^{n}\sum_{\substack{i_1+i_2+i_3=k\\j_1+j_2+j_3=n-k}}^{\left[\frac{n}{2}\right]}\sum_{r_1\geqslant0}^{i_1}\sum_{r_2\geqslant0}^{i_2}\sum_{t_1\geqslant0}^{i_2+r_1-r_2}\sum_{t_2\geqslant0}^{i_1+r_2-r_1}\sum_{t_3\geqslant0}^{r_1+r_2+i_3}\sum_{t_4\geqslant0}^{i_1+i_2-r_1-r_2}\sum_{s=-\infty}^{\infty} t_k^n a_{i_1 i_2 i_3}^k b_{j_1 j_2 j_3}^{n-k}\times$$

$$T_A^{(i_1+j_1)(i_2+j_2)(i_3+j_3)} \begin{bmatrix} i_1 \\ r_1 \end{bmatrix} \begin{bmatrix} i_2 \\ r_2 \end{bmatrix} \begin{bmatrix} i_2+r_1-r_2 \\ t_1 \end{bmatrix} \begin{bmatrix} i_1+r_2-r_1 \\ t_2 \end{bmatrix} \begin{bmatrix} r_1+r_2+i_3 \\ t_3 \end{bmatrix} \times$$

$$\begin{bmatrix} i_1+i_2-r_1-r_2 \\ t_4 \end{bmatrix} \frac{1}{a^{n+1}} \frac{(-1)^{i_2+i_3+3r_1+t_1+t_3}}{2^{2i_1+2i_2+i_3}} \sin^{i_3} I \cos^{r_1+r_2} I X_s^{-(n+1),(k-2t_3-2t_4)}(e) \times$$

$$\{ \mathrm{Re}(j^{i_2+i_3+2r_1}) \cos[sM+(k-2t_3-2t_4)\omega+(i_1+i_2-2t_1-2t_2)\Omega_R] +$$

$$\mathrm{Re}(j^{i_2+i_3+2r_1+1}) \sin[sM+(k-2t_3-2t_4)\omega+(i_1+i_2-2t_1-2t_2)\Omega_R] \} \qquad (6-403)$$

该摄动函数可形式表达为

$$\mathcal{R} = \sum_{l_M \geqslant 0} \sum_{l_\omega=-N}^{N} \sum_{l_{\Omega_R}=-N}^{N} \mathcal{C}_{l_M,l_\omega,l_{\Omega_R}}^{\mathcal{R}} \left[\cos(l_M M + l_\omega \omega + l_{\Omega_R} \Omega_R) + \right.$$

$$\left. \mathcal{S}_{l_M,l_\omega,l_{\Omega_R}}^{\mathcal{R}} \sin(l_M M + l_\omega \omega + l_{\Omega_R} \Omega_R) \right] \qquad (6-404)$$

代入拉格朗日行星运动方程

$$\frac{\mathrm{d}a}{\mathrm{d}t} = -\frac{2}{n_s a} \frac{\partial \mathcal{R}}{\partial M}, \qquad \frac{\mathrm{d}e}{\mathrm{d}t} = \frac{\eta}{n_s a^2 e} \left[\frac{\partial \mathcal{R}}{\partial \omega} - \eta \frac{\partial \mathcal{R}}{\partial M} \right]$$

$$\frac{\mathrm{d}I}{\mathrm{d}t} = \frac{1}{n_s a^2 \eta \sin I} \left[\frac{\partial \mathcal{R}}{\partial \Omega_R} - \cos i \frac{\partial \mathcal{R}}{\partial \omega} \right], \qquad \frac{\mathrm{d}\Omega_R}{\mathrm{d}t} = -\frac{1}{n_s a^2 \eta \sin I} \frac{\partial \mathcal{R}}{\partial I} - w_p \qquad (6-405)$$

$$\frac{\mathrm{d}\omega}{\mathrm{d}t} = -\frac{\eta}{n_s a^2 e} \frac{\partial \mathcal{R}}{\partial e} + \frac{\cot I}{n_s a^2 \eta} \frac{\partial \mathcal{R}}{\partial I}, \qquad \frac{\mathrm{d}M}{\mathrm{d}t} = n_s + \frac{2}{n_s a} \frac{\partial \mathcal{R}}{\partial a} + \frac{\eta^2}{n_s a^2 e} \frac{\partial \mathcal{R}}{\partial e}$$

可得运动方程的展开式

$$\frac{\mathrm{d}a}{\mathrm{d}t} = \sum_{l_M \geqslant 0} \sum_{l_\omega=-N}^{N} \sum_{l_{\Omega_R}=-N}^{N} \mathcal{C}_{l_M,l_\omega,l_{\Omega_R}}^{a} \cos(l_M M + l_\omega \omega + l_{\Omega_R} \Omega_R) + \mathcal{S}_{l_M,l_\omega,l_{\Omega_R}}^{a} \sin(l_M M + l_\omega \omega + l_{\Omega_R} \Omega_R)$$

$$\frac{\mathrm{d}e}{\mathrm{d}t} = \sum_{l_M \geqslant 0} \sum_{l_\omega=-N}^{N} \sum_{l_{\Omega_R}=-N}^{N} \mathcal{C}_{l_M,l_\omega,l_{\Omega_R}}^{e} \cos(l_M M + l_\omega \omega + l_{\Omega_R} \Omega_R) + \mathcal{S}_{l_M,l_\omega,l_{\Omega_R}}^{e} \sin(l_M M + l_\omega \omega + l_{\Omega_R} \Omega_R)$$

$$\frac{\mathrm{d}I}{\mathrm{d}t} = \sum_{l_M \geqslant 0} \sum_{l_\omega=-N}^{N} \sum_{l_{\Omega_R}=-N}^{N} \mathcal{C}_{l_M,l_\omega,l_{\Omega_R}}^{I} \cos(l_M M + l_\omega \omega + l_{\Omega_R} \Omega_R) + \mathcal{S}_{l_M,l_\omega,l_{\Omega_R}}^{I} \sin(l_M M + l_\omega \omega + l_{\Omega_R} \Omega_R)$$

$$\frac{\mathrm{d}\Omega_R}{\mathrm{d}t} = \sum_{l_M \geqslant 0} \sum_{l_\omega=-N}^{N} \sum_{l_{\Omega_R}=-N}^{N} \mathcal{C}_{l_M,l_\omega,l_{\Omega_R}}^{\Omega_R} \cos(l_M M + l_\omega \omega + l_{\Omega_R} \Omega_R) + \mathcal{S}_{l_M,l_\omega,l_{\Omega_R}}^{\Omega_R} \sin(l_M M + l_\omega \omega + l_{\Omega_R} \Omega_R)$$

$$\frac{\mathrm{d}\omega}{\mathrm{d}t} = \sum_{l_M \geqslant 0} \sum_{l_\omega=-N}^{N} \sum_{l_{\Omega_R}=-N}^{N} \mathcal{C}_{l_M,l_\omega,l_{\Omega_R}}^{\omega} \cos(l_M M + l_\omega \omega + l_{\Omega_R} \Omega_R) + \mathcal{S}_{l_M,l_\omega,l_{\Omega_R}}^{\omega} \sin(l_M M + l_\omega \omega + l_{\Omega_R} \Omega_R)$$

$$\frac{\mathrm{d}M}{\mathrm{d}t} = \sum_{l_M \geqslant 0} \sum_{l_\omega=-N}^{N} \sum_{l_{\Omega_R}=-N}^{N} \mathcal{C}_{l_M,l_\omega,l_{\Omega_R}}^{M} \cos(l_M M + l_\omega \omega + l_{\Omega_R} \Omega_R) + \mathcal{S}_{l_M,l_\omega,l_{\Omega_R}}^{M} \sin(l_M M + l_\omega \omega + l_{\Omega_R} \Omega_R)$$

$$(6-406)$$

基于运动方程(6-406),可从运动方程角度讨论小行星附近的各种动力学:长期演化、星下点轨迹(ground-track)共振、平瞬根数转换、摄动解构造等。

6.8 轨旋耦合系统摄动函数展开

轨旋耦合在双小行星动力学演化中非常重要,从哈密顿动力学角度研究轨旋共振需要全二体问题的摄动函数(或哈密顿函数)展开。为此,我们在本节考虑两种平面构型:1) 平面椭球-椭球全二体问题;2) 平面椭球-球全二体问题。

6.8.1 平面椭球-椭球全二体问题

考虑平面情况下的轨旋耦合(示意图见图 6-23)。

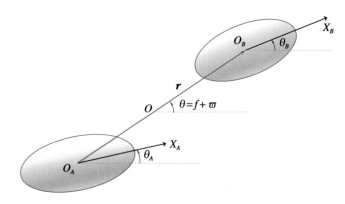

图 6-23 椭球-椭球全二体问题构型(平面)

在系统质心惯性系下,系统的动能为(包括平动动能和转动动能)

$$T=\frac{1}{2}m(\dot{r}^{2}+r^{2}\dot{\theta}^{2})+\frac{1}{2}I_{3}^{A}\dot{\theta}_{A}^{2}+\frac{1}{2}I_{3}^{B}\dot{\theta}_{B}^{2} \tag{6-407}$$

系统的约化质量(reduced mass)为

$$m=\frac{m_{A}m_{B}}{m_{A}+m_{B}} \tag{6-408}$$

双星系统中 A 和 B 的主轴转动惯量分别为

$$I_{3}^{A}=\frac{1}{5}m_{A}(a_{A}{}^{2}+b_{A}{}^{2})$$

$$I_{3}^{B}=\frac{1}{5}m_{B}(a_{B}{}^{2}+b_{B}{}^{2}) \tag{6-409}$$

系统的势能函数为[17]

$$U=-\mathcal{G}m_{A}m_{B}\left(\frac{1}{r}+\frac{V_{2}}{r^{3}}+\frac{V_{4}}{r^{5}}\right) \tag{6-410}$$

其中

$$V_2 = A_1 + A_2\cos(2\theta - 2\theta_A) + A_3\cos(2\theta - 2\theta_B)$$

$$V_4 = B_1 + B_2\cos(2\theta - 2\theta_A) + B_3\cos(4\theta - 4\theta_A) +$$
$$B_4\cos(2\theta - 2\theta_B) + B_5\cos(4\theta - 4\theta_B) +$$
$$B_6\cos(2\theta_A - 2\theta_B) + B_7\cos(4\theta - 2\theta_A - 2\theta_B)$$

(6-411)

其中系数为[①]

$$A_1 = -\frac{1}{2}(a_A{}^2 C_{20}^A + a_B{}^2 C_{20}^B), \qquad A_2 = 3a_A{}^2 C_{22}^A, \qquad A_3 = 3a_B{}^2 C_{22}^B$$

$$B_1 = \frac{3}{8}(a_A{}^4 C_{40}^A + a_B{}^4 C_{40}^B) + \frac{9}{4}a_A{}^2 a_B{}^2 C_{20}^A C_{20}^B$$

$$B_2 = -\frac{15}{2}(a_A{}^4 C_{42}^A + a_A{}^2 a_B{}^2 C_{22}^A C_{20}^B), \qquad B_3 = 105 a_A{}^4 C_{44}^A$$

(6-412)

$$B_4 = -\frac{15}{2}(a_B{}^4 C_{42}^B + a_A{}^2 a_B{}^2 C_{22}^B C_{20}^A), \qquad B_5 = 105 a_B{}^4 C_{44}^B$$

$$B_6 = \frac{9}{2}a_A{}^2 a_B{}^2 C_{22}^A C_{22}^B, \qquad B_7 = \frac{105}{2}a_A{}^2 a_B{}^2 C_{22}^A C_{22}^B$$

球谐系数的定义为

$$C_{20}^A = \frac{1}{5a_A{}^2}\left(c_A^2 - \frac{a_A{}^2 + b_A{}^2}{2}\right), \qquad C_{22}^A = \frac{1}{20a_A{}^2}(a_A{}^2 - b_A{}^2)$$

(6-413)

$$C_{40}^A = \frac{15}{7}[(C_{20}^A)^2 + 2(C_{22}^A)^2], \qquad C_{42}^A = \frac{5}{7}C_{20}^A C_{22}^A, \qquad C_{44}^A = \frac{5}{28}(C_{22}^A)^2$$

和

$$C_{20}^B = \frac{1}{5a_B{}^2}\left(c_B^2 - \frac{a_B{}^2 + b_B{}^2}{2}\right), \qquad C_{22}^B = \frac{1}{20a_B{}^2}(a_B{}^2 - b_B{}^2)$$

(6-414)

$$C_{40}^B = \frac{15}{7}[(C_{20}^B)^2 + 2(C_{22}^B)^2], \qquad C_{42}^B = \frac{5}{7}C_{20}^B C_{22}^B, \qquad C_{44}^B = \frac{5}{28}(C_{22}^B)^2$$

因此，系统的哈密顿函数为（动能加势能）

$$\mathcal{H} = T + U = \frac{1}{2}m(\dot{r}^2 + r^2\dot{\theta}^2) + \frac{1}{2}I_3^A\dot{\theta}_A{}^2 + \frac{1}{2}I_3^B\dot{\theta}_B{}^2 - \mathcal{G}m_A m_B\left(\frac{1}{r} + \frac{V_2}{r^3} + \frac{V_4}{r^5}\right)$$

(6-415)

将(6-411)代入(6-415)可得同时描述平动和转动的哈密顿函数为

$$\mathcal{H} = \frac{1}{2}m(\dot{r}^2 + r^2\dot{\theta}^2) - \frac{\mathcal{G}m_A m_B}{r} + \frac{1}{2}I_3^A\dot{\theta}_A{}^2 + \frac{1}{2}I_3^B\dot{\theta}_B{}^2 -$$

$$\frac{\mathcal{G}m_A m_B}{r^3}[A_1 + A_2\cos(2\theta - 2\theta_A) + A_3\cos(2\theta - 2\theta_B)] -$$

$$\frac{\mathcal{G}m_A m_B}{r^5}[B_1 + B_2\cos(2\theta - 2\theta_A) + B_3\cos(4\theta - 4\theta_A) +$$

---

① 文献[17]中的 B_3 和 B_5 存在笔误，本节已纠正。

$$B_4 \cos(2\theta - 2\theta_B) + B_5 \cos(4\theta - 4\theta_B) +$$
$$B_6 \cos(2\theta_A - 2\theta_B) + B_7 \cos(4\theta - 2\theta_A - 2\theta_B)] \tag{6-416}$$

引入广义坐标和动量分别为(如何引入广义坐标和动量见第五章)

$$
\begin{aligned}
r, &\quad p_r = m\dot{r} \\
\theta, &\quad p_\theta = mr^2\dot{\theta} \\
\theta_A, &\quad p_{\theta_A} = I_3^A \dot{\theta}_A \\
\theta_B, &\quad p_{\theta_B} = I_3^B \dot{\theta}_B
\end{aligned} \tag{6-417}
$$

因此,利用广义坐标和动量表示的哈密顿函数为

$$
\begin{aligned}
\mathcal{H} =& \frac{p_r^2}{2m} + \frac{p_\theta^2}{2mr^2} - \frac{\mathcal{G}m_A m_B}{r} + \frac{1}{2I_3^A} p_{\theta_A}{}^2 + \frac{1}{2I_3^B} p_{\theta_B}{}^2 - \\
& \frac{\mathcal{G}m_A m_B}{r^3} [A_1 + A_2 \cos(2\theta - 2\theta_A) + A_3 \cos(2\theta - 2\theta_B)] - \\
& \frac{\mathcal{G}m_A m_B}{r^5} [B_1 + B_2 \cos(2\theta - 2\theta_A) + B_3 \cos(4\theta - 4\theta_A) + \\
& B_4 \cos(2\theta - 2\theta_B) + B_5 \cos(4\theta - 4\theta_B) + \\
& B_6 \cos(2\theta_A - 2\theta_B) + B_7 \cos(4\theta - 2\theta_A - 2\theta_B)]
\end{aligned} \tag{6-418}
$$

注意到角坐标是以 $\theta - \theta_A$ 以及 $\theta - \theta_B$ 的形式出现的,因此可通过正则变换,生成循环坐标。引入正则变换(参考第五章)

$$
\begin{aligned}
r, &\quad p_r = m\dot{r} \\
\psi_1 = \theta_A - \theta, &\quad p_{\psi_1} = p_{\theta_A} \\
\psi_2 = \theta_B - \theta, &\quad p_{\psi_2} = p_{\theta_B} \\
\psi_3 = \theta, &\quad p_{\psi_3} = p_{\theta_A} + p_\theta + p_{\theta_B} \equiv G_{\text{tot}}
\end{aligned} \tag{6-419}
$$

可将哈密顿函数变换为

$$
\begin{aligned}
\mathcal{H} =& \frac{1}{2m} p_r{}^2 + \frac{(G_{\text{tot}} - p_{\psi_1} - p_{\psi_2})}{2mr^2} - \frac{\mathcal{G}m_A m_B}{r} + \frac{1}{2I_3^A} p_{\psi_1}{}^2 + \frac{1}{2I_3^B} p_{\psi_2}{}^2 - \\
& \frac{\mathcal{G}m_A m_B}{r^3} (A_1 + A_2 \cos 2\psi_1 + A_3 \cos 2\psi_2) - \\
& \frac{\mathcal{G}m_A m_B}{r^5} [B_1 + B_2 \cos 2\psi_1 + B_3 \cos 4\psi_1 + B_4 \cos 2\psi_2 + B_5 \cos 4\psi_2 + \\
& B_6 \cos(2\psi_1 - 2\psi_2) + B_7 \cos(2\psi_1 + 2\psi_2)]
\end{aligned} \tag{6-420}
$$

可见,角变量 $\psi_3(=\theta)$ 为系统的循环坐标,因此对应的共轭动量即为运动积分

$$p_{\psi_3} = G_{\text{tot}} = I_3^A \dot{\theta}_A + mr^2\dot{\theta} + I_3^B \dot{\theta}_B \tag{6-421}$$

表明系统的总角动量守恒(轨道角动量+自转角动量)。运动方程可由哈密顿正则关系给出

$$\dot{r} = \frac{\partial \mathcal{H}}{\partial p_r}, \qquad \dot{p}_r = -\frac{\partial \mathcal{H}}{\partial r}$$

$$\dot{\psi}_1 = \frac{\partial \mathcal{H}}{\partial p_{\psi_1}}, \quad \dot{p}_{\psi_1} = -\frac{\partial \mathcal{H}}{\partial \psi_1} \tag{6-422}$$

$$\dot{\psi}_2 = \frac{\partial \mathcal{H}}{\partial p_{\psi_2}}, \quad \dot{p}_{\psi_2} = -\frac{\partial \mathcal{H}}{\partial \psi_2}$$

在给定总角动量的情况下，这是一个 3 自由度系统，其中一个自由度描述双小行星之间的轨道，另两个自由度分别描述 A 和 B 的自转。接下来我们将哈密顿函数(6-420)整理为

$$\mathcal{H} = -\frac{\mathcal{G}m_A m_B}{2a} + \frac{1}{2I_3^A}p_{\psi_1}{}^2 + \frac{1}{2I_3^B}p_{\psi_2}{}^2 -$$

$$\frac{\mathcal{G}m_A m_B}{r^3}(A_1 + A_2\cos 2\psi_1 + A_3\cos 2\psi_2) -$$

$$\frac{\mathcal{G}m_A m_B}{r^5}\big[B_1 + B_2\cos 2\psi_1 + B_3\cos 4\psi_2 + B_4\cos 2\psi_2 + B_5\cos 4\psi_2 +$$

$$B_6\cos(2\psi_1 - 2\psi_2) + B_7\cos(2\psi_1 + 2\psi_2)\big] \tag{6-423}$$

其中

$$\psi_1 = \theta_A - \theta = \theta_A - (f + \bar{\omega}) \tag{6-424}$$

$$\psi_2 = \theta_B - \theta = \theta_B - (f + \bar{\omega})$$

利用如下椭圆展开关系

$$\left(\frac{a}{r}\right)^l \cos(mf) = \sum_{s=-\infty}^{\infty} X_s^{-l,m}(e)\cos(sM) \tag{6-425}$$

将(6-423)进行椭圆展开可得

$$\mathcal{H} = -\frac{\mathcal{G}m_A m_B}{2a} + \frac{p_{\theta_A}{}^2}{2I_3^A} + \frac{p_{\theta_B}{}^2}{2I_3^B} - \mathcal{G}m_A m_B \sum_{s=-\infty}^{\infty}\Big\{\Big[\frac{A_1}{a^3}X_s^{-3,0}(e) + \frac{B_1}{a^5}X_s^{-5,0}(e)\Big]\cos(sM) +$$

$$\Big[\frac{A_2}{a^3}X_s^{-3,2}(e) + \frac{B_2}{a^5}X_s^{-5,2}(e)\Big]\cos(sM - 2\theta_A + 2\bar{\omega}) +$$

$$\Big[\frac{A_3}{a^3}X_s^{-3,2}(e) + \frac{B_4}{a^5}X_s^{-5,2}(e)\Big]\cos(sM - 2\theta_B + 2\bar{\omega}) +$$

$$\frac{B_3}{a^5}X_s^{-5,4}(e)\cos(sM - 4\theta_A + 4\bar{\omega}) + \frac{B_5}{a^5}X_s^{-5,4}(e)\cos(sM - 4\theta_B + 4\bar{\omega}) +$$

$$\frac{B_6}{a^5}X_s^{-5,0}(e)\cos(sM + 2\theta_A - 2\theta_B) + \frac{B_7}{a^5}X_s^{-5,4}(e)\cos(sM - 2\theta_A + 4\bar{\omega} - 2\theta_B)\Big\} \tag{6-426}$$

引入平经度角 $\lambda = M + \bar{\omega}$，上式可变为如下标准形式

$$\mathcal{H} = -\frac{\mathcal{G}m_A m_B}{2a} + \frac{p_{\theta_A}{}^2}{2I_3^A} + \frac{p_{\theta_B}{}^2}{2I_3^B} - \mathcal{G}m_A m_B\sum_{s=-\infty}^{\infty}\Big\{\Big[\frac{A_1}{a^3}X_s^{-3,0}(e) + \frac{B_1}{a^5}X_s^{-5,0}(e)\Big]\cos(s\lambda - s\bar{\omega}) +$$

$$
\left[\frac{A_2}{a^3}X_s^{-3,2}(e)+\frac{B_2}{a^5}X_s^{-5,2}(e)\right]\cos[s\lambda+(2-s)\bar\omega-2\theta_A]+
$$

$$
\left[\frac{A_3}{a^3}X_s^{-3,2}(e)+\frac{B_4}{a^5}X_s^{-5,2}(e)\right]\cos[s\lambda+(2-s)\bar\omega-2\theta_B]+
$$

$$
\frac{B_3}{a^5}X_s^{-5,4}(e)\cos[s\lambda+(4-s)\bar\omega-4\theta_A]+
$$

$$
\frac{B_5}{a^5}X_s^{-5,4}(e)\cos[s\lambda+(4-s)\bar\omega-4\theta_B]+
$$

$$
\frac{B_6}{a^5}X_s^{-5,0}(e)\cos(s\lambda-s\bar\omega+2\theta_A-2\theta_B)+
$$

$$
\frac{B_7}{a^5}X_s^{-5,4}(e)\cos[s\lambda+(4-s)\bar\omega-2\theta_A-2\theta_B]\bigg\} \tag{6-427}
$$

哈密顿函数(6-427)拥有如下性质:1) 三角函数均为余弦项;2) 角度项的系数之和为零;3) 偏心率的最低阶次等于近点经度 $\bar\omega$ 系数的绝对值。

为了建立哈密顿动力学模型,引入德洛勒(Delaunay)变量

$$
\begin{aligned}
l&=M, & L&=m\sqrt{\mu a}\\
g&=\omega, & G&=m\sqrt{\mu a(1-e^2)}\\
h&=\Omega, & H&=G\cos i
\end{aligned} \tag{6-428}
$$

利用正则变换可得庞加莱根数为(仅给出平面情况)

$$
\begin{aligned}
\Lambda&=m\sqrt{\mu a}, & \lambda&=M+\bar\omega\\
P&=m\sqrt{\mu a}(1-\sqrt{1-e^2}), & p&=-\bar\omega\\
Q&=m\sqrt{\mu a(1-e^2)}(1-\cos i), & q&=-\Omega
\end{aligned} \tag{6-429}
$$

进一步引入如下正则变换

$$
\begin{aligned}
l&=\lambda-\bar\omega, & L&=\Lambda=m\sqrt{\mu a}\\
\gamma_1&=\theta_A-\bar\omega, & \Gamma_1&=p_{\theta_A}\\
\gamma_2&=\theta_B-\bar\omega, & \Gamma_2&=p_{\theta_B}\\
\gamma_3&=\bar\omega, & \Gamma_3&=\Lambda-P+p_{\theta_A}+p_{\theta_B}=G_{\text{tot}}
\end{aligned} \tag{6-430}
$$

将哈密顿函数用正则变量表示为

$$
\mathcal{H}=-\frac{\mathcal{G}m_A m_B}{2a}+\frac{\Gamma_1^2}{2I_3^A}+\frac{\Gamma_2^2}{2I_3^B}-\mathcal{G}m_A m_B\sum_{n=-\infty}^{\infty}\bigg\{\left[\frac{A_1}{a^3}X_n^{-3,0}(e)+\frac{B_1}{a^5}X_n^{-5,0}(e)\right]\cos(nl)+
$$

$$
\left[\frac{A_2}{a^3}X_n^{-3,2}(e)+\frac{B_2}{a^5}X_n^{-5,2}(e)\right]\cos(nl-2\gamma_1)+
$$

$$
\left[\frac{A_3}{a^3}X_n^{-3,2}(e)+\frac{B_4}{a^5}X_n^{-5,2}(e)\right]\cos(nl-2\gamma_2)+
$$

$$
\frac{B_3}{a^5} X_n^{-5,4}(e)\cos(nl-4\gamma_1) + \frac{B_5}{a^5} X_n^{-5,4}(e)\cos(nl-4\gamma_2) +
$$

$$
\frac{B_6}{a^5} X_n^{-5,0}(e)\cos(nl+2\gamma_1-2\gamma_2) +
$$

$$
\left. \frac{B_7}{a^5} X_n^{-5,4}(e)\cos(nl-2\gamma_1-2\gamma_2) \right\} \tag{6-431}
$$

易见,角变量 γ_3 为循环坐标,因此共轭动量 $\Gamma_3 = G + p_{\theta_A} + p_{\theta_B} = G_{\text{tot}}$ 为系统的运动积分,即总角动量守恒。注:其中根数 a 和 e 应写为动量 L 和 $\Gamma_{1,2,3}$ 的函数形式。

引入无量纲单位(默认 A 为主天体(primary body),即 $m_A > m_B$):

$$
[L] = a_A, \qquad [M] = \frac{m_A m_B}{m_A + m_B}, \qquad [T] = \sqrt{\mathcal{G}(m_A + m_B)/a_A{}^3} \tag{6-432}
$$

在无量纲单位系统下的哈密顿函数变为

$$
\begin{aligned}
\mathcal{H} = & -\frac{1}{2L^2} + \frac{\Gamma_1^2}{2I_3^A} + \frac{\Gamma_2^2}{2I_3^B} - \sum_{n=-\infty}^{\infty} \left[\left(\frac{A_1}{L^6} X_n^{-3,0} + \frac{B_1}{L^{10}} X_n^{-5,0} \right)\cos(nl) + \right. \\
& \left(\frac{A_2}{L^6} X_n^{-3,2} + \frac{B_2}{L^{10}} X_n^{-5,2} \right)\cos(nl-2\gamma_1) + \\
& \left(\frac{A_3}{L^6} X_n^{-3,2} + \frac{B_4}{L^{10}} X_n^{-5,2} \right)\cos(nl-2\gamma_2) + \\
& \frac{B_3}{L^{10}} X_n^{-5,4}\cos(nl-4\gamma_1) + \frac{B_5}{L^{10}} X_n^{-5,4}\cos(nl-4\gamma_2) + \\
& \frac{B_6}{L^{10}} X_n^{-5,0}\cos(nl+2\gamma_1-2\gamma_2) + \\
& \left. \frac{B_7}{L^{10}} X_n^{-5,4}\cos(nl-2\gamma_1-2\gamma_2) \right]
\end{aligned} \tag{6-433}
$$

其中 $e = \sqrt{1 - \dfrac{(G_{\text{tot}} - \Gamma_1 - \Gamma_2)^2}{L^2}}$，$l = \lambda - \bar{\omega} = M$，$\gamma_1 = \theta_A - \bar{\omega}$ 以及 $\gamma_2 = \theta_B - \bar{\omega}$。在总角动量 G_{tot} 给定情况下,哈密顿函数(6-433)确定一个 3 自由度系统,正则运动方程为

$$
\begin{aligned}
\frac{\mathrm{d}l}{\mathrm{d}t} &= \frac{\partial \mathcal{H}}{\partial L}, & \frac{\mathrm{d}L}{\mathrm{d}t} &= -\frac{\partial \mathcal{H}}{\partial l} \\
\frac{\mathrm{d}\gamma_1}{\mathrm{d}t} &= \frac{\partial \mathcal{H}}{\partial \Gamma_1}, & \frac{\mathrm{d}\Gamma_1}{\mathrm{d}t} &= -\frac{\partial \mathcal{H}}{\partial \gamma_1} \\
\frac{\mathrm{d}\gamma_2}{\mathrm{d}t} &= \frac{\partial \mathcal{H}}{\partial \Gamma_2}, & \frac{\mathrm{d}\Gamma_2}{\mathrm{d}t} &= -\frac{\partial \mathcal{R}}{\partial \gamma_2}
\end{aligned} \tag{6-434}
$$

基于(6-433)可开展轨-旋共振、旋-轨-旋共振动力学研究。

6.8.2　平面球-椭球全二体问题

当上一节讨论的模型中一个椭球退化为球时,对应平面球-椭球平面全二体问题(系统构

型见图 6 - 24)。系统的动能为

$$T = \frac{1}{2} \frac{m_p m_s}{m_p + m_s} (\dot{r}^2 + r^2 \dot{\theta}^2) + \frac{1}{2} I_3 \dot{\phi}^2 \tag{6-435}$$

其中下标 p 代表主天体(primary body),下标 s 代表次主天体(secondary body)。m_p 和 m_s 分别为主天体和次主天体的质量,故 $m = \frac{m_p m_s}{m_p + m_s}$ 为系统的约化质量,$I_3 = \frac{1}{5} m_s (a_s^2 + b_s^2)$ 为第二主天体沿 z 轴的转动惯量。截断到 8 阶次的系统势能函数为

$$U(r, \psi) = -\mathcal{G} m_p m_s \Big[\frac{1}{r} - \frac{a_s^2 C_{20}}{2r^3} + \frac{3a_s^4 C_{40}}{8r^5} - \frac{5a_s^6 C_{60}}{16r^7} + \frac{35a_s^8 C_{80}}{128r^9} +$$

$$\left(\frac{3a_s^2 C_{22}}{r^3} - \frac{15a_s^4 C_{42}}{2r^5} + \frac{105a_s^6 C_{62}}{8r^7} - \frac{315a_s^8 C_{82}}{16r^9} \right) \cos 2\psi +$$

$$\left(\frac{105a_s^4 C_{44}}{r^5} - \frac{945a_s^6 C_{64}}{2r^7} + \frac{10395a_s^8 C_{84}}{8r^9} \right) \cos 4\psi +$$

$$\left(\frac{10295a_s^6 C_{66}}{r^7} - \frac{135135a_s^8 C_{86}}{2r^9} \right) \cos 6\psi +$$

$$\frac{2027025a_s^8 C_{88}}{r^9} \cos 8\psi \Big] \tag{6-436}$$

其中夹角为 $\psi = \phi - \theta$,第二主天体的球谐系数为

$$C_{20} = \frac{1}{5a_s^2} \left(c_s^2 - \frac{a_s^2 + b_s^2}{2} \right), \qquad C_{22} = \frac{1}{20a_s^2} (a_s^2 - b_s^2)$$

$$C_{40} = \frac{15}{7} (C_{20}^2 + 2C_{22}^2), \qquad C_{42} = \frac{5}{7} C_{20} C_{22}, \qquad C_{44} = \frac{5}{28} C_{22}^2$$

$$C_{60} = \frac{125}{7} \left(\frac{1}{3} C_{20}^2 + 2C_{22}^2 \right) C_{20}, \qquad C_{62} = \frac{25}{21} (C_{20}^2 + C_{22}^2) C_{22}$$

$$C_{64} = \frac{25}{252} C_{20} C_{22}^2, \qquad C_{66} = \frac{25}{1512} C_{22}^3$$

$$C_{80} = \frac{625}{11} \Big[\frac{1}{3} C_{20}^4 + 2C_{22}^2 (2C_{20}^2 + C_{22}^2) \Big], C_{82} = \frac{625}{77} \left(\frac{1}{3} C_{20}^2 + C_{22}^2 \right) C_{20} C_{22}$$

$$C_{84} = \frac{125}{462} \left(\frac{1}{2} C_{20}^2 + \frac{1}{3} C_{22}^2 \right) C_{22}^2, C_{86} = \frac{125}{16632} C_{20} C_{22}^3, C_{88} = \frac{125}{133056} C_{22}^4 \tag{6-437}$$

定义角坐标和广义动量如下

$$r, \qquad p_r = m\dot{r} \tag{6-438}$$

$$\psi = \phi - \theta, \qquad p_\psi = -p_\theta = -mr^2 \dot{\theta}$$

系统总角动量为

$$G_{tot} = p_\phi + p_\theta = I_3 \dot{\phi} + mr^2 \dot{\theta} = I_3 \dot{\phi} + m \sqrt{a(1-e^2)}$$

$$= \frac{1}{5} m_s (a_s^2 + b_s^2) \dot{\phi} + m \sqrt{a(1-e^2)} \tag{6-439}$$

系统的哈密顿函数为

$$\mathcal{H} = T + U = \frac{1}{2}m(\dot{r}^2 + r^2\dot{\theta}^2) + \frac{1}{2}I_3\dot{\phi}^2 + U \tag{6-440}$$

利用共轭坐标和动量表示可得（去掉常数项）

$$\mathcal{H} = \frac{1}{2m}p_r^2 - \frac{\mathcal{G}m_p m_s}{r} + \left(\frac{1}{2mr^2} + \frac{1}{2I_3}\right)p_\psi^2 + G_{tot}\frac{p_\psi}{I_3} - \mathcal{R}(r,\psi) \tag{6-441}$$

其中 $\mathcal{R}(r,\psi)$ 为系统的摄动函数，表达式为

$$\begin{aligned}
\mathcal{R}(r,\psi) = \mathcal{G}m_p m_s \Bigg[&-\frac{a_s^2 C_{20}}{2r^3} + \frac{3a_s^4 C_{40}}{8r^5} - \frac{5a_s^6 C_{60}}{16r^7} + \frac{35a_s^8 C_{80}}{128r^9} + \\
&\left(\frac{3a_s^2 C_{22}}{r^3} - \frac{15a_s^4 C_{42}}{2r^5} + \frac{105a_s^6 C_{62}}{8r^7} - \frac{315a_s^8 C_{82}}{16r^9}\right)\cos 2\psi + \\
&\left(\frac{105a_s^4 C_{44}}{r^5} - \frac{945a_s^6 C_{64}}{2r^7} + \frac{10395a_s^8 C_{84}}{8r^9}\right)\cos 4\psi + \\
&\left(\frac{10295a_s^6 C_{66}}{r^7} - \frac{135135a_s^8 C_{86}}{2r^9}\right)\cos 6\psi + \\
&\frac{2027025a_s^8 C_{88}}{r^9}\cos 8\psi \Bigg]
\end{aligned} \tag{6-442}$$

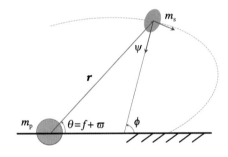

图 6-24 球-椭球全二体问题构型（平面），主天体（下标为 p）为球，次主天体（下标为 s）为椭球

为了方便，我们选取如下单位系统

$$[L] = a_s, \quad [M] = m = \frac{m_p m_s}{m_p + m_s}, \quad [T] = \sqrt{\mathcal{G}(m_p + m_s)/a_s^3} \tag{6-443}$$

在该单位系统下，有引力常数 $\mu = \mathcal{G}(m_p + m_s) \equiv 1$ 以及 $\mathcal{G}m_p m_s \equiv 1$。因此，无量纲化后的摄动函数（这里仅考虑到 4 阶次项）为①

$$\mathcal{R}^* = -\frac{C_{20}}{2r^3} + \frac{3C_{40}}{8r^5} + \frac{3C_{22}}{r^3}\cos 2\psi - \frac{15C_{42}}{2r^5}\cos 2\psi + \frac{105C_{44}}{r^5}\cos 4\psi \tag{6-444}$$

---

① 经与文献[18]的作者进行邮件通信，他们确认文章中存在一个符号错误（文章中球谐系数 C_{42} 前面的符号为正，实际上应该为负号），这里我们将其纠正后，再进行摄动函数展开。

考虑到 $\psi = \phi - \theta = \phi - (f + \bar{\omega})$，故可得

$$\mathcal{R}^* = -\frac{C_{20}}{2r^3} + \frac{3C_{40}}{8r^5} + \frac{3C_{22}}{r^3}\cos(2f - 2\phi + 2\bar{\omega}) - \frac{15C_{42}}{2r^5}\cos(2f - 2\phi + 2\bar{\omega}) +$$

$$\frac{105C_{44}}{r^5}\cos(4f - 4\phi + 4\bar{\omega}) \tag{6-445}$$

直接利用椭圆展开

$$\left(\frac{a}{r}\right)^l \cos(mf) = \sum_{s=-\infty}^{\infty} X_s^{-l,m}(e)\cos(sM) \tag{6-446}$$

可将(6-444)展开为

$$\mathcal{R}^* = -\frac{C_{20}}{2r^3} + \frac{3C_{40}}{8r^5} + \frac{3C_{22}}{r^3}\cos(2f - 2\phi + 2\bar{\omega}) +$$

$$\frac{15C_{42}}{2r^5}\cos(2f - 2\phi + 2\bar{\omega}) + \frac{105C_{44}}{r^5}\cos(4f - 4\phi + 4\bar{\omega})$$

$$= \sum_{s=-\infty}^{\infty}\left[-\frac{C_{20}}{2a^3}X_s^{-3,0}(e) + \frac{3C_{40}}{8a^5}X_s^{-5,0}(e)\right]\cos(sM) +$$

$$\sum_{s=-\infty}^{\infty}\left\{\left[\frac{3C_{22}}{a^3}X_s^{-3,2}(e) - \frac{15C_{42}}{2a^5}X_s^{-5,2}(e)\right]\cos(sM - 2\phi + 2\bar{\omega}) +$$

$$\frac{105C_{44}}{a^5}X_s^{-5,4}(e)\cos(sM - 4\phi + 4\bar{\omega})\right\} \tag{6-447}$$

引入平经度角 $\lambda = M + \bar{\omega}$，摄动函数变为

$$\mathcal{R}^* = \sum_{s=-\infty}^{\infty}\left[-\frac{C_{20}}{2a^3}X_s^{-3,0}(e) + \frac{3C_{40}}{8a^5}X_s^{-5,0}(e)\right]\cos(s\lambda - s\bar{\omega}) +$$

$$\sum_{s=-\infty}^{\infty}\left\{\left[\frac{3C_{22}}{a^3}X_s^{-3,2}(e) - \frac{15C_{42}}{2a^5}X_s^{-5,2}(e)\right]\cos[s\lambda + (2-s)\bar{\omega} - 2\phi] +$$

$$\frac{105C_{44}}{a^5}X_s^{-5,4}(e)\cos[s\lambda + (4-s)\bar{\omega} - 4\phi]\right\} \tag{6-448}$$

于是哈密顿函数变为

$$\mathcal{H} = -\frac{1}{2a} + \frac{p_\phi^2}{2I_3} - \sum_{s=-\infty}^{\infty}\left[-\frac{C_{20}}{2a^3}X_s^{-3,0}(e) + \frac{3C_{40}}{8a^5}X_s^{-5,0}(e)\right]\cos(s\lambda - s\bar{\omega}) -$$

$$\sum_{s=-\infty}^{\infty}\left\{\left[\frac{3C_{22}}{a^3}X_s^{-3,2}(e) - \frac{15C_{42}}{2a^5}X_s^{-5,2}(e)\right]\cos[s\lambda + (2-s)\bar{\omega} - 2\phi] +$$

$$\frac{105C_{44}}{a^5}X_s^{-5,4}(e)\cos[s\lambda + (4-s)\bar{\omega} - 4\phi]\right\} \tag{6-449}$$

该哈密顿函数展开式具有如下性质：1) 三角函数仅为余弦项；2) 角度项系数之和等于零；3) 系数中偏心率的最低幂次等于近点经度系数的绝对值。

为了建立哈密顿动力学系统，与上一小节类似，我们在这里引入如下正则变量

$$l = \lambda - \bar{\omega}, \qquad L = \sqrt{a}$$
$$\gamma_1 = \phi - \bar{\omega}, \qquad \Gamma_1 = p_\phi = I_3 \dot{\phi} \tag{6-450}$$
$$\gamma_2 = \bar{\omega}, \qquad \Gamma_2 = \sqrt{a(1-e^2)} + I_3 \dot{\phi} = G_{\text{tot}}$$

哈密顿函数变为

$$\mathcal{H} = -\frac{1}{2L^2} + \frac{\Gamma_1^2}{2I_3} - \sum_{n=-\infty}^{\infty} \left[-\frac{C_{20}}{2L^6} X_n^{-3,0}(e) + \frac{3C_{40}}{8L^{10}} X_n^{-5,0}(e) \right] \cos(nl) -$$

$$\sum_{n=-\infty}^{\infty} \left\{ \left[\frac{3C_{22}}{L^6} X_n^{-3,2}(e) - \frac{15C_{42}}{2L^{10}} X_n^{-5,2}(e) \right] \cos(nl - 2\gamma_1) + \right.$$

$$\left. \frac{105C_{44}}{L^5} X_n^{-5,4}(e) \cos(nl - 4\gamma_1) \right\} \tag{6-451}$$

其中 $e = \sqrt{1 - \dfrac{(G_{\text{tot}} - \Gamma_1)^2}{L^2}}$。易见,角度变量 γ_2 为哈密顿系统的循环坐标,相应的共轭动量 $\Gamma_2 = \sqrt{a(1-e^2)} + p_\phi \equiv G_{\text{tot}}$ 为运动积分,即系统的总角动量守恒。在总角动量给定的情况下,哈密顿函数(6-451)是一个 2 自由度系统,哈密顿正则方程为

$$\frac{\mathrm{d}l}{\mathrm{d}t} = \frac{\partial \mathcal{H}}{\partial L}, \qquad \frac{\mathrm{d}L}{\mathrm{d}t} = -\frac{\partial \mathcal{H}}{\partial l}$$
$$\frac{\mathrm{d}\gamma_1}{\mathrm{d}t} = \frac{\partial \mathcal{H}}{\partial \Gamma_1}, \qquad \frac{\mathrm{d}\Gamma_1}{\mathrm{d}t} = -\frac{\partial \mathcal{H}}{\partial \gamma_1} \tag{6-452}$$

基于(6-451),可开展轨-旋耦合、轨-旋共振、次级共振等理论研究。

附录 6.1 一维 Laplace 系数的具体计算[6]

展开式(6-39)为 Laplace 展开

$$(1 + \alpha^2 - 2\alpha \cos\psi)^{-s} = \sum_{j=-\infty}^{\infty} \frac{1}{2} b_s^{(j)}(\alpha) \cos j\psi \tag{6-453}$$

其中 $b_{i+1/2}^{(j)}(\alpha)$ 为 Laplace 系数,数学定义为

$$\frac{1}{2} b_s^{(j)}(\alpha) = \frac{1}{2\pi} \int_0^{2\pi} \frac{\cos j\psi \, \mathrm{d}\psi}{(1 - 2\alpha\cos\psi + \alpha^2)^s} \tag{6-454}$$

其中 $s = i + \dfrac{1}{2}$,$\alpha = \dfrac{a}{a_p}$ 为小天体和摄动天体的半长轴之比。

首先,我们推导 Laplace 系数的级数表达式。

根据盖根堡尔(Gegenbauer)多项式展开(见第一章)

$$f(\alpha, \psi) = \frac{1}{(1 - 2\alpha\cos\psi + \alpha^2)^s} = \sum_{v=0}^{N_\alpha} C_v^{(s)}(\cos\psi) \alpha^v \tag{6-455}$$

其中

$$C_v^s(\cos\psi) = \sum_{n=0}^{\left[\frac{v}{2}\right]} \frac{(-1)^n (s)_{(v-n)}}{n!(v-2n)!} (2\cos\psi)^{v-2n} \tag{6-456}$$

$$(s)_{(v-n)} = s(s+1)(s+2)\cdots(s+v-n-1)$$

因此 Laplace 系数(6-454)变为

$$
\begin{aligned}
b_s^{(j)}(\alpha) &= \frac{1}{\pi}\int_0^{2\pi} \frac{\cos j\psi}{(1-2\alpha\cos\psi+\alpha^2)^s}\mathrm{d}\psi = \frac{1}{\pi}\sum_{v=0}^{N_\alpha}\alpha^v \int_0^{2\pi} C_v^s(\cos\psi)\cos(j\psi)\mathrm{d}\psi \\
&= \sum_{v=0}^{N_\alpha}\alpha^v \sum_{n=0}^{\mathrm{Floor}[v/2]} \frac{(-1)^n (s)_{(v-n)}}{n!(v-2n)!} \frac{1}{\pi}\int_0^{2\pi}(2\cos\psi)^{v-2n}\cos(j\psi)\mathrm{d}\psi \\
&= \sum_{v=0}^{N_\alpha}\alpha^v \sum_{n=0}^{\mathrm{Floor}[v/2]} \frac{(-1)^n (s)_{(v-n)}}{n!(v-2n)!} D_{j,v-2n}
\end{aligned}
\tag{6-457}
$$

其中

$$
\begin{aligned}
D_{j,v-2n} &= \frac{1}{\pi}\int_0^{2\pi}(2\cos\psi)^{v-2n}\cos(j\psi)\mathrm{d}\psi = \frac{1}{\pi}\int_0^{2\pi}\left[\exp(i\psi)+\exp(-i\psi)\right]^{v-2n}\cos(j\psi)\mathrm{d}\psi \\
&= \sum_{m=0}^{v-2n} C_{v-2n}^m \frac{1}{\pi}\int_0^{2\pi}\cos(v-2n-2m)\psi\cos j\psi\mathrm{d}\psi \\
&= \sum_{m=0}^{v-2n} C_{v-2n}^m \frac{1}{2\pi}\int_0^{2\pi}\left[\cos(v-2n-2m-j)\psi + \cos(v-2n-2m+j)\psi\right]\mathrm{d}\psi
\end{aligned}
\tag{6-458}
$$

上式当且仅当 $v-2n-2m-j=0$ 或 $v-2n-2m+j=0$ 时才不等于零。因此可得

$$D_{j,v-2n} = \begin{cases} 0, \mathrm{mod}(v-2n+j,2)\neq 0 \\ C_{v-2n}^{(v-2n-j)/2}+C_{v-2n}^{(v-2n+j)/2} \end{cases} \Rightarrow D_{j,v-2n} = \begin{cases} 0, \mathrm{mod}(v+j,2)\neq 0 \\ C_{v-2n}^{(v-2n-j)/2}+C_{v-2n}^{(v-2n+j)/2} \end{cases} \tag{6-459}$$

综上可得,Laplace 系数的关于 α 的级数展开式为

$$b_s^{(j)}(\alpha) = \sum_{\substack{v=0 \\ \mathrm{mod}(v+j,2)=0}}^{N_\alpha} \alpha^v \sum_{n=0}^{\left[\frac{v}{2}\right]} \frac{(-1)^n (s)_{(v-n)}}{n!(v-2n)!}\left(C_{v-2n}^{(v-2n-j)/2}+C_{v-2n}^{(v-2n+j)/2}\right) \tag{6-460}$$

其中 $\mathrm{mod}(v+j,2)=0$ 表示 $v+j$ 是偶数,即要求 v 和 j 具有相同的奇偶性。在展开式 (6-460)中,N_α 为半长轴之比的阶数。写出前几项,可得 Laplace 系数的级数形式[①]

$$\frac{1}{2}b_s^{(j)}(\alpha) = \frac{s(s+1)\cdots(s+j-1)}{j!}\alpha^j\left[1+\frac{s(s+j)}{1(j+1)}\alpha^2+\frac{s(s+1)(s+j)(s+j+1)}{1\cdot2\cdot(j+1)(j+2)}\alpha^4+\cdots\right] \tag{6-461}$$

---

① 请读者根据第一章介绍的盖根堡尔多项式展开,推导一维 Laplace 系数的级数表达式。

注意:以上级数展开式在 $\alpha < 1$ 时一致收敛。

特别地,当小天体位于摄动天体轨道外面时(外共振构型),我们仅需要引入 $\alpha' = \dfrac{1}{\alpha} < 1$,如此,Laplace 展开变为

$$\frac{1}{(1+\alpha^2-2\alpha\cos\psi)^s} = \frac{\alpha'^{2s}}{(1+\alpha'^2-2\alpha'\cos\psi)^s} = \alpha'^{2s}\sum_{j=-\infty}^{\infty}\frac{1}{2}b_s^{(j)}(\alpha')\cos j\psi \qquad (6-462)$$

这里 $\dfrac{1}{2}b_s^{(j)}(\alpha')$ 的级数展开式同(6-460)。因为 $\alpha' = \dfrac{1}{\alpha} < 1$,所以该级数展开也是收敛的。

下面进行归纳。

1) 当小天体位于摄动天体轨道内时,有 $\alpha < 1$(构型如图 6-25)。

Laplace 展开如下

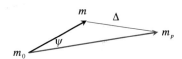

图 6-25　小天体位于摄动天体轨道内的构型

$$(1+\alpha^2-2\alpha\cos\psi)^{-s} = \sum_{j=-\infty}^{\infty}\frac{1}{2}b_s^{(j)}(\alpha)\cos j\psi \qquad (6-463)$$

其中 Laplace 系数为

$$b_s^{(j)}(\alpha) = \sum_{\substack{\upsilon=0 \\ \mathrm{mod}(\upsilon+j,2)=0}}^{N_\alpha} \alpha^\upsilon \sum_{n=0}^{\left[\frac{\upsilon}{2}\right]} \frac{(-1)^n(s)_{(\upsilon-n)}}{n!(\upsilon-2n)!}(C_{\upsilon-2n}^{(\upsilon-2n-j)/2}+C_{\upsilon-2n}^{(\upsilon-2n+j)/2}) \qquad (6-464)$$

该展开式在 $\alpha < 1$ 范围内一致收敛。

2) 当小天体位于摄动天体轨道外时,有 $\alpha > 1$(系统构型如图 6-26)。

Laplace 展开如下

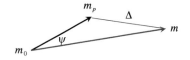

图 6-26　小天体位于摄动天体轨道外的构型

$$(1+\alpha^2-2\alpha\cos\psi)^{-s} = \frac{1}{\alpha^{2s}}\sum_{j=-\infty}^{\infty}\frac{1}{2}b_s^{(j)}\left(\frac{1}{\alpha}\right)\cos j\psi \qquad (6-465)$$

其中

$$b_s^{(j)}\left(\frac{1}{\alpha}\right) = \sum_{\substack{\upsilon=0 \\ \mathrm{mod}(\upsilon+j,2)=0}}^{N_\alpha} \left(\frac{1}{\alpha}\right)^\upsilon \sum_{n=0}^{\left[\frac{\upsilon}{2}\right]} \frac{(-1)^n(s)_{(\upsilon-n)}}{n!(\upsilon-2n)!}(C_{\upsilon-2n}^{(\upsilon-2n-j)/2}+C_{\upsilon-2n}^{(\upsilon-2n+j)/2}) \qquad (6-466)$$

该展开式在 $\alpha > 1$ 范围内一致收敛。

根据文献[6],进一步给出计算 Laplace 系数导数的递推关系。定义微分算子 $D \equiv \dfrac{\mathrm{d}}{\mathrm{d}\alpha}$。Laplace 系数及其导数满足如下关系

$$b_s^{(-j)} = b_s^{(j)}$$
$$Db_s^{(j)} = s(b_{s+1}^{(j-1)}-2\alpha b_{s+1}^{(j)}+b_{s+1}^{(j+1)})$$
$$D^n b_s^{(j)} = s(D^{n-1}b_{s+1}^{(j-1)}-2\alpha D^{n-1}b_{s+1}^{(j)}+D^{n-1}b_{s+1}^{(j+1)}-2(n-1)D^{n-2}b_{s+1}^{(j)})$$

$$\alpha^n(D^n b_s^{(j)} - D^n b_s^{(j-2)}) = -(j+n-1)\alpha^{n-1} D^{n-1} b_s^{(j)} - (j-n-1)\alpha^{n-1} D^{n-1} b_s^{(j-2)} +$$
$$2(j-1)\big[\alpha^n D^{n-1} b_s^{(j-1)} + (n-1)\alpha^{n-1} D^{n-2} b_s^{(j-1)}\big] \quad (6-467)$$

图 6-27 为对 Laplace 系数及高阶导数级数展开解的精度分析。相对误差定义为 $\Delta f = \dfrac{|f_{\text{approx}} - f_{\text{true}}|}{|f_{\text{true}}|}$。可见，$\alpha$ 越靠近共轨构型(越接近 1.0),级数展开与真值之间的偏差越大。

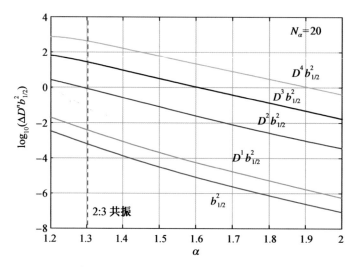

图 6-27　Laplace 系数及导数的数值和分析结果的相对偏差与半长轴之比的关系

附录 6.2　汉森(Hansen)系数

汉森系数 $X_k^{n,m}(e)$ 是轨道偏心率的函数,有如下定义[20]

$$\left(\frac{r}{a}\right)^n \exp(imf) = \sum_{k=-\infty}^{\infty} X_k^{n,m}(e)\exp(ikM) \quad (6-468)$$

其中 i 为虚数符号,$n,m,k \in \mathbb{Z}$。三角函数形式为

$$\left(\frac{r}{a}\right)^n \begin{Bmatrix} \cos \\ \sin \end{Bmatrix}(mf) = \sum_{k=-\infty}^{\infty} X_k^{n,m}(e)\begin{Bmatrix} \cos \\ \sin \end{Bmatrix}(kM) \quad (6-469)$$

以及

$$\left(\frac{r}{a}\right)^n \begin{Bmatrix} \cos \\ \sin \end{Bmatrix}(mf + p\Omega + q\omega) = \sum_{k=-\infty}^{\infty} X_k^{n,m}(e)\begin{Bmatrix} \cos \\ \sin \end{Bmatrix}(kM + p\Omega + q\omega) \quad (6-470)$$

系数由如下积分给出

$$X_k^{n,m}(e) = \frac{1}{2\pi}\int_0^{2\pi}\left(\frac{r}{a}\right)^n \cos(mf - kM)\mathrm{d}M \quad (6-471)$$

下面我们根据文献[6],介绍求解汉森系数 $X_c^{a,b}(e)$ 的方法。通过 Newcomb 算子

$$X_c^{a,b}(e) = e^{|c-b|} \sum_{\sigma=0}^{\infty} X_{\sigma+\alpha,\sigma+\beta}^{a,b} e^{2\sigma} \tag{6-472}$$

其中 $\alpha = \max\{0, c-b\}$，$\beta = \max\{0, b-c\}$，$X_{c,d}^{a,b}$ 为 Newcomb 算子，通过如下递推关系求解[20]

$$X_{0,0}^{a,b} = 1 \tag{6-473}$$
$$X_{1,0}^{a,b} = b - a/2$$

以及当 $d=0$ 时

$$4cX_{c,0}^{a,b} = 2(2b-a)X_{c-1,0}^{a,b+1} + (b-a)X_{c-2,0}^{a,b+2} \tag{6-474}$$

当 $d \neq 0$ 时

$$4dX_{c,d}^{a,b} = -2(2b+a)X_{c,d-1}^{a,b-1} - (b+a)X_{c,d-2}^{a,b-2} - (c-5d+4+4b+a)X_{c-1,d-1}^{a,b} +$$
$$2(c-d+b)\sum_{j \geqslant 2}(-1)^j \binom{3/2}{j} X_{c-j,d-j}^{a,b} \tag{6-475}$$

特别地，当 $c<0$ 或 $d<0$ 时，有 $X_{c,d}^{a,b}=0$；当 $d>c$ 时，有 $X_{c,d}^{a,b}=X_{d,c}^{a,-b}$（这些性质可用来简化迭代计算）。式(6-475)中，类二项式系数（见第一章）为

$$C_{3/2,j} = \binom{3/2}{j} = \frac{\frac{3}{2}\left(\frac{3}{2}-1\right)\left(\frac{3}{2}-2\right)\cdots\left(\frac{3}{2}-j+1\right)}{j!} \tag{6-476}$$

附录 6.3　多元函数的高阶导数

首先，二元函数的高阶导数

$$f^{(k)}(x,y) = \sum_{l=0}^{k} C_k^l \frac{\partial^k}{\partial x^l \partial y^{k-l}} f(x,y) \tag{6-477}$$

系数对应于 $(x+y)^k$ 的二项式展开系数。

其次，三元函数的高阶导数

$$f^{(n)}(x,y,z) = \sum_{k=0}^{n} \sum_{l=0}^{k} C_n^k C_k^l \frac{\partial^n}{\partial x^{n-k} \partial y^{k-l} \partial z^l} f(x,y,z) \tag{6-478}$$

系数对应于 $(x+y+z)^n$ 的二项式展开系数。

然后，四元函数的高阶导数

$$f^{(n)}(x,y,z,w) = \sum_{k=0}^{n} \sum_{l=0}^{k} \sum_{m=0}^{l} C_n^k C_k^l C_l^m \frac{\partial^n}{\partial x^{n-k} \partial y^{k-l} \partial z^{l-m} \partial w^m} f(x,y,z,w) \tag{6-479}$$

系数对应于 $(x+y+z+w)^n$ 的二项式展开系数。多元函数可用类似思路推广。

附录 6.4 多元函数的 Taylor 展开

二元函数 $f(x,y)$ 在点 (a,b) 处的 Taylor 展开为

$$f(x,y) = \sum_{k=0}^{\infty} \sum_{l=0}^{k} \frac{1}{k!} C_k^l (x-a)^l (y-b)^{k-l} \frac{\partial^k}{\partial a^l \partial b^{k-l}} f(a,b) \tag{6-480}$$

三元函数 $f(x,y,z)$ 在点 (a,b,c) 处的 Taylor 展开为

$$f(x,y,z) = \sum_{k=0}^{\infty} \sum_{l=0}^{k} \sum_{m=0}^{l} \frac{1}{k!} C_k^l C_l^m (x-a)^{k-l} (y-b)^{l-m} (z-c)^m \frac{\partial^k}{\partial a^{k-l} \partial b^{l-m} \partial c^m} f(a,b,c) \tag{6-481}$$

四元函数 $f(x,y,z,w)$ 在参考点 (a,b,c,d) 处的 Taylor 展开为

$$f(x,y,z,w) = \sum_{k=0}^{\infty} \sum_{l=0}^{k} \sum_{m=0}^{l} \sum_{n=0}^{m} \frac{1}{k!} C_k^l C_l^m C_m^n (x-a)^{k-l} (y-b)^{l-m} (z-c)^{m-n} (w-d)^n \times$$

$$\frac{\partial^k}{\partial a^{k-l} \partial b^{l-m} \partial c^{m-n} \partial d^n} f(a,b,c,d) \tag{6-482}$$

多元函数的 Taylor 展开可用类似方法推广。

附录 6.5 函数 $f(x)=(a-x)^{-1/2}$ 在 $x=0$ 附近的 Taylor 展开

函数 $f(x)=(a-x)^{-1/2}$ 中 x 为小量,关于 $f(x)$ 的导数为

$$\begin{aligned}
f^{(1)} &= \frac{1}{2}(a-x)^{-1/2-1} \\
f^{(2)} &= \frac{1}{2}\left(\frac{1}{2}+1\right)(a-x)^{-1/2-2} \\
f^{(3)} &= \frac{1}{2}\left(\frac{1}{2}+1\right)\left(\frac{1}{2}+2\right)(a-x)^{-1/2-3} \\
&\vdots \\
f^{(n)} &= \frac{1}{2}\left(\frac{1}{2}+1\right)\left(\frac{1}{2}+2\right)\cdots\left(\frac{1}{2}+n-1\right)(a-x)^{-1/2-n}
\end{aligned} \tag{6-483}$$

进一步可将 n 阶导数整理为

$$\begin{aligned}
f^{(n)} &= \frac{1}{2}\left(\frac{1}{2}+1\right)\left(\frac{1}{2}+2\right)\cdots\left(\frac{1}{2}+n-1\right)(a-x)^{-1/2-n} \\
&= \frac{1\times3\times5\times\cdots\times(2n-1)}{2^n}(a-x)^{-1/2-n} \\
&= \frac{(2n)!}{(2\times4\times\cdots\times2n)2^n}(a-x)^{-1/2-n} \\
&= \frac{(2n)!}{2^n(2^n n!)}(a-x)^{-1/2-n} = \frac{(2n)!}{2^{2n}n!}(a-x)^{-1/2-n}
\end{aligned} \tag{6-484}$$

因此,$f(x)$ 在 $x=0$ 附近的 Taylor 展开为

$$f(x) = \sum_{i=0}^{\infty} \frac{x^i}{i!} \left[f^{(i)}(x) \right]_{x=0} = \sum_{i=0}^{\infty} \frac{x^i}{i!} \frac{(2i)!}{2^{2i}(i!)^2} (a)^{-1/2-i} \tag{6-485}$$

附录 6.6 二维 Laplace 系数

一维 Laplace 展开为

$$\frac{1}{\left[1+\alpha^2-2\alpha\cos(\theta-\theta')\right]^{(i+\frac{1}{2})}} = \frac{1}{2}\sum_{j=-\infty}^{\infty} b_{i+\frac{1}{2}}^{(j)}(\alpha)\cos j(\theta-\theta') \tag{6-486}$$

二维 Laplace 展开为

$$\frac{1}{\sqrt{1+\alpha^2-2\alpha\left[\cos(\Omega-\lambda_p)\cos(f+\omega)-\sin(\Omega-\lambda_p)\sin(f+\omega)\cos I\right]}} \tag{6-487}$$

$$= \sum_{\substack{-\infty < j,k < \infty \\ \mathrm{mod}(j+k,2)=0}} \frac{1}{4} b_{1/2}^{jk}(\alpha,I)\cos\left[j(\Omega-\lambda_p)+k(f+\omega)\right]$$

如何计算二维 Laplace 系数 $b_{1/2}^{jk}(\alpha,I)$ 呢?

二维 Laplace 系数的定义为

$$b_s^{jk}(\alpha,I) = \frac{1}{\pi^2}\int_0^{2\pi}\int_0^{2\pi} \frac{\cos(ju+kv)\mathrm{d}u\mathrm{d}v}{\left[1+\alpha^2-2\alpha(\cos u\cos v-\sin u\sin v\cos I)\right]^s} \tag{6-488}$$

定义微分算子

$$D^n = \frac{\mathrm{d}^n}{\mathrm{d}\alpha^n} \tag{6-489}$$

二维 Laplace 系数及导数满足如下递推关系

$$Db_s^{jk} = \frac{s}{2}\left[(1+\cos I)(b_{s+1}^{(j+1)(k+1)}+b_{s+1}^{(j-1)(k-1)})+(1-\cos I)(b_{s+1}^{(j+1)(k-1)}+b_{s+1}^{(j-1)(k+1)})\right]- \tag{6-490}$$

$$2\alpha s b_{s+1}^{jk}$$

$$D^n b_s^{jk} = \frac{s}{2}\left[(1+\cos I)(D^{n-1}b_{s+1}^{(j+1)(k+1)}+D^{n-1}b_{s+1}^{(j-1)(k-1)})+\right.$$

$$(1-\cos I)(D^{n-1}b_{s+1}^{(j-1)(k+1)}+D^{n-1}b_{s+1}^{(j+1)(k-1)})\left.\right]-$$

$$2\alpha s D^{n-1}b_{s+1}^{jk}-2(n-1)s D^{n-2}b_{s+1}^{jk} \tag{6-491}$$

下面我们根据文献[7],结合笔者自己的理解来推导二维 Laplace 系数的级数形式。

二维 Laplace 系数为

$$b_s^{jk}(\alpha,I) = \frac{1}{\pi^2}\int_0^{2\pi}\int_0^{2\pi} \frac{\cos(ju+kv)\mathrm{d}u\mathrm{d}v}{\left[1-2\alpha(\cos u\cos v-\sin u\sin v\cos I)+\alpha^2\right]^s} \tag{6-492}$$

其中

$$\alpha < 1$$

$$0 \leqslant k \leqslant j$$

利用盖根堡尔多项式展开(见第一章)

$$\frac{1}{(1-2\alpha x+\alpha^2)^s}=\sum_{v=0}^{\infty}C_v^{(s)}(x)\alpha^v \tag{6-493}$$

盖根堡尔多项式为

$$C_v^{(s)}(x)=\sum_{n=0}^{\text{Floor}[v/2]}\frac{(-1)^n(s)_{(v-n)}}{n!(v-2n)!}(2x)^{v-2n} \tag{6-494}$$

其中$(s)_v=s(s+1)(s+2)\cdots(s+v-1)$。那么二维 Laplace 系数为

$$b_s^{jk}(\alpha,I)=\frac{1}{\pi^2}\sum_v^{N_\alpha}\alpha^v\int_0^{2\pi}\int_0^{2\pi}C_v^{(s)}(\cos u\cos v-\sin u\sin v\cos I)\cos(ju+kv)\mathrm{d}u\mathrm{d}v \tag{6-495}$$

简记

$$x=\cos u\cos v-\sin u\sin v\cos I$$
$$=\frac{1}{2}[\cos(u-v)+\cos(u+v)]-\frac{1}{2}\cos I[\cos(u-v)-\cos(u+v)] \tag{6-496}$$

记 $\eta_1=1-\cos I$ 和 $\eta_2=1+\cos I$,那么

$$x=\frac{1}{2}\eta_1\cos(u-v)+\frac{1}{2}\eta_2\cos(u+v) \tag{6-497}$$

于是,x^m 为

$$x^m=\left[\frac{1}{2}\eta_1\cos(u-v)+\frac{1}{2}\eta_2\cos(u+v)\right]^m,m=v-2n \tag{6-498}$$

二项式展开为

$$x^m=\frac{1}{2^m}\sum_{l=0}^{m}C_m^l\eta_1^l\eta_2^{m-l}\cos^l(u-v)\cos^{m-l}(u+v) \tag{6-499}$$

将三角函数化为指数形式可得

$$x^m=\frac{1}{2^m}\sum_{l=0}^{m}C_m^l\eta_1^l\eta_2^{m-l}\left[\frac{1}{2}(e^{\mathrm{i}(u-v)}+e^{-\mathrm{i}(u-v)})\right]^l\left[\frac{1}{2}(e^{\mathrm{i}(u+v)}+e^{-\mathrm{i}(u+v)})\right]^{m-l} \tag{6-500}$$

再进行二项式展开

$$x^m=\frac{1}{2^{2m}}\sum_{l=0}^{m}C_m^l\eta_1^l\eta_2^{m-l}\sum_{p=0}^{l}\sum_{q=0}^{m-l}C_l^pC_{m-l}^q e^{\mathrm{i}[2(q+p)-m]u}e^{\mathrm{i}[2(q-p)-m+2l]v} \tag{6-501}$$

于是,有

$$x^m\cos(ju+kv)=\frac{1}{2^{2m+1}}\sum_{l=0}^{m}C_m^l\eta_1^l\eta_2^{m-l}\sum_{p=0}^{l}\sum_{q=0}^{m-l}C_l^pC_{m-l}^q\times$$
$$e^{\mathrm{i}[2(q+p)-m]u}e^{\mathrm{i}[2(q-p)-m+2l]v}(e^{\mathrm{i}(ju+kv)}+e^{-\mathrm{i}(ju+kv)}) \tag{6-502}$$
$$=x_{jk+}^m+x_{jk-}^m$$

其中

$$x_{jk+}^m = \frac{1}{2^{2m+1}} \sum_{l=0}^m C_m^l \eta_1^l \eta_2^{m-l} \sum_{p=0}^l \sum_{q=0}^{m-l} C_l^p C_{m-l}^q e^{\mathrm{i}[2(q+p)-m]u} e^{\mathrm{i}[2(q-p)-m+2l]v} e^{\mathrm{i}(ju+kv)} \tag{6-503}$$

$$x_{jk-}^m = \frac{1}{2^{2m+1}} \sum_{l=0}^m C_m^l \eta_1^l \eta_2^{m-l} \sum_{p=0}^l \sum_{q=0}^{m-l} C_l^p C_{m-l}^q e^{\mathrm{i}[2(q+p)-m]u} e^{\mathrm{i}[2(q-p)-m+2l]v} e^{-\mathrm{i}(ju+kv)}$$

将(6-493)代入二维 Laplace 系数定义中,可得

$$b_s^{jk}(\alpha, I) = \frac{1}{\pi^2} \sum_v^{N_\alpha} \alpha^v \sum_{n=0}^{\mathrm{Floor}[v/2]} 2^{(v-2n)} \int_0^{2\pi} \int_0^{2\pi} \frac{(-1)^n(s)_{(v-n)}}{n!(v-2n)!} x^{v-2n} \cos(ju+kv) \mathrm{d}u \mathrm{d}v \tag{6-504}$$

$\mathrm{Floor}[v/2]$ 表示对 $\dfrac{v}{2}$ 向下取整。将上式整理后有

$$b_s^{jk}(\alpha, I) = \frac{1}{\pi^2} \sum_v^{N_\alpha} \alpha^v \sum_{n=0}^{\mathrm{Floor}[v/2]} 2^{(v-2n)} \frac{(-1)^n(s)_{(v-n)}}{n!(v-2n)!} \int_0^{2\pi} \int_0^{2\pi} x^{v-2n} \cos(ju+kv) \mathrm{d}u \mathrm{d}v \tag{6-505}$$

根据(6-502),有

$$b_s^{jk}(\alpha, I) = \frac{1}{\pi^2} \sum_v^{N_\alpha} \alpha^v \sum_{n=0}^{\mathrm{Floor}[v/2]} 2^{(v-2n)} \frac{(-1)^n(s)_{(v-n)}}{n!(v-2n)!} \int_0^{2\pi} \int_0^{2\pi} (x_{jk+}^m + x_{jk-}^m) \mathrm{d}u \mathrm{d}v \tag{6-506}$$

记

$$y_{jk+}^m = \int_0^{2\pi} \int_0^{2\pi} x_{jk+}^m \mathrm{d}u \mathrm{d}v$$
$$y_{jk-}^m = \int_0^{2\pi} \int_0^{2\pi} x_{jk-}^m \mathrm{d}u \mathrm{d}v \tag{6-507}$$

于是

$$b_s^{jk}(\alpha, I) = \frac{1}{\pi^2} \sum_v^{N_\alpha} \alpha^v \sum_{n=0}^{\mathrm{Floor}[v/2]} 2^{(v-2n)} \frac{(-1)^n(s)_{(v-n)}}{n!(v-2n)!} \left[y_{jk+}^m + y_{jk-}^m \right] \tag{6-508}$$

其中

$$y_{jk+}^m = \int_0^{2\pi} \int_0^{2\pi} x_{jk+}^m \mathrm{d}u \mathrm{d}v$$
$$= \frac{1}{2^{2m+1}} \sum_{l=0}^m C_m^l \eta_1^l \eta_2^{m-l} \sum_{p=0}^l \sum_{q=0}^{m-l} C_l^p C_{m-l}^q \int_0^{2\pi} \int_0^{2\pi} e^{\mathrm{i}[2(q+p)-m+j]u} e^{\mathrm{i}[2(q-p)-m+2l+k]v} \mathrm{d}u \mathrm{d}v \tag{6-509}$$

$$y_{jk-}^m = \int_0^{2\pi} \int_0^{2\pi} x_{jk-}^m \mathrm{d}u \mathrm{d}v$$
$$= \frac{1}{2^{2m+1}} \sum_{l=0}^m C_m^l \eta_1^l \eta_2^{m-l} \sum_{p=0}^l \sum_{q=0}^{m-l} C_l^p C_{m-l}^q \int_0^{2\pi} \int_0^{2\pi} e^{\mathrm{i}[2(q+p)-m-j]u} e^{\mathrm{i}[2(q-p)-m+2l-k]v} \mathrm{d}u \mathrm{d}v \tag{6-510}$$

以上积分很容易分析给出(此处省略)。下面我们给出 Laplace 系数对半长轴之比 α 的导数递推关系。

一阶导数表达式如下

$$Db_s^{jk}(\alpha, I) = \frac{s}{2} \big[(b_{s+1}^{(j+1)(k+1)} + b_{s+1}^{(j-1)(k-1)})(1 + \cos I) + \quad\quad (6-511)$$
$$(b_{s+1}^{(j+1)(k-1)} + b_{s+1}^{(j-1)(k+1)})(1 - \cos I) \big] - 2\alpha s b_{s+1}^{jk}$$

n 阶导数递推关系为

$$D^n b_s^{jk}(\alpha, I) = \frac{s}{2} \big[(D^{n-1} b_{s+1}^{(j+1)(k+1)} + D^{n-1} b_{s+1}^{(j-1)(k-1)})(1 + \cos I) +$$
$$(D^{n-1} b_{s+1}^{(j+1)(k-1)} + D^{n-1} b_{s+1}^{(j-1)(k+1)})(1 - \cos I) \big] - \quad\quad (6-512)$$
$$2\alpha s D^{n-1} b_{s+1}^{jk} - 2(n-1)s D^{n-2} b_{s+1}^{jk}$$

二维 Laplace 系数及其导数的精度分析见图 6-28。可见，导数的阶数越高，级数展开的发散越快。因此，在实际摄动函数展开中，应尽量使用精确的 Laplace 系数（直接根据定义数值计算 Laplace 系数），避免因为该系数的近似计算带来额外的误差，尤其是需要展开到偏心率的高阶情况。希望读者注意到这一点。

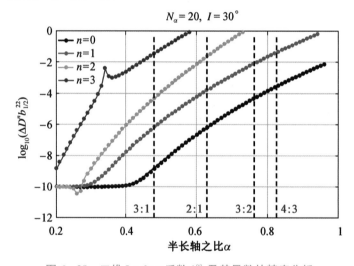

图 6-28 二维 Laplace 系数 $b_{1/2}^{22}$ 及其导数的精度分析

附录 6.7 惯量积计算[14]

下面针对三轴椭球以及多面体模型的小行星给出广义惯量积的计算方法。

1) 三轴椭球

将三轴椭球的半长轴从大到小分别记为 a, b, c（图 6-29），那么相应的广义惯量积为

$$T_A^{lmn} = 4\pi a^{l+1} b^{m+1} c^{n+1} \frac{\prod\limits_{p=1}^{l/2}(2p-1) \prod\limits_{q=1}^{m/2}(2q-1) \prod\limits_{s=1}^{n/2}(2s-1)}{\prod\limits_{u=1}^{(l+m+n)/2+2}(2u-1)} \quad\quad (6-513)$$

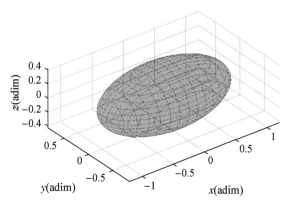

图 6 - 29　小行星的三轴椭球模型

2）不规则小行星的多面体模型（如图 6 - 30 所示）

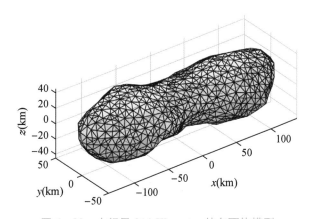

图 6 - 30　小行星 216 Kleopatra 的多面体模型

对某一四面体单元，其中必有一个顶点位于小行星质心（即坐标原点），另外三个顶点在质心体固系下的坐标分别记为

$$(x_1^a, y_1^a, z_1^a), \qquad (x_2^a, y_2^a, z_2^a), \qquad (x_3^a, y_3^a, z_3^a) \tag{6-514}$$

根据四面体元定义如下标准坐标系：原点位于质心，另三个顶点在标准坐标系中分别位于 $(1,0,0),(0,1,0)$ 和 $(0,0,1)$。将质心体固系和标准坐标系下的位置矢量分别记为

$$\boldsymbol{r}_a = \begin{bmatrix} x_a \\ y_a \\ z_a \end{bmatrix}, \qquad \boldsymbol{u}_a = \begin{bmatrix} u_a \\ v_a \\ w_a \end{bmatrix} \tag{6-515}$$

那么，坐标变换关系为

$$\boldsymbol{r}_a = \begin{bmatrix} x_1^a & x_2^a & x_3^a \\ y_1^a & y_2^a & y_3^a \\ z_1^a & z_2^a & z_3^a \end{bmatrix} \boldsymbol{u}_a = \boldsymbol{M} \begin{bmatrix} u_a \\ v_a \\ w_a \end{bmatrix} \tag{6-516}$$

坐标旋转矩阵的行列式记为 $T_a = \det(\boldsymbol{M})$。对 $(x_a)^l (y_a)^m (z_a)^n$ 进行二项式展开可得[14]

$$
\begin{aligned}
(x_a)^l (y_a)^m (z_a)^n = &\sum_{i_1=0}^{l} \sum_{j_1=0}^{l-i_1} \sum_{i_2=0}^{m} \sum_{j_2=0}^{m-i_2} \sum_{i_3=0}^{n} \sum_{j_3=0}^{n-i_3} \frac{l!}{i_1!j_1!(l-i_1-j_1)!} \frac{m!}{i_2!j_2!(m-i_2-j_2)!} \times \\
&\frac{n!}{i_3!j_3!(n-i_3-j_3)!} (x_1^a)^{i_1} (x_2^a)^{j_1} (x_3^a)^{l-i_1-j_1} (y_1^a)^{i_2} (y_2^a)^{j_2} (y_3^a)^{m-i_2-j_2} \times \\
&(z_1^a)^{i_3} (z_2^a)^{j_3} (z_3^a)^{n-i_3-j_3} (u_a)^{i_1+i_2+i_3} (v_a)^{j_1+j_2+j_3} (w_a)^{l+m+n-i_1-i_2-i_3-j_1-j_2-j_3}
\end{aligned}
$$

$$(6\text{-}517)$$

多面体小行星的广义惯量积计算公式如下[14]

$$
\begin{aligned}
T_A^{lmn} = &\sum_{a} \rho_a T_a \sum_{i_1=0}^{l} \sum_{j_1=0}^{l-i_1} \sum_{i_2=0}^{m} \sum_{j_2=0}^{m-i_2} \sum_{i_3=0}^{n} \sum_{j_3=0}^{n-i_3} \frac{l!}{i_1!j_1!(l-i_1-j_1)!} \frac{m!}{i_2!j_2!(m-i_2-j_2)!} \times \\
&\frac{n!}{i_3!j_3!(n-i_3-j_3)!} (x_1^a)^{i_1} (x_2^a)^{j_1} (x_3^a)^{l-i_1-j_1} (y_1^a)^{i_2} (y_2^a)^{j_2} (y_3^a)^{m-i_2-j_2} \times \\
&(z_1^a)^{i_3} (z_2^a)^{j_3} (z_3^a)^{n-i_3-j_3} Q_a^{(i_1+i_2+i_3)(j_1+j_2+j_3)(l+m+n-i_1-i_2-i_3-j_1-j_2-j_3)}
\end{aligned}
$$

$$(6\text{-}518)$$

其中 ρ_a 为小行星的平均密度，T_a 为坐标转换矩阵 $\boldsymbol{M}$ 的行列式，以及

$$
\begin{aligned}
Q_a^{(i_1+i_2+i_3)(j_1+j_2+j_3)(l+m+n-i_1-i_2-i_3-j_1-j_2-j_3)} &= \int_a u_a^{i_1+i_2+i_3} v_a^{j_1+j_2+j_3} w_a^{l+m+n-i_1-i_2-i_3-j_1-j_2-j_3} \, \mathrm{d}u_a \mathrm{d}v_a \mathrm{d}w_a \\
&= \frac{1}{(l+m+n+3)!} (i_1+i_2+i_3)!(j_1+j_2+j_3)! \times \\
&\quad (l+m+n-i_1-i_2-i_3-j_1-j_2-j_3)!
\end{aligned}
$$

$$(6\text{-}519)$$

同理可求得另一个小行星的惯量积 T_B^{lmn}。

习　题

1. 编写程序递推求解汉森系数，并测试其正确性。

2. 编写程序，计算平面圆型限制性系统构型下的摄动函数展开（参考 6.2.2 节），以日-木系为例，将摄动函数展开与真值对比并分析。

3. 针对等级式构型，请推导内摄情况下的第三体摄动函数展开（摄动天体位于小天体轨道里面）。

4. 地心天球坐标系下，卫星主问题的摄动函数为

$$
\mathcal{R} = \frac{\mu a_e^2 C_{20}}{r^3} \left[\frac{3}{2} \sin^2 i \sin^2 (f+\omega) - \frac{1}{2} \right]
$$

1) 对其进行摄动函数展开；2) 给出摄动函数的长期项、长周期项和短周期项。

参考文献

［1］Ellis K M，Murray C D. The disturbing function in solar system dynamics［J］. Icarus，2000，147(1)：129–144.

［2］Peirce B. Development of the perturbative function of planetary motion［J］. Astronomical Journal，vol. 1，iss. 1，p. 1–8 (1849). ，1849，1：1–8.

［3］Murray C D. A note on Le Verrier's expansion of the disturbing function［J］. Celestial mechanics，1985，36(2)：163–164.

［4］Brouwer D，Clemence G M. Method of Celestial Mechanics［M］. Cambridge，Massachusetts：Academic Press，1962.

［5］Kaula W M. A Development of the Lunar and Solar Disturbing Functions for a Close Satellite［M］. National Aeronautics and Space Administration，Republic of Moldova，Chirinău：Generic，1962.

［6］Murray C D，Dermott S F. Solar system dynamics［M］. Cambridge：Cambridge University Press，1999.

［7］Namouni F，Morais M H M. The disturbing function for asteroids with arbitrary inclinations［J］. Monthly Notices of the Royal Astronomical Society，2018，474(1)：157–176.

［8］Lei H L. A new expansion of planetary disturbing function and applications to interior，co-orbital and exterior resonances with planets［J］. Research in Astronomy and Astrophysics，2021，21(12)：311.

［9］Shevchenko I I. The Lidov-Kozai effect-applications in exoplanet research and dynamical astronomy［M］. Berlin/Heidelberg：Springer，2016.

［10］Lei H，Li J. Dynamical structures of retrograde resonances：analytical and numerical studies［J］. Monthly Notices of the Royal Astronomical Society，2021，504(1)：1084–1102.

［11］Lei H，Huang X. Quadrupole and octupole order resonances in non-restricted hierarchical planetary systems［J］. Monthly Notices of the Royal Astronomical Society，2022，515(1)：1086–1103.

［12］周济林. 天体力学基础［M］. 北京：高等教育出版社，2017.

［13］Ferraz-Mello S. The convergence domain of the Laplacian expansion of the disturbing function［J］. Celestial Mechanics and Dynamical Astronomy，1994，58：37–52.

［14］Hou X，Scheeres D J，Xin X. Mutual potential between two rigid bodies with arbitrary shapes and mass distributions［J］. Celestial Mechanics and Dynamical

Astronomy, 2017, 127: 369 – 395.

[15] Lei H, Circi C, Ortore E, et al. Quasi-frozen orbits around a slowly rotating asteroid [J]. Journal of Guidance, Control, and Dynamics, 2019, 42(4): 794 – 809.

[16] Lei H, Circi C, Ortore E. Secular dynamics around uniformly rotating asteroids[J]. Monthly Notices of the Royal Astronomical Society, 2019, 485(2): 2731 – 2743.

[17] Hou X, Xin X. A note on the spin-orbit, spin-spin, and spin-orbit-spin resonances in the binary minor planet system[J]. The Astronomical Journal, 2017, 154(6): 257.

[18] Jafari-Nadoushan M. Surfing in the phase space of spin—orbit coupling in binary asteroid systems[J]. Monthly Notices of the Royal Astronomical Society, 2023, 520 (3): 3514 – 3528.

[19] Lei H. Three-dimensional phase structures of mean motion resonances[J]. Monthly Notices of the Royal Astronomical Society, 2019, 487(2): 2097 – 2116.

[20] Hughes S. The computation of tables of Hansen coefficients[J]. Celestial mechanics, 1981, 25: 101 – 107.

第七章

平运动共振动力学

共振普遍存在于太阳系、系外行星、恒星、黑洞等不同尺度的宇宙系统中,关于共振动力学的研究是天体力学最核心的课题之一。本章 7.1 节介绍平运动共振的背景;7.2 节介绍共振的基本动力学模型,包括单摆模型(第一基本模型)、第二基本模型及拓展模型;7.3 节介绍一阶平运动共振;7.4 节介绍平面逆行平运动共振;7.5 节介绍任意倾角的平运动共振;最后一节基于任意半长轴之比、任意倾角的摄动函数展开(见第六章)建立内共振、共轨共振以及外共振的统一哈密顿模型,并将其应用于木星的内共振和共轨共振以及海王星的外共振。

7.1 背景介绍

7.1.1 共振类型

当动力学系统的基本频率呈现简单整数比时,共振即发生[1]。发生共振的基本频率性质不一样,对应不同类型的共振,例如:

1) 两天体的二体平运动频率呈现简单整数比,即为本章讨论的平运动共振,平运动共振的时标相对较短,是最常见的一类共振;

2) 当某天体的二体轨道周期和它自己的自转周期成整数比,即为轨-旋共振,例如月球的轨旋同步、水星的 3∶2 轨旋共振、双小行星同步轨旋等;

3) 若一个天体的轨道周期与中心天体的自转周期成整数比,对应 Ground-track 共振,例如地球或不规则卫星附近的同步轨道;

4) 同一个或两个天体的拱点进动频率或升交点西退频率呈现整数比,即发生长期共振,如拱线共振(apsidal resonance)、古在(Kozai)共振(近点经度和升交点经度构成 1∶1 共振)、v_5 共振(小天体近点经度与木星近点经度构成 1∶1 共振,共振角为 $\sigma=\bar{\omega}-\bar{\omega}_J$)、$v_6$ 共振(小天体近点经度与土星近点经度构成 1∶1 共振,共振角为 $\sigma=\bar{\omega}-\bar{\omega}_S$)以及 v_{16} 共振(小天体升交点经度与土星升交点经度构成 1∶1 共振,共振角为 $\sigma=\Omega-\Omega_S$)等,常见于太阳系小天体(见图 7-1);

5) 一个天体的平运动周期与另一个天体的近点进动或升交点西退周期呈简单整数比,

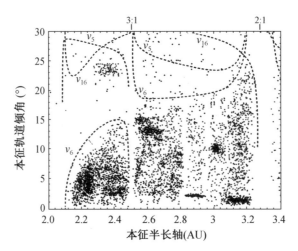

图 7 - 1　太阳系小天体在(a,i)平面的分布以及太阳系主要长期共振(v_5,v_6,v_{16})[2]

即发生半长期共振,例如月球运动的出差(evection)共振;

6)当三个或三个以上基本频率构成简单整数比时,即发生三体共振、**Laplace** 共振或共振链,这类共振常见于太阳系小天体、木星卫星系统以及系外行星系统。

7)多重共振,例如处于平运动共振中的 Kozai 共振或长期共振,常见于柯伊伯(Kuiper)带天体(见第九章的例子)。

8)主共振角的频率与其他基本频率呈简单整数比,即可发生次级共振,在太阳系及系外行星系统中普遍存在(见第十章的例子)。

7.1.2　共振的作用

共振的发生,会增强天体之间的相互作用,产生显著的动力学效果,例如半长轴的改变、偏心率的激发、倾角的变化、倾斜角的改变等。从摄动函数的角度来看,处于共振中心的天体,摄动函数取极小值(即摄动最小)。因此,共振提供的是一种动力学保护,使天体尽可能少地受到摄动的影响。这是很多天体的稳定性都是和共振紧密联系的原因。

图 7 - 2 给出了太阳系小天体在半长轴-偏心率平面上的分布,该分布呈现如下显著特征:1)小天体在某些平运动共振位置处聚集,例如木星的 3∶2 共振以及 1∶1 共振,海王星的 1∶1 共振、2∶3 共振、1∶2 共振、2∶5 共振等;2)同时在某些平运动共振位置处存在较大空隙,例如木星的 3∶1 共振、2∶1 共振、5∶2 共振和 7∶3 共振等,该现象被称为柯克伍德空隙(Kirkwood gap)。这里针对聚集与空隙提供一个定性的解释。首先,共振有强度,它取决于共振的阶数。如果实际系统可近似为平运动共振角对应的 1 自由度系统(可积系统),那么所有的共振都应该是类似的。强度高的共振有极大概率俘获更多天体,共振区域内的轨道都是规则且稳定的。然而,实际的系统往往都是平运动共振自由度和长期演化自由度共存,那么实际的动力学演化就是两个或两个以上自由度相互博弈或相互影响的结果。当某一个

自由度占主导时,动力学稳定性相对较好,然而当其中两个自由度的贡献逐渐相当且相互靠近时,动力学性质会变得越来越复杂,系统的混沌性逐渐变得明显。

基于以上定性描述,不难理解木星平运动共振位置的聚集和空隙现象(图7-2)。对于强度高的平运动共振,例如木星的3∶2共振(一阶共振)和1∶1共振(零阶共振),在整个演化过程中都是平运动共振项占主导,另外的自由度就是微扰动,在长期演化过程中小天体始终受到平运动共振构型的保护,因此稳定性较好。然而,对于如3∶1共振这样的二阶共振(共振强度较弱),长期演化会使得小天体相对容易进出平运动共振区域,因此平运动共振构型容易被破坏,从长期来看并不稳定。这也就是为什么有的平运动共振位置处存在小天体聚集,有的共振位置处却存在明显空隙。本书在第九章将详细阐述使木星3∶1共振位置产生空隙的引力机制。

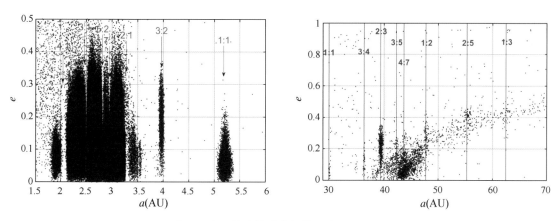

图 7 - 2　太阳系小天体在轨道半长轴 a、偏心率 e 平面的分布,
数据来源:小行星中心(Minor Planet Center, MPC)

7.1.3　多重共振保护

在太阳系天体中,冥王星的轨道非常特殊(见图7-3)。高偏心率使得它的轨道与海王星发生交叉,其长期稳定性归因于它存在多重共振构型的保护:1) 平运动共振——冥王星与海王星构成2∶3共振;2) Kozai 共振——冥王星的近点经度和升交点经度构成1∶1共振;3) 超级共振——冥王星近点角距振动频率与升交点经度差的角频率构成1∶1共振。关于冥王星轨道的起源、演化以及附近区域动力学性质的研究,是天体力学中一个非常重要的课题。

本章以平运动共振为主要研究对象,建立哈

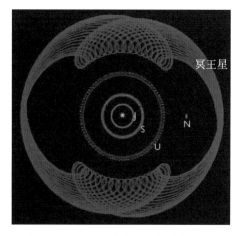

图 7 - 3　冥王星和海王星构成的 2∶3
平运动共振构型

密顿模型,研究平运动共振的动力学性质。然而,本章采用的研究方法同样适用于其他类型的共振。

7.2 平运动共振的基本模型

将描述平运动共振的共轭变量记为(I,ϕ),其中ϕ为一阶共振角,I为相应共轭动量。将可积哈密顿模型表示为

$$\mathcal{H}=\mathcal{H}_0(I)+\varepsilon\mathcal{H}_1(I,\phi) \tag{7-1}$$

其中$\mathcal{H}_0(I)$为未扰哈密顿函数(亦被称为核哈密顿函数,对应未扰系统),$\mathcal{H}_1(I,\phi)$为扰动哈密顿函数,后者是角度ϕ的2π周期函数。哈密顿正则关系给出运动方程

$$\dot{\phi}=\frac{\partial\mathcal{H}}{\partial I}=\frac{\partial\mathcal{H}_0}{\partial I}+\varepsilon\frac{\partial\mathcal{H}_1}{\partial I}$$
$$\dot{I}=-\frac{\partial\mathcal{H}}{\partial\phi}=-\frac{\partial\mathcal{H}_1}{\partial\phi} \tag{7-2}$$

处理实际问题时,哈密顿函数的表达式通常非常复杂。这里可根据第六章摄动函数展开建立平运动共振的哈密顿模型。为了研究方便,一般采用参数较少的近似哈密顿函数,此即为共振的基本模型,从而方便分析参数对平运动共振特征的影响,包括相空间结构、共振中心、共振宽度、共振周期等。下面依次介绍共振的第一基本模型、第二基本模型及拓展模型。

7.2.1 共振的第一基本模型(单摆模型,pendulum model)

根据摄动函数展开(参考第六章内容),通过平均化处理,很容易得到如下描述共振的哈密顿函数

$$\mathcal{H}=\mathcal{H}_0(I)+\varepsilon\mathcal{H}_1(I,\phi)=\mathcal{H}_0(I)+\varepsilon\sum_m\mathcal{C}_m(I)\cos m\phi \tag{7-3}$$

这里的m表示共振的阶数。系统的基本频率由未扰哈密顿函数$\mathcal{H}_0(I)$近似确定,即

$$\dot{\phi}\approx\frac{\partial\mathcal{H}_0(I)}{\partial I} \tag{7-4}$$

在共振中心的标称位置(nominal location of resonance center)处,满足

$$\dot{\phi}\approx\frac{\partial\mathcal{H}_0(I)}{\partial I}\approx0\Rightarrow I=I_* \tag{7-5}$$

将共振中心标称位置处的作用量记为$I=I_*$。

单摆模型的第一个假设:将哈密顿函数(7-3)中扰动哈密顿函数的系数$\mathcal{C}_m(I)$的作用量I近似为标称共振中心位置处的作用量,即取$I=I_*$,从而哈密顿模型变为

$$\mathcal{H} \approx \mathcal{H}_0(I) + \varepsilon \mathcal{H}_1(I_*, \phi) = \mathcal{H}_0(I) + \varepsilon \sum_m \mathcal{C}_m(I_*) \cos m\phi \tag{7-6}$$

可见扰动部分哈密顿函数变为**常系数**。

单摆模型的第二个假设:将核哈密顿函数 $\mathcal{H}_0(I)$(即未扰部分)在共振中心的标称位置 $(I = I_*)$ 附近进行 Taylor 展开,并保留至二阶项,可得

$$\mathcal{H} = \mathcal{H}_0(I_*) + \frac{\partial \mathcal{H}_0}{\partial I}\bigg|_{I=I_*} \Delta I + \frac{1}{2} \frac{\partial^2 \mathcal{H}_0}{\partial I^2}\bigg|_{I=I_*} (\Delta I)^2 + \varepsilon \mathcal{H}_1(I_*, \phi)$$

$$= \mathcal{H}_0(I_*) + \varepsilon \sum_m \mathcal{C}_m(I_*) \cos m\phi + \frac{\partial \mathcal{H}_0}{\partial I}\bigg|_{I=I_*} \Delta I + \frac{1}{2} \frac{\partial^2 \mathcal{H}_0}{\partial I^2}\bigg|_{I=I_*} (\Delta I)^2 \tag{7-7}$$

其中 $\mathcal{H}_0(I_*)$ 为常数,$\dfrac{\partial \mathcal{H}_0}{\partial I}\bigg|_* = 0$(平衡点条件),因此都可以去掉。共振的单摆模型(第一基本模型)变为

$$\mathcal{H} = \frac{1}{2} \frac{\partial^2 \mathcal{H}_0}{\partial I^2}\bigg|_{I=I_*} (\Delta I)^2 + \varepsilon \sum_m \mathcal{C}_m(I_*) \cos m\phi \tag{7-8}$$

其中 ΔI 为作用量相对共振中心标称位置作用量的偏离量(为小量)。将 $\mathcal{H}_0$ 对作用量 I 的二阶导数记为

$$\frac{\partial^2 \mathcal{H}_0}{\partial I^2}\bigg|_{I=I_*} \rightarrow a > 0 \tag{7-9}$$

那么哈密顿模型(7-8)简化为

$$\mathcal{H} = \frac{1}{2} a (\Delta I)^2 + \varepsilon \sum_m \mathcal{C}_m(I_*) \cos m\phi \tag{7-10}$$

对于 m 阶共振,保留主要项(即幅值最大的一项),并记 $b = -\varepsilon \mathcal{C}_m(I_*)$,那么有

$$\mathcal{H} = \frac{1}{2} a (\Delta I)^2 - b \cos m\phi, \quad a > 0, b > 0 \tag{7-11}$$

引进如下作用量变换(相当于对时间坐标的伸缩变换)[①]

$$\Delta I = \sqrt{\frac{b}{a}} J \tag{7-12}$$

可得

$$\mathcal{H} = \frac{1}{2} b J^2 - b \cos m\phi \tag{7-13}$$

两边同时除以系数 b(相当于进行时间坐标的伸缩变换),哈密顿函数变为(为了简化符号系

---

① 这里首先假定 $\Delta I = xJ$,代入哈密顿函数,根据哈密顿函数中各项系数相等,可得到 $x = \sqrt{\dfrac{b}{a}}$。

统,仍用 $\mathcal{H}$ 代表新的哈密顿函数)[①]

$$\mathcal{H}=\frac{1}{2}J^2-\cos m\phi \tag{7-14}$$

此即为共振的第一基本模型,也被称为共振的单摆模型,它是一个不含任何系统参数的哈密顿模型。

单摆模型(7-14)为可积哈密顿系统,因此相空间的解对应 (J,ϕ) 平面内的等哈密顿线,被称为相图。图 7-4 给出了一阶平运动共振和二阶平运动共振的相图。可见,平衡点位于 $J=0$,即 $I=I_*$(共振的标称位置)。特别地,对于一阶共振,共振中心位于 $\phi=0$,鞍点位于 $\phi=\pi$。对于二阶共振,共振中心位于 $2\phi=0$,鞍点位于 $2\phi=\pi$。

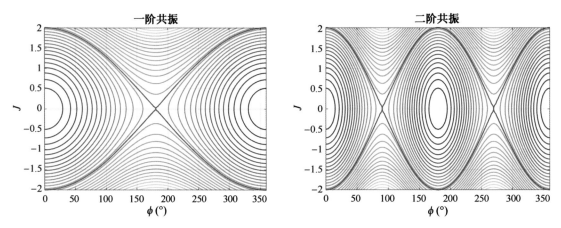

图 7-4   一阶(左)和二阶(右)平运动共振单摆模型的相图。单摆模型中,(J,ϕ) 为相空间变量。红色实线为单摆模型的动力学边界,将相空间划分为循环和共振区域

讨论 1:单摆模型的平衡点

单摆模型的运动方程为

$$\dot{\phi}=\frac{\partial\mathcal{H}}{\partial J}=J, \qquad \dot{J}=-\frac{\partial\mathcal{H}}{\partial\phi}=-m\sin m\phi \tag{7-15}$$

可解得平衡点(共振中心或鞍点)的位置为

$$J=0,\phi=\frac{k\pi}{m},k\in\mathbb{Z} \tag{7-16}$$

即

$$I=I_*,m\phi=k\pi,k\in\mathbb{Z} \tag{7-17}$$

结论 1:对阶数给定的平运动共振,单摆模型的平衡点位置是固定的(标称位置),相空间结构是对称的(见图 7-4)。

---

① 　新的哈密顿系统和原哈密顿系统对应的时间坐标是不一样的,即存在时间变换。

讨论 2：单摆模型的共振宽度

共振的哈密顿函数为

$$\mathcal{H} = \frac{1}{2}J^2 - \cos m\phi \tag{7-18}$$

共振中心位于 $(J=0, m\phi=0)$，鞍点位于 $(J=0, m\phi=\pi)$。根据图 7-4 所示的相图可知，动力学边界（dynamical separatrix）为经过鞍点的哈密顿量等值线，它将整个相空间划分为共振区域和循环区域。

共振宽度：动力学边界在共振中心处的距离，该距离的一半被称为共振半宽（resonant half-width），它衡量的是共振区域的大小。

记共振半宽为 ΔJ。根据动力学边界的定义，可建立如下等式

$$\mathcal{H}(J=\Delta J, m\phi=0) = \mathcal{H}(J=0, m\phi=\pi) \tag{7-19}$$

将哈密顿函数 (7-18) 代入上式可求得

$$\mathcal{H} = \frac{1}{2}(\Delta J)^2 - 1 = 1 \Rightarrow (\Delta J)^2 = 4 \Rightarrow \Delta J = 2 \tag{7-20}$$

结论 2：单摆模型的共振半宽为 $\Delta J = 2$，即动力学边界与共振中心的距离为 2。注意这里的 $\Delta J = 2$ 使用的是无量纲单位，在实际系统中对应不同的值。

讨论 3：单摆模型的分析解

单摆模型的运动方程为

$$\left. \begin{aligned} \dot{\phi} &= J \\ \dot{J} &= -\sin\phi \end{aligned} \right\} \Rightarrow \ddot{\phi} + \sin\phi = 0 \tag{7-21}$$

初始条件记为

$$\phi(0) = \phi_0, \qquad \dot{\phi}(0) = 0 \tag{7-22}$$

根据初始条件，可得哈密顿函数为 $\mathcal{H} = -\cos\phi_0$。因此

$$\begin{aligned} \dot{\phi} &= J = \sqrt{2}\sqrt{\cos\phi - \cos\phi_0} \\ &\Rightarrow \frac{\mathrm{d}\phi}{\mathrm{d}t} = \sqrt{2}\sqrt{\cos\phi - \cos\phi_0} \end{aligned} \tag{7-23}$$

通过分离变量可得

$$\mathrm{d}t = \frac{1}{\sqrt{2}}\frac{1}{\sqrt{\cos\phi - \cos\phi_0}}\mathrm{d}\phi \tag{7-24}$$

对于相空间中的闭合轨线，其周期为

$$T = 4\frac{1}{\sqrt{2}}\int_0^{\phi_0}\frac{1}{\sqrt{\cos\phi - \cos\phi_0}}\mathrm{d}\phi \tag{7-25}$$

利用三角函数的倍角公式,可得

$$T = 2\int_0^{\phi_0} \frac{1}{\sqrt{\sin^2\frac{\phi_0}{2} - \sin^2\frac{\phi}{2}}} d\phi \tag{7-26}$$

进一步整理为

$$T = \frac{2}{\sin\left(\frac{\phi_0}{2}\right)} \int_0^{\phi_0} \frac{1}{\sqrt{1 - \csc^2\left(\frac{\phi_0}{2}\right)\sin^2\left(\frac{\phi}{2}\right)}} d\phi \tag{7-27}$$

引入新的角度量 θ 满足

$$\theta = \arcsin\frac{\sin\left(\frac{\phi}{2}\right)}{\sin\left(\frac{\phi_0}{2}\right)} \Rightarrow \sin\left(\frac{\phi}{2}\right) = \sin\left(\frac{\phi_0}{2}\right)\sin\theta \tag{7-28}$$

其定义域为

$$\phi \in [0, \phi] \Rightarrow \theta \in \left[0, \frac{\pi}{2}\right] \tag{7-29}$$

根据(7-28),存在如下微分关系

$$\frac{1}{2}\cos\left(\frac{\phi}{2}\right)d\phi = \sin\left(\frac{\phi_0}{2}\right)\cos\theta d\theta \tag{7-30}$$

因此,(7-27)可整理为

$$T = 4\int_0^{\frac{\pi}{2}} \frac{1}{\sqrt{1 - \sin^2\theta}} \frac{\cos\theta}{\cos\left(\frac{\phi}{2}\right)} d\theta \tag{7-31}$$

根据 $\cos\left(\frac{\phi}{2}\right) = \sqrt{1 - \sin^2\left(\frac{\phi_0}{2}\right)\sin^2\theta}$,从而有

$$T = 4\int_0^{\frac{\pi}{2}} \frac{1}{\sqrt{1 - \sin^2\left(\frac{\phi_0}{2}\right)\sin^2\theta}} d\theta \tag{7-32}$$

记 $k = \sin\left(\frac{\phi_0}{2}\right)$,可得周期为

$$T = 4\int_0^{\frac{\pi}{2}} \frac{1}{\sqrt{1 - k^2\sin^2\theta}} d\theta = 4K(m),其中 \ m = k^2 \tag{7-33}$$

此为第一章介绍的第一类完全椭圆积分。在 $m = \sin^2\left(\frac{\phi_0}{2}\right)$ 较小时,可对表达式(7-33)进行 Taylor 展开。因此,周期和频率的近似级数解为

$$T=2\pi\left[1+\frac{1}{4}m+\frac{9}{64}m^2+\frac{25}{256}m^3+\frac{1225}{16384}m^4+\frac{3969}{65536}m^5+\mathcal{O}(m^6)\right] \qquad (7-34)$$

$$\omega=\frac{2\pi}{T}=1-\frac{1}{4}m-\frac{5}{64}m^2-\frac{11}{256}m^3-\frac{469}{16384}m^4-\frac{1379}{65536}m^5+\mathcal{O}(m^6) \qquad (7-35)$$

结论 3:周期或频率都是初始振幅 ϕ_0 的非线性函数。

讨论 4:单摆模型的适用范围

共振的单摆模型是非常简单的哈密顿模型,有两个主要近似。**第一个是将扰动哈密顿函数中的作用量近似为标称共振中心位置处的作用量**(即将扰动哈密顿函数的系数近似为常数)。**第二个是将未扰哈密顿函数在共振中心处进行 Taylor 展开并保留至二阶项。在以**上两个假设下的单摆模型可简化为不依赖任何参数的哈密顿系统。第一个近似条件要求实际的共振中心位置与标称位置接近,即未扰哈密顿函数 $\mathcal{H}_0$ 主导共振中心的分布,扰动项 $\mathcal{H}_1$ 几乎不影响共振中心的位置。第二个近似要求共振宽度是个小量,即要求扰动项 $\mathcal{H}_1$ 相对未扰项 $\mathcal{H}_0$ 是小量。

由于单摆模型的第一个近似使得扰动哈密顿函数 $\mathcal{H}_1$ 的系数变为常数,这使得单摆模型不满足 d'Alembert 性质。为了充分体现摄动函数展开的 d'Alembert 性质,比利时天体力学家雅克·亨拉德(Jacques Henrard)(图 7-5)引入了描述共振的第二基本模型(second fundamental model of resonance,SFMR)。

图 7-5 比利时天体力学家 Jacques Henrard(1920—2008)

7.2.2 共振的第二基本模型(SFMR)[3]

考虑到单摆模型的第一个近似使之不满足 d'Alembert 性质。因此,在构造第二基本模型时,取消这一近似,相应的哈密顿函数变为

$$\mathcal{H}=\mathcal{H}_0(I)+\varepsilon\mathcal{H}_1(I,\phi)=\mathcal{H}_0(I)+\varepsilon\sum_m\mathcal{C}_m(I)\cos m\phi \qquad (7-36)$$

根据摄动函数展开(具有 d'Alembert 性质),有如下关系

$$\mathcal{C}_m(I)\sim\mathcal{D}_m(2I)^{m/2} \qquad (7-37)$$

其中 $\mathcal{D}_m$ 不含 I。将哈密顿函数记为

$$\mathcal{H} = \mathcal{H}_0(I) + \varepsilon \sum_m \mathcal{D}_m (2I)^{m/2} \cos m\phi \tag{7-38}$$

共振中心的标称位置依然由未扰哈密顿函数 $\mathcal{H}_0(I)$ 近似确定,即

$$\frac{\partial \mathcal{H}_0(I)}{\partial I} = 0 \Rightarrow I = I_* \tag{7-39}$$

然后同样将未扰哈密顿函数 $\mathcal{H}_0(I)$ 在 I_*(共振的标称位置)附近作 Taylor 展开,保留到二阶项可得

$$\mathcal{H} \approx \mathcal{H}_0(I_*) + \frac{\partial \mathcal{H}_0}{\partial I}\bigg|_{I=I_*} (I - I_*) + \frac{1}{2}\frac{\partial^2 \mathcal{H}_0}{\partial I^2}\bigg|_{I=I_*} (I - I_*)^2 + \varepsilon \sum_m \mathcal{D}_m (2I)^{m/2} \cos m\phi \tag{7-40}$$

展开为

$$\mathcal{H} \approx \mathcal{H}_0(I_*) + \frac{\partial \mathcal{H}_0}{\partial I}\bigg|_{I=I_*} (I - I_*) + \frac{1}{2}\frac{\partial^2 \mathcal{H}_0}{\partial I^2}\bigg|_{I=I_*} (I^2 - 2I_* I + I_*^2) + \tag{7-41}$$

$$\varepsilon \sum_m \mathcal{D}_m (2I)^{m/2} \cos m\phi$$

忽略常数项,且仅保留强度最大的共振项,哈密顿函数简化为

$$\mathcal{H} = \frac{1}{2} a_2 I^2 + a_1 I + b(2I)^{m/2} \cos m\phi, a_2 > 0 \tag{7-42}$$

其中 a_1, a_2 和 b 为与系统参数相关的系数。

对于一阶共振($m=1$),共振的哈密顿函数为

$$\mathcal{H} = \frac{1}{2} a_2 I^2 + a_1 I + b\sqrt{2I} \cos \phi, a_2 > 0 \tag{7-43}$$

引进如下变换(将作用量乘以或除以某一个常数,相当于对系统的时间坐标进行伸缩变换,不改变哈密顿动力学性质)

$$I = \left(\frac{b}{a_2}\right)^{2/3} J \tag{7-44}$$

哈密顿函数(7-43)变为

$$\mathcal{H} = \frac{1}{2} a_2^{-1/3} b^{4/3} J^2 + a_1 \left(\frac{b}{a_2}\right)^{2/3} J + a_2^{-1/3} b^{4/3} \sqrt{2J} \cos \phi, a_2 > 0 \tag{7-45}$$

两边同时除以常数项 $a_2^{-1/3} b^{4/3}$(哈密顿函数除以某一个常数等价于对系统实施一次时间坐标的伸缩变换),新的哈密顿函数为

$$\mathcal{H} = \frac{1}{2} J^2 + a_1 a_2^{-1/3} b^{-2/3} J + \sqrt{2J} \cos \phi, a_2 > 0 \tag{7-46}$$

记 $\alpha = a_1 a_2^{-1/3} b^{-2/3}$,哈密顿函数简化为

$$\mathcal{H}=\frac{1}{2}J^2+\alpha J+\sqrt{2J}\cos\phi \tag{7-47}$$

此即只含一个参数 α 的基本模型。

对于二阶共振 $(m=2)$，哈密顿函数为

$$\mathcal{H}=\frac{1}{2}a_2 I^2+a_1 I+b(2I)\cos 2\phi,a_2>0 \tag{7-48}$$

引入变换 $I=\dfrac{b}{a_2}J$，那么哈密顿函数变为

$$\mathcal{H}=\frac{1}{2}\frac{b^2}{a_2}J^2+a_1\frac{b}{a_2}J+\frac{b^2}{a_2}(2J)\cos 2\phi,a_2>0 \tag{7-49}$$

两边同时除以常数 $\dfrac{b^2}{a_2}$，新哈密顿函数变为

$$\mathcal{H}=\frac{1}{2}J^2+\frac{a_1}{b}J+(2J)\cos 2\phi \tag{7-50}$$

记系统参数为 $\alpha=\dfrac{a_1}{b}$，哈密顿函数可简化为

$$\mathcal{H}=\frac{1}{2}J^2+\alpha J+(2J)\cos 2\phi \tag{7-51}$$

图 7-6 给出了系统参数为 $\alpha=-3$ 时一阶和二阶共振在直角坐标系下的相图。观察图 7-6 可发现：1) 系统存在两个共振中心，共振角分别为 $m\phi=0$ 和 $m\phi=\pi$，前者靠近坐标原点，后者远离坐标原点；2) 鞍点位于 $m\phi=0$ 处；3) 动力学边界为经过鞍点的哈密顿量等值线，它将相空间划分为共振区域和循环区域。

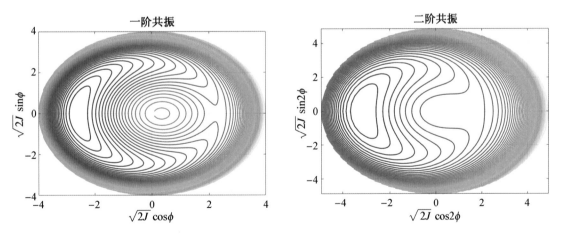

图 7-6　系统参数取为 $\alpha=-3$ 时的一阶共振(左)和二阶共振(右)的相图(共振的第二基本模型)

讨论：共振的第二基本模型相对单摆模型(第一基本模型)而言，取消了将扰动哈密顿函数的系数取为常数的近似，这使得哈密顿函数满足 d'Alembert 性质。第二基本模型的唯一

近似是将未扰哈密顿函数在共振的标称位置处进行 Taylor 展开并保留至二阶项。因此,可以通过提高 Taylor 展开的阶数进而获得共振的拓展模型。

7.2.3 共振的拓展模型[4]

共振哈密顿函数为

$$\mathcal{H} = \mathcal{H}_0(I) + \varepsilon\mathcal{H}_1(I,\phi) = \mathcal{H}_0(I) + \varepsilon\sum_m \mathcal{C}_m(I)\cos m\phi \tag{7-52}$$

将核哈密顿函数 $\mathcal{H}_0(I)$ 在 I_*(共振标称位置)附近进行 Taylor 展开,保留至三阶项(忽略常数项)可得

$$\mathcal{H} = a_1 I + \frac{1}{2}a_2 I^2 + \frac{1}{3!}a_3 I^3 + b(2I)^{m/2}\cos m\phi \tag{7-53}$$

针对一阶共振,取 $m=1$,哈密顿函数变为

$$\mathcal{H} = \frac{1}{3!}a_3 I^3 + \frac{1}{2!}a_2 I^2 + a_1 I + b\sqrt{2I}\cos\phi \tag{7-54}$$

引进如下变换(相当于将时间坐标进行伸缩变换)

$$I = \left(\frac{b}{a_3}\right)^{2/5} J \tag{7-55}$$

哈密顿函数变为

$$\mathcal{H} = \frac{1}{3!}\frac{b^{6/5}}{a_3^{1/5}}J^3 + \frac{1}{2!}a_2\left(\frac{b}{a_3}\right)^{4/5}J^2 + a_1\left(\frac{b}{a_3}\right)^{2/5}J + \frac{b^{6/5}}{a_3^{1/5}}\sqrt{2J}\cos\phi \tag{7-56}$$

两边同时除以常数项 $\dfrac{b^{6/5}}{a_3^{1/5}}$(同样相当于对时间坐标进行伸缩变换),新哈密顿函数为

$$\mathcal{H} = \frac{1}{3!}J^3 + \frac{1}{2!}\frac{a_2}{a_3^{3/5}b^{2/5}}J^2 + \frac{a_1}{a_3^{1/5}b^{4/5}}J + \sqrt{2J}\cos\phi \tag{7-57}$$

记参数为

$$\alpha = \frac{a_2}{a_3^{3/5}b^{2/5}}, \beta = \frac{a_1}{a_3^{1/5}b^{4/5}} \tag{7-58}$$

哈密顿模型简化为

$$\mathcal{H} = \frac{1}{3!}J^3 + \frac{1}{2!}\alpha J^2 + \beta J + \sqrt{2J}\cos\phi \tag{7-59}$$

此即为一阶共振的拓展模型,是一个含两参数的哈密顿系统。

对于两参数拓展模型,是否有别的归一化形式?

基于(7-54),引入如下变换

$$I = \left(\frac{b}{a_2}\right)^{2/3} J \tag{7-60}$$

哈密顿函数变为

$$\mathcal{H}=\frac{1}{3!}a_3\left(\frac{b}{a_2}\right)^2 J^3+\frac{1}{2!}\frac{b^{4/3}}{a_2^{1/3}}J^2+a_1\left(\frac{b}{a_2}\right)^{2/3}J+\frac{b^{4/3}}{a_2^{1/3}}\sqrt{2J}\cos\phi \tag{7-61}$$

两边同时除以常数$\dfrac{b^{4/3}}{a_2^{1/3}}$，得到新的哈密顿函数为

$$\mathcal{H}=\frac{1}{3!}\frac{a_3 b^{2/3}}{a_2^{5/3}}J^3+\frac{1}{2!}J^2+\frac{a_1}{a_2^{1/3}b^{2/3}}J+\sqrt{2J}\cos\phi \tag{7-62}$$

记参数为

$$\alpha=\frac{a_3 b^{2/3}}{a_2^{5/3}},\qquad \beta=\frac{a_1}{a_2^{1/3}b^{2/3}} \tag{7-63}$$

哈密顿函数变为

$$\mathcal{H}=\frac{1}{3!}\alpha J^3+\frac{1}{2!}J^2+\beta J+\sqrt{2J}\cos\phi \tag{7-64}$$

7.2.4 共振中心与相图

这里简单归纳一下共振的三个基本模型（以一阶共振为例）：

1）第一基本模型

$$\mathcal{H}=\frac{1}{2}J^2-\cos\phi \tag{7-65}$$

2）第二基本模型

$$\mathcal{H}=\frac{1}{2!}J^2+\alpha J+\sqrt{2J}\cos\phi \tag{7-66}$$

其中$\alpha=a_1 a_2^{-1/3}b^{-2/3}$。

3）（三阶）拓展模型

$$\mathcal{H}=\frac{1}{3!}J^3+\frac{1}{2!}\alpha J^2+\beta J+\sqrt{2J}\cos\phi \tag{7-67}$$

其中$\alpha=\dfrac{a_2}{a_3^{3/5}b^{2/5}}$，$\beta=\dfrac{a_1}{a_3^{1/5}b^{4/5}}$。

为了研究方便，引入直角坐标进行分析（消除$J=0$奇点）

$$x=\sqrt{2J}\cos\phi,\qquad y=\sqrt{2J}\sin\phi \tag{7-68}$$

其中y为广义坐标，x为广义动量。在直角坐标下，有$J=\dfrac{1}{2}(x^2+y^2)$，因此第二基本模型变为

$$\mathcal{H}=\frac{1}{8}(x^2+y^2)^2+\frac{1}{2}\alpha(x^2+y^2)+x \qquad (7-69)$$

平衡点条件为

$$\frac{\mathrm{d}x}{\mathrm{d}\tau}=-\frac{\partial\mathcal{H}}{\partial y}=-\frac{1}{2}(x^2+y^2)y-\alpha y=0$$

$$\frac{\mathrm{d}y}{\mathrm{d}\tau}=\frac{\partial\mathcal{H}}{\partial x}=\frac{1}{2}(x^2+y^2)x+\alpha x+1=0 \qquad (7-70)$$

第一个条件表明平衡点位于 $y=0$,那么第二个方程变为

$$x^3+2\alpha x+2=0 \qquad (7-71)$$

求解(7-71)可得到第二基本模型的解。显然,该方程的解依赖于参数 α 的取值。特别地,图 7-7 给出了方程(7-71)的解与参数 α 的关系。可见,当 $\alpha<-1.5$ 时,存在三个根,两个为稳定平衡点,一个为不稳定平衡点。当 $\alpha>-1.5$ 时,方程(7-71)存在一个实根,另两个为复根(需去掉),表明此时在实空间中仅存在一个稳定平衡点。图 7-8 给出了在不同参数 α 下第二基本模型的相图。

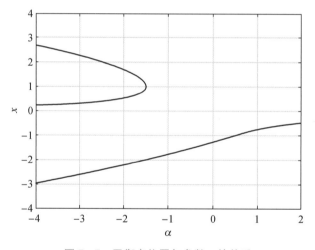

图 7-7　平衡点位置与参数 α 的关系

三阶拓展模型为

$$\mathcal{H}=\frac{1}{48}(x^2+y^2)^3+\frac{1}{8}\alpha(x^2+y^2)^2+\frac{1}{2}\beta(x^2+y^2)+x \qquad (7-72)$$

平衡点方程为

$$\frac{\mathrm{d}x}{\mathrm{d}\tau}=-\frac{\partial\mathcal{H}}{\partial y}=-\frac{1}{8}(x^2+y^2)^2y-\frac{1}{2}(x^2+y^2)y-\beta y=0$$

$$\frac{\mathrm{d}y}{\mathrm{d}\tau}=\frac{\partial\mathcal{H}}{\partial x}=\frac{1}{8}(x^2+y^2)^2x+\frac{1}{2}\alpha(x^2+y^2)x+\beta x+1=0 \qquad (7-73)$$

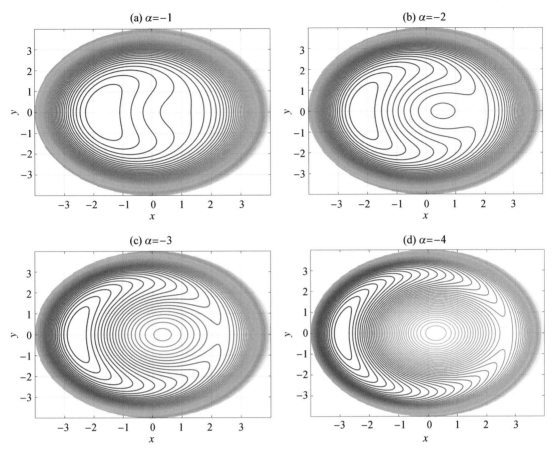

图 7 - 8　一阶共振的第二基本模型在直角坐标系下的相图(对应不同的参数 α)

第一个条件表明,平衡点位于 $y=0$,因而第二个条件变为

$$x^5+4\alpha x^3+8\beta x+8=0 \tag{7-74}$$

一般而言,该五次方程存在 5 个根,其中实根的数目取决于参数 α 和 β 的取值。图 7-9 给出了五次方程(7-74)的实根分布与参数 α 和 β 的关系。可见,当给定 β 时,存在临界参数 $\alpha_c(\beta)$;当 $\alpha<\alpha_c$ 时,方程存在 5 个实根或 3 个实根(依赖于 β 的取值);当 $\alpha>\alpha_c$ 时,方程仅存在一个实根(说明在相空间中仅存在一个共振岛)。图 7-10 给出了当 α 和 β 取不同值时一阶共振的相图。

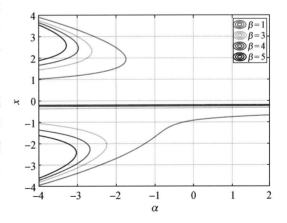

图 7 - 9　平衡点位置分布与参数 (α,β) 的关系

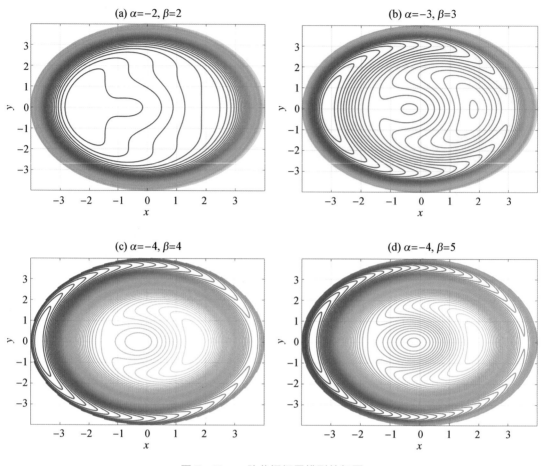

图 7-10 一阶共振拓展模型的相图

7.2.5 总结与评论

从共振的单摆模型,到第二基本模型,再到共振的拓展模型,其实质都是对描述共振的 1 自由度系统(非线性系统)实施的各种不同程度的近似。这样做有两个目的:一个是将复杂问题简单化;二是将不同的实际问题抽象为统一的数学模型。

一方面,这些近似模型含有较少的参数,完全可以抽象为纯数学模型(不依赖具体问题),从而完全可以从更一般的角度去研究这些简化模型①,得到参数与动力学性质之间的依赖关系,这样就给出了一大类问题共同的动力学性质。

另一方面,这些基本模型相对原问题而言,在分析上更容易处理,可用于求运动积分、

----

① 这是一种很重要的研究范式,最经典的例子如圆和椭圆型限制性三体问题,只含一个参数即质量参数 μ,它可以近似一大批不同时间空间尺度的实际物理系统。限制性三体问题本身就是一个很纯粹的数学模型,可以不依赖特定问题而独立研究这个模型,研究结果却可以很自然地应用到实际系统中。

求分析解、求共振中心或者求共振宽度等。

下面几节内容,关注具体的共振问题。当然,这些问题我们同样可以简化为基本模型开展研究。考虑到共振哈密顿模型本身是 1 自由度系统,相空间的解完全由相图确定。因此,在下面的研究中,直接基于完整的共振哈密顿模型,讨论共振的相空间结构、共振宽度等基本信息。

7.3 平面顺行平运动共振[6]

7.3.1 经典结果及存在的问题

在介绍具体的内容之前,我们先简单回顾一些经典结果。

首先,在专著《太阳系动力学》[1]中,作者 Murray 和 Dermott 基于**单摆模型**,推导了木星平运动共振中心的标称位置以及共振宽度,结果如图 7 - 11 所示(文献[7])。可得如下结论:

1) 共振中心的位置与偏心率无关,即均位于由二体关系确定的标称位置。这是由于单摆模型假设导致的。

2) 对于二阶共振,如 3∶1 共振和 5∶3 共振,共振区域呈现倒三角,即宽度随偏心率的增大而增大。特别地,当偏心率为零时,共振宽度减小为零。

3) 对于一阶共振,如 2∶1 共振、3∶2 共振和 4∶3 共振,在偏心率大于 0.1 时,共振宽度随偏心率的增大而增大。然而当偏心率小于 0.1 时,共振宽度随偏心率的减小是发散的。

4) 在偏心率较小的区域,相邻的平运动共振出现明显的共振重叠现象。

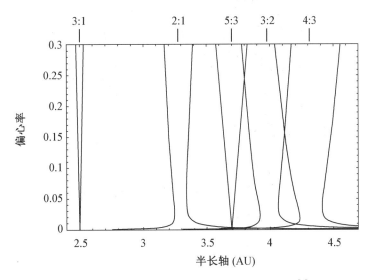

图 7 - 11 平运动共振的宽度随偏心率的变化[1]

其次,在专著《现代天体力学》中,作者 Morbidelli[9]基于共振的第二基本模型,在直角坐标下讨论了一阶平动共振(木星的 2:1 共振)的相空间结构,如图 7-12,横坐标为 $e\cos\varphi$,纵坐标为 $e\sin\varphi(\varphi$ 为偏心率型共振角)。根据相图结构,可得出如下结论:

1) 相空间结构与运动积分的取值密切相关。对于一阶平运动共振,存在临界运动积分,当运动积分小于临界值时,相空间仅存在 $\varphi=0$ 的共振中心;当运动积分大于临界值时,相空间同时存在 $\varphi=0$ 和 $\varphi=\pi$ 两个共振中心(分别对应近心点和远心点共振分支),并且 $\varphi=0$ 的共振中心具有较大的偏心率。

2) 当运动积分大于临界值时,存在位于 $\varphi=\pi$ 的鞍点,经过该鞍点的哈密顿量等值线对应动力学边界(dynamical separatrix),将相空间划分为共振区域和循环区域。

3) 坐标原点(即零偏心率点)不是共振哈密顿模型的鞍点。

4) 当运动积分小于临界值时,不存在鞍点,因此低偏心率平运动共振的左边界消失,见图 7-13(参考文献[9])。

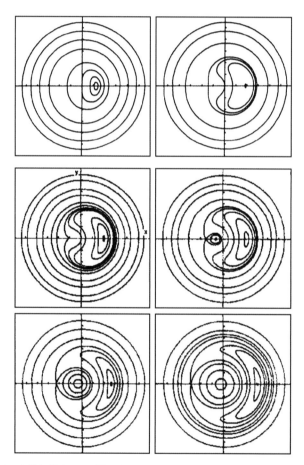

图 7-12   一阶平运动共振的相图。横坐标为 $e\cos\varphi$,纵坐标为 $e\sin\varphi$,这里 φ 为经典的纯偏心率型平运动共振角(见内容部分)[9]

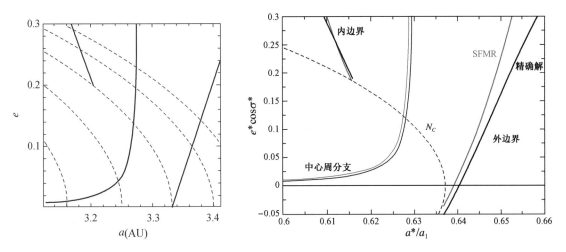

图 7 - 13   木星一阶平运动共振中心(中间实线)以及动力学外边界(outer separatrix)和

内边界(inner separatrix)(黑色实线)[9],[10]

图 7 - 13 给出的是木星 2∶1 共振的共振中心、内外动力学边界以及运动积分的等值线在(a,e)平面的分布。可得如下结论:

1) 随着偏心率的减小,一阶共振的共振中心向左移动(向半长轴减小的方向延伸)。

2) 共振宽度,包括 Δa 和 Δe,可在运动积分等值线上进行度量。

3) 存在临界运动积分,当运动积分大于临界值时,内外边界均存在,从而限定共振发生的区域。当运动积分小于临界值时,内边界消失,使得平运动共振没有动力学边界。

针对以上经典结果,有三个疑问:

1) 一阶共振的共振宽度 Δa 是否随偏心率的减小而发散? 是否由于单摆模型在小偏心率区域不适用而产生了虚假结果。

2) 零偏心率点是不是平衡点? 根据相图可知,经过坐标原点(即零偏心率点)的哈密顿量等值线其实是动力学边界。这是否意味着零偏心率点对应一阶平运动共振的特殊点?

3) 如果认为零偏心率点为特殊点,经过该点的等哈密顿量线起到和动力学边界同样的作用,那么是否意味着无论运动积分是否大于临界值,动力学边界始终存在,不会消失?

为了解决以上疑问,本节在第六章摄动函数展开的基础上,建立更加一般的共振哈密顿模型(含多倍共振角,即建立的哈密顿模型近似到偏心率的高阶项),探讨一阶平运动共振的动力学性质,包括共振中心、相图、动力学边界、共振宽度等。

7.3.2   平面构型下的哈密顿函数

太阳-木星-小天体的平面构型见图 7 - 14。

为了简化问题,在平面圆型限制性三体系统下研究一阶平运动共振动力学。在平面顺行构型下,第三体摄动函数为

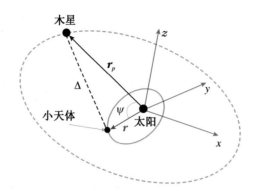

图 7‑14 太阳‑木星‑小天体平面构型。木星和小天体位于同一平面内,并且木星绕太阳做圆运动(即圆型限制性三体系统构型)

$$\mathcal{R} = \mathcal{G}m_p \left(\frac{1}{\Delta} - \frac{r}{r_p^2} \cos \psi \right) \tag{7-75}$$

根据第六章介绍的摄动函数展开,可将(7-75)展开为

$$R = \mathcal{G}m_p \sum_{n=0}^{\infty} \sum_{j=-\infty}^{\infty} \sum_{m=0}^{n} \sum_{s=-\infty}^{\infty} (-1)^{n-m} A_{n,j}(\alpha) C_n^m X_s^{m,j}(e) \cos[s\lambda - j\lambda_p + (j-s)\bar{\omega}] -$$

$$\mathcal{G}m_p\alpha \sum_{s=-\infty}^{\infty} X_s^{1,1}(e) \cos[s\lambda - \lambda_p + (1-s)\bar{\omega}]$$

$$\tag{7-76}$$

其中近点经度和平经度分别为 $\bar{\omega} = \omega + \Omega$ 和 $\lambda = M + \bar{\omega}$。中间符号 $A_{n,j}(\alpha)$ 为

$$A_{n,j}(\alpha) = \frac{1}{2} \frac{\alpha^n}{n!} \left[\frac{\mathrm{d}^n}{\mathrm{d}\alpha^n} b_{1/2}^{(j)}(\alpha) \right] \tag{7-77}$$

其中 Laplace 系数定义为

$$b_s^{(j)}(\alpha) = \frac{1}{\pi} \int_0^{2\pi} \frac{\cos j\psi}{(1 - 2\alpha\cos \psi + \alpha^2)^s} \mathrm{d}\psi \tag{7-78}$$

$\alpha = \dfrac{a}{a_p}$ 为小天体和摄动天体的半长轴之比,其他符号的含义同第六章。

为了从哈密顿动力学角度研究平运动共振,引入 Delaunay 变量

$$\begin{aligned} &l = M, L = \sqrt{\mu a} \\ &g = \omega, G = \sqrt{\mu a(1-e^2)} \\ &h = \Omega, H = \sqrt{\mu a(1-e^2)} \cos i \end{aligned} \tag{7-79}$$

其中 $\mu = \mathcal{G}m_0$ 为中心天体的引力常数。为了适应低偏心率、低倾角构型,进一步引入庞加莱(Poincaré)根数

$$
\begin{aligned}
&\widetilde{l}=l+g+h, \widetilde{L}=L \\
&\widetilde{g}=-(g+h), \widetilde{G}=L-G \\
&\widetilde{h}=-h, \widetilde{H}=G-H
\end{aligned}
\tag{7-80}
$$

用轨道根数表示为

$$
\begin{aligned}
&\widetilde{l}=\lambda, \widetilde{L}=\sqrt{\mu a} \\
&\widetilde{g}=-\bar{\omega}, \widetilde{G}=\sqrt{\mu a}\,(1-\sqrt{1-e^2}\,) \\
&\widetilde{h}=-\Omega, \widetilde{H}=\sqrt{\mu a(1-e^2)}\,(1-\cos i)
\end{aligned}
\tag{7-81}
$$

特别地,对于这里讨论的平面构型,Poincaré 根数如下

$$
\begin{aligned}
&\Lambda=\sqrt{\mu a}, && \lambda=M+\bar{\omega} \\
&P=\sqrt{\mu a}\,(1-\sqrt{1-e^2}\,), && p=-\bar{\omega} \\
&\Lambda_p, && \lambda_p=M_p+\bar{\omega}_p
\end{aligned}
\tag{7-82}
$$

其中 Λ_p 为木星平经度 λ_p 的共轭动量。因此,系统的哈密顿函数可写为如下形式:

$$
\begin{aligned}
\mathcal{H} &=-\frac{\mu}{2a}+n_p\Lambda_p-\mathcal{R}(a,e,\lambda,\bar{\omega},\lambda_p) \\
&=-\frac{\mu^2}{2\Lambda^2}+n_p\Lambda_p-\mathcal{R}(\Lambda,P,\lambda,p,\lambda_p)
\end{aligned}
\tag{7-83}
$$

哈密顿函数中的第一项代表小天体的二体运动项,第二项对应于木星的运动(其中 n_p 对应木星的平运动),第三项对应第三体摄动函数,表达式由公式(7-76)给出。可见,哈密顿函数(7-83)对应一个 3 自由度哈密顿系统,(λ,p,λ_p) 为系统的广义角坐标。

7.3.3 共振哈密顿模型

根据 7.3.2 节给出的系统哈密顿函数,本节针对小天体与木星构成 $k_p:k$ 共振构型,定义不同的共振角形式,建立相应的共振哈密顿模型。在第一个共振哈密顿模型中,根据传统的共振角定义,引入偏心率型共振角 $\varphi=k\lambda-k_p\lambda_p+(k_p-k)\bar{\omega}$ 来描述 $k_p:k$ 共振。第二个共振哈密顿模型中,定义 $\sigma=\dfrac{1}{k_p}\varphi$ 作为共振角。

1. 共振哈密顿模型 I

当小天体与木星构成 $k_p:k$ 共振时(即木星绕太阳转 k 周,小天体绕太阳转 k_p 周),引入经典的描述平运动共振的共振角

$$
\varphi=k\lambda-k_p\lambda_p+(k_p-k)\bar{\omega}
\tag{7-84}
$$

Murray 和 Dermott[1] 称(7-84)为**纯偏心率型共振角**。根据 d'Alembert 性质,$\cos\varphi$ 的振幅是偏心率的函数,其最低幂次为 $|k_p-k|$,于是称共振阶数为 $|k_p-k|$。阶数越高,共振项对应的系数越小,共振强度越低,共振宽度越小。

根据(7-84),可求得小天体的平经度角为

$$\lambda = \frac{1}{k}\varphi + \frac{k_p}{k}\lambda_p - \frac{k_p - k}{k}\bar{\omega} \qquad (7-85)$$

将(7-85)代入摄动函数展开式(7-76),可得

$$\mathcal{R} = \mathcal{G}m_p \sum_{n=0}^{\infty} \sum_{j=-\infty}^{\infty} \sum_{m=0}^{n} \sum_{s=-\infty}^{\infty} (-1)^{n-m} A_{n,j}(\alpha) C_n^m \times$$

$$X_s^{m,j}(e)\cos\left[\frac{s}{k}\varphi + \left(\frac{k_p}{k}s - j\right)(\lambda_p - \bar{\omega})\right] - \qquad (7-86)$$

$$\mathcal{G}m_p a \sum_{s=-\infty}^{\infty} X_s^{1,1}(e)\cos\left[\frac{s}{k}\varphi + \left(\frac{k_p}{k}s - 1\right)(\lambda_p - \bar{\omega})\right]$$

记摄动函数(7-86)为如下表达式

$$\mathcal{R}(\alpha, e, \varphi, \lambda_p - \bar{\omega}) \qquad (7-87)$$

特别地,针对强度较大的一阶平运动共振,有

$$|k_p - k| = 1 \qquad (7-88)$$

当小天体处于 $k_p : k$ 共振时,φ 为长周期角变量,λ_p 为短周期角变量。因此,根据是否含短周期角坐标 λ_p,摄动函数(7-86)可划分为长期项(不含角坐标)、长周期项(不显含 λ_p)以及短周期项(显含 λ_p)。因此,当只关注共振对应的长周期动力学性质时,根据平均化原理可将摄动函数中的短周期项平均掉(此即最低阶摄动处理),获得共振摄动函数

$$\mathcal{R}^* = \frac{1}{2k\pi}\int_0^{2k\pi} \mathcal{R}\mathrm{d}\lambda_p \qquad (7-89)$$

从摄动函数(7-86)可见,角度项中出现的是 $\lambda_p - \bar{\omega}$,意味着当我们对 λ_p 平均时,近点经度 $\bar{\omega}$ 同样会被平均掉。因此,通过一次平均化(7-89),系统的自由度从 3 降为 1。考虑到哈密顿函数守恒,于是系统变得完全可积。

对于共振摄动函数(7-89)的计算,分两种情况。

情况一:当 $k_p = 1$ 时,即 $1 : k$ 型共振,共振摄动函数为

$$\mathcal{R}^* = \mathcal{G}m_p \sum_{n=0}^{\infty} \sum_{j=-\infty}^{\infty} \sum_{m=0}^{n} (-1)^{n-m} A_{n,j}(\alpha) C_n^m X_{jk}^{m,j}(e)\cos(j\varphi) - \mathcal{G}m_p a X_k^{1,1}(e)\cos\varphi$$

$$(7-90)$$

可见,此时间接项对平运动共振有贡献。

情况二:当 $k_p \neq 1$ 时,共振摄动函数为

$$\mathcal{R}^* = \mathcal{G}m_p \sum_{n=0}^{\infty} \sum_{\substack{j=-\infty \to \infty \\ \mathrm{mod}(j, k_p) = 0}} \sum_{m=0}^{n} (-1)^{n-m} A_{n,j}(\alpha) C_n^m X_{jk/k_p}^{m,j}(e)\cos\left(\frac{j}{k_p}\varphi\right) \qquad (7-91)$$

其中 $\mathrm{mod}(j,k_p)=0$ 表示 j 能被 k_p 整除。可见,当 $k_p\neq 1$ 时,间接项对共振摄动函数无贡献。

无论 $k_p=1$ 还是 $k_p\neq 1$,将含共振角 φ 的 N 次谐波项的共振摄动函数统一记为如下形式

$$\mathcal{R}^* = \sum_{n=0}^{N} C_n(a,e)\cos(n\varphi) \tag{7-92}$$

其中 C_n 是半长轴 a 和偏心率 e 的函数。进而可得共振哈密顿函数为

$$\mathcal{H}^* = -\frac{\mu^2}{2\Lambda^2} + n_p\Lambda_p - \mathcal{R}^* = -\frac{\mu^2}{2\Lambda^2} + n_p\Lambda_p - \sum_{n=0}^{N}\mathcal{C}_n(\Lambda,P)\cos(n\varphi) \tag{7-93}$$

对于不同的 N,我们将其称为

$$N=1 \Rightarrow \text{一次谐波模型(one-harmonic model)}$$
$$N=2 \Rightarrow \text{二次谐波模型(two-harmonic model)}$$
$$N\geq 3 \Rightarrow N\text{ 次谐次模型(}N\text{-harmonic model)}$$

特别地,对于一阶平运动共振,系数 $C_n(\Lambda,P)$ 关于偏心率 e 的最低幂次为 N。因此,我们将 (7-93) 称为 N 阶哈密顿模型(无疑,N 越大,模型越精确)。后面我们会进一步讨论当 N 取不同值时分析哈密顿模型与数值平均模型的对比。

为了研究共振动力学,需要引入正则变量(目的是使得共振角作为其中一个角坐标)

$$\Phi_1=\frac{1}{k}\Lambda, \qquad \varphi_1=k\lambda-k_p\lambda_p-(k_p-k)p=\varphi$$
$$\Phi_2=P+\frac{k_p-k}{k}\Lambda, \qquad \varphi_2=p \tag{7-94}$$
$$\Phi_3=\Lambda_p+\frac{k_p}{k}\Lambda, \qquad \varphi_3=\lambda_p$$

生成函数为

$$S=k\lambda\Phi_1+\lambda_p(\Phi_3-k_p\Phi_1)+p[\Phi_2-(k_p-k)\Phi_1] \tag{7-95}$$

以正则变量表示的共振哈密顿函数为

$$\mathcal{H}^* = -\frac{\mu^2}{2(k\Phi_1)^2} - k_pn_p\Phi_1 - \sum_{n=0}^{N}\mathcal{C}_n(\Phi_1,\Phi_2)\cos(n\varphi_1) \tag{7-96}$$

这里 $\varphi_1=k\lambda-k_p\lambda_p-(k_p-k)p=\varphi$ 为 $k_p:k$ 共振的共振角。可见,φ_2 和 φ_3 为共振哈密顿系统的循环坐标,相应的共轭动量 Φ_2 和 Φ_3 成为系统的运动积分

$$\Phi_2=\sqrt{\mu a}\left(\frac{k_p}{k}-\sqrt{1-e^2}\right)=\mathrm{const}$$
$$\Phi_3=\Lambda_p+\frac{k_p}{k}\sqrt{\mu a}=\mathrm{const} \tag{7-97}$$

由于哈密顿函数 (7-96) 中不含作用量 Φ_3,因此运动积分 Φ_3 不起任何作用(不作具体讨论)。运动积分 Φ_2 体现的是**共振小天体的轨道能量与轨道角动量之间的交换**,即半长轴 a 和偏心

率 e 的耦合演化。 这说明,平运动共振的动力学效应是改变轨道半长轴以及轨道偏心率。

为了方便,我们称哈密顿函数(7-96)确定的系统为本节讨论的共振模型Ⅰ。无疑,共振模型Ⅰ(7-96)是一个1自由度哈密顿系统,存在哈密顿量守恒,因此是一个完全可积系统,相空间变量为(φ_1, Φ_1)。

在木星摄动下,小天体的一阶平运动共振的运动积分 $\Phi_2 = \sqrt{\mu a}\left(\dfrac{k_p}{k} - \sqrt{1-e^2}\right)$ 等值线分布见图7-15。运动积分的值由小天体的初始状态确定,当运动积分给定时,小天体只能在对应运动积分的等值线上运动。那么在后面的演化中由于 Φ_2 的守恒,共振小天体的半长轴 a 和偏心率 e 中仅有一个独立。

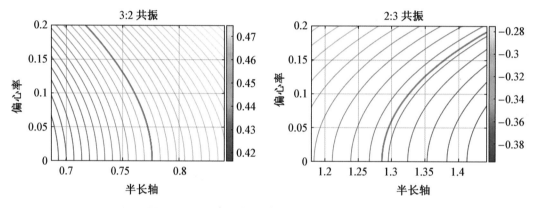

图 7-15　运动积分 Φ_2 在(a,e)平面内的等值线

对于内共振(如左图的3∶2共振),运动积分 Φ_2 的数值大于零,沿运动积分等值线,半长轴随偏心率的增大而减小。当偏心率为零时,对应于最大半长轴,记为 $a_{\max}$。对于外共振(如右图的2∶3共振),运动积分 Φ_2 的数值小于零,沿运动积分等值线,半长轴随偏心率的增大而增大。当偏心率为零时,对应于最小半长轴,记为 $a_{\min}$。

因此,对于内共振,即 $k_p > k$,我们采用零偏心率处的最大半长轴 $a_{\max}$ 来表征运动积分

$$\Phi_2 = \sqrt{\mu a}\left(\frac{k_p}{k} - \sqrt{1-e^2}\right) \Leftrightarrow \Phi_2 = \sqrt{\mu a_{\max}}\left(\frac{k_p}{k} - 1\right) \tag{7-98}$$

对于外共振,即 $k_p < k$,我们采用零偏心率处的最小半长轴 $a_{\min}$ 来表征运动积分

$$\Phi_2 = \sqrt{\mu a}\left(\frac{k_p}{k} - \sqrt{1-e^2}\right) \Leftrightarrow \Phi_2 = \sqrt{\mu a_{\min}}\left(\frac{k_p}{k} - 1\right) \tag{7-99}$$

综上,对于内共振,有 $\Phi_2 = \sqrt{\mu a_{\max}}\left(\dfrac{k_p}{k} - 1\right)$,对于外共振,有 $\Phi_2 = \sqrt{\mu a_{\min}}\left(\dfrac{k_p}{k} - 1\right)$。这里通过 $a_{\max}$(或 $a_{\min}$)来表征运动积分 Φ_2,主要因为 $a_{\max}$(或 $a_{\min}$)的物理含义较为直观①。

---

① 这是一种研究方法和技巧。相似的技巧见于 Kozai(1962)研究四极矩长期动力学时引入的 Kozai 倾角参数[5]。

　　值得注意的是,很多研究平运动共振的分析工作,几乎都是在 $N=1$ 或 $N=2$ 这样的低阶哈密顿模型下,再进行不同程度的近似(参考相关文献),进而研究共振动力学性质。例如,经典的共振第二基本模型[3](见 7.2 节)以及拓展的共振模型[4],他们都是在 $N=1$ 对应的最低阶(偏心率的最低阶)哈密顿模型下分别对未扰哈密顿函数作 Taylor 展开保留至 2 阶(第二基本模型)和 3 阶项(拓展模型)。然而,本节建立的模型可以选取更高阶的 N,使得共振哈密顿函数包含共振角的多倍角项,因此在此基础上建立的动力学模型更加准确。

　　由于共振哈密顿模型(7-96)是 1 自由度系统。因此,当运动积分给定时,系统的解为相空间的等哈密顿量线,即相图。相图体现了共振的相空间结构。图 7-16 给出了 3:2 共振和 2:3 共振的相图,其中红色实线为经过坐标原点的等值线。可见,在当前运动积分下,相空间中仅存在一个共振中心(稳定平衡点),无鞍点。对于内共振(左图),共振中心位于 $\varphi=0$;对于外共振(右图),共振中心位于 $\varphi=\pi$。此外,经过坐标原点的等值线是相空间的动力学边界线,它将共振区域和循环区域划分开。然而,从图 7-16 可见,正如文献[9]所指出的那样,坐标原点(即零偏心率点)不是一个平衡点。

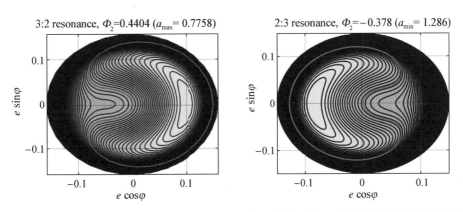

图 7-16　共振模型 I 的相图,红色线对应经过零偏心率点(坐标原点)的哈密顿量等值线[6]

2. 共振哈密顿模型 II

另一方面,对于 $k_p : k$ 共振,引入共振角

$$\sigma = \frac{1}{k_p}\varphi = \frac{1}{k_p}\left[k\lambda - k_p\lambda_p + (k_p - k)\bar{\omega}\right] \tag{7-100}$$

(7-100)与上一节中的经典共振角仅有 $\frac{1}{k_p}$ 的差别。毫无疑问,当经典的共振角 φ 在共振时,这里引入的角 $\sigma = \frac{1}{k_p}\varphi$ 同样在共振。在新的共振角表示下,很容易得到共振摄动函数

$$\mathcal{R}^* = \sum_{n=0}^{N} \mathcal{C}_n \cos(nk_p\sigma) \tag{7-101}$$

系数与上一小节的完全一样。相应地,共振哈密顿函数为

$$\mathcal{H}^* = -\frac{\mu^2}{2\Lambda^2} + n_p \Lambda_p - \mathcal{R}^* = -\frac{\mu^2}{2\Lambda^2} + n_p \Lambda_p - \sum_{n=0}^{N} \mathcal{C}_n(\Lambda, P)\cos(nk_p\sigma) \tag{7-102}$$

各符号的含义同共振哈密顿模型 I。同样,我们称

$$N=1 \Rightarrow \text{one-harmonic model}$$
$$N=2 \Rightarrow \text{two-harmonic model}$$
$$N\geqslant 3 \Rightarrow N\text{-harmonic model}$$

为 N 阶哈密顿分析模型。为了方便,引入正则变量描述哈密顿函数

$$
\begin{aligned}
& \Gamma_1 = \frac{k_p}{k}\Lambda, && \sigma_1 = \frac{1}{k_p}\left[k\lambda - k_p\lambda_p - (k_p - k)p\right] \equiv \sigma \\
& \Gamma_2 = P + \frac{k_p - k}{k}\Lambda, && \sigma_2 = p \\
& \Gamma_3 = \Lambda_p + \frac{k_p}{k}\Lambda, && \sigma_3 = \lambda_p
\end{aligned}
\tag{7-103}
$$

生成函数为

$$\mathcal{S} = \frac{k}{k_p}\lambda\Gamma_1 + \lambda_p(\Gamma_3 - \Gamma_1) + p\left[\Gamma_2 - \left(1 - \frac{k}{k_p}\right)\Gamma_1\right] \tag{7-104}$$

用正则变量表示的共振哈密顿函数为

$$\mathcal{H}^* = -\frac{\mu^2}{2\left(\frac{k}{k_p}\Gamma_1\right)^2} - n_p\Gamma_1 - \sum_{n=0}^{N}\mathcal{C}_n(\Gamma_1, \Gamma_2)\cos(nk_p\sigma_1) \tag{7-105}$$

这里 $\sigma_1 = \frac{1}{k_p}\left[k\lambda - k_p\lambda_p - (k_p - k)p\right] \equiv \sigma$ 为本节引入的共振角。由于 σ_2 和 σ_3 为循环坐标,因此相应的共轭动量为共振哈密顿系统的运动积分

$$
\begin{aligned}
& \Gamma_2 = P + \frac{k_p - k}{k}\Lambda = \sqrt{\mu a}\left(\frac{k_p}{k} - \sqrt{1 - e^2}\right) = \text{const} \\
& \Gamma_3 = \Lambda_p + \frac{k_p}{k}\sqrt{\mu a} = \text{const}
\end{aligned}
\tag{7-106}
$$

Γ_2 和上一节讨论的共振模型 I 的运动积分 Φ_2 完全一致。对于内共振,有 $k_p > k \Rightarrow \Gamma_2 = \sqrt{\mu a_{\max}}\left(\frac{k_p}{k} - 1\right)$;对于外共振,有 $k_p < k \Rightarrow \Gamma_2 = \sqrt{\mu a_{\min}}\left(\frac{k_p}{k} - 1\right)$。我们称哈密顿函数 (7-105) 确定的系统为共振模型 II。毫无疑问,共振模型 I 和 II 是完全等价的,唯一的差别在于共振角存在一个 $1/k_p$ 倍关系。

共振模型 II 同样为 1 自由度系统,在给定运动积分的情况下,相空间结构可通过相图来表示。共振模型 II 的相图见图 7-17(这里采用和图 7-16 相同的运动积分)。

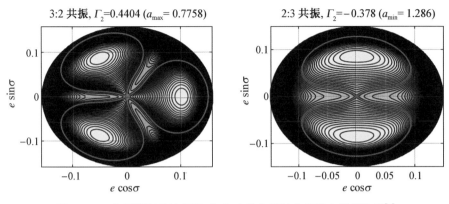

图 7 - 17 共振模型 Ⅱ 的相图,红色实线为经过坐标原点的等值线[6]

共振模型 Ⅱ 的相图表明:1) 坐标原点(即零偏心率点)为共振哈密顿模型的鞍点,经过鞍点的等值线为动力学边界,将相空间划分为共振区域和循环区域;2) 对于内共振(3∶2,左图),共振中心位于 $\sigma=0,\frac{2\pi}{3},\frac{4\pi}{3}$,对于外共振(2∶3,右图),共振中心位于 $\sigma=\frac{\pi}{2},\frac{3\pi}{2}$。

7.3.4 共振模型对比分析

共振哈密顿模型 Ⅰ 和 Ⅱ 的差别在于共振角的设置不同:模型 Ⅰ 的共振角为 $\varphi=k\lambda-k_p\lambda_p+(k_p-k)\bar{\omega}$,模型 Ⅱ 的共振角为 $\sigma=\frac{1}{k_p}[k\lambda-k_p\lambda_p+(k_p-k)\bar{\omega}]$。两个模型具有完全相同的运动积分:对于内共振,有 $\Phi_2=\Gamma_2=\sqrt{\mu a_{max}}\left(\frac{k_p}{k}-1\right)$;对于外共振,有 $\Phi_2=\Gamma_2=\sqrt{\mu a_{min}}\left(\frac{k_p}{k}-1\right)$。

针对内 3∶2 共振,我们在相同的运动积分设置下(取 $a_{max}=0.7758$),哈密顿模型的阶数 N 均取为 10,给出了两个共振模型的相图,见图 7 - 18。对模型 Ⅰ,在相空间 $(e\cos\varphi,e\sin\varphi)$ 给出相图;对模型 Ⅱ,在相空间 $(e\cos\sigma,e\sin\sigma)$ 中给出相图。两个模型的共振角关系为 $\sigma=\varphi/3$。

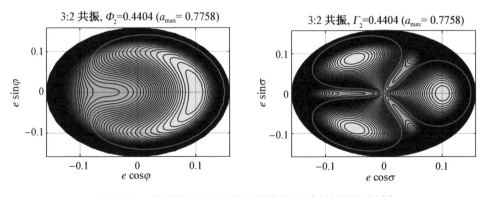

图 7 - 18 共振模型 Ⅰ(左)与共振模型 Ⅱ(右)的相图对比[6]

通过观察图 7 - 18 可得出如下结论:1) 在当前运动积分下,模型 Ⅰ 存在一个共振中心

$\varphi=0$,无鞍点;2) 在当前运动积分下,模型Ⅱ存在三个共振中心以及一个鞍点,即坐标原点;3) 经过坐标原点的哈密顿量等值线为动力学边界,将相空间划分为共振区域和循环区域。

下面针对共振哈密顿模型Ⅱ,讨论不同阶数 N 对应的分析模型和数值平均模型之间的差别。所谓的数值平均模型,指的是不对摄动函数作任何展开,而是直接对原始摄动函数进行直接的数值平均的模型。下面以木星的外 2∶3 共振为例进行详细讨论,这里选择 2∶3 共振的主要原因在于文献[11]针对 2∶3 共振做过 $N=1,2$ 的分析模型与数值平均模型之间差别的讨论。我们希望将这里的哈密顿模型与之对比,对其中存在的问题给出新的理解。

图 7-19 给出的是 $(e\cos\sigma,e\sin\sigma)$ 平面 2∶3 共振的相图,其中图(a)对应的是数值平均化模型的相图,其余为 N 阶分析模型的相图。观察数值平均模型的相图,可得出如下结论:1) 存在四个共振中心,分别位于 $\sigma=0,\frac{\pi}{2},\pi,\frac{3\pi}{2}$;2) 存在三个鞍点,其中两个位于 $\sigma=0,\pi$ 的位置,另一个位于坐标原点(即零偏心率点);3) 共振中心 $\sigma=\frac{\pi}{2},\frac{3\pi}{2}$ 附近的共振区域与附近的循环区域是由经过坐标原点的动力学边界分隔开的,共振中心 $\sigma=0,\pi$ 附近的共振区域与附近的循环区域是由经过鞍点 $\sigma=0,\pi$ 的动力学边界分隔开的。

对于 $N=1$ 的分析模型[见图(b)],将它与数值平均模型[图(a)]比较,相空间动力学结构大体一致,其差别体现在:1) 分离共振区域和循环区域的动力学边界发生结构性改变;2) 靠近坐标原点的共振岛变大;3) 低偏心率空间的动力学结构与数值模型的差异比较大。

对于 $N=2$ 的分析模型[见图(c)],与数值平均模型对比,其在低偏心率空间的吻合比 $N=1$ 好很多。与数值结果的差别在于:1) 相空间的动力学结构发生变化;2) 数值平均的中心点变为鞍点并且分岔出两个子岛,出现不对称共振中心的虚假结构;3) 划分共振区域和循环区域的动力学边界发生交替。显然,$N=2$ 的分析模型出现了伪动力学结构,因此该分析模型不宜用来处理一阶共振。

可以看出,$N=1$ 的分析模型与数值平均模型具有定性一致的动力学结构,而 $N=2$ 的分析模型却出现伪结构。按道理,阶数越高,应该越接近真实动力学结构。这里却反过来,原因是什么?

早在 1994 年,针对 2∶3 共振,阿根廷学者 Beaugé[11] 注意到在 $N=2$ 的分析模型下存在不对称共振中心(见图 7-20)。在他的分析模型中,取的是经典共振角 φ(同我们这里的模型Ⅰ)。他将 $N=1$ 的分析模型称为 SFMR(即第二基本共振模型),将 $N=2$ 的分析模型记为 F2,将直接数值积分获得的共振模型记为 F。他们指出,相对于数值模型,F2 模型在低偏心率的空间具有更好的近似,但是在高偏心率空间 F2 模型会出现伪结构。他们将 F2 模型在高偏心率空间出现的明显不一致归结为:在高偏心率空间 Laplace 型摄动函数展开是发散的。摄动函数展开的收敛性曲线见图 7-21。

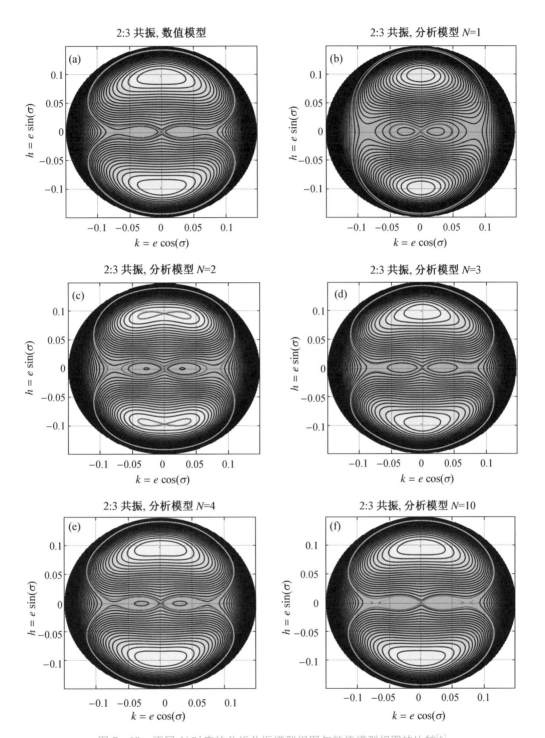

图 7 - 19 不同 N 对应的分析共振模型相图与数值模型相图的比较[6]

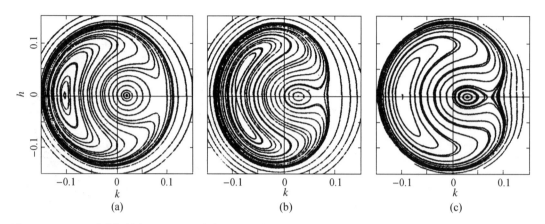

图 7‑20　**2∶3 外共振的相图。左图对应共振的第二基本模型（$N=1$ 的分析模型，SFMR），中间图对应 F2 模型（$N=2$ 的分析模型，2 倍角哈密顿模型），右图为数值积分模型 F（直接对原摄动函数作数值积分获得共振哈密顿函数）**[11]

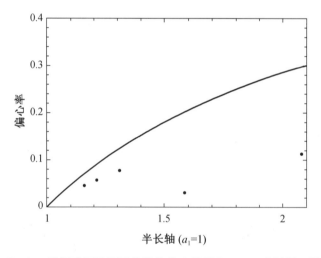

图 7‑21　**Laplace 型摄动函数展开收敛性的宋德曼（Sundman）判据。黑色点的位置分别对应 4/5、3/4、2/3、1/2、1/3 的位置**[11]

　　然而，我们对 F2 模型出现伪结构有着不同的理解。通过图 7‑19 中绘制的 $N=3,4,10$ 对应的分析模型与数值模型的对比可见，当分析模型的阶数 $N\geqslant3$ 时，高偏心率空间的伪结构消失，并且整个动力学结构和数值模型的动力学结构完全吻合。因此，如果是因为 Laplace 型摄动函数展开的发散导致 $N=2$ 分析模型的伪结果的话，$N\geqslant3$ 分析模型同样应该出现伪结构（因为摄动函数展开同样发散）。从我们的结果来看，出现 $N=2$ 分析模型伪结果的主要原因在于共振哈密顿模型的阶数不够，当阶数 $N\geqslant3$ 时，分析结构与数值模型的结构完全一致。这说明，对于一阶平运动共振，哈密顿模型的偏心率阶数应该取到 $N\geqslant3$ 才行。

　　考虑到 $N=10$ 阶的分析模型具有足够高的精度，后面的分析研究都是基于 $N=10$ 的分析模型（10 倍角哈密顿模型）。

进一步对比分析模型和数值模型的结果。图 7－22 给出了相同运动积分下 2：1 内共振的庞加莱截面(左图[8])和分析模型的相图(右图[6])。可见,庞加莱截面和相图具有完全一致的相空间结构,进而说明了分析模型的准确性。下面基于共振哈密顿模型讨论共振的动力学性质。

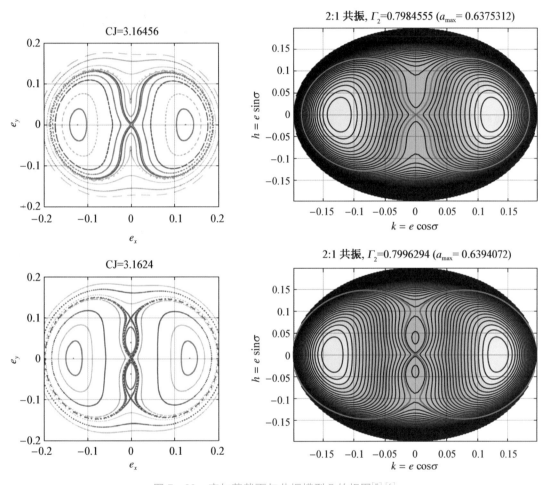

图 7－22 庞加莱截面与共振模型 Ⅱ 的相图[8],[6]

7.3.5 一阶平运动共振的动力学性质

基于共振模型 Ⅱ 来进一步讨论共振的动力学性质。共振模型 Ⅱ 对应的哈密顿函数为

$$\mathcal{H}^* = -\frac{\mu^2}{2\left(\dfrac{k}{k_p}\Gamma_1\right)^2} - n_p\Gamma_1 - \sum_{n=0}^{N}\mathcal{C}_n(\Gamma_1,\Gamma_2)\cos(nk_p\sigma_1) \tag{7-107}$$

在该 1 自由度哈密顿模型下,平衡点满足的条件为

$$\dot{\sigma}_1 = \frac{\partial\mathcal{H}^*}{\partial\Gamma_1} = 0, \qquad \dot{\Gamma}_1 = -\frac{\partial\mathcal{H}^*}{\partial\sigma_1} = 0 \tag{7-108}$$

其中稳定平衡点记为 $(\sigma_1, \Gamma_1) = (\sigma_{10}^s, \Gamma_{10}^s)$，对应共振中心，不稳定平衡点记为 $(\sigma_1, \Gamma_1) =$ $(\sigma_{10}^u, \Gamma_{10}^u)$，对应鞍点。图 7-23 和图 7-24 给出了木星 2∶1 共振（内共振）和 2∶3 共振（外共振）的相图。

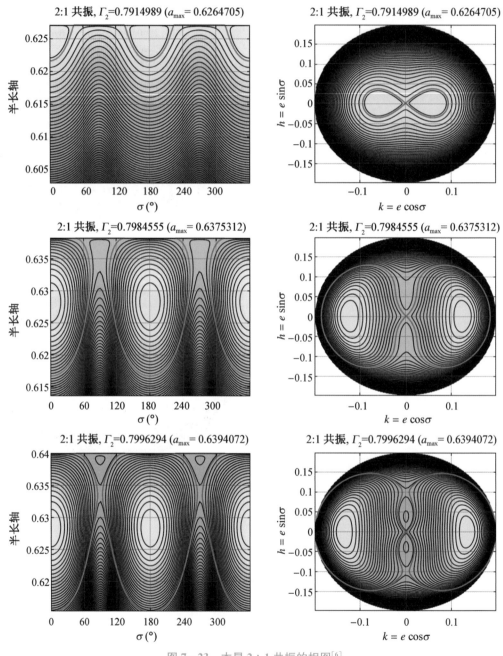

图 7-23　木星 2∶1 共振的相图[6]

可见，随着运动积分的变化，相空间结构也在发生变化。对于 2∶1 共振（图 7-23），当运动积分位于 $a_{max} = 0.6264705$ 或 0.6375312 时，系统存在两个共振中心和一个位于坐标原点的鞍点。当 $a_{max}=0.6394072$ 时,相空间存在四个共振中心和三个鞍点。木星的 2:3 共振(图 7-24)同样如此。

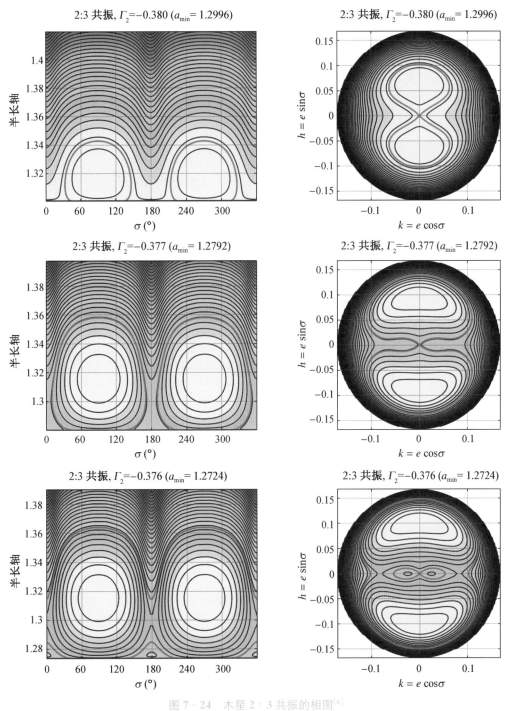

图 7-24 木星 2:3 共振的相图[6]

基于相图,可以定义动力学边界(dynamical separatrix):相空间中循环区域和共振区域的分界线,即经过相空间鞍点的哈密顿量等值线,如图 7-23 和图 7-24 中的红色实线。记动量表示的共振宽度为 $\Delta \Gamma_1 = \Gamma_{\text{out}} - \Gamma_{\text{in}}$,考虑到运动积分 Γ_2,因此共振宽度 $\Delta \Gamma_1$ 可转化为 $(\Delta a, \Delta e) = (a_{\text{out}} - a_{\text{in}}, e_{\text{out}} - e_{\text{in}})$,即图 7-23 和图 7-24 中半长轴和偏心率的变化范围。

图 7-25 给出了一阶平运动内共振中 2∶1 共振、3∶2 共振和 4∶3 共振在 (a, e) 平面内的共振宽度 Δa 分布,其中共振中心用红色实线表示,共振区域为阴影部分。可见:1) 共振中心位置与偏心率有关;2) 存在两支共振中心,远心点这一支(向左延伸)随着偏心率的减小向半长轴减小的方向延伸,近心点这一支(向右延伸)随着偏心率的减小向半长轴增加的方向延伸;3) 当偏心率大于某个临界值时,近心点这一支消失,仅留下远心点一支。4) 共振宽度 Δa 随着偏心率的减小而趋于零。

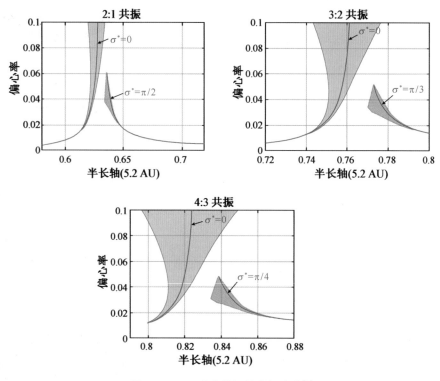

图 7-25　一阶内共振的共振宽度[6]

图 7-26 给出了一阶外共振的共振中心和共振宽度 Δa 分布。此时,与内共振情况相似,不过近心点和远心点分支交换了位置。在此不做重复讨论。

图 7-27 和图 7-28 同样在 (a, e) 平面上给出共振中心、边界、运动积分等值线。不过这里是在运动积分 Γ_2 的等值线上同时度量共振宽度 Δa 和 Δe

$$(\Delta a, \Delta e) = (a_{\text{out}} - a_{\text{in}}, e_{\text{out}} - e_{\text{in}})$$

其中红色实线代表的是共振中心的分布,阴影部分为共振区域,N_C 对应于临界运动积分(用虚线表示)。

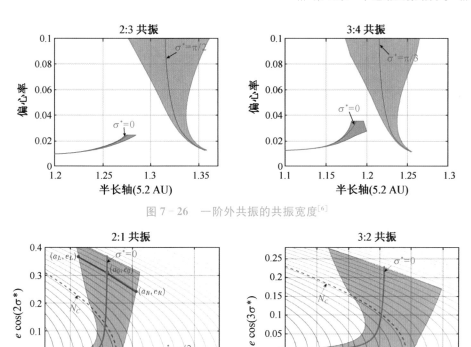

图 7‑26　一阶外共振的共振宽度[6]

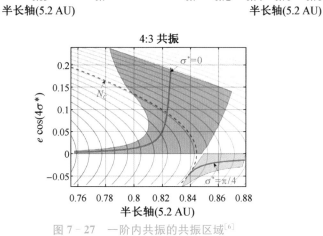

图 7‑27　一阶内共振的共振区域[6]

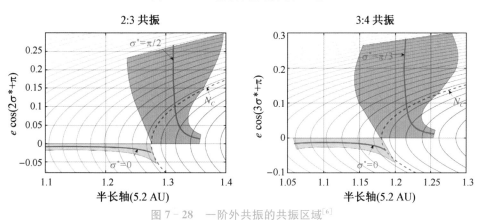

图 7‑28　一阶外共振的共振区域[6]

从图 7-27 和图 7-28 可见:1) 无论是内一阶共振还是外一阶共振,低偏心率空间均存在两支共振中心;2) 当运动积分大于临界值时,近心点这一支共振消失;3) 共振区域的左右边界始终存在,不会消失。

7.3.6　分析与讨论

综上,根据 $N=10$ 阶共振分析模型 II,得出如下与经典结果不同的结论或理解:

1) 针对一阶平运动共振,在相空间中,坐标原点(即零偏心率点)为共振哈密顿模型的鞍点,那么经过原点的等哈密顿量线对应于系统的动力学边界。该结论异于文献[9]中的结果。

2) 随着偏心率的减小,一阶平运动共振的共振宽度 Δa 逐渐减小并最终趋于零,而不是发散。该结论异于文献[1]中的结果。

3) 一阶平运动共振的内边界和外边界始终存在,不会消失。该结论异于文献[9]中的结果。

4) $N=2$ 分析模型在高偏心率空间出现的伪结构不是由 Lapalce 型摄动函数展开的发散导致的,而是由于共振模型的阶数取得较低导致的。当我们取 $N \geqslant 3$ 时,分析模型和数值平均模型具有完全吻合的相空间结构。该结论异于文献[11]的解释。

5) 取 σ 为共振角建立的多倍角哈密顿模型(文中以 $N=10$ 为基础),其分析相图和庞加莱截面[8]具有完全一致的相空间结构。建立了分析模型相图与庞加莱截面的联系。

作为本节结尾,留下如下问题供读者思考:

1) 本节介绍的共振哈密顿模型(I 和 II),需要做哪些近似才能将其退化为共振的第二基本模型(second fundamental model of resonance,SFMR)甚至单摆模型?

2) 如果用退化为 SFMR 的模型来描述一阶平运动共振,会存在什么问题?

3) 请理解庞加莱截面和相图的关系,为什么两者具有很好的对应关系,各自代表什么?

4) 如何确定一个系统的平衡点? 如何获得平衡点的稳定性?

5) 无论是庞加莱截面还是相图,均存在共振岛,请理解共振中心和周期轨道的关系,以及共振轨线与拟周期轨道的关系。类似地,请理解鞍点和周期轨道的关系。如何找到相图中的鞍点在庞加莱截面中的对应。

6) 请理解庞加莱截面的动力学内涵。

7) 请借助庞加莱截面,理解相图的动力学内涵。

7.4　平面逆行平运动共振

本节我们讨论逆行平运动共振的哈密顿模型和相应的动力学性质,对应的是平面圆型限制性三体问题的逆行构型[12]。所谓平面逆行构型,指的是在不变平面坐标系下,小天体的轨道倾角为 $i=180°$(顺时针绕中心天体做受摄二体运动)。

7.4.1　平面逆行构型下的哈密顿函数

根据第六章,平面构型下第三体摄动函数为

$$\mathcal{R} = \mathcal{G}m_p\left(\frac{1}{\Delta} - r\cos\psi\right) \tag{7-109}$$

式中各符号的含义同上小节。根据第六章介绍的摄动函数展开方式,可将(7-109)展开为如下形式

$$
\begin{aligned}
\mathcal{R} = \mathcal{G}m_p &\sum_{n=0}^{\infty}\sum_{j=-\infty}^{\infty}\sum_{m=0}^{n}\sum_{s=-\infty}^{\infty}(-1)^{n-m}A_{n,j}(\alpha)C_n^m \times \\
&X_s^{m,j}(e)\cos[s(\lambda-\bar{\omega})+j(\lambda_p-\bar{\omega})] - \\
\mathcal{G}m_p a &\sum_{s=-\infty}^{\infty}X_s^{1,1}(e)\cos[s(\lambda-\bar{\omega})+(\lambda_p-\bar{\omega})]
\end{aligned} \tag{7-110}
$$

其中近点经度和平经度的定义如下[①]:$\bar{\omega}=\Omega-\omega,\lambda=M+\bar{\omega}$。根据摄动函数展开式(7-110),我们引入角坐标

$$\theta_1 = \lambda - \bar{\omega}, \qquad \theta_2 = \lambda_p - \bar{\omega} \tag{7-111}$$

将摄动函数(7-110)表示为紧凑求和形式,可得

$$\mathcal{R} = \sum_{k_1,k_2}\mathcal{D}_{k_1,k_2}(a,e)\cos(k_1\theta_1 + k_2\theta_2) \tag{7-112}$$

因而哈密顿函数变为

$$\mathcal{H} = -\frac{\mu}{2a} + n_p\Lambda_p - \mathcal{R}(a,e,\theta_1,\theta_2) \tag{7-113}$$

对于平面构型,引入庞加莱根数

$$
\begin{aligned}
\Lambda &= \sqrt{\mu a}, &\qquad \lambda &= M+\bar{\omega} \\
P &= \sqrt{\mu a}(1+\sqrt{1-e^2}), & p &= -\bar{\omega} \\
\Lambda_p, & & \lambda_p &
\end{aligned} \tag{7-114}
$$

引入正则变换,将 θ_1 和 θ_2 作为显式角坐标

$$
\begin{aligned}
\Theta_1 &= \Lambda, &\qquad \theta_1 &= \lambda + p = \lambda - \bar{\omega} \\
\Theta_2 &= P - \Lambda, & \theta_2 &= \lambda_p + p = \lambda_p - \bar{\omega} \\
\Theta_3 &= \Lambda_p - P + \Lambda, & \theta_3 &= \lambda_p
\end{aligned} \tag{7-115}
$$

生成函数为

---

① 为了与文献[12]保持一致,这里采用的平经度定义形式与第六章有区别。形式不一样,本质是一样的。

$$\mathcal{S} = (\lambda + p)\Theta_1 + (\lambda_p + p)\Theta_2 + \lambda_p\Theta_3 \tag{7-116}$$

用正则根数表示的哈密顿函数为

$$\mathcal{H} = -\frac{\mu^2}{2\Theta_1{}^2} + n_p\Theta_2 - \mathcal{R}(\Theta_1, \Theta_2, \theta_1, \theta_2)$$

$$= -\frac{\mu^2}{2\Theta_1{}^2} + n_p\Theta_2 - \sum_{k_1,k_2} \mathcal{D}_{k_1,k_2}(a,e)\cos(k_1\theta_1 + k_2\theta_2) \tag{7-117}$$

运动方程为

$$\frac{\mathrm{d}\theta_1}{\mathrm{d}t} = \frac{\partial\mathcal{H}}{\partial\Theta_1}, \qquad \frac{\mathrm{d}\Theta_1}{\mathrm{d}t} = -\frac{\partial\mathcal{H}}{\partial\theta_1}$$

$$\frac{\mathrm{d}\theta_2}{\mathrm{d}t} = \frac{\partial\mathcal{H}}{\partial\Theta_2}, \qquad \frac{\mathrm{d}\Theta_2}{\mathrm{d}t} = -\frac{\partial\mathcal{H}}{\partial\theta_2} \tag{7-118}$$

显然,动力学模型(7-117)对应一个 2 自由度哈密顿系统。从数值上,二自由度系统可通过庞加莱截面系统研究相空间结构。本节将从哈密顿角度分析研究逆共振,并与数值结果进行对比。

7.4.2 逆平运动共振

针对逆 $k_p : k$ 共振,引进如下共振角(类似 7.3 节中讨论的哈密顿模型Ⅱ)

$$\sigma = \frac{1}{k_{\max}}\varphi = \frac{1}{k_{\max}}\big[k\lambda - k_p\lambda_p + (k_p - k)\bar{\omega}\big] = \frac{1}{k_{\max}}(k\theta_1 - k_p\theta_2) \tag{7-119}$$

其中 $k_{\max} = \max\{k, k_p\}$,$\varphi = k\lambda - k_p\lambda_p + (k_p - k)\bar{\omega}$ 为经典的纯偏心率共振角。为了研究平运动共振,引入正则变换

$$\Gamma_1 = \frac{k_{\max}}{k}\Theta_1, \qquad \sigma_1 = \frac{1}{k_{\max}}(k\theta_1 - k_p\theta_2) = \sigma$$

$$\Gamma_2 = \Theta_2 + \frac{k_{\max}}{k}\Theta_1, \qquad \sigma_2 = \theta_2 \tag{7-120}$$

于是哈密顿函数变为

$$\mathcal{H} = -\frac{\mu^2}{2\left(\dfrac{k}{k_{\max}}\Gamma_1\right)^2} - \frac{k_p}{k_{\max}}\Gamma_1 - \sum_{k_1,k_2}\mathcal{D}_{k_1,k_2}(\Gamma_1,\Gamma_2)\cos\left[k_{\max}\frac{k_1}{k}\sigma_1 + \left(k_2 + \frac{k_1}{k}\right)\sigma_2\right]$$

$$\tag{7-121}$$

当平运动共振发生时,角坐标 σ_1 为长周期变量,σ_2 为短周期变量,因此根据平均化原理,可对(7-121)做平均化处理进而研究共振动力学

$$\mathcal{H}^* = \frac{1}{2k\pi}\int_0^{2k\pi}\mathcal{H}(\Gamma_1,\Gamma_2,\sigma_1,\sigma_2)\mathrm{d}\sigma_2 = -\frac{\mu^2}{2\left(\dfrac{k}{k_{\max}}\Gamma_1\right)^2} - \frac{k_p}{k_{\max}}\Gamma_1 - \frac{1}{2k\pi}\int_0^{2k\pi}\mathcal{R}(\Gamma_1,\Gamma_2,\sigma_1,\sigma_2)d\sigma_2$$

$$\tag{7-122}$$

可得

$$\mathcal{H}^* = -\frac{\mu^2}{2\left(\frac{k}{k_{\max}}\Gamma_1\right)^2} - n_p \frac{k_p}{k_{\max}}\Gamma_1 - \sum_{n=0}^{N} \mathcal{D}_n(\Gamma_1,\Gamma_2)\cos(nk_{\max}\sigma_1) \qquad (7-123)$$

这里的 N 同样代表共振哈密顿模型的阶数。N 的值越大,哈密顿模型的阶数越高,精度越高。

　　首先,我们来看一下共振哈密顿函数的精度。对于平均化的哈密顿函数(7-122),可以采用直接数值积分和摄动函数展开两种方式计算。我们以数值积分的结果作为参考来分析不同阶数哈密顿模型的精度,结果如图 7-29(以木星 2:1 逆平运动共振为例)。可见,分析模型的阶数越高,共振哈密顿函数曲线越接近数值平均模型的曲线,符合预期。$N=6$ 的哈密顿曲线与数值曲线几乎一致。

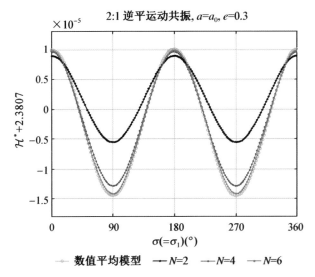

图 7-29　数值平均模型和分析平均模型的共振哈密顿函数对比[12]

　　在共振哈密顿模型(7-123)中,角坐标 σ_2 为循环变量,意味着它对应的共轭动量为系统的运动积分,即

$$\Gamma_2 = \sqrt{\mu a}\left(\frac{k_p}{k} + \sqrt{1-e^2}\right) \qquad (7-124)$$

该积分同样说明逆平运动共振的实质为轨道能量和角动量的交换,即半长轴和偏心率的耦合变化。因此,逆平运动共振的动力学效果为改变小天体的半长轴和偏心率。

　　以木星 2:1 和 1:2 逆平运动共振为例,运动积分 Γ_2 在 (a,e) 平面的分布如图 7-30 所示。可见,无论是内共振还是外共振,沿着运动积分的等值线,偏心率都随半长轴的增大而增大。特别地,当偏心率取为零时,对应最小半长轴之比,记为 $a_{\min}$。类似于上一节的讨论,我们采用 $a_{\min}$ 来表征逆平运动共振模型的运动积分(此时无需区分内共振和外共振了),即

$$\Gamma_2 = \sqrt{\mu a}\left(\frac{k_p}{k} + \sqrt{1-e^2}\right) = \sqrt{\mu a_{\min}}\left(\frac{k_p}{k} + 1\right) \qquad (7-125)$$

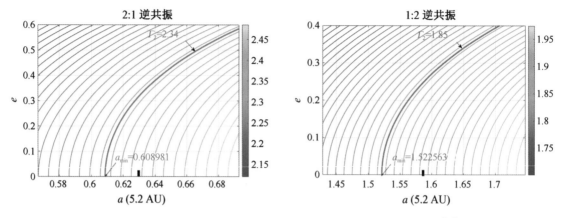

图 7 - 30　木星 2∶1 和 1∶2 逆共振模型下的运动积分等值线分布[12]

7.4.3　逆共振的动力学性质

上一节建立的共振哈密顿模型存在运动积分 $\Gamma_2 = \sqrt{\mu a}\left(\dfrac{k_p}{k} + \sqrt{1-e^2}\right)$，因此该共振模型是一个 1 自由度哈密顿模型，相应的解可通过相空间哈密顿量的等值线（相图）来表示。图 7 - 31 给出了木星 2∶1 和 1∶2 逆共振的相图。可见，内 2∶1 共振的中心位于 $\sigma = 0, \pi$，外 1∶2 共振的共振中心位于 $\sigma = \dfrac{\pi}{2}, \dfrac{3\pi}{2}$，经过鞍点的等值线（红色实线）对应动力学边界。

另一方面，可以通过绘制庞加莱截面从数值角度来研究平运动共振。图 7 - 32 给出了庞加莱截面的定义：1) 对于内共振，记录小天体每次经过近日点的状态量作为庞加莱截面；2) 对于外共振，记录摄动天体每次经过近日点的状态量作为庞加莱截面。图 7 - 33 为木星 2∶1 内共振和 1∶2 外共振对应的庞加莱截面（与图 7 - 32 具有完全相同的运动积分）。对比图 7 - 31 和图 7 - 33，可见共振分析模型的相图与数值庞加莱截面具有完全一致的相空间结构，进一步说明分析模型的准确性。

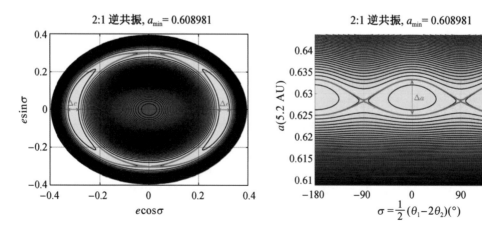

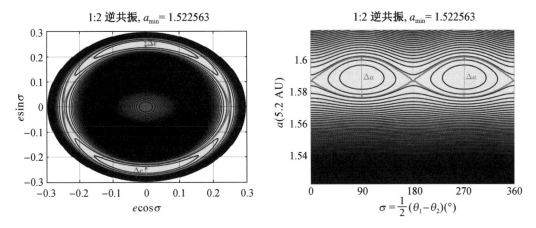

图 7-31　木星 2∶1 和 1∶2 逆共振相图[12]

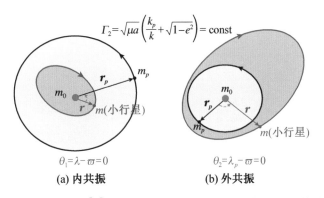

图 7-32　庞加莱截面定义[12]。对于内共振,记录 $\theta_1 = 0$ 的点(即小天体的近日点);
对于外共振,记录 $\theta_2 = 0$ 的点(即摄动天体的近日点)

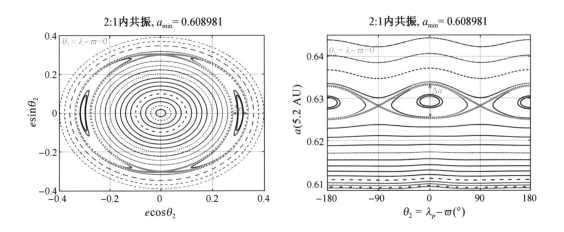

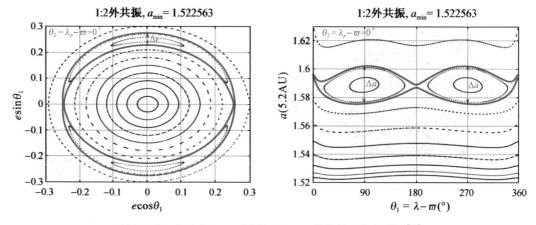

图 7-33　木星内 2：1 共振和外 1：2 共振的庞加莱截面[12]

下面基于共振哈密顿模型探讨逆共振的共振中心、共振宽度等特征。共振哈密顿模型的平衡点满足如下条件

$$\dot{\sigma}_1 = \frac{\partial \mathcal{H}^*}{\partial \Gamma_1} = 0 \tag{7-126}$$

$$\dot{\Gamma}_1 = -\frac{\partial \mathcal{H}^*}{\partial \sigma_1} = \sum_{n=1}^{N} n k_{\max} \mathcal{D}_n \sin(n k_{\max} \sigma_1) = 0$$

可解得

$$k \mu^2 \left(\frac{k}{k_{\max}} \Gamma_1\right)^{-3} = k_p + k_{\max} \sum_{m=0}^{M} \frac{\partial \mathcal{D}_m}{\partial \Gamma_1} \cos(m q \pi) \tag{7-127}$$

和

$$\sigma_1 = \frac{q \pi}{k_{\max}}, \qquad q \in \mathbb{Z} \tag{7-128}$$

共振中心记为 $(\sigma_{1,s}, \Gamma_{1,s})$，鞍点记为 $(\sigma_{1,u}, \Gamma_{1,u})$。图 7-34 中，经过鞍点的哈密顿量等值线对应动力学边界。动力学边界在共振中心处的距离即为共振宽度，因此求解如下等式可获得动力学边界在共振中心处的左边界 Γ_1^{L}、右边界 Γ_1^{R}

$$\mathcal{H}^*(\Gamma_2; \sigma_{1,u}, \Gamma_{1,u}) = \mathcal{H}^*(\Gamma_2; \sigma_{1,s}, \Gamma_1^{\mathrm{L}}) = \mathcal{H}^*(\Gamma_2; \sigma_{1,s}, \Gamma_1^{\mathrm{R}}) \tag{7-129}$$

可得共振宽度

$$\Delta \Gamma_1 = \Gamma_1^{\mathrm{R}} - \Gamma_1^{\mathrm{L}} \tag{7-130}$$

结合运动积分 Γ_2，可将运动积分用半长轴和偏心率的最大变化量来表示（见根数空间的相图，如图 7-31）

$$\Delta a = a_{\mathrm{R}} - a_{\mathrm{L}}, \qquad \Delta e = e_{\mathrm{R}} - e_{\mathrm{L}} \tag{7-131}$$

木星 2：1 内共振和 1：2 外共振的共振宽度结果见图 7-35。可见：1）实际共振中心与标称

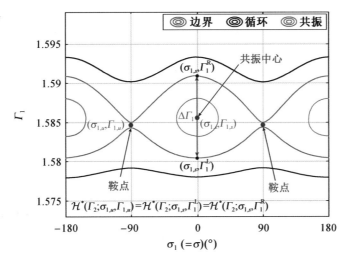

图 7 - 34　逆共振哈密顿模型在相空间(σ_1, Γ_1)的相图[12]

位置存在差异,具体而言,2∶1 内共振的实际中心在标称位置的左边,1∶2 外共振的实际中心在标称位置的右边;2)共振宽度随偏心率的增大而增大。特别地,当偏心率减小至零时,逆共振的宽度也减小至零。

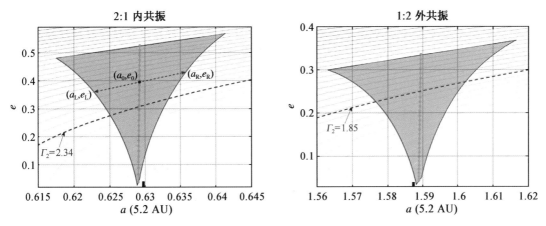

图 7 - 35　分析模型下的共振中心、动力学边界以及共振宽度[12]。(a_0, e_0)代表共振中心,(a_L, e_L)代表动力学左边界,(a_R, e_R)代表动力学右边界。在运动积分的等值线上度量共振宽度 Δa 和 Δe

　　同样地,我们可通过分析庞加莱截面中共振岛的宽度,获得共振宽度的数值结果。图 7 - 36 给出了木星 2∶1 内共振和 1∶2 外共振的分析结果和数值结果的对比。图 7 - 37 给出了木星 3∶1 内共振和 1∶3 外共振的分析结果和数值结果的对比。可见无论是共振中心,还是动力学左右边界,分析结果和数值结果都非常吻合。

　　需要说明的是,受摄动函数展开的收敛域限制,分析哈密顿模型的偏心率不能太大。因此,对于高偏心率空间,分析模型不再适用。然而,庞加莱截面是数值方法,可适用于整个偏心率空间。于是,通过分析庞加莱截面的方法,计算木星 1∶1、1∶2、1∶3、1∶4 逆平运动共

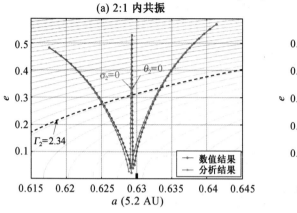

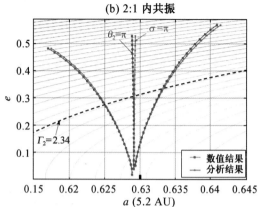

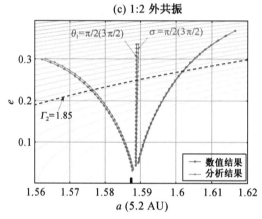

图 7-36 针对木星 2∶1 内共振和 1∶2 外共振,分析模型的共振宽度与数值
庞加莱截面对应的共振宽度值对比[12]

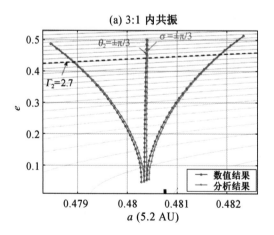

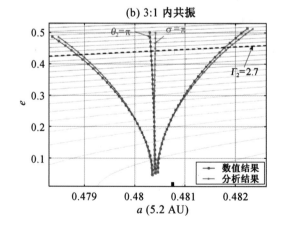

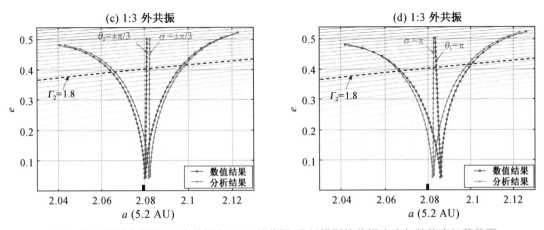

图 7 - 37　针对木星 3：1 内共振和 1：3 外共振,分析模型的共振宽度与数值庞加莱截面
　　　　对应的共振宽度值对比[12]

振的共振区域,并将实际的逆共振小天体根数同样显示在(a, e)平面上,如图 7 - 38 所示。可
见实际确认的逆平运动共振天体几乎都位于共振区域里,部分位于共振区域的小天体有待
进一步数值验证它们是否为逆共振小天体。

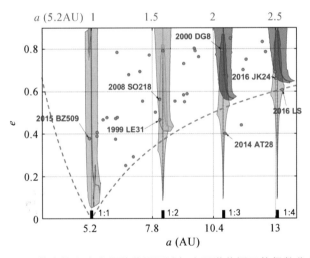

图 7 - 38　整个偏心率空间的共振区域与实际逆共振天体根数分布[12]

在结束本节之前,请读者思考如下问题:

1) 逆行平运动共振和顺行平运动共振的具体差别是什么?

2) 如何度量共振强度与偏心率的关系?

3) 逆行平运动共振的几何构型如何?

4) 如何使本节建立的共振哈密顿模型退化为共振的第二基本模型?

5) 从物理角度理解共振中心和鞍点的稳定性。

6) 请理解一些重要的概念,如相图、共振中心、鞍点、周期轨道、拟周期轨道、庞加莱截面、共振岛、循环区域、共振区域、混沌区域。

7.5   任意倾角的平运动共振

7.3 和 7.4 节讨论的是平面构型,该构型可以很好地近似近共面小天体的共振动力学特征。然而,当小天体的倾角较大时(如极轨附近天体),平面构型不再适用,此时亟需任意倾角的三维共振哈密顿模型[13]。

根据之前两节的讨论,我们知道,平运动共振的动力学效果是使得小天体的轨道能量和轨道角动量发生交换,即半长轴和轨道偏心率耦合变化,即 Δa 和 Δe。请注意,Δa 和 Δe 不是独立变化,而是受到给定运动积分的限制(仅有一个独立)。因此,我们可以把小天体轨道半长轴的变化 Δa 作为动力学指标来度量平运动共振的强度。根据文献[14]的计算方法,通过数值积分空间圆型限制性三体问题(太阳–木星–小天体)的运动方程,获得小天体**平均半长轴**①的变化 Δa(即半长轴的演化在木星轨道周期内的平均)在初始根数平面 (a,e) 内的分布,结果如图 7 − 39 所示。

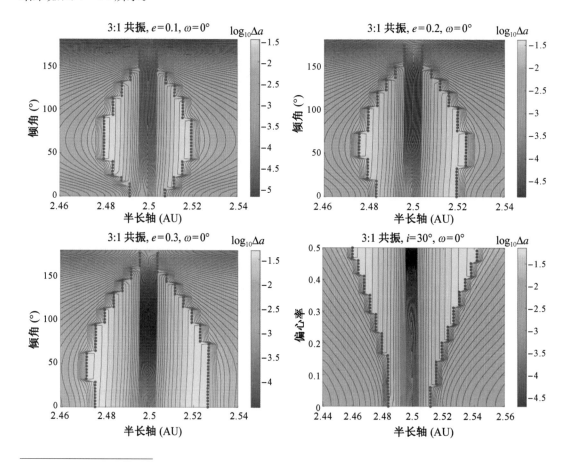

① 为了和平运动共振的哈密顿模型建立过程相对应,将瞬时半长轴对摄动天体的轨道周期做滑动平均可得平均半长轴的变化曲线。

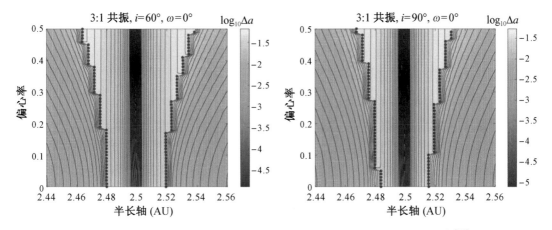

图 7 - 39 木星 3：1 共振附近，动力学指标 Δa（取 10 为底的对数）的分布[13]

观察动力学指标 Δa 的分布（图 7 - 39），可得如下初步结论：

1）在共振中心附近，动力学指标 Δa 值较小，在共振边界处，Δa 取得极大值，这符合我们对平运动共振相图的理解。图中，动力学指标的极大值用蓝色点标出，对应共振边界。

2）动力学指标 Δa 的分布几乎关于共振标称位置呈现左右近似对称（不严格对称）。

3）当给定初始偏心率时（图 7 - 39 中的第一行），共振宽度随倾角的增加先增加后减小。

4）当给定初始倾角时（图 7 - 39 中的第二行），共振宽度随偏心率的增大而增大。

以上是平运动共振的数值结果，那么如何从分析上去理解相应的动力学结构呢？从分析角度研究三维平运动共振，存在如下理论困难：第一，摄动函数展开的困难，经典的摄动函数展开适用于近共面构型，而任意倾角摄动函数展开需要新的摄动函数展开形式，幸运的是，Namouni 和 Morais[15] 提出的摄动函数展开形式（见第六章）可解决该困难；第二，任意倾角情况，平均化以后系统实际自由度为 2，并不像平面构型那样是一个理想的 1 自由度共振模型；第三，对于任意倾角的平运动共振，针对某一给定共振，存在多个共振角，如何综合处理这些共振角从而建立共振模型是一个关键理论问题。

例如木星的 3：1 共振（空间圆型限制性三体系统），存在如下多个共振角

$$
\sigma=\begin{cases}
3\lambda_p-\lambda-2\Omega \\
3\lambda_p-\lambda-2\Omega+2\omega=3\lambda_p-\lambda-4\Omega+2\bar{\omega} \\
3\lambda_p-\lambda-2\Omega+4\omega=3\lambda_p-\lambda-6\Omega+4\bar{\omega} \\
3\lambda_p-\lambda-2\Omega-2\omega=3\lambda_p-\lambda-2\bar{\omega} \\
3\lambda_p-\lambda-2\Omega-4\omega=3\lambda_p-\lambda+2\Omega-4\bar{\omega} \\
3\lambda_p-\lambda-2\Omega\pm2k\omega, \qquad k\geqslant3
\end{cases}
$$

Namouni 和 Morais[15] 采用纯偏心率型共振角（其中一个共振角）去描述三维平运动共振，他们的结果和数值动力学指标 Δa 的分布如图 7 - 40 所示。可见，分析结果对应的共振宽度在倾角 $I=0$（平面构型）时与数值结果吻合很好。分析结果对应的宽度随倾角的增大单调

递减,而数值结果中的共振宽度随倾角增大先增加后减小。此外,定量对比分析结果和数值结果,我们会发现,文献[15]中分析结果的共振宽度始终比数值结果的共振宽度要小(见图 7-41)。Gallardo 在 2019 年的文献[14]中指出了该分析结果与数值结果不一致的问题。

如何解决分析结果和数值结果之间的差异?

为了解决以上问题,本节试图达成如下目的:

1)通过定义合适的共振角,建立描述任意倾角平运动共振的分析模型;

2)通过分析哈密顿模型,重构三维共振的相空间结构,如图 7-39 中的数值结构;

3)预测三维平运动共振动力学性质,为高倾角共振小天体演化提供基本的动力学模型。

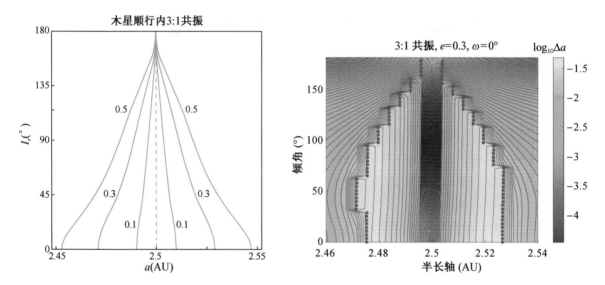

图 7-40 采用纯偏心率型共振角建立的共振分析模型,获得的共振宽度(动力学边界之间的距离)随倾角的变化[15](左图)以及我们通过数值计算的动力学指标 Δa 在 (a, I) 平面的分布[13]

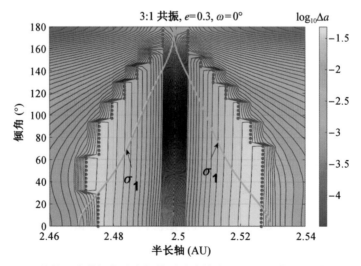

图 7-41 纯偏心率共振角哈密顿模型对应的分析结果(绿色实线)与数值结果(蓝色点对应动力学地图动力学边界)

7.5.1　哈密顿模型

太阳-木星-小天体构成的系统如图 7 - 42 所示，其中木星绕太阳作固定的圆轨道运动。在不变平面坐标系（木星轨道面为坐标系基本平面）下，第三体摄动函数为

$$R = \mathcal{G}m_p(\mathcal{R}_D + \mathcal{R}_I)$$

$$\mathcal{R}_D = \frac{1}{\Delta}, \qquad \mathcal{R}_I = -\frac{r}{r_p^2}\cos\psi$$

(7 - 132)

根据 Namouni 和 Morais[15] 提出的摄动函数展开方法，将摄动函数（7 - 132）展开为如下形式（参考第六章内容）①

$$\mathcal{R} = \frac{\mathcal{G}m_p}{4a_p}\sum_{n=0}^{\infty}\sum_{\substack{-\infty < j,k < \infty \\ \mathrm{mod}(j+k,2)=0}}\sum_{q=0}^{n}\sum_{s=-\infty}^{\infty}(-1)^{n-q}C_n^q\frac{A_{n,j,k}}{n!}\times$$

$$X_s^{q,k}(e)\cos[s\lambda - j\lambda_p + (j-s)\Omega + (k-s)\omega] -$$

$$\mathcal{G}m_p\frac{a}{a_p^2}\sum_{s=-\infty}^{\infty}\left\{X_s^{1,1}(e)\sin^2\left(\frac{i}{2}\right)\cos[s\lambda + \lambda_p - (1+s)\Omega + (1-s)\omega] + \right.$$

$$\left.\cos^2\left(\frac{i}{2}\right)\cos[s\lambda - \lambda_p + (1-s)\Omega + (1-s)\omega]\right\}$$

(7 - 133)

下标 p 代表木星，各符号含义见第六章。为了方便，我们将摄动函数展开简记为如下求和形式

$$\mathcal{R} = \sum_{\substack{0 \leqslant p \leqslant \infty \\ -\infty \leqslant q,n \leqslant \infty}}\mathcal{C}_{p,q,n}^{\mathcal{R}}(a,e,i)\cos[q\lambda - p\lambda_p + (p-q)\Omega + n\omega]$$

(7 - 134)

其中 $\mathcal{C}_{p,q,n}^{\mathcal{R}}(a,e,i)$ 是与小天体半长轴、偏心率和倾角相关的系数。当小天体与木星构成 k_p：k 共振时，存在如下共振角

$$\sigma_n^{k_p:k} = k\lambda - k_p\lambda_p + (k_p-k)\Omega + n\omega, \quad n\in\mathbb{Z}$$

(7 - 135)

当 n 取不同值时，对应不同的共振角，但都描述 k_p：k 平运动共振。以 3：1 共振为例，其共振角为

$$\sigma_n^{3:1} = \lambda - 3\lambda_p + 2\Omega + n\omega, \quad n\in\mathbb{Z}$$

(7 - 136)

特别地，当 $n=2$ 时，有

$$\sigma_1 = \lambda - 3\lambda_p + 2\Omega + 2\omega \Rightarrow \sigma_1 = \lambda - 3\lambda_p + 2\bar{\omega}$$

(7 - 137)

---

①　在文献[13]中存在打印错误，文中摄动函数缺少 $1/n!$ 项。

对应纯偏心率型共振角。当 $n=0$ 时,有

$$\sigma_2 = \lambda - 3\lambda_p + 2\Omega + 0\omega \Rightarrow \sigma_2 = \lambda + 3\lambda_p + 2\Omega \tag{7-138}$$

对应纯倾角型共振角。当 $n=-2$ 时,有

$$\sigma_3 = \lambda - 3\lambda_p + 2\Omega - 2\omega \Rightarrow \sigma_3 = \lambda - 3\lambda_p + 4\Omega - 2\bar{\omega} \tag{7-139}$$

对应混合型(偏心率和倾角)共振角。当 $n=-4$ 时,有

$$\sigma_4 = \lambda - 3\lambda_p + 2\Omega - 4\omega \Rightarrow \sigma_4 = \lambda - 3\lambda_p + 6\Omega - 4\bar{\omega} \tag{7-140}$$

对应逆平运动共振角。

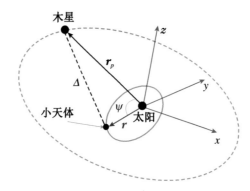

图 7–42 三维行星系统构型。在空间圆型限制性三体构型下,木星绕太阳作圆轨道运动

通过分析,我们可看出,不同的 n 值对应的 3∶1 共振角,存在一个共同部分。我们将其定义为 **3∶1 共振的特征角**

$$\sigma_c = \lambda - 3\lambda_p + 2\Omega \tag{7-141}$$

从而,各共振角分别表示为

$$\begin{bmatrix} \sigma_1 \\ \sigma_2 \\ \sigma_3 \\ \sigma_4 \end{bmatrix} = \sigma_c + \begin{bmatrix} 2\omega \\ 0\omega \\ -2\omega \\ -4\omega \end{bmatrix} \tag{7-142}$$

因此,对于 $k_p \colon k$ 共振,利用共振特征角可将不同共振角表示为

$$\sigma_n^{k_p \colon k} = k\lambda - k_p\lambda_p + (k_p - k)\Omega + n\omega = \sigma_c + n\omega, \, n \in \mathbb{Z} \tag{7-143}$$

平运动共振对应的是半长期演化时标,而近点角距 ω 对应的是长期演化时标,它们之间无疑存在如下时标差异

$$\dot{\sigma}_n^{k_p \colon k} \gg \dot{\omega} \tag{7-144}$$

基于此,在研究平运动共振时标内的动力学性质时,可令近点角距 ω 为常数(这是一种最简

单的降低系统阶数的方法，在时标存在等级式差异时是一种很有效的办法）。因此，我们很自然地采用共振特征角 $\sigma_c = k\lambda - k_p\lambda_p + (k_p - k)\Omega$ 去描述 $k_p : k$ 共振。因此，可得小天体的平经度角为

$$\lambda = \frac{1}{k}\left[\sigma_c + k_p\lambda_p + (k - k_p)\Omega\right] \tag{7-145}$$

将其代入摄动函数展开式可得

$$\mathcal{R} = \sum_{\substack{0 \leqslant p \leqslant \infty \\ -\infty \leqslant q,n \leqslant \infty}} \mathcal{C}_{p,q,n}^{\mathcal{R}}(a,e,i)\cos\left[\frac{q}{k}\sigma_c + n\omega + \left(\frac{q}{k}k_p - p\right)(\lambda_p - \Omega)\right] \tag{7-146}$$

角度量之间存在如下时标差异

$$\dot{\omega} \ll \dot{\sigma}_c \ll \dot{\lambda}_p \tag{7-147}$$

表明 λ_p 为短周期角坐标。依据平均化原理，对短周期角变量在其一个周期内进行平均化可得共振摄动函数为

$$\mathcal{R}^* = \frac{1}{2k\pi}\int_0^{2k\pi} \mathcal{R}(a,e,i,\sigma_c,\omega,\lambda_p - \Omega)\,\mathrm{d}\lambda_p \tag{7-148}$$

具体而言，有

$$\mathcal{R}^* = \frac{1}{2k\pi}\sum_{\substack{0 \leqslant p \leqslant \infty \\ -\infty \leqslant q,n \leqslant \infty}} \mathrm{C}_{p,q,n}^{\mathcal{R}}(a,e,i)\int_0^{2k\pi}\cos\left[\frac{q}{k}\sigma_c + n\omega + \left(\frac{q}{k}k_p - p\right)(\lambda_p - \Omega)\right]\mathrm{d}\lambda_p$$

$$\tag{7-149}$$

可得

$$\mathcal{R}^* = \sum_{k_1 \in \mathbb{N}, k_2 \in \mathbb{Z}} \mathcal{C}_{k_1,k_2}(a,e,i)\cos(k_1\sigma_c + k_2\omega) \tag{7-150}$$

将三角函数展开，可得

$$\mathcal{R}^* = \sum_{k_1 \in \mathbb{N}, k_2 \in \mathbb{Z}} \mathcal{C}_{k_1,k_2}(a,e,i)(\cos k_1\sigma_c \cos k_2\omega - \sin k_1\sigma_c \sin k_2\omega) \tag{7-151}$$

在平运动共振时标内，把近点角距近似为常数。于是，将近点角距相关的函数归并到系数中，摄动函数重新记为

$$\begin{aligned}
\mathcal{R}^* = &\mathcal{C}_1(a,e,i,\omega)\cos\sigma_c + \mathcal{S}_1(a,e,i,\omega)\sin\sigma_c + \\
&\mathcal{C}_2(a,e,i,\omega)\cos 2\sigma_c + \mathcal{S}_2(a,e,i,\omega)\sin 2\sigma_c + \\
&\mathcal{C}_3(a,e,i,\omega)\cos 3\sigma_c + \mathcal{S}_3(a,e,i,\omega)\sin 3\sigma_c + \cdots
\end{aligned} \tag{7-152}$$

记为求和形式，可得

$$\mathcal{R}^* = \sum_{n \in \mathbb{N}}\left[\mathcal{C}_n(a,e,i,\omega)\cos n\sigma_c + \mathcal{S}_n(a,e,i,\omega)\sin n\sigma_c\right] \tag{7-153}$$

在以上近似处理下,三维共振模型(7-153)同样可处理为 1 自由度系统(可积系统)。下面我们从两条途径去推导共振哈密顿模型。

首先,根据文献[1]的方法(从拉格朗日行星运动方程角度出发),去推导平运动共振的单摆模型。

将共振特征角对时间求二阶导数

$$\ddot{\sigma}_c = k\ddot{\lambda} - k_p\ddot{\lambda}_p + (k_p - k)\ddot{\Omega} = k\ddot{M} + k\ddot{\Omega} + k\ddot{\omega} + (k_p - k)\ddot{\Omega} \tag{7-154}$$
$$= k\dot{n} + k\ddot{\omega} + k_p\ddot{\Omega}$$

考虑到 $\ddot{\omega}, \dot{\Omega} \ll \dot{n}$,有

$$\ddot{\sigma}_c \approx k\dot{n} \tag{7-155}$$

根据拉格朗日行星运动方程,有

$$\dot{n} = -\frac{3}{a^2}\frac{\partial \mathcal{R}^*}{\partial \lambda} = -\frac{3k}{a^2}\frac{\partial \mathcal{R}^*}{\partial \sigma_c} \tag{7-156}$$

将(7-156)代入共振摄动函数,可得共振的单摆模型

$$\dot{\sigma}_c = \frac{3k^2}{a^2}\sum_{n\in\mathbb{N}} n\big[\mathcal{C}_n(a,e,i,\omega)\sin n\sigma_c - \mathcal{S}_n(a,e,i,\omega)\cos n\sigma_c\big] \tag{7-157}$$

取相空间变量为 $(\sigma_c, \dot{\sigma}_c)$,可得哈密顿函数为

$$\mathcal{H} = \frac{1}{2}\dot{\sigma}_c^2 + \frac{3k^2}{a^2}\sum_{n\in\mathbb{N}}\big[\mathcal{C}_n(a,e,i,\omega)\cos n\sigma_c + \mathcal{S}_n(a,e,i,\omega)\sin n\sigma_c\big] \tag{7-158}$$

考虑到 $n^2 a^3 = \mu$,有

$$\mathcal{H} = \frac{1}{2}\left(k\sqrt{\frac{\mu}{a^3}} - k_p n_p\right)^2 + \frac{3k^2}{a^2}\sum_{n\in\mathbb{N}}\big[C_n(a,e,i,\omega)\cos n\sigma_c + S_n(a,e,i,\omega)\sin n\sigma_c\big] \tag{7-159}$$

运动方程变为

$$\dot{\sigma}_c = \frac{\partial \mathcal{H}}{\partial \dot{\sigma}_c}, \qquad \ddot{\sigma}_c = -\frac{\partial \mathcal{H}}{\partial \sigma_c} \tag{7-160}$$

平衡点方程为

$$\dot{\sigma}_c = \frac{\partial \mathcal{H}}{\partial \dot{\sigma}_c} = \dot{\sigma}_c = 0$$
$$\ddot{\sigma}_c = -\frac{\partial \mathcal{H}}{\partial \sigma_c} = 0 \tag{7-161}$$

稳定平衡点记为 $(\sigma_c^s, \dot{\sigma}_c^s = 0)$,不稳定平衡点记为 $(\sigma_c^u, \dot{\sigma}_c^u = 0)$。

图 7-43 给出了木星 3:1 平运动共振哈密顿模型(7-159)的相图。共振中心为稳定的平衡点 $(\sigma_c^s, \dot{\sigma}_c^s = 0)$,鞍点对应不稳定平衡点 $(\sigma_c^u, \dot{\sigma}_c^u = 0)$,动力学边界为经过鞍点的哈密顿量等

值线: $\mathcal{H}(\sigma_c,\dot{\sigma}_c)=\mathcal{H}(\sigma_c^u,\dot{\sigma}_c^u=0)$。动力学边界在共振中心处的距离对应共振宽度 $\Delta\dot{\sigma}_c$。根据定义,可得共振半宽 $\Delta\dot{\sigma}_c$ 的表达式为

$$| \Delta\dot{\sigma}_c |=\frac{\sqrt{6}k}{a}\Big\{\sum_{n\in\mathbb{N}}\big[\mathcal{C}_n(\cos n\sigma_c^u-\cos n\sigma_c^s)+\mathcal{S}_n(\sin n\sigma_c^u-\sin n\sigma_c^s)\big]\Big\}^{1/2} \quad (7-162)$$

根据如下关系

$$| \Delta\dot{\sigma}_c |\approx|k\Delta n|=\Big|-\frac{3kn}{2a}\Delta a\Big|=\Big|\frac{3kn}{2a}\Delta a\Big| \quad (7-163)$$

可得用半长轴变化 Δa 表示的共振半宽为

$$| \Delta a |=\frac{2\sqrt{6}}{3n}\Big[\sum_{q\in\mathbb{N}}\mathcal{C}_q(\cos q\sigma_c^u-\cos q\sigma_c^s)+\mathcal{S}_q(\sin q\sigma_c^u-\sin q\sigma_c^s)\Big]^{1/2} \quad (7-164)$$

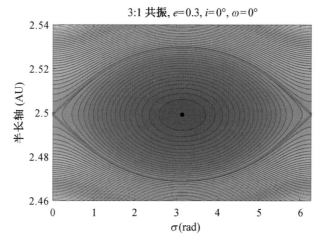

图 7-43　木星 3∶1 共振的相图[13]。黑色点对应共振中心,红色实线为经过鞍点的动力学边界,将相空间划分为循环区域和共振区域

其次,从哈密顿动力学角度推导共振模型。

引入庞加莱正则根数

$$\begin{aligned}
&\lambda=M+\bar{\omega}, &&\Lambda=\sqrt{\mu a}\\
&p=-\bar{\omega}, &&P=\sqrt{\mu a}(1-\sqrt{1-e^2})\\
&q=-\Omega, &&Q=\sqrt{\mu a(1-e^2)}(1-\cos i)\\
&\lambda_p, &&\Lambda_p
\end{aligned} \quad (7-165)$$

引入正则变换

$$\sigma_1 = k\lambda - k_p\lambda_p - (k_p - k)q = \sigma_c, \quad \Sigma_1 = \frac{1}{k}\Lambda$$

$$\sigma_2 = q - p = \omega, \qquad\qquad\quad \Sigma_2 = -P$$

$$\sigma_3 = -q = \Omega, \qquad\qquad\quad \Sigma_3 = -P - Q - \frac{k_p - k}{k}\Lambda \qquad (7-166)$$

$$\sigma_4 = \lambda_p, \qquad\qquad\qquad\quad \Sigma_4 = \Lambda_p + \frac{k_p}{k}\Lambda$$

那么共振摄动函数表示为

$$\mathcal{R}^* = \sum_{n\in\mathbb{N}} \left[\mathcal{C}_n(\Sigma_1,\Sigma_2,\Sigma_3,\sigma_2)\cos n\sigma_1 + \mathcal{S}_n(\Sigma_1,\Sigma_2,\Sigma_3,\sigma_2)\sin n\sigma_1 \right] \qquad (7-167)$$

共振哈密顿函数为

$$\begin{aligned}
\mathcal{H}^* &= -\frac{\mu}{2a} + n_p\Lambda_p - \mathcal{R}^*(a,e,i,\sigma_c) \\
&= -\frac{\mu^2}{2\Lambda^2} + n_p\Lambda_p - \mathcal{R}^*(\Lambda,P,Q,\sigma_c) \\
&= -\frac{\mu^2}{2(k\Sigma_1)^2} + n_p(\Sigma_4 - k_p\Sigma_1) - \mathcal{R}^*(\Sigma_1,\Sigma_3,\Sigma_3,\sigma_1,\sigma_2)
\end{aligned} \qquad (7-168)$$

其中 σ_3, σ_4 为循环坐标。于是，存在如下运动积分

$$\Sigma_3 = -P - Q - \frac{k_p - k}{k}\Lambda = \sqrt{\mu a}\left(\sqrt{1-e^2}\cos i - \frac{k_p}{k}\right) = \mathrm{const} \qquad (7-169)$$

$$\Sigma_4 = \Lambda_p + \frac{k_p}{k}\Lambda = \mathrm{const}$$

运动积分 Σ_3 表明在共振动力学模型中小天体的 z 方向角动量和轨道能量发生交换，即 (a,e,i) 耦合演化。略去(7-168)中的常数项，共振哈密顿函数变为

$$\mathcal{H}^* = -\frac{\mu^2}{2(k\Sigma_1)^2} - n_p k_p\Sigma_1 - \mathcal{R}^*(\Sigma_1,\Sigma_2,\Sigma_3,\sigma_1,\sigma_2) \qquad (7-170)$$

显然这是一个 2 自由度系统，(σ_1, σ_2) 为角坐标。运动方程为

$$\begin{aligned}
\dot{\sigma}_1 = \frac{\partial\mathcal{H}^*}{\partial\Sigma_1}, &\qquad \dot{\Sigma}_1 = -\frac{\partial\mathcal{H}^*}{\partial\sigma_1} \\
\dot{\sigma}_2 = \frac{\partial\mathcal{H}^*}{\partial\Sigma_2}, &\qquad \dot{\Sigma}_2 = -\frac{\partial\mathcal{H}^*}{\partial\sigma_2}
\end{aligned} \qquad (7-171)$$

但是这两个自由度之间存在等级式的频率差异，即

$$\dot{\sigma}_1 \gg \dot{\sigma}_2 = \dot{\omega} \qquad (7-172)$$

因此，在研究平运动共振时，将长期变量当成常数处理。将哈密顿函数重新整理为

$$\mathcal{H}^* = -\frac{\mu}{2a} - n_p\frac{k_p}{k}\sqrt{\mu a} - \sum_{k_1\in\mathbb{N},k_2\in\mathbb{Z}} \mathcal{C}_{k_1,k_2}(a,e,i)\cos(k_1\sigma_c + k_2\omega) \qquad (7-173)$$

将三角函数展开后可得

$$\mathcal{H}^* = -\frac{\mu}{2a} - n_p\frac{k_p}{k}\sqrt{\mu a} - \sum_{n\in\mathbb{N}}\mathcal{C}_n(a,e,i,\omega)\cos n\sigma_1 + \mathcal{S}_n(a,e,i,\omega)\sin n\sigma_1 \quad (7-174)$$

基于共轭坐标和动量,可将哈密顿函数进一步整理为

$$\mathcal{H}^* = -\frac{\mu^2}{2(k\Sigma_1)^2} - n_pk_p\Sigma_1 - \sum_{n\in\mathbb{N}}\left[\mathcal{C}_n(a,e,i,\omega)\cos n\sigma_1 + \mathcal{S}_n(a,e,i,\omega)\sin n\sigma_1\right] \quad (7-175)$$

在以上近似下,系统降阶为 1 自由度系统,运动方程为

$$\dot{\sigma}_1 = \frac{\partial\mathcal{H}^*}{\partial\Sigma_1}, \qquad \dot{\Sigma}_1 = -\frac{\partial\mathcal{H}^*}{\partial\sigma_1} \quad (7-176)$$

这里有 $\sigma_1 = \sigma_c$,于是可得用根数表示的运动方程为

$$\frac{\mathrm{d}\sigma_c}{\mathrm{d}t} = \frac{k\sqrt{\mu a}}{a^2} - n_pk_p - 2k\sqrt{a/\mu}\frac{\partial\mathcal{R}^*}{\partial\sigma_c}$$

$$\frac{\mathrm{d}a}{\mathrm{d}t} = 2k\sqrt{a/\mu}\frac{\partial\mathcal{R}^*}{\partial\sigma_c} \quad (7-177)$$

其中共振摄动函数为

$$\mathcal{R}^* = \sum_{n\in\mathbb{N}}\left[\mathcal{C}_n(a,e,i,\omega)\cos n\sigma_c + \mathcal{S}_n(a,e,i,\omega)\sin n\sigma_c\right] \quad (7-178)$$

系统的平衡点满足如下条件

$$\frac{\mathrm{d}\sigma_c}{\mathrm{d}t} = \frac{\mathrm{d}a}{\mathrm{d}t} = 0 \quad (7-179)$$

$$\frac{\mathrm{d}\sigma_c}{\mathrm{d}t} \approx kn - k_pn_p = 0 \Rightarrow a_0 = \left(\frac{k^2}{k_p^2}\frac{\mu}{n_p^2}\right)^{1/3} \quad (7-180)$$

第二个条件给出了平运动共振的标称位置 a_0,求解第一个条件(7-179)可得平衡点处的角坐标 σ_c。将共振中心记为 (σ_c^s, a_0),鞍点记为 (σ_c^u, a_0)。

进一步,将哈密顿函数作单摆近似,即扰动部分的系数 $\mathcal{C}_q$ 和 $\mathcal{S}_q$ 在共振标称位置处取值,可得

$$\mathcal{H}^*(\sigma_c,a) = -\frac{\mu}{2a} - n_p\frac{k_p}{k}\sqrt{\mu a} - $$
$$\sum_{q\in\mathbb{N}}\left[\mathcal{C}_q(a_0,e,i,\omega)\cos q\sigma_c + \mathcal{S}_q(a_0,e,i,\omega)\sin q\sigma_c\right] \quad (7-181)$$

共振半宽记为

$$\Delta a = |a_{\mathrm{sep}} - a_0|\big|_{\sigma_c=\sigma_c^s} \quad (7-182)$$

根据动力学边界的定义(图 7-44)有

$$\mathcal{H}^*(\sigma_c^s, a_{\mathrm{sep}}) = \mathcal{H}^*(\sigma_c^u, a_0) \quad (7-183)$$

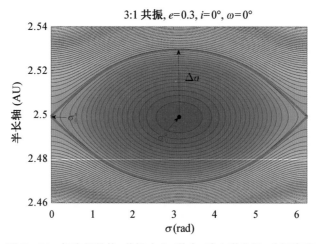

图 7-44   相空间结构:共振中心、鞍点、动力学边界、共振半宽

将哈密顿函数在共振中心处作 Taylor 展开并保留至二阶项,可得

$$
\begin{aligned}
\Delta \mathcal{H}^* &= \mathcal{H}^* (\sigma_c^s, a_{\mathrm{sep}}) - \mathcal{H}^* (\sigma_c^s, a_0) \\
&= \frac{\partial \mathcal{H}^*}{\partial a} \bigg|_{a=a_0, \sigma_c=\sigma_c^s} \Delta a + \frac{1}{2} \frac{\partial^2 \mathcal{H}^*}{\partial a^2} \bigg|_{a=a_0, \sigma_c=\sigma_c^s} (\Delta a)^2
\end{aligned}
\tag{7-184}
$$

考虑到平衡点条件,有

$$
\Delta \mathcal{H}^* = \mathcal{H}^* (\sigma_c^s, a_{\mathrm{sep}}) - \mathcal{H}^* (\sigma_c^s, a_0) \approx \frac{1}{2} \frac{\partial^2 \mathcal{H}^*}{\partial a^2} \bigg|_{a=a_0, \sigma_c=\sigma_c^s} (\Delta a)^2
\tag{7-185}
$$

其中

$$
\frac{\partial^2 \mathcal{H}^*}{\partial a^2} \bigg|_{a=a_0, \sigma_c=\sigma_c^s} = -\frac{3}{4} n^2
\tag{7-186}
$$

从而有

$$
\Delta \mathcal{H}^* = -\frac{3}{8} n^2 (\Delta a)^2
\tag{7-187}
$$

考虑到

$$
\mathcal{H}^* (\sigma_c^s, a_{\mathrm{sep}}) = \mathcal{H}^* (\sigma_c^u, a_0)
\tag{7-188}
$$

于是可得

$$
(\Delta a)^2 = \frac{8}{3n^2} \big[\mathcal{H}^* (\sigma_c^s, a_0) - \mathcal{H}^* (\sigma_c^u, a_0) \big]
\tag{7-189}
$$

很容易得到

$$
\Delta a = \frac{2\sqrt{6}}{3n} \big[\mathcal{H}^* (\sigma_c^s, a_0) - \mathcal{H}^* (\sigma_c^u, a_0) \big]^{1/2}
\tag{7-190}
$$

将共振哈密顿函数的表达式代入上式可得

$$\Delta a = \frac{2\sqrt{6}}{3n}\Big\{\sum_{q\in\mathbb{N}}\big[\mathcal{C}_q(\cos q\sigma_c^u - \cos q\sigma_c^s) + \mathcal{S}_q(\sin q\sigma_c^u - \sin q\sigma_c^s)\big]\Big\}^{1/2} \qquad (7-191)$$

不难发现,通过哈密顿动力学角度推导的共振半宽表达式(7-191)与第一种基于拉格朗日行星运动方程推导的表达式(7-164)完全一致。同时与文献[13]和[16]中的表达式完全一致。

7.5.2　三维平运动共振的动力学特征

在三维共振模型基础上,本节进一步讨论三维共振的动力学性质。

图 7-45 给出了在 $\omega=0°$ 构型下木星 3∶1 共振在不同倾角处的相图。可见,随着倾角的变化,相空间结构并没有发生质的变化,共振中心始终处于 $\sigma_c=\pi$,鞍点位于 $\sigma_c=0$,但是共振的宽度随倾角的变化而变化。图 7-46 给出不同偏心率下共振宽度随倾角的变化关系,可见,随着倾角从 $0°$ 增加到 $180°$,共振宽度先增大后减小。

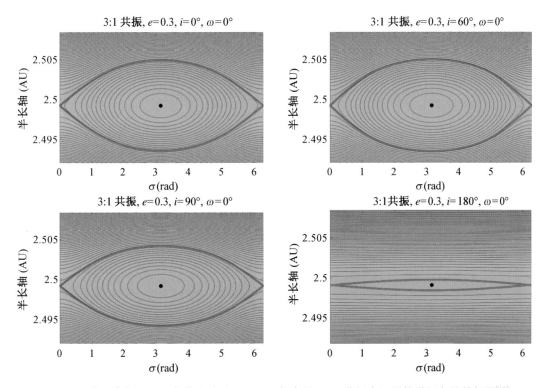

图 7-45　在近点角距 $\omega=0°$,偏心率为 $e=0.3$ 时,木星 3∶1 共振在不同轨道倾角处的相图[13]。
红色实线为经过鞍点的动力学边界

图 7-47 给出了 $\omega=0°$ 构型下,偏心率分别为 $e=0.1$ 和 $e=0.3$ 时,共振动力学边界以及共振宽度的分析结果和数值结果的对比,蓝色点对应数值动力学边界,红色实线为分析哈密顿模型的动力学边界。可见,在整个倾角空间,共振的分析结果与数值结果能够很好地吻合。

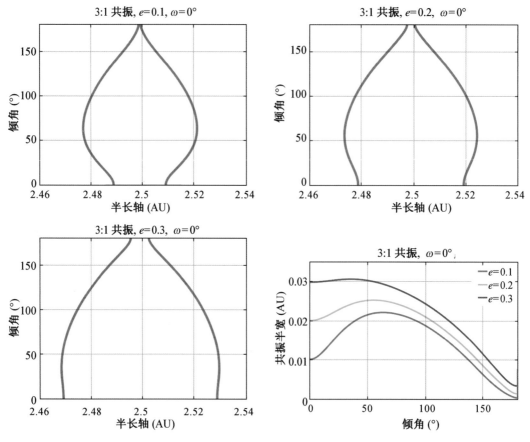

图 7 - 46   共振宽度随轨道倾角的变化

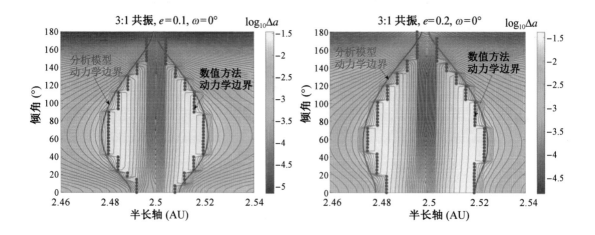

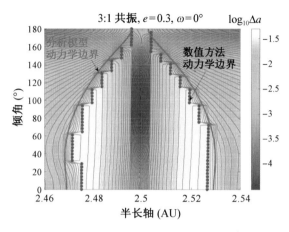

图 7 - 47 分析结果与数值结果的对比[13]

当近点角距取为 $\omega=90°$ 时,图 7 - 48 给出了木星 3∶1 共振在不同倾角处的相图。可见,相空间结构随着倾角的增加而发生变化。特别地,当倾角为 0° 和 150° 时,共振中心位于 $\sigma_c=0$,鞍点位于 $\sigma_c=\pi$。在其余倾角处,共振中心和鞍点反过来。此外,从相图可以看出:共振宽度随倾角的变化而变化。图 7 - 49 给出了共振宽度随倾角变化的情况。可见,在倾角在 $[0°,180°]$ 范围内变化时,共振宽度存在不止一个极小值。

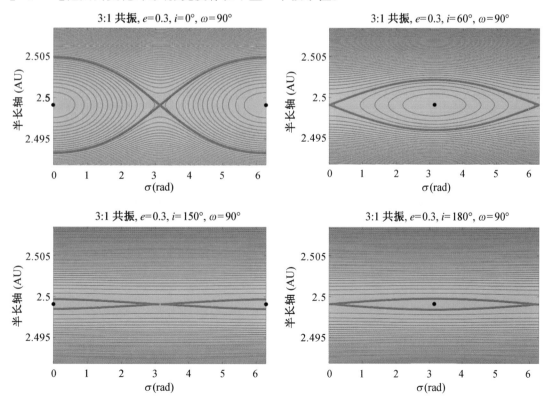

图 7 - 48 近点角距为 $\omega=90°$ 时,不同倾角下 3∶1 共振的相图[13]

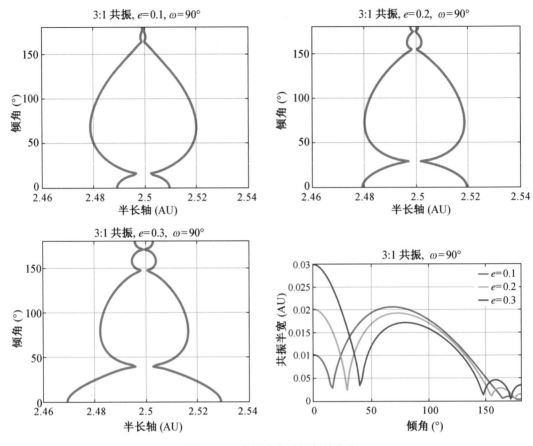

图 7 - 49　共振半宽随倾角的变化

图 7 - 50 给出了近点角距为 $\omega=90°$ 时,木星 3:1 共振的共振动力学特征的分析结果和数值结果的对比。可见,在整个倾角空间内,分析结果与数值结果都高度一致。

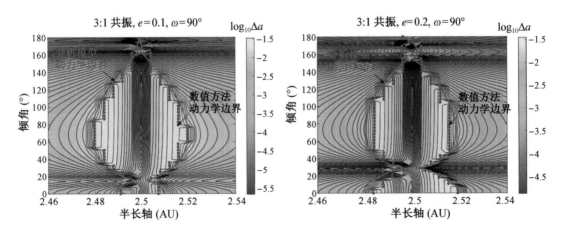

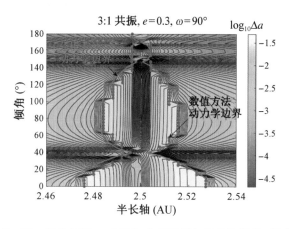

图 7-50　近点角距 $\omega=90°$ 时,分析结果与数值结果的对比[13]

　　为了分析不同的共振角在整体动力学效果中的贡献,依据上面介绍的方法,基于以下单一共振角和特征共振角

$$\sigma_1=3\lambda_p-\lambda-2\Omega-2\omega$$
$$\sigma_2=3\lambda_p-\lambda-2\Omega+0\omega$$
$$\sigma_3=3\lambda_p-\lambda-2\Omega+2\omega \qquad (7-192)$$
$$\sigma_4=3\lambda_p-\lambda-2\Omega+4\omega$$
$$\sigma_c=3\lambda_p-\lambda-2\Omega$$

分别建立哈密顿模型,并分析共振宽度随倾角的变化,与数值结果作对比。结果见图 7-51,其中近点角距和偏心率的取值见图中的标题。

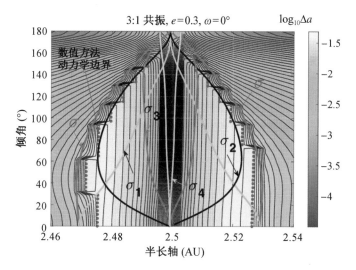

图 7-51　单一共振角与共振特征角对应的分析结果与数值结果对比[13]

可见:1)当倾角比较小时(近共面构型),共振宽度主要是由纯偏心率型共振角 σ_1 主导的,此时其他共振角 $\sigma_2,\sigma_3,\sigma_4$ 的贡献很小(几乎可忽略),这也就是 Namouni 和 Morais[15] 的分析结果与数值结果在 $I=0°$ 附近吻合的原因;2)随着倾角增大,倾角型共振角 σ_2 的贡献快速增加。特别地,当倾角在 80°附近时,共振宽度主要由倾角型共振角主导,其他共振角贡献为辅;3)随着倾角进一步增大并接近 180°,偏心率型共振、倾角型共振、混合型共振逐渐减小至零,而逆共振开始主导整个动力学特征,因此在倾角接近 180°时,完全可用逆共振角建立共振哈密顿模型(见上一节内容)。

因此,可以看出,描述 3∶1 共振的共振角 $\sigma_1,\sigma_2,\sigma_3,\sigma_4$ 分别在不同的倾角空间起主导作用。然而,通过引入共振特征角,在任何倾角处,我们都可以综合考虑各子共振角的叠加贡献,因此分析结果可以在整个倾角空间和数值结果完全吻合。

结束本节之前,请读者思考如下两个问题:

1)当平运动共振时标与长期演化时标相当时,会出现什么问题?

2)三维平运动共振的动力学效果是什么?

7.6 统一哈密顿模型——内共振、共轨共振以及外共振

笔者[16]在 2020 年提出了一种适用于任意半长轴之比、任意倾角的行星摄动函数展开(参考第六章)。本节基于该摄动函数展开,建立统一的哈密顿动力学模型,描述内共振、共轨共振以及外共振。

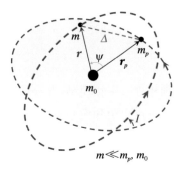

图 7-52 行星系统构型[16]

7.6.1 摄动函数展开

当摄动天体绕中心天体作圆轨道运动时,在不变平面坐标系下,行星摄动函数展开为

$$\mathcal{R} = \mathcal{G}m_p(\mathcal{R}_{\mathrm{D}} + \mathcal{R}_{\mathrm{I}})$$

$$= \frac{\mathcal{G}m_p}{a_p} \sum_{n=0}^{N} \sum_{k=0}^{k_{max}} \sum_{q=0}^{k} \sum_{l=0}^{q} \sum_{m=0}^{n} \sum_{t=0}^{l} \sum_{t_1=0}^{t} \sum_{t_2=0}^{l-t} \sum_{s=-\infty}^{\infty} \frac{(-1)^{n-m+k-q}2^{q-l}(2k-1)!!}{(2k)!!} C_k^q C_q^l C_n^m C_t^{t_1} C_{l-t}^{t_2} \times$$

$$C_l^t(1-x_c)^{-1/2-k} x_c^{k-q} \frac{\alpha^n}{n!}[D_n f_q(\alpha)] X_s^{m,(l-2t_1-2t_2)}(e)\sin^{2l-2t}(i/2)\cos^{2t}(i/2) \times$$

$$\cos[s\lambda + (l-2t+2t_1-2t_2)\lambda_p + (l-2t_1-2t_2-s)\varpi + (2t-2l+4t_2)\Omega] -$$

$$\frac{\mathcal{G}m_p}{a_p}\left(\frac{a}{a_p}\right) \sum_{s=-\infty}^{\infty} X_s^{1,1}(e)\{\sin^2(i/2)\cos[s\lambda + \lambda_p + (1-s)\varpi - 2\Omega] +$$

$$\cos^2(i/2)\cos[s\lambda - \lambda_p + (1-s)\varpi]\} \tag{7-193}$$

其中 x_c 为固定的参考点(见第六章)。类似上一节,为了研究 $p_0∶q_0$ 共振,我们引入共振特征角如下

$$\sigma = q_0\lambda - p_0\lambda_p + (p_0 - q_0)\Omega \tag{7-194}$$

因而各分共振角为

$$\sigma_{k_0}^{p_0 \, : \, q_0} = \sigma + k_0\omega \tag{7-195}$$

那么可得

$$\lambda = \frac{1}{q_0}[\sigma + p_0\lambda_p + (q_0 - p_0)\Omega] \tag{7-196}$$

将其代入摄动函数可得

$$\mathcal{R} = \frac{\mathcal{G}m_p}{a_p} \sum_{n=0}^{N} \sum_{k=0}^{k_{\max}} \sum_{q=0}^{k} \sum_{l=0}^{q} \sum_{m=0}^{n} \sum_{t=0}^{l} \sum_{t_1=0}^{t} \sum_{t_2=0}^{l-t} \sum_{s=-\infty}^{\infty} \frac{(-1)^{n-m+k-q}2^{q-l}(2k-1)!!}{(2k)!!} C_k^q C_q^l C_n^m C_t^{t_1} C_{l-t}^{t_2} C_l^t \times$$

$$(1-x_c)^{-1/2-k} x_c^{k-q} \frac{\alpha^n}{n!} [D_n f_q(\alpha)] X_s^{m,(l-2t_1-2t_2)}(e) \sin^{2l-2t}(i/2)\cos^{2t}(i/2) \times$$

$$\cos\left[\frac{s}{q_0}\sigma + \left(l - 2t + 2t_1 - 2t_2 + \frac{sp_0}{q_0}\right)(\lambda_p - \Omega) + (l - 2t_1 - 2t_2 - s)\omega\right] -$$

$$\frac{\mathcal{G}m_p}{a_p}\left(\frac{a}{a_p}\right) \sum_{s=-\infty}^{\infty} X_s^{1,1}(e)\left\{\sin^2(i/2)\cos\left[\frac{s}{q_0}\sigma + \left(1 + \frac{sp_0}{q_0}\right)(\lambda_p - \Omega) + (1-s)\omega\right] + \right.$$

$$\left. \cos^2(i/2)\cos\left[\frac{s}{q_0}\sigma + \left(\frac{sp_0}{q_0} - 1\right)(\lambda_p - \Omega) + (1-s)\omega\right]\right\} \tag{7-197}$$

当小天体处于平运动共振时,σ 为长周期角变量,λ_p 为短周期角变量。因此,为了研究共振动力学,可将摄动函数在快变量周期内进行平均化

$$\mathcal{R}^*(a,e,i,\sigma,\omega) = \frac{1}{2q_0\pi} \int_0^{2q_0\pi} \mathcal{R}(a,e,i,\sigma,\omega,\lambda_p - \Omega)\mathrm{d}\lambda_p \tag{7-198}$$

计算该积分有两种方法:**1**) 对原摄动函数直接数值积分;**2**) 采用分析方法展开摄动函数。这里我们就以直接数值积分作为参考,分析摄动函数展开的精度。

当 $p_0 = 1$ 时,共振摄动函数(平均化摄动函数)为

$$\mathcal{R}^* = \frac{\mathcal{G}m_p}{a_p} \sum_{n\geqslant0}^{N} \sum_{k\geqslant0}^{k_{\max}} \sum_{q\geqslant0}^{k} \sum_{l\geqslant0}^{q} \sum_{m\geqslant0}^{n} \sum_{t\geqslant0}^{l} \sum_{t_1\geqslant0}^{t} \sum_{t_2\geqslant0}^{l-t} \frac{(-1)^{n-m+k-q}2^{q-l}(2k-1)!!}{(2k)!!} C_k^q C_q^l C_n^m C_t^{t_1} C_{l-t}^{t_2} C_l^t \times$$

$$(1-x_c)^{-1/2-k} x_c^{k-q} \frac{\alpha^n}{n!} [D_n f_q(\alpha)] X_{q_0(2t-l-2t_1+2t_2)}^{m,(l-2t_1-2t_2)}(e) \sin^{2l-2t}(i/2)\cos^{2t}(i/2) \times$$

$$\cos\{(2t - l - 2t_1 + 2t_2)\sigma + [(l - 2t_1 - 2t_2) - q_0(2t - l - 2t_1 + 2t_2)]\omega\} -$$

$$\frac{\mathcal{G}m_p}{a_p}\left(\frac{a}{a_p}\right)\{X_{q_0}^{1,1}(e)\cos^2(i/2)\cos[\sigma + (1 - q_0)\omega] +$$

$$X_{-q_0}^{1,1}(e)\sin^2(i/2)\cos[\sigma - (1 + q_0)\omega]\} \tag{7-199}$$

当 $p_0 \neq 1$ 时,共振摄动函数为

$$\mathcal{R}^* = \frac{\mathcal{G}m_p}{a_p} \sum_{n\geqslant 0}^{N} \sum_{k\geqslant 0}^{k_{\max}} \sum_{q\geqslant 0}^{k} \sum_{l\geqslant 0}^{q} \sum_{m\geqslant 0}^{n} \sum_{t\geqslant 0}^{l} \sum_{t_1\geqslant 0}^{t} \sum_{\substack{t_2\geqslant 0 \\ \mathrm{mod}[(2t-l-2t_1+2t_2),p_0]=0}}^{l-t} \frac{(-1)^{n-m+k-q}2^{q-l}(2k-1)!!}{(2k)!!} C_k^q C_q^l C_n^m \times$$

$$C_t^{t_1} C_{l-t}^{t_2} C_l^t (1-x_c)^{-1/2-k} x_c^{k-q} \frac{\alpha^n}{n!} [D_n f_q(\alpha)] X_{\frac{q_0}{p_0}(2t-l-2t_1+2t_2)}^{m,(l-2t_1-2t_2)}(e) \sin^{2l-2t}(i/2)\cos^{2t}(i/2) \times$$

$$\cos\left\{\frac{1}{p_0}(2t-l-2t_1+2t_2)\sigma + \left[(l-2t_1-2t_2) - \frac{q_0}{p_0}(2t-l-2t_1+2t_2)\right]\omega\right\} \tag{7-200}$$

特别地,对于 1∶1 共轨共振,共振摄动函数为

$$\mathcal{R}^* = \frac{\mathcal{G}m_p}{a_p} \sum_{n=0}^{N} \sum_{k=0}^{k_{\max}} \sum_{q=0}^{k} \sum_{l=0}^{q} \sum_{m=0}^{n} \sum_{t=0}^{l} \sum_{t_1=0}^{t} \sum_{t_2=0}^{l-t} \frac{(-1)^{n-m+k-q}2^{q-l}(2k-1)!!}{(2k)!!} C_k^q C_q^l C_n^m C_t^{t_1} C_{l-t}^{t_2} C_l^t \times$$

$$(1-x_c)^{-1/2-k} x_c^{k-q} \frac{\alpha^n}{n!} [D_n f_q(\alpha)] X_{2t-l-2t_1+2t_2}^{m,(l-2t_1-2t_2)}(e) \sin^{2l-2t}(i/2)\cos^{2t}(i/2) \times$$

$$\cos[(2t-l-2t_1+2t_2)\sigma + 2(l-t-2t_2)\omega] -$$

$$\frac{\mathcal{G}m_p}{a_p}\left(\frac{a}{a_p}\right)[X_1^{1,1}(e)\cos^2(i/2)\cos\sigma + X_{-1}^{1,1}(e)\sin^2(i/2)\cos(\sigma-2\omega)] \tag{7-201}$$

其中共振角为 $\sigma = \lambda - \lambda_p$。

为了简化,记共振摄动函数为

$$\mathcal{R}^*(a,e,I,\sigma,\omega) = \sum_{k=0}^{\infty} \sum_{k_1} \mathcal{C}_{k,k_1}^{\mathcal{R}}(a,e,i)\cos(k\sigma + k_1\omega) \tag{7-202}$$

其中共振特征角为 $\sigma = q_0\lambda - p_0\lambda_p + (p_0-q_0)\Omega$。

图 7-53 给出了截断到 $N=2,3,4$ 阶(偏心率的阶数)的摄动函数误差。针对木星 3∶1 和 2∶1 内共振,分析摄动函数展开和直接数值积分之间的相对误差。相对误差定义为

$$\Delta f = \frac{|f_{\mathrm{approximate}} - f_{\mathrm{accurate}}|}{|f_{\mathrm{accurate}}|} \tag{7-203}$$

可见,随着截断阶数 N 的增加,相对误差明显降低。在此后的分析中取偏心率的阶数 $N=4$。

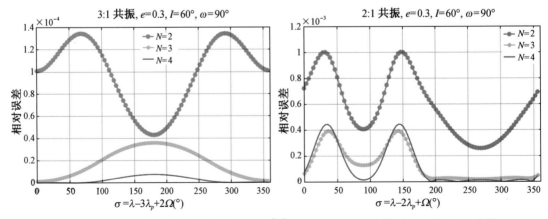

图 7-53 不同阶共振摄动函数的精度分析[16],左边对应 3∶1 共振,右边对应 2∶1 共振

　　针对内共振和外共振,图 7-54 给出了偏心率阶数为 $N=4$ 的共振摄动函数和由数值积分获得的共振摄动函数的对比。可见在整个共振角 σ 范围内,二者都非常吻合。特别地,共振摄动函数的极大值和极小值分别对应鞍点和共振中心,因此分析模型和数值模型对应的鞍点和中心点也是吻合的。

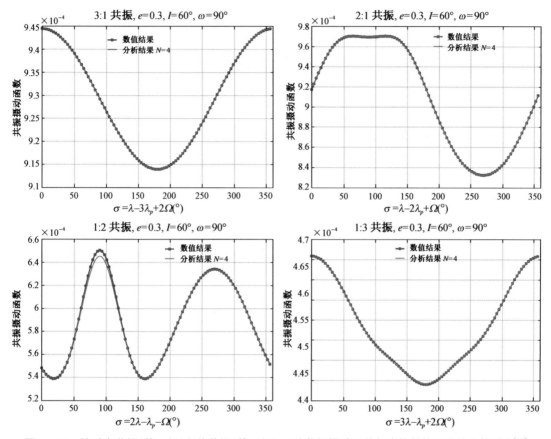

图 7-54　针对内共振(第一行)和外共振(第二行),4 阶共振摄动函数与直接数值积分结果的对比[16]

　　针对 1∶1 共轨共振,半长轴之比在 1 附近,图 7-55 给出了 $N=4$ 的共振摄动函数和数值结果的对比。可见,除与木星密近交会区域外[最小距离小于 3 倍希尔(Hill)半径 R_H],分析解和数值解均能很好地吻合,即使在密近交会区域,分析摄动函数和数值摄动函数的极大值与极小值发生的位置也是一致的,说明共振中心和鞍点的发生位置是相同的。

　　在密近交会区域,分析摄动函数始终小于数值摄动函数,导致的结果是分析计算的共振宽度小于数值计算的共振宽度。需说明的是:当小天体和木星存在密近交会时,来自第三体的摄动太强,作为摄动理论基础的平均化方法本身不再适用。这说明,在密近交会区域,无论是数值还是分析共振摄动函数,都不能反映小天体的实际演化。因此,在密近交会区域追求分析和数值结果的吻合精度都是没有意义的。

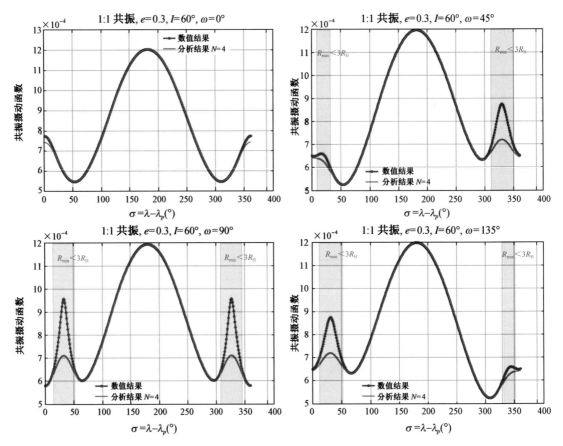

图 7-55 针对 1∶1 共轨共振，4 阶共振摄动函数与数值解对比[16]。阴影部分对应小天体与木星之间的最小距离小于 3 倍 Hill 半径(与木星存在密近交汇)区域

7.6.2 共振哈密顿函数

为了研究平运动共振，引入庞加莱根数

$$
\begin{aligned}
&\Lambda = L = \sqrt{\mu a}, &&\lambda = l + g + h = M + \bar{\omega} \\
&P = L - G = \sqrt{\mu a}(1 - \sqrt{1 - e^2}), &&p = -(g + h) = -\bar{\omega} \\
&Q = G - H = \sqrt{\mu a (1 - e^2)}(1 - \cos i), &&q = -h = -\Omega \\
&\Lambda_p, &&\lambda_p
\end{aligned} \tag{7-204}
$$

系统哈密顿函数为

$$
\mathcal{H} = -\frac{\mu^2}{2\Lambda^2} + n_p \Lambda_p - \mathcal{R}(\Lambda, P, Q, \lambda, p, q, \lambda_p) \tag{7-205}
$$

这说明原系统是一个 4 自由度系统。由于 λ_p 和 $q = -\Omega$ 在摄动函数展开中是以 $\lambda_p - \Omega$ 的形式出现的，因此，通过正则变化可将系统自由度由 4 降为 3。

为了研究平运动共振,引入正则变换(目标是将我们关心的共振角显式地变成其中一个角坐标)

$$\Sigma_1 = \frac{1}{q_0}\Lambda, \qquad\qquad \sigma_1 = q_0\lambda - p_0\lambda_p - (p_0 - q_0)q = \sigma$$

$$\Sigma_2 = -P, \qquad\qquad \sigma_2 = q - p = \omega$$

$$\Sigma_3 = -P - Q\;\frac{p_0 - q_0}{q_0}\Lambda, \quad \sigma_3 = -q = \Omega \tag{7-206}$$

$$\Sigma_4 = \Lambda_p + \frac{p_0}{q_0}\Lambda, \qquad\quad \sigma_4 = \lambda_p$$

那么,系统哈密顿函数为

$$\mathcal{H} = -\frac{\mu^2}{2(q_0\Sigma_1)^2} + n_p(\Sigma_4 - p_0\Sigma_1) - \mathcal{R}(\Sigma_1, \Sigma_2, \Sigma_3, \Sigma_4, \sigma_1, \sigma_2, \sigma_3, \sigma_4) \tag{7-207}$$

通过平均化,可得共振哈密顿函数为

$$\mathcal{H}^* = -\frac{\mu^2}{2(q_0\Sigma_1)^2} + n_p(\Sigma_4 - p_0\Sigma_1) - \mathcal{R}^*(\Sigma_1, \Sigma_2, \Sigma_3, \Sigma_4, \sigma_1, \sigma_2) \tag{7-208}$$

其中 $\sigma_1 = \sigma$, $\sigma_2 = \omega$。可见,通过一次平均化,同时消除了 σ_3, σ_4,这主要是因为摄动函数中 σ_3, σ_4 是以 $\sigma_4 - \sigma_3$ 形式出现的。显然,哈密顿系统(7-208)为一个 2 自由度系统,运动方程为

$$\dot{\sigma}_1 = \frac{\partial \mathcal{H}^*}{\partial \Gamma_1}, \dot{\Sigma}_1 = -\frac{\partial \mathcal{H}^*}{\partial \sigma_1}$$

$$\dot{\sigma}_2 = \frac{\partial \mathcal{H}^*}{\partial \Gamma_2}, \dot{\Sigma}_2 = -\frac{\partial \mathcal{H}^*}{\partial \sigma_2} \tag{7-209}$$

在哈密顿函数(7-208)中,σ_3, σ_4 为循环坐标,因此相应的共轭动量为运动积分

$$\Sigma_3 = \sqrt{\mu a}\left(\sqrt{1 - e^2}\cos i - \frac{p_0}{q_0}\right) \tag{7-210}$$

$$\Sigma_4 = \Lambda_p + \frac{p_0}{q_0}\sqrt{\mu a} \tag{7-211}$$

运动积分 Σ_3 体现小天体在平运动共振演化中 z 方向的角动量和轨道能量发生交换,意味着轨道根数 (a, e, i) 耦合演化(与上一节结论一致)。基于经典轨道根数,共振哈密顿函数表示为

$$\mathcal{R}^* = -\frac{\mu}{2a} - n_p\frac{p_0}{q_0}\sqrt{\mu a} - \mathcal{R}(a, e, i, \sigma, \omega)$$

$$= -\frac{\mu}{2a} - n_p\frac{p_0}{q_0}\sqrt{\mu a} - \sum_{k=0}^{\infty}\sum_{k_1}\mathcal{C}_{k,k_1}^{\mathcal{R}}(a, e, i)\cos(k\sigma + k_1\omega) \tag{7-212}$$

其中平运动共振时标远小于长期演化时标,即

$$T_\sigma \ll T_\omega \tag{7-213}$$

因此,在平运动共振时标内,可将长期演化相关变量近似为常数(与上一节一致),此时共振

哈密顿函数退化为 1 自由度系统,哈密顿函数变为

$$\mathcal{R}^* = -\frac{\mu}{2a} - n_p \frac{p_0}{q_0}\sqrt{\mu a} -$$

$$\sum_{k=1}^{\infty}\big[\mathcal{C}_k(a,e,i,\omega)\cos k\sigma + \mathcal{S}_k(a,e,i,\omega)\sin k\sigma\big] \tag{7-214}$$

其中

$$\mathcal{C}_k(a,e,i,\omega) = \sum_{k_1}\mathcal{C}^{\mathcal{R}}_{k,k_1}(a,e,i)\cos(k_1\omega) \tag{7-215}$$

$$\mathcal{S}_k(a,e,i,\omega) = -\sum_{k_1}\mathcal{C}^{\mathcal{R}}_{k,k_1}(a,e,i)\sin(k_1\omega)$$

共振哈密顿量在相空间的等值线构成相图,木星 3 : 1 共振的相图见图 7 - 56。共振中心对应于稳定的平衡点,鞍点对应不稳定平衡点,动力学边界为经过鞍点的哈密顿函数等值线(图中红色实线)。

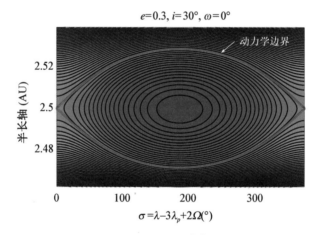

$e=0.3, i=30°, \omega=0°$

图 7 - 56 木星 3 : 1 共振的相空间结构[16]。红色实线为动力学边界

共振宽度定义为动力学边界与共振中心处的距离。同上一节推导,可得以半长轴表示的共振半宽的表达式为

$$\Delta a = \frac{2\sqrt{6}}{3n}\big[\mathcal{H}^*(a_0,e_0,i_0,\sigma_s,\omega_0) - \mathcal{H}^*(a_0,e_0,i_0,\sigma_u,\omega_0)\big]^{\frac{1}{2}}$$

$$= \frac{2\sqrt{6}}{3n}\big[\mathcal{R}^*(a_0,e_0,i_0,\sigma_u,\omega_0) - \mathcal{R}^*(a_0,e_0,i_0,\sigma_s,\omega_0)\big]^{\frac{1}{2}} \tag{7-216}$$

$$= \frac{2\sqrt{6}}{3n}\Big\{\sum_{k=1}^{\infty}\big[\mathcal{C}_k(\cos k\sigma_u - \cos k\sigma_s) + \mathcal{S}_k(\sin k\sigma_u - \sin k\sigma_s)\big]\Big\}^{\frac{1}{2}}$$

7.6.3 结果与讨论

下面将上一节建立的共振哈密顿模型应用于木星的内共振,木星的 1 : 1 共振以及海王

星的外共振。

1. 木星的内共振($p_0 > q_0$)

针对木星 3∶1 共振和 2∶1 共振,图 7－57 给出的是共振哈密顿模型在空间(σ,a)中的相图,其中偏心率、倾角以及近点角距取值见图的标题,红色实线为哈密顿模型的动力学边界。可见:1) 木星 3∶1 共振的共振中心位于 $\sigma=\pi$,鞍点位于 $\sigma=0$;2) 木星 2∶1 共振的共振中心位于 $\sigma=0$,鞍点位于 $\sigma=\pi$;3) 相图呈现对称性(这是单摆近似的必然结果);4) 相图中的等哈密顿线对应小天体演化的平均轨迹,因此处于共振并靠近动力学边界时小天体的半长轴变化 Δa 最大,越靠近共振中心,半长轴变化 Δa 越小。

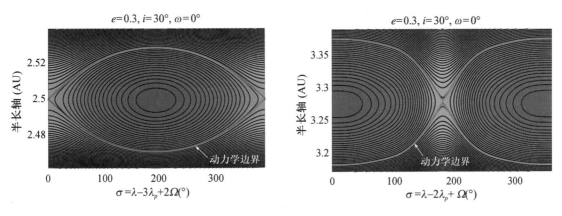

图 7－57 木星 3∶1 共振(左图)和 2∶1 共振(右图)相图[16]

为了验证相图的正确性,我们积分原始运动方程获得共振小天体的实际数值积分轨道,并将实际轨道的(σ,a)演化与相图进行比较,见图 7－58。可见:1) 实际数值积分轨道存在长周期和短周期振荡,短周期振荡振幅较小;2) 共振小天体的长周期演化趋势与相图中的等哈密顿量线完全一致,充分说明相图等值线反映的是共振天体的平均动力学行为。

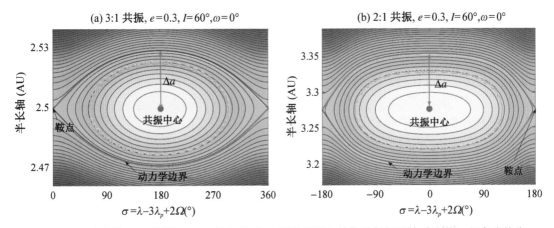

图 7－58 以木星 3∶1 共振和 2∶1 共振为例,实际数值积分的轨迹与相图的对比[16]。红色实线为动力学边界,绿色实线为实际的数值积分轨道

图 7-59 和图 7-60 给出了木星 3∶1 共振和 2∶1 共振的共振宽度随倾角的变化关系。左图对于不同近点角距 $\omega=0°,30°,60°,90°$ 分析了哈密顿模型的共振宽度随轨道倾角的变化关系。右图在 $\omega=90°$ 时对比了哈密顿模型的共振宽度与数值哈密顿模型的共振宽度。可见：1) 无论是 3∶1 还是 2∶1 共振，近点角距 ω 对于整个动力学结构的演变都起着至关重要的作用；2) 分析结果与数值结果高度一致。

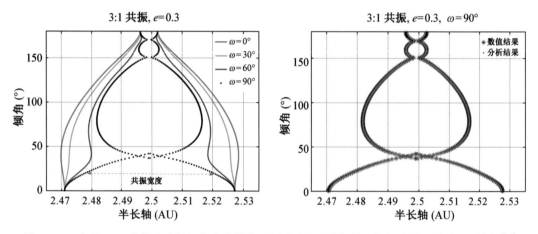

图 7-59 木星 3∶1 共振宽度随倾角变化的关系(左图)以及分析结果与数值结果的对比(右图)[16]

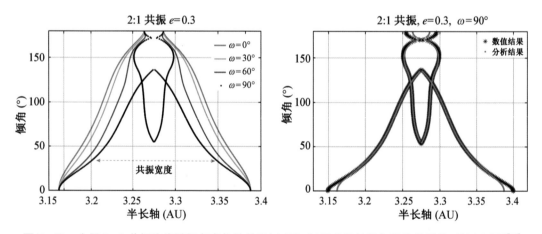

图 7-60 木星 2∶1 共振宽度随倾角变化的关系(左图)，以及分析结果与数值结果的对比(右图)[16]

2. 共轨共振(1∶1 共振)

图 7-61 给出了不同类型的共轨运动：蝌蚪型轨道、马蹄形轨道、拟卫星轨道、逆共轨共振轨道。本节以木星的 1∶1 共轨共振为例，根据本章建立的哈密顿模型，探讨不同参数下共轨共振的相空间结构变化。这里简要分析图 7-61 中共轨运动类型的相空间结构及参数情况。

图 7-62 的左图给出的是木星 1∶1 共轨共振的分析哈密顿模型的相图，其中红色实线和黄色实线为相图的动力学边界，右图为相应的数值哈密顿模型相图。可见：1) 分析模型的相空间结构与数值模型的相空间结构高度一致，表明了分析哈密顿模型的有效性；2) 在左上

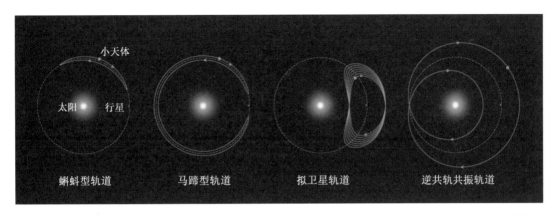

图 7‑61　共轨运动类型：从左至右分别为蝌蚪型轨道、马蹄形轨道、拟卫星轨道、逆共轨共振轨道[17]

图中，红色实线是三角平动点附近的蝌蚪型运动与马蹄形轨道运动的动力学分界线，黄色实线为马蹄形轨道运动与循环运动的动力学分界线；3）在左下图中，黄色实线和红色实线交换位置，此时黄色实线是蝌蚪型运动与拟卫星轨道的分界线，红色实线是拟卫星轨道与循环轨道的分界线。

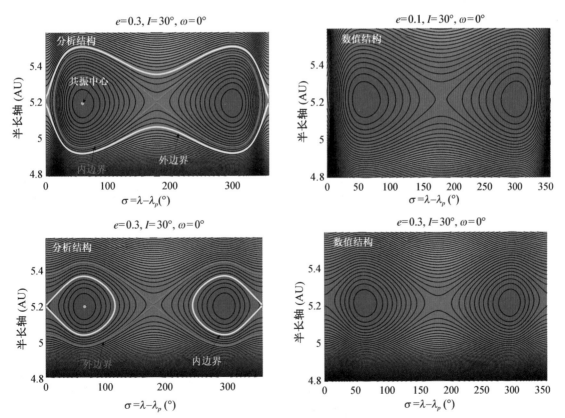

图 7‑62　木星 1∶1 共振的分析模型相图（左图）和数值模型相图（右图）。

左边红色实线和黄色实线都为动力学边界

　　针对木星 1∶1 共轨共振,我们取偏心率和近点角距为 $e=0.3,\omega=0$。变化轨道倾角,探索轨道倾角对 1∶1 共轨共振相空间结构的影响。结果见图 7-63 和图 7-64。当倾角为 $0°$ 和 $15°$ 时,相空间结构相似,存在三个共振岛,分别以 L_4,L_5 和木星位置为共振中心,倾角增大,木星附近共振岛减小。当倾角为 $30°$、$60°$、$90°$、$120°$ 时,相空间结构类似,木星附近的共振岛消失,留下 L_4,L_5 附近的共振岛,对应蝌蚪型轨道,此外黄色实线和红色实线之间的区域对应马蹄形轨道,随着倾角增加,共振岛逐渐减小。当倾角变为 $180°$ 时(平面逆行),动力学结构重新变成类似单摆的对称结构,仅有一个共振中心和一个鞍点。因此,对于 1∶1 共轨共振,轨道倾角对共轨运动类型起着至关重要的作用。

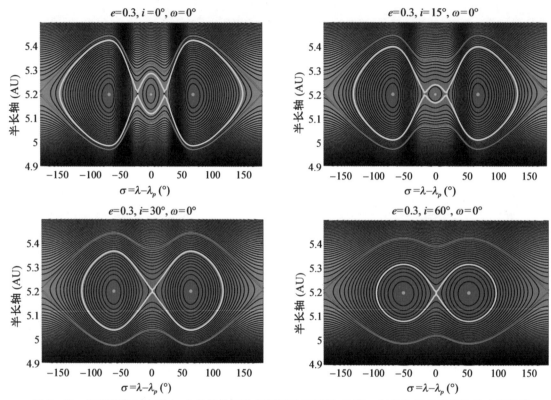

图 7-63　不同倾角时木星 1∶1 共轨共振分析模型的相图($i<90°$)。红色和黄色实线为动力学边界

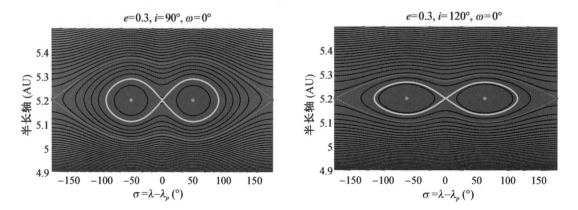

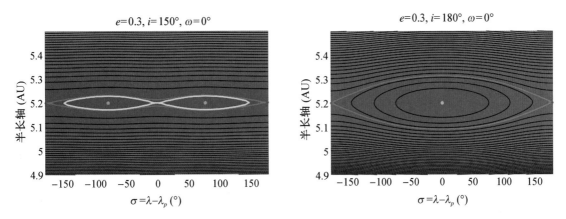

图 7-64　倾角不同时木星 1∶1 共轨共振分析模型的相图($i \geqslant 90°$)。红色和黄色实线为动力学边界

　　针对 1∶1 共轨共振的共振中心以及共振宽度,图 7-65 给出了分析结果和数值结果的对比。可见,在除木星密近交会区域外的整个倾角空间,分析结果和数值结果高度一致。左图表明:三角平动点 L_4 的位置随着倾角的变化而变化,当倾角增大至 160°附近时,两个不对称共振中心(L_4, L_5)退化成一个对称共振中心。右图中给出的是共振宽度随倾角的变化情况。可见:1) 当倾角大于 160°时,不对称共振岛消失,合并为对称共振岛(类似单摆结构);2) 在倾角小于 160°的空间,存在两组动力学边界,其中两个内边界之间的区域对应蝌蚪型运动,可见蝌蚪型轨道的共振宽度随倾角增大而减小;3) 两个外边界是共振区域(蝌蚪型和马蹄形运动)与循环区域的分界线,因此两外边界之间的距离体现的是 1∶1 共轨共振的总宽度,同样,该宽度随轨道倾角的增大而减小;4) 两个外边界和内边界之间的区域对应于马蹄形运动,可见随着倾角的增大,马蹄形运动区域先增大后减小。

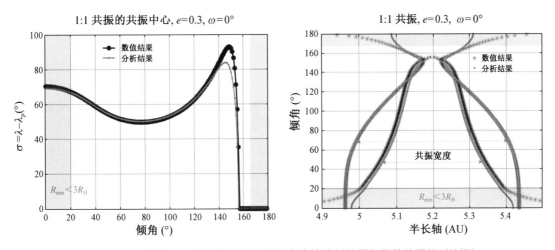

图 7-65　木星 1∶1 共振中心以及共振宽度的分析结果与数值结果的对比[16]

3. 海王星的外共振($p_0 < q_0$)

本节以海王星的外共振为例,探讨共振哈密顿模型的有效性。

针对海王星 1∶2 和 1∶3 外共振,图 7-66 给出了分析哈密顿模型和数值哈密顿模型的相空间结构对比。左图为分析相空间结构(红色实线和绿色实线为动力学边界),右图为数值相空间结构。可见:1) 分析相图和数值相图高度一致;2) 类似于 1∶1 共振,存在不对称共振中心;3) 存在类似于蝌蚪型运动和马蹄形运动的区域。

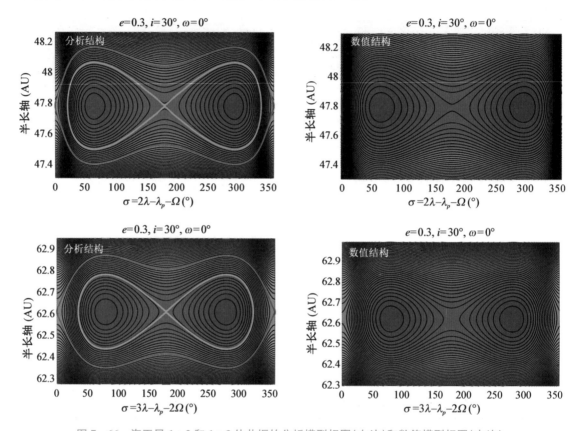

图 7-66　海王星 1∶2 和 1∶3 外共振的分析模型相图(左边)和数值模型相图(右边)。
左边红色和绿色实线为动力学边界

图 7-67 和图 7-68 分别给出了海王星外 1∶2 共振和外 1∶3 共振的中心以及共振宽度随倾角变化的分析结果和数值结果。可见,分析结果和数值结果高度一致(具体讨论类似对 1∶1 共轨共振的讨论,这里不再展开)。图 7-69 给出了海王星的其他外共振的共振宽度随倾角变化的分析结果。

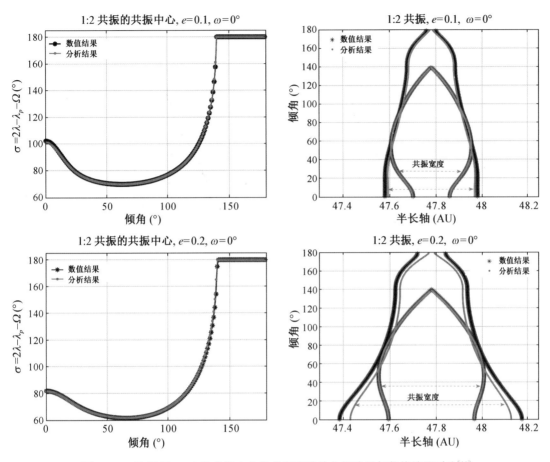

图 7‑67　海王星 1：2 外共振中心及共振宽度的分析结果与数值结果对比[16]

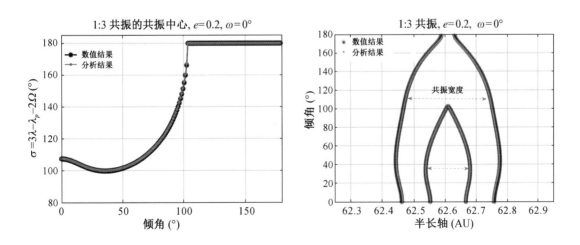

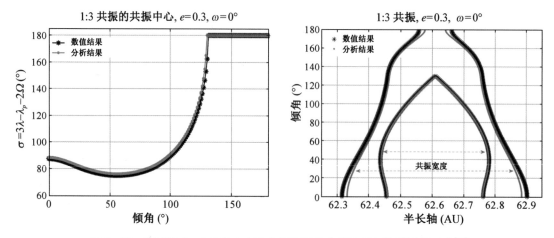

图 7‑68　海王星 1∶3 共振中心及共振宽度的分析结果与数值结果对比[16]

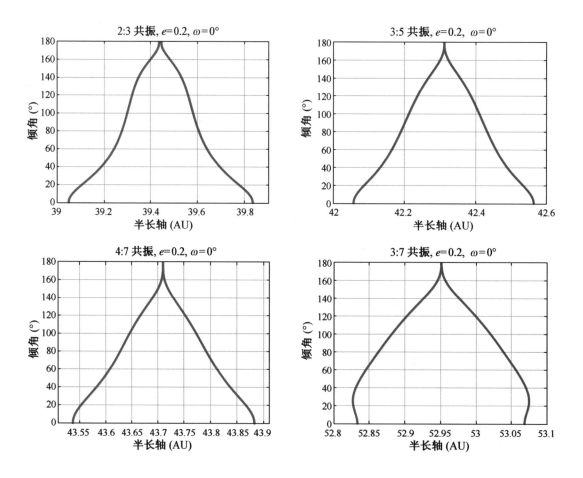

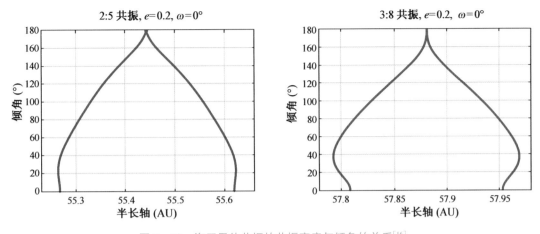

图 7-69　海王星外共振的共振宽度与倾角的关系[16]

习题

1. 请推导二阶共振($m=2$)的三阶拓展模型。讨论平衡点分布与参数之间的关系,并针对典型参数值绘制相图。

2. 请推导一阶共振($m=1$)的四阶拓展模型。

$$\mathcal{H}=\frac{1}{4!}a_4 I^4+\frac{1}{3!}a_3 I^3+\frac{1}{2}a_2 I^2+a_1 I+b\sqrt{2I}\cos\varphi$$

3. 在平面圆型限制性三体系统下(日-木系),根据 7.3 节内容,建立描述木星 5:2 共振的哈密顿模型,讨论动力学性质。

4. 在平面圆型限制性三体系统下(日-木系),选取不同的初值,数值积分 2:1 和 3:2 共振天体的轨道,给出共振轨道的特征,例如轨道根数的变化、共振角的变化等。

5. 在平面圆型限制性三体系统下(日-木系),绘制庞加莱截面,并指出截面上共振岛对应的共振。例如,在给定 Jacobi 常数下,以小天体的平近点角 $M=0$ 为截面(即每次经过近心点,记录小天体的状态绘制截面)。庞加莱截面的横轴取为 $\lambda_p-\bar{\omega}$,纵轴取为半长轴 a。

6. 在空间圆型限制性三体系统下,针对不同的系统(日-木系、日-地系、地-月系等),请编程计算 3:1 共振、2:1 共振以及 3:2 共振附近的动力学结构(类似图 7-39),讨论质量参数 μ 对动力学结构的影响。

参考文献

[1] Murray C D,Dermott S F. Solar system dynamics[M]. Cambridge:Cambridge University Press,1999.

[2] Milani A,Knežević Z. Secular perturbation theory and computation of asteroid proper

elements[J]. Celestial Mechanics and Dynamical Astronomy, 1990, 49: 347 – 411.

[3] Henrard J, Lemaitre A. A second fundamental model for resonance[J]. Celestial mechanics, 1983, 30(2): 197 – 218.

[4] Breiter S. Extended fundamental model of resonance[J]. Celestial Mechanics and Dynamical Astronomy, 2003, 85: 209 – 218.

[5] Kozai Y. Secular perturbations of asteroids with high inclination and eccentricity[J]. Astronomical Journal, Vol. 67, p. 591 – 598, 1962, 67: 591 – 598.

[6] Lei H, Li J. Multiharmonic Hamiltonian models with applications to first-order resonances [J]. Monthly Notices of the Royal Astronomical Society, 2020, 499(4): 4887 – 4904.

[7] 周济林. 天体力学基础[M]. 北京: 高等教育出版社, 2017.

[8] Malhotra R, Zhang N. On the divergence of first-order resonance widths at low eccentricities[J]. Monthly Notices of the Royal Astronomical Society, 2020, 496(3): 3152 – 3160.

[9] Morbidelli A. Modern celestial mechanics: aspects of solar system dynamics[M]. Boca Raton: CRC Press, 2002.

[10] Ramos X S, Correa-Otto J A, Beauge C. The resonance overlap and Hill stability criteria revisited[J]. Celestial Mechanics and Dynamical Astronomy, 2015, 123: 453 – 479.

[11] Beaugé C. Asymmetric librations in exterior resonances[J]. Celestial mechanics and Dynamical astronomy, 1994, 60: 225 – 248.

[12] Lei H, Li J. Dynamical structures of retrograde resonances: analytical and numerical studies[J]. Monthly Notices of the Royal Astronomical Society, 2021, 504 (1): 1084 – 1102.

[13] Lei H. Three-dimensional phase structures of mean motion resonances[J]. Monthly Notices of the Royal Astronomical Society, 2019, 487(2): 2097 – 2116.

[14] Gallardo T. Strength, stability and three dimensional structure of mean motion resonances in the solar system[J]. Icarus, 2019, 317: 121 – 134.

[15] Namouni F, Morais M H M. The disturbing function for asteroids with arbitrary inclinations[J]. Monthly Notices of the Royal Astronomical Society, 2018, 474(1): 157 – 176.

[16] Lei H L. A new expansion of planetary disturbing function and applications to interior, co-orbital and exterior resonances with planets[J]. Research in Astronomy and Astrophysics, 2021, 21(12): 311.

[17] Morais H, Namouni F. Reckless orbiting in the Solar System[J]. Nature, 2017, 543 (7647): 635 – 636.

第八章

长期动力学(平均化理论)

 研究长期动力学演化对于理解太阳系、系外行星以及恒星等系统中的天体在第三体摄动下的长期共振、长期稳定性、偏心率和倾角激发等非常重要。本章主要聚焦于等级式系统下的长期动力学。8.1 节介绍等级式系统构型的基本符号设定;8.2 节针对限制性等级式系统构型介绍八极矩哈密顿模型;8.3 节针对非限制性等级式系统给出八极矩哈密顿模型;8.4 节介绍非限制性系统的长期演化模型如何退化为限制性系统的长期演化模型;8.5 节从矢量几何的角度建立截断到八极矩的长期演化模型;8.6 节建立关于半长轴之比 α 的任意阶双平均摄动函数;8.7 节介绍双星系统中行星运动的高精度长期演化模型(修正的双平均);8.8 节进一步介绍强摄动等级式系统下小天体运动的高精度长期演化模型(修正的双平均)。

8.1　等级式三体系统

 等级式系统构型如图 8-1 所示,半长轴之比 $\alpha = a_1/a_2$ 是一个小参数(即 $\alpha \ll 1$)。于是,可将摄动函数 $\mathcal{R}$ 进行 Legendre 多项式展开[1]

$$\mathcal{R} = \frac{\mathcal{G}}{a_2} \sum_{n=2}^{\infty} \left(\frac{a_1}{a_2}\right)^n M_n \left(\frac{r_1}{a_1}\right)^n \left(\frac{a_2}{r_2}\right)^{n+1} P_n(\cos \psi)$$

$$(8-1)$$

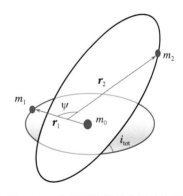

图 8-1　非限制性等级式系统构型

其中 $\mathcal{G}$ 为万有引力常数,M_n 为等级式系统的质量参数

$$M_n = m_0 m_1 m_2 \frac{m_0^{n-1} - (-m_1)^{n-1}}{(m_0 + m_1)^n} \quad (8-2)$$

$P_n(\cos \psi)$ 为 $\cos \psi$ 的 n 次多项式,其中低阶项 $P_2(\cos \psi)$ 和 $P_3(\cos \psi)$ 为

$$P_2(\cos \psi) = \frac{3}{2}\cos^2 \psi - \frac{1}{2}, \quad P_3(\cos \psi) = \frac{5}{2}\cos^3 \psi - \frac{3}{2}\cos \psi \quad (8-3)$$

研究长期动力学演化,需建立描述长期演化的哈密顿模型。考虑到时标差异,可将摄动函数在受摄天体和摄动天体的轨道周期内进行平均化处理(注:**平均化相当于第五章介绍的最低阶摄动处理**),可得到描述长期演化的双平均摄动函数[2]

$$\mathcal{R}^* = \frac{1}{4\pi^2}\int_0^{2\pi}\int_0^{2\pi}\mathcal{R}\mathrm{d}M_1\,\mathrm{d}M_2 \tag{8-4}$$

其中 M_1 和 M_2 分别为受摄天体和摄动天体的平近点角。

8.2　限制性等级式系统下八极矩长期演化模型

　　限制性等级式系统构型如图 8-2 所示。本节考虑内限制性构型(即测试粒子位于摄动天体轨道内部),测试粒子在第三体摄动下绕中心天体做受摄二体运动。在限制性近似下,摄动天体绕中心天体做二体轨道运动,摄动天体的轨道面即为系统的不变平面。为了方便,我们取摄动天体轨道面(不变平面)为坐标系的基本平面,中心天体的质心为坐标原点,轨道角动量方向为 z 方向,x 轴指向摄动天体轨道的近心点方向,即偏心率矢量 $\boldsymbol{e}_p$ 的方向(见图 8-2)。在该坐标系下,摄动天体的近点经度为 $\bar\omega_p = 0$。记中心天体质量为 m_0,摄动天体质量为 m_p,小天体质量为 m。由于 $m \ll m_p, m_0$,小天体对摄动天体的轨道影响可忽略,即该问题为限制性问题。在不变平面坐标系下,将摄动天体的位置矢量记为 $\boldsymbol{r}_p$,将小天体的位置矢量记为 $\boldsymbol{r}$,将位置矢量之间的夹角记为 ψ。根据第六章,(单位质量测试粒子受到的)第三体摄动函数为

$$\mathcal{R} = \frac{\mu_p}{a_p}\sum_{n=2}^{\infty}\left(\frac{a}{a_p}\right)^n\left(\frac{r}{a}\right)^n\left(\frac{a_p}{r_p}\right)^{n+1}P_n(\cos\psi) \tag{8-5}$$

其中 $\alpha = \dfrac{a}{a_p} \ll 1$ 为半长轴之比,$\mu_p = \mathcal{G}m_p$ 为摄动天体的引力常数。位置矢量夹角的余弦为

$$\cos\psi = \frac{\boldsymbol{r}}{r}\cdot\frac{\boldsymbol{r}_p}{r_p} \tag{8-6}$$

在不变平面坐标系下,测试粒子和摄动天体的单位位置矢量分别表示为

$$\frac{\boldsymbol{r}}{r} = \begin{pmatrix} \cos\Omega\,\cos u - \sin\Omega\,\cos i\,\sin u \\ \sin\Omega\,\cos u + \cos\Omega\,\cos i\,\sin u \\ \sin i\,\sin u \end{pmatrix} \tag{8-7}$$

和

$$\frac{\boldsymbol{r}_p}{r_p} = \begin{pmatrix} \cos f_p \\ \sin f_p \\ 0 \end{pmatrix} \tag{8-8}$$

其中 $u = f + \omega$ 为纬度幅角(argument of latitude)。将(8-7)和(8-8)代入(8-6),可得位置矢量夹角的余弦为

$$\cos\psi = \frac{\boldsymbol{r}}{r}\cdot\frac{\boldsymbol{r}_p}{r_p} = \cos(f+\omega)\cos(f_p-\Omega) + \cos i\,\sin(f+\omega)\sin(f_p-\Omega) \tag{8-9}$$

截断到八极矩的摄动函数为

$$\mathcal{R}=\frac{\mu_p}{a_p}\left[\left(\frac{a}{a_p}\right)^2\left(\frac{r}{a}\right)^2\left(\frac{a_p}{r_p}\right)^3 P_2(\cos\psi)+\left(\frac{a}{a_p}\right)^3\left(\frac{r}{a}\right)^3\left(\frac{a_p}{r_p}\right)^4 P_3(\cos\psi)\right] \quad (8-10)$$

将 $P_2(\cos\psi)$ 和 $P_3(\cos\psi)$ 的表达式代入上式,可得

$$\mathcal{R}=\frac{\mu_p}{a_p}\left[\left(\frac{a}{a_p}\right)^2\left(\frac{r}{a}\right)^2\left(\frac{a_p}{r_p}\right)^3\left(\frac{3}{2}\cos^2\psi-\frac{1}{2}\right)+\left(\frac{a}{a_p}\right)^3\left(\frac{r}{a}\right)^3\left(\frac{a_p}{r_p}\right)^4\left(\frac{5}{2}\cos^3\psi-\frac{3}{2}\cos\psi\right)\right]$$

$$(8-11)$$

按照传统习惯,将(8-11)记为四极矩和八极矩项之和的形式

$$\mathcal{R}=\mathcal{R}_2+\mathcal{R}_3 \quad (8-12)$$

考虑到摄动天体和测试粒子平运动周期远小于长期演化时标(平均化理论的前提),即频率满足等级式差异

$$\dot{M},\ \dot{M}_p\gg\dot{\omega},\ \dot{\Omega} \quad (8-13)$$

根据平均化原理(averaging principal),研究系统长期演化时,可将摄动函数在平运动周期内进行平均化处理,即求如下双平均

$$\mathcal{R}^*=\frac{1}{4\pi^2}\int_0^{2\pi}\int_0^{2\pi}\mathcal{R}\mathrm{d}M\mathrm{d}M_p \quad (8-14)$$

推导四极矩和八极矩双平均摄动函数过程中,需用到如下二体关系

$$M=E-e\sin E,\quad \frac{r}{a}=1-e\cos E,\quad \frac{a_p}{r_p}=\frac{1+e_p\cos f_p}{1-e_p{}^2}$$

$$\sin f=\frac{\sqrt{1-e^2}\sin E}{1-e\cos E},\quad \cos f=\frac{\cos E-e}{1-e\cos E} \quad (8-15)$$

$$\mathrm{d}M=(1-e\cos E)\mathrm{d}E,\quad \mathrm{d}M_p=\frac{(1-e_p{}^2)^{3/2}}{(1+e_p\cos f_p)^2}\mathrm{d}f_p$$

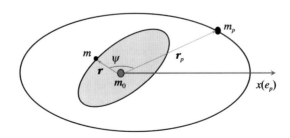

图 8-2 限制性等级式构型的示意图(测试粒子位于摄动天体轨道内,即内限制性构型)

首先,针对四极矩项,求解如下双平均表达式

$$\mathcal{R}_2^*=\frac{1}{4\pi^2}\int_0^{2\pi}\int_0^{2\pi}\mathcal{R}_2\mathrm{d}M\mathrm{d}M_p=\frac{1}{2\pi}\int_0^{2\pi}\left(\frac{1}{2\pi}\int_0^{2\pi}\mathcal{R}_2\mathrm{d}M\right)\mathrm{d}M_p \quad (8-16)$$

第一步:考虑在测试粒子轨道周期内的平均(第一次平均)

$$\langle \mathcal{R}_2 \rangle = \frac{1}{2\pi} \int_0^{2\pi} \mathcal{R}_2 \, \mathrm{d}M = \frac{1}{2\pi} \int_0^{2\pi} \mathcal{R}_2 (1 - e \cos E) \, \mathrm{d}E \tag{8-17}$$

将 $\mathcal{R}_2$ 的表达式代入上式,可得

$$\langle \mathcal{R}_2 \rangle = \frac{\mu_p}{a_p} \left(\frac{a_p}{r_p} \right)^3 \left(\frac{a}{a_p} \right)^2 \frac{1}{2\pi} \int_0^{2\pi} \left(\frac{r}{a} \right)^2 \left(\frac{3}{2} \cos^2 \psi - \frac{1}{2} \right) (1 - e \cos E) \, \mathrm{d}E \tag{8-18}$$

考虑到二体轨道关系 $\dfrac{r}{a} = 1 - e \cos E$,有

$$\langle \mathcal{R}_2 \rangle = \frac{\mu_p}{a_p} \left(\frac{a}{a_p} \right)^2 \left(\frac{a_p}{r_p} \right)^3 \frac{1}{2\pi} \int_0^{2\pi} \left(\frac{3}{2} \cos^2 \psi - \frac{1}{2} \right) (1 - e \cos E)^3 \, \mathrm{d}E \tag{8-19}$$

整理为

$$\langle \mathcal{R}_2 \rangle = \frac{\mu_p}{a_p} \left(\frac{a}{a_p} \right)^2 \left(\frac{a_p}{r_p} \right)^3 \left[-\frac{1}{2\pi} \int_0^{2\pi} \frac{1}{2} (1 - e \cos E)^3 \, \mathrm{d}E + \frac{1}{2\pi} \int_0^{2\pi} \frac{3}{2} \cos^2 \psi (1 - e \cos E)^3 \, \mathrm{d}E \right] \tag{8-20}$$

将上式记为

$$\langle \mathcal{R}_2 \rangle = \frac{\mu_p}{a_p} \left(\frac{a}{a_p} \right)^2 \left(\frac{a_p}{r_p} \right)^3 (g_1 + g_2) \tag{8-21}$$

其中

$$g_1 = -\frac{1}{2\pi} \int_0^{2\pi} \frac{1}{2} (1 - e \cos E)^3 \, \mathrm{d}E = -\left(\frac{1}{2} + \frac{3}{4} e^2 \right) \tag{8-22}$$

以及

$$g_2 = \frac{1}{2\pi} \int_0^{2\pi} \frac{3}{2} \cos^2 \psi (1 - e \cos E)^3 \, \mathrm{d}E \tag{8-23}$$

将 $\cos \psi$ 的表达式(8-9)代入 g_2 的表达式并积分,可得

$$\begin{aligned}
g_2 = \frac{3}{16} \{ &(2 + 3e^2) [1 + \cos^2 i + \sin^2 i \cos(2f_p - 2\Omega)] + \\
&5e^2 \cos 2\omega [\sin^2 i + (1 + \cos^2 i) \cos(2f_p - 2\Omega)] + \\
&10e^2 \cos i \sin 2\omega \sin(2f_p - 2\Omega) \}
\end{aligned} \tag{8-24}$$

第二步:考虑在摄动天体轨道周期内的平均,即计算如下积分表达式

$$\mathcal{R}_2^* = \frac{1}{2\pi} \int_0^{2\pi} \langle \mathcal{R}_2 \rangle \, \mathrm{d}M_p \tag{8-25}$$

考虑到

$$\mathrm{d}M_p = \frac{(1 - e_p^2)^{3/2}}{(1 + e_p \cos f_p)^2} \, \mathrm{d}f_p \tag{8-26}$$

可得

$$\mathcal{R}_2^* = \frac{1}{2\pi}\int_0^{2\pi}\langle\mathcal{R}_2\rangle\frac{(1-e_p{}^2)^{3/2}}{(1+e_p\cos f_p)^2}\mathrm{d}f_p \tag{8-27}$$

将第一步推导的$\langle\mathcal{R}_2\rangle$代入上式,可得

$$\mathcal{R}_2^* = \frac{\mu_p}{a_p}\Big(\frac{a}{a_p}\Big)^2\frac{1}{(1-e_p{}^2)^{3/2}}\frac{1}{2\pi}\int_0^{2\pi}(g_1+g_2)(1+e_p\cos f_p)\mathrm{d}f_p \tag{8-28}$$

将g_1和g_2代入上式并求积分,可得

$$\mathcal{R}_2^* = \frac{1}{32}\frac{\mu_p}{a_p}\Big(\frac{a}{a_p}\Big)^2\frac{1}{(1-e_p{}^2)^{3/2}}\big[(2+3e^2)(1+3\cos 2i)+30e^2\sin^2 i\cos 2\omega\big] \tag{8-29}$$

整理得到四极矩双平均摄动函数为

$$\mathcal{R}_2^* = \frac{1}{16}\frac{\mu_p}{a_p}\Big(\frac{a}{a_p}\Big)^2\frac{1}{(1-e_p{}^2)^{3/2}}\big[(2+3e^2)(3\cos^2 i-1)+15e^2\sin^2 i\cos 2\omega\big] \tag{8-30}$$

其次,推导八极矩项的双平均摄动函数

$$\mathcal{R}_3^* = \frac{1}{4\pi^2}\int_0^{2\pi}\int_0^{2\pi}\mathcal{R}_3\mathrm{d}M\mathrm{d}M_p = \frac{1}{2\pi}\int_0^{2\pi}\Big(\frac{1}{2\pi}\int_0^{2\pi}\mathcal{R}_3\mathrm{d}M\Big)\mathrm{d}M_p \tag{8-31}$$

其中八极矩项表达式为

$$\mathcal{R}_3 = \frac{\mu_p}{a_p}\Big(\frac{a}{a_p}\Big)^3\Big(\frac{r}{a}\Big)^3\Big(\frac{a_p}{r_p}\Big)^4\Big(\frac{5}{2}\cos^3\psi-\frac{3}{2}\cos\psi\Big) \tag{8-32}$$

第一步:考虑在测试粒子轨道周期内的平均化,即

$$\langle\mathcal{R}_3\rangle = \frac{1}{2\pi}\int_0^{2\pi}\mathcal{R}_3\mathrm{d}M = \frac{1}{2\pi}\int_0^{2\pi}\mathcal{R}_3(1-e\cos E)\mathrm{d}E \tag{8-33}$$

将(8-32)代入上式,可得

$$\langle\mathcal{R}_3\rangle = \frac{\mu_p}{a_p}\Big(\frac{a}{a_p}\Big)^3\Big(\frac{a_p}{r_p}\Big)^4\frac{1}{2\pi}\int_0^{2\pi}\Big(\frac{5}{2}\cos^3\psi-\frac{3}{2}\cos\psi\Big)(1-e\cos E)^4\mathrm{d}E \tag{8-34}$$

将积分项分开整理可得到

$$\langle\mathcal{R}_3\rangle = \frac{\mu_p}{a_p}\Big(\frac{a}{a_p}\Big)^3\Big(\frac{a_p}{r_p}\Big)^4\Big[\frac{1}{2\pi}\int_0^{2\pi}\Big(-\frac{3}{2}\cos\psi\Big)(1-e\cos E)^4\mathrm{d}E+ \\ \frac{1}{2\pi}\int_0^{2\pi}\Big(\frac{5}{2}\cos^3\psi\Big)(1-e\cos E)^4\mathrm{d}E\Big] \tag{8-35}$$

将积分表达式的第一项记为

$$g_3 = \frac{1}{2\pi}\int_0^{2\pi}\Big(-\frac{3}{2}\cos\psi\Big)(1-e\cos E)^4\mathrm{d}E \\ = \frac{15}{16}e(4+3e^2)\big[\cos\omega\cos(f_p-\Omega)+\cos i\sin\omega\sin(f_p-\Omega)\big] \tag{8-36}$$

将第二项记为

$$g_4 = \frac{1}{2\pi} \int_0^{2\pi} \left(\frac{5}{2} \cos^3 \psi \right) (1 - e \cos E)^4 dE$$

$$= \frac{25}{64} e [-\cos\omega \cos(f_p - \Omega) - \cos i \sin\omega \sin(f_p - \Omega)] \times$$

$$\{ (6 + e^2)[1 + \cos^2 i + \sin^2 i \cos(2f_p - 2\Omega)] +$$

$$7e^2 \cos 2\omega [\sin^2 i + (1 + \cos^2 i)\cos(2f_p - 2\Omega)] +$$

$$14e^2 \cos i \sin 2\omega \sin(2f_p - 2\Omega) \} \tag{8-37}$$

因此八极矩项的单平均表达式为

$$\langle \mathcal{R}_3 \rangle = \frac{\mu_p}{a_p} \left(\frac{a}{a_p} \right)^3 \left(\frac{a_p}{r_p} \right)^4 (g_3 + g_4) \tag{8-38}$$

第二步:考虑在摄动天体轨道周期内的平均化,即

$$\mathcal{R}_3^* = \frac{1}{2\pi} \int_0^{2\pi} \langle \mathcal{R}_3 \rangle dM_p \tag{8-39}$$

考虑到如下二体轨道关系

$$dM_p = \frac{(1 - e_p^2)^{3/2}}{(1 + e_p \cos f_p)^2} df_p, \quad \frac{a_p}{r_p} = \frac{1 + e_p \cos f_p}{1 - e_p^2} \tag{8-40}$$

可得

$$\mathcal{R}_3^* = \frac{\mu_p}{a_p} \left(\frac{a}{a_p} \right)^3 \frac{1}{2\pi} \int_0^{2\pi} \left(\frac{1 + e_p \cos f_p}{1 - e_p^2} \right)^4 (g_3 + g_4) \frac{(1 - e_p^2)^{3/2}}{(1 + e_p \cos f_p)^2} df_p \tag{8-41}$$

化简并整理可得

$$\mathcal{R}_3^* = \frac{\mu_p}{a_p} \left(\frac{a}{a_p} \right)^3 \frac{1}{(1 - e_p^2)^{5/2}} \frac{1}{2\pi} \int_0^{2\pi} (g_3 + g_4)(1 + e_p \cos f_p)^2 df_p \tag{8-42}$$

其中积分表达式为

$$\frac{1}{2\pi} \int_0^{2\pi} (g_4 + g_3)(1 + e_p \cos f_p)^2 df_p$$

$$= -\frac{15}{256} e e_p \{ [6 - 13e^2 + 5(2 + 5e^2)\cos 2i + 70e^2 \sin^2 i \cos 2\omega] \cos\omega \cos\Omega -$$

$$\cos i [5(6 + e^2)\cos 2i + 7(-2 + e^2 + 10e^2 \sin^2 i \cos 2\omega)] \sin\omega \sin\Omega \} \tag{8-43}$$

整理可得八极矩项的双平均摄动函数为

$$\mathcal{R}_3^* = \frac{3}{8} \frac{\mu_p}{a_p} \left(\frac{a}{a_p} \right)^3 \frac{e_p}{(1 - e_p^2)^{5/2}} \left\{ \frac{5}{16} \left(e + \frac{3}{4} e^3 \right) [(1 - 11\cos i - 5\cos^2 i + 15\cos^3 i)\cos(\Omega - \omega) + \right.$$

$$(1 + 11\cos i - 5\cos^2 i - 15\cos^3 i)\cos(\Omega + \omega)] -$$

$$\frac{175}{64} e^3 [(1 - \cos i - \cos^2 i + \cos^3 i)\cos(\Omega - 3\omega) +$$

$$(1+\cos i-\cos^2 i-\cos^3 i)\cos(\Omega+3\omega)\Big]\Big\} \tag{8-44}$$

综上,截断到八极矩的双平均摄动函数为

$$\mathcal{R}^* = \frac{1}{4\pi^2}\int_0^{2\pi}\int_0^{2\pi}\mathcal{R}\mathrm{d}M\mathrm{d}M_p = \mathcal{R}_2^* + \mathcal{R}_3^* \tag{8-45}$$

其中

$$\mathcal{R}_2^* = \frac{3}{8}\frac{\mu_p}{a_p}\Big(\frac{a}{a_p}\Big)^2\frac{1}{(1-e_p{}^2)^{3/2}}\Big[-\frac{1}{2}e^2+\cos^2 i+ \tag{8-46}$$
$$\frac{3}{2}e^2\cos^2 i+\frac{5}{2}e^2(1-\cos^2 i)\cos 2\omega\Big]$$

以及

$$\mathcal{R}_3^* = \frac{3}{8}\frac{\mu_p}{a_p}\Big(\frac{a}{a_p}\Big)^3\frac{e_p}{(1-e_p{}^2)^{5/2}}\Big\{\frac{5}{16}\Big(e+\frac{3}{4}e^3\Big)\Big[(1-11\cos i-$$
$$5\cos^2 i+15\cos^3 i)\cos(\Omega-\omega)+(1+11\cos i-5\cos^2 i-15\cos^3 i)\cos(\Omega+\omega)\Big]-$$
$$\frac{175}{64}e^3\Big[(1-\cos i-\cos^2 i+\cos^3 i)\cos(\Omega-3\omega)+$$
$$(1+\cos i-\cos^2 i-\cos^3 i)\cos(\Omega+3\omega)\Big]\Big\} \tag{8-47}$$

另一方面,在文献中常见如下形式的八极矩双平均摄动函数(去掉常数项)

$$\mathcal{R}^* = \mathcal{C}_0(\mathcal{F}_2+\varepsilon\mathcal{F}_3) \tag{8-48}$$

其中

$$\mathcal{F}_2 = -\frac{1}{2}e^2+\cos^2 i+\frac{3}{2}e^2\cos^2 i+\frac{5}{2}e^2(1-\cos^2 i)\cos 2\omega \tag{8-49}$$

以及

$$\mathcal{F}_3 = \frac{5}{16}(e+\frac{3}{4}e^3)\Big[(1-11\cos i-5\cos^2 i+15\cos^3 i)\cos(\Omega-\omega)+$$
$$(1+11\cos i-5\cos^2 i-15\cos^3 i)\cos(\Omega+\omega)\Big]-$$
$$\frac{175}{64}e^3\Big[(1-\cos i-\cos^2 i+\cos^3 i)\cos(\Omega-3\omega)+$$
$$(1+\cos i-\cos^2 i-\cos^3 i)\cos(\Omega+3\omega)\Big] \tag{8-50}$$

在长期演化中,系数 $\mathcal{C}_0 = \frac{3}{8}\frac{\mu_p}{a_p}\Big(\frac{a}{a_p}\Big)^2\frac{1}{(1-e_p{}^2)^{3/2}}$ 保持不变。参数 $\varepsilon = \frac{a}{a_p}\frac{e_p}{1-e_p{}^2}$ 是衡量八极矩贡献的因子,它是半长轴之比 α 和摄动天体轨道偏心率 e_p 的函数,分布见图 8-3。可见,摄动天体轨道偏心率 e_p 和半长轴之比 $\alpha = \frac{a}{a_p}$ 越大,八极矩项的贡献越大。

为了与后面推导的非限制性等级式系统的摄动函数直接对比,这里给出截断到八极矩

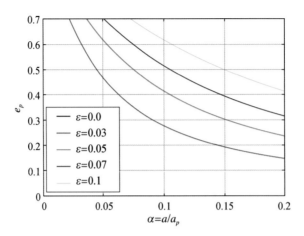

图 8‐3　衡量八极矩贡献的参数 ε 在 (α, e_p) 平面的分布

的双平均摄动函数的完整表达式

$$
\begin{aligned}
\mathcal{R}^* = &\frac{1}{16 a_p} \frac{\mu_p}{}\left(\frac{a}{a_p}\right)^2 \frac{1}{(1-e_p^2)^{3/2}}\{(2+3e^2)(3\cos^2 i-1)+15e^2\sin^2 i\cos 2\omega+ \\
&\frac{15}{32}\frac{a}{a_p}\frac{ee_p}{1-e_p^2}\{(4+3e^2)[(1-11\cos i-5\cos^2 i+15\cos^3 i)\cos(\omega-\Omega)+ \\
&(1+11\cos i-5\cos^2 i-15\cos^3 i)\cos(\omega+\Omega)]- \\
&35e^2[(1-\cos i-\cos^2 i+\cos^3 i)\cos(3\omega-\Omega)+ \\
&(1+\cos i-\cos^2 i-\cos^3 i)\cos(3\omega+\Omega)]\}\}
\end{aligned}
\tag{8‐51}
$$

这代表的是一个 2 自由度系统,其中 (ω,Ω) 为角坐标。第十一章将基于 (8‐51) 系统研究偏心蔡佩尔-利多夫-古在 (eccentric von Zeipel-Lidov-Kozai, eccentric ZLK) 效应。

8.3　非限制性等级式系统下八极矩长期演化模型

非限制性等级式构型如图 8‐1 所示。中心天体质量为 m_0,两个行星的质量分别为(从内到外)m_1 和 m_2。为了描述该系统中天体的运动,我们采用 Jacobi 坐标,m_1 相对 m_0 的位置矢量为 r_1,m_2 相对于内双星质心的位置矢量为 r_2。位置矢量 r_1 和 r_2 的夹角记为 ψ。

为了描述方便,定义不变平面坐标系:坐标系基本平面位于系统的不变平面,总角动量方向 G_{tot} 对应坐标系的 z 轴指向。根据文献[1],在不变平面坐标系下(总角动量决定不变平面),系统的哈密顿函数为

$$
\mathcal{H}=-\frac{\mathcal{G}m_0 m_1}{2a_1}-\frac{\mathcal{G}(m_0+m_1)m_2}{2a_2}-\frac{\mathcal{G}}{a_2}\sum_{n=2}^{\infty}\left(\frac{a_1}{a_2}\right)^n M_n\left(\frac{r_1}{a_1}\right)^n\left(\frac{a_2}{r_2}\right)^{n+1}P_n(\cos\psi)
\tag{8‐52}
$$

其中

$$
M_n=m_0 m_1 m_2\frac{m_0^{\,n-1}-(-m_1)^{n-1}}{(m_0+m_1)^n}
\tag{8‐53}
$$

系统的摄动函数为

$$\mathcal{R} = \frac{\mathcal{G}}{a_2} \sum_{n=2}^{\infty} \left(\frac{a_1}{a_2}\right)^n M_n \left(\frac{r_1}{a_1}\right)^n \left(\frac{a_2}{r_2}\right)^{n+1} P_n(\cos \psi) \tag{8-54}$$

首先,在不变平面坐标系下推导 $\cos \psi$ 的具体表达式。根据定义,有

$$\cos \psi = \frac{\boldsymbol{r_1}}{r_1} \cdot \frac{\boldsymbol{r_2}}{r_2} \tag{8-55}$$

其中单位位置矢量为

$$\frac{\boldsymbol{r_1}}{r_1} = \begin{pmatrix} \cos \Omega_1 \cos u_1 - \sin \Omega_1 \cos i_1 \sin u_1 \\ \sin \Omega_1 \cos u_1 + \cos \Omega_1 \cos i_1 \sin u_1 \\ \sin i_1 \sin u_1 \end{pmatrix} \tag{8-56}$$

和

$$\frac{\boldsymbol{r_2}}{r_2} = \begin{pmatrix} \cos \Omega_2 \cos u_2 - \sin \Omega_2 \cos i_2 \sin u_2 \\ \sin \Omega_2 \cos u_2 + \cos \Omega_2 \cos i_2 \sin u_2 \\ \sin i_2 \sin u_2 \end{pmatrix} \tag{8-57}$$

这里 $u_1 = f_1 + \omega_1$ 和 $u_2 = f_2 + \omega_2$ 分别为内、外天体的纬度幅角。将(8-56)和(8-57)代入(8-55)可得位置矢量夹角的余弦为

$$\cos \psi = \sin u_1 [(\cos i_1 \cos i_2 \cos \Delta\Omega + \sin i_1 \sin i_2) \sin u_2 - \cos i_1 \cos u_2 \sin \Delta\Omega] + \cos u_1 [\cos u_2 \cos \Delta\Omega + \cos i_2 \sin u_2 \sin \Delta\Omega] \tag{8-58}$$

考虑到几何关系(不变平面坐标系下该几何关系始终成立)

$$\Delta\Omega = \Omega_1 - \Omega_2 = \pi \tag{8-59}$$

可得 $\cos \psi$ 的简化形式

$$\begin{aligned} \cos \psi &= \sin u_1 \sin u_2 (-\cos i_1 \cos i_2 + \sin i_1 \sin i_2) - \cos u_1 \cos u_2 \\ &= -\sin u_1 \sin u_2 \cos(i_1 + i_2) - \cos u_1 \cos u_2 \\ &= -\cos u_1 \cos u_2 - \sin u_1 \sin u_2 \cos i_{\mathrm{tot}} \end{aligned} \tag{8-60}$$

其中 m_1 和 m_2 轨道之间的相对倾角(mutual inclination)为 $i_{\mathrm{tot}} = i_1 + i_2$(见图 8-4)。

在不变平面坐标系下,系统的总角动量为 $\boldsymbol{G}_{\mathrm{tot}} = \boldsymbol{G}_1 + \boldsymbol{G}_2$(见图 8-4)。轨道角动量和轨道倾角满足如下几何关系

$$G_{\mathrm{tot}}^2 = G_1^2 + G_2^2 + 2G_1 G_2 \cos i_{\mathrm{tot}} \tag{8-61}$$

$$\cos i_{\mathrm{tot}} = \frac{G_{\mathrm{tot}}^2 - G_1^2 - G_2^2}{2G_1 G_2} \tag{8-62}$$

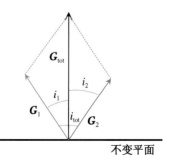

图 8-4 角动量以及倾角的关系

$$\cos i_1 = \frac{G_{\text{tot}}^2 + G_1^2 - G_2^2}{2G_{\text{tot}}G_1} \qquad (8-63)$$

$$\cos i_2 = \frac{G_{\text{tot}}^2 + G_2^2 - G_1^2}{2G_{\text{tot}}G_2} \qquad (8-64)$$

将摄动函数(8-54)截断到八极矩可得

$$\mathcal{R} = \frac{\mathcal{G}}{a_2}\left(\frac{a_1}{a_2}\right)^2 M_2 \left(\frac{r_1}{a_1}\right)^2 \left(\frac{a_2}{r_2}\right)^3 P_2(\cos\psi) + \frac{\mathcal{G}}{a_2}\left(\frac{a_1}{a_2}\right)^3 M_3 \left(\frac{r_1}{a_1}\right)^3 \left(\frac{a_2}{r_2}\right)^4 P_3(\cos\psi) \quad (8-65)$$

将 Legendre 多项式 $P_2(\cos\psi) = \frac{3}{2}\cos^2\psi - \frac{1}{2}$ 和 $P_3(\cos\psi) = \frac{5}{2}\cos^3\psi - \frac{3}{2}\cos\psi$ 代入上式,

可得截断到八极矩的摄动函数为

$$\mathcal{R} = \frac{\mathcal{G}m_2}{a_2}\left(\frac{a_1}{a_2}\right)^2 \frac{m_0 m_1}{m_0 + m_1}\left(\frac{r_1}{a_1}\right)^2 \left(\frac{a_2}{r_2}\right)^3 \left(\frac{3}{2}\cos^2\psi - \frac{1}{2}\right) +$$

$$\frac{\mathcal{G}m_2}{a_2}\left(\frac{a_1}{a_2}\right)^3 \frac{m_0 m_1 (m_0 - m_1)}{(m_0 + m_1)^2}\left(\frac{r_1}{a_1}\right)^3 \left(\frac{a_2}{r_2}\right)^4 \left(\frac{5}{2}\cos^3\psi - \frac{3}{2}\cos\psi\right) \quad (8-66)$$

在长期动力学演化中,将摄动函数分别在 m_1 和 m_2 的轨道周期内进行平均化处理,可得

$$\mathcal{R}^* = \frac{1}{2\pi}\int_0^{2\pi}\left(\frac{1}{2\pi}\int_0^{2\pi}\mathcal{R}\,\mathrm{d}M_1\right)\mathrm{d}M_2 = \mathcal{R}_2^* + \mathcal{R}_3^* \qquad (8-67)$$

首先推导四极矩项的双平均表达式

$$\mathcal{R}_2^* = \frac{1}{2\pi}\int_0^{2\pi}\left(\frac{1}{2\pi}\int_0^{2\pi}\mathcal{R}_2\,\mathrm{d}M_1\right)\mathrm{d}M_2 \qquad (8-68)$$

第一步:考虑在 m_1 轨道周期内的平均化

$$\langle\mathcal{R}_2\rangle = \frac{1}{2\pi}\int_0^{2\pi}\mathcal{R}_2\,\mathrm{d}M_1 = \frac{1}{2\pi}\int_0^{2\pi}\mathcal{R}_2(1 - e_1\cos E_1)\,\mathrm{d}E_1 \qquad (8-69)$$

将四极矩项 $\mathcal{R}_2$ 的表达式代入上式,可得

$$\langle\mathcal{R}_2\rangle = \frac{\mathcal{G}m_2}{a_2}\left(\frac{a_1}{a_2}\right)^2 \frac{m_0 m_1}{m_0 + m_1}\left(\frac{a_2}{r_2}\right)^3 \frac{1}{2\pi}\int_0^{2\pi}\left(-\frac{1}{2} + \frac{3}{2}\cos^2\psi\right)(1 - e_1\cos E_1)^3\,\mathrm{d}E_1$$

$$(8-70)$$

其中积分函数记为

$$g_1 = \frac{1}{2\pi}\int_0^{2\pi}\left(-\frac{1}{2}\right)(1 - e_1\cos E_1)^3\,\mathrm{d}E_1 = -\frac{1}{2} - \frac{3}{4}e_1^2 \qquad (8-71)$$

$$g_2 = \frac{1}{2\pi}\int_0^{2\pi}\left(\frac{3}{2}\cos^2\psi\right)(1 - e_1\cos E_1)^3\,\mathrm{d}E_1$$

$$= \frac{3}{32}\{5e_1^2\cos 2\omega_1[1 - \cos 2i_{\text{tot}} + (3 + \cos 2i_{\text{tot}})\cos 2u_2] +$$

$$20e_1^2\cos i_{\text{tot}}\sin 2\omega_1\sin 2u_2 + (2 + 3e_1^2)[3 + \cos 2i_{\text{tot}} + 2\cos 2u_2\sin^2 i_{\text{tot}}]\} \quad (8-72)$$

其中 $u_2 = f_2 + \omega_2$ 为 m_2 天体的近点幅角。那么,四极矩项的单平均表达式为

$$\langle \mathcal{R}_2 \rangle = \frac{\mathcal{G} m_2}{a_2} \left(\frac{a_1}{a_2}\right)^2 \frac{m_0 m_1}{m_0 + m_1} \left(\frac{a_2}{r_2}\right)^3 (g_1 + g_2) \tag{8-73}$$

第二步:将单平均摄动函数 $\langle \mathcal{R}_2 \rangle$ 在 m_2 的轨道周期内进行平均化

$$\mathcal{R}_2^* = \frac{1}{2\pi} \int_0^{2\pi} \langle \mathcal{R}_2 \rangle \mathrm{d}M_2 = \frac{\mathcal{G} m_2}{a_2} \left(\frac{a_1}{a_2}\right)^2 \frac{m_0 m_1}{m_0 + m_1} \frac{1}{2\pi} \int_0^{2\pi} \left(\frac{a_2}{r_2}\right)^3 (g_1 + g_2) \mathrm{d}M_2 \tag{8-74}$$

考虑到

$$\frac{a_2}{r_2} = \frac{1 + e_2 \cos f_2}{1 - e_2^2}, \quad \mathrm{d}M_2 = \frac{(1 - e_2^2)^{3/2}}{(1 + e_2 \cos f_2)^2} \mathrm{d}f_2 \tag{8-75}$$

于是有

$$\mathcal{R}_2^* = \frac{\mathcal{G} m_2}{a_2} \left(\frac{a_1}{a_2}\right)^2 \frac{m_0 m_1}{m_0 + m_1} \frac{1}{2\pi} \int_0^{2\pi} \left(\frac{1 + e_2 \cos f_2}{1 - e_2^2}\right)^3 (g_1 + g_2) \frac{(1 - e_2^2)^{3/2}}{(1 + e_2 \cos f_2)^2} \mathrm{d}f_2 \tag{8-76}$$

化简后得

$$\mathcal{R}_2^* = \frac{\mathcal{G} m_2}{a_2} \frac{m_0 m_1}{m_0 + m_1} \left(\frac{a_1}{a_2}\right)^2 \frac{1}{(1 - e_2^2)^{3/2}} \frac{1}{2\pi} \int_0^{2\pi} (g_1 + g_2)(1 + e_2 \cos f_2) \mathrm{d}f_2 \tag{8-77}$$

将 g_1 和 g_2 代入上式,可得四极矩项的双平均表达式为

$$\mathcal{R}_2^* = \frac{\mathcal{G} m_2}{a_2} \frac{m_0 m_1}{m_0 + m_1} \left(\frac{a_1}{a_2}\right)^2 \frac{1}{(1 - e_2^2)^{3/2}} \times \tag{8-78}$$
$$\frac{1}{16} \left[(1 + 3\cos 2i_{\mathrm{tot}}) \left(1 + \frac{3}{2} e_1^2\right) + 15 e_1^2 \sin^2 i_{\mathrm{tot}} \cos 2\omega_1 \right]$$

其次,考虑八极矩项的双平均

$$\mathcal{R}_3^* = \frac{1}{2\pi} \int_0^{2\pi} \left(\frac{1}{2\pi} \int_0^{2\pi} \mathcal{R}_3 \mathrm{d}M_1\right) \mathrm{d}M_2 \tag{8-79}$$

第一步:考虑在 m_1 轨道周期内的平均化,即

$$\langle \mathcal{R}_3 \rangle = \frac{1}{2\pi} \int_0^{2\pi} \mathcal{R}_3 \mathrm{d}M_1 = \frac{1}{2\pi} \int_0^{2\pi} \mathcal{R}_3 (1 - e_1 \cos E_1) \mathrm{d}E_1 \tag{8-80}$$

将 $\mathcal{R}_3$ 的表达式代入上式,可得

$$\langle \mathcal{R}_3 \rangle = \frac{\mathcal{G} m_2}{a_2} \frac{m_0 m_1 (m_0 - m_1)}{(m_0 + m_1)^2} \left(\frac{a_1}{a_2}\right)^3 \left(\frac{a_2}{r_2}\right)^4 \times \tag{8-81}$$
$$\frac{1}{2\pi} \int_0^{2\pi} \left(-\frac{3}{2} \cos \psi + \frac{5}{2} \cos^3 \psi\right) (1 - e_1 \cos E_1)^4 \mathrm{d}E_1$$

其中积分项分别记为

$$g_3 = \frac{1}{2\pi} \int_0^{2\pi} \left(-\frac{3}{2} \cos \psi \right) (1 - e_1 \cos E_1)^4 \mathrm{d}E_1$$

$$= -\frac{15}{16} e_1 (4 + 3e_1^2) [\cos \omega_1 \cos u_2 + \cos i_{\mathrm{tot}} \sin \omega_1 \sin u_2]$$

(8 – 82)

和

$$g_4 = \frac{1}{2\pi} \int_0^{2\pi} \left(\frac{5}{2} \cos^3 \psi \right) (1 - e_1 \cos E_1)^4 \mathrm{d}E_1$$

$$= \frac{25}{256} e_1 \{ 2\cos 3i_{\mathrm{tot}} (6 + e_1^2 - 7e_1^2 \cos 2\omega_1) \sin \omega_1 \sin^3 u_2 +$$

$$12\cos 2i_{\mathrm{tot}} (2 + 5e_1^2 - 7e_1^2 \cos 2\omega_1) \cos \omega_1 \sin^2 u_2 \cos u_2 +$$

$$2\cos \omega_1 \cos u_2 [18 + 6\cos 2u_2 + e_1^2 (17 - 7\cos 2\omega_1) +$$

$$e_1^2 (-13 + 35\cos 2\omega_1) \cos 2u_2] + 3\cos i_{\mathrm{tot}} \sin \omega_1 \sin u_2 \times$$

$$[14 + 2\cos 2u_2 + 42e_1^2 \cos^2 \omega_1 + e_1^2 (19 + 35\cos 2\omega_1) \cos 2u_2] \}$$

(8 – 83)

其中 $u_2 = f_2 + \omega_2$。那么八极矩项的单平均表达式为

$$\langle \mathcal{R}_3 \rangle = \frac{\mathcal{G} m_2}{a_2} \frac{m_0 m_1 (m_0 - m_1)}{(m_0 + m_1)^2} \left(\frac{a_1}{a_2} \right)^3 \left(\frac{a_2}{r_2} \right)^4 (g_3 + g_4)$$

(8 – 84)

第二步: 将 $\langle \mathcal{R}_3 \rangle$ 在 m_2 的轨道周期内进行平均化,即

$$\mathcal{R}_3^* = \frac{1}{2\pi} \int_0^{2\pi} \langle \mathcal{R}_3 \rangle \mathrm{d}M_2 = \frac{\mathcal{G} m_2}{a_2} \frac{m_0 m_1 (m_0 - m_1)}{(m_0 + m_1)^2} \left(\frac{a_1}{a_2} \right)^3 \frac{1}{2\pi} \int_0^{2\pi} \left(\frac{a_2}{r_2} \right)^4 (g_3 + g_4) \mathrm{d}M_2$$

(8 – 85)

考虑到(8 – 75),那么有

$$\mathcal{R}_3^* = \frac{\mathcal{G} m_2}{a_2} \frac{m_0 m_1 (m_0 - m_1)}{(m_0 + m_1)^2} \left(\frac{a_1}{a_2} \right)^3 \frac{1}{2\pi} \int_0^{2\pi} \left(\frac{1 + e_2 \cos f_2}{1 - e_2^2} \right)^4 (g_3 + g_4) \frac{(1 - e_2^2)^{3/2}}{(1 + e_2 \cos f_2)^2} \mathrm{d}f_2$$

(8 – 86)

化简后得到

$$\mathcal{R}_3^* = \frac{\mathcal{G} m_2}{a_2} \frac{m_0 m_1 (m_0 - m_1)}{(m_0 + m_1)^2} \left(\frac{a_1}{a_2} \right)^3 \frac{1}{(1 - e_2^2)^{5/2}} \frac{1}{2\pi} \int_0^{2\pi} (g_3 + g_4)(1 + e_2 \cos f_2)^2 \mathrm{d}f_2$$

(8 – 87)

将 g_3 和 g_4 代入上式并积分,可得到八极矩项的双平均表达式

$$\mathcal{R}_3^* = \frac{1}{16} \frac{\mathcal{G} m_2}{a_2} \frac{m_0 m_1 (m_0 - m_1)}{(m_0 + m_1)^2} \left(\frac{a_1}{a_2} \right)^3 \frac{15}{32} \frac{e_1 e_2}{(1 - e_2^2)^{5/2}} \times$$

$$\{ (4 + 3e_1^2) [(-1 + 11\cos i_{\mathrm{tot}} + 5\cos^2 i_{\mathrm{tot}} - 15\cos^3 i_{\mathrm{tot}}) \cos(\omega_1 + \omega_2) +$$

$$(-1 - 11\cos i_{\mathrm{tot}} + 5\cos^2 i_{\mathrm{tot}} + 15\cos^3 i_{\mathrm{tot}}) \cos(\omega_1 - \omega_2)] +$$

$$35e_1^2 [(1 - \cos i_{\mathrm{tot}} - \cos^2 i_{\mathrm{tot}} + \cos^3 i_{\mathrm{tot}}) \cos(3\omega_1 + \omega_2) +$$

$$(1 + \cos i_{\mathrm{tot}} - \cos^2 i_{\mathrm{tot}} - \cos^3 i_{\mathrm{tot}}) \cos(3\omega_1 - \omega_2)] \}$$

(8 – 88)

综上可得,截断到八极矩项的双平均摄动函数为

$$\mathcal{R}^* = \mathcal{C}_0 (\mathcal{F}_2 + \varepsilon \mathcal{F}_3) \tag{8-89}$$

其中

$$\mathcal{C}_0 = \frac{1}{16} \frac{\mathcal{G} m_2}{a_2} \frac{m_1 m_0}{m_0 + m_1} \left(\frac{a_1}{a_2}\right)^2, \quad \varepsilon = \frac{m_0 - m_1}{m_0 + m_1} \left(\frac{a_1}{a_2}\right) \tag{8-90}$$

四极矩项为

$$\mathcal{F}_2 = \frac{1}{(1 - e_2{}^2)^{3/2}} \left[(2 + 3e_1{}^2)(3\cos^2 i_{\text{tot}} - 1) + 15 e_1{}^2 \sin^2 i_{\text{tot}} \cos 2\omega_1\right] \tag{8-91}$$

八极矩项为

$$\begin{aligned}
\mathcal{F}_3 = \frac{15}{32} \frac{e_1 e_2}{(1 - e_2{}^2)^{5/2}} \{&(4 + 3e_1{}^2) \times \\
&[(-1 + 11\cos i_{\text{tot}} + 5\cos^2 i_{\text{tot}} - 15\cos^3 i_{\text{tot}})\cos(\omega_1 + \omega_2) + \\
&(-1 - 11\cos i_{\text{tot}} + 5\cos^2 i_{\text{tot}} + 15\cos^3 i_{\text{tot}})\cos(\omega_1 - \omega_2)] + \\
&35 e_1{}^2 [(1 - \cos i_{\text{tot}} - \cos^2 i_{\text{tot}} + \cos^3 i_{\text{tot}})\cos(3\omega_1 + \omega_2) + \\
&(1 + \cos i_{\text{tot}} - \cos^2 i_{\text{tot}} - \cos^3 i_{\text{tot}})\cos(3\omega_1 - \omega_2)]
\end{aligned} \tag{8-92}$$

在第十一章中,将基于八极矩摄动函数(8-89)系统研究非限制性等级式构型中的 eccentric ZLK 效应。

8.4 非限制性系统退化为限制性系统

下面考察限制性等级式构型下双平均摄动函数与非限制性等级式构型下双平均摄动函数之间是如何过渡的(图 8-5)。

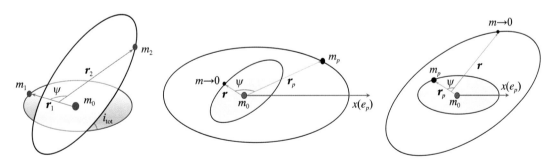

图 8-5 非限制性构型(左),内限制性构型(中)以及外限制性构型(右)

8.3 节给出的截断到半长轴之比 $\alpha = a_1 / a_2$ 三阶项(八极矩)的双平均摄动函数表达式为

$$\mathcal{R}^* = \frac{1}{16} \frac{\mathcal{G} m_2}{a_2} \frac{m_1 m_0}{m_0 + m_1} \left(\frac{a_1}{a_2}\right)^2 \times$$

$$\left\{\frac{1}{(1-e_2{}^2)^{3/2}}\left[(2+3e_1{}^2)(3\cos^2 i_{\text{tot}}-1)+15e_1{}^2\sin^2 i_{\text{tot}}\cos 2\omega_1\right]+\right.$$

$$\frac{15}{32}\frac{m_0-m_1}{m_0+m_1}\left(\frac{a_1}{a_2}\right)\frac{e_1 e_2}{(1-e_2{}^2)^{5/2}}\times$$

$$\left\{(4+3e_1{}^2)\left[(-1+11\cos i_{\text{tot}}+5\cos^2 i_{\text{tot}}-15\cos^3 i_{\text{tot}})\cos(\omega_1+\omega_2)+\right.\right.$$

$$(-1-11\cos i_{\text{tot}}+5\cos^2 i_{\text{tot}}+15\cos^3 i_{\text{tot}})\cos(\omega_1-\omega_2)]+$$

$$35e_1{}^2\left[(1-\cos i_{\text{tot}}-\cos^2 i_{\text{tot}}+\cos^3 i_{\text{tot}})\cos(3\omega_1+\omega_2)+\right.$$

$$\left.\left.\left.(1+\cos i_{\text{tot}}-\cos^2 i_{\text{tot}}-\cos^3 i_{\text{tot}})\cos(3\omega_1-\omega_2)\right]\right\}\right\} \qquad (8-93)$$

当靠近中心天体的行星 m_1 退化为测试粒子时（$m_1\rightarrow 0$），非限制性构型退化为上一节讨论的内限制性等级式构型；当远离中心天体的行星 m_2 退化为测试粒子时（$m_2\rightarrow 0$），非限制性构型退化为外限制性等级式构型（见图 8-5）。

8.4.1 情况Ⅰ:退化为内限制性系统

当 $m_1\rightarrow 0$ 时,内双星约化质量和相对倾角退化为

$$m_1\rightarrow 0 \Rightarrow \frac{m_1 m_0}{m_0+m_1}\rightarrow 0 , i_{\text{tot}}=i \qquad (8-94)$$

其次,当 $m_1\rightarrow 0$ 时,天体 m_2 的轨道面即为系统的不变平面,取和上一节相同的坐标系（x 轴指向 m_2 轨道的近心点）,根据定义有

$$\bar{\omega}_2=0 \Rightarrow \omega_2+\Omega_2=0 \qquad (8-95)$$

考虑到如下几何关系

$$\Delta\Omega=\Omega_1-\Omega_2=\pi \qquad (8-96)$$

因而有

$$\omega_1+\omega_2=\omega_1+(\bar{\omega}_2-\Omega_2)=\omega_1-\Omega_2=\omega_1-\Omega_1+\pi \qquad (8-97)$$

$$\omega_1-\omega_2=\omega_1-(\bar{\omega}_2-\Omega_2)=\omega_1+\Omega_2=\omega_1+\Omega_1-\pi \qquad (8-98)$$

$$3\omega_1+\omega_2=3\omega_1+(\bar{\omega}_2-\Omega_2)=3\omega_1-\Omega_2=3\omega_1-\Omega_1+\pi \qquad (8-99)$$

$$3\omega_1-\omega_2=3\omega_1-(\bar{\omega}_2-\Omega_2)=3\omega_1+\Omega_2=3\omega_1+\Omega_1-\pi \qquad (8-100)$$

由于约化质量满足 $\frac{m_1 m_0}{m_0+m_1}\rightarrow 0$,因此考虑单位质量测试粒子受到的摄动函数才有意义。考虑到以上退化关系,非限制性系统下的双平均摄动函数(8-93)退化为

$$\mathcal{R}^*=\frac{1}{16}\frac{\mathcal{G}m_2}{a_2}\left(\frac{a_1}{a_2}\right)^2\frac{1}{(1-e_2{}^2)^{3/2}}\{[(2+3e_1{}^2)(3\cos^2 i-1)+15e_1{}^2\sin^2 i\cos 2\omega_1]+$$

$$\frac{15}{32}\left(\frac{a_1}{a_2}\right)\frac{e_1 e_2}{1-e_2{}^2}\{(4+3e_1{}^2)[(1-11\cos i-5\cos^2 i+15\cos^3 i)\cos(\omega_1-\Omega_1)+$$

$$(1+11\cos i-5\cos^2 i-15\cos^3 i)\cos(\omega_1+\Omega_1)]-$$
$$35e_1^2[(1-\cos i-\cos^2 i+\cos^3 i)\cos(3\omega_1-\Omega_1)+$$
$$(1+\cos i-\cos^2 i-\cos^3 i)\cos(3\omega_1+\Omega_1)]\}\} \tag{8-101}$$

去掉下标'1',并且将下标'2'替换为'p'(与上一节符号系统保持一致,见图8-5),可得

$$\mathcal{R}^*=\frac{1}{16}\frac{\mathcal{G}m_p}{a_p}\left(\frac{a}{a_p}\right)^2\frac{1}{(1-e_p^2)^{3/2}}\{(2+3e^2)(3\cos^2 i-1)+15e^2\sin^2 i\cos 2\omega+$$
$$\frac{15}{32}\left(\frac{a}{a_p}\right)\frac{ee_p}{1-e_p^2}\{(4+3e^2)[(1-11\cos i-5\cos^2 i+15\cos^3 i)\cos(\omega-\Omega)+$$
$$(1+11\cos i-5\cos^2 i-15\cos^3 i)\cos(\omega+\Omega)]-$$
$$35e^2[(1-\cos i-\cos^2 i+\cos^3 i)\cos(3\omega-\Omega)+$$
$$(1+\cos i-\cos^2 i-\cos^3 i)\cos(3\omega+\Omega)]\}\} \tag{8-102}$$

表达式(8-102)与8.2节讨论的内限制性等级式构型的八极矩双平均摄动函数(8-51)完全一致。

8.4.2 情况Ⅱ:退化为外限制性构型

当$m_2\to 0$时,靠近中心天体的m_1为系统的摄动天体,对应轨道面即为系统的不变平面。不失一般性,令坐标系的x轴指向摄动天体轨道的近心点方向(见图8-5),那么

$$\bar{\omega}_1=\omega_1+\Omega_1=0 \tag{8-103}$$

$$i_1=0, \quad i_2=i_{\text{tot}} \tag{8-104}$$

考虑到几何关系

$$\Delta\Omega=\Omega_1-\Omega_2=\pi \tag{8-105}$$

于是可得

$$\omega_1=\bar{\omega}_1-\Omega_1=-\Omega_2-\pi \tag{8-106}$$

$$\omega_1+\omega_2=(\bar{\omega}_1-\Omega_1)+\omega_2=\omega_2-\Omega_1=\omega_2-\Omega_2-\pi \tag{8-107}$$

$$\omega_1-\omega_2=(\bar{\omega}_1-\Omega_1)-\omega_2=-\omega_2-\Omega_1=-\omega_2-\Omega_2-\pi \tag{8-108}$$

$$3\omega_1+\omega_2=3(\bar{\omega}_1-\Omega_1)+\omega_2=\omega_2-3\Omega_1=\omega_2-\Omega_2-3\pi \tag{8-109}$$

$$3\omega_1-\omega_2=3(\bar{\omega}_1-\Omega_1)-\omega_2=-\omega_2-3\Omega_1=-\omega_2-\Omega_2-3\pi \tag{8-110}$$

由于$m_2\to 0$,于是(单位质量)测试粒子m_2受到来自第三体m_1的摄动函数退化为

$$\mathcal{R}^*=\frac{1}{16}\frac{G}{a_2}\frac{m_1 m_0}{m_0+m_1}\left(\frac{a_1}{a_2}\right)^2\left\{\frac{1}{(1-e_2^2)^{3/2}}[(2+3e_1^2)(3\cos^2 i_2-1)+15e_1^2\sin^2 i_2\cos 2\Omega_2]+$$
$$\frac{15}{32}\frac{m_0-m_1}{m_0+m_1}\left(\frac{a_1}{a_2}\right)\frac{e_1 e_2}{(1-e_2^2)^{5/2}}\times$$
$$\{(4+3e_1^2)[(1+11\cos i_2-5\cos^2 i_2-15\cos^3 i_2)\cos(\omega_2+\Omega_2)+$$

$$(1-11\cos^2 i_2-5\cos^2 i_2+15\cos^3 i_2)\cos(\omega_2-\Omega_2)]-$$

$$35e_1{}^2\big[(1+\cos i_2-\cos^2 i_2-\cos^3 i_2)\cos(\omega_2+\Omega_2)+$$

$$(1-\cos i_2-\cos^2 i_2+\cos^3 i_2)\cos(\omega_2-\Omega_2)]\big\}\bigg| \tag{8-111}$$

与限制性系统下的符号保持一致,去掉下标'2',并且将下标'1'替换为'p'(见图 8-5),可得外限制性系统八极矩双平均摄动函数为

$$\mathcal{R}^* = \frac{1}{16}\frac{G}{a}\frac{m_0 m_p}{m_0+m_p}\Big(\frac{a_p}{a}\Big)^2\bigg\{\frac{1}{(1-e^2)^{3/2}}\big[(2+3e_p{}^2)(3\cos^2 i-1)+15e_p{}^2\sin^2 i\cos 2\Omega\big]+$$

$$\frac{15}{32}\frac{m_0-m_p}{m_0+m_p}\Big(\frac{a_p}{a}\Big)\frac{e_p e}{(1-e^2)^{5/2}}\times$$

$$\{(4+3e_p{}^2)\big[(1+11\cos i-5\cos^2 i-15\cos^3 i)\cos(\omega+\Omega)+$$

$$(1-11\cos i-5\cos^2 i+15\cos^3 i)\cos(\omega-\Omega)]-$$

$$35e_p{}^2\big[(1+\cos i-\cos^2 i-\cos^3 i)\cos(\omega+\Omega)+$$

$$(1-\cos i-\cos^2 i+\cos^3 i)\cos(\omega-\Omega)]\}\bigg\} \tag{8-112}$$

以上两节实现了非限制性构型和限制性构型之间的过渡。因此,非限制性等级式系统可作为从内限制性问题过渡为外限制性问题的桥梁,通过变换 m_1 和 m_2 的相对大小,可探索不同质量构型下的动力学结构的演变。

考虑到(内和外)限制性构型可以从非限制性构型退化得来,于是下面两节仅在非限制性等级式构型下讨论长期演化模型。

8.5 矢量和根数形式的长期演化模型

本节根据文献[3]和[4]进行推导。非限制性等级式系统构型见图 8-1。根据二体几何关系,位置矢量 $\boldsymbol{r}_i$ 可表示为

$$\boldsymbol{r}_k = r_k(\boldsymbol{u}_k\cos f_k+\boldsymbol{v}_k\sin f_k), \quad k=1,2 \tag{8-113}$$

其中

$$r_k = \frac{a_k(1-e_k{}^2)}{1+e_k\cos f_k}, \quad k=1,2 \tag{8-114}$$

$\boldsymbol{u}_k$ 为 m_0 指向 m_k 天体近心点的单位矢量,$\boldsymbol{v}_k$ 为位于轨道面并与 $\boldsymbol{u}_k$ 成 90 度角的单位矢量,用根数表示为(见第四章)

$$\boldsymbol{u}_k = \begin{pmatrix} \cos\Omega_k\cos\omega_k-\sin\Omega_k\sin\omega_k\cos i_k \\ \sin\Omega_k\cos\omega_k+\cos\Omega_k\sin\omega_k\cos i_k \\ \sin\omega_k\sin i_k \end{pmatrix} \tag{8-115}$$

与

$$\boldsymbol{v}_k = \begin{bmatrix} -\cos\Omega_k\sin\omega_k - \sin\Omega_k\cos\omega_k\cos i_k \\ -\sin\Omega_k\sin\omega_k + \cos\Omega_k\cos\omega_k\cos i_k \\ \cos\omega_k\sin i_k \end{bmatrix} \tag{8-116}$$

可见,单位矢量 $\boldsymbol{u}_k$ 和 $\boldsymbol{v}_k$ 正交且定义了轨道平面,于是 $\boldsymbol{u}_k\times\boldsymbol{v}_k=\boldsymbol{n}_k$ 指向轨道角动量方向。在质心为原点的不变平面坐标系下,系统哈密顿函数为

$$\mathcal{H} = -\frac{\mathcal{G}m_0 m_1}{2a_1} - \frac{\mathcal{G}(m_0+m_1)m_2}{2a_2} - \frac{\mathcal{G}}{a_2}\sum_{n=2}^{\infty}M_n\left(\frac{a_1}{a_2}\right)^n\left(\frac{|\boldsymbol{r}_1|}{a_1}\right)^n\left(\frac{a_2}{|\boldsymbol{r}_2|}\right)^{n+1}P_n(\cos\psi) \tag{8-117}$$

摄动函数记为

$$\mathcal{R} = \frac{\mathcal{G}}{a_2}\sum_{n=2}^{\infty}M_n\left(\frac{a_1}{a_2}\right)^n\left(\frac{|\boldsymbol{r}_1|}{a_1}\right)^n\left(\frac{a_2}{|\boldsymbol{r}_2|}\right)^{n+1}P_n(\cos\psi) \tag{8-118}$$

故系统哈密顿函数为

$$\mathcal{H} = -\frac{\mathcal{G}m_0 m_1}{2a_1} - \frac{G(m_0+m_1)m_2}{2a_2} - \mathcal{R} \tag{8-119}$$

其中角度 ψ 为位置矢量 $\boldsymbol{r}_1$ 和 $\boldsymbol{r}_2$ 之间的夹角。截断到 3 阶项(八极矩近似),摄动函数为

$$\begin{aligned}
\mathcal{R} &= \mathcal{R}_2 + \mathcal{R}_3 \\
&= \frac{\mathcal{G}m_2}{r_2}\frac{m_0 m_1}{m_0+m_1}\left[\frac{3}{2}\frac{(\boldsymbol{r}_1\cdot\boldsymbol{r}_2)^2}{r_2^4} - \frac{1}{2}\frac{r_1^2}{r_2^2}\right] + \\
&\quad \frac{\mathcal{G}m_2}{r_2}\frac{m_0 m_1(m_0-m_1)}{(m_0+m_1)^2}\left[\frac{5}{2}\frac{(\boldsymbol{r}_1\cdot\boldsymbol{r}_2)^3}{r_2^6} - \frac{3}{2}\frac{r_1^2(\boldsymbol{r}_1\cdot\boldsymbol{r}_2)}{r_2^4}\right]
\end{aligned} \tag{8-120}$$

首先,将截断到八极矩的摄动函数在内双星轨道周期内进行平均化,可得

$$\langle\mathcal{R}\rangle = \langle\mathcal{R}_2\rangle + \langle\mathcal{R}_3\rangle \tag{8-121}$$

其中

$$\begin{aligned}
\langle\mathcal{R}_2\rangle &= \frac{\mathcal{G}m_2}{2r_2^3}\frac{m_0 m_1}{m_0+m_1}\left[\frac{3(\boldsymbol{u}_1\cdot\boldsymbol{r}_2)^2}{r_2^2}\langle r_1^2\cos^2 f_1\rangle + \right. \\
&\quad \left. \frac{3(\boldsymbol{u}_1\cdot\boldsymbol{r}_2)(\boldsymbol{v}_1\cdot\boldsymbol{r}_2)}{r_2^2}\langle r_1^2\sin 2f_1\rangle + \frac{3(\boldsymbol{v}_1\cdot\boldsymbol{r}_2)^2}{r_2^2}\langle r_1^2\sin^2 f_1\rangle - \langle r_1^2\rangle\right]
\end{aligned} \tag{8-122}$$

以及

$$\begin{aligned}
\langle\mathcal{R}_3\rangle &= \frac{\mathcal{G}m_2}{r_2}\frac{m_0 m_1(m_0-m_1)}{(m_0+m_1)^2}\left[\frac{5}{2}\frac{(\boldsymbol{u}_1\cdot\boldsymbol{r}_2)^3}{r_2^6}\langle r_1^3\cos^3 f_1\rangle + \right. \\
&\quad \frac{15}{2}\frac{(\boldsymbol{u}_1\cdot\boldsymbol{r}_2)^2(\boldsymbol{v}_1\cdot\boldsymbol{r}_2)}{r_2^6}\langle r_1^3\cos^2 f_1\sin f_1\rangle + \\
&\quad \left. \frac{15}{2}\frac{(\boldsymbol{u}_1\cdot\boldsymbol{r}_2)(\boldsymbol{v}_1\cdot\boldsymbol{r}_2)^2}{r_2^6}\langle r_1^3\cos f_1\sin^2 f_1\rangle + \frac{5}{2}\frac{(\boldsymbol{v}_1\cdot\boldsymbol{r}_2)^3}{r_2^6}\langle r_1^3\sin^3 f_1\rangle - \right.
\end{aligned}$$

$$\frac{3}{2}\frac{(\boldsymbol{u}_1 \cdot \boldsymbol{r}_2)}{r_2{}^4}\langle r_1{}^3\cos f_1\rangle - \frac{3}{2}\frac{(\boldsymbol{v}_1 \cdot \boldsymbol{r}_2)}{r_2{}^4}\langle r_1{}^3\sin f_1\rangle\Big] \tag{8-123}$$

其中平均表达式为[4]

$$\langle r_1{}^2\rangle = \frac{1}{2}a_1{}^2(2+3e_1{}^2)$$

$$\langle r_1{}^2\cos^2 f_1\rangle = \frac{1}{2}a_1{}^2(1+4e_1{}^2)$$

$$\langle r_1{}^2\sin^2 f_1\rangle = \frac{1}{2}a_1{}^2(1-e_1{}^2) \tag{8-124}$$

$$\langle r_1{}^2\sin 2f_1\rangle = 0$$

和

$$\langle r_1{}^3\cos f_1\rangle = -\frac{5}{8}a_1{}^3 e_1(4+3e_1{}^2)$$

$$\langle r_1{}^3\cos^3 f_1\rangle = -\frac{5}{8}a_1{}^3 e_1(3+4e_1{}^2)$$

$$\langle r_1{}^3\cos^2 f_1\sin f_1\rangle = 0$$

$$\langle r_1{}^3\cos f_1\sin^2 f_1\rangle = -\frac{5}{8}a_1{}^3 e_1(1-e_1{}^2) \tag{8-125}$$

$$\langle r_1{}^3\sin^3 f_1\rangle = 0$$

$$\langle r_1{}^3\sin f_1\rangle = 0$$

代入(8-122)可得

$$\langle \mathcal{R}_2\rangle = \frac{\mathcal{G}m_2}{4r_2{}^3}\frac{m_0 m_1}{m_0+m_1}a_1{}^2\Big[3(1+4e_1{}^2)\frac{(\boldsymbol{u}_1 \cdot \boldsymbol{r}_2)^2}{r_2{}^2} + 3(1-e_1{}^2)\frac{(\boldsymbol{v}_1 \cdot \boldsymbol{r}_2)^2}{r_2{}^2} - (2+3e_1{}^2)\Big] \tag{8-126}$$

代入(8-123)可得

$$\langle \mathcal{R}_3\rangle = \frac{5a_1{}^3 e_1}{16}\frac{\mathcal{G}m_2}{r_2{}^5}\frac{m_0 m_1(m_0-m_1)}{(m_0+m_1)^2}\Big[-5(3+4e_1{}^2)\frac{(\boldsymbol{u}_1 \cdot \boldsymbol{r}_2)^2}{r_2{}^2} -$$

$$15(1-e_1{}^2)\frac{(\boldsymbol{v}_1 \cdot \boldsymbol{r}_2)^2}{r_2{}^2} + 3(4+3e_1{}^2)\Big](\boldsymbol{u}_1 \cdot \boldsymbol{r}_2) \tag{8-127}$$

考虑到$(\boldsymbol{u}_1,\boldsymbol{v}_1,\boldsymbol{n}_1)$和$(\boldsymbol{u}_2,\boldsymbol{v}_2,\boldsymbol{n}_2)$为两组正交且归一的单位矢量,因此如下关系成立

$$(\boldsymbol{u}_1 \cdot \boldsymbol{r}_2)^2 + (\boldsymbol{v}_1 \cdot \boldsymbol{r}_2)^2 + (\boldsymbol{n}_1 \cdot \boldsymbol{r}_2)^2 = r_2{}^2 \tag{8-128}$$

于是,可得四极矩摄动函数整理为

$$\langle \mathcal{R}_2\rangle = \frac{\mathcal{G}m_2}{4r_2{}^3}\frac{m_0 m_1}{m_0+m_1}a_1{}^2\Big[1-6e_1{}^2+15e_1{}^2\frac{(\boldsymbol{u}_1 \cdot \boldsymbol{r}_2)^2}{r_2{}^2} - 3(1-e_1{}^2)\frac{(\boldsymbol{n}_1 \cdot \boldsymbol{r}_2)^2}{r_2{}^2}\Big] \tag{8-129}$$

将八极矩摄动函数整理为

$$\langle \mathcal{R}_3 \rangle = \frac{5 a_1^3 e_1}{16} \frac{\mathcal{G} m_2}{r_2^5} \frac{m_0 m_1 (m_0 - m_1)}{(m_0 + m_1)^2} \left[-35 e_1^2 \frac{(\boldsymbol{u}_1 \cdot \boldsymbol{r}_2)^2}{r_2^2} + \right.$$
$$\left. 15(1 - e_1^2) \frac{(\boldsymbol{n}_1 \cdot \boldsymbol{r}_2)^2}{r_2^2} + 3(-1 + 8 e_1^2) \right] (\boldsymbol{u}_1 \cdot \boldsymbol{r}_2) \tag{8-130}$$

定义描述内双星和外双星轨道的 Delaunay 变量如下

$$l_1 = M_1, L_1 = \frac{m_0 m_1}{m_0 + m_1} \sqrt{\mathcal{G}(m_0 + m_1) a_1}$$

$$l_2 = M_2, L_2 = \frac{(m_0 + m_1) m_2}{m_0 + m_1 + m_2} \sqrt{\mathcal{G}(m_0 + m_1 + m_2) a_2}$$

$$g_1 = \omega_1, G_1 = L_1 \sqrt{1 - e_1^2} \tag{8-131}$$

$$g_2 = \omega_2, G_2 = L_2 \sqrt{1 - e_2^2}$$

$$h_1 = \Omega_1, H_1 = G_1 \cos I_1$$

$$h_2 = \Omega_2, H_2 = G_2 \cos I_2$$

定义归一化的角动量矢量 $\boldsymbol{j}_k$(分别以圆轨道角动量 L_1, L_2 作为归一化因子)和偏心率矢量 $\boldsymbol{e}_k$

$$\boldsymbol{j}_1 = \frac{1}{L_1} \boldsymbol{r}_1 \times \boldsymbol{p}_1 = \frac{G_1 \boldsymbol{n}_1}{L_1} = \sqrt{1 - e_1^2} \, \boldsymbol{n}_1 \tag{8-132}$$

$$\boldsymbol{j}_2 = \frac{1}{L_2} \boldsymbol{r}_2 \times \boldsymbol{p}_2 = \frac{G_2 \boldsymbol{n}_2}{L_2} = \sqrt{1 - e_2^2} \, \boldsymbol{n}_2$$

$$\boldsymbol{e}_1 = \frac{a_1}{L_1^2} \boldsymbol{p}_1 \times (\boldsymbol{r}_1 \times \boldsymbol{p}_1) - \frac{\boldsymbol{r}_1}{r_1} = e_1 \boldsymbol{u}_1 \tag{8-133}$$

$$\boldsymbol{e}_2 = \frac{a_2}{L_2^2} \boldsymbol{p}_2 \times (\boldsymbol{r}_2 \times \boldsymbol{p}_2) - \frac{\boldsymbol{r}_2}{r_2} = e_2 \boldsymbol{u}_2$$

于是存在如下关系:$\boldsymbol{j}_1 \cdot \boldsymbol{e}_1 = \boldsymbol{j}_2 \cdot \boldsymbol{e}_2 = 0$ 以及 $|\boldsymbol{j}_1|^2 + |\boldsymbol{e}_1|^2 = |\boldsymbol{j}_2|^2 + |\boldsymbol{e}_2|^2 = 1$。

因此,利用 $(\boldsymbol{j}_1, \boldsymbol{e}_1)$ 描述的四极矩摄动函数为

$$\langle \mathcal{R}_2 \rangle = \frac{\mathcal{G} m_2}{4} \frac{m_0 m_1}{m_0 + m_1} a_1^2 \left[\frac{(1 - 6 e_1^2)}{r_2^3} + 15 \frac{(\boldsymbol{e}_1 \cdot \boldsymbol{r}_2)^2}{r_2^5} - 3 \frac{(\boldsymbol{j}_1 \cdot \boldsymbol{r}_2)^2}{r_2^5} \right] \tag{8-134}$$

八极矩摄动函数为

$$\langle \mathcal{R}_3 \rangle = \frac{5}{16} \frac{\mathcal{G} m_2 m_0 m_1 (m_0 - m_1)}{(m_0 + m_1)^2} a_1^3 \left[\frac{3(-1 + 8 e_1^2)}{r_2^5} - 35 \frac{(\boldsymbol{e}_1 \cdot \boldsymbol{r}_2)^2}{r_2^7} + 15 \frac{(\boldsymbol{j}_1 \cdot \boldsymbol{r}_2)^2}{r_2^7} \right] (\boldsymbol{e}_1 \cdot \boldsymbol{r}_2)$$
$$\tag{8-135}$$

以上表达式与文献[4]中的结果一致。

进一步,将 $\boldsymbol{r}_2$ 的表达式(8-113)代入上式并对外双星轨道周期进行平均化,可得(过程类似,感兴趣读者可得推导作为练习)

$$\mathcal{R}_2^* = -\frac{\mathcal{G}m_2{a_1}^2}{8{a_2}^3(1-{e_2}^2)^{3/2}}\frac{m_0 m_1}{m_0+m_1}\left[1-6{e_1}^2-\frac{3}{1-{e_2}^2}(\boldsymbol{j}_1\cdot\boldsymbol{j}_2)^2+\frac{15}{1-{e_2}^2}(\boldsymbol{e}_1\cdot\boldsymbol{j}_2)^2\right]$$

$$(8-136)$$

$$\mathcal{R}_3^* = -\frac{15}{64}\frac{m_0 m_1}{(m_0+m_1)}\frac{\mathcal{G}m_2{a_1}^2}{{a_2}^3(1-{e_2}^2)^{3/2}}\frac{(m_0-m_1)}{(m_0+m_1)}\frac{a_1}{a_2}\frac{1}{1-{e_2}^2}\times$$

$$\left\{\left[8{e_1}^2-1-\frac{35}{1-{e_2}^2}(\boldsymbol{e}_1\cdot\boldsymbol{j}_2)^2+\frac{15}{1-{e_2}^2}(\boldsymbol{j}_1\cdot\boldsymbol{j}_2)^2\right](\boldsymbol{e}_1\cdot\boldsymbol{e}_2)+\right.$$

$$\left.\frac{10}{1-{e_2}^2}(\boldsymbol{e}_1\cdot\boldsymbol{j}_2)(\boldsymbol{j}_1\cdot\boldsymbol{e}_2)(\boldsymbol{j}_1\cdot\boldsymbol{j}_2)\right\}$$

$$(8-137)$$

为了简化,引入符号(类似于文献[4])

$$\mu=\frac{m_0 m_1}{(m_0+m_1)}$$

$$(8-138)$$

$$\Phi_0=\frac{\mathcal{G}m_2{a_1}^2}{{a_2}^3\ (1-{e_2}^2)^{3/2}}$$

$$(8-139)$$

$$\varepsilon_{\text{oct}}=\frac{(m_0-m_1)}{(m_0+m_1)}\left(\frac{a_1}{a_2}\right)\frac{e_2}{1-{e_2}^2}$$

$$(8-140)$$

那么四极矩和八极矩项分别简化为[4]

$$\mathcal{R}_2^* = -\frac{\mu\Phi_0}{8}\left[1-6{e_1}^2-\frac{3}{1-{e_2}^2}(\boldsymbol{j}_1\cdot\boldsymbol{j}_2)^2+\frac{15}{1-{e_2}^2}(\boldsymbol{e}_1\cdot\boldsymbol{j}_2)^2\right] \quad (8-141)$$

$$\mathcal{R}_3^* = -\frac{15}{64e_2}\mu\varepsilon_{\text{oct}}\Phi_0\left\{\left[8{e_1}^2-1-\frac{35}{1-{e_2}^2}(\boldsymbol{e}_1\cdot\boldsymbol{j}_2)^2+\frac{15}{1-{e_2}^2}(\boldsymbol{j}_1\cdot\boldsymbol{j}_2)^2\right](\boldsymbol{e}_1\cdot\boldsymbol{e}_2)+\right.$$

$$\left.\frac{10}{1-{e_2}^2}(\boldsymbol{e}_1\cdot\boldsymbol{j}_2)(\boldsymbol{j}_1\cdot\boldsymbol{e}_2)(\boldsymbol{j}_1\cdot\boldsymbol{j}_2)\right\}$$

$$(8-142)$$

因此,截断到八极矩的双平均摄动函数为

$$\mathcal{R}^* = \mathcal{R}_2^* + \mathcal{R}_3^* \quad (8-143)$$

哈密顿函数为 $\mathcal{H}=-\mathcal{R}^*=-(\mathcal{R}_2^*+\mathcal{R}_3^*)$。根据第五章,相流函数 $F(\boldsymbol{j}_1,\boldsymbol{e}_1,\boldsymbol{j}_2,\boldsymbol{e}_2)$ 的一阶时间导数可表示为 Poisson 括号形式

$$\frac{\mathrm{d}F}{\mathrm{d}t}=\{F(\boldsymbol{j},\boldsymbol{e}),\mathcal{H}(\boldsymbol{j},\boldsymbol{e})\}$$

$$=\{F,\boldsymbol{j}_1\}\frac{\partial\mathcal{H}}{\partial\boldsymbol{j}_1}+\{F,\boldsymbol{e}_1\}\frac{\partial\mathcal{H}}{\partial\boldsymbol{e}_1}+\{F,\boldsymbol{j}_2\}\frac{\partial\mathcal{H}}{\partial\boldsymbol{j}_2}+\{F,\boldsymbol{e}_2\}\frac{\partial\mathcal{H}}{\partial\boldsymbol{e}_2}$$

$$=-\{F,\boldsymbol{j}_1\}\frac{\partial\mathcal{R}^*}{\partial\boldsymbol{j}_1}-\{F,\boldsymbol{e}_1\}\frac{\partial\mathcal{R}^*}{\partial\boldsymbol{e}_1}-\{F,\boldsymbol{j}_2\}\frac{\partial\mathcal{R}^*}{\partial\boldsymbol{j}_2}-\{F,\boldsymbol{e}_2\}\frac{\partial\mathcal{R}^*}{\partial\boldsymbol{e}_2} \quad (8-144)$$

将 F 取为 $(\boldsymbol{j}_1,\boldsymbol{e}_1,\boldsymbol{j}_2,\boldsymbol{e}_2)$ 中的任一矢量,可得运动方程为

$$\frac{\mathrm{d}\boldsymbol{j}_1}{\mathrm{d}t}=\frac{1}{L_1}\left(\boldsymbol{j}_1\times\frac{\partial}{\partial \boldsymbol{j}_1}+\boldsymbol{e}_1\times\frac{\partial}{\partial \boldsymbol{e}_1}\right)\mathcal{R}^*$$

$$\frac{\mathrm{d}\boldsymbol{e}_1}{\mathrm{d}t}=\frac{1}{L_1}\left(\boldsymbol{j}_1\times\frac{\partial}{\partial \boldsymbol{e}_1}+\boldsymbol{e}_1\times\frac{\partial}{\partial \boldsymbol{j}_1}\right)\mathcal{R}^*$$

$$\frac{\mathrm{d}\boldsymbol{j}_2}{\mathrm{d}t}=\frac{1}{L_2}\left(\boldsymbol{j}_2\times\frac{\partial}{\partial \boldsymbol{j}_2}+\boldsymbol{e}_2\times\frac{\partial}{\partial \boldsymbol{e}_2}\right)\mathcal{R}^*$$

$$\frac{\mathrm{d}\boldsymbol{e}_2}{\mathrm{d}t}=\frac{1}{L_2}\left(\boldsymbol{j}_2\times\frac{\partial}{\partial \boldsymbol{e}_2}+\boldsymbol{e}_2\times\frac{\partial}{\partial \boldsymbol{j}_2}\right)\mathcal{R}^*$$

$$(8-145)$$

在长期演化过程中,系统总角动量守恒。然而,内双星和外双星轨道角动量发生交换,伴随着轨道偏心率和倾角的耦合演化。将双平均摄动函数表达式代入(8-145)可得运动方程为(参考文献[4])

$$\frac{\mathrm{d}\boldsymbol{j}_1}{\mathrm{d}t}=\frac{3}{4t_K}\left[(\boldsymbol{j}_1\cdot\boldsymbol{n}_2)(\boldsymbol{j}_1\times\boldsymbol{n}_2)-5(\boldsymbol{e}_1\cdot\boldsymbol{n}_2)(\boldsymbol{e}_1\times\boldsymbol{n}_2)\right]-$$

$$\frac{75\varepsilon_{\mathrm{oct}}}{64t_K}\left\{2\left[(\boldsymbol{e}_1\cdot\boldsymbol{u}_2)(\boldsymbol{j}_1\cdot\boldsymbol{n}_2)+(\boldsymbol{e}_1\cdot\boldsymbol{n}_2)(\boldsymbol{j}_1\cdot\boldsymbol{u}_2)\right](\boldsymbol{j}_1\times\boldsymbol{n}_2)+\right.$$

$$2\left[(\boldsymbol{j}_1\cdot\boldsymbol{u}_2)(\boldsymbol{j}_1\cdot\boldsymbol{n}_2)-7(\boldsymbol{e}_1\cdot\boldsymbol{u}_2)(\boldsymbol{e}_1\cdot\boldsymbol{n}_2)\right](\boldsymbol{e}_1\times\boldsymbol{n}_2)+$$

$$\left.2(\boldsymbol{e}_1\cdot\boldsymbol{n}_2)(\boldsymbol{j}_1\cdot\boldsymbol{n}_2)(\boldsymbol{j}_1\times\boldsymbol{u}_2)+\left[\frac{8}{5}e_1{}^2-\frac{1}{5}-7(\boldsymbol{e}_1\cdot\boldsymbol{n}_2)^2+(\boldsymbol{j}_1\cdot\boldsymbol{n}_2)^2\right](\boldsymbol{e}_1\times\boldsymbol{u}_2)\right\}$$

$$(8-146)$$

$$\frac{\mathrm{d}\boldsymbol{e}_1}{\mathrm{d}t}=\frac{3}{4t_K}\left[(\boldsymbol{j}_1\cdot\boldsymbol{n}_2)(\boldsymbol{e}_1\times\boldsymbol{n}_2)+2(\boldsymbol{j}_1\times\boldsymbol{e}_1)-5(\boldsymbol{e}_1\cdot\boldsymbol{n}_2)(\boldsymbol{j}_1\times\boldsymbol{n}_2)\right]-$$

$$\frac{75\varepsilon_{\mathrm{oct}}}{64t_K}\left\{2(\boldsymbol{e}_1\cdot\boldsymbol{n}_2)(\boldsymbol{j}_1\cdot\boldsymbol{n}_2)(\boldsymbol{e}_1\times\boldsymbol{u}_2)+\right.$$

$$\left[\frac{8}{5}e_1{}^2-\frac{1}{5}-7(\boldsymbol{e}_1\cdot\boldsymbol{n}_2)^2+(\boldsymbol{j}_1\cdot\boldsymbol{n}_2)^2\right](\boldsymbol{j}_1\times\boldsymbol{u}_2)+$$

$$2\left[(\boldsymbol{e}_1\cdot\boldsymbol{u}_2)(\boldsymbol{j}_1\cdot\boldsymbol{n}_2)+(\boldsymbol{e}_1\cdot\boldsymbol{n}_2)(\boldsymbol{j}_1\cdot\boldsymbol{u}_2)\right](\boldsymbol{e}_1\times\boldsymbol{n}_2)+$$

$$2\left[(\boldsymbol{j}_1\cdot\boldsymbol{n}_2)(\boldsymbol{j}_1\cdot\boldsymbol{u}_2)-7(\boldsymbol{e}_1\cdot\boldsymbol{n}_2)(\boldsymbol{e}_1\cdot\boldsymbol{u}_2)\right](\boldsymbol{j}_1\times\boldsymbol{n}_2)+$$

$$\left.\frac{16}{5}(\boldsymbol{e}_1\cdot\boldsymbol{u}_2)(\boldsymbol{j}_1\times\boldsymbol{e}_1)\right\}$$

$$(8-147)$$

$$\frac{\mathrm{d}\boldsymbol{j}_2}{\mathrm{d}t}=\frac{3}{4t_K}\left(\frac{L_1}{L_2}\right)\left[(\boldsymbol{j}_1\cdot\boldsymbol{n}_2)(\boldsymbol{n}_2\times\boldsymbol{j}_1)-5(\boldsymbol{e}_1\cdot\boldsymbol{n}_2)(\boldsymbol{n}_2\times\boldsymbol{e}_1)\right]-$$

$$\frac{75\varepsilon_{\mathrm{oct}}}{64t_K}\left(\frac{L_1}{L_2}\right)\left\{2\left[(\boldsymbol{e}_1\cdot\boldsymbol{n}_2)(\boldsymbol{j}_1\cdot\boldsymbol{u}_2)(\boldsymbol{n}_2\times\boldsymbol{j}_1)+(\boldsymbol{e}_1\cdot\boldsymbol{u}_2)(\boldsymbol{j}_1\cdot\boldsymbol{n}_2)(\boldsymbol{n}_2\times\boldsymbol{j}_1)+\right.\right.$$

$$\left.(\boldsymbol{e}_1\cdot\boldsymbol{n}_2)(\boldsymbol{j}_1\cdot\boldsymbol{n}_2)(\boldsymbol{u}_2\times\boldsymbol{j}_1)\right]+$$

$$2\left[(\boldsymbol{j}_1\cdot\boldsymbol{u}_2)(\boldsymbol{j}_1\cdot\boldsymbol{n}_2)-7(\boldsymbol{e}_1\cdot\boldsymbol{u}_2)(\boldsymbol{e}_1\cdot\boldsymbol{n}_2)\right](\boldsymbol{n}_2\times\boldsymbol{e}_1)+$$

$$\left.\left[\frac{8}{5}e_1{}^2-\frac{1}{5}-7(\boldsymbol{e}_1\cdot\boldsymbol{n}_2)^2+(\boldsymbol{j}_1\cdot\boldsymbol{n}_2)^2\right](\boldsymbol{u}_2\times\boldsymbol{e}_1)\right\}$$

$$(8-148)$$

$$\frac{\mathrm{d}\boldsymbol{e}_2}{\mathrm{d}t} = \frac{3}{4t_K} \frac{1}{\sqrt{1-e_2{}^2}} \left(\frac{L_1}{L_2}\right) \Big\{ (\boldsymbol{j}_1 \cdot \boldsymbol{n}_2)(\boldsymbol{e}_2 \times \boldsymbol{j}_1) - 5(\boldsymbol{e}_1 \cdot \boldsymbol{n}_2)(\boldsymbol{e}_2 \times \boldsymbol{e}_1) -$$

$$\left[\frac{1}{2} - 3e_1{}^2 + \frac{25}{2}(\boldsymbol{e}_1 \cdot \boldsymbol{n}_2)^2 - \frac{5}{2}(\boldsymbol{j}_1 \cdot \boldsymbol{n}_2)^2\right](\boldsymbol{n}_2 \times \boldsymbol{e}_2) \Big\} -$$

$$\frac{75}{64t_K} \frac{\varepsilon_{\mathrm{oct}}}{\sqrt{1-e_2{}^2}} \left(\frac{L_1}{L_2}\right) \Big\{ 2(\boldsymbol{e}_1 \cdot \boldsymbol{n}_2)(\boldsymbol{j}_1 \cdot \boldsymbol{e}_2)(\boldsymbol{u}_2 \times \boldsymbol{j}_1) +$$

$$2(\boldsymbol{j}_1 \cdot \boldsymbol{n}_2)(\boldsymbol{e}_1 \cdot \boldsymbol{e}_2)(\boldsymbol{u}_2 \times \boldsymbol{j}_1) + \frac{2(1-e_2{}^2)}{e_2}(\boldsymbol{e}_1 \cdot \boldsymbol{n}_2)(\boldsymbol{j}_1 \cdot \boldsymbol{n}_2)(\boldsymbol{n}_2 \times \boldsymbol{j}_1) +$$

$$2\left[(\boldsymbol{j}_1 \cdot \boldsymbol{e}_2)(\boldsymbol{j}_1 \cdot \boldsymbol{n}_2) - 7(\boldsymbol{e}_1 \cdot \boldsymbol{e}_2)(\boldsymbol{e}_1 \cdot \boldsymbol{n}_2)\right](\boldsymbol{u}_2 \times \boldsymbol{e}_1) +$$

$$\frac{1-e_2{}^2}{e_2}\left[\frac{8}{5}e_1{}^2 - \frac{1}{5} - 7(\boldsymbol{e}_1 \cdot \boldsymbol{n}_2)^2 + (\boldsymbol{j}_1 \cdot \boldsymbol{n}_2)^2\right](\boldsymbol{n}_2 \times \boldsymbol{e}_1) -$$

$$\left[\frac{2}{5}(1-8e_1{}^2)(\boldsymbol{e}_1 \cdot \boldsymbol{u}_2) + 14(\boldsymbol{e}_1 \cdot \boldsymbol{n}_2)(\boldsymbol{j}_1 \cdot \boldsymbol{u}_2)(\boldsymbol{j}_1 \cdot \boldsymbol{n}_2) +\right.$$

$$\left.7(\boldsymbol{e}_1 \cdot \boldsymbol{u}_2)\left(\frac{8}{5}e_1{}^2 - \frac{1}{5} - 7(\boldsymbol{e}_1 \cdot \boldsymbol{n}_2)^2 + (\boldsymbol{j}_1 \cdot \boldsymbol{n}_2)^2\right)\right](\boldsymbol{e}_2 \times \boldsymbol{n}_2) \Big\} \tag{8-149}$$

其中 t_K 为四极矩模型下 Kozai 振荡时标

$$t_K = \frac{1}{\sqrt{\mathcal{G}(m_0+m_1)/a_1{}^3}} \left(\frac{m_0+m_1}{m_2}\right)\left(\frac{a_2}{a_1}\right)^3 (1-e_2{}^2)^{3/2} = \frac{1}{n_1}\left(\frac{m_0+m_1}{m_2}\right)\left(\frac{a_2}{a_1}\right)^3(1-e_2{}^2)^{3/2} \tag{8-150}$$

特别地,轨道角动量矢量和偏心率矢量可以表示为轨道根数的形式

$$\boldsymbol{j}_k = \sqrt{1-e_k{}^2} \begin{pmatrix} \sin i_k \sin \Omega_k \\ -\sin i_k \cos \Omega_k \\ \cos i_k \end{pmatrix}, \; k=1,2 \tag{8-151}$$

以及

$$\boldsymbol{e}_k = e_k \begin{pmatrix} \cos \omega_k \cos \Omega_k - \sin \omega_k \sin \Omega_k \cos i_k \\ \cos \omega_k \sin \Omega_k + \sin \omega_k \cos \Omega_k \cos i_k \\ \sin \omega_k \sin i_k \end{pmatrix}, \; k=1,2 \tag{8-152}$$

将其代入矢量形式的运动方程,可得到轨道根数对应的运动方程,即拉格朗日行星运动方程。具体地,偏心率的演化方程为[4]

$$\frac{\mathrm{d}e_1}{\mathrm{d}t} = \frac{\sqrt{1-e_1{}^2}}{64t_K}\Big\{ 120e_1\sin^2 i_{\mathrm{tot}}\sin 2\omega_1 + \frac{15\varepsilon_{\mathrm{oct}}}{8}\cos\omega_2\left[(4+3e_1{}^2)(3+5\cos 2i_{\mathrm{tot}})\sin\omega_1 +\right.$$

$$210e_1{}^2\sin^2 i_{\mathrm{tot}}\sin 3\omega_1\left] - \frac{15\varepsilon_{\mathrm{oct}}}{4}\cos i_{\mathrm{tot}}\cos\omega_1\left[15(2+5e_1{}^2)\cos 2i_{\mathrm{tot}} +\right.$$

$$7(30e_1{}^2\cos 2\omega_1 \sin^2 i_{\mathrm{tot}} - 2 - 9e_1{}^2)\right]\sin\omega_2 \Big\} \tag{8-153}$$

$$\frac{\mathrm{d}e_2}{\mathrm{d}t} = \frac{15e_1 L_1 \sqrt{1-e_2{}^2}\,\varepsilon_{\mathrm{oct}}}{256t_K e_2 L_2} \Big\{ \cos\omega_1 \big[6-13e_1{}^2+5(2+5e_1{}^2)\cos 2i_{\mathrm{tot}}+70e_1{}^2\cos 2\omega_1\sin^2 i_{\mathrm{tot}}\big]\sin\omega_2 -$$

$$\cos i_{\mathrm{tot}}\cos\omega_2 \big[5(6+e_1{}^2)\cos 2i_{\mathrm{tot}}+7(10e_1{}^2\cos 2\omega_1\sin^2 i_{\mathrm{tot}}-2+e_1{}^2)\big]\sin\omega_1 \Big\} \quad (8-154)$$

倾角的演化方程为

$$\frac{\mathrm{d}i_1}{\mathrm{d}t} = \frac{-3e_1}{32t_K \sqrt{1-e_1{}^2}} \Big\{ 10\sin 2i_{\mathrm{tot}} \Big[e_1\sin 2\omega_1 + \frac{5\varepsilon_{\mathrm{oct}}}{8}(2+5e_1{}^2+7e_1{}^2\cos 2\omega_1)\cos\omega_2\sin\omega_1 \Big] +$$

$$\frac{5\varepsilon_{\mathrm{oct}}}{8}\cos\omega_1\big[26+37e_1{}^2-35e_1{}^2\cos 2\omega_1 -$$

$$15\cos 2i_{\mathrm{tot}}(7e_1{}^2\cos 2\omega_1-2-5e_1{}^2)\big]\sin i_{\mathrm{tot}}\sin\omega_2 \Big\} \quad (8-155)$$

$$\frac{\mathrm{d}i_2}{\mathrm{d}t} = \frac{-3e_1}{32t_K \sqrt{1-e_2{}^2}}\Big(\frac{L_1}{L_2}\Big)\Big\{ 10\Big[2e_1\sin i_{\mathrm{tot}}\sin 2\omega_1 +$$

$$\frac{5\varepsilon_{\mathrm{oct}}}{8}\cos\omega_1(2+5e_1{}^2-7e_1{}^2\cos 2\omega_1)\sin 2i_{\mathrm{tot}}\sin\omega_2 \Big] +$$

$$\frac{5\varepsilon_{\mathrm{oct}}}{8}\big[26+107e_1{}^2+5(6+e_1{}^2)\cos 2i_{\mathrm{tot}} -$$

$$35e_1{}^2(\cos 2i_{\mathrm{tot}}-5)\cos 2\omega_1\big]\cos\omega_2\sin i_{\mathrm{tot}}\sin\omega_1 \Big\} \quad (8-156)$$

考虑到几何关系 $\Omega_1-\Omega_2=\pi$ 始终成立,于是升交点经度的演化方程为

$$\frac{\mathrm{d}\Omega_1}{\mathrm{d}t}=\frac{\mathrm{d}\Omega_2}{\mathrm{d}t}=\frac{-3}{32t_K \sqrt{1-e_1{}^2}\sin i_1}\Big\{ 2\Big[(2+3e_1{}^2-5e_1{}^2\cos 2\omega_1)+$$

$$\frac{25}{8}\varepsilon_{\mathrm{oct}}e_1\cos\omega_1(2+5e_1{}^2-7e_1{}^2\cos 2\omega_1)\cos\omega_2\Big]\sin 2i_{\mathrm{tot}} -$$

$$\frac{5}{8}\varepsilon_{\mathrm{oct}}e_1\big[35e_1{}^2(1+3\cos 2i_{\mathrm{tot}})\cos 2\omega_1-46-17e_1{}^2 -$$

$$15(6+e_1{}^2)\cos 2i_{\mathrm{tot}}\big]\sin i_{\mathrm{tot}}\sin\omega_1\sin\omega_2 \Big\} \quad (8-157)$$

近点角距的演化方程为

$$\frac{\mathrm{d}\omega_1}{\mathrm{d}t}=\frac{3}{8t_K}\Big\{ \frac{1}{\sqrt{1-e_1{}^2}}\big[4\cos^2 i_{\mathrm{tot}}+(5\cos 2\omega_1-1)(1-e_1{}^2-\cos^2 i_{\mathrm{tot}})\big]+$$

$$\frac{L_1\cos i_{\mathrm{tot}}}{L_2 \sqrt{1-e_2{}^2}}\big[2+e_1{}^2(3-5\cos 2\omega_1)\big]\Big\}+\frac{15\varepsilon_{\mathrm{oct}}}{64t_k}\Big\{\Big(\frac{L_1}{L_2 \sqrt{1-e_2{}^2}}+\frac{\cos i_{\mathrm{tot}}}{\sqrt{1-e_1{}^2}}\Big)\times$$

$$e_1\big[\sin\omega_1\sin\omega_2[10(3\cos^2 i_{\mathrm{tot}}-1)(1-e_1{}^2)+A]-5B\cos i_{\mathrm{tot}}\cos\Theta\big]-$$

$$\frac{\sqrt{1-e_1{}^2}}{e_1}\big[10\sin\omega_1\sin\omega_2\cos i_{\mathrm{tot}}\sin^2 i_{\mathrm{tot}}(1-3e_1{}^2)+\cos\Theta(3A-10\cos^2 i_{\mathrm{tot}}+2)\big]$$

$$(8-158)$$

$$\frac{\mathrm{d}\omega_2}{\mathrm{d}t}=\frac{3}{16t_K}\left\{\frac{2\cos i_{\mathrm{tot}}}{\sqrt{1-e_1{}^2}}[2+e_1{}^2(3-5\cos 2\omega_1)]+\frac{L_1}{L_2\sqrt{1-e_2{}^2}}[4+6e_1{}^2+(5\cos^2 i_{\mathrm{tot}}-3)\times\right.$$

$$[2+e_1{}^2(3-5\cos 2\omega_1)]\Big\}-\frac{15\varepsilon_{\mathrm{oct}}e_1}{64t_K e_2}\left\{\sin\omega_1\sin\omega_2\left\{\frac{L_1(4e_2{}^2+1)}{e_2 L_2\sqrt{1-e_2{}^2}}10\cos i_{\mathrm{tot}}\sin^2 i_{\mathrm{tot}}\times\right.\right.$$

$$(1-e_1{}^2)-e_2\left(\frac{1}{\sqrt{1-e_1{}^2}}+\frac{L_1\cos i_{\mathrm{tot}}}{L_2\sqrt{1-e_2{}^2}}\right)[A+10(3\cos^2 i_{\mathrm{tot}}-1)(1-e_1{}^2)]\Big\}+$$

$$\cos\Theta\left[5B\cos i_{\mathrm{tot}}e_2\left(\frac{1}{\sqrt{1-e_1{}^2}}+\frac{L_1\cos i_{\mathrm{tot}}}{L_2\sqrt{1-e_2{}^2}}\right)+\frac{L_1(4e_2{}^2+1)}{e_2 L_2\sqrt{1-e_2{}^2}}A\right]\Big\} \tag{8-159}$$

其中 $i_{\mathrm{tot}}=i_1+i_2$。在以上表达式中,定义了符号

$$A=4+3e_1{}^2-\frac{5}{2}B\sin^2 i_{\mathrm{tot}}, \quad B=2+5e_1{}^2-7e_1{}^2\cos 2\omega_1 \tag{8-160}$$

以及

$$\cos\Theta=-\cos\omega_1\cos\omega_2-\cos i_{\mathrm{tot}}\sin\omega_1\sin\omega_2 \tag{8-161}$$

以上运动方程与文献[5]和[6]中的表达式是一致的。当其中一个行星质量可近似为 0 时,该问题退化为限制性等级式问题。**注**:除本小节外,我们都是从哈密顿正则方程角度给出运动方程的。

特别地,当 $m_1\ll m_0$ 时,模型退化为经典 Kozai 模型。此时,m_2 为摄动天体,对应轨道为系统的不变平面。经典四极矩模型对应的运动方程为[7]

$$\frac{\mathrm{d}e_1}{\mathrm{d}\tau}=\frac{15}{8}e_1\sqrt{1-e_1{}^2}\sin^2 i_1\sin 2\omega_1$$

$$\frac{\mathrm{d}i_1}{\mathrm{d}\tau}=-\frac{15}{16}\frac{e_1{}^2}{\sqrt{1-e_1{}^2}}\sin 2i_1\sin 2\omega_1$$

$$\frac{\mathrm{d}\Omega_1}{\mathrm{d}\tau}=\frac{3}{4}\frac{1}{\sqrt{1-e_1{}^2}}\cos i_1(5e_1{}^2\cos^2\omega_1-4e_1{}^2-1) \tag{8-162}$$

$$\frac{\mathrm{d}\omega_1}{\mathrm{d}\tau}=\frac{3}{4}\frac{1}{\sqrt{1-e_1{}^2}}[2(1-e_1{}^2)+5\sin^2\omega_1(e_1{}^2-\sin^2 i_1)]$$

这里的无量纲时间变量为 $\tau=t/t_K$。**注**:文献[7]中 $\frac{\mathrm{d}\omega_1}{\mathrm{d}\tau}$ 的表达式有笔误,与这里的表达式有差异。

8.6 任意高阶长期演化模型

第三节针对非限制性等级式系统,推导了截断到八极矩项的双平均摄动函数展开式(保留至半长轴之比 $\alpha=a_1/a_2$ 的三阶项)。若推广到任意高阶时依然采用 8.2 和 8.3 节的办法,求双平均会非常困难,最终表达式也会很复杂。本节从全新的角度出发,在非限制性等级式

系统下推导截断到半长轴之比 α 任意高阶的双平均摄动函数。特别地,当 $m_1 \to 0$ 或 $m_2 \to 0$ 时,可退化得到限制性构型下的结果(不再单独讨论)。

非限制性等级式系统的哈密顿函数为[1]

$$\mathcal{H} = -\frac{\mathcal{G} m_0 m_1}{2a_1} - \frac{\mathcal{G}(m_0 + m_1)m_2}{2a_2} - \frac{\mathcal{G}}{a_2} \sum_{n=2}^{\infty} \alpha^n M_n \left(\frac{r_1}{a_1}\right)^n \left(\frac{a_2}{r_2}\right)^{n+1} P_n(\cos\psi) \quad (8-163)$$

各符号的物理含义及表达式同 8.3 节。摄动函数为

$$\mathcal{R} = \frac{\mathcal{G}}{a_2} \sum_{n=2}^{\infty} \alpha^n M_n \left(\frac{r_1}{a_1}\right)^n \left(\frac{a_2}{r_2}\right)^{n+1} P_n(\cos\psi) \quad (8-164)$$

$P_n(\cos\psi)$ 为 Legendre 多项式(见第一章)

$$P_n(\cos\psi) = \sum_{k=0}^{\left[\frac{n}{2}\right]} \frac{(-1)^k}{2^n} \frac{(2n-2k)!}{k!(n-k)!(n-2k)!} (\cos\psi)^{n-2k}$$
$$= \sum_{k=0}^{\left[\frac{n}{2}\right]} Q_{n,k} (\cos\psi)^{n-2k} \quad (8-165)$$

其中简化符号 $Q_{n,k} = \dfrac{(-1)^k}{2^n} \dfrac{(2n-2k)!}{k!(n-k)!(n-2k)!}$,符号 $\left[\dfrac{n}{2}\right]$ 表示对 $\dfrac{n}{2}$ 取整。将(8-165)代入摄动函数,可得

$$\mathcal{R} = \frac{\mathcal{G}}{a_2} \sum_{n=2}^{\infty} \alpha^n M_n \left(\frac{r_1}{a_1}\right)^n \left(\frac{a_2}{r_2}\right)^{n+1} \sum_{k=0}^{\left[\frac{n}{2}\right]} Q_{n,k} (\cos\psi)^{n-2k} \quad (8-166)$$

其中二体几何关系如下

$$\frac{r_1}{a_1} = 1 - e_1 \cos E_1, \quad \frac{a_2}{r_2} = \frac{1 + e_2 \cos f_2}{1 - e_2^2} \quad (8-167)$$

建立任意高阶长期动力学模型,需要重点处理位置矢量夹角的余弦项函数 $(\cos\psi)^{n-2k}$,其中

$$\cos\psi = \frac{\boldsymbol{r}_1}{r_1} \cdot \frac{\boldsymbol{r}_2}{r_2} \quad (8-168)$$

这里 m_1 天体的单位位置矢量为

$$\frac{\boldsymbol{r}_1}{r_1} = \begin{pmatrix} \cos\Omega_1 \cos u_1 - \sin\Omega_1 \cos i_1 \sin u_1 \\ \sin\Omega_1 \cos u_1 + \cos\Omega_1 \cos i_1 \sin u_1 \\ \sin i_1 \sin u_1 \end{pmatrix} \quad (8-169)$$

将近点幅角 $u_1 = f_1 + \omega_1$ 代入上式,并考虑到如下二体几何关系

$$\cos f = \frac{\cos E - e}{1 - e\cos E}, \quad \sin f = \frac{\sqrt{1-e^2}\sin E}{1 - e\cos E} \quad (8-170)$$

可将 m_1 天体的单位位置矢量表示为偏近点角 E_1 的三角函数形式

$$\frac{\boldsymbol{r}_1}{r_1}=\frac{1}{1-e_1\cos E_1}\begin{bmatrix}A_1\sin E_1+B_1\cos E_1+C_1\\A_2\sin E_1+B_2\cos E_1+C_2\\A_3\sin E_1+B_3\cos E_1+C_3\end{bmatrix} \tag{8-171}$$

其中

$$A_1=\sqrt{1-e_1}\,(-\cos\Omega_1\sin\omega_1-\sin\Omega_1\cos i_1\cos\omega_1)$$

$$B_1=\cos\Omega_1\cos\omega_1-\sin\Omega_1\cos i_1\sin\omega_1$$

$$A_2=\sqrt{1-e_1}\,(\cos\Omega_1\cos i_1\cos\omega_1-\sin\Omega_1\sin\omega_1) \tag{8-172}$$

$$B_2=\sin\Omega_1\cos\omega_1+\cos\Omega_1\cos i_1\sin\omega_1$$

$$A_3=\sqrt{1-e_1}\,\sin i_1\cos\omega_1\,,B_3=\sin i_1\sin\omega_1$$

$$C_1=-B_1e_1,\quad C_2=-B_2e_1,\quad C_3=-B_3e_1$$

m_2 天体的单位位置矢量为

$$\frac{\boldsymbol{r}_2}{r_2}=\begin{cases}\cos\Omega_2\cos u_2-\sin\Omega_2\cos i_2\sin u_2\\\sin\Omega_2\cos u_2+\cos\Omega_2\cos i_2\sin u_2\\\sin i_2\sin u_2\end{cases} \tag{8-173}$$

将近点幅角 $u_2=f_2+\omega_2$ 代入上式,可得

$$\frac{\boldsymbol{r}_2}{r_2}=\begin{bmatrix}p_1\sin f_2+q_1\cos f_2\\p_2\sin f_2+q_2\cos f_2\\p_3\sin f_2+q_3\cos f_2\end{bmatrix} \tag{8-174}$$

其中

$$p_1=-\cos\Omega_2\sin\omega_2-\sin\Omega_2\cos i_2\cos\omega_2$$

$$q_1=\cos\Omega_2\cos\omega_2-\sin\Omega_2\cos i_2\sin\omega_2$$

$$p_2=\cos\Omega_2\cos i_2\cos\omega_2-\sin\Omega_2\sin\omega_2 \tag{8-175}$$

$$q_2=\sin\Omega_2\cos\omega_2+\cos\Omega_2\cos i_2\sin\omega_2$$

$$p_3=\sin i_2\cos\omega_2$$

$$q_3=\sin i_2\sin\omega_2$$

于是可得到

$$\cos\psi=\frac{\boldsymbol{r}_1}{r_1}\cdot\frac{\boldsymbol{r}_2}{r_2}=\frac{1}{1-e_1\cos E_1}[\Gamma_1\cos E_1\cos f_2+\Gamma_2\cos E_1\sin f_2+\Gamma_3\sin E_1\cos f_2+$$

$$\Gamma_4\sin E_1\sin f_2+\Gamma_5\cos f_2+\Gamma_6\sin f_2] \tag{8-176}$$

其中

$$\Gamma_1=\sum_{k=1}^{3}B_kq_k,\quad \Gamma_2=\sum_{k=1}^{3}B_kp_k,\quad \Gamma_3=\sum_{k=1}^{3}A_kq_k$$

$$\tag{8-177}$$

$$\Gamma_4=\sum_{k=1}^{3}A_kp_k,\quad \Gamma_5=\sum_{k=1}^{3}C_kq_k,\quad \Gamma_6=\sum_{k=1}^{3}C_kp_k$$

对$(\cos\psi)^{n-2k}$进行二项式展开,可得

$$
\begin{aligned}
(\cos\psi)^{n-2k} = &\sum_{j_1+j_2+j_3+j_4+j_5+j_6=n-2k} \frac{1}{(1-e_1\cos E_1)^{n-2k}}\Lambda_{j_1j_2j_3j_4j_5j_6}^{n-2k} \times \\
&(\Gamma_1\cos E_1\cos f_2)^{j_1}\ (\Gamma_2\cos E_1\sin f_2)^{j_2}\ (\Gamma_3\sin E_1\cos f_2)^{j_3} \times \\
&(\Gamma_4\sin E_1\sin f_2)^{j_4}\ (\Gamma_5\cos f_2)^{j_5}\ (\Gamma_6\sin f_2)^{j_6}
\end{aligned} \tag{8-178}
$$

其中系数$\Lambda_{j_1j_2j_3j_4j_5j_6}^{n-2k}$满足如下递推关系

$$
\begin{aligned}
\Lambda_{j_1j_2j_3j_4j_5j_6}^k = &\Lambda_{(j_1-1)j_2j_3j_4j_5j_6}^{k-1} + \Lambda_{j_1(j_2-1)j_3j_4j_5j_6}^{k-1} + \Lambda_{j_1j_2(j_3-1)j_4j_5j_6}^{k-1} + \Lambda_{j_1j_2j_3(j_4-1)j_5j_6}^{k-1} + \\
&\Lambda_{j_1j_2j_3j_4(j_5-1)j_6}^{k-1} + \Lambda_{j_1j_2j_3j_4j_5(j_6-1)}^{k-1}
\end{aligned} \tag{8-179}
$$

迭代初值为

$$
\begin{aligned}
&\Lambda_{100000}^1 = 1.0, \quad \Lambda_{010000}^1 = 1.0, \quad \Lambda_{001000}^1 = 1.0 \\
&\Lambda_{000100}^1 = 1.0, \quad \Lambda_{000010}^1 = 1.0, \quad \Lambda_{000001}^1 = 1.0
\end{aligned} \tag{8-180}
$$

将(8-178)整理可得

$$
\begin{aligned}
(\cos\psi)^{n-2k} = &\sum_{j_1+j_2+j_3+j_4+j_5+j_6=n-2k} \frac{1}{(1-e_1\cos E_1)^{n-2k}}\Lambda_{j_1j_2j_3j_4j_5j_6}^{n-2k}\Gamma_1^{j_1}\Gamma_2^{j_2}\Gamma_3^{j_3}\Gamma_4^{j_4} \times \\
&\Gamma_5^{j_5}\Gamma_6^{j_6}(\cos E_1)^{j_1+j_2}\ (\sin E_1)^{j_3+j_4}\ (\cos f_2)^{j_1+j_3+j_5}\ (\sin f_2)^{j_2+j_4+j_6}
\end{aligned} \tag{8-181}
$$

那么,截断到任意阶的摄动函数变为

$$
\begin{aligned}
\mathcal{R} = &\frac{\mathcal{G}}{a_2}\sum_{n=2}^{N}\alpha^n M_n\sum_{k=0}^{\left[\frac{n}{2}\right]}Q_{n,k}\sum_{j_1+j_2+j_3+j_4+j_5+j_6=n-2k}\Lambda_{j_1j_2j_3j_4j_5j_6}^{n-2k}\Gamma_1^{j_1}\Gamma_2^{j_2}\Gamma_3^{j_3}\Gamma_4^{j_4}\Gamma_5^{j_5}\Gamma_6^{j_6} \times \\
&\frac{1}{(1-e_1\cos E_1)^{n-2k}}\left(\frac{r_1}{a_1}\right)^n(\cos E_1)^{j_1+j_2}\ (\sin E_1)^{j_3+j_4} \times \\
&\left(\frac{a_2}{r_2}\right)^{n+1}(\cos f_2)^{j_1+j_3+j_5}\ (\sin f_2)^{j_2+j_4+j_6}
\end{aligned} \tag{8-182}
$$

其中与天体m_1平运动相关的项记为

$$
S_{n,k,j_1j_2j_3j_4}^{\mathrm{I}}(E_1) = \frac{1}{(1-e_1\cos E_1)^{n-2k}}\left(\frac{r_1}{a_1}\right)^n(\cos E_1)^{j_1+j_2}(\sin E_1)^{j_3+j_4} \tag{8-183}
$$

与天体m_2平运动相关的项记为

$$
S_{n,j_1j_2j_3j_4j_5j_6}^{\mathrm{II}}(f_2) = \left(\frac{a_2}{r_2}\right)^{n+1}(\cos f_2)^{j_1+j_3+j_5}(\sin f_2)^{j_2+j_4+j_6} \tag{8-184}
$$

那么摄动函数变为

$$
\begin{aligned}
\mathcal{R} = &\frac{\mathcal{G}}{a_2}\sum_{n=2}^{N}\alpha^n M_n\sum_{k=0}^{\left[\frac{n}{2}\right]}Q_{n,k}\sum_{j_1+j_2+j_3+j_4+j_5+j_6=n-2k}\Lambda_{j_1j_2j_3j_4j_5j_6}^{n-2k} \times \\
&\Gamma_1^{j_1}\Gamma_2^{j_2}\Gamma_3^{j_3}\Gamma_4^{j_4}\Gamma_5^{j_5}\Gamma_6^{j_6}S_{n,k,j_1j_2j_3j_4}^{\mathrm{I}}(E_1)S_{n,j_1j_2j_3j_4j_5j_6}^{\mathrm{II}}(f_2)
\end{aligned} \tag{8-185}
$$

本节将m_1和m_2的平运动相关项进行分离是一种非常重要的方法。研究长期演化,需对摄

动函数进行双平均处理，可得

$$\mathcal{R}^* = \frac{1}{2\pi}\int_0^{2\pi}\left(\frac{1}{2\pi}\int_0^{2\pi}\mathcal{R}\,\mathrm{d}M_1\right)\mathrm{d}M_2 \tag{8-186}$$

由于已经将摄动函数 $\mathcal{R}$ 中内、外天体平运动相关的项进行了剥离，因此对八极矩摄动函数 (8-185)进行双平均处理，只需分别将 $S_{n,k,j_1j_2j_3j_4}^{\mathrm{I}}(E_1)$ 和 $S_{n,j_1j_2j_3j_4j_5j_6}^{\mathrm{II}}(f_2)$ 在各自天体的轨道周期内进行平均化即可。于是，双平均后的摄动函数变为

$$\mathcal{R}^* = \frac{G}{a_2}\sum_{n=2}^N \alpha^n M_n \sum_{k=0}^{\left[\frac{n}{2}\right]} Q_{n,k} \sum_{j_1+j_2+j_3+j_4+j_5+j_6=n-2k} \Lambda_{j_1j_2j_3j_4j_5j_6}^{n-2k} \times$$
$$\Gamma_1^{j_1}\Gamma_2^{j_2}\Gamma_3^{j_3}\Gamma_4^{j_4}\Gamma_5^{j_5}\Gamma_6^{j_6} \langle S_{n,k,j_1j_2j_3j_4}^{\mathrm{I}}(E_1)\rangle_{M_1} \langle S_{n,j_1j_2j_3j_4j_5j_6}^{\mathrm{II}}(f_2)\rangle_{M_2} \tag{8-187}$$

其中 $\langle S_{n,k,j_1j_2j_3j_4}^{\mathrm{I}}(E_1)\rangle_{M_1}$ 和 $\langle S_{n,j_1j_2j_3j_4j_5j_6}^{\mathrm{II}}(f_2)\rangle_{M_2}$ 分别表示将平运动相关项在 m_1 或 m_2 天体的轨道周期内进行平均化。下面分别进行求解。

首先，考虑第一部分的平均化（在 m_1 的轨道周期内进行平均化）

$$\langle S_{n,k,j_1j_2j_3j_4}^{\mathrm{I}}(E_1)\rangle_{M_1} = \frac{1}{2\pi}\int_0^{2\pi}\frac{1}{(1-e_1\cos E_1)^{n-2k}}\left(\frac{r_1}{a_1}\right)^n (\cos E_1)^{j_1+j_2}(\sin E_1)^{j_3+j_4}\,\mathrm{d}M_1 \tag{8-188}$$

考虑到如下二体关系

$$\frac{r_1}{a_1} = 1-e_1\cos E_1, \quad \frac{\mathrm{d}M_1}{\mathrm{d}E_1} = 1-e_1\cos E_1 \tag{8-189}$$

可将(8-188)整理为

$$\langle S_{n,k,j_1j_2j_3j_4}^{\mathrm{I}}(E_1)\rangle_{M_1} = \frac{1}{2\pi}\int_0^{2\pi}(1-e_1\cos E_1)^{2k+1}(\cos E_1)^{j_1+j_2}(\sin E_1)^{j_3+j_4}\,\mathrm{d}E_1 \tag{8-190}$$

对 $(1-e_1\cos E_1)^{2k+1}$ 进行二项式展开，可得

$$(1-e_1\cos E_1)^{2k+1} = \sum_{r_3=0}^{2k+1} C_{2k+1}^{r_3}(-e_1\cos E_1)^{r_3} \tag{8-191}$$

因此

$$\langle S_{n,k,j_1j_2j_3j_4}^{\mathrm{I}}(E_1)\rangle_{M_1} = \sum_{r_3=0}^{2k+1} C_{2k+1}^{r_3}(-e_1)^{r_3}\frac{1}{2\pi}\int_0^{2\pi}(\sin E_1)^{j_3+j_4}(\cos E_1)^{j_1+j_2+r_3}\,\mathrm{d}E_1 \tag{8-192}$$

引入积分符号[①]

$$A_{p,q} = \frac{1}{2\pi}\int_0^{2\pi}(\sin\theta)^p(\cos\theta)^q\,\mathrm{d}\theta \tag{8-193}$$

---

① 该定积分很容易分析求解，请读者推导表达式。

当且仅当 p 和 q 均为偶数时，$A_{p,q}$ 才不为零，分析表达式为

$$A_{p,q} = \sum_{u=0}^{p/2} C_{p/2}^u C_{q+2u}^{q/2+u} \frac{(-1)^u}{2^{q+2u}} \tag{8-194}$$

那么第一部分的平均表达式变为

$$\langle S_{n,k,j_1 j_2 j_3 j_4}^{\mathrm{I}}(E_1) \rangle_{M_1} = \sum_{r_3=0}^{2k+1} C_{2k+1}^{r_3} (-e_1)^{r_3} A_{j_3+j_4,\,j_1+j_2+r_3} \tag{8-195}$$

其次，考虑第二项的平均化(在 m_2 天体的轨道周期内进行平均化)

$$\langle S_{n,j_1 j_2 j_3 j_4 j_5 j_6}^{\mathrm{II}}(f_2) \rangle_{M_2} = \frac{1}{2\pi} \int_0^{2\pi} \left(\frac{a_2}{r_2}\right)^{n+1} (\cos f_2)^{j_1+j_3+j_5} (\sin f_2)^{j_2+j_4+j_6}\, \mathrm{d}M_2 \tag{8-196}$$

考虑到如下二体几何关系

$$\frac{a_2}{r_2} = \frac{1+e_2\cos f_2}{1-e_2^2}, \quad \mathrm{d}M_2 = \frac{(1-e_2^2)^{3/2}}{(1+e_2\cos f_2)^2}\,\mathrm{d}f_2 \tag{8-197}$$

因此有

$$\langle S_{n,j_1 j_2 j_3 j_4 j_5 j_6}^{\mathrm{II}}(f_2) \rangle_{M_2} = \frac{1}{2\pi} \frac{1}{(1-e_2^2)^{n-1/2}} \int_0^{2\pi} (1+e_2\cos f_2)^{n-1} (\cos f_2)^{j_1+j_3+j_5} (\sin f_2)^{j_2+j_4+j_6}\, \mathrm{d}f_2 \tag{8-198}$$

对 $(1+e_2\cos f_2)^{n-1}$ 进行二项式展开，可得

$$(1+e_2\cos f_2)^{n-1} = \sum_{r_4=0}^{n-1} C_{n-1}^{r_4} (e_2\cos f_2)^{r_4} \tag{8-199}$$

可得到

$$\langle S_{n,j_1 j_2 j_3 j_4 j_5 j_6}^{\mathrm{II}}(f_2) \rangle_{M_2} = \frac{1}{(1-e_2^2)^{n-1/2}} \sum_{r_4=0}^{n-1} C_{n-1}^{r_4} e_2^{\,r_4} \frac{1}{2\pi} \int_0^{2\pi} (\sin f_2)^{j_2+j_4+j_6} (\cos f_2)^{j_1+j_3+j_5+r_4}\, \mathrm{d}f_2 \tag{8-200}$$

同样采用积分符号(8-193)，可得如下平均化表达式

$$\langle S_{n,j_1 j_2 j_3 j_4 j_5 j_6}^{\mathrm{II}}(f_2) \rangle_{M_2} = \frac{1}{(1-e_2^2)^{n-1/2}} \sum_{r_4=0}^{n-1} C_{n-1}^{r_4} e_2^{\,r_4} A_{j_2+j_4+j_6,\,j_1+j_3+j_5+r_4} \tag{8-201}$$

综上，截断到 α 任意阶的双平均摄动函数(高阶长期演化模型)为

$$\mathcal{R}^* = \frac{\mathcal{G}}{a_2} \sum_{n=2}^{N} \alpha^n M_n \sum_{k=0}^{\left[\frac{n}{2}\right]} Q_{n,k} \sum_{j_1+j_2+j_3+j_4+j_5+j_6=n-2k} \Lambda_{j_1 j_2 j_3 j_4 j_5 j_6}^{n-2k} \times$$
$$\Gamma_1^{j_1} \Gamma_2^{j_2} \Gamma_3^{j_3} \Gamma_4^{j_4} \Gamma_5^{j_5} \Gamma_6^{j_6} \langle S_{n,k,j_1 j_2 j_3 j_4}^{\mathrm{I}}(E_1) \rangle_{M_1} \langle S_{n,j_1 j_2 j_3 j_4 j_5 j_6}^{\mathrm{II}}(f_2) \rangle_{M_2} \tag{8-202}$$

其中

$$\langle S_{n,k,j_1 j_2 j_3 j_4}^{\mathrm{I}}(E_1) \rangle_{M_1} = \sum_{r_3=0}^{2k+1} C_{2k+1}^{r_3} (-e_1)^{r_3} A_{j_3+j_4,\,j_1+j_2+r_3} \tag{8-203}$$

和

$$\langle S^{\text{II}}_{n,j_1 j_2 j_3 j_4 j_5 j_6}(f_2)\rangle_{M_2} = \frac{1}{(1-e_2^2)^{n-1/2}} \sum_{r_4=0}^{n-1} C^{r_4}_{n-1} e_2^{r_4} A_{j_2+j_4+j_6, j_1+j_3+j_5+r_4} \tag{8-204}$$

若记简化符号

$$\kappa = C^{r_4}_{n-1} C^{r_3}_{2k+1} \Lambda^{n-2k}_{j_1 j_2 j_3 j_4 j_5 j_6} A_{j_3+j_4, j_1+j_2+r_3} A_{j_2+j_4+j_6, j_1+j_3+j_5+r_4} \tag{8-205}$$

$$F = \Gamma_1^{j_1} \Gamma_2^{j_2} \Gamma_3^{j_3} \Gamma_4^{j_4} \Gamma_5^{j_5} \Gamma_6^{j_6} (-e_1)^{r_3} \frac{e_2^{r_4}}{(1-e_2^2)^{n-1/2}} \tag{8-206}$$

那么,任意阶的双平均摄动函数(8-202)可简化为

$$\mathcal{R}^* = \frac{\mathcal{G}}{a_2} \sum_{n=2}^N \alpha^n M_n \sum_{k=0}^{\left[\frac{n}{2}\right]} Q_{n,k} \sum_{j_1+j_2+j_3+j_4+j_5+j_6=n-2k} \sum_{r_3=0}^{2k+1} \sum_{r_4=0}^{n-1} \kappa F(e_j, i_j, \Omega_j, \omega_j) \tag{8-207}$$

对于双平均摄动函数(8-207),当 N 取不同值时,对应不同的长期演化模型:1) $N=2$:四极矩(quadrupole order);2) $N=3$:八极矩(octupole order);3) $N=4$:十六极矩(hexadecapole order)。

将双平均摄动函数代入拉格朗日行星运动方程,可得等级式系统中天体的长期演化方程

$$\begin{cases} \dfrac{\mathrm{d}e_j}{\mathrm{d}t} = -\dfrac{\sqrt{1-e_j^2}}{n_j a_j^2 e_j} \dfrac{\partial \mathcal{R}^*}{\partial \omega_j} \\[2mm] \dfrac{\mathrm{d}i_j}{\mathrm{d}t} = -\dfrac{\csc i_j}{n_j a_j^2 \sqrt{1-e_j^2}} \dfrac{\partial \mathcal{R}^*}{\partial \Omega_j} + \dfrac{\cot i_j}{n_j a_j^2 \sqrt{1-e_j^2}} \dfrac{\partial \mathcal{R}^*}{\partial \omega_j} \\[2mm] \dfrac{\mathrm{d}\Omega_j}{\mathrm{d}t} = \dfrac{\csc i_j}{n_j a_j^2 \sqrt{1-e_j^2}} \dfrac{\partial \mathcal{R}^*}{\partial i_j} \\[2mm] \dfrac{\mathrm{d}\omega_j}{\mathrm{d}t} = -\dfrac{\cot i_j}{n_j a_j^2 \sqrt{1-e_j^2}} \dfrac{\partial \mathcal{R}^*}{\partial i_j} + \dfrac{\sqrt{1-e_j^2}}{n_j a_j^2 e_j} \dfrac{\partial \mathcal{R}^*}{\partial e_j} \end{cases} \tag{8-208}$$

其中 $j=1,2$ 分别对应 m_1 和 m_2。下面针对不同的等级式行星系统,给出长期演化结果,并与直接 N 体积分结果进行比较。

系统 I（高倾角低偏心率翻转）[8]：等级式行星系统的中心天体质量 $m_0=1\ M_\odot$,内行星的质量和初始根数取为

$$m_1=1\ M_J$$
$$a_1=6\ \text{AU}, \quad e_1=0.001, \quad i_1=64.7982°$$
$$\Omega_1=180°, \quad \omega_1=45°$$

外行星的质量和初始轨道根数取为

$$m_2=40\ M_J$$
$$a_2=100\ \text{AU}, \quad e_2=0.6, \quad i_2=0.4039°$$
$$\Omega_2=0°, \quad \omega_2=0°$$

两个行星的初始平近点角均取为 $M_1 = M_2 = 0$。

图 8-6 至图 8-8 分别给出了内行星 m_1 的轨道倾角、轨道偏心率以及升交点经度和近点角距的长期演化。长期演化模型对应 $N = 2, 3, 8$ 阶的双平均摄动函数,直接数值积分结果指的是积分原始未平均化动力学模型的结果。可见:1) 四极矩结果与直接数值积分结果差距较大;2)平均化模型的阶数越高,其长期演化结果与直接数值积分结果越吻合,特别是 8 阶长期演化模型结果与直接数值积分结果几乎完全一致;3) 从图 8-6 可以看出,内行星 m_1 在长期演化过程中,它的轨道倾角 i_1 会发生翻转(该例子对应高倾角、低偏心率翻转模式),并且从图 8-7 可看出,在翻转时刻内行星的轨道偏心率 e_1 接近 1。

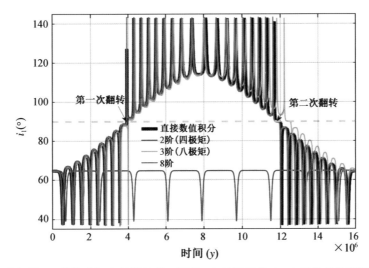

图 8-6　内行星 m_1 的轨道倾角长期演化。可见,在长期演化中,内天体的轨道倾角会发生翻转,该现象被称为 eccentric von Zeipel-Lidov-Kozai 效应(第十一章具体研究该效应)

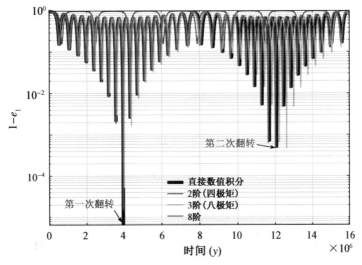

图 8-7　内行星 m_1 的轨道偏心率长期演化

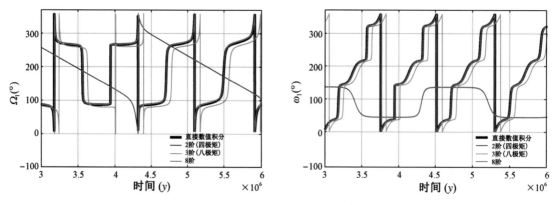

图 8-8   内行星 m_1 的升交点经度和近点角距的长期演化

系统 II (高偏心率低倾角翻转)[9]:在非限制性等级式系统中,中心天体的质量为 $m_0 = 1\,M_\odot$,内行星的质量和初始轨道根数取为

$$m_1 = 1 \times 10^{-3}\,M_\odot$$
$$a_1 = 1\,\text{AU},\ e_1 = 0.9,\ i_1 = 5°$$
$$\Omega_1 = 180°,\ \omega_1 = 0°$$

外行星的质量和初始根数取为

$$m_2 = 0.02\,M_\odot$$
$$a_2 = 50\,\text{AU},\ e_2 = 0.7,\ i_2 = 0°$$
$$\Omega_2 = 0°,\ \omega_2 = 0°$$

初始时刻平近点角取为 $M_1 = M_2 = 0$。

图 8-9 和图 8-10 给出了内行星 m_1 的轨道倾角和轨道偏心率的长期演化。可见:1) 长期模型的阶数越高,与直接数值积分的结果吻合越好;2) 从图 8-9 可看出,内行星在长期演化过程中,其轨道倾角会发生翻转(该例子对应高偏心率低倾角翻转模式),并且在翻转瞬间,轨道偏心率接近 1。

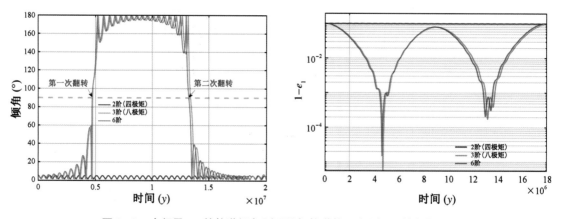

图 8-9   内行星 m_1 的轨道倾角(左图)与轨道偏心率(右图)的长期演化

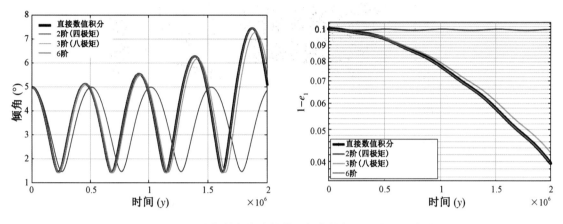

图 8-10 不同阶数的长期演化模型与直接数值积分结果的对比

8.7 双星系统高精度长期演化模型[10]

8.7.1 经典双平均长期演化模型遇到的问题

对于等级式行星系统,质量参数和半长轴之比满足如下条件

$$m_1, m_2 \ll m_0, \ \alpha \ll 1 \tag{8-209}$$

上一节的结果已经表明,截断到 α 的高阶项,经典的双平均长期演化模型可以很好地吻合直接 N 体数值积分的结果(见图 8-6)。但是,当摄动天体质量和中心天体质量相当时(如双星系统中的行星)

$$m_2 \sim m_0, \ \alpha \ll 1 \tag{8-210}$$

经典双平均长期演化模型的结果与直接数值积分结果存在较大差别,见图 8-11 和图 8-12。特别地,双平均长期演化模型给出双星系统中的行星会发生轨道翻转的结论,然而实际的 N 体积分结果并不会发生翻转。从 z 方向角动量分量 H 的长期演化可以清晰看出,双平均演化模型的结果与 N 体积分结果之间存在较大偏差。

以上对比结果说明,在双星系统中,经典的长期演化模型给出的结果是不正确的。问题出在哪里呢?

为此,我们仅将原摄动函数在行星轨道周期内进行平均,而不对第三体轨道周期进行平均,即得到单平均摄动函数。积分单平均摄动函数对应的半长期演化模型和积分双平均摄动函数对应的长期演化模型,对比 z 方向角动量 H 的长期演化,如图 8-13 所示。可见,单平均模型下角动量 H 的演化曲线与 N 体数值积分结果一致。这说明,双平均演化模型的问题出在第二次平均上。

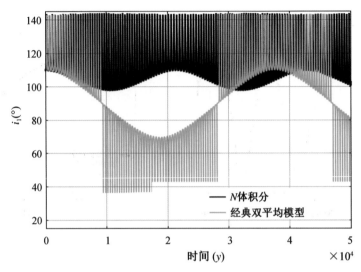

图 8‑11   双平均长期演化模型与直接数值积分结果的比较(双星系统中行星的轨道倾角的长期演化)

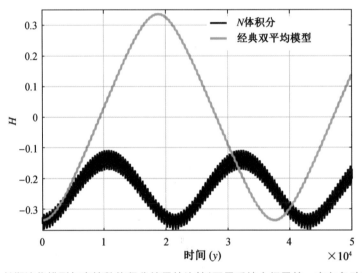

图 8‑12   双平均长期演化模型与直接数值积分结果的比较(双星系统中行星的 z 方向角动量 H 的长期演化)

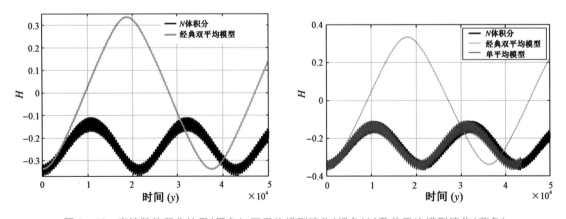

图 8‑13   直接数值积分结果(黑色),双平均模型演化(绿色)以及单平均模型演化(蓝色)

为了分析原因,再次回到第三体摄动函数的表达式

$$\mathcal{R} = \frac{\mathcal{G}m_2}{a_2}\left(\frac{a_1}{a_2}\right)^2 \frac{m_0 m_1}{m_0 + m_1}\left(\frac{r_1}{a_1}\right)^2\left(\frac{a_2}{r_2}\right)^3\left(\frac{3}{2}\cos^2\psi - \frac{1}{2}\right) +$$

$$\frac{\mathcal{G}m_2}{a_2}\left(\frac{a_1}{a_2}\right)^3 \frac{m_0 m_1(m_0 - m_1)}{(m_0 + m_1)^2}\left(\frac{r_1}{a_1}\right)^3\left(\frac{a_2}{r_2}\right)^4\left(\frac{5}{2}\cos^3\psi - \frac{3}{2}\cos\psi\right) \quad (8-211)$$

通过表达式(8-211),可以得出摄动函数中包含不同"时间"尺度的周期项以及长期项。平均化的目的是消除短周期项的影响,而短周期项的振幅取决于如下两个因素:1) 半长轴之比的值;2) 第三体的质量(即摄动天体的质量 m_2)。当丢掉的短周期项很小时,不会对长期演化造成影响。然而,当摄动天体质量较大(双星系统),平均化掉的短周期项不再是小量,会对长期演化产生明显影响(此为问题根源)。因此,我们需要考虑双平均过程中丢掉的短周期项产生的高阶长期贡献。

考虑到单平均演化模型与 N 体数值积分结果非常吻合,因此我们在接下来的研究中仅考虑对摄动天体轨道周期效应的修正。具体做法是:第一次平均不作任何修正,在进行第二次平均时将短周期项产生的长期效应考虑进来。

8.7.2 修正的双平均长期演化模型

等级式双星系统构型见图 8-14。

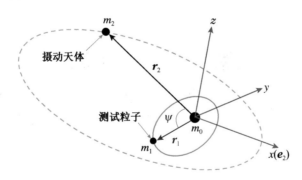

图 8-14 限制性等级式系统构型

中心天体质量为 m_0,摄动天体质量为 m_2,行星质量为 m_1。对于双星系统中的行星而言,质量满足 $m_1 \ll m_2 \sim m_0$,因此可将行星近似为测试粒子,因此该问题退化为限制性等级式问题。同 8.2 节,我们定义不变平面坐标系,坐标原点位于中心天体,x 轴指向摄动天体轨道的近心点方向(那么摄动天体的近点经度为 $\bar{\omega}_2 = 0$)。在不变平面坐标系下,描述测试粒子运动的哈密顿函数为

$$\mathcal{H} = -\frac{\mu}{2a_1} - \frac{\mathcal{G}m_2}{a_2}\sum_{n=2}^{\infty}\alpha^n\left(\frac{r_1}{a_1}\right)^n\left(\frac{a_2}{r_2}\right)^{n+1}P_n(\cos\psi) \quad (8-212)$$

其中 $\mu = \mathcal{G}m_0$ 为中心天体的引力常数,$\alpha = \dfrac{a_1}{a_2} \ll 1$ 为系统的半长轴之比。(单位质量)测试粒

子受到来自第三体的摄动函数为

$$\mathcal{R} = \frac{\mathcal{G}m_2}{a_2} \sum_{n=2}^{\infty} \alpha^n \left(\frac{r_1}{a_1}\right)^n \left(\frac{a_2}{r_2}\right)^{n+1} P_n(\cos\psi) \tag{8-213}$$

根据 Legendre 多项式的级数形式(参考上一节),可将摄动函数写为

$$\mathcal{R} = \frac{\mathcal{G}m_2}{a_2} \sum_{n=2}^{\infty} \alpha^n \left(\frac{r_1}{a_1}\right)^n \left(\frac{a_2}{r_2}\right)^{n+1} \sum_{k=0}^{\left[\frac{n}{2}\right]} Q_{n,k} \, (\cos\psi)^{n-2k} \tag{8-214}$$

其中

$$Q_{n,k} = \frac{(-1)^k}{2^n} \frac{(2n-2k)!}{k! \, (n-k)! \, (n-2k)!} \tag{8-215}$$

位置矢量夹角的余弦为

$$\cos\psi = \frac{\boldsymbol{r}_1}{r_1} \cdot \frac{\boldsymbol{r}_2}{r_2} \tag{8-216}$$

在不变平面坐标系下,行星的单位位置矢量用根数表示为

$$\frac{\boldsymbol{r}_1}{r_1} = \begin{bmatrix} \cos\Omega_1 \cos u_1 - \sin\Omega_1 \cos i_1 \sin u_1 \\ \sin\Omega_1 \cos u_1 + \cos\Omega_1 \cos i_1 \sin u_1 \\ \sin i_1 \sin u_1 \end{bmatrix} \tag{8-217}$$

其中 $u_1 = f_1 + \omega_1$ 为行星 m_1 的纬度幅角。考虑到

$$\sin f_1 = \frac{\sqrt{1-e_1^2} \sin E_1}{1-e_1 \cos E_1}, \quad \cos f_1 = \frac{\cos E_1 - e_1}{1-e_1 \cos E_1} \tag{8-218}$$

单位矢量(8-217)可表示为

$$\hat{\boldsymbol{r}}_1 = \frac{1}{1-e_1 \cos E_1} \begin{bmatrix} \mathcal{A}_1 \cos E_1 + \mathcal{B}_1 \sin E_1 + \mathcal{C}_1 \\ \mathcal{A}_2 \cos E_1 + \mathcal{B}_2 \sin E_1 + \mathcal{C}_2 \\ \mathcal{A}_3 \cos E_1 + \mathcal{B}_3 \sin E_1 + \mathcal{C}_3 \end{bmatrix} \tag{8-219}$$

其中

$$\begin{aligned} &\mathcal{A}_1 = \cos\Omega_1 \cos\omega_1 - \cos i_1 \sin\Omega_1 \sin\omega_1 \\ &\mathcal{B}_1 = -\eta(\cos\Omega_1 \sin\omega_1 + \cos i_1 \sin\Omega_1 \cos\omega_1) \\ &\mathcal{A}_2 = \sin\Omega_1 \cos\omega_1 + \cos i_1 \cos\Omega_1 \sin\omega_1 \\ &\mathcal{B}_2 = -\eta(\sin\Omega_1 \sin\omega_1 - \cos i_1 \cos\Omega_1 \cos\omega_1) \\ &\mathcal{A}_3 = \sin i_1 \sin\omega_1, \quad \mathcal{B}_3 = \eta \sin i_1 \cos\omega_1 \\ &\mathcal{C}_1 = -e_1 \mathcal{A}_1, \quad \mathcal{C}_2 = -e_1 \mathcal{A}_2, \quad \mathcal{C}_3 = -e_1 \mathcal{A}_3 \end{aligned} \tag{8-220}$$

这里 $\eta = \sqrt{1-e_1^2}$。摄动天体的单位位置矢量为

$$\frac{\boldsymbol{r}_2}{r_2} = \begin{pmatrix} \cos f_2 \\ \sin f_2 \\ 0 \end{pmatrix} \tag{8-221}$$

那么 $\cos \psi$ 可整理为

$$\cos \boldsymbol{\psi} = \frac{1}{1 - e_1 \cos E_1} (\Gamma_1 \cos E_1 \cos f_2 + \Gamma_2 \cos E_1 \sin f_2 +$$
$$\Gamma_3 \sin E_1 \cos f_2 + \Gamma_4 \sin E_1 \sin f_2 + \Gamma_5 \cos f_2 + \Gamma_6 \sin f_2) \tag{8-222}$$

其中

$$\Gamma_1 = \mathcal{A}_1, \Gamma_2 = \mathcal{A}_2, \Gamma_3 = \mathcal{B}_1, \Gamma_4 = \mathcal{B}_2, \Gamma_5 = \mathcal{C}_1, \Gamma_6 = \mathcal{C}_2 \tag{8-223}$$

将(8-214)中的函数项 $(\cos \psi)^{n-2k}$ 进行二项式展开,可得

$$(\cos \boldsymbol{\psi})^{n-2k} = \sum_{\substack{j_1+j_2+j_3+j_4+j_5+j_6=n-2k \\ j_1,j_2,j_3,j_4,j_5,j_6 \in \mathbb{N}}} \frac{1}{(1-e_1\cos E_1)^{n-2k}} \Lambda_{j_1j_2j_3j_4j_5j_6}^{n-2k} \Gamma_1^{j_1} \Gamma_2^{j_2} \Gamma_3^{j_3} \Gamma_4^{j_4} \times$$
$$\Gamma_5^{j_5} \Gamma_6^{j_6} (\cos E_1)^{j_1+j_2} (\sin E_1)^{j_3+j_4} (\cos f_2)^{j_1+j_3+j_5} (\sin f_2)^{j_2+j_4+j_6} \tag{8-224}$$

其中系数 $\Lambda_{j_1j_2j_3j_4j_5j_6}^{n-2k}$ 可通过递推关系求解

$$\Lambda_{j_1j_2j_3j_4j_5j_6}^{k} = \Lambda_{(j_1-1)j_2j_3j_4j_5j_6}^{k-1} + \Lambda_{j_1(j_2-1)j_3j_4j_5j_6}^{k-1} + \Lambda_{j_1j_2(j_3-1)j_4j_5j_6}^{k-1} +$$
$$\Lambda_{j_1j_2j_3(j_4-1)j_5j_6}^{k-1} + \Lambda_{j_1j_2j_3j_4(j_5-1)j_6}^{k-1} + \Lambda_{j_1j_2j_3j_4j_5(j_6-1)}^{k-1} \tag{8-225}$$

迭代初值为

$$\Lambda_{000000}^{0} = 1.0, \Lambda_{100000}^{1} = 1.0, \Lambda_{010000}^{1} = 1.0, \Lambda_{001000}^{1} = 1.0$$
$$\Lambda_{000100}^{1} = 1.0, \Lambda_{000010}^{1} = 1.0, \Lambda_{000001}^{1} = 1.0 \tag{8-226}$$

因此,摄动函数变为

$$\mathcal{R} = \frac{\mathcal{G}m_2}{a_2} \sum_{n \geqslant 2}^{N} \alpha^n \sum_{k=0}^{\left[\frac{n}{2}\right]} Q_{n,k} \sum_{\substack{j_1+j_2+j_3+j_4+j_5+j_6=n-2k \\ j_1,j_2,j_3,j_4,j_5,j_6 \in \mathbb{N}}} \Lambda_{j_1j_2j_3j_4j_5j_6}^{n-2k} \Gamma_1^{j_1} \Gamma_2^{j_2} \Gamma_3^{j_3} \Gamma_4^{j_4} \Gamma_5^{j_5} \Gamma_6^{j_6} \times$$
$$\frac{1}{(1-e_1\cos E_1)^{n-2k}} \left(\frac{r_1}{a_1}\right)^n (\cos E_1)^{j_1+j_2} (\sin E_1)^{j_3+j_4} \times$$
$$\left(\frac{a_2}{r_2}\right)^{n+1} (\cos f_2)^{j_1+j_3+j_5} (\sin f_2)^{j_2+j_4+j_6} \tag{8-227}$$

与内行星平运动周期相关的部分记为

$$S_{n,k,j_1,j_2,j_3,j_4}^{\mathrm{I}} (E_1) = \frac{1}{(1-e_1\cos E_1)^{n-2k}} \left(\frac{r_1}{a_1}\right)^n (\cos E_1)^{j_1+j_2} (\sin E_1)^{j_3+j_4} \tag{8-228}$$

与摄动天体平运动周期相关的项记为

$$S_{n,j_1j_2j_3j_4j_5j_6}^{\mathrm{II}} (f_2) = \left(\frac{a_2}{r_2}\right)^{n+1} (\cos f_2)^{j_1+j_3+j_5} (\sin f_2)^{j_2+j_4+j_6} \tag{8-229}$$

因此，测试粒子受到的第三体摄动函数为

$$\mathcal{R} = \frac{\mathcal{G}m_2}{a_2} \sum_{n \geqslant 2}^{N} \alpha^n \sum_{k=0}^{\left[\frac{n}{2}\right]} Q_{n,k} \sum_{\substack{j_1+j_2+j_3+j_4+j_5+j_6=n-2k \\ j_1,j_2,j_3,j_4,j_5,j_6 \in \mathbb{N}}} \Lambda_{j_1 j_2 j_3 j_4 j_5 j_6}^{n-2k} \times$$

$$\Gamma_1^{j_1} \Gamma_2^{j_2} \Gamma_3^{j_3} \Gamma_4^{j_4} \Gamma_5^{j_5} \Gamma_6^{j_6} S_{n,k,j_1,j_2,j_3,j_4}^{\mathrm{I}}(E_1) S_{n,j_1 j_2 j_3 j_4 j_5 j_6}^{\mathrm{II}}(f_2) \qquad (8-230)$$

根据平均化原理，研究长期动力学演化时，可将摄动函数中与平运动相关的短周期项平均掉。

第一步：将摄动函数在测试粒子（内行星）的轨道周期内平均（单平均模型，与经典模型一致）

$$\langle \mathcal{R} \rangle = \frac{1}{2\pi} \int_0^{2\pi} \mathcal{R} \mathrm{d}M_2 \qquad (8-231)$$

考虑到(8-230)，单平均摄动函数为

$$\langle \mathcal{R} \rangle = \frac{\mathcal{G}m_2}{a_2} \sum_{n \geqslant 2}^{N} \alpha^n \sum_{k=0}^{\left[\frac{n}{2}\right]} Q_{n,k} \sum_{\substack{j_1+j_2+j_3+j_4+j_5+j_6=n-2k \\ j_1,j_2,j_3,j_4,j_5,j_6 \in \mathbb{N}}} \Lambda_{j_1 j_2 j_3 j_4 j_5 j_6}^{n-2k} \times$$

$$\Gamma_1^{j_1} \Gamma_2^{j_2} \Gamma_3^{j_3} \Gamma_4^{j_4} \Gamma_5^{j_5} \Gamma_6^{j_6} \langle S_{n,k,j_1,j_2,j_3,j_4}^{\mathrm{I}}(E_1) \rangle S_{n,j_1 j_2 j_3 j_4 j_5 j_6}^{\mathrm{II}}(f_2) \qquad (8-232)$$

这里$\langle S_{n,k,j_1,j_2,j_3,j_4}^{\mathrm{I}}(E_1) \rangle$表示将$S_{n,k,j_1,j_2,j_3,j_4}^{\mathrm{I}}(E_1)$在行星轨道周期内进行平均化处理。根据平均化原理可得

$$\langle S_{n,k,j_1,j_2,j_3,j_4}^{\mathrm{I}}(E_1) \rangle = \frac{1}{2\pi} \int_0^{2\pi} \frac{1}{(1-e_1\cos E_1)^{n-2k}} \left(\frac{r_1}{a_1}\right)^n (\cos E_1)^{j_1+j_2} (\sin E_1)^{j_3+j_4} \mathrm{d}M_1$$

$$(8-233)$$

考虑到二体几何关系

$$\frac{r_1}{a_1} = 1 - e_1\cos E_1, \qquad \frac{\mathrm{d}M_1}{\mathrm{d}E_1} = 1 - e_1\cos E_1 \qquad (8-234)$$

于是可将对平近点角M_1的积分转化为对偏近点角E_1的积分，即

$$\langle S_{n,k,j_1,j_2,j_3,j_4}^{\mathrm{I}}(E_1) \rangle = \frac{1}{2\pi} \int_0^{2\pi} (1-e_1\cos E_1)^{2k+1} (\cos E_1)^{j_1+j_2} (\sin E_1)^{j_3+j_4} \mathrm{d}E_1$$

$$(8-235)$$

对函数项$(1-e_1\cos E_1)^{2k+1}$进行二项式展开，可得

$$(1-e_1\cos E_1)^{2k+1} = \sum_{s_1=0}^{2k+1} C_{2k+1}^{s_1} (-e_1\cos E_1)^{s_1} = \sum_{s_1=0}^{2k+1} C_{2k+1}^{s_1} (-e_1)^{s_1} (\cos E_1)^{s_1}$$

$$(8-236)$$

$$\langle S_{n,k,j_1,j_2,j_3,j_4}^{\mathrm{I}}(E_1) \rangle = \sum_{s_1=0}^{2k+1} C_{2k+1}^{s_1} (-e_1)^{s_1} \frac{1}{2\pi} \int_0^{2\pi} (\cos E_1)^{j_1+j_2+s_1} (\sin E_1)^{j_3+j_4} \mathrm{d}E_1$$

$$(8-237)$$

借助上一节定义的积分符号,可将(8-237)记为

$$\langle S^{\mathrm{I}}_{n,k,j_1,j_2,j_3,j_4}(E_1)\rangle = \sum_{s_1=0}^{2k+1} C^{s_1}_{2k+1}(-e_1)^{s_1} A_{j_3+j_4,j_1+j_2+s_1} \tag{8-238}$$

把(8-238)代入(8-232),可得单平均摄动函数的表达式。

为了从哈密顿动力学角度研究长期演化,引入 Delaunay 变量

$$
\begin{aligned}
L &= \sqrt{\mu a_1}, & l &= M_1 \\
G &= L\sqrt{1-e_1^2}, & g &= \omega_1 \\
H &= G\cos i_1, & h &= \Omega_1
\end{aligned}
\tag{8-239}
$$

原系统哈密顿函数变为

$$\mathcal{H} = -\frac{\mu}{2a_1} - \mathcal{R} = -\frac{\mu^2}{2L^2} - \mathcal{R} \tag{8-240}$$

运动方程为

$$
\begin{aligned}
\dot{l} &= \frac{\partial\mathcal{H}}{\partial L}, & \dot{L} &= -\frac{\partial\mathcal{H}}{\partial l} \\
\dot{g} &= \frac{\partial\mathcal{H}}{\partial G}, & \dot{G} &= -\frac{\partial\mathcal{H}}{\partial g} \\
\dot{h} &= \frac{\partial\mathcal{H}}{\partial H}, & \dot{H} &= -\frac{\partial\mathcal{H}}{\partial h}
\end{aligned}
\tag{8-241}
$$

平均化后系统的哈密顿函数为

$$\langle\mathcal{H}\rangle = -\frac{\mu}{2a_1} - \langle\mathcal{R}\rangle = -\frac{\mu^2}{2L^2} - \langle\mathcal{R}\rangle \tag{8-242}$$

单平均模型的运动方程为

$$
\begin{cases}
\dot{g} = \dfrac{\partial\langle\mathcal{H}\rangle}{\partial G}, \dot{G} = -\dfrac{\partial\langle\mathcal{H}\rangle}{\partial g} \\[2mm]
\dot{h} = \dfrac{\partial\langle\mathcal{H}\rangle}{\partial H}, \dot{H} = -\dfrac{\partial\langle\mathcal{H}\rangle}{\partial h}
\end{cases}
\Rightarrow
\begin{cases}
\dot{g} = -\dfrac{\partial\langle\mathcal{R}\rangle}{\partial G}, \dot{G} = \dfrac{\partial\langle\mathcal{R}\rangle}{\partial g} \\[2mm]
\dot{h} = -\dfrac{\partial\langle\mathcal{R}\rangle}{\partial H}, \dot{H} = \dfrac{\partial\langle\mathcal{R}\rangle}{\partial h}
\end{cases}
\tag{8-243}
$$

注:单平均摄动函数$\langle\mathcal{R}\rangle$与$m_2$的真近点角$f_2$有关。利用如下微分关系

$$\mathrm{d}M_2 = \frac{(1+e_2\cos f_2)^2}{(1-e_2^2)^{3/2}}\mathrm{d}f_2 \Rightarrow \mathrm{d}t = \frac{\mathcal{P}_2}{2\pi}\frac{(1-e_2^2)^{3/2}}{(1+e_2\cos f_2)^2}\mathrm{d}f_2 \tag{8-244}$$

其中$\mathcal{P}_2$为摄动天体的轨道周期。于是,将时间t为自变量的运动方程(8-243)转化为以f_2为自变量的微分方程

$$
\begin{aligned}
\frac{\mathrm{d}g}{\mathrm{d}f_2} &= -\frac{\partial\langle\widetilde{\mathcal{R}}\rangle}{\partial G}, & \frac{\mathrm{d}G}{\mathrm{d}f_2} &= \frac{\partial\langle\widetilde{\mathcal{R}}\rangle}{\partial g} \\[2mm]
\frac{\mathrm{d}h}{\mathrm{d}f_2} &= -\frac{\partial\langle\widetilde{\mathcal{R}}\rangle}{\partial H}, & \frac{\mathrm{d}H}{\mathrm{d}f_2} &= \frac{\partial\langle\widetilde{\mathcal{R}}\rangle}{\partial h}
\end{aligned}
\tag{8-245}
$$

其中

$$\langle \widetilde{\mathcal{R}} \rangle = \frac{\mathcal{P}_2}{2\pi} \frac{(1-e_2{}^2)^{3/2}}{(1+e_2\cos f_2)^2} \langle \mathcal{R} \rangle = \left\langle \frac{\mathcal{P}_2}{2\pi} \frac{(1-e_2{}^2)^{3/2}}{(1+e_2\cos f_2)^2} \mathcal{R} \right\rangle \qquad (8-246)$$

因此

$$\langle \widetilde{\mathcal{R}} \rangle = \frac{\mathcal{G}m_2}{a_2} \sum_{n\geqslant 2}^{N} \alpha^n \sum_{k=0}^{\left[\frac{n}{2}\right]} Q_{n,k} \sum_{\substack{j_1+j_2+j_3+j_4+j_5+j_6=n-2k \\ j_1,j_2,j_3,j_4,j_5,j_6 \in \mathbb{N}}} \Lambda_{j_1j_2j_3j_4j_5j_6}^{n-2k} \times$$

$$\Gamma_1^{j_1} \Gamma_2^{j_2} \Gamma_3^{j_3} \Gamma_4^{j_4} \Gamma_5^{j_5} \Gamma_6^{j_6} \langle S_{n,k,j_1,j_2,j_3,j_4}^{\mathrm{I}}(E_1) \rangle \widetilde{S}_{n,j_1j_2j_3j_4j_5j_6}^{\mathrm{II}}(f_2) \qquad (8-247)$$

其中

$$\widetilde{S}_{n,j_1j_2j_3j_4j_5j_6}^{\mathrm{II}}(f_2) = \frac{\mathcal{P}_2}{2\pi} \frac{(1-e_2{}^2)^{3/2}}{(1+e_2\cos f_2)^2} S_{n,j_1j_2j_3j_4j_5j_6}^{\mathrm{II}}(f_2) \qquad (8-248)$$

具体表达式为

$$\widetilde{S}_{n,j_1j_2j_3j_4j_5j_6}^{\mathrm{II}}(f_2) = \frac{2}{2\pi} \frac{(1-e_2{}^2)^{3/2}}{(1+e_2\cos f_2)^2} \left(\frac{a_2}{r_2}\right)^{n+1} (\cos f_2)^{j_1+j_3+j_5} (\sin f_2)^{j_2+j_4+j_6} \qquad (8-249)$$

将上式展开并化简,可得

$$\widetilde{S}_{n,j_1j_2j_3j_4j_5j_6}^{\mathrm{II}}(f_2) = \frac{\mathcal{P}_2}{2\pi} \frac{(1-e_2{}^2)^{3/2}}{(1+e_2\cos f_2)^2} \left(\frac{a_2}{r_2}\right)^{n+1} (\cos f_2)^{j_1+j_3+j_5} (\sin f_2)^{j_2+j_4+j_6}$$

$$= \frac{\mathcal{P}_2}{2\pi} \frac{1}{(1-e_2{}^2)^{n-1/2}} (1+e_2\cos f_2)^{n-1} (\cos f_2)^{j_1+j_3+j_5} (\sin f_2)^{j_2+j_4+j_6}$$

$$= \frac{\mathcal{P}_2}{2\pi} \frac{1}{(1-e_2{}^2)^{n-1/2}} \sum_{s_2\geqslant 0}^{n-1} C_{n-1}^{s_2} e_2^{s_2} (\sin f_2)^{j_2+j_4+j_6} (\cos f_2)^{j_1+j_3+j_5+s_2}$$

$$(8-250)$$

将(8-250)代入摄动函数(8-247),可得如下表达式

$$\langle \widetilde{\mathcal{R}} \rangle = \frac{\mathcal{P}_2}{2\pi} \frac{\mathcal{G}m_2}{a_2} \sum_{n\geqslant 2}^{N} \alpha^n \sum_{k=0}^{\left[\frac{n}{2}\right]} \sum_{j_1+j_2+j_3+j_4+j_5+j_6=n-2k} \sum_{s_1=0}^{2k+1} \sum_{s_2=0}^{n-1} Q_{n,k} \Lambda_{j_1j_2j_3j_4j_5j_6}^{n-2k} C_{2k+1}^{s_1} \times$$

$$C_{n-1}^{s_2} A_{j_3+j_4,j_1+j_2+s_1} \frac{e_2^{s_2}}{(1-e_2{}^2)^{n-\frac{1}{2}}} e_1^{s_1} \Gamma_1^{j_1} \Gamma_2^{j_2} \Gamma_3^{j_3} \Gamma_4^{j_4} \Gamma_5^{j_5} \Gamma_6^{j_6} \sin^{j_2+j_4+j_6} f_2 \cos^{j_1+j_3+j_5+s_2} f_2$$

$$(8-251)$$

引入简化符号

$$\mathcal{F}(g,h,G,H) = e_1^{s_1} \Gamma_1^{j_1} \Gamma_2^{j_2} \Gamma_3^{j_3} \Gamma_4^{j_4} \Gamma_5^{j_5} \Gamma_6^{j_6} \qquad (8-252)$$

$$p = j_2+j_4+j_6, \qquad q = j_1+j_3+j_5+s_2 \qquad (8-253)$$

并将三角函数做积化和差处理可得

$$(\sin f_2)^p (\cos f_2)^q = \mathcal{C}_0^{p,q} + \sum_{l \geqslant 1}^{p+q} (\mathcal{C}_l^{p,q} \cos l f_2 + \mathcal{S}_l^{p,q} \sin l f_2) \tag{8-254}$$

将(8-254)代入(8-251),可得

$$\langle \widetilde{\mathcal{R}} \rangle = \frac{2}{2\pi} \frac{\mathcal{G}m_2}{a_2} \sum_{n \geqslant 2}^{N} \alpha^n \sum_{k \geqslant 0}^{\left[\frac{n}{2}\right]} Q_{n,k} \sum_{j_1+j_2+j_3+j_4+j_5+j_6=n-2k} \sum_{s_1 \geqslant 0}^{2k+1} \sum_{s_2 \geqslant 0}^{n-1} (-1)^{s_1} \Lambda_{j_1 j_2 j_3 j_4 j_5 j_6}^{n-2k} C_{2k+1}^{s_1} C_{n-1}^{s_2} \times$$
$$\frac{e_2^{s_2} A_{j_3+j_4, j_1+j_2+s_1}}{(1-e_2^2)^{n-1/2}} \mathcal{R} \times \left[\mathcal{C}_0^{p,q} + \sum_{l \geqslant 1}^{n-2k+s_2} (\mathcal{C}_l^{p,q} \cos l f_2 + \mathcal{S}_l^{p,q} \sin l f_2) \right] \tag{8-255}$$

根据平均根数理论,将单平均摄动函数分为长期项(含长周期项)和短周期项,根数演化同样包含长期演化和短周期振荡

$$\langle \widetilde{\mathcal{R}} \rangle = \langle \widetilde{\mathcal{R}} \rangle_{\text{long-term}} + \langle \widetilde{\mathcal{R}} \rangle_{\text{periodic}} \tag{8-256}$$

其中长期项为

$$\langle \widetilde{\mathcal{R}} \rangle_{\text{long-term}} = \frac{\mathcal{P}_2}{2\pi} \frac{\mathcal{G}m_2}{a_2} \sum_{n \geqslant 2}^{N} \alpha^n \sum_{k \geqslant 0}^{\left[\frac{n}{2}\right]} Q_{n,k} \sum_{j_1+j_2+j_3+j_4+j_5+j_6=n-2k} \sum_{s_1 \geqslant 0}^{2k+1} \sum_{s_2 \geqslant 0}^{n-1} (-1)^{s_1} \times$$
$$\Lambda_{j_1 j_2 j_3 j_4 j_5 j_6}^{n-2k} C_{2k+1}^{s_1} C_{n-1}^{s_2} \frac{e_2^{s_2} A_{j_3+j_4, j_1+j_2+s_1}}{(1-e_2^2)^{n-1/2}} \mathcal{F} \times \mathcal{C}_0^{p,q} \tag{8-257}$$

周期项为

$$\langle \widetilde{\mathcal{R}} \rangle_{\text{periodic}} = \frac{\mathcal{P}_2}{2\pi} \frac{\mathcal{G}m_2}{a_2} \sum_{n \geqslant 2}^{N} \alpha^n \sum_{k \geqslant 0}^{\left[\frac{n}{2}\right]} Q_{n,k} \sum_{j_1+j_2+j_3+j_4+j_5+j_6=n-2k} \sum_{s_1 \geqslant 0}^{2k+1} \sum_{s_2 \geqslant 0}^{n-1} (-1)^{s_1} \Lambda_{j_1 j_2 j_3 j_4 j_5 j_6}^{n-2k} \times$$
$$C_{2k+1}^{s_1} C_{n-1}^{s_2} \frac{e_2^{s_2} A_{j_3+j_4, j_1+j_2+s_1}}{(1-e_2^2)^{n-1/2}} \mathcal{F} \times \sum_{l \geqslant 1}^{n-2k+s_2} (\mathcal{C}_l^{p,q} \cos l f_2 + \mathcal{S}_l^{p,q} \sin l f_2) \tag{8-258}$$

记"瞬时"根数为(g,h,G,H),"平均"根数为(g^*,h^*,G^*,H^*),平瞬根数之间的转换如下

$$g = g_{\text{long-term}} + g_{\text{periodic}} = g^* + \delta g$$
$$h = h_{\text{long-term}} + h_{\text{periodic}} = h^* + \delta h$$
$$G = G_{\text{long-term}} + G_{\text{periodic}} = G^* + \delta G \tag{8-259}$$
$$H = H_{\text{long-term}} + H_{\text{periodic}} = H^* + \delta H$$

其中$(\delta g, \delta h, \delta G, \delta H)$代表根数演化的周期性振荡。结合单平均模型的运动方程

$$\frac{\mathrm{d}g}{\mathrm{d}f_2} = -\frac{\partial \langle \widetilde{\mathcal{R}} \rangle}{\partial G}, \quad \frac{\mathrm{d}G}{\mathrm{d}f_2} = \frac{\partial \langle \widetilde{\mathcal{R}} \rangle}{\partial g}$$
$$\frac{\mathrm{d}h}{\mathrm{d}f_2} = -\frac{\partial \langle \widetilde{\mathcal{R}} \rangle}{\partial H}, \quad \frac{\mathrm{d}H}{\mathrm{d}f_2} = \frac{\partial \langle \widetilde{\mathcal{R}} \rangle}{\partial h} \tag{8-260}$$

把(8-259)代入(8-260),并将长期项和周期项对应运动方程进行分离,可得

$$\frac{\mathrm{d}g^*}{\mathrm{d}f_2} = -\frac{\partial\langle\widetilde{\mathcal{R}}\rangle_{\text{long-term}}}{\partial G}, \quad \frac{\mathrm{d}G^*}{\mathrm{d}f_2} = \frac{\partial\langle\widetilde{\mathcal{R}}\rangle_{\text{long-term}}}{\partial g}$$

$$\frac{\mathrm{d}h^*}{\mathrm{d}f_2} = -\frac{\partial\langle\widetilde{\mathcal{R}}\rangle_{\text{long-term}}}{\partial H}, \quad \frac{\mathrm{d}H^*}{\mathrm{d}f_2} = \frac{\partial\langle\widetilde{\mathcal{R}}\rangle_{\text{long-term}}}{\partial h} \tag{8-261}$$

和

$$\frac{\mathrm{d}(\delta g)}{\mathrm{d}f_2} = -\frac{\partial\langle\widetilde{\mathcal{R}}\rangle_{\text{periodic}}}{\partial G}, \quad \frac{\mathrm{d}(\delta G)}{\mathrm{d}f_2} = \frac{\partial\langle\widetilde{\mathcal{R}}\rangle_{\text{periodic}}}{\partial g}$$

$$\frac{\mathrm{d}(\delta h)}{\mathrm{d}f_2} = -\frac{\partial\langle\widetilde{\mathcal{R}}\rangle_{\text{periodic}}}{\partial H}, \quad \frac{\mathrm{d}(\delta H)}{\mathrm{d}f_2} = \frac{\partial\langle\widetilde{\mathcal{R}}\rangle_{\text{periodic}}}{\partial h} \tag{8-262}$$

其中

$$\frac{\partial\langle\widetilde{\mathcal{R}}\rangle_{\text{long-term}}}{\partial(g,h,G,H)} = \frac{\mathcal{P}_2}{2\pi}\frac{\mathcal{G}m_2}{a_2}\sum_{n\geqslant2}^N \alpha^n \sum_{k\geqslant0}^{\left[\frac{n}{2}\right]} Q_{n,k} \sum_{j_1+j_2+j_3+j_4+j_5+j_6=n-2k} \sum_{s_1\geqslant0}^{2k+1} \sum_{s_2\geqslant0}^{n-1} (-1)^{s_1} \times$$

$$\Lambda_{j_1 j_2 j_3 j_4 j_5 j_6}^{n-2k} C_{2k+1}^{s_1} C_{n-1}^{s_2} \frac{e_2^{s_2} A_{j_3+j_4, j_1+j_2+s_1}}{(1-e_2^2)^{n-1/2}} \left[\frac{\partial\mathcal{F}}{\partial(g,h,G,H)}\right] \times \mathcal{C}_0^{p,q} \tag{8-263}$$

$$\frac{\partial\langle\widetilde{\mathcal{R}}\rangle_{\text{periodic}}}{\partial(g,h,G,H)} = \frac{\mathcal{P}_2}{2\pi}\frac{\mathcal{G}m_2}{a_2}\sum_{n\geqslant2}^N \alpha^n \sum_{k\geqslant0}^{\left[\frac{n}{2}\right]} Q_{n,k} \sum_{j_1+j_2+j_3+j_4+j_5+j_6=n-2k} \sum_{s_1\geqslant0}^{2k+1} \sum_{s_2\geqslant0}^{n-1} (-1)^{s_1} \Lambda_{j_1 j_2 j_3 j_4 j_5 j_6}^{n-2k} C_{2k+1}^{s_1} \times$$

$$C_{n-1}^{s_2} \frac{e_2^{s_2} A_{j_3+j_4, j_1+j_2+s_1}}{(1-e_2^2)^{n-1/2}} \left[\frac{\partial\mathcal{F}}{\partial(g,h,G,H)}\right] \times \sum_{l\geqslant1}^{n-2k+s_2} (\mathcal{C}_l^{p,q}\cos lf_2 + \mathcal{S}_l^{p,q}\sin lf_2) \tag{8-264}$$

求解微分方程(8-262)，可得周期振荡解为

$$\delta g = -\frac{\mathcal{P}_2}{2\pi}\frac{\mathcal{G}m_2}{a_2}\sum_{n\geqslant2}^N \alpha^n \sum_{k\geqslant0}^{\left[\frac{n}{2}\right]} Q_{n,k} \sum_{j_1+j_2+j_3+j_4+j_5+j_6=n-2k} \sum_{s_1\geqslant0}^{2k+1} \sum_{s_2\geqslant0}^{n-1} (-1)^{s_1} \Lambda_{j_1 j_2 j_3 j_4 j_5 j_6}^{n-2k} C_{2k+1}^{s_1} \times$$

$$C_{n-1}^{s_2} A_{j_3+j_4, j_1+j_2+s_1} \frac{\partial\mathcal{F}}{\partial G}\left[\frac{e_2^{s_2}}{(1-e_2^2)^{n-1/2}}\sum_{l\geqslant1}^{n-2k+s_2}\frac{1}{l}(\mathcal{C}_l^{p,q}\sin lf_2 - \mathcal{S}_l^{p,q}\cos lf_2)\right] \tag{8-265}$$

其余分量用类似方式获得(此处省略)。为了简化符号系统，将周期振荡解记为

$$\delta g = \sum_{l_g\geqslant1}^{2N-1} (\widetilde{\mathcal{C}}_{l_g}^g \cos l_g f_2 + \widetilde{\mathcal{S}}_{l_g}^g \sin l_g f_2)$$

$$\delta G = \sum_{l_G\geqslant1}^{2N-1} (\widetilde{\mathcal{C}}_{l_G}^G \cos l_G f_2 + \widetilde{\mathcal{S}}_{l_G}^G \sin l_G f_2)$$

$$\delta h = \sum_{l_h\geqslant1}^{2N-1} (\widetilde{\mathcal{C}}_{l_h}^h \cos l_h f_2 + \widetilde{\mathcal{S}}_{l_h}^h \sin l_h f_2) \tag{8-266}$$

$$\delta H = \sum_{l_H\geqslant1}^{2N-1} (\widetilde{\mathcal{C}}_{l_H}^H \cos l_H f_2 + \widetilde{\mathcal{S}}_{l_H}^H \sin l_H f_2)$$

利用以上关系可实现"平均"根数和"瞬时"根数之间的转换。

接下来的核心问题在于:**考虑短周期(摄动天体轨道周期)振荡对于长期演化的贡献**。

第二步:在第二次平均化时,考虑短周期振荡解(8-266)的长期贡献

在摄动天体轨道周期内进行平均化,可得

$$\langle\langle\mathcal{R}\rangle\rangle=\frac{1}{2\pi}\int_0^{2\pi}\langle\mathcal{R}\rangle\mathrm{d}M_2=\frac{(1-e_2^2)^{3/2}}{2\pi}\int_0^{2\pi}\frac{\langle R\rangle}{(1+e_2\cos f_2)^2}\mathrm{d}f_2 \qquad (8-267)$$

其中

$$\langle\mathcal{R}\rangle=\frac{\mathcal{G}m_2}{a_2}\sum_{n\geqslant2}^N\alpha^n\sum_{k\geqslant0}^{\left[\frac{n}{2}\right]}Q_{n,k}\sum_{j_1+j_2+j_3+j_4+j_5+j_6=n-2k}\sum_{s_1\geqslant0}^{2k+1}(-1)^{s_1}C_{2k+1}^{s_1}\Lambda_{j_1j_2j_3j_4j_5j_6}^{n-2k}\mathcal{F}\times$$

$$A_{j_3+j_4,j_1+j_2+s_1}\left(\frac{a_2}{r_2}\right)^{n+1}(\cos f_2)^{j_1+j_3+j_5}(\sin f_2)^{j_2+j_4+j_6} \qquad (8-268)$$

为单平均摄动函数(前面已经推导)。因而双平均摄动函数(8-267)变为

$$\langle\langle\mathcal{R}\rangle\rangle=\frac{\mathcal{G}m_2}{a_2}\sum_{n\geqslant2}^N\alpha^n\sum_{k\geqslant0}^{\left[\frac{n}{2}\right]}Q_{n,k}\sum_{j_1+j_2+j_3+j_4+j_5+j_6=n-2k}\sum_{s_1\geqslant0}^{2k+1}\sum_{s_2\geqslant0}^{n-1}(-1)^{s_1}C_{2k+1}^{s_1}C_{n-1}^{s_2}\Lambda_{j_1j_2j_3j_4j_5j_6}^{n-2k}\times$$

$$\frac{e_2^{s_2}}{(1-e_2^2)^{n-1/2}}\frac{1}{2\pi}\int_0^{2\pi}\mathcal{F}\times A_{j_3+j_4,j_1+j_2+s_1}(\sin f_2)^p(\cos f_2)^q\mathrm{d}f_2 \qquad (8-269)$$

其中 $\mathcal{F}(g,h,G,H)=e_1^{s_1}\Gamma_1^{j_1}\Gamma_2^{j_2}\Gamma_3^{j_3}\Gamma_4^{j_4}\Gamma_5^{j_5}\Gamma_6^{j_6}$ 为"瞬时"根数 G 和 H 的函数,将 $\mathcal{F}$ 在平根数附近进行 Taylor 展开,并保留线性项[①],可得

$$\mathcal{F}(g,h,G,H)=\mathcal{F}_*+\frac{\partial\mathcal{F}}{\partial G}\bigg|_*\delta G+\frac{\partial\mathcal{F}}{\partial H}\bigg|_*\delta H \qquad (8-270)$$

其中

$$\delta G=\sum_{l_G\geqslant1}^{2N-1}(\widetilde{\mathcal{C}}_{l_G}^G\cos l_Gf_2+\widetilde{\mathcal{S}}_{l_G}^G\sin l_Gf_2)$$

$$\delta H=\sum_{l_H\geqslant1}^{2N-1}(\widetilde{\mathcal{C}}_{l_H}^H\cos l_Hf_2+\widetilde{\mathcal{S}}_{l_H}^H\sin l_Hf_2) \qquad (8-271)$$

将(8-270)和(8-271)代入(8-269),可得含修正项的双平均摄动函数为

$$\langle\langle\mathcal{R}\rangle\rangle=\frac{\mathcal{G}m_2}{a_2}\sum_{n\geqslant2}^N\alpha^n\sum_{k\geqslant0}^{\left[\frac{n}{2}\right]}Q_{n,k}\sum_{j_1+j_2+j_3+j_4+j_5+j_6=n-2k}\sum_{s_1\geqslant0}^{2k+1}\sum_{s_2\geqslant0}^{n-1}(-1)^{s_1}C_{2k+1}^{s_1}C_{n-1}^{s_2}\Lambda_{j_1j_2j_3j_4j_5j_6}^{n-2k}\times$$

$$\frac{e_2^{s_2}A_{j_3+j_4,j_1+j_2+s_1}}{(1-e_2^2)^{n-1/2}}\frac{1}{2\pi}\int_0^{2\pi}\left(\mathcal{F}_*+\frac{\partial\mathcal{F}}{\partial G}\bigg|_*\delta G+\frac{\partial\mathcal{F}}{\partial H}\bigg|_*\delta H\right)(\sin f_2)^p(\cos f_2)^q\mathrm{d}f_2$$

$$(8-272)$$

---

①　这里的处理与第五章介绍的 von Zeipel 变换非常相似。

将积分函数分成三部分

$$\mathcal{T}_0 = \frac{1}{2\pi}\int_0^{2\pi} \mathcal{F}_* \ (\sin f_2)^p \ (\cos f_2)^q \mathrm{d}f_2 = \mathcal{F}_* A_{p,q}$$

$$\mathcal{T}_G = \frac{1}{2\pi}\int_0^{2\pi} \frac{\partial \mathcal{F}}{\partial G}\bigg|_* \ \delta G \ (\sin f_2)^p \ (\cos f_2)^q \mathrm{d}f_2 = \frac{\partial \mathcal{F}}{\partial G}\bigg|_* \ \frac{1}{2\pi}\int_0^{2\pi} \delta G \ (\sin f_2)^p \ (\cos f_2)^q \mathrm{d}f_2$$

$$\mathcal{T}_H = \frac{1}{2\pi}\int_0^{2\pi} \frac{\partial \mathcal{F}}{\partial H}\bigg|_* \ \delta H \ (\sin f_2)^p \ (\cos f_2)^q \mathrm{d}f_2 = \frac{\partial \mathcal{F}}{\partial H}\bigg|_* \ \frac{1}{2\pi}\int_0^{2\pi} \delta H \ (\sin f_2)^p \ (\cos f_2)^q \mathrm{d}f_2$$

$$(8-273)$$

其中 $\mathcal{T}_0$ 代表经典长期项,$\mathcal{T}_G$ 和 $\mathcal{T}_H$ 分别代表考虑 δG 和 δH 带来的修正项。因此,修正的双平均摄动函数变为

$$\langle\langle \mathcal{R} \rangle\rangle = \frac{\mathcal{G}m_2}{a_2} \sum_{n\geq 2}^{N} \alpha^n \sum_{k\geq 0}^{\left[\frac{n}{2}\right]} Q_{n,k} \sum_{j_1+j_2+j_3+j_4+j_5+j_6=n-2k} \sum_{s_1\geq 0}^{2k+1} \sum_{s_2\geq 0}^{n-1} (-1)^{s_1} C_{2k+1}^{s_1} C_{n-1}^{s_2} \times$$

$$\Lambda_{j_1 j_2 j_3 j_4 j_5 j_6}^{n-2k} \ \frac{e_2^{s_2} A_{j_3+j_4,\,j_1+j_2+s_1}}{(1-e_2^2)^{n-1/2}} (\mathcal{T}_0 + \mathcal{T}_G + \mathcal{T}_H) \qquad (8-274)$$

特别地,当修正项 $\mathcal{T}_G$ 和 $\mathcal{T}_H$ 取为零时(即不考虑周期项的高阶修正),双平均摄动函数(8-274)退化为经典的双平均摄动函数。

综上,含修正项的长期演化模型对应的哈密顿函数为

$$\langle\langle \mathcal{H} \rangle\rangle = -\frac{\mu^2}{2L^{*2}} - \langle\langle \mathcal{R} \rangle\rangle \qquad (8-275)$$

长期演化的运动方程为

$$\frac{\mathrm{d}g^*}{\mathrm{d}t} = \frac{\partial}{\partial G^*}\langle\langle \mathcal{H} \rangle\rangle, \quad \frac{\mathrm{d}G^*}{\mathrm{d}t} = -\frac{\partial}{\partial g^*}\langle\langle \mathcal{H} \rangle\rangle$$

$$\frac{\mathrm{d}h^*}{\mathrm{d}t} = \frac{\partial}{\partial H^*}\langle\langle \mathcal{H} \rangle\rangle, \quad \frac{\mathrm{d}H^*}{\mathrm{d}t} = -\frac{\partial}{\partial h^*}\langle\langle \mathcal{H} \rangle\rangle \qquad (8-276)$$

等价地,基于拉格朗日行星运动方程同样可给出长期演化模型

$$\frac{\mathrm{d}e_1^*}{\mathrm{d}t} = \frac{\eta^*}{n_1 a_1^{*2} e_1^*} \frac{\partial\langle\langle \mathcal{H} \rangle\rangle}{\partial \omega_1^*}$$

$$\frac{\mathrm{d}i_1^*}{\mathrm{d}t} = \frac{\csc i_1^*}{n_1 a_1^{*2} \eta^*} \left(\frac{\partial\langle\langle \mathcal{H} \rangle\rangle}{\partial \Omega_1^*} - \cos i_1^* \frac{\partial\langle\langle \mathcal{H} \rangle\rangle}{\partial \omega_1^*} \right)$$

$$\frac{\mathrm{d}\Omega_1^*}{\mathrm{d}t} = -\frac{\csc i_1^*}{n_1 a_1^{*2} \eta^*} \frac{\partial\langle\langle \mathcal{H} \rangle\rangle}{\partial i_1^*} \qquad (8-277)$$

$$\frac{\mathrm{d}\omega_1^*}{\mathrm{d}t} = \frac{\cot i_1^*}{n_1 a_1^{*2} \eta^*} \frac{\partial\langle\langle \mathcal{H} \rangle\rangle}{\partial i_1^*} - \frac{\eta^*}{n_1 a_1^{*2} e_1^*} \frac{\partial\langle\langle \mathcal{H} \rangle\rangle}{\partial e_1^*}$$

其中 $\eta^* = \sqrt{1 - e_1^{*2}}$。

8.7.3 结果

将以上建立的修正长期演化模型用于如下等级式系统构型(双星系统):中心天体质量为 $m_0 = 1 M_\odot$,摄动天体的质量和轨道根数设置为

$$
\begin{aligned}
&m_2 = 1\ M_\odot \\
&a_2 = 10\ \mathrm{AU},\ e_2 = 0.2,\ i_2 = 0° \\
&\Omega_2 = 0°,\ \omega_2 = 0°
\end{aligned}
\tag{8-278}
$$

将双星系统中的行星近似为测试粒子,质量和轨道参数设置为

$$
\begin{aligned}
&m_1 \rightarrow 0 \\
&a_1 = 1\ \mathrm{AU},\ e_1 = 0.2,\ i_1 = 110° \\
&\Omega_1 = 180°,\ \omega_1 = 0°
\end{aligned}
\tag{8-279}
$$

针对以上双星系统,在不变平面坐标系下考虑不同动力学模型之间的差异:1) 积分原始未平均化的 N 体系统,2) 积分经典的双平均长期演化模型(经典双平均模型),3) 积分修正的双平均演化模型(修正的双平均模型)。

图 8-15 和图 8-16 分别为等级式构型下测试粒子轨道倾角和轨道偏心率的长期演化,黑色实线为 N 体数值积分,绿色实线为经典双平均模型的结果,蓝色实线为修正双平均模型的结果。可见:1) 在 N 体数值积分中,测试粒子并不会发生轨道翻转,而经典双平均模型则会给出轨道翻转的错误结论;2) 修正的双平均模型下轨道根数的长期演化与 N 体数值积分结果高度吻合。以上结果说明,考虑摄动天体轨道周期带来的长期演化修正很有必要,并且修正效果非常明显。

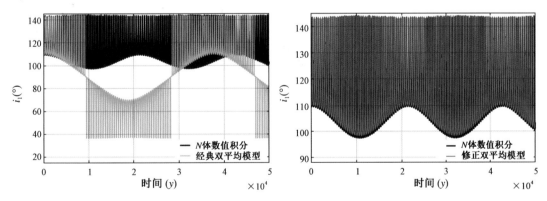

图 8-15　双星系统中行星轨道倾角的长期演化。经典长期演化模型(左)与修正长期演化模型(右)与直接 N 体积分结果的对比。黑色实线为 N 体积分结果,绿色实线为经典长期演化模型的结果,蓝色实线为修正的长期演化模型结果

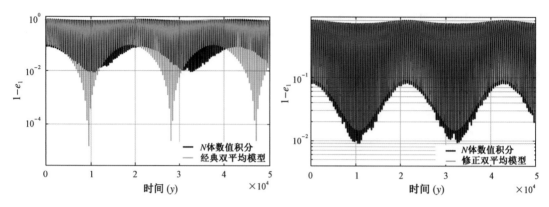

图 8‑16　双星系统中行星轨道偏心率的长期演化。不同颜色代表不同动力学模型数值积分的结果（标注同上图）

图 8‑17 给出的是测试粒子 z 方向角动量的长期演化情况。经典双平均模型给出的结果与 N 体数值积分差别较大，而修正双平均模型的结果能很好地与实际演化吻合。图 8‑18 给出的是在单平均模型、经典双平均模型以及修正的双平均模型下测试粒子 z 方向角动量 H 的长期演化情况。可见：1）单平均模型下的结果与直接 N 体数值积分结果吻合很好；2）考虑修正的双平均模型与单平均模型的结果一致，而经典双平均模型结果与另外两种模型得到的结果之间存在较大差异。

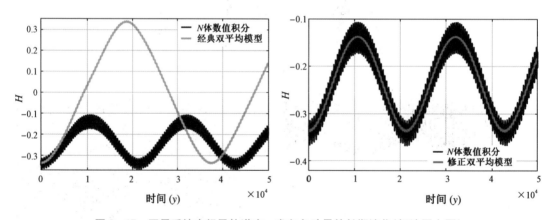

图 8‑17　双星系统中行星轨道在 z 方向角动量的长期演化（标注同上图）

将摄动函数截断到十六极矩、三十二极矩以及六十四极矩，考虑修正双平均模型下测试粒子 H 的长期演化，如图 8‑19 所示。可见，摄动函数的截断阶数越高，修正双平均模型下的结果与直接 N 体数值积分结果吻合得越好。

进一步，将修正的双平均模型应用于天王星-天卫十六（Caliban）-太阳构成的等级式系统（太阳为摄动天体），将卫星近似为测试粒子。在天王星为原点的天球坐标系下，Caliban 的轨道根数如下

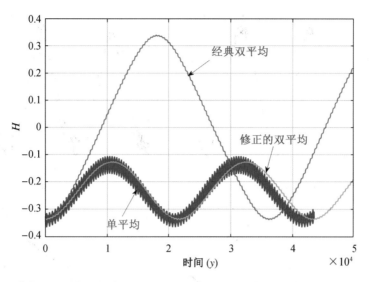

图 8 - 18　双星系统中行星 z 方向角动量长期演化。单平均演化模型、经典长期演化模型以及修正的长期演化模型结果对比（三个模型关于半长轴之比的阶数均为 $N=3$，即八极矩）

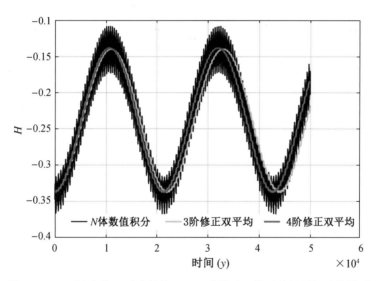

图 8 - 19　不同阶数 N 对应的修正双平均摄动函数对应的长期演化模型

$$a_1 = 0.047081 \text{ AU}, \quad e_1 = 0.0807123, \quad i_1 = 139.688°$$
$$\Omega_1 = 174.99°, \quad \omega_1 = 339.07° \tag{8-280}$$

图 8 - 20 给出了直接 N 体数值积分、经典的双平均模型以及修正双平均模型的结果对比。可见：修正双平均模型与直接 N 体积分能够很好地吻合，而经典双平均模型与 N 体积分存在较大差异。

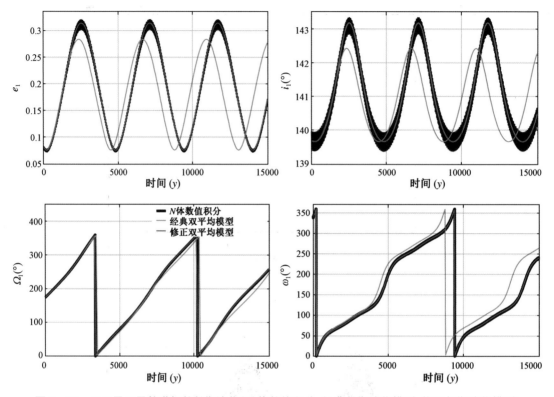

图 8 - 20　天王星卫星轨道根数长期演化(*N* 体数值积分、经典长期演化模型、修正长期演化模型)

8.8　强摄动系统下高精度长期演化模型[11]

本节我们进一步考察强摄动系统下高精度长期演化模型的建立。所谓的强摄动模型，指的是摄动天体质量远大于中心天体，比如太阳摄动下的木星不规则卫星、太阳摄动下月球绕地球的运动等(见图 8 - 21)。

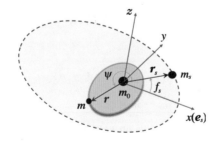

图 8 - 21　在大天体 m_s 摄动下，小天体 m 绕中心天体 m_0 做受摄二体运动。对于强摄动系统，摄动天体质量远大于中心天体的质量(例如木星-不规则卫星-太阳系统)，即 $m_s \gg m_0$

8.8.1 经典以及修正的长期演化模型存在的问题

先来看一下木星不规则卫星的长期演化,以木卫八(Pasiphae)为例,在木星质心天球系下它的轨道根数为

$$a=0.158\ \text{AU},\ e=0.409,\ I=151.4°,\ \Omega=313.0°,\ \omega=170.5°,\ M=100.0°$$

图 8-22 给出了直接 N 体数值积分的结果和在经典双平均模型下数值积分的结果。可见,无论是长期演化的频率,还是长期演化的振幅,经典长期演化模型都不能准确预测卫星的实际演化。

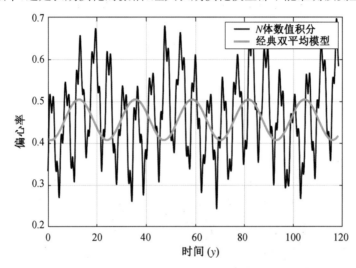

图 8-22 木星不规则卫星 Pasiphae 轨道偏心率的长期演化。黑色实线为 N 体积分结果,
绿色实线为经典双平均模型的积分结果

根据 8.5 节介绍的修正方法,我们考虑了第三体轨道周期效应的长期修正,获得了修正的长期演化模型,与直接 N 体模型数值积分的结果进行对比,见图 8-23。可见,修正的双平均模型的结果在振幅上有了较大的改善,但是,在长期演化的频率方面同样存在不小的差距。这说明,对于强摄动系统,上一节的修正平均化方法存在局限。

甚至,我们在单平均模型下(只对测试粒子轨道周期进行平均化),针对 Pasiphae 获得的轨道根数长期演化与直接 N 体积分结果同样存在不一致,如图 8-24 所示。单平均模型下轨道根数的长期演化在振幅上与 N 体积分结果已经完全一致,但是在频率上存在明显偏差。

最后,我们将直接 N 体积分、单平均模型数值积分、经典双平均模型数值积分以及修正双平均模型数值积分结果进行比较,如图 8-25 所示。修正的双平均模型结果与单平均模型的结果吻合较好。然而,后 3 种不同程度平均化模型的结果与直接 N 体数值积分结果存在不同程度的差异。

单平均模型与原 N 体模型之间存在差异,表明在强摄动系统下测试粒子的轨道周期效应同样重要。图 8-26 分析了不同轨道半长轴处的木星不规则卫星的基本频率变化[12]。可见,随着半长轴的增大,代表长周期演化的频率 v_G 和 v_H 在变大,而代表短周期演化的频率 v_L

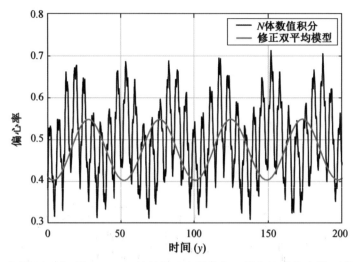

图 8–23　木星不规则卫星 Pasiphae 的长期动力学演化。黑色实线为直接 N 体积分结果，红色对应修正的双平均模型

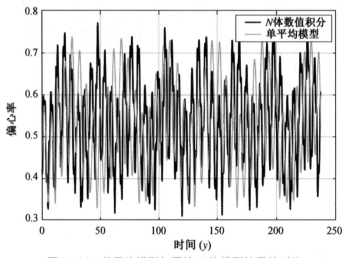

图 8–24　单平均模型与原始 N 体模型结果的对比

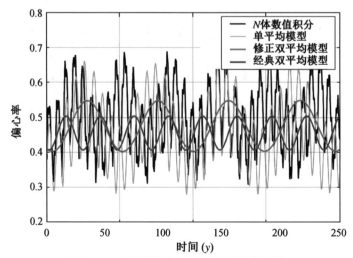

图 8–25　不同模型下长期演化结果的对比

(测试粒子平运动)和 ν_Δ(第三体平运动)在减小。因而,对于不规则卫星,由于太阳摄动,使得轨道面进动及升交点西退速率相对二体轨道周期不再是小量,致使经典双平均模型失效,甚至使得单平均模型同样存在较大偏差。慢变量不"慢",或者说快变量不"快",是单平均和双平均模型均失效的根源。因此,沿用上一节的修正平均化方法,解决办法是:同时考虑测试粒子和第三体轨道周期效应对长期演化的高阶修正。

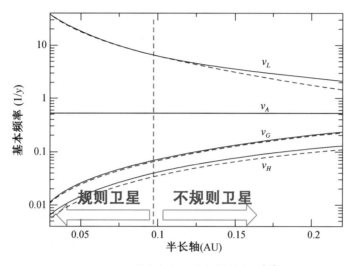

图 8 - 26　基本频率随半长轴的变化[12]

如何同时考虑测试粒子和第三体轨道周期效应的高阶修正呢?

考虑到单平均模型与原 N 体模型之间的差异主要是由对测试粒子的轨道周期平均引起的,沿用上一节介绍的修正方法,考虑在单平均过程中测试粒子轨道周期效应的高阶贡献,从而获得**修正的单平均模型**。图 8 - 27 给出了未修正的单平均模型、修正的单平均模型以及

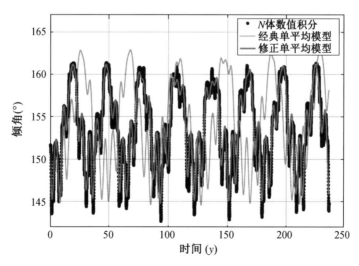

图 8 - 27　单平均模型、修正的单平均模型与原 N 体模型的结果对比

原 N 体模型积分结果的对比。不出所料，修正的单平均模型积分结果与原 N 体积分结果吻合很好，说明修正项对于长期演化的频率改正很重要。

可是问题来了，如何进一步考虑第三体轨道周期效应的高阶修正呢？笔者试图在两次平均化中依次考虑短周期效应修正，但失败了。如何同时获取含测试粒子和摄动天体轨道周期振荡的表达式？这是最根本的问题。这也是导致上一节介绍的修正平均化方法在这里不适用的根源。为了解决这个问题，我们基于第六章介绍的摄动函数展开，重新推导同时含测试粒子与第三体短周期效应的哈密顿函数，进而在长期演化模型中同时考虑两个频率短周期效应的高阶修正。

8.8.2 高精度长期演化模型

在行星-卫星-太阳构型下，行星质量记为 m_0，卫星近似为测试粒子，太阳作为摄动天体，其质量记为 m_s。在以行星质心为原点的不变平面坐标系下，测试粒子的位置矢量记为 $\boldsymbol{r}$，摄动天体相对于行星质心的位置矢量记为 $\boldsymbol{r}_s$。由于 $r \ll r_s$（等级式构型），因此可采用 Legendre 形式的摄动函数展开（见第六章）。第三体摄动函数为

$$\mathcal{R} = \mathcal{G}m_s(\mathcal{R}_{\mathrm{D}} + \mathcal{R}_{\mathrm{I}})$$
$$\mathcal{R}_{\mathrm{D}} = \frac{1}{\Delta}, \quad \mathcal{R}_{\mathrm{I}} = -\frac{r}{a_s^2}\cos\psi \tag{8-281}$$

利用 Legendre 多项式，可得摄动函数为

$$\mathcal{R} = \frac{\mu_s}{a_s}\sum_{n=2}^{\infty}\alpha^n\left(\frac{r}{a}\right)^n\left(\frac{a_s}{r_s}\right)^{n+1}P_n(\cos\psi) \tag{8-282}$$

其中 $\alpha = \dfrac{a}{a_s} \ll 1$ 为测试粒子和第三体的半长轴之比，$\mu_s = \mathcal{G}m_s$ 为第三体的引力常数。根据第六章的推导，可得摄动函数展开式为

$$\begin{aligned}
\mathcal{R} = &\frac{\mu_s}{a_s}\sum_{n=2}^{N}\sum_{k=0}^{\left[\frac{n}{2}\right]}\sum_{q=0}^{n-2k}\sum_{t_1=0}^{n-2k-q}\sum_{t_2=0}^{q}\sum_{t_3=0}^{n-2k-q}\sum_{t_4=0}^{q}\sum_{s_1=-\infty}^{\infty}\sum_{s_2=-\infty}^{\infty}\frac{(-1)^{k+3q+t_2+t_4}Q_{n,k}}{2^{3n-4k}}C_{n-2k}^{q}C_{n-2k-q}^{t_1}\times\\
&C_q^{t_2}C_{n-2k-q}^{t_3}C_q^{t_4}\alpha^n X_{s_1}^{n,(n-2k-2t_1-2t_2)}(e)X_{s_2}^{-(n+1),(n-2k-2t_3-2t_4)}(e_s)\cos^q I\times\\
&\cos\left[s_1 M + s_2 M_s - (n-2k-2t_3-2t_4)\Omega + (n-2k-2t_1-2t_2)\omega\right]
\end{aligned} \tag{8-283}$$

其中 $Q_{n,k} = \dfrac{(2n-2k)!}{k!\,(n-k)!\,(n-2k)!}$，$X_c^{a,b}(e)$ 为汉森系数（计算见第六章），$C_n^k = \begin{bmatrix} n \\ k \end{bmatrix}$ 为二项式符号。为研究方便，将摄动函数展开式写为如下求和形式

$$\mathcal{R} = \sum_{l_M=0}^{\infty}\sum_{l_{M_s}=-\infty}^{\infty}\sum_{l_\omega=-N}^{N}\sum_{l_\Omega=-N}^{N}\mathcal{C}_{l_M,l_{M_s},l_\omega,l_\Omega}^{\mathcal{R}}\cos(l_M M + l_{M_s}M_s + l_\omega\omega + l_\Omega\Omega) \tag{8-284}$$

其中 $l_M, l_{M_s}, l_\Omega, l_\omega \in \mathbb{Z}$。系数 $\mathcal{C}_{l_M,l_{M_s},l_\omega,l_\Omega}^{\mathcal{R}}$ 是轨道根数 (α, e, e_s, i) 的函数，具体表达式来自展开式(8-283)。将摄动函数展开式代入拉格朗日行星运动方程

$$\frac{\mathrm{d}a}{\mathrm{d}t} = \frac{2}{na}\frac{\partial \mathcal{R}}{\partial M}, \qquad\qquad \frac{\mathrm{d}e}{\mathrm{d}t} = -\frac{\eta}{na^2 e}\left(\frac{\partial \mathcal{R}}{\partial \omega} - \eta\frac{\partial \mathcal{R}}{\partial M}\right)$$

$$\frac{\mathrm{d}I}{\mathrm{d}t} = -\frac{1}{na^2 \eta \sin I}\left(\frac{\partial \mathcal{R}}{\partial \Omega} - \cos I\frac{\partial \mathcal{R}}{\partial \omega}\right), \qquad \frac{\mathrm{d}\Omega}{\mathrm{d}t} = \frac{1}{na^2 \eta \sin I}\frac{\partial \mathcal{R}}{\partial I} \qquad (8-285)$$

$$\frac{\mathrm{d}\omega}{\mathrm{d}t} = \frac{\eta}{na^2 e}\frac{\partial \mathcal{R}}{\partial e} - \frac{\cot I}{na^2 \eta}\frac{\partial \mathcal{R}}{\partial I}, \qquad \frac{\mathrm{d}M}{\mathrm{d}t} = n - \frac{2}{na}\frac{\partial \mathcal{R}}{\partial a} - \frac{\eta^2}{na^2 e}\frac{\partial \mathcal{R}}{\partial e}$$

从而可得运动方程的展开式

$$\frac{\mathrm{d}a}{\mathrm{d}t} = \sum_{l_M \geqslant 0}\sum_{l_{M_s}=-\infty}^{\infty}\sum_{l_\omega=-N}^{N}\sum_{l_\Omega=-N}^{N}\mathcal{S}^a_{l_M,l_{M_s},l_\omega,l_\Omega}\sin(l_M M + l_{M_s}M_s + l_\omega\omega + l_\Omega\Omega)$$

$$\frac{\mathrm{d}e}{\mathrm{d}t} = \sum_{l_M \geqslant 0}\sum_{l_{M_s}=-\infty}^{\infty}\sum_{l_\omega=-N}^{N}\sum_{l_\Omega=-N}^{N}\mathcal{S}^e_{l_M,l_{M_s},l_\omega,l_\Omega}\sin(l_M M + l_{M_s}M_s + l_\omega\omega + l_\Omega\Omega)$$

$$\frac{\mathrm{d}I}{\mathrm{d}t} = \sum_{l_M \geqslant 0}\sum_{l_{M_s}=-\infty}^{\infty}\sum_{l_\omega=-N}^{N}\sum_{l_\Omega=-N}^{N}\mathcal{S}^I_{l_M,l_{M_s},l_\omega,l_\Omega}\sin(l_M M + l_{M_s}M_s + l_\omega\omega + l_\Omega\Omega)$$

$$\frac{\mathrm{d}\Omega}{\mathrm{d}t} = \sum_{l_M \geqslant 0}\sum_{l_{M_s}=-\infty}^{\infty}\sum_{l_\omega=-N}^{N}\sum_{l_\Omega=-N}^{N}\mathcal{C}^\Omega_{l_M,l_{M_s},l_\omega,l_\Omega}\cos(l_M M + l_{M_s}M_s + l_\omega\omega + l_\Omega\Omega)$$

$$\frac{\mathrm{d}\omega}{\mathrm{d}t} = \sum_{l_M \geqslant 0}\sum_{l_{M_s}=-\infty}^{\infty}\sum_{l_\omega=-N}^{N}\sum_{l_\Omega=-N}^{N}\mathcal{C}^\omega_{l_M,l_{M_s},l_\omega,l_\Omega}\cos(l_M M + l_{M_s}M_s + l_\omega\omega + l_\Omega\Omega)$$

$$\frac{\mathrm{d}M}{\mathrm{d}t} = \sum_{l_M \geqslant 0}\sum_{l_{M_s}=-\infty}^{\infty}\sum_{l_\omega=-N}^{N}\sum_{l_\Omega=-N}^{N}\mathcal{C}^M_{l_M,l_{M_s},l_\omega,l_\Omega}\cos(l_M M + l_{M_s}M_s + l_\omega\omega + l_\Omega\Omega) \quad (8-286)$$

依据平根数理论,按照运动方程右边是否含 M 和 M_s,将运动方程划分为短周期项和非短周期项(包括长期项以及长周期项):1) 运动方程的非短周期项,对应 $l_M = l_{M_s} = 0$ 的项;2) 运动方程的短周期项,对应 l_M 和 l_{M_s} 不同时为零的项。对于任一根数,将非短周期项和短周期项分别记为 f_c 和 f_s,因此运动方程为

$$\frac{\mathrm{d}\sigma}{\mathrm{d}t} = f_c + f_s(M, M_s) \qquad\qquad (8-287)$$

其中根数的演化也可划分为代表长期演化的拟平均根数 σ^*(含升交点经度和近点角距的周期)和与平运动相关的短周期振荡 $\delta\sigma$(含测试粒子和第三体轨道平运动周期):$\sigma = \sigma^* + \delta\sigma$。因而,运动方程(8-287)可写为

$$\frac{\mathrm{d}\sigma^*}{\mathrm{d}t} + \frac{\mathrm{d}\delta\sigma}{\mathrm{d}t} = f_c + f_s(M, M_s) \qquad\qquad (8-288)$$

根据平均根数理论,轨道根数的长期演化取决于运动方程的长期项,根数短周期项的演化取决于运动方程中的短周期项,即

$$\frac{\mathrm{d}\sigma^*}{\mathrm{d}t} = f_c(\Omega, \omega, -, -), \qquad \frac{\mathrm{d}\delta\sigma}{\mathrm{d}t} = f_s(\Omega, \omega, M, M_s) \qquad (8-289)$$

在拟平均根数 σ^* 处,积分(8-289)的第二个微分方程,可得短周期振荡的解

$$\delta a = \sum_{l_M \geqslant 0} \sum_{l_{M_s}=-\infty}^{\infty} \sum_{l_\omega=-N}^{N} \sum_{l_\Omega=-N}^{N} \frac{-1}{l_M n + l_{M_s} n_s} \mathcal{S}^a_{l_M, l_{M_s}, l_\omega, l_\Omega} \cos(l_M M + l_{M_s} M_s + l_\omega \omega + l_\Omega \Omega)$$

$$\delta e = \sum_{l_M \geqslant 0} \sum_{l_{M_s}=-\infty}^{\infty} \sum_{l_\omega=-N}^{N} \sum_{l_\Omega=-N}^{N} \frac{-1}{l_M n + l_{M_s} n_s} \mathcal{S}^e_{l_M, l_{M_s}, l_\omega, l_\Omega} \cos(l_M M + l_{M_s} M_s + l_\omega \omega + l_\Omega \Omega)$$

$$\delta I = \sum_{l_M \geqslant 0} \sum_{l_{M_s}=-\infty}^{\infty} \sum_{l_\omega=-N}^{N} \sum_{l_\Omega=-N}^{N} \frac{-1}{l_M n + l_{M_s} n_s} \mathcal{S}^I_{l_M, l_{M_s}, l_\omega, l_\Omega} \cos(l_M M + l_{M_s} M_s + l_\omega \omega + l_\Omega \Omega)$$

$$\delta \Omega = \sum_{l_M \geqslant 0} \sum_{l_{M_s}=-\infty}^{\infty} \sum_{l_\omega=-N}^{N} \sum_{l_\Omega=-N}^{N} \frac{1}{l_M n + l_{M_s} n_s} \mathcal{C}^\Omega_{l_M, l_{M_s}, l_\omega, l_\Omega} \sin(l_M M + l_{M_s} M_s + l_\omega \omega + l_\Omega \Omega)$$

$$\delta \omega = \sum_{l_M \geqslant 0} \sum_{l_{M_s}=-\infty}^{\infty} \sum_{l_\omega=-N}^{N} \sum_{l_\Omega=-N}^{N} \frac{1}{l_M n + l_{M_s} n_s} \mathcal{C}^\omega_{l_M, l_{M_s}, l_\omega, l_\Omega} \sin(l_M M + l_{M_s} M_s + l_\omega \omega + l_\Omega \Omega)$$

$$\delta M = \sum_{l_M \geqslant 0} \sum_{l_{M_s}=-\infty}^{\infty} \sum_{l_\omega=-N}^{N} \sum_{l_\Omega=-N}^{N} \frac{1}{l_M n + l_{M_s} n_s} \mathcal{C}^M_{l_M, l_{M_s}, l_\omega, l_\Omega} \sin(l_M M + l_{M_s} M_s + l_\omega \omega + l_\Omega \Omega)$$

$$(8-290)$$

其中 n 和 n_s 分别为测试粒子和第三体的平运动，要求(8-290)中的求和指标 l_M 和 l_{M_s} 不能同时为零。因此，拟平均根数和瞬时根数之间的转换关系为

$$a = a^* + \delta a, \ e = e^* + \delta e, I = I^* + \delta I \tag{8-291}$$

$$\Omega = \Omega^* + \delta\Omega, \ \omega = \omega^* + \delta\omega, M = M^* + \delta M \tag{8-292}$$

有了短周期振荡解的具体表达式，接下来我们可以考虑测试粒子和第三体轨道周期效应对长期演化的高阶修正。

回到摄动函数的表达式

$$\mathcal{R} = \sum_{l_M \geqslant 0} \sum_{l_{M_s}=-\infty}^{\infty} \sum_{l_\omega=-N}^{N} \sum_{l_\Omega=-N}^{N} \mathcal{C}^{\mathcal{R}}_{l_M, l_{M_s}, l_\omega, l_\Omega}(a, e, I) \cos(l_M M + l_{M_s} M_s + l_\omega \omega + l_\Omega \Omega)$$

$$(8-293)$$

将系数 $\mathcal{C}^{\mathcal{R}}_{l_M, l_{M_s}, l_\omega, l_\Omega}(a, e, i)$ 在拟平均根数 σ^* 处进行 Taylor 展开并保留线性项，可得

$$\mathcal{C}^{\mathcal{R}}_{l_M, l_{M_s}, l_\omega, l_\Omega} = \mathcal{C}^{\mathcal{R}}_{l_M, l_{M_s}, l_\omega, l_\Omega}\Big|_* + \frac{\partial \mathcal{C}^{\mathcal{R}}_{l_M, l_{M_s}, l_\omega, l_\Omega}}{\partial a}\Bigg|_* \delta a + \frac{\partial \mathcal{C}^{\mathcal{R}}_{l_M, l_{M_s}, l_\omega, l_\Omega}}{\partial e}\Bigg|_* \delta e + \frac{\partial \mathcal{C}^{\mathcal{R}}_{l_M, l_{M_s}, l_\omega, l_\Omega}}{\partial I}\Bigg|_* \delta I$$

$$(8-294)$$

获得在拟平均根数轨道附近展开的摄动函数

$$\mathcal{R} \approx \sum_{l_M=0}^{\infty} \sum_{l_{M_s}=-\infty}^{\infty} \sum_{l_\omega=-N}^{N} \sum_{l_\Omega=-N}^{N} \left(\mathcal{C}^{\mathcal{R}}_{l_M, l_{M_s}, l_\omega, l_\Omega}\Bigg|_* + \frac{\partial \mathcal{C}^{\mathcal{R}}_{l_M, l_{M_s}, l_\omega, l_\Omega}}{\partial a}\Bigg|_* \delta a + \frac{\partial \mathcal{C}^{\mathcal{R}}_{l_M, l_{M_s}, l_\omega, l_\Omega}}{\partial e}\Bigg|_* \delta e + \right.$$

$$\left. \frac{\partial \mathcal{C}^{\mathcal{R}}_{l_M, l_{M_s}, l_\omega, l_\Omega}}{\partial I}\Bigg|_* \delta I \right) \cos(l_M M + l_{M_s} M_s + l_\omega \omega + l_\Omega \Omega) \tag{8-295}$$

对新的摄动函数(8-295)进行双平均,可得

$$\langle\langle\mathcal{R}\rangle\rangle = \frac{1}{(2\pi)^2}\int_0^{2\pi}\int_0^{2\pi}\mathcal{R}\mathrm{d}M\mathrm{d}M_s \qquad (8-296)$$

新的双平均摄动函数为

$$\langle\langle\mathcal{R}\rangle\rangle = \mathcal{T}_0 + \mathcal{T}_a + \mathcal{T}_e + \mathcal{T}_I \qquad (8-297)$$

其中 $\mathcal{T}_0$ 代表经典的双平均摄动函数,$\mathcal{T}_a$,$\mathcal{T}_e$,$\mathcal{T}_I$ 分别代表半长轴、偏心率以及倾角的修正项。

根据(8-293),很容易获得经典双平均摄动函数

$$\mathcal{T}_0 = \sum_{l_\omega=-N}^{N}\sum_{l_\Omega=-N}^{N}\mathcal{C}^{\mathcal{R}}_{0,0,l_\omega,l_\Omega}\cos(l_\omega\omega + l_\Omega\Omega) \qquad (8-298)$$

将短周期振荡解(8-290)代入(8-295),并对测试粒子和第三体平运动周期进行平均化可得考虑周期效应的修正项为

$$\mathcal{T}_a = -\frac{1}{2}\sum_{l_M=0}^{\infty}\sum_{l_{M_s}=-\infty}^{\infty}\sum_{l_\omega=-N}^{N}\sum_{l_\Omega=-N}^{N}\sum_{l_3=-N}^{N}\sum_{l_4=-N}^{N}\frac{\mathcal{S}^a_{l_M,l_{M_s},l_3,l_4}}{l_M n + l_{M_s} n_s}\frac{\partial\mathcal{C}^{\mathcal{R}}_{l_M,l_{M_s},l_\omega,l_\Omega}}{\partial a}\cos\left[(l_\omega-l_3)\omega + (l_\Omega-l_4)\Omega\right]+$$

$$\frac{1}{2}\sum_{\substack{l_\omega=-\infty\\l_{M_s}\neq 0}}^{\infty}\sum_{l_\omega=-N}^{N}\sum_{l_\Omega=-N}^{N}\sum_{l_3=-N}^{N}\sum_{l_4=-N}^{N}\frac{\mathcal{S}^a_{0,-l_{M_s},l_3,l_4}}{l_{M_s} n_s}\frac{\partial\mathcal{C}^{\mathcal{R}}_{0,l_{M_s},l_\omega,l_\Omega}}{\partial a}\cos\left[(l_\omega+l_3)\omega + (l_\Omega+l_4)\Omega\right]$$

$$(8-299)$$

$$\mathcal{T}_e = -\frac{1}{2}\sum_{l_M=0}^{\infty}\sum_{l_{M_s}=-\infty}^{\infty}\sum_{l_\omega=-N}^{N}\sum_{l_\Omega=-N}^{N}\sum_{l_3=-N}^{N}\sum_{l_4=-N}^{N}\frac{\mathcal{S}^e_{l_M,l_{M_s},l_3,l_4}}{l_M n + l_{M_s} n_s}\frac{\partial\mathcal{C}^{\mathcal{R}}_{l_M,l_{M_s},l_\omega,l_\Omega}}{\partial e}\cos\left[(l_\omega-l_3)\omega + (l_\Omega-l_4)\Omega\right]+$$

$$\frac{1}{2}\sum_{\substack{l_\omega=-\infty\\l_{M_s}\neq 0}}^{\infty}\sum_{l_\omega=-N}^{N}\sum_{l_\Omega=-N}^{N}\sum_{l_3=-N}^{N}\sum_{l_4=-N}^{N}\frac{\mathcal{S}^e_{0,-l_{M_s},l_3,l_4}}{l_{M_s} n_s}\frac{\partial\mathcal{C}^{\mathcal{R}}_{0,l_{M_s},l_\omega,l_\Omega}}{\partial e}\cos\left[(l_\omega+l_3)\omega + (l_\Omega+l_4)\Omega\right]$$

$$(8-300)$$

$$\mathcal{T}_I = -\frac{1}{2}\sum_{l_M=0}^{\infty}\sum_{l_{M_s}=-\infty}^{\infty}\sum_{l_\omega=-N}^{N}\sum_{l_\Omega=-N}^{N}\sum_{l_3=-N}^{N}\sum_{l_4=-N}^{N}\frac{\mathcal{S}^I_{l_M,l_{M_s},l_3,l_4}}{l_M n + l_{M_s} n_s}\frac{\partial\mathcal{C}^{\mathcal{R}}_{l_M,l_{M_s},l_\omega,l_\Omega}}{\partial I}\cos\left[(l_\omega-l_3)\omega + (l_\Omega-l_4)\Omega\right]+$$

$$\frac{1}{2}\sum_{\substack{l_\omega=-\infty\\l_{M_s}\neq 0}}^{\infty}\sum_{l_\omega=-N}^{N}\sum_{l_\Omega=-N}^{N}\sum_{l_3=-N}^{N}\sum_{l_4=-N}^{N}\frac{\mathcal{S}^I_{0,-l_{M_s},l_3,l_4}}{l_{M_s} n_s}\frac{\partial\mathcal{C}^{\mathcal{R}}_{0,l_{M_s},l_\omega,l_\Omega}}{\partial I}\cos\left[(l_\omega+l_3)\omega + (l_\Omega+l_4)\Omega\right]$$

$$(8-301)$$

将考虑短周期修正的双平均摄动函数(8-297)代入拉格朗日行星运动方程可得到高精度长期演化模型。

8.8.3 结果与讨论

将本节构造的高精度长期演化模型应用于木星不规则卫星的动力学演化。木星不规则

卫星 Pasiphae 的轨道根数为

$$a=0.158 \text{ AU}, e=0.409, I=151.4°$$
$$\Omega=313.0°, \omega=170.5°, M=100.0°$$

木星不规则卫星木卫四十六(Carpo)的轨道根数为

$$a=0.114 \text{ AU}, e=0.295, I=54.45°$$
$$\Omega=45.0°, \omega=90.5°, M=0.0°$$

结果如图 8–28(卫星 Pasiphae)和图 8–29(卫星 Carpo)所示。可见,相对于经典的长期演化模型,考虑短周期效应修正的高精度长期演化模型可以非常准确地预测木星不规则卫星的长期动力学演化。

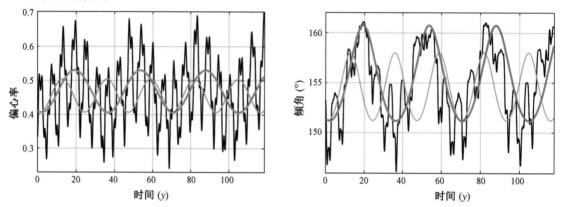

图 8–28 木星不规则卫星 Pasiphae 长期演化。黑色实线为直接 N 体积分,绿色实线为经典双平均模型,红色实线为考虑测试粒子和第三体短周期效应修正的长期演化模型

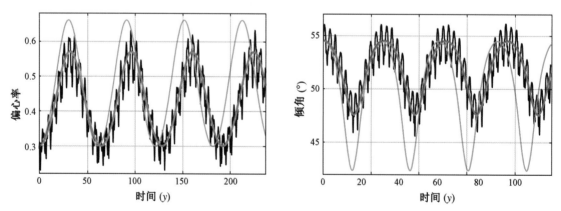

图 8–29 木星不规则卫星 Carpo 的长期演化。黑色实线为直接 N 体积分,绿色实线为经典双平均模型,红色实线为考虑测试粒子和第三体短周期效应修正的长期演化模型

进一步,将高精度长期演化模型应用于 Kozai 动力学的研究。图 8–30 给出了木星不规则卫星的 Kozai 动力学结构以及发生 Kozai 共振的临界倾角与半长轴的关系。我们知道,经典的四极矩模型指出,Kozai 共振发生的临界倾角为 39.2°(第十一章会系统介绍 Kozai 共

振)。然而,在强摄动系统下,考虑短周期效应修正的长期演化模型,Kozai 共振发生的最低倾角不再是固定值。随着半长轴比的增加,发生 Kozai 共振的临界倾角逐渐增大。

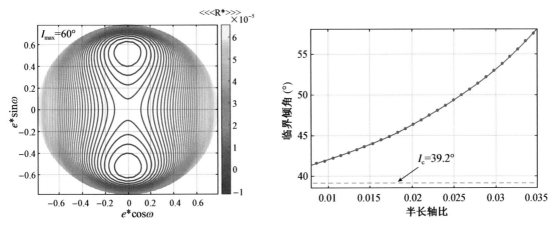

图 8 - 30 Kozai 动力学结构以及发生 Kozai 共振的临界倾角

习 题

1. 证明如下积分表达式

$$A_{p,q} = \frac{1}{2\pi}\int_0^{2\pi}(\sin\theta)^p(\cos\theta)^q\mathrm{d}\theta = \begin{cases} 0, p \text{ 或 } q \text{ 为奇数} \\ \sum_{u=0}^{p/2}C_{p/2}^u C_{q+2u}^{q/2+u}\frac{(-1)^u}{2^{q+2u}}, p \text{ 和 } q \text{ 均为偶数} \end{cases}$$

2. 推导外限制性问题(测试粒子位于摄动天体轨道外侧)的四极矩双平均摄动函数表达式,并与内限制性问题四极矩双平均摄动函数进行对比分析。

3. 请对地球的非球形摄动(主要带谐项 $J_{2,3,4}$)函数进行平均化,建立非球形摄动的长期演化模型。

4. 在地月系下,建立长期演化模型,考虑**月球高轨卫星**的长期动力学演化。注:令月球绕地球做二体运动,月球卫星在地球作为第三体的摄动下绕月心做受摄二体运动,由于地球的强摄动,经典的双平均模型不足以预测月球高轨卫星的长期动力学演化,需要借助本章的方法建立修正的长期动力学模型。

5. 在日-地-月系下(一般三体问题),考虑月球在以太阳为第三体的引力摄动下绕地球做受摄二体运动,请建立合适的模型研究月球的长期动力学演化。注:主要考察长期动力学演化能否复现月球 18.6 年的升交点西退周期以及 8.9 年的拱点进动周期。

参考文献

[1] Harrington R S. Dynamical evolution of triple stars[J]. Astronomical Journal,Vol.

73，p. 190－194 (1968)，1968，73：190－194.

[2] Naoz S. The eccentric Kozai-Lidov effect and its applications[J]. Annual Review of Astronomy and Astrophysics，2016，54：441－489.

[3] Tremaine S，Yavetz T D. Why do Earth satellites stay up？[J]. American Journal of Physics，2014，82(8)：769－777.

[4] 刘彬. 层级式三体系统动力学[D]. 合肥：中国科学技术大学，2016.

[5] Ford E B，Kozinsky B，Rasio F A. Secular evolution of hierarchical triple star systems [J]. The Astrophysical Journal，2000，535(1)：385.

[6] Naoz S，Farr W M，Lithwick Y，et al. Secular dynamics in hierarchical three-body systems[J]. Monthly Notices of the Royal Astronomical Society，2013，431(3)：2155－2171.

[7] Innanen K A，Zheng J Q，Mikkola S，et al. The Kozai mechanism and the stability of planetary orbits in binary star systems[J]. Astronomical Journal v. 113，p. 1915，1997，113：1915.

[8] Naoz S，Farr W M，Lithwick Y，et al. Hot Jupiters from secular planet-planet interactions[J]. Nature，2011，473(7346)：187－189.

[9] Li G，Naoz S，Kocsis B，et al. Eccentricity growth and orbit flip in near-coplanar hierarchical three-body systems[J]. The Astrophysical Journal，2014，785(2)：116.

[10] Lei H，Circi C，Ortore E. Modified double-averaged Hamiltonian in hierarchical triple systems[J]. Monthly Notices of the Royal Astronomical Society，2018，481(4)：4602－4620.

[11] Lei H. A semi-analytical model for secular dynamics of test particles in hierarchical triple systems[J]. Monthly Notices of the Royal Astronomical Society，2019，490 (4)：4756－4769.

[12] Beaugé C，Nesvorny D，Dones L. A high-order analytical model for the secular dynamics of irregular satellites[J]. The Astronomical Journal，2006，131(4)：2299.

第九章

Wisdom 摄动理论及应用

Wisdom 摄动理论是处理基本频率呈现等级式差异的 2 自由度系统的半分析方法,该理论成功建立了木星 3∶1 共振小天体的长期演化模型(Wisdom 演化模型)。基于长期演化模型,Wisdom 提出了大尺度混沌的产生机制。本章首先在 **9.1 节**中介绍柯克伍德(Kirkwood)空隙以及 Wisdom 是如何逐步探究 3∶1 共振空隙的引力形成机制的;**9.2 节**从运动方程的角度介绍 Wisdom 摄动理论;**9.3 节**从哈密顿动力学的角度等价构建 Wisdom 摄动理论;**9.4 节**利用 Wisdom 摄动理论研究海王星轨道外小天体(trans-Neptunian object,TNO)的长期动力学演化。

9.1 Wisdom 摄动理论的背景

太阳系主带小行星指的是位于火星和木星轨道之间的大批小天体[①],轨道半长轴分布在 2~4 AU 之间。然而,人们发现主带小天体的半长轴分布并不均匀(见图 9 − 1)。特别地,在木星的共振位置处存在明显的空隙与聚集现象,例如 3∶1 共振、5∶2 共振、7∶3 共振等位置处明显无小行星分布,然而在 1∶1 共振、3∶2 共振等位置处存在显著聚集。早在 1867 年,天文学家 Kirkwood 首先注意到小行星半长轴的分布与木星轨道共振有关的现象,因此人们把小行星在某些木星共振位置处存在的空隙称为 **Kirkwood 空隙**。对 Kirkwood 空隙形成机制的探索,是 20 世纪 80 年代最重要的天体力学问题,人们试图从不同的角度去解释该空隙的形成原因。总体而言,存在以下四种假说[1]:

1) 统计假说——由于小行星在共振边界处运行缓慢,更容易被观测到,然而位于共振中心处的小行星运动较快,不容易被观测到。因此,有人认为 Kirkwood 空隙是一种统计上的错觉。

2) 碰撞假说——考虑到处于共振的小行星一般具有较大的偏心率,那么处于共振的小行星就更容易发生碰撞并合,因而导致共振区的小行星数量减小。

3) 宇宙学假说——Kirkwood 空隙形成与太阳系行星的形成机制相关。太阳系形成之初,由于大行星(主要是木星)迁移,共振区的星子被清除(resonance sweeping),若没有额外

---

① https://minorplanetcenter.net//

星子的补充,该空隙便被一直保留下来。

4) 引力假说——第三体(尤其是木星)的长期摄动,使得共振区的小天体表现出长期不稳定甚至混沌,因此被大行星移出共振区,形成空隙。基于引力假说,仅在太阳-木星-小行星构成的平面椭圆型限制性三体系统下即可解释 Kirkwood 空隙的形成原因。该假说是目前被普遍接受的柯克伍德空隙形成机制。本章介绍的 Wisdom 摄动理论也是在揭示该机制的过程中发展起来的一种极为重要的摄动处理方法。

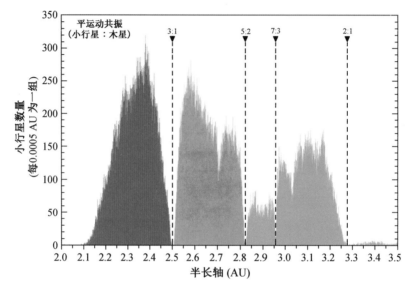

图 9-1   太阳系主带小行星分布中的柯克伍德空隙现象

针对 3:1 空隙的引力形成机制,行星科学家 Wisdom (图 9-2)开展了一系列原创性工作,集中体现在他在 1982 年[2]、1983 年[3]和 1985 年[4]发表的三篇经典文章中。在研究 Kirkwood 空隙的引力形成机制的过程中,Wisdom 开创了影响极为广泛的两个研究方法:1) 映射方法(mapping approach),适合快速轨道演化;2) 摄动处理方法,适用于研究 2 自由度系统的动力学演化以及揭示混沌的产生机制。

首先,Wisdom 于 1982 年提出了一种计算平运动共振小天体长期演化的映射方法,该方法比直接数值积分平均化运动方程要快 1000 倍。有了映射方法,使得研究共振小天体的长期动力学演化成为可能。在此之前,受限于计算机计算效

图 9-2   行星科学家杰克·威兹德姆(Jack Wisdom)

率,一般所能达到的积分时间都很短,因而人们没有观察到木星引力摄动显著激发共振小天体偏心率的现象。

图 9-3 给出的是在平面椭圆型限制性三体系统下(木星轨道偏心率取为当前值 $e_J \sim$ 0.048),基于映射方法获得的 3:1 共振天体轨道偏心率的长期演化:位于近圆轨道的小天体

（初始轨道偏心率＜0.05）在木星引力摄动下，轨道偏心率在 20 万年左右被激发至＞0.3，成为穿越火星轨道的小天体（Mars crosser），因此被火星散射离开共振区域。引力摄动使得轨道偏心率被激发，为 Kirkwood 空隙提供了可能的引力形成机制：来自木星的长期摄动使得 3∶1 共振天体的轨道与火星轨道交会，从而被散射离开共振区域，形成空隙。

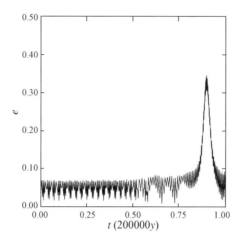

图 9-3　在平面椭圆型限制性三体系统下（木星偏心率取为当前值 0.048），基于映射方法计算
的 3∶1 共振小天体轨道偏心率的长期演化（积分时间为 240000 年）[2]

为了研究 Mars crosser 是否足以形成 Kirkwood 空隙，Wisdom 于 1983 年的文章中在半长轴与偏心率空间随机选取 300 个初值（对应 300 个测试粒子，见图 9-4 左图），利用映射方法演化约 200 万年时间，将 Mars crosser 移除后，存活的测试粒子根数分布如图 9-4（右）。可见，在 3∶1 共振中心附近确实形成了空隙。图 9-5 给出了数值模拟空隙与实际观测小天体分布空隙的对比。

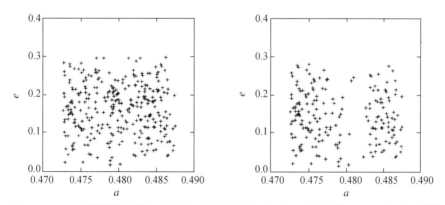

图 9-4　300 个测试粒子的初始偏心率和半长轴分布（左）以及演化 200 万年后存活粒
子的轨道根数分布（右）[2]

虽然引力摄动产生的 Mars crosser 确实可以形成空隙，但是数值模拟形成的空隙非常窄，如图 9-5 所示。从定量角度上看，实际观测到的空隙尺度大概为数值模拟空隙尺度的 2 倍。

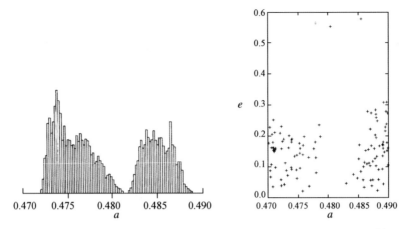

图 9 - 5   数值模拟空隙分布(左)以及实际观测小天体分布的空隙(右)[2]

Wisdom 在 1982 年的文章中对空隙尺度的不一致给出了几种可能的解释[2]：

1）虽然映射方法给出了 200 万年的演化，但是相对太阳系年龄还是太短，更长的演化时间可能会弥补该偏差；

2）平面椭圆型限制性三体系统模型太简单，被忽略的其他效应可能会弥补该偏差，例如倾角效应以及木星自身轨道的长期演化等。

至此，Wisdom 从引力摄动的角度，基于映射方法，成功揭示了 3∶1 共振小天体在木星摄动下，偏心率被激发，与火星轨道交叉从而被火星散射，形成空隙。可是，仍然存在如下关键问题：

1）共振小天体偏心率的激发机制是什么？

2）数值模拟计算的空隙尺度小于实际的空隙，具体原因是什么？

3）映射方法是一个近似方法，有计算速度快的优点，可是映射方法的结果可靠吗？

为了解决上述问题，Wisdom[3] 首先把映射方法的结果与 N 体积分结果进行了对比，如图 9 - 6 所示。实际数值积分结果显示，在长期演化过程中，共振小天体的偏心率确实被激发至大于 0.3（成为 Mars crosser），并且偏心率激发的时间与映射方法得到的结果也基本一致。该对比分析，回答了上述第三个"映射方法的结果是否可靠"的问题。

此外，为了解决上述第一个和第二个问题，Wisdom[3] 提出 3∶1 共振天体的混沌运动，同样会使得共振小天体偏心率被激发。混沌区域分布与实际观测空隙分布如图 9 - 7 所示。Wisdom 指出，混沌区域的外边界与实际空隙大小在误差范围内吻合。至此，从纯引力摄动角度，可以完美解释 3∶1 共振的 Kirkwod 空隙。

这里简要叙述一下目前被广泛接受的 3∶1 Kirkwood 空隙形成机制[3]：位于椭圆轨道的木星引力摄动，使得位于 3∶1 共振的小天体产生混沌运动，小行星的偏心率被激发，最终使其轨道与火星轨道交会，进而被火星散射离开共振区域，最终形成观测到的空隙。

Wisdom 于 1982 年和 1983 年发表的两篇文章，基本解决了 Kirkwood 空隙的引力形成

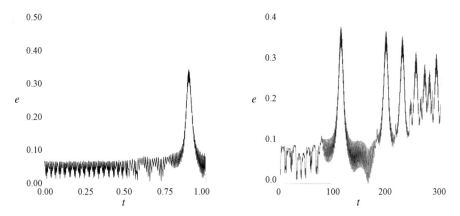

图 9‐6　映射方法的结果(左)和数值积分的结果(右)[3]，右图的 t_{max} 为 200 万年

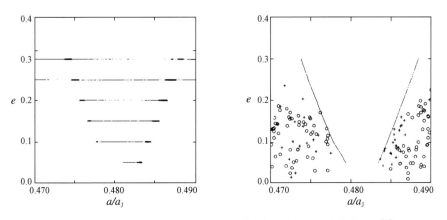

图 9‐7　混沌区域及 Mars crossers 分布(左)与实际空隙分布(右)[3]

机制。但是，在这个过程中，引申出如下动力学问题：

1）3∶1 共振附近存在大面积混沌区域，混沌产生机制是什么？

2）能否预测共振小天体的长期动力学演化？即混沌区域能否被预测？

3）如何预测偏心率激发路径？换句话说，偏心率是如何被激发起来的？

Wisdom 在解决以上动力学问题的过程中，提出了一种应用极为广泛、思想极为深刻的摄动处理方法(称之为 Wisdom 摄动理论)[4]。基于该理论(平均化理论)，可获得长期演化系统(有文献称该系统为 Wisdom 演化方程)，数值积分该系统可得到代表长期演化自由度相空间的主导轨线(guiding trajectory)。根据主导轨线的分布，可以：1）获得整个相空间结构，2）预测偏心率长期演化，3）预测混沌区域，4）了解产生混沌的新机制(即周期性穿过快变量自由度的动力学边界)。

评论：通过 Wisdom 的工作[4]，我们不仅能知其然，更能知其所以然。从 Wisdom1982 年发表的文章[2]到他 1985 年发表的文章[4]，读者也能够领会 Wisdom 是如何提出问题，解决问题，以及不断提出和解决新的问题。认真体会这一过程对开展研究工作很有启发。

9.2 **Wisdom** 摄动理论（运动方程角度）[4]

基本动力学模型为太阳-木星-小行星构成的平面椭圆型限制性三体系统。木星绕太阳做椭圆轨道运动，轨道偏心率为 $e_J = 0.048$，半长轴为 $a_J = 5.2\text{ AU}$。坐标系原点位于日心，坐标系平面与木星轨道面重合，x 轴指向木星轨道近日点。为了研究方便，将单位系统设置如下

$$[M] = m_S + m_J, \quad [L] = 5.2\text{ AU}, \quad [T] = \sqrt{[L]^3 / \mathcal{G}(m_S + m_J)}$$

在该单位系统下，木星平运动、万有引力常数均为单位 1。记木星的无量纲质量为 $\mu = \dfrac{1}{1047.355}$，那么太阳的无量纲质量为 $\mu_1 = 1 - \mu$。

针对 3：1 共振，截断到偏心率二阶项的摄动函数展开为（见第六章）

$$\mathcal{R} = \mu(\mathcal{R}_D + \alpha \mathcal{R}_I) \tag{9-1}$$

其中直接项为

$$\mathcal{R}_D = A_0 + A_1(e^2 + e_J^2) + A_3 e e_J \cos(\bar{\omega} - \bar{\omega}_J) + A_{13} e^2 \cos(3\lambda_J - \lambda - 2\bar{\omega}) +$$
$$A_{23} e e_J \cos(3\lambda_J - \lambda - \bar{\omega}_J - \bar{\omega}) + A_{33} e_J^2 \cos(3\lambda_J - \lambda - 2\bar{\omega}_J) \tag{9-2}$$

间接项为

$$\mathcal{R}_I = -\frac{27}{8} e_J^2 \cos(3\lambda_J - \lambda - 2\bar{\omega}_J) \tag{9-3}$$

摄动函数中的系数是半长轴之比 α 的函数，表达式为

$$A_0 = \frac{1}{2} b_{\frac{1}{2}}^{(0)}(\alpha)$$

$$A_1 = \frac{1}{8}(2\alpha D + \alpha^2 D^2) b_{\frac{1}{2}}^{(0)}(\alpha)$$

$$A_3 = \frac{1}{4}(2 - 2\alpha D - \alpha^2 D^2) b_{\frac{1}{2}}^{(1)}(\alpha)$$

$$A_{13} = \frac{1}{8}(21 + 10\alpha D + \alpha^2 D^2) b_{\frac{1}{2}}^{(3)}(\alpha)$$

$$A_{23} = \frac{1}{4}(-20 - 10\alpha D - \alpha^2 D^2) b_{\frac{1}{2}}^{(2)}(\alpha)$$

$$A_{33} = \frac{1}{8}(17 + 10\alpha D + \alpha^2 D^2) b_{\frac{1}{2}}^{(1)}(\alpha)$$

微分算子 D 定义为

$$D = \frac{\mathrm{d}}{\mathrm{d}\alpha}$$

$b_{1/2}^{(k)}(\alpha)$ 为 Laplace 系数（定义见第六章）。

为了研究方便，引入庞加莱根数

$$\lambda = M + \bar{\omega}, \quad \Lambda = \sqrt{\mu_1 a}$$
$$\lambda_J = M_J + \bar{\omega}_J, \quad \Lambda_J$$
$$g = -\bar{\omega}, \quad \rho = \sqrt{\mu_1 a}\,(1 - \sqrt{1-e^2}) \tag{9-4}$$

于是系统哈密顿函数为

$$\mathcal{H} = -\frac{\mu_1^2}{2\Lambda^2} + n_J \Lambda_J - \mu \mathcal{R}_{\text{sec}} - \mu \mathcal{R}_{\text{res}} \tag{9-5}$$

其中长期项为

$$\mathcal{R}_{\text{sec}} = A_0 + A_1(e^2 + e_J^2) + A_3 e e_J \cos\bar{\omega} \tag{9-6}$$

共振项为

$$\mathcal{R}_{\text{res}} = A_{13} e^2 \cos(3\lambda_J - \lambda - 2\bar{\omega}) + A_{23} e e_J \cos(3\lambda_J - \lambda - \bar{\omega}) + \left(A_{33} - \frac{27}{8}\alpha\right) e_J^2 \cos(3\lambda_J - \lambda) \tag{9-7}$$

引进如下近似

$$\rho = \Lambda(1 - \sqrt{1-e^2}) \approx \frac{1}{2}\Lambda e^2 \Rightarrow e^2 \approx \frac{2\rho}{\Lambda} \tag{9-8}$$

那么长期项变为

$$\mathcal{R}_{\text{sec}} = A_0 + A_1 e_J^2 + A_1 \frac{2\rho}{\Lambda} + \frac{A_3}{\sqrt{\Lambda}} e_J \sqrt{2\rho} \cos g \tag{9-9}$$

摄动函数中的常数项 A_0 和 $A_1 e_J^2$ 可去掉，于是将上式简化为

$$\mathcal{R}_{\text{sec}} = A_1 \frac{2\rho}{\Lambda} + \frac{A_3}{\sqrt{\Lambda}} e_J \sqrt{2\rho} \cos g \tag{9-10}$$

共振项变为

$$\mathcal{R}_{\text{res}} = \frac{2A_{13}}{\Lambda}\rho\cos(3\lambda_J - \lambda + 2g) + \frac{A_{23}}{\sqrt{\Lambda}} e_J \sqrt{2\rho}\cos(3\lambda_J - \lambda + g) + \left(A_{33} - \frac{27}{8}\alpha\right) e_J^2 \cos(3\lambda_J - \lambda) \tag{9-11}$$

为了方便，将长期项和共振项分别简记为

$$\mathcal{R}_{\text{sec}} = -2\rho F(\alpha) - G(\alpha)\sqrt{2\rho} e_J \cos\bar{\omega} \tag{9-12}$$

$$\mathcal{R}_{\text{res}} = 2C(\alpha)\rho\cos(3\lambda_J - \lambda + 2g) + D(\alpha)\sqrt{2\rho} e_J \cos(3\lambda_J - \lambda + g) + E(\alpha) e_J^2 \cos(3\lambda_J - \lambda) \tag{9-13}$$

其中

$$F(\alpha)=-\frac{A_1}{\Lambda}=-\frac{1}{8\Lambda}(2\alpha D+\alpha^2 D^2)b_{\frac{1}{2}}^{(0)}(\alpha)$$

$$G(\alpha)=-\frac{A_3}{\sqrt{\Lambda}}=-\frac{1}{4\sqrt{\Lambda}}(2-2\alpha D-\alpha^2 D^2)b_{\frac{1}{2}}^{(1)}(\alpha)$$

$$C(\alpha)=\frac{A_{13}}{8\Lambda}(21+10\alpha D+\alpha^2 D^2)b_{\frac{1}{2}}^{(3)}(\alpha) \qquad (9-14)$$

$$D(\alpha)=\frac{A_{23}}{\sqrt{\Lambda}}=\frac{1}{4\sqrt{\Lambda}}(-20-10\alpha D-\alpha^2 D^2)b_{\frac{1}{2}}^{(2)}(\alpha)$$

$$E(\alpha)=A_{33}-\frac{27}{8}\alpha$$

进一步,将系数中的半长轴 a 取为 3∶1 共振中心的值(这是一个模型近似,类似单摆近似),即 $a\approx a_0=0.4807498$,那么系数值为

$$F=-0.2050694$$
$$G=0.1987054$$
$$C=0.8631579$$
$$D=-2.656407$$
$$E=0.3629536$$

在以上符号系统下,系统哈密顿函数变为

$$\mathcal{H}=-\frac{\mu_1^2}{2\Lambda^2}+n_J\Lambda_J+\mu(2\rho F+G\sqrt{2\rho}e_J\cos g)-\mu[2C\rho\cos(3\lambda_J-\lambda+2g)+$$

$$D\sqrt{2\rho}e_J\cos(3\lambda_J-\lambda+g)+Ee_J^2\cos(3\lambda_J-\lambda)] \qquad (9-15)$$

做正则变换

$$
\begin{aligned}
\phi&=\lambda-3\lambda_J, & \Phi&=\Lambda \\
\phi_J&=\lambda_J, & \Phi_J&=\Lambda_J+3\Lambda \\
g&=-\bar{\omega}, & &\rho
\end{aligned} \qquad (9-16)
$$

哈密顿函数变为

$$\mathcal{H}=-\frac{\mu_1^2}{2\Phi^2}+n_J(\Phi_J-3\Phi)+\mu(F2\rho+e_J G\sqrt{2\rho}\cos g)-$$

$$\mu[2C\rho\cos(\phi-2g)+e_J D\sqrt{2\rho}\cos(\phi-g)+e_J^2 E\cos\phi] \qquad (9-17)$$

可见,角坐标 ϕ_J 为哈密顿函数的循环变量,因此对应动量 $\Phi_J=\Lambda_J+3\Lambda$ 为系统的运动积分。在本节设定的单位系统下,木星的平运动为 $n_J=1$。去掉(9-17)中的常数项,可得哈密顿函数为

$$\mathcal{H}=-\frac{\mu_1^2}{2\Phi^2}-3\Phi+2\mu F\rho+\mu e_J G\sqrt{2\rho}\cos g-2\mu C\rho\cos(\phi-2g)-$$

$$\mu e_J D\sqrt{2\rho}\cos(\phi-g)-\mu e_J^2 E\cos\phi \qquad (9-18)$$

引入直角坐标形式的广义坐标和动量

$$x = \sqrt{2\rho}\sin g, \quad X = \sqrt{2\rho}\cos g \tag{9-19}$$

哈密顿函数变为

$$\mathcal{H} = -\frac{\mu_1^2}{2\Phi^2} - 3\Phi + \mu F(X^2 + x^2) + \mu G e_\mathrm{J} X - \mu\{[C(X^2 - x^2) +$$
$$D e_\mathrm{J} X + e_\mathrm{J}^2 E]\cos\phi + (2CxX + D e_\mathrm{J} x)\sin\phi\} \tag{9-20}$$

哈密顿正则方程给出系统的运动方程

$$\dot{\phi} = \frac{\partial \mathcal{H}}{\partial \Phi}, \qquad \dot{\Phi} = -\frac{\partial \mathcal{H}}{\partial \phi}$$
$$\dot{x} = \frac{\partial \mathcal{H}}{\partial X}, \qquad \dot{X} = -\frac{\partial \mathcal{H}}{\partial x} \tag{9-21}$$

将哈密顿函数(9-20)中的三角函数进行合并可得

$$\mathcal{H} = -\frac{\mu_1^2}{2\Phi^2} - 3\Phi + \mu F(X^2 + x^2) + \mu G e_\mathrm{J} X - \mu A(x,X)\cos[\phi - P(x,X)] \tag{9-22}$$

其中

$$A(x,X) = \sqrt{[C(X^2 - x^2) + D e_\mathrm{J} X + E e_\mathrm{J}^2]^2 + (2CxX + e_\mathrm{J} Dx)^2}$$
$$\tan P(x,X) = \frac{2CxX + D e_\mathrm{J} x}{C(X^2 - x^2) + D e_\mathrm{J} X + E e_\mathrm{J}^2} \tag{9-23}$$

这是一个 2 自由度系统,其中 (ϕ, Φ) 代表平运动共振自由度(时标为数千年),(x, X) 对应长期演化自由度(时标为数百万年)。

考虑到时标的等级式差异,在平运动共振时标内,长期演化变量 (x, X) 变化很小,可近似为参数。进一步引入变换

$$\sigma = \phi - P(x,X) - \pi, \quad \Sigma = \Phi - \Phi_\mathrm{res} \tag{9-24}$$

Φ_res 为平运动共振中心处的作用量值。因此,略去常数项,可得描述平运动共振的哈密顿函数为(请注意这是在平运动共振时标内)

$$\mathcal{H} = -\frac{\mu_1^2}{2\Phi^2} - 3\Phi + \mu A(x,X)\cos\sigma \tag{9-25}$$

类似单摆模型的推导(将核函数部分在共振中心处展开)

$$\mathcal{H} = \frac{1}{2}\alpha\Sigma^2 + \mu A\cos\sigma \tag{9-26}$$

其中 $\alpha = -3\dfrac{\mu_1^2}{\Phi_\mathrm{res}^4} = -12.98851$。

下面讨论在平运动共振时标内的单摆模型

$$\mathcal{H} = \frac{1}{2}\alpha\Sigma^2 + \mu A(x, X)\cos\sigma \tag{9-27}$$

其中的系数是缓慢变化的,变化时标远大于平运动共振时标,于是可将 $A(x, X)$ 当成参数。单摆模型的相图如图 9-8 所示。

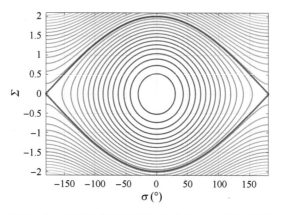

图 9-8 平运动共振相图(红色实线为动力学边界)

对于平运动共振的单摆模型,可引入阿诺作用量(Arnold's action)(相轨线包围的面积除以 2π)

$$I \equiv \frac{1}{2\pi}\oint\Sigma\mathrm{d}\sigma \tag{9-28}$$

对于共振轨线有

$$I \equiv \frac{8}{\pi}\left|\frac{\mu A}{\alpha}\right|^{1/2}\left[E(k_L) - (1 - k_L{}^2)K(k_L)\right] \tag{9-29}$$

对于循环轨线有

$$I \equiv \frac{4}{\pi}\left|\frac{\mu A}{\alpha}\right|^{1/2}\frac{E(k_C)}{k_C} \tag{9-30}$$

其中 $E(k)$ 为第二类完全椭圆积分, $k_L = \sqrt{\dfrac{\mu+1}{2\mu}}$, $k_C = \sqrt{\dfrac{2\mu}{\mu+1}}$。

同时考虑长期演化和平运动共振,2 自由度系统的运动方程为

$$\frac{\mathrm{d}X}{\mathrm{d}t} = -2\mu Fx - \mu\frac{\partial A}{\partial x}\cos\sigma - \mu A\frac{\partial P}{\partial x}\sin\sigma$$
$$\frac{\mathrm{d}x}{\mathrm{d}t} = 2\mu FX + e_\mathrm{J}\mu G + \mu\frac{\partial A}{\partial X}\cos\sigma + \mu A\frac{\partial P}{\partial X}\sin\sigma \tag{9-31}$$

以及

$$\frac{\mathrm{d}\sigma}{\mathrm{d}t} = \alpha\Sigma - \frac{\partial P}{\partial X}\frac{\mathrm{d}X}{\mathrm{d}t} - \frac{\partial P}{\partial x}\frac{\mathrm{d}x}{\mathrm{d}t}$$
$$\frac{\mathrm{d}\Sigma}{\mathrm{d}t} = \mu A\sin\sigma \tag{9-32}$$

其中(9-31)代表长期自由度的演化(长时标),(9-32)代表平运动共振自由度的演化(短时标)。因此,根据平根数理论,将变量(X,x)表示为长期部分和周期部分求和

$$X = \bar{X} + \delta X, \quad x = \bar{x} + \delta x \tag{9-33}$$

长期部分的演化取决于运动方程的长期分量。因此,短周期分量可平均化掉。在对短周期变量进行平均化时,令长期变量为常数,此时,短周期变量相空间轨线可用单摆近似。将代表长期演化的运动方程(9-31)在平运动共振周期内平均化,可得

$$\begin{cases} \dfrac{\mathrm{d}\bar{X}}{\mathrm{d}t} = -2\mu F\bar{x} - \mu\dfrac{\partial A(\bar{x},\bar{X})}{\partial \bar{x}}\langle\cos\sigma\rangle - \mu A\dfrac{\partial P(\bar{x},\bar{X})}{\partial \bar{x}}\langle\sin\sigma\rangle \\ \dfrac{\mathrm{d}\bar{x}}{\mathrm{d}t} = 2\mu F\bar{X} + e_{\mathrm{J}}\mu G + \mu\dfrac{\partial A(\bar{x},\bar{X})}{\partial X}\langle\cos\sigma\rangle + \mu A\dfrac{\partial P(\bar{x},\bar{X})}{\partial X}\langle\sin\sigma\rangle \end{cases} \tag{9-34}$$

其中

$$\text{共振轨线} \Rightarrow \begin{cases} \langle\cos\sigma\rangle = \dfrac{1}{T}\displaystyle\int_0^T \cos\sigma\mathrm{d}\sigma = \dfrac{2E(k_{\mathrm{L}})}{K(k_{\mathrm{L}})} - 1 \\ \langle\sin\sigma\rangle = \dfrac{1}{T}\displaystyle\int_0^T \sin\sigma\mathrm{d}\sigma = 0 \end{cases}$$

以及

$$\text{循环轨线} \Rightarrow \begin{cases} \langle\cos\sigma\rangle = \dfrac{1}{T}\displaystyle\int_0^T \cos\sigma\mathrm{d}\sigma = \dfrac{2E(k_{\mathrm{C}})}{k_{\mathrm{C}}^2 K(k_{\mathrm{C}})} + 1 - \dfrac{2}{k_{\mathrm{C}}^2} \\ \langle\sin\sigma\rangle = \dfrac{1}{T}\displaystyle\int_0^T \sin\sigma\mathrm{d}\sigma = 0 \end{cases}$$

其中 $K(k)$ 为第一类完全椭圆积分。那么长期演化方程(Wisdom 系统)为

$$\begin{cases} \dfrac{\mathrm{d}\bar{X}}{\mathrm{d}t} = -2\mu F\bar{x} - \mu\dfrac{\partial A}{\partial \bar{x}}\langle\cos\sigma\rangle \\ \dfrac{\mathrm{d}\bar{x}}{\mathrm{d}t} = 2\mu F\bar{X} + e_{\mathrm{J}}\mu G + \mu\dfrac{\partial A}{\partial X}\langle\cos\sigma\rangle \end{cases} \tag{9-35}$$

积分该长期演化方程,可得$(\bar{X},\bar{x})$空间的主导轨线(guiding trajectories)。

下面我们对 Wisdom 长期演化模型(9-35)进行简要讨论:

1) Wisdom 摄动处理方法针对的是 2 自由度系统,并且两个自由度之间存在等级式时标(或频率)差异,即可分离为快自由度(fast degree of freedom)和慢自由度(slow degree of freedom)空间。

2) 在研究快变量自由度的演化时,将慢变量自由度的变量作为参数处理,此时快变量对应的系统为近似可积的 1 自由度系统。在该近似下,快变量自由度相空间轨线可由相图来表示,相空间的轨线都为周期轨道(无论共振还是循环)。

3) 根据阿诺-刘维尔(Arnold-Liouville)定理,快变量自由度子空间存在阿诺(Arnold)作用量,对应相空间轨线包围的面积(除以 2π)。该作用量是快变量自由度的运动积分。

4) 在考虑慢变量自由度演化时（长期演化），对运动方程在快变量自由度的一个周期内进行平均化。该平均化与摄动理论中的平均化是一样的，是最低阶的摄动处理。通过平均化，相当于将快变量角坐标消除掉，引入运动积分，降低系统自由度数目。注意：这里通过平均化引入的运动积分，即为快变量自由度近似可积系统的 Arnold 作用量。

5) 通过 4) 的讨论，我们可得知，在长期演化中，存在运动积分——快变量自由度系统的 Arnold 作用量。因此，我们把该 Arnold 作用量称为长期演化中的绝热不变量（adiabatic invariant）。

6) Wisdom 长期演化系统中存在哈密顿函数和绝热不变量两个守恒量。因此，原 2 自由度系统近似为一个可积系统。

将长期演化与短期演化分开处理的思路，给我们描绘了一个非常直观的物理图像：长期演化决定了系统的主要演化趋势（大起大落），而短周期演化则对应局部振荡。从某一个较短的时标来看（长期演化参数固定为常数），可以将短期演化系统看成是此时对原 2 自由度系统拍摄的一张瞬时照片。**该照片可以描述此时的短期演化轨迹（都是周期轨线），是可积系统，存在运动积分——Arnold 作用量**。然而，在长期演化过程中，该运动积分表现为系统的绝热不变量，即系统的近似运动积分。因此，长期演化自由度和短期演化自由度的关系可描述为：长期演化决定系统演化的主要趋势，而短期演化提供的绝热不变量又会作为约束条件，决定长期演化的具体走向（实为两个自由度相互影响）。此描述为两个自由度之间如何相互影响提供了一种理解途径（注：需满足两个自由度的时标存在等级式差异）。

Wisdom(1985) 通过数值积分长期演化模型 $(9-35)$，获得相空间 $(\bar{x}, \bar{X})$ 中的演化轨迹，该轨线被称为主导轨线（guiding trajectory）。图 $9-9$ 左图给出的是某一个给定哈密顿量对应的主导轨线分布。根据之前的分析，长期演化中存在绝热不变量，因此该主导轨线分布图可等价理解为给定哈密顿量下，绝热不变量在相空间的等值线（即相图）。图中黑色实线以及阴影区域对应快变量自由度系统的动力学边界所在的位置，Wisdom 称该区域为不确定区域（uncertainty zone）或敏感区域[4]。图 $9-9$ 右图是在相同哈密顿情况下，计算得到的庞加莱截面。从庞加莱截面可识别出如下动力学性质：1) 不动点，即共振岛的中心，对应稳定周期轨道；2) 不变曲线（KAM 环线），即共振岛中的光滑曲线，对应拟周期轨道；3) 混沌区域，呈现二维散点分布，受限于不变环面，也称为有界混沌。

通过对比图 $9-9$ 的左图和右图，可见，对于规则运动，左图的主导轨线与庞加莱截面完全吻合。右图给出的庞加莱截面存在大面积的混沌区域。通过分析左图，我们可以看到混沌区域的主导轨线周期性地穿过不确定区域。这指明了大面积混沌区域的产生机制：长期演化的轨线周期性地穿过快变量自由度的动力学边界。因此，我们完全可以通过主导轨线的分布，获得如下结论：

1) 揭示偏心率激发路径：根据主导轨线的分布预测共振天体的长期演化路径。

2) 判断轨道是否为混沌运动：长期演化轨线是否周期性穿过平运动共振的动力学边界。

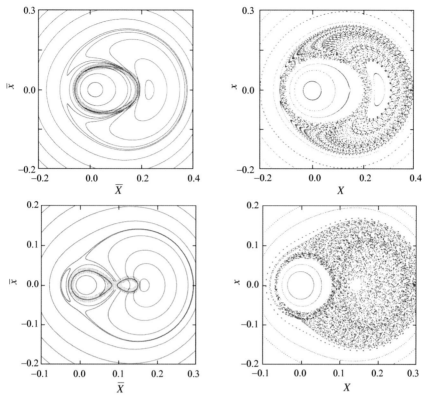

图 9-9　长期演化模型中的主导轨线(左)以及相应的庞加莱截面(右图)。左图中阴影区域为不确定性区
　　　　域。左图的横坐标和纵坐标分别为 $\bar{X}$ 和 $\bar{x}$("平"根数),右列图的横坐标和纵坐标分别为 X 和 x
　　　　("瞬"根数)[4]

9.3　Wisdom 摄动理论(哈密顿动力学角度)

　　Wisdom 从运动方程的角度进行平均化处理,获得长期演化模型(Wisdom 长期演化系统)[4]。本节我们从 Hamiltonian 动力学角度等价描述 Wisdom 摄动理论。对于 2 自由度系统,哈密顿函数 $\mathcal{H}$ 为守恒量。根据 Arnold-Liouville 定理,如果还能找到一个运动积分,该 2 自由度系统可积。因此,从哈密顿动力学角度描述 Wisdom 摄动理论的主要任务是寻找除哈密顿函数外的另一守恒量。

　　某 2 自由度系统哈密顿函数如下

$$\mathcal{H}=\mathcal{H}_0(I_1,I_2)+\varepsilon\mathcal{H}_1(I_1,I_2,\theta_1,\theta_2) \tag{9-36}$$

若两个自由度时标(或频率)存在等级式差异,即

$$\dot{\theta}_1=\frac{\partial\mathcal{H}_0(I_1,I_2)}{\partial I_1}\ll\dot{\theta}_2=\frac{\partial\mathcal{H}_0(I_1,I_2)}{\partial I_2} \tag{9-37}$$

上一节介绍的 3：1 共振天体的动力学模型能很好地满足该条件。于是将哈密顿系统划分为慢变自由度

$$(\theta_1, I_1) \tag{9-38}$$

和快变自由度

$$(\theta_2, I_2) \tag{9-39}$$

同 Wisdom 的方法[4]，在快变自由度的短周期时标内，令慢变自由度的变量为常数。此时哈密顿函数

$$\mathcal{H}(I_1, \theta_1; I_2, \theta_2) \tag{9-40}$$

可近似描述快变自由度的可积哈密顿模型。对快变自由度的可积哈密顿模型，引入如下正则变换

$$\varphi = \frac{2\pi}{T}t, \ J = \frac{1}{2\pi}\oint I_2 d\theta_2 \tag{9-41}$$

其中 J 为 Arnold 作用量。生成函数为

$$S = \int I_2 d\theta_2 \tag{9-42}$$

通过正则变换(9-41)，哈密顿函数变为

$$\mathcal{H}(I_1, \theta_1; J) \tag{9-43}$$

可见，角坐标 φ 为循环坐标，因此对应动量 J 即为系统的运动积分。这表明，在长期演化中，作用量 J 是一个运动积分(即所谓的绝热不变量)。因此，慢变自由度同样是一个 1 自由度哈密顿系统

$$\mathcal{H}(J; I_1, \theta_1) \tag{9-44}$$

系统存在守恒量——哈密顿函数，因此该系统同样为完全可积系统，解为相空间哈密顿函数的等值线。

综上，从哈密顿动力学角度，Wisdom 摄动理论可描述为：针对时标存在等级式差异的 2 自由度哈密顿模型，系统存在哈密顿函数以及绝热不变量(快变量自由度的瞬时 Arnold 作用量)两个守恒量，该系统近似可积。

两个守恒量如下

$$\mathcal{H}(I_1, \theta_1; I_2, \theta_2) \text{ 以及 } J(I_1, \theta_1) = \frac{1}{2\pi}\oint I_2 d\theta_2 \tag{9-45}$$

因此，我们可以构造如下两种相图(相空间结构)：

1) 给定哈密顿量 $\mathcal{H}(I_1, \theta_1; I_2, \theta_2) = C_0$，在慢自由度空间 (I_1, θ_1) 绘制绝热不变量 $J(I_1, \theta_1)$ 的等值线。这相当于 Wisdom 于 1985 年发表文章[4]中的主导轨线(给定哈密顿值，

积分长期演化方程得到的轨线)。

2) 给定运动积分 $J(I_1, \theta_1)$,在慢自由度空间 (I_1, θ_1) 绘制哈密顿函数的等值线。这是传统的相图形式(哈密顿量等值线)。

此外,我们还可以绘制快变自由度系统的动力学边界(dynamical separatrix)在慢变自由度空间 (I_1, θ_1) 的分布。该动力学边界为临界线(即为 Wisdom 理论中的不确定区域),临界线附近的运动是混沌的。根据 Wisdom 理论,若长期演化轨线周期性地穿过临界线,会产生混沌。

下面我们简要对比一下从运动方程角度和从哈密顿动力学角度的 Wisdom 摄动理论。

首先,运动方程角度的 Wisdom 摄动理论,是对慢变量自由度运动方程进行平均化

$$\dot{\bar{\theta}}_1 = \left\langle \frac{\partial \mathcal{H}(\bar{I}_1, \bar{\theta}_1; I_2, \theta_2)}{\partial \bar{I}_1} \right\rangle_{T_2}, \quad \dot{\bar{I}}_1 = \left\langle -\frac{\partial \mathcal{H}(\bar{I}_1, \bar{\theta}_1; I_2, \theta_2)}{\partial \bar{\theta}_1} \right\rangle_{T_2} \tag{9-46}$$

这里 T_2 为快变量自由度的周期。相当于对哈密顿函数进行平均化处理

$$\bar{\mathcal{H}}(I_1, \theta_1; J) = \frac{1}{T_2} \int_0^{T_2} \mathcal{H}(I_1, \theta_1; I_2, \theta_2) \mathrm{d}t_2 = \frac{1}{T_2} \oint \mathcal{H}(I_1, \theta_1; I_2, \theta_2) \frac{1}{\dot{\theta}_2} \mathrm{d}\theta_2 \tag{9-47}$$

通过平均化得到运动积分 J。长期演化方程(9-46)变为

$$\dot{\bar{\theta}}_1 = \frac{\partial \bar{\mathcal{H}}(\bar{I}_1, \bar{\theta}_1; J)}{\partial \bar{I}_1}, \quad \dot{\bar{I}}_1 = -\frac{\partial \bar{\mathcal{H}}(\bar{I}_1, \bar{\theta}_1; J)}{\partial \bar{\theta}_1} \tag{9-48}$$

其次,哈密顿力学角度的 Wisdom 摄动理论,直接给出两个守恒量:第一个守恒量即为原系统的哈密顿函数

$$\mathcal{H}(I_1, \theta_1; I_2, \theta_2) \tag{9-49}$$

第二个守恒量为慢变自由度的 Arnold 作用量(绝热不变量)

$$J(I_1, \theta_1) = \frac{1}{2\pi} \oint I_2 \mathrm{d}\theta_2 = \frac{1}{2\pi} \oint I_2 \dot{\theta}_2 \mathrm{d}t = \frac{1}{2\pi} \oint I_2 \frac{\partial \mathcal{H}(I_1, \theta_1; I_2, \theta_2)}{\partial I_2} \mathrm{d}t \tag{9-50}$$

可见,基于运动方程和基于哈密顿的 Wisdom 摄动理论是完全等价的。但是,在实际问题中,基于哈密顿的 Wisdom 摄动理论要简单很多。

至此,一个直观理解:从哈密顿动力学的角度来看,几乎所有的分析方法都可以归结为寻找或构造高精度运动积分的问题。事实上,我们在第五章介绍的各种摄动方法,无一例外都是试图建立高精度运动积分的方法。

在结束本节之前,请读者思考如下问题:

1) Wisdom 摄动理论适用于哪些系统?

2) Wisdom 摄动理论的核心思想是什么?

3) 平均化的目的是什么?

4) 如何寻找更精确的守恒量或运动积分?

9.4　共振海外小天体的长期动力学[5]

海外小天体(trans-Neptunian objects，TNO)的轨道根数分布见图 9-10。可见，TNO 的轨道根数分布在海王星平运动共振位置处呈现不同程度的聚集。本节以与海王星构成平运动共振的海外小天体(柯伊伯带小天体)为研究目标，探索它们的长期动力学演化。主要回答如下问题：

　　1) 是什么机制在确保平运动共振天体的长期稳定性？

　　2) 共振 TNO 天体长期演化的动力学结构如何？

　　3) 长期演化轨道是否为混沌轨道？

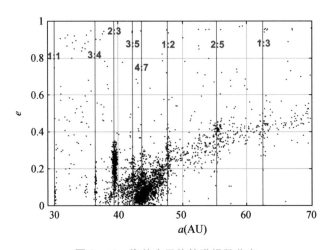

图 9-10　海外小天体轨道根数分布

9.4.1　动力学模型

本节给出描述共振 TNO 的三个动力学模型。首先给定单位系统：以太阳和海王星的质量之和为质量单位，以太阳和海王星之间的平均距离为长度单位，以海王星轨道周期除以 2π 为时间单位

$$\begin{aligned}
[L] &= a_8 = 30.2547179468791\ \text{AU} \\
[m] &= m_0 + m_8 = 332965.192259572\ m_{\text{E}} \\
[T] &= \sqrt{\frac{L^3}{\mathcal{G}(m_0 + m_8)}} = 26.503478239\ \text{yr}
\end{aligned} \tag{9-51}$$

第一个动力学模型——外太阳系(outer solar system, OSS)模型(模型Ⅰ)：将类地行星质量集中于太阳(研究海外天体的常规处理方法，主要为了增大积分步长)，将 TNO 近似为测试粒子，考虑木星、土星、天王星、海王星之间的相互引力作用。在日心不变平面坐标系下，

TNO 的位置矢量记为 $\boldsymbol{r}$，大行星的位置矢量记为 $\boldsymbol{r}_i(i=5,6,7,8)$，那么系统运动方程如下

$$\ddot{\boldsymbol{r}} = -\mu_0\frac{\boldsymbol{r}}{r^3} - \sum_{i=5}^{8}\mu_i\frac{\boldsymbol{r}-\boldsymbol{r}_i}{|\boldsymbol{r}-\boldsymbol{r}_i|^3} - \sum_{i=5}^{8}\mu_i\frac{\boldsymbol{r}_i}{r_i^3} \tag{9-52}$$

$$\ddot{\boldsymbol{r}}_j = -(\mu_0+\mu_j)\frac{\boldsymbol{r}_j}{r_j^3} - \sum_{i=5,i\neq j}^{8}\mu_i\frac{\boldsymbol{r}_j-\boldsymbol{r}_i}{|\boldsymbol{r}_j-\boldsymbol{r}_i|^3} - \sum_{i=5,i\neq j}^{8}\mu_i\frac{\boldsymbol{r}_i}{r_i^3}$$

总共有 30 个一阶微分方程。由于 OSS 模型较为精确，后面我们以 OSS 模型下的积分结果为参考。

其次，我们引入第二个动力学模型——简化外太阳系模型(模型 Ⅱ)：将类地行星的质量集中于太阳，木星、土星、天王星以及海王星位于系统不变平面且围绕日心作圆轨道运动，TNO 在大行星引力摄动下围绕太阳作受摄二体运动。系统哈密顿函数为

$$\mathcal{H} = -\frac{\mu_0}{2a} + \sum_{i=5}^{8}n_i\Lambda_i - \sum_{i=5}^{8}\mu_i\left(\frac{1}{|\boldsymbol{r}-\boldsymbol{r}_i|} - \frac{\boldsymbol{r}\cdot\boldsymbol{r}_i}{|\boldsymbol{r}_i|^3}\right) \tag{9-53}$$

其中 a 为海王星外天体的轨道半长轴，$n_i(i=5,6,7,8)$ 为大行星的平运动，Λ_i 为大行星平经度角 λ_i 的共轭动量。在日心不变平面坐标系下，TNO 的位置矢量表示为

$$\boldsymbol{r} = \frac{a(1-e^2)}{1+e\cos f}\begin{Bmatrix}\cos(f+\omega)\cos\Omega-\sin(f+\omega)\sin\Omega\cos I\\\cos(f+\omega)\sin\Omega+\sin(f+\omega)\cos\Omega\cos I\\\sin(f+\omega)\sin I\end{Bmatrix} \tag{9-54}$$

大行星的位置矢量为

$$\boldsymbol{r}_i = a_i\begin{bmatrix}\cos\lambda_i\\\sin\lambda_i\\0\end{bmatrix} \tag{9-55}$$

其中 a_i 为大行星的轨道半长轴，以及平经度为 $\lambda_i=n_it+\lambda_{i,0}$。忽略大行星(木星、土星、天王星)的轨道进动，平经度角频率 $n_i=\dot{\lambda}_i$ 由二体关系近似计算

$$n_i = \sqrt{\frac{\mu_0+\mu_i}{a_i^3}}, i=5,6,7 \tag{9-56}$$

对于 $n_8\equiv\dot{\lambda}_8$(即海王星的平经度角频率)，不能直接采用(9-56)计算，主要基于如下两点考虑：1) 海王星的轨道受木星、土星、天王星的摄动较大，若忽略拱点进动速率必然带来较大误差；2) 海王星的 $n_8\equiv\dot{\lambda}_8$ 对于确定海王星平运动共振中心的标称位置非常重要，因此 n_8 应尽可能接近真实的海王星平经度角频率。

为了获得较为精确的海王星平经度角速率 n_8，我们在模型 Ⅰ(OSS 模型)中同时积分海王星和各大行星的轨道至百万年量级，然后将海王星的平经度 $\lambda_8(t)$ 对时间作线性拟合，拟合得到的斜率即为较真实的平经度角速率 n_8。计算得到的值为 $n_8=1.010003773364921$。表 9-1 给出了简化 OSS 模型的必要系统参数。

表 9-1　简化 OSS 模型的系统参数①

参数	数值(无量纲)
μ_0	$9.9994848907 \times 10^{-1}$
μ_5	$9.5473704974 \times 10^{-4}$
μ_6	$2.8586954577 \times 10^{-4}$
μ_7	$4.3659930385 \times 10^{-5}$
μ_8	$1-\mu_0$
a_5	0.1719958504
a_6	0.3166741379
a_7	0.6348965587
a_8	1.0
n_5	14.0255238445
n_6	5.6121851325
n_7	1.9767139883
n_8	1.0100037734

下面从哈密顿动力学角度建立简化的 OSS 模型(模型Ⅱ)。引入 Delaunay 变量

$$\begin{aligned}
&\Lambda = L = \sqrt{\mu_0 a}, &&\lambda = l+g+h = M+\bar{\omega}\\
&P = L - G = \sqrt{\mu_0 a}(1-\sqrt{1-e^2}), &&p = -(g+h) = -\bar{\omega}\\
&Q = G - H = \sqrt{\mu_0 a(1-e^2)}(1-\cos i), &&q = -h = -\Omega\\
&\Lambda_i, &&\lambda_i \quad i = 5,6,7,8
\end{aligned} \tag{9-57}$$

其中下标 $i=5,6,7,8$ 分别代表木星、土星、天王星和海王星的根数,无任何下标的变量代表海王星外天体的根数。基于 Delaunay 变量,哈密顿函数(9-53)变为

$$\mathcal{H} = -\frac{\mu_0^2}{2\Lambda^2} + \sum_{i=5}^8 n_i\Lambda_i - \sum_{i=5}^8 \mathcal{R}_i \tag{9-58}$$

其中 $\mathcal{R}_i(i=5,6,7,8)$ 为第三体摄动函数

$$\mathcal{R}_i = \mu_i\left(\frac{1}{|\boldsymbol{r}-\boldsymbol{r}_i|} - \frac{\boldsymbol{r}\cdot\boldsymbol{r}_i}{|\boldsymbol{r}_i|^3}\right) \tag{9-59}$$

第六章已经系统讨论过第三体摄动函数的展开。哈密顿函数(9-58)确定了模型Ⅱ的运动方程。

————————————————

① 注:关于海王星平经度角速度,文献[6]中采纳的值为 $n_8=1.0$,文献[7]采纳的值为 $n_8=1.0098364917$(这个值与我们计算的值比较接近)。

接下来介绍第三个动力学模型——共振长期动力学模型(模型Ⅲ)。当 TNO 天体与海王星处于 $k_p : k$ 的平运动共振时,共振角定义为

$$\sigma = k\lambda - k_p\lambda_8 + (k_p - k)\bar{\omega} \tag{9-60}$$

为了研究共振动力学,需要对 Delaunay 变量作如下正则变换

$$\Sigma = \frac{1}{k}\Lambda, \qquad\qquad \sigma = k\lambda - k_p\lambda_8 - (k_p - k)p$$

$$U = -P - \frac{k_p - k}{k}\Lambda, \qquad u = q - p$$

$$V = -P - Q - \frac{k_p - k}{k}\Lambda, \qquad v = -q \tag{9-61}$$

$$W = \Lambda_8 + \frac{k_p}{k}\Lambda, \qquad\qquad w = \lambda_8$$

生成函数为

$$S = k\lambda\Sigma - p(U + k_p\Sigma - k\Sigma) + q(U - V) + \lambda_8(W - k_p\Sigma) \tag{9-62}$$

用根数表示为

$$\Sigma = \frac{1}{k}\sqrt{\mu_0 a}, \qquad\qquad \sigma = k\lambda - k_p\lambda_8 + (k_p - k)\bar{\omega}$$

$$U = \sqrt{\mu_0 a}\left(\sqrt{1-e^2} - \frac{k_p}{k}\right), \qquad u = \omega$$

$$V = \sqrt{\mu_0 a}\left(\sqrt{1-e^2}\cos I - \frac{k_p}{k}\right), \qquad v = \Omega \tag{9-63}$$

$$W = \Lambda_8 + \frac{k_p}{k}\sqrt{\mu_0 a}, \qquad\qquad w = \lambda_8$$

哈密顿函数变为

$$\mathcal{H} = -\frac{\mu_0^2}{2(k\Sigma)^2} - n_8 k_p\Sigma - \sum_{i=5}^{7}\mathcal{R}_i(\lambda, p, q, \lambda_i, \Lambda, P, Q, \Lambda_i) - \mathcal{R}_8(\sigma, u, v, w, \Sigma, U, V, W)$$

$$\tag{9-64}$$

当 TNO 与海王星构成平运动共振时,σ 为长周期角度量,$w = \lambda_8$ 为短周期角变量,因此可对 $\mathcal{R}_8$ 进行平均化处理

$$\mathcal{R}_8^* = \frac{1}{2k\pi}\int_0^{2k\pi}\mu_8\left(\frac{1}{|\boldsymbol{r} - \boldsymbol{r}_8|} - \frac{\boldsymbol{r} \cdot \boldsymbol{r}_8}{|\boldsymbol{r}_8|^3}\right)\mathrm{d}\lambda_8 \tag{9-65}$$

对于木星、土星和天王星对应的第三体摄动函数 $\mathcal{R}_i(i=5,6,7)$,其中 λ 和 λ_i 均为短周期角坐标,因此需要对其进行双平均

$$\mathcal{R}_i^* = \frac{1}{4\pi^2}\int_0^{2\pi}\int_0^{2\pi}\mu_i\left(\frac{1}{|\boldsymbol{r} - \boldsymbol{r}_i|} - \frac{\boldsymbol{r} \cdot \boldsymbol{r}_i}{|\boldsymbol{r}_i|^3}\right)\mathrm{d}\lambda\mathrm{d}\lambda_i, i = 5,6,7 \tag{9-66}$$

对(9-66)做 Legendre 多项式展开(截断到八极矩,见第六章)再平均化可得分析表达式[6]

$$\mathcal{R}_i^* = \frac{\mu_i}{a} + \frac{1}{8}\frac{\mu_i}{a}\left(\frac{a_i}{a}\right)^2 \frac{1}{(1-e^2)^{3/2}}(3\cos^2 I - 1) + \frac{9}{1024}\frac{\mu_i}{a}\left(\frac{a_i}{a}\right)^4 \frac{1}{(1-e^2)^{7/2}}F(e, I, \omega)$$

$$(9-67)$$

其中

$$F(e, I, \omega) = (3 - 30\cos^2 I + 35\cos^4 I)(2 + 3e^2) + 10(7\cos^2 I - 1)e^2\sin^2 I\cos 2\omega \quad (9-68)$$

因此可得平均化后的哈密顿函数(亦称为共振哈密顿函数)为

$$\mathcal{H}^* = -\frac{\mu_0^2}{2(k\Sigma)^2} - n_8 k_p\Sigma - \mathcal{R}^* = -\frac{\mu_0^2}{2(k\Sigma)^2} - n_8 k_p\Sigma - \sum_{i=5}^{8}\mathcal{R}_i^* \quad (9-69)$$

利用正则变量表示为

$$\mathcal{H}^*(V; \sigma, \Sigma, u, U) = -\frac{\mu_0^2}{2(k\Sigma)^2} - n_8 k_p\Sigma - \sum_{i=5}^{7}\frac{\mu_i}{a} + \delta_2 \frac{1}{8}\frac{1 - 3\cos^2 I}{(1-e^2)^{3/2}} +$$

$$\delta_4 \frac{9}{1024}\frac{1}{(1-e^2)^{7/2}}[(-3 + 30\cos^2 I - 35\cos^4 I)(2 + 3e^2) +$$

$$10(1 - 7\cos^2 I)e^2\sin^2 I\cos(2\omega)] - \frac{1}{2k\pi}\int_0^{2k\pi}\mu_8\left(\frac{1}{|\boldsymbol{r} - \boldsymbol{r}_8|} - \frac{\boldsymbol{r}\cdot\boldsymbol{r}_8}{|\boldsymbol{r}_8|^3}\right)\mathrm{d}\lambda_8$$

$$(9-70)$$

其中 $\delta_{2n} = \sum_{i=5}^{7}\frac{\mu_i}{a}\left(\frac{a_i}{a}\right)^{2n}$。根据哈密顿正则关系,可得共振哈密顿模型的运动方程为

$$\dot{\sigma} = \frac{\partial\mathcal{H}^*}{\partial\Sigma}, \quad \dot{\Sigma} = -\frac{\partial\mathcal{H}^*}{\partial\sigma}$$

$$\dot{u} = \frac{\partial\mathcal{H}^*}{\partial U}, \quad \dot{U} = -\frac{\partial\mathcal{H}^*}{\partial u} \quad (9-71)$$

显然这是一个 2 自由度哈密顿模型。

下面我们以海外天体 2018 VO$_{137}$ 为例,在 OSS 模型(模型Ⅰ)、简化 OSS 模型(模型Ⅱ)以及共振长期演化模型(模型Ⅲ)中分别进行数值积分。结果见图 9-11。

观察图 9-11,可得出如下结论:

1) 通过 OSS 模型结果可知,小天体 2018 VO$_{137}$ 的长期动力学演化非常有趣,首先它处于 Kozai 共振(ω 在 90°附近振荡),其次它周期性地离开和进入海王星的 5:2 共振区域;

2) $n_8 = 1.0100037734$ 对应的简化 OSS 模型可以很好地复现 OSS 模型下的轨道形态,然而 $n_8 = 1.0$ 的简化 OSS 模型得到的结果与真实结果完全不一致,这说明海王星平经度角频率取值对海外共振天体长期演化研究非常重要;

3) 平均化后的共振长期演化模型能够很好地复现 OSS 模型下的轨道形态。

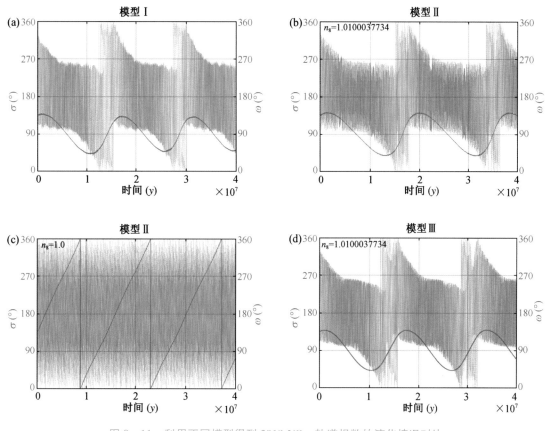

图 9 - 11　利用不同模型得到 2018 VO₁₃₇ 轨道根数的演化情况对比

以上对比分析说明,这里构造的 2 自由度哈密顿系统(9 - 71)是非常好的近似,可以用来进一步研究共振 TNO 天体的长期演化。

由于角坐标 $v=\Omega$ 为哈密顿函数(9 - 70)的循环坐标,因此存在如下运动积分

$$V=\sqrt{\mu a}\left(\sqrt{1-e^2}\cos I-\frac{k_p}{k}\right)=\sqrt{\mu a_c}\left(\sqrt{1-\tilde{e}^2}\cos \tilde{I}-\frac{k_p}{k}\right)=\sqrt{\mu a_c}\left(\cos I_{\max}-\frac{k_p}{k}\right)$$

(9 - 72)

其中 a_c 为共振中心的半长轴。通过(9 - 72),可以将运动积分 V 用最大倾角参数 $I_{\max}$ 来进行等价表征: $V\Leftrightarrow I_{\max}$(这是一种常规技巧,将运动积分用带有量纲的参量来表示)。将共振哈密顿函数形式地记为

$$\mathcal{H}^*(I_{\max};\Sigma,\sigma,u,U)=-\frac{\mu_0{}^2}{2(k\Sigma)^2}-n_8 k_p\Sigma-\mathcal{R}^*(I_{\max};\Sigma,\sigma,u,U)$$

(9 - 73)

这是一个 2 自由度系统,相空间变量为 $(\sigma,\Sigma;u,U)$。变量 U 的表达式为

$$U=\sqrt{\mu_0 a}\left(\sqrt{1-e^2}-\frac{k_p}{k}\right)=\sqrt{\mu_0 a_c}\left(\sqrt{1-\tilde{e}^2}-\frac{k_p}{k}\right)$$

(9 - 74)

该表达式表明,我们可以用等价参数 $\tilde{e}$ 来唯一表征 U。那么哈密顿函数可表示为

$$\mathcal{H}^*(I_{\max};\Sigma,\sigma,\tilde{e},\omega)=-\frac{\mu_0^{\,2}}{2(k\Sigma)^2}-n_8k_p\Sigma-\mathcal{R}^*(I_{\max};\Sigma,\sigma,\tilde{e},\omega) \qquad (9-75)$$

为此,我们可以看出,描述平运动共振自由度的变量为 (σ,Σ),描述长期演化自由度的变量为 $(\tilde{e},\omega)$。特别地,这两个自由度的基本频率存在等级式差异,即

$$\dot{\sigma}\gg\dot{\omega}\Rightarrow\ T_\sigma\ll T_\omega \qquad (9-76)$$

因此,这是一个典型的快变量、慢变量自由度可分离的系统。与 Wisdom 讨论的 3∶1 共振天体的动力学模型一致[4]。

考虑到两个自由度的时标差异:$T_\sigma\ll T_\omega$,因此我们可以在不同的时标内研究不同的动力学形态。首先,在平运动共振时标 (T_σ) 内,此时慢变自由度的变量 $(\tilde{e},\omega)$ 变化缓慢,于是可令其为常数,从而研究 T_σ 时标内的平运动共振动力学(见 9.4.2 节内容)。其次,在长期演化时标 (T_ω) 内,可借助 Wisdom 摄动理论,研究共振海王星外天体的长期动力学性质(见 9.4.3 节内容)。

9.4.2 平运动共振(共振时标内的运动形态)

在平运动共振时标 T_σ 内,将长期演化自由度变量 $(\tilde{e},\omega)$ 视为常数,可得描述平运动共振的哈密顿函数为

$$\mathcal{H}^*(I_{\max},\tilde{e},\omega;\Sigma,\sigma)=-\frac{\mu_0^{\,2}}{2(k\Sigma)^2}-n_8k_p\Sigma-\mathcal{R}^*(I_{\max},\tilde{e},\omega;\Sigma,\sigma) \qquad (9-77)$$

在参数 $(I_{\max},\tilde{e},\omega)$ 给定的情况下,哈密顿函数(9-77)对应 1 自由度系统,可通过相图研究相空间结构。

图 9-12 给出了与海王星构成 5∶2 共振和 1∶2 共振的相图。可见非 1∶n 共振和 1∶n 型共振相空间结构完全不同。

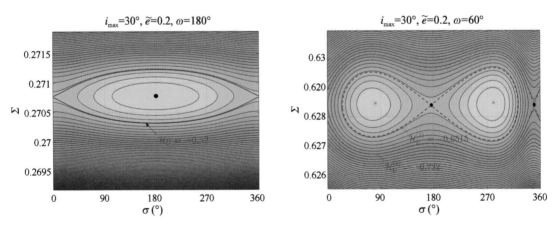

图 9-12　海王星 5∶2 共振相图(左)以及 1∶2 共振相图(右)。左图对应的共振角为 $\sigma=5\lambda-2\lambda_8-3\omega$,右图对应的共振角为 $\sigma=2\lambda-\lambda_8-\omega$

首先,对于非 $1:n$ 共振,相空间存在一个共振中心和一个鞍点,记共振中心的哈密顿函数为 $\mathcal{H}_S$,鞍点对应的哈密顿函数为 $\mathcal{H}_U$。相空间运动类型取决于哈密顿函数。特别地,当 $\mathcal{H} > \mathcal{H}_S$ 时对应禁止区域,当 $\mathcal{H}_S > \mathcal{H} > \mathcal{H}_U$ 时对应共振,当 $\mathcal{H} < \mathcal{H}_U$ 时对应循环运动。此外,当 $\mathcal{H} = \mathcal{H}_U$ 时对应动力学边界,是共振和循环的分界线。于是根据动力学分界线(称之为临界线),将 $(\tilde{e}, \omega)$ 空间划分为循环区域和共振区域,见图 $9-13$。临界线以上的区域,对应共振运动,临界线以下的区域,对应循环运动。

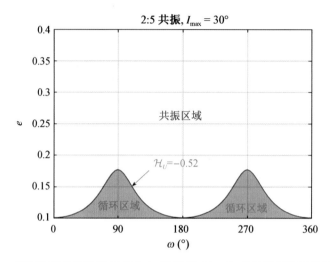

图 $9-13$ 非 $1:n$ 型平运动共振参数空间分布,临界线 $\mathcal{H} = \mathcal{H}_U$ 将参数平面划分为循环和共振区域

其次,对于 $1:n$ 型平运动共振,存在两个不对称共振中心以及两个鞍点(类似 $1:1$ 共振),两个共振中心拥有相同的哈密顿量,记为 $\mathcal{H}_S$;两个鞍点的哈密顿值从大到小分别为 $\mathcal{H}_U^{(1)}$ 和 $\mathcal{H}_U^{(2)}$。相空间运动同样取决于哈密顿函数值。特别地,当 $\mathcal{H} > \mathcal{H}_S$ 时对应禁止区域,当 $\mathcal{H}_S > \mathcal{H} > \mathcal{H}_U^{(1)}$ 时对应蝌蚪型运动,当 $\mathcal{H}_U^{(2)} < \mathcal{H} < \mathcal{H}_U^{(1)}$ 时对应马蹄形运动,当 $\mathcal{H} < \mathcal{H}_U^{(2)}$ 时对应循环运动。因此,动力学边界线 $\mathcal{H} = \mathcal{H}_U^{(1)}$ 是蝌蚪型运动和马蹄形运动的分界线,$\mathcal{H} = \mathcal{H}_U^{(2)}$ 是马蹄形运动与循环区域的分界线。依据临界线 $\mathcal{H} = \mathcal{H}_U^{(1)}$ 和 $\mathcal{H} = \mathcal{H}_U^{(2)}$ 在参数平面 $(\tilde{e}, \omega)$ 内的分布,可将整个空间划分为不同的运动类型,见图 $9-14$。

通过以上分析,我们可以得出处于海王星平运动共振区域的条件:小天体的共振哈密顿函数需大于鞍点哈密顿量。若存在不止一个鞍点,只需大于最小的那个鞍点的哈密顿量即可

$$\mathcal{H}(\sigma, \Sigma, \omega, \tilde{e}) > \min\{\mathcal{H}_U^{(1)}(\omega, \tilde{e}), \mathcal{H}_U^{(2)}(\omega, \tilde{e}), \cdots, \mathcal{H}_U^{(n)}(\omega, \tilde{e})\} \tag{9-78}$$

根据该判据,我们可以快速筛选海王星共振天体。结果如图 $9-15$ 所示。通过该方法,初步识别出 310 个 $2:3$ 共振天体,66 个 $3:5$ 共振天体,100 个 $4:7$ 共振天体,70 个 $2:5$ 共振天体,97 个 $1:2$ 共振天体和 23 个 $1:3$ 共振天体。

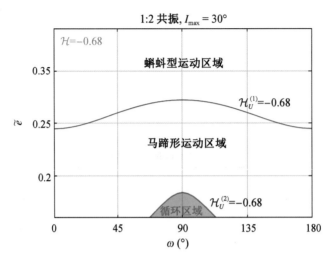

图9-14 1：n型平动共振在参数平面内的分布，临界线 $\mathcal{H}=\mathcal{H}_U^{(1)}$ 和 $\mathcal{H}=\mathcal{H}_U^{(2)}$
将整个参数平面划分为不同类型的运动区域

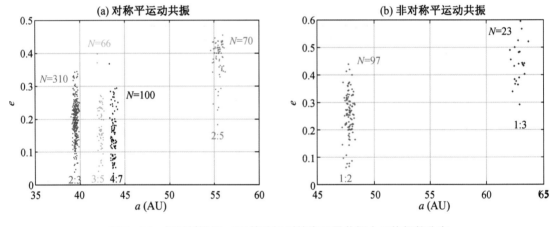

图9-15 根据判据(9-78)快速识别的海王星共振小天体根数分布

9.4.3 共振海王星外天体的长期演化

当考虑长期演化时标 T_ω 内的运动，两个自由度（慢变和快变）耦合演化，此时需要将两个自由度之间的相互影响考虑在内。考虑到时标差异 $T_\sigma \ll T_\omega$，可以采用 Wisdom 摄动理论解决该问题。对于当前2自由度系统，哈密顿函数为

$$\mathcal{H}^*(I_{\max};\Sigma,\sigma,\tilde{e},\omega) = -\frac{\mu_0{}^2}{2(k\Sigma)^2} - n_8 k_p \Sigma - \mathcal{R}_\sigma(I_{\max};\Sigma,\sigma,\tilde{e},\omega) \qquad (9-79)$$

该哈密顿函数为其中一个守恒量，于是还需要寻找另一个守恒量，即可使得该2自由度系统可积。根据 Wisdom 摄动理论，在长期演化中，存在一个绝热不变量，即快变自由度的 Arnold

作用量。

　　考虑到长期演化轨线会穿过快变自由度的临界线，因此我们定义具有连续性的绝热不变量：等哈密顿量线包围的面积。见图 9 - 16 和图 9 - 17。

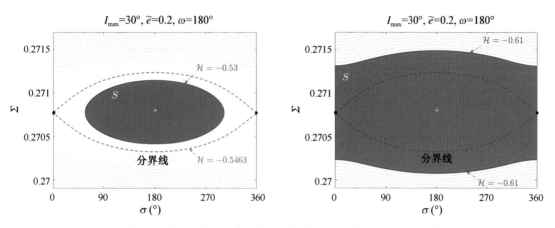

图 9 - 16　共振区域内和循环区域内等哈密顿量线包围的面积（以 2∶5 共振为例）

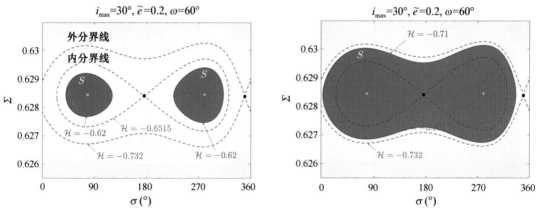

图 9 - 17　绝热不变量定义（以 1∶2 共振为例）

　　特别地，在共振区域内，等哈密顿量线为闭合的轨线，将其包围的面积取绝对值（即不考虑方向）为

$$S(I_{\max}, \mathcal{H}; \omega, \tilde{e}) = \left| \oint \Sigma \mathrm{d}\sigma \right| \tag{9-80}$$

在循环区域内，一条等哈密顿量线位于共振区域上方，另一条等哈密顿量线位于共振区域下方，两条线包围的面积为

$$S(I_{\max}, \mathcal{H}; \omega, \tilde{e}) = \left| \int_0^{2\pi} (\Sigma_{\mathrm{up}} - \Sigma_{\mathrm{down}}) \mathrm{d}\sigma \right| \tag{9-81}$$

通过以上方式定义的绝热不变量，在快变自由度临界线内外始终是连续的。

　　因此，对于该 2 自由度系统，存在哈密顿函数和绝热不变量两个守恒量

$$\mathcal{H}(I_{\max};\omega,\widetilde{e}) \tag{9-82}$$

$$\mathcal{S}(I_{\max};\omega,\widetilde{e}) \tag{9-83}$$

于是,可通过相图来研究相空间结构:给定哈密顿函数 $\mathcal{H}(I_{\max};\omega,\widetilde{e})$,在长期演化空间 $(\widetilde{e},\omega)$ 内绘制绝热不变量 $S(I_{\max};\omega,\widetilde{e})$ 的等值线。

图 9-18 以海王星 2∶5 共振为例,给出了长期演化的相空间结构,其中红色线为平运动 共振的临界线(动力学边界)。临界线以上的区域对应平运动共振,临界线以下为平运动循 环区域。特别地,一条 $S=0.001555$ 的轨线在长期演化中会周期性地穿过临界线(在平运动 共振和循环区域之间来回穿越),其上的 1、2、3 点对应的绝热不变量定义如右图所示。通过 相图,可以清晰地看到长期动力学结构:1)同时存在中心为 $\omega=90°$,270° 和中心为 $\omega=0°$, 180° 的 Kozai 共振岛;2)$\omega=0°$,180° 共振岛位于较大偏心率处;3)沿着长期演化轨线,共振天 体的轨道偏心率会发生较大变化,运动积分 V 表明共振天体的倾角也会因为 Kozai 共振发生 较大变化;4)存在周期性穿过临界线的相空间轨线,表明小天体会在长期演化中周期性地进 出海王星共振区域(按照 Wisdom 理论,这类天体的运动在更长期演化中表现为混沌)。

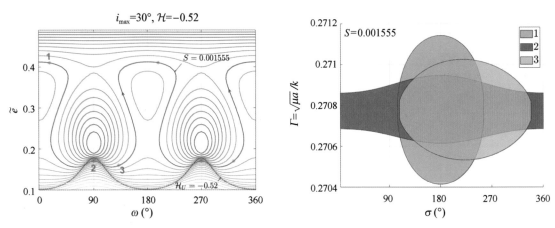

图 9-18　以海王星 2∶5 共振为例,左图为相空间 $(\widetilde{e},\omega)$ 的绝热不变量的等值线分布(相图),右图为沿着 $S=0.001555$ 等值线的三个瞬间(1、2、3)对应的快变自由度绝热不变量的定义

图 9-19 给出了相图与数值积分轨道的对比。可见,数值积分轨道与相图中的等值线完 美吻合。特别地,对于轨线 1,在长期演化中会周期性地在共振和循环之间来回切换,并且它 并不在 Kozai 共振区域内,右上图中的 $\sigma(t)$ 和 $\omega(t)$ 印证了这一点。轨线 2 处于 $\omega=90°$ 附近 的 Kozai 共振岛内,并且在长期演化中周期性地进出海王星共振区域,左下图 $\sigma(t)$ 和 $\omega(t)$ 印 证了该动力学特征。轨线 3 始终位于临界线上方,因此始终处于海王星的平运动共振区域, 其次它处于中心在 $\omega=180°$ 的 Kozai 共振岛内,右下角图中的 $\sigma(t)$ 和 $\omega(t)$ 印证了该动力学 特征。

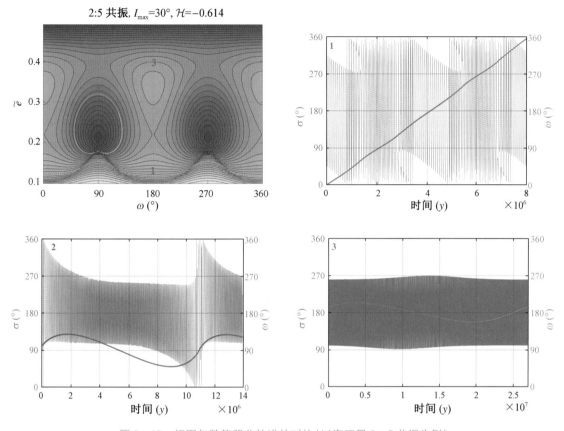

图 9‑19　相图与数值积分轨道的对比（以海王星 2：5 共振为例）

图 9‑20 针对海王星 1：2 共振，给出了长期演化的相图和数值积分轨道之间的对比。可见，相图中的轨线与数值积分轨迹完全吻合，并且相图预测的长期演化与实际数值积分结果相一致。

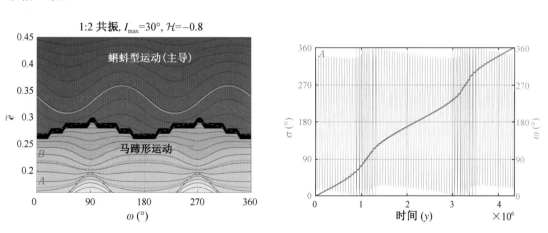

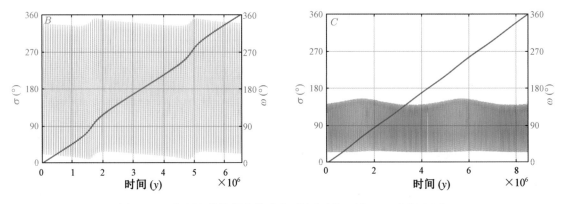

图 9 - 20　相图与数值积分轨道的对比（以海王星 1：2 共振为例）

以上分析相图与数值积分结果的吻合充分说明：依据 Wisdom 摄动理论建立的近似可积模型可以用来预测海王星共振小天体的长期演化。

9.4.4　结果与讨论

下面我们将上一节构造的分析模型应用于实际的海王星共振小天体，得到相应的长期演化相图，并将其与 OSS 模型下的数值积分轨迹进行对比。分析相图与数值积分结果能够很好地吻合。实际海王星共振小天体的轨道根数见参考文献[5]。

从图 9 - 21 可见，海外天体 2018 VO₁₃₇ 是一个 Kozai 共振天体，Kozai 中心位于 $\omega=90°$。根据相图可预测，在长期演化过程中，该小天体会周期性地穿过临界线，表明它会周期性地进出海王星的 2：5 共振区域。与右图所示的动力学特征保持一致。

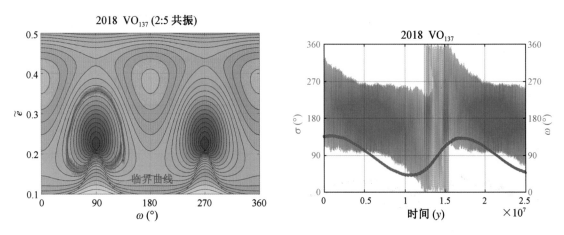

图 9 - 21　海王星 2：5 共振小天体 2018 VO₁₃₇ 的长期演化相图（左）与 OSS 模型下的数值积分轨道

海外天体 2005 SD₂₇₈ 同样处于 Kozai 共振岛内，并且 Kozai 中心位于 $\omega=270°$。根据相图可预测，该天体在长期演化中会周期性地进出海王星的 2：5 共振区域。海外天体 2015 PD₃₁₂ 处于 Kozai 中心 $\omega=180°$ 的共振岛内，并且该天体始终处于海王星的 2：5 共振区域内。见图 9 - 22。

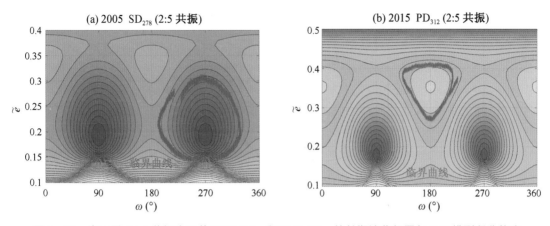

图 9 – 22　海王星 2∶5 共振小天体 2005 SD$_{278}$ 和 2015 PD$_{312}$ 的长期演化相图与 OSS 模型积分轨迹

　　根据图 9 – 23 可见,海外天体冥王星(Pluto)和 2004 HA$_{79}$ 均处于 Kozai 共振和 2∶3 平运动共振区域。图 9 – 24 表明,海外天体 1996 TR$_{66}$ 处于 1∶2 共振和 Kozai 共振(非对称 Kozai 共振中心),海外天体 2014 SR$_{373}$ 处于 1∶3 平运动共振区域里,但不在 Kozai 共振区域内。

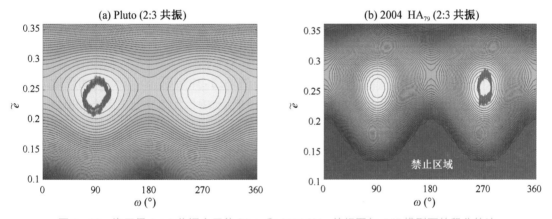

图 9 – 23　海王星 2∶3 共振小天体 Pluto 和 2004 HA$_{79}$ 的相图与 OSS 模型下的积分轨迹

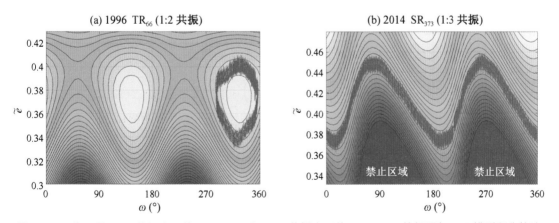

图 9 – 24　海王星 1∶2 共振小天体 1996 TR$_{66}$ 和 1∶3 共振小天体 2014 SR$_{373}$ 的相图与 OSS 模型积分轨迹

基于以上分析相图和数值结果的对比,我们有理由设想:依据共振哈密顿函数和绝热不变量两个守恒量,可直接快速地预测共振小天体在(e,ω)平面内的长期演化轨迹,如图 9－25 所示。

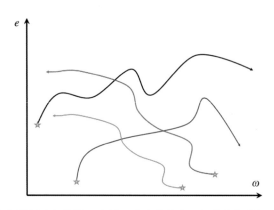

图 9－25　根据哈密顿函数和绝热不变量两个守恒量(两个约束条件),可分析预测海王星共振小天体的长期演化轨迹。星号代表海王星共振小天体初始位置

习　题

1. 从哈密顿动力学角度,计算 3：1 共振天体的相图,并与原 Wisdom 摄动理论的主导轨线进行对比。从哈密顿角度理解 Wisdom 摄动理论,本质是去建立如下两个守恒量

$$\mathcal{H}(x,X,\sigma,\Sigma)=-\frac{\mu_1{}^2}{2(\Sigma+\Phi_{\mathrm{res}})^2}-3(\Sigma+\Phi_{\mathrm{res}})+\mu F(x^2+X^2)+\mu Ge_{\mathrm{J}}X+\mu A(X,x)\cos\sigma$$
$$\equiv\mathrm{const1}$$

$$J(x,X)=\frac{1}{2\pi}\oint\Sigma\mathrm{d}\sigma\equiv\mathrm{const2}$$

所谓相图,指的是给定哈密顿函数,绘制(X,x)空间运动积分$J(x,X)$的等值线。请将该相图与 Wisdom 在 1985 年发表的文章[4]中的主导轨线分布进行比较。

2. 已知木星、土星和天王星对 TNO 的第三体摄动函数为

$$\mathcal{R}_i=\mu_i\left(\frac{1}{|\boldsymbol{r}-\boldsymbol{r}_i|}-\frac{\boldsymbol{r}\cdot\boldsymbol{r}_i}{|\boldsymbol{r}_i|^3}\right),\quad i=5,6,7$$

请推导双平均摄动函数表达式(对摄动函数作四极矩近似即可)

$$\mathcal{R}_i^*=\frac{1}{4\pi^2}\int_0^{2\pi}\int_0^{2\pi}\mu_i\left(\frac{1}{|\boldsymbol{r}-\boldsymbol{r}_i|}-\frac{\boldsymbol{r}\cdot\boldsymbol{r}_i}{|\boldsymbol{r}_i|^3}\right)\mathrm{d}M\mathrm{d}M_i,\quad i=5,6,7$$

3. 请基于 Wisdom 摄动理论,在平面圆型限制性三体系统下,研究与木星构成 3：1 平运动共振的相空间结构。

参考文献

[1] Greenberg R，Scholl H. Resonances in the asteroid belt[J]. Asteroids，1979：310 – 333.

[2] Wisdom J. The origin of the Kirkwood gaps-A mapping for asteroidal motion near the 3/1 commensurability[J]. Astronomical Journal，vol. 87，1982，87：577 – 593.

[3] Wisdom J. Chaotic behavior and the origin of the 31 Kirkwood gap[J]. Icarus，1983，56(1)：51 – 74.

[4] Wisdom J. A perturbative treatment of motion near the 3/1 commensurability[J]. Icarus，1985，63(2)：272 – 289.

[5] Lei H，Li J，Huang X，et al. The Von Zeipel-Lidov-Kozai Effect inside Mean Motion Resonances with Applications to Trans-Neptunian Objects[J]. The Astronomical Journal，2022，164(3)：74.

[6] Saillenfest M. Long-term orbital dynamics of trans-Neptunian objects[J]. Celestial Mechanics and Dynamical Astronomy，2020，132：1 – 45.

[7] Murray C D，Dermott S F. Solar system dynamics[M]. Cambridge：Cambridge University Press，1999.

第十章

Henrard 摄动理论及应用

亨拉德(Henrard)摄动理论的核心思想是在未扰哈密顿(或核哈密顿)模型下引入正则变换,将含有角坐标的未扰哈密顿函数变换为标准的规范型形式(normal form),然后在变换后的哈密顿系统中采用常规的摄动处理方法研究共振或长期动力学。Henrard 摄动理论在研究次级共振、低阶共振对高阶共振的影响等方面非常有效。特别地,笔者近期发现,在一些动力学问题上综合使用 Henrard 摄动理论和 Wisdom 摄动理论,可以得到非常好的结果。本章首先在 10.1 节中介绍 Henrard 摄动理论的产生背景;在 10.2 节里介绍 Henrard 摄动理论,主要介绍如何在核哈密顿函数模型下实现正则变换;10.3 节将 Henrard 摄动理论应用于轨-旋共振问题[1],主要探索:1) 轨-旋同步共振中的次级共振,2) 轨旋同步共振(强共振)对高阶共振(弱共振)的影响。更多 Henrard 摄动理论的应用,请参见本书第十一章以及笔者最新文章[2]。

10.1 Henrard 摄动理论的背景

Wisdom 提出的引力摄动理论在解释 3:1 共振天体的 Kirkwood 空隙形成机制方面获得了极大的成功[3][4]。于是,天体力学家希望将 Wisdom 理论用来解释其他共振位置的 Kirkwood 空隙。然而,在尝试将其推广到别的共振空隙时,却遇到了问题[5]。例如在解释 2:1 共振空隙的形成时遇到问题(2:1 共振天体的长期动力学结构见图 10-1),主要原因有三:1) 若要被火星散射,2:1 共振小天体的轨道偏心率需要达到 0.5 以上才行;2) 2:1 共振为一阶平运动共振,比 3:1 共振(二阶共振)要强很多,并且在主共振岛内存在次级共振对应的子结构;3) 2:1 共振天体的长期演化系统中,在部分低偏心率参数空间,平运动共振和长期演化自由度的频率(或时标)不存在明显的等级式差异,故不满足 Wisdom 摄动理论的应用条件(见图 10-1)。

Henrard 等天体力学家意识到不能将 Wisdom 提出的引力摄动理论简单用来解释 2:1 空隙的形成[5]。为此,Henrard 和 Lemaitre 在发表于 1986 年的文章[7]中,针对 2:1 共振天体的长期演化提出了一种处理二自由度系统非常有效的摄动方法,主要想法是通过数值计算的方式引入阿诺作用量-角变量(Arnold's action-angle variables),将原系统转化为新的适合研究长期动力学的标准哈密顿系统。1990 年,Henrard[8]进一步系统地总结并提炼了该摄

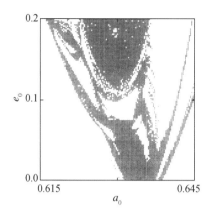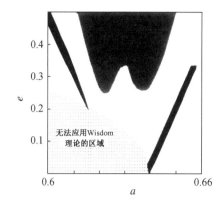

图 10 - 1　2：1 共振区域动力学结构[5,6]。右图阴影区域不满足 Wisdom 摄动理论的前提条件（基本
　　　　　频率不满足等级式差异）

动处理方法，使之在数学方面更完备。在本章描述中，我们将其称为 Henrard 摄动理论。
Henrard 为比利时天体力学家，见图 10 - 2。

图 10 - 2　比利时天体力学家雅克·亨拉德（Jacques Henrard，1940—2008）

10.2　Henrard 摄动理论

Henrard 摄动理论处理的是如下形式的 2 自由度哈密顿系统

$$\mathcal{H}(q_1,p_1,q_2,p_2)=\mathcal{H}_0(q_1,p_1,p_2)+\varepsilon\mathcal{H}_1(q_1,p_1,q_2,p_2) \tag{10-1}$$

其中(q_1,q_2,p_1,p_2)为相空间变量。注意，在哈密顿系统(10-1)中，核函数项$\mathcal{H}_0(q_1,p_1,p_2)$不是标准的仅含作用量的形式，这是 Henrard 摄动理论的一大特点。实际问题中若出现这样形式的核函数即可利用 Henrard 摄动理论求解。这意味着(q_1,p_1)自由度的周期项不再是扰动项，而是零阶项。也就是说，对哈密顿系统(10-1)不能直接进行平均化处理。这样的哈密顿系统在天体力学研究中非常多，Henrard 摄动理论有着非常广阔的应用场景。例如本章的轨旋共振问题以及第十一章介绍的偏心蔡佩尔-利多夫-古在（eccentric von Zeipel-Lidov-

Kozai)效应是非常典型的应用。

Henrard 摄动理论的思想很简单:在核哈密顿模型下引入正则变换 $(q_1,q_2,p_1,p_2) \leftrightarrow (q_1^*,q_2^*,p_1^*,p_2^*)$,使核哈密顿函数 $\mathcal{H}_0(q_1,p_1,p_2)$ 转化为规范型形式 $\mathcal{H}_0(q_1,p_1,p_2) \Rightarrow \mathcal{H}_0(p_1^*,p_2^*)$,进而采用传统摄动分析方法研究角坐标 q_1^* 和 q_2^* 之间的共振动力学。因此,Henrard 摄动理论的关键点在于引入正则变换。

10.2.1 核哈密顿系统中的正则变换

针对核哈密顿函数

$$\mathcal{H}_0(q_1,p_1,p_2) \tag{10-2}$$

其中 q_2 为该系统的循环坐标,故 p_2 为运动积分。因此,$\mathcal{H}_0(q_1,p_1,p_2)$ 对应的系统是一个完全可积系统,相空间 (q_1,p_1) 的解由哈密顿函数决定,即

$$\mathcal{H}_0(q_1,p_1;p_2)=h_0 \tag{10-3}$$

其中 h_0 为哈密顿函数,为核哈密顿模型的守恒量,由初始条件决定。隐式方程(10-3)对应相空间哈密顿函数的等值线,即相空间的轨线。核哈密顿系统的微分方程为

$$\dot{q}_1 = \frac{\partial \mathcal{H}_0(q_1,p_1,p_2)}{\partial p_1}, \quad \dot{p}_1 = -\frac{\partial \mathcal{H}_0(q_1,p_1,p_2)}{\partial q_1}$$
$$\dot{q}_2 = \frac{\partial \mathcal{H}_0(q_1,p_1,p_2)}{\partial p_2}, \quad \dot{p}_2 = 0 \tag{10-4}$$

该方程的解可表示为如下周期函数形式(p_2 为运动积分)

$$q_1 = Q_1(t,h_0), \quad p_1 = P_1(t,h_0)$$
$$q_2 = Q_2(t,h_0), \quad p_2 = \text{const} \tag{10-5}$$

可见,相空间 (q_1,p_1) 的解与 q_2 无关,并且 $q_1(t)$ 和 $p_1(t)$ 是周期函数,周期记为 $T_1(h_0)$。$q_2(t)$ 同样为周期函数,周期记为 $T_2(h_0)$。

核哈密顿系统 $\mathcal{H}_0(q_1,p_1,p_2)$ 为完全可积系统,那么根据第五章介绍的 Arnold-Liouville 定理,引入 action-angle 变量

$$q_1^* = q_1 - \rho_1(t,p_1^*,p_2^*) = \frac{2\pi}{T_1}t, \quad p_1^* = \frac{1}{2\pi}\oint p_1 \mathrm{d}q_1$$
$$q_2^* = q_2 - \rho_2(t,p_1^*,p_2^*) = q_2^*(0) + \frac{2\pi}{T_2}t, \quad p_2^* = p_2 \tag{10-6}$$

其中 $p_1^* = \frac{1}{2\pi}\oint p_1 \mathrm{d}q_1$ 对应 (q_1,p_1) 相空间轨线所包围的面积(除以 2π),即阿诺作用量。Morbidelli[9] 对相空间轨线的面积定义如图 10-3 所示,左图对应循环轨线,右图对应共振轨线。

图 10-4 给出的是相空间循环轨线的一个例子以及相应的阿诺作用量。实际上,阿诺作

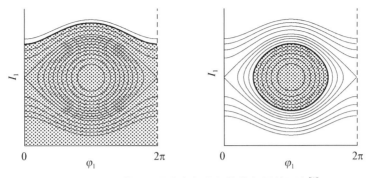

图 10 - 3　阿诺作用量代表相空间轨线包围的面积[9]

用量可通过变换前、后相空间面积守恒来获得。依据

$$\oint p_1 \, \mathrm{d}q_1 = \int_0^{2\pi} p_1^* \, \mathrm{d}q_1^* = 2\pi p_1^* \qquad (10-7)$$

可得

$$p_1^* = \frac{1}{2\pi} \oint p_1 \, \mathrm{d}q_1 \qquad (10-8)$$

另外，$\rho_{1,2}(t, p_1^*, p_2^*)$ 是均值为零的周期函数，周期为 $T_1(h_0)$。式（10-6）为正则变换，对应的生成函数为

$$S(q_1, q_2, p_1^*, p_2^*) = q_2 p_2^* + \int p_1 \, \mathrm{d}q_1 \qquad (10-9)$$

生成函数给出的正则变换为

$$p_1 = \frac{\partial S}{\partial q_1}, \quad q_1^* = \frac{\partial S}{\partial p_1^*}$$

$$\qquad (10-10)$$

$$p_2 = \frac{\partial S}{\partial q_2}, \quad q_2^* = \frac{\partial S}{\partial p_2^*}$$

可得

$$\begin{cases} q_1^* = \dfrac{\partial}{\partial p_1^*} \displaystyle\int p_1 \, \mathrm{d}q_1 \\[2mm] q_2^* = q_2 + \dfrac{\partial}{\partial p_2^*} \displaystyle\int p_1 \, \mathrm{d}q_1 \end{cases} \qquad (10-11)$$

因此，通过正则变换

$$(q_1, q_2, p_1, p_2) \leftrightarrow (q_1^*, q_2^*, p_1^*, p_2^*) \qquad (10-12)$$

可将核哈密顿函数转化为规范型形式，即

$$\mathcal{H}_0(q_1, p_1, p_2) \Rightarrow \mathcal{H}_0(p_1^*, p_2^*) \qquad (10-13)$$

变换后核哈密顿系统的运动方程为

$$\dot{p}_1^* = 0, \quad \dot{p}_2^* = 0$$

$$\dot{q}_1^* = \frac{\partial \mathcal{H}_0}{\partial p_1^*}, \quad \dot{q}_2^* = \frac{\partial \mathcal{H}_0}{\partial p_2^*}$$

$$\qquad (10-14)$$

分析解为

$$q_1^*(t) = q_1^*(0) + \dot{q}_1^* t = q_1^*(0) + \frac{2\pi}{T_1} t \tag{10-15}$$

$$q_2^*(t) = q_2^*(0) + \dot{q}_2^* t = q_2^*(0) + \frac{2\pi}{T_2} t$$

通过变换,可将时间的非线性角坐标转化为时间的线性角坐标,从平均化角度来看,这是非常重要的性质,即

$$\begin{cases} q_1(t) = \boldsymbol{Q}_1(t, h_0, p_2) \\ q_2 = \boldsymbol{Q}_2(t, h_0, p_2) \end{cases} \Rightarrow \begin{cases} q_1^*(t) = q_1^*(0) + \dfrac{2\pi}{T_1} t \\ q_2^*(t) = q_2^*(0) + \dfrac{2\pi}{T_2} t \end{cases} \tag{10-16}$$

变换前、后的角坐标存在如下关系

$$\begin{cases} q_1^* = q_1 - \rho_1(t, p_1^*, p_2^*) \\ q_2^* = q_2 - \rho_2(t, p_1^*, p_2^*) \end{cases} \tag{10-17}$$

图 $10-5$ 给出了变换前后角坐标随时间变化的曲线以及周期函数 $\rho_1(t), \rho_2(t)$ 的示例曲线。

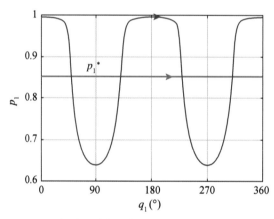

图 10-4　相空间的循环轨线以及阿诺作用量的值 p_1^*

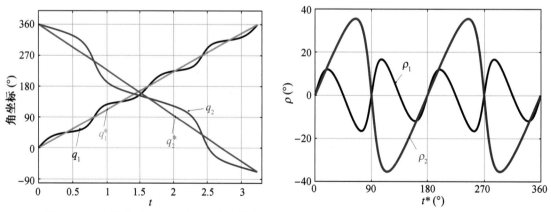

图 10-5　变换前后角坐标随时间变化的曲线(左)以及周期函数 $\rho_1(t), \rho_2(t)$ 的时间曲线(右)

下面我们来讨论如何计算阿诺作用量。

根据定义,阿诺作用量的表达式为

$$p_1^* = \frac{1}{2\pi}\oint p_1 \mathrm{d}q_1 = \frac{1}{2\pi}\int_0^{T_1} p_1 \dot{q}_1 \mathrm{d}t = \frac{1}{2\pi}\int_0^{T_1} p_1 \frac{\partial \mathcal{H}_0}{\partial p_1}\mathrm{d}t \tag{10-18}$$

因此,可建立如下微分方程求解阿诺作用量的值

$$\dot{y} = \frac{1}{2\pi}p_1 \frac{\partial \mathcal{H}_0}{\partial p_1} \tag{10-19}$$

积分的初始条件为 $y(t=0)=0$。阿诺作用量为一个周期处的 y 值,即 $p_1^* = y(t=T_1)$。于是,将微分方程(10-19)和核哈密顿系统的运动方程一起进行数值积分

$$\begin{cases} \dot{q}_1 = \dfrac{\partial \mathcal{H}_0}{\partial p_1} \\[2mm] \dot{p}_1 = -\dfrac{\partial \mathcal{H}_0}{\partial q_1} \\[2mm] \dot{y} = \dfrac{1}{2\pi}p_1 \dfrac{\partial \mathcal{H}_0}{\partial p_1} \end{cases} \tag{10-20}$$

将积分时间取为一个周期,可得到阿诺作用量,即 $p_1^* = y(t=T_1)$。

10.2.2　正则变换的具体实现

根据上一小节的介绍,在核哈密顿系统 $\mathcal{H}_0(q_1,p_1,p_2)$ 中引入正则变换

$$(q_1,q_2,p_1,p_2) \leftrightarrow (q_1^*,q_2^*,p_1^*,p_2^*) \tag{10-21}$$

是核心。下面我们介绍该变换的数值实现步骤。不失一般性,默认 $q_1(t=0)=0$[实际计算中取其他值时,在出现 $q_1(t=0)$ 时做相应修改即可]。

首先,讨论正向变换

$$(q_1,q_2,p_1,p_2) \rightarrow (q_1^*,q_2^*,p_1^*,p_2^*) \tag{10-22}$$

的实现步骤,其中 $p_2^* = p_2$。

第一步:确定周期 T_1 和 T_2,以及阿诺作用量 p_1^*。

以 (q_1,q_2,p_1,p_2) 为初值,数值积分核哈密顿系统的运动方程以及阿诺作用量的微分方程(10-20),可得两个自由度的周期 T_1 和 T_2 以及阿诺作用量: $p_1^* = \frac{1}{2\pi}\oint p_1 \mathrm{d}q_1$。基本频率为

$$\omega_1 = \frac{2\pi}{T_1}, \qquad \omega_2 = \frac{2\pi}{T_2} \tag{10-23}$$

第二步:从 (q_1,q_2,p_1,p_2) 逆向积分运动方程至 $q_1(t=0)=0$,可确定当前所在时刻 t 以及初始时刻的状态量: $(q_{1,0}=0,q_{2,0},p_{1,0},p_{2,0})=(q_1,q_2,p_1,p_2)_{t=0}$。

第三步:根据如下关系获得变换后变量$(q_1^*,q_2^*,p_1^*,p_2^*)$。

$$q_1^*=q_{1,0}^*+\frac{2\pi}{T_1}t=\frac{2\pi}{T_1}t \qquad (10-24)$$

$$q_2^*=q_{2,0}^*+\frac{2\pi}{T_2}t=q_{2,0}+\frac{2\pi}{T_2}t$$

其次,讨论逆向变换

$$(q_1^*,q_2^*,p_1^*,p_2^*)\rightarrow(q_1,q_2,p_1,p_2) \qquad (10-25)$$

的实现步骤,其中$p_2=p_2^*$。

第一步:确定$t=0$时刻的状态量$(q_{1,0},q_{2,0},p_{1,0},p_{2,0})=(q_1,q_2,p_1,p_2)_{t=0}$。

通过牛顿迭代求解如下等式,可确定$t=0$时刻的$p_{1,0}$(默认$q_{1,0}=0$)

$$p_1^*(q_{1,0}=0,p_{1,0})=\frac{1}{2\pi}\oint p_1\mathrm{d}q_1 \qquad (10-26)$$

第二步:确定周期T_1和T_2,进而确定当前时刻t。

以$(q_{1,0},p_{1,0},q_{2,0},p_{2,0})$为初值,积分运动方程,确定周期$T_1$和$T_2$(这一步中$q_{2,0}$的取值不影响周期的计算,故可取任意值,不失一般性,将$q_{2,0}$取为零)。

$$\omega_1=\frac{2\pi}{T_1}, \quad \omega_2=\frac{2\pi}{T_2}, \quad t=\frac{q_1^*-q_{1,0}^*}{\omega_1}=\frac{q_1^*}{\omega_1} \qquad (10-27)$$

第三步:通过下式确定初始时刻($t=0$)的q_2,即$q_{2,0}$。

$$q_{2,0}=q_{2,0}^*=q_2^*-\omega_2 t \qquad (10-28)$$

第四步:以$(q_{1,0},p_{1,0},q_{2,0},p_{2,0})$为初值,积分核哈密顿系统的运动方程至$t$时刻,获得$t$时刻状态量$(q_1,p_1,q_2,p_2)$。

$$(q_{1,0}=0,p_{1,0},q_{2,0},p_{2,0}=p_2^*)\xrightarrow{\text{积分至}\,t\,\text{时刻}}(q_1,p_1,q_2,p_2) \qquad (10-29)$$

10.2.3　Henrard 摄动理论[8]

基于正则变换

$$(q_1,q_2,p_1,p_2)\leftrightarrow(q_1^*,q_2^*,p_1^*,p_2^*) \qquad (10-30)$$

原 2 自由度哈密顿函数

$$\mathcal{H}(q_1,p_1,q_2,p_2)=\mathcal{H}_0(q_1,p_1,p_2)+\varepsilon\mathcal{H}_1(q_1,p_1,q_2,p_2) \qquad (10-31)$$

变为如下标准的哈密顿函数形式

$$\mathcal{H}(q_1^*,p_1^*,q_2^*,p_2^*)=\mathcal{H}_0(p_1^*,p_2^*)+\varepsilon\mathcal{H}_1(q_1^*,p_1^*,q_2^*,p_2^*) \qquad (10-32)$$

此时哈密顿函数由未扰项(核函数项)与扰动项构成,其中未扰项为规范型形式,因此基于(10-32)利用传统摄动分析方法研究该扰动哈密顿系统。

　　通常称(10‑32)为理想摄动模型(研究高阶共振或次级共振),主要是因为未扰部分(核函数)仅含作用量,确定系统的基本频率(相当于动力学背景)。若扰动部分越小,意味着摄动处理丢掉的周期项量级越小,摄动处理效果会越好。

　　从现在开始,我们在如下相空间中讨论共振动力学问题

$$(q_1^* , q_2^* , p_1^* , p_2^*)\tag{10-33}$$

哈密顿函数的未扰部分决定了系统的基本频率,即

$$\omega_1 = \frac{\mathrm{d}q_1^*}{\mathrm{d}t} = \frac{\partial \mathcal{H}_0(p_1^* , p_2^*)}{\partial p_1^*}$$

$$\omega_2 = \frac{\mathrm{d}q_2^*}{\mathrm{d}t} = \frac{\partial \mathcal{H}_0(p_1^* , p_2^*)}{\partial p_2^*}\tag{10-34}$$

基本频率决定了作用量空间(p_1^* , p_2^*)是否会发生共振,即共振条件是否满足

$$k_1\omega_1 + k_2\omega_2 = 0, k_1\in\mathbb{N}, k_2\in\mathbb{Z}\tag{10-35}$$

若满足条件$k_1\omega_1 + k_2\omega_2 = 0$,那么共振角为$\sigma_1 = k_1 q_1^* + k_2 q_2^*$。为了研究共振动力学,引入正则变换

$$\sigma_1 = k_1 q_1^* + k_2 q_2^* , \quad \Sigma_1 = \frac{1}{k_1} p_1^*$$

$$\sigma_2 = q_2^* , \qquad\qquad \Sigma_2 = p_2^* - \frac{k_2}{k_1} p_1^*\tag{10-36}$$

哈密顿函数(10‑32)变为

$$\mathcal{H} = \mathcal{H}_0(\Sigma_1 , \Sigma_2) + \varepsilon\mathcal{H}_1(\sigma_1 , \Sigma_1 , \sigma_2 , \Sigma_2)\tag{10-37}$$

由于发生共振,在两个新的角坐标中,σ_1(共振角)为慢变量,σ_2为快变量。依据平均化原理,可对哈密顿函数(10‑37)进行平均化处理(平均掉的短周期项为ε量级)

$$\mathcal{H}^*(\sigma_1 , \Sigma_1 , \Sigma_2) = \frac{1}{2k_1\pi}\int_0^{2k_1\pi}\mathcal{H}(\sigma_1 , \Sigma_1 , \sigma_2 , \Sigma_2)\mathrm{d}\sigma_2$$

$$= \mathcal{H}_0(\Sigma_1 , \Sigma_2) + \varepsilon\frac{1}{2k_1\pi}\int_0^{2k_1\pi}\mathcal{H}_1(\sigma_1 , \Sigma_1 , \sigma_2 , \Sigma_2)\mathrm{d}\sigma_2\tag{10-38}$$

可见σ_2为平均化后系统的循环坐标,故Σ_2为运动积分

$$\Sigma_2 = p_2^* - \frac{k_2}{k_1} p_1^*\tag{10-39}$$

如何计算共振哈密顿函数?

　　在实际计算中,需要用到如下变换

$$(\sigma_1 , \Sigma_1 , \sigma_2 , \Sigma_2) \Longleftrightarrow (q_1^* , p_1^* , q_1^* , p_1^*) \Longleftrightarrow (q_1 , p_1 , q_2 , p_2)\tag{10-40}$$

然后通过数值积分的方式可获得 $\mathcal{H}^*(\sigma_1, \Sigma_1, \Sigma_2)$。

由于存在运动积分 Σ_2 以及共振哈密顿函数 $\mathcal{H}^*(\sigma_1, \Sigma_1, \Sigma_2)$ 两个守恒量,因此共振哈密顿系统是一个可积系统,可通过相图方式探索相空间结构。有两种生成相图的方式:1)给定哈密顿函数,绘制运动积分的等值线;2)给定运动积分,绘制哈密顿函数的等值线。

至此,我们简要归纳一下 Henrard 摄动理论的核心观念:

1)将哈密顿函数划分为含 1 个角坐标的未扰部分与含 2 个角坐标的扰动部分。请读者注意,这里含 1 个角坐标的未扰部分的设定在实际问题中非常灵活。

2)针对未扰部分,引进作用量-角度(action-angle)变量,将核哈密顿函数转化为只含作用量的规范型形式(标准形式)。

3)基于标准形式的哈密顿函数,采用标准摄动分析方法研究 q_1^* 和 q_2^* 之间的共振动力学

$$\mathcal{H} = \mathcal{H}_0(p_1^*, p_1^*) + \varepsilon \mathcal{H}_1(q_1^*, p_1^*, q_1^*, p_1^*)$$

10.3 Henrard 摄动理论在轨-旋共振问题中的应用

本节以经典的轨-旋共振问题为例(见图 10-6)阐述 Henrard 摄动理论的具体应用[1]。更多的应用见本书的第十一章。

卫星体固坐标系的原点位于其质心,x, y, z 轴分别指向卫星的惯量主轴方向。惯性系的 X 轴指向轨道的近心点方向,即 $\bar{\omega} = 0$(见图 10-6)。

当(单位质量)卫星的自转角动量远小于轨道角动量时,即满足如下数学关系

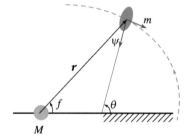

图 10-6 轨-旋共振构型的示意图

$$L_{\text{spin}} \ll L_{\text{orb}} = \sqrt{\mu a(1 - e^2)} \tag{10-41}$$

可以将卫星的轨-旋共振问题处理为如下平面限制性问题:

1)轨道解耦,即自转不影响轨道演化,因此卫星的轨道为理想的二体开普勒轨道(Keplerian orbit)。

2)自转演化依赖轨道参数,主要依赖轨道半长轴和偏心率。

3)若卫星始终沿惯量主轴自转,且自转角动量垂直于轨道面,可进一步将问题处理为平面情形。

轨-旋共振指的是某天体的自转周期与其轨道周期呈现简单整数比,亦被称为自转-轨道共振(spin-orbit resonance)。常见于太阳-行星系统、行星-卫星系统、双小行星系统等,如图 10-7 所示。

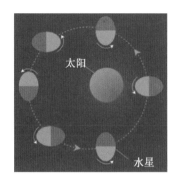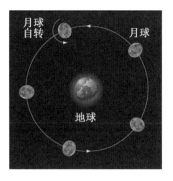

图 10 – 7　太阳系中的轨-旋共振示例:左图为水星的 3∶2 轨-旋共振,

右图为月球的 1∶1 轨-旋同步共振

10.3.1　轨-旋共振的动力学模型

　　质量为 m 的卫星,将其惯量主轴方向设定为体固系的 x,y,z 指向,坐标系原点位于质心,那么沿三个主轴方向的惯量矩(moment of inertia)为

$$\begin{cases} \mathcal{A} = \int (y^2 + z^2) \rho \mathrm{d}x\mathrm{d}y\mathrm{d}z \\ \mathcal{B} = \int (x^2 + z^2) \rho \mathrm{d}x\mathrm{d}y\mathrm{d}z \\ \mathcal{C} = \int (x^2 + y^2) \rho \mathrm{d}x\mathrm{d}y\mathrm{d}z \end{cases} \tag{10-42}$$

将卫星近似为椭球,那么沿惯量主轴的惯性矩从小到大分别记为

$$\begin{cases} \mathcal{A} = \dfrac{1}{5} m (b_s{}^2 + c_s{}^2) \\ \mathcal{B} = \dfrac{1}{5} m (a_s{}^2 + c_s{}^2) \\ \mathcal{C} = \dfrac{1}{5} m (a_s{}^2 + b_s{}^2) \end{cases} \tag{10-43}$$

其中 $a_s \leqslant b_s \leqslant c_s$ 为三轴椭球的半长轴。根据欧拉方程可得自转轴的演化方程为

$$\begin{cases} \mathcal{A}\dot{\omega}_x - (\mathcal{B} - \mathcal{C})\omega_y\omega_z = N_x \\ \mathcal{B}\dot{\omega}_y - (\mathcal{C} - \mathcal{A})\omega_z\omega_x = N_y \\ \mathcal{C}\dot{\omega}_z - (\mathcal{A} - \mathcal{B})\omega_x\omega_y = N_z \end{cases} \tag{10-44}$$

其中 $\omega_x,\omega_y,\omega_z$ 分别为自转角速度矢量 $\boldsymbol{\omega}$ 在三个惯量主轴方向上的分量,N_x,N_y,N_z 为(单位质量)卫星受到的沿三个惯量主轴方向的力矩分量。

　　下面根据文献[10]推导(单位质量)卫星受到的来自中心天体的引力矩(示意图见图 10 – 8)。

　　令中心天体(球形)质量为 M,在卫星的惯量主轴坐标系(卫星体固系)中的引力势函

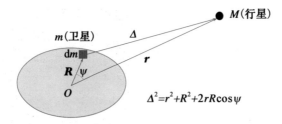

图 10-8　行星-卫星系统的引力势函数示意图

数为

$$V = -\mathcal{G}M \int \frac{\mathrm{d}m}{\Delta} \tag{10-45}$$

距离函数为 $\Delta = \sqrt{r^2 + R^2 - 2rR\cos\psi}$，因此势函数为

$$V = -\mathcal{G}M \int \frac{\mathrm{d}m}{\sqrt{r^2 + R^2 - 2rR\cos\psi}} \tag{10-46}$$

对 $\dfrac{1}{\Delta}$ 进行 Legendre 展开（参考第一章）可得势函数为

$$V = -\frac{\mathcal{G}M}{r} \int \sum_{n=0}^{\infty} \left(\frac{R}{r}\right)^n P_n(\cos\psi)\mathrm{d}m \tag{10-47}$$

将上式保留到四极矩项（二阶项），可得截断势函数为

$$V = -\frac{\mathcal{G}M}{r} \int \left[P_0(\cos\psi) + \frac{R}{r}P_1(\cos\psi) + \left(\frac{R}{r}\right)^2 P_2(\cos\psi) \right]\mathrm{d}m \tag{10-48}$$

其中 Legendre 多项式为

$$\begin{aligned}
&P_0(\cos\psi) = 1 \\
&P_1(\cos\psi) = \cos\psi \\
&P_2(\cos\psi) = \frac{1}{2}(3\cos^2\psi - 1)
\end{aligned} \tag{10-49}$$

于是有

$$V = -\frac{\mathcal{G}Mm}{r} - \frac{\mathcal{G}M}{r^2}\int R\cos\psi\,\mathrm{d}m - \frac{\mathcal{G}M}{2r^3}\int R^2(3\cos^2\psi - 1)\mathrm{d}m \tag{10-50}$$

整理后得到

$$V = -\frac{\mathcal{G}Mm}{r} - \frac{\mathcal{G}M}{r^2}\int R\cos\psi\,\mathrm{d}m - \frac{\mathcal{G}M}{r^3}\int R^2\,\mathrm{d}m + \frac{3\mathcal{G}M}{2r^3}\int R^2\sin^2\psi\,\mathrm{d}m \tag{10-51}$$

由于卫星体固坐标系原点位于卫星质心，因此

$$\int R\cos\psi\,\mathrm{d}m = 0 \tag{10-52}$$

以及

$$\int R^2 \, \mathrm{d}m = \frac{1}{2}(\mathcal{A} + \mathcal{B} + \mathcal{C}) \tag{10-53}$$

令(10-51)中最后一项的因子为 $I = \int R^2 \sin^2 \psi \, \mathrm{d}m$，那么

$$I = \int \left(\boldsymbol{R} \cdot \frac{\boldsymbol{r}}{r} \right)^2 \mathrm{d}m = \frac{1}{r^2} \int (\boldsymbol{R} \cdot \boldsymbol{r})^2 \mathrm{d}m = \frac{\mathcal{A}x^2 + \mathcal{B}y^2 + \mathcal{C}z^2}{r^2} \tag{10-54}$$

故引力势函数可整理为

$$V = -\frac{\mathcal{G}Mm}{r} - \frac{\mathcal{G}M(\mathcal{A} + \mathcal{B} + \mathcal{C} - 3I)}{2r^3} \tag{10-55}$$

将(10-54)代入上式，可得

$$V = -\frac{\mathcal{G}Mm}{r} - \frac{\mathcal{G}M}{2r^5} \left[(\mathcal{A} + \mathcal{B} + \mathcal{C})r^2 - 3(\mathcal{A}x^2 + \mathcal{B}y^2 + \mathcal{C}z^2) \right] \tag{10-56}$$

进一步整理，可得四极矩势函数项为

$$V = -\frac{\mathcal{G}Mm}{r} - \frac{\mathcal{G}M}{2r^5} \left[(\mathcal{B} + \mathcal{C} - 2\mathcal{A})x^2 + (\mathcal{C} + \mathcal{A} - 2\mathcal{B})y^2 + (\mathcal{A} + \mathcal{B} - 2\mathcal{C})z^2 \right] \tag{10-57}$$

于是来自卫星的引力为

$$F_x = -\frac{\partial V}{\partial x}, \quad F_y = -\frac{\partial V}{\partial y}, \quad F_z = -\frac{\partial V}{\partial z} \tag{10-58}$$

根据牛顿第三定律，卫星受到来自行星的反作用力（大小相等，方向相反）为

$$F'_x = \frac{\partial V}{\partial x}, \quad F'_y = \frac{\partial V}{\partial y}, \quad F'_z = \frac{\partial V}{\partial z} \tag{10-59}$$

行星对（单位质量）卫星产生的引力力矩为

$$\boldsymbol{N} = \frac{1}{m} \boldsymbol{r} \times \boldsymbol{F}' = \frac{1}{m} \begin{vmatrix} \boldsymbol{i} & \boldsymbol{j} & \boldsymbol{k} \\ x & y & z \\ \dfrac{\partial V}{\partial x} & \dfrac{\partial V}{\partial y} & \dfrac{\partial V}{\partial z} \end{vmatrix} \tag{10-60}$$

因而力矩表达式为

$$\boldsymbol{N} = \frac{3\mathcal{G}M}{r^5} \begin{bmatrix} (\mathcal{C} - \mathcal{B})yz \\ (\mathcal{A} - \mathcal{C})xz \\ (\mathcal{B} - \mathcal{A})xy \end{bmatrix} \tag{10-61}$$

代入欧拉公式可得

$$\begin{cases} \mathcal{A}\dot{\omega}_x - (\mathcal{B}-\mathcal{C})\omega_y\omega_z = \dfrac{3\mathcal{G}M}{r^5}(\mathcal{C}-\mathcal{B})yz \\[3mm] \mathcal{B}\dot{\omega}_y - (\mathcal{C}-\mathcal{A})\omega_z\omega_x = \dfrac{3\mathcal{G}M}{r^5}(\mathcal{A}-\mathcal{C})xz \\[3mm] \mathcal{C}\dot{\omega}_z - (\mathcal{A}-\mathcal{B})\omega_x\omega_y = \dfrac{3\mathcal{G}M}{r^5}(\mathcal{B}-\mathcal{A})xy \end{cases} \tag{10-62}$$

进一步,令卫星绕最大惯量主轴旋转,且自转角速度矢量垂直于卫星轨道平面,因此有

$$N_x = N_y = 0$$
$$\omega_x = \omega_y = 0 \tag{10-63}$$

并且在平面近似下有 $\ddot{\theta} = \dot{\omega}_z$,那么欧拉方程可简化为

$$\mathcal{C}\ddot{\theta} = \frac{3\upsilon M}{r^5}(\mathcal{B}-\mathcal{A})xy \tag{10-64}$$

根据图 10-6,可知体固系下的坐标为 $x = r\cos\psi, y = r\sin\psi$,于是

$$\mathcal{C}\ddot{\theta} - \frac{3}{2}(\mathcal{B}-\mathcal{A})\frac{\mathcal{G}M}{r^3}\sin 2\psi = 0 \tag{10-65}$$

考虑到 $\psi = f - \theta$(f 为真近点角,代表轨道;θ 为自转角,代表姿态),那么运动方程为

$$\mathcal{C}\ddot{\theta} + \frac{3}{2}(\mathcal{B}-\mathcal{A})\frac{\mathcal{G}M}{r^3}\sin 2(\theta - f) = 0 \tag{10-66}$$

两边除以常数 $\mathcal{C}$ 可得

$$\ddot{\theta} + \frac{3(\mathcal{B}-\mathcal{A})}{2\mathcal{C}}\frac{\mathcal{G}M}{r^3}\sin 2(\theta - f) = 0 \tag{10-67}$$

这就是简化后的平面轨-旋共振问题的运动方程。卫星的形状参数为

$$\alpha = \sqrt{\frac{3(\mathcal{B}-\mathcal{A})}{\mathcal{C}}} = \sqrt{\frac{3(a_s^2 - b_s^2)}{a_s^2 + b_s^2}} \tag{10-68}$$

形状越不规则,参数 α 的值越大。基于卫星形状参数 α,将轨旋共振问题的运动方程表示为如下形式

$$\ddot{\theta} + \frac{1}{2}\alpha^2\frac{\mathcal{G}M}{r^3}\sin 2(\theta - f) = 0 \tag{10-69}$$

为了研究方便,引入单位系统

$$[L] = a, \quad [m] = M, \quad [T] = \sqrt{\mathcal{G}M/a^3}$$

其中长度单位为轨道半长径,质量单位为中心天体的质量,时间单位为轨道周期除以 2π。在以上单位系统下,运动方程变为

$$\ddot{\theta} + \frac{1}{2}\alpha^2\frac{1}{r^3}\sin 2(\theta - f) = 0 \tag{10-70}$$

轨-旋共振问题的哈密顿函数为

$$\mathcal{H} = \frac{1}{2}\dot{\theta}^2 - \frac{\alpha^2}{4r^3}\cos 2(\theta - f) \tag{10-71}$$

其中 f 为时间 t 的函数，故（10-71）为不定常系统。当然可以将其扩充为 2 自由度系统，引入下面两对共轭变量

$$\begin{aligned} q_1 = \theta, \quad &p_1 = \dot{\theta} \\ q_2 = t, \quad &p_2 = T \end{aligned} \tag{10-72}$$

其中 T 为时间 t 的共轭动量。因此，哈密顿函数变为

$$\mathcal{H} = \frac{p_1{}^2}{2} + p_2 - \frac{\alpha^2}{4r^3}\cos 2(q_1 - f) \tag{10-73}$$

对上式进行椭圆展开可得到[11]

$$\mathcal{H} = \frac{p_1{}^2}{2} + p_2 - \frac{\alpha^2}{4}\sum_{n=-6}^{2}\mathcal{C}_n\cos(2q_1 + nq_2) \tag{10-74}$$

其中系数 $\mathcal{C}_n$ 为偏心率的函数，表达式为

$$\begin{aligned} \mathcal{C}_{-2} &= 1 - \frac{5}{2}e^2 + \frac{13}{16}e^4, \quad & \mathcal{C}_{-1} &= -\frac{1}{2}e + \frac{1}{16}e^3 \\ \mathcal{C}_{-3} &= \frac{7}{2}e - \frac{123}{16}e^3, \quad & \mathcal{C}_{-4} &= \frac{17}{2}e^2 - \frac{115}{6}e^4 \\ \mathcal{C}_{-5} &= \frac{845}{48}e^3, \quad & \mathcal{C}_1 &= \frac{1}{48}e^3 \\ \mathcal{C}_{-6} &= \frac{533}{16}e^4, \quad & \mathcal{C}_2 &= \frac{1}{24}e^4 \end{aligned} \tag{10-75}$$

由哈密顿正则方程给出描述轨-旋共振的微分方程

$$\begin{aligned} \dot{q}_1 = \frac{\partial\mathcal{H}}{\partial p_1}, \quad &\dot{p}_1 = -\frac{\partial\mathcal{H}}{\partial q_1} \\ \dot{q}_2 = \frac{\partial\mathcal{H}}{\partial p_2}, \quad &\dot{p}_2 = -\frac{\partial\mathcal{H}}{\partial q_2} \end{aligned} \tag{10-76}$$

扩充后的轨-旋共振问题为 2 自由度系统，因此可以通过庞加莱截面的方式获得初步的相空间结构。庞加莱截面定义如下

$$q_2 = t = 0 \pm 2k\pi \tag{10-77}$$

即每个轨道周期（2π）经过近心点时取一个点 $(\theta, \dot{\theta})$，该庞加莱截面相当于取 $\mathrm{mod}(q_2, 2\pi) = 0$。

图 10-9 给出了不同形状参数 α 对应的庞加莱截面。可见，随着形状参数 α 的增加，庞加莱截面揭示的相空间结构在逐渐变化。当 $\alpha = 0.35$ 时，在 1∶1 共振岛的边界处充满了混沌层，此外还可清晰地看到 1∶1 共振岛内的多个次级共振，以及常见的高阶共振岛结构。当形状参数增大到 $\alpha = 0.5$ 时，混沌区域增大，此时只能清晰看到 2∶1 和 2∶3 共振，其余高阶

共振被淹没在混沌区域中,此外在 $1:1$ 共振岛内出现 $2:1$ 次级共振。当形状参数增大至 $\alpha=0.65$ 时,混沌区域进一步增大,甚至 $2:3$ 共振岛也被混沌区域所包围,在 $1:1$ 共振岛中出现两个较大的且被混沌区域包围的 $2:1$ 次级共振岛。最后,当形状参数为 $\alpha=1.1$ 时,动力学结构发生明显的变化,特别地,$2:1$ 和 $2:3$ 共振岛被混沌区域淹没(甚至吞并),在 $1:1$ 主共振岛中出现分岔(即出现 $1:1$ 次级共振)并且隐约可见较弱的高阶次级共振。

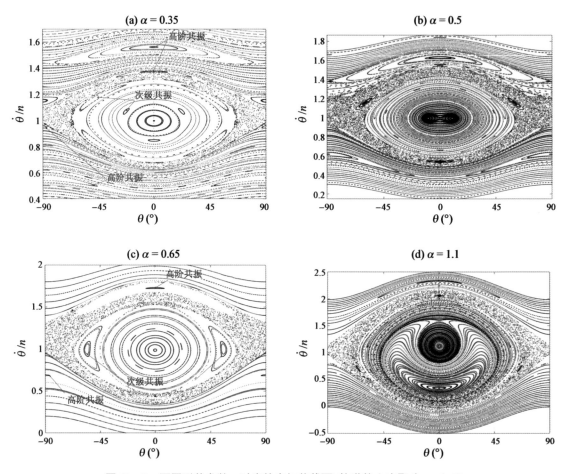

图 10 - 9　不同形状参数 α 对应的庞加莱截面,轨道偏心率取为 $e=0.05$

　　下面首先在 10.3.2 节中采用经典的方法研究轨-旋共振,给出共振的单摆模型以及共振宽度的表达式。然后在 10.3.3 节采用 Henrard 摄动处理方法研究次级共振并研究同步轨-旋共振对于高阶共振的影响。

10.3.2　经典分析方法研究轨-旋共振

　　针对 $k_1:k_2$ 轨-旋共振,引入共振角

$$\sigma=q_1-\frac{k_2}{k_1}q_2 \tag{10-78}$$

为了研究轨-旋共振动力学,需引入正则变换

$$\sigma_1 = q_1 - \frac{k_2}{k_1} q_2, \quad \Sigma_1 = p_1$$

$$\sigma_2 = q_2, \qquad\qquad \Sigma_2 = p_2 + \frac{k_2}{k_1} p_1 \tag{10-79}$$

逆变换为

$$q_1 = \sigma_1 + \frac{k_2}{k_1} \sigma_2, \quad p_1 = \Sigma_1$$

$$q_2 = \sigma_2, \qquad\qquad p_2 = \Sigma_2 - \frac{k_2}{k_1} \Sigma_1 \tag{10-80}$$

基于新的共轭变量 $(\sigma_1, \sigma_2, \Sigma_1, \Sigma_2)$,将哈密顿函数表示为

$$\begin{aligned}
\mathcal{H} = {} & \frac{1}{2}\Sigma_1{}^2 + \left(\Sigma_2 - \frac{k_2}{k_1}\Sigma_1\right) - \frac{\alpha^2}{4}\left\{ \mathcal{C}_{-2}\cos\left[2\sigma_1 + \left(2\frac{k_2}{k_1}-2\right)\sigma_2\right] + \right. \\
& \mathcal{C}_{-1}\cos\left[2\sigma_1 + \left(2\frac{k_2}{k_1}-1\right]\sigma_2\right) + \mathcal{C}_{-3}\cos\left[2\sigma_1 + \left(2\frac{k_2}{k_1}-3\right)\sigma_2\right] + \\
& \mathcal{C}_{-4}\cos\left[2\sigma_1 + \left(2\frac{k_2}{k_1}-4\right)\sigma_2\right] + \mathcal{C}_{-5}\cos\left[2\sigma_1 + \left(2\frac{k_2}{k_1}-5\right)\sigma_2\right] + \\
& \mathcal{C}_{1}\cos\left[2\sigma_1 + \left(2\frac{k_2}{k_1}+1\right)\sigma_2\right] + \mathcal{C}_{-6}\cos\left[2\sigma_1 + \left(2\frac{k_2}{k_1}-6\right)\sigma_2 + \right] + \\
& \left. \mathcal{C}_{2}\cos\left[2\sigma_1 + \left(2\frac{k_2}{k_1}+2\right)\sigma_2\right] \right\}
\end{aligned} \tag{10-81}$$

下面基于经典分析方法讨论几个主要轨-旋共振的动力学性质,包括 1 : 1 轨-旋同步共振、2 : 3 共振、2 : 1 共振以及 2 : 4(1 : 2)共振。

1. 1 : 1 轨-旋共振(轨-旋同步共振)

轨-旋同步共振的共振角为

$$\sigma_1 = q_1 - q_2 \tag{10-82}$$

将短周期项进行平均化处理,可得描述轨-旋同步的共振哈密顿函数为

$$\mathcal{H}_{1:1} = \frac{1}{2}\Sigma_1{}^2 - \Sigma_1 - \frac{\alpha^2}{4}\mathcal{C}_{-2}\cos(2\sigma_1) \tag{10-83}$$

其中系数 $\mathcal{C}_{-2} = 1 - \frac{5}{2}e^2 + \frac{13}{16}e^4$ 的最低阶项为偏心率的零阶项(强度最大),故 1 : 1 共振为零阶共振。图 10-10 给出了 $(\alpha = 0.5, e = 0.05)$ 时的 1 : 1 轨旋共振的相图,其中红色实线为动力学边界,黑色点为共振中心。

根据单摆近似,将共振哈密顿函数在标称位置 $(\dot{\theta}=1)$ 处进行 Taylor 展开,保留至二阶项,可得

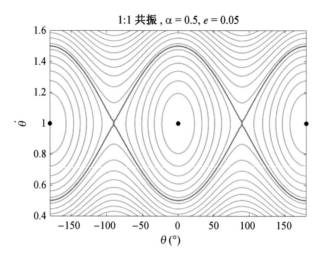

图 10-10　轨-旋同步共振的相图

$$\mathcal{H}_{1:1} = \frac{1}{2}\Delta\Sigma_1{}^2 - \frac{\alpha^2}{4}\mathcal{C}_{-2}\cos(2\sigma_1) \qquad (10-84)$$

其中小偏离量为

$$\Delta\Sigma_1 = \Sigma_1 - \Sigma_{1,\text{res}} = \Sigma_1 - 1 \qquad (10-85)$$

于是可得单摆模型(10-84)对应的共振半宽(动力学边界与共振中心之间的最大距离,见图 10-10)为

$$\Delta\Sigma_1 = (\Delta\dot{\theta}/n)_{1:1} = \sqrt{\mathcal{C}_{-2}}\,\alpha = \alpha\sqrt{1 - \frac{5}{2}e^2 + \frac{13}{16}e^4} \approx \alpha \qquad (10-86)$$

表明 1:1 轨旋共振的宽度正比于形状参数 α,而对轨道偏心率不敏感。在最低阶近似下,形状参数 α 代表的就是 1:1 轨-旋共振的半宽。α 越大,卫星形状越不规则,1:1 共振半宽越大,表明同步轨旋共振强度越大。当偏心率为零时,轨旋同步共振的半宽为 α。

2. 2:3 轨-旋共振

共振角为

$$\sigma_1 = q_1 - \frac{3}{2}q_2 \qquad (10-87)$$

将短周期项平均化,可得共振哈密顿函数为

$$\mathcal{H}_{2:3} = \frac{1}{2}\Sigma_1{}^2 - \frac{3}{2}\Sigma_1 - \frac{\alpha^2}{4}\mathcal{C}_{-3}\cos(2\sigma_1) \qquad (10-88)$$

其中系数 $\mathcal{C}_{-3} = \frac{7}{2}e - \frac{123}{16}e^3$ 的偏心率最低阶数为 1,故 2:3 轨旋共振是偏心率的一阶共振。

同样,根据单摆近似,将共振哈密顿函数在标称位置处进行 Taylor 展开,保留至二阶项,可得单摆模型

$$\mathcal{H}_{2:3} = \frac{1}{2}\Delta\Sigma_1{}^2 - \frac{\alpha^2}{4}\mathcal{C}_{-3}\cos(2\sigma_1) \tag{10-89}$$

其中小偏离量为 $\Delta\Sigma_1 = \Sigma_1 - \Sigma_{1,res} = \Sigma_1 - \dfrac{3}{2}$。共振半宽为

$$\Delta\Sigma_1 = (\Delta\dot\theta/n)_{2:3} = \sqrt{\mathcal{C}_{-3}}\,\alpha = \alpha\sqrt{\frac{7}{2}e - \frac{123}{16}e^3} \approx \alpha\sqrt{\frac{7e}{2}} \tag{10-90}$$

可见,2∶3 轨旋共振半宽正比于形状参数 α 和偏心率 e。特别地,当轨道偏心率为零时,2∶3 轨旋共振会消失。

3. 2∶1 轨旋共振

2∶1 轨旋共振的共振角为

$$\sigma_1 = q_1 - \frac{1}{2}q_2 \tag{10-91}$$

将短周期项平均掉,可得共振哈密顿函数为

$$\mathcal{H}_{2:1} = \frac{1}{2}\Sigma_1{}^2 - \frac{1}{2}\Sigma_1 - \frac{\alpha^2}{4}\mathcal{C}_{-1}\cos(2\sigma_1) \tag{10-92}$$

其中系数 $\mathcal{C}_{-1} = -\dfrac{1}{2}e + \dfrac{1}{16}e^3$ 的偏心率最低阶数为 1,故 2∶1 轨旋共振是偏心率的 1 阶共振。

类似,将共振哈密顿函数在标称位置处进行 Taylor 展开,保留至二阶项,可得如下单摆模型

$$\mathcal{H}_{2:1} = \frac{1}{2}\Delta\Sigma_1{}^2 - \frac{\alpha^2}{4}\mathcal{C}_{-1}\cos(2\sigma_1) \tag{10-93}$$

其中小偏离量为

$$\Delta\Sigma_1 = \Sigma_1 - \Sigma_{1,res} = \Sigma_1 - \frac{1}{2} \tag{10-94}$$

同理可得共振半宽为

$$\Delta\Sigma_1 = (\Delta\dot\theta/n)_{2:1} = \sqrt{-\mathcal{C}_{-1}}\,\alpha = \alpha\sqrt{\frac{1}{2}e - \frac{1}{16}e^3} \approx \alpha\sqrt{\frac{e}{2}} \tag{10-95}$$

可见,2∶1 轨旋共振的共振半宽正比于卫星的形状参数 α 以及轨道偏心率 e。特别地,当轨道偏心率为零时,2∶1 轨旋共振会消失。

4. 2∶4(1∶2)轨-旋共振

共振角为

$$\sigma_1 = q_1 - 2q_2 \tag{10-96}$$

将短周期项做平均化处理,可得共振哈密顿函数为

$$\mathcal{H}_{2:4}^* = \frac{1}{2}\Sigma_1{}^2 - 2\Sigma_1 - \frac{\alpha^2}{4}\mathcal{C}_{-4}\cos(2\sigma_1) \tag{10-97}$$

其中系数 $\mathcal{C}_{-4} = \frac{17}{2}e^2 - \frac{115}{6}e^4$ 的偏心率最低阶数为 2,因此 2:4(1:2) 轨-旋共振是偏心率的 2 阶共振。同样,将共振哈密顿函数在标称位置处进行 Taylor 展开,保留至二阶项,可得如下单摆模型

$$\mathcal{H}_{2:4} = \frac{1}{2}\Delta\Sigma_1^{\,2} - \frac{\alpha^2}{4}\mathcal{C}_{-4}\cos(2\sigma_1) \tag{10-98}$$

其中 $\Delta\Sigma_1 = \Sigma_1 - \Sigma_{1,\text{res}} = \Sigma_1 - 2$。类似地,共振半宽为

$$\Delta\Sigma_1 = (\Delta\dot\theta/n)_{1:2} = \sqrt{\mathcal{C}_{-4}}\,\alpha = \alpha e\sqrt{\frac{17}{2} - \frac{115}{6}e^2} \approx \alpha e\sqrt{\frac{17}{2}} \tag{10-99}$$

可见,2:4(1:2) 轨旋共振的共振宽度正比于卫星形状参数 α 和轨道偏心率 e。特别地,当轨道偏心率为零时,2:4 共振宽度会消失。

表 10-1　主要轨-旋共振的半宽表达式(以及偏心率的最低阶近似表达式)

共振	共振半宽
1:1	$(\Delta\dot\theta/n)_{1:1} = \sqrt{\mathcal{C}_{-2}}\,\alpha = \sqrt{1 - \frac{5}{2}e^2 + \frac{13}{16}e^4}\,\alpha \approx \alpha$
2:3	$(\Delta\dot\theta/n)_{2:3} = \sqrt{\mathcal{C}_{-3}}\,\alpha = \sqrt{\frac{7}{2}e - \frac{123}{16}e^3}\,\alpha \approx \alpha\sqrt{\frac{7}{2}e}$
2:1	$(\Delta\dot\theta/n)_{2:1} = \sqrt{-\mathcal{C}_{-1}}\,\alpha = \sqrt{\frac{1}{2}e - \frac{1}{16}e^3}\,\alpha \approx \alpha\sqrt{\frac{e}{2}}$
2:4(1:2)	$(\Delta\dot\theta/n)_{1:2} = \sqrt{\mathcal{C}_{-4}}\,\alpha = \sqrt{\frac{17}{2}e^2 - \frac{115}{6}e^4}\,\alpha \approx \alpha e\sqrt{\frac{17}{2}}$

表 10-1 给出了以上讨论的几个主要轨旋共振的共振半宽表达式。从表 10-1 可看出,1:1 轨旋共振最强,是偏心率的零阶共振;其次是 2:3 共振和 2:1 共振,都是偏心率的一阶共振,2:3 共振比 2:1 共振要强;最后,1:2(2:4) 共振是偏心率的二阶共振,共振强度较弱。

根据单摆模型对应的共振哈密顿函数,在不同形状参数 α 情况下,我们给出几个主要共振的动力学边界分布,见图 10-11。当 $\alpha=0.2$ 时,主要共振的动力学边界相互分离,说明它们之间的耦合相对较弱。然而,当 α 增大到 0.35 时,1:1 共振与 2:3 共振的动力学边界开始发生接触,说明此时 1:1 共振的耦合逐渐凸显,换句话说,此时 1:1 共振对 2:3 共振的影响不能忽略(从庞加莱截面能清晰看出该影响)。可以预见,此时在动力学边界接触的地方会出现混沌层(chaotic layer)。进一步,当 α 增大到 0.5 时,1:1 共振的共振区域与 2:3 共振大面积重叠,并且与 2:1 共振也出现接触。此时,1:1 共振对 2:3 共振和 2:1 共振均存在影响,在共振重叠区域产生显著的混沌。最后,当 $\alpha=0.65$ 时,1:1 共振与 2:3 和 2:1 共振均存在重叠。

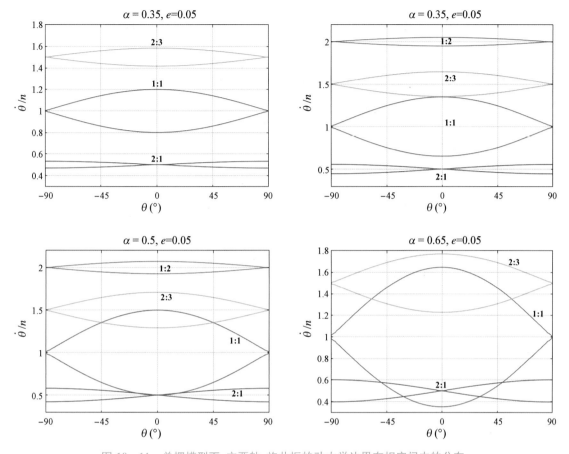

图 10‒11　单摆模型下,主要轨‒旋共振的动力学边界在相空间中的分布。
动力学边界之间的最大距离即为共振宽度

图 10‒12 给出了几个主要轨‒旋共振的共振半宽随 α 的变化情况。与预期一致,1∶1 共振宽度对偏心率最不敏感,2∶4 共振对偏心率最敏感。图 10‒13 给出了在不同轨道偏心率构型下,共振区域的重叠情况。随着偏心率的增大,发生重叠的最小 α 逐渐减小,即产生混沌的参数空间变大。

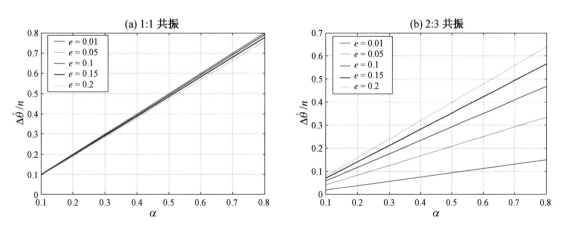

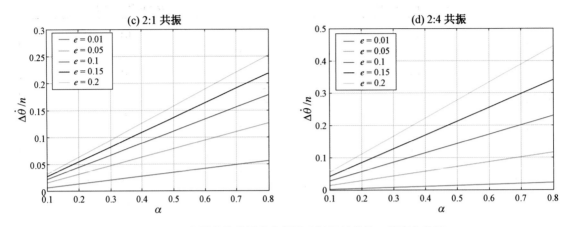

图 10 - 12　主要轨旋共振的共振半宽随形状参数 α 的变化关系

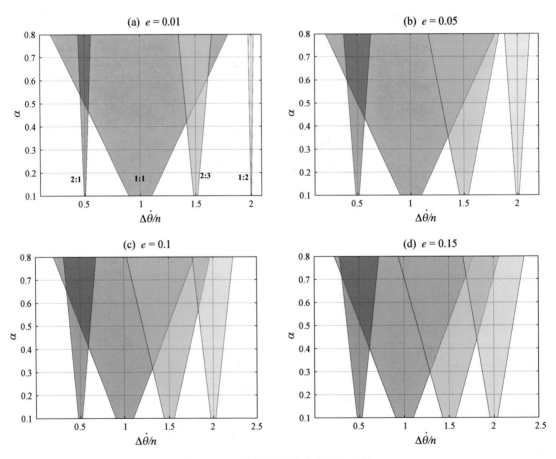

图 10 - 13　主要共振的共振区域重叠

　　接着从数学角度推导共振的重叠条件。例如，若 1∶1 共振和 2∶3 共振的半宽之和等于它们共振中心之间的距离(0.5)，此时共振开始出现重叠。因此 1∶1 共振和 2∶3 共振的临界重叠条件为

$$(\Delta\dot\theta)_{1:1}+(\Delta\dot\theta)_{2:3}=\frac{1}{2} \tag{10-100}$$

将共振半宽表达式代入上式,可得共振重叠的临界曲线方程为

$$\left(\sqrt{1-\frac{5}{2}e_c{}^2+\frac{13}{16}e_c{}^4}+\sqrt{\frac{7}{2}e_c-\frac{123}{16}e_c{}^3}\right)\alpha=\frac{1}{2} \tag{10-101}$$

若取偏心率的低阶近似,可得临界曲线为 $\alpha=\dfrac{1}{2+\sqrt{14e_c}}$,这与 Wisdom 和 Peale 于 1984 年发表的文章[12] 中的结果一致。

同理,1∶1 共振和 2∶1 共振重叠条件为

$$(\Delta\dot\theta)_{1:1}+(\Delta\dot\theta)_{2:1}=\frac{1}{2} \tag{10-102}$$

将共振半宽表达式代入上式,可得共振重叠的临界曲线方程如下

$$\left(\sqrt{1-\frac{5}{2}e_c{}^2+\frac{13}{16}e_c{}^4}+\sqrt{\frac{1}{2}e_c-\frac{1}{16}e_c{}^3}\right)\alpha=\frac{1}{2} \tag{10-103}$$

同理,2∶3 共振和 2∶4 共振重叠条件为

$$(\Delta\dot\theta)_{2:3}+(\Delta\dot\theta)_{2:4}=\frac{1}{2} \tag{10-104}$$

临界曲线方程为

$$\left(\sqrt{\frac{7}{2}e_c-\frac{123}{16}e_c{}^3}+\sqrt{\frac{17}{2}e_c{}^2-\frac{115}{6}e_c{}^4}\right)\alpha=\frac{1}{2} \tag{10-105}$$

三条共振重叠的临界曲线的分布见图 10-14,临界曲线左下角不重叠,右上角对应重叠区域。

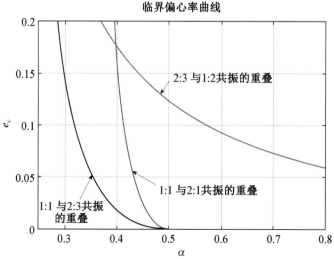

图 10-14　主要共振的共振重叠临界线

下面将主要共振的动力学边界与相应的庞加莱截面进行直接对比,如图 10 – 15 所示。可见,随着形状参数 α 的增大,分析结果与庞加莱截面之间的偏离越来越大。具体而言,存在如下两个方面的不一致问题:1) 庞加莱截面中的主共振岛(1∶1 共振岛)内存在次级共振,而经典分析结果无法体现次级共振;2) 当 α 比较大时,庞加莱截面中的高阶共振岛的位置与分析结果存在较大偏离。

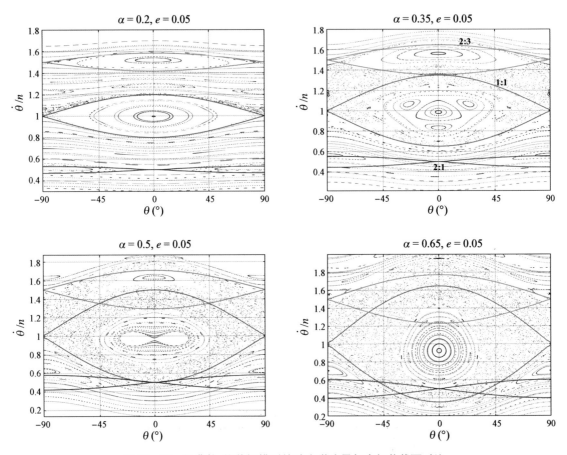

图 10 – 15 经典轨-旋共振模型的动力学边界与庞加莱截面对比

导致以上问题的根源在于:

1) 经典分析方法将各个共振项进行单独研究,即忽略了共振之间的相互作用(mutual interaction),当彼此距离较远且强度都不大时,该近似没有问题。然而,当共振岛逐渐靠近时,相互影响逐渐增强,故此时相互作用不能忽略。

2) 1∶1 轨-旋同步共振是零阶共振,2∶3 和 2∶1 共振均为一阶共振。在经典的研究方法中,比方说单独研究一阶共振,建立一阶共振的哈密顿模型时,平均化掉的短周期项其实是零阶量级(不是传统意义的摄动)。**此为分析结果与数值结果产生差别的原因。**

3) 卫星形状参数 α 的值体现的是 1∶1 共振(主共振或零阶共振)的宽度。当 α 较大时,1∶1 共振很强,甚至当 $\alpha > 0.5$ 时,1∶1 共振和 2∶3 共振会重叠,进而会产生混沌。因此,

1：1 共振会显著影响 2：3 共振和 2：1 共振的分布。特别是 α 比较大的时候，该影响更为显著。

4）当 1：1 共振区域较大时，主共振岛中会出现次级共振岛。然而经典分析方法不能研究次级共振。

既然问题根源在于经典方法独立地考虑各个主要共振，那么解决问题的办法就是：考虑不同轨旋共振之间的相互影响，主要是低阶共振（强共振）对高阶共振（弱共振）的影响。

10.3.3　将 Henrard 摄动理论应用于轨-旋共振问题

根据上一小节对共振宽度的分析，我们已经得知 1：1 共振的宽度最大（它是偏心率的零阶共振），于是需要将 1：1 共振对高阶共振的影响考虑在内。基于 Henrard 摄动理论，将 1：1 共振项考虑在核哈密顿函数中，引入正则变换建立哈密顿模型，可以统一描述次级共振和高阶轨-旋共振。我们也可以这样直观理解 Henrard 摄动理论：在研究次级共振和高阶共振时，将同步轨-旋部分对应的周期项当成背景（核函数即为动力学模型的背景）考虑在内（**而不是平均化掉**）。

同步轨-旋共振（1：1）对应的正则变换如下

$$\sigma_1 = q_1 - q_2, \quad \Sigma_1 = p_1 \tag{10-106}$$
$$\sigma_2 = q_2, \quad\quad \Sigma_2 = p_2 + p_1$$

于是哈密顿函数表示为

$$\mathcal{H} = \frac{\Sigma_1^2}{2} + \Sigma_2 - \Sigma_1 - \frac{\alpha^2}{4}\mathcal{C}_{-2}(e)\cos 2\sigma_1 - \frac{\alpha^2}{4}\sum_{\substack{-6\leqslant n\leqslant 2\\ n\neq -2}}\mathcal{C}_n(e)\cos[2\sigma_1 + (n+2)\sigma_2] \tag{10-107}$$

根据 Henrard 摄动理论，将哈密顿函数划分为未扰项和扰动项

$$\mathcal{H} = \mathcal{H}_0(\sigma_1, \Sigma_1, \Sigma_2) + \mathcal{H}_1(\sigma_1, \Sigma_1, \sigma_2, \Sigma_2) \tag{10-108}$$

其中未扰项包含轨-旋同步共振（取了近似）

$$\mathcal{H}_0 = \frac{\Sigma_1^2}{2} + (\Sigma_2 - \Sigma_1) - \frac{\alpha^2}{4}\cos(2\sigma_1) \tag{10-109}$$

扰动项为

$$\mathcal{H}_1 = -\frac{\alpha^2}{4}[\mathcal{C}_{-2}(e) - 1]\cos 2\sigma_1 - \frac{\alpha^2}{4}\sum_{\substack{-6\leqslant n\leqslant 2\\ n\neq -2}}\mathcal{C}_n(e)\cos[2\sigma_1 + (n+2)\sigma_2] \tag{10-110}$$

可见，未扰哈密顿系统是一个完全可积系统，相空间结构如图 10-16 所示。

在核哈密顿系统下，根据 Arnold 定理，引进如下作用量-角度变量

$$\sigma_1^* = \sigma_1 - \rho(\sigma_1^*, \Sigma_1^*, \Sigma_2) = \frac{2\pi}{T}t, \quad \Sigma_1^* = \frac{1}{2\pi}\oint \Sigma_1 \mathrm{d}\sigma_1 \tag{10-111}$$
$$\sigma_2^* = \sigma_2, \quad \Sigma_2^* = \Sigma_2$$

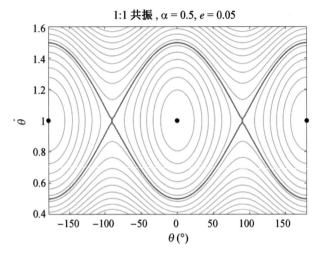

图 10‐16　未扰哈密顿系统的相图

该变换的生成函数为

$$S(\sigma_1, \Sigma_1^*, \sigma_2, \Sigma_2^*) = \sigma_2 \Sigma_2^* + \int \Sigma_1(\mathcal{H}_0(\Sigma_1^*), \sigma_1) \mathrm{d}\sigma_1 \tag{10-112}$$

根据正则变换（见上一节的步骤）

$$(\sigma_1, \sigma_2, \Sigma_1, \Sigma_2) \Rightarrow (\sigma_1^*, \sigma_2^*, \Sigma_1^*, \Sigma_2^*) \tag{10-113}$$

哈密顿函数（10‐108）变为如下标准形式（standard form）

$$\mathcal{H} = \mathcal{H}_0(\Sigma_1^*, \Sigma_2^*) + \mathcal{H}_1(\sigma_1^*, \sigma_2^*, \Sigma_1^*, \Sigma_2^*) \tag{10-114}$$

注意，这里的核哈密顿函数 $\mathcal{H}_0(\Sigma_1^*, \Sigma_2^*)$ 包含了轨旋同步共振项。基于核哈密顿函数，系统的基本频率为

$$\dot{\sigma}_1^* = \frac{\partial \mathcal{H}_0(\Sigma_1^*, \Sigma_2^*)}{\partial \Sigma_1^*}, \quad \dot{\sigma}_2^* = 1.0 \tag{10-115}$$

根据基本频率，可得发生高阶共振或次级共振的条件如下

$$k_1 \dot{\sigma}_1^* - k_2 \dot{\sigma}_2^* = 0, k_1 \in \mathbb{N}, k_2 \in \mathbb{Z} \tag{10-116}$$

图 10‐17 给出了在庞加莱截面上高阶共振中心和次级共振中心的标称位置分布，红色虚线对应轨旋同步（1∶1）共振的动力学边界。可见，共振标称位置与庞加莱截面中的共振岛结构高度一致。这说明 1∶1 轨旋同步共振对于高阶共振和次级共振的影响确实存在，不容忽略（尤其是 α 较大的情况）。

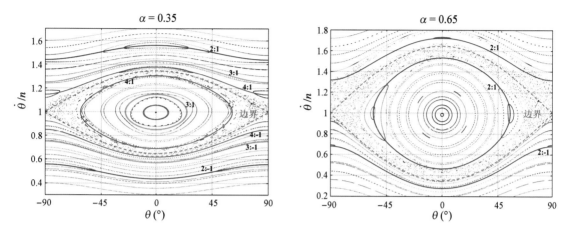

图 10-17　高阶共振和次级共振的标称位置分布与庞加莱截面的对比。主岛内发生的是次级共振，
　　　　　主岛外发生的是高阶共振[1]

图 10-18 在 $(\dot{\theta}, \alpha)$ 平面内给出高阶共振和次级共振的标称位置，可见整个分布关于 $\dot{\theta}=1$（同步轨-旋共振中心的标称位置）对称。红色虚线对应轨-旋同步（1：1）共振的动力学边界。轨-旋同步共振动力学边界内（阴影区域）发生的共振为次级共振，边界外区域（非阴影区域）发生的共振为高阶共振。

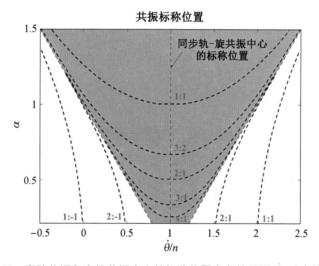

图 10-18　高阶共振和次级共振中心的标称位置在参数平面 $(\dot{\theta}, \alpha)$ 内的分布[1]

下面基于哈密顿函数（10-114），采用常规方法研究高阶共振以及次级共振。对于 σ_1^* 和 σ_2^* 构成的 k_1：k_2 共振，共振角为

$$\sigma^* = \sigma_1^* - \frac{k_2}{k_1}\sigma_2^* \tag{10-117}$$

为了研究共振动力学，引入正则变换

$$\gamma_1 = \sigma_1^* - \frac{k_2}{k_1}\sigma_2^*, \quad \Gamma_1 = \Sigma_1^* \tag{10-118}$$

$$\gamma_2 = \sigma_2^*, \qquad\qquad \Gamma_2 = \Sigma_2^* + \frac{k_2}{k_1}\Sigma_1^*$$

该正则变换的生成函数为

$$S = \sigma_1^* \Gamma_1 + \sigma_2^* \left(\Gamma_2 - \frac{k_2}{k_1}\Gamma_1\right) \tag{10-119}$$

通过该变换,哈密顿函数进一步变为

$$\mathcal{H} = \mathcal{H}_0(\Gamma_1, \Gamma_2) + \mathcal{H}_1(\gamma_1, \gamma_2, \Gamma_1, \Gamma_2) \tag{10-120}$$

由于发生共振,在角坐标 γ_1, γ_2 中,共振角 γ_1 为慢变量,γ_2 为快变量。因此,可采用平均化原理建立共振哈密顿函数(常规摄动处理方法)

$$\mathcal{H}^*(\gamma_1, \Gamma_1, \Gamma_2) = \frac{1}{2k_1\pi}\int_0^{2k_1\pi}\mathcal{H}\,\mathrm{d}\gamma_2 = \mathcal{H}_0(\Gamma_1, \Gamma_2) + \frac{1}{2k_1\pi}\int_0^{2k_1\pi}\mathcal{H}_1(\gamma_1, \gamma_2, \Gamma_1, \Gamma_2)\,\mathrm{d}\gamma_2 \tag{10-121}$$

在共振哈密顿系统中,角坐标 γ_2 为循环坐标,故它对应的共轭动量 Γ_2 为运动积分

$$\Gamma_2 = \Sigma_2^* + \frac{k_2}{k_1}\Sigma_1^* \tag{10-122}$$

因此,共振哈密顿系统(10-121)变成完全可积系统,可通过相图研究相空间结构。

10.3.4　结果与讨论

当形状参数 α 取不同值时,分析结果与数值结果的对比见图 10-19 到图 10-22。可见,主共振(轨-旋不同共振)、高阶共振以及次级共振的动力学边界与庞加莱截面中的结构完全一致。

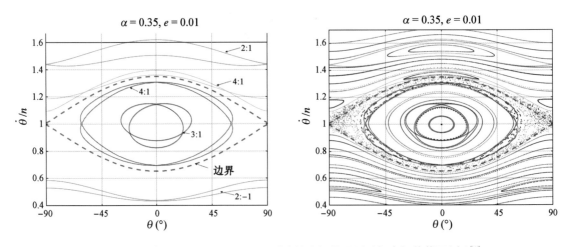

图 10-19　参数($\alpha = 0.35, e = 0.01$)对应的分析结果(左)与庞加莱截面(右)[1]

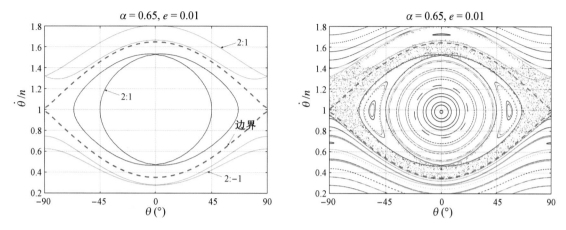

图 10 - 20 参数($\alpha=0.65, e=0.01$)对应的分析结果(左)与庞加莱截面(右)[1]

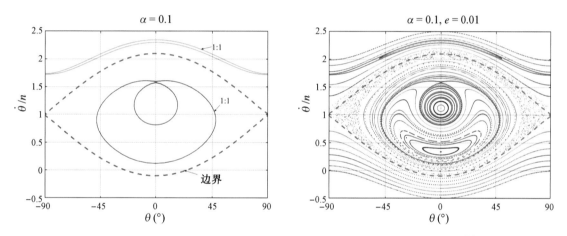

图 10 - 21 参数($\alpha=1.1, e=0.01$)对应的分析结果(左)与庞加莱截面(右)[1]

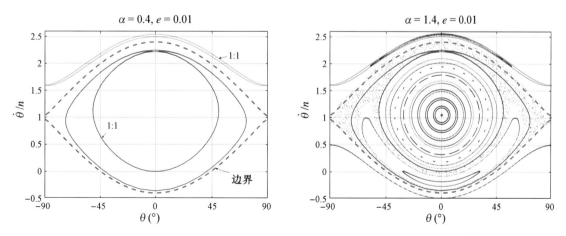

图 10 - 22 参数($\alpha=1.4, e=0.01$)对应的分析结果(左)与庞加莱截面(右)[1]

此外,可以通过共振哈密顿系统,确定主共振的标称位置以及随着 α 增加观察轨旋同步共振的分岔,分岔后的主共振和次级共振的共振中心分布见图 10‑23。可见,通过分析方法获得的共振中心的分布和通过数值方法(计算周期轨道)获得的共振中心分布在整个 α 参数空间内完全吻合。

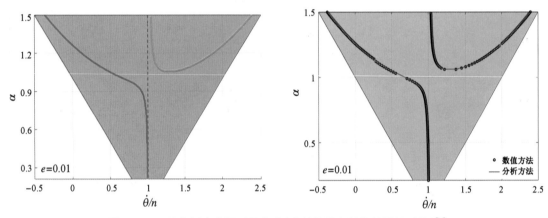

图 10‑23 轨旋同步共振以及分岔(分析结果和数值结果的对比)[1]

下面进一步从混沌指标的角度数值探索参数空间的动力学结构,并与本节的分析结果进行对比。具体而言,采用如下两个混沌指标。

第一个动力学指标为快速李雅普诺夫指数(fast Lyapunov index,FLI),计算公式为[13]

$$\text{FLI} = \sup_{t \in [0, t_f]} \log_{10} \frac{\parallel \delta X(t) \parallel}{\parallel \delta X(t_0) \parallel} \tag{10-123}$$

这里 $X = (\theta, \dot{\theta})$,$t_0$ 为初始时刻,t_f 为最大积分时间。衡量的是在整个演化时间内,相对标称轨迹,相空间变量的最大偏离量相对初始偏离量的比值。指标 FLI 越大,表明该轨道越混沌。计算相对于标称轨道的偏离量,需要积分运动方程和变分方程,考虑到变分方程仅在邻域内有效,因此在计算 FLI 的过程中需要不断进行归一化,示意图见图 10‑24。关于具体计算方法,读者可参考文献[13]。

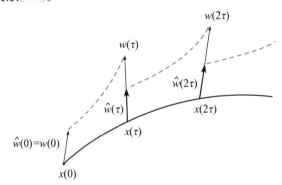

图 10‑24 快速李雅普诺夫指数示意图[13]

第二个指标为二阶距离导数指标[14]。定义距离函数

$$D(\theta_0, \dot{\theta}_0) = \max_{t_0 \leqslant t \leqslant t_f} \dot{\theta}(\theta_0, \dot{\theta}_0, t) - \min_{t_0 \leqslant t \leqslant t_f} \dot{\theta}(\theta_0, \dot{\theta}_0, t) \qquad (10-124)$$

该距离函数可理解为动量的最大值与最小值之差。在相图中来理解,对于闭合轨线,该距离函数体现的是闭合轨线在动量方向上的最大直径,对于开放轨线,该距离函数体现的是动量的变化区间。因此,在共振岛内,该距离函数是连续变化的。根据距离函数的定义,可知在共振岛至循环区域的边界处,距离函数存在不连续(跳跃)。如果在计算中能够捕捉到该跳跃,即可识别出共振的动力学边界所在位置。

为此,Daquin[14]设计了一个二阶距离导数的指标(我们进一步将其归一化,使其能够更好地识别弱共振边界),体现距离函数在相空间的不连续性

$$\| \Delta D \| = \frac{1}{D(\theta_0, \dot{\theta}_0)} \left(\left| \frac{\partial^2 D(\theta_0, \dot{\theta}_0)}{\partial \dot{\theta}_0^2} \right| + \left| \frac{\partial^2 D(\theta_0, \dot{\theta}_0)}{\partial \theta_0^2} \right| \right) \qquad (10-125)$$

该值越大,表明距离函数的跳跃越明显。因此,该指标可以非常有效地甄别参数空间各种共振的动力学边界(见图 10-25),这是近些年发展起来的一种非常有效的动力学研究方法。感兴趣的读者请参考文献[14]。

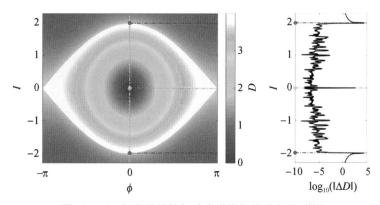

图 10-25 相空间结构与动力学指标的对应关系[14]

对于本节讨论的轨-旋共振问题,我们在图 10-26 中给出了参数平面 $(\dot{\theta}, \alpha)$ 内的 FLI 指标分布,颜色值代表 FLI 的数值。FLI 的值越高,代表该区域越混沌,据此可识别出主共振动力学边界处的大面积混沌区域。我们在图 10-27 中给出了相同参数下的二阶距离导数指标分布,颜色值大的区域代表轨旋共振的动力学边界。通过二阶距离导数指标 ΔD,可有效识别出主共振、次级共振以及高阶共振的分布。

对比图 10-26 和图 10-27,二阶距离导数指标更能刻画参数空间的细致动力学结构——主共振、高阶共振以及次级共振等,甚至较弱的高阶共振也能被识别出来。

图 10-28 给出了分析方法确定的高阶共振、次级共振的位置分布与数值结果的对比。可见,分析与数值结果高度一致。下面我们针对 Suruga 以及 Didymos 双小行星系统[①],给出分析

---

① 双小行星系统参数见网站 http://www.asu.cas.cz/~asteroid/binastdata.htm

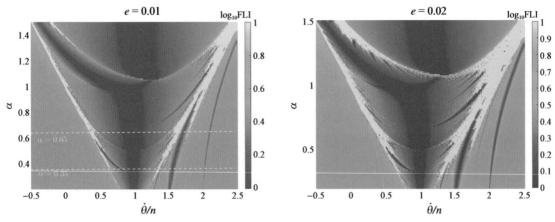

图 10‑26　参数平面内的 FLI 分布[1]

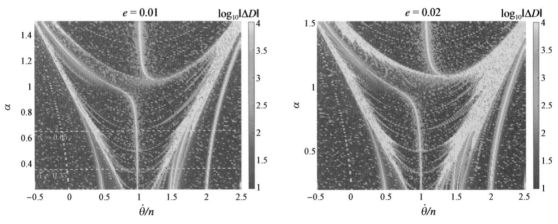

图 10‑27　参数平面内二阶距离导数指标(ΔD)[1]

与数值结果,见图 10‑29 和图 10‑30。可见,通过分析方法获得的动力学边界与庞加莱截面中的主共振和次级共振结构完全一致。混沌区域主要分布在各种类型共振的动力学边界附近。

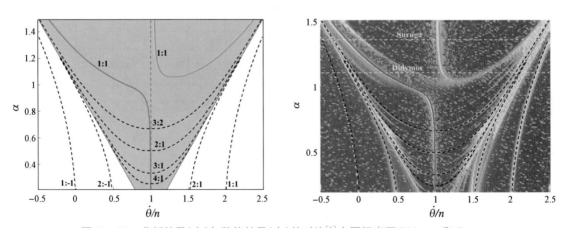

图 10‑28　分析结果(左)与数值结果(右)的对比[1] 右图标出了 Didymos 和 Suruga
两个双小行星系统所在的位置

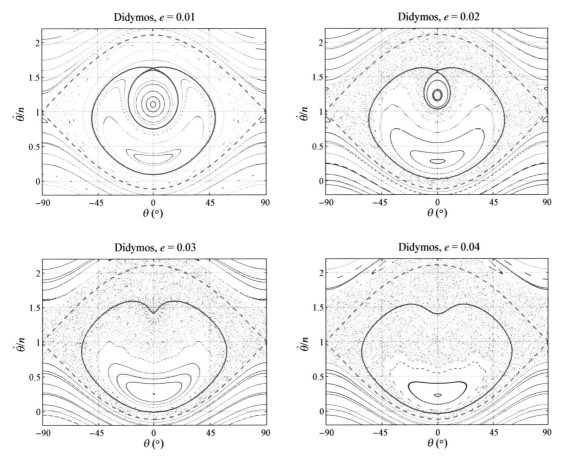

图 10-29 Didymos 双小行星系统($\alpha=1.11$)主共振和次级共振的动力学边界
与庞加莱截面对比[1]

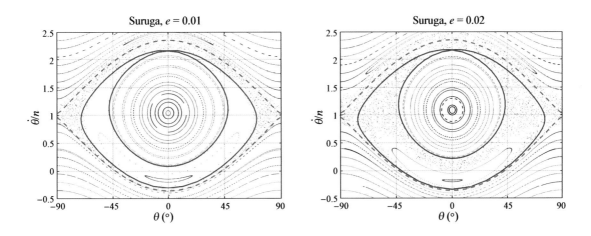

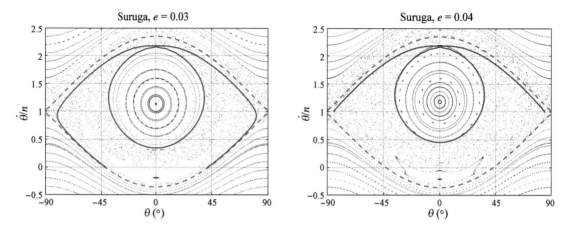

图 10 - 30   **Suruga 双小行星系统(α=1.36)主共振和次级共振的动力学边界**
与庞加莱截面对比[1]

习　题

1. 请思考如下问题：

1）Henrard 摄动理论的核心思想是什么？

2）应在什么场合下使用 Henrard 摄动理论？

3）Henrard 摄动理论和基于经典平均化方法的差别体现在哪里？

4）相对于 Wisdom 摄动理论（周期性穿过临界线产生混沌），请思考 Henrard 摄动理论产生混沌的机制是什么？

5）对比理解 Wisdom 摄动理论和 Henrard 摄动理论，请思考它们的主要差别是什么？

2. 类似图 10 - 27，把如下距离函数作为指标，求其在参数平面内的分布

$$\Delta\dot{\theta}(\alpha,\dot{\theta}_0)=\max\dot{\theta}-\min\dot{\theta}$$

3. 利用第五章介绍的 Lie 级数变换理论，研究轨旋同步共振岛中的次级共振。关于本题目读者可参考文献[15]。

参考文献

[1] Lei H. Dynamical Structures Associated with High-Order and Secondary Resonances in the Spin-Orbit Problem[J]. The Astronomical Journal，2024，167(3)：121.

[2] Lei H，Gong Y X. Secular dynamics of stellar spin driven by planets inside Kozai-Lidov resonance[J]. Monthly Notices of the Royal Astronomical Society，2023，523(4)：5134 - 5147.

［3］Wisdom J. Chaotic behavior and the origin of the 31 Kirkwood gap[J]. Icarus，1983，56(1)：51－74.

［4］Wisdom J. A perturbative treatment of motion near the 3/1 commensurability[J]. Icarus，1985，63(2)：272－289.

［5］Henrard J，Lemaître A. A perturbative treatment of the 21 Jovian resonance[J]. Icarus，1987，69(2)：266－279.

［6］Murray C D. Structure of the 2：1 and 3：2 Jovian resonances[J]. Icarus，1986，65(1)：70－82.

［7］Henrard J，Lemaitre A. A perturbation method for problems with two critical arguments[J]. Celestial mechanics，1986，39(3)：213－238.

［8］Henrard J. A semi-numerical perturbation method for separable Hamiltonian systems [J]. Celestial Mechanics and Dynamical Astronomy，1990，49：43－67.

［9］Morbidelli A. Modern celestial mechanics：aspects of solar system dynamics[M]. Boca Raton：CRC Press，2002.

［10］Murray C D，Dermott S F. Solar system dynamics[M]. Cambridge：Cambridge University Press，1999.

［11］Celletti A，Chierchia L. Hamiltonian stability of spin-orbit resonances in celestial mechanics[J]. Celestial Mechanics and Dynamical Astronomy，2000，76：229－240.

［12］Wisdom J，Peale S J，Mignard F. The chaotic rotation of Hyperion[J]. Icarus，1984，58(2)：137－152.

［13］Froeschlé C，Gonczi R，Lega E. The fast Lyapunov indicator：a simple tool to detect weak chaos. Application to the structure of the main asteroidal belt[J]. Planetary and space science，1997，45(7)：881－886.

［14］Daquin J，Charalambous C. Detection of separatrices and chaotic seas based on orbit amplitudes[J]. Celestial Mechanics and Dynamical Astronomy，2023，135(3)：31.

［15］Gkolias I，Efthymiopoulos C，Celletti A，et al. Accurate modelling of the low-order secondary resonances in the spin-orbit problem[J]. Communications in Nonlinear Science and Numerical Simulation，2019，77：181－202.

第十一章

蔡佩尔-利多夫-古在效应

蔡佩尔-利多夫-古在(von Zeipel-Lidov-Kozai, ZLK)效应描述的是在第三体(不限于第三体)长期摄动下由于近点角距共振引起的轨道偏心率或倾角激发的动力学效应。当摄动天体在倾斜椭圆轨道上运动时,在八极矩近似下,第三体长期摄动不仅能极大地激发偏心率,同时还会使得小天体的轨道发生翻转,该现象被称为偏心蔡佩尔-利多夫-古在(eccentric von Zeipel-Lidov-Kozai, eccentric ZLK)效应。该效应广泛存在于人造卫星、太阳系小天体、系外行星、恒星、黑洞等不同尺度的动力学系统中,可用来解释很多天体物理现象,例如太阳系小天体倾角分布、巨行星不规则卫星倾角分布、近地双小行星动力学、Kuiper 带天体轨道稳定性、系外行星高倾角以及高偏心率、热木星形成机制、密近双星形成、致密双星(白矮星、中子星、黑洞等)加速并合。

本章首先在 11.1 节介绍 ZLK 效应的研究背景;在 11.2 节介绍限制性等级式系统四极矩近似下的经典 ZLK 效应;在 11.3 节介绍非限制性等级式系统四极矩近似下的 ZLK 效应;在 11.4 节介绍外限制性等级式构型下的逆 ZLK 效应;在 11.5 节和 11.6 节分别在限制性和非限制性等级式系统的八极矩近似下介绍 eccentric ZLK 效应;在 11.7 节简要介绍 ZLK 效应在实际系统中的应用;在 11.8 节介绍 ZLK 效应的重点研究方向。

11.1 ZLK 效应的背景

11.1.1 人造地球卫星

人们在月球 3 号(luna-3)航天器的轨道变化中首先观测到 ZLK 效应。月球 3 号是苏联在 1959 年 10 月 4 日发射的无人月球探测器,是世界上第一颗对月球背面成像的航天器。该航天器的初始设计轨道如图 11-1 所示,通过月球引力辅助进入绕地大椭圆轨道,其中远地点高度大于月球轨道半长轴。随后,苏联科学家米哈伊尔·利沃维奇·利多夫(Mikhail Lvovich Lidov)注意到,月球 3 号航天器的轨道在逐渐漂移,主要表现为轨道的近地点高度在逐渐降低[1]。特别地,绕地球运行大约 11 个轨道周期之后,轨道的近地点高度甚至会低于大气层高度。近地点高度降低,意味着轨道偏心率在增加。那么问题是:月球 3 号航天器的绕地轨道偏心率是如何被激发起来的?

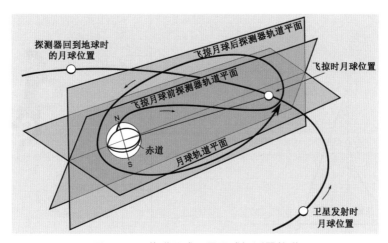

图 11－1　苏联月球 3 号月球探测器轨道

20 世纪 60 年代,苏联科学家利多夫(Lidov)在地球-航天器-月球(或太阳)构成的动力学模型中,系统研究了月球 3 号探测器轨道在第三体摄动下的长期动力学:偏心率和倾角的演化[1]。研究发现,当航天器的轨道面与摄动天体的轨道面之间的夹角大于某一个临界值时(该值与半长轴之比有关),会发生近点角距 ω 的共振(长期共振),共振角为 $\sigma = \omega = \bar{\omega} - \Omega$,对应航天器近点经度 $\bar{\omega}$ 和升交点经度 Ω 的 1：1 共振。近点角距的共振使得航天器的轨道偏心率或倾角被激发。

在研究长期动力学演化时,Lidov 引入下面两个运动积分,即守恒量参数[2]

$$c_1 = (1-e^2)\cos^2 i, \quad c_2 = e^2\left(\frac{2}{5} - \sin^2 i\sin^2 \omega\right) \tag{11-1}$$

后面会进一步表明,这两个运动积分等价于四极矩哈密顿函数 $\mathcal{H}$ 以及 z 方向角动量 $H = \sqrt{1-e^2}\cos i$。航天器处于共振或者循环区域,主要取决于 (c_1, c_2) 参数的值。为此,Lidov 给出了著名的 Lidov "三角"(见图 11－2)。在 c_1－c_2 平面内,$c_2 = 0$ 对应的垂线将参数空间划分为两个"三角"形区域:$c_2 < 0$ 的"三角"区域对应 ω 共振,$c_2 > 0$ 的"三角"区域对应 ω 循环。共振区域发生在 $c_1 \in \left(0, \frac{3}{5}\right)$,而循环区域发生在整个 c_1 区间,即 $c_1 \in (0,1)$。

为了形象地理解第三体长期摄动激发轨道偏心率的动力学效应(简称 ZLK 效应),诺沃日洛夫(Novozhilov)设计了如图 11－3 所示的艺术卡通图:Lidov 向地球附近高倾角(相对于黄道)、近圆轨道掷"月球"试验。在地球-"月球"-太阳构成的三体系统中,"月球"在太阳作为第三体的长期引力摄动下绕地球运动。"月球"轨道面(白道面)和黄道之间具有高倾角,因此,在第三体长期摄动下,高倾角的"月球"即使从近圆轨道出发,偏心率也会被很快激发起来,使得近地点高度降低,甚至会进入地球大气层。

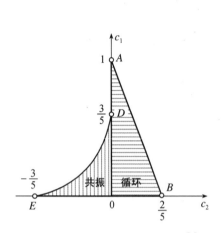

图 11‐2　著名的 Lidov "三角"[1]

图 11‐3　卡通图(I. V. Novozhilov 绘制): Lidov 向地
球附近高倾角(相对于黄道)近圆轨道掷"月
球"[2]

11.1.2　主带小行星

　　20 世纪 60 年代,日本天体力学家 Kozai 研究了太阳系中高倾角、大偏心率小天体在木星(第三体)摄动下的长期动力学演化[3]。得出如下结论:1) 当半长轴之比 $\alpha \ll 1$ 时,近点角距 ω 共振的倾角范围为 39.2°到 140.8°;2) 随着半长轴之比 α 的增加,发生近点角距 ω 共振的临界倾角逐渐降低(见图 11‐4 左图)。对于发生近点角距 ω 共振的情况,图 11‐4 右图给

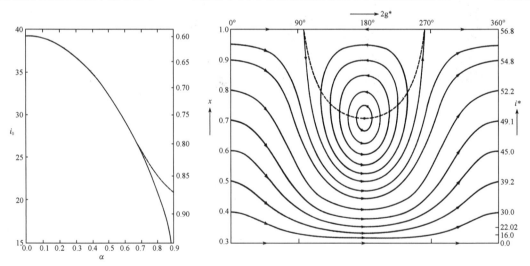

图 11‐4　临界倾角 i_0 随半长轴之比的变化关系(左)以及当 $\alpha \to 0$ 且运动积分取为 $\Theta = \sqrt{1-e^2}\cos i$ $=0.3$ 对应的"伪"相图(右)。左图实线为数值结果,虚线为分析结果(摄动函数展开)。
右图中的 $x=1-e^2$ 代表轨道偏心率,i^* 代表倾角[3]

出了参数空间$(2g,i)$或$(2g,x=1-e^2)$中的"伪"相图。相图中的轨线对应小天体的长期演化轨迹(平均轨迹),沿着相图中的轨线,偏心率和倾角都会发生变化(c_1守恒)。特别是那些靠近共振和循环动力学分界线的轨线,它们的倾角和偏心率变化达到极大值(偏心率激发)。依据相图来分析长期动力学性质是一种非常经典的研究方法。

11.1.3 von Zeipel-Lidov-Kozai 效应的由来

2019 年,日本学者 Ito[3] 通过调研早期文献,发现在 20 世纪初(比 Lidov 和 Kozai 两人的工作早了近半个世纪)瑞典天文学家和数学家 von Zeipel 已经系统地研究过在第三体摄动下小天体或航天器的长期动力学演化,图 11-5 为其中一个代表结果,与 Kozai 给出的相图完全一致。因此 Ito 建议[4],将第三体长期摄动引起的偏心率或倾角激发的动力学效应称为 von Zeipel-Lidov-Kozai (ZLK)效应。三名科学家见图 11-6。

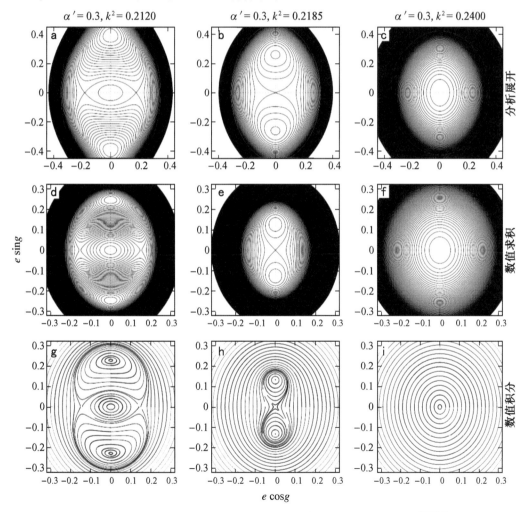

图 11-5 von Zeipel 早期文献的分析和数值结果对比。α'为半长轴之比,$k=\sqrt{1-e^2}\cos i$ 为四极矩模型的运动积分[4]

图 11-6 从左到右分别为瑞典科学家爱德华·胡戈·冯·塞佩尔（Edvard Hugo von Zeipel, 1873—1959），苏联科学家米哈伊尔·利沃维奇·利多夫（Mikhail Lvovich Lidov, 1926—1993）以及日本科学家古在由秀（Yoshihide Kozai, 1928—2018）

11.1.4 Eccentric ZLK 效应

无论是 Lidov、Kozai 或是更早期 von Zeipel 的工作，考察的都是可积系统，存在运动积分 $H = \sqrt{1-e^2}\cos i$（测试粒子 z 方向角动量守恒）。由于 H 守恒，因此顺行轨道（$H>0$）始终是顺行，逆行轨道（$H<0$）始终是逆行。换句话说，在经典的 ZLK 效应下，虽存在偏心率或倾角激发，但是不可能出现轨道翻转的动力学现象。

然而，当摄动天体位于椭圆轨道上时，将哈密顿函数截断到八极矩[①]，此时第三体摄动的哈密顿函数不再是可积系统，特别是 z 方向角动量 $H = \sqrt{1-e^2}\cos i$ 不再是守恒量。因此，在八极矩作用下，$H = \sqrt{1-e^2}\cos i$ 的符号可能会发生改变，也就是说轨道可能发生翻转[5]。因此，将八极矩近似下轨道发生翻转且伴随偏心率激发的动力学现象称为偏心蔡佩尔-利多夫-古在（eccentric von Zeipel-Lidov-Kozai, eccentric ZLK）效应（图 11-7）。该效应是在近 20 年内发现的动力学现象，在宇宙中有着非常广泛的应用。文献[6]指出，eccentric ZLK 效应下轨道翻转存在近似的绝热不变量。

11.1.5 热木星形成

Eccentric ZLK 效应不仅能够有效地激发轨道偏心率，同时可以使得轨道发生翻转，为高倾角甚至逆行热木星的形成与演化提供动力学机制[7][8]。目前普遍被接受的一种热木星的高偏心率迁移机制：结合第三体摄动的 ZLK 效应与潮汐耗散机制（图 11-8）。该机制将高倾角热木星的形成划分为两个主要阶段[9]：

1）能量保持不变，降低热木星轨道角动量阶段（**即轨道半长轴保持不变，激发轨道偏心率**）——由于第三体长期摄动，ZLK 效应使得热木星与摄动天体之间交换轨道角动量，偏心

---

① 截断到更高阶不会改变八极矩模型的定性性质。

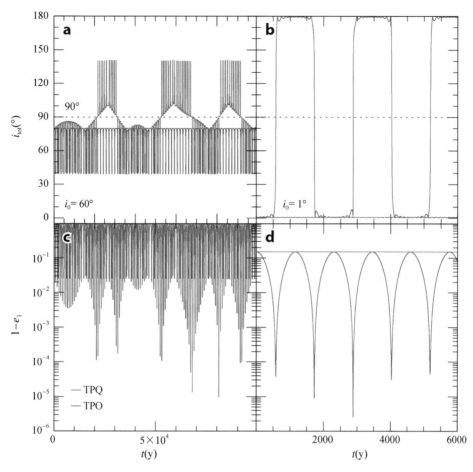

图 11 - 7 Eccentric ZLK 效应。Smadar Naoz 结合 Eccentric ZLK 效应和潮汐耗散机制解释逆行热木星的形成[8]。其中 TPQ 代表测试粒子假设下的四极矩模型(可积哈密顿系统),TPO 代表测试粒子近似下的八极矩模型(不可积哈密顿系统)。四极矩模型下的轨道不会发生翻转(蓝色实线),在八极矩作用下轨道可以发生翻转(红色实线),且在翻转时刻轨道偏心率接近 1。左列子图代表高倾角、低偏心率(HiLe)翻转机制,右列子图代表的是低倾角、高偏心率(LiHe)翻转机制[5]

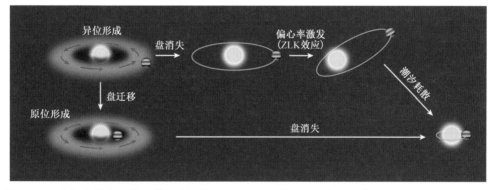

图 11 - 8 高倾角热木星的三种形成机制:1) 原位形成模型;2) 盘迁移模型; 3) ZLK 效应＋潮汐耗散模型[7]

率被激发,热木星的轨道近心点高度降低,触发第二阶段的潮汐耗散机制。

2) 角动量保持不变,降低轨道能量阶段(**同时降低轨道半长轴和轨道偏心率**)——由于偏心率较高,近心点高度较低,潮汐耗散开始起作用,降低轨道角能量(轨道角动量保持不变),从而降低轨道半长轴和轨道偏心率,使得热木星轨道收缩并圆化,最后形成当前观测到的高倾角甚至逆行热木星。

11.1.6 简单讨论

当轨道偏心率被激发起来时,近心点高度降低,此时短程力(short-range force,SRF)效应逐渐凸显。于是,考察各种短程力[如广义相对论(general relativity,GR)、中心天体非球形摄动、潮汐效应、自转形变等]对 eccentric ZLK 效应的影响是近些年的研究课题。另外,对 eccentric ZLK 效应在实际动力学系统中的应用探究也是近些年非常重要的研究方向。

11.2 限制性等级式系统下的 ZLK 效应(四极矩)

11.2.1 Kozai 动力学模型

Kozai 在空间圆型限制性等级式三体系统构型(摄动天体位于圆轨道上,见图 11 - 9)下推导了半长轴之比 α 的 8 阶摄动函数[3]。

具体而言,将摄动函数截断到 8 阶并做平均化处理

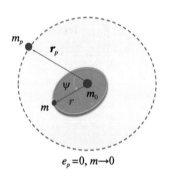

$$\mathcal{R} = \frac{\mathcal{G}m_p}{a_p} \sum_{n=2}^{\infty} \alpha^n \left(\frac{r}{a}\right)^n P_n(\cos\psi) \qquad (11-2)$$

其中 $P_n(\cos\psi)$ 为 n 阶的 Legendre 多项式(见第一章)。由于摄动天体位于圆轨道上(即 $e_p=0$),系统具有对称性。奇数阶摄动函数项通过双平均处理以后均为零,故只剩下偶数项。

图 11 - 9　空间圆型限制性等级式构型

笔者借助 Mathematica 符号软件,推导了 α 的 8 阶双平均摄动函数,其表达式如下

$$\mathcal{R}^* = \frac{\mathcal{G}m_p}{a_p} \left\{ \left(\frac{1}{2^4}\right)\alpha^2 \left[-(1-3\theta^2)(5-3\eta^2)+15(1-\theta^2)(1-\eta^2)\cos 2\omega\right] + \right.$$

$$\left(\frac{9}{2^{12}}\right)\alpha^4 \left[(3-30\theta^2+35\theta^4)(63-70\eta^2+15\eta^4)- \right.$$

$$140(3-4\eta^2+\eta^4)(1-8\theta^2+7\theta^4)\cos 2g+735\ (1-\eta^2)^2\ (1-\theta^2)^2\cos 4\omega\right] +$$

$$\left(\frac{5}{2^{17}}\right)\alpha^6 \left[-10(5-105\theta^2+315\theta^4-231\theta^6)(429-693\eta^2+315\eta^4-35\eta^6)+ \right.$$

$$315(1-\theta^2)(1-18\theta^2+33\theta^4)(1-\eta^2)(143-110\eta^2+15\eta^4)\cos 2\omega-$$

$$4158\,(1-\theta^2)^2(1-11\theta^2)(1-\eta^2)^2(13-3\eta^2)\cos 4\omega+$$

$$99099\,(1-\theta^2)^3\,(1-\eta^2)^3\cos 6\omega]+$$

$$\left(\frac{175}{2^{28}}\right)\alpha^8[7(35-1260\theta^2+6930\theta^4-12012\theta^6+6435\theta^8)\times$$

$$(12155-25740\eta^2+18018\eta^4-4620\eta^6+315\eta^8)-27720(1-\theta^2)\times$$

$$(-1+33\theta^2-143\theta^4+143\theta^6)(1-\eta^2)(-221+273\eta^2-91\eta^4+7\eta^6)\cos 2\omega+$$

$$396396\,(1-\theta)^2\,(1+\theta)^2(1-26\theta^2+65\theta^4)(1-\eta)^2\,(1+\eta)^2(17-10\eta^2+\eta^4)\cos 4\omega-$$

$$490776\,(1-\theta)^3\,(1+\theta)^3(1-15\theta^2)(1-\eta)^3\,(1+\eta)^3(17-3\eta^2)\cos 6\omega+$$

$$15643485\,(1-\theta)^4\,(1+\theta)^4\,(1-\eta)^4\,(1+\eta)^4\cos 8\omega]\}\tag{11-3}$$

其中

$$\theta=\cos i,\quad \eta=\sqrt{1-e^2}\tag{11-4}$$

经对比,我们这里推导的表达式(11-3)与 Kozai[3] 文章中给出的表达式完全一致①。

当半长轴之比满足 $\alpha\ll 1$ 时,四极矩摄动函数(二阶项)已经可以足够精确地描述 ZLK 效应。在圆型限制性等级式构型下,考虑半长轴之比 α 的更高阶截断不会改变系统的定性动力学性质,即系统自由度数目、运动积分的存在性、系统的可积性等不会改变。

11.2.2　四极矩哈密顿模型

为了和后面八极矩模型保持一致,这里我们以空间椭圆型限制性等级式系统为出发点进行推导(若将摄动天体轨道偏心率取为零,则此系统退化为圆型限制性等级式构型)。空间椭圆型限制性等级式构型见图 11-10。

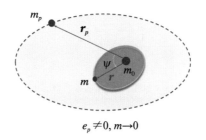

图 11-10　空间椭圆型限制性等级式构型。中心天体质量为 m_0,小天体质量为 m,摄动天体质量为 m_p

考虑到质量关系 $m\ll m_p<m_0$,因此可将 m 近似为测试粒子,即所谓的限制性问题。那么,单位质量小天体受到来自第三体的引力摄动函数为(见第八章)

$$\mathcal{R}=\frac{\mathcal{G}m_p}{a_p}\sum_{n=2}^{\infty}\left(\frac{a}{a_p}\right)^n\left(\frac{r}{a}\right)^n\left(\frac{a_p}{r_p}\right)^{n+1}P_n(\cos\psi)\tag{11-5}$$

---

① 这里我们推导的目的是想检验原文献的表达式是否正确。

四极矩摄动函数为

$$\mathcal{R} = \frac{\mathcal{G}m_p}{a_p}\left(\frac{a}{a_p}\right)^2\left(\frac{r}{a}\right)^2\left(\frac{a_p}{r_p}\right)^3\left(\frac{3}{2}\cos^2\psi - \frac{1}{2}\right) \tag{11-6}$$

考虑到测试粒子和摄动天体的轨道周期远小于长期演化时标,因此依据平均化原理,可将摄动函数在小天体和摄动天体的轨道周期内进行平均化处理。

双平均后的四极矩摄动函数为(见第八章)

$$\begin{aligned}
\mathcal{R}^* &= \frac{1}{4\pi^2}\int_0^{2\pi}\int_0^{2\pi}\mathcal{R}\mathrm{d}M\mathrm{d}M_p \\
&= \frac{1}{16}\frac{\mathcal{G}m_p}{a_p}\left(\frac{a}{a_p}\right)^2\frac{1}{(1-e_p^{\,2})^{3/2}}\left[(2+3e^2)(3\cos^2 i - 1) + 15e^2\sin^2 i\cos 2\omega\right]
\end{aligned} \tag{11-7}$$

当 $e_p = 0$ 时,(11-7)与(11-3)给出的四极矩摄动函数完全一致。

讨论:在四极矩近似下,椭圆构型可等效为圆构型。记摄动天体的等效半长轴为 a_{eff},那么四极矩摄动函数恒等,可建立等式

$$\frac{1}{a_p^{\,3}}\frac{1}{(1-e_p^{\,2})^{3/2}} = \frac{1}{a_{\mathrm{eff}}^{\,3}} \tag{11-8}$$

即等效圆轨道半长轴为 $a_{\mathrm{eff}} = a_p\sqrt{1-e_p^{\,2}}$。这说明,在四极矩近似下,摄动天体在 (a_p, e_p) 轨道上产生的动力学效应等价于摄动天体在半长轴为 $a_{\mathrm{eff}} = a_p\sqrt{1-e_p^{\,2}}$ 的圆轨道上产生的动力学效应。

在四极矩模型下,系统的哈密顿函数为

$$\begin{aligned}
\mathcal{H}^* &= -\frac{\mathcal{G}m_0}{2a} - \mathcal{R}^* \\
&= -\frac{\mathcal{G}m_0}{2a} - \frac{3}{8}\frac{\mathcal{G}m_p}{a_p}\left(\frac{a}{a_p}\right)^2\frac{1}{(1-e_p^{\,2})^{3/2}}\times \\
&\quad \left[-\frac{1}{2}e^2 + \cos^2 i + \frac{3}{2}e^2\cos^2 i - \frac{1}{3} + \frac{5}{2}e^2(1-\cos^2 i)\cos 2\omega\right]
\end{aligned} \tag{11-9}$$

在长期动力学演化中,平近点角 M 是平均化系统哈密顿函数的循环坐标,因此半长轴 a 为平均化系统的运动积分。将哈密顿函数中的常数项去掉,可得四极矩哈密顿函数为

$$\mathcal{H}^* = -\frac{3}{8}\frac{\mathcal{G}m_p}{a_p}\left(\frac{a}{a_p}\right)^2\frac{1}{(1-e_p^{\,2})^{3/2}}\left[-\frac{1}{2}e^2 + \cos^2 i + \frac{3}{2}e^2\cos^2 i + \frac{5}{2}e^2(1-\cos^2 i)\cos 2\omega\right] \tag{11-10}$$

系数项记为

$$\mathcal{C}_0 = \frac{3}{8}\frac{\mathcal{G}m_p}{a_p}\left(\frac{a}{a_p}\right)^2\frac{1}{(1-e_p^{\,2})^{3/2}} \tag{11-11}$$

那么哈密顿函数可简化为

$$\mathcal{H}^* = \mathcal{C}_0 \left[\frac{1}{2} e^2 - \cos^2 i - \frac{3}{2} e^2 \cos^2 i - \frac{5}{2} e^2 (1 - \cos^2 i) \cos 2\omega \right] \qquad (11-12)$$

为了方便,引入 Delaunay 变量

$$
\begin{aligned}
l &= M, & L^* &= \sqrt{\mu a} \\
g &= \omega, & G^* &= L^* \sqrt{1 - e^2} \\
h &- \Omega, & H^* &= G^* \cos i
\end{aligned}
\qquad (11-13)
$$

基于 Delaunay 变量,四极矩哈密顿函数可改写为

$$
\begin{aligned}
\mathcal{H}^* = \mathcal{C}_0 \Big[&\frac{1}{2} \frac{L^{*2} - G^{*2}}{L^{*2}} - \frac{H^{*2}}{G^{*2}} - \frac{3}{2} \frac{H^{*2}}{L^{*2} G^{*2}} (L^{*2} - G^{*2}) - \\
&\frac{5}{2} \frac{1}{L^{*2} G^{*2}} (L^{*2} - G^{*2})(G^{*2} - H^{*2}) \cos 2g \Big]
\end{aligned}
\qquad (11-14)
$$

由于角变量 l 和 h 为哈密顿系统的循环坐标,故四极矩哈密顿系统存在如下运动积分

$$
\begin{aligned}
L^* &= \text{const} \\
H^* &= \text{const}
\end{aligned}
\qquad (11-15)
$$

哈密顿正则方程(运动方程)为

$$
\begin{aligned}
\frac{\mathrm{d}g}{\mathrm{d}t} &= \frac{\partial \mathcal{H}^*}{\partial G^*}, & \frac{\mathrm{d}G^*}{\mathrm{d}t} &= -\frac{\partial \mathcal{H}^*}{\partial G^*} \\
\frac{\mathrm{d}h}{\mathrm{d}t} &= \frac{\partial \mathcal{H}^*}{\partial H^*}, & \frac{\mathrm{d}H^*}{\mathrm{d}t} &= -\frac{\partial \mathcal{H}^*}{\partial h}
\end{aligned}
\qquad (11-16)
$$

以上是从非归一化的角度建立四极矩哈密顿模型。下面从归一化角度来重新推导四极矩模型。

考虑到哈密顿函数(11-12)中的系数 $\mathcal{C}_0$ 为常数,因此可以**将哈密顿函数归一化**,即将哈密顿函数除以常数 $\mathcal{C}_0$,得到归一化的哈密顿函数为

$$\mathcal{H} = \frac{\mathcal{H}^*}{\mathcal{C}_0} = -\left[-\frac{1}{2} e^2 + \cos^2 i + \frac{3}{2} e^2 \cos^2 i + \frac{5}{2} e^2 (1 - \cos^2 i) \cos 2\omega \right] \qquad (11-17)$$

同时考虑到 Delaunay 变量中的 $L^* = \sqrt{\mu a}$ 在长期演化中也为常数,因此引入归一化的 Delaunay 变量

$$
\begin{aligned}
g &= \omega, & G &= \sqrt{1 - e^2} = G^* / L^* \\
h &= \Omega, & H &= G \cos i = H^* / L^*
\end{aligned}
\qquad (11-18)
$$

基于归一化的 Delaunay 变量,哈密顿函数(11-17)变为

$$\mathcal{H} = \frac{1}{2}(1 - G^2) - \frac{H^2}{G^2} - \frac{3}{2}(1 - G^2)\frac{H^2}{G^2} - \frac{5}{2}(1 - G^2)\frac{G^2 - H^2}{G^2} \cos 2g \qquad (11-19)$$

归一化哈密顿系统的变量都在单位 1 的量级,方便进行高精度数值计算。注:归一化是非常

重要的研究方法,不但可以保证计算精度,还可以简化哈密顿函数的表达式。

那么,非归一化哈密顿系统(11-14)和归一化哈密顿系统(11-19)有什么对应关系呢?

为此,我们将 $\mathcal{H}^* = \mathcal{C}_0\mathcal{H}$ 以及 $G^* = L^*G, H^* = L^*H$ 代入非归一化运动方程,运动方程变为

$$\frac{\mathrm{d}g}{\mathrm{d}t} = \mathcal{C}_0\,\frac{\partial\mathcal{H}}{\partial(L^*G)}, \quad L^*\frac{\mathrm{d}G}{\mathrm{d}t} = -\mathcal{C}_0\,\frac{\partial\mathcal{H}}{\partial g}$$

$$\frac{\mathrm{d}h}{\mathrm{d}t} = \mathcal{C}_0\,\frac{\partial\mathcal{H}}{\partial(L^*H)}, \quad L^*\frac{\mathrm{d}H}{\mathrm{d}t} = -\mathcal{C}_0\,\frac{\partial\mathcal{H}}{\partial h} \tag{11-20}$$

将该方程整理为

$$\frac{L^*}{\mathcal{C}_0}\frac{\mathrm{d}g}{\mathrm{d}t} = \frac{\partial\mathcal{H}}{\partial G}, \quad \frac{L^*}{\mathcal{C}_0}\frac{\mathrm{d}G}{\mathrm{d}t} = -\frac{\partial\mathcal{H}}{\partial g}$$

$$\frac{L^*}{\mathcal{C}_0}\frac{\mathrm{d}h}{\mathrm{d}t} = \frac{\partial\mathcal{H}}{\partial H}, \quad \frac{L^*}{\mathcal{C}_0}\frac{\mathrm{d}H}{\mathrm{d}t} = -\frac{\partial\mathcal{H}}{\partial h} \tag{11-21}$$

进一步将其改写为如下形式

$$\frac{\mathrm{d}g}{\mathrm{d}\left(\frac{\mathcal{C}_0}{L^*}t\right)} = \frac{\partial\mathcal{H}}{\partial G}, \quad \frac{\mathrm{d}G}{\mathrm{d}\left(\frac{\mathcal{C}_0}{L^*}t\right)} = -\frac{\partial\mathcal{H}}{\partial g}$$

$$\frac{\mathrm{d}h}{\mathrm{d}\left(\frac{\mathcal{C}_0}{L^*}t\right)} = \frac{\partial\mathcal{H}}{\partial H}, \quad \frac{\mathrm{d}H}{\mathrm{d}\left(\frac{\mathcal{C}_0}{L^*}t\right)} = -\frac{\partial\mathcal{H}}{\partial h} \tag{11-22}$$

引入新的时间变量 $\tau = \frac{\mathcal{C}_0}{L^*}t$,那么上式变为

$$\frac{\mathrm{d}g}{\mathrm{d}\tau} = \frac{\partial\mathcal{H}}{\partial G}, \quad \frac{\mathrm{d}G}{\mathrm{d}\tau} = -\frac{\partial\mathcal{H}}{\partial g}$$

$$\frac{\mathrm{d}h}{\mathrm{d}\tau} = \frac{\partial\mathcal{H}}{\partial H}, \quad \frac{\mathrm{d}H}{\mathrm{d}\tau} = -\frac{\partial\mathcal{H}}{\partial h} \tag{11-23}$$

这就是归一化哈密顿系统的正则运动方程(以 τ 为新的时间坐标)。因此,非归一化哈密顿系统和归一化哈密顿系统之间的关系在于它们的时间坐标存在如下线性伸缩变换关系

$$\tau = \frac{\mathcal{C}_0}{L^*}t = \frac{\mathcal{C}_0}{\sqrt{\mu a}}t = \frac{3}{8}\left(\frac{m_p}{m_0}\right)\left(\frac{a}{a_p}\right)^3\frac{1}{(1-e_p{}^2)^{3/2}}nt \tag{11-24}$$

其中 n 代表小天体的平运动: $n^2a^3 = \mu$。注:后面都将在归一化的哈密顿系统中讨论 Kozai 动力学。

11.2.3　四极矩哈密顿模型下的 ZLK 效应

归一化的四极矩哈密顿函数为

$$\mathcal{H}=\frac{1}{2}\left(1-G^2+3H^2-5\frac{H^2}{G^2}\right)-\frac{5}{2}\left(1-G^2+H^2-\frac{H^2}{G^2}\right)\cos 2g \qquad (11-25)$$

系统存在如下运动积分（z 方向角动量）

$$H=\sqrt{1-e^2}\cos i \qquad (11-26)$$

该运动积分是偏心率 e 和倾角 i 的函数。运动积分 $H=\sqrt{1-e^2}\cos i$ 的存在意味着测试粒子的偏心率和倾角在长期演化中存在相互交换（见图 11-11）。类似 Kozai 的做法，采用零偏心率处的倾角（记为 i_*）来表征该运动积分，即

$$H=\sqrt{1-e^2}\cos i=\cos i_* \qquad (11-27)$$

将临界倾角 i_* 称为 Kozai 倾角参数。

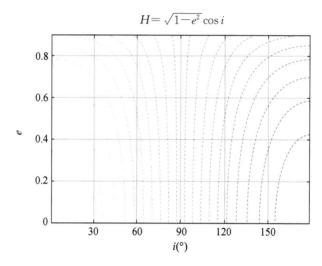

图 11-11　运动积分 $H=\sqrt{1-e^2}\cos i$ 在 (e,i) 平面的分布

四极矩模型下的平衡点满足如下方程

$$\begin{cases}\dfrac{\mathrm{d}g}{\mathrm{d}\tau}=-G+5\dfrac{H^2}{G^3}+\dfrac{5}{G^3}(G^4-H^2)\cos(2g)=0\\[2mm]\dfrac{\mathrm{d}G}{\mathrm{d}\tau}=-5\left(1-G^2+H^2-\dfrac{H^2}{G^2}\right)\sin(2g)=0\end{cases} \qquad (11-28)$$

第二个方程要求

$$\sin 2g=0\Rightarrow 2g=0,\pi\Rightarrow g=0,\frac{\pi}{2},\pi,\frac{3\pi}{2} \qquad (11-29)$$

或者

$$1-G^2+H^2-\frac{H^2}{G^2}=0\Rightarrow G=1\Rightarrow e=0（奇点） \qquad (11-30)$$

下面分两种情况讨论：

1）当 $g=0,\pi$ 且 $e\neq0$ 时,(11-28)的第一个方程给出

$$G=0 \Rightarrow e=1 \qquad\qquad (11-31)$$

为抛物线轨道,这不在我们考虑的范围内。

2）当 $g=\dfrac{\pi}{2},\dfrac{3\pi}{2}$ 且 $e\neq0$ 时,(11-28)的第一个方程给出

$$-3G^4+5H^2=0 \Rightarrow G^4=\frac{5}{3}H^2 \Rightarrow e^2=1-\frac{5}{3}\cos^2 i \qquad (11-32)$$

此即 ZLK 共振中心位置处偏心率和倾角的关系

$$\cos i=\pm\sqrt{\frac{3}{5}(1-e^2)} \qquad\qquad (11-33)$$

ZLK 共振中心在 (e,i) 平面的分布见图 11-12。可见,ZLK 共振中心的分布关于 $i=90°$（极轨）对称。在顺行区域,倾角越高,ZLK 共振中心的偏心率越大。特别地,当 $i=90°$ 时,ZLK 共振中心的偏心率 $e\to1$（抛物线轨道）。

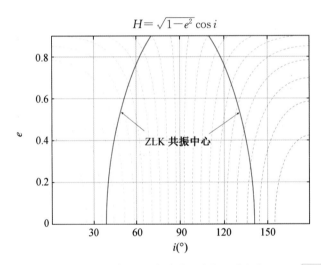

图 11-12　倾角-偏心率平面内 ZLK 共振中心(黑色实线)以及运动积分 $H=\sqrt{1-e^2}\cos i$ 的分布(虚线)

另外,ZLK 共振中心满足方程 $G^4=\dfrac{5}{3}H^2$,于是可得偏心率 e 和 Kozai 倾角参数 i_* 的关系如下

$$1-e^2=\sqrt{\frac{5}{3}\cos^2 i_*} \qquad\qquad (11-34)$$

从而用 Kozai 倾角参数 i_* 表示的 ZLK 共振中心的偏心率和倾角分别为

$$e^2=1-\sqrt{\frac{5}{3}\cos^2 i_*}, \quad \cos^2 i=\sqrt{\frac{3}{5}\cos^2 i_*} \qquad (11-35)$$

方程(11-35)存在物理解要求 $e^2>0$,于是 Kozai 倾角参数 i_* 需满足

$$1-\sqrt{\frac{5}{3}\cos^2 i_*}>0 \Rightarrow \cos^2 i_* < \frac{3}{5} \Rightarrow i_* \in (39.2°,140.8°) \qquad (11-36)$$

该式表明:**当且仅当 Kozai 倾角参数 i_* 满足 39.2°<i_*<140.8°时,ZLK 共振才会发生**

图 11-13 给出了 Kozai 倾角参数 $i_*=30°$时的相图(此时不满足 ZLK 共振发生条件)。可见,ZLK 共振不发生时,相图中不存在平衡点。图 11-14 给出了 Kozai 倾角参数为 $i_*=60°$的相图(满足 ZLK 共振发生条件),可见相图中存在 ZLK 共振岛,红色实线为相图的动力学边界线(经过 $e=0$ 的哈密顿等值线),它将相空间划分为共振区域和循环区域。观察相图可知,沿着相空间轨线,测试粒子的轨道偏心率可以从近圆轨道激发至较大的偏心率,且最大偏心率发生在 $2\omega=\pi$ 的位置,即共振中心对应的角坐标。

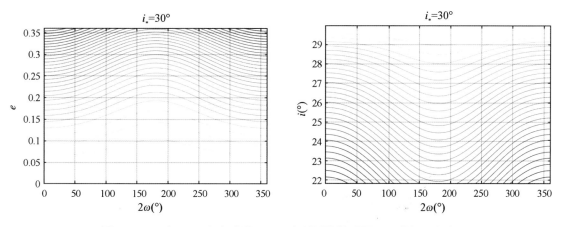

图 11-13 当 Kozai 倾角参数 $i_*=30°$时的"伪"相图(ZLK 共振不发生)

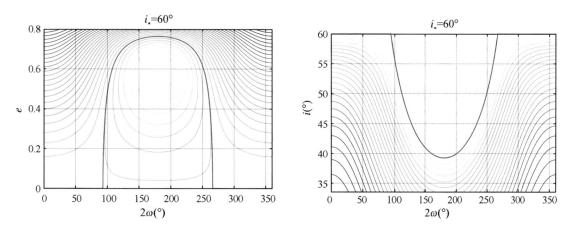

图 11-14 当 Kozai 倾角参数为 $i_*=60°$时的"伪"相图(ZLK 共振发生),红色实线为经过零偏心率 $e=0$ 点的哈密顿量等值线,表现为动力学边界

接下来考察 $e=0$ 的情况。

当 $e=0(G=1)$ 时,近点角距 ω 没有定义。根据图 11-14 可得知,相图中经过 $e=0(G=1)$ 的哈密顿量等值线是循环区域和共振区域的分界线。故动力学边界线的哈密顿函数为

$$\mathcal{H}_{\text{sep}}=-H^2=-\cos^2 i_* \tag{11-37}$$

特别地,当 $\mathcal{H}<\mathcal{H}_{\text{sep}}$ 时,相空间轨线对应共振;当 $\mathcal{H}>\mathcal{H}_{\text{sep}}$ 时,相空间轨线对应循环。

图 11-15 给出了在 ZLK 共振不发生和发生的两种情况下,系统在 $(e\cos\omega, e\sin\omega)$ 平面内的"伪"相图,右图中红色实线为动力学边界,将相空间划分为共振区域和循环区域。当共振不发生时(左图),沿相空间轨线,测试粒子的偏心率变化很小,近圆轨道始终保持近圆特点。然而,当 ZLK 共振发生时(右图),近圆轨道的偏心率可以被激发到很高的值,此即 ZLK 效应——**近点角距共振导致的偏心率激发效应**。

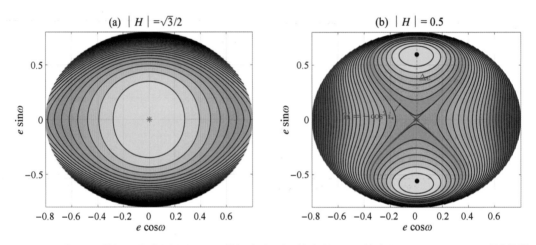

图 11-15   在 ZLK 共振不发生(左)和 ZLK 共振发生(右)的参数下,系统在 $(e\cos\omega, e\sin\omega)$ 平面的"伪"相图。ZLK 共振发生时的动力学边界表现为经典的"8"字形(右图)

下面从不同角度讨论轨道分类。

四极矩哈密顿系统存在两个守恒量:哈密顿函数 $\mathcal{H}$ 和 z 方向角动量 H。运动积分 H 可用 Kozai 倾角参数 i_* 表征,即 $H=\cos i_*$。类似 Lidov "三角"的分析思路[①],我们可在守恒量空间 $(\mathcal{H}, H)$ 或 $(\mathcal{H}, \cos i_*)$ 中讨论共振和循环区域的分布。

首先,讨论哈密顿函数的下边界。

将四极矩哈密顿函数整理为

$$\mathcal{H}(g,G)=\frac{1}{2}(1-G^2)-\frac{1}{2}\frac{H^2}{G^2}(5-3G^2)-\frac{5}{2}\left(\frac{1}{G^2}-1\right)(G^2-H^2)\cos 2g \tag{11-38}$$

可见哈密顿函数是变量 (g,G) 的二元函数。考虑到 $\cos 2g$ 的系数满足

---

① Lidov "三角"是一种全局、系统的轨道分类方法。

$$\frac{5}{2}\left(\frac{1}{G^2}-1\right)(G^2-H^2)=\frac{5}{2}e^2\sin^2 i_*>0 \tag{11-39}$$

那么哈密顿函数的极小值发生在角坐标 $2g=0$ 的位置。将 $2g=0$ 代入(11-38)化简可得

$$\mathcal{H}=-2-H^2+2G^2 \tag{11-40}$$

该哈密顿函数是 G 的增函数,并且变量 G 满足 $G\geqslant|H|$。可见,哈密顿函数的最小值发生在 G 取最小值 $G=|H|$(即 $i=0$ 或 π)处,因而哈密顿函数的最小值为

$$\mathcal{H}_{\min}=\mathcal{H}(G=|H|,2g=0)=-2+H^2=-2+\cos^2 i_* \tag{11-40}$$

该式给出了哈密顿函数在 $(\mathcal{H},H)$ 或 $(\mathcal{H},\cos i_*)$ 平面的下边界。

其次,讨论哈密顿函数的上边界。

运动方程的稳定平衡点,对应哈密顿函数的极大值点。因此哈密顿函数的最大值发生在 ZLK 中心的位置,即

$$\begin{aligned}\mathcal{H}_{\max}&=\mathcal{H}\left(G^4=\frac{5}{3}H^2,2g=\pi\right)\\&=3+4H^2-2\sqrt{15}|H|\\&=3+4\cos^2 i_*-2\sqrt{15}|\cos i_*|\end{aligned} \tag{11-42}$$

该表达式给出了哈密顿函数在 $(\mathcal{H},H)$ 或 $(\mathcal{H},\cos i_*)$ 平面内的上边界。

最后,讨论动力学边界的哈密顿量。

根据相图(图 11-14)得知,共振和循环的动力学边界为经过零偏心率点 $(e=0\Rightarrow G=1)$ 的哈密顿量等值线,即分界线的哈密顿量为

$$\mathcal{H}_{\text{sep}}=\mathcal{H}(G=1)=-H^2=-\cos^2 i_* \tag{11-43}$$

该表达式给出了哈密顿函数在 $(\mathcal{H},H)$ 或 $(\mathcal{H},\cos i_*)$ 平面内的动力学分界线。

因此,可以根据哈密顿函数,将四极矩模型下的相空间轨线分类如下

$$\begin{aligned}\mathcal{H}_{\min}<\mathcal{H}<\mathcal{H}_{\text{sep}}&\Rightarrow 循环\\\mathcal{H}_{\text{sep}}<\mathcal{H}<\mathcal{H}_{\max}&\Rightarrow 共振\\\mathcal{H}>\mathcal{H}_{\max}\text{ 或 }\mathcal{H}<\mathcal{H}_{\min}&\Rightarrow 禁止区域\end{aligned} \tag{11-44}$$

具体而言,在 $(\mathcal{H},H)$ 空间,轨道分类如下

$$\begin{aligned}-2+H^2<\mathcal{H}<3+4H^2-2\sqrt{15}|H|&\Rightarrow 循环\\3+4H^2-2\sqrt{15}|H|<\mathcal{H}<-H^2&\Rightarrow 共振\\\mathcal{H}>-H^2\text{ 或 }\mathcal{H}<-2+H^2&\Rightarrow 禁止区域\end{aligned} \tag{11-45}$$

参数平面 $(\mathcal{H},H)$ 内的轨道分类见图 11-16。可见,在整个参数平面内循环区域和共振区域的分布关于 $H=0$ 对称。循环区域不仅关于 $H=0$ 对称,同时关于直线 $\mathcal{H}=-1$ 对称。

类似地,在 $(\mathcal{H},\cos i_*)$ 空间,轨道分类如下

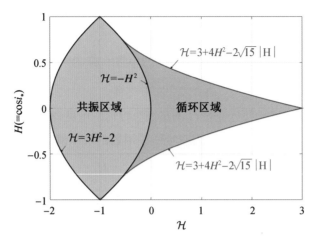

图 11-16 在守恒量 $(\mathcal{H}, H)$ 空间给出循环区域、共振区域以及物理禁止区域（空白）的分布

$$-2+\cos^2 i_* < \mathcal{H} < -\cos^2 i_* \Rightarrow 循环$$

$$-\cos^2 i_* < \mathcal{H} < 3+4\cos^2 i_* -2\sqrt{15}\,|\cos i_*| \Rightarrow 共振 \qquad (11-46)$$

$$\mathcal{H} > 3+4\cos^2 i_* -2\sqrt{15}\,|\cos i_*|\ 或\ \mathcal{H} < -2+\cos^2 i_* \Rightarrow 禁止区域$$

参数平面 $(\mathcal{H}, \cos i_*)$ 内的轨道分类见图 11-17。可见，整个参数平面的轨道分布关于 $i_* = 90°$ 对称。ZLK 共振发生在 $i_* \in (39.2°, 140.8°)$ 范围，随着哈密顿函数 $\mathcal{H}$ 增大（<3），共振区域对应的 Δi_* 逐渐减小。

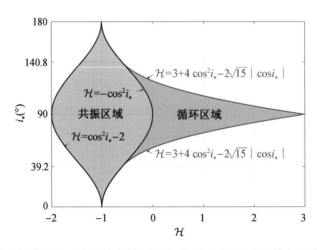

图 11-17 在守恒量 $(\mathcal{H}, i_*)$ 空间给出循环区域、共振区域以及物理禁止区域（空白）的分布

下面继续讨论 (e, i) 参数平面内 ZLK 共振和循环区域的分布。

根据相图（见图 11-14）可知，四极矩哈密顿模型的动力学边界为经过零偏心率点的哈密顿量等值线，故动力学边界对应的约束方程为

$$\mathcal{H} = \frac{1}{2}\left(1-G^2+3H^2-5\frac{H^2}{G^2}\right)-\frac{5}{2}\left(1-G^2+H^2-\frac{H^2}{G^2}\right)\cos 2g = -H^2 \quad (11-47)$$

在 ZLK 共振中心的位置（$2g=\pi$）处（相当于取一个截面来分析），动力学边界的 (G,H) 满足的方程为

$$\mathcal{H}(2g=\pi,G)=-H^2 \Rightarrow \frac{1}{2}\left(1-G^2+3H^2-5\frac{H^2}{G^2}\right)+\frac{5}{2}\left(1-G^2+H^2-\frac{H^2}{G^2}\right)+H^2=0$$

$$(11-48)$$

将其化简可得

$$\left(1-G^2\right)\left(3-\frac{5H^2}{G^2}\right)=0 \quad (11-49)$$

该方程的解为

$$1-G^2=0 \ \text{或} \ 3-\frac{5H^2}{G^2}=0 \quad (11-50)$$

分别对应

$$1-G^2=0 \Rightarrow G=1 \ \text{或} \ 3-\frac{5H^2}{G^2}=0 \Rightarrow G^2=\frac{5}{3}\cos^2 i_* \quad (11-51)$$

意味着动力学边界的偏心率下限和上限分别为

$$e_1=0$$
$$e_2=\sqrt{1-\frac{5}{3}\cos^2 i_*} \quad (11-52)$$

根据运动积分 $H=\sqrt{1-e^2}\cos i=\cos i_*$，可得动力学边界的倾角上限和下限分别为

$$i_1=i_*$$
$$\cos i_2=\sqrt{\frac{3}{5}} \Rightarrow i_2=39.2° \quad (11-53)$$

这表明在 (e,i) 平面内，动力学边界的两个端点坐标分别为

$$\left(e_1=0,i_1=i_*\right)\text{和}\left(e_2=\sqrt{1-\frac{5}{3}\cos^2 i_*}\ ,i_2=39.2°\right) \quad (11-54)$$

在根数 (e,i) 平面内共振区域和循环区域的分布见图 11-18（角坐标取为 $2\omega=\pi$，即 ZLK 共振中心的位置）。图 11-18 直观地描述了 ZLK 效应，通过该图可清晰地读出 ZLK 效应是如何引起偏心率或倾角激发以及激发程度等信息。具体而言，可得出如下结论：

1）(e,i) 平面内共振区域和循环区域的分布关于 $i=90°$ 对称；

2）ZLK 共振发生在倾角范围（39.2°，140.8°）内；

3）给定运动积分 $H=\cos i_*$（运动积分轨线），动力学边界处的偏心率和倾角变化达到极大值；

4）Kozai 倾角参数 i_* 越大，近圆轨道被激发的最大偏心率越大。

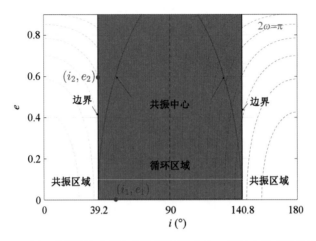

图 11 - 18 在 (e,i) 平面内共振与循环区域的分布。背景中的虚线为运动积分

$H = \sqrt{1-e^2}\cos i$ 的等值线分布

下面讨论 ZLK 共振的共振宽度。

根据以上讨论,可知共振宽度 Δe 和 Δi 分别为

$$\Delta e = e_2 - e_1 = \sqrt{1 - \frac{5}{3}\cos^2 i_*} \tag{11-55}$$

$$\Delta i = |i_2 - i_1| = \begin{cases} i_* - 39.2° \\ 140.8° - i_* \end{cases}$$

以及用 ΔG 表示的宽度为

$$\Delta G = 1 - \sqrt{\frac{5}{3}\cos^2 i_*} \tag{11-56}$$

ZLK 共振宽度 $\Delta e(i_*), \Delta i(i_*)$ 以及 $\Delta G(i_*)$ 的变化曲线见图 11 - 19。可见,在 Kozai 倾角参数范围 $i_* \in (39.2°, 90°)$ 内,ZLK 共振宽度 $\Delta e, \Delta i$ 以及 ΔG 都是 i_* 的单调增函数。特别地,当 $i_* = 90°$ 时,$\Delta e = 1$,$\Delta i = 50.8°$ 以及 $\Delta G = 1$。

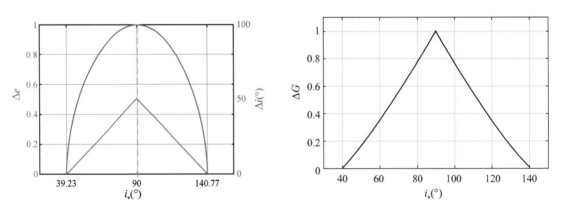

图 11 - 19 ZLK 共振宽度 $\Delta e, \Delta i$(左图)和 ΔG(右图)与 Kozai 倾角参数 i_* 的关系

作为本节结尾,我们推导经典的 Lidov "三角"。

首先,要从哈密顿函数 $\mathcal{H}$ 和运动积分 H 两个守恒量出发,推导等价的两个守恒量参数 (c_1, c_2)。根据运动积分 H 的表达式,可引出第一个守恒量参数 c_1

$$H = \sqrt{1-e^2}\cos i \Rightarrow c_1 = H^2 = (1-e^2)\cos^2 i \tag{11-57}$$

哈密顿函数是

$$\mathcal{H} = \frac{1}{2}e^2 - \cos^2 i - \frac{3}{2}e^2\cos^2 i - \frac{5}{2}e^2\sin^2 i\cos 2\omega \tag{11-58}$$

将其整理为

$$\mathcal{H} = \frac{1}{2}e^2 - \cos^2 i - \frac{3}{2}e^2\cos^2 i - \frac{5}{2}e^2\sin^2 i(1-2\sin^2\omega) \tag{11-59}$$

进一步化简,可得

$$\mathcal{H} = (-1+e^2)\cos^2 i - 2e^2 + 5e^2\sin^2 i\sin^2\omega \tag{11-60}$$

考虑到 $c_1 = (1-e^2)\cos^2 i$,于是哈密顿函数变为

$$\mathcal{H} = -c_1 - 5e^2\left(\frac{2}{5} - \sin^2 i\sin^2\omega\right) \tag{11-61}$$

由于 $\mathcal{H}$ 和 c_1 均为守恒量参数,因此 $\mathcal{H}+c_1$ 必然为守恒量,于是引出第二个守恒量参数 c_2

$$c_2 = e^2\left(\frac{2}{5} - \sin^2 i\sin^2\omega\right) \tag{11-62}$$

于是可得关系 $\mathcal{H} = -c_1 - 5c_2$。毫无疑问,守恒量参数 $(\mathcal{H}, H)$ 与 (c_1, c_2) 是完全等价的,它们之间的转换关系为

$$c_1 = H^2, \quad c_2 = -\frac{1}{5}(\mathcal{H} + H^2) \tag{11-63}$$

于是,哈密顿函数的下边界,对应 c_2 的上边界,即

$$\mathcal{H}_{\min} = -2 + H^2 \Rightarrow c_{2,\max} = \frac{2}{5}(1-c_1) \tag{11-64}$$

哈密顿函数的上边界对应 c_2 的下边界,即

$$\mathcal{H}_{\max} = 3 + 4H^2 - 2\sqrt{15}\,|H| \Rightarrow c_{2,\min} = -\frac{1}{5}(3 + 5c_1 - 2\sqrt{15c_1}) \tag{11-65}$$

共振与循环的动力学边界为

$$\mathcal{H}_{\text{sep}} = -H^2 \Rightarrow -c_1 - 5c_2 = -c_1 \Rightarrow c_{2,\text{sep}} = 0 \tag{11-66}$$

将以上各边界在参数平面 (c_1, c_2) 中画出来,可得 ZLK 共振和循环区域的分布,见图 11 - 20。此即为 Lidov "三角",与文献[1]的结果完全一致。在 (c_1, c_2) 空间,轨道分类如下

$$c_{2,\min} < c_2 < c_{2,\text{sep}} \Rightarrow \text{共振}$$

$$c_{2,\text{sep}} < c_2 < c_{2,\max} \Rightarrow \text{循环} \tag{11-67}$$

$$c_2 > c_{2,\max} \text{ 或 } c_2 < c_{2,\min} \Rightarrow \text{禁止区域}$$

Lidov"三角"中特殊点对应的偏心率和倾角如下

$$A(c_1 = 1, c_2 = 0) \Rightarrow e = 0, i = 0 \text{ 或 } \pi$$

$$B\left(c_1 = 0, c_2 = \frac{2}{5}\right) \Rightarrow e = 1, i = 0 \text{ 或 } \pi$$

$$O(c_1 = 0, c_2 = 0) \Rightarrow e = 0, i = \frac{\pi}{2} \tag{11-68}$$

$$E\left(c_1 = 0, c_2 = -\frac{3}{5}\right) \Rightarrow e = 1, i = \frac{\pi}{2}, 2\omega = \pi$$

$$D\left(c_1 = \frac{3}{5}, c_2 = 0\right) \Rightarrow e = 0, i = 39.2° \text{ 或 } 140.8°$$

观察图 11-20，可进行如下讨论：

1）ZLK 共振要求参数 $c_1 < 0.6$；

2）在 $c_1 < 0.6$ 的区域，$c_2 < 0$ 对应共振区域，$c_2 > 0$ 对应循环区域；

3）ZLK 的共振中心位于 $c_2 = c_{2,\min}$ 曲线上。

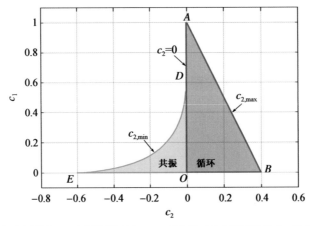

图 11-20 在守恒量 (c_1, c_2) 参数平面内 ZLK 共振和循环区域的分布，即 Lidov "三角"。
该图与文献[1]中的结果(见图 11-2)完全一致

11.2.4 四极矩模型下 ZLK 轨线的分析解

下面依据文献[10]推导 ZLK 轨线的分析解。四极矩模型下的运动方程为

$$\begin{cases} \dfrac{\mathrm{d}G}{\mathrm{d}\tau} = -5e^2 \sin^2 i \sin 2\omega \\[2mm] \dfrac{\mathrm{d}\omega}{\mathrm{d}\tau} = -\dfrac{1}{G}\left[G^2 - 5\cos^2 i + 5(\cos^2 i - G^2)\cos 2\omega\right] \end{cases} \tag{11-69}$$

令 $x=1-e^2=G^2$，运动方程可整理为

$$\begin{cases} \dfrac{\mathrm{d}\sqrt{x}}{\mathrm{d}\tau}=-5e^2\sin^2 i\sin 2\omega \\[3mm] \dfrac{\mathrm{d}\omega}{\mathrm{d}\tau}=-\dfrac{1}{\sqrt{x}}\big[x-5\cos^2 i+5(\cos^2 i-x)\cos 2\omega\big] \end{cases} \tag{11-70}$$

哈密顿函数为

$$\mathcal{H}=\frac{1}{2}\Big(1-G^2+3H^2-5\frac{H^2}{G^2}\Big)-\frac{5}{2}\Big(1-G^2+H^2-\frac{H^2}{G^2}\Big)\cos 2g \tag{11-71}$$

略去常数项可得

$$\mathcal{H}=\frac{1}{2}\Big(-x-5\frac{H^2}{x}\Big)-\frac{5}{2}\Big(1-x+H^2-\frac{H^2}{x}\Big)\cos 2\omega \tag{11-72}$$

于是

$$\cos 2\omega=\frac{-x^2-5H^2-2x\mathcal{H}}{5(1-x)(x-H^2)} \tag{11-73}$$

那么

$$\cos^2\omega=\frac{-x^2-5H^2-2x\mathcal{H}}{10(1-x)(x-H^2)}+\frac{1}{2} \tag{11-74}$$

整理可得

$$\cos^2\omega=\frac{-6x^2+(5+5H^2-2\mathcal{H})x-10H^2}{10(1-x)(x-H^2)}=-\frac{x^2-\dfrac{1}{6}x(5+5H^2-2\mathcal{H})+\dfrac{5}{3}H^2}{\dfrac{5}{3}(1-x)(x-H^2)}$$

$$\tag{11-75}$$

令二次方程 $x^2-\dfrac{1}{6}x(5+5H^2-2\mathcal{H})+\dfrac{5}{3}H^2=0$ 的解为 $x=(x_1^*,x_2^*)$，那么

$$\cos^2\omega=\frac{3(x-x_1^*)(x_2^*-x)}{5(1-x)(x-H^2)} \tag{11-76}$$

于是有

$$\sin^2\omega=\frac{1}{2}-\frac{-x^2-5H^2-2x\mathcal{H}}{10(1-x)(x-H^2)} \tag{11-77}$$

整理为

$$\sin^2\omega=\frac{x(5+2\mathcal{H}+5H^2-4x)}{10(1-x)(x-H^2)}=\frac{x\big[(5+2\mathcal{H}+5H^2)/(4-x)\big]}{(5/2)(1-x)(x-H^2)} \tag{11-78}$$

记 $x_0^*=(5+2\mathcal{H}+5H^2)/4$，那么

$$\sin^2\omega=\frac{2x(x_0^*-x)}{5(1-x)(x-H^2)} \tag{11-79}$$

基于以上表达式，微分方程进一步变为

$$\frac{\mathrm{d}\sqrt{x}}{\mathrm{d}\tau}=-5e^2\sin^2 i\sin 2\omega \Rightarrow \frac{\mathrm{d}\sqrt{x}}{\mathrm{d}\tau}=-10(1-x)\frac{x-H^2}{x}\sin\omega\cos\omega \tag{11-80}$$

将 $\sin\omega$ 和 $\cos\omega$ 的表达式分别代入上式可得

$$\frac{\mathrm{d}\sqrt{x}}{\mathrm{d}\tau}=-10(1-x)\frac{x-H^2}{x}\frac{\sqrt{3(x-x_1^*)(x_2^*-x)2x(x_0^*-x)}}{5(1-x)(x-H^2)} \tag{11-81}$$

化简后得到

$$\sqrt{x}\frac{\mathrm{d}\sqrt{x}}{\mathrm{d}\tau}=-2\sqrt{6}\sqrt{(x-x_1^*)(x_2^*-x)(x_0^*-x)} \tag{11-82}$$

分离变量，可得

$$\mathrm{d}\tau=-\frac{\sqrt{6}}{24}\frac{\mathrm{d}x}{\sqrt{(x-x_1^*)(x_0^*-x)(x_2^*-x)}} \tag{11-83}$$

积分上式可得时间

$$\tau=-\frac{\sqrt{6}}{24}\int\frac{\mathrm{d}x}{\sqrt{(x-x_1^*)(x_0^*-x)(x_2^*-x)}} \tag{11-84}$$

积分结果可用椭圆积分来表示

$$\tau=-\frac{\sqrt{6}}{12}\frac{\sqrt{\dfrac{x_1^*-x}{x_0^*-x}}(x_0^*-x)^{3/2}\sqrt{\dfrac{x_2^*-x}{x_0^*-x}}\,\mathrm{EllipticF}\left[\arcsin\left(\dfrac{\sqrt{-x_1^*+x_0^*}}{\sqrt{x_0^*-x}}\right),\dfrac{-x_0^*+x_2^*}{x_1^*-x_0^*}\right]}{\sqrt{-x_1^*+x_0^*}\sqrt{(x_1^*-x)(x_0^*-x)(-x_2^*+x)}}$$

$$\tag{11-85}$$

$\mathrm{EllipticF}(\theta,\alpha)$ 为第一类椭圆积分（见第一章）。虽然分析解较为复杂，但读者不必纠结于数学表达式本身，理解求可积系统分析解的思路即可。

11.2.5　考虑短程力的 ZLK 效应

当测试粒子的偏心率被激发起来后，此时近心点高度降低，相对中心天体的线速度较大，作为短程力的广义相对论（general relativity，GR）效应较为明显。含 GR 效应的四极矩哈密顿函数（单位质量）为[11]

$$\mathcal{H}^*=\mathcal{C}_0\left[\frac{1}{2}e^2-\cos^2 i-\frac{3}{2}e^2\cos^2 i-\frac{5}{2}e^2(1-\cos^2 i)\cos 2\omega\right]-\frac{3\mu^2}{a^2 c^2}\frac{1}{\sqrt{1-e^2}} \tag{11-86}$$

其中 $\mathcal{C}_0=\dfrac{3}{8}\dfrac{\mathcal{G}m_p}{a_p}\left(\dfrac{a}{a_p}\right)^2\dfrac{1}{(1-e_p^{\,2})^{3/2}}$ 为哈密顿函数的系数，$\mu=\mathcal{G}m_0$ 为中心天体引力参数，c 为光速。与之前类似，采用归一化哈密顿函数

$$\mathcal{H}=\left[\frac{1}{2}e^2-\cos^2 i-\frac{3}{2}e^2\cos^2 i-\frac{5}{2}e^2(1-\cos^2 i)\cos 2\omega\right]-\frac{3\mu^2}{\mathcal{C}_0 a^2 c^2}\frac{1}{\sqrt{1-e^2}} \tag{11-87}$$

为了研究方便，引入衡量 GR 效应强弱的小参数

$$\varepsilon_{\mathrm{GR}}=\frac{3\mu^2}{\mathcal{C}_0 a^2 c^2} \tag{11-88}$$

那么哈密顿函数可表示为

$$\mathcal{H} = \left[\frac{1}{2}e^2 - \cos^2 i - \frac{3}{2}e^2\cos^2 i - \frac{5}{2}e^2(1-\cos^2 i)\cos 2\omega \right] - \varepsilon_{GR}\frac{1}{\sqrt{1-e^2}} \quad (11-89)$$

含 GR 效应的四极矩哈密顿系统与不含 GR 效应的四极矩哈密顿系统并无本质区别:自由度数目一样,运动积分一样,系统的可积性一样。讨论过程类似,下面直接给出结果。

图 11-21 给出了 Kozai 倾角参数取为 $i_* = 50°$ 和 $i_* = 60°$ 时含 GR 效应的四极矩哈密顿模型的相图,与不含 GR 效应的相图并无本质不同。图 11-21 给出了含 GR 效应的四极矩哈密顿模型下的相图,其中红色实线为动力学边界。在 (e, i) 参数平面内,含 GR 和不含 GR 的 ZLK 共振中心分布如图 11-22 所示。可见,相对于不含 GR 的情况,含 GR 效应的 ZLK 共振中心对应的特征线整体向右偏移。

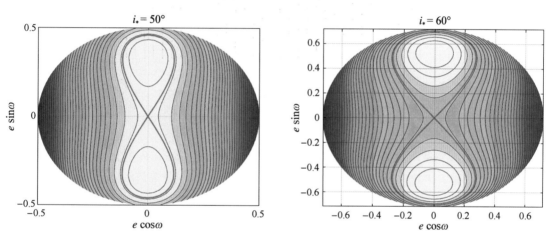

图 11-21 含 GR 效应的四极矩哈密顿模型相图。红色实线对应经过坐标原点的哈密顿量等值线。与不含 GR 效应的相图并无本质区别

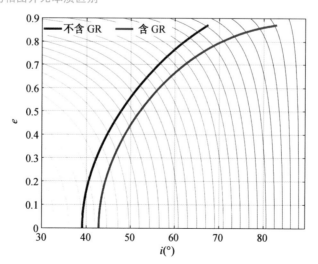

图 11-22 含 GR 和不含 GR 的 ZLK 共振中心分布。背景为运动积分 $H = \sqrt{1-e^2}\cos i$ 的等值线分布

图 11-23 给出了相同初始条件下含 GR 和不含 GR 的数值积分轨线。可见,含 GR 的模型的最大偏心率被抑制,相应地最小倾角也被抑制。说明,GR 效应会抑制偏心率或倾角的激发。

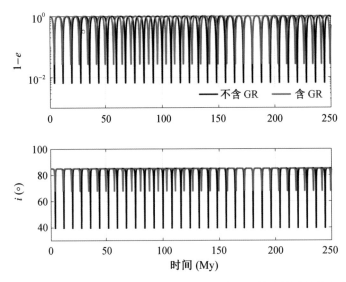

图 11-23   含 GR 和不含 GR 的 ZLK 轨线。可见,含 GR 效应的最大偏心率被抑制

实际上,GR 效应对偏心率激发效应的抑制很好理解。根据图 11-22,含 GR 的 ZLK 共振中心向右偏移。因此,在给定 Kozai 倾角参数 i_* 时(沿运动积分等值线),含 GR 的 ZLK 中心的偏心率位置低于不含 GR 的情况,说明 ZLK 共振岛整体向偏心率较低的方向移动,因此所能达到的最大偏心率会降低(即抑制偏心率激发)。

下面在含 GR 和不含 GR 两种情况下分别考虑从近圆轨道出发的测试粒子所能达到的最大偏心率 $e_{\max}$(衡量偏心率激发的程度)。根据上一节的讨论,在不含 GR 的情况下,近圆轨道能达到的最大偏心率为

$$e_{\max}^{\text{no GR}} = \sqrt{1 - \frac{5}{3}\cos^2 i_*} \tag{11-90}$$

其中 i_* 为 Kozai 倾角参数。

含 GR 效应时,近圆轨道所能达到的最大偏心率满足的方程为(动力学边界方程)

$$\frac{1}{1-e_{\max}^2}\left[(1+4e_{\max}^2)\cos^2 i_* + \varepsilon_{\text{GR}}\sqrt{1-e_{\max}^2}\right] - 3e_{\max}^2 = \cos^2 i_* + \varepsilon_{\text{GR}} \tag{11-91}$$

这是一个关于 $e_{\max}$ 的非线性方程,不容易获得分析解。通过数值方法求解该非线性方程,可得含 GR 效应的偏心率激发。含 GR 效应和不含 GR 效应的偏心率激发对比如图 11-24 所示。可见,随着 Kozai 倾角参数 i_* 的增大,偏心率抑制量在减小。

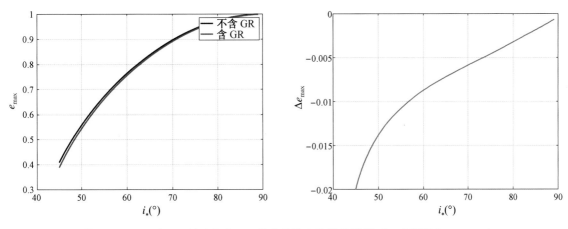

图 11 - 24　不含 GR 效应和含 GR 效应的偏心率激发情况,GR 参数取为 $\varepsilon_{GR}=0.1$

当 $\varepsilon_{GR}\ll1$ 时,即 GR 效应相较于四极矩而言是小量,非线性方程可通过摄动分析方法进行求解(**参考第一章摄动分析求代数方程的内容**)。令 $y=\sqrt{1-e_{max}^2}$,那么方程变为

$$5\cos^2 i_* +\varepsilon_{GR} y-(5\cos^2 i_* +3+\varepsilon_{GR})y^2+3y^4=0 \tag{11-92}$$

令摄动解为

$$y=y_0+\varepsilon_{GR} y_1+\varepsilon_{GR}^2 y_2+\mathcal{O}(\varepsilon_{GR}^3) \tag{11-93}$$

可解得待定系数为

$$y_0=\sqrt{\frac{5}{3}\cos^2 i_*} \tag{11-94}$$

$$y_1=\frac{3-\sqrt{15}\cos i_*}{6(3-5\cos^2 i_*)} \tag{11-95}$$

$$y_2=\frac{9-12\sqrt{15}\cos i_* +90\cos^2 i_* -20\sqrt{15}\cos^3 i_* +25\cos^4 i_*}{8\sqrt{15}\cos i_* (3-5\cos^2 i_*)^3} \tag{11-96}$$

等等。

综上可得,考虑 GR 效应的最大偏心率为

$$e_{max}^{GR}=\sqrt{1-y^2}=\sqrt{1-(y_0+\varepsilon_{GR} y_1+\varepsilon_{GR}^2 y_2+\mathcal{O}(\varepsilon_{GR}^3))^2} \tag{11-97}$$

将表达式(11-97)在 $\varepsilon_{GR}=0$ 附近进行 Taylor 展开,可得

$$e_{max}^{GR}=\sqrt{1-y_0^2}-\varepsilon_{GR}\frac{y_0 y_1}{\sqrt{1-y_0^2}}-\varepsilon_{GR}^2\frac{(y_1^2+2y_0 y_2-2y_0^3 y_2)}{2(1-y_0^2)^{3/2}}+\mathcal{O}(\varepsilon_{GR}^3) \tag{11-98}$$

将 y_0,y_1,y_2 的表达式代入上式,可得

$$e_{max}^{GR}=e_{max}^{no\,GR}+\varepsilon_{GR}\frac{-75\cos i_* +25\sqrt{15}\cos^2 i_*}{6(15-25\cos^2 i_*)^{3/2}}+$$

$$\varepsilon_{\mathrm{GR}}^2 \frac{18-18\sqrt{15}\cos i_* +105\cos^2 i_* -20\sqrt{15}\cos^3 i_* +25\cos^4 i_*}{8\sqrt{9-15\cos^2 i_*}\,(-3+5\cos^2 i_*)^3} + \mathcal{O}(\varepsilon_{\mathrm{GR}}^3)$$

$$(11-99)$$

该表达式给出了含 GR 效应的最大偏心率 $e_{\max}^{\mathrm{GR}}$ 相较于不含 GR 效应最大偏心率 $e_{\max}^{\mathrm{no\,GR}}$ 的修正。
图 11‑25 对比了偏心率激发的精确解与级数解。可见,级数解和精确解可以很好地吻合。

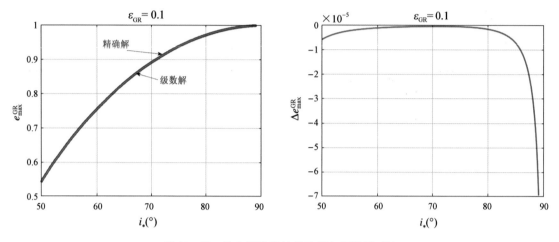

图 11‑25 偏心率激发的精确解与级数解对比

特别地,考虑最低阶时,修正项为

$$\Delta e_{\max} = e_{\max}^{\mathrm{no\,GR}} - e_{\max}^{\mathrm{GR}} = \varepsilon_{\mathrm{GR}} \frac{25(3-\sqrt{15}\cos i_*)\cos i_*}{6(15-25\cos^2 i_*)^{3/2}}$$

$$(11-100)$$

图 11‑26 给出了含 GR 和不含 GR 效应的偏心率激发抑制量与参数 $\varepsilon_{\mathrm{GR}}$ 和 i_* 的关系。可见,含 GR 效应的偏心率抑制量正比于 $\varepsilon_{\mathrm{GR}}$,是 i_* 的减函数。i_* 越大,抑制量越小。与图 11‑24 (右)的结果吻合。

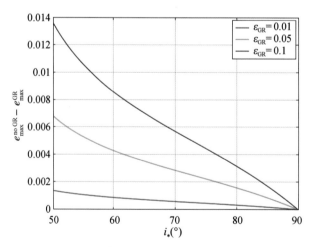

图 11‑26 考虑 $\varepsilon_{\mathrm{GR}}$ 的一阶项,含 GR 和不含 GR 的偏心率激发抑制量与参数 $\varepsilon_{\mathrm{GR}}$ 和 i_* 的关系

特别地，当 $i_* = 90°$ 时，含 GR 效应的偏心率极大值为

$$e_{max}^{GR} = e_{max}^{no\,GR} - \frac{1}{36}\varepsilon_{GR}^2 + \mathcal{O}(\varepsilon_{GR}^3) \tag{11-101}$$

其中 $e_{max}^{no\,GR} = 1$，于是

$$e_{max}^{GR} = 1 - \frac{1}{36}\varepsilon_{GR}^2 + \mathcal{O}(\varepsilon_{GR}^3) \tag{11-102}$$

此时抑制量是 ε_{GR} 的二阶量级，即

$$(e_{max}^{no\,GR} - e_{max}^{GR})\big|_{i_* = \pi/2} = \frac{1}{36}\varepsilon_{GR}^2 + \mathcal{O}(\varepsilon_{GR}^3) \tag{11-103}$$

扩展讨论：

在文献[12]和[13]中，在近似条件下对非线性方程(11-92)进行分析求解，这里根据文献假设进行一个简单讨论。首先，考虑到近似条件 $y = \sqrt{1 - e_{max}^2} \ll 1$（注：该近似条件仅在 $e_{max} \to 1$ 时有效），故四次方程中的四次方项可忽略。得到如下近似

$$(5\cos^2 i_* + 3 + \varepsilon_{GR})y^2 - \varepsilon_{GR}y - 5\cos^2 i_* = 0 \tag{11-104}$$

这是一个二次方程，可解得 y 的表达式为

$$y = \frac{\varepsilon_{GR} + \sqrt{\varepsilon_{GR}^2 + 20\cos^2 i_*(5\cos^2 i_* + 3 + \varepsilon_{GR})}}{2(5\cos^2 i_* + 3 + \varepsilon_{GR})} \tag{11-105}$$

进一步考虑到 1) $\varepsilon_{GR} \ll 1$（注：在 GR 效应远小于四极矩时有效）以及 2) $5\cos^2 i_* \ll 3$（注：在 i_* 接近 90 度时有效，见参考文献[12]），因此(11-105)可进一步近似为

$$y \approx \frac{1}{6}(\varepsilon_{GR} + \sqrt{\varepsilon_{GR}^2 + 60\cos^2 i_*}) \tag{11-106}$$

于是最大偏心率为

$$e_{max}^{GR} = \sqrt{1 - y^2} = \sqrt{1 - \frac{1}{36}(\varepsilon_{GR} + \sqrt{\varepsilon_{GR}^2 + 60\cos^2 i_*})^2} \tag{11-107}$$

将(11-107)在 $\varepsilon_{GR} = 0$ 附近进行 Taylor 展开并保留 ε_{GR} 的一次项可得

$$e_{max}^{GR} = \sqrt{1 - \frac{5}{3}\cos^2 i_*} - \frac{1}{6}\varepsilon_{GR}\sqrt{\frac{5\cos^2 i_*}{3 - 5\cos^2 i_*}} = e_{max}^{no\,GR} - \frac{1}{6}\varepsilon_{GR}\sqrt{\frac{5\cos^2 i_*}{3 - 5\cos^2 i_*}} \tag{11-108}$$

即

$$\Delta e_{max} = e_{max}^{no\,GR} - e_{max}^{GR} = \frac{1}{6}\varepsilon_{GR}\sqrt{\frac{5\cos^2 i_*}{3 - 5\cos^2 i_*}} \tag{11-109}$$

可见，在顺行区域内，Δe_{max} 随 i_* 的增大而减小。

下面作简单归纳。

四次方程

$$5\cos^2 i_* + \varepsilon_{\mathrm{GR}} y - (5\cos^2 i_* + 3 + \varepsilon_{\mathrm{GR}}) y^2 + 3y^4 = 0$$

的摄动分析解为

$$
y = \sqrt{\frac{5}{3}\cos^2 i_*} + \varepsilon_{\mathrm{GR}} \frac{3 - \sqrt{15}\cos i_*}{6(3 - 5\cos^2 i_*)} + \tag{11-110}
$$

$$
\varepsilon_{\mathrm{GR}}^2 \frac{9 - 12\sqrt{15}\cos i_* + 90\cos^2 i_* - 20\sqrt{15}\cos^3 i_* + 25\cos^4 i_*}{8\sqrt{15}\cos i_* (3 - 5\cos^2 i_*)^3}
$$

根据文献,(11-110)的近似分析解为

$$
y \approx \frac{1}{6}\left(\varepsilon_{\mathrm{GR}} + \sqrt{\varepsilon_{\mathrm{GR}}^2 + 60\cos^2 i_*}\right) \tag{11-111}
$$

根据公式 $e_{\max}^{\mathrm{GR}} = \sqrt{1 - y^2}$ 可计算含 GR 效应的最大偏心率。特别地,当 $\varepsilon_{\mathrm{GR}} = 0$ 时,两个近似表达式均退化为 $y = \sqrt{\frac{5}{3}\cos^2 i_*}$,即经典 ZLK 共振的结果。

下面在 $\varepsilon_{\mathrm{GR}} = 0.1$ 的情况下对比这两个近似解的精度,结果见图 11-27。可见,摄动分析解在整个 i_* 区域精度都很高。然而,近似分析解仅在 i_* 接近极轨时精度才比较高,在远离极轨时精度较差。近似分析解(11-111)在低 i_* 时精度较差的原因在于:1) 当 i_* 远离 90° 时,近似条件 $5\cos^2 i_* \ll 3$ 不满足;2) 当 i_* 远离 90° 时,$e_{\max}^{\mathrm{GR}}$ 并非接近于 1,故近似条件 $y = \sqrt{1 - e_{\max}^2} \ll 1$ 并不满足。

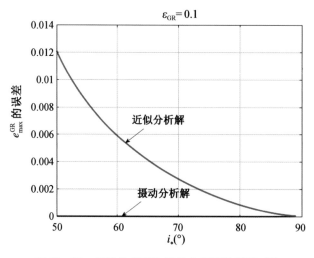

图 11-27   摄动分析解和近似分析解的精度对比

11.3   非限制性等级式系统下的 ZLK 效应(四极矩)

非限制性等级式系统构型见图 11-28,中心天体的质量为 m_0,靠近中心天体的行星质量

为 m_1，远离中心天体的行星质量为 m_2。为了描述方便，定义**不变平面坐标系**：原点位于中心天体，系统的不变平面为坐标系的基本平面，坐标系的 x 轴指向升交点方向。采用 **Jacobi** 坐标描述天体的状态量，记 m_1 相对于 m_0 的位置矢量为 $\boldsymbol{r}_1$，m_2 相对于 m_0 和 m_1 质心的位置矢量为 $\boldsymbol{r}_2$，位置矢量 $\boldsymbol{r}_1$ 和 $\boldsymbol{r}_2$ 之间的夹角为 ψ，轨道面之间的夹角为相对倾角，记为 i_{tot}。本节主要参考文献[14]。

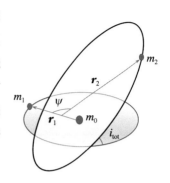

图 11 - 28　非限制性等级式构型

11.3.1　动力学模型（四极矩近似）

在非限制性构型下，系统的摄动函数为

$$\mathcal{R} = \frac{G}{a_2}\sum_{n=2}^{\infty}\left(\frac{a_1}{a_2}\right)^n M_n \left(\frac{r_1}{a_1}\right)^n \left(\frac{a_2}{r_2}\right)^{n+1} P_n(\cos\psi) \tag{11-112}$$

截断到四极矩项，可得

$$\mathcal{R} = \frac{G}{a_2}\left(\frac{a_1}{a_2}\right)^2 \frac{m_0 m_1 m_2}{m_0+m_1}\left(\frac{r_1}{a_1}\right)^2 \left(\frac{a_2}{r_2}\right)^3 \left(\frac{3}{2}\cos^2\psi - \frac{1}{2}\right) \tag{11-113}$$

为了研究长期动力学，将摄动函数对平运动轨道周期进行平均化处理，即

$$\mathcal{R}^* = \frac{1}{2\pi}\int_0^{2\pi}\left(\frac{1}{2\pi}\int_0^{2\pi}\mathcal{R}\,\mathrm{d}M_1\right)\mathrm{d}M_2 \tag{11-114}$$

平均化后的四极矩摄动函数为（参考第八章内容）

$$\mathcal{R}^* = \frac{\mathcal{G}m_0}{16}\frac{m_1 m_2}{m_0+m_1}\frac{a_1^2}{a_2^3}\frac{1}{(1-e_2^2)^{3/2}}\left[(2+3e_1^2)(3\cos^2 i_{\text{tot}}-1)+15e_1^2\sin^2 i_{\text{tot}}\cos 2\omega_1\right] \tag{11-115}$$

同样，引入归一化 Delaunay 变量

$$\begin{aligned}
G_1 &= \sqrt{1-e_1^2}, & g_1 &= \omega_1 \\
G_2 &= \beta\sqrt{1-e_2^2}, & g_2 &= \omega_2 \\
H_1 &= G_1\cos i_1, & h_1 &= \Omega_1 \\
H_2 &= G_2\cos i_2, & h_2 &= \Omega_2
\end{aligned} \tag{11-116}$$

其中系统参数为

$$\beta = \frac{(m_0+m_1)m_2}{m_0 m_1}\sqrt{\frac{(m_0+m_1)}{(m_0+m_1+m_2)}\frac{a_2}{a_1}} \tag{11-117}$$

在不变平面坐标系中，几何关系 $\Omega_1-\Omega_2=\pi$ 始终成立。不过需要注意的是，将该几何关系代入哈密顿函数虽然可使得哈密顿函数不显含角坐标 Ω_1 和 Ω_2，但是并不意味着 z 方向角动量 H_1 和 H_2 为运动积分[15]。在实际计算中，H_1 和 H_2 的变化应遵循如下几何方程

$$H_1 = \frac{G_{tot}{}^2 + G_1{}^2 - G_2{}^2}{2G_{tot}}, \quad H_2 = \frac{G_{tot}{}^2 + G_2{}^2 - G_1{}^2}{2G_{tot}} \quad (11-118)$$

根据图 11-29,可得系统总角动量表达式为

$$G_{tot}{}^2 = G_1{}^2 + G_2{}^2 + 2G_1 G_2 \cos i_{tot} \quad (11-119)$$

可知 G_1 的最小值和最大值分别为

$$G_{1,\min} = |G_{tot} - G_2| \text{ 和 } G_{1,\max} = 1 \quad (11-120)$$

即 G_1 的定义域为 $G_1 \in [|G_{tot} - G_2|, 1]$。根据几何关系,可得轨道倾角满足

$$\cos i_1 = \frac{G_{tot}{}^2 + G_1{}^2 - G_2{}^2}{2G_{tot}G_1}, \cos i_2 = \frac{G_{tot}{}^2 + G_1{}^2 - G_2{}^2}{2G_{tot}G_2}$$
$$(11-121)$$

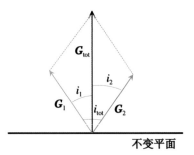

图 11-29 角动量示意图

轨道面之间的相对倾角为 $i_{tot} = i_1 + i_2$,且它与轨道角动量的关系为

$$\cos i_{tot} = \frac{G_{tot}{}^2 - G_1{}^2 - G_2{}^2}{2G_1 G_2} \quad (11-122)$$

截断到四极矩项的哈密顿函数为

$$\mathcal{H}^* = -\frac{\mathcal{G}m_0}{16} \frac{m_1 m_2}{m_0 + m_1} \frac{a_1{}^2}{a_2{}^3} \frac{1}{(1 - e_2{}^2)^{3/2}} [(2 + 3e_1{}^2)(3\cos^2 i_{tot} - 1) + 15e_1{}^2 \sin^2 i_{tot} \cos 2\omega_1]$$
$$(11-123)$$

其中的系数项记为

$$\mathcal{C}_0 = \frac{\mathcal{G}m_0}{16} \frac{m_1 m_2}{m_0 + m_1} \frac{a_1{}^2}{a_2{}^3} \quad (11-124)$$

将哈密顿函数(11-123)两边同时除以常系数 $\mathcal{C}_0$ 可得归一化的哈密顿函数,表达式为

$$\mathcal{H} = -\frac{1}{(1 - e_2{}^2)^{3/2}} [(2 + 3e_1{}^2)(3\cos^2 i_{tot} - 1) + 15e_1{}^2 \sin^2 i_{tot} \cos 2\omega_1] \quad (11-125)$$

基于归一化的 Delaunay 变量,四极矩哈密顿函数(11-125)可表示为

$$\mathcal{H}(G_{tot}, G_2; g_1, G_1) = -\frac{\beta^3}{4G_1{}^2 G_2{}^5} \{(5 - 3G_1{}^2)[3(G_{tot}{}^2 - G_1{}^2 - G_2{}^2)^2 - 4G_1{}^2 G_2{}^2] +$$
$$15(1 - G_1{}^2)[4G_1{}^2 G_2{}^2 - (G_{tot}{}^2 - G_1{}^2 - G_2{}^2)^2] \cos(2g_1)\} \quad (11-126)$$

其中 G_{tot} 和 G_2 为四极矩模型的运动积分。因此,哈密顿函数(11-126)对应的是一个完全可积系统,运动方程为

$$\frac{dg_1}{d\tau} = \frac{\partial \mathcal{H}}{\partial G_1}, \quad \frac{dG_1}{d\tau} = -\frac{\partial \mathcal{H}}{\partial g_1} \quad (11-127)$$

系统的总角动量为

$$G_{tot}{}^2 = G_1{}^2 + G_2{}^2 + 2G_1 G_2 \cos i_{tot} = (1-e_1{}^2) + \beta^2(1-e_2{}^2) + 2\beta\sqrt{(1-e_1{}^2)(1-e_2{}^2)}\cos i_{tot}$$

$$(11-128)$$

为了方便表征 G_{tot}，取 $e_1=0$ 以及 $e_2=e_{2,0}$（$e_{2,0}$ 为 m_2 天体的初始偏心率）时对应的倾角 i_{tot}^0 来描述 G_{tot} 的大小，即

$$G_{tot}{}^2 = 1 + \beta^2(1-e_{2,0}{}^2) + 2\beta\sqrt{1-e_{2,0}{}^2}\cos i_{tot}^0$$

$$(11-129)$$

后面以 i_{tot}^0 来表于 G_{tot}（类似于 Kozai 倾角参数 i_* 表征运动积分 H）。此外，运动积分 $G_2 = \beta\sqrt{1-e_2{}^2}$ 可用 e_2 的值来表征。

11.3.2　ZLK 共振的相空间结构

图 11-30 给出了 $i_{tot}^0=65°$，$e_2=0.6$ 对应的相图，其中红色实线为动力学边界，将相空间区域划分为共振区域和循环区域。由于 ZLK 共振，行星 m_1 的轨道可从近零偏心率激发至很高的偏心率，并且最大偏心率发生在 $2g_1=\pi$ 处（ZLK 共振中心对应的角坐标）。

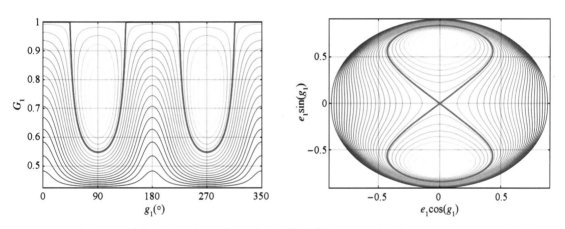

图 11-30　在非限制性等级式系统下四极矩哈密顿模型的相图。运动积分 $G_2 \leftrightarrow e_2=0.6$，总角动量为 $G_{tot} \leftrightarrow i_{tot}^0=65°$。红色实线为动力学边界[14]

11.3.3　守恒量参数空间轨道分类

根据上面的分析得知，在四极矩哈密顿模型下存在如下三个守恒量：1) 哈密顿函数 $\mathcal{H}$；2) 系统总的角动量 G_{tot}；3) 外行星 m_2 的轨道角动量 G_2。类似于限制性问题的讨论思路，接下来我们在守恒量空间 $(\mathcal{H},G_{tot},G_2)$ 内讨论共振和循环区域的分布。

首先，考虑哈密顿量的下界。

根据哈密顿函数的形式可知，哈密顿量的最小值发生在 $2g_1=0$ 处，即

$$\mathcal{H} = -\frac{\beta^3}{4G_1{}^2 G_2{}^5}\{(5-3G_1{}^2)[3(G_{tot}{}^2-G_1{}^2-G_2{}^2)^2 - 4G_1{}^2 G_2{}^2] +$$

$$15(1-G_1{}^2)[4G_1{}^2 G_2{}^2 - (G_{tot}{}^2-G_1{}^2-G_2{}^2)^2]\}$$

$$(11-130)$$

考虑到 $\dfrac{\partial \mathcal{H}}{\partial G_1}>0$，因此哈密顿量的最小值发生在 $G_1=G_{1,\min}=|G_{\text{tot}}-G_2|$ 处（与限制性情况类似），即

$$\mathcal{H}_{\min}=-\frac{\beta^3}{4G_{1,\min}{}^2 G_2{}^5}\{(5-3G_{1,\min}{}^2)[3(G_{\text{tot}}{}^2-G_{1,\min}{}^2-G_2{}^2)^2-4G_{1,\min}{}^2 G_2{}^2]+$$
$$15(1-G_{1,\min}{}^2)[4G_{1,\min}{}^2 G_2{}^2-(G_{\text{tot}}{}^2-G_{1,\min}{}^2-G_2{}^2)^2]\} \tag{11-131}$$

该表达式给出了 $(\mathcal{H},G_{\text{tot}},G_2)$ 空间中哈密顿函数的下边界。

其次，考虑动力学边界对应的哈密顿量。

根据图 11-30 可知，动力学边界经过零偏心率点 $e_1=0 \Rightarrow G_1=1$ 的点，故动力学边界的哈密顿量为

$$\mathcal{H}_{\text{sep}}=-\frac{\beta^3}{2G_2{}^5}[3(G_{\text{tot}}{}^2-G_2{}^2-1)^2-4G_2{}^2] \tag{11-132}$$

该表达式给出了 $(\mathcal{H},G_{\text{tot}},G_2)$ 空间中动力学边界线——共振和循环区域的分界线。

最后，考虑哈密顿函数的上界。

根据哈密顿函数可知，哈密顿量的上限发生在 ZLK 共振中心处（**稳定平衡点对应哈密顿函数的极大值**），即 $2g_1=\pi$，于是有

$$\mathcal{H}=-\frac{\beta^3}{4G_1{}^2 G_2{}^5}\{(5-3G_1{}^2)[3(G_{\text{tot}}{}^2-G_1{}^2-G_2{}^2)^2-4G_1{}^2 G_2{}^2]-$$
$$15(1-G_1{}^2)[4G_1{}^2 G_2{}^2-(G_{\text{tot}}{}^2-G_1{}^2-G_2{}^2)^2]\} \tag{11-133}$$

根据平衡点条件 $\dfrac{\partial \mathcal{H}}{\partial G_1}=0$ 可得 ZLK 共振中心处的 $G_1=G_{1,*}$ 满足下式

$$G_{1,*}{}^6-\frac{1}{8}(8G_{\text{tot}}{}^2+4G_2{}^2+5)G_{1,*}{}^4+\frac{5}{8}(G_{\text{tot}}{}^2-G_2{}^2)^2=0 \tag{11-134}$$

令 $x=G_{1,*}{}^2$，上式可转化为三次方程

$$x^3-\frac{1}{8}(8G_{\text{tot}}{}^2+4G_2{}^2+5)x^2+\frac{5}{8}(G_{\text{tot}}{}^2-G_2{}^2)^2=0 \tag{11-135}$$

求解该方程可获得 ZLK 共振中心的位置 $G_1=G_{1,*}$。因此，哈密顿量的上限为

$$\mathcal{H}_{\max}=-\frac{\beta^3}{4G_{1,*}{}^2 G_2{}^5}\{(5-3G_{1,*}{}^2)[3(G_{\text{tot}}{}^2-G_{1,*}{}^2-G_2{}^2)^2-4G_{1,*}{}^2 G_2{}^2]-$$
$$15(1-G_{1,*}{}^2)[4G_{1,*}{}^2 G_2{}^2-(G_{\text{tot}}{}^2-G_{1,*}{}^2-G_2{}^2)^2]\} \tag{11-136}$$

该表达式给出了 $(\mathcal{H},G_{\text{tot}},G_2)$ 空间中哈密顿量的上边界。

于是，根据实际哈密顿值，可对守恒量参数空间进行轨道分类

$$\begin{aligned}
\mathcal{H}_{\min}<\mathcal{H}<\mathcal{H}_{\text{sep}} &\Rightarrow \text{循环}\\
\mathcal{H}_{\text{sep}}<\mathcal{H}<\mathcal{H}_{\max} &\Rightarrow \text{共振}\\
\mathcal{H}<\mathcal{H}_{\min} \text{或} \mathcal{H}>\mathcal{H}_{\max} &\Rightarrow \text{禁止区域}
\end{aligned} \tag{11-137}$$

在守恒量参数空间$(\mathcal{H}, G_{tot}, G_2)$中的共振和循环区域分布见图 11-31，其中左图为三维参数空间，右图为给定总角动量时的平面空间。

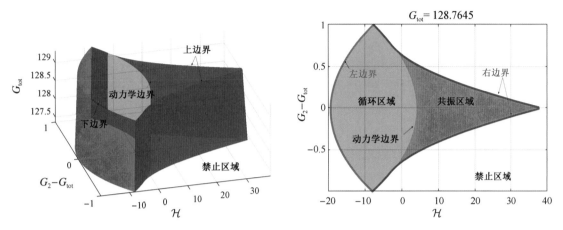

图 11-31　守恒量参数空间$(\mathcal{H}, G_{tot}, G_2)$内共振区域与循环区域的分布[14]

11.3.4　共振区域分布

ZLK 共振中心对应四极矩模型的稳定平衡点（哈密顿函数的极大值，摄动函数的极小值），满足如下方程

$$2g_1 = \pi$$

$$G_{1,*}^6 - \frac{1}{8}(8G_{tot}^2 + 4G_2^2 + 5)G_{1,*}^4 + \frac{5}{8}(G_{tot}^2 - G_2^2)^2 = 0$$

$$(11-138)$$

求解以上两个方程可得 ZLK 共振中心的位置$(g_1, G_{1,*})$。在(e_1, i_{tot})平面内 ZLK 共振中心的分布见图11-32。可见，与限制性等级式构型的 **ZLK** 共振分布在定性上是一致的。

11.3.5　偏心率激发效应

根据相图（见图 11-30）可知，沿着动力学边界，内双星偏心率可以从近圆轨道演化至高偏心率，并且最大偏心率发生在$2g_1 = \pi$处，记为$(2g_1 = \pi, G_{1,min} = \sqrt{1 - e_{1,max}^2})$。根据哈密顿等值线，可建立如下关于$G_{1,min}$的等式

$$(5 - 3G_{1,min}^2)[3(G_{tot}^2 - G_{1,min}^2 - G_2^2)^2 - 4G_{1,min}^2 G_2^2] -$$
$$15(1 - G_{1,min}^2)[4G_{1,min}^2 G_2^2 - (G_{tot}^2 - G_{1,min}^2 - G_2^2)^2]$$
$$= 2G_{1,min}^2[3(G_{tot}^2 - 1 - G_2^2)^2 - 2G_2^2]$$

$$(11-139)$$

其中G_{tot}和G_2为运动积分。将(11-139)整理为

$$12G_{1,min}^6 - 3G_{1,min}^4(5 + 4G_2^2 + 8G_{tot}^2) + G_{1,min}^2[15G_2^4 + G_2^2(14 - 30G_{tot}^2) +$$
$$3(1 + 8G_3^2 + 5G_{tot}^4)] - 15(G_2^2 - G_{tot}^2) = 0$$

$$(11-140)$$

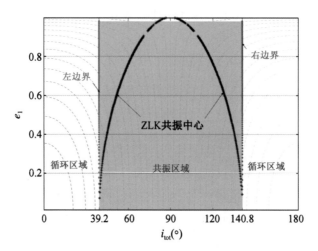

图 11 - 32　根数平面(e_1,i_{tot})内共振(阴影)和循环(空白)区域分布。背景虚线为运动积分 G_2 的等值线。黑色星号代表 ZLK 共振中心的分布,红色点代表共振区域的左边界和右边界[14]

将 $G_{1,\min}=\sqrt{1-e_{1,\max}{}^2}$ 代入,可得关于 $e_{1,\max}$ 的代数方程

$$12\,(1-e_{1,\max}{}^2)^3-3\,(1-e_{1,\max}{}^2)^2(5+4G_2{}^2+8G_{\text{tot}}{}^2)+(1-e_{1,\max}{}^2)\big[15G_2{}^4+$$

$$G_2{}^2(14-30G_{\text{tot}}{}^2)+3(1+8G_3{}^2+5G_{\text{tot}}{}^4)\big]-15\,(G_2{}^2-G_{\text{tot}}{}^2)^2=0 \qquad (11-141)$$

求解该方程可得 $e_{1,\max}$ 的值,对应图 11 - 32 的左边界和右边界。

11.4　逆 ZLK 效应

本节讨论另一种系统构型——外限制性等级式系统(图 11 - 33),即摄动天体位于靠近中心天体的内轨道上,测试粒子位于遥远的外轨道上。

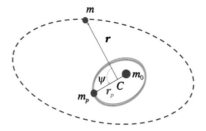

图 11 - 33　外限制性等级式系统构型,测试粒子位于摄动天体的外面,等级式构型要求 $r\gg r_p$

该动力学模型可用于近似环双星的行星系统。中心天体质量为 m_0,摄动天体质量为 m_p,位置矢量为 $\boldsymbol{r}_p$,测试粒子的质量满足 $m\ll m_0,m_p$(测试粒子近似),测试粒子相对于内双星质心的位置矢量为 $\boldsymbol{r}$(为 Jacobi 坐标),矢量之间的夹角为 ψ。等级式构型要求半长轴之比满足 $\alpha=\dfrac{a_p}{a}\ll1$。

根据第八章介绍的平均化方法,可得截断到十六极矩项(α 的 4 阶)的双平均哈密顿函数为[①]

$$\mathcal{H} = -\mathcal{C}_0(F_2 + \varepsilon_1 F_3 + \varepsilon_2 F_4) \tag{11-142}$$

其中系数项为

$$\mathcal{C}_0 = \frac{\mathcal{G} m_0 m_p}{16(m_0 + m_p)} \frac{a_p^2}{a^3} \tag{11-143}$$

引入衡量八极矩和十六极矩项大小的参数 ε_1 和 ε_2,分别为

$$\varepsilon_1 = \frac{m_0 - m_p}{m_0 + m_p} \frac{a_p}{a} = \alpha \frac{m_0 - m_p}{m_0 + m_p}$$

$$\varepsilon_2 = \frac{m_0^3 + m_p^3}{(m_0 + m_p)^3} \frac{a_p^2}{a^2} = \alpha^2 \frac{m_0^3 + m_p^3}{(m_0 + m_p)^3} \tag{11-144}$$

四极矩项为

$$F_2 = \frac{1}{(1-e^2)^{3/2}} \left[(2 + 3e_p^2)(3\cos^2 i - 1) + 15 e_p^2 \sin^2 i \cos 2\Omega \right] \tag{11-145}$$

八极矩项为

$$
\begin{aligned}
F_3 = &-\frac{15}{32} \frac{e_p e}{(1-e^2)^{5/2}} \times \{ (4 + 3e_p^2)[(-1 + 11\cos i + 5\cos^2 i - 15\cos^3 i)\cos(\Omega - \omega) + \\
&(-1 - 11\cos i + 5\cos^2 i + 15\cos^3 i)\cos(\Omega + \omega)] + \\
&35 e_p^2 [(1 - \cos i_2 - \cos^2 i + \cos^3 i)\cos(3\Omega - \omega) + \\
&(1 + \cos i - \cos^2 i - \cos^3 i)\cos(3\Omega + \omega)] \}
\end{aligned}
\tag{11-146}
$$

十六极矩项为

$$
\begin{aligned}
F_4 = &\frac{15}{64} \frac{1}{(1-e^2)^{7/2}} \{ d_1(2 + 3e^2) + (-22 - 33e^2 - 36\cos^2 i - 54e^2\cos^2 i + 42\cos^4 i + 63e^2\cos^4 i) + \\
&6e^2(-1 + 8\cos^2 i - 7\cos^4 i)\cos 2\omega + \\
&4d_2(-2 - 3e^2 + 16\cos^2 i + 24e^2\cos^2 i - 14\cos^4 i - 21e^2\cos^4 i)\cos 2\Omega + \\
&4e^2 d_2(1 + 5\cos i - 6\cos^2 i - 7\cos^3 i + 7\cos^4 i)\cos(2\Omega - 2\omega) + \\
&4e^2 d_2(1 - 5\cos i - 6\cos^2 i + 7\cos^3 i + 7\cos^4 i)\cos(2\Omega + 2\omega) + \\
&7d_3(2 + 3e^2 - 4\cos^2 i - 6e^2\cos^2 i + 2\cos^4 i + 3e^2\cos^4 i)\cos 4\Omega + \\
&7e^2 d_3(1 - 2\cos i + 2\cos^3 i - \cos^4 i)\cos(4\Omega - 2\omega) + \\
&7e^2 d_3(1 + 2\cos i - 2\cos^3 i - \cos^4 i)\cos(4\Omega + 2\omega) \}
\end{aligned}
\tag{11-147}
$$

其中

[①] 因为逆 Kozai 共振仅出现在十六极矩,因此我们需要使用展开到十六极矩的哈密顿函数。

$$d_1 = \frac{64}{5} + 24e_p{}^2 + 9e_p{}^4$$

$$d_2 = \frac{21}{8}(2e_p{}^2 + e_p{}^4) \tag{11-148}$$

$$d_3 = \frac{63}{8}e_p{}^4$$

后面的仿真计算采用如下系统参数：

$$\begin{cases} m_0 = 1m_\odot \\ m_p = 1m_{\text{Jup}} \\ a_p = 3 \text{ AU} \\ a = 40 \text{ AU} \end{cases} \Rightarrow \begin{cases} \alpha = 7.5 \times 10^{-2} \\ \mathcal{C}_0 = 8.3837 \times 10^{-9} \\ \varepsilon_1 = 7.4857 \times 10^{-2} \\ \varepsilon_2 = 5.6089 \times 10^{-3} \end{cases} \tag{11-149}$$

首先从数值上来考察一下十六极矩模型的相空间结构。截面定义为

$$g = 0, \dot{g} > 0 \tag{11-150}$$

图 11-34 给出了外限制性等级式系统下截断到十六极矩哈密顿模型的庞加莱截面。可见：

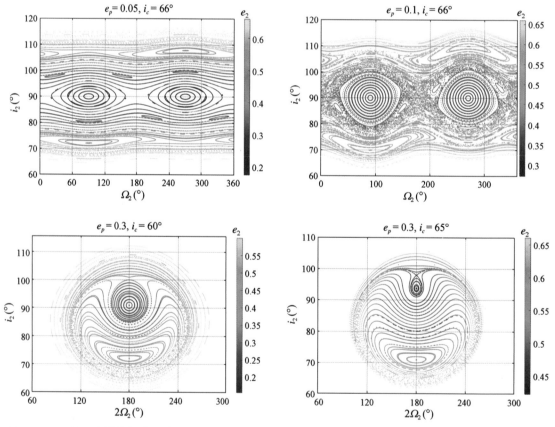

图 11-34　外限制性等级式系统下十六极矩哈密顿模型(2 自由度系统)的庞加莱截面(截面定义为 $g=0$)。

　　注：下标为 2 的变量对应的是测试粒子

1）随着摄动天体轨道偏心率 e_p 增加，对应的主共振岛（共振角为 $\sigma=2h$，四极矩共振）变大；

2）主共振岛边缘存在混沌层；

3）主共振岛内存在次级共振；

4）主共振岛之外存在高阶共振（八极矩以及十六极矩共振比较弱）。

下面研究两种特殊情况：1）摄动天体做圆轨道运动，我们关注十六极矩哈密顿模型；2）摄动天体做椭圆轨道运动，我们仅关注四极矩哈密顿模型。以上两种特殊情况对应的哈密顿模型都是可积系统，方便分析研究。

11.4.1 逆 ZLK 效应

当摄动天体做圆轨道运动时，即 $e_p=0$，在此特殊构型下，八极矩哈密顿函数消失。因此截断到十六极矩的（归一化）哈密顿函数简化为

$$
\begin{aligned}
\mathcal{H}=&-\frac{1}{(1-e^2)^{3/2}}(6\cos^2 i-2)-\frac{15}{64}\varepsilon_2\frac{1}{(1-e^2)^{7/2}}\Big[\frac{64}{5}(2+3e^2)+\\
&(-22-33e^2-36\cos^2 i-54e^2\cos^2 i+42\cos^4 i+63e^2\cos^4 i)+\\
&6e^2(-1+8\cos^2 i-7\cos^4 i)\cos2\omega\Big]
\end{aligned}
\tag{11-151}
$$

其中 $\varepsilon_2=\alpha^2\dfrac{m_0^3+m_p^3}{(m_0+m_p)^3}$。可见，此时哈密顿系统（11-151）是一个干净且理想的动力学系统，仅含一个角坐标 ω。毫无疑问该系统是一个可积系统。通常把哈密顿系统（11-151）下近点角距 ω 的共振类似地称为逆 ZLK 共振（inverse ZLK resonance）。

同样，引入归一化 Delaunay 变量

$$
\begin{aligned}
g=&\omega, \quad G=\sqrt{1-e^2}\\
h=&\Omega, \quad H=G\cos i
\end{aligned}
\tag{11-152}
$$

将（11-152）代入哈密顿函数（11-151），可得哈密顿函数形式为

$$
\mathcal{H}(g,G,H)
\tag{11-153}
$$

其中角坐标 h 为循环变量，故它对应的共轭动量 H 为系统的运动积分，类似地采用 Kozai 倾角参数 i_* 来表征运动积分 $H=\cos i_*$。运动方程为

$$
\frac{\mathrm{d}g}{\mathrm{d}t}=\frac{\partial\mathcal{H}}{\partial G}, \quad \frac{\mathrm{d}G}{\mathrm{d}t}=-\frac{\partial\mathcal{H}}{\partial g}
\tag{11-154}
$$

可求得平衡点位置为

$$
\begin{aligned}
\dot{g}=&5H^2=G^2\Rightarrow i=63.43°\text{或}i=116.57°\\
\dot{G}=&0\Rightarrow 2g=0,\pi
\end{aligned}
\tag{11-155}
$$

此即人造卫星主问题中的临界倾角[①]。$2g=0$ 对应鞍点，$2g=\pi$ 对应稳定平衡点。故逆 ZLK 共振中心位于

$$\left(2g=\pi,\cos^2 i=\frac{1}{5}\right) \tag{11-156}$$

对于可积系统，可通过绘制相图，研究相空间结构。从图 11-35 可见，逆 ZLK 共振的相图类似于单摆，共振中心位于 $2g=\pi$。图 11-36 给出了在根数平面 (e,i) 上逆 ZLK 共振中心、左边界、右边界以及共振区域的分布。可见，顺行和逆行区域的共振区域分布是完全对称的。在顺行区域（左图），共振宽度 Δe 或 Δi 随倾角参数 i_* 的增大而增大。

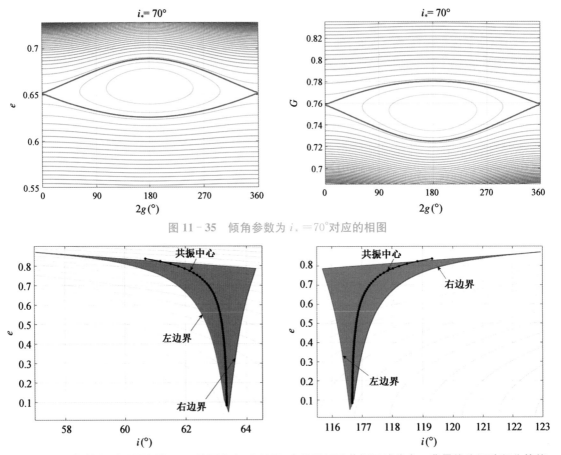

图 11-35　倾角参数为 $i_*=70°$ 对应的相图

图 11-36　根数 (e,i) 平面内逆 ZLK 共振中心、左边界、右边界以及共振区域分布。背景线为运动积分等值线，黑色点线为逆 ZLK 共振中心，红色实线为共振的左边界和右边界，阴影区域对应共振区域，空白区域对应循环区域

11.4.2　四极矩哈密顿动力学

截断到四极矩的哈密顿函数为

---

① 摄动天体绕中心天体做圆轨道运动的外限制性构型可与地球非球形摄动进行类比。

$$\mathcal{H}=-\frac{1}{(1-e^2)^{3/2}}\big[(2+3e_p{}^2)(3\cos^2 i-1)+15e_p{}^2\sin^2 i\cos 2\Omega\big] \qquad (11-157)$$

基于 Delaunay 变量,四极矩哈密顿函数可表示为

$$\mathcal{H}=-\frac{1}{G^5}\big[(2+3e_p{}^2)(3H^2-G^2)+15e_p{}^2(G^2-H^2)\cos 2h\big] \qquad (11-158)$$

可见,角变量 g 为四极矩哈密顿函数的循环坐标,因此相应的共轭动量 G 为运动积分

$$G=\sqrt{1-e^2} \qquad (11-159)$$

这表明在外限制性等级式系统的四极矩哈密顿模型下,测试粒子的偏心率保持不变。因此,可以用偏心率 e 来表征运动积分 G。图 11-37 给出了不同运动积分对应的相图。可见,摄动天体偏心率 e_p 越大,共振岛越大,倾角激发越明显。然而,测试粒子的偏心率 e 对相图影响不大。

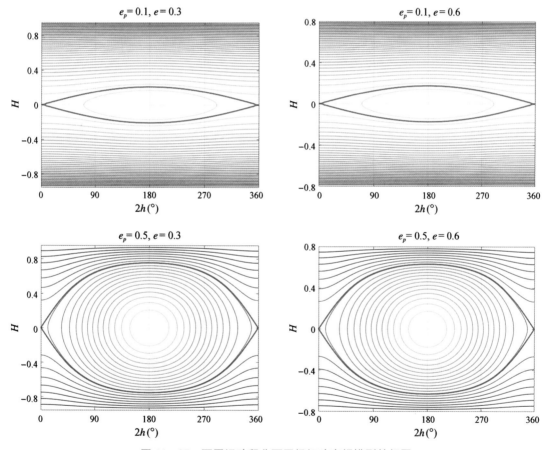

图 11-37　不同运动积分下四极矩哈密顿模型的相图

四极矩模型不改变测试粒子的偏心率,仅改变测试粒子的轨道倾角($\sigma=2h$ 的共振为倾角型共振),故可用倾角的变化来衡量共振的宽度或强度,如图 11-38。

根据动力学边界方程 $\mathcal{H}(G;2h=\pi,H)=\mathcal{H}_{\mathrm{sep}}$,可得在共振中心处的倾角满足如下方程

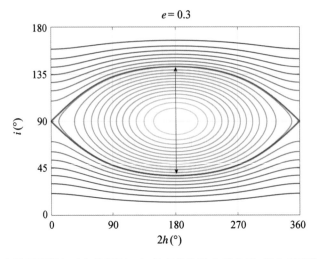

图 11‑38　参数平面$(2h,i)$内的相图。红色实线为动力学分界,箭头长度表示共振宽度

$$(2+3e_p{}^2)(3\cos^2 i-1)-15e_p{}^2(1-\cos^2 i)=2(6e_p{}^2-1) \qquad (11-160)$$

可解得

$$\cos i=\pm\sqrt{\frac{5e_p{}^2}{1+4e_p{}^2}} \qquad (11-161)$$

于是动力学上和下边界对应的倾角为

$$i_{\text{low}}=\arccos\left(\sqrt{\frac{5e_p{}^2}{1+4e_p{}^2}}\right) \qquad (11-162)$$

$$i_{\text{up}}=\pi-\arccos\left(\sqrt{\frac{5e_p{}^2}{1+4e_p{}^2}}\right)$$

于是共振宽度为

$$\Delta i=i_{\text{up}}-i_{\text{low}}=\pi-2\arccos\left(\sqrt{\frac{5e_p{}^2}{1+4e_p{}^2}}\right) \qquad (11-163)$$

图 11‑39 给出了参数(e_p,i)平面内共振和循环区域的分布以及共振宽度 Δi 和摄动天体轨道偏心率 e_p 的关系。可见,共振宽度 Δi 是 e_p 的增函数。

类似 Lidov "三角"的思路,下面我们在守恒量参数空间$(G,\mathcal{H})$内讨论四极矩模型下共振和循环区域的分布(倾角型共振)。

根据相图可知,动力学边界为经过点$(2h=0,i=90°)$的哈密顿量等值线,故动力学边界方程为

$$\mathcal{H}_{\text{sep}}=-(12e_p{}^2-2)\frac{1}{G^3}=-(12e_p{}^2-2)\frac{1}{(1-e^2)^{3/2}} \qquad (11-164)$$

哈密顿函数的下界对应

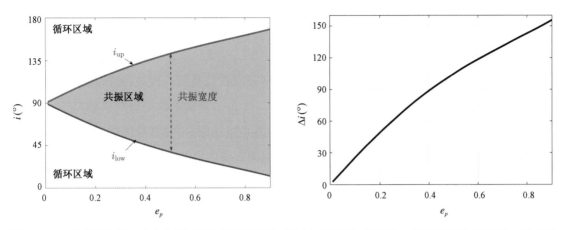

图 11-39 参数平面(e_p, i)内共振区域和循环区域的分布(左)以及共振宽度 Δi 和摄动天体偏心率 e_p 的关系

$$\mathcal{H}_{\text{lower}} = \mathcal{H}(2h=0, i=0) = -(6e_p{}^2 + 4)\frac{1}{G^3} \tag{11-165}$$

哈密顿函数的上界对应

$$\mathcal{H}_{\text{upper}} = \mathcal{H}(2h=\pi, H=0) = (18e_p{}^2 + 2)\frac{1}{G^3} \tag{11-166}$$

图 11-40 给出了守恒量参数平面$(G, \mathcal{H})$以及根数平面(e, i)内共振区域、循环区域的分布。从右图可以看出,轨道偏心率 e(对应运动积分 G)不改变共振宽度,这主要是因为共振区域的下边界 i_{low} 和上边界 i_{up} 与轨道偏心率 e 无关,见公式(11-162)。特别地,当 $e_p = 0.5$ 时(图 11-40),发生 $\sigma = 2h$ 共振的下边界为 $i_{\text{low}} = 37.76°$,上边界为 $i_{\text{up}} = 142.24°$,共振宽度为 $\Delta i = 104.48°$(均为恒值,与偏心率无关)。

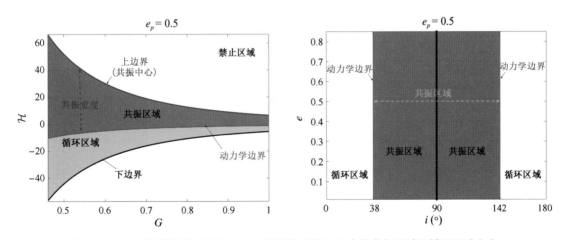

图 11-40 守恒量参数平面$(G, \mathcal{H})$以及根数平面(e, i)内的共振区域和循环区域分布

11.5　限制性等级式系统下 eccentric ZLK 效应（八极矩）

当摄动天体绕中心天体做椭圆运动时，将哈密顿函数截断到八极矩，此时该系统为一个 2 自由度系统，然而仅有哈密顿函数这一个守恒量，于是哈密顿系统不再是可积系统。在长期演化过程中，z 方向角动量 $H = \sqrt{1-e^2}\cos i$ 不再是运动积分，其符号可以发生改变，即测试粒子的轨道可以发生翻转，并且在翻转时刻轨道偏心率达到极大值（可接近于 1）。通常把八极矩作用下使测试粒子轨道发生翻转并伴随轨道偏心率激发的现象称为 eccentric ZLK 效应。结合 eccentric ZLK 效应和潮汐耗散机制（Kozai cycle tidal friction，KCTF），可为逆行热木星的形成提供可能的解释[8]。

对于 eccentric ZLK 效应，存在如下问题：1）该效应的动力学本质是什么？换句话说，翻转轨道的触发机制是什么？2）在参数空间如何预测翻转与非翻转轨道？3）轨道翻转的条件是什么？

为了回答上述问题，我们在限制性等级式系统下开展了系统工作。在文献[16]中，我们从周期轨道、庞加莱截面、不变流形以及摄动处理（Wisdom 摄动理论）四个角度分别探讨了 eccentric ZLK 效应的本质，结论为：

1）Eccentric ZLK 效应对应的是一种长期共振——三维空间的拱线共振，即近点经度角 $\bar{\omega}$ 与摄动天体近点经度角 $\bar{\omega}_p$ 的 1 : 1 共振；

2）（规则的）翻转轨道对应的是极轨周期轨附近的拟周期轨道，并且极轨不稳定周期轨道的不变流形提供了拟周期轨道的动力学边界（见图 11 - 41）。

进一步，在文献[17]中，基于 Henrard 摄动理论，笔者系统探讨了限制性系统下 eccentric ZLK 效应的动力学本质，并从分析上给出了发生三维拱线共振和发生轨道翻转的对应关系。本节内容主要参考文献[17]。

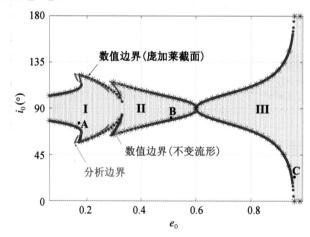

图 11 - 41　在限制性等级式构型下翻转区域的数值边界与分析边界，其中 A，B，C 三个点对应的翻转轨道示例见图 11 - 42[16]

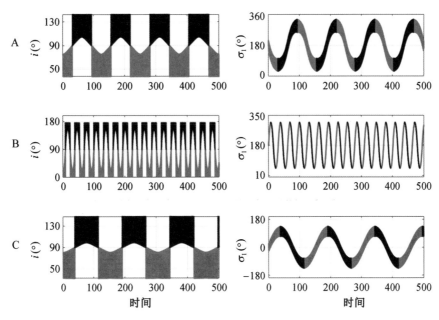

图 11 - 42　示例翻转轨道(A,B,C 对应图 11 - 41 中翻转区域的点)。右列子图中的 σ_1
　　　　为拱线共振的幅角[16]

11.5.1　八极矩哈密顿模型

在空间限制性等级式系统构型下,截断到八极矩的双平均哈密顿函数为(见第八章)

$$\mathcal{H}=-\mathcal{C}_0(F_{\text{quad}}+\varepsilon F_{\text{oct}}) \tag{11-167}$$

其中系数项为

$$\mathcal{C}_0=\frac{3}{8}\frac{\mathcal{G}m_p}{a_p}\left(\frac{a}{a_p}\right)^2\frac{1}{(1-e_p{}^2)^{3/2}} \tag{11-168}$$

衡量八极矩项贡献大小的参数为

$$\varepsilon=\frac{a}{a_p}\frac{e_p}{1-e_p{}^2} \tag{11-169}$$

在等级式系统下,参数 ε 在 (α,e_p) 平面内的分布见图 11 - 43。可见,半长轴之比 α 越大,摄动天体轨道偏心率 e_p 越高,那么八极矩项的贡献越大。

利用轨道根数表示的四极矩和八极矩哈密顿项分别为

$$F_{\text{quad}}=-\frac{1}{2}e^2+\cos^2i+\frac{3}{2}e^2\cos^2i+\frac{5}{2}e^2(1-\cos^2i)\cos2\omega \tag{11-170}$$

$$F_{\text{oct}}=\frac{5}{16}\left(e+\frac{3}{4}e^3\right)\left[(1-11\cos i-5\cos^2i+15\cos^3i)\cos(\omega-\Omega)+\right.$$

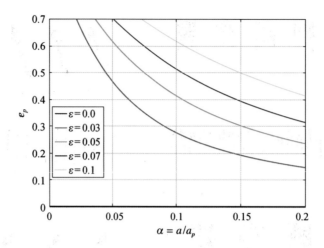

图 11-43 参数平面 (α, e_p) 内衡量八极矩贡献的参数 ε 分布[18]

$$(1+11\cos i-5\cos^2 i-15\cos^3 i)\cos(\omega+\Omega)]-$$

$$\frac{175}{64}e^3\big[(1-\cos i-\cos^2 i+\cos^3 i)\cos(3\omega-\Omega)+$$

$$(1+\cos i-\cos^2 i-\cos^3 i)\cos(3\omega+\Omega)\big] \qquad (11-171)$$

引入归一化 Delaunay 变量

$$g=\omega, \quad G=\sqrt{1-e^2} \qquad (11-172)$$
$$h=\Omega, \quad H=G\cos i$$

可将四极矩和八极矩项分别表示为

$$F_{\text{quad}}=-\frac{1}{2}(1-G^2)+\frac{H^2}{G^2}+\frac{3}{2}\Big(\frac{1}{G^2}-1\Big)H^2+\frac{5}{2}\Big(1-G^2+H^2-\frac{H^2}{G^2}\Big)\cos 2g$$

$$(11-173)$$

$$F_{\text{oct}}=\frac{5}{16}\Big[\sqrt{1-G^2}+\frac{3}{4}(1-G^2)^{3/2}\Big]\Big[\Big(1-11\frac{H}{G}-5\frac{H^2}{G^2}+15\frac{H^3}{G^3}\Big)\cos(g-h)+$$

$$\Big(1+11\frac{H}{G}-5\frac{H^2}{G^2}-15\frac{H^3}{G^3}\Big)\cos(g+h)\Big]-$$

$$\frac{175}{64}(1-G^2)^{3/2}\Big[\Big(1-\frac{H}{G}-\frac{H^2}{G^2}+\frac{H^3}{G^3}\Big)\cos(3g-h)+$$

$$\Big(1+\frac{H}{G}-\frac{H^2}{G^2}-\frac{H^3}{G^3}\Big)\cos(3g+h)\Big] \qquad (11-174)$$

类似上一节,对哈密顿函数进行归一化处理,可得哈密顿函数为

$$\mathcal{H}=-(F_{\text{quad}}+\varepsilon F_{\text{oct}}) \qquad (11-175)$$

正则运动方程为

$$\frac{\mathrm{d}g}{\mathrm{d}\tau}=\frac{\partial\mathcal{H}}{\partial G}, \quad \frac{\mathrm{d}G}{\mathrm{d}\tau}=-\frac{\partial\mathcal{H}}{\partial g}$$

$$\frac{\mathrm{d}h}{\mathrm{d}\tau}=\frac{\partial\mathcal{H}}{\partial H}, \quad \frac{\mathrm{d}H}{\mathrm{d}\tau}=-\frac{\partial\mathcal{H}}{\partial h}$$

(11-176)

不难发现,该哈密顿系统存在如下对称性[19]

$$\mathcal{H}(g,h,G,H)=\mathcal{H}(g,2\pi-h,G,-H)=\mathcal{H}(2\pi-g,h,G,-H) \quad (11-177)$$

哈密顿函数(11-175)由四极矩和八极矩项构成,一般而言,八极矩项远小于四极矩项。因此,根据摄动理论,将四极矩项当作未扰系统(可积系统),将八极矩项当成微扰。那么,可将带扰动的哈密顿函数表示为

$$\mathcal{H}=\mathcal{H}_2(g,G,H)+\mathcal{H}_3(g,h,G,H)=-F_{\text{quad}}(g,G,H)-\varepsilon F_{\text{oct}}(g,h,G,H)$$

(11-178)

但是,这里的核哈密顿函数 $\mathcal{H}_2(g,G,H)$ 不再是标准形式。第十章中介绍的 Henrard 摄动理论正好可处理这一类问题。

11.5.2　Henrard 摄动处理

Henrard 摄动理论的核心思想是:在核哈密顿系统 $\mathcal{H}_2(g,G,H)$ 下引入正则变换,使之变成规范型形式(normal form),然后采用标准摄动处理方法研究变换后的摄动哈密顿系统。核哈密顿函数对应四极矩项,即

$$\mathcal{H}_2=\frac{1}{2}(1-G^2)-\frac{H^2}{G^2}+\frac{3}{2}\left(\frac{1}{G^2}-1\right)H^2-\frac{5}{2}\left(1-G^2+H^2-\frac{H^2}{G^2}\right)\cos 2g \quad (11-179)$$

关于四极矩哈密顿系统下动力学性质的详细讨论见上一节。图 11-44 给出了核哈密顿模型的相图,相空间轨线均为周期轨道。动力学边界(图中的红色实线)将整个相空间划分为循环区域和共振区域。

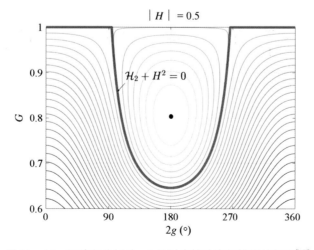

图 11-44　运动积分 $|H|=0.5$ 对应核哈密顿模型的相图[17]

可见，四极矩哈密顿模型是完全可积系统。因此，依据 Arnold 定理，可引入作用量-角变量 (g^*, h^*, G^*, H^*)

$$g^* = g - \rho_g(g^*, G^*, H^*) = \frac{2\pi}{T_g}t, \quad G^* = \frac{1}{2\pi}\int_0^{2\pi} G \mathrm{d}g$$

$$h^* = h - \rho_h(g^*, G^*, H^*) = h^*(0) + \frac{2\pi}{T_h}t, H^* = H \qquad (11-180)$$

其中 $\rho_g(g^*, G^*, H^*)$ 和 $\rho_h(g^*, G^*, H^*)$ 是均值为零的周期函数，周期为 T_g。式(11-180) 给出的是正则变换，生成函数为

$$S(g, h, G^*, H^*) = hH^* + \int G(\mathcal{H}_2(G^*, H^*), g, H^*)\mathrm{d}g \qquad (11-181)$$

可见，变换后的角坐标 g^* 和 h^* 是关于时间 t 的线性函数（这是该变换的一个非常重要的特点）。注：由于本节我们考虑 eccentric ZLK 效应，主要是考虑八极矩项带来的动力学效应，因此考察的测试粒子处于 ZLK 循环区域，即相空间 (g, G) 中的轨线是循环的。

在变换(11-180)中，$G^* = \frac{1}{2\pi}\int_0^{2\pi} G \mathrm{d}g$ 为阿诺作用量，对应相空间 (g, G) 中轨线包围的面积（除以 2π）。可见，G^* 是 $G(g=0)$ 的函数。图 11-45 给出相空间 (g, G) 的轨线以及阿诺作用量的一个示例以及 G^* 和 $G(g=0)$ 的变化关系。

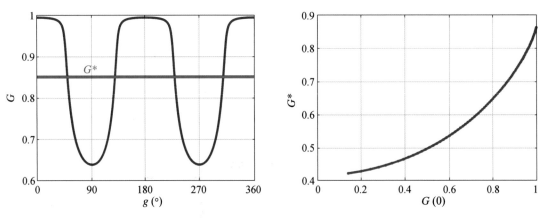

图 11-45 循环 ZLK 轨线对应的 G^* 以及 G^* 和 $G(g=0)$ 的函数关系[17]

在四极矩哈密顿模型下，通过如下变换：

$$(g, h, G, H) \rightarrow (g^*, h^*, G^*, H^*) \qquad (11-182)$$

四极矩哈密顿函数变为规范型形式

$$\mathcal{H}_2(g, G, H) \Rightarrow \mathcal{H}_2(G^*, H^*) \qquad (11-183)$$

那么八极矩哈密顿函数 $\mathcal{H}(g, h, G, H) = \mathcal{H}_2(g, G, H) + \varepsilon\mathcal{H}_3(g, h, G, H)$ 可变为标准的摄动形式（即核函数加扰动项的形式）

$$\mathcal{H}(g^*,h^*,G^*,H^*)=\mathcal{H}_2(G^*,H^*)+\varepsilon\mathcal{H}_3(g^*,h^*,G^*,H^*) \tag{11-184}$$

所谓标准摄动形式,指的是核哈密顿函数(未扰项)是仅含作用量的函数形式。基于此,传统的摄动处理方法皆可使用。

那么问题在于:如何在四极矩模型下实现如下变换?

$$(g,h,G,H)\leftrightarrow(g^*,h^*,G^*,H^*) \tag{11-185}$$

为不失一般性,令 $t=0$ 时,$g=0$(选其他初始点也可以,类似选取庞加莱截面的不同角坐标)。

首先,我们讨论实现正向变换的步骤:

$$(g,h,G,H)\rightarrow(g^*,h^*,G^*,H^*) \tag{11-186}$$

第一步:逆向积分四极矩哈密顿模型,确定时刻 t

以 (g,h,G,H) 为初值,逆向积分四极矩哈密顿模型至 $g=0(t=0)$,从而确定当前时刻 t。

第二步:确定周期以及阿诺作用量 G^*

以 (g,h,G,H) 为初值,数值积分一个 ZLK 轨线周期,可得 (g,G) 自由度周期 T_1 和 (h,H) 自由度周期 T_2。根据 G^* 的定义,可得作用量 G^*(参考第十章)

$$G^*=\frac{1}{2\pi}\int_0^{2\pi}G\mathrm{d}g=\frac{1}{2\pi}\int_0^{T_g}G\frac{\partial\mathcal{H}_2}{\partial G}\mathrm{d}t,\quad H^*=H \tag{11-187}$$

第三步:确定基本频率

$$\dot{g}^*=\frac{2\pi}{T_1},\quad \dot{h}^*=\frac{2\pi}{T_2} \tag{11-188}$$

第四步:确定变换后角坐标

$$g^*(t)=g_0^*+\dot{g}^*t=g_0+\frac{2\pi}{T_g}t$$
$$h^*(t)=h_0^*+\dot{h}^*t=h_0+\frac{2\pi}{T_h}t \tag{11-189}$$

其次,我们讨论实现如下逆向变换的步骤:

$$(g^*,h^*,G^*,H^*)\rightarrow(g,h,G,H) \tag{11-190}$$

第一步:根据 G^*,确定 $t=0$ 时刻的 $G(t=0)$

根据 $G^*=\frac{1}{2\pi}\int_0^{2\pi}G\mathrm{d}g$ 可知 G^* 是 $G(t=0)$ 的函数,因此通过牛顿迭代算法可计算出 $G(t=0)$。

第二步:确定周期 T_1 和 T_2

以 $(g=0,h=h_0,G,H=H^*)_{t=0}$ 为初值(此时 h_0 可取任意值),积分四极矩哈密顿模型,可得周期 T_1 和 T_2。

第三步:确定时刻 t 以及 $t=0$ 时 $h(t=0)$

$$g^*(t) = 0 + \frac{2\pi}{T_1}t \tag{11-191}$$

$$h(t=0) = h^*(t=0) + \frac{2\pi}{T_2}t \tag{11-192}$$

第四步:积分获得 t 时刻的 (g,h,G,H)

以 $(g,h,G,H)_{t=0}$ 为初值,积分至时刻 t,所得的状态量 (g,h,G,H) 即为所求。

变换前、后角坐标之间的关系为

$$\begin{aligned} g - g^* &= \rho_g(g^*,G^*,H^*) \\ h - h^* &= \rho_h(g^*,G^*,H^*) \end{aligned} \tag{11-193}$$

变换前、后角坐标的时间变化曲线见图 11-46。可见,变换前的角坐标是时间的非线性函数,变换后角坐标为时间的线性函数。变换后的核哈密顿系统给出基本频率

$$\dot{g}^* = \frac{\partial \mathcal{H}_2(G^*,H^*)}{\partial G^*}, \quad \dot{h}^* = \frac{\partial \mathcal{H}_2(G^*,H^*)}{\partial H^*} \tag{11-194}$$

根据基本频率可确定发生长期共振的标称位置。具体而言,当基本频率呈现简单整数比时,共振发生。共振发生的数学条件如下

$$k_1\dot{g}^* + k_2\dot{h}^* = 0, k_1 \in \mathbb{N}, k_2 \in \mathbb{Z} \tag{11-195}$$

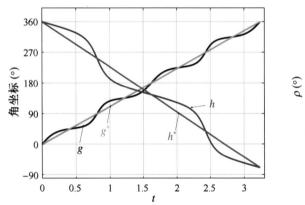
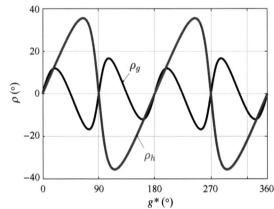

图 11-46 变换前后角坐标之间的关系[17]

图 11-47 给出了守恒量参数 $(H,\mathcal{H})$ 平面内,ZLK 循环区域的分布(阴影区域)。在循环区域,长期共振 $\dot{h}^* + \mathrm{sign}(H^*)\dot{g}^* = 0$ 曲线用蓝色实线表示,对应共振角为 $\sigma = h^* + \mathrm{sign}(H^*)g^*$。可见,长期共振 $\sigma = h^* + \mathrm{sign}(H^*)g^*$ 位于 $H=0$ 的直线上以及对称的两侧翼曲线之上。在轨道根数 (e,i) 平面内,长期共振曲线如图 11-48 所示。可见,在小偏心率空间内,共振曲线分布在极轨以及关于极轨对称的两支上;在高偏心率空间内,共振曲线位于极轨之上。

通过对基本频率的分析,我们确定了哪些共振能够发生,并且确定了这些共振发生的标

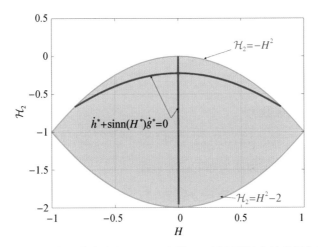

图 11 - 47　在守恒量参数空间(H, $\mathcal{H}$)中循环区域(阴影)内的长期共振曲线

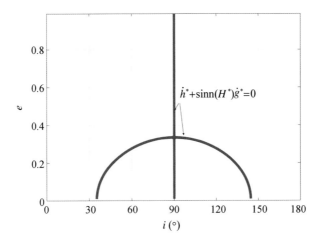

图 11 - 48　在轨道根数(e, i)空间的长期共振 $\sigma = h^* + \mathrm{sign}(H^*)g^*$ 标称位置分布[16]

称位置(见图 11 - 48)。下面,我们在摄动哈密顿模型下,基于标准的摄动处理方法研究长期共振的动力学性质。

在进行摄动处理之前,我们先来讨论一下共振 $\sigma = h + \mathrm{sign}(H)g$ 的本质。共振角为

$$\sigma = h + \mathrm{sign}(H)g = \Omega + \mathrm{sign}(\cos i)\omega = \begin{cases} \Omega + \omega, & i < 90° \\ \Omega - \omega, & i > 90° \end{cases} \tag{11-196}$$

根据近点经度 $\bar{\omega}$ 的自洽定义(见第六章),并考虑到我们选取的坐标系 x 轴指向摄动天体轨道的近心点方向($\bar{\omega}_p = 0$),可得共振角实质为

$$\sigma = \bar{\omega} = \bar{\omega} - \bar{\omega}_p = \Delta\bar{\omega} \tag{11-197}$$

这表明,带有符号函数的共振角其实是三维情况下拱线共振,即为测试粒子近点经度和摄动天体近点经度的 1∶1 共振。

下面继续研究共振动力学。

为了研究拱线共振 $\sigma = h^* + \text{sign}(H^*)g^*$，须引进如下线性变换

$$\sigma_1 = h^* + \text{sign}(H^*)g^*, \quad \Sigma_1 = H^*$$
$$\sigma_2 = g^*, \qquad\qquad\quad \Sigma_2 = G^* - |H^*| \tag{11-198}$$

该变换为正则变换，生成函数为

$$S(g^*, h^*, \Sigma_1, \Sigma_2) = h^*\Sigma_1 + g^*(|\Sigma_1| + \Sigma_2) \tag{11-199}$$

基于新的正则变量，哈密顿函数变为如下标准形式

$$\mathcal{H}(\sigma_1, \sigma_2, \Sigma_1, \Sigma_2) = \mathcal{H}_2(\Sigma_1, \Sigma_2) + \mathcal{H}_3(\sigma_1, \sigma_2, \Sigma_1, \Sigma_2) \tag{11-200}$$

运动方程为

$$\frac{d\sigma_1}{dt} = \frac{\partial\mathcal{H}}{\partial\Sigma_1}, \quad \frac{d\Sigma_1}{dt} = -\frac{\partial\mathcal{H}}{\partial\sigma_1}$$
$$\frac{d\sigma_2}{dt} = \frac{\partial\mathcal{H}}{\partial\Sigma_2}, \quad \frac{d\Sigma_2}{dt} = -\frac{\partial\mathcal{H}}{\partial\sigma_2} \tag{11-201}$$

当测试粒子处于拱线共振区域时，角坐标中 σ_1 为慢变量，σ_2 为快变量。根据平均化原理，研究 σ_1 对应的共振动力学，可将哈密顿函数在 σ_2 的周期内进行平均化处理（最低阶摄动处理），即求如下积分

$$\mathcal{H}^*(\sigma_1, \Sigma_1, \Sigma_2) = \frac{1}{2\pi}\int_0^{2\pi} \mathcal{H}(\sigma_1, \sigma_2, \Sigma_1, \Sigma_2)d\sigma_2 \tag{11-202}$$

在平均化后的系统中，角坐标 σ_2 成为循环变量，故存在如下运动积分

$$\Sigma_2 = G^* - |H^*| \tag{11-203}$$

利用轨道根数表示为

$$\Sigma_2 = G^* - |H^*| = \sqrt{1-e^2} - |\sqrt{1-e^2}\cos i| \tag{11-204}$$

同样，可用零偏心率处的临界倾角参数 i_* 来表示运动积分，即

$$\Sigma_2 = 1 - |\cos i_*| \tag{11-205}$$

图 11-49 给出了偏心率和倾角平面内运动积分 Σ_2 的等值线分布。可见，运动积分的等值线分布关于 $i = 90°$ 对称。在极轨处，偏心率达到极大值。

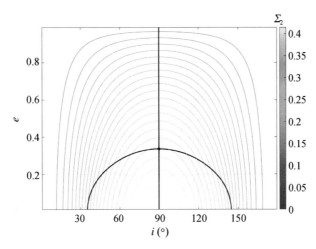

图 11-49 运动积分 $\Sigma_2 = G^* - |H^*|$ 在根数平面的等值线分布。黑色实线为拱
点连线共振中心的分布[17]

11.5.3 结果与讨论

共振哈密顿模型(11-202)为可积系统,运动积分为 $\Sigma_2 \leftrightarrow i_*$。下面在不同倾角参数 i_* 表征的运动积分下,分析系统的相空间结构。从图 11-50 到图 11-54 给出的是不同临界倾角参数 i_* 对应的相空间结构,图中 i_0 为 $g=0$ 时的倾角(类似投影或截面)。当 $i_*=30°$ 时(见图 11-50),相图中仅存在一个共振岛屿,共振岛的中心点位于 $\sigma_1=\pi$ 以及 $i_0=90°$(共振岛中心位于极轨上),鞍点位于 $\sigma_1=0$。当倾角参数 $i_*=45°$ 时(见图 11-51),动力学结构发生明显变化:极轨处共振岛的中心迁移至 $\sigma_1=0$,鞍点迁移至 $\sigma_1=\pi$;在低倾角的两侧分岔出新的共振岛,中心位于 $\sigma_1=\pi$,鞍点位于 $\sigma_1=0$。倾角参数为 $i_*=50°$(见图 11-52)的相图同 $i_*=45°$ 的情况。当倾角参数增大到 $i_*=65°$ 时(见图 11-53),相空间结构发生明显变化:相空间又退化为仅有一个共振岛的结构,中心位于 $\sigma_1=\pi$ 处。

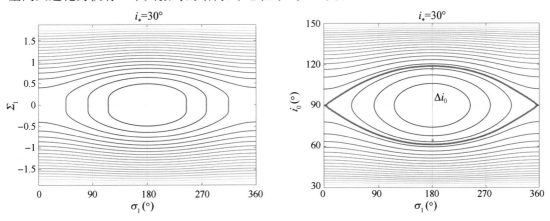

图 11-50 倾角参数为 $i_*=30°$ 时的相图[17]

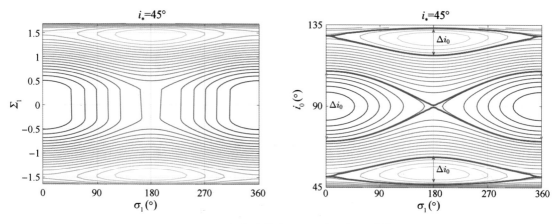

图 11 - 51　倾角参数为 $i_* = 45°$时的相图[17]

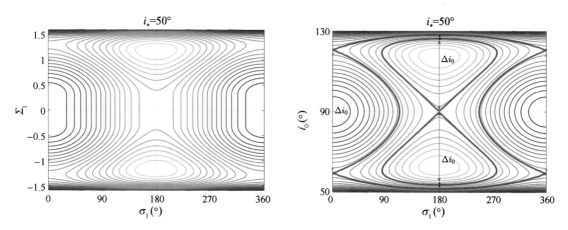

图 11 - 52　倾角参数为 $i_* = 50°$时的相图[17]

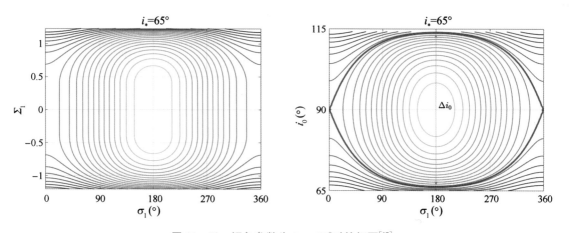

图 11 - 53　倾角参数为 $i_* = 65°$时的相图[17]

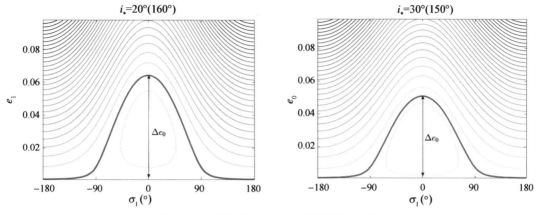

图 11 - 54　低倾角参数 i_* 对应的"伪"相图[17]

当倾角参数 i_* 很小时,(σ_1,i_0) 参数空间内的动力学结构被压缩,即倾角激发不明显,主要表现为偏心率激发。因此,我们转而在 (σ_1,e_0) 空间内给出其结构,见图 11 - 54。可见,此时相空间均只存在一个共振岛,中心位于 $\sigma_1=0$ 处。

通过分析相图结构,可以确定在不同运动积分 $\Sigma_2 \leftrightarrow i_*$ 时的共振中心的分布(见图 11 - 55)。与之前长期共振的标称位置分布进行对比,可以发现:两种分布在极轨以及侧翼的两支几乎是一致的,区别在于近共面的低倾角区域会出现额外的分支(对应 $i_* < 39°$ 或 $i_* > 141°$ 的区域)。

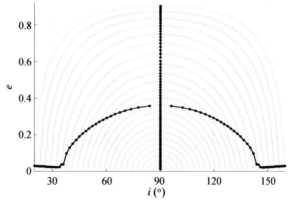

图 11 - 55　根据相图计算的拱点连线共振中心在 (e,i) 平面的分布[17]

通过分析相图,可进一步确定各共振分支对应的共振区域。将共振中心、共振区域、共振边界以及运动积分的等值线都在根数平面 (e,i) 中画出来,见图 11 - 56(这是本节的主要结果)。观察图 11 - 56,不难发现:

1) 整个分布都关于极轨对称;

2) 在 (e,i) 平面内存在共振区域重叠,这并不代表这些区域存在混沌,主要是因为他们具有不同角坐标的共振中心,因此在各自的相空间并不重叠;

3) 在共振区域内的运动一定沿着运动积分的等值线,因此该图可以清晰地预测测试粒子的长期演化趋势,以及判断粒子是否会发生翻转。

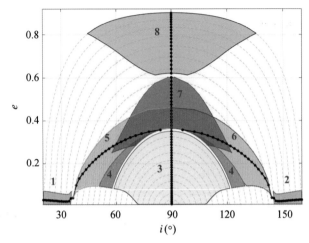

图 11 - 56　拱点连线共振的共振中心、共振区域(8 个区域)以及运动积分在根数平面(e,i)
　　　　　的分布[17]

接着分别讨论共振中心位于 $\sigma_{1,c}=0$ 和 $\sigma_{1,c}=\pi$ 的两种情形。图 11 - 57 给出的是 $\sigma_{1,c}=\pi$
的共振区域分布,图 11 - 58 给出的是 $\sigma_{1,c}=0$ 的共振区域分布,左图为分析结果,右图为数值
结果。可见,分析和数值结果完全吻合。

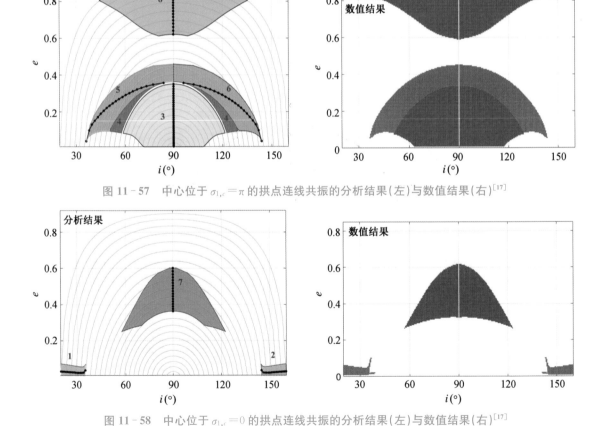

图 11 - 57　中心位于 $\sigma_{1,c}=\pi$ 的拱点连线共振的分析结果(左)与数值结果(右)[17]

图 11 - 58　中心位于 $\sigma_{1,c}=0$ 的拱点连线共振的分析结果(左)与数值结果(右)[17]

　　进一步,我们可以通过分析共振中心是否位于极轨的共振区域,判定其共振轨线在长期演化中是否为翻转轨道。于是将共振中心位于极轨的共振区域单独画出来,如图 11-59 所示。存在四个轨道翻转的共振区域,右图给出的是各共振区域内的示例轨线(相轨迹)。可见,不同的共振区域,它们发生翻转的方式是不一样的。共振区域 I 和 IV 的动力学类似,共振轨线的中心都位于 $\sigma_1 = \pi$。共振区域 II 内的轨线呈 8 字形。共振区域 III 内,共振轨线的中心则位于 $\sigma_1 = 0$。然后,在图 11-60 中给出四个翻转的共振区域内的示例翻转轨道偏心率

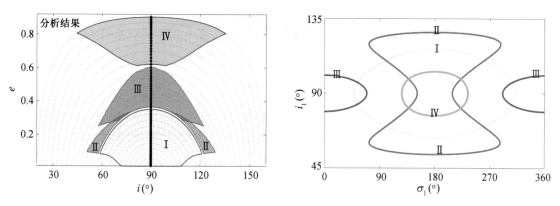

图 11-59　引起轨道翻转的拱点连线共振(左)以及各区域在相图中的轨道翻转方式(右)[17]

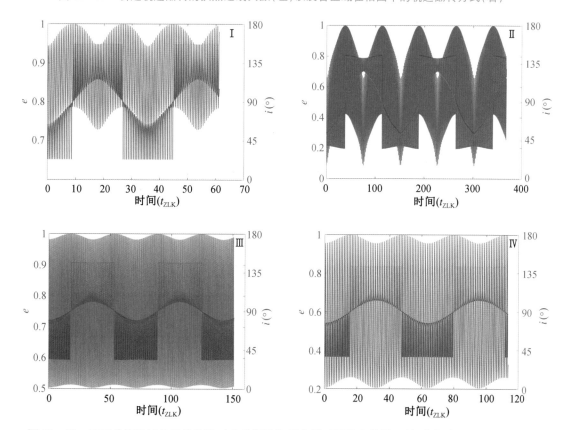

图 11-60　不同共振区域的翻转轨道对应的根数和倾角随时间演变曲线,时间单位为 t_{ZLK},即 **ZLK** 时标

和倾角随时间的变化曲线。进一步，图 11-61 在 (σ_1,H) 参数平面内给出示例翻转轨道。对比图 11-61 和图 11-59(右)，可见分析相图与数值积分轨线的分布完全一致。

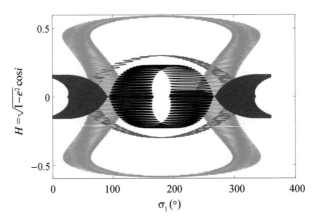

图 11-61　数值翻转轨道在 (σ_1,H) 平面的投影，与前面给出的分析相图一致

最后，针对翻转轨道，图 11-62 在 (e,i) 平面对比了分析结果和数值结果。可见，分析与数值结果完全一致。因此，翻转区域与共振区域具有很好的对应关系。

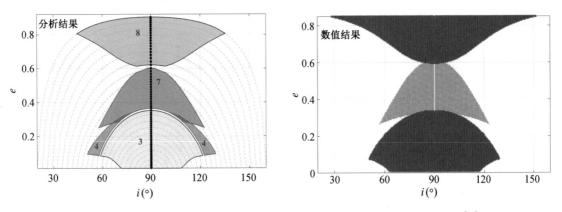

图 11-62　翻转轨道的分析结果(左)和数值结果(右)，分析与数值结果一致[17]

综上，可作如下讨论：

1) 在八极矩哈密顿模型下，参数平面内广泛存在三维的拱线共振，该共振的动力学效果是激发偏心率和倾角。

2) 共振中心位于极轨的拱线共振，共振轨线对应翻转轨道。这说明，翻转轨道是一种共振，且为拱线共振。

3) 根据动力系统分析理论，(规则的)翻转轨道对应极轨周期轨道附近的拟周期轨道。

4) 使得轨道发生翻转并伴随偏心率激发的 eccentric ZLK 效应的本质是三维空间的拱线共振。

5) 通过分析拱线共振的相图以及共振区域的分布，明确了 (e,i) 平面内存在四个导致轨道翻转的共振区域,各区域对应的翻转方式不完全一样。根据相图,可以清晰地预测翻转轨道的具体演化路径。

6)分析结果与数值结果高度一致,说明用 Henrard 摄动处理方法处理八极矩共振问题是非常有效的。注:用 Wisdom 摄动理论虽然也可以处理该问题,但是结果不如用 Henrard 摄动方法得到的结果理想(见参考文献[16])。

11.6 非限制性等级式系统下的 eccentric ZLK 效应

上一节介绍了限制性等级式构型下的 eccentric ZLK 效应,并研究了引起该效应的三维空间拱线共振。我们不禁会问:在非限制性等级式系统下,eccentric ZLK 效应有何不同? 本节我们进一步讨论更一般的非限制性等级式构型,试图回答这个问题。非限制性等级式系统构型见图 11-28。

11.6.1 哈密顿模型(八极矩近似)

根据第八章的平均化方法,在非限制性等级式系统构型下,截断到八极矩的哈密顿函数为

$$\mathcal{H} = -\mathcal{C}_0(F_2 + \varepsilon F_3) \tag{11-206}$$

其中

$$\mathcal{C}_0 = \frac{\mathcal{G}m_0 m_1 m_2}{16(m_0 + m_1)} \frac{a_1^2}{a_2^3}, \varepsilon = \frac{m_0 - m_1}{m_0 + m_1} \frac{a_1}{a_2} \tag{11-207}$$

四极矩项为

$$F_2 = \frac{1}{(1-e_2^2)^{3/2}} \big[(2+3e_1^2)(3\cos^2 i_{\text{tot}} - 1) + 15e_1^2 \sin^2 i_{\text{tot}} \cos 2\omega_1 \big] \tag{11-208}$$

八极矩项为

$$F_3 = \frac{15}{32} \frac{e_1 e_2}{(1-e_2^2)^{5/2}} \{ (4+3e_1^2)[(-1+11\cos i_{\text{tot}} + 5\cos^2 i_{\text{tot}} - 15\cos^3 i_{\text{tot}})\cos(\omega_1 + \omega_2) +$$

$$(-1-11\cos i_{\text{tot}} + 5\cos^2 i_{\text{tot}} + 15\cos^3 i_{\text{tot}})\cos(\omega_1 - \omega_2)] +$$

$$35e_1^2 \sin^2 i_{\text{tot}}[(1-\cos i_{\text{tot}})\cos(3\omega_1 + \omega_2) + (1+\cos i_{\text{tot}})\cos(3\omega_1 - \omega_2)]\} \tag{11-209}$$

m_1 天体和 m_2 天体的轨道面之间的相对倾角为

$$\cos i_{\text{tot}} = \frac{G_{\text{tot}}^2 - G_1^2 - G_2^2}{2G_1 G_2} \tag{11-210}$$

为了研究方便,引入归一化 Delaunay 变量(与非归一化的关系在于它们的时间坐标存在伸缩变换,见 11.2 节)

$$G_1 = \sqrt{1-e_1^2}, \qquad g_1 = \omega_1$$

$$G_2 = \beta \sqrt{1-e_2^2}, \qquad g_2 = \omega_2$$

$$H_1 = G_1 \cos i_1, \qquad h_1 = \Omega_1$$
$$H_2 = G_2 \cos i_2, \qquad h_2 = \Omega_2 \tag{11-211}$$

参数 β 的定义见 11.3 节。考虑到系数 C_0 在长期演化过程中为常数,因此将哈密顿函数进行归一化处理(相当于对时间坐标进行伸缩变换)

$$\mathcal{H} = -(F_2 + \varepsilon F_3) \tag{11-212}$$

因此,基于归一化 Delaunay 变量,八极矩哈密顿函数对应 2 自由度系统

$$\mathcal{H}(G_{\text{tot}}; G_1, G_2, g_1, g_2) = \mathcal{H}_2(g_1, G_1, G_2) + \varepsilon\mathcal{H}_3(g_1, g_2, G_1, G_2) \tag{11-213}$$

G_{tot} 为系统的总角动量,为守恒量。哈密顿正则关系给出该 2 自由度系统的运动方程

$$\frac{\mathrm{d}g_1}{\mathrm{d}t} = \frac{\partial\mathcal{H}}{\partial G_1}, \quad \frac{\mathrm{d}G_1}{\mathrm{d}t} = -\frac{\partial\mathcal{H}}{\partial g_1}$$

$$\frac{\mathrm{d}g_2}{\mathrm{d}t} = \frac{\partial\mathcal{H}}{\partial G_2}, \quad \frac{\mathrm{d}G_2}{\mathrm{d}t} = -\frac{\partial\mathcal{H}}{\partial g_2} \tag{11-214}$$

z 方向角动量通过如下关系进行求解

$$H_1 = \frac{G_{\text{tot}}^2 + G_1^2 - G_2^2}{2G_{\text{tot}}}, \quad H_2 = \frac{G_{\text{tot}}^2 + G_2^2 - G_1^2}{2G_{\text{tot}}} \tag{11-215}$$

本节具体计算中,选择文献[8]中的系统参数(11.3 节的部分计算也是基于该组参数进行的)

$$m_0 = 1M_\odot, \ m_1 = 1M_{\text{Jup}}, \ m_2 = 40M_{\text{Jup}}$$
$$a_1 = 6 \text{ AU}, \ a_2 = 100 \text{ AU}$$
$$e_1 = 0.001, \ e_2 = 0.6, \ i_{\text{tot}} = 65°$$

系统参数如下

$$G_{\text{tot}} = 128.7645, \ \beta = 160.4234$$
$$\varepsilon = 1.9886 \times 10^{-2}, \ C_0 = 8.1968 \times 10^{-11} \tag{11-216}$$

根据哈密顿函数(11-213)可见,作为核函数(未扰系统)的四极矩项并不是标准形式(即只含作用量的形式),因此本节同样采用 Henrard 摄动处理思想:在四极矩哈密顿模型下引入作用量-角变量使得核函数变为标准形式。

11.6.2   摄动处理(Henrard 摄动理论)

在四极矩哈密顿系统下,引进如下变换

$$g_1^* = g_1 - \rho_1(t, G_1^*, G_2^*) = g_1^*(0) + \frac{2\pi}{T_1}t, \ G_1^* = \frac{1}{2\pi}\int_{g_1(0)}^{g_1(0)+2\pi} G_1 \mathrm{d}g_1 \tag{11-217}$$

$$g_2^* = g_2 - \rho_2(t, G_1^*, G_2^*) = g_2^*(0) + \frac{2\pi}{T_2}t, \ G_2^* = G_2$$

不失一般性,令 $g_1(0) = g_1^*(0) = 0$(这里考虑的是出现在 ZLK 循环区域的八极矩共振,因此 g_1 是循环量,可取任意值作为初值)。$\rho_1(t, G_1^*, G_2^*)$ 和 $\rho_2(t, G_1^*, G_2^*)$ 是均值为零的周期函数,周期为 T_1。式(11-217)给出的是正则变换,生成函数为

$$S(g_1, g_2, G_1^*, G_2^*) = g_2 G_2^* + \int G_1(\mathcal{H}_2(G_1^*, G_2^*), g_1, g_2^*) dg_1 \tag{11-218}$$

根据和上一节相同的步骤,可实现如下变换

$$(g_1, g_2, G_1, G_2) \leftrightarrow (g_1^*, g_2^*, G_1^*, G_2^*) \tag{11-219}$$

通过该变换,四极矩哈密顿函数变为

$$\mathcal{H}_2(g_1, G_1, G_2) \rightarrow \mathcal{H}_2(G_1^*, G_2^*) \tag{11-220}$$

在该未扰系统下,基本频率为

$$\dot{g}_1^* = \frac{\partial \mathcal{H}_2}{\partial G_1^*} = \frac{2\pi}{T_1}, \quad \dot{g}_2^* = \frac{\partial \mathcal{H}_2}{\partial G_2^*} = \frac{2\pi}{T_2} \tag{11-221}$$

于是可得变换后的角坐标为时间的线性函数,具体如下

$$g_1^*(t) = g_1^*(0) + \dot{g}_1^* t = g_1^*(0) + \frac{2\pi}{T_1} t$$
$$g_2^*(t) = g_2^*(0) + \dot{g}_2^* t = g_2^*(0) + \frac{2\pi}{T_2} t \tag{11-222}$$

变换前、后角坐标之间的关系为

$$g_1^* = g_1 - \rho_1(t, G_1^*, G_2^*)$$
$$g_2^* = g_2 - \rho_2(t, G_1^*, G_2^*) \tag{11-223}$$

变换前、后角坐标的时间曲线以及周期函数曲线 $\rho_1(t, G_1^*, G_2^*)$ 和 $\rho_2(t, G_1^*, G_2^*)$ 见图 11-63。

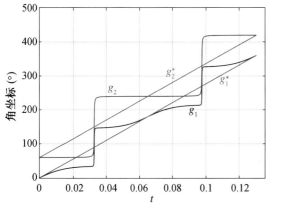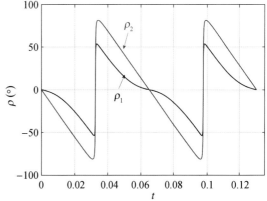

图 11-63　变换前后角坐标以及周期函数的时间变化曲线[14]

变换中,阿诺变量的定义为

$$G_1^* = \frac{1}{2\pi}\int_0^{2\pi} G_1\, \mathrm{d}g_1 = \frac{1}{2\pi}\int_0^{T_1} G_1 \dot{g}_1\, \mathrm{d}t = \frac{1}{2\pi}\int_0^{T_1} G_1\, \frac{\partial \mathcal{H}_2}{\partial G_1}\, \mathrm{d}t \qquad (11-224)$$

类似上一节的介绍,构造计算阿诺变量的微分方程,与四极矩哈密顿模型一起积分即可得到阿诺变量的值。作为示例,图 11-64 给出了相空间 (g_1,G_1) 轨线以及相应的阿诺变量的值。

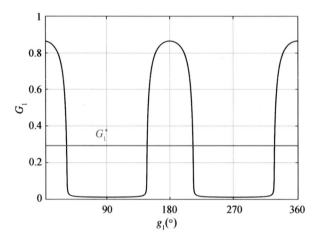

图 11-64　相空间 (g_1,G_1) 轨线以及相应的阿诺变量

通过变换

$$(g_1,g_2,G_1,G_2) \rightarrow (g_1^*,g_2^*,G_1^*,G_2^*) \qquad (11-225)$$

可将八极矩哈密顿函数变为如下标准的摄动形式

$$\mathcal{H}(g_1^*,g_2^*,G_1^*,G_2^*) = \mathcal{H}_2(G_1^*,G_2^*) + \varepsilon\mathcal{H}_3(g_1^*,g_2^*,G_1^*,G_2^*) \qquad (11-226)$$

此处的核函数(未扰系统)仅含作用量,扰动项为 ε 量级。根据未扰系统确定的基本频率

$$\frac{\mathrm{d}g_1^*}{\mathrm{d}t} = \frac{\partial \mathcal{H}_2}{\partial G_1^*}, \quad \frac{\mathrm{d}g_2^*}{\mathrm{d}t} = \frac{\partial \mathcal{H}_2}{\partial G_2^*} \qquad (11-227)$$

可得发生共振的条件为

$$k_1\dot{g}_1^* + k_2\dot{g}_2^* = 0, \; k_1 \in \mathbb{N}, \; k_2 \in \mathbb{Z} \qquad (11-228)$$

在系统参数设置(11-216)下,共振的标称位置分布如图 11-65 所示。可见,在整个参数平面内,长期共振 $\dot{g}_2^* - \mathrm{sign}(\cos i_{\mathrm{tot}})\dot{g}_1^* = 0$ 发生,存在两支,一支位于低偏心率空间,一支延伸至整个偏心率空间。

根据基本频率的结果(图 11-65),八极矩共振角为

$$\sigma = g_2^* - \mathrm{sign}(\cos i_{\mathrm{tot}})g_1^* \qquad (11-229)$$

讨论:在具体研究共振动力学之前,我们先简单讨论一下该共振的本质。为了方便,这里去掉星号进行讨论。

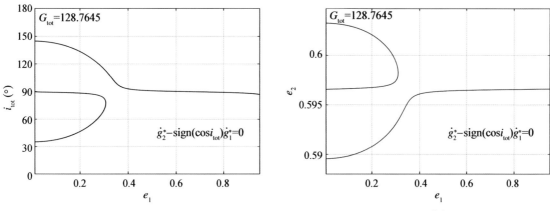

图 11-65　在根数平面(e_1, i_{tot})和(e_1, e_2)内共振的标称位置分布[14]

共振角为

$$\sigma = g_2 - \mathrm{sign}(\cos i_{tot}) g_1 = \omega_2 - \mathrm{sign}(\cos i_{tot}) \omega_1 \tag{11-230}$$

考虑到$\Omega_2 - \Omega_1 = \pi$,因此共振角为

$$\sigma = \Omega_2 - \Omega_1 - \pi + \omega_2 - \mathrm{sign}(\cos i_{tot}) \omega_1 \tag{11-231}$$

当$m_2 > m_1$时,并且由于$\alpha = a_1/a_2 \ll 1$,系统的角动量主要取决于m_2,即$G_2 \gg G_1$。因此系统的不变平面与m_2的轨道面接近,于是存在如下倾角近似

$$i_2 \sim 0, i_1 \sim i_{tot} \tag{11-232}$$

那么共振角近似为

$$\sigma \approx \Omega_2 + \mathrm{sign}(\cos i_2) \omega_2 - [\Omega_1 + \mathrm{sign}(\cos i_1) \omega_1] + \pi = \bar{\omega}_2 - \bar{\omega}_2 + \pi = \Delta \bar{\omega} + \pi$$
$$\tag{11-233}$$

结论:这里$\sigma = \omega_2 - \mathrm{sign}(\cos i_{tot}) \omega_1$对应的共振本质上也是三维空间的拱线共振(与限制性构型情况是一致的)。评论:从一般的角度来看,三维拱点连线共振的共振角应取为$\sigma = \mathrm{sign}(\cos i_2) g_2 - \mathrm{sign}(\cos i_1) g_1$更合理一些。

为了研究拱线共振动力学,引入线性变换

$$\sigma_1 = g_2^* - \mathrm{sign}(\cos i_{tot}) g_1^* \ , \ \Sigma_1 = G_2^*$$
$$\sigma_2 = g_1^* \ , \Sigma_2 = G_1^* + \mathrm{sign}(\cos i_{tot})(G_2^* - G_{tot}) \tag{11-234}$$

此为正则变换,生成函数为

$$S(g_1^*, g_2^*, \Sigma_1, \Sigma_2) = g_2^* \Sigma_1 - g_1^* [\mathrm{sign}(\cos i_{tot}) \Sigma_1 + \Sigma_2] \tag{11-235}$$

通过变换(11-234),可将哈密顿函数变为

$$\mathcal{H}(\sigma_1, \sigma_2, \Sigma_1, \Sigma_2) = \mathcal{H}_2(\Sigma_1, \Sigma_2) + \varepsilon \mathcal{H}_3(\sigma_1, \sigma_2, \Sigma_1, \Sigma_2) \tag{11-236}$$

当考虑的等级式系统处于拱线共振区域时,角坐标中σ_1为慢变量,σ_2为快变量。根据平均化原理,可将哈密顿函数在快变量对应的周期内进行平均化处理(最低阶摄动处理),即计算如

下平均值

$$\mathcal{H}^*(\sigma_1,\Sigma_1,\Sigma_2) = \frac{1}{2\pi}\int_0^{2\pi}\mathcal{H}(\sigma_1,\sigma_2,\Sigma_1,\Sigma_2)\mathrm{d}\sigma_2 \tag{11-237}$$

在平均化后的系统中,角坐标 σ_2 为循环变量,相应的共轭动量

$$\Sigma_2 = G_1^* + \mathrm{sign}(\cos i_{\mathrm{tot}})(G_2^* - G_{\mathrm{tot}}) \tag{11-238}$$

为运动积分。因此,共振哈密顿系统(11-237)为可积系统,可通过相图研究相空间结构。运动积分 Σ_2 在根数平面的分布见图 11-66。

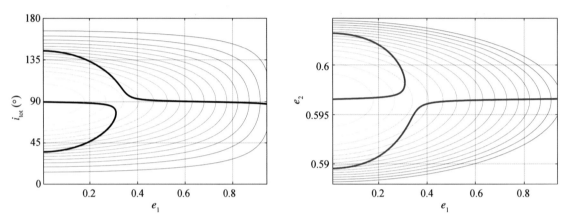

图 11-66 共振中心的标称位置(左图黑色实线和右图蓝色实线)。背景线为运动积分的
等值线[14]

根据运动积分的分布(图 11-66),完全可以用 $e_1=0$ 时的倾角参数 i_{tot}^0 来表征运动积分的大小(类似方法贯穿本章),即 $\Sigma_2 \leftrightarrow i_{\mathrm{tot}}^0$。

11.6.3 结果与讨论

图 11-67 至图 11-70 给出了不同倾角参数 i_{tot}^0(运动积分)对应的相图。

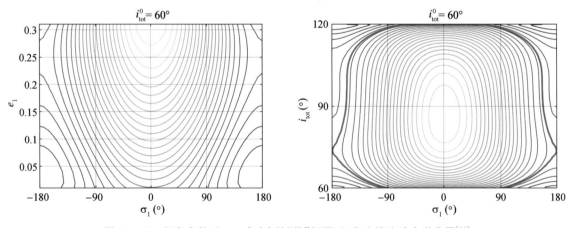

图 11-67 倾角参数 $i_{\mathrm{tot}}^0=60°$ 对应的"伪"相图,红色实线为动力学分界[14]

当倾角参数 $i_{\text{tot}}^0 = 60°$ 时(图 11-67),"伪"相空间中存在多个共振岛,从 (e_1, i_{tot}) 平面的分布可看出,存在中心位于 $\sigma_1 = 0$ 的主要共振岛,此外在倾角为 60°以及 120°附近存在中心位于 $\sigma_1 = \pi$ 的小的岛屿。主岛屿内的轨线,几乎都可以实现轨道翻转。

当倾角参数 $i_{\text{tot}}^0 = 50°$ 时(图 11-68),"伪"相空间同样存在多个共振岛,从 (e_1, i_{tot}) 平面的分布可看出,中心位于 $\sigma_1 = 0$ 的两个共振岛关于 $i_{\text{tot}} = 90°$ 近似对称(不完全对称),一个位于顺行区域,一个位于逆行区域,这两个岛内的轨线都不会引起轨道翻转。此外,在 $\sigma_1 = \pi$ 处存在一个较大的共振岛,该岛内的几乎所有轨线均能引起轨道翻转。倾角参数 $i_{\text{tot}}^0 = 45°$ 的相图(图 11-69)与 $i_{\text{tot}}^0 = 50°$ 的相图类似,不过此时的动力学边界提供的是中心位于 $\sigma_1 = \pi$ 的岛屿的边界。

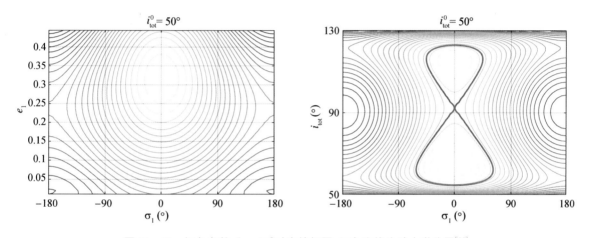

图 11-68　倾角参数 $i_{\text{tot}}^0 = 50°$ 对应的相图,红色实线为动力学分界[14]

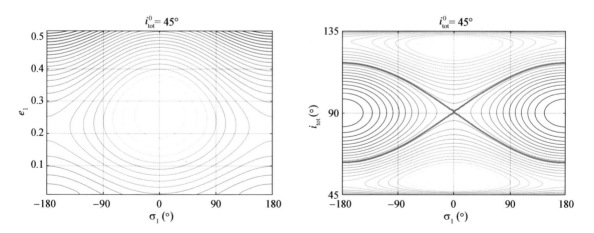

图 11-69　倾角参数 $i_{\text{tot}}^0 = 45°$ 对应的"伪"相图,红色实线为动力学分界[14]

当倾角参数降至 $i_{\text{tot}}^0 = 30°$ 时(图 11-70),相空间的动力学结构变得简单,类似单摆,存在极轨附近的共振岛,该岛内的轨线均能引起轨道翻转。此外,根据 (σ_1, e_1) 空间的相图可看出,在低偏心率空间存在小的共振岛。为此,在图 11-71 中给出低偏心率空间的相图,可见

共振中心位于 $\sigma_1 = \pi$。

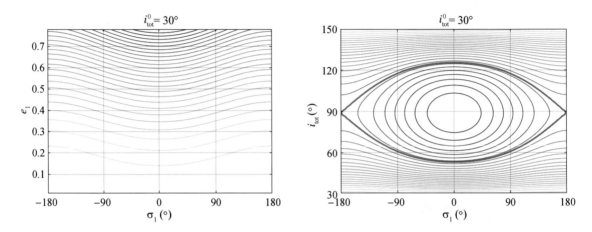

图 11-70　倾角参数 $i_{tot}^0 = 30°$对应的相图,红色实线为动力学分界。图 11-71 给出左图
在低偏心率处的放大[14]

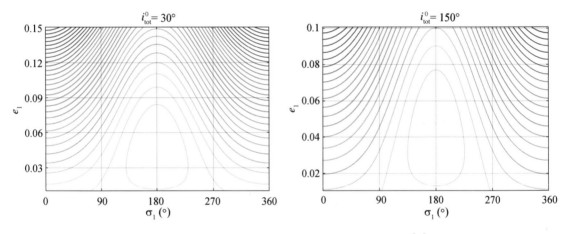

图 11-71　倾角参数 $i_{tot}^0 = 30°$和 $i_{tot}^0 = 150°$对应的相图[14]

在相同参数下,相图与庞加莱截面的对比如图 11-72 所示。可见,相图与庞加莱截面具有非常好的对应关系,这也说明分析相图是正确且有效的。通过分析相图中共振岛屿的中心位置,可以确定共振中心的具体位置分布,见图 11-73。与共振中心的标称位置分布(图 11-65)相比,在低倾角区域会出现额外的共振分支(这些分支是由于八极矩效应而衍生出来的)。

图 11-74 给出了参数平面 (e_1, i_{tot})内共振中心、共振区域以及运动积分的分布,图 11-75 是它们在参数平面 (e_1, e_2)内的分布。可见,总共存在 8 个共振区域,其中 5 个共振区域的共振中心位于 $\sigma_{1,c} = 0$,剩余 3 个共振区域的共振中心位于 $\sigma_{1,c} = \pi$。在 (e_1, i_{tot})平面观察运动积分的等值线分布(图 11-74),我们可以预测:共振中心位于极轨附近的共振区域内的轨线会引起轨道翻转。图 11-76 给出了由分析方法和数值方法分别得到的引起轨道翻转的共振区域的分布。可见,引起翻转的共振区域有 5 个,编号为 I、II、III、IV、V。通过对比,分析结果

和数值结果完全一致，这充分说明，eccentric ZLK 效应下的轨道翻转本质为三维拱线共振。

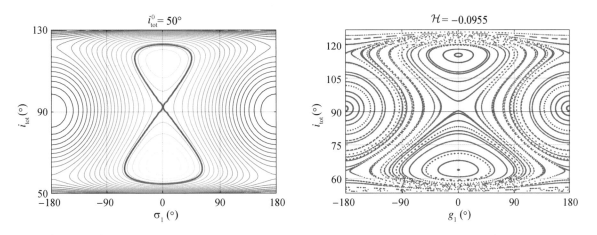

图 11 - 72　相图(左)和相应参数下的庞加莱截面(右)的对比

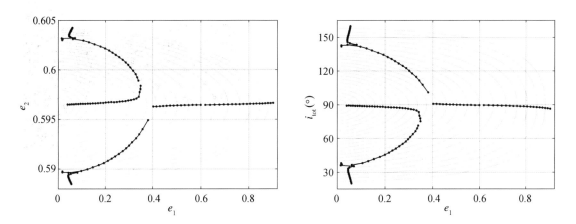

图 11 - 73　通过分析相图而计算得到的共振中心的位置分布，背景线为运动积分的等值线[14]

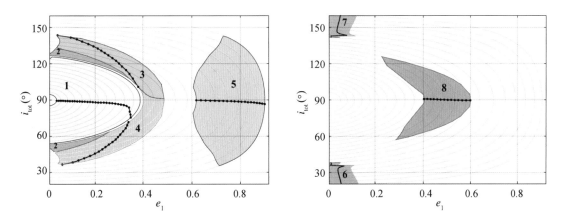

图 11 - 74　共振中心、共振区域以及运动积分分布。左图对应的共振中心位于 $\sigma_{1c}=0$，

右图对应的共振中心位于 $\sigma_{1c}=\pi$ [14]

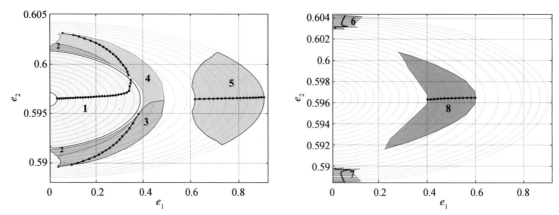

图 11 - 75 共振中心、共振区域以及运动积分分布。左图对应的共振中心位于 $\sigma_{1,c}=0$，
右图对应的共振中心位于 $\sigma_{1,c}=\pi$[14]

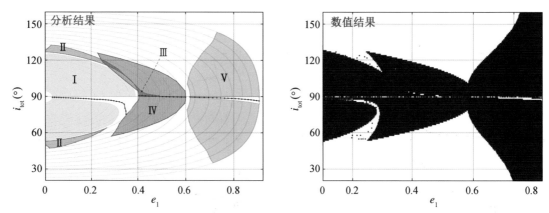

图 11 - 76   由分析方法得到的引起轨道翻转的共振区域(左)以及利用数值计算
得到的翻转轨道初始根数分布(右)[14]

图 11 - 77 给出了引起翻转的五个共振区域的相图，图中阴影区域内的轨线均为可翻转的轨道。通过该图，可以清晰地看到各共振区域的轨道是如何翻转的。图 11 - 78 给出了实际翻转轨道的几个典型例子。

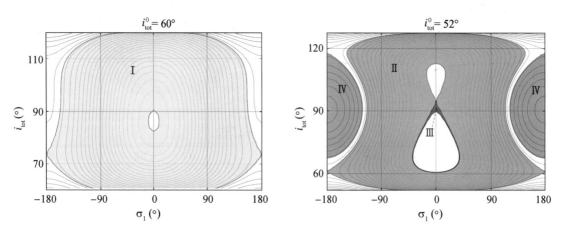

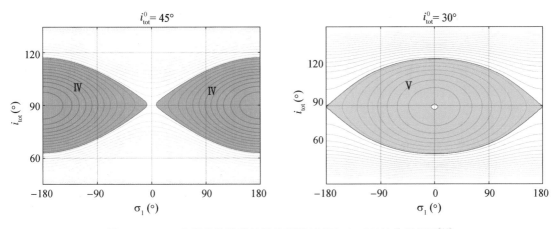

图 11-77 五个引起轨道翻转的共振区域(图 11-76)的典型相图[14]

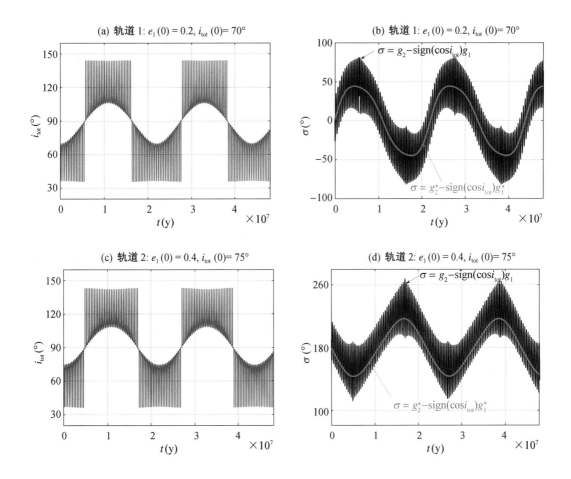

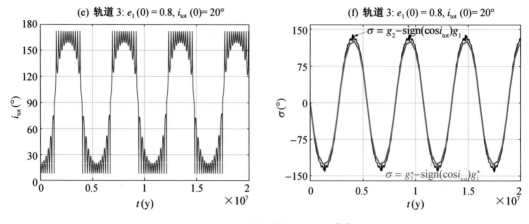

图 11-78   典型翻转轨道示例[14]

图 11-79 将限制性等级式构型和非限制性等级式构型下拱点连线共振引起翻转的共振区域进行对比。可见,限制性和非限制性系统下的分布从定性上来看是一致的。但是,非限制性构型下的分布不再具有对称性,并且中间存在微结构的差异,例如在靠近极轨的区域存在差别。

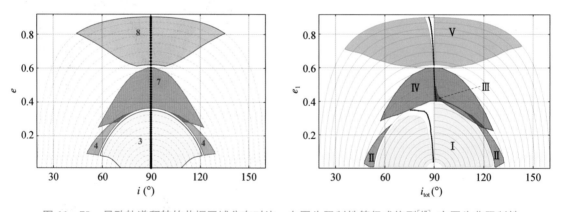

图 11-79   导致轨道翻转的共振区域分布对比。左图为限制性等级式构型[17],右图为非限制性
等级式构型[14]

11.7   ZLK 效应在天体物理系统中的应用

宇宙中普遍存在着各种质量和空间尺度的三体系统,覆盖从行星-卫星体系到超大质量黑洞体系的广大参数范围。稳定性要求三体系统处于等级式构型,轨道根数满足[20]

$$\frac{a_2}{a_1} > 2.8 \left(1 + \frac{m_3}{m_1 + m_2}\right)^{2/5} \frac{(1+e_2)^{2/5}}{(1-e_2)^{6/5}} \left(1 - \frac{0.3i}{180°}\right) \quad (11-239)$$

其中 a_1, a_2 为内双星和外双星的轨道半长轴,e_2 为外双星的轨道偏心率,m_1, m_2, m_3 为从内

到外的三个天体的质量，i 为内双星和外双星轨道面之间的夹角（单位为°）。在太阳系中，太阳-行星-卫星（例如日-地-月系统）、太阳-行星-小天体等均为典型的三体系统。双星系统中的行星，是典型的动力学系统。银河系中约 10% 的恒星处于三体系统中，吸积的致密双星极有可能存在一颗伴星[21]。由于星系并合，使得超大质量黑洞双星非常普遍。于是，只要在黑洞双星之间存在恒星，即可构成三体系统。由于观测的选择效应，许多暗淡、遥远的伴星很难被观测到。因此目前得到的三体系统比例提供的是一个统计的下限。

ZLK 效应是三体系统中非常重要的动力学效应，是一种有效的偏心率（或倾角）激发机制，被广泛用来解释天体物理系统中的大偏心率、高倾角现象。当 ZLK 共振发生，近点角距 ω 在某一个中心值（0°、90°、180°、270°）附近摆动，从而提供了一种避免因靠近摄动天体而受到强摄动的构型保护机制。因此，ZLK 共振有两方面的效果：1）**处于 ZLK 共振的动力学边界，ZLK 效应可将初始零偏心率轨道激发至很高的偏心率**；2）**处于 ZLK 共振岛内，动力学保护机制使得轨道具有长期稳定性**。因此，共振保护和偏心率激发并不矛盾，侧面说明共振的两面性：当靠近共振中心（稳定平衡点），共振起到保护作用；当远离共振中心靠近鞍点时，共振起到的则是强化（或破坏）作用（例如偏心率激发、倾角激发等）。

ZLK 效应非常重要，但是在历史上被人们长期忽视。直到 20 世纪 90 年代，人们观测到了高偏心率的行星 16 Cyg B[22]以及近垂直恒星系统 Algol，为了解释系统高偏心率、高倾角的产生机制，ZLK 效应才逐渐得到应有的重视[23]。此后，ZLK 效应的相关理论得到极大的发展，并被应用到天文学多个领域中，包括太阳系小天体（卫星、小行星、彗星等）的动力学、系外行星形成与演化、密近双星形成与并合等方面。在应用中，主要基于 ZLK 效应的两个动力学效果[5]：1）有效激发偏心率；2）初始均匀分布的倾角不再保持不变。基于第一个动力学效果，ZLK 效应能有效降低近心点高度，从而解释在第三体作用下的双星合并、双星碰撞、潮汐撕裂、超新星爆发等现象。基于第二个动力学效果，ZLK 效应可解释系外行星、双小行星、类木行星不规则卫星等的倾角分布。

文献[5]综述了 ZLK 效应在各种天体物理系统中的应用。下面就 ZLK 效应的应用作简要介绍。本小节部分内容参考了文献[5]、[24]、[25]以及[26]。

11.7.1　太阳系主带小行星

Kozai[3]研究了木星摄动下高倾角主带小天体的长期动力学演化，发现当轨道倾角大于临界倾角（取决于半长轴之比）时，出现近点角距的振动，小的初始轨道偏心率周期性地被激发到较高的值（此即 ZLK 效应）。当小天体和摄动天体的半长轴之比 α 从 0 增加到 0.95 时，ZLK 临界倾角从 39.2° 减小到 1.8°。因此通常说的 39.2° 的临界倾角指的是理想等级式系统的情况（$\alpha \rightarrow 0$）。

Naoz[5]指出，Kozai 研究的太阳-木星-主带小行星构型并不是理想的等级式构型，并且木星的轨道也不是理想的圆轨道。这说明 Kozai 原始文献针对圆轨道摄动天体并最终在四极矩近似（test-particle quadrupole approximation，TPQ）下的讨论可能与实际的轨道动力学存在一定的偏离。Naoz 针对 2 AU 处的主带小行星进行了一个试验(半长轴之比为 0.4):考虑木星轨道偏心率(0.05),并且将第三体摄动函数截断到八极矩近似(test-particle octupole-level approximation,TPO)。结果表明,相对 TPQ 近似下的轨道,TPO 近似下的轨道更接近 N 体数值积分的结果。

ZLK 效应可激发偏心率,使得高倾角主带小行星的轨道变得不稳定。因此,ZLK 效应可解释主带小行星倾角普遍小于 30°的现象:高倾角小行星的偏心率会因为 ZLK 效应被激发起来,若轨道与行星轨道交叉,则被散射离开系统。Kozai[3] 进一步发现,主带小行星中,存在位于 ZLK 共振区域的小天体,例如(1373)Cincinnati,其偏心率在 0.25 至 0.6 之间摆动,近点角距在 90°附近振荡[3]。后来的研究[27] 指出其近点角距在 73°到 106°范围内振动,振动周期为 11000 y。当近点角距正向穿过 90°时,小天体的偏心率达到极大值(0.53),倾角对应极小值(30°)。当近点角距负向穿过 90°时,偏心率达到极小值(0.29),倾角达到极大值(40°)。ZLK 共振使得主带小行星(1373) Cincinnati 的近日点远离经点连线(偏离角在 90°附近),因此远离摄动天体(木星)的轨道面,从而轨道能够长期保持稳定。此外,还有很多位于 ZLK 共振的主带小天体:(1036) Ganymed、(1006) Lagrangea、(225) Henrietta 等[27]。

11.7.2　太阳系近地小行星

近地小行星指的是轨道与地球轨道相交的小行星,这类小行星存在撞击地球的风险。不同于主带小行星,在木星和类地行星的摄动下,半长轴小于 2 AU 的近地小行星存在两种形式的 ZLK 共振[28]:1) 共振中心位于传统的 90°和 270°;2) 共振中心位于 0°和 180°附近。近地小行星的第二种 ZLK 共振甚至可在低倾角($i<14°$)时被触发[28]。虽然 ZLK 共振可激发近地小行星的轨道偏心率,但由于近点角距锁定,可避免近地小天体靠近地球,从而保护其轨道稳定性[24]。

11.7.3　太阳系双小行星系统[29]

双小行星是指两颗小行星环绕着它们共同质量中心的系统。伽利略号在 1993 年飞越(243) Ida,首度证实它是一个双小行星系统,之后又检测到许多双小行星。根据统计[29][30],对于直径大于 300 米的近地小行星,大约有 15% 位于双星系统中,对于更大尺寸的近地小行星,双星系统比例高达 63%。此外,大约 2% 的主带小行星、5% 的柯伊伯带小天体位于双小行星系统中[29][30]。对于太阳系双小行星系统而言,太阳是主要的摄动天体(第三体)。很多双小行星系统相互绕转的轨道面与黄道面之间存在较大的倾角[31],故太阳作为第三体引起的 ZLK 效应在双小行星动力学演化中起着非常重要的作用[32]。特别地,结合 ZLK 效应和潮汐耗散的机制可解释短周期、近圆轨道的双小行星系统的形成机制:在 ZLK 作用下,双小行星系统的轨道偏心率被激发,进而潮汐耗散逐步减小双小行星之间的距离。这种结合 ZLK 效应和潮汐耗散的机制,甚至会导致双小行星合并形成新的不规则单个小行星。这为不规则小行星提供了一种动力学形成途径。注:该机制不能解释大偏心率绕转轨道的双小行星系统。当双小行星之间的距离比较近时,小行星之间的扁率摄动会抑制 ZLK 效应[33],从而阻止双小行星继续内迁。

作为补充,这里简要介绍目前被普遍接受的双小行星形成理论[29]:潮汐撕裂、旋转解体(rotational disruption)、撞击(impact)分裂、动力学捕获(mutual capture)。研究显示,它们都有明显的"碎石堆叠"结构。针对近地双小行星,一种可能的形成机制为**旋转解体**:当 YORPC(Yarkovsky-O'keefe-Radzievskii-Paddack)效应使一颗"碎石堆叠"的小行星旋转得足够快时,物质会从小行星的赤道飞射出去,从而形成环绕母体的卫星。针对主带双小行星系统,可能的形成机制为**碰撞分裂**:侧向的撞击或分裂,使小行星的一部分从母体分裂出来形成卫星。针对海王星外的双小行星系统,可能的形成机制是**动力学捕获**:在太阳系形成时互相捕获或在三体交互作用下形成。另外,在太阳系内侧的近地小行星也有可能是在近距离飞越某一颗类地行星后,受到潮汐撕裂而形成的。

11.7.4　太阳系柯伊伯带小天体

柯伊伯带指的是位于太阳系的海王星轨道(距离太阳约 30 AU)外侧,在黄道面附近的小天体密集的圆盘状区域。如同主小行星带,它主要包含小天体或太阳系形成的遗迹。大部分柯伊伯带天体在很大程度上由冷冻的挥发成分("冰")组成。柯伊伯带的起源和结构尚不明确,目前的理论推测是,柯伊伯带天体源于太阳系原行星盘上的碎片,这些碎片相互吸引碰撞,但最后只组成了微行星带而非行星。

柯伊伯带小天体的摄动源为类木行星,均位于柯伊伯带小天体的轨道内部,即对应内摄情况。类木行星扰动下的 ZLK 效应不会使得初始偏心率较小的 Kuiper 带小天体的偏心率激发到很大的值[34]。但是,对于初始偏心率较大的轨道,ZLK 效应却有着非常明显的影响[35]。这可以解释掠日彗星(sungrazed comets)的产生机制:对于初始偏心率较大的彗星,ZLK 效应进一步激发其偏心率,使之近日点高度减小,由长周期彗星变为掠日彗星。此外,ZLK 效应可解释冥王星轨道的长期稳定性[36]:ZLK 共振使得冥王星轨道的近点角距锁定在 90°附近,使得冥王星的近日点远离海王星的轨道面,避免长期摄动。类似地,ZLK 效应可确保冥族小天体(与海王星共振的小天体)的轨道稳定性[37]。

11.7.5　类木行星不规则卫星的倾角分布

木星有 8 颗规则卫星,沿近圆顺行轨道公转,轨道相对木星的赤道面倾斜角近乎为零。其余的 87 颗卫星都属于不规则卫星(截至 2023 年 12 月),**它们分别有顺行和逆行轨道,距离木星较远,轨道倾角和离心率都非常高**。这类卫星都很可能是曾经围绕太阳公转的小天体,之后被木星捕获。

观测上没有发现倾角位于 47°到 141°的类木行星不规则卫星[38]。ZLK 效应可解释类木行星不规则卫星的倾角分布特征[38]:在太阳摄动下的 ZLK 效应使得倾角在 70°～110°的不规则卫星偏心率激发,与中心行星碰撞或被别的卫星散射离开系统,不能长期稳定。若同时考虑行星和太阳的摄动,不稳定倾角空间将进一步扩大到 $55°\sim130°$。

11.7.6 系外行星的高偏心率和高倾角起源

观测表明,轨道周期小于 20 天的系外行星的轨道偏心率普遍较低,这是距离较近的天体之间的潮汐耗散所致。然而,利用视向速度法探测到的长周期巨行星通常都具有较大的偏心率。ZLK 效应可解释系外行星的高偏心率、高倾角分布:由于第三体引力摄动,ZLK 效应激发行星的轨道偏心率和轨道倾角。甚至,在八极矩近似下 eccentric ZLK 效应不仅能够激发偏心率,同时伴随轨道翻转,这意味着存在位于逆行轨道上的系外行星[5]。将 ZLK 效应用于行星系统的典型例子是 1996 年观测到的行星 16 Cyg B,其轨道偏心率高达 0.67。若该行星存在于双星系统中,在 ZLK 效应下,行星的轨道偏心率被激至当前值(0.63),研究表明该行星在寿命周期的 35% 都处于高偏心率(>0.6)轨道上[39]。

11.7.7 热木星的形成机制[9]

热木星指的是一类质量、体积、成分都和木星类似的系外行星,通常距离宿主恒星非常近。第一颗热木星是 1995 年 Maryor 和 Queloz[40]观测到的主序星周围的行星 51 Peg b,距离宿主恒星 0.05 AU,仅为水星与太阳距离的 1/6。

根据统计,热木星具有如下特征[41]:

1) 周期聚集:热木星绕宿主恒星的轨道在 3 天处存在堆叠,对应的轨道半径为洛希(Roche)半径的 2 倍位置(Roche 半径内行星将因中央恒星引力而被潮汐瓦解)。大量观测资料表明,只有极少数热木星位于中央恒星的 2 倍 Roche 半径内。

2) 热木星质量分布:热木星的质量普遍比非热木星(距离中央恒星较远的行星)质量要小(或者说越远离中央恒星的行星质量越大)。据视向速度(radial-velocity,RV)观测资料,距离中央恒星较近的行星投影质量小于两倍木星质量,即 $M\sin i<M_{\mathrm{J}}$,而远离中央恒星的行星投影质量则大于 2 倍木星质量,即 $M\sin i>M_{\mathrm{J}}$。

3) 热木星的宿主恒星具有高倾斜角:大部分热木星的轨道法向与中央恒星的自转轴存在高度不一致(high stellar obliquity)。通过罗西托-麦克劳林(Rossiter-McLaughlin,R-M)效应,可测量中央恒星的倾斜角。恒星倾斜角可为热木星的迁移机制提供重要的约束条件。

4) 热木星相对孤独:热木星在数 AU 范围内很少存在行星伴星。根据 RV 观测,有 30% 的系外行星位于多星系统之中,然而只有不到 10% 的热木星在数 AU 处存在行星伴星。

因为轨道周期较短,所以热木星有很大的机会穿过恒星与地球的视线,使之相对容易被探测到。然而,距离恒星较近的区域并不适宜类木行星形成,于是目前普遍认为热木星在雪线(2.7 AU)以外区域形成,后经过迁移到达目前所在的位置[9][41][42]。**一个合理的行星形成机制,需要解释以上给出的大部分观测特征。**总体而言,有两类迁移机制[41]:1) 盘迁移模型——行星在原行星盘(气体盘)中形成(雪线外位置,约 2.7 AU 外),行星和原行星盘相互作用交换角动量,使得行星向内迁移[43];2) 高偏心率迁移模型——行星同样形成于原行星盘(雪线外位置,约 2.7 AU 外),但是后期通过引力相互作用交换角动量,激发偏心率,结合潮汐耗散圆化并收缩轨道,从而向内迁移形成热木星。第二种方式的引力相互作用机制包括行星-行星散射、ZLK 机制[12]、长期混沌[11]。

从统计上,银河系中 60% 的恒星处于双星或三星系统中[13],于是结合 ZLK 效应和潮汐耗散机制,可使得行星向内迁移,直到行星离恒星足够近,潮汐耗散彻底抑制 ZLK 效应从而阻止行星迁移[15]。文献[7]给出了热木星迁移机制的物理图像,分为两个主要阶段。第一阶段是保持能量不变,激发轨道角动量(半长轴保持不变,激发偏心率):距离较远的双星在第三颗星的长期摄动下经历 ZLK 振荡,导致轨道偏心率增大,双星的近心点距离随之缩小。第二阶段为保持角动量不变,降低轨道能量(半长轴和偏心率都减小):偏心率被 ZLK 效应激发起来之后,潮汐耗散在近心点处发挥作用,轨道半长轴和偏心率均逐渐衰减,最终潮汐作用占主导地位,抑制 ZLK 效应,阻止迁移并"圆化"轨道,最终形成观测到的近圆轨道热木星。此外,该 ZLK 加潮汐耗散的机制可解释目前观测到的系外行星在周期 3 天处存在峰值以及宿主恒星具有高倾斜角的现象[16]。

根据文献[9],在双星系统中通过经典的 ZLK 效应(四极矩近似)和潮汐耗散形成热木星,需要通过 ZLK 效应将行星的轨道偏心率激发至潮汐耗散起作用的程度,要求行星的倾角位于 90° ± 3°,这表明形成热木星的参数限制是严苛的。然而,2011 年,Naoz 在《自然》(Nature)杂志发文指出[8],若摄动天体不是恒星,而是大质量行星或者褐矮星,并且摄动天体位于椭圆轨道,那么八极矩近似下的 eccentric ZLK 效应(结合潮汐机制)可极大地放宽热木星形成的参数范围(例如其实倾角位于 65° 即可形成逆行热木星)。经典的 ZLK 效应可形成 10% 的热木星,eccentric ZLK 效应可形成 30% 的热木星,行星-行星散射可形成 10%~20% 的热木星。后来的研究进一步表明,在热木星形成机制(ZLK+潮汐)中,宿主恒星的倾斜角演化呈现混沌特点[47]。短程力可进一步使得宿主恒星倾斜角的演化变得复杂。此外,双星系统自身的演化自然会影响行星的宿命:来不及圆化的行星可能会发生潮汐撕裂、双星的行星交换、导致三体系统不稳定而使得行星从系统逃逸、最内侧行星被宿主恒星淹没,等等。

11.7.8 双星系统中的多行星系统

针对双星系统中的多行星系统,如果伴星和两颗行星不在同一平面上,伴星的摄动会激发两颗行星之间的夹角,当这个夹角大于 ZLK 效应的临界倾角的时候,最里面行星的偏心率将会被激发起来,从而形成热木星[18]。这种机制的特点在于:当初始倾角小于临界倾角时,同样可触发 ZLK 效应,提高了 ZLK 效应产生热木星的效率。

11.7.9 密近双星的形成

据统计,70% 的大质量恒星位于双星系统中。进一步,大约有 40% 的密近双星(绕转周期小于 10 天的双星)位于三星系统(存在第三颗伴星)中,大约有 10% 的双星系统(周期在

10～100 天)处于三星或多星系统[49]中。统计发现[50]，位于三星系统的致密双星的比例高达
(42±5)％。充分说明在银河系中，三体系统是非常丰富的。从动力学稳定性的角度而言，
三星系统需构成等级式构型，即内双星以及位于遥远轨道的第三体。关于三星系统的动力
学研究起始于 Harrington[51]，笔者已经发现八极矩效应对于三星系统长期动力学演化的
影响。

然而，密近双星不可能在当前位置形成。普遍观点认为，其中一颗星是在较远位置处形
成，然后迁移至当前位置的。观测发现，密近双星系统通常都会存在一颗遥远的伴星(恒
星)——等级式三体系统。类似地，可用解释热木星形成的物理图像来解释密近双星的形成
(恒星取代热木星而已)：**ZLK 效应使双星轨道偏心率发生变化，最终在潮汐力等一些短程力
的作用下，轨道收缩形成密近双星**[52]。

恒星的倾斜角可作为双星系统形成机制的观测约束。在这方面有非常丰富的研究，这
里不再展开。根据潮汐耗散、广义相对论效应、第三体引力摄动(ZLK 效应)的时标不同，三
体系统的长期演化结果存在差异，可解释观测到的各种天体物理现象：密近双星系统形成、
双星并合、蓝离散星(blue straggler)等。

11.7.10　致密双星并合——Ia 型超新星爆发或短周期伽马暴

普遍认为 Ia 型超新星(短周期伽马暴)的产生机制是：白矮星(中子星)双星通过引力波
辐射带走能量，使得轨道半长轴逐渐衰减到双星并合[53]。如何在宇宙哈勃时标内提高白矮
星(中子星)双星的合并率是关键问题(即提高引力波辐射效率，降低并合时标)。一种提高
并合效率的方式是：如果白矮星(中子星)双星存在来自第三颗星的引力扰动(构成等级式系
统)，ZLK 效应使得白矮星(中子星)双星的偏心率增大，从而使近心点处的引力波辐射效率
提高，加速并合，从而提高并合效率[54]。该图景可自然推广到恒星级黑洞双星或者超大质量
黑洞双星系统的形成与并合，得到相似结果[55]。迁移并合过程中会产生引力波辐射(频率取
决于双星轨道的半长轴和偏心率)，可作为引力波探测的候选源。双星并合、引力波探测是
近些年研究的热点问题。

11.7.11　星系中心超大质量黑洞周围恒星的潮汐撕裂

潮汐撕裂恒星要求恒星处于中央黑洞周围足够近的区域，即位于黑洞的吞噬区域。如
何将恒星从较远的区域带进黑洞的吞噬区域是一个非常关键的问题(实质还是"迁移")。星
系并合极有可能形成超大质量黑洞双星系统。因此，恒星可能的迁移方式为：**如果恒星位于
超大质量黑洞双星中，ZLK 效应可有效激发黑洞周围恒星的偏心率，降低与黑洞之间的近心
点高度，最后进入吞噬区域并在潮汐作用下被撕裂**[56]。在双黑洞系统中，ZLK 效应引起的
黑洞周围吞噬区域显著增加。双黑洞系统的吸积率比单黑洞系统大几个量级[57]。当恒星被
中心超大质量黑洞潮汐撕裂时，由于耗散作用，撕裂的物质被加热到很高的温度，形成黑洞
周围超高亮度的吸积盘，此即活动星系核的标准模型。

11.7.12 引力波辐射

双星并合在天体物理中备受关注,例如 Ia 型超新星(大质量)起源于白矮星双星并合、短周期伽马暴被认为起源于中子星双星或中子星-黑洞双星并合等。并合的双星会产生强引力波,因此是重要的引力波源。峰值引力波辐射频率与双星质量、绕转轨道的半长轴和偏心率有关[58]

$$f_{GW} = \frac{(1+e_1)^{1.1954}}{\pi} \sqrt{\frac{\mathcal{G}(m_1+m_2)}{a_1^3(1-e_1^2)^3}} \sim 6.34 \times 10^{-8} \, \mathrm{Hz} \left(\frac{a_1}{\mathrm{AU}}\right)^{-3/2} \left(\frac{m_1+m_2}{M_\odot}\right)$$

(11-240)

可见,双星质量越大、轨道半长轴越小、轨道偏心率越大,峰值引力波辐射频率则越高。特别地,当引力波频率在 $10^{-4} \sim 10^{-1}$ Hz 时,进入空间激光干涉仪(Laser Interferometer Space Antenna,LISA)的工作频段;当引力波频率在 $10 \sim 1000$ Hz 范围时,进入地面干涉仪(Ground-based Interferometers),如激光干涉引力波观测台(Laser Interferometer Gravitational-wave Observatory,LIGO)、室女引力波探测器(Virgo gravitational wave detector)的工作频段。

因此,根据引力波辐射频率表达式(11-240)可知,激发双星的轨道偏心率,可有效提高引力波辐射频率,从而进入 LISA 或 LIGO 等的引力波探测频段。第一个问题是:在引力波候选源筛选过程中,可根据双星所在的三体系统,由 ZLK 效应,预测轨道偏心率的激发情况,进而确定其是否为 LISA 或 LIGO 的合适候选源(即可确定要想被 LISA 或 LIGO 探测到,三星系统的质量和轨道参数需要满足的条件)。反过来第二个问题是:根据引力波频率的观测,结合双星系统的参数,进而确定尚未观测到的第三体的轨道参数。

引力波辐射会带走能量,轨道半长轴会衰减[55]

$$\frac{\mathrm{d}a_1}{\mathrm{d}t}\bigg|_{GW} = -\frac{64}{5} \frac{\mathcal{G}^3}{c^5} \frac{m_1 m_2(m_1+m_2)}{a_1^3(1-e_1^2)^{7/2}} \left(1 + \frac{73}{24}e_1^2 + \frac{37}{96}e_1^4\right)$$

(11-241)

同时,引力波辐射间接影响轨道偏心率的变化

$$\frac{\mathrm{d}e_1}{\mathrm{d}t}\bigg|_{GW} = -\frac{304}{15} \frac{\mathcal{G}^3}{c^5} \frac{m_1 m_2(m_1+m_2)e_1}{a_1^4(1-e_1^2)^{5/2}} \left(1 + \frac{121}{304}e_1^2\right)$$

(11-242)

还会使得双星近心点进动

$$\frac{\mathrm{d}\omega_1}{\mathrm{d}t}\bigg|_{GR} = \frac{3}{c^2 a_1(1-e_1^2)} \sqrt{\frac{\mathcal{G}^3(m_1+m_2)^3}{a_1^3}}$$

(11-243)

对于密近双星,它们会因为引力波辐射导致轨道收缩而合并。半长轴衰减的时标为[59]

$$T_{GW} \simeq 3.6 \times 10^{12} \, \mathrm{y} \left(\frac{m_1}{M_\odot}\right)^{-1} \left(\frac{m_2}{M_\odot}\right)^{-1} \left(\frac{m_1+m_2}{M_\odot}\right)^{-1} \left(\frac{a_1}{0.05\mathrm{AU}}\right)^4$$

(11-244)

(11-244)中,y 为年。对于可观测的系统,期望引力波衰减时标 T_{GW} 小于宇宙哈勃时标,这

给引力波辐射导致的并合提供了 a_1 的上限：

$$T_{GW}(a_{1, Hubble}) = T_{Hubble} \simeq 1.4 \times 10^{10} \, y \qquad (11-245)$$

对于 $a_1 > a_{1, Hubble}$ 的系统，仅在孤立双星系统下不能在哈勃时标内观测到并合。因此针对 $a_1 > a_{1, Hubble}$ 的双星系统，如何缩短并合时标是引力波天文学中非常重要的研究课题。

根据（11-241），引力波导致的半长轴衰减与轨道偏心率相关，偏心率越大，引力波导致的半长轴衰减越快。因此，如果能够激发双星的轨道偏心率的话，必然会增强引力波辐射，从而减小半长轴衰减时标，缩短双星的并合时标。若双星处于三体系统，第三体摄动引起的 ZLK 效应可激发内双星的轨道偏心率，这是一种缩短双星并合时标的有效途径。轨道倾角小于 ZLK 共振发生条件时，拱点进动共振同样可以激发轨道偏心率（该方式激发的偏心率非常有限），加速双星并合。

评论：ZLK 效应和引力波辐射相结合，可缩短双星并合时标。在整个演化过程中，相对于第三体引力的 ZLK 时标而言，引力波辐射对应的时标很长。因此，整个过程完全满足绝热不变近似条件，因此完全可以从绝热不变近似的角度去分析研究轨道的演化规律。同样过程可用于理解热木星形成的高偏心率迁移机制（ZLK 效应＋潮汐耗散）。

11.8　ZLK 效应的研究重点

下面我们来简单总结 ZLK 效应的几个研究重点（11.8.1～11.8.3 参考了文献[24]）。

11.8.1　抑制 ZLK 效应

三体系统中若存在由任何额外摄动引起的进动，很容易抑制 ZLK 效应的偏心率激发。例如，中心天体的扁率摄动[60]、潮汐效应、相对论效应[61]、行星之间的引力、气体盘阻尼、气体盘引力等，都可以抑制 ZLK 效应。特别地，当额外进动频率大于第三体摄动引起的进动频率时，ZLK 效应被彻底抑制。

11.8.2　增强 ZLK 效应

ZLK 效应的主要目的是激发轨道偏心率，然后结合耗散力使得轨道发生迁移。但是，经典的 ZLK 效应对轨道倾角有严格要求（大于 39.2°），并且激发的最大偏心率取决于初始倾角的大小。于是，可通过两个途径增强 ZLK 效应：1）降低 ZLK 效应发生的临界倾角；2）增大 ZLK 效应激发的最大偏心率。实现增强 ZLK 效应的实际例子有很多，例如：

1）类地行星对于近地小行星摄动（此时半长轴之比较大）诱导的 ZLK 效应，可以在倾角比较小的情况下发生。

2）双星系统中的多行星系统，在初始倾角较小时，遥远伴星的摄动可以激发行星之间的倾角，使得最里面的行星产生 ZLK 效应。

3）气体盘的引力作用可以达到增强 ZLK 效应的效果：首先诱导倾角型共振发生，激发行星之间的轨道倾角，进而诱导 ZLK 效应发生。

4）在八极矩近似下（eccentric ZLK 效应），z 方向角动量不再是守恒量，这种情况下，ZLK 效应不仅能显著地激发内部行星的轨道偏心率，同时还可能伴随轨道面的翻转（倾角穿过 90°线）。

5）当内双星的质量相当时，八极矩作用为零，经典的 ZLK 效应所激发的最大偏心率有限。然而，当双星演化中存在质量损失或质量交换时，内双星的质量比逐渐增大，进而触发八极矩近似下的 eccentric ZLK 效应，偏心率激发效应增强，最终可能导致内双星碰撞并合。

11.8.3　ZLK 效应和耗散机制同时作用

ZLK 效应经常需要和各种能量耗散机制结合方能达到轨道迁移的目的。轨道迁移图景描述为：ZLK 效应激发行星的轨道偏心率，降低行星的近心点距离，达到耗散力起作用的范围，进而触发耗散机制，收缩并圆化、解耦轨道，形成一幅行星向中央恒星旋进"迁移"的图像。通常的耗散方式包括潮汐耗散、引力波辐射、气体盘阻尼等。

11.8.4　ZLK 共振和其他共振同时作用

最典型的例子是冥王星（见第一章介绍），它同时受到海王星 2∶3 平运动共振、ZLK 共振和超级共振。超级共振指的是冥王星近点角距 ω 与升交点经度之差 $\Omega - \Omega_N$ 构成近似 1∶1 共振[62]。在 Kuiper 带天体中，同时处于平运动共振和 ZLK 共振的小天体较为普遍，这两种共振共同保障小天体的轨道稳定性[63]。例如：2018 VO_{137}、2005 SD_{278}、2015 PD_{312}、2004 HA_{79}、1996 TR_{66} 等（见第九章的详细介绍）。

11.8.5　泛 ZLK 效应

经典的 ZLK 效应指的是在第三体引力摄动下的天体近点角距共振，它会激发轨道偏心率。在实际天体物理系统中，存在各种各样的摄动因素。从广义上来看，只要是摄动能够使得天体的近点角距发生共振，并伴随偏心率激发的效应，都被称为 ZLK 效应（即泛 ZLK 效应）。

习　题

1. 针对太阳-地球-月球构成的等级式系统，虚拟月球（当做测试粒子）相对黄道的倾角为 40°以上时（取不同值进行测试），编写程序计算虚拟月球的偏心率、近点角距、近地点高度的变化。注：地球、月球偏心率可取当前实际值。

2. 思考如下问题：

1）限制性等级式系统下，偏心古在-利多夫（eccentric Kozai-Lidov）机制的动力学效应是什么？

　　2）偏心古在-利多夫效应与经典古在-利多夫（Kozai-Lidov）效应的区别？

　　3）偏心古在-利多夫效应的动力学本质是什么？

　　4）在偏心古在-利多夫机制作用下，轨道为什么能发生翻转？

　　5）翻转轨道到底是一类什么轨道？是共振轨道？抑或是拟周期轨道？

　　6）请区分四极矩共振和八极矩共振的动力学效应。

　　3. 从偏心率激发的角度，请发散思维，谈谈 ZLK 效应在天体物理系统中的具体应用。

参考文献

［1］Lidov M L. The evolution of orbits of artificial satellites of planets under the action of gravitational perturbations of external bodies［J］. Planetary and Space Science，1962，9 (10)：719－759.

［2］Shevchenko I I. The Lidov-Kozai effect-applications in exoplanet research and dynamical astronomy［M］. Berlin/Heidelberg：Springer，2016.

［3］Kozai Y. Secular perturbations of asteroids with high inclination and eccentricity［J］. Astronomical Journal，Vol. 67，p. 591－598，1962，67：591-598.

［4］Ito T，Ohtsuka K. The Lidov-Kozai oscillation and hugo von Zeipel. arXiv preprint arXiv：1911. 03984，2019. Ito T，Ohtsuka K. The Lidov-Kozai oscillation and hugo von Zeipel［J］. (2022－04－22) ［2024－04－01］. arXiv preprint arXiv：1911. 03984，2019.

［5］Naoz S. The eccentric Kozai-Lidov effect and its applications［J］. Annual Review of Astronomy and Astrophysics，2016，54：441－489.

［6］Katz B，Dong S，Malhotra R. Long-term cycling of Kozai-Lidov cycles：extreme eccentricities and inclinations excited by a distant eccentric perturber［J］. Physical Review Letters，2011，107(18)：181101.

［7］Dawson R I，Johnson J A. Origins of hot Jupiters［J］. Annual Review of Astronomy and Astrophysics，2018，56：175－221.

［8］Naoz S，Farr W M，Lithwick Y，et al. Hot Jupiters from secular planet-planet interactions［J］. Nature，2011，473(7346)：187－189.

［9］Fabrycky D，Tremaine S. Shrinking binary and planetary orbits by Kozai cycles with tidal friction［J］. The Astrophysical Journal，2007，669(2)：1298.

［10］Kinoshita H，Nakai H. Analytical solution of the Kozai resonance and its application ［J］. Celestial Mechanics and Dynamical Astronomy，1999，75(2)：125－147.

［11］Lei H，Gong Y X. Secular dynamics of stellar spin driven by planets inside Kozai-Lidov resonance［J］. Monthly Notices of the Royal Astronomical Society，2023，523

(4)：5134 – 5147.

[12] Miller M C，Hamilton D P. Four-body effects in globular cluster black hole coalescence[J]. The Astrophysical Journal，2002，576(2)：894.

[13] Liu B，Muñoz D J，Lai D. Suppression of extreme orbital evolution in triple systems with short-range forces[J]. Monthly Notices of the Royal Astronomical Society，2015，447(1)：747 – 764.

[14] Lei H，Huang X. Quadrupole and octupole order resonances in non-restricted hierarchical planetary systems[J]. Monthly Notices of the Royal Astronomical Society，2022，515(1)：1086 – 1103.

[15] Naoz S，Farr W M，Lithwick Y，et al. Secular dynamics in hierarchical three-body systems[J]. Monthly Notices of the Royal Astronomical Society，2013，431(3)：2155 – 2171.

[16] Lei H. A Systematic Study about Orbit Flips of Test Particles Caused by Eccentric Von Zeipel-Lidov-Kozai Effects[J]. The Astronomical Journal，2022，163(5)：214.

[17] Lei H，Gong Y X. Dynamical essence of the eccentric von Zeipel-Lidov-Kozai effect in restricted hierarchical planetary systems[J]. Astronomy & Astrophysics，2022，665：A62.

[18] Lei H. Structures of secular resonances for inner test particles in hierarchical planetary systems[J]. Celestial Mechanics and Dynamical Astronomy，2021，133(9)：40.

[19] Sidorenko V V. The eccentric Kozai-Lidov effect as a resonance phenomenon[J]. Celestial Mechanics and Dynamical Astronomy，2018，130：1 – 23.

[20] Mardling R A，Aarseth S J. Tidal interactions in star cluster simulations[J]. Monthly Notices of the Royal Astronomical Society，2001，321(3)：398 – 420.

[21] Grindlay J E，Bailyn C D，Cohn H，et al. Discovery of a possible X-ray triple-4U 1915 – 05[J]. Astrophysical Journal，Part 2 – Letters (ISSN 0004 – 637X)，vol. 334，Nov. 1，1988，p. L25 – L29.

[22] Cochran W D，Hatzes A P，Butler R P，et al. The discovery of a planetary companion to 16 Cygni B[J]. The Astrophysical Journal，1997，483(1)：457.

[23] Eggleton P P，Kiseleva L G，Hut P. The equilibrium tide model for tidal friction[J]. The Astrophysical Journal，1998，499(2)：853.

[24] 赵刚. 限制性三体问题中两类特殊轨道的应用研究[D].南京：南京大学，2012.

[25] 刘彬. 层级三体系统的动力学[D].合肥：中国科学技术大学，2016.

[26] Li G. Long-term dynamics of high mass ratio multiples[D]. Cambridge：Harvard University，2015.

[27] Marsden B G. On the relationship between comets and minor planets[C]//Periodic Orbits, Stability and Resonances: Proceedings of a Symposium Conducted by the University of São Paulo, the Technical Institute of Aeronautics of São José Dos Campos, and the National Observatory of Rio De Janeiro, at the University of São Paulo, São Paulo, Brasil, 4 – 12 September, 1969. Dordrecht: Springer Netherlands, 1970: 151 – 163.

[28] Michel P, Thomas F. The Kozai resonance for near-Earth asteroids with semimajor axes smaller than 2AU[J]. Astronomy and Astrophysics, v. 307, p. 310, 1996, 307: 310.

[29] Richardson D C, Walsh K J. Binary minor planets[J]. Annu. Rev. Earth Planet. Sci. , 2006, 34: 47 – 81.

[30] Pravec P, Scheirich P, Kušnirák P, et al. Photometric survey of binary near-Earth asteroids[J]. Icarus, 2006, 181(1): 63 – 93.

[31] Naoz S, Perets H B, Ragozzine D. The observed orbital properties of binary minor planets[J]. The Astrophysical Journal, 2010, 719(2): 1775.

[32] Perets H B, Naoz S. Kozai cycles, tidal friction, and the dynamical evolution of binary minor planets[J]. The Astrophysical Journal, 2009, 699(1): L17.

[33] Fang J, Margot J L. The role of Kozai cycles in near-Earth binary asteroids[J]. The Astronomical Journal, 2012, 143(3): 59.

[34] Thomas F, Morbidelli A. The Kozai resonance in the outer solar system and the dynamics of long-period comets[J]. Celestial Mechanics and Dynamical Astronomy, 1996, 64: 209 – 229.

[35] Bailey M E, Chambers J E, Hahn G. Origin of sungrazers-A frequent cometary end-state[J]. Astronomy and Astrophysics, vol. 257, no. 1, p. 315 – 322.

[36] Williams J G, Benson G S. Resonances in the Neptune-Pluto system [J]. Astronomical Journal, 1971, 76: 167.

[37] Wan X S, Huang T Y. The orbit evolution of 32 plutinos over 100 million year[J]. Astronomy & Astrophysics, 2001, 368(2): 700 – 705.

[38] Carruba V, Burns J A, Nicholson P D, et al. On the inclination distribution of the Jovian irregular satellites[J]. Icarus, 2002, 158(2): 434 – 449.

[39] Holman M, Touma J, Tremaine S. Chaotic variations in the eccentricity of the planet orbiting 16 Cygni B[J]. Nature, 1997, 386(6622): 254 – 256.

[40] Mayor M, Queloz D. A Jupiter-mass companion to a solar-type star[J]. nature, 1995, 378(6555): 355 – 359.

[41] Wu Y, Lithwick Y. Secular chaos and the production of hot Jupiters[J]. The

Astrophysical Journal，2011，735(2)：109.

[42] Wu Y，Murray N. Planet migration and binary companions：The case of HD 80606b [J]. The Astrophysical Journal，2003，589(1)：605.

[43] Lin D N C，Papaloizou J. On the tidal interaction between protoplanets and the protoplanetary disk. III-Orbital migration of protoplanets[J]. Astrophysical Journal，1986，309：846－857.

[44] Duquennoy A，Mayor M. Multiplicity among solar-type stars in the solar neighbourhood. II-Distribution of the orbital elements in an unbiased sample[J]. Astronomy and Astrophysics，1991，248：485－524.

[45] Fabrycky D，Tremaine S. Shrinking binary and planetary orbits by Kozai cycles with tidal friction[J]. The Astrophysical Journal，2007，669(2)：1298.

[46] Wu Y，Murray N W，Ramsahai J M. Hot Jupiters in binary star systems[J]. The Astrophysical Journal，2007，670(1)：820.

[47] Storch N I，Anderson K R，Lai D. Chaotic dynamics of stellar spin in binaries and the production of misaligned hot Jupiters[J]. Science，2014，345(6202)：1317－1321.

[48] Takeda G，Kita R，Rasio F A. Planetary systems in binaries. I. Dynamical classification[J]. The Astrophysical Journal，2008，683(2)：1063.

[49] Tokovinin A A. On the multiplicity of spectroscopic binary stars[J]. Astronomy Letters，Volume 23，Issue 6，November 1997，23：727－730.

[50] Pribulla T，Rucinski S M. Contact binaries with additional components. I. The extant data[J]. The Astronomical Journal，2006，131(6)：2986.

[51] Harrington R S. Dynamical evolution of triple stars[J]. Astronomical Journal，Vol. 73，p. 190－194 (1968)，1968，73：190－194.

[52] Naoz S，Fabrycky D C. Mergers and obliquities in stellar triples [J]. The Astrophysical Journal，2014，793(2)：137.

[53] Howell D A. Type Ia supernovae as stellar endpoints and cosmological tools[J]. Nature Communications，2011，2(1)：350.

[54] Thompson T A. Accelerating compact object mergers in triple systems with the Kozai resonance：a mechanism for "prompt" Type Ia supernovae，gamma-ray bursts，and other exotica[J]. The Astrophysical Journal，2011，741(2)：82.

[55] Blaes O，Lee M H，Socrates A. The Kozai mechanism and the evolution of binary supermassive black holes[J]. The Astrophysical Journal，2002，578(2)：775.

[56] Wegg C，Bode J N. Multiple tidal disruptions as an indicator of binary supermassive black hole systems[J]. The Astrophysical Journal Letters，2011，738(1)：L8.

[57] Chen X，Sesana A，Madau P，et al. Tidal stellar disruptions by massive black hole

pairs. II. Decaying binaries[J]. The Astrophysical Journal, 2011, 729(1): 13.

[58] Wen L. On the eccentricity distribution of coalescing black hole binaries driven by the Kozai mechanism in globular clusters[J]. The Astrophysical Journal, 2003, 598 (1): 419.

[59] Peters P C. Gravitational radiation and the motion of two point masses[J]. Physical Review, 1964, 136(4B): B1224.

[60] Wang Y, Fu T. An Orbit-flip Mechanism by Eccentric Lidov-Kozai Effect with Stellar Oblateness[J]. The Astronomical Journal, 2023, 165(5): 201.

[61] Naoz S, Kocsis B, Loeb A, et al. Resonant post-Newtonian eccentricity excitation in hierarchical three-body systems[J]. The Astrophysical Journal, 2013, 773(2): 187.

[62] Wan X S, Huang T Y. The orbit evolution of 32 plutinos over 100 million year[J]. Astronomy & Astrophysics, 2001, 368(2): 700 – 705.

[63] Lei H, Li J, Huang X, et al. The Von Zeipel-Lidov-Kozai Effect inside Mean Motion Resonances with Applications to Trans-Neptunian Objects[J]. The Astronomical Journal, 2022, 164(3): 74.